제4판

환경과학

과학 비하인드 스토리

한명수 • 김백호 • 김영준
이상돈 • 조도순 • 한기봉 공역

ESSENTIAL
ENVIRONMENT

Jay Withgott
Matthew Laposata

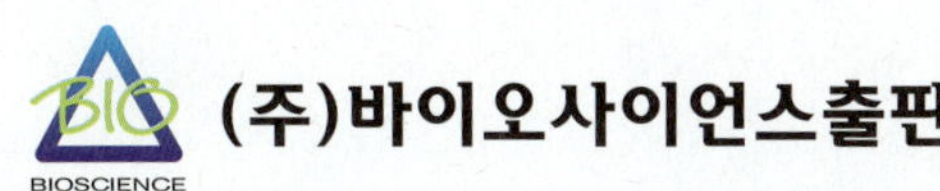

이 도서의 국립중앙도서관 출판예정도서목록(CIP)은 서지정보유통지원시스템 홈페이지(http://seoji.nl.go.kr)와 국가자료공동목록시스템(http://www.nl.go.kr/kolisnet)에서 이용하실 수 있습니다.
(CIP제어번호: CIP2017014360)

환경과학 과학 비하인드 스토리 제4판

초판 인쇄: 2017년 8월 21일
초판 발행: 2017년 8월 30일

저 자: Jay Withgott, Matthew Laposata
공 역 자: 한명수, 김백호, 김영준, 이상돈, 조도순, 한기봉
발 행 인: 문정구
발 행 처: (주)바이오사이언스출판
주 소: 14040 경기도 안양시 동안구 전파로 107(호계동)
전 화: (02)581-4057~8 팩스: (02)581-4059
이 메 일: inquiry@biosciencepub.com
홈페이지: http://www.biobooks.co.kr
I S B N: 978-89-6824-068-3 93470
등록번호: 제22-3079호
값 25,000**원**

저자소개

이번 판에는 조지아 주의 케네소주립대학교에서 환경과학 교수로 재직 중인 매튜 라포사타 박사가 저자로 참여하였다. 그는 학내에서 환경과학 수업을 기획하고 진행하고 있으며, 한편 외부적으로도 많은 활동을 통해 환경과학교육의 중요성을 널리 알리고 있다. 이 책은 그의 이런 다양한 경험들과 노하우를 최대한 담으려 노력했다.

제이 위드고트(JAY WITHGOTT)는 이 책의 책임 저자이며 초판부터 함께 해왔다. 그는 다양한 활동으로 최신 정보를 얻기 위해 노력하고 있으며 학생들이 보다 쉽게 환경과학을 공부할 수 있도록 연구하고 있다.

그는 생태학, 진화학, 동물행동학, 보전생물학 등과 관련하여 다양한 논문을 투고하고 있다. 또한 생태학 등등에서 실습 과목을 가르치고 있으며 *Science*, *New Scientist*, *BioScience*, *Smithsonian*, *Natural History* 등과 같은 여러 저널과 잡지에 다양한 논문과 기사를 투고하고 있다. 그리고 전직 신문기자 및 편집자로서의 경험을 살려 일반인들도 쉽게 과학에 다가갈 수 있도록 교수법을 개발 연구하고 있다. 그는 예일대학교와 알칸소대학교, 애리조나대학교에서 학위를 받았다.

그는 오리건 포틀랜드에서 생물학자인 수잔 마스타와 함께 살고 있다.

매튜 라포사타(MATTHEW LAPOSATA)는 케네소주립대학교의 환경과학 교수로 재직 중이다. 그는 인디아나대학교에서 생물교육을 전공하고 학사학위를 받았으며 볼링그린주립대학교에서 생물학으로 석사학위를, 펜실베니아주립대학교에서 생태학으로 박사학위를 받았다.

그는 케네소주립대학교에서 매년 7,000여 명의 학생들이 수강하는 Science, Society, and the Environment라는 일반교양 과학 수업의 주임교수이다. 기초환경과학 교육에 관심이 많으며 과학비전공 학생들과 소통하며 교육하는 것에 대해 항상 즐거워한다. 또한 환경과학 교육에 있어서 왕성한 활동을 하고 있으며 혁신적인 교육 자료들을 개발하고 평가하는 데 있어서 주정부, 중앙정부, 기타 여러 단체 등에서 지원금을 받고 있다. 그의 학문적 연구에 대한 평가로, 조지아 주 이사회에서 주어지는 최고의 교육상을 비롯하여 여러 상들을 수상하였다.

그는 현재 아내 리사와 세 명의 자녀 로렌, 카메론, 사프론과 함께 애틀랜타 도외 지역에 살고 있다.

차례

역자소개

한명수 한양대학교 자연과학대학 생명과학과

김백호 한양대학교 자연과학대학 생명과학과

김영준 가톨릭대학교 생명 · 환경학부 환경공학전공

이상돈 이화여대 자연과학대학 환경공학전공

조도순 가톨릭대학교 생명 · 환경학부 생명과학전공

한기봉 가톨릭대학교 생명 · 환경학부 환경공학전공

1 과학과 지속가능성: 환경과학 입문

이 장을 마치고 나서 할 수 있는 것들

- ▶ 환경의 단어를 정의하고 환경과학의 분야를 설명
- ▶ 천연자원의 중요성과 우리의 삶에 대한 생태계의 서비스를 설명
- ▶ 인구증가와 자원소모의 결과를 고찰
- ▶ 과학적 방법의 순서를 이해
- ▶ 과학의 본질과 중요성을 이해하고, 과학적 과정의 각 특징에 대해 설명
- ▶ 환경윤리의 여러 가지 접근방법을 비교 및 대조
- ▶ 지구환경에 대한 주요 압력요인들을 진단하고 조명
- ▶ 지속가능성의 개념과 지속가능한 발전에 대한 이해

우리의 섬, 지구

우리의 섬, 지구

우주에서 보면, 지구는 칠흑 같은 광활한 공간에 떠 있는 자그마한 푸른 대리석을 닮아 있다. 지구는 그 안에서 살아가는 우리에게는 매우 거창한 존재일 수 있지만, 우주비행사의 시각에서 지구와 그 시스템은 유한하며 제한적인 것으로 비춰진다. 이러한 관점에서 분명한 것은 인구가 늘어나고 자원소모가 증가하게 됨에 따라 지구행성의 변화를 유도하고, 우리의 삶을 지탱해주는 유일한 시스템도 타격을 입는다는 것이다.

우리를 에워싸고 있는 환경

지구의 사진은 흥미로운 모습을 드러내고 있지만 지구 환경의 복잡함을 보여주지는 못한다. **지구 환경(environment)**은 생물체와 무생물체로 구성되어 있다. 지구는 우주공간에서 비춰지는 것처럼 넓은 대륙과 대양, 구름과 빙산이 있으며 동물과 식물, 산림과 초원 등을 포함하고 있다. 좀 더 포괄적으로 인간이 건설한 생활공간과 도시구조물을 포함한 복잡한 사회관계망과 우리의 일상을 형성하는 기관들을 담고 있다.

사람들은 보통 처음에는 "환경"이란 용어를 인간사회와 격리된 외부세계 또는 자연세계라는 가장 협의의 의미로 사용하였다. 이러한 사용은 불행히도, 사람들 역시 자연과 더불어 존재하며 그 중의 일부라는 중요한 의미를 간과하고 있다. 우리 역시, 지구상 다양한 생물들 중의 한 종으로서 건강한 지구에 의존하고 있다. 언어의 제한성으로 인하여, "사람과 자연" 또는 "사람과 환경"이란 말을, 마치 이들이 서로 분리되어 있고 연관이 없는 것처럼, 너무 쉽게 생각한다. 그러나 환경과학을 이해하기 위한 근본적인 인식은 우리 역시 자연의 일부이며 이들과의 상호작용이 매우 중요한 공생관계라는 것이다.

환경과학은 지구생태계와 우리와의 상호작용을 탐구한다

우리와 지구생태계와의 관계를 이해하는 것은 매우 중요한데, 이는 우리가 살아가는 데 필요한 모든 것들, 즉 공기, 물, 음식, 피신처 등을 전적으로 환경에 의존하기 때문이다. 더구나, 우리는 환경을 변화시킨다. 우리의 여러 행동들은 건강과 장수, 풍부한 물질, 기동력, 여가시간 등을 기져디주며, 우리의 삶을 고양해왔으나, 종종 우리를 지탱해주는 자연계를 파괴해 오기도 했다. 대기와 수질오염, 토양침식, 생물의 멸종 등과 같은 충격들은 복지와 맞바꿔졌으며, 삶에 대한 위기를 초래하고, 오랜기간 생존과 번영을 위한 사회를 건설하려는 우리의 능력을 위태롭게 하였다.

환경과학(environmental science)은 자연계가 어떻게 작동하고, 환경이 우리에게 어떠한 영향을 끼치며, 우리 또한 환경에 어떻게 영향을 주고 있는지를 연구하는 학문이다. 우리는 인간이 환경과 어떻게 작용하고 있는지를 이해함으로써, 우리를 가장 압박하고 있는 도전과제에 대한 해결책을 제시할 수 있다. 오늘날 우리 앞에 놓인 엄청난 규모의 환경문제에 직면하는 것이 두려울 수는 있지만, 이는 또한 창조적인 해결책을 통한 다양한 해법을 개발할 수도 있다.

환경과학자들은 지구환경의 현재와 미래에 가장 중요한 중심적 문제들에 대하여 연구한다. 지금, 지구의 상황은 이전보다 더 급속히 변하고 있기 때문에 우리는 이전보다 더 빨리 과학지식을 습득해야 한다. 그리고 문제를 해결하기 위한 기회의 창은 여전히 열려 있다. 이러한 방대한 도전과 기회를 갖고 이 순간에 산다는 것은 매우 흥분되며, 환경과학을 연구하는 것 또한 매우 기대된다.

우리는 천연자원에 의존한다

섬을 정의하자면 유한하고 경계가 있으며, 그 거주자들은 필요한 물자의 제한요인들과 싸워야만 하는 곳이다. 우리의 섬, 지구에서 인간은 모든 생물체와 마찬가지로, 궁극적으로 환경적 제한에 직면하고 있다. 특히 여러 **천연자원(natural resources)**, 우리가 환경에서 취하고 생존을 위해 의존해야 하는 다양한 물질과 에너지원들은 제한되어 있다. 단기간에 재생되는 천연자원을 **재생가능한 자원(renewable natural resources)**이라 한다. 재생가능한 자원 중 햇빛과 바람, 파동에너지 등은 영구히 재생가능하며, 본질적으로 소진되지 않는다. 다른 자원인 목재, 물, 토양 등은 몇 개월, 몇 년 또는 몇십 년에 걸쳐 스스로 재생한다. 반면에 **재생불가능한 자원(nonrenewable natural resources)**, 즉 광물질, 원유 등은 공급이 유한하며, 사용하는 속도보다 매우 느리게 형성된다. 재생불가능한 자원이 한 번 고갈되면, 이들은 더 이상 이용할 수 없게 된다.

천연자원의 재생가능성을 연속체로 간주할 수 있다(**그림 1.1**). 목재, 물, 토양과 같은 재생가능자원은 공급량보다 더 빨리 사용한다면 고갈될 수 있다. 예를 들어, 지하수의 과잉사용은 지하대수층을 고갈시키고, 숲을 사막으로 변화시킬 수 있다. 자연의 동물과 식물들도 과잉으로 잡아들이면 멸종할 수 있다.

우리는 생태계 서비스에 의존한다

천연자원을 자연이 만들어 낸 "재화"로 간주한다면, 지구의 자연계는 우리가 의존하게 되는 서비스를 제공하는 것이 옳다. 지구의 생태계는 대기와 물을 정화하고, 영양분을 순환시키며, 기후를 조절하고, 식물을 수분시키며, 폐기물을 수용하여 재순환시킨다. 이러한 본질적인 서비스들을 일반적으로 **생태계 서비스(ecosystem services)**이라 부른다. 생태계 서비스는 자연계의 정상적인 기능에서 나오게 되며, 우리의 이익을 말하는 것은 아니지만, 이것 없이 우리는 살 수가 없다. 뒷장에서, 우리는 생태계의 서비스가 우리의 삶과 문명을 지탱하고 있는 심오하고 무수한 방법에 대해 살펴볼 것이다(2, 5장 참조).

천연자원을 지나치게 많이 사용하면 고갈되듯이, 자원을 고갈시키고, 서식지를 파괴하며, 오염을 발생시키게 되면, 생태계 서비스 또한 파괴될 수 있다. 최근, 자연재화에 대한 고갈과 자연계 서비스의 파괴는 매일 증가하는 인구와 풍요 속에서 더욱 강화되고 있다.

▲ **그림 1.1** 천연자원은 영구히 재생가능한 것**(왼쪽)**부터 재생불가능한 것**(오른쪽)**까지 연속체를 따라 존재한다. 영구히 재생가능한 또는 소진되지 않는 자원들, 즉 햇빛과 바람에너지는 우리를 위해 항상 그곳에 존재한다. 목재, 토양, 신선한 물 등의 재생가능한 자원들은 고갈되지 않도록 조심스럽게 다룬다면, 시간차이를 두고 재생될 것이다. 재생불가능한 자원, 즉 오일과 석탄 등은 언젠가는 사라질 제한적인 양으로 존재한다.

인구증가는 우리의 부담을 증폭시킨다

전 인류역사를 통틀어, 지구상에 어느 한 시대에 백만의 인구를 가져본 적은 드물다. 오늘날의 인구는 70억 가까이를 육박하며 이 보다 수천 배나 더 많이 증가하였다. **그림 1.2**는 어떻게 최근 갑자기 기록적인 변화가 발생했는지를 보여준다.

두 사건이 괄목할만한 인구증가의 도화선이 되었다. 첫 번째는 수렵채취생활에서 농업으로 전환될 때 발생했다. 이 변화는

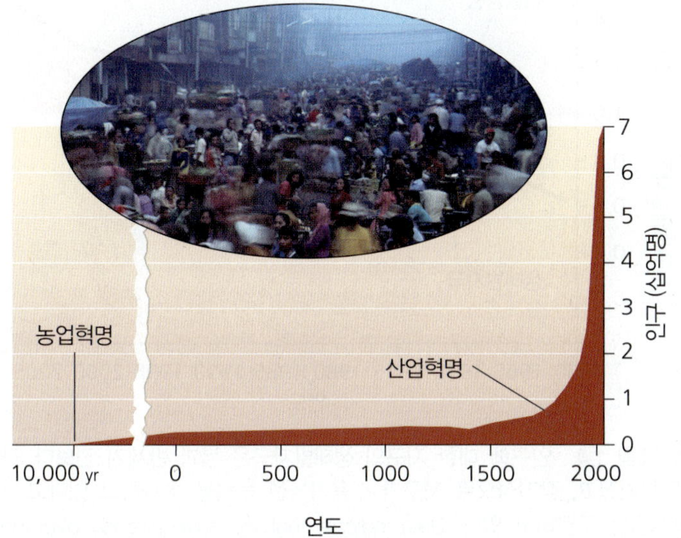

▲ **그림 1.2** 인류의 역사에서 인구는 항상 작고, 비교적 안정적이었다. 농업혁명 이후 증가하였고, 산업혁명의 결과로 급속하게 증가하였다. 늘어난 인구는 인도네시아의 자바에서처럼, 도시집중화 현상을 유발하였다.

1만 년 전쯤에 시작된 **농업혁명(agricultural revolution)**으로 불리고 있다. 사람들이 곡식을 생산하고, 가축을 기르며, 마을과 농장에서 정착생활을 하면서, 식량을 충족하기가 쉽다는 것을 알게 되었다. 그 결과, 사람들은 더 오래 살게 되었고 더 많은 자손을 갖게 되었다.

두 번째 괄목할 현상은 **산업혁명(industrial revolution)**으로 1700년대 중반에 시작되었다. 이는 농촌, 가축에 의존한 농업, 수공예품의 생활에서 공장을 통한 상품의 대량생산과 **화석연료(fossil fuels)**(재생불가능한 에너지원으로 오일, 석탄, 천연가스를 포함)에 바탕을 둔 도시화로의 전환을 수반하였다(15장). 산업화는 기술의 진전과 위생 및 의약품의 개선을 가져왔고, 화석연료에 기반한 기계, 합성비료 및 농약의 사용으로 농업생산성을 증가시켰다(7장).

인구증가를 몰고 온 요인들은 여러 방면에서 우리의 삶을 풍요롭게 하였다. 그러나 폭발적 인구증가는 우리의 복지를 위협하기 시작하였다. 우리는 반드시 어떻게 이 행성이 70억의 인구를, 또는 2050년경 약 90억의 예상인구를 수용할 수 있을지를 물어야 한다. 이미 이 거대한 숫자는, 역사상 비교할 수도 없으며, 자연계와 자원의 이용가능성에 대하여 전례없는 스트레스를 퍼붓고 있다.

자원소비는 사회적, 환경적 압력으로 작용한다

인구증가는 의문의 여지없이 많은 환경문제의 근간을 이루고 있지만, 자원소모의 증가 역시 큰 문제를 제시하고 있다. 산업혁명이 세계의 많은 사람들에게 물질적 풍요를 안겨주면서, 또한 상당량의 천연자원과 공산품의 소비를 증가시키고 있다.

"공유지의 비극" 공적으로 접근가능한 자원에 대하여 통제 없는 이용이 허락된다면, 이들의 남용은 불가피할 것이고, 결국 고갈되거나 훼손될 것이다. UC 산타바바라 대학의 개럿 하딘은 1968년 사이언스지에 "공유지의 비극(The Tragedy of the Commons)"이란 제목의 논문에서 이렇게 주장하였다.

19세기 소논문에서 제기된 시나리오에 바탕을 둔 그의 주장에서, 하딘은 누구에게나 방목이 개방된 공공목초지 혹은 "공유지"를 이용하는 모든 사람들은 목초지에서 자신의 가축 수를 늘리기 위한 사욕에 의해 움직이게 될 것이라고 설명하였다. 아무도 목초지를 소유하지 않고 있고, 누구도 이를 관리하여 이익을 얻지 못하는 상황에서, 모든 사람들은 자원이 고갈될 때까지 할 수 있는 모든 것을 취할 것이다.

일부 사람들은 사유화가 이 문제를 가장 잘 해결할 것으로 주장한다. 어떤 사람들은 공유자원을 사용하는 사람들끼리 자발적으로 조직화와 협동화를 통하여 책임있게 사용할 수 있다고 지적한다. 혹자는 목초지와 산림에서부터 깨끗한 공기와 물에 이르기까지 대중에게 공적으로 개방된 자원의 사용에 대하여 정부가 통제해야 한다고 생각한다.

> **WEIGHING 이슈**
>
> **공유지의 비극** 어업으로 생활한다고 가정해보자. 당신은 어디든지 자유로이 보트를 대고, 마음대로 그물과 낫줄을 드리우며, 수확 또한 매우 양호하다. 그러나 어장은 어느새 사람들로 부쩍이고 적은 수의 물고기에 대해 서로 경쟁하게 된다. 어획량은 해가 갈수록 적어지고, 다른 어부들도 가족을 지키기에는 너무 양이 적다. 어떤 이는 구역을 나눠서 각 구역별로 어업할 것을 요청한다. 또 다른 사람들은 정부에 최대로 잡을 수 있는 수량을 통제해 줄 것을 간청한다. 한쪽에서는 팀을 이뤄, 스스로 구역을 보호하며 새로운 사람의 접근을 막을 것을 주장한다. 이러한 공유지의 비극을 타개하고 어장을 복원하기 위한 가장 좋은 방법은 무엇이라 생각하는가?

▲ **그림 1.3** 생태발자국은 특정 개인 혹은 집단에 있어, 자원을 생산하고 폐기물을 처분하는 데 요구되는 생물학적 생산 토지와 물의 총 면적을 말한다. 풍족한 국가의 평균 시민들에 의한 생태발자국은 하루하루 살아가는 사람이 요구하는 물리적 면적보다 훨씬 크다. Adapted from an illustration by Philip Testemale in Wackernagel, M., and W. Rees, 1996. *Our ecological footprint: Reducing human ompact on the Earth*. Gabriola Island, British Columbia: New Society Publishers.

우리의 생태발자국 풍요로움이 늘어나면서, 인류사회는 점점 많은 자원을 소모하고 있다. 우리는 1990년대 환경과학자인 매더스 웨커너겔(Mathis Wackernagel)과 윌리엄 리스(William Rees)가 개발한 생태발자국의 개념을 이용하여 자원의 소비량을 측정할 수 있다. **생태발자국(ecological footprint)**이란, 개인 혹은 집단이 소비하는 자원과 이들이 발생시키는 폐기물의 처분 또는 재활용에 필요한, 생물학적으로 생산적인 토지와 물에 대한 집합적인 의미의 환경영향을 말한다(**그림 1.3**). 이는 특정 개인 또는 집단에서 모든 직간접적인 영향들을 합쳐 사용한 생물학적 생산 표면적에 대한 총 면적을 측정한다.

웨커너겔과 그의 동료들은 현재 인류는 전체적으로 지속가능한 기반에서 이용할 수 있는 모든 지구의 자원보다 50%가량 더 사용하고 있다고 계산하였다. 이는, 우리가 보충되는 것보다 50%나 더 빨리 재생가능한 자원을 고갈시키는 것이며, 마치 은행에서 이윤보다 더 많은 원금을 인출하는 것과 같다. 이러한 과잉사용을 **초과량(overshoot)**이라 하며, 이는 지속가능한 지구의 능력을 초월해 사용하고 있기 때문이다(**그림 1.4**). 더구나, 미국과 같은 부자

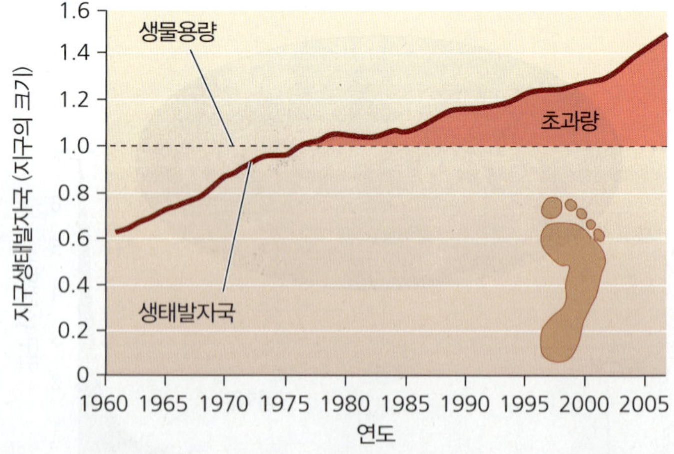

▲ **그림 1.4** 인구에 대한 지구의 생태발자국은 불과 반세기 전보다 2.5배나 커졌고, 장기적으로 지구가 수용가능한 능력을 초과하고 있다고 과학자들은 주장하고 있다. Data indicate that we have already overshot Earth's biocapacity—its capacity to support us—by 50%. That is, we are using renewable natural resources 50% faster than they are being replenished. Data from WWF International, 2010. *Living planet report 2010*. Published in 2010 by WWF—World Wide Fund for Nature.

나라들의 사람들은 가난한 나라의 사람들보다 훨씬 큰 생태발자국을 남기고 있다. 세계의 모든 사람들이 미국민과 같은 비율로 자원을 소비한다면, 우리는 현재의 지구보다 4배 반이나 더 큰 지구가 필요할 것이다.

환경과학은 과거의 실수를 반복하지 않도록 도움을 줄 수 있다

자원의 남용과 인구증가가 오늘날 지구사회에 어떠한 결과를 초래할지는 두고 볼 일이지만, 인구로 인한 압박과 소비가 자원의 이용도를 넘어설 때 문명이 무너질 수 있다는 역사적 증거가 있다. 이스터 섬은 고전적인 한 예이다(**과학 비하인드 스토리** 참조).

많은 위대한 문명이 환경을 파괴한 뒤 쇠퇴하였고, 이를 자각할 즈음에는 황폐한 경관만을 남겨놓았다. 그리스와 로마제국, 동남아시아의 앙코르문명, 신대륙의 마야, 아나사지 및 다른 문명들이 그러하다. 이라크와 다른 중동의 지역에서도, 오늘날 사막으로 황무지가 된 지역은 과거 고대 문명이 존재할 당시에는 충분히 농업이 발생할 수 있도록 숲이 울창하였다. 과학자이자 작가인 제러드 다이아몬드(Jared Diamond)는 2005년 저술된 그의 책 *Collapse*에서 기존의 연구를 분석한 후, 문명의 흥망성쇠에 대한 일반적인 원인에 대하여 기술하였다. 성공과 번영은 주로 사회가 어떻게 주변환경과 상호작용하는지와 어떻게 그 문제들에 대응하고 있는지에 달려 있다고 역설하였다.

오늘날의 국제화 사회에서 환경영향이 전 지구적이기 때문에 그 어느 때보다 위험성이 높다. 만약 문제에 대하여 지속가능한 해결책을 세우지 못한다면, 그에 따른 사회적 붕괴는 전 지구적이 될 것이다. 다행히도, 환경과학은 더 나은 세계를 건설하기 위한 열쇠를 쥐고 있다. 환경과학을 연구함으로써, 우리 주변의 환경변화를 평가하며, 분석적이고 창의적인 사고를 배워, 이에 대처할 수 있을 것이다.

환경과학의 본질

환경과학자들은 어떻게 지구의 자연시스템이 기능하고, 이들 시스템이 인간에게 어떤 영향을 주며, 어떻게 이 시스템에 영향을 끼치고 있는지를 이해하는 데 목적을 두고 있다. 많은 환경과학자들은 환경문제에 대한 해결책을 찾아내기 위해 열심히 연구중이다. 이러한 해결책(가령, 신기술, 정책결정, 또는 자원관리 전략 등)은 환경과학의 **응용 분야**이다. 이러한 응용 분야 및 그 결과들에 대한 연구 역시, 환경과학의 일부분인 것이다.

환경과학은 학제간 학문이다

환경과의 상호작용을 연구하는 것은 다양한 학문, 즉 생태학, 지구과학, 화학, 생물학, 지리학, 경제학, 정치학, 인구학, 윤리학 및 기타 학문들의 전문가를 필요로 하는 복잡한 시도이다(**그림 1.5**).

기존의 학문들은 학자들이 새로운 지식을 발견하고 특정 분야의 전문가를 개발하며, 깊게 주제를 파고든다는 점에서 가치가 있다. 반면에 학제간 분야는 각 전문가들이 모여 서로 다른 학문에서 특별한 지식을 융합하고, 이를 사회의 다면적인 이익을 위해 널리 활용한다는 점에서 가치가 있다.

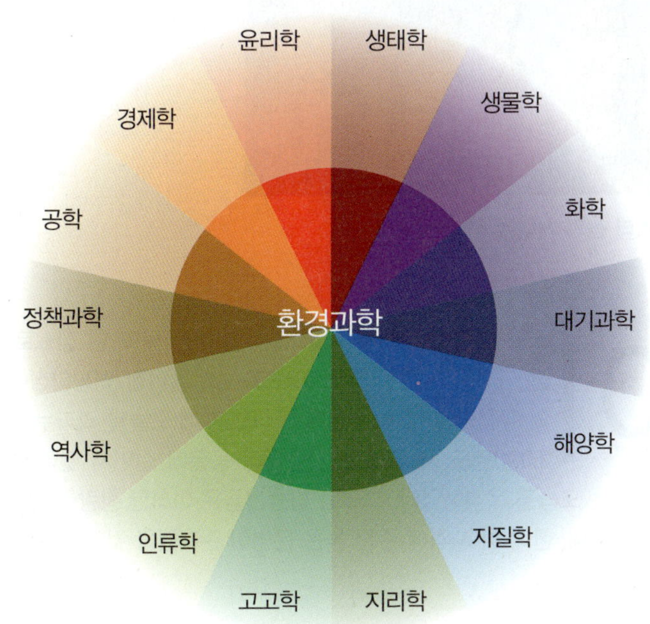

▲ **그림 1.5** 환경과학은 자연과학에서 사회과학에 이르기까지 다양한 학문 분야로부터 정보를 얻어야 하는 학제간 학문이다.

환경과학은 특별히 광범위한데, 이는 비단 **자연과학**(자연계를 연구하는 학문)뿐 아니라, **사회과학**(인간의 상호관계와 조직을 다루는 학문)도 포함하고 있기 때문이다. 대부분의 환경과학 프로그램은 자연과학에 우선적인 초점을 맞추고 있는 것에 반해, 사회과학을 다루는 프로그램은 주로 **환경연구(environmental studies)**라는 용어를 사용한다.

환경문제에 대한 학제적 접근연구가 이들에 대한 이해력을 증진시키는 데 도움을 주는 것과 같이, 이들 문제에 대한 통합적 접근은 사회에 대한 효과적인 해결책을 제시해 줄 수 있다. 일례로, 연구자들이 매연을 통한 납의 방출이 뇌손상 및 사산 등을 포함한 건강상의 문제를 일으킨다는 것을 알고 있음에도 불구하고, 우리는 차가 더 부드럽게 달리게 하기 위해 가솔린에 납을 첨가하였다. 1970년대에 미국은 대기오염이 심각한 납 방출의 78%가 자동차에 기인하고 있었다. 다음 해에 환경과학자들과 공학자, 의학연구자, 정책입안자들이 모여 그들의 지식과 기술을 융합하여 결국 납이 든 가솔린의 사용을 금지하는 과정을 도출해 내었다. 1996년, 미국에서 판매되는 모든 가솔린은 무연이 되었으며, 미국내 대기 중 납 방출의 가장 큰 원인은 완전히 사라져 버렸다.

환경과학과 환경주의는 동일한 개념이 아니다

비록 많은 환경과학자들의 문제를 해결하는 데 관심을 가지고 있지만, 환경과학을 환경주의 또는 환경운동과 혼동하는 것은 부적절하다. 이들은 같은 개념이 아니다.

과학 비하인드 스토리

이스터 섬의 교훈

이스터 섬의 거대한 석상

이스터 섬은 지구에서 가장 멀리 떨어진 곳의 한 장소로, 남미로부터 3,700 km , 가장 가까운 유인도에서도 2,250 km 떨어진 태평양상에 위치해 있다. 1722년, 최초의 유럽탐험가가 이 섬에 도착했을 때(오늘날 라파누이라 부르는), 황폐한 환경에서 2,000명도 채 안되는 사람들이 동굴에 살면서 몇몇 빈약한 곡물에 의존해 근근히 살아가는 모습을 목격하였다. 그러나 탐험가들은 이러한 황량한 섬에서 수백 개의 거대석상을 발견함으로써, 한때 이 지역에 수준 높은 문명이 존재했을 것이라 여겼다.

역사학자들과 인류학자들은 어떻게 사람들이 바퀴와 밧줄도 없이 나무 하나 없는 섬에서 10 m 높이, 99톤 무게의 거대석상을 채석장에서 해안가까지 10 km의 거리를 운반해왔는지 의아해했다.

역시, 과학적 연구결과는 이 섬이 한때는 산림으로 우거졌고 6,000에서 30,000명 가량의 사람으로 번영된 사회를 지탱하였다는 것을 말해주고 있다. 비극적으로, 한때 번성했던 문명은 자원을 남용하고 모든 나무를 남벌함으로써, 기근과 갈등의 소용돌이 속에서 파괴되었다. 오늘날 이스터 섬은 인간이 제한된 자원을 남용할 때 어떠한 결과를 초래하는지에 대한 경고와 우화를 말해준다.

이스터 섬의 미스터리를 파해치기 위해서 과학자들은 여러 방법을 동원했다. 영국의 과학자인 존 플렌리와 같은 사람들은 섬의 호수 밑바닥에서 침전물을 발굴해냈고, 진흙 한가운데를 뚫어 그곳에 보존된 고대의 화분가루를 조사하였다. 화분립은 식물마다 제각기 다르기 때문에, 과학자들은 층층이 시간을 두고 형성된 식생의 역사를 재현시킬 수 있었다. 전자현미경으로 화분립을 조사함으로써, 플렌리와 다른 연구자들은 폴리네시아인들의 섬에 도착하였을 때(A.D. 300년부터 900년 사이로 추정) 섬은 칠레의 야자나무와 같이 크고 둘레가 넓은 나무와 유사한 종으로 덮여 있었다는 것을 밝혀냈다.

더구나, 고고학자들은 동굴과 바위틈에서 고대 야자씨앗을 발견하였고, 지질학자는 토양으로부터 칠레의 전형적인 야자나무와 뿌리연결선이 일치하는 탄소로 구성된 경로를 발견하였다. 석상위 섬 사람들의 문양을 해독하던 과학자들은 야자수의 형태로 새겨진 글자를 식별하였다.

꽃가루와 나무석탄조각을 연구하던 끝에, 프랑스의 고고학자인 캐서린 오를리악(Catherine Orliac) 등의 과학자들은 최소 21가지의 대부분이 나무였던 식물들이 지금은 완전히 사라졌지만 이 섬에 존재했다는 것을 밝혀냈다. 섬에는 확실히 다양한 산림이 존재하였다. 그러나 A.D. 750년경부터 나무는 감소하였으며, 고사리와 풀들이 더 풍성했던 것으로 한 호수의 화분 분석에 의해 조사되었다. A.D. 950년경, 대부분의 나무는 사라졌으며, A.D. 1400년경에는 전체 화분의 수도 급감하며 식생의 종말을 고하였다.

동일한 사건들이 마을에서 멀리 떨어진 더 큰 다른 두 연못에서 2세기 후에 발생하였다. 연구자들은 처음에는 기후변화에 의해 산림이 훼손된 것으로 가정하였으나, 후에 사람들이 점차 섬의 산림을 벗겨냈다는 가설을 뒷받침하는 증거를 찾아냈다.

나무들은 땔감과 건축재료, 카누, 먹을 과일과 섬유의 재료를 제공하였고, 아마도 석상을 운반할 통나무로도 사용되었을 것이다. 고고학

환경과학은 환경과 우리의 상호작용에 대한 지식을 추구한다. 반면에 **환경주의(environmentalism)**는 사회운동의 일종으로 자연계 — 더 나아가서는 인간도 포함하여 — 인간의 활동으로 인해 발생한 원치않는 변화로부터 보호하는 것에 전념한다. 비록, 환경과학자들은 환경문제에 대한 해결방안을 찾고 있지만, 이들은 그 연구를 철저히 객관적인 관점에서 바라보려 노력하며, 어떠한 이념이나, 가치관, 선입견에 얽매이지 않으려 한다. 데이터가 원하는 결론이 어떠하든지 이를 개방해 놓는 자세는 훌륭한 과학자의 올바른 태도이다.

과학의 본질

현대 과학자들은 **과학(science)**을 세계에 대해서 배우고, 이를 실험하는 체계적 과정으로 기술하고 있다. 또한 과학이라는 용어는 묻고, 관찰하고, 실험하고, 발견하는 역동적 과정에서 얻어진 축적된 지식을 일컫는 것으로 사용된다.

과학으로부터 얻은 지식은 사회적 필요들, 예컨대 기술을 개발하거나 정책 및 관리를 결정하는 정보를 주는 것 등에 적용될 수 있다 (**그림 1.6**). 많은 과학자들은 유용한 응용분야를 개발하기 위한 잠재력에 의해 동기부여가 되는 반면, 다른 사람들은 단순히 세계가 어떻게 작동되고 있는지를 이해하기 위한 욕구에 의해 움직인다.

이스터 섬(라파누이)의 거대석상은 자원을 고갈과 환경의 파괴로 붕괴한 높은 수준의 문명에 의해 세워졌다.

자들은 일단의 사람들을 고용하여 어떻게 섬 사람들이 거대석상을 채석장으로부터 끌어내렸는지에 대한 가설을 실험적으로 입증하였다. 동원된 방법은 상당량의 밧줄과 수많은 통나무를 굴림대 또는 운반차로 사용한 것이다. 이 섬에서 밧줄로 사용된 유일한 원료는 오늘날 거의 멸종된 나무인 하우하우나무의 섬유질이었을 것이다.

나무가 사라지며, 비에 의해 토양침식이 발생했을 것이며, 이러한 현상은 많은 양의 침전물이 퇴적된 호수의 바닥으로부터 그 정보를 확인하였다. 섬 거주민들의 농경지 침식은 바나나와 사탕수수, 고구마 등의 수확을 낮추며, 기아와 인구감소를 유발했을 것이다.

고고학적 증거는 이러한 환경파괴와 문명의 쇠퇴의 시나리오를 입증하고 있다. 고고학자인 David Steadman이 발견한 6,500개의 뼈 조각을 분석한 결과, 최소 31종의 조류가 이스터 섬에 서식하였고, 섬 주민들의 식량에 사용되었다는 것을 밝혀냈다. 오늘날에는 단지 한 종의 토착조류만이 서식하고 있다.

탄소방사능 연대측정에 따른 석탄재의 일부에서는, 곡식과 조류 외에 초기 거주민들은 돌고래와 물고기, 상어, 거북, 문어, 갑각류 등을 섭취하였다는 것을 보여주고 있다. 그러나 후대에 거주민들의 식사에서는 거의 해산물을 소비하지 않은 것으로 분석되었다. 나무가 사라지면서, 주민들은 더 이상 그들의 조상인 폴리네시아인들이 수 세기 동안 어업과 주변의 섬을 이동할 목적으로 자랑스럽게 사용하였던 거대한 카누를 만들 수 없었다.

자원이 고갈되면서, 고고학자들은, 주민들이 가축들을 도둑들로부터 보호하기 위하여 입구를 돌들로 튼튼히 세웠다는 것을 발견하였다. 한때 번영과 평화를 유지했던 문명은 집단 간의 전쟁터로 바뀌었으며, 이는 땅 밑에서 찾아낸 무기들과, 뼈들, 뇌의 손상을 보여주는 해골 등에서 알 수 있었다.

이스터 섬의 이야기는 단지 이 섬의 독특하고 분리된 이야기일 뿐인가 아니면 오늘날 우리 세계에 대한 교훈을 담고 있는가? 이스터 섬의 거주민들과 마찬가지로, 우리 모두는 한정된 자원의 섬에서 함께 방황하고 있는 것이다. 지구는 이스터 섬보다는 더 크고 풍부한 자원이 있을지 모르나, 지구의 인구 또한 그만큼 크지 않은가.

이스터의 주민들은 그들의 자원이 고갈되고 있다는 것을 분명 보고 있었을 것이나, 이를 방지할 수 없었을 것이다. 우리가 이스터 섬의 역사로부터 배우고, 우리의 섬, 지구의 자원을 보다 현명하게 사용할 수 있는가 하는 문제는 전적으로 우리에게 달려 있다.

과학자들은 증거에 대한 분석적 조사를 통하여 개념을 정립한다

과학은 모든 것이 묻고 답하는 것이다. 과학자들은 관찰을 통해서, 측량을 함으로써, 그리고 아이디어들을 증거를 통하여 실험함으로써, 세계가 어떻게 기능하는지를 검토한다. 제대로 된 과학자들은 분석적 사고를 하며 다른 사람들이 지닌 기존의 지식을 단순히 받아들이지 않는다. 과학자들은 의구심이 드는 새로운 아이디어에 흥분하며 이들을 지지하는 강력한 증거에 의해 판단한다. 이러한 방법을 구사함으로써, 과학자들은 우리의 훌륭한 모범이 되고 있는데, 이는 우리 모두가 일상에서 분석적인 사고방식을 배우는 혜택을 받기 때문이다.

과학적 작업의 방대한 양은 **관찰과학(observational science)** 또는 **서술과학(descriptive science)**이며, 이를 통해 과학자들은 생물체나 물질, 시스템, 또는 잘 알려지지 않은 과정이나 실험으로 증명할 수 없는 것들로부터 기초적인 정보를 얻고 있다. 이러한 접근으로, 연구자들은 관찰하거나, 진전된 이해를 구하기 위하여 현상을 측정하면서 새로운 지식의 지평을 탐색한다. 이러한 연구는 기존의 분야인 천문학, 고생물학, 분류학 등과 함께, 새롭고 빠르게 성장하는 학문분야인 분자생물학과 유전체학 등에도 동일하다.

일단 주제에 대하여 충분한 정보가 파악되면, 과학자들은 어떻게 그리고 왜 그들이 그렇게 되었는지에 대해서 보다 구체적인 설명을 구하기 위하여 좀 더 과학적인 질문을 던지기 시작한

(a) 메탄올 연료전지 자동차

(b) 통제된 산불

▲ **그림 1.6** 과학지식은 공학과 기술, 정책과 관리결정에 적용될 수 있다. 에너지 효율적인 자동차**(a)**는 물질과 에너지에 대한 연구에 의해 개발된 과학적 진보이다. 그림에서 보여주는, 아칸소 주의 워시토 국유림내, 통제된 산불**(b)**은 산림생태학에 대한 과학연구의 결과로부터 건강한 산림을 유지하기 위하여 실행되는 관리차원의 한 모습이다.

다. 이 시점에서 이들은 **가설에 기인한 과학(hypothesis-driven science)** —즉 목표와 구조를 갖추고, 기존에 알려진 과학적 방법의 틀안에서 가정을 증명하기 위하여 실험하는—을 추구하게 된다.

과학적 방법은 전통적인 연구방법이다

과학적 방법(scientific method)은 관찰을 통하여 아이디어를 실험하는 기술의 일종이다. 과학적 방법에는 어떠한 의혹도 없다. 이것은 누구라도 질문의 답을 구하기 위해 자연스럽게 논리를 사용하는 공식화된 방법이다. 과학이 역동적이고 창조적인 과정이기에, 혁신적 과학자는 전통적인 과학적 방법과 다른 훌륭한 이유를 끄집어낼 수도 있다. 더구나, 여러 분야의 과학자들은 이질적인 형태의 정보를 다루기 때문에 다른 방법으로 그들의 작업에 접근할 수도 있다. 그러나 어떠한 과학자들도 대개는 과학적 질문과정의 기본요소에 대해서 동의하고 있다. 과학적 방법(**그림 1.7**)은 일반적으로 아래에 표시된 단계들을 밟게 된다.

관찰하기 과학의 진보는 일반적으로 과학자들이 설명하기 원하는 어떤 현상에 대한 관찰로부터 시작된다. 관찰은 과학적 방법을 작동하게 하고 그 과정을 통하여 기능한다.

질문하기 호기심은 인간의 기본적인 특징이다. 새로운 환경에 접한 어린이나 아기들을 관찰해보자—이들은 관심을 끄는 그 모든 것에 대하여 만지거나 맛을 보려 하고, 듣거나 보려 하며, 말을 할 줄 알면서 질문하기 시작한다. 과학자들은 이런 면에서 아이들과 같은 마음이다. 왜 어떤 식물이나 동물들은 과거보다 오늘날 그 수가 적은 것인가? 어찌하여 폭풍은 더욱 심해지고 자주 홍수로 이어지는가? 연못내 조류의 과잉성장의 유발인자는 무엇인가? 농약에 의해 어류나 개구리가 해를 입을 때, 인간도 함께 영향을 받게 되는가? 이 모든 질문이 환경과학자들이 질문하는 것들이다.

가설의 전개 과학자들은 실험가능한 설명을 고안함으로써 질문에 접근한다. 가설이란 어떠한 현상을 설명하려 들거나 과학적 질문에 답을 하기 위한 진술이다. 예컨대, 연못에서 과잉생장하는 조류를 연구하는 과학자는 근처의 농장에서 사용하고 있는 화학비료에 주목할 수 있다. 이때 과학자는 다음과 같은 가정을 설정한다: "연못에 흘러 들어간 농업비료가 연못내 조류의 성장을 촉

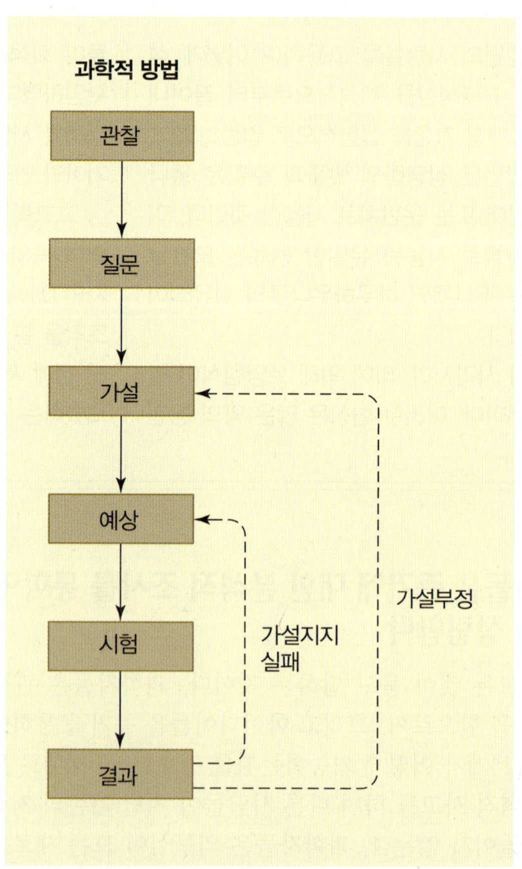

▲ **그림 1.7** 과학적 방법은 세계가 어떻게 작동하고 있는지를 알아내기 위해서 과학자들이 사용하는 전통적인 실험방법이다. 이 그림은 단순화시킨 도표로써, 비록 교육적인 목적으로 유용하긴 하지만, 과학의 역동적이고 창조적인 본질을 전달할 수는 없다. 더구나, 다른 영역의 학문을 연구하는 연구자들은 이 모델과는 다른 합리적 방법으로 그들의 작업을 추구할 수도 있다.

진하는 인자이다."

예상하기 과학자는 다음에 **예상(prediction)**, 즉 직접적이고 분명히 실험가능한 특정 진술을 세우기 위하여 가설을 이용한다. 조류의 예에서, 연구자는 다음과 같이 예상할 것이다: "농업비료가 연못에 유입된다면, 연못내 조류의 양은 증가할 것이다."

예상 증명하기 과학자들은 한 번에 하나씩, 예상을 벗어나 가설을 부인할 수 있는 증거를 수집함으로써, 예상을 실험한다. **실험(experiment)**은 예상이나 가설의 정당성을 평가하기 위하여 설계된 행위이다. 이를 위하여 **변수(variables)** 또는 변화될 수 있는 조건을 설정하게 된다.

예를 들어, 과학자는 조류의 성장이 비료와 관련이 있다는 예상을 증명하기 위하여 두 개의 동일한 연못을 택해, 한곳은 비료를 넣고, 다른 한곳은 자연상태로 두어 실험할 수 있다. 여기서, 비료의 투입은 과학자가 조절가능한 변수로, **독립변수(independent variable)**이고, 그 결과물인 조류의 성장은 비료의 투입에 따른 **종속변수(dependent variable)**이다. 두 연못이 한 가지 독립변수(비료의 투입)을 제외하고 동일하다면, 이때 두 연못에서 나타나는 차이는 바로 그 변수의 특성일 것이다. 이러한 실험을 **통제된 실험(controlled experiment)**이라 하는데, 이는 과학자가 모든 변수의 효과를 조절하기 때문이다. 위의 예에서, 비료를 투입하지 않은 연못은 **대조군(control)**, 즉 **조작(treatment)**된 연못에 대하여 조작되지 않는 비교대상으로 작용하게 된다.

가능하면 실험을 반복하는 것이 최고이다. 즉, 대조군과 처리군에 대한 동일한 비교를 여러 번 실험하는 것이다. 본문의 과학자는 반복실험을 위하여 한쪽 연못에 한 번씩 비료를 투입하며, 열 번의 실험을 반복할 수 있다.

분석 및 결과해석 과학자들은 연구로부터 **데이터(data)** 또는 정보를 기록한다(**그림 1.8**). 그들은 특별히 **정량적** 데이터(숫자로 표시된 정보)에 가치를 두는데, 이는 숫자를 통하여 정밀도와 비교가 수월하기 때문이다. 비옥화 실험을 수행하는 과학자는, 예컨대 각 연못에서 조류가 분포하는 수면의 면적을 계상하거나, 각 연못으로부터 일정한 부피의 물을 취하여 그 안에 존재하는 조류의 건중량을 측정할 것이다.

그러나 숫자가 제공하는 정밀도를 갖고도, 과학자의 결과는 분명하지 않을 수 있다. 처리구와 대조구로부터 얻은 데이터가 근소한 차이를 보이거나, 또는 반복실험이 서로 다른 결과를 보일 수도 있다. 그러므로 연구자는 반드시 통계실험을 통하여 데이터를 분석해야 한다. 이러한 수학적 방법으로, 과학자들은 그들이 발견한 현상의 견고함과 신뢰도를 객관적이고 정확히 결정할 수 있는 것이다.

실험에서 가설이 부인될 경우, 과학자들은 가설을 포기하고, 이를 대신할 새로운 가설을 세울 수 있다. 실험을 통하여 가설을 부정할 수 없었다면, 이는 가설을 지지할 수 있지만, 이것이 옳다는 것을 입증하지는 않는다. 과학자는 다른 방법으로 가설을 입증할 수 있는 새로운 예상을 세우고, 그 진정성을 평가하려 할 수도 있다. 따라서 과학적 방법은 스스로 원점으로 돌아와, 가설의 번복과 새로운 실험을 반복하게 된다(그림 1.7).

반복실험에서 특정한 가설을 부인할 수 없다면, 이를 지지하는 증거가 축적되며, 연구자는 결국 가설이 지지를 받고 있다고 결론 내리게 된다. 더 나아가서, 과학자는 모든 가능한 설명들을 증명하길 원할 것이다. 예컨대, 조류의 연구자는 또 다른 가설로써, 비료를 투입한 연못에서 조류의 증가는 화학비료가 조류를 먹이로 하는 어류나 무척추동물의 감소에 영향을 미치기 때문이라는 설을 주장할 수도 있을 것이다. 물론, 두 가설이 모두 옳고, 각각은 또한 연못내 조류의 과잉성장에 대한 초기관찰에 부분적인 설명이 될 수도 있을 것이다.

서로 다른 방법으로 가설을 증명한다

연구자들이 활발히 독립변수를 선택하여 조작하는 실험을 **조작실험(manipulative experiment)**이라 한다. 조작실험은 과학자가 얻을 수 있는 가장 강력한 증거를 제공하는데, 이는 독립변수의 변화가 종속변수의 변화를 유발하는 것을 보여주는 인과관계를 나타내주기 때문이다. 그러나 실제로는 모든 질문에 대하여 조작실험을 수행할 수 없는데, 특별히 광대한 공간이나 장기간의 시간을 요하는 실험의 경우에 그러하다. 예를 들어, 지구기후변화(14장)의 영향을 연구하는 데 있어서, 다른 10개의 행성을 이용하여 이산화탄

▼ **그림 1.8** 샌디에이고의 스크립스 해양연구소의 제니퍼 스미스(Jennifer Smith) 박사가 남태평양의 외딴 산호지역에서 산호초의 단면을 촬영하기 위하여 디지털카메라가 장착된 방형구를 사용하고 있다.

소를 주입하고 이를 비교할 수는 없는 것이다. 따라서 환경과학에서, 과학자들은 어떻게 종속변수가 자연적으로 서로 다른 상황에서 표출되는지를 비교하는 **자연실험**(natural experiment)을 수행하거나, 변수들 사이의 관련성, 또는 통계적 연관성을 찾는 것이 일반적이다.

예컨대, 조류를 연구하는 과학자가 50개의 연못을 대상으로, 25개는 주변 농장에서 유출된 비료가 흘러들어 간 곳과 그렇지 않는 25곳을 연구한다고 가정해보자. 그 과학자가 비료가 유입된 연못에서 7배의 조류 성장이 증가된 것을 발견하였다고 하자. 그 과학자는 조류 성장이 비료의 유입과 관련이 있다고 결론지을 것이다: 이는 바로, 하나의 요인이 다른 요인과 함께 증가하는 경향이 있다는 것이다.

이러한 형태의 증거는 조작실험이 제공하는 인과관계의 도출결과에 비하여 빈약하지만, 때때로 자연실험은 생태계나 지구와 같은 거대한 규모의 대상을 주제로 할 때 실행가능한 유일한 접근방법이다. 환경과학에서 많은 질문들이 매우 복잡하고 큰 규모로 존재하기 때문에, 이는 반드시 관련데이터를 갖고 접근해야 한다. 이렇기 때문에, 환경과학자들은 정책입안자와 대중들의 질문으로부터 명확한 이분법적 대답을 제공할 수 없는 것이다. 그럼에도 불구하고, 훌륭한 연관적 연구는 강력한 과학을 만들게 되고, 조작실험이 불가능한 참세상에 대한 복잡성을 유지하게 된다. 가능한 한, 과학자들은 자연실험과 조작실험을 통합하여 각각의 장점을 얻으려 노력한다.

과학적 과정은 과학적 방법을 넘어 계속된다

과학적 업적은 전문가 집단의 맥락 속에서 발생된다. 영향력을 주기 위해서, 연구자의 연구결과물은 반드시 발표되어야 하고 이 집단에 노출되어야 한다. 따라서 과학적 방법은 전체적으로 과학집단을 포함하는 보다 큰 틀의 과정 속에 놓여 있다(**그림 1.9**).

전문가 평가 연구자의 연구수행이 끝나고 그 결과를 분석했을 때, 연구자는 연구결과를 정리하여 학술잡지(과학자들간 연구업적을 공유하는 학술출판물)에 제출한다. 학술잡지의 편집장은 그 분야의 전문과학자들에게 원고를 검토하고, 의견과 비평을 개진하며(일반적으로 익명처리), 그 결과물이 학술지에 기고 가능한지를 심사하도록 의뢰한다. 이러한 과정을 **전문가 평가(peer review)**라 하며, 이는 과학적 과정의 중요한 부분이다.

전문가 평가는 모든 과학자들이 의존하고 있는 학술지를 오염시킬 수 있는 잘못된 과학에 대하여 귀중한 방패역활을 한다. 그러나 과학자 역시 인간이기에, 인간적 오류와 정치적 목적으로 평가과정이 오도될 수 있다. 다행히, 개인 과학자들의 연구를 수행함에 있어 객관성을 유지하려 노력하고 있기에, 과학집단은 모든 업적에 대하여 공평한 심사를 하려고 최선을 다하게 된다. 윈스턴 처칠은 한때 지금까지 시도되어온 다른 모든 형태를 제외하고, 민주주의야말로 가장 최악의 정부형태라 말한 적이 있다. 이는 전문가 평가에도 동일하게 적용될 수 있을 것이다: 전문가 평가는 불완전한 시스템이지만, 우리가 할 수 있는 가장 최선의 방법인 것이다.

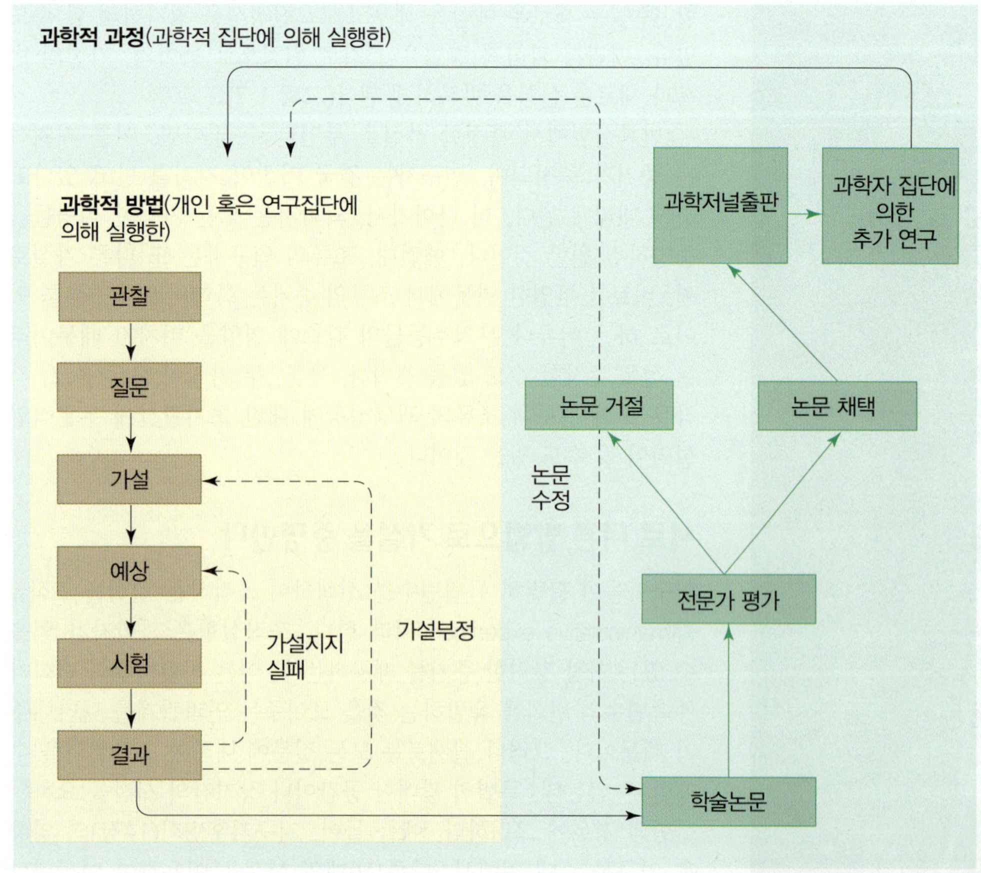

◀ **그림 1.9** 개인적 연구자 또는 연구팀에 의해 수행된 과학적 방법(안쪽의 노란색 상자)은 과학집단(바깥쪽의 녹색 상자)의 차원에서 전체적인 과학적 과정의 맥락 속에 존재한다. 이러한 과정은 전문가들의 검토와 연구발표, 연구비 확보, 그리고 많은 연구자들의 축적된 업적을 통한 이론의 정립과정을 포함하고 있다.

학술발표 과학자들은 종종 동료연구자들과 교류하며 연구에 대한 비공식적 의견을 주고받는, 전문적인 학술대회에 그들의 연구결과물을 발표한다. 이러한 피드백 행위는 출판을 위한 원고의 제출전에 연구자의 업적을 개선하는 데 도움을 준다.

연구비 및 연구비 조성 연구비를 조성하기 위하여 대부분의 과학자들은 상당량의 시간을 들여 사설기관이나 국립과학기금과 같은 정부기관으로부터 연구비를 요구할 필요가 있다. 연구비에 응모하는 것은 과학논문이 그러하듯, 동료자들의 평가를 거쳐야 하며, 그 경쟁력은 일반적으로 매우 높다.

과학자들의 연구비 기관에 대한 의존도는 종종 이익의 상충으로 이어질 수 있다. 연구비 지급 기관에게 불리한 형태의 데이터를 얻게 된 연구자는 연구비를 잃을 걱정으로 그 결과를 발표하길 꺼리거나, 더 나쁘게는, 연구결과를 조작하려 할 수 있다. 이러한 경우는, 가령 어느 기업이 생산품에 대한 안정성이나 환경영향 등을 실험하는 연구에 연구비를 지원할 때 나타날 수 있다. 대부분의 과학자들은 이러한 압력에 저항하고 있지만, 연구결과를 비판적으로 평가할 경우, 연구비의 지급기관에 대하여 언급하는 것이 좋은 생각이다.

재현성 조심스런 과학자는 여러 가지 방법으로 가설을 반복적으로 실험할 수도 있으며, 연구결과가 발표된 후, 다른 과학자들이 그들만의 실험방법으로 그 결과를 재생하려 할 수도 있다. 과학자들은 본질적으로 새로운 가설을 받아들이는 것에 조심스러우며, 더 많은 실험결과가 다른 연구팀들에 의해서 재생될수록, 과학자들은 그 결과가 관찰된 현상에 대해 정확한 설명을 하고 있다는 것에 대하여 더 많은 신뢰를 갖게 된다.

이론 하나의 가설이 수많은 연구팀에 의해 반복적으로 실험되어, 실험결과와 관찰이 정확하다는 것이 계속되면, 이는 하나의 이론으로 통합될 수 있다. **이론(theory)**이란 수많은 연구자들에 의해 증명된 하나 또는 그 이상의 인과관계에 대한 널리 수용되고 잘 입증된 설명이다. 가설이 하나의 실험으로도 부정될 수 잇는 간단한 설명에 대한 진술이라면, 이론은 방대한 양의 데이터에 의해 지지를 받고 있는 관련된 여러 가설이 통합된 형태이다.

과학에서 말하는 이론이란 단어는 흔히 사용되는 이론과는 다르다는 것에 주목하라. 우리가 일상에서 무엇인가에 대하여 "그저 이론일 뿐"이라 하는 것은 실증이 없는 의심스런 생각이란 것을 의미한다. 그러나 과학자들은, 이 단어를 사용할 때는 그 반대에 해당된다. 그들에게 이론이란 현상을 설명하는 개념적 틀이며 방대하고 철저한 실험을 거친 것이기에, 이에 대한 신뢰는 매우 강하다.

예컨대, 자연선택에 의한 다윈의 진화론은 150여 년간의 오랜 연구를 통하여 수천의 연구결과에 의해 지지되고 공들여진 결과이다. 연구는 반복적이고 보다 구체적으로, 어떻게 식물과 동물이 세대를 거치며 변화 또는 진화되며 생존과 생식에 가장 적합한 특징들을 발현해 왔는지를 보여주고 있다. 진화론은 강력한 지지와 설명의 힘으로, 현대생물학의 중심적 통합이론이 되고 있다. 다른 저명한 과학적 이론으로는 원자이론, 세포이론, 빅뱅이론, 판이론 및 상대성 이론 등이 있다.

과학은 패러다임의 변화를 통하여 진행한다

과학집단이 일정한 연구분야에서 정보를 축적하면서, 그 해석도 달라질 수 있다. 토마스 쿤은 1962년 작품인 과학혁명의 구조(*The Structure of Scientific Revolutions*)에서 과학은 주기적 혁명을 통하여 진행한다고 주장하였다: 하나의 **패러다임(paradigm)** 또는 지배적 견해나 생각이 다른 것에 의해 폐기처분되는 극적인 대반전인 것이다. 예를 들어, 16세기 이전에 과학자들은 지구가 우주의 중심이라고 믿었다. 행성의 이동에 대한 이들의 데이터는 이 개념에 적절히 들어맞았으나, 그것은 니콜라스 코페르니쿠스에 의해 부정되었는데, 그는 태양계의 중심에 태양을 놓으면 행성에 대한 데이터가 더욱 잘 설명된다는 것을 보여주었다.

또 다른 패러다임의 변화는 지질학자가 판구조이론을 받아들였던 1960년대에 발생하였다(11장 참조). 이즈음, 대륙의 이동과 구조판의 활동에 대한 증거가 축적되며 거의 의문의 여지없이 받아들여졌다. 이러한 패러다임 변화는 과학의 장점과 활력을 과시하며, 과학이 시간을 따라 스스로 닦여지고 개선되어 가는 과정임을 보여주었다.

과학이 어떻게 작동하는지를 이해하는 것은 과학적 해석이 정보가 축적되며 시간을 따라 어떻게 개선되어 가는지를 평가하는 데 중요하다. 이러한 과정은, 특히 방대한 양의 새로운 정보를 배워가며 급속히 변화해가는 젊은 학문분야인 환경과학에 적절하다. 그러나 환경문제를 다루고 이해하기 위하여, 그리고 우리의 행동과 그 결과를 평가하기 위하여, 우리는 과학 이상을 요구하게 된다. 윤리학 또한 필요하다. 과학은 진공 상태에서 발전하지 않는다. 이는 세계관에 영향을 받고, 과학자들의 문화적 배경에 영향을 받는다. 문화적 영향은 또한 공학자와 관리자, 정책입안자, 시민들이 과학적 지식을 어떻게 적용할지에 대해 안내해 준다. 따라서 아래의 윤리학에 대한 (또한 5장에서의 경제학과 정책의) 공부는 가치에 의해 어떻게 인간의 행동이 형성되고, 과학에서 얻은 정보가 어떻게 우리사회에서 해석되고 사용되는지를 알게 하는 데 도움을 줄 것이다.

환경윤리

윤리학(ethics)이란 선과 악, 옳음과 그름에 대한 연구를 수행하는 철학의 한 분야이다. 윤리란 또한 개인 또는 사회가 갖고 있는 도덕적 기준이나 가치관을 말한다. 윤리학자들은 여러 판단기준이나 규범, 표준 등의 잣대를 제시함으로써 사람들로부터 그릇된 것으로부터 올바른 것을 판단할 수 있도록 도움을 준다. 이러한 판단기준은 여러 가치에 근거하고 있다 ―예컨대, 복지의 증진, 개인의 자유를 최대한 신장하거나 고통을 최소화하는 것 등이 있다.

문화적 배경이 다르거나 세계관이 다른 사람들은 서로 가치관이 다르거나 옳고 그름을 판단하는 기준이 다를 수 있다. 이에 따라 윤리학자들 중에는 사회적 배경에 따라 윤리적 기준이 다를 수 있다고 생각하는 상대주의자가 있는 것이다. 그러나 사회적 다양성에도 불구하고 대부분의 사람들은 어떤 면이 도덕적 기준으로 적당한지에 대하여 폭넓은 공감대가 형성되어 있다. 따라서 대부분의 윤리학자들은 문화적, 사회적 다양성을 망라하고 대체적으로 옳고 그름을 판단함에 있어 객관적인 인지부분이 있다는 것을 지지하는 **보편주의자들(universalists)**이다. 보편주의자나 상대론자 모두에게 윤리란 **기술적**이 아닌 **규범적**인 것이 되고 있다. 즉 인간이 어떻게 행동해야 하는가를 가르치는 것이다.

윤리적 기준(ethical standards)은 그릇됨에서 옳음을 구별해 내는 판단기준이다. 고전적 윤리법칙 중 하나로 독일의 철학자 임마누엘 칸드가 주장한 **정언명령**(categorical imperative)이 있는데, 이는 내가 남에게 대접받기를 원하듯 남을 대접하라고 조언하고 있다. 기독교에서는 이를 두고 황금률이라 부르며, 대부분의 세계적인 종교에서도 이와 동일한 교훈을 가르치고 있다. 다른 윤리기준으로 영국의 철학자 제레미 벤탐과 존 스트라우트 밀에 의해 제기된 **실용성**(utility)이 있다. 실용주의란 모든 사람들에게 실질적인 이익이 창출되는 것만이 옳다고 보는 견해이다. 우리 모두는 일상에서 발생하는 수많은 결정과정의 수단으로써 이러한 윤리적 법칙들을 수용하고 있다.

환경윤리는 인간과 환경과의 관계이다

인간과 환경 사이의 관계를 규명하는 윤리적 법칙에 관한 것이 **환경윤리(environmental ethics)**이다. 인간과 환경 사이의 상호관계 속에는 종종 난해한 윤리적 문제가 자리하고 있다. 몇 가지 예를 살펴보자.

1. 현 세대는 미래후손을 위하여 자원을 보존할 의무가 있는가? 있다면 어느 정도까지 그 의무를 다해야 하는가?
2. 어떤 인구집단이 불균형하게 환경오염에 노출되는 것을 정당화시킬 수 있는가? 그렇지 않다면 이를 방지하기 위해서 어떠한 행동이 담보되어야 하는가?
3. 생물종의 멸종을 유도하는 인간의 행위가 정당화될 수 있는가? 잘 알려지지 않는 한 곤충의 멸종을 불러오는 산림의 파괴행위가 10,000명에 해당하는 일거리를 창출해준다면, 그 행위는 윤리적으로 수용가능한 것인가? 멸종동물이 부엉이 종류였다면 어떠하겠는가? 또한 100명에 해당하는 일거리만을 제공한다면 어떠하겠는가?

위의 질문에 대한 답은 부분적으로 개개인이 생각하는 윤리적 기준에 따라서 달라진다. 또한 그 답은 개인의 윤리적 관심영역의 폭과 넓이에 의존하기도 한다. 곤충의 생존에 책임을 느끼는 자들은 인간에 대한 윤리적 관심사가 지대한 사람들과 비교하여 세 번째 질문에 대한 답이 크게 달라질 것이다. 위의 세 가지 예는 대체적으로 서로 다른 개인의 윤리적 관심영역의 차이를 요약한 것으로 볼 수 있다. 이들 세 영역의 윤리적 기준 또는 **세계관**은 인간중심주의, 생물중심주의, 그리고 생태중심주의로 구분될 수 있다(**그림 1.10**).

인간중심주의(anthropocentrism)는 환경과의 관계에 대하여 인간중심의 견해를 견지하고 있다. 인간중심주의자들은 비인간적 실체에 대한 어떠한 권리도 부정 또는 무시한다. 인간중심주의자들은 오로지 인간에 미치는 영향만을 고려한 모든 행위의 비용과 편익만을 측정한다. 예컨대, 어느 광산의 개발이 심미적 또는 인

▲ **그림 1.10** 인간의 윤리적 관점은 인간중심적, 생물중심적, 또는 생태중심적인 것으로 분류할 수 있다. 인간중심주의자들은 윤리적 관점을 오직 인간에게 맞추고, 오로지 인간에게 미치는 영향에 대해서만 판단한다. 생물중심주의자들은 모든 생물체, 인간 및 기타의 것에 가치를 두고 고려한다. 생태중심주의자들은 윤리적 관점을 환경내 생물 및 무생물에까지 확대시키며, 이들 사이의 전체적인 연관성을 견지하고, 보다 광범위한 기능적 시스템에 가치를 둔다.

간의 건강상의 해를 거의 주지 않으면서 상당한 경제적 이익을 보장해 준다고 할 때 인간중심주의자들은 비록 그 지역내 다수의 동식물이 파괴된다 하더라도 매우 가치있는 행위라고 결론을 내릴 것이다. 한편, 그 지역을 보존하는 것이 오히려 사람들에게 더 큰 경제적, 정신적, 또는 그 외의 이익을 보장해준다는 판단이 들면 이들은 개발보다는 보존을 택할 것이다. 인간중심적 관점에서 볼 때 인간에게 유익하지 않은 것은 그 어떤 것도 가치가 없다고 간주하는 것이다.

이와 대조적으로, **생물중심주의(biocentrism)**란 살아 있는 것들 또는 일반적으로 생물영역에 가치를 부여하는 것이다. 이와 같은 관점에서는 인간과 함께 인간 이외의 모든 생명체의 삶에 윤리적 기준을 세우고 있다. 위 광산개발의 예에서 보면, 생물주의자들은 비록 인간의 건강 및 생명에 지장을 초래하지 않으면서 커다란 경제적 이익을 준다 할지라도 그 지역의 동식물이 파괴되는 것을 원치 않으므로 광산개발에 반대할 것이다.

생태중심주의(ecocentrism)는 생물과 무생물, 그리고 그들의 관계를 중시하는 생태계 전체의 시스템적 관점에서 모든 행동의 판단기준을 설정한다. 생태중심주의자들은 한 선택된 생물체보다는 모든 생물, 군집, 생태계 전체의 안녕에 가치를 부여한다. 이 같은 견해에는 시스템을 보전하기 위해서는 소속된 모든 구성원을 보호해야 하며 어느 특정한 구성원만을 보호하는 행위로는 전체 시스템을 보전할 수 없다는 의미를 내포하고 있다. 생태중심주의는 인간 또는 생물중심주의와 비교하여 전체적인 시각을 견지하고 있다. 이는 보다 폭넓은 구성원을 포함하고 있으며 이들을 기능적 시스템으로 함께 묶을 관계로 보존하려 한다.

보전과 보존은 20세기에 등장하였다

산업혁명의 발발로 인하여 사람들은 점점 생물중심적 또는 생태

▼ 그림 1.11 보존윤리의 주창자인 존 뮤어(John Muir)는 시에라네바다(Sierra Nevada) 지역을 보호하려 했던 그의 노력과, 선도적 환경기구인 씨에라 클럽(Sierra Club)을 창설한 공로자로 기억되고 있다. 사진에서 뮤어**(오른쪽)**는 요세미티 국립공원에서 테오도르 루즈벨트 대통령과 함께 있다. 대통령은 1903년 뮤어와의 자연탐사 여행을 마친 뒤, 내무부 장관을 통하여 시에라네바다내 보호지역을 넓히도록 지시했다.

▲ 그림 1.12 기퍼드 핀쇼, 미국 산림부의 초대의장을 맡았던, 기퍼드 핀쇼는 보전윤리의 선구자였다. 보전윤리는 사람들이 천연자원을 사용하되, 이는 오랜기간 최대다수의 사람들을 위하여 최고의 이익이 되도록 해야 한다는 것을 견지한다.

중심적인 견해를 도입하게 되었다. 19세기와 20세기 들어 미국인들의 세계관도 빠르게 변화하기 시작하였는데 이는 서부진출과 도시화가 이뤄지며 각종 자원을 탐색하고 이를 통한 풍요를 누리면서 많은 자연지형이 극적으로 변화되면서 이루어진 것이다.

빠른 성장과 변화의 이 시기에 규제의 목소리를 낸 인물이 스코틀랜드 이민자 출신의 **존 뮤어(John Muir,** 1838~1914)로서 그는 캘리포니아의 요세미티 계곡을 그의 야생적 고향으로 만든 사람이다. 비록 뮤어는 그가 사랑한 시에라네바다 지역에 오랜 기간 홀로 기거했지만 활발한 정치활동을 하였으며 야생자연의 보전을 위한 지칠 줄 모르는 지지자로서의 명성을 얻게 되었다(그림 1.11)

뮤어는 북아메리카의 급격한 산림벌채 행위를 목격하며 이에 자극받아, 대성당과 마찬가지로 자연에 대해서도 동등하게 존중해야 한다는 신조가 있었다. 그는 자연환경을 인간에 의한 변형없이 원래 상태로 보존해야 한다는 **보존윤리(preservation ethic)**를 주창하였다. 뮤어는 또한 자연은 그 본래의 가치를 보호받을 자격이 있음(생태중심주의적 논리)을 주장하는 한편, 인류에게도 행복을 전달해야 한다(실용적 가치에 기초한 인간중심주의적 논리)고 주장하였다. 그는 "모든 사람은 식량과 함께 아름다움도 필요하다"고 하였고 "즐기는 한편 기도할 수 있는 곳, 자연은 치유가 가능하고 몸과 마음에 힘을 불어넣어 주는 곳"이라 하였다.

뮤어를 움직인 몇 가지 요인들은 산림학자인 **기퍼드 핀쇼(Gifford Pinchot,** 1865~1946; 그림 1.12)에게도 영향을 끼쳤다. 그는 미국의 산림보호기관을 창설했으며 테오도르 루즈벨트 행

WEIGHING 이슈

보존과 보전 보존과 보전 중 어떠한 윤리가 더 적용되고 있는가? 당신이 살고 있는 지역의 산림 또는 습지 또는 다른 중요한 천연자원을 생각해보자. 보존윤리를 적용해야 하는 상황과 보존윤리가 적용되어야 할 사례를 들어보라. 어떠한 것도 따를 수 없고, 오직 "개발윤리" 만을 적용해야 하는 상황이 있는가?

정부에의 의장으로 활동하였다. 뮤어와 마찬가지로 핀쇼 또한 북미의 산림벌채나 무분별한 개발행위에 반대하였으나 자연에 대한 가치부여의 방식과 보존이유에 대하여 좀 더 인간중심적 사고에 접근하여 있었다. 그는 **보전윤리(conservation ethic)**를 옹호하였는데 이는 인간이 자연자원을 사용하되 이를 보다 현명하게 관리해야 할 책임이 있다는 것이다. 보전윤리는 실용적 기준을 적용하고 있는데 이는 자원을 배분하되 오랜 기간 다수에게 큰 혜택이 돌아가도록 해야 한다는 것이다. 보존(preservation)은 자연 그 자체와 심미적, 정신적 차원의 편익을 위해 자연을 보호해야 한다는 견해인 반면, 보전(conservation)은 신중하고 능률적이며 지속가능한 자연의 활용으로 현재와 후세대 모두에게 혜택이 주어져야 한다는 견해이다.

핀쇼와 뮤어는 미국에서 환경운동의 양대산맥으로 대변되어 왔으며 서로 다른 윤리적 기준으로 인해 그 시대의 정책이슈에 종종 대립양상을 보여주었다. 그렇지만 그들은 그 당시를 지배하고 있던, 인간만이 자연의 주인이고, 부정적 결과에 관계없이 경제발전만을 추진해야 한다는 "개발윤리"에 대하여 반대입장을 보여왔다. 핀쇼와 뮤어는 현재에도 각종 환경문제의 윤리적 접근에 회자되는 유산을 남겼다.

알도 레오폴드의 토지윤리학은 많은 사람들에게 영감을 준다

젊은 산림학자이자 야생생물 관리자인 **알도 레오폴드(Aldo Leopold,** 1887~1949; **그림 1.13**)는 보전주의자들의 캠프에서 활동을 시작하였는데 그는 예일대 산림학과 출신으로 이는 루즈벨트와 핀쇼가 범국가적 차원에서 보전활동을 벌이던 과정에서 핀쇼의 도움으로 창립된 학과이다. 애리조나와 뉴멕시코의 산림보호원 이었던 레오폴드는 사슴 등의 동물 개체수를 보호하기 위하여 늑대와 같은 포식자의 사냥을 허용하는 정부의 정책을 지지하였다.

▲ **그림 1.13** 야생관리사이자 선구적 환경철학가인 알도 레오폴드는 인간과 환경에 대하여 새로운 관계를 정립하였다. 그의 저서인 "토지윤리학"에서, 그는 윤리적 틀에 환경을 포함시킬 것을 주문했다.

동시에 레오폴드는 생태과학의 발전을 따라갔다. 그는 결국 일부 동물을 "선" 또는 "악"으로 규정하는 견해를 접고 대신에 건강한 생태계는 상호작용하는 모든 구성원들을 보호하는 데 달려 있다는 견해에 도달했다. 그는 이를 기계관리에 빗대어 "모든 톱니와 바퀴를 갖추는 것이야말로 유능한 땜질의 첫 번째 조건"이라고 하였다.

레오폴드를 인간중심적 사고에서 보다 전체적인 것으로 끌어올린 것은 과학 이상의 것이었다. 어느 날, 늑대에게 총을 발사 후, 곧바로 달려갔을 때, 레오폴드는 "늑대의 눈에서 사라져가는 사나운 녹색불꽃"을 보고 경악한 적이 있었다. 그 날의 장면은 평생 그의 곁을 떠나지 않았고 이 사건은 이후 그가 생태중심적 윤리관을 견지하게 된 계기가 되었다. 몇 년이 지난 후, 위스콘신대의 교수로 재직하던 레오폴드는 인간은 그들과 토지를 함께 공동사회의 일원으로 간주해야 하며, 토지를 윤리적 차원에서 취급해야 할 의무가 있다고 주장하였다. 1949년에 그가 작성한 수필집 "토지윤리(The Land Ethic)"를 보면:

> 지금까지 전개되어온 모든 윤리학은 하나의 가정에 근거하고 있다. 즉 개인이란 상호의존적인 구성원들이 모인 군집내 한 구성원. ... 토지윤리학이란 단순히 그 군집의 영역을 토양, 물, 식물, 동물, 또는 총체적으로 토지로 확장시킨 것이다. 토지윤리학이란 호모사피엔스의 역할을 자연–군집의 정복자에서 단순한 일원과 그 군집의 구성원으로 변모시킨 것이다. ... 이는 호모 사피엔스의 동료–구성원들에 대한 존경과 함께 군집에 대한 존경을 의미한다.

레오폴드는 토지윤리가 의사결정에 도움을 줄 것이라 믿었다. 그는 "통합과 안정, 생물군집의 아름다움을 보존하려는 것이야 말로 옳은 것이며 그렇지 않은 것은 그릇된 것이다"라고 하였다. 레오폴드는 비록 "토지윤리학"과 그의 가장 잘 알려진 책인 "*A Sand County Almanac*"이 출판도 되기 전에 죽었지만 오늘날 사람들은 그를 가장 웅변적이고 권위있는 환경윤리 철학자로 바라보고 있다.

환경정의는 모든 사람들에 대한 공평한 대우를 추구한다

우리 사회의 윤리적 관심사는 부유층에서 가난한 자로, 인종적 다수자에서 소수자로 점점 그 영역이 확대되고 있다. 이러한 윤리적 확장은 공정함과 평등함의 원칙적용을 내포하고 있으며 환경정의 운동의 계기를 만들게 되었다. **환경정의(environmental justice)**란 인종이나 경제적 지위와 무관하게 환경정책 및 집행에 있어 모든 사람들이 공정하고 평등한 대접을 받아야 함을 일컫는다.

환경정의 운동은 가난한 자들이 부유한 자들에 비해서 오염물질이나 유해물질, 열악한 환경조건에 더 노출되고 있다는 인식으로부터 촉발되어 왔다. 환경정의 옹호론자들은 또한 백인에 비해서 유색 또는 소수인종자들이 위해환경으로 인한 고통이 더 큰 경향이 있음을 지적하였다. 이를 증명하듯, 북미대상의 연구에서는 반복적으로 가난한 유색인종들이 대기오염 및 납중독, 농약 및 유해물질에 대한 노출, 작업장내 위험요소 등에 대한 심각한 위험부담을 안고 있는 것으로 발표하고 있다. 그 이유로 가난한 소수집단들은 유해환경요인에 대한 정보의 부족과 정치력의 결여, 위험요소를 경감시킬 수 있는 경제적 여유가 없다는 점을 들 수 있다. 환경정의 지지자들은 종종 일상화된 인종차별주의와 정부의 부적절한 정책 등을 비난하고 있다.

1980년 초, 노스캐롤라이나 워렌카운티에서 발발한 아프리카 태생 미국인들에 의해 일어난 주거지역내 독성물질의 투기에 반한 항의사건을 이 운동의 시발점으로 간주하고 있다(**그림 1.14**). 주 정부는 아프리카 태생의 미국인이 대거 거주하고 있는 이 지역을 투기장소로 선택한 것이다.

이와 유사하게, 애팔래치안 산지의 백인 거주지역 역시 환경정의 운동의 주목이 되었던 곳이다. 경제적으로 낙후된 이 지역에서 산 정상에서의 광산개발(11장 참조)은 지역주민들에게 일자리를 제공해 주었지만, 동시에 수질오염과 산림파괴, 수로봉쇄 등을 가져다주었고 결과적으로 홍수를 불러일으켰다. 환경피해를 입게된 빈곤한 이곳 주민들은 줄곧 광산의 폐해에 대해 항의할 정치적 대응력이 없었다.

WEIGHING 이슈

환경정의 당신이 성장한 곳을 생각해보자. 공장과 폐기물 매립장 및 오염된 시설들이 있는 곳의 가까운 곳에 누가 살고 있는가? 당신의 교정이 있는 도시나 마을에서 혐오시설에 가까이 사는 사람은 누구인가? 환경정의 옹호자들의 우려는 정당하다고 생각하는가? 만약 그렇다면, 빈곤층은 부유층보다 더 오염되지 않도록 보장하기 위하여 무엇을 하여야 하는가?

▼ **그림 1.14** 가난한 자와 유색인종들의 집단은 그들에게 주어진 환경적 위험부담의 몫 이상으로 고통을 받는데, 이는 후에 환경정의 운동을 불러일으켰다. 이 운동은 노스캐롤라이나 주의 워렌카운티(Warren County) 지역내 독성물질처리장에 대한 항의로 명성을 얻었다.

▲ **그림 1.15** 허리케인 카트리나는 환경정의에 대한 즉각적인 필요성을 나타냈는데, 당시 폭풍과 그 여파로 영향을 받은 대부분의 사람들이 가난한 유색인종이었기 때문이다. 이 아이들은 뉴올리언즈의 로어 아인스(Lower Ninth Ward) 지역에서 놀고 있는데, 이곳은 많은 가옥이 파괴되고, 물도 오랜 기간 음용하기에 안전하지 못한 상태로 남아 있었던 곳이다. 아이들의 엄마는 카트리나가 집을 파괴한 후, 다시 돌아왔는데 연방긴급사태관리청(Federal Emergency Management Agency)이 지급을 중지한 후, 가난으로 인해 형편없는 주택을 받아야만 했다.

오늘날, 경제는 점점 성장하고 있지만 빈부의 격차는 커져만 가고 있다. 서구사회의 크게 진전된 평등한 인종관계에도 불구하고 아직도 상당한 불평등이 존재하고 있다. 많은 환경관련법이 제정되었지만 아직도 소수자와 빈곤층은 평균 이하의 환경조건에 처해 있다(**그림 1.15**). 아직도 많은 사람들은 주거지역의 위해환경과 싸우고 있으며 승리를 거두고 있다.

그 성공적인 예로 캘리포니아의 산 조아킨 벨리를 들 수 있다. 대부분이 라틴계인 빈곤한 농산물 작업부들이 미국내 대부분의 식량공급을 위해 일하던 도중 미국 역사상 가장 최악의 대기오염에 직면한 적이 있다. 영농기계화로 농업을 일구던 인부들은 각종 농약 및 축산오염물질, 침식된 농토에서 날라오는 분진 등에 적절한 통제수단없이 무방비로 노출되었던 것이다. 지역거주민들은 인종, 빈곤, 환경센터(the Center on Race, Poverty, and the Environment)와 샌프란시스코 기반의 환경정의 법률회사 등 몇몇 기관에 도움을 요청하였고 이는 곧 캘리포니아의 사법 및 입법기관을 통해 대기오염방지법를 제정토록 하고 농산물 오염을 규제하는 법안을 통과시키도록 하는 데 성공하였다.

부유층이 빈곤층에게 오염물질에 의한 위험부담을 안겨주듯 부유한 국가와 빈곤한 국가 사이에서도 그와 동일한 현상이 발생된다. 예컨대, 부유한 국가에서도 수백만 톤의 유해물질들이 각종 공장을 비롯, 전력회사와 소각로 등지에서 발생되고 있으며 이들은 반드시 처리해야 한다(17장 참조). 이들 물질의 적절한 처리에는 상당량의 비용이 소요되며 따라서 처리업자들은 현금에 쪼들린 국가에 의뢰하거나 불법처리함으로써 비용을 절감하려 한다. 환경 및 보건관련 규제가 느슨한 개발도상국의 인부 및 주민들은 이들 유해폐기물에 대한 정보가 부족하거나 보호받지 못하는 경우가 많다. 국제조약인 바젤협약에서는 국가간 폐기물의 이동을 금지하고 있지만 여전히 불법적 거래 및 투기가 일어나고 있다. 169개의 국가에서 본 조약에 대한 비준결정을 내렸지만 세계에서 가장 큰 수출국인 미국은 아직도 이를 승인하지 않고 있다. 모든 단계에서의 환경정의야말로 지속가능성을 향한 환경적, 경제적, 사회적 목표를 추구하는 데 중요한 추진요인인 것이다.

지속가능성과 우리의 미래

초기에 제기된 윤리적 질문을 상기하라(1장 참조): 현 세대는 미래세대를 위하여 자원을 보존할 의무가 있는가? 이 질문은 지속가능성의 핵심을 찌르는 말로 **지속가능성(sustainability)**은 현대 환경과학의 길잡이이며 책의 본문을 통해 끊임없이 마주하게 되는 개념이다.

지속가능성이란 지구와 그 자원이 예측가능한 미래를 위하여 우리와 모든 생명체를 부양할 수 있도록 지구행성의 수단 안에서 살아갈 수 있음을 의미한다. 지속가능성은 우리의 손자와 증손들에게 현재 우리가 누리고 있는 부와 풍요가 고스란히 전달될 수 있는 세상을 물려주는 것이다. 이는 지구자원을 보존해서 후손들이 우리와 동일한 자연의 혜택을 보게 하는 것이다. 이는 장기적으로 유용한 해결책을 찾는 것이다. 지속가능성은 완전한 생태계의 기능이 유지되도록 관리를 요하는데 이는 우리의 삶을 부양하는 자연계의 유지 없이는 인간의 문명 또한 유지될 수 없기 때문이다.

지구의 자원은 은행의 예금으로 생각할 수 있다. 자원이 고갈되는 것은 은행예금이 인출되는 것이다. 그러나 우리가 예금의 이자만으로 생활한다면 오랜기간 원금을 보존하면서 생활할 수 있다. 근래에 인류는 지구가 그 동안 축적해왔던 풍부한 **자연자본(natural capital)**을 인출하여 왔다(1장 참조). 한 연구에 의하면 인류는 지구의 자원자본을 보충할 수 있는 기간보다 50%나 더 빠른 속도로 인출하여 왔다. 자원자본의 이자에 해당하는 분량(지구의 보충자원)으로 살아가는 것이 지속가능한 것이다. 보충되는 것보다 더 빠른 속도로 지구자원을 소비하는 것이야말로 자연의 자본을 갉아 먹는 행위이며 미래를 담보할 수 없는 행위인 것이다.

인구와 소비는 환경부담을 강요한다

인류는 지구시스템에 전례없는 크나큰 부담을 안겨주고 있다. 매일 20만 명의 인류가 태어나고 있으며 이러한 증가는 지구에 환경부담을 증폭시켜 주게 된다(6장). 자원의 소비는 인류의 증가를 앞지르고 있다. 최근 풍요로움의 증가는 인류의 발전에 긍정적으로 기여하고 있으며 아직까지는 지구자원의 개발은 인류 삶의 질을 개선하고 있다. 그러나 늘어나는 인구만큼이나 일인당 소비하는 자원의 증가는 쾌적한 환경을 위한 우리의 요구를 더욱 증폭시키고 있다.

더구나, 현대인들은 부의 증가로부터 공평한 혜택을 받지 못하고 있다. 오늘날 20개 부유국가들의 일인당 수입은 20개 빈곤국가의 55배를 넘어서고 있다. 이는 40년 전 3배에 불과했던 것과 대조를 이루고 있다. 미국과 같은 선진국 시민들의 평균적 생태발자국은 개도국과 비교하여 상당히 높은 것을 알 수 있다(**그림 1.16**).

인구와 소비의 증가는 이 책에서 열거한 많은 환경영향을 가중시키고 있다. 즉, 농업에서 발생되는 침식 및 기타 영향(7장), 산림파괴(9장), 독성물질(10장), 채광 및 광산의 영향(11장), 담수의 고갈(12장), 어류의 감소(12장), 대기 및 수질오염(12, 13장), 폐기물 발생(17장), 지구의 기후변화(14장) 등. 이러한 영향들은 인류의 건강과 삶의 질을 떨어뜨리고 우리가 살고 있는 생태계와 경관을 교란시킨다(**그림 1.17**). 이들은 또한 지구의 생물다양성 감소를 몰고 온다—아마도 이는 가장 큰 문제가 될 수 있는데 멸종은 되돌릴 수 없기 때문이다. 생물은 한 번 사라지면 영원히 사라진다.

인류의 지속적인 지탱에 필요한 생태계와 그 수용능력의 조건을 가장 포괄적으로 평가한 것이 바로 2005년 100여 개의 국가에서 2,000명 이상의 환경학자들에 의해 완성된 **천년의 생태계**

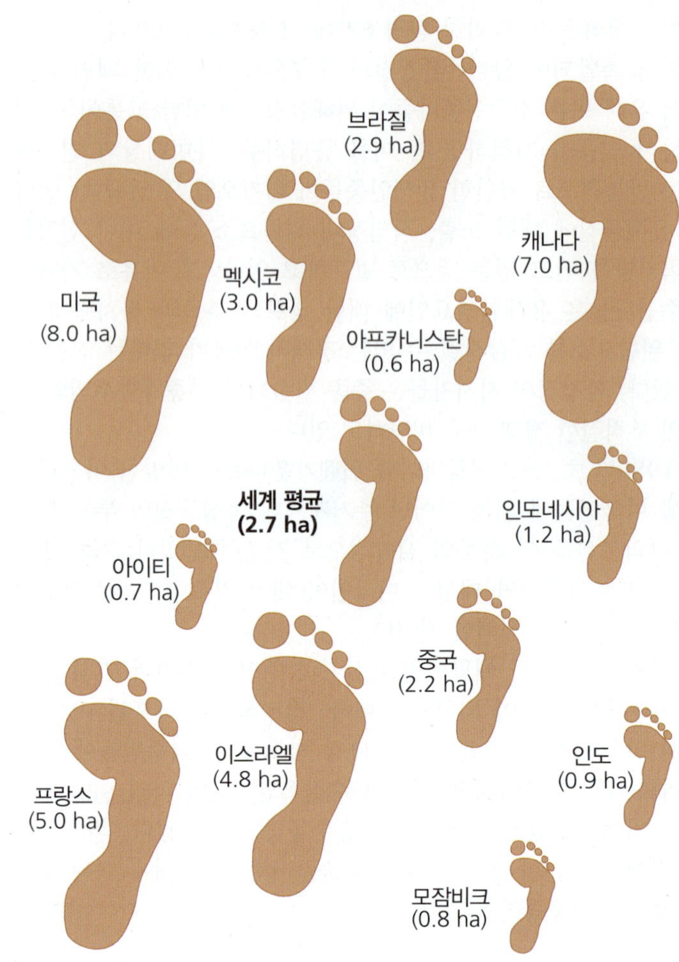

▲ **그림 1.16** 일부 국가의 국민들은 다른 나라의 국민들과 비교하여 더 큰 생태발자국을 갖는다. 그림에서는 몇몇 선진국과 개발도상국들의 생태발자국과, 전 세계민들의 일인당 평균 발자국인 2.7헥타르(One hectare)를 표시하고 있다.

WEIGHING 이슈

생태발자국 무엇이 일인당 생태발자국의 크기를 결정한다고 생각하는가? 당신은 큰 생태발자국을 가진 나라가 환경부담을 줄이기 위한 윤리적 책무가 있으며, 따라서 보다 작은 생태발자국의 나라를 위해서 더 많은 자원들을 유보해야 한다고 생각하는가?

◀ **그림 1.17** 인간활동은 미국에 큰 영향을 끼쳤으며, 특히 도시와 농장, 국가의 동쪽지역이 그러하다. 이 지도는 인간의 정착, 도로, 교통, 야간 조명 오염, 그리고 농업 및 기타 토지사용에 따른 육상생태계에 대한 영향을 요약하였다. 그림은 우리가 환경을 크게 변경시켜 살아가는 것을 보여주고 있으며, 따라서 자원시스템을 주의 깊게 돌보고 남아 있는 자원을 현명하게 관리해야 할 것을 제시하고 있다. Used by permission of the Center for International Earth Science Information Network (CIESIN), The Earth Institute, Columbia University. © 2008.

평가(Millennium Ecosystem Assessment)이다. 천년 생태계 평가서에 따르면 환경시스템의 파괴는 인류의 삶에 부정적 영향을 끼치고 있지만, 우리 모두의 노력에 의해서 많은 부분들을 바로 잡을 수 있음을 분명히 하고 있다.

지속가능한 해결책은 다양하다

인류의 도전과제는 환경을 보호하고 복원하는 한편 삶의 질을 고양하기 위한 해결책을 찾아나가는 것이다. 이 과제를 어떻게 풀어나가는지에 따라 인류는 21세기와 그 이후 삶의 특징이 결정되게 될 것이다. 다행히 지속가능한 해결책들이 우리의 손 안에 쥐어져 있다. 예를 들어:

- 재생가능한 에너지원들(16장)이 화석연료를 대체하기 위해 개발되고 있다. 화석연료를 추출하면서 우리는 일회성, 단기수명의 노다지를 남용하고 있으며 연구자들은 현재 인류가 전 세계 석유매장량의 50% 정도를 사용한 것으로 평가하고 있다(15장). 오늘날 여러 과학자와 공학자, 정책입안자들은 대체에너지의 개발과 에너지 효율성을 제고하기 위하여 노력하고 있다.
- 농업영향과 관련하여 과학자 및 관련자들은 토양의 보존 및 고효율의 관개, 유기농업 등에 관한 연구 및 개발을 수행하고 있다(7장).
- 각종 법률과 기술의 발달로 선진국에서는 산업과 자동차에서 방출되는 오염원이 감소되고 있다(5, 13장).
- 보존생태학자들의 노력으로 서식처 및 멸종위기의 동물들이 보호되고 있다(8장).
- 재활용으로 자원이 보존되고 폐기물 처리문제가 해결되고 있다(17장).
- 정부와 기업체, 각 개인들이 기후변화를 조장하는 온실가스의 방출을 감소하기 위한 조치와 노력을 기울이고 있다(14장).

지속가능한 개발은 환경보호, 경제복지 및 사회정의를 포함한다

오늘날 지속가능한 해결방법은 **지속가능한 개발(sustainable development)**, 즉 자연자원을 필요에 충족하게 사용하되 미래에 이용가능한 자원과는 타협하지 않는 방식의 개발에 초점이 맞춰져 있다. 지속가능 개발은 환경의 질을 보존하면서 삶의 질을 고양하는 것이 목표이다. 현대의 지속가능 개발에 대한 추진력은 우리 사회의 빈곤층이 환경파괴로부터 가장 많은 피해를 입는다는 인식으로부터 출발한다. 이러한 인식은 환경보호론자와 경제개발론자, 사회정의론자들이 함께 공동의 목표를 향해 움직이도록 하고 있다. 정부와 재계, 산업체, 단체, 개인 등의 지속가능한

▼ **그림 1.18** 남아공의 전 대통령인 타보 음베키가 유엔의 후원을 받은 지속가능한 개발을 위한 세계 정상회담에서 개막식에서 출연한 한 소년을 껴안고 있다. 2002년 남아공의 요하네스버그에서 열린 정상회담은 지속가능한 개발의 목표를 정한 200개의 국가로부터 10,000명의 대표자들을 초대하였다. 지속가능성이란 각 세대는 미래의 세대들이 우리와 같은 또는 더 나은 삶을 살아 가도록 자원을 보호할 것을 요구한다.

개발 노력은 —캠퍼스내 학생부터(맺는말) 유엔의 대변인에 이르기까지 어느 곳에서나(**그림 1.18**)— 점점 더 환경과 경제, 사회적 목표를 동시에 맞춰감으로써 이 **세 가지축**(triple bottom line)을 만족시켜 줄 지속가능한 해결책을 만들어 내고 있다.

지속가능성과 세 가지 핵심은 환경영향을 최소화하려는 동시에 경제적 복지와 사회적 평등관계를 촉진하도록 하고 있다. 이런 목표들은 우리에게 동료와 미래세대에 대하여 윤리적 책임을 지우고 있다. 이는 또한 과학에서 얻은 지식을 우리를 지탱하는 환경시스템을 유지하고 그 영향을 제한하기 위한 방법을 찾는데 적극 활용하도록 요구하고 있다.

"어떻게 우리는 지속가능한 방법으로 개발할 수 있는가"라는 질문은 우리가 직면한 질문들 중 딱 하나의 가장 중요한 질문일 수 있다. 환경과학은 이 질문에 답변할 수 있는 열쇠를 쥐고 있다. 아직도 수행해야 할 수 많은 연구와 행위가 남아 있고, 또한 현 세대에 가장 중심이 되고 있기에, 환경과학은 당신에게 오늘은 학생으로서 그리고 전 생애를 통하여 정보시민으로서, 흥미로운 개척지로써 존재하게 될 것이다.

>> 결론

이처럼 다양하고 복잡한 행성에서 평화롭고, 건강하며, 지속가능하게 사는 방법을 효과적으로 찾으려면 자연과 사회시스템에 대한 견고한 윤리적 바탕과 철저한 과학적 이해가 필요하다. 환경과학은 인간과 환경 사이의 복잡한 관계를 이해하고, 환경문제를 해결하고 방지하려는 노력에 도움을 준다. 오늘날 많은 환경변화들은 우리를 걱정스럽게 하지만, 다른 것들은 희망을 갖게 한다—문제를 찾아내는 것은 해결책을 고안해 낼 첫 번째 단계이다. 환경문제를 해결하는 것은 우리에게 건강과 장수, 평화와 번영을 이루게 한다. 일반적으로 과학은, 그리고 특별히 환경과학은 균형있고, 일할 만하며, 지속가능한 해결책을 찾으려는 우리의 노력과, 우리와 자손들을 위한 보다 나은 세계를 창조하는데 도움을 줄 수 있다.

이해도 측정

1. 왜, 어떻게 농업혁명은 인구의 크기에 영향을 주었는가? 왜, 어떻게 산업혁명은 인구의 크기에 영향을 주었는가? 이로 인한 사회적 결과와 환경영향에 대하여 설명하시오.
2. 공유지의 비극이란 무엇인가? 어떻게 이 개념이 수질오염의 주원인인 통제되지 않는 산업에 적용될 수 있는지 설명하시오.
3. 환경과학이란 무엇인가? 환경과학에 포함된 몇 가지 학문분야를 들으시오.
4. 과학에 대한 두 가지 의미를 비교하시오. 과학의 세 가지 응용분야를 들으시오.
5. 과학적 방법을 기술하시오. 전형적인 단계별 과정은 무엇인가? 연구자의 결과가 출판되기 전 어떤 것이 필요한가? 이 과정이 중요한 이유는 무엇인가?
6. 윤리학은 무엇을 포함하고 있는가? 두 가지의 고전적 윤리기준인 정언명령과 실용주의를 구별하시오. 환경윤리란 무엇인가?
7. 인간중심주의, 생물중심주의, 생태중심주의를 비교하고 대조하시오.
8. 보전윤리와 보존윤리를 구별하시오. 환경윤리학의 역사에서 존 뮤어와 기퍼드 핀쇼의 공헌에 대하여 설명하시오.
9. 알도 레오폴드의 토지윤리학을 기술하시오. 레오폴드는 윤리기준이 적용되는 "군집"을 어떻게 정의하였는가?
10. 지속가능한 개발이란 무엇이며, 이는 왜 중요한가? 세 가지 축이란 무엇을 의미하는가?

해법찾기

1. 토양, 목재, 맑은 물, 곡물, 그리고 생물다양성은 적당히 사용하는 한 재생가능한 자원이지만 남용하게 되면 재생불가능하게 된다(그림 1.1 참조). 이들 5개의 자원을 대상으로, 이들을 남용하게 되는 경우와, 보전할 수 있는 방법을 한 가지씩 기술하시오. 답을 준비하는 과정에서 자유롭게 본문의 내용을 참고하시오.
2. 이스터 섬의 거주민들은 어떤 이유로 섬의 나무들을 잘라내는 것을 스스로 막지 않았다고 또는 못했다고 생각하는가? 이스터 섬과 현대사회 사이에 어떠한 유사점을 인지할 수 있는가?
3. 어떤 환경문제가 당신에게 가장 절실한 것이라 느껴지는가? 이 세상에 당신의 견해를 문제가 아니라고 여기는 사람이 있

다고 생각하는가? 그들은 누구라고 생각하는가, 또한 그들은 왜 다른 견해를 갖고 있다고 생각하는가?

4. 환경과 당신의 관계에 대한 당신의 윤리적 관점 또는 세계관을 기술하시오. 당신의 문화는 당신의 세계관에 어떻게 영향을 미쳤다고 생각하는가? 당신의 개인적 경험은 어떻게 세계관에 영향을 미쳤다고 생각하는가? 당신은 이 장에서 논의된 것들 중 특별한 부류에 속한다고 생각하는가? 그렇다면 그 이유는? 아니라면 그 이유는?

5. **생각해보기** 당신이 환경과학을 연구하는 연구자들에게 연구비를 지급하는 주요기관의 장이라 하자. 당신은 연구비를 지원할 과학적 연구의 유형에 대하여 몇 가지 우선순위를 직원들에게 주어야 한다. 어떠한 환경문제가 가장 먼저 다뤄야 할 연구가 되어야 한다고 생각하는가? 연구를 완결해서 이들 문제에 대한 해결가능한 대책을 세워야 하겠다고 생각되는 연구에 대해서 기술하시오. 과학적 정보 이외에 어떠한 것이 지속가능한 해결책을 전개하는 데 필요할까?

생태발자국 계산하기

매티스 웨커너겔과 그의 동료들은 지구 생태발자국네트워크(Global Footprint Network)에서 생태발자국을 계산하는 방법을 개선하였다. 즉, 생물학적 생산 토지와 물의 양으로, 이는 우리가 소비하는 에너지와 천연자원을 생산하고 발생된 폐기물을 흡수하는데 들어가는 양이다. 최근 이들의 데이터에 따르면, 세계에는 개인당 1.8헥타르의 이용가능한 자원이 남아 있으나, 우리는 현재 일인당 2.7헥타르를 사용함으로써 50%의 지구생태적 결함 또는 초과량을 발생시키고 있다.

표 내에 있는 각 국가별 생태발자국을 비교하시오. 세계인의 평균 생태발자국에 대한 각 나라별 비율 및 생태요구에 부합하는 지구적으로 이용가능한 면적에 대한 비율을 계산하시오.

국가	생태발자국 (인당 헥타르)	세계 평균 생태발자국 대비 비율	이용가능한 세계 면적 대비 비율
방글라데시	0.6	0.2 (0.6 + 2.7)	0.3 (0.6 + 1.8)
탄자니아	1.2		
콜롬비아	1.9		
태국	2.4		
멕시코	3.0		
스웨덴	5.9		
미국	8.0		
세계 평균	2.7	1.0 (2.7 + 2.7)	1.5 (2.7 + 1.8)
개인 생태발자국 (질문 4를 보라)			

Data from *Living planet report 2010.* WWF International, Zoological Society of London, and Global Footprint Network.

1. 방글라데시 국민들의 생태발자국이 적은 이유를 무엇이라 생각하는가?
2. 미국민들은 왜 크다고 생각하는가?
3. 표에 있는 데이터를 기반으로 해서, 일인당 평균 수입이 어떻게 생태발자국에 영향을 주고 있다고 생각하는가?
4. 온라인상의 생태발자국 관련 사이트인, http://www.myfootprint.org 또는 http://www.footprintnetwork.org/en/index.php/GFN/page/personal_footprint에 가서 당신의 개인 생태발자국을 결정하는 실험을 하시오. 표 안에 당신의 값을 넣고 각 국가에서와 같이 비교값을 계산하시오. 당신의 생태발자국은 미국인의 평균값과 비교해서 어떠한가? 다른 나라의 평균값과 비교하면 어떠한가? 당신의 생태발자국을 줄일 수 있는 행동을 세 가지 들으시오.

2 환경시스템: 물질, 에너지, 생태계

이 장을 마치고 나서 할 수 있는 것들

- ▶ 환경시스템의 본질을 이해
- ▶ 환경화학의 기초에 대한 설명 및 응용이 가능
- ▶ 생체의 분자구성물질에 대한 설명
- ▶ 에너지의 종류를 구별하고 에너지 흐름의 기본을 설명
- ▶ 호흡과 광합성을 구별하고 생체에 대한 이들의 중요성을 요약
- ▶ 생태계를 정의하고 생물과 무생물 간의 상호작용에 대한 이해
- ▶ 경관생태학과 생태모델링에 대한 기초를 파악
- ▶ 생태 서비스와 이들이 어떻게 우리 생활에 유익한가를 평가
- ▶ 물, 탄소, 인, 질소의 환경내 순환과정을 기술

굴 따는 어부가 체사피크만 해변가에 채취한 굴을 내리고 있다

체사피크만의 사라지는 굴

"나는 60세이고 데니는 58세이지만 우리는 젊은 측에 속한다"
—그랜트 코빈(Grant Corbin), 메릴랜드 딜(Deal) 섬의 굴 채취업자

"해안은 심각한 문제가 지속되고 있다. 그 이유는 너무 자명하다.
우리는 과학이 말해주는 대로 시스템으로써 체사피크만을 관리하지 않았기 때문이다"
—윌 베이커(Will Baker), President, Chesapeake Bay Foundation

체사피크만에 있는 메릴랜드의 딜 섬은 불행히도 아메리카에 공통된 현재의 현상을 말해주고 있다. 한때 활력 넘치는 산업과 늘어나는 인구로 북적되던 섬은 고통을 겪고 있다. 지역 경제가 침체되고, 인구는 젊은층들이 직업을 찾으러 다른 곳으로 떠남으로써 점차 노령화되고 있다. 1930년대, 딜섬의 인구는 1,237명이었다. 2000년 현재, 그 수는 578명으로 줄어들었고, 다섯 가정에 하나꼴로 아이들이 있는 셈이다.

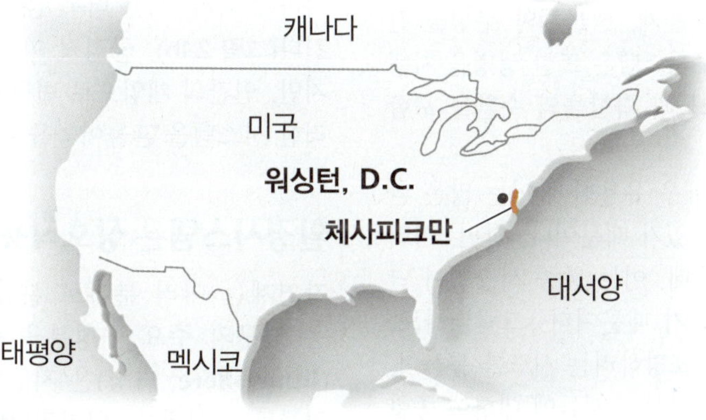

유사한 성향을 보이는 다른 지역과는 달리, 딜섬과 그 외 해안도시의 몰락은 지역의 공장이나 제강공장, 또는 본사가 폐업되어 발생된 것이 아니다. 이는 체사피크만 굴산업의 침체에 의한 결과이다.

체사피크만은 한때 식물과 동물, 미생물이 상호작용하는 생명력 넘치는 곳이었다. 또한 푸른게와 전복을 비롯하여 거대철갑상어와 줄무니베스, 청어무리들이 서식하던 곳이었다. 168.000 km^2에 달하는 **유역(watershed**; 강을 따라 해안으로 물이 흘러 내려가는 지역)내 수천의 지류를 통하여 영양분이 유입되어 수생식물들의 터전을 만들어주고 이는 다시 어린 물고기와 성게, 게 등에 풍부한 먹이와 피난처를 제공해 왔었다. 수백만의 굴들은 유입되는 물로부터 영양분과 식물플랑크톤(광합성 미생물, 원생생물, 물 위에 떠도는 남조류 등)을 걸러내며 만(灣), 지역의 물을 정화해 왔다.

한때 굴은 지역사람들에게 식용으로 채굴되어 왔지만, 이 지역에서 굴에 대한 본격적인 수확은 1830년대부터 수출을 목적으로 이루어졌으며, 1880년대에 이르러서는 세계에서 가장 규모가 큰 굴 산업지로 이름을 날렸었다. 사람들은 굴 채취 선박이나, 캔공장, 조선소 등에서 일하기 위해 몰려들었다. 만 부근의 도시는 굴산업과 함께 번영하였고 이 지역을 대표하는 독특한 해안문화가 발달되었다.

그러나 2010년경 이 지역의 굴 숫자는 최고 기록 때의 1% 정도로 감소되었고, 굴 산업은 거의 폐허의 지경에 이르게 되었다. 끊임없는 과다포획과 서식지의 파괴, 바이러스로 인한 굴의 폐사, 수질오염 등에 의해 경제적, 생태적으로 매우 중요한 생물종을 이 지역에서 거의 사라지게 하였다. 굴 산업의 몰락과 관련한 금전적 손해는 충격적인데, 1980년부터 2010년 사이에 메릴랜드와 버지니아의 경제에 무려 40억 달러의 손해를 끼친 것으로 파악되고 있다.

최근 몇십 년간 굴에 가장 큰 영향을 끼친 요인은 농업용 비료와 축산분뇨, 강우에 의한 유출수, 화석연료에 의해 생성된 대기오염물질 등에 의해 발생한 다량의 질소와 인에 의한 오염이다. 이러한 과도한 영양분의 유입은 이 지역에서 굴에 의한 자정작용을 훨씬 상회하는 숫자의 식물플랑크톤을 증가시켰다. 식물플랑크톤은 죽게 되면 해안바닥으로 가라 앉고, 세균들이 이들을 분해하면서 물속의 산소를 고갈시켜[**저산소증(hypoxia)**] 이 지역을 "죽음의 지대"로 변화시킨다. 수초와 굴 및 다른 부착생물들은 산소가 결핍된 죽음의 지대에서도 생존 가능하다. 게, 물고기 및 다른 부유생물들은 보다 산소가 많은 곳으로 이동하게 되는데 이때 이들은 영양분이 적고 포식압력이 높은 환경에 직면하게 된다. 결국, 저산소증은 체사피크만의 수많은 구성원들에게 영향을 미치게 되고, 이 지역

을 미환경청(EPA)으로부터 수질오염이 매우 높은 지역으로 분류하게 되었다.

마침내, 최근들어 체사피크만을 복원하려는 희망이 보이고 있다. 미환경청은 2010년, 이 지역에서 처음으로 극심한 오염지대에 대한 예산책정에 동의한 바 있는데, 이는 2025년까지 현재의 질소와 인의 유입농도를 1/3로 줄이기 위한 것이 목적이다. 더군다나, 굴 복원을 위한 노력은 밝은 전망을 보이고 있으며(**과학 비하인드 스토리**, 2장 참조), 양식업은 체사피크에서 굴 산업이 활기를 되찾는데 큰 힘을 보여주고 있다. 이러한 노력들이 성공적으로 시도되어 이 지역을 건강한 상태로 되돌릴 수 있다면 딜섬과 그 외 다른 지역들도 다시 한번 체사피크 해안가의 번영을 누릴 수 있을 것이다. ■

지구의 환경시스템

체사피크만 굴산업의 번영과 몰락을 이해하기 위해서는 환경에 대한 인간의 영향과 마찬가지로, 환경시스템과 기능에 대한 이해가 필요하다. 이들 시스템은 토양과 대기, 물과 기후를 결정짓는 과정과, 생물종 사이의 생태학적 그물관계, 생물체와 무생물 간의 상호작용 등을 포함하고 있다. 지구시스템은 또한 생명을 지탱하고 기후를 조절하는 주요 화학원소들과 화합물의 순환을 포함하고 있다.

“시스템적 접근”은 환경과학에서 매우 유용한데 이는 많은 환경문제들이 다면적이고 상호연관되어 있기 때문이다. 한편, 이러한 접근방법은 매우 도전적일 수 있는데, 이는 종종 시스템이 난해하고 예측이 어려운 행태를 보여주기 때문이다. 그렇더라도, 환경과학자들은 시스템을 전체적으로 조망하려는 시도를 통하여, 우리들에게 체사피크만의 경우처럼 복잡한 문제들에 대하여 종합적인 해결책을 찾아 나가는 데 도움을 주고 있다.

시스템은 피드백 루프를 포함한다

시스템이란 구성원간 사이에 물질과 에너지, 정보를 교환화며 서로에게 영향을 주고 상호작용을 하는 일종의 관계망이다. 시스템은 에너지와 물질 또는 정보의 입력을 받아들여 이를 처리하고 결과물을 내보낸다. 예를 들어, 체사피크만은 담수와 침전물, 영양물질, 그리고 강으로부터 흘러들어온 오염물질을 받아들인다. 굴 및 게잡이, 어부들은 베이시스템의 출력물의 일부인 수산물의 형태를 취한 물질과 에너지를 수확한다. 이러한 출력물은 동시에 인간의 경제시스템과 해산물을 소비하는 많은 사람들의 소화기관에 입력된다.

종종, 한 시스템의 출력물은 피드백 루프로 잘 알려진 순환과정의 동일한 시스템의 입력물로 작용한다. **피드백 루프(feedback loop)**는 부정적인 것과 긍정적인 것의 두 가지가 있다.

부정적 피드백 루프(negative feedback loop)(**그림 2.1a**)에서는 한쪽 방향으로 작용하는 시스템의 결과로 얻어진 출력값이 다른 쪽 방향으로 작용하는 시스템의 입력으로 작용한다. 입력과 출력은 본질적으로 서로의 작용에 중재역활을 수행하여 시스템을 안정화시킨다. 예를 들어, 온도조절장치는 실내온도가 낮을 때는 난방을 작동시키고, 더울 때는 냉방을 작동시켜 온도를 안정시킨다. 같은 논리로, 부정적 피드백은 우리의 신체온도를 조절한다. 더울 때는 땀샘의 작동으로 수분을 방출하여 우리의 몸을 냉각시키거나 또는 태양으로부터 그늘로 피신한다. 추울 때는 몸을 떨어 열을 발산하거나, 햇빛을 찾거나 옷을 더 껴입게 된다. 자연에서 대부분의 시스템은 부정적 피드백 루프로 작동한다. 부정적 피드백 루프는 안정화를 증대시키고, 결국에는 안정된 시스템만이 잔존하게 된다.

긍정적 피드백 루프(positive feedback loops)는 반대의 효과를 지닌다. 시스템을 안정화시키기보다는 더욱 극단적인 상황으로 몰고 간다. 오늘날 환경과학자들이 상당히 우려하는 긍정적 피드백 루프 중 하나는 지구온난화로 인하여 빙하가 녹는다는 것이다(14장). 얼음과 눈은 하얀색으로 햇빛을 반사해서 표면을 냉각시킨다. 그러나 기후가 얼음과 눈을 녹일 정도로 높아지면, 대륙과 해양의 검은 표면이 노출되고 이러한 검은 표면은 햇빛을 더욱 많이 흡수하게 된다. 이런 빛의 흡수는 표면을 덥혀서 해빙을 재촉하게 되며, 이는 더욱 검은 표면적을 노출시켜 온난화를 가속시킨다(**그림 2.1b**). 긍정적 피드백의 순환고리는 자연계에서는 드물지만, 인간의 개입으로 변형된 자연계에서는 흔한 일이며 결국 이러한 시스템을 흔들어놓을 수 있다.

환경시스템은 상호작용한다

자연계는 여러 분야로 분류될 수 있다. 예를 들어, 과학자들은 지구의 주요 구성분을 구조적으로 분류하고 있다. **암석권(lithosphere**; 11장)은 지구의 지각 부분으로 발 밑의 암석과 침전물로 구성된다. **대기권(atmosphere**; 13장)은 지구를 에워싼 대기로 구성되어 있다. **수권(hydrosphere**; 12장)은 표면이나 지하, 그리고 대기 중의 모든 물이 분포하는 장소—해수 또는 담수, 액체, 빙산 또는 수증기—로 구성된다. **생물권(biosphere**; 13장)은 지구의 모든 생물체 및 이들과 상호작용하는 무생물체로 구성된다. 환경시스템을 이러한 방법으로 분류하는 것은 현란한 지구의 복잡성을 이해하는 데 도움을 주고 있지만, 그러나 대부분의 자연계는 중첩되거나 상호작용하고 있다는 것을 기억하는 것이 중요하다.

체사피크만과 주변 강들은 상호작용하는 시스템의 한 예이다. 지도상에서, 강들은 농장과 도시, 산림에 둘러싸여 그물처럼 짜여진 수로망과 지류로 이루어져 있다(**그림 2.2**). 그렇다면 시스템의 경계는 어느 곳인가? 유출수와 물의 흐름, 침전물 또는 오염물에 관심있는 과학자는 체사피크만의 수역을 하나의 시스템으로 보는 것이 타당하다. 그러나 베이지역 죽음의 지대에 관심을 보이는 과학자에게는 수역과 더불어 체사피크만을 통합하여 하나의 시스템으로 보는 것이 더 타당한데, 그 이유는 이들 간의 상호작용이 문제의 중심이기 때문이다. 환경과학에서, 시스템의 경계를 구분짓

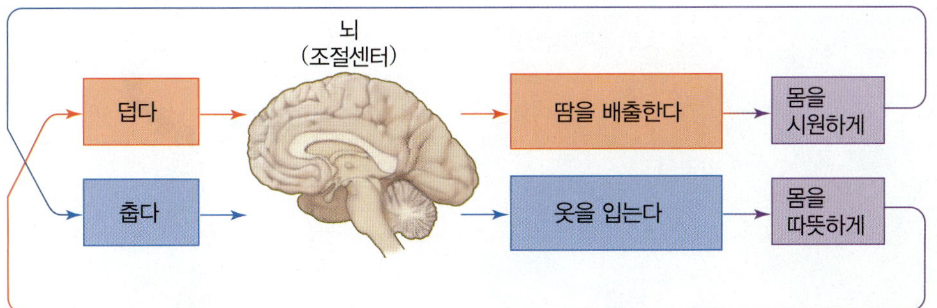

(a) 부정적 피드백

◀ **그림 2.1** 부정적 피드백 루프(**a**)는 시스템에 안정적인 영향을 발휘하며 자연에서 흔한 현상이다. 더위와 추위에 대한 신체의 반응은 부정적 피드백 루프이다. 긍정적 피드백 루프(**b**)는 시스템에 불안정한 효과를 발휘하여 극단으로 몰고 가게 된다. 지구온난화로 인하여 남극의 빙하가 녹게 되면 검은 표면이 노출되고 이는 더 많은 햇빛을 흡수하여 더욱 온도의 상승과 해빙을 재촉한다.

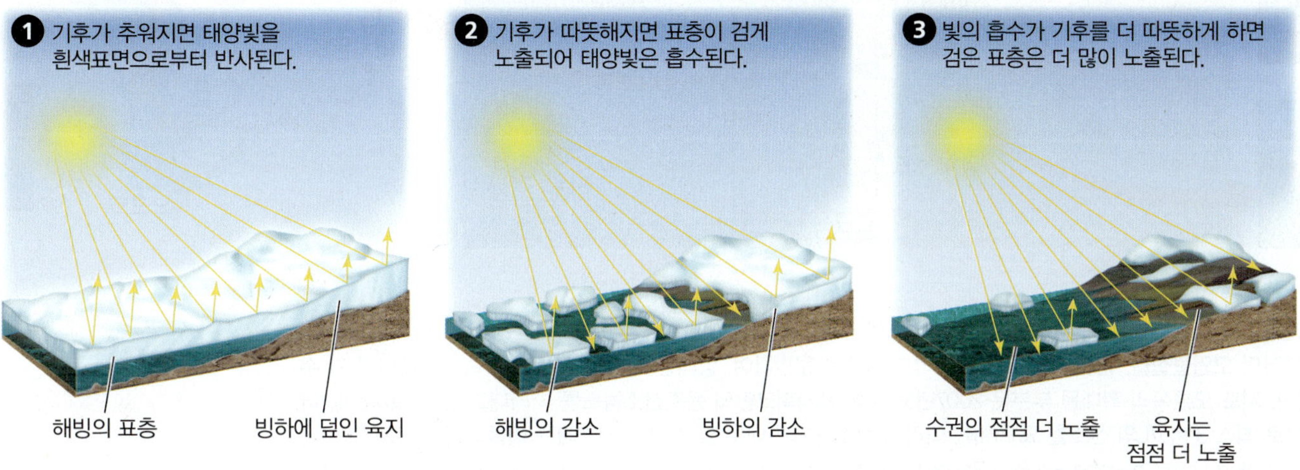

(b) 긍정적 피드백

FAQ

Q: 과연 긍정적 피드백은 나쁘고, 부정적 피드백은 좋은 것인가?

A: 시스템내 부정적 피드백과 긍정적 피드백을 이해하는 것은 쉽지 않은데, 이는 일상에서 사용하고 있는 이들 언어와 반대개념으로 작용하기 때문이다. 우리 일상에서 긍정적 피드백(학교에서 작성한 논문에 대해 찬사적 언어와 같은)은 우리를 기분좋게 만드는 반면, 부정정 피드백(논문에 대한 비판 등의)은 언짢게 만든다. 결국, 우리는 긍정적 피드백을 안정화의 힘으로 보고 ("열심히 해, 그러면 좋은 점수를 받게 될거야") 부정적 피드백은 ("성공하려면 방법을 바꿔야 돼") 불안한 것으로 받아들이는 시각에 길들여 있다

환경시스템에서 이는 반대로 작용한다. 부정적 피드백은 시스템의 변화에 반대로 작용하여 안정화를 높여 생물체들에게 유익한 범위의 환경조건을 유지하게 된다. 긍정적 피드백은 시스템을 극단으로 몰고 가는 불안정 효과로 작용하여 시스템의 평상시 조건에 적응한 생물체들을 위협하게 된다. 따라서 환경시스템에서 부정적 피드백은 생물체들에게 안정적인 환경조건을 유지시켜주며, 긍정적 피드백은 반대로 유해한 쪽으로 작용한다.

는 것은 제기하려는 질문이 무엇인지에 달려 있다.

체사피크만의 죽음의 지대는 6개 주의 수권역과 15개 주에 걸친 대기권(수역에 정착하게 되는 대기오염물질을 생성하는 지리적 면적)에서 유입된 고농도의 질소와 인에 기인하고 있다. 2007년, 만지역에는 1억 2,700 kg의 질소와 830만 kg의 인이 유입되었는데, 이는 대기 중에서 유입된 질소의 1.3배에 가까운 양이다. 농업이 주요 오염원으로 질소의 38%(**그림 2.3a**)와 인의 45%(**그림 2.3b**)에 해당하는 양이 농토로부터 만지역에 흘러들어왔다.

증가된 질소와 인의 유입은 식물플랑크톤—미세조류와 표층수에 서식하는 여타 생물들—의 번식을 유도한다. 집단내 높은 밀도는 식물플랑크톤의 대량폐사를 유발하고, 이는 바닥에 가라앉는다. 죽은 식물플랑크톤의 잔해들은 이들을 먹고 사는 작은 동물플랑크톤의 배설물과 뒤엉키게 된다. 뒤엉킨 풍부한 유기물은 분해자인 박테리아의 폭발적인 증가로 이어지고, 이들을 분해하는 과정에서 바닥의 산소는 고갈된다. 산소가 고갈되면, 생물들은 회피하는데, 그렇지 않으면 질식한다. 산소는 서서히 재충전되는데, 이는 강물로부터 흘러 들어온 담수는 표층에 위치하고, 높은 밀도와 염분의 해수는 저층에 위치하여 하구역의 수권은 층상구조를 갖게 된다. 이후 천천히 담수와 해수가 혼합되기 때문이

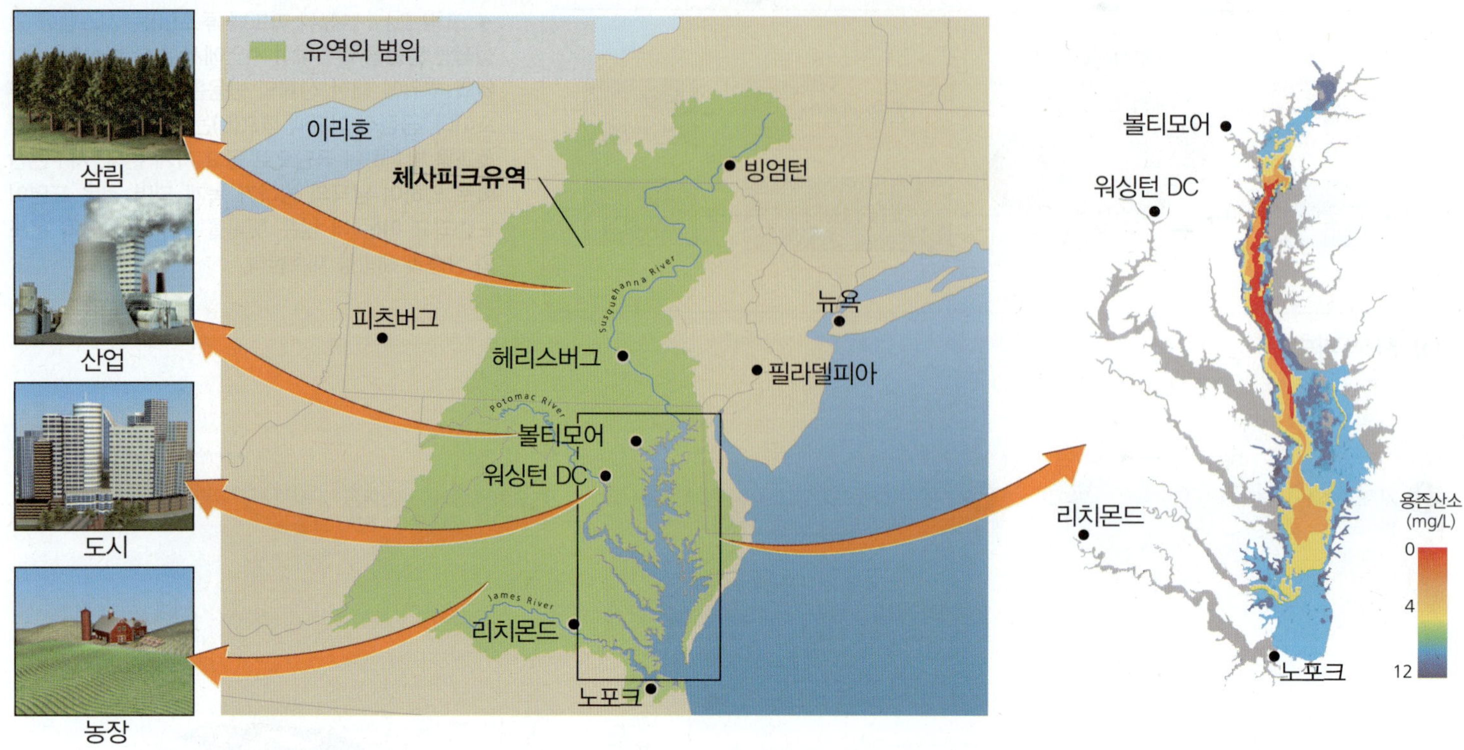

▲ 그림 2.2 체사피크만의 수역은 콜롬비아 특별구와 6개의 주에 걸친 168,000 km²를 포함하고 있다. 수만 개의 하천은 다양한 소스로부터의 오염물질들, 침전물과 물을 체사피크 하류로 운반하여, 방대한 지역에 산소가 부족한 저산소증의 수질을 만들어 낸다. 지도 오른쪽의 확대된 부분은 2007년도 여름 체사피크만의 용존산소농도를 나타내고 있다. 굴과 게, 어류들은 일반적으로 최소 3 mg/L의 산소를 요구하며, 따라서 산소농도가 매우 낮은 넓은 지역에는 이들이 존재하지 않는다. Figure at right adapted from Chesapeake Bay Record Dead Zone Map, Chesapeake Bay Foundation.

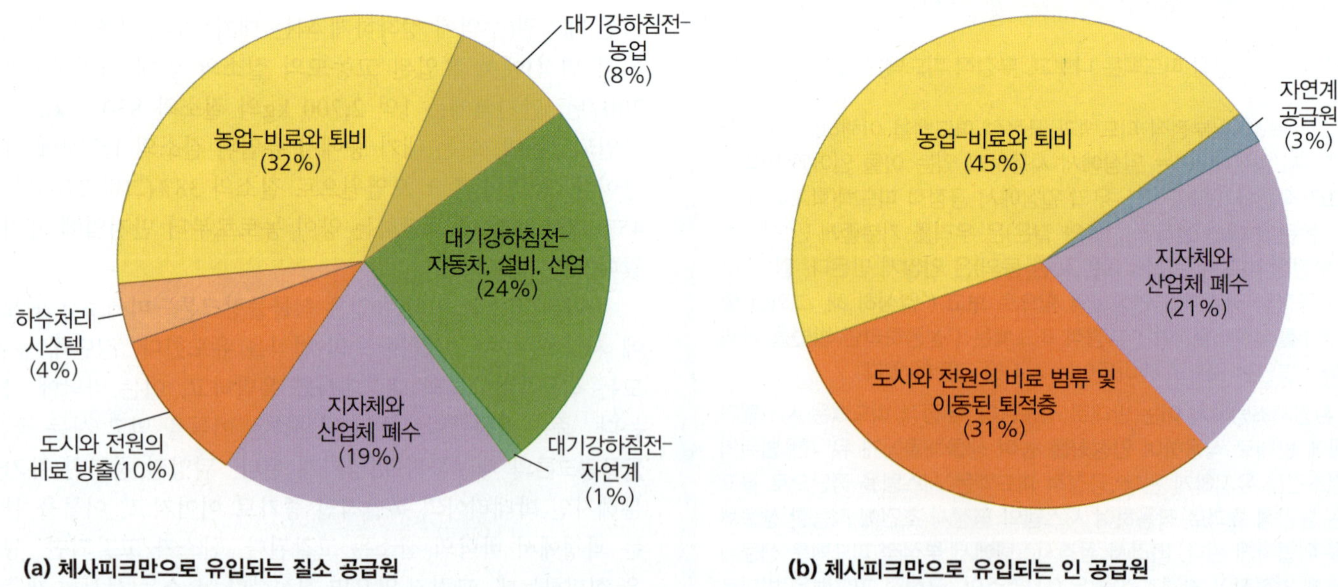

▲ 그림 2.3 체사피크만은 그 수역내 여러 배출원으로부터 질소(a)와 인(b)이 유입되고 있다. Data from Chesapeake Bay Program Watershed Model Phase 4.3 (Chesapeake Bay Program Office, 2009).

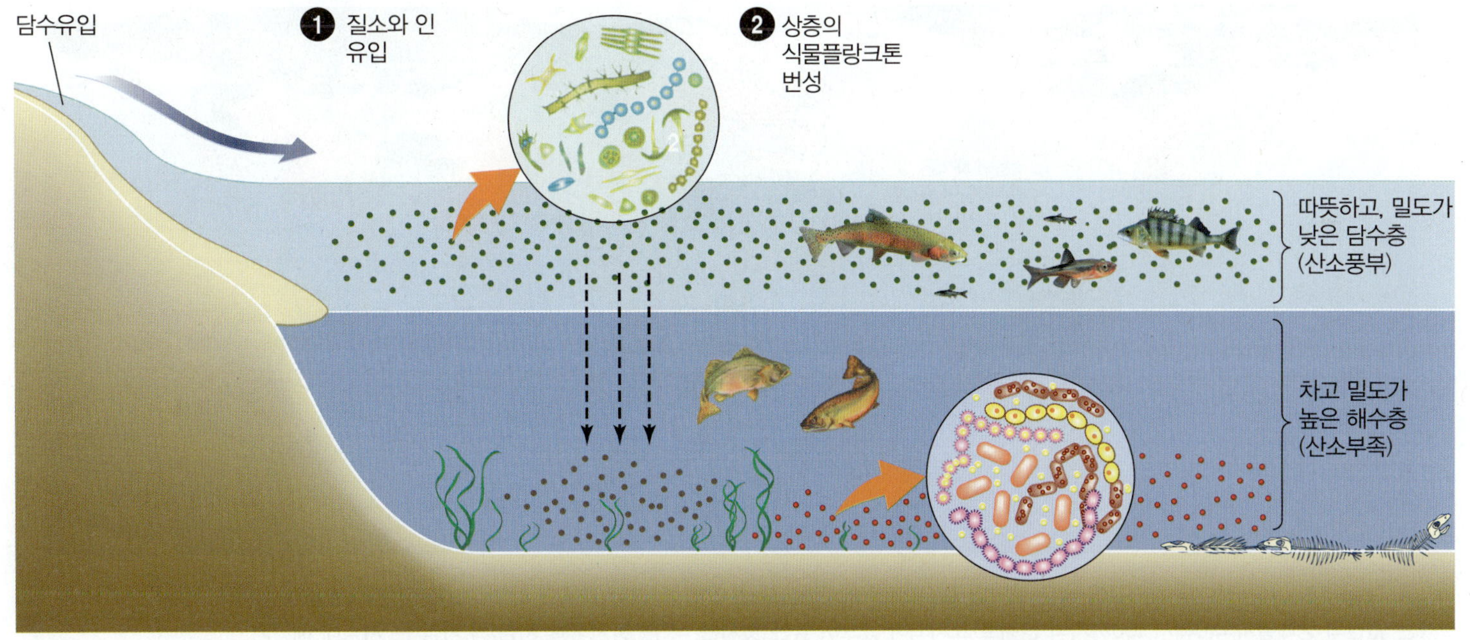

▲ **그림 2.4** 과도한 질소와 인의 투입은 체사피크만의 경우처럼 수생태계에 부영양화를 야기한다. 수층의 층상구조와 함께, 부영양화는 용존산소의 고갈을 심각하게 유도한다. ❶ 강물의 영양분은 식물플랑크톤의 성장을 촉진시키고, ❷ 이들은 죽어서 바닥에 가라앉아 박테리아에 의해 분해된다. ❸ 표면층의 안정성으로 인해 깊은 곳의 물은 분해자가 소비한 산소를 대체할 산소를 흡수하지 못하고, ❹ 결국 산소의 고갈은 바닥생활을 하는 해양생물들을 질식시키거나 다른 곳으로 몰아내게 된다. ❺ 이러한 과정은 만에서 저산소층을 형성시킨다.

다. 따라서 저서생물들이 필요로 하는 산소를 함유한 담수의 공급을 제한하게 된다. 이러한 영양분의 과도한 유입, 조류의 급격한 성장, 유기물의 증가와 함께, 이어진 생태계의 교란현상을 일컬어 **부영양화(eutrophication)**라 한다(**그림 2.4**). 부영양화는 해양환경에서는 질소의 증가가, 육상의 담수에서는 인의 증가로 증폭되는 경향이 있다.

농촌과 도시, 산업지에서 유입된 오염영양물질의 증가는 2008년도에 세계적으로 서류상 400곳이 넘는 죽음지대를 야기하였고(**그림 2.5**), 여기에는 체사피크만을 포함하여 매년 미시시피강 어귀의 루이지애나 해안을 따라 멕시코만에 형성되는 거대한 죽음의 지대도 포함되어 있다. 이 지역에서 어업은 인간이 유도한 죽음의 지대로 인하여 해산물의 포획이 줄고 이로 인해 경제활동이 위축되고 있다. 죽음의 해역이 증가하는 것은—1980년대 162곳, 1960년대 49곳으로 보고—인간의 활동으로 전 세계적으로 수질이 변화하고 있다는 것을 반영하고 있다. 자 이제 더 자세히 어떻게 화학이 환경과학의 주요 이슈와 관련이 있는지 살펴보도록 하자.

화학과 환경

화학은 체사피크만에 직면한 환경문제에 중심 역할을 수행하고 있다. 어떻게 한 지역의 과도한 질소와 인이 다른 곳에서 산소결핍을 유발하는지를 이해하기 위해서는 화학에 대한 보다 철저한 지식이 필요하다.

어떠한 환경문제든지 조사해보면 화학이 중요한 역할을 하고 있다는 것을 알게 될 것이다. 화학은 어떻게 화학물질이 인간의 건강과 자연에 영향을 미치고 있는지, 어떻게 대기오염이 산성비를 유발하는지, 어떻게 합성화학물질이 오존층을 엷게 하는지를 이해하는 데 중요하다. 환경과학에서 화학의 중요성을 평가하기 위하여 우선 기본적인 내용파악부터 시작해야 한다.

원자와 원소는 화학적 기본 구성단위이다

우주에서 질량과 공간을 차지하는 모든 물체를 일컬어 **물질(matter)**이라 한다. 물질은 우주에서 고체, 액체 또는 기체로 존재한다. 물질은 한 형태에서 다른 형태로 전환될 수 있지만 창조되거나 파괴되지 않는다. 이 원리를 **물질보존의 법칙(low of conservation of matter)**이라 한다. 환경과학에서 이 원리는 물질의 총량이 생태계와 영양분의 순환과정에서 일정하게 유지되고 있다는 것을 이해하는 데 도움을 주고 있다. 이는 또한 원치 않는 물질, 예컨대 핵폐기물이나 독성물질 등을 간단히 없애버릴 수 없다는 것을 분명히 보여주고 있다.

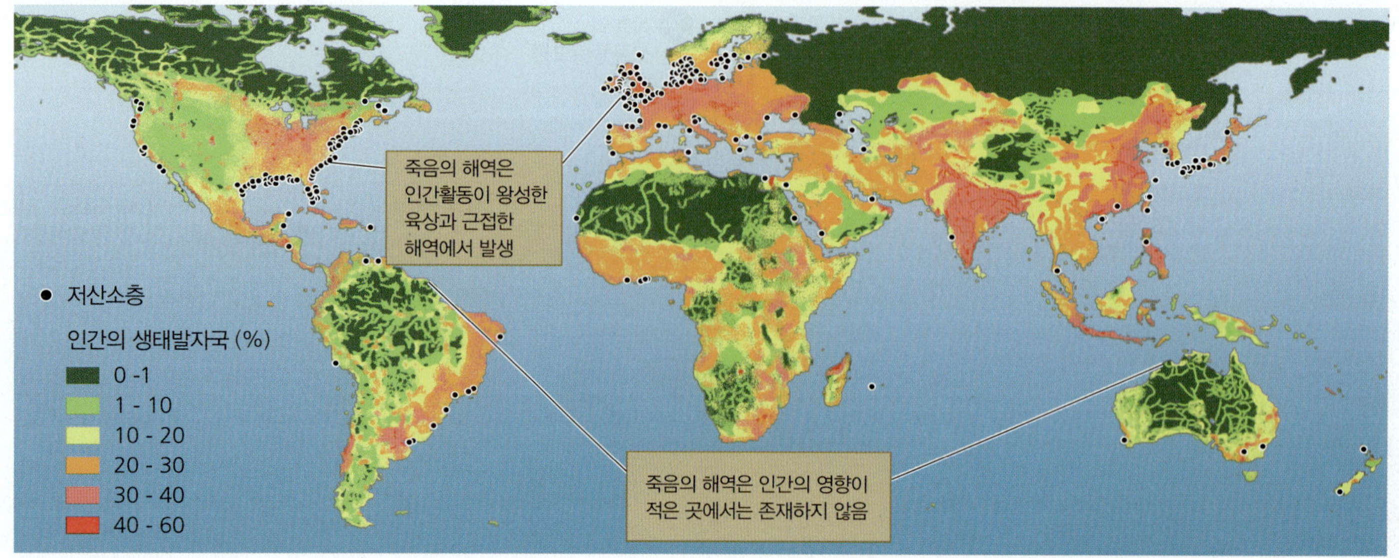

▲ 그림 2.5 세계적으로 400곳이 넘는 해양내 죽음의 해역이 보고되고 있다. 이러한 죽음의 해역(지도상에서 점으로 표시)은 인간의 생태발자국(0에서 100까지의 단위로 표시되어 있으며 높은 숫자는 더 큰 발자국을 지칭)의 가장 큰 지역내 해안가에서 대부분 발생되고 있다. Data from Diaz, R., and R. Rosenberg, 2008. Spreading dead zones and consequences for marine ecosystems. *Science* 321: 926–929. Reprinted with permission from AAAS.

체사피크만의 교란에 큰 영향을 미친 **질소(nitrogen)**와 **인(phosphorus)**, **산소(oxygen)**는 각각 **원소(element)**이다. 원소란 물질의 기본 형태이며 화학반응 시 다른 특성의 물질로 쪼개질 수 없는, 일정한 특성을 지닌 화학물질이다. 화학자들은 현재까지 자연계에 92종 원소와, 20여 가지가 넘는 인공적으로 만들어진 원소가 존재하는 것으로 보고 있다. 생물들이 가장 많이 필요로 하는 원소들, 즉 **탄소(carbon)**, 질소 및 칼슘과 같은 것들을 **영양염(nutrients)**이라 한다. 각각 원소는 화학부호 또는 약어로 표기되고 있다. 원소주기율표(**부록: 원소주기율표** 참조)는 알기 쉽게 각 원소에 대한 정보를 요약하고 있다.

원소(atoms)는 특유의 화학적 특성을 보유한 가장 작은 구성원인 원자로 구성되어 있다. 원자의 **양성자(protons**; 양으로 전하된 입자)와 **중성자(neutrons**; 전하를 갖지 않는 입자)는 핵 안에 존재한다. 각 원소의 원자는 정해진 수의 양성자가 있으며 이를 **원자번호**라 한다(탄소는, 예를 들어 6개의 양성자가 있으며 따라서 원자번호는 6이다). 원자핵은 **전자(electrons**; 음으로 전하된 입자)로 둘러싸여 있으며 양전하의 양성자와 균형을 이루고 있다.

비록 각 원소의 모든 원자들은 같은 수의 양성자를 갖고 있지만, 중성자의 경우에는 반드시 그러하지는 않다. 중성자의 수가 다른 원자를 일컬어 **동위원소(isotopes)**라 한다(**그림 2.7a**). 동위원소는 **질량수**에 이은 원소부호나, 원자내 양성자와 중성자를 합한 수에 의해 표시되고 있다.

비록 원소는 화학반응에 의해서 파괴되지는 않지만, 어떤 동위원소들은 **방사능**을 지니고 붕괴를 하는데, 이들이 원자구성 입자를 내뿜고, 고에너지 방사선을 방출하면서 이들의 화학적 동질성이 변화된다. **방사성 동위원소**는 점점 가벼운 원소로 붕괴되어 결국 방사능이 없는 안정된 형태의 동위원소로 변한다. 각 방

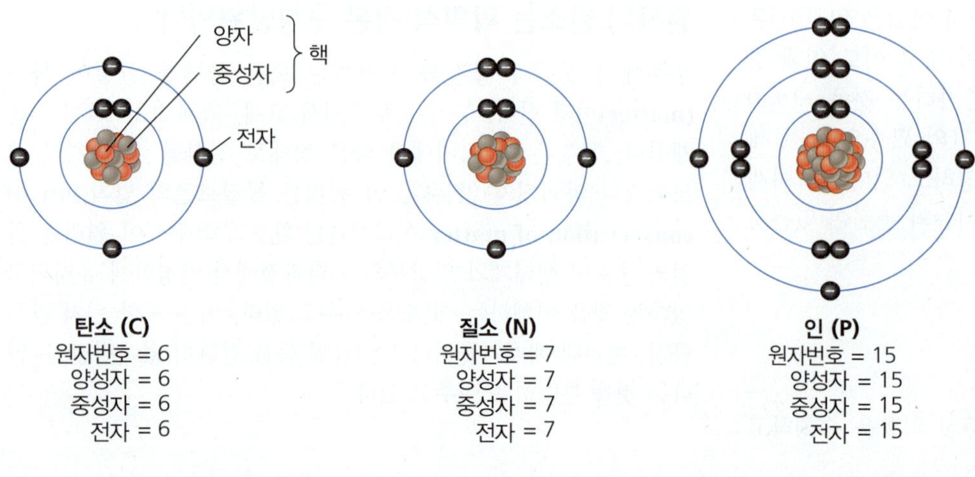

◀ 그림 2.6 원자에서 양성자와 중성자는 핵 안에 있으며, 전자는 핵 주위를 움직인다. 각각의 화학원소는 특정한 수의 양성자를 갖게 된다. 탄소는 6개의 양성자를, 질소는 7개, 인은 15개를 갖고 있다. 도표에서는 세 원소에서 각 전자수를 비교하여 분명하게 보여주고 있다. 실제로는 그림에서 보는 바와 같이 전자가 핵 주위를 링의 형태로 돌지 않고, 더 복잡한 방법으로 공간을 움직이고 있다.

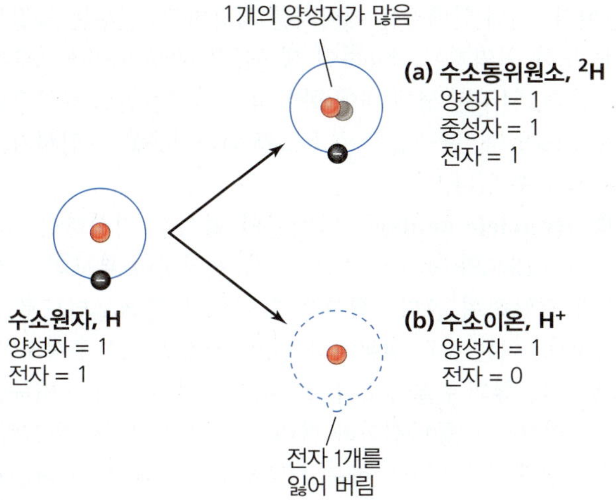

▲ 그림 2.7 수소의 질량수는 1인데, 이는 원자 내에 한 개의 양성자와 0개의 중성자가 있기 때문이다. 중수소(hydrogen-2, 또는 ^{2}H)는, 수소의 다른 형태의 동위원소로서 (a) 양성자와 함께 한 개의 중성자를 지니고 있으며, 따라서 일반적 수소원자보다 질량이 크며 질량수는 2가 된다. (b)는 수소이온, H^{+}이다. 이는 전자를 잃어버림으로써 양전하를 띠게 된다.

사성 동위원소는 반감기에 따라 붕괴되며, 이는 각 동위원소의 원자수가 반으로 줄어드는 데 걸리는 시간을 말한다. 방사성 동위원소에 따라 각기 다른 반감기를 갖고 있으며, 그 범위는 수초에서부터 수십억 년이 걸리는 것이 있다. 방사성 동위원소인 우라늄-235(^{235}U)는 상업목적의 원자력을 위한 에너지원이다. 이것은 일련의 딸 동위원소로 붕괴되어, 최종적으로 납-207(^{207}Pb)로 변화하는데, 반감기는 약 7억 년 정도이다.

원자는 전자를 얻거나 잃어버리면 전하를 띠거나 원자의 결합형태를 띤 이온이 된다(**그림 2.7b**). 이온은 원소기호에 이들의 전하를 붙여 표시한다. 예를 들어, 홍합과 조개의 껍질을 구성하는 이온은 칼슘이온, Ca^{2+}으로 이는 두 개의 전자를 잃어버려 2가 양이온으로 존재한다.

원자는 분자와 화합물을 생성하기 위하여 결합한다

원자들은 전자 사이의 당김현상으로 인해 서로 결합하여 둘 또는 그 이상의 원자들의 결합형태인 분자를 형성한다. 하나의 원소로만 구성된 흔한 형태의 분자로 공기 중에 풍부한 산소가스(O_2)와 질소가스(N_2)가 있다. 이와 같이, 과학자들은 분자내 원자의 숫자와 형태를 나타내기 위한 간편한 방법으로 **화학식**(chemical formula; O_2와 N_2에서처럼)을 사용한다. 두 개 이상의 서로 다른 원소로 결합된 분자를 일컬어 화합물이라 한다. 물은 두 개의 수소원자와 한 개의 산소원자가 결합된 화합물이다 H_2O). 다른 화합물로는 한 개의 탄소원자와 2개의 수소원자가 결합한 형태인 **이산화탄소(carbon dioxide)**가 있다(CO_2).

다른 전하를 지닌 이온들은 **이온결합(ionic bonds)**에 의해 화합물을 형성한다. 소금결정체인 염화나트륨(NaCl)은 양이온의 나트륨이온(Na^{+})과 음이온의 염소이온(Cl^{-})이 이온결합한 화합물이다. 전하가 없는 원자들은 전자를 공유하는 **공유결합(covalent bonds)**의 형태로 결합한다. 예를 들어, 두 수소원자는 각각의 전자를 공유함으로써 수소가스(H_2)를 형성한다.

원소와 분자, 화합물은 화학적 결합 없이도 **용액(solutions)** 내에서 함께 공존한다. 대기 중의 공기는 질소와 산소, 물, 이산화탄소, **메탄(methane, CH_4)**과 **오존(ozone, O_3)** 등의 구성원들이 결합한 용액이다. 혈액과 해양수, 식물의 즙, 놋쇠와 같은 합금은 모두 용액이다.

수소이온은 산도를 결정한다

수용액상에서 적은 수량의 물은 서로 분리되어 수소이온(H^{+})과 수산화물이온(OH^{-})을 형성한다. 수소이온과 수산화이온의 농도는 항상 10^{-14}이며 한쪽이 증가하면 다른 한쪽은 감소한다. 증류수는 동일한 농도로 이들 이온을 함유하며, 각각 10^{-7}이 되며, 이를 **중성(neutral)**이라 한다. H^{+}이 OH^{-}보다 높은 농도의 용액을 **산성(acidic)**이라 하고, 그 반대인 OH^{-}의 농도가 H^{+}보다 높은 경우에는 **염기성(basic)**라 한다.

pH(**그림 2.8**)는 용액의 산도와 염기도를 측정하기 위하여 고안되었다. 이는 0부터 14까지 되어 있다. 증류수는 pH가 7(중성)이고, pH가 7보다 적은 용액은 산, 7보다 크면 염기이다. 각 눈금의 단계마다 수소이온의 농도가 10배 차이가 난다. 따라서 pH가 6인 용액은 pH가 7인 용액과 8인 용액보다 10배와 100배의 수소이온농도가 많이 있다. 그림 2.8은 다양한 물질의 pH를 보여주고 있다. 대부분의 생물학적 용액은 pH가 6~8 사이이며, 너무 산도가 높거나(배터리액) 염기성이 강하면(수산화나트륨) 생물체에게 해가 된다. 미국의 북동부와 중서부지방에서 산성비(13장)로 인

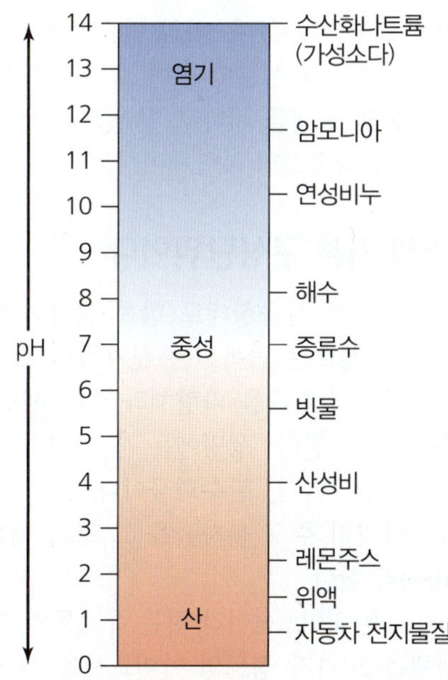

▲ 그림 2.8 pH값은 용액의 산도와 염기도(알칼리)가 얼마인지를 측정한다. 증류수의 pH는 7로서 중간지점에 해당한다. 산성용액은 높은 수소이온 농도와 낮은 pH인 반면, 염기성용액은 낮은 수소이온 농도와 높은 pH값을 갖는다.

(a) 메탄, CH_4　　(b) 에탄, C_2H_6　　(c) 나프탈렌, $C_{10}H_8$

▲ 그림 2.9 (a) 가장 단순한 탄화수소는 메탄이다. (b) 다수의 탄화수소는 사슬모양의 탄소원자와 여기에 붙어 있는 수소원자의 형태를 지니고 있으며 이들 중 가장 짧은 것은 에탄이다. (c) 대기오염물질인 나프탈렌은 고리모양의 탄화수소이다.

한 토양과 수질의 산성화는 인간의 활동에 의해 야기된 pH의 변화가 어떻게 생물체에게 영향을 끼치는지를 알 수 있는 하나의 예이다.

물질은 유기물과 무기물로 이루어져 있다

생물체는 물뿐만 아니라 유기물에 의존하고 있다. 유기물은 탄소 결합체로 구성되어 있으며, 이외에 수소나 질소, 산소, 황, 인 등의 원소도 포함하고 있다. 사슬, 고리 및 다른 구조체의 형태로 탄소가 서로 결합하여 분자를 생성하는 탄소의 놀라운 결합력은 수백만 가지의 서로 다른 유기물을 만들어 냈다. 유기물의 다양성과 생명체에 있어 이들의 중요성으로 인하여 화학자들은 유기물로부터 탄소의 결합이 없는 **무기물**을 구별하고 있다.

환경과학에서 중요한 유기물의 한 종류는 **탄화수소(hydro carbons)**로 오직 탄소와 수소의 원자로만 구성되어 있다. 우리가 필요한 에너지를 위해 다량 연소해왔던 화석연료는 탄화수소(hydro carbons)로 이루어져 있다. 가장 단순한 탄화수소는 메탄(CH_4)으로 천연가스의 주요 성분이며 한 개의 탄소원자에 4개의 수소원자가 공유결합의 형태를 취하고 있다(**그림 2.9**). 원유는 수백여 가지로 구성된 탄화수소의 복합체이다.

고분자는 생명의 기본 구성단위이다

탄화수소에서 탄소원자가 사슬형태로 함께 연결되어 있는 것처럼, 다른 유기물질도 때로는 반복되는 분자들의 긴 사슬형태로 연결되어 있다. 이런 사슬형태를 다량체라 하며 생명의 기본 구성단위로 중요한 역할을 한다. 생명에는 세 가지의 다량체가 필수적인데, 이는 단백질, 핵산, 탄수화물이다. 지방(다량체가 아님)과 함께 이들 4가지의 주요 분자들을 그 크기 때문에 **고분자(macromolecules)**라 한다.

단백질(proteins)은 아미노산이라 하는 유기물의 긴 사슬로 구성되어 있다. 생체는 20가지 정도의 아미노산을 긴 사슬로 묶어 단백질을 만든다. 단백질은 각 생체의 대부분을 차지하며 매우 중요한 기능을 담당하고 있다. 이들은 조직을 생성하는 데 도움을 주고 있고, 구조적인 지지를 제공하기도 한다. 예를 들어, 동물들은 피부와 머리카락, 근육, 연골 등을 생성하기 위하여 단백질을 이용한다. 어떤 단백질은 에너지를 저장하고, 일부는 물질을 운반한다. 또한 면역계에 작용하여 생물들을 외부의 공격으로부터 방어해 준다. 일부는 생체 내에 화학적 전달물질인 호르몬으로 작용하는 것도 있다. 단백질은 효소로써 화학반응을 촉진시키는 역할을 수행할 수 있다.

핵산(nucleic acids)은 단백질의 합성을 지시한다. 두 종류의 핵산인 DNA와 RNA는 유전정보를 전달하여 부모의 특징을 자손에게 전달하여 준다. 핵산은 일련의 뉴클레오티드로 구성되어 있는데, 이는 각각 당분자와 인산, 질소염기로 구성되어 있다. DNA는 4종류의 뉴클레오티드가 존재하며 사다리가 비틀린 나선형의 모양으로 이중나선이라 불리는 형태의 분자이다(**그림 2.10**). 특정한 단백질을 암호화하는 DNA의 부위를 **유전자(genes)**라 한다.

탄수화물(carbohydrates)은 단당류와 이들의 연결체인 거대분자로 구성되어 있다. 포도당($C_6H_{12}O_6$)은 세포에 에너지를 공급하며, 전분과 같은 복합탄수화물의 기본구성물질로 작용한다. 식물은 에너지를 저장하기 위해 전분을 사용하고, 동물은 식물을 섭취하여 전분을 취한다. 식물과 동물은 구조적으로 복합탄수화물을 사용한다. 곤충과 갑각류는 탄수화물인 키틴으로부터 단단한 껍질을 만든다. 섬유소는 지구상에서 가장 풍부한 유기물이며, 잎이나, 줄기, 뿌리 등의 세포벽에서 복잡한 탄수화물 구조를 이루고 있다.

지방(lipids)은 다양한 화합물로 구성되어 있으며, 물에 녹지 않는 성질로 함께 분류하고 있다. 지방은 유지(에너지저장), 인지질(세포막), 왁스(구조체) 및 스테로이드(호르몬 생성)로 구성된다.

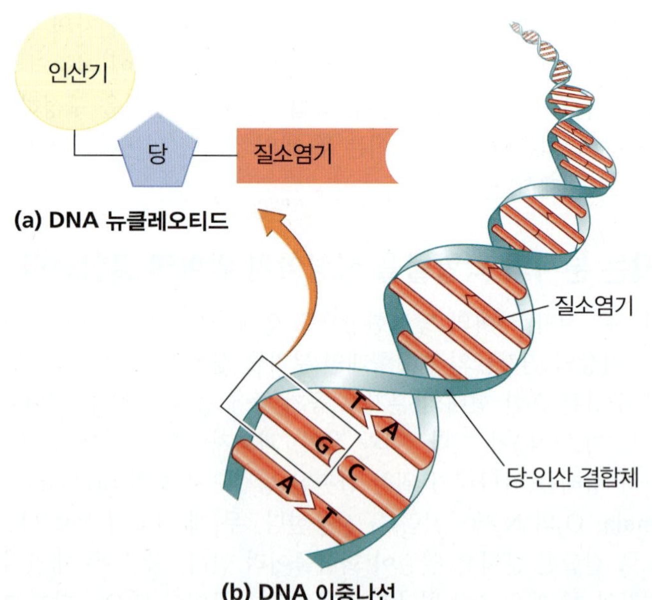

▲ 그림 2.10 (a) 핵산은 사다리의 연결부위처럼 쌍을 이루는 작은 분자인 뉴클레오티드의 연결체 내에 유전정보를 담고 있다. (b) DNA는 4종류의 뉴클레오티드로 구성되는데, 각각 아데닌(A), 구아닌(G), 시토신(C), 그리고 티민(T)이 있다. 아데닌(A)은 티민(T)과, 시토신(C)은 구아닌(G)과 쌍을 이루고 있다. RNA에서 티민은 우라실(U)로 교체된다. DNA는 이중나선의 모양으로 꼬여 있다.

생물들은 고분자를 격리하기 위해 세포를 이용한다

모든 생명체는 **세포(cell)**라는 생명의 기본단위로 구성되어 있다. 생물체는 박테리아와 같은 단세포로부터 식물과 동물 등의 수백만 세포로 이루어진 복잡한 형태가 있다. 세포는 크기와 형태, 기능에 차이가 있다. 생물학자들은 세포구조에 따라 이들을 둘로 나누고 있다. **진핵세포**(식물, 동물, 균류, 원생생물)는 막으로 둘러싸인 핵과 특수기능을 담당하는 막으로 싸인 세포소기관이 있다. **원핵세포**(세균과 고세균)는 일반적으로 단세포이며 막으로 둘러싸인 세포소기관이나 핵이 없다.

에너지 기초

잘 조직된 복잡성을 유지하고 생성하려면, 그것이 세포나 생물체, 또는 생태계이든, 에너지를 필요로 한다. 에너지는 물질을 복잡한 형태로 조직하고, 세포구조를 유지하고 생성하며, 생물종 간의 상호작용을 위한 힘이나, 지구행성의 모양을 형성하는 지질학적 힘을 내기 위해서 필요하다. 에너지는 모든 생물학적, 화학적, 물리적 현상에 어떻게든 관련되어 있다.

그렇다면 정확히 **에너지(eneygy)**란 무엇인가? 에너지는 감지할 수 없는 현상으로 위치나 물리적 구조, 물질의 온도 등을 변화시킬 수 있다. 과학자들은 두 종류의 에너지를 구별하고 있는데, 위치에너지인 **잠재에너지(potential energy)**와, **운동에너지(kinetic energy)**가 그것이다. 댐 뒤에 막혀 있는 강물을 생각해 보자. 흐르는 물이 막힘으로써 물은 잠재에너지를 축적하고 있다. 댐의 수문이 열리게 되면, 잠재에너지는 운동에너지로 바뀌어 물은 급하강하게 될 것이다.

이러한 에너지전환은 화학결합이 파괴되거나 형성되는 매 순간 원자수준에서 발생하고 있다. **화학에너지(chemical energy)**는 원자 사이에 결합형태로 유지되고 있는 잠재에너지이다. 높은 에너지결합(예컨데, 원유내 탄화수소의 탄소와 탄소의 결합)을 지닌 분자를 낮은 에너지결합의 분자(물 또는 이산화탄소와 같은 결합)로 전환하는 과정에서 잠재에너지가 운동에너지로 바뀌어 에너지가 방출되며 열과 운동, 행위 등이 생성된다. 자동차의 엔진이 가솔린의 탄화수소를 쪼개며 화학에너지를 방출하여 움직임을 발생시키듯이, 같은 목적으로 우리의 신체는 음식물 속의 포도당을 분해한다(**그림 2.11**).

에너지는 항상 보존되지만 질적으로 변화한다

에너지는 한 형태에서 다른 형태로 변화될 수 있지만, 창조되거나 파괴되지는 않는다. 물질이 보존되듯이, 우주의 총 에너지 또한 일정하게 유지되고 보존되어 있다. 과학자들은 이 원리를 **열역학 제1법칙(first law of the thermodynamics)**이라 한다. 댐 뒤의 강물의 잠재에너지는 강 아래로 흐르는 운동에너지와 동일하다. 이와 유사하게, 연소는 목재에 담긴 화학적 잠재에너지를 열과 빛으로 변한 에너지의 합으로 변화시킨다.

비록 총 에너지는 에너지 변환과정에서 보존되지만, **열역학 제2법칙**에서는 외부의 에너지가 투입되지 않는 한, 에너지는 더욱 질서정연한 상태에서 덜 정돈된 상태로 변한다고 말하고 있다. 이는 바로, 시스템이 무질서 또는 **엔트로피**를 향해 움직이는 경향이 있는 것이다. 예를 들어, 장작개비는 수년에 걸쳐 나무가 자라면서 고도로 조직화된 복잡한 생성물인데, 연소되는 과정에서 이산화탄소와 수증기와 같은 탄소재, 연기, 가스 등의 물질과, 불꽃의 열과 빛으로 전환된다. 산소의 도움으로, 목재를 구성하는 복잡한 구조의 생물학적 다량체는 조직이 와해된 형태의 초기분자와 열, 빛에너지 등으로 전환되는 것이다. 일단 에너지가 고도의 질서를 유지한 상태에서 그보다 못한 상태로 전환되면, 전환된 에너지는 효율적으로 일을 수행할 수 없다. 예를 들어, 재로부터 이용가능한 에너지(덜 정돈된 상태의 목재)는 장작개비(더 정돈된

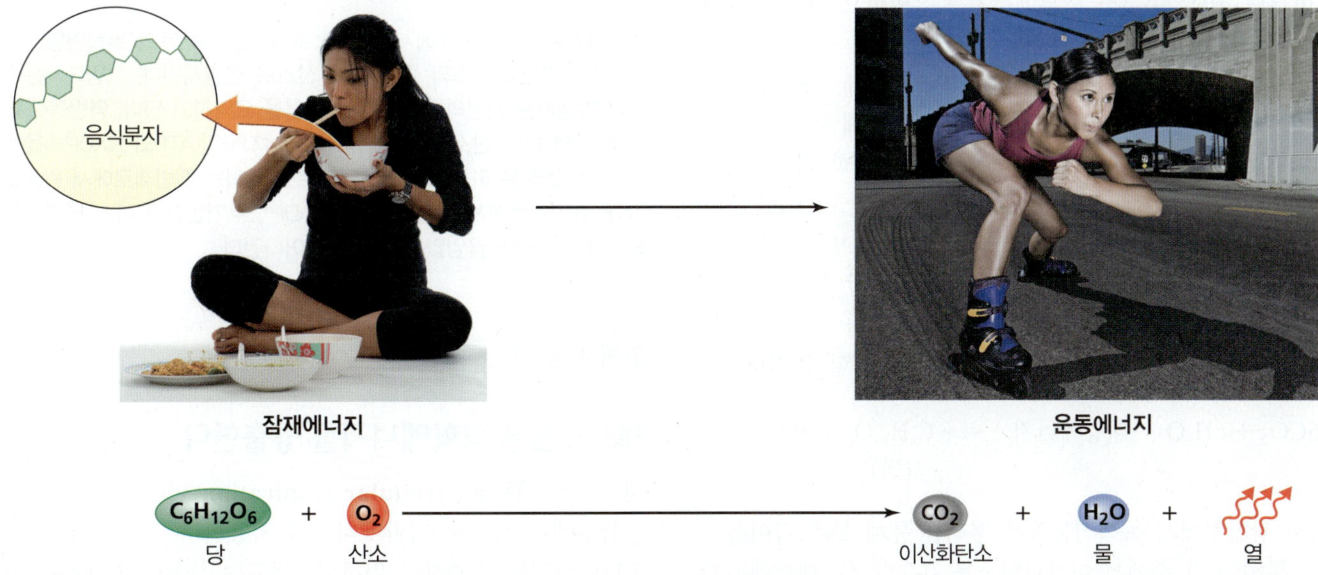

▲ **그림 2.11** 에너지는 잠재에너지가 운동에너지로 전환될 때 방출된다. 우리가 섭취하는 음식의 당분에 저장된 잠재에너지는 운동할 때, 산소와 결합하여 운동에너지로 전환되며 부산물로서 이산화탄소와 물, 열을 방출한다.

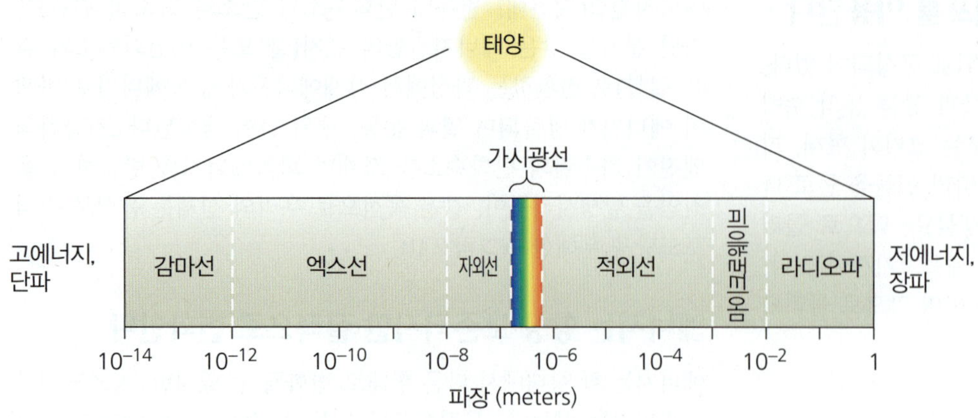

◀ **그림 2.12** 태양은 다양한 전자기적 스펙트럼을 통하여 빛을 방사한다. 가시광선은 이들 중 작은 부분에 속한다. 지구에 도달한 빛의 일부는 반사되고, 일부는 공기, 땅, 물에 의해 흡수된다. 광합성은 적은 양의 빛에 의해 작동된다(그림 14.1 참조).

상태의 목재)에서 이용할 수 있는 에너지보다 훨씬 낮다. 생물체는 음식과 광합성을 통하여 에너지를 규칙적으로 유입함으로써 엔트로피에 대응할 수 있다. 생물체가 죽어서 이러한 에너지의 유입이 멈춰서면, 분해가 시작되고 고도로 조직된 구조는 상실된다.

태양으로부터 얻은 빛에너지는 대부분의 생명계에 힘을 불어넣는다

지구생태계에 힘을 불어넣는 에너지는 일차적으로 태양으로부터 나온다. 태양은 방대한 전자기적 스펙트럼으로부터 빛을 방출하며, 이들 중 대부분은 대기 중에서 걸러지고 우리는 단지 가시광선의 형태로 일부를 인식하고 있다(**그림 2.12**)

생물체 중 일부는 태양광선으로부터 직접 식량을 생산해 낸다. 이러한 생물들을 일컬어 **독립영양자(autotrophs)** 또는 **생산자(producers)**라 하며, 녹색식물, 조류 및 남조류 등이 있다. 독립영양자는 태양의 빛에너지를 **광합성(photosynthesis)**이라 하는 과정을 통해 화학에너지로 바꿔놓는다(**그림 2.13**). 광합성에서 빛은 일련의 화학작용을 거치며 이산화탄소와 물을 당으로 전환시킴으로써 태양에너지를 생물체가 이용가능한 양질의 에너지(당)로 만든다. 이는 충분한 외부에너지를 유입함으로써 낮은 엔트로피를 유지하는 한 예가 된다.

광합성은 **엽록체**라 하는 세포기관에서 작용하는데, 이곳에서 빛을 흡수하는 색소인 **클로로필**(식물을 녹색으로 보이게 하는 물질)은 태양에너지를 이용하여 **명반응**이라 하는 일련의 화학반응을 시작한다. 이 반응에서 물은 해리되어 수소이온(H^+)과 산소(O_2)로 분리되어, 우리가 숨쉴 수 있는 산소가 발생되는 것이다. 명반응은 또한 작은 고에너지물질을 생성하여 캘빈회로에서 사용할 수 있게 하는데, 이곳에서 이산화탄소는 서로 결합하여 당을 만들어 낸다. 광합성은 복잡한 과정이지만, 다음과 같은 공식으로 요약할 수 있다.

$$6CO_2 + 6H_2O + \text{태양에너지} \longrightarrow \underset{(\text{당})}{C_6H_{12}O_6} + 6O_2$$

따라서 광합성에서 녹색식물들은 뿌리를 통해 물을 끌어올리고, 잎을 통해 공기 중에서 이산화탄소를 흡수한 후, 태양에너지를 이용하여 성장 및 유지에 필요한 당(포도당)을 생성하게 된다. 부산물로써 이들이 방출한 산소는 우리와 모든 동물이 숨을 쉬기

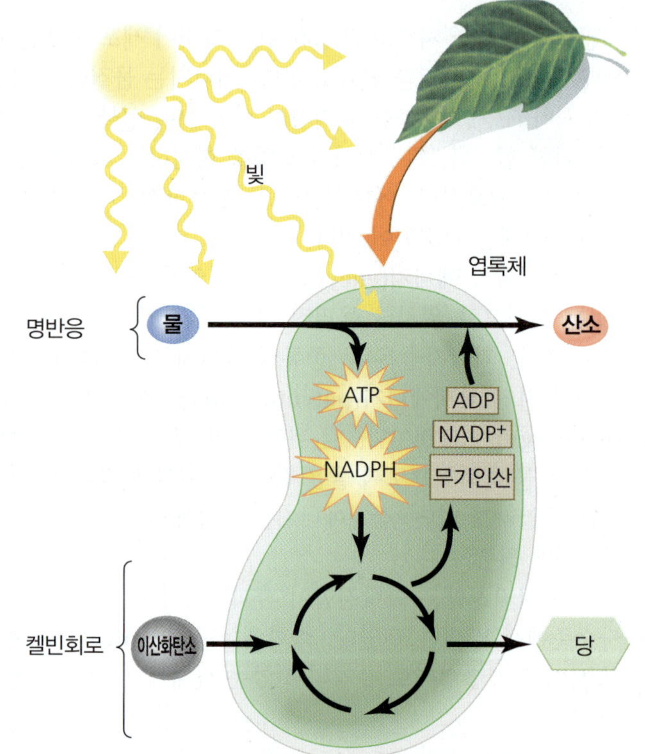

▲ **그림 2.13** 광합성에서 식물과 조류, 남조류 등의 독립영양자는 빛을 이용하여 이산화탄소와 물을 당과 산소로 전환시킨다. 그림에서는 엽록체에서 발생하는 일련의 복잡한 화학반응을 요약하고 있다. 명반응에서, 물은 빛의 존재 하에 산소로 전환되며 고에너지물질(ATP와 NADPH)을 발생시킨다. 이 물질은 이산화탄소가 당으로 전환되는 캘빈회로에서 반응을 유도한다. 캘빈회로에서 생성된 ADP, $NADP^+$, 무기인산은 다시 명반응이 진행되도록 사용되어 끊임없는 반응을 이어나간다.

위해 사용한다.

세포호흡은 화학에너지를 방출한다

생물들은 **세포호흡(cellular respiration)**이라 알려진 과정에서 광합성에서 생성된 화학에너지를 사용한다. 포도당($C_6H_{12}O_6$)내 화학에너지를 방출하기 위하여, 세포는 산소를 이용하여 포도당(H_2O)내 고에너지 화학결합의 사슬을 끊고 초기물질인 물과 이산화탄소(CO_2)로 다시 재생시킨다. 이 과정에서 방출된 에너지는

새로운 화학결합에 사용되거나 세포내 다른 임무를 수행한다. 세포호흡의 순 반응식은 광합성의 반대이다.

$$\underset{\text{(당)}}{C_6H_{12}O_6} + 6O_2 \longrightarrow 6CO_2 + 6H_2O + \text{에너지}$$

그러나 호흡을 통하여 한 개의 포도당 분자로부터 얻은 에너지는 광합성에서 한 분자의 포도당을 생성하는 데 필요한 에너지의 2/3에 해당하는데, 이는 열역학 제2법칙이 작동하고 있는 주요 본보기이다.

호흡은 **독립영양자(heterotrophs)**와 **종속영양자(consumers)** 또는 소비자, 즉 다른 생물의 바이오매스를 흡수해서 에너지를 얻는 생물들에게도 발생한다. 종속영양자는 대부분이 동물이며, 곰팡이와 유기물질을 분해하는 미생물을 포함한다. 대부분의 생태계에서 식물과 조류 또는 남조류는 먹이사슬의 바탕을 이루며 이를 통하여 에너지가 종속영양자로 흘러들어간다.

생태계

이제 화학과 에너지에서 배운 지식을 생물과 무생물환경 사이로 에너지와 물질, 영양분들이 어떻게 이동되고 있는지를 알아보는 데 적용해보자. **생태계(ecosystem)**는 특정한 지역에서 상호작용하는 생물체와 무생물체의 집합으로 구성되어 있다. 동물, 식물, 물, 토양, 영양분 등을 비롯하여 더 많은 요소들이 생태계를 구성하고 있다.

생태계를 통하여 에너지는 흐르고 물질은 순환된다

생태계에 대한 개념은 생물체들이 이들의 환경 속에서 화학적, 물리적 요소들과 매우 견고하게 엮여 있다는 것을 인식한 과학자들로부터 유래하였다. 예컨대, 체사피크만 **강어귀(estuary**; 강물이 바다로 흘러 육수가 해수와 만나는 지점)에서도, 수서생물들은 물살과 침천물, 그리고 육지에서 강으로, 강에서 만으로 흘러들어오는 영양분들과 매우 밀접하게 연관되어 있다. 차례대로, 광합성과 호흡, 생물들의 분해작용은 체사피크 수질의 화학적 조성에 영향을 미친다.

생태학자들은 마치 엔지니어가 기계작동을 분석하는 것처럼 생태계를 분석하기 시작했다. 이런 관점에서, 생태계란 에너지를 받아들여 이를 처리하고 변형시키는 한편, 내부적으로 물질을 순환시키고 다양한 결과물(열, 수류, 동물의 폐기물 등)을 생성하여 다른 생태계에 되돌려주는 시스템이다.

에너지는 생태계에서 한 방향으로 흐른다. 에너지는 대부분 햇빛의 형태로 도달하여 시스템에 활력을 주고, 열의 형태로 빠져나

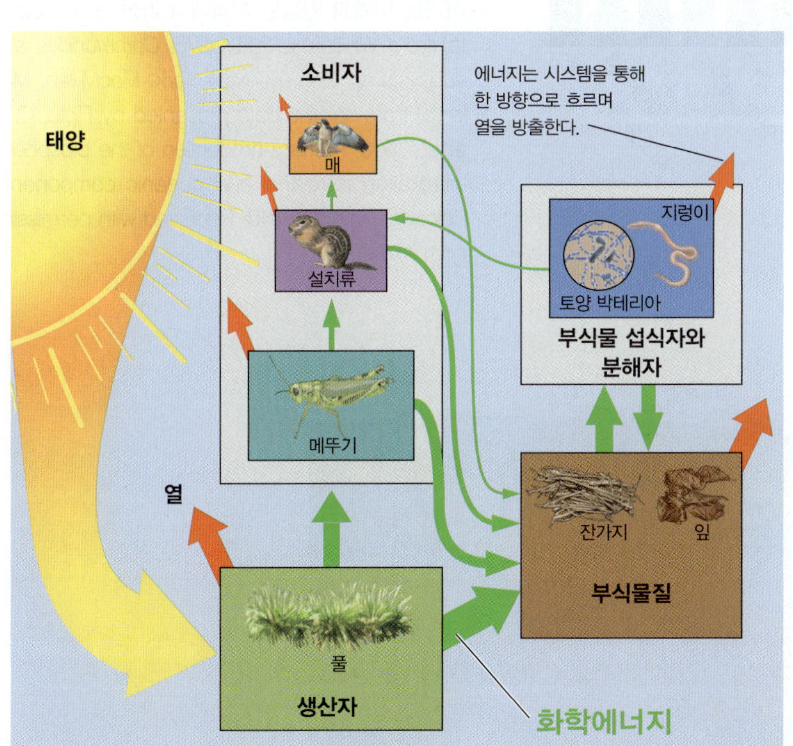

(a) 생태계를 통한 에너지 흐름

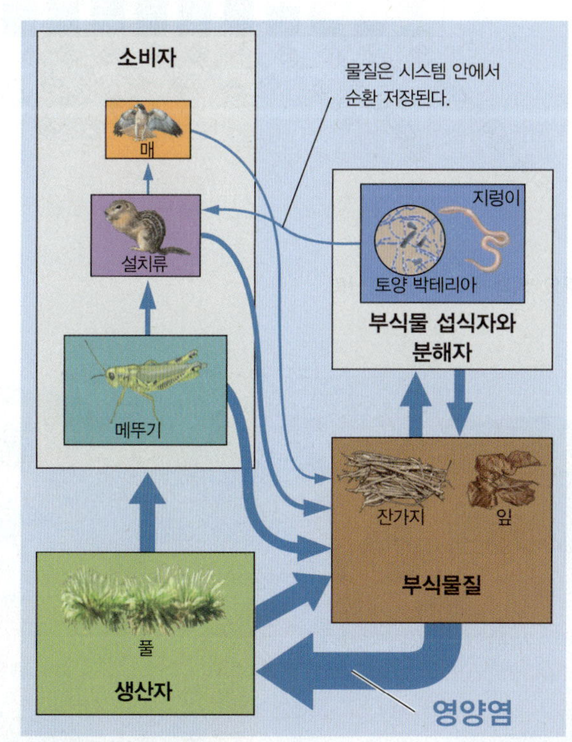

(b) 생태계내 물질 순환

▲ 그림 2.14 에너지는 유입되어, 생태계를 거치며 방출된다. (a) 태양(**노란색 화살표**)에서 방출된 빛은 생산자에게 광합성을 유도하고, 이는 각 영양단계와 부식물질 사이에서 화학에너지(**녹색 화살표**)의 이동을 개시한다. 에너지는 호흡을 통하여 열의 형태로 시스템을 빠져나간다(**적색 화살표**). 반면에 물질은 생태계 내에서 순환된다. (b) **푸른색 화살표**는 각 영양단계와 부식물 사이에서 영양분이 이동하는 것을 보여주고 있다. 양쪽의 그림에서, 상자의 크기는 에너지와 물질의 상대적 양을 나타내고, 화살표의 크기는 에너지와 물질의 상대적 이동크기를 나타내고 있다. 이러한 크기의 정도는 각 생태계에 따라 매우 다르게 나타난다. 본 그림은 간략하게 표시된 것으로, 생태계내 다양한 무생물적 요소들(즉, 물, 공기, 무기토양원들)은 생략되어 있다(4장에서 생물간의 에너지와 물질의 흐름에 관하여 더 자세히 다루게 될 것이다).

간다(**그림 2.14a**). 물질은 이와 대조적으로, 생태계 내에서 순환한다(**그림 2.14b**). 물질과 에너지는 생물체(생산자, 소비자 및 분해자) 사이로 먹이사슬의 관계를 통하여 전달된다(4장). 물질은 순환되는데, 이는 생물들이 죽으면 부패되어 이들의 양분이 시스템에 머물기 때문이다. 반대로, 생물들이 흡수하는 에너지의 대부분은 호흡을 통하여 환경으로 방출된다.

에너지는 바이오매스(생체량)로 전환된다

대부분의 생태계에서 에너지의 흐름은 태양의 광선과 함께 시작된다. 생산자가 광합성을 통하여 태양에너지를 화학에너지로 전환시키며, 1차생산을 수행한다. 특히, 독립영양자에 의해 생성된 화학에너지의 총량을 1차총생산량이라 한다. 생산자는 그러나 이렇게 얻은 대부분의 에너지를 세포호흡에 사용한다. 호흡에 사용되고 남은 에너지는 바이오매스(즉, 잎, 줄기 및 뿌리; 4장)를 생성하는 데 사용되는데, 생태학자들은 이를 일컬어 **1차순생산량(net primary production)**이라 한다. 1차순생산량은 1차총생산량에서 세포호흡을 뺀 값과 동일하다.

생태계마다 독립영양자가 에너지를 바이오매스로 전환시키는 비율이 다르다. 그 비율을 생산량이라 하고, 생산자가 태양에너지를 바이오매스로 전환시키는 비율이 매우 빠른 생태계를 가리켜 높은 **1차순생산량(net primary production)**을 가졌다고 말하고 있다. 담수습지와 열대우림, 산호초 등은 가장 높은 순 일차생산량을 보이는 반면, 사막이나 툰드라, 먼바다는 가장 낮은 값을 갖는다(**그림 2.15a**). 생태계의 특징에 따라 나타나는 순 일차생산

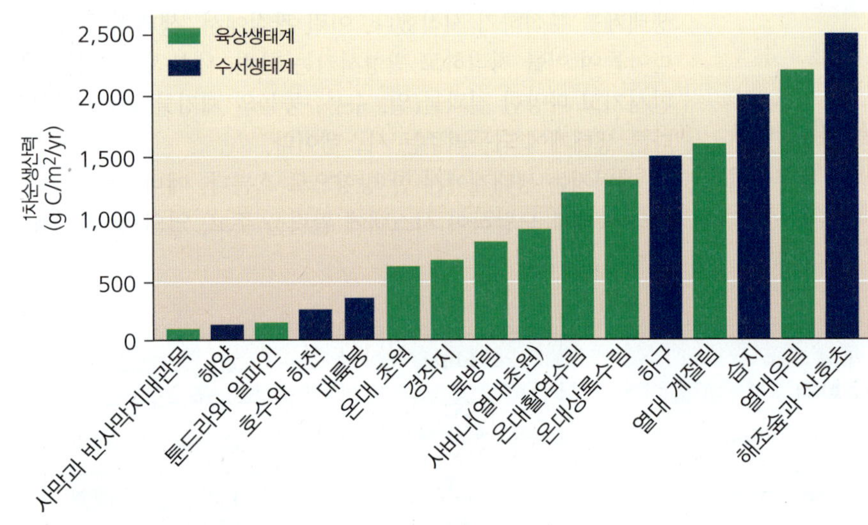

(a) 주요 생태계의 1차순생산력

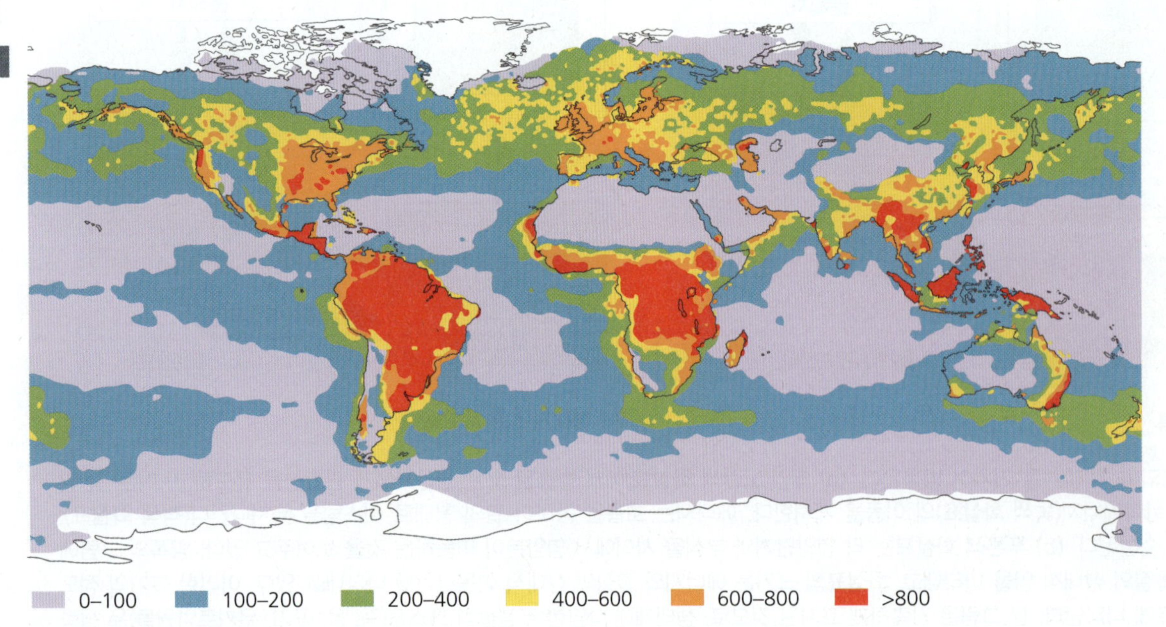

(b) 전지구적 1차순생산력

◀ **그림 2.15** (a) 담수습지와 열대우림, 산호지대, 조류층에서는 평균적으로 높은 순 1차생산량을 보여주는 반면, (b) 사막과 툰드라, 외해양에서는 낮은 값을 보여준다. 위성정보를 통하여 보여주는 세계지도에서는 육지의 1차순생산량이 기온과 강우에 의해 지리적으로 서로 다르다는 것을 보여주고 있다. 해양에서, 1차순생산량은 육지에서 영양분(자연적인 것과 인간활동에 의한 것 모두)이 흘러 들어가는 대륙과 인접한 지역에서 가장 높다. Data in (a) from Whittaker, R.H., 1975. *Communities and ecosystems*, 2nd ed. New York: MacMillan. Map in (b) from satellite data presented by Field, C.B., et al., 1998. Primary production of the biosphere: Integrating terrestrial and oceanic components. Science 281: 237–240. Reprinted with permission from AAAS.

량의 차이는 전 지구상에 뚜렷한 지리학적 형태로 나타난다(**그림 2.15b**). 육상생태계에서, 1차순생산량은 온도와 강우에 따라 증가하는 경향이 있다. 수서생태계에서는, 1차순생산량이 빛과 영양분의 이용도에 따라 증가하는 경향을 보인다. 체사피크의 경우처럼, 수중 영양분의 제한적 특성은 인간활동으로 야기된 질소와 인의 유입이 시스템에 얼마나 심각한 영향을 끼치고 있는지를 터득하게 한다.

WEIGHING 이슈

당신이 살고 있는 생태계 당신이 살고 있는 지역을 생각해보라. 당신은 어떻게 이 지역의 생태계를 설명하겠는가? 이곳은 다른 곳과 어떻게 상호작용을 하는가? 한곳의 생태계가 심각하게 교란된다면 (가령, 습지 또는 산림이 쇼핑센터로 탈바꿈한다면) 가까운 주변의 자연생태계에 대한 영향은 어떤 것인가?

생태계는 경관을 사이에 두고 상호작용한다

생태계에 따라 그 크기가 매우 다양하다. 생태계는 조류와 올챙이가 있는 작은 연못에서부터 산림과 호수 또는 다양한 서식처와 생물종이 서식하고 있는 만과 같은 광활한 생태계가 있다. 일반적으로, 생태계는 어느 정도 자급자족이 가능한 적당한 지리적 규모를 말한다. 이를테면 강물이 만으로 흘러드는 체사피크의 염습지는, 굴초(oyster reefs)에 의해 우점된 하나의 생태계이다. 그러나 경계를 이루고 있는 생태계는 서로 활발히 교류한다. 예컨대 강물과 염습지, 강어귀의 해수는 산림과 초원의 경우처럼 서로 상호작용한다. 생태계 간에 만나는 지역은 이행대(ecotone)라 하는 전이대로 각각의 생태계 요인들이 상호작용하는 곳이다.

서로 다른 생태계의 구성원들이 서로 혼합될 수 있기에, 생태학자들은 복수의 생태계를 포함하는 큰 규모의 지리학적 척도에서 생태계를 관망하는 것이 유용하다고 생각한다. **경관생태학(landscape ecology)**이라 부르는 이러한 확장된 접근방법으로, 과학자들은 경관구조가 어떻게 생물들의 풍부함과 분포도, 상호작용에 영향을 미치는지를 연구한다. 여러 경관을 동시에 조망한다는 것은, 장거리를 이동하는 새들과, 계절별로 산과 계곡을 넘나드는 포유류, 바다에서 산란을 위하여 강으로 거슬러 올라오는 연어와 같은 어류들을 연구하는 데 매우 중요하다. 경관수준의 접근방법은 지속가능한 도시와 지역의 개발을 계획하는 데도 유용하다(18장). 이러한 연구는 위성사진과 지리정보시스템(GIS)—다양한 정보(예컨대, 지리, 수문학, 식생, 동물종, 및 인간개발 등)와 이들을 공통의 지리학적 조직체로 함께 묶는 컴퓨터 소프트웨어—에 의해 큰 도움을 받고 있다.

경관생태학자에게 경관은 공간적으로 모자이크 형태로 배치

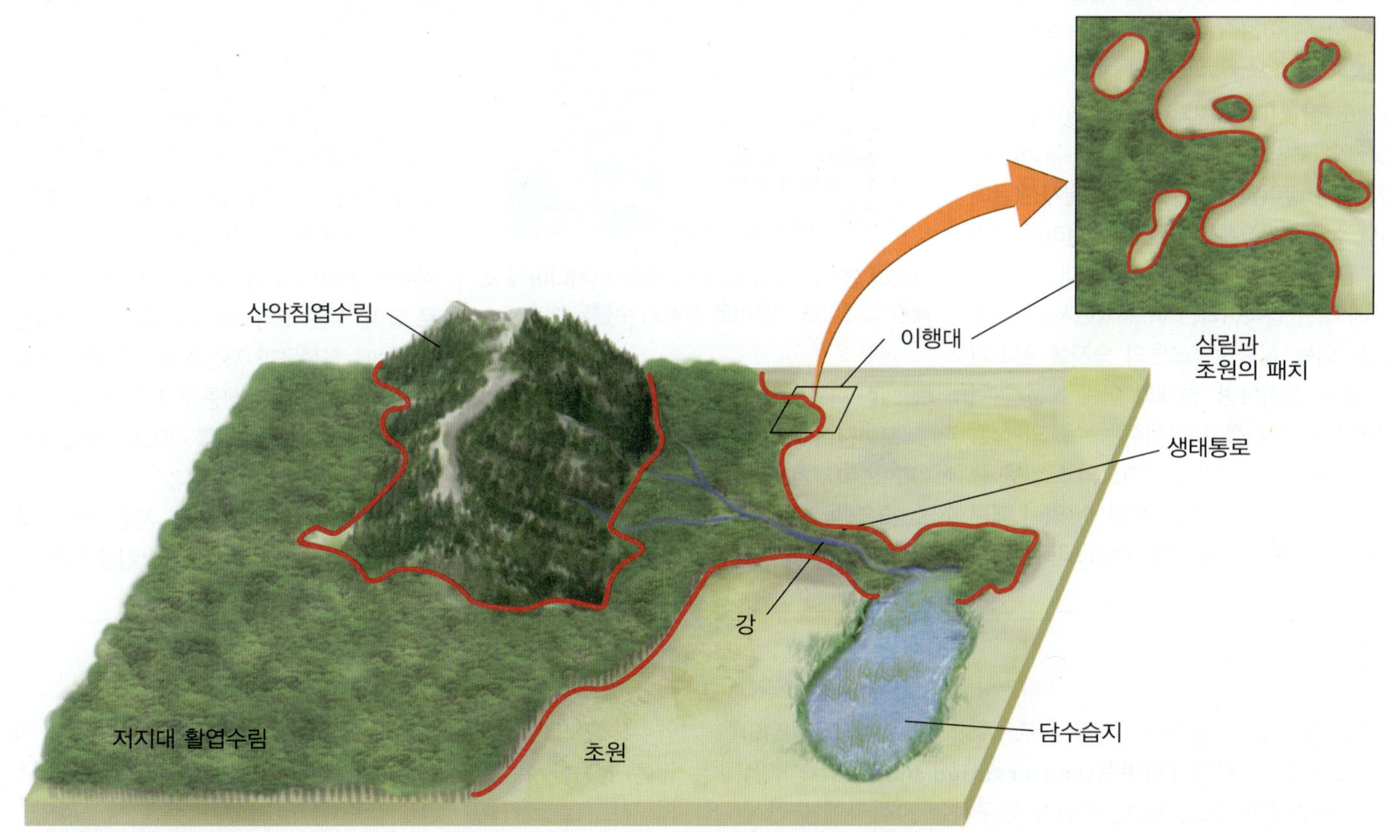

▲ **그림 2.16** 경관생태학은 생태계수준 위의 공간적 형태를 다루고 있다. 이곳의 일반화된 경관의 그림은 5가지 형태의 생태계(3개의 육상생태계, 습지, 강)에 대한 패치의 모자이크를 보여주고 있다. 굵은 적색선은 이행대를 가리킨다. 강을 따라 펼쳐진 저지대 활엽수림지역은 왼쪽의 커다란 산악침엽수림지역과 습지를 따라 이어진 작은 산림패치를 연결하는 생태통로 구실을 한다(산림의 동물들이 패치 사이를 이동할 수 있는). 지도 내의 삽입된 부분은 산림과 초원 사이의 이행대에 대한 확대된 모습이며, 어떻게 소규모의 패치들로 구성되어 있는지를 보여주고 있다.

데빗 슐츠, 미육군공병단

과학 비하인드 스토리

체사피크만 토종굴의 "형세변환"

2011년, 동부지역 굴(*Crassostrea virginica*)은 체사피크만에서 큰 난관에 봉착했다. 체사피크(이 이름은 "최고의 갑각류의 만"이란 뜻의 알곤킨어—*Chesepiook*—에서 유래하였다)에서 굴의 개체수는 최고 전성기 때의 겨우 1%에 불과하였다. 복원노력은 대부분 실패하였다. 이 지역의 굴 산업은, 한때 세계 최고였지만, 200년간의 남획과 수질저하, 형질변경된 굴로부터 전염된 바이러스 질병, 그리고 굴의 서식지인 굴초의 파괴 등으로 붕괴되었다. 그럼에도 불구하고, 과학자와 자원관리자들이 상당량의 굴채취를 제한하고 굴초의 보호구역을 만들어 굴을 보호할 것을 제안하였지만, 이 시도는 정치적으로 힘있는 굴 산업자들에 의해 좌절되었다.

토종 굴어업의 붕괴와 토종굴의 복원계획에 반대하는 정치적 장애물로, 굴 산업자와 주정부의 자원관리자 사이에 아시아로부터 갓굴(*Crassostrea ariakensis*)을 도입하려는 움직임이 거론되었다. 이 종은 이 지역환경에 잘 적응하는 것 같았고, 토종굴에 해를 입히는 병원균에도 잘 견디는 것처럼 보였다. 지지자들은 갓굴의 도입으로 굴의 개체수가 늘어나고, 사라져가는 굴어업을 되살리며, 수질개선(굴에 의하여 식물플랑크톤과 침전물이 걸러져 여과되기 때문)이 될 것이라고 주장하였다.

굴에 의한 섭식여과는 이 지역에서 매우 중요한데, 이는 식물플랑크톤의 숫자를 감소시키고, 물을 정화하며, 물새와 어린 게들을 위한 먹이와 피난처를 제공해주는 수초의 성장을 도모해주기 때문이다. 외래종의 도입은 생태학적으로 심각한 영향을 끼칠 수 있기 때문에, 미육군공병단은 체사피크만의 굴복원방법에 대한 환경영향평가를 지휘하게 되었다.

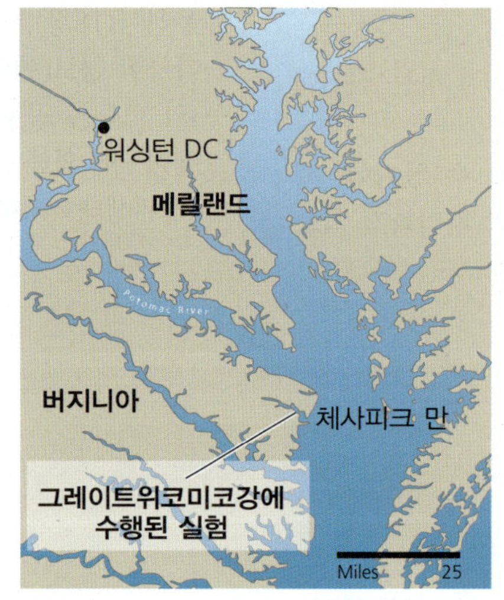

슐츠의 연구는 체사피크만 하류의 버지니아에 소재한 그레이트 위코미코 강에서 수행되었다.

공병단의 과학자이자, 버지니아의 해양과학연구소 박사과정생이었던 데이비드 슐츠가 토종 굴을 복원하기 위한 실행가능한 접근방법이 있는지를 알아보기 위해 떠난 곳은 바로 정치적으로 민감하고, 변화의 소지가 매우 큰 환경이었다. 슐츠와 그의 팀이 수행한 작업은 이 지역의 복원과정에서 토종굴에게 유리하게 형세를 판단하는 데 도움을 줄 수도 있을 것이다.

토종굴에 대한 가장 큰 영향 중의 하나는 한 세기 동안 이어진 집중적인 굴채취로 인한 굴초의 파괴였다. 굴은 가라앉아 다른 굴껍질 위에서 가장 잘 자라며, 오랜 세월 동안 이 과정에 의해 굴초(생굴과 굴껍질이 얽혀 생성된 물밑의 돌출부위)가 형성되고 굳어져서 단단한 돌이 된다. 지역전체에 걸쳐서, 썰물 때는 물위로 고개를 내밀었던 굴초는 한 세기 동안 굴채취선 밑바닥의 금속준설기에 의해 반복적으로 깎여, 작은 조각으로 감소되었다. 핵심은 바로, 한때 침전물과 저산소로 가득찬 바닥에서 플랑크톤이 풍부한 상층부로 굴을 끌어올려왔던 굴초처럼 인공굴초를 만드는 것이라는 점을 슐츠는 깨달았던 것이다.

공병단에서 활용가능한 자원들로 무장한 후, 그는 경관생태학적 접근방법을 택하여, 체

된 패치(생태계, 군집 또는 서식처)로 구성되어 있다(그림 2.16). 경관생태학은 **보전생태학자들(conservation biologists;** 8장), 즉 생물다양성의 감소, 보호, 복원을 연구하는 과학자에게 큰 관심거리다(**과학 비하인드 스토리** 참조). 생물군집은 특별한 서식처를 요구하고 있고 경관을 따라 적당한 패치를 점유하고 있다. 만약 서식지의 패치가 크게 분절되고 고립되면, 이들 패치내 개체군은 멸종할 수 있다. 이에 따라서 패치 사이를 연결하는 서식지의 통로(10장, 그림 2.16 참조)를 설치하는 것은 생물다양성을 유지하고자 하는 보전생태학자들이 추구하는 한 방법이 되고 있다.

물대포는 바지선에서 굴껍질을 벗겨 강바닥에 실험을 위한 인공 굴초를 만든다.

사피크만 하류의 그레이트 위코미코강(**지도 참조**)어귀의 굴보호지역내 총 35.3헥타르에 이르는 9개의 굴 초위에 서식지의 패치를 복원하기로 하였다.

두 개의 인공굴초는 2004년에 건설되었고(**그림 참조**), 채취를 피하여 굴이 정착되도록 하였다. 건설된 굴초에서 2007년 개체군이 조사되었으며, 그 결과는 매우 놀라웠다. 굴초지대에서는 대략 1억8,500만 마리의 굴이 집계되었으며, 이는 모든 메릴랜드의 파괴된 지역에서 서식하는 2억 마리의 굴만큼이나 많은 숫자였다.

높은 굴초는 평방미터당 평균 1,000마리 이상의 굴을 지탱하였으며, 이는 낮은 굴초에 비하여 4배, 복원이 안된 지역과 비교하여 170배나 많은 숫자였다(**도표 참조**). 천연 굴초와 마찬가지로, 건설된 굴초는 단단해져서 어린 굴의 정착에 기여하였다. 2009년, 슐츠의 연구는 그의 팀과 함께 그 실험결과가 사이언스 저널에 실리면서 세계의 주목을 받으며 신문에 크게 보도되었다.

한 종류 이상의 굴을 대상으로 복원에 대한 8번의 접근을 검토한 후, 미육군은 비토종굴의 도입을 반대할 것을 주장하였다. 대신에 토종굴의 복원과 굴채취에 대한 임시제한조치(굴산업에 대한 대체 프로그램과 동반함), 그리고 지역내 굴 양식에 대한 지지 등의 복합안을 제시하였다.

슐츠의 복원계획은 미화 300만 달러의 경비를 소요했고, 다른 지역에서도 실행한다면 상당한 투자가 있어야 할 것이다. 특히 상류지역에서는 너무 자명한데, 이 지역은 특히 굴생산수준이 낮고(복원된 굴초를 굴로 접종해야 함), 물 환경이 열악하며, 굴 또한 질병에 약하기 때문이다. 많은 과학자들은, 굴초복원을 연장하려는 노력은 굴 개체군을 증가시키고 물의 여과를 통해서 지역에 활기 넘치는 서비스를 제공한다는 면에서 가치있는 일이라는 점에 동의한다. 일부 과학자들은 굴 농업의 추진, 즉 복원노력이 세금 대신 비즈니스 차원에서 지원되어야 한다는 데 가치를 두고 있다.

어떻게 지원이 되든, 굴 복원노력을 위한 보호구역이 설정되고 있다. 2010년, 메릴랜드는 새로운 굴 보호지역을 3,640헥타르 지정하는 제안을 했는데, 이는 주 정부내 총 굴초의 25%에 해당하며, 슐츠와 같은 복원계획이 반영될 것이다. 이러한 굴 개체군의 보호지역을 증가시키려는 운동은, 베이지역 굴의 질병저항력이 늘어남과 함께, 토종굴이 이 지역에서 다시 한번 그 명성을 되찾을 것이라는 희망을 주고 있다.

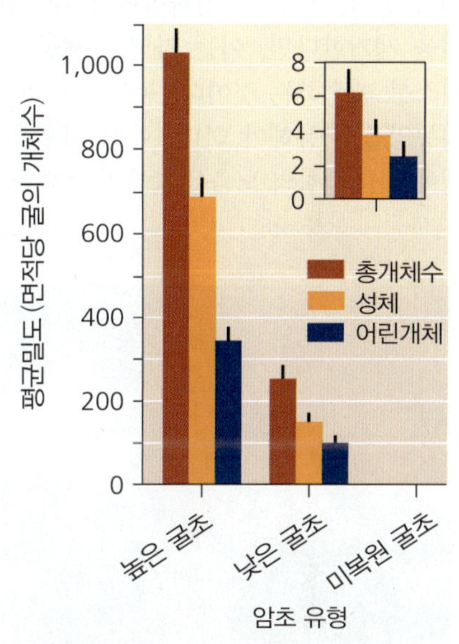

굴초의 높이는 성굴과 어린굴(새로 정착한 굴)의 밀도에 중요한 영향을 미쳤다. 슐츠의 작업은 토종굴의 개체군은 굴초가 높이 세워지고 채취를 제한한다면 일정 부분 소생할 것이라는 점을 제안하였다. Data from Schulte, D.M., R.P. Burke, and R.N Lipicus, 2009. Unprecedented restoration of a native oyster metapopulation. *Science* 325: 1124 – 1128. Reprinted with permission from AAAS

모델링은 생태계를 이해하는 데 도움을 준다

생태학자들이 자연계를 연구하기 위해 찾는 그럴듯한 방법 중에는 **모델(model)**을 이용하는 것이 있다. 과학에서 모델이란 복잡한 자연과정을 단순화시킨 것이며, 이로써 과정을 이해하는 데 도움을 주고 예측도 가능하게 한다.

생태학적 모델링(ecological modeling)은 생태계의 기능을 예측하고 설명하기 위한 목적으로 모델을 세우고 실험하는 과정이다. 이 모델들은 실제적인 데이터에 바탕을 두고 있으며, 어떻게 시스템의 구성원들이 교류하는지를 가정한 가설에 근거하고 있다. 생태학적 모델링은 특히 크고, 분리 및 연구가 어려운 복잡한 시스템에 유용하다. 예컨대 생태모델은 체사피크만으로 들어오는 영양분의 흐름을 이해하고 변화된 수환경에 대한 굴과 수초의 반응을 예측하는 데 도움을 준다.

생태계는 필수적인 서비스를 제공한다

지구행성에서의 모든 삶은, 인간을 포함하여, 건강하게 작동하는 생태계에 의존하고 있다. 지구의 생태계가 정상으로 가동되고 교란되지 않을 때, 비로소 생존에 필요 불가결한 재화와 용역을 제공받게 된다. 이러한 생태계 서비스의 예로는, 대기가스, 강우, 온도의 조절, 인간에게 식량과 자연자원을 제공하는 것, 식물을 수분시키고 해충을 조절하는 것, 토양침식의 방지, 물과 오염물질의 정화, 그리고 오락적, 심미적, 예술적, 정신적, 교육적 가치를 제공하는 것들이 있다(**그림 2.17**).

인간활동이 생태계의 기능을 훼손하면, 우리는 스스로 이러한 서비스를 얻기 위하여, 과외로 많은 비용과 시간을 들여가며, 헌신해야 한다. 가령, 농업과정에서 과도한 작업을 통하여 해충의 천적을 제거한다면, 이는 자연이 제공해주는 생태계의 해충구제 서비스를 훼손하는 것이다. 농부는 이때 해충을 구제하기 위하여 합성농약을 사용해야 하며, 이는 자원을 낭비하게 되며 인간 및 야생에 화학물질의 노출을 증대시키게 된다.

가장 중요한 생태계 서비스 중의 하나는 영양염의 순환이다. 생태계에서 발생하는 모든 과정들을 통하여, 우리가 필요로 하는 화학원소와 화합물—물, 탄소, 질소, 인 및 그 외 다수—들은 복잡한 방법으로 환경 내에서 순환한다.

생지화학적 순환고리

펜실베니아 농지에서 비료로 사용된 질소와 인이 우리의 식탁에 올라온 체사피크만의 굴에 정착되듯이, 모든 영양분은 복잡하고 흥미로운 방법으로 생태계 내를 이동하고 있다. 에너지는 태양에서 생태계로 유입된 이후, 한 개체에서 다른 개체로 이동하며, 결국 열로써 대기 중으로 사라져 버리지만, 생태계의 물질은 끊임없이 계속해서 순환한다.

영양염은 생지화학적 순환고리를 통해 순환한다

영양분은 암권, 대기권, 수권, 그리고 생물권을 통하여 원소와 분자를 순환시키는 생태계의 **영양염순환(nutrient cycles)**(또는 **생지화학적 순환, biogeochemical cycles**)을 통하여 이동한다. 오

▲ **그림 2.17** 생태과정은 자연적으로 셀 수 없을 정도의 생태계 서비스를 제공한다. 우리 사회, 실제적으로 우리의 생존은 이들 서비스에 의존하고 있다.

늘날, 당신의 손톱에 있는 탄소는 1년 전에는 황소근육의 일부였을 수도 있고, 한 달 전 풀잎에 있었을 수도 있으며, 1억 년 전 공룡의 송곳이의 일부분이었을 수도 있다. 우리가 죽으면, 몸속의 영양분은 환경 내로 흩어지며, 결국 미래의 알 수 없는 생명체의 일부로 흡수될 것이다.

영양분은 한 **저장소**(pool 또는 reservoir)에서 다른 곳으로 다양한 시간 동안 머물면서(**체류시간**) 이동한다. 공룡, 풀, 황소, 그리고 신체는 각각 탄소원자의 저장소이다. 저장소내 물질이 유입량보다 배출량이 더 많을 때 **소스**(source)라 하고, 반대로 더 많은 물질을 수용할 때 **싱크**(sink)라 한다. **그림 2.18**은 간단히 본 개념을 묘사하고 있다. 저장소 사이를 이동하는 물질의 이동속도를 **플럭스**(유동, flux)라 하고, 특정 저장소 사이의 플럭스는 시간에 따라 변화한다. 다음에 보이는 바와 같이, 인간활동은 플럭스나 체류시간, 그리고 저장소내 영양염의 상대용량을 변화시킴으로써 영양염의 순환에 영향을 미친다.

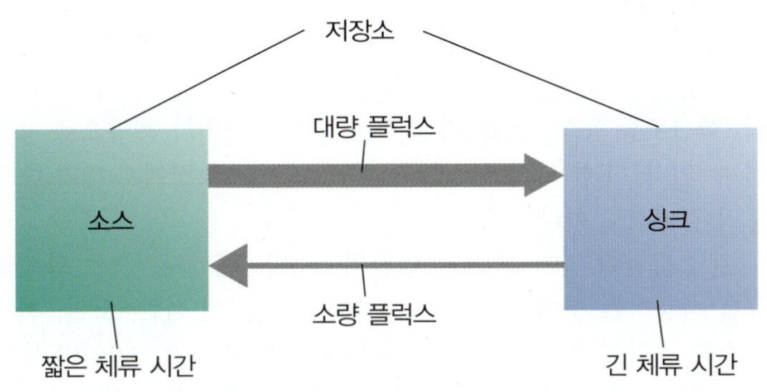

▲ **그림 2.18** 생지화학적 순환의 주요 구성원은 저장소(물질이 저장되는 장소)와 플럭스(저장소사이를 이동하는 물질의 속도)이다. 소스는 수용량보다 더 많은 물질을 방출하고, 싱크는 방출량보다 더 많이 수용한다.

물의 순환은 모든 다른 순환에 영향을 미친다

물은 생명에 필수여서 우리는 이를 너무 당연시한다. 대부분의 생화학적 반응의 필수용액인 물은, 각 영양염의 순환을 포함하여 거의 모든 환경시스템에서 중요한 역할을 수행한다. 물은 육지로부터 강과 하천, 유출수를 통하여 해양으로 영양염과 침천물, 오염물을 이동시킨다. 영양염은 따라서, 해류를 통하여 수천 마일을 이동할 수 있다. 물은 또한 대기오염물질을 비나 눈에 용해하여 지표면으로 다시 하강시킨다. 이러한 활동이 지구상 물질순환의 중심을 이루는 **물의 순환**(**그림 2.19**)을 만들고 있다.

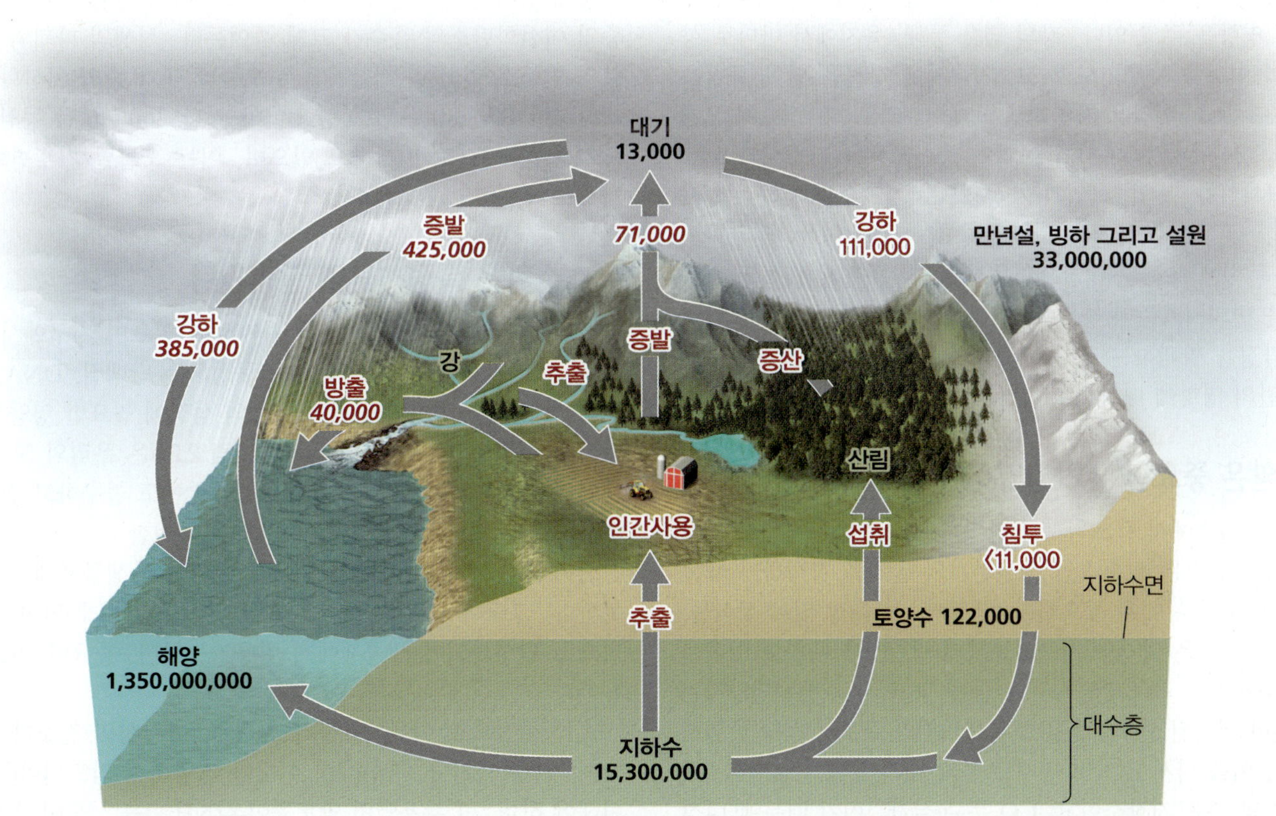

▲ **그림 2.19** 물의 순환(또는 hydrologic cycle)은 물분자가 환경을 이동하며 관여하는 여러 경로를 요약하고 있다. 회색 화살표는 물의 저장소간의 플럭스를 나타낸다. 물의 순환은 그 자체가 시스템이며, 또한 다른 생지화학적 순환에 주요 역할을 수행한다. 해양은 지구 물의 97%를 차지하며, 대부분의 담수는 지하수와 만년설로 이루어진다. 수증기는 대기 중에서 응축하여 지표면으로 하강하며, 이는 다시 토양과 식물로부터 증발하여 대기로 올라간다. 강물을 흐르는 물은 결국 바다로 이동한다. 그림에서, 저장소의 이름은 검은색으로 표기하였고, 검은색 숫자는 입방킬로미터(km^3)의 단위로 표기한 저장소의 크기를 나타낸다. 플럭스의 과정들은 적색 이탤릭체로 표기하였고 이는 연간 입방킬로미터의 단위로 표시되어 있다. Data from Schlesinger, W.H., 1997. *Biogeochemistry: An analysis of global change*, 2nd ed. London: Academic Press.

해양은 물순환에 있어 지구 총 물의 97% 이상을 보유하고 있는 가장 큰 저장소이다. 생존에 필요한 담수가 나머지의 물이며, 이마저 2/3는 빙산과 눈, 만년설로 구성되어 있다(12장). 따라서 지구 전체 물의 1%도 안되는 양이 지하수와 지표수, 그리고 수증기로부터 만들어진 비 등의 형태로 손쉽게 사용되고 있다.

물은 해양, 호수, 연못, 강 및 습한 토양으로부터 액체가 기체로 전환되는 현상인 **증발(evaporation)**에 의해 대기 중으로 이동한다. 물은 또한 잎을 통한 **증산작용(transpiration)**에 의해 대기 중에 방출된다. 증산과 증발은 자연적 증류현상인데, 이는 물이 가스형태로 대기에 방출되면서 용해물질은 남겨두기 때문이다. 물은 대기로부터 수증기가 응결되어 비나 눈으로 하강하여 지표면으로 돌아온다. **강하(precipitation)**된 물은 식물과 동물이 이용하지만, 대부분은 시내, 강, 호수, 연못, 그리고 바다로 **흘러들어간다(runoff)**.

일부의 물은 토양과 암석을 통과하는 여과과정을 거쳐 **대수층(aquifers)**으로 알려진 지하저장소로 **스며든다(infiltration)**. 대수층은 암석과 토양의 스펀지 같은 지역으로 토양밑 지하에 존재하는 물인 **지하수(groundwater)**를 담고 있다. 대수층내 지하수의 가장 상층부를 **지하수면(water table)**이라 한다. 대수층에는 짧은 기간 동안 지하수를 담고 있는 것이 있는 반면, 어떤 것은 고대의 물이 담겨 있기도 하다.

인간활동은 물의 순환과정에서 거의 모든 플럭스, 저장소, 체류시간에 영향을 주고 있다. 강의 댐을 통해, 육지에서 바다로 향하는 물의 이동을 늦추기도 하고, 저수지에 강물을 담아 증발을 유도하기도 한다. 인간은 자연식생을 베어내기도 하고, 토지를 개발하면서, 유출수를 증가시켜 여과와 증산작용을 감소시키며 토양을 침식시킨다. 농업, 산업과 가정용으로 지표수와 지하수를 사용하면서, 강, 호수, 하천을 고갈시키고, 지하수면을 낮추고 있다. 또한 물속에 용해된 대기오염물질을 방출하면서 빗물의 화학적 특성을 변화시키는데, 이는 증발과 증산작용이 제공하는 자연적 증류과정을 파괴하는 행위와 같다(12장에서 물의 순환, 수자원 및 인간의 영향에 대하여 더 자세히 다룰 것이다).

탄소순환은 중요한 유기영양분을 순환시킨다

탄소순환은 환경에서 탄소원자가 관여하는 경로를 묘사하고 있다 **(그림 2.20)**. 탄소는 필수적인 생물분자의 골격을 형성하기 때문에, 이것의 순환은 매우 중요하다. 생산자, 즉 육상 및 수상식물, 조류, 남조류 등은 대기와 지표수로부터 광합성을 위하여 이산화탄소를 끌어온다. 독립영영자와 이들을 먹고 사는 종속영양자는 광합성에서 생성된 탄수화물을 호흡에너지와 구조적 성장을 위해 사용하고, 이를 다시 CO_2의 형태로 물과 대기 중에 방출한다. 식물은 탄소의 주요 저장소이고, CO_2는 온실가스이기 때문에(14장 참조), 연구자들은 기후변화에 맞서 식생의 잠재력을 평가하기 위하여, 여러 식물들이 흡수하는 CO_2의 양을 측정하려 하고 있다.

지구의 해양은 탄소순환에서 큰 기능을 한다. 해양은 대기, 육상유출수, 해양화산분출 및 해양생물의 부식물로부터 탄소를 함유하는 화합물을 흡수한다. 바닷물은 지구상에서 두 번째로 큰 탄소의 저장소이다. 가장 큰 저장소인 퇴적암(11장)은 해양과 담수의 습지에서 형성된다. 생물들이 죽으면, 그 유해가 바닥에 침전되며, 침전층이 형성되면서, 초기의 침전층은 더 깊숙히 묻히며 오랜기간 동안 높은 압력을 받게 된다. 시간이 흐르면서, 이러한 환경조건은 죽은 사체의 연조직을 깊은 곳에서 화석연료—석탄, 오일, 천연가스—로 바꿔 놓는다(15장). 탄산칼슘($CaCO_3$)이 풍부한 수생생물의 껍질과 골격은 지하에서 높은 압력에 의해 석회와 같은 퇴적암으로 전환된다. 비록 대기 중의 탄소원자들은 짧은 기간 머무르지만, 퇴적암과 화석연료의 탄소원자들은 수억 년간 저장될 수 있다. 퇴적암과 화석연료에 갇힌 탄소는 융기나 침식, 화산활동 등의 지질학적 과정을 통하여 대기나 해양으로 방출될 수 있다. 또한 화석연료를 추출하거나 연소과정에서 대기 중으로 방출되기도 한다.

탄소순환에 있어 가장 큰 인간의 영향은 에너지원으로 화석연료를 사용하는 것이다. 18세기 중엽부터 인간이 석탄, 오일, 천연가스를 통하여 대기 중에 방출시킨 이산화탄소는 2,760억만 톤을 상회하는 것으로 집계되고 있으며, 이는 암석권에서 대기권으로 이산화탄소의 플럭스를 증가시키며 화석연료에 의한 체류시간을 크게 단축시키고 있는 것이다.

더구나, 산림과 벌판을 농지조성을 위해 산림과 벌판을 없애는 과정에서 목재와 잎에 있는 탄소 역시 대기 중으로 방출된다. 이렇게 정리된 지역은 낮은 식생으로 인하여 광합성에 의한 대기 중의 이산화탄소의 흡수가 크게 줄어든다. 식생의 파괴와 화석연료의 연소로 인하여, 과학자들은 오늘날 대기 중의 이산화탄소의 저장량이 지난 80만 년 동안—아마 지난 2000만 년 동안(11장)—가장 큰 것으로 평가하고 있으며, 이는 오늘날 기후변화의 주역으로 작용하고 있다(14장).

질소순환은 특정세균이 관여한다

질소는 대기 중 질량의 78%를 차지하고 있으며 지구에서 6번째로 풍부한 원소이다. 이는 신체를 구성하는 단백질, DNA, RNA의 필수구성원이며, 인과 같이 식물의 성장에 필요한 영양분이다. 따라서 **질소순환(nitrogen cycle; 그림 2.21)**은 우리와 모든 생물들에게 매우 중요하다. 공기 중의 풍부함에도 불구하고 질소가스(N_2)는 화학적으로 불활성이며 번개나 특정한 세균 또는 인간의 간섭에 의하지 않고는 대기 중에서 순환하여 생물체에 들어오지 못한다. 그러나 한번 올바른 화학적 변화를 거치게 되면, 생물학적으로 활성화되어 생물체에게 이용가능하며, 중요한 비료로 작용한다.

생물학적으로 이용가능하기 위해서, 불활성의 질소가스는 반드시 "고정"되거나, 자연에서 수소와 결합하여 암모니아(NH_3)로 변해야 하며, 그 수용액인 암모늄이온(NH_4^+)을 식물이 흡수한다. **질소고정(nitrogen fixation)**은 두 가지 방법으로 이루어지며, 번개의 강한 에너지에 의한 것과, 토양의 상층부에 서식하는 특정한 **질소고정세균(nitrogen fixing bacteria)**에 의한 것이 있다. 이 세균들은 콩과식물을 포함한 여러 종류의 식물들과 공생관계를 이루며 살아가며, 유용한 형태의 질소로 전환시켜 이들에게 공

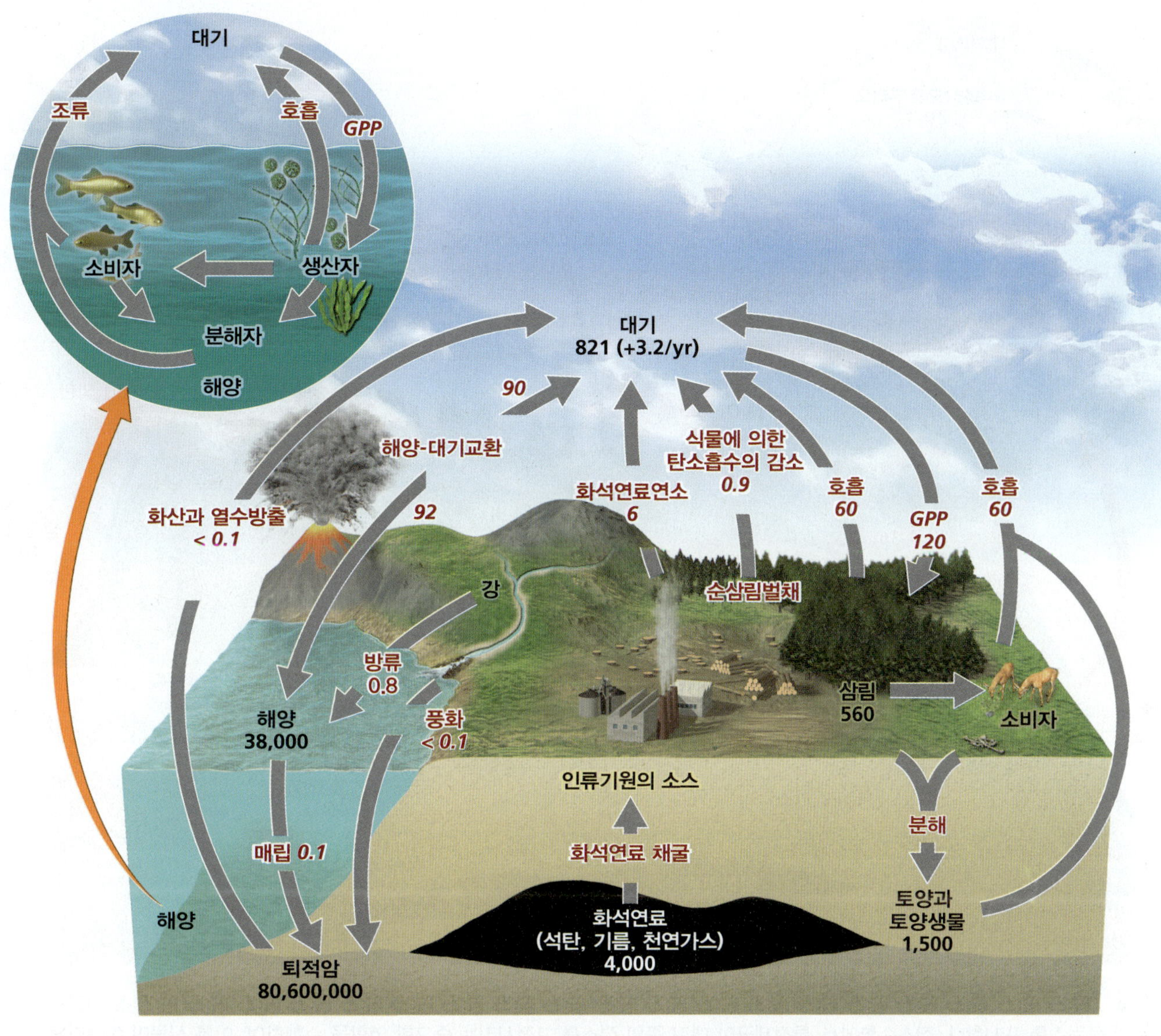

▲ 그림 2.20 탄소(C)순환은 환경을 이동하며 탄소원자가 관여하는 여러 경로를 순환하고 있다. 회색 화살표는 탄소 저장소의 플럭스를 나타낸다. 탄소순환에서, 식물은 광합성을 위하여 대기 중에서 이산화탄소를 이용한다(그림에서 총 1차생산량 또는 GPP). 이산화탄소는 식물과 동물, 분해자의 호흡을 통하여 대기 중으로 돌아온다. 해양은 물과 깊은 침전물에 탄소를 저장한다. 지구 대부분의 탄소는 퇴적암에 저장되어 있다. 그림에서, 저장소의 이름은 검은색으로 나타냈고, 검은 숫자는 페타그램(units of 10^{15}g) 으로 표시된 저장소의 크기를 나타낸다. 적색의 이탤릭체로 표기한 과정들은 역시 적색의 이탤릭체인 플럭스로 이어지고, 연중 탄소의 페타그램으로 나타냈다. Data from Schlesinger, W.H., 1997. *Biogeochemistry: An analysis of global change*, 2nd ed. London: Academic Press.

급한다. 또 다른 형태의 특수한 세균으로 암모늄이온을 아질산이온(NO_2)으로, 이를 다시 질산이온으로 전환시키는데, 이를 **질산화과정(nitrogen fixation)**이라 한다. 식물은 이들 이온을 흡수하며, 이들은 대기에서 토양 또는 수계로 침적되기도 하고, 질소비료의 적용으로 이용되기도 한다.

동물들은 식물이나 다른 동물들을 소비하여 질소를 얻고 있다. 분해자들은 동식물의 사체나 부식물, 가축분뇨 등을 통하여 질소를 얻는다. 일단 분해자가 질소함유의 화합물을 분해하면서 암모늄이온을 방출시키고, 이는 다시 질산화세균에 의해 아질산과 질산으로 전환된다. 질소순환의 다음 단계는 **탈질화세균(denitrifying bacteria)**에 의하여 토양 또는 수계의 질산이 질소가스로 전환되는 것이다. 탈질화과정은 따라서 질소가스를 공기 중에 재방출함으로써 질소순환을 완결시킨다.

우리는 질소순환에 큰 영향을 끼치고 있다

역사적으로, 질소고정과정은 일종의 병목현상으로, 대기 중의 질소가 수용성의 형태로 유동하는 것을 제한하는 과정이다. 인간이 대량으로 질소를 고정시키는, **산업적 고정(industrial fixation)**의 과정을 발견한 이후로, 이를 다른 저장소로 이동시키는 과정이 가속화되었다. 오늘날, 인간은 자연적으로 고정되는 질소만큼이

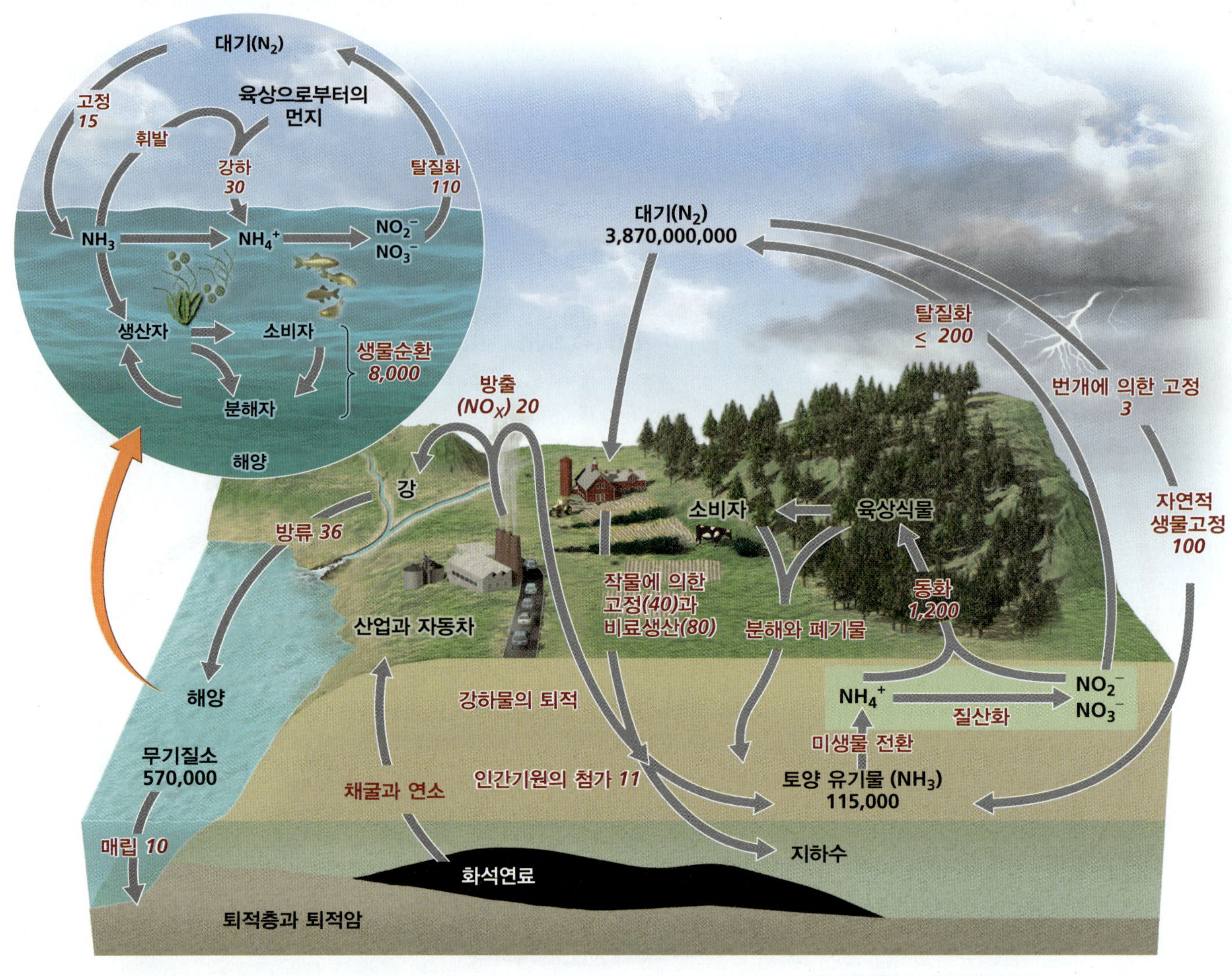

▲ **그림 2.21** 질소(N)순환은 환경을 이동하며 질소원자가 관여하는 여러 경로를 순환하고 있다. 회색 화살표는 질소 저장소의 플럭스를 표시한다. 질소순환에서, 특정세균이 대기 중의 질소를 고정시키는 중요한 역할을 수행하여, 이를 식물이 이용가능한 화학적 형태로 전환시킨다. 다른 종류의 세균은 이를 다시 대기 중의 질소로 바꿔놓는다. 해양에서, 무기질소는 침전물에 묻혀 있는 반면, 육상에서 질소화합물은 먹이그물을 통하여 순환한다. 그림에서, 저장소의 이름은 검은색으로 표기하였고, 검정숫자는 테라그램(units of 10^{12} g)으로 표시된 저장소의 크기이다. 적색의 이탤릭체로 표기한 과정들은 플럭스로 이어지고 이는 연간 질소의 테라그램으로 나타냈다. Data from Schlesinger, W.H., 1997. *Biogeochemistry: An analysis of global change*, 2nd ed. London: Academic Press.

나 많은 양을 인공적으로 만들면서 자연의 탈질화 능력을 압도하고 있다. 2008년의 연구에서는 해마다 사람들이 1억6,500만 톤의 엄청난 양의 고정된 질소를 육지에 적용하고 있다고 보고하고 있다.

인간에 의한 질소순환의 변화는 수생태계의 부영양화를 능가하는 심각한 영향을 주고 있다. 묘하게도, 질소비료의 과잉적용은 토양으로부터 칼슘, 칼륨과 같은 중요한 영양분을 빼앗아 가며 비옥도를 낮추고 있다. 또한 화석연료, 산림, 또는 초지의 연소는 대기 중에 온실가스(14장)인 질소화합물을 방출하며, 산성비(13장)와 광화학스모그(13장)를 만들어 내고 있다.

인의 순환은 제한된 영양분을 순환시킨다

퇴적암은 인순환과정에서 가장 큰 저장소이다(**그림 2.22**). 생체에 이용가능한 인의 양은 제한되는데(7장), 이는 인산이온(PO_4^{3-})을 물속으로 방출시키는 풍화작용이 흡수가능한 인을 생성하는 유일한 과정이기 때문이다. 인은 세포막과 DNA, RNA, 및 많은 중요한 생화학적 화합물의 주요 구성원이며, 따라서 인의 부족은 식물성장에 제한요인으로 작용한다. 수서생태계의 1차 생산자는 주변 물로부터 인을 섭취하고, 육상생태계의 1차 생산자는 뿌리를 통하여 토양의 수분으로부터 이를 취한다. 인은 생산자의 조직에 흡수되고, 소비자는 이를 섭취함으로써 필요한 인을 확보한다. 해양에서 죽은 사체나 폐기물로부터 방출된 인은 단단한 형태로 침전

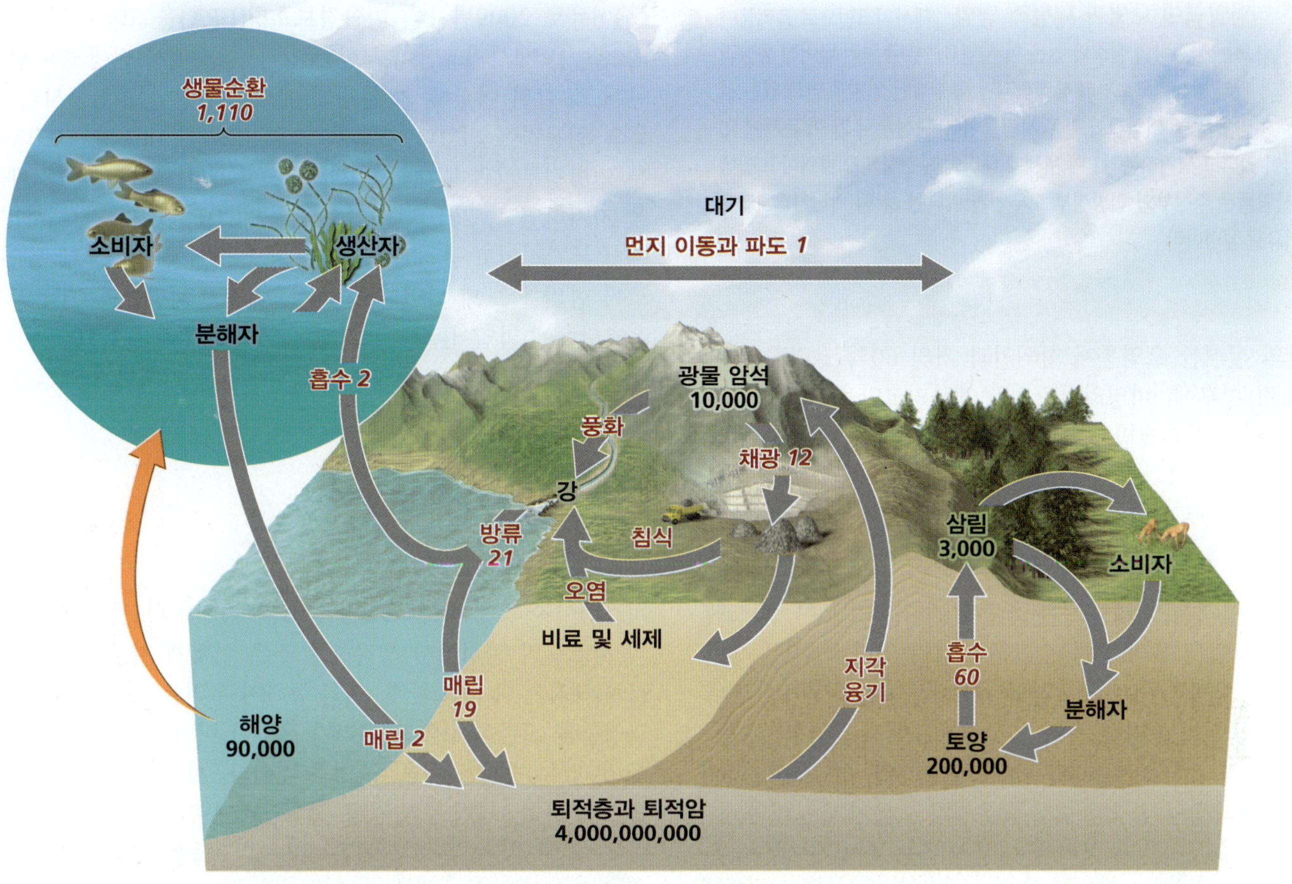

▲ **그림 2.22** 인(P)순환은 환경내 인 성분이 이동하며 관여하는 여러 경로를 순환하고 있다. 회색 화살표는 인 저장소의 플럭스를 나타낸다. 대부분의 인은 지하의 암석이나 침전물 속에 들어 있으나, 인의 순환으로 이 원소는 토양, 해양, 담수, 및 육상생태계를 통하여 이동한다. 인을 함유한 암석이 지질학적으로 융기되어 풍화작용으로 서서히 방출된다. 일부는 먹이그물을 통해서 순환되며, 이때 이 영양소는 종종 식물생장의 제한요인이 된다. 그림에서, 저장소의 이름은 검은색으로 표기하였고, 검정숫자는 테라그램(units of 10^{12} g)으로 표시된 저장소의 크기이다. 적색의 이탤릭체로 표기된 과정들은 플럭스로 이어지고 이는 연간 인의 테라그램으로 나타냈다. Data from Schlesinger, W.H., 1997. *Biogeochemistry: An analysis of global change*, 2nd ed. London: Academic Press.

하여 가라앉게 되며, 결국 압축되어 퇴적암이 된다.

인간활동은 잔디와 농장에서 사용하는 다량의 인을 함유한 비료가 상당량 유출되면서 지표수내 인의 농도를 증가시킨다. 2008년의 연구에서는, 체사피크만의 평균 1헥타르의 토지에서 연간 4.52 kg의 순수한 인의 유입이 있었는데, 이는 토양에 축적된 인이 수로로 유출되며, 수계의 식물플랑크톤의 성장과 저산소증을 유발시켰다. 인간은 또한 가정에서 사용하는 세제로부터 인을 방출하면서 과도한 인이 함유된 하수처리수를 수로에 방류한다.

영양염의 농축을 제어하려면 다양한 접근이 필요하다

식량생산에 사용되는 합성비료와 화석연료 에너지에 대한 의존으로, 생태계내 영양염의 과잉농축은 오랫동안 문제가 될 것이다. 그러나 체사피크만 수역과, 미시시피 강 수역, 그리고 다른 부영양화의 영향을 받은 수역에서 영양염의 오염을 제어하기 위한 수많은 접근방법들이 있다.

- 농장과 잔디에 비료의 사용을 감소하는 방법
- 우기의 유출을 피하기 위하여 비료 적용의 시기를 조절하는 방법
- 영양염의 유출을 줄이기 위한 더욱 효과적인 관리로 농장에 가축분뇨를 적용하는 것
- 영양염과 침전물의 유출을 막기 위하여 하천 주변을 식생으로 완충지대를 조성하여 관리하는 방법
- 폭우와 농장의 유출수를 여과할 수 있는 인공습지를 조성하는 것
- 수로를 따라 영양염을 흡수하는 습지를 복원하는 것
- 질소와 인의 포집 능력을 높이기 위하여 하수처리장을 기술적으로 개선하는 것
- 방류량을 감소하기 위한 홍수터를 조성하는 것
- 질소의 대기방출을 줄이기 위한 화석연료의 연소를 줄이는 것

WEIGHING 이슈

영양염의 오염과 재정적 영향 체사피크만으로 흘러들어오는 상당량의 질소와 인은 이 지역으로부터 멀리 떨어진 농장과 기타 발생원으로부터 유래하지만, 부정적인 영향을 받고 있는 사람들은 굴 어업자와 같은 사람들이다. 당신은 누가 이 문제에 대하여 책임이 있다고 생각하는가? 이 문제에 대하여 환경정책을 발의하고 집행해야 할 사람들은 주정부와 연방정부 모두인가 아니면 둘 다 아닌가? 대답에 대하여 이유를 설명하라.

25년간의 실패한 오염통제 합의안과 거의 60억 달러를 소비한 정화 노력 이후에, 비영리기관으로 체사피크만을 보존하려는데 헌신해오던 체사피크만 재단(CBF)은 수역을 정화할 수 있었던 법령인 수질오염관리법에 대한 권리를 사용하는 데 실패했다는 이유로 2009년 1월 미환경보호청(EPA)을 고발하였다. CBF의 소송은 체사피크만이 처한 곤경과, 이곳에서 진행 중이던 수질문제, 고갈된 어장 등의 문제에 매스컴의 관심을 집중시키며, 행동의 원동력이 되었다. 2009년 5월, 오바마 대통령은 EPA와 다른 연방정부기관에 대하여 체사피크를 위한 종합계획을 세울 것을 지시하였고, 2010년 5월, EPA와 CBF는 EPA가 체사피크만에서 본격적이고 공격적인 오염통제방법을 제시하는 데 동의함으로써 합의를 보게 되었다. 관심을 보여준 시민들과 CBF와 같은 옹호단체에 힘입어, 체사피크만 수역에 거주하는 1,700만 주민들은 오늘보다 더 나은 내일의 체사피크만을 기대하며 희망을 갖게 되었다.

≫ 결론

지구는 상호작용하는 여러 시스템들을 유지하고 있으며, 시스템을 이해하는 방법은 우리가 묻는 질문에 달려 있다. 생명은 생태계에서 비생물 환경과 서로 교류하고 있는데, 그 시스템이란 에너지가 흐르고, 물질이 순환하는 것이다. 생태계에서 영양염이 이동하는 생지화학적 순환을 이해하는 것은 중요한데, 이는 인간활동이 이들의 순환과정의 심각한 변화를 유발하고 있기 때문이다.

에너지, 에너지흐름 및 화학에 대한 이해는 어떻게 생물들은 상호작용하고 있는지, 비생물 환경과는 어떤 연관이 있는지, 환경시스템이 어떻게 기능하고 있는지에 대한 이해도를 증진시킨다.

시스템의 관점에서 생각하는 것은 어떻게 지구가 작동하는지를 이해하는 데 중요한데, 이를 통하여 우리는 지구의 생지화학적 과정들을 교란하지 않고 우리가 유발한 어떤 유형의 교란도 저감할 수 있는 방법을 배울 수 있을 것이다. 시스템적 관점으로 환경을 연구하며, 과학적 발견을 정책과정에 연결함으로써 체사피크만에 대해 걱정하는 사람들은 오늘날 그들을 압박하는 문제들을 해결하기 위하여 노력하고 있다.

이해도 측정

1. 어떤 형태의 피드백 루프가 자연에서 가장 흔한 것인가? 또한 어떤 것이 주로 인간행위에 의해 유발된 결과인가? 어느 쪽이든지, 당신은 교과서에서 언급되지 않은 예를 제시할 수 있는가?
2. 어떻게 체사피크만에서처럼 수서생태계의 저산소층이 발달할 수 있는지 기술하시오.
3. 동위원소와 이온을 구별하시오.
4. 두 개의 주요 에너지 형태를 기술하고 각각의 예를 들으시오. 열역학 제1법칙과 열역학 제2법칙을 비교하고 대조하시오.
5. 광합성에 의해 생성되는 물질은 무엇인가? 세포호흡에 의한 것은?
6. 생태계내 전형적인 에너지의 이동을 기술하시오. 생태계내 전형적인 물질의 이동에 대하여 기술하시오
7. 작동하는 생태계에 의해 제공되는 5가지의 서비스를 나열하시오. 당신이 가치있다고 생각되는 순서대로 번호를 매기시오.
8. 다음의 예들은 각각 탄소순환에 어떤 역할을 하고 있는가?
   - 자동차
   - 광합성
   - 해양
   - 지각
9. 질소고정세균과 탈질화세균이 수행하는 기능을 구별하시오
10. 인간활동이 어떻게 물의 순환에 변화를 유발하였는가? 탄소순환은? 인순환은? 질소순환은? 어떤 환경문제가 이들 변화에 의해 제기되었는가?

해법찾기

1. 이 장에서 언급되지 않은 환경문제에 대하여 유용한 화학지식으로 해결할 수 있는 예가 있는지 생각해 볼 수 있는가? 답을 설명하시오.
2. 캠퍼스를 에워싸고 있는 생태계를 생각해보시오. 각각은 어떻게 인간활동에 의해 영향을 받고 있는가?
3. 아래의 각 생물들에 대하여 개체수를 유지하려는데 관심이

있는 보전생물학자들에게, 경관생태학적 조망은 왜 유용한 것일까? 각 사례에 따라 답을 설명하시오.

- 작은 단위로 분절된 산림패치에서 보금자리를 잘 만들지 못하고 있는 산림에서 교배되는 휘파람새
- 산과 저지대를 계절별로 이동해야 하는 큰뿔야생양
- 고지대에 살지만 교배를 위해 매년 봄마다 지역의 연못으로 이동해야 하는 두꺼비

4. 하나의 영양순환고리에서 오직 두 저장소 사이에서의 간단한 플럭스의 변화는 생태계와 지구차원에서도 잠재성이 큰 결과를 초래할 수 있다. 이것이 어떻게 가능한지 탄소순환과 질소순환에서 각각 하나의 예를 들어 설명하시오

5. **생각해보기** 당신은 체사피크만의 굴 어업자이고, 당신의 수입은 저산소수계로 인해 굴을 수확하기가 어려워짐에 따라 줄어들고 있다. 어느 날, 상원의원이 마을에 와서 1분의 시간이 주어졌다. 상원의원이 워싱턴에 가서 수역의 수질오염문제를 경감하고 굴 어업을 다시 회복시키기 위한 노력을 하도록 어떻게 설명할 것인가?

당신이 펜실베니아 농부이며, 연방정부가 체사피크만으로 유입되는 영양분을 감소시키기 위해 당신이 사용하는 비료의 30%를 줄이도록 주장하고 있다는 사실을 알게 되었다고 가정하자. 당신은 날씨가 좋은 해에는, 비료의 사용이 필요 없으며, 따라서 그 대가를 지불할 필요가 없음에 기뻐할 수 있다. 그러나 궂은 해에는 비료를 사용하여 생활을 이어나가야 한다. 또한 매년 봄에는 그 해 날씨가 좋든 안 좋든 그 상태를 알기 전에 비료를 뿌려야 한다. 만약 상원의원이 당신의 마을을 찾는다면 상원의원에게 무엇이라 설명할 것인가?

생태발자국 계산하기

생태계에서는 대략적으로, 에너지가 식물에서 소비자들에게 이동하거나, 피식자에서 포식자로 이동할 때 단지 10% 정도의 효율만이 이동한다. 이러한 비효율의 대부분은 열역학 제2법칙의 결과이다. 이에 대한 다른 방식의 표현으로 동물로부터 1칼로리를 섭취하는 것은 식물로부터 10칼로리를 섭취하는 것과 같다.

인간은 식물과 동물 모두 섭취하기에 잡식성이다. 무엇을 먹을지 선택하는 것은 생태적으로 상당한 영향을 갖게 된다. 이를 바탕으로, 일일 2,000칼로리를 제공하는 4가지의 서로 다른 음식에 대하여 생태학적 에너지요구량을 계산하시오.

식단	칼로리의 소스	소비한 칼로리	생태적 칼로리	총생태적 칼로리
100% 식물	식물			
0% 동물	동물			
90% 식물	식물	1,800	1,800	3,800
10% 동물	동물	200	2,000	
50% 식물	식물			
50% 동물	동물			
0% 식물	식물			
100% 동물	동물			

1. 1년 동안 몸을 유지하기 위해서 목록에 있는 각 4개의 식단에서 얼마나 많은 양의 생태적 칼로리가 소비되는가?

2. 동물성 식품(고기, 달걀, 우유 및 다른 유제품)으로만 유지되는 식단은 식물성으로만 유지되는 것과 비교하여 어떠한 생태학적 영향이 있는가? 매일 10%의 적은 양의 동물성 식품을 사용할 때 얼마나 부가적인 생태적 칼로리를 소모하게 되는가?

3. 당신의 식사에는 동물성과 식물성이 어떠한 비율로 이루어진다고 생각하는가? 완전한 채식주의자와 비교해서 당신의 식단이 주는 생태적 영향을 평가하시오.

4. 증가하는 인구에 대하여 음식을 제공하는데 야기되는 문제를 기술하시오. 특히, 많은 가난한 국가의 사람들도 미국과 같은 동물성 단백질과 지방이 많은 음식을 개발한다고 했을 때.

3 진화, 생물다양성 및 개체군생태학

이 장을 마치고 나서 할 수 있는 것들

- 자연선택의 과정을 설명하고 그 증거를 인용
- 진화가 생명다양성에 영향을 끼친 방법을 설명
- 멸종 및 대량멸종사건에 대한 원인에 대하여 고찰
- 생태계의 단계별 계층구조를 설명
- 개체군의 증가를 예측할 수 있는 개체군의 특징에 대하여 요약
- 개체군생태학의 지수성장, 수용능력, 제한요인 및 그 밖의 기초개념에 대하여 평가

몬테베르데의 황금 두꺼비

중심 사례 연구

코스타리카 운무림의 놀라운 황금

"내가 발견했던 생물 중에 이렇게도 독특하게 아름다운 생물종이 내 생애주기 내에 이 지구상에서 사라져야 한다는 사실을 깨닫는 것이 얼마나 안타까운 일인가"

—제이 엠 새비지(Dr. Jay M. Savage), on the Golden Toad

"모든 톱니와 바퀴를 유지하는 것이야말로 현명한 땜질의 제일의 예방책이다."

—알도 레오폴드(Aldo Leopold)

1963년 중앙아메리카를 방문하는 동안, 생물학자 제이 엠. 새비지는 코스타리카 산맥의 몬테베르데 지역에 서식하는 전대미문의 두꺼비에 대한 소문을 들었다. 이 알 수 없는 양서류는, 지역주민에 따르면, 찬란한 황금빛으로 잘 알려져 있었다. 새비지는 이 두꺼비가 오직 우기 초반에 나타나기 때문에 찾기가 힘들다고 들었다.

몬테베르데는 스페인어로 "녹색의 산"이란 의미이며, 그 이름은 더 이상 적절할 수 없었다. 몬테베르데의 마을은 연중 400 cm의 비가 내리는 산인 코르디예라 데 틸다란의 신록 경사지 아래 위치하고 있다. 해발 1,500m쯤에서 시작되는 몬테베르데 위의 일부 울창한 산림은 구름으로 덮인 운무림으로 알려졌는데, 이는 대부분의 습기가 카리브해안에서 내륙으로 낮게 불어오는 구름과 함께 도달하기 때문이다.

몬테베르데의 운무림은 새비지의 최초방문 시, 충분히 탐사되지 못하였으며, 따라서 그곳을 찾았던 연구자들은 이 지역을 수많은 고사리와 이끼, 우산이끼, 넝쿨, 난초 및 그 밖에 습냉한 지역에서 서식하는 다른 생물체들로 풍부한 원시지역으로 묘사하였다. 새비지는 이러한 환경조건이 많은 두꺼비와 다른 여러 양서류들의 이상적인 서식처라는 것을 알았다.

1964년 5월, 새비지는 그곳의 자연환경 속 아직 묘사되지 않는 두꺼비의 존재를 확인하기 위하여 몬테베르데의 진흙에 싸인 산으로 원정대를 조직하였다. 5월 14일 늦은 오후, 그와 동료들은 마침내 그들이 찾고 있던 것을 발견하였다. 산 정상에 다가가며, 그들은 검은바닥의 산림지대에서 밝은 오렌지색 패치에 눈이 멈췄다. 직경 5 m 정도의 면적에서, 교미를 위하여 암컷을 부르는 200마리의 황금색 수컷 두꺼비를 찾아냈다. 새비지는 이 생물체에게 *Bufo periglenes*("빛나는 두꺼비")란 학명을 붙여주었다.

이 발견은 국제적인 주목을 받으며, 작은 두꺼비의 명성이 알려졌고 이곳을 여행의 목적지로 삼게 되었으나, 곧 몬테베르데 운무림 보존역으로 보호를 받게 되었다.

그 당시, 누구도 몬테베르데가 변화될 것이라고 생각하지 못했다. 누구도 해양과 기후변화로 인하여 온난해지며(14장) 산림을 건조시키며 몬테베르데의 수분을 함유한 구름이 상승하리라 예측하지 못하였다. 누구도 *Batrachochytrium dendrobatidis*라는 병원균이 원시지대의 개구리와 두꺼비에 침범하여 chytridiomycosis라 불리는 치명적 곰팡이(항아리곰팡이)병을 확산시킬 것이라고 예상하지 못하였다. 그리고 누구도 25년 이내에 새로 발견된 찬란한 황금두꺼비가 지구로부터 사라질 것이라고 예측하지 못하였다. ■

지구생물다양성의 원천인 진화

황금두꺼비는 새로운 종이며, 아직도 수많은 종들이 발견되지 않고 있다. 그렇지만 과학자들은 오늘날 지구상에는 우리가 관찰하는 상당량의 종들이 어떻게 자리하고 있는지를 잘 이해하고 있다. 연구에 따르면, 우리의 행성은 미생물만이 존재하는 삭막한 세계에서 1천8백만여 종(아마 수백만종이 더 존재)의 풍부한 세계로 진행되어 왔음을 보여주고 있다. **그림 3.1** 대부분의 지구생물종들은 열대우림지역에 서식한다. 몬테베르데 운무림의 군집내에는 다음과 같은 종들이 포함되어 있다.

종(species)이란 생명체의 특정한 타입, 더 구체적으로는, 같은 구성원끼리 형질을 공유하고, 자유로이 교배하여 자손을 낳을 수 있는 개체군 또는 집단의 한 구성원을 일컫는다. **개체군(population)**이란 특정한 지역에 살고 있는 특정한 종들의 무리 또는 집단이다. 오랜시간에 걸쳐, 지구의 생물종과 개체군들은 생물학적 진화과정을 통하여 형성되어, 오늘날 지구상에 활기차고 풍부한 생명을 제공하고 있다.

진화(evolution)란 넓은 의미에서 시간에 따른 변화이며, 생물학적 진화는 세대를 통한 생물집단 내의 유전적 변화를 말한다. 유전적 변이는 세대를 거치면서 생물체의 행동이나 기능, 형태에 변화를 유도한다. 생물학적 진화는 무작위적인 유전변화의 결과이며, 임의로 진행되거나 **자연선택(natural selection)**에 따라 진행되기도 한다. 자연선택은 생존과 생식에 더 유리한 유전적 특징들이 그렇지 못한 것들보다 자손에게 더 잘 전달되어가는 과정으로, 시간이 지나면서 집단내 유전적구성의 변화를 초래하게 된다.

자연선택에 의한 진화는 모든 과학 중에서 가장 큰 지지와 이해를 받는 개념 중의 하나이다. 과학적 견지에서, 진화론은 필수불가결하며, 이는 그것이 현대생물학의 기본이 되기 때문이다. 진화에 대한 이해는 또한 환경과학을 깊게 평가하기 위하여 중요하다. 생물체들이 어떻게 그들의 환경에 적응하고 변화해 왔는지를 지각하는 것은 생태학과 생명의 역사를 이해하는 데 매우 중요하다. 진화과정은 환경과학의 여러 면에서 영향을 주고 있는데, 여기에는 농업, 농약의 잔류, 의료 및 환경보건분야가 포함되어 있다.

자연선택은 생물의 형태와 다양성을 이끌어낸다

1858년, **찰스 다윈(Charles Darwin)**과 **알프레드 러셀 윌리스(Alfred Russel Wallace)**는 각각 독자적으로 진화의 메커니즘으로, 다양한 생물존재를 설명하기 위한 방법으로, 자연선택의 개념을 제시하였다. 다윈과 윌리스는 뛰어난 자연과학자들로서 갈라파고스 섬(다윈)과 말레이군도(윌리스)와 같은 독특한 지역에서 동식물들은 관찰했었다. 그 이후, 한세기 반을 거치면서, 수천의 과학자들은 진화와 자연선택에 대한 오늘날의 이해를 발전시켜 왔다.

자연선택은 자연의 분명한 형태에 대하여 놀랄만큼 강력한 설명을 제공해주는 간결한 개념이다. 자연선택의 생각은 우리 주변의 자연을 관찰하는 누구라도 분명한 몇 가지의 직설적인 가정으로부터 논리가 시작된다.

- 생물들은 끊임없이 생존과 생식을 위한 투쟁에 직면한다.
- 생물들은 생존할 수 있는 것보다 더 많은 수의 자손을 만들려는 경향이 있다.
- 생물종의 개체들은 모두 그 특징이 다르다.

변형은 유전적 차이, 유전자가 발현되는 환경의 차이, 그리고 유전자와 환경 간의 상호작용의 차이에 기인한다. 이러한 변이의 결과로, 어떤 개체들은 다른 것들보다 환경에 더 잘 적응하고, 더 많은 생식을 할 수 있을 것이다.

많은 특징들은 유전자를 통하여 부모로부터 자손에게 전달되며, 더 많은 자손을 생산하는 부모는 그렇지 못한 부모보다 더 많은 유전자를 다음세대에 전달할 것이다. 따라서 다음세대에서는 더 잘 적응된 개체들의 유전자가 그렇지 못한 개체들의 유전자보다 우위를 차지할 것이다. 세대를 거치면서, 특정한 환경에서 생

(a) 리스플렌던트 케찰 (b) 헬리코니아 꽃 (c) 할리퀸 개구리 (d) 브라질 해충 노린재

▲ **그림 3.1** 대부분의 지구생물종들은 열대우림지역에 서식한다. 몬테베르데 운무림의 군집내에는 다음과 같은 종들이 포함되어 있다. **(a)** 리스플렌던트 케찰(*Pharomachrus mocinno*), **(b)** 헬리코니아(*Heliconia wagneriana*), **(c)** 할리퀸 개구리(*Atelopus varius*)와 **(d)** 브라질 해충 노린재(*Pachycoris torridus*).

식에 더 유리한 특징 또는 형질들은 집단 내에서 진화될 것이다. 성공적인 생식을 촉진하는 형질을 **적응(adaptation)**이라 한다.

선택은 유전적 변이에 작용한다

한 형질을 다음세대에게 전달하는 생물체는, 그 형질을 위해 생물체의 DNA에 있는 유전자를 해독해야 한다. 생물체의 전 생애를 통틀어, 유전자는 수백만 세포에 의해 수백만 번 복제가 될 것이다. 이러한 복제 및 재복제가 진행되는 동안, 가끔 실수가 발생한다. DNA상의 실수에 의한 변화를 **돌연변이(mutations)**라 하며, 개체 사이의 유전적 변이로 이어진다. 돌연변이가 정자 또는 난자에서 발생하였을 경우에, 이는 다음세대로 전달된다. 대부분의 돌연변이는 거의 효력이 없지만, 어떤 것은 치명적이며, 일부는 유익하기도 하다. 치명적이지 않은 것들은 자연선택이 가해질 수 있는 유전적 변이를 제공하게 된다.

유전적 변이는 또한 생식을 통하여 유전물질이 혼합되면서 발생한다. 생식행위를 통하여, 한 부모의 유전물질의 일부가 자손의 유전자에 전달된다. 이 과정은 새로운 유전적 결합을 만들어, 개체 사이의 변이를 유발하게 된다.

진화과정 동안, 자연선택은 단순히 적응하지 못한 개체를 솎아내는 것은 아니다. 새로운 종의 형성과 새로운 형태의 생물집단을 유발할 수 있는 형질들을 다양화하거나 다듬는 데 도움을 주기도 한다(**그림 3.2**).

환경조건들은 자연선택이 어떠한 압력을 행사할 것인가를 결정하며, 이러한 조건들은 시간에 따라 변화한다. 유전자와 환경은 생물종들이 주변의 변화되는 조건에 영구히 적응하려는 과정을 통하여 끊임없이 상호작용한다. 그러나 이 과정은 매우 긴 시간을 요하며, 생물들은 환경이 바뀌는 매 순간마다 적응할 수는 없다. 예를 들어, 최근의 지구온난화(14장)는 생물들이 적응하기에는 너무나 빠른 속도로 발생하고 있다.

(a) 하와이 꿀먹이새의 방산진화

(b) 애리조나 선인장(위)과 카나리아제도 등대풀의 수렴진화(아래)

▲ **그림 3.2** 자연선택은 밀접한 연관이 있는 생물종들이 (a) 다른 환경 속에서 선택압력에 적응되면서 외관의 차이가 나타나도록 한다. 하와이의 꿀먹이새로 알려진 집단에서처럼, 밀접하게 연관된 종들이 다른 먹이와 서식처에 적응하며, 깃털의 색깔과 부리의 형태가 다르게 진화되어 왔다. 자연선택은 또한 연관성이 별로 없는 생물종들이 (b) 환경내 선택압이 유사할 경우 외관이 비슷한 모양으로 진화해 왔다. 외형이 닮아가는 전형적인 수렴진화의 예가 아메리카의 선인장과 아프리카의 식물(euphorbs)이다. 각 식물들은 건조한 환경에서 독자적으로 적응해오면서, 수분을 유지하기 위한 즙 많은 강한 줄기와, 동물의 습격을 피하기 위한 가시, 그리고 표면적과 수분의 상실을 최소화하기 위한 잎이 없는 광합성줄기 등으로 진화해 왔다.

FAQ

Q: 진화란 단지 사람들의 믿음에 기초하는가?

A: 찰스 다윈이 진화에 대한 사람들의 초기 이해에 너무나 큰 역할을 했기 때문에, 많은 사람들은 그 개념 자체가 그의 아이디어일 뿐이라고 생각한다. 그러나 과학자들과 비전문가들은 자연을 오랫동안 관찰해 왔고, 화석에 대하여 의문을 가져왔으며, 진화에 대한 의견은 다윈 이전에도 늘 고찰되어 왔다. 다윈과 윌리스가 독자적으로 자연선택의 개념을 제안하였을 때, 비로서 과학자들은 어떻게 생물체들이 세대를 거치며 변화해왔는지를 설명할 수 있는 가정과 가능한 메커니즘을 얻게 된 것이다. 후에, 유전학자들은 멘델의 연구를 발견하고, 어떻게 형질이 유전되는지를 알게 되며, 현대 진화생물학이 태동한 것이다. 20세기의 과학자인 Fisher, Wright, Dobzhansky, Simpson, Mayr와 기타 여러 사람들은 실험을 통하여 진보된 수학모델을 발전시켜왔고, 수많은 증거로 자연현상을 기록하며, 진화생물학을 강력한 과학의 한 영역으로 만들었다. 그 이후로, 수천의 과학자에 의한 진화연구는 생물학에 대한 우리의 이해도를 증진시켜왔고, 농업과 의학에 눈부신 진전을 가능케 하였다.

선택의 증거는 우리 주변 어느곳에서나 존재한다

자연선택의 결과는 모든 생물들이 모두 적응하고 있는 우리 주변의 도처에 존재한다. 또한 수많은 실험실의 결과(대부분 급성장하는 생물체로 세균이나 초파리를 대상으로 한)는 자연선택에 의한 빠른 형질변화를 보여주고 있다.

우리에게 낯익은 선택의 증거로는 다윈 자신이 150년 전에 인용한 그의 작업에 있다. 바로 가축들의 교배이다. 개와 고양이, 및 가축들을 대상으로, 사람들은 원하는 방향으로 선택을 실행하여 왔다. 우리들은 우리가 원하는 형질에 따라 이들을 교배해 왔다. 이러한 **선택교배(selective breeding)**를 통하여, 우리가 선호하는 특정한 형질을 선택해 왔다.

개의 대단히 다양한 교배를 생각해보자(**그림 3.3a**). 사람들은 하나의 조상으로부터 오늘날 매우 다양한 개들을 생산하였고, 교배될 때마다 원하는 형질을 선택해 왔다. 그레이트데인부터 치와와까지, 모든 개들은 서로 교배가능하고 다양한 자손을 생산할 수 있지만, 사람들은 오직 유사한 종들 사이의 교배만을 허용하며 개들 사이의 엄청난 차이를 지속해왔다. 인간의 행위에 따른 선택과정을 **인공선택(artificial selection)**이라 한다.

인공선택은 식량을 위한 많은 곡류식물를 안겨주었고, 이 모든 것은 야생종에서 길들여와서 몇 년, 몇 세기, 몇백만 년을 이어서 주의깊게 교배시켜 왔던 것들이다(**그림 3.3b**). 선택교배를 통하여, 크고 단 옥수수, 더 크고 알갱이가 많은 밀과 쌀, 그리고 더 맛있는 사과, 배, 오렌지 등을 생산해 왔다. 우리는 단일종에서 많은 종자들을 생산해왔다. 예를 들어, 단일 식물종인 *Brassica oleracea*을 통하여 브로콜리, 꽃양배추, 양배추, 방울양배추 등을 교배해 왔다. 우리의 모든 농업시스템은 인공선택에 기초하고 있다. 따라서 매일 섭취하는 모든 음식은 진화에 대한 실질적인 이해에 의존하고 있다.

(a) 조상의 늑대와 파생된 개 품종

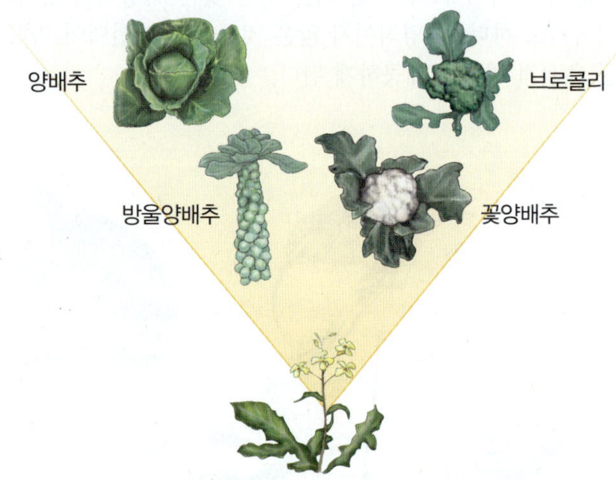

(b) 조상 *Brassica oleracea*와 파생된 곡물

▲ **그림 3.3** 인간에 의한 선택(선택교배 또는 인공선택)은 개들의 수많은 교배결과로 나타났다**(a)**. 야생조상인 회색늑대(*Canis lupus*)를 시작으로, 유사종 사이의 교배와 우리가 선호하는 형질을 선택하면서, 그레이트데인과 치와와와 만큼 다르게 품종을 진화시켜 왔다. 동일한 과정으로, 우리는 생존에 필요한 곡물들을 매우 다양한 형태로 만들어 왔다**(b)**. 양배추, 방울양배추, 블라콜리, 및 꽃양배추는 단일조상종인 *Brassica oleracea*로부터 파생된 것이다.

진화는 생물다양성을 생성한다

진화는 지구행성의 놀랄만한 생물다양성을 생성해 왔다. 과연 "다양성"이란 무엇을 의미하는가? **생물학적 다양성(biological diversity)** 또는 **생물다양성(biodiversity)**은, 간단히 말해서 종다양성, 유전적 다양성, 개체군 및 군집다양성을 포함한 모든 종류의 생물집단을 아우르는 생명의 다양성을 말한다.

과학자들은 1천8백만여 종을 거론하고 있지만, 더 많은 종들이 발견되지 않았거나 명명되지 않고 있다. 세계의 모든 생물종의 숫자는 대략 1억만 종으로, 대부분이 열대우림지역에서 존재하는 것으로 추정되고 있다. 이에 비추어, 코스타리카에서 발견된 새로운 두꺼비종은 그리 놀랄만한 것이 못된다. 코스타리카는 전체 지구표면적의 0.01%의 면적에 불과하며, 세계에 알려진 모든 생물종의 5~6%의 서식처이다. 또한 이 나라에 서식하는 대략 50만종 중에서, 단지 87,000(17%)에 불과한 종들만 발견되고 기록되어 있다.

코스타리카와 같은 열대우림은 말할것도 없이 생물다양성이 풍부한 지역이다. 다른 곳으로 눈을 돌려, 대도시조차도, 매 발걸음마다 수많은 종들을 발견할 수 있다. 세계의 모든 도시마다 식물이 아스팔트 위로 솟아난 것을 볼 수 있고, 남극조차도 미생물이 존재한다. 뒷마당 한줌의 흙에도, 곤충과 개미, 지네, 선충류, 식물종자, 곰팡이 및 수많은 세균들이 있는 소형의 생명세계가 존재한다.

종 분화로 새로운 생물들이 탄생한다

지구에는 어떻게 이렇게 많은 종들이 출현하게 되었는가? 1천 8백만 종이든 1억만 종이든 간에 이렇게 많은 숫자는 과학적 설명을 필요로 한다. 새로운 종이 탄생되는 과정을 **종분화(speciation)**라고 한다. 종분화는 다양한 방법을 통해서 발생하지만, 대부분의 생물학자들은 새로운 종이 형성되는 주요수단으로 이소적 종분화(allopatric speciation), 즉 상당한 지리적 거리를 두고 집단의 물리적 분리에 의해 종이 분화되는 것으로 간주한다. 이소적 종분화에 대한 이해는 생물개체군의 묘사로부터 시작된다. 동일개체군내 개체들은 이들을 종으로 묶을 수 있는 여러 유사성을 공유하고 있으며, 이는 서로간에 생식이 가능하며 유전정보를 공유하는 것이다. 그러나 둘 또는 그 이상으로 개체군이 오랫동안 고립되면, 한 집단의 개체들은 다른 곳은 개체들과 생식을 할 수 없게 된다.

이들 고립된 집단 중 어느 한쪽 집단의 생물에게서 DNA에 돌연변이가 발생한다면, 이는 다른 집단으로 이동할 수 없다. 시간이 흐르며, 고립된 각 집단들은 각각의 돌연변이 유전자를 독립적으로 축적하게 된다. 결국, 개체군은 갈라지게 되며, 더 이상 한 지역의 개체가 다른 지역의 개체와 교배할 수 없을 정도로 차이가 발생하게 된다. 일단, 이러한 현상이 발생하면, 다시 되돌릴 수가 없고, 집단간에 교배도 불가능하며, 결국 분리된 종으로 그들 각자의 독립적인 진화과정을 밟게 된다(**그림 3.4**). 각 집단들은 돌연변이가 축적되어 무작위적으로 서로 다른 개체로의 발달을 유발하며 그들의 특징이 계속해서 분화할 것이다. 만약 환경조건이 집단에게 다르게 조성된다면, 자연선택은 이 분화과정을 가속화시킬 것이다.

이소적 종분화를 이끄는 집단의 지리적인 분할은 여러 형태로 나타나고 있다(**표 3.1**). 각각의 경우에서, 각 집단은 오랜시간, 일반적으로 수천의 세대 동안, 분리되어 있어야 한다. 종분화의 과정을 통해서, 수백만 년을 걸쳐, 하나의 종은 다양한 종을 파생시키고, 파생된 종은 또다시 더 많은 종들을 만들게 된다.

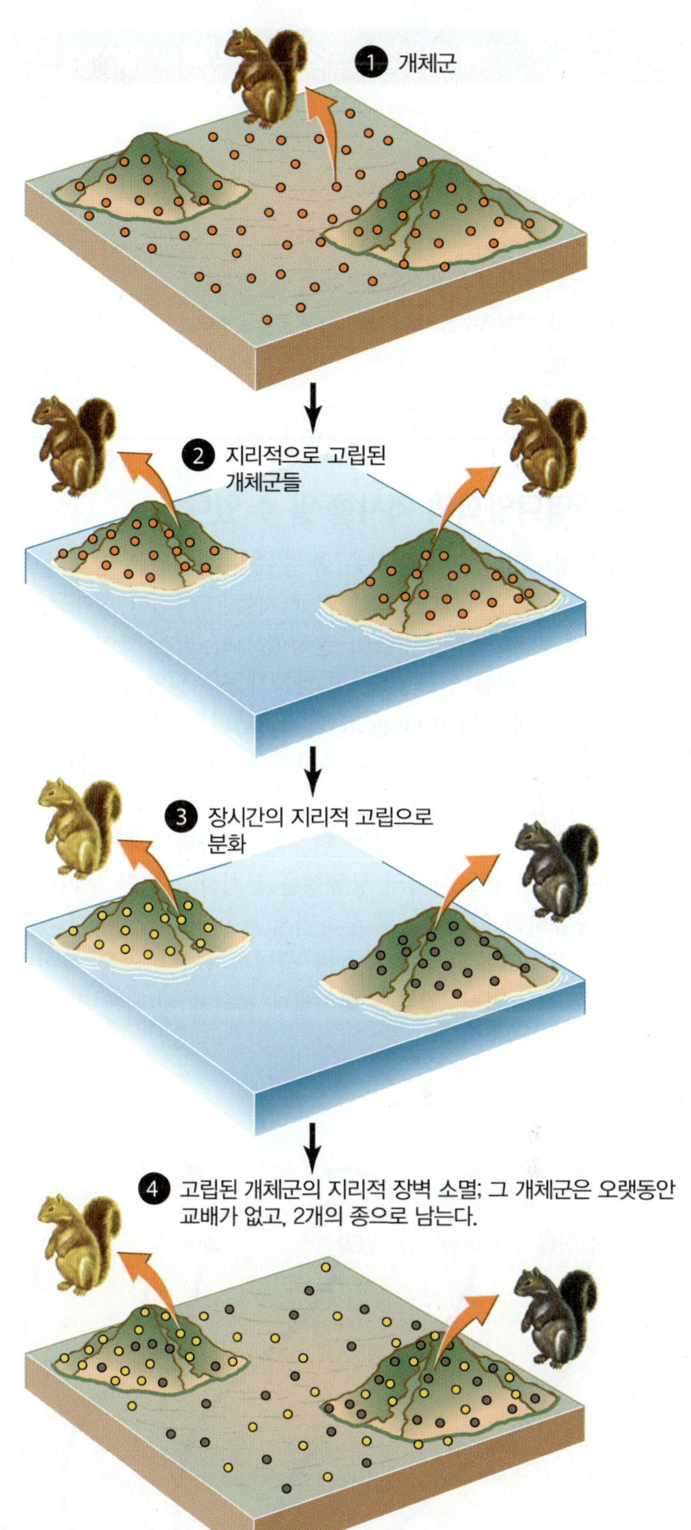

▲ **그림 3.4** 길고, 느린 이소적 종분화 과정에서, 지리학적 장벽은 개체군을 갈라놓는다. 이 그림에서 ❶ 두 산봉우리는 ❷ 해수면이 상승하면서 ❸ 섬으로 되며, 다람쥐의 집단을 고립시킨다. 각각 고립된 집단은 시간이 지남에 따라 각자의 독자적인 유전적 변화를 축적하여, 결국 각 개체들은 유전적인 독창성과 함께 다른 집단의 개체들과는 교배를 할 수 없게 된다 ❹. 두 집단은 각각 분리된 종을 말하며, 이들은 지리학적 장벽이 사라지더라도 그렇게 남을 것이다.

표 3.1 이소적 종분화로 귀결되는 집단 고립의 메커니즘
▶ 빙하면의 전진
▶ 산맥의 융기
▶ 주요 강들의 경로변화
▶ 해수면의 상승, 섬들의 출현(그림 3.4 참조)
▶ 기후온난화, 식생이 산 위쪽으로 이동하거나 분절됨
▶ 기후건조화, 대형호수를 여러 개의 작은 호수로 분리
▶ 해류의 변화
▶ 화산에 의한 바다 위 섬의 형성

우리는 생명다양화의 역사를 알 수 있다

셀 수 없을 정도의 종 분화현상은 종 수준을 뛰어넘는 단계의 복잡한 다양성을 발생시켰다. 진화생물학자들은 이러한 형태를 연구하며, 어떻게 각 생물무리들이 발생했으며, 현재 보이는 특징을 지니게 되었는지를 연구한다. 이 과학자들은 생명의 역사를 계통수라 부르는 **계통수(phylogenetic trees)**의 그림을 통해서 나타내고 있다(**그림 3.5**). 가계도와 유사하게, 계통수는 종들과, 각 종의 주요 무리, 개체군, 또는 유전자 간의 관계를 묘사한다. 이 계통수에서, 각 분지점은 종 분화된 사건을 나타낸다. 과학자들은 현존하는 생물체들 사이의 상동성을 분석하고 어떤 무리들이 유사성을 공유하고 있는지를 추론하면서 계통수를 작성한다.

과학자들은 또한 화석을 통하여 생명역사의 비밀을 풀어낸다. 생물체가 죽으면서, 일부는 퇴적물에 묻히게 된다. 일정한 조건속에서 신체의 딱딱한 부분, 즉 뼈, 껍질, 및 치아 등은 퇴적물이 암석으로 굳어지며 보존된다. 미네랄들이 유기물질을 대신하여 죽은 생물체의 암석에 새겨진 **화석(fossil)**으로 남게 된다(**그림 3.6**). 세계 수많은 지역에서, 수백만 년에 걸친 지질학적 과정으로 퇴적암층이 묻히고, 후에 이들이 지표면으로 올라오면서, 다른 시간대에 형성된 식물과 동물의 화석들이 나타나게 된다. 화석이 함유된 암석층의 연대를 측정하면서, 과학자들은 언제 특정한 생물들이 존재했는지를 알 수 있다. 세계 도처의 축적된 화석들이 **화석기록(fossil record)**으로 알려져 있다.

계통수와 화석기록으로 나타난 생명의 역사는 매우 복잡하지만, 몇 가지 큰 구도의 경향은 분명하다. 35억 년 전부터 지구에서는 간단한 구조에서 복잡한 구조로, 작은 생물에서 큰 생물로 진화해 왔다. 그러나 단순성과 작은 크기 역시 자연선택에 의해 진화해 왔으며, 지구는 아직도 세균들과 다른 미생물에 속해 있고, 이중 일부는 거의 변화되지 않았다는 것을 주장하는 것은 어려운 일이 아니다.

미생물학자들도 동물과 식물, 균류들의 정교한 적용에 대해서 놀라워 해야 한다: 동물의 전생애를 거쳐 믿음직하게 박동하고 있는 심장. 심장이 속해 있는 복잡한 기관계. 완전히 펼치면 매우 화려한 공작의 날개. 모든 식물들이 태양에서 빛을 모으고, 토양에서 물과 양분을 끌어올려 식량을 생산하는 능력. 딱정벌레와 다른 곤충들의 엄청난 다양성. 인간의 두뇌와 생각하는 능력. 이것들과 다른 모든 것들이 진화과정을 통해서 새로운 종이 출현하고 생명의 나무에 새로운 가지가 만들어진 결과이다.

비록 종분화는 지구의 생물다양성을 조성하였지만, 이는 총

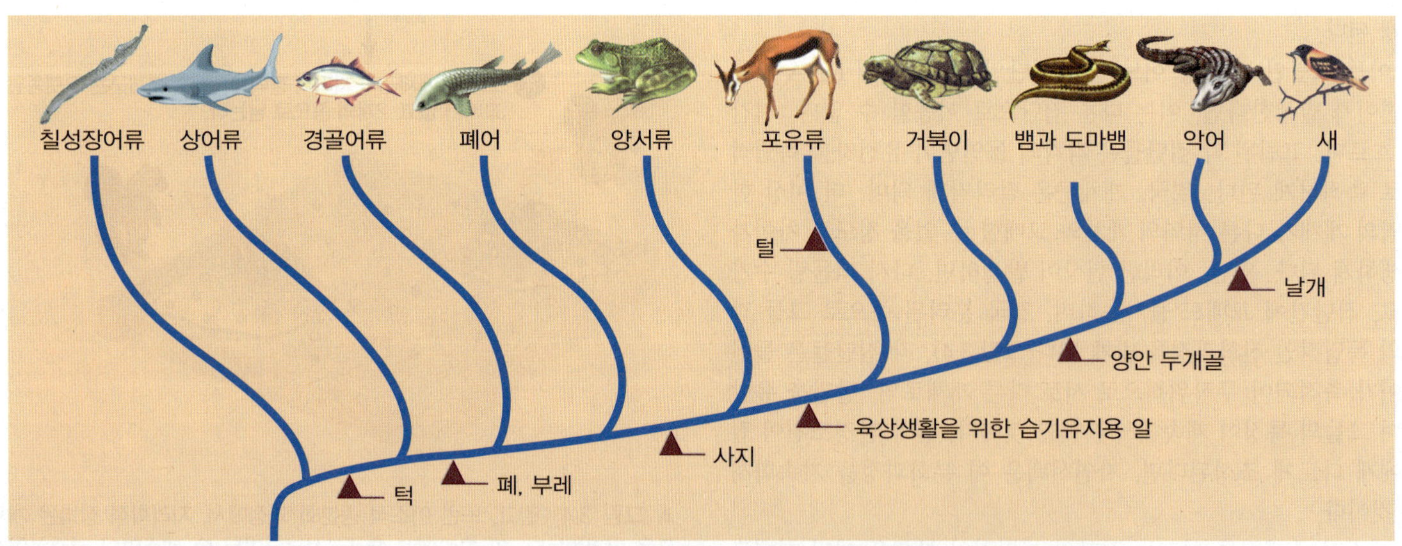

▲ **그림 3.5** 계통수는 생명역사의 분화과정을 보여준다. 가계도와 유사하게, 이 도표는 현존하는 생물들을 비교하면서 얻어낸, 생물체 사이의 관련성을 보여준다. 책에 있는 계통수는 척추동물의 관계를 가장 간단하게 표기한 것이다 – 거대하고 복잡한 생명의 계통수의 작은 단면일 뿐. 각 분지는 종 분화사건의 결과이며, 뿌리로부터 가지의 끝으로 나아갈수록, 생명의 역사를 밟아가듯이 미래의 시간으로 진행하게 된다. 계통수에 각각의 형질을 새겨놓음으로써, 생물학자들은 각 형질이 어떻게 진화해 왔는지를 연구할 수 있다. 도표에서는, 주요 형질들이 이들이 분화한 시간을 가리키는 화살표에 의해 기술되어 있다. 예를 들어, 턱이 지시하는 곳의 윗부분에 있는 모든 척추동물들은 턱이 발달되어 있고, 아랫부분에 위치한 칠성장어류는 턱이 발달되어 있지 않다.

▲ 그림 3.6 화석기록은 지구상 생명의 역사를 나타낸다. 수많은 삼엽충 화석은 지금은 사라진 이 생물이 대략 5억4천만 년에서 2억5천만 년 전에 해양에 풍부했던 사실을 말해준다.

등식의 일부분일 뿐이다. 왜냐하면 한때 광범위하게 생존했던 생물종들은 이제 사라졌기 때문이다. 여기에는 그림 3.6에 있는 오래된 삼엽충부터, 최근의 몬테베르데의 황금두꺼비도 포함되고 있다. 지구상 생물종들이 사라지는 것을 **멸종(extinction)**이라 한다. 화석기록을 연구함으로써 고생물학자들은 생명체가 지구상에 생존하는 평균시간을 100년에서 천만 년 정도로 보고 있다. 일정한 시간에 생존하는 수많은 생물들의 숫자는 종분화에 의해 생성된 생물에서 멸종된 생물을 감한 숫자와 동일하다.

일부 생물종은 다른 종에 비하여 멸종에 더 취약하다

일반적으로, 멸종은 환경조건이 급속히 변화하거나 심각하게 변화되어 미처 생물들이 적응하지 못할 때 발생하는데, 이는 자연선택이 작동될 수 있도록 충분한 시간이 주어지지 않기 때문이다. 멸종을 유발하는 사건들은 다양하며, 기후변화, 해수의 상승과 하강, 새로운 종의 출현, 심각한 날씨 및 여러 종류가 있다. 일반적으로, 적은 개체군과 한정된 특정자원 또는 생활방식에만 의존하는 생물종들이 환경변화로부터 멸종을 당하기 쉽다.

황금두꺼비는 침해받기 쉬운 대표적 생물종이다. 이것은 몬테베르데 운무림의 **고유종(endemic)**인데, 이는 지구상 다른 어느 곳에도 없다는 뜻이다. 고유종들은 높은 멸종의 위험에 직면하게 되는데 이는 모든 구성원이 작은 한 집단에 속해 있기 때문이다. 발견 당시, 황금두꺼비는 몬테베르데에서 단지 4킬로평방미터의 면적에 서식하고 있었다. 이들은 또한 교배를 위해 매우 특수한 조건을 요구하고 있었다. 몬테베르데의 봄 계절 동안, 수분은 운무림 바닥에 들어 찬 나무뿌리들의 연결체들을 통해서 매우 적은 양으로 공급된다. 황금두꺼비들은 이러한 뿌리에서 모은 수분이 적은 못으로 교배를 위하여 모여 들며, 바로 여기가 새비지와 그의 동료들이 발견한 지역이다. 몬테베르데는 황금두꺼비에게 이상적인 서식처를 제공하였지만, 그곳은 매우 극소수였다. 따라서 두꺼비에게 필요한 생존자원을 빼앗아 가는 어떠한 환경변화도 이 종이 세계에서 살아남지 못할 것이라는 불행을 가져올 것이다.

지구는 몇 종류의 대량멸종의 전례가 있다

대부분의 멸종은 한번에 한 종씩 서서히 발생한다. 이러한 멸종이 발생하는 비율을 **기본멸종률**(background extinction rate)이라 한다. 그러나 지구는 한번에 대량의 생물들이 멸절한 다섯 번의 방대한 사건이 있었다. 이 사건을 **대멸종(extinction events)**이라 하며, 지구역사에서 넓은 간격으로 발생하였으며, 한번에 50~95%의 생물들을 휩쓸고 지나갔다(8장 참조).

가장 잘 알려진 대량멸종은 6천5백만 년 전에 발생하였고 공룡의 종말을 가져왔다(비록 조류는 현대의 공룡의 대표자). 큰 규모의 소행성 충돌이 이 사건의 원인으로 나타났으며, 이 사건을 백악기 제3기 사건, the Cretaceous-Tertiary, 또는 K-T 사건이라 부른다. 더 엄청난 사건은 2억 5천만 년 전 이첩기의 말에 발생한 대량멸종사건이다(**부록: 지질학적 연대기** 참조). 고생물학자들은 이 사건을 통하여 75~95%의 생물들이 사라졌다고 보고 있으며, 어느 연구자는 이 사건을 모든 대량멸종사건의 어머니라 묘사하였다. 과학자들은 무엇이 이첩기말의 멸종사건을 가져왔는지 모르지만, 대량화산활동, 소행성 충돌, 메탄방출과 지구온난화 또는 이들의 혼합에 의한 것으로 가정하고 있다.

여섯번째의 대멸종은 우리 앞에 놓여 있다

많은 생물학자들은 지구가 6번째의 대량멸종시기로 진입하고 있으며, 인류가 바로 원인으로 결론짓고 있다. 인구증가와 개발, 자원고갈에 의해 움직이는 지가자연시스템의 변화는 많은 생물종들을 멸종시켜 왔으며 아직도 수많은 종들을 위협하고 있다. 자연서식처의 변경과 파괴, 생물들에 대한 수렵 및 채취, 그리고 토착종을 위협하는 다른 지역 생물종의 도입 – 이 모든 과정들을 포함한 다른 모든 것들이 지구를 유일한 행성으로 만들어왔던 생물다양성을 잃게 하는 원인이 되고 있다.

이러한 멸종은 인간에게 직접적으로 영향을 주게 되는데, 이는 다른 생물들이 우리에게 제공해왔던 생활의 필요부품들, 즉 음식, 섬유, 의약품과 생태계 서비스들이며, 이들 없이 우리는 생존이 불가능하다. 종의 사라짐은 우리가 직면한 가장 큰 환경문제인데, 이는 한번 멸종된 생물들은 다시 회복시킬 수 없기 때문이다.

황금두꺼비와 같은 양서류는 다른 종류의 생물보다 더 빠르게 사라지고 있다. 최근의 과학적 분석에 따르면, 40%의 개구리와 두꺼비, 도롱뇽이 감소하고 있고, 30%가 멸종위기에 있으며, 거의 170종이 지난 몇 년 또는 몇십 년 사이에 사라졌다고 보고 있다. 일부 종들은 멀리 떨어진 원시지대에서 사라지고 있는데, 항아리곰팡이, 특히 *Batrachochytrium dendrobatidis*의 이름을 지닌 병원균이 그 원인인 것으로 나타나고 있다. 많은 과학자들은 다양한 원인들이 양서류들을 한꺼번에 충격의 도가니에 빠트리고 있다고 생각한다.

생태계 단계별 계층구조

종의 멸종, 종분화를 통한 종의 발생, 그리고 다른 진화기작 및 패턴은 생태학에 매우 중요한 역할을 하고 있다. **생태학(ecology)**이란 생명체 간 및 생물과 환경 간의 상호작용을 연구하는 학문이다. 종종 생태학은 진화라는 연극을 들춰내는 무대를 제공한다고 표현하고 있다. 둘은 여러 면에서 밀접한 관련이 있다.

우리는 몇 단계에서 생태학을 연구한다

생명체는 단계적으로 구분되며, 원자에서 분자, 세포, 생물권역이라는 지구상 생물들의 살아가는 총 집합소에까지 이르고 있다. 생태학자들은 이런 계층에서 높은 단계인 생물, 개체군, 군집, 생태계, 그리고 생물권의 수준에서 상호관계를 연구하는 과학자들이다(그림 3.7).

개체수준에서, 생태학은 생물과 주변의 물리적 환경 간의 관계를 기술하고 있다. **개체군생태학(population ecology)**은, 가령 황금두꺼비의 어떠한 환경요인이 중요하고 그 이유가 무엇인지에 대해서 이해하게 도와준다. 반면, 집단생태학은 역동적인 개체군의 변화와 구성원의 분포와 풍부함에 영향을 미치는 요인에 대하여 분석한다. 이는 어떤 종의 개체군(황금두꺼비와 같은)은 감소하는 데 반해, 어떤 종(인간과 가타은)들은 증가하고 있는지를 이해하는 데 도움을 주고 있다. **군집생태학(community ecology;** 4장)은 종 다양성의 형태와 종들 간의 상호작용에 초점을 두고 있다. 몬테베르데의 경우에서, 이는 어떻게 황금두꺼비가 같은 서식처의 다른 종들과 관련을 맺고 있는지를 연구하게 해 준다. 생태계수준의 생태학(2장)은 에너지와 물질의 이동과 같은 형상을, 시스템내 생물과 무생물 구성원을 함께 연구함으로써 분석해 준다. 새로운 기술들이 지구차원의 역동적이고 복잡한 자연계에 대하여 좀 더 깨닫게 하는 과정을 통하여, 많은 생태학자들은 전체로서 생물권에 대한 지식의 지평을 넓혀나가고 있다.

서식처, 생태계지위, 그리고 특화는 생태학의 주요 개념들이다

개체수준에서, 각 개체들은 생존과 생식을 최대화하는 방식으로 환경과 교류한다. 한 가지 핵심 관계에 생물체가 거주하는 특별한 환경, 즉 **서식지(habitat)**가 있다. 생물의 서식지는 생물과 그 주변을 둘러싼 무생물 요소, 즉 암석, 토양, 나뭇잎, 습도, 식물, 및 기타 등으로 구성되어 있다. 황금두꺼비는 운무림, 특히 수분

▲ **그림 3.7** 생명은 단계별 계층으로 존재한다. 생태학은 개체, 개체군, 군집, 그리고 생태계와 크게는 생물권역의 수준에서의 연구를 포함한다.

을 함유한 지반에서 교배를 위한 계절적 연못과 피난처로서 굴을 이용하는 서식지에서 살아간다.

각 개체는 다른 곳이 아닌, 일정한 서식지에서 정해진 **서식지 이용**(habitat use) 패턴으로 살아간다. 유동성 생물들은 **서식지 선택**(habitat selection)이라 부르는 과정을 통하여 주변에서 만나는 여러 환경조건 중에서 살기에 적합한 서식지를 적극적으로 선택한다. 식물과 뿌리가 있는 동물(말미잘 같은)들은, 수동적으로 정착하는데, 서식지 이용 패턴은 여러 장소의 시행착오를 거쳐서 성공적인 서식지를 이용하고 있다.

서식지는 규모에 따라 달라진다. 작은 토양개미는 평생을 1평당미터보다 작은 공간에서 살아간다. 대머리독수리, 코끼리, 또는 고래는, 이와 대조적으로 매일 육지와, 공중, 해상에서 수 마일씩 이동한다. 생물종은 또한 계절을 달리하여 각각 다른 서식지를 갖기도 한다. 많은 철새들은 교배 시나 계절에 따라 분명한 서식지를 갖고 있다.

생물들이 특정 서식지를 선호하는 기준은 매우 다양하다. 개미는 화합물, 수분, 토양의 질, 그리고 유기물의 종류와 비율에 따라 서식지에 접근한다. 대머리독수리는 토양이나 지형, 식생에는 전혀 관심이 없고, 오로지 자신의 식량인 죽은 생물사체의 풍부함에 집중하게 된다. 각각의 생물종들은 그들이 요구하는 조건이 다르기 때문에 서로 다른 서식지를 갖게 된다.

서식지 이용은 환경과학에서 중요한데, 이는 서식지의 질과 이용도가 생물들의 서식환경에 중요하기 때문이다. 참으로, 서식지는 생물들이 필요로 하는 영양분, 피난처, 교배장소 등 모든 것을 제공하기 때문에, 생물들의 생존은 적절한 서식처의 이용가능성에 달려 있는 것이다. 종종 이러한 필요성은 사람들이 자신의 이익을 위해 서식지를 파괴하거나 변형시키는 과정에서 갈등을 빚기도 한다.

생물이 주변환경과 교류하는 또 다른 방식은 바로 생태적지위(**니치, niche**)를 통한 것이다. 한 종의 생태적지위는 자원의 사용과 군집내 기능적 역할을 반영하고 있다. 이는 서식지의 사용, 특정먹이의 소비, 물질과 에너지흐름과 관련한 기능, 그리고 다른 생물들과의 상호작용 등을 포함한다. 생태적지위는 다면적 개념으로, 생물이 행하는 모든 종류의 총합이다. 선구자적 생태학자인 유진 오덤은 한때 "서식지는 생물체의 주소로, 생태적지위는 그것의 직업"이라 기록하였다.

생물들은 그들의 생태적지위의 범위가 매우 다르다. 좁은 범위의 생물종은, 매우 특별한 요구를 하며, 따라서 **특수계층(specialists)**이라 한다. 넓은 범위로 다양한 자원을 이용할 수 있는 생물들을 **일반계층(generalists)**이라 한다. 특수계층은 이들이 행하는 것들이 특별히 양호할 때는 잘 유지 보존되지만, 특별히 요구되는 서식지나 자원이 변형되거나 위기에 처하면 매우 취약해진다. 일반계층은 여러 장소와 변화되는 환경조건에서도 잘 살아가며 유지되지만, 특수계층이 필요로 하는 한 가지 특정상황에서는 생존이 어려울 수 있다. 각 생물들의 서식지 사용, 생태적지위 및 특수성 등은 생물종의 적응을 반영하는 것이며 자연선택의 산물인 것이다.

개체군생태학

특정한 지역에 거주하는 한 생물종의 개체들은 집단(개체군)을 구성한다. 생물종은 지리적으로 서로 단절되어 있는 복수의 개체군을 구성할 수 있다. 몬테베르데에 특징적인 한 생물종으로 세계에서 가장 장관의 한 종류의 조류로 간주되는 빛나는 리스플렌던트 케찰(*Pharomachrus mocinno*)이 그 예로 볼 수 있다. 이 새는 멕시코 남쪽에서 파나마에 걸쳐 존재하지만, 높은 고도의 열대우림에만 적용하여 낮은 고도의 지역에서는 볼 수 없다. 더구나, 인간의 개발행위는 이 새의 산악 운무림의 대부분을 파괴하고 있다. 따라서 오늘날 이 생물종은 중앙아메리카를 가로질러 고립된 개체군으로 존재하고 있다.

반대로, 인간은 완벽한 일반계층이며, 지구의 거의 모든 곳에 분포하고 있다. 그 결과로 인간집단을 지구의 규모보다 작은 곳으로 한정하기란 어려운 일이다. 어떤 이는 생태학적 언어로, 70억 모든 인류가 하나의 개체군을 구성하고 있다는 것을 주장할 수도 있을 것이다.

몇 가지 특징들이 개체군동태의 예측에 도움을 준다

모든 개체군–인간에서 케찰새, 황금두꺼비에 이르기까지–은 개체군 생태학자들이 미래 개체군의 변화를 예견하는 데 도움이 되는 특징을 보여준다.

개체군의 크기. 일정한 시간에 존재하는 개체들의 합으로 표현되는 **개체군 크기(population size)**는 시간이 흐르면서 증가하거나 감소하기도 하며, 주기적 변화를 겪게 되고, 동일하게 유지하기도 한다. 멸종은 일반적으로 개체군의 크기가 감소하면서 진행된다. 1987년까지, 과학자들은 몬테베르데의 황금두꺼비의 숫자가 1,500마리가 넘는 것으로 기록하였으나, 1988년에는 오직 10마리의 두꺼비가 발견되었고, 1989년에는 한 마리만 남아 있었다. 1990년, 황금두꺼비는 자취를 감춰버렸다.

나그네비둘기(*Ectopistes migratorius*)는 이 역시 자취를 감췄지만, 극단적인 개체군의 크기의 예를 잘 보여주고 있다(**그림 3.8**). 그리 오래되지 않는 시절, 이 비둘기는 북미에서 가장 풍부한 조류였었고, 그 무리들은 그야말로 하늘을 까맣게 덮었었다. 1800년대 초, 조류학자인 알렉산더 윌슨은 390 km에 걸쳐 토네이도와 같은 소리를 내며 5시간 동안 날아가는 20억 마리의 새무리를 관찰하였다. 나그네비둘기들은 중서부와 남부 캐나다 산림지역에 거대한 군집을 이루고 있었다. 그러나 사람들이 산림을 베기 시작하면서, 새들은 사냥꾼들의 쉬운 목표가 되었으며, 이들은 한번에 수천 마리를 사냥하여 한 짐의 마차로 시장까지 운송해왔다. 19세기 말엽, 나그네비둘기는 차차 감소하기 시작하여 더 이상 교배하기 위해 필요한 군집을 형성할 수 없을 정도로 그 숫자가 적어졌다. 1914년, 지구상에 마지막 남은 나그네 비둘기는 신시내티의 동물원에서 죽으면서, 대륙에서 가장 번성했던 조류가 불과 몇 십 년 만에 모두 멸종되어 버린 것이다.

개체군 밀도. 나그네비둘기의 무리들은 매우 높은 개체군 밀도를 보여주었으며, 이 밀도는 생태학자들이 개체군을 이해하기 위한 또 하나의 요인이 된다. **개체군 밀도(population density)**는 일정한 면적 내에 존재하는 한 집단내 개체들의 총합이다. 예컨대, 1987년, 4 km^2 내에 거주하던 1500마리의 황금두꺼비의 개체군 밀도는 km^2당 375마리이다. 일반적으로 커다란 생물체는 적은 개체군 밀도를 보이게 되는데, 이는 생존에 필요한 자원과 면적이 크기 때문이다.

높은 개체군 밀도는 생물들이 무리를 짓거나 짝짓기 대상을 찾기가 쉽다. 그러나 공간과 식량, 또는 교배자의 공급이 제한적일 경우, 경쟁과 갈등을 초래하게 된다. 과도하게 밀집된 생물들은 포식자에게 쉽게 공략당하고, 개체 사이의 밀착관계는 전염병의 전이가 증가하게 된다. 이러한 이유로, 생물들은 종종 밀도가 지나치게 높을 경우, 그 공간을 떠나기도 한다. 반대로, 낮은 밀도의 생물들은 여유로운 공간과 자원으로 이익을 보지만, 짝짓기 대상이나 동료를 찾기가 어려울 수 있다.

좁게 남겨진 서식처에서 높은 개체군 밀도의 생물이 과도하게 증가하게 되면 몬테베르데의 할리퀸 개구리(*Atelopus varius*; 그림 3.1c 참조)라는, 황금두꺼비와 같은 시기에 사라져 버린 양서류의 운명을 따르게 될 것으로 여긴다. 할리퀸 개구리는 서식지의 특수계층으로, 폭포와 급류를 흡수하는 강과 시내 주변의 소위

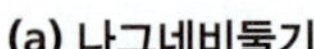

(a) 나그네비둘기

(b) 아이오와 비둘기 사냥의 19세기 석판인쇄

▲ **그림 3.8** 나그네비둘기(a)는 한때 북아메리카에서 가장 많은 숫자의 조류였으며, 그 무리는 상공에서 수백만이 지나가면서 그야말로 하늘을 까맣게 물들였다(b). 그러나 산림의 파괴와 사냥으로 이 생물종은 몇십 년 만에 멸종되어 버렸다.

"분수지역"을 좋아한다. 몬테베르데의 기후가 온난해지고 건조해지기 시작한 1980년대와 1990년대에, 물의 수량이 줄어들고 많은 시내가 고갈되었다(**과학 비하인드 스토리** 참조) 분수지대 역시 점점 작아지고 줄어들어, 할리퀸 개구리들 역시 점점 좁은 구석으로 내몰려졌다. 연구자인 파운드와 크럼프는 개체군 밀도가 정상의 경우보다 4.4배나 높아져, 각 시내마다 1미터에 2마리 이상이 존재하는 것으로 기록하였다. 이러한 밀집현상은 쉽게 포식자의 공격을 받게 하며, 기생파리의 공격과 항아리곰팡이와 같은 병원균의 침입에 매우 취약하게 한다.

개체군 분포. 몬테베르데의 종말을 이끈 것은 단순히 할리퀸 개구리의 밀도뿐만 아니라, 공간내 분포도 작용하였다. **개체군 분포(population distribution)**, 또는 **집단 분산(population dispersion)**, 이란 한 지역내 개체들의 공간적 배치를 말한다. 생태학자들은 세 가지 형태의 분포인 불규칙, 균일, 집중형태를 규정하고 있다(**그림 3.9**). 불규칙 분포에서, 개체는 특정한 패턴이 없이 공간 내에 임의적으로 분포하고 있다. 이러한 형태의 분포는 생물체가 요구하는 자원들이 널리 산재하며 서식공간을 다른 생물체가 크게 영향을 주지 않을 때 발생한다.

균일분포(uniform distribution)는 개체들이 균일하게 분포되어 있는 형태이다. 이는 개체들이 영토를 점유하거나 공간에 대한 경쟁을 벌일 때 발생한다. 수분이 부족한 사막에서, 각 식물들은 뿌리로부터 수분을 흡수하기 위한 적절한 크기의 공간을 필요로 한다. 식물들은 공간을 차지하기 위하여 다른 식물의 뿌리에 독성물질을 주입하기도 한다. 그 결과, 살아남은 식물들은 다른 식물들과 일정한 거리를 유지하게 된다.

자연에서 가장 흔한 형태인 **집중분포**(clumped distribution)에서, 생물체는 필요한 자원의 이용 가능성에 따라 스스로 배열한다. 많은 사막식물들은 샘 주변의 패치나, 비가온 후 물이 흐르는 물웅덩이를 따라 자란다. 황금두꺼비는 교배기간 중 계절적으로 형성되는 물웅덩이 지역에 집중적으로 모여 있는 것이 발견되었다. 인간 역시, 집중적 분포도를 보이고 있는데, 주로 도시중심부에 함께 모여 살고 있다. 집중분포는 종종 생물종이 그들 스스로 집중되어 있는 자원이나 특정 서식처를 찾고 있다는 것을 보여주고 있다.

성비. 개체군의 **성비(sex ratio)**는 암컷과 수컷의 비율을 말하며, 이는 개체군이 시간에 따라 증가하거나 감소하는데 영향을 줄 수 있다. 일부일처종에서, 1:1의 성비는 개체군의 크기를 최대화하는 반면, 불균형한 성비는 짝이 없는 한쪽의 성을 가진 개체가 많아진다. 대부분의 생물종은 일부일처가 아니기 때문에, 성비는 종에 따라 많은 차이를 보이고 있다.

연령구조. 개체군은 일반적으로 서로 다른 연령대의 개체들로 구성되어 있다. **연령구조(age structure)** 또는 **연령분포(age distribution)**는 집단내 같은 연령대의 상대적인 수를 말한다. 이 정보를 다른 연령대에 속한 각 개체들의 생식잠재능에 관한 결과와 함께 분석함으로써, 개체군생태학자들은 집단이 증가할지 또는 감소할지를 예견할 수 있다.

자라면서 크기가 계속 커지는 많은 식물과 동물들에 있어, 보다 늙은 개체일수록 더 많은 번식을 한다. 오래되어 큰 나무는 더 많은 종자를 생산하고, 오래되어 더 큰 물고기는 더 많은 알을 낳는다. 일부 동물들, 가령 새들에게서, 세월에 따라 획득한 경험이 나이 든 개체들을 더 훌륭한 교배자로 만들게 한다.

인간은 생식기간을 지나서도 생존하기에 특이하다. 나이 든 사람들로 구성된 인구(생식능력 이후의)는 시간에 따라 감소하는 경향을 보이며, 젊은 집단(생식 또는 생식능력 이전 연령의)에서는 증가하는 경향을 보인다(6장의 인구학에서 그림을 통하여 이에 대한 개념을 탐구할 것이다).

(a) 불규칙

(b) 균일

(c) 집중

▲ 그림 3.9 집단내 개체들은 기본적으로 세 가지 방법에 의해 공간적으로 분포될 수 있다. 불규칙 분포(a)에서, 생물체는 환경 속에 무작위로 분포하고 있다. 균일분포(b)에서, 개체들은 각각이 일정한 거리를 유지하며 균일하게 분포하고 있다. 텃세는 이러한 패턴이 될 수 있다. 집중분포(c)에서, 개체들은 다른 곳보다 한 패치에서 더 많이 모여 있다. 서식지선택, 집중적 자원형태 또는 포식자들 피하기 위한 무리형성 등이 이와 같은 형태로 나타날 수 있다.

개체군은 커지거나 줄어들거나 또는 안정적으로 유지된다

우리는 지금까지 개체군의 몇 가지 주요 특징에 대하여 살펴보았으며, 개체군생태학자와 인구통계학자들이 사용하는 간단한 수학모델을 분석함으로써 개체군 변화에 대한 정량적 평가를 할 준비가 되어 있다. 개체군의 증가 또는 감소는 다음의 4가지 요소에 의해서 결정된다.

- 집단내 출생(출생률)
- 집단내 사망(사망률)
- 유입(외부집단에서 개체의 유입)
- 유출(내부집단에서 개체의 유출)

출생과 유입은 집단내 개체수를 더해주는 반면, 사망과 이주는 개체수를 감소시킨다. 개체군의 **생장률(growth rate)**, 단위시간당 개체군의 크기가 변화하는 비율을 측정하기 위하여, 출생률에 유입률을 합한 값에 사망률에 유출된 비율을 합한 값을 빼게 되며, 이는 연간 1,000개체당 숫자로 표시된다.

(출생률 + 유입률) − (사망률 + 유출률) = 생장률

최종숫자는 연간 1,000개체당 개체군 크기의 순 변화량을 말해 준다. 예를 들어, 연간 출생률이 1,000개체당 18이고, 사망률은 1,000개체당 10, 유입률이 1,000개체당 5, 유출률이 1,000개체당 7이라고 하면, 생장률은 연간 1,000개체당 6이 된다.

$$(18/1,000 + 5/1,000) - (10/1,000 + 7/1,000) = 6/1,000$$

따라서 한 해 1,000의 개체군은 다음 해에는 1,006이 될 것이다. 개체군이 크기가 1,000,000이라면 다음 해에는 1,006,000이 될 것이다. 이러한 개체군의 증가는 흔히 퍼센트로 표시하며, 다음의 공식을 따른다.

생장률 × 100%

따라서 6/1,000의 생장률은 6/1,000 × 100% = 0.6%와 같이 표현한다.

개체군의 증가를 퍼센트로 측정함으로써, 과학자들은 아주 다른 크기의 개체군의 증감을 비교할 수 있다. 이들은 또한 오랜 시간을 두고 발생하는 개체군의 변화를 측정할 수 있으며, 이는 마치 당신의 예금 중 총 이자액을 시간에 따라 계산하는 것과 비교된다.

조절되지 않는 개체군은 지수성장으로 증가한다

고정된 비율로 개체군이 매년 증가한다면, 이를 두고 **지수성장(exponential growth)**을 한다고 말한다. 당신이 예금통장에 고정금리로 예치해놓고 몇 년간 이를 방치해 놓는다고 가정해 보자. 이자가 더해지면서 원금은 점점 커지며, 더 많은 이자를 받게 되고, 그 총액은 매년 금액이 상승하면서 늘어나게 된다. 그 이유는 적은 숫자에 대한 고정비율은 적은 증가를 가져오지만, 큰 숫자에 대한 동일한 비율에서는 증가액이 커지기 때문이다. 따라서 예금(또는 개체군)이 커질수록, 그 증가분도 역시 커지게 된다. 이러한 가속화는 지수성장의 특징이다.

개체군 생장곡선을 통하여 개체군 크기의 변화를 조망할 수 있다. 그림 3.10에서 J형의 곡선은 기하급수적 증가를 보여준다. 생물개체군은 제한요인이 없는 한 기하급수적으로 증가한다. 각

과학 비하인드 스토리

기후변화, 질병, 그리고 몬테베르데의 양서류

할리퀸 개구리를 찾고 있는 파운드 박사와 콜로마 박사

황금두꺼비가 사라진 직후, 과학자들은 운무림의 생물종을 멸종으로 몰게 한 지구기후변화(14장)의 잠재적인 역할에 대하여 조사하기 시작하였다. 이들은 1986년 7월부터 1987년 6월까지 몬테베르데에는 가장 건조한 기록을 나타내며, 비정상적인 고온과 기록적으로 낮은 양의 시냇물 등이 있었음을 알게 되었다. 이러한 조건들이 1987년 봄, 황금두꺼비의 교배지역을 건조시키고, 습지내 거의 모든 알들과 올챙이들을 죽인 원인이 되었다.

기후정보를 살펴봄으로써, 과학자들은 몬테베르데에서 1973년부터 1998년 사이 매 겨울 건조한 날들과 기간들이 증가해왔다는 것을 알게 되었다. 양서류들은 그들의 피부를 통해서 습기를 흡수하고 숨을 쉬기 때문에, 건조기후에 매우 취약하다. 이러한 사실에 기초하여, 파충류학자인 파운드와 크럼프는 1994년, 고온과 건조기후가 황금두꺼비와 다른 양서류에게 있어 높은 치사율과 교배에 심각한 문제를 가져왔다고 가정하였다.

이 기간 내내, 세계의 과학자들은 대기와 해양의 온난화가 인간이 방출한 이산화탄소와 기타 온실가스(14장)의 방출로 인하여 발생하고 있다는 것을 알게 되었다. 이것을 참고로하여, 파운드와 여러 사람들은 해양과 대기과학 분야에 실린 문헌을 조사하여 해양지역과 그 주위의 코스타리카내 온난화현상에 따른 몬테베르데 지역의 기후에 대한 영향을 분석하였다.

연구자들은 더워진 해양이 구름들을 더 높은 고도로 올려보내며, 더 이상 산림의 나무들과 접촉할 수 없었다는 것을 발견하였다. 운무림에 머물던 습기가 상층부로 밀려 올가가면서, 산림은 건조하기 시작하였다(**첫 그림 참조**).

1999년도 네이처지에 실린 논문에서, 파운드와 두 동료는 기후변화가 종과 개체군, 군집 수준의 지역적 변화를 유발하고 있다고 보고하였다. 그들은 높이 형성된 구름과 줄어든 습기로 인하여 황금두꺼비와 할리퀸 개구리의 멸종은 물론, 동시에 개체군의 파괴와 함께 몬

(a) 찬 바다의 환경

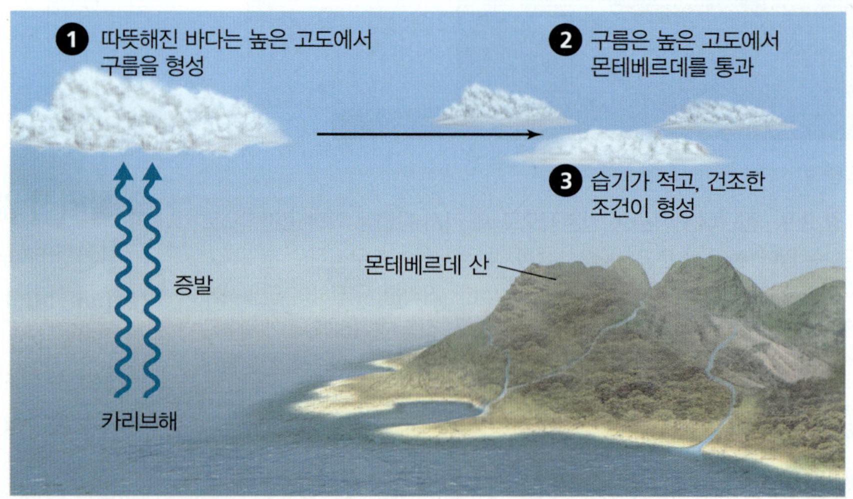

(b) 따뜻한 바다의 환경

몬테베르데의 운무림은 해양에서 육지로 이동하는 구름으로부터 습기를 얻는다. 해양의 기온이 서늘하면(a) 구름은 몬테베르데를 습하게 유지시킨다. 기후변화에 의해 해양이 더 워지면(b) 구름은 높은 고도에서 형성되어, 산을 통과하며 산림을 건조시킨다.

테베르데 지역의 다른 20여 종의 개구리와 두꺼비가 잇따라 멸종했다고 주장하였다.

더구나, 군집 또한 변화되었다. 산악의 산림이 건조되면서, 가뭄에 잘 견디는 조류와 파충류가 위로 올라왔고, 습기에 의존하는 생물들은 건조기후의 부상과 함께 산 꼭대기에서 갈 길을 잃어버렸다. 생물들이 갈 곳이 없다면, 이는 멸종으로 귀결될 것이다.

파운드와 그의 동료들은 2006년 네이처지에 이 상황을 더 전개해 나아갔다. 비록 구름이 하늘 높이 솟아오른다 하여도, 더워진 해양에서 증발되어 추가된 습기는 전체적으로 구름의 양을 늘리며, 낮에는 햇빛을 가리고, 밤에는 열을 흡수하였다. 그 결과, 몬테베르데와 기타 열대지역에서 낮과 밤의 기온차가 거의 없게 되었다.

이러한 조건은 양서류에 치명적인 항아리곰팡이에 최적이다. 최근 항아리 곰팡이인 *Batrachochytrium dendrobatidis* 종이 세계 113종의 할리퀸 개구리 중에서 67종의 멸종에 관여했던 것으로 알려져 있다. 몬테베르데와 기타지역에서, 파운드와 그 팀은 기후변화가 세계의 많은 양서류의 멸종을 유도하는 전염병을 촉진하고 있다고 주장하였다.

다른 연구자들은 항아리곰팡이가 주요 위협요인이지만 기후변화와의 관련성은 논쟁의 여지가 있다는 것에 동의하였다. 2008년, 남일리노이대학의 생물학자 카렌 립스가 이끄는 연구팀에서, 카보데일은 파운드팀의 데이터와 양서류의 감소에 대한 정보를 다시 분석하였고, 비토착성의 침입종인 항아리곰팡이가 최근 어떻게 중앙 및 남아메리카에 급속히 번져나갔는지에 대하여 추론하였다(**두 번째 그림 참조**). 립과 그의 팀의 분석은 몬테베르데와 기타지역에서의 극적인 양서류의 멸종은 이러한 파괴적인 병원균의 감염과 직접적인 관련이 있으며, 기후변화와는 크게 관련이 없는 것으로 보고하고 있다.

이후, 남플로리다 대학의 제이슨 로가 이끄는 연구팀은 파운드의 가설(기후변화가 **항아리곰팡이**의 감염을 촉진했다는)과 립스의 가설

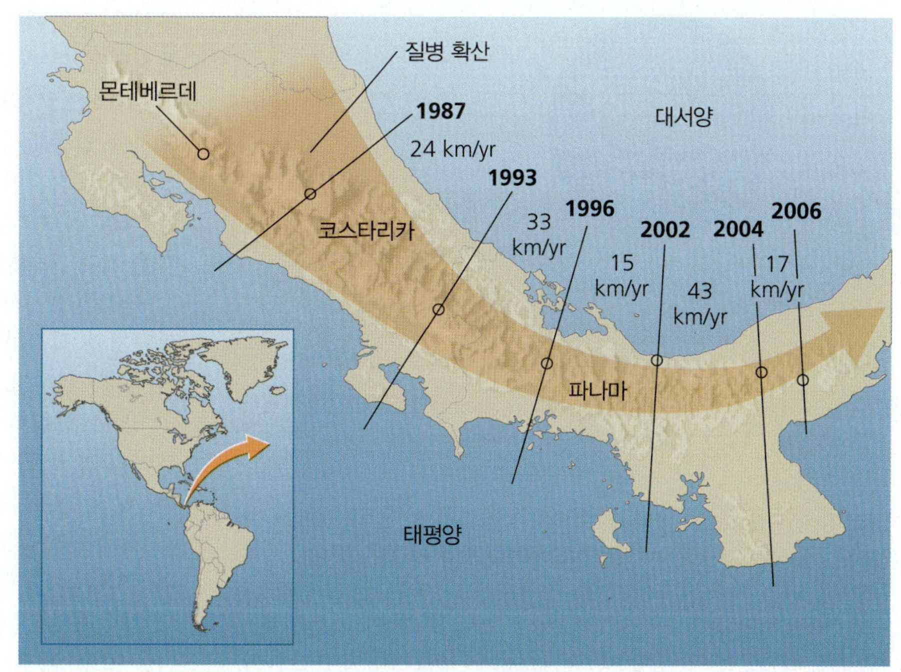

카렌 립스 박사의 연구팀은 코스타리카와 파나마에서 할리퀸 개구리의 개체군이 감소한 기존의 데이터를 이용하여, 이 지역내 항아리곰팡이 감염(화살표)물결의 전파를 추론하게 되었다. 그들의 분석에 의해, 항아리곰팡이는 1987년 이전에 몬테베르데에 도달하였으며, 2000년에는 파나마에 전파된 것으로 알려졌다. Adapted from Lips, K.R., et al., 2008. Riding the wave: Reconciling the roles of disease and climate change in amphibian declines. PLoS Biology 6: 441–454.

(항아리 곰팡이는 기후변화와 관련이 없다는)에 대하여 비교실험을 실행하였다. 로의 그룹은 기후변화와 **항아리곰팡이**의 확산, 그리고 할리퀸 개구리의 사라진 67종의 시간간의 통계학적 관련성을 조사하였다. 이 연구팀은 할리퀸 개구리의 일련의 멸종과 관련해서 질병의 확산과 일치하는 분명한 공간적 패턴을 발견하였으나, 이것과 **항아리곰팡이**와의 관련성을 확실하게 제시하지는 못하였다.

로의 연구팀은 할리퀸 개구리의 멸종이 증가한 열대 대기온도와 관련이 있다는 것을 알아냈지만, 이것이 원인이었다는 것에 대해서는 의문을 가졌다. 왜냐하면 멸종이 증가한 것은 또한 1970년에서 1990년까지 발생한 다른 여러 요소들, 즉 인구의 증가에서부터 지역내 맥주와 바나나의 생산에 이르기까지의 요인들과도 관련이 있을 수 있기 때문이다. 연구자들은 기후변화가 많은 생물시스템에 영향을 주고 있는 것으로 나타나고 있으므로, 이것이 양서류의 감소의 한 원인일 가능성이 높지만, 이에 대한 인과관계를 증명할 만한 명확한 증거는 아직은 없는 것으로 결론을 내렸다.

분명히 개구리에 대한 질병과 기후변화의 영향에 대하여 더 조속하고 많은 연구가 필요하다. 생물학자들은 세계의 많은 종류의 양서류들을 멸종위기에서 보호하기 위한 기대를 안고서, 오늘도 이에 대한 해답을 찾기 위해 노력하고 있다.

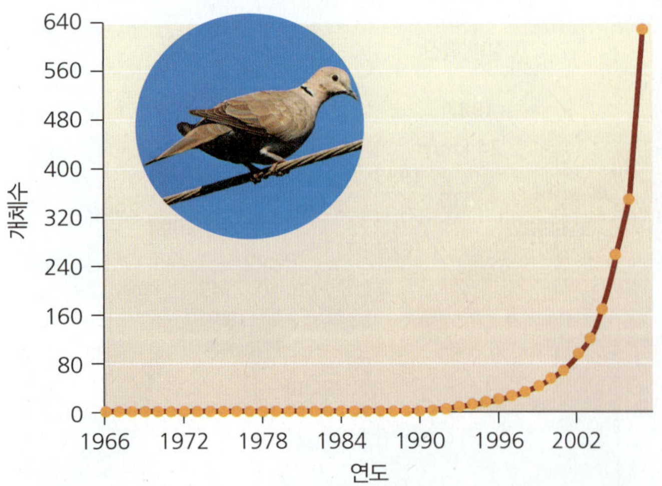

▲ **그림 3.10** 어떠한 생물종도 무한정 기하급수적 성장을 유지할 수는 없지만, 일부는 새로운 환경을 점유하거나 최초의 자원과 만나게 되면 일정시간 동안 기하급수적 성장을 할 수도 있다. 유라시안의 염주비둘기는 최근 폭발적인 성장으로 북미대륙으로 퍼져나가고 있다. Data from Sauer, J.R., et al., 2008. *The North American Breeding Bird Survey, Results and Analysis* 1966–2007. v. 5.15.2008. USGS Patuxent Wildlife Research Center, Laurel, MD.

생물체는 일정한 양만큼 번식을 하고, 개체군이 커질수록, 늘어난 양만큼 더 많은 개체들이 번식을 한다.

보통 자연에서 지수성장이 발생하는 경우는 개체군이 작고, 경쟁관계가 최소이며, 환경조건이 최상일 경우이다. 거의 자주, 이러한 조건은 생물체가 새로운 환경에 도입되어 풍부한 자원과 조우할 때 발생한다. 빵이나 과일조각에서 자라는 곰팡이와 죽은 지 얼마 안된 동물의 사체에서 번식하는 세균이 이러한 경우이다. 빙산이 사라지거나 화산이 폭발한 후 일차천이가 일어나는 동안 지역을 점유하는 식물들도 기하급수적으로 생장할 수 있다. 최근 미국내 지수성장의 사례로는 유라시안의 염주비둘기가 있다(그림 3.10 참조). 이와 유사한 사라진 나그네비둘기와는 달리, 이 생물종은 유럽에서 들어와서 단 몇 년만에 북미전역에 퍼져나가고 있다. 염주비둘기는 인간이 교란한 지역에서도 생존하며 분명히 아직까지도 개체군의 생장을 제한하는 요인과 마주하지 않고 있다.

개체군의 증가를 억제하는 제한요인들

기하급수적 성장은 그리 오래 지속되지 못한다. 지구역사에 단 한 종의 생물체가 무수한 세대를 거치며 기하급수적으로 성장을 한다면, 이는 곧 지구전체를 덮게 될 것이다. 그 대신, 모든 개체군은 궁극적으로 **제한요인(limiting factors)**—개체군의 생장을 구속하는 환경의 물리적, 화학적, 생물학적 속성—에 구속된다. 이들 요인간의 상호작용은, 주어진 환경에서 생존가능한 생물종의 최대 개체군의 크기인, **수용능력(carrying capacity)**을 결정한다.

생태학자들은 **그림 3.11**의 곡선을 이용하여 어떻게 초기의 기하급수적 성장이 느려지고, 결국 제한요인들에 의해 정지되는지를 보여준다. **지수성장곡선(logistic growth curve)**이라 하는 이 곡선은 초기에는 급격히 올라가지만, 제한요인들의 효력이 강력해지면서, 곧바로 수평을 유지하게 된다. 결국 이들 요인의 힘은—총체적으로 환경저항이라 함—수용능력의 지점에서 개체군의 크기를 안정화시킨다. 곧 언젠가는 유라시안의 염주비둘기 역시 성장이 느려지며 수용능력의 지점에 도달할 것이다. 북미로 날라온 다른 유럽의 조류집단인 참새와 찌르레기 등도 분명히 그 정점을 지나 오늘날 안정화되어 가고 있다.

육상환경에서 동물들에게 제한요인은 먹이, 물, 짝짓기 대상, 피난처와 적절한 교배장소의 이용가능성, 그리고 극한온도, 질병의 유행, 포식자의 수 등을 포함하고 있다. 식물들은 햇빛과 수분의 양, 토양화학의 형태, 그리고 질병과 식물을 섭취하는 동물로부터의 공격 등에 의해 제한된다. 수생생태계에서 제한요인은 염분, 햇빛, 온도, 용존산소, 비료와 오염물질 등이 있다.

개체군의 밀도는 특정 제한요인의 영향을 증가 또는 감소시킬 수 있다. 높은 개체군 밀도가 짝을 찾기는 쉬우나, 경쟁이 증가하고 약탈자와 질병의 위험성이 증가할 수 있다는 것을 기억하라. 이들 요인은 **밀도의존적(density-dependent)** 요인이라 하는데, 이는 그 영향력이 개체군의 밀도와 함께 증감하기 때문이다. 그림 3.11의 지수성장곡선은 밀도의존적 효과를 나타내고 있다. 개체군의 크기가 클수록, 환경저항의 영향은 강해진다.

밀도독립적(density-independent) 요인은 개체군 밀도에 의해 영향을 받지 않는 제한요인이다. 극한의 온도와 홍수, 불, 산사태와 같은 재난은 밀도 독립적 요인의 예인데, 이는 이들의 밀도와 관계없이 많은 수의 개체들이 사라질 수 있기 때문이다.

지수성장곡선은 단순화된 모델이며, 실제 개체군은 이와는 달리 행동한다. 일부는 수용능력의 위와 아래를 순환하기도 한다. 다른 것들은 수용능력의 한계를 벗어나, 멸종하거나 회복하기도 한다(**그림 3.12**).

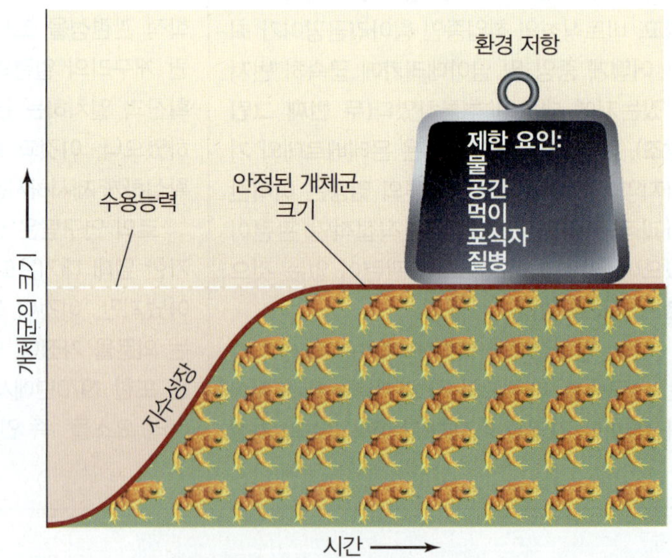

▲ **그림 3.11** 지수성장곡선은 어떻게 개체군의 크기가 초반에 급격히 성장하고, 이어서 천천히 진행하며, 마지막으로 수용능력지점에서 안정적이 되는지를 보여준다. 수용능력은 생명체의 생물학적 잠재능과 외부의 여러 가지 제한요인들, 총칭해서 환경저항력에 의해 결정된다.

수용능력은 바뀔 수 있다

환경이 매우 복잡하고 항상 변화하기 때문에, 수용능력도 변화할 수 있다. 예컨대, 산불로 산림이 파괴되면, 대부분의 산림동물들의 수용능력은 감소할 것이나, 산불로부터 이익을 얻을 수 있는 특정생물들은 증가할 것이다. 인류는 의도적으로 주변 환경을 변화시켜 환경저항을 감소시키고 수용능력을 증강해온 것을 증명하였다. 우리의 조상이 피신처를 만들고 난방과 요리를 위해 불을 사용하면서, 기후가 추운 지역의 환경저항성을 낮추었고 새로운 영역을 확장할 수 있었다. 제한요인들이 극복됨에 따라(새로운 기술의 개발 또는 자연환경의 변화를 통하여), 인류의 수용능력은 증가할 수도 있다. 인류는 지구의 수용능력을 증가시키기 위하여 지금껏 관리해왔지만, 그러한 노력은 방대한 지구자원을 남용함으로써 가능하였다. 그 과정에서 동일한 자원에 의존해 왔던 수많은 생물들의 수용능력을 감소시켜 왔다.

이슈

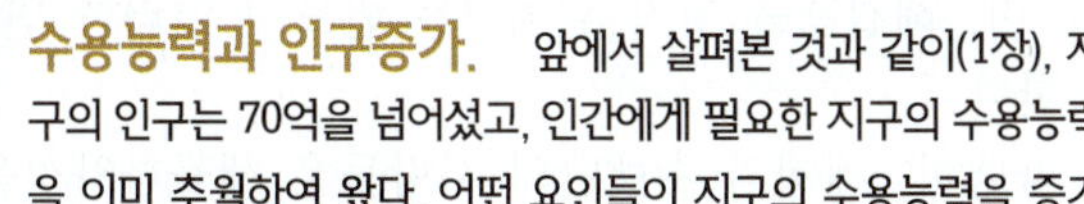

수용능력과 인구증가. 앞에서 살펴본 것과 같이(1장), 지구의 인구는 70억을 넘어섰고, 인간에게 필요한 지구의 수용능력을 이미 추월하여 왔다. 어떤 요인들이 지구의 수용능력을 증가시켰는가? 인구에 대한 제한요인은 있는가? 그들은 어떤 것들인가? 당신은 미래에도 우리가 수용능력을 계속해서 증가시킬 수 있다고 생각하는가? 지구의 수용능력이 감소하고 있지는 않는가?

번식전략은 생물종마다 차이가 있다

생명체의 환경에서 발생하는 제한요인들은 개체군 조절에 있어 단지 반만 작용한다. 나머지 반은 생물 자체의 속성에서 비롯된다. 예를 들면, 생물들은 생물잠재력 또는 자손을 생산하는 능력이 모두 다르다. 단 기간의 임신으로 한번에 수천의 알을 낳는 물고기는 높은 생물잠재력을 보이는 반면, 한번에 한 마리의 새끼를 잉태하며 긴 임신기간을 갖는 고래의 경우에는 낮은 생물적 잠재력을 갖는다.

낮은 생물적 잠재력을 지닌 기린, 코끼리, 사람, 그리고 다른 큰 동물들은 상대적으로 일생 동안 소수의 자손을 갖는다. 이러한 번식방법을 갖는 생물종들은 자손을 임신하고 기르는 데 오랜 시간이 필요하지만, 이들을 돌보는 데 헌신하는 상당량의 에너지와 자원들은 이들의 생존율을 크게 높이게 된다. 이러한 생물종들을 **K-전략종(K-selected)**이라 한다(이들 개체군이 시간에 따라 수용능력 근처로 안정화되기 때문이며, 이를 보통 K로 나타냄). 이들 개체군들은 수용능력 가까이에서 머무는 이유로 비좁은 공간에서 자신들의 영역을 지키느라 경쟁해야 한다. 이 생물종들에 있어서, 자연선택은 훌륭한 경쟁자가 될 수 있는 양질의 자손을 생산하는 데 힘을 쏟는 개체들을 선호한다.

반대로, **r-전략종(r-selected)**은 높은 생물적 잠재력을 갖고 있으며 이들은 짧은 시간 내에 많은 자손을 생산하려는 데 모든 에너지와 자원을 투입한다. 태어난 자손들은 부모의 보살핌을 요구하지 않기에, r-전략가들은 그들의 생존을 기회에 맡기게 된다. r

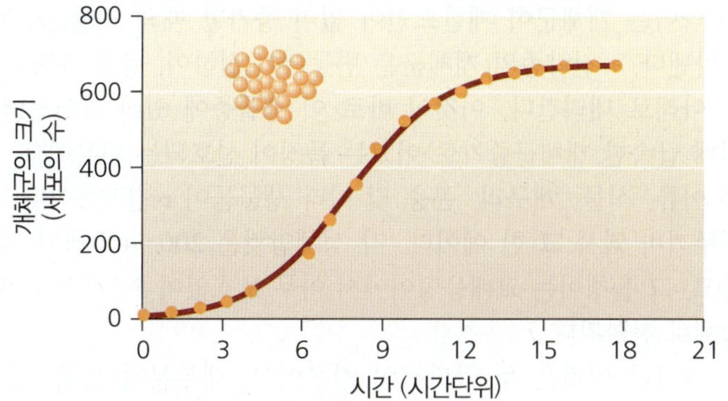

(a) 효모, *Saccharomyces cerevisiae*

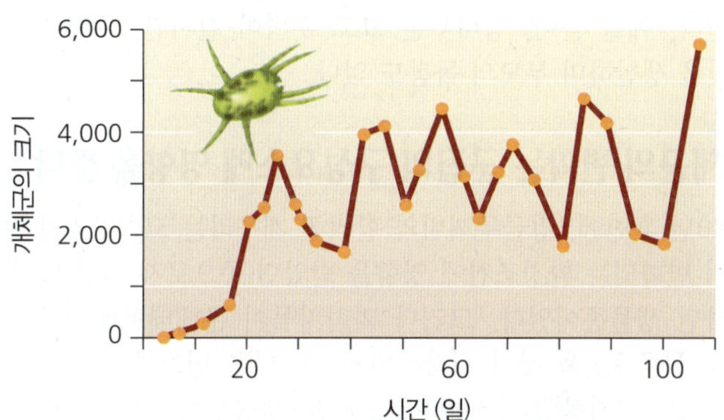

(b) 진드기, *Eotetranychus sexmaculatus*

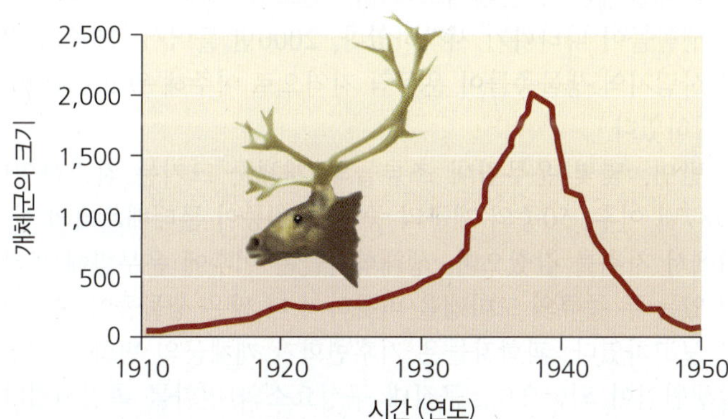

(c) 세인트폴 순록, *Rangifer tarandus*

▲ **그림 3.12** 자연에서 개체군의 성장은 여러 가지 면에서 지수성장곡선과 일치하지 않을 수 있다. 효모는 실험실내 초기 실험에서 이론과 매우 유사한 지수성장**(a)**을 보여준다. **(b)**에서 보이는 진드기와 같은 일부 생명체는 수용능력의 상하로 요동치는 순환고리를 보여주고 있다. 세인트폴의 베링해에 도입된 순록집단처럼, 급격히 성장하여 자원을 고갈시키는 개체군은 갑자기 몰락할 수 있다**(c)**. Data from: (a) Pearl, R., 1927. The growth of populations. *Quarterly Review of Biology* 2: 532–548; (b) Huffaker, C.B., 1958. Experimental studies on predation: Dispersion factors and predator-prey oscillations. *Hilgardia* 27: 343–383, Figure 7. © 1958 by the Regents of the University of California; (c) Adapted from Scheffer, Victor B., 1951. The rise and fall of a reindeer herd. *Scientific Monthly* 73: 356–362, Fig. 1. Reprinted with permission from AAAS.

의 약어는 개체군이 제한요인이 없이 증가할 때의 비율(rate)을 나타낸다. r-전략종의 개체군은 변동폭이 심하여, 종종 수용능력의 아래로 내려간다. 이것이 바로 이 생물종에 있어 자연선택에 의해 급속한 개체군증가로 이끄는 특징이 선호되는 이유이다. 많은 어류, 식물, 개구리, 곤충 및 기타 생물들이 r-전략종이다. 황금두꺼비 역시 그 한 예이다. 각 성체암컷은 200~400개의 알을 낳고, 그 올챙이는 교배웅덩이에서 아무 보호없이 5주간 보낸 뒤, 성체로 전환된다.

그러나 이것은 두 극단적인 경우이고, 대부분의 생물종들은 극단적 r-과 K-전략종의 사이에 놓여 있다. 더구나, 많은 생물들은 이 구분에 명확하게 떨어지지 않는 특징들을 조합하는 경향을 보인다. 예를 들어, 삼나무는 크고 수명이 길지만, 수많은 작은 씨앗을 생산하며 부모의 돌봄도 없다.

▲ 그림 3.13 코스타리카는 다양한 자연지대를 보호하며, 이 과정에서 생태관광을 통하여 국가의 경제를 끌어올리고 있다. 방문객들은 국립공원의 하나인 이곳에서 숲의 상층부를 지나는 통행로를 걷는 경험을 즐긴다.

개체군의 변화는 군집의 구성요소에 영향을 준다

1980년 후반에, 황금두꺼비와 할리퀸 개구리는 코스타리카 운무림의 변화되는 환경조건에 영향을 받았던 종으로서 가장 많이 연구하던 생물종이었다. 그러나 과학자들이 몬테베르데 지역에서 다른 생물종들을 찾기 시작하면서, 또 다른 변화가 있다는 것을 감지하기 시작하였다. 1990년대 초반, 황금두꺼비와 할리퀸 개구리, 그리고 다른 생물체들이 그들의 서식처인 운무림에서 멸종위기에 내몰리면서, 몬테베르데에는 건조한 저지대에 서식하던 많은 생물들이 나타나기 시작하였다. 2000년 들어서, 15종의 건조한 산림지역 생물종들이 운무림 지역으로 이주해 왔고, 교배하기 시작하였다.

반면, 몇몇 운무림내 조류들의 개체군 크기는 감소하였다. 1987년 이후, 50종의 개구리 중에서 20종이 몬테베르데의 한 지역에서 자취를 감췄으며, 생태학자들은 이후에 운무림에 토착하고 있는 두 종류의 도마뱀을 비롯하여 더 많은 생물들이 사라졌다고 보고하였다. 과학자들은 기후변화가 개체군의 변화와 질병의 발생원인이 되었으며, 군집내 구성요소의 변화를 촉진시켰다고 가정하였다(**과학 비하인드 스토리** 참조).

보전은 생물다양성의 손실을 거론하는 데 도움을 줄 수 있다

개체군과 군집의 변화는 생명이 지속되는 한 자연적으로 발생하게 되지만, 오늘날 인간의 개발과 자원고갈, 개체군에 대한 압력은 변화속도를 가속화하고 변화의 형태를 변형시키고 있다. 과학은 이러한 영향들을 이해하는 데 매우 중요하지만, 생물다양성을 위협하는 현상은 복잡한 사회적, 경제적, 정치적 뿌리를 갖고 있으며, 해결책을 찾기 위해서는 반드시 이러한 면들을 이해해야 한다.

다행히, 세계의 수백만의 사람들은 생물다양성을 보호하고, 지구를 유일한 행성으로 만들어 낸 진화적 생태학적 과정들을 지키기 위하여 행동을 취하고 있다. 코스타리카인들은 국가의 생물다양성에 대한 도전에 직면해 있으며, 이들의 행동은 그리 신통할 것 없는 작은 국가라도 할 수 있다는 것을 보여준다. 1972년 창설된 몬테베르데 운무림 보존단체(Monteverde Cloud Forest Reserve)와 같은 노력에도 불구하고, 1990년대에 코스타리카는 세계의 어느 지역보다도 더 빠르게 자국의 산림을 잃어버렸다. 국가의 지도자들은 국토의 보호노력을 증대하고 국립공원시스템을 확대해 나가기로 결심하였다.

오늘날, 코스타리카는 국토의 12% 이상을 국립공원으로 보호하고, 13%는 각종 야생 및 보전지역으로 보호하려는 데 헌신하고 있다. 그 결과, 세계 도처의 사람들은, 생태관광이라 하는 현상 속에, 이 지역의 자연을 방문하기 위하여 코스타리카에 모여들고 있다(**그림 3.13**). 생태관광은 매년 백만이 넘는 방문객을 코스타리카로 불러오며, 수천의 일자리를 만들었으며, 해마다 10억 달러의 수입으로 국가의 경제를 끌어주고 있다. 서식지를 보호하고, 멸종위기의 생물들을 지켜주며, 이들의 개체군을 회복시키는 일을 함으로써, 코스타리카와 자국민들은 이들의 보전노력으로부터 생태적, 경제적 이득을 걷어 들이고 있다.

>> 결론

몬테베르데 운무림의 황금두꺼비와 다른 생명체들은 환경과학에 필수적인 개체군생태학과 진화의 기본개념을 조망하는 데 도움을 주고 있다. 자연선택의 진화과정, 종분화, 그리고 멸종은 지구의 생물다양성을 결정하는 데 도움을 준다. 생태과정이 개체군 차원에서 어떻게 기능을 하는지를 이해하는 것은, 많은 생물학자들이 이미 진행 중이라 생각하고 있는 대형 멸종사건으로 위협받고 있는 생물다양성을 보호하는 데 중요하다. 개체군생태학은 또한 환경과학의 또 다른 주요 논점인 인구에 대한 연구(6장)에 정보를 주고 있다.

이해도 측정

1. 자연선택을 지지하는 가정과 논리를 설명하시오.
2. 자연선택의 증거에 대한 두 가지 예를 기술하시오.
3. 이소적 종분화는 어떻게 발생하는가?
4. 사라진 두 생물체의 예를 들고, 멸종에 대한 적절한 이유를 각각 들으시오.
5. 종과 개체군의 차이는 무엇인가? 개체군과 군집의 차이는?
6. 서식지와 생태적지위의 개념을 비교하시오.
7. 이 장에서 논한 5가지 주요 개체군의 특징을 들고 기술하시오. 각 특징들이 어떻게 개체군의 동태에 작용했는지 설명하시오.
8. 영원히 기하급수적 성장을 할 수 있는 생물종이 있는지? 설명하시오.
9. 제한요인과 수용능력의 어떻게 연관되어 있는지 기술하시오.
10. K-전략종과 r-전략종의 차이를 설명하시오. 각각의 경우에서, 이 장에서 언급하지 않은 예를 들 수 있는가?

해법찾기

1. 인공선택은 어떤 면에서 사람들의 생활수준을 변화시켰는가? 예를 드시오. 인공선택이 더욱 삶의 질을 개선하는 데 이용될 수 있는 방법을 상상할 수 있는가? 이것이 환경영향을 저감하는 데 이용될 수 있는 방법에 대하여 생각할 수 있는가?
2. 어떤 유형의 생물종이 멸종에 가장 취약하며, 어떤 요인들이 이들을 위협하고 있는가? 당신의 지역에서는 어떤 생물종이 멸종의 위기에 처해 있는가? 어떤 이유로 이들이 위험에 놓여있는가?
3. 당신은 인간이 지구의 수용능력을 계속해서 증가시킬 수 있다고 생각하는가? 그렇다면 어떻게, 아니라면 그 이유는? 당신은 사람들이 계속해서 수용능력을 높여야 한다고 생각하는가? 그렇다면 그 이유는? 아니라면 그 이유는?
4. 기온과 강우의 변화가 몬테베르데의 황금두꺼비의 멸종과 다른 양서류의 개체군의 몰락을 이끌었다는 주장에 대하여 증거를 기술하시오. 과학자들은 또한 왜 질병이 그 역할을 했다고 생각하는가? 당신은 미래에 다른 생물종들이 이러한 감소현상이 덜 발생하도록 하기 위해서 어떠한 조치가 수행되어야 한다고 생각하는가?
5. **생각해보기** 당신은 국립공원에서 동물들을 연구하는 개체군 생태학자이며, 정책입안자가 정부의 제한된 보존기금을 어떻게 할당할 것인가에 대하여 자문을 구하고 있다. 당신은 다음의 세 생물종을 대상으로 어떻게 가장 취약한 생물(따라서 가장 보존에 대한 관심이 필요한)의 순서대로 순위를 결정할 수 있는가?
   - ▶ 1:1의 성비로 구성된 일반계층 서식지의 조류
   - ▶ 고산지대에 서식하는 토착종의 도롱뇽
   - ▶ 소수의 무척추동물만을 먹이로 이용하는 큰 개체군의 크기를 가진 물고기

생태발자국 계산하기

미국인들은 커피를 사랑한다. 2010년, 미국의 커피소비량은 거의 33억 파운드(전 세계가 생산하는 총량은 175억 파운드)에 달했다. 석유 다음으로, 커피는 세계시장에서 가장 가치있는 생활용품이며, 미국은 수입선도국이다. 이러한 정보를 바탕으로, 다음 표에서 커피의 소모량을 측정하시오.

대부분의 커피는 넓은 열대평야에서 생산되며, 커피는 나무에서만 열매를 맺고, 자연산림이 잘려나간 평야 한복판의 충분한 태양빛 아래에서 자라난다. 그러나 커피의 2%는 작은 숲에서 다른 생물들과 섞여서 일부 열대우림의 숲지붕 밑에서 생산된다. 이 그늘에서 자라는 커피재배지는 열대우림의 야생생태에 보다 큰 서식처의 다양성을 유지하게 한다.

	집단	일일커피량(파운드)	연간커피량(파운드)
당신(또는 평균적 미국인)	1	0.029	10.6
학급			
고향			
주			
미국			

Data from International Coffee Organization, and O'Brien, T.G., and M.F. Kinnaird, 2003. Caffeine and conservation. *Science* 300: 587.

1. 전 세계 커피생산의 몇 퍼센트를 미국에서 소비하고 있는가? 만약 미국의 커피애호가들이 오직 그늘에서 자란 커피를 소비한다면, 이 수요를 충족시키기 위해서 얼마나 많은 커피가 그늘 밑에서 생산되어야 하는가?
2. 만약 당신의 돈이 서식지의 파괴를 방지하고, 리스플렌던트 케찰새와 멸종위기 코스타리카의 다람쥐원숭이, 라틴아메리카와 북아메리카 사이를 왕래하는 많은 박새와 같은 생물들의 멸종을 막는 데 기여하고 있다는 것을 알게 됐다면, 당신은 일반커피에 반대하여 그늘에서 재배된 커피에 파운드당 얼마의 추가비용을 지불할 용의가 있는가?
3. 미국의 모든 사람들이 당신처럼 그늘에서 재배된 커피에 대하여 파운드당 추가비용을 지불할 용의가 있다고 한다면, 매년 열대지역의 생물다양성을 보존하기 위하여 얼마의 추가적인 돈이 들어갈 것인가?

4 생물 상호작용과 군집생태학

이 장을 마치고 나서 할 수 있는 것들

- ▶ 종간 상호작용의 유형과 이들의 비교와 대조
- ▶ 에너지 흐름과 섭식관계의 특성에 따른 먹이망과 영양단계의 구성
- ▶ 핵심종의 생태적 특성
- ▶ 군집변화의 개념과 천이의 특성
- ▶ 군집내 침입종의 잠재적 충격에 대한 예측과 인식
- ▶ 복원생태학의 방법들과 목표에 대한 설명
- ▶ 지구생물군계의 기술과 묘사

얼룩말홍합의 군체

중심 사례 연구

"흑과 백, 도처에 널리다: 얼룩말홍합 그레이트호를 침입하다"

"역사상 가장 빠르고 파괴적인 변화를 그레이트호에서 볼 수 있다"
—Andy Buchsbaum, National Wildlife Federation

"먹이사슬의 기초를 없애버리면, 그 위의 모든 것들은 파괴될 것이다"
—Tom Nalepa, National Oceanic and Atmospheric Administration

그레이트호의 모든 것이 나아지고 있다. 미국과 캐나다에 나뉘어 있는 그레이트호와 이리호의 오염된 수질이 1972년 양측의 협정과 1970년 미국의 수질정화법에 의해 점점 맑아지고 있다. 정부의 규제가 산업폐수를 통제하면서 사람들은 다시 이 호수에 여가를 즐기러 찾아오기 시작했으며, 어류의 개체수가 되살아나고 있다.

그때쯤 얼룩말홍합이 나타났다. 다임크기의 검고 흰 줄무니의 조개류인 얼룩말홍합은 딱딱한 표면에 부착하여 아가미로 물을 여과시키며 조류를 먹고 산다. 학명이 *Dreissena polymorpha*인 이 연체동물은 서아시아와 동유럽의 카스피해, 흑해, 아조브해에 자생한다. 이것은 1988년, 이리호와 휴런호를 연결하는 세인트 클레어호의 북아메리카의 수계에서 발견되었다. 얼룩말홍합은 사람들이 실수로 유럽에서 온 배에서 이들의 유충 또는 홍합이 담긴 밸러스트수를 배출하는 과정에서 이곳 대륙까지 오게 된 것이다.

이들이 발견된 지 2년이 안되서, 얼룩말홍합은 증식해서 다섯 곳의 모든 그레이트호에 퍼져나갔다. 다음 해, 이 침입자들은 동쪽으로는 뉴욕의 허드슨강에, 서쪽으로는 시카고의 일리노이스강에까지 퍼져갔다. 일리노이스강과 그 운하를 타고, 이들은 곧 미시시피강에 도착했는데, 이는 이들에게 미국의 40%를 차지하는 광대한 수역을 내준 꼴이 되었다. 이후 3년 동안, 19개의 미국의 주와 캐나다의 두 지방으로 퍼져나갔다. 2010년, 얼룩말홍합은 미국의 30개 주를 점령하였다.

어떻게 홍합이 이처럼 신속히 퍼져나갔는가? 얼룩말홍합의 유충기는 장거리의 이동에 잘 적응되어 있다. 이 작은 유충들은 몇 주간 자유롭게 유영하면서 조류에 휩쓸릴 때까지 이동해나간다. 보트와 배에 부착된 성충들은 장소를 옮겨다니며, 주요 강들과 분리된 호수와 연못에까지 이동해 갔다. 더구나, 북미에서 이 홍합들은 오랜 세월 진화를 통해 개체수를 제한해왔던 특별한 천적이나 경쟁자, 기생생물들이 전무하였다.

이 모든 소동은 대체 무엇인가? 얼룩말홍합은 공장과 발전소, 도시의 정수장 및 하수처리장에서 유입수관을 막고 있다(**그림 4.1**). 미시간의 한 발전소에서, 인부들은 1평방미터의 관로표면에 70만 마리의 홍합이 붙어 있는 것을 발견했다. 이들의 대단한 밀도는 보트의 엔진을 손상시키고, 부두를 파손하며, 낚시기어를 못쓰게 하고, 항해에 필요한 부표를 가라앉게 한다. 이러한 손해를 통해서, 얼룩말홍합은 그레이트레이크의 경제에 침입 첫 10년 동안 약 50억 달러의 손실을 입혔으며, 매년 수백만 달러의 손실을 부과하고 있다.

얼룩말홍합은 또한 생태계에 심각한 영향을 초래하고 있다. 이들은 1차적으로 식물플랑크톤인 광합성 미세조류와 원생동물, 해양에 떠다니는 남조류 등을 섭취한다. 각 홍합은 하루에 1리터 이상의 물을 여과시키기에, 얼룩말홍합은 많은 수의 식물플랑크톤을 섭취하여 이들을 고갈시킬 수 있다. 식물플랑크톤은 그레이트레이크의 먹이그물의 기초이며, 따

▲ **그림 4.1** 얼룩말홍합은 이들의 여러 생태학적 영향 이외에도, 발전소 및 산업시설들의 유입수관을 막을 수 있다

라서 이들의 고갈은 이들을 먹고 사는 작은 수생동물인 동물플랑크톤과 어류에게 나쁜 소식이 아닐 수 없다. 연구자들은 얼룩말홍합이 서식하는 수중에서 그렇지 않은 수중보다 매우 적은 동물플랑크톤과 어류들이 있다는 것을 알게 되었다. 얼룩말홍합은 또한 토착연체류의 껍데기에 달라붙어 이들을 질식시키기도 한다.

그러나 얼룩말홍합은 바닥에서 살아가는 무척추동물과 어류들에게, 비록 단기적이지만, 도움을 주고 있다. 유입수로부터 유기물과 조류를 여과하여, 그 배설물이 가라앉음으로써, 바닥의 영양적 균형이 맞춰지고, 이들을 먹이로 살아가는 종들을 유익하게 한다. 이들이 물을 정화하면, 햇빛의 통과능력은 더 뛰어나게 되고, 큰 잎의 수중식물과 조류들의 성장을 촉진하게 된다. 그러나 장기적으로는 부영양화가 발생하여 수중생태계에 악영향을 가져다준다.

과거 수년간, 과학자들은 놀라운 새로운 변화를 인식했다. 한 침입자가 다른 것에 의해 교체되기 시작한 것이다. 얼룩말홍합과 유사종인 우크라이나에서 건너온 콰가홍합(*Dreissena bugensis*)이 그레이트호에 퍼지기 시작하였다. 이 종은, 멸종된 얼룩말과 유사한 동물의 이름으로 콰가라고 명명하였는데, 여러 지역에서 얼룩말홍합을 대체하는 것으로 나타났다. 과학자들은 이러한 변화의 결과가 생태군집에 어떠한 영향을 미칠 것인지에 대해서 겨우 알아가기 시작하였다. ■

종 상호작용

다양한 방법으로 많은 종들과 상호작용하면서, 얼룩말홍합과 콰가홍합은 그들이 침입하는 생태군집에 일련의 변화를 추구해오고 있다. 종간의 상호작용은 군집조직의 줄기이다. 생태학자들은 생물간의 상호작용을 몇 가지 기본적인 범주로 분류한다.

경쟁은 자원이 부족할 때 발생한다

여러 생물들이 제한적인 동일한 자원을 찾게 될 때, 이들의 관계를 **경쟁(competition)**이라 한다. 경쟁하는 생물들은 대개는 직접적이고 물리적인 충돌을 하지 않는다. 경쟁은 일반적으로 생물들이 다른 생물과 자원을 획득하기 위한 경쟁을 하면서 장소를 차지하는데 더 섬세하고 간접적으로 이루어진다. 이러한 자원은 먹이, 물, 공간, 서식처, 짝, 빛 등의 여러 가지가 있다. 경쟁관계는 같은 종간(동종경쟁)이나 또는 다른 종들(이종경쟁) 사이에서 발생한다.

한 종이 매우 뛰어난 경쟁자라면, 이것은 다른 종이 자원을 사용하는 것을 전적으로 배제한다. 이는 얼룩말홍합이 토착종을 밀어낸 그레이트호의 한 부분에서 발생하였으며, 현재 콰가홍합이 얼룩말홍합을 밀쳐내면서 발생하고 있다. 다른 대안으로, 경쟁생물들은 동시에 존재할 수도 있는데, 이는 진화의 과정 속에서 자연선택에 의해 약간 다른 자원을 이용하는 개체를 선호하거나, 다른 방법으로 자원을 공유하게끔 적응되어 왔다(**그림 4.2**).

경쟁관계에서, 각 참여자는 다른 참여자에게 동일한 자원을 차지함으로써 부정적인 영향을 주게 된다. 이는 표 4.1의 경쟁에서 보여주는 두 개의 마이너스 표시에 반영되어 있다. 다른 상호작용으로, 한 쪽이 이익을 얻는 반면, 다른 쪽은 해를 입게 된다. 말하자면, 한 종이 다른 종을 이용하는 것이다(표 4.1 상호작용의 +/− 참조). 이러한 착취적인 상호작용은 포식, 기생, 초식 등이 있다(**그림 4.3**).

포식자는 먹이를 사냥하고 섭취한다

모든 생명체는 먹이를 구해야 하며, 동물에게는 다른 생명체를 섭식하는 것을 의미한다. **포식(predation)**이란 포식자라 하는 한 생물개체가 피식자라 하는 다른 생물을 사냥이나 포획 또는 죽이거나 소비하는 과정이다(그림 4.3a 참조). 포식자와 피식자 사이의 상호작용은 앞으로 간략히 조사할 먹이그물의 구조를 형성하고, 이들은 포식자와 피식자의 숫자에 영향을 줌으로써 군집의 조성에 기여한다.

얼룩말홍합은 작은 동물플랑크톤을 섭취하고, 이러한 포식행위는 허드슨강과 이리 호수의 동물플랑크톤을 70% 가까이 감소시키는 원인이 되었다(이러한 감소에는 얼룩말홍합이 식물플랑크톤을 섭취함으로써 동물플랑크톤과 먹이경쟁을 통해 기여한 사실

표 4.1 참여종들 간 상호작용의 영향

상호작용의 유형	종1의 영향	종2의 영향
경쟁	−	−
포식, 기생, 초식성	+	−
상리공생	+	+

"+" 긍정적 효과; "−" 부정적 효과

▲ **그림 4.2** 딱따구리, 동고비를 포함한 여러 종의 새들은 하나의 나무로부터 곤충을 섭식한다. 그러나 그들은 나무의 부위별로 다른 곳으로부터 곤충을 섭식하거나 서로 다른 방법으로 다른 종류의 곤충을 섭식한다.

도 포함된다). 대부분의 포식자는 또한 피식자이기도 하다. 그러나 얼룩말홍합은 다양한 북미어류와 오리, 사향쥐와 가재등에게 먹이가 된다.

포식은 종종 개체군의 변화를 유도한다. 피식자 개체군의 증가는 포식자에게 먹이를 더 제공함으로써 더욱 효과적으로 생존과 생식을 유도한다. 포식자 개체군이 증가하면서 더욱 강화된 포식행위는 피식자의 개체수를 줄어들게 한다. 피식자의 감소는 이번에는 포식자들을 굶게 함으로써 그 숫자를 감소시킨다. 이것은 피식자의 개체군을 다시 증가시키는 계기가 되어 새로운 사이클이 시작된다(**그림 4.4**).

포식은 또한 진화의 산물이다. 먹이를 사냥하는데 더 뛰어난 포식자는 건강하고 오래 살게 되며 더 많은 자손을 갖기 쉽다. 자연선택(3장 참조)은 그럼으로써 포식자가 더욱 유능한 사냥꾼이 되도록 진화를 이끈다. 피식자는 더욱 강한 선택압력—절박한 죽음의 위협에 처하게 된다. 결과적으로 포식압력은 잡히는 것에 대하여 더욱 정교한 방어기술을 진화시키도록 유도한다(**그림 4.5**).

기생충은 살아 있는 숙주를 이용한다

생물들은 다른 생물을 죽이지 않고 이들을 이용할 수 있다. **기생(parasitism)**이란 기생생물인 한 생물이 숙주인 다른 생물에 의존해서, 양분이나 다른 이익을 얻으며 동시에 숙주에게는 해를 입히는 관계이다(그림 4.3b 참조). 포식과 달리 기생은 생물의 즉사로 이어지지 않는다.

어떤 종류의 기생생물들은 자유생활을 하며 숙주와는 이따금 접촉한다. 예를 들면, 유라시아의 뻐꾸기와 아메리카의 찌르레기는 다른 새의 둥지에 알을 낳고 숙주인 다른 새가 이들의 새끼들을 키우도록 한다. 다른 많은 기생생물들은 숙주 안에서 생활한다. 이들은 말라리아나 이질을 일으키는 병원성 원생생물과 숙주의 장 내에 서식하는 촌충과 같은 동물들이 있다. 다른 기생생물들은 숙주의 외부에서 생활한다. 예를 들어, 바다칠성장어는 튜브형태의 척추동물로 흡착주둥이와 까칠한 혀로 어류의 몸체에 부착하여 수일 또는 수주일 동안 피를 빨아먹으며 살아간다(그림 4.3b 참조). 바다칠성장어는 대서양에서 그레이트호에 배가 드나들 수있도록 운하를 파는 과정에서 침입해왔으며, 이들은 곧 경제적으로 중요한 어류인 잉어와 호수청어, 화이트피시, 송어 등을 파괴시켰다.

많은 곤충들은 다른 곤충에 기생하며 종종 이 과정에서 이들

▼ **그림 4.3** 포식(a), 뱀이 개구리를 개걸스럽게 먹는 것처럼 섭식자는 먹잇감을 사냥해서 먹는다. 바다칠성장어는 그레이트 호수의 어류로부터 피를 흡입하여 영양분을 얻듯이 기생(b), 숙주는 해롭게 해서 이득을 취한다. 초식성(c), 입을 갉아먹는 나방의 유생처럼 동물이 식물을 섭식한다.

(a) 포식

(b) 기생

(c) 초식행위

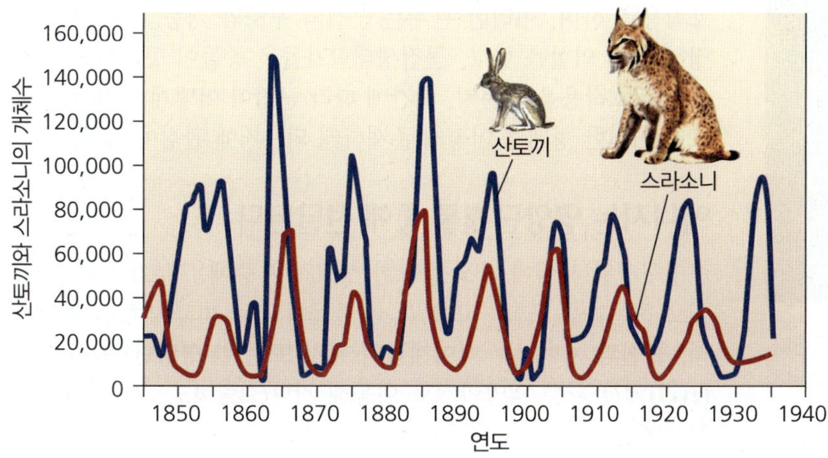

◀ **그림 4.4** 포식자와 피식자 관계는 한종의 개체군 크기의 증감을 유도하는 사이클 현상을 보인다. 캐나다의 스라소니와 산토끼와의 포식자와 피식자의 관계는 전통적인 사례이다. 이 그림의 자료는 포획된 개체수와 허드슨베이사의 모피교역의 기록으로부터 자료를 제공받았다. Data from MacLulich, D.A., 1937. Fluctuation in the numbers of varying hare (Lepus americanus). *Univ. Toronto Stud. Biol. Ser.* 43, Toronto: University of Toronto Press.

을 죽이는데 이를 **포식기생자**(parasitoids)라 한다. 포식기생자인 여러 말벌은 애벌레에 알을 낳는다. 알이 부화하면, 말벌의 유충은 애벌레의 조직으로 파고들어가 서서히 먹어치운다. 말벌의 유충은 이후 성충으로 탈바꿈하고 죽어가는 애벌레의 몸 밖으로 날아간다.

포식자와 피식자가 서로에 대한 대응으로 진화해 온 것처럼, 기생자와 숙주도 공진화라는 과정을 통해 진화한다. 숙주와 기생자는 진화적 무기경쟁으로 알려진 적응력 강화를 위한 결투에 얽매이게 된다. 군사기술에서 우위를 점하려는 경쟁국가처럼, 숙주와 기생자는 어느 한쪽의 발달에 대하여 새로운 대응책을 반복적으로 진화시킬 수 있다. 장기적으로, 숙주에게 해를 끼치는 것이 기생자에게 최선의 관심사가 아닐 수 있다. 숙주를 오래 살게 한다면, 기생자는 다음 세대에 더 많은 자손을 갖게 되며, 이는 자연선택에 유리해질 것이다.

초식동물은 식물을 섭취한다

가장 일반적인 섭식행동 중 하나는 동물들이 식물의 조직을 섭취하는 **초식행위(herbivory)**이다(그림 4.3c 참조). 식물을 섭취하는 곤충들이 가장 보편적인 초식동물이며, 지구의 거의 모든 식물들이 곤충들에게 공격당하고 있다. 대부분의 경우, 초식은 즉시 식물을 고사시키지 않지만 생장과 생식에 영향을 미친다.

동물피식자처럼, 식물도 이들을 섭취하는 동물에 대항해서 인상적인 방어기작을 진화시켜왔다. 많은 식물들은 초식동물에게 독성이 있거나 섭취를 꺼리게 하는 화학물질을 생산한다. 다른 것들은 스스로 가시나 따가운 털 등으로 무장하고 있다. 이에 대응해서, 초식자들은 이를 극복할 수단들을 진화해 오기도 하며, 따라서 식물과 동물들은 진화적 무기경쟁에 뛰어들게 된다.

(a) 보호색

(b) 경계색

(c) 의태

▲ **그림 4.5** 포식을 피하기 위한 자연선택은 훌륭한 적응의 결과이다. 일부 피식자들은 나무껍질 위의 게코(**a**)처럼 위장, 은폐에 의해서 포식자로부터 숨는다. 어떤 피식자들은 말벌(**b**)처럼 독을 지니거나 맛이 없어 섭식을 꺼리게 하여 포식자가 경계하도록 밝은색으로 위장을 한다. 일부는 의태를 이용하여 포식자를 속인다. 애벌레(**c**)의 경우, 위험에 처했을 때 꼬리를 구부리고 부풀리며, 가짜 안점을 만들어서 마치 뱀의 머리처럼 보이도록 한다.

▲ **그림 4.6** 상리공생. 서로 다른 종의 생물들은 상호이익을 제공한다. 벌새는 꿀을 얻기 위해 꽃을 찾아오고, 이때 꽃들 사이에 꽃가루를 전달하는 과정에서 식물의 수정을 돕는다.

상리공생자들은 서로에게 이익을 준다

서로를 공격하는 상호작용과 달리, 상리공생은 둘 또는 그 이상의 생물종들이 다른 것과 상호작용하면서 이익을 취하는 관계이다. 일반적으로 각 파트너는 상대방이 필요로 하는 자원이나 서비스를 제공한다. 많은 상리공생적 관계는 여러 기생관계에서처럼, 물리적으로 근접하여 살아가는 생물들 사이에서 발생한다. 상호작용하는 생물들이 물리적으로 밀접하게 맺고 있는 관계를(상리공생이든 기생관계이든) **공생(symbiosis)**이라 한다.

상당수의 육상식물들은 균류와 상리공생에 의존하고 있다: 식물의 뿌리와 균류는 근균이라 하는 공생관계를 형성하고 있다. 이 관계에서, 식물은 균류에게 에너지 및 보호작용을 제공하고, 균류는 식물이 토양으로부터 양분을 흡수하는 것에 도움을 준다. 해양에서는, 산호초를 생성하는 작은 동물인 산호폴립(12장 참조)이 조산텔라로 알려진 조류와 상호유익한 관계를 맺고 있다. 산호는 조류에게 서식처와 영양분을 제공하고 조류는 산호에게 광합성을 통해 생성한 먹이를 꾸준히 공급해 준다. 인간 또한 공생적 관계의 한 예이다(2장 참조). 우리의 소화기관은 음식물의 소화를 돕는 여러 미생물로 가득 차 있고, 우리는 이들에게 살 곳을 제공하고 있다. 이러한 상리공생적 미생물의 도움없이는 누구도 오랫동안 살아갈 수 없을 것이다.

모든 상리공생이 근접해서 살고 있는 것은 아니다. 농업과 식량공급(7장 참조)에 중요한 상호작용인 수분행위(**그림 4.6**)는 서로가 오직 한번만을 접촉할 수도 있는 자유로이 살아가는 생물들이 포함되어 있다. 곤충, 새, 박쥐 등의 생물들은 화분을 이꽃 저꽃으로 옮기며 식물의 난자를 수정시켜 씨앗으로 과일을 맺게 한다. 대부분의 수분을 하는 생물들은 식물이 이들을 끌어들이기 위해 만든 과즙을 얻으려 꽃을 찾아 든다. 수분자는 먹이를 제공받고, 식물은 수정되어 생식을 한다. 여러 형태의 벌들은 곡식의 73%를 수분하고 있다고 전문가는 평가하고 있으며, 이는 콩에서 감자, 토마토, 양배추, 오렌지에 이르기까지 다양하다.

생태군집

군집(community)이란 동일한 시대에 동일한 장소에서 함께 살아가는 생물들의 집단을 말한다. 군집 내의 구성원들은 서로가 상호작용을 하며, 이러한 관계는 군집의 구조와 기능, 종구성을 결정하는 데 역할을 한다. 군집생태학자들은 종들이 공존하면서 어떠한 상호작용을 하는지, 시간에 따라 군집이 어떻게 변화하는지, 또한 이러한 형태가 어떻게 존재하게 되는지에 관심이 있다.

에너지는 영양단계를 통해 전달된다

군집구성원 사이에 가장 중요한 상호작용 중에는 누가 누구를 먹이로 하는가를 포함하고 있다. 생물들이 서로 먹고 먹히는 과정에서, 물질과 에너지는 먹이계급의 위치 또는 한 **영양단계(torphic level)**에서 다른 영양단계로 이동해 간다(**그림 4.7**, 그림 2.14, 2장 참조).

생산자 생산자 또는 독립영양생물(self-feeders, 2장 참조)은 최초의 영양단계를 구성한다. 육상녹색식물, 남세균 및 조류는 태양에너지를 끌여들여 당을 생산하는 광합성을 수행한다(2장 참조).

소비자 생산자를 소비하는 생물들은 1차소비자로 알려져 있으며 두 번째 영양단계를 구성한다. 초식동물인 사슴과 메뚜기 등은 1차소비자이다. 세 번째 영양단계는 1차소비자를 먹이로 하는 2차소비자로 구성되어 있다. 사슴을 사냥하는 늑대는 메뚜기를 먹고 사는 새들과 함께 2차소비자로 간주된다. 높은 영양단계에서 먹이를 구하는 포식자는 3차소비자로 알려져 있다. 3차소비자의 예로는 매와 올빼미가 있으며, 이들은 메뚜기를 잡아먹는 설치류를 먹이로 삼고 있다.

퇴적물섭식자와 분해자 퇴적물섭식자와 분해자는 무생물 유기물질을 소비한다. 퇴적물섭식자인 지네와 토양곤충들은 다른 군집구성원의 사체나 버려진 물질을 먹고 산다. 분해자인 곰팡이와 세균은 나뭇잎이나 다른 무생물들을 작은 물질로 분해하여 식물들이 이용하게 한다. 이러한 생물들은 토양의 상층을 높이고(7장 참조) 유기물로부터 유용영양분을 군집 내의 다른 생물들이 이용할 수 있도록 만들며, 군집의 재순환자로서의 역할을 수행한다.

그레이트호 군집에서 식물플랑크톤은 주요 생산자로서, 자유유영을 하며 물의 상층부를 뚫고 들어온 햇빛으로 광합성을 한다. 동물플랑크톤은 1차소비자로서, 식물플랑크톤을 먹고 산다. 식물플랑크톤을 잡아먹는 어류는 1차소비자이며, 동물플랑크톤을 먹고 사는 어류는 2차소비자이다. 상층의 영양단계에서, 보다 큰 어류와 새들은 플랑크톤을 먹고 사는 어류를 섭식하며 3차소비자를 이루고 있다(그림 4.7의 왼쪽은 이 관계를 보다 일반화된 형태로 보여주고 있다). 얼룩말홍합과 콰가홍합은 식물플랑크톤 및 동물플랑크톤을 섭취함으로써, 복합영양단계를 구성하게 된다. 생물들이 죽어서 바닥으로 가라앉으면, 퇴적물섭식자는 이들의 조직을 먹고, 분해자는 그 영양분들을 순환시킨다.

에너지, 개체수, 생체량은 높은 영양단계에서 감소한다

각 영양단계에서, 생물들은 세포호흡을 위해 에너지를 사용하며(2장 참조), 대부분의 에너지는 열로 방출된다. 오직 적은 비율의 에너지만이 다음 영양단계에 초식, 포식 또는 기생등을 통하여 전달

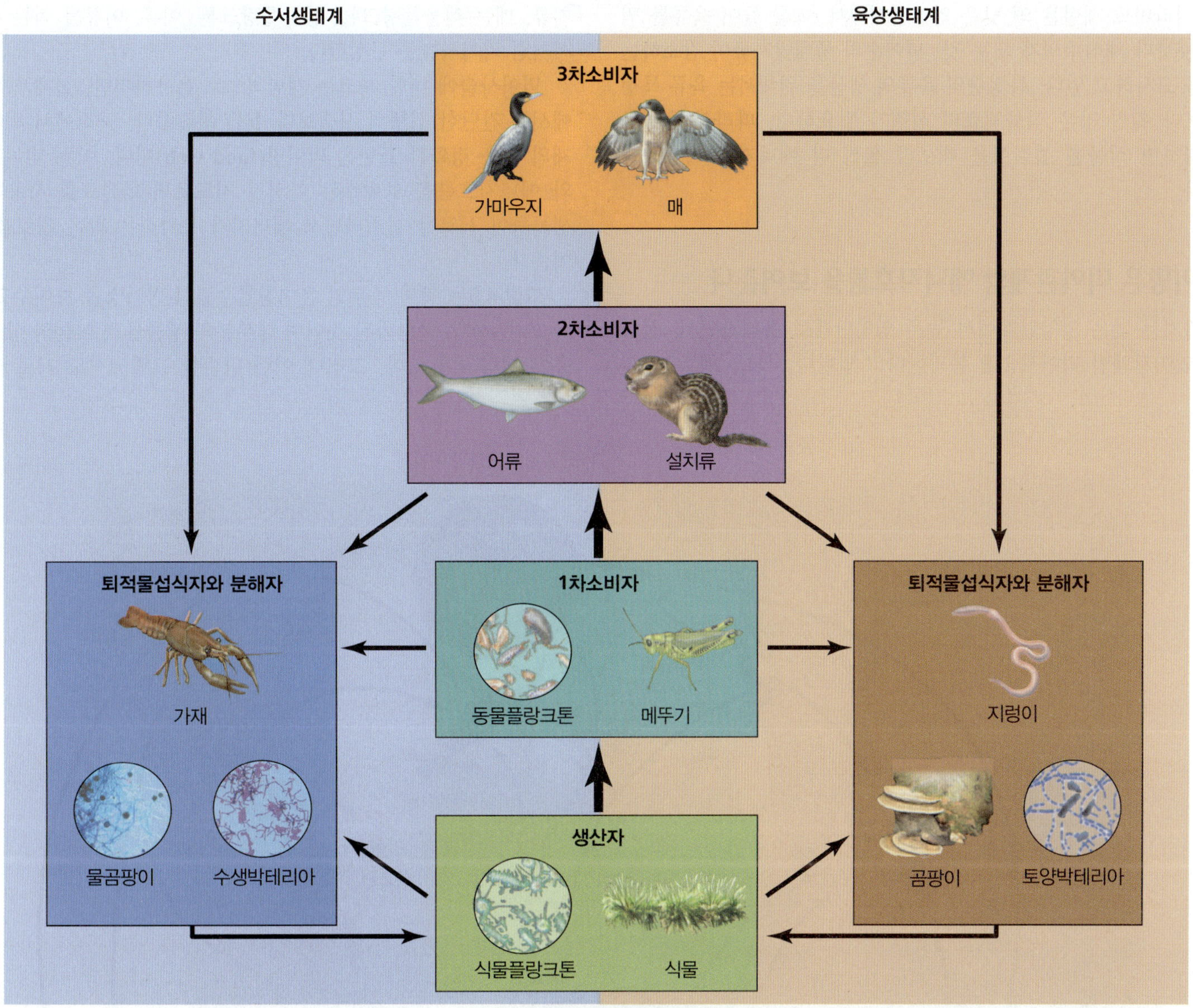

수서생태계

육상생태계

3차소비자

가마우지

매

2차소비자

어류

설치류

퇴적물섭식자와 분해자

가재

물곰팡이

수생박테리아

1차소비자

동물플랑크톤

메뚜기

퇴적물섭식자와 분해자

지렁이

곰팡이

토양박테리아

생산자

식물플랑크톤

식물

▲ **그림 4.7** 생태학자들은 영양단계와 먹이지위에 따라 종을 계층적 구조로 도식화한다. 그림은 수서생태계(왼쪽)와 육상에서 각각의 영양단계 구조를 보여준다. 생산자는 광합성에 의해 유기물을 생산하고, 1차소비자(초식동물)는 생산자를, 2차소비자는 1차소비자를 섭식한다. 군집들은 예에서 보여준 것보다 더 많거나 적은 영양단계를 가질 수 있다. 퇴적물섭식자와 분해자는 생물의 사체 혹은 미생물유기물을 섭식한다. 그리고 그들을 기초생산자들이 사용할 수 있는 무기영양염을 토양과 수중으로 돌려보낸다.

된다. 대략적으로 각 영양단계는 이전의 영양단계가 지닌 에너지의 10%만을 전달한다(실제 비율은 큰 차이를 보이고 있지만).

이러한 형태는 피라미드로써 묘사될 수 있다(**그림 4.8**). 그 형태는 각 영양단계에서 생물개체수를 반영하는 경향이 있다. 일반적으로, 높은 영양단계일수록 낮은 단계보다 적은 숫자의 생물들이 존재한다. 메뚜기는 전 생애 동안 많은 식물들을 먹고, 설치류도 많은 메뚜기를 섭취하며, 매는 많은 설치류를 잡아먹는다. 따라서 군집내 모든 매를 위해 많은 설치류가 필요하고, 더 많은 메뚜기와 상당한 양의 식물들이 필요하다. 또한 영양단계 사이에 개체수의 차이는 커지는 경향이 있기에, 종종 동일한 피라미드 형태의 관계가, 일정한 장소와 시간에 생존하는 모든 생명체들의 총 무게인 **생체량(biomass)**을 반영하고 있다.

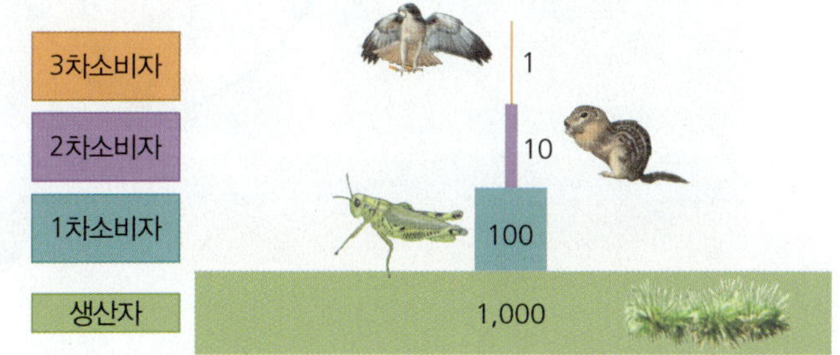

▲ **그림 4.8** 저차영양단계의 생물들은 고차영양단계의 생물들보다 개체수, 에너지, 생물량이 훨씬 풍부하다. 이유는 한 생물이 다른 생물들 섭식할 때 대부분의 에너지는 새로운 조직을 만드는 데 사용하는 것보다 호흡에 더 많이 사용하기 때문이다. 그림은 일반적인 사례를 보여주고 있다. 어떤 피라미드의 실제 형태는 크게 변할 수도 있다.

피라미드 패턴은 왜 낮은 영양단계에서 (예를 들어 육류를 먹는 것보다 채식주의가 되는 것) 피어슨의 생태발자국이 감소하는가를 묘사하고 있다. 특정량의 육류의 생산을 위해서는 육류 특정량보다 훨씬 많은 식물재료의 섭취가 필요하다. 따라서 육류를 섭취하면 식물을 섭취했을 때보다 훨씬 더 에너지를 사용하게 된다.

먹이망은 먹이관계와 에너지흐름을 보여준다

에너지는 낮은 영양단계에서 높은 영양단계로 흘러가면서, 선형의 먹이관계인 먹이사슬을 통과한다고 말한다. 식물, 메뚜기, 설치류, 매는 식물플랑크톤, 동물플랑크톤, 어류, 어류를 먹는 새에서처럼 먹이사슬을 구성한다.

먹이사슬에 대한 사고는 개념적으로 유용하지만, 실제 생태계에서는 간단한 선형의 사슬보다 훨씬 복잡하다. 군집에서 먹이관계의 더욱 정확한 표현은 **먹이망(food web)**이며, 이는 먹이관계와 에너지흐름을 보여주는 가시적 지도로써 화살표를 사용하여 생물들이 서로를 섭취하면서 에너지가 통과하는 많은 경로를 보여준다.

그림 4.9는 북미 동부의 온대침엽수림의 먹이망을 보여주고 있다. 이는 매우 단순화된 것이며 대부분의 생물들과 이들의 상호작용이 생략되어 있다. 그러나 이런 단순한 그림에서도 서로 다른

▲ 그림 4.9 먹이망은 군집 내에서 먹이의 관계를 나타낸다. 이 먹이망은 동부 북아메리카의 온대성 침엽수림에 속해 있으며 두세 개의 영양단계내 생물들이 포함되어 있다. 먹이망의 그림에서, 화살표는 한 생물에서 다른 생물로 연결되며, 포식, 기생 또는 초식의 결과로 에너지가 흐르는 방향을 가리킨다. 예컨대, 잔디에서 솜꼬리토기로 화살표가 이어지며 이는 솜꼬리토끼가 잔디를 초식하는 것을 가리킨다. 솜꼬리토끼에서 진드기로의 화살표는 기생진드기가 토끼로부터 영양분을 섭취함을 나타낸다. 대부분의 먹이망 그림에서처럼, 이 경우도 간소화시킨 것인데, 이는 실제 군집에서는 보여주는 것보다 더 많은 생물종들과 상호관계들이 있기 때문이다.

생물들이 관여되어 있는 다양한 먹이사슬을 지적할 수 있다는 것에 주목하자.

그레이트호의 먹이망구조는 수표면 근처에서 광합성을 하는 식물플랑크톤과 이들을 먹고사는 동물플랑크톤, 식물 및 동물플랑크톤을 섭취하는 어류, 작은 어류를 잡아먹는 큰 어류, 어류에 기생하는 칠성장어류 등을 포함한다. 또한 많은 양의 토착홍합과 조개류, 1988년 이후에는 얼룩말홍합과 콰가홍합류를 포함하고 있다. 이 먹이그물에는 토착조개류를 섭취했으나, 지금은 홍합으로 대체한 바다오리도 포함하고 있다. 가재와 바닥에서 살아가는 무척추동물 또한 홍합의 배설물을 먹고 살아간다. 마지막으로, 먹이그물에는 수생식물과 거대조류도 있으며, 이들은 비토착성 홍합류들이 식물플랑크톤을 여과하면서 더 많은 햇빛이 투과됨에 따라 성장이 촉진되기도 한다(그림 4.13a 참조).

결국, 얼룩말와 콰가홍합은 외해양에서부터 연안 및 저서지역에 이르기까지 생산성을 변화시키며 그레이트호의 먹이그물구조를 바꿔놓는다. 그렇게 함으로써, 홍합은 저서 및 연안지대어류들을 유익하게 하고 외해양의 어류들에게는 힘겨운 생활을 하도록 만든다(**과학 비하인드 스토리** 참조).

어떤 생물들은 상대적으로 군집 내에서 큰 역할을 수행한다

조지오웰은 그의 소설 동물농장에서 "어떤 동물들은 다른 동물보다 더 평등하다"라고 하였다. 오웰의 표현은 사회정치적으로 비꼬는 말이었지만, 생태학에서 그의 말은 진실을 말해주고 있다. 생태학자들은 군집 내에서 어떤 종들이 다른 종들보다 더 큰 영향을 미치고 있다는 것을 알게 되었다. 숫자에 비해서 과도하게 영향을 미치는 생물종을 **핵심종(keystone species)**이라 한다. 쐐기돌이라 함은 아치건물의 꼭대기에서 구조를 지탱해주는 쐐기모양의 돌을 말한다. 쐐기돌을 제거하면 아치는 붕괴된다(**그림 4.10A**). 생태군집에서 핵심종의 제거는 먹이그물 구조를 크게 뒤흔드는 파급효과를 가져올 것이다.

종종, 먹이사슬의 상층부에 위치하고 있는 몸집 큰 2차 또는 3차소비자들이 핵심종이 되기도 한다. 상층의 포식자는 초식동물의 개체군을 통제함으로써, 식물군집의 커다란 변화를 방지한다(**그림 4.10B**). 따라서 영양단계 상층부의 포식자는 중간단계의 영양단계를 제어함으로써 하층 영양단계에 있는 생물들의 개체군을 간접적으로 증진시키는데, 생태학자들은 이러한 현상을 **"영양종속**

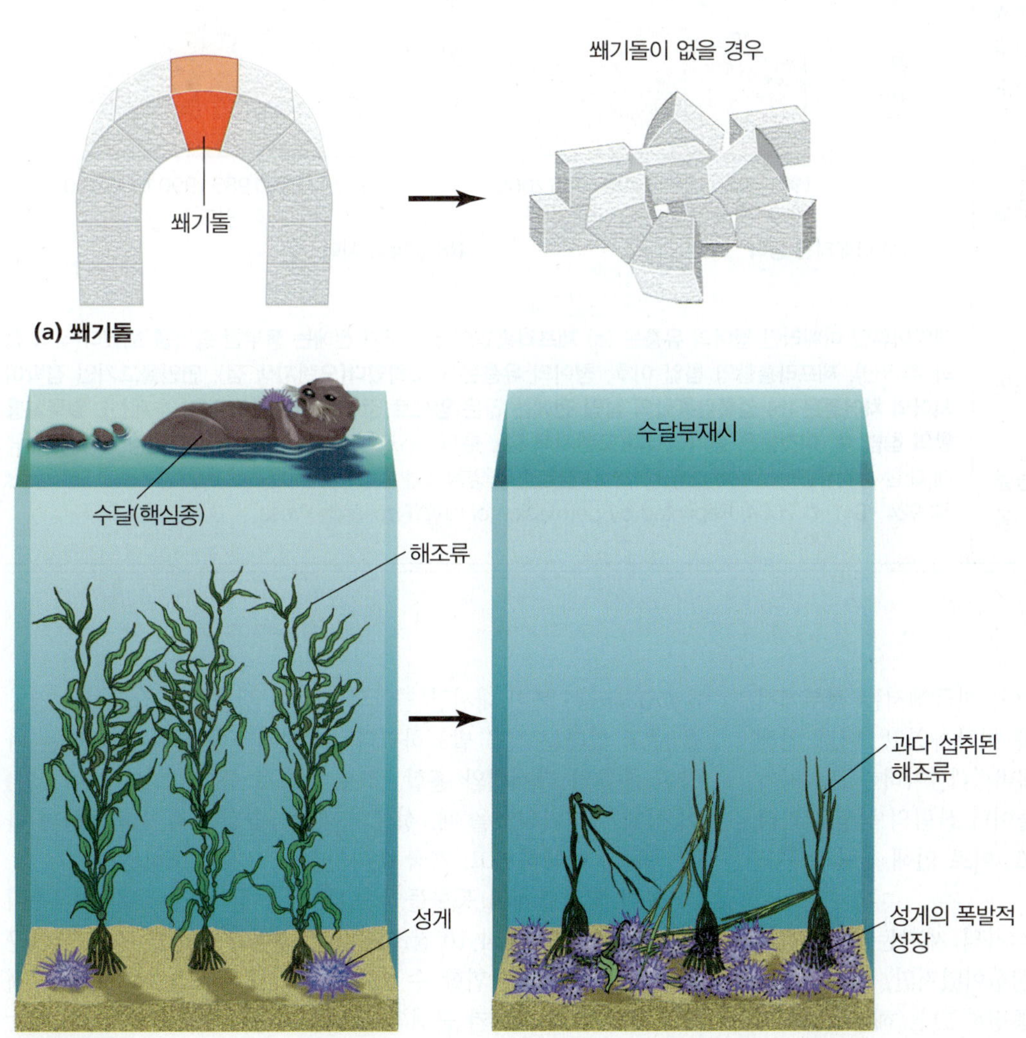

◀ **그림 4.10** 쐐기돌은 아치의 상단에서 전체구조를 유지하고 있는 쐐기형 돌이다 **(a)**. 바다수달과 같은 핵심종(keystone species)은 군집의 조성 및 구조에 지대한 영향을 미치고 있는 종이다 **(b)**. 바다수달은 태평양 연안환경에서 갈조류를 갉아먹는 성게를 잡아먹는다. 수달이 있을 때, 성게의 숫자는 감소하며, 바다밑은 갈조류의 무성한 숲이 조성되며 많은 생물종들의 서식처가 된다. 수달이 없으면, 성게의 개체수는 증가하고 갈조류를 포식하여, 서식처가 사라지고 종 다양성이 파괴된다.

데이비드 스트레이어 박사가 수생 무척추동물을 채집하고 있다.

과학 비하인드 스토리

어류군집에 대한 얼룩말홍합의 영향조사

얼룩말홍합이 그레이트호에 나타났을 때, 사람들은 낚시에 대한 두려움을 가졌고 어류의 감소로 수십억 달러의 손실을 입을 것이라 예상했다. 사람들은 홍합들이 어류의 먹이인 식물플랑크톤과 동물플랑크톤을 고갈시킬 것이라 여겼다.

그러나 먹이그물은 복잡한 시스템이며, 한 생물종의 영향으로 이 사슬들을 끊어낸다는 것은 어렵기 그지없는 일이다. 따라서 15년이 지난 후에도, 어류의 개체군에 광범위한 해가 있다는 확실한 증거는 없었다.

이에 뉴욕 밀부룩에 있는 생태연구소의 수생생물학자인 데이비드 스트레이어(David Strayer)는 뉴욕주 환경보호과의 캐스린 하탈라(Kathryn Hattala)와 앤드루 카넬(Andrew Kahnle)과 합류하였다. 이들은 1991년도 얼룩말홍합이 침입한 허드슨강에서 어류의 개체군에 대한 자료들을 파헤치기 시작했다.

스트레이어와 다른 연구자들은 몇 년 동안 군집에 대한 연구를 수행했다. 이들의 연구결과는 얼룩말홍합이 허드슨강을 침입한 이후:

- 식물플랑크톤의 생체량은 80% 감소
- 작은 동물플랑크톤의 생체량은 76%
- 큰 동물플랑크톤의 생체량은 52% 감소한 것을 보여주었다.

얼룩말홍합은 군집 내에서 여과섭식능을 30배로 증가시키며, 식물플랑크톤과 작은 동물플랑크톤을 고갈시키면서, 보다 큰 동물플랑크톤에게 적은 수의 식물플랑크톤만을 남겨놓았다. 결국, 동물플랑크톤과 연안에서 멀리 떨어진 외해역의 무척추동물(외해역의 어류에게 잡아먹히는)의 수는 70% 감소하였다.

그러나 스트레이어는 얕은 물의 (특히 해안 가까운 또는 연안지대) 강바닥에 사는 저서무척추동물의 경우 확연히 증가한 것을 발견하였는데, 이는 홍합껍질들이 서식처를 제공하고 홍합의 배설물이 영양분을 제공하였기 때문이다.

얕은 바닥층과 외해역에서의 이러한 대조적인 경향은 스트레이어 팀으로 하여금 얼룩말홍합은 플랑크톤을 먹고 사는 외해역의 어류에게는 유해한 한편, 연안지역의 어류에게는

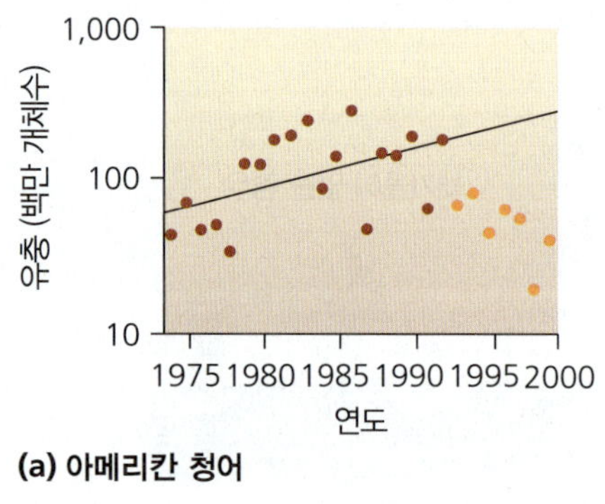

(a) 아메리칸 청어

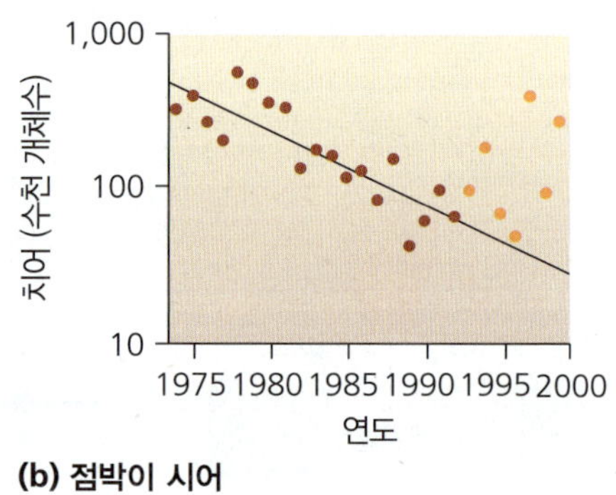

(b) 점박이 시어

해양어류인 아메리칸 청어의 유충은 (a) 제프라홍합이 침입하기 전에는 풍부한 증가를 보였다(적색 점과 추세선). 제프라홍합의 침입 이후, 청어의 유충은 감소하였다(오렌지색 점). 연안물고기인 점박이 시어의 치어들은 (b) 얼룩말홍합의 침입 전에는 많은 양으로 감소하였다(적색 점과 추세선). 얼룩말홍합의 침범 후, 이것들은 증가하였다(오렌지색 점). 출처 : 스트레이어 외. 2004. 허드슨강 유역내 어류에 대한 쌍각류(*Dreissena polymorpha*) 침입종의 영향. *Canadian J. Fisheries and Aquatic Sciences* 61: 924–941. © 2004. Reprinted by permission of NRC Research Press.

(trophic cascade)"이라 한다. 예를 들어, 미국에서는 정부에서 산 사자와 늑대를 오랫동안 사냥하도록 허락하였고, 이로 인해 20세기 중반에 이들은 거의 자취를 감춰버렸다. 이러한 포식자가 없는 상태에서, 사슴의 숫자는 급격히 늘어나 산림의 식생을 과다 섭취함에 따라 나무묘목들을 제거하였고, 이로 인해 산림의 구조에 큰 변화를 초래하였다.

미 전역에 걸쳐 발생한 최상의 포식자의 제거는 뜻하지 않은 결과를 가져온 통제하지 못한 대형실험이었지만, 생태학자들은 통제된 실험에서 핵심종의 개념을 증명하였다. 해양생물학자인 로버트 패인에 의한 고전적 연구에서 포식성 성게인 *Pisaster ochraceus*는 북미 대서양 연안의 조간대 생물의 군집구성에 영향을 주고 있다는 것을 발표하였다. 이 성게가 군집에 있을 때는 다양한 종류의 따개비와 홍합, 조류 등으로 종다양성이 높아졌다. 이 성게가 제거되었을 때, 성게의 피식자였던 홍합이 번성하며 다른 종들을 대체하였고, 결국 종다양성이 크게 감소하였다.

상위 영양단계의 동물들인 늑대나 성게, 해달 등은 핵심종이 될 수 있으나(그림 4.10 참조), 다른 형태의 생물들도 강력한 군집수준의 영향을 발휘할 수 있다. "생태계의 기술자들"은 물리적으로 환경을 변화시켜 군집의 구성원과 공유하기도 한다. 비버는 하천을 가로질러 댐을 쌓아놓음으로써 마른 땅을 적시게 하고 습

도움을 줄 것이라는 가정을 갖게 하였다. 이들은 얼룩말홍합의 침입 이후, 외해역에 공통적인 6종류의 어류들의 유충과 치어들의 수가 감소하고 성장률이 줄어들 것이며, 홍합이 없는 해수쪽을 향해 강하류로 이동할 것이라는 가정을 하였다. 반대로, 10종류의 연안지역의 어류들의 유충과 치어들은 숫자 및 성장률이 증가하고 얼룩말홍합의 밀도가 높은 강 상류지역으로 이동할 것이라 가정하였다.

이 가정에 대한 실험을 위해, 연구자들은 얼룩말홍합이 유입되기 시작 전후의 기간인 26년 동안 DEC의 과학자들과 전문가들에 의해 어류에 대한 조사자료를 분석하였다. 스트레이어 팀은 1991년 전후 어류의 풍부도, 성장, 분포도 등에 대한 자료를 비교하였다.

그 결과는 이들의 예상을 뒷받침하였다. 외해역의 어류인 미국청어, 블루백청어 등의 유충 및 치어들은 얼룩말홍합이 유입된 이후의 해부터 풍부도가 감소하는 경향을 보였다(**첫 번째 그림 a부분 참조**). 연안어류인 블랙배스, 블루길, 작은 민물고기류는 증가하는 경향을 보였다(**첫 번째 그림, b부분 참조**).

성장률 또한 유사한 경향을 보였다. 외해역의 어류는 얼룩말홍합의 침입 이후 더딘 성장을 보여준 반면, 연안어류는 더 빨리 자랐다. 강줄기를 따라 248 km 내의 분포도를 살펴보면, 외해역의 어류는 제브리홍합이 적은 지역을 따라 강 하류로 이동하였고, 연안어류는 얼룩말홍합이 더 많은 지역인 강 상류를 향해 이동하였다(**두 번째 그림 참조**). 결과적으로, 이 자료는 어류의 군집이 얼룩말홍합에 의한 먹이자원의 변화에 대응하고 있다는 가설을 지지하였다. 이 결과는 2004년 *Canadian Journal of Fisheries and Aquatic Sciences*에 발표되었다.

스트레이어와 그의 동료들은 연구를 수행하면서 더욱 많은 사실들을 알게 된다. 2008년 이들은 허드슨강의 먹이사슬에 대한 폭넓은 분석에 대하여 발표하였는데, 그들은 비록 연안어류들이 얼룩말홍합에 의해 이익을 얻었지만, 홍합의 여과작용으로 물을 정화했다는 사실은 만조 때 침전물의 유입으로 인해 수질의 변화에 더 취약한 연안종을 만들었다는 사실을 보여주었다.

스트레이어와 그 밖의 사람들은 또한 최근, 허드슨강의 토착홍합과 조개들의 개체수가 얼룩말홍합이 침입한 이후 거의 전멸되었는데(먹이경쟁의 결과일 것으로 판단), 2000년 이후부터 이들 토착조개류는 멸종되지 않고, 갑자기 안정화되면서 침입 이전의 4~22% 수준의 개체수로 생존하고 있다는 것을 보여주었다. 연구자들은 이러한 회복에 대한 이유를 파악할 수 없었지만, 아마도 토착종이 군집 내에서 일정한 역할을 수행할 것이라 생각하고 있다.

이 같은 연구는 특정한 종들 간의 상호작용이 전체 군집에 미치는 영향에 대하여 잘 보여준다. 이러한 연구는 어류생물학자들이 얼룩말홍합에 의해 침범된 허드슨강과 다른 지역에서, 중요한 어류의 개체군에 대해 상업적으로, 그리고 레저산업으로 잘 관리할 수 있도록 도움을 줄 수 있다.

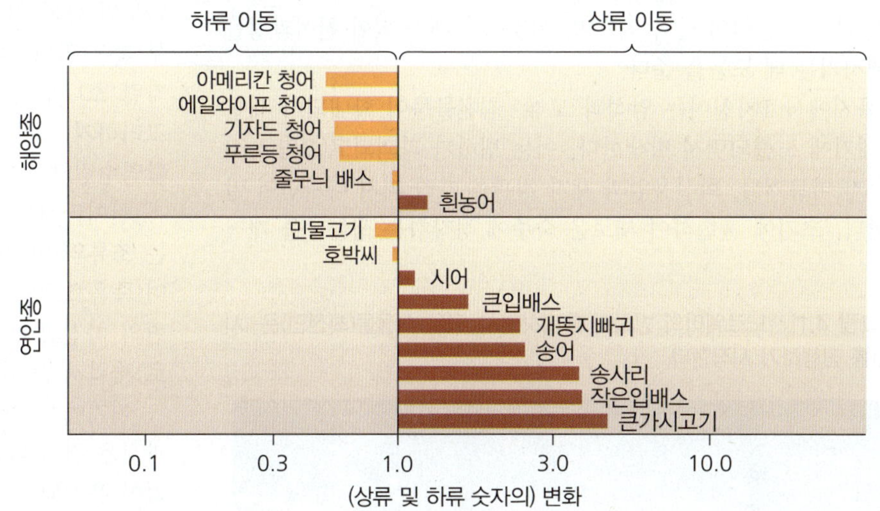

얼룩말홍합의 유입이후, 아메리칸 청어, 등푸른 청어 및 에일와이프 청어와 같은 어린 해양어류들은 얼룩말홍합이 적은 지역으로 강의 하류에 서식하려는 경향이 있었다. 송사리, 송어, 큰입배스와 같은 연안의 어린물고기들은 얼룩말홍합이 더 많은 지역으로 상류에 서식하려는 경향이 있었다.

출처 : 스트라이어 외. 2004. 허드슨강 유역내 어류에 대한 쌍각류(*Dreissena polymorpha*) 침입종의 영향. *Canadian J. Fisheries and Aquatic Sciences* 61: 924-941. © 2004. Reprinted by permission of NRC Research Press.

지로 만들어 놓는다. 프레리도그는 땅을 파서, 다른 생물들의 집을 만들어준다. 개미들은 씨앗을 전파하고, 영양분을 재배치하며, 근처의 곤충이나 식물들을 파괴하거나 보호해준다. 먹이사슬의 하부에 있는 드러나지 않는 생물들은 더 큰 영향을 끼치기도 한다. 사체를 분해하는 곰팡이나, 식물생장을 제어하는 곤충 또는 해양먹이사슬의 기저에 있는 식물플랑크톤을 제거해보라, 그러면 군집은 매우 신속히 변화할 것이다. 하지만 낮은 영양단계에 있는 생물들은 더 많은 종들이 있기에, 이들 중 한 생물종이 큰 영향을 미치기는 쉽지 않다. 종종 한 생물종이 없어지면, 다른 남아 있는 생물종이 많은 그 역할의 대부분을 수행하기도 한다.

군집은 여러 방식으로 교란에 대응한다

핵심종의 제거는 생태군집의 기능이나 구조, 조성을 변화시킬수 있는 여러 형태의 교란 중 하나에 불과하다. 시간이 지남에 따라 군집은 기후변화와 같은 점진적 현상부터 화재, 홍수, 산사태 또는 허리케인과 같은 갑작스런 사태의 자연재해를 겪게 된다. 오늘날, 인간의 영향은 전 세계적으로 서식처의 변경에서 오염, 얼룩말홍합과 같은 외래종의 도입에 이르기까지 생태군집에 주요 교란원인이 되고 있다.

군집은 역동적인 시스템이며 몇몇 방법으로 교란에 대응할 수 있다. 변화에 대항하며 교란에도 불구하고 안정적으로 존재하는 군집은 교란에 **저항(resistance)**적이라 말한다. 반대로 **탄력(resilience)**적인 군집도 보이는데, 이는 교란에 반응하여 변화하지만 이후 원상태로 회복된다. 군집은 또한 교란에 의해 영구히 변형되어 원래의 상태로 절대 돌아오지 못할 수도 있다.

천이는 심각한 교란 이후에 발생한다

어느 군집 내에서 교란이 거의 모든 종들을 제거할 만큼 심하게 발생하면, 이곳이 일련의 예측 가능한 변화를 겪게 된다면, 이러한 현상을 생태학자들은 전통적으로 **천이(succession)**라 일컫는다. 이런 기존과정의 견지에서 두 종류의 천이가 있다. **1차천이**는 식생이나 토양생물이 지역을 점유하고 있던 군집으로부터 사라질 정도로 극심한 교란 이후에 발생한다. 1차천이에서 생물군집은 근본적으로 처음부터 조성된다. 대조적으로, **2차천이**는 존재하던 군집을 극적으로 변화시키지만 토양내 유기물 또는 생물들 전체를 파괴하지는 않는 교란으로부터 시작된다. 2차천이에서는, 이전 군집의 흔적이 남아 있으며, 이것이 토대가 되어 천이과정을 진행시키는 데 도움을 준다.

육지에서 1차천이는 암석과 모래, 침천물들이 확대되며 새롭게 대기에 노출되면서 발생한다. 이는 빙하가 파괴되고(그림 4.11) 호수가 마르거나, 화산용암과 재가 경관을 따라 퍼져 나가면서 발생한다. 초기에 출현하여 새로운 숙주에 정착하는 생물종을 개척종이라 한다. 개척종은 포자나 씨앗처럼 장거리를 이동할 수 있으며 잘 정착하는 것이 특징이다.

▼ 그림 4.11 노르웨이의 빙하가 후퇴하면서, 작은 식물들(최전면)은 1차천이를 진행하기 시작한다.

순수한 암석에 가장 잘 적응하는 개척자는 이끼로 알려진 상호공생적 덩어리이다. 이끼에서 조류는 광합성을 통하여 에너지와 영양분을 공급하고, 균류는 바위에 단단히 붙어 수분을 흡수한다. 이끼가 자라면서 이들은 암석표면을 분해할 수 있는 산을 분비한다. 이로써 토양이 생성되기 시작하며 곧 작은 식물과 곤충, 벌레 등이 이 부분에서 살게 된다. 새로운 생물들이 정착하면서, 더 많은 영양분과 서식처가 만들어진다. 시간이 지나며, 더 큰 식물들이 정착하게 되고, 식생과 종다양성이 증가하게 된다

2차천이는 화재, 태풍, 벌채 또는 농사과정에서 상당량의 생물군집이 남겨졌을 때 시작된다. 버려졌던 아메리카 동북부지역에서의 농경지를 고려해보자(그림 4.12). 농경이 끝난 뒤, 이곳은 개척종인 잡초와 식물들, 널리 퍼져 나가거나 근처에 있던 잎이 넓은 풀들로 점유될 것이다. 곧이어서, 관목과 속성의 실버톤 같은 나무들이 벌판에서 자라난다. 시간이 흐르면서, 소나무가 이들 나무와 관목 위로 자라면서 소나무가 우점인 숲을 형성한다. 소나무 숲은 활엽수의 발달을 유도하는데, 이는 소나무의 묘목들은 다 자란 소나무 밑에서 잘 자라나지 않는 반면, 활엽수의 묘목들은 그러하기 때문이다. 결국 활엽수는 소나무의 생장을 앞지르면서 활엽수림으로 만들 것이다.

천이과정은 여러 생태계에서 발생한다. 예를 들어, 연못에서는 조류와 미생물, 수생식물 및 동물플랑크톤이 성장하고 번식하며 죽음으로써 이곳을 유기물로 점점 채워나간다. 연못은 또한 주변의 하천과 방류수로부터 유기물과 침전물을 보태져 결국 이들로 채워져 습지(12장 참조)가 되거나 육상계가 형성된다.

여기에서 기술한 천이에 대한 기존의 관점에서, 단계별 변환과정은 결국 다른 교란으로 천이가 발생되기 전까지 거의 변화가 없이 유지되는 극상군집을 이끌게 된다. 초기의 생태학자들은 각 지역들이 기후에 의해 결정되는 고유의 극상군집을 갖게 된다고 생각했다.

군집은 교체(이행)도 진행한다

오늘날, 생태학자들은 군집의 변화가 초기에 제안되었던 천이의 모델보다 훨씬 변화가 많고 예견하기 어렵다고 인식하고 있다. 한 단계에서의 조건들이 다른 단계로의 진행을 촉진하거나 또는 생물들이 경쟁을 통해 다른 단계로 군집이 진행되는 것을 억제할 수 있다. 변화의 궤적은 기회요인, 즉 어떤 특정한 종들이 초기발판을 얻게 되는가 하는 것에 따라 크게 변화할 수 있다. 또한 군집은 오로지 기후에 의해서만 결정되는 것이 아니라, 토양의 조건이나 다른 요인들과 함께 한 장소나 시간에서부터 다른 장소와 시간에 이르기까지 다양하게 나타난다.

더군다나, 한번 군집이 교란되고 변화가 일어나면, 그 군집이 원상태로 회복된다는 보장이 없다. 가끔씩 군집은 **위상변환(phase shift)** 또는 **체제변환(regime shift)**을 진행하는데 이는 기본적으로 군집의 전반적인 특징이 바뀌는 것이다. 이러한 현상은 기후의 중요 역치점이 넘어서거나, 핵심종이 사라지거나 또는

▲ **그림 4.12** 2차천이는 화재나 산사태, 농업과 같은 교란작용으로 대부분의 식생이 사라지면서 발생한다. 다음은 농경지가 사라진 동부 북아메리카의 식물군집에서 발생하는 전형적인 일련의 변화를 보여주고 있다.

외래종이 침입할 경우 발생한다. 예를 들어, 최근 많은 산호초군집이 위상변환을 겪었고, 조류가 우점하게 되었는데 이는 사람들이 조류를 먹고사는 거북과 어류들을 남획한 이후에 발생하였다. 일단 조류가 산호보다 더 많이 성장하면 군집은 그 원래의 산호로 우점되었던 상태로 결코 돌아오지 못한다. 위상변환은 인간의 교란으로 빚어진 손상에 대해 되돌릴 수 있다는 믿음을 가질 수 없다는 것을 명백히 한다. 대신에 우리가 조장한 어떤 변화들은 영구적으로 될 수 있다.

FAQ

Q: 우리가 군집을 교란시킨 후, 그 지역을 그대로 방치한다면 후에 원래의 상태로 복원되지 않는가?

A: 교란이 매우 심각하다면 복원되지 않을 수도 있다. 예를 들어, 토양이 압축되었거나, 물이 고갈되었다면, 원래 자라던 식물종들은 더 이상 생장하지 않을 수도 있다. 다른 종류의 식물들이 그 자리를 차지할 수도 있고, 이들 위에 또 다른 종류의 동물들이 서식처로 삼을 수도 있다. 종들 간의 상호작용과 함께 이들이 특별한 서식환경을 요구하기 때문에, 군집내 한 요인의 변화는 연쇄적인 다른 변화를 유도할 수 있다. 언젠가는 전체가 새로운 군집으로 성장할 수도 있다. 예를 들어, 일부 초원에서는, 가축의 방목과 화재를 진압하면서 관목과 나무들의 침입을 유도하며, 초지를 관목림으로 변화케 하였다.

침입종은 군집의 안정에 위협이 된다

군집에 대한 기존의 개념은 그 지역의 토착종에 대한 것이다. 그러나 다른 지역으로부터 새로운 종이 도입된다면 어떻게 될 것인가? 또한 이 비토착종(또한 외계 또는 외래라 불리는)이 침입하여 널리 퍼져 군집내 우점종이 된다면 어떻게 될 것인가? 이러한 **침입종(invasive species)**은 군집을 실질적으로 변형시킬 수 있으며 오늘날 세계에서 중요한 생태계 압력 중 하나이다.

대부분의 외래종은 침입한 것이 아니라, 세계 도처에서 실수로 또는 의도적으로 사람들이 도입한 것들이다. 세계무역으로 인해 얼룩말홍합 및 콰가홍합이 퍼지게 되었는데, 이들은 실수로 배 밑의 평형수와 함께 운반되었다. 바다에서의 안정을 유지하기 위해 선박들은 선체에 물을 담고 항해하며, 목적지에 도착하면 물을 방류한다. 수십 년간 통제되지 않았던 평형수의 교환은 전 대양에 걸쳐 수많은 생물종들을 운반해왔다.

유입된 종은 이들의 성장을 억제하는 제한요인이 없을 때 침입하게 된다. 동물과 식물들이 새로운 지역에 이주하면 원래 지역에서 이들을 이용해왔던 포식자나 기생자, 경쟁자들과 분리된다. 새로운 환경에서 이들은 잡아먹든가 기생 또는 경쟁하던 종들이 소수이거나 존재하지 않는다면, 유입종들은 생존과 번식을 할 수 있다. 이러한 생물종이 번식하면서, 다른 군집구성원들에게 다양한 영향력을 행사하게 된다(**그림 4.13**).

예를 들어, 목축을 위해 미서부에서 유입된 여러 잔디들이 전체 지역을 뒤덮으며 토착식생들을 밀어냈다. 스포츠의 목적으로 하천에 도입된 어류들은 토착어류와 경쟁하여 이들을 밀어냈다. 전 세계 섬지역에 서식하던 수백종의 동물과 식물들이 식민지화되면서 인간이 도입한 염소, 돼지, 쥐들에 의해 멸종위기에 처해 있다(8장에서 더 많은 사례를 조사할 것이다).

생태학자들은 일반적으로 침입종, 그리고 유입된 모든 종들의 영향을 압도적으로 부정적으로 보고 있다. 그러나 많은 사람들은 정원 안에 유입된 관상용 식물들의 아름다움을 감상하고 있다. 일부 생물종들은 생물방제로 해충을 구제하기 위해 의도적으로 유입된다(7장 참조). 또한 침입자로 변한 어떤 종들은 경제적인 이득을 주고 있는데, 유럽의 꿀벌 같은 경우 많은 곡식에 수분을 한다(7장 참조). 사람들이 어떻게 생각하든지, 토착종과 생태군집에

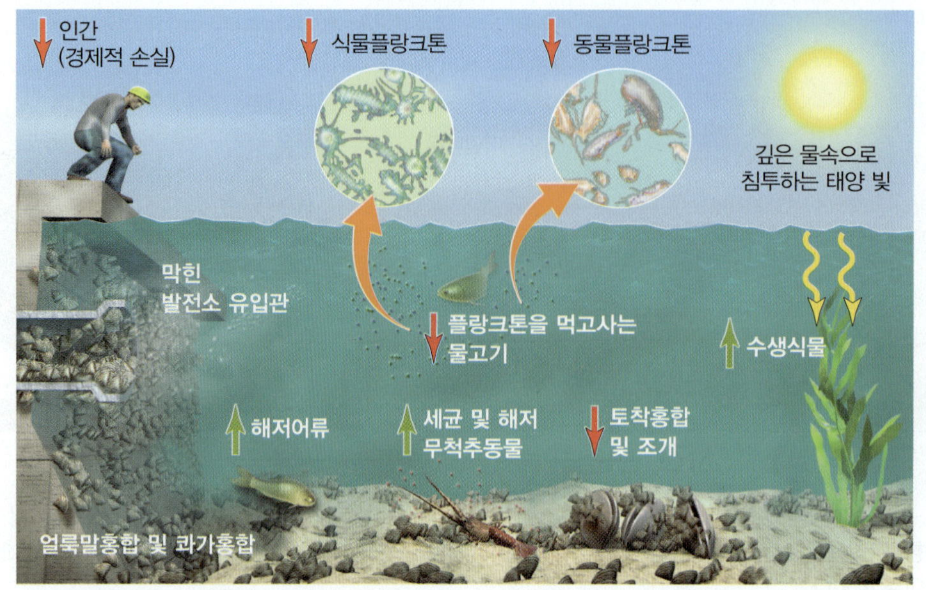

(a) 그레이트호 연안 군집에 대한 얼룩말홍합 및 콰가홍합의 영향

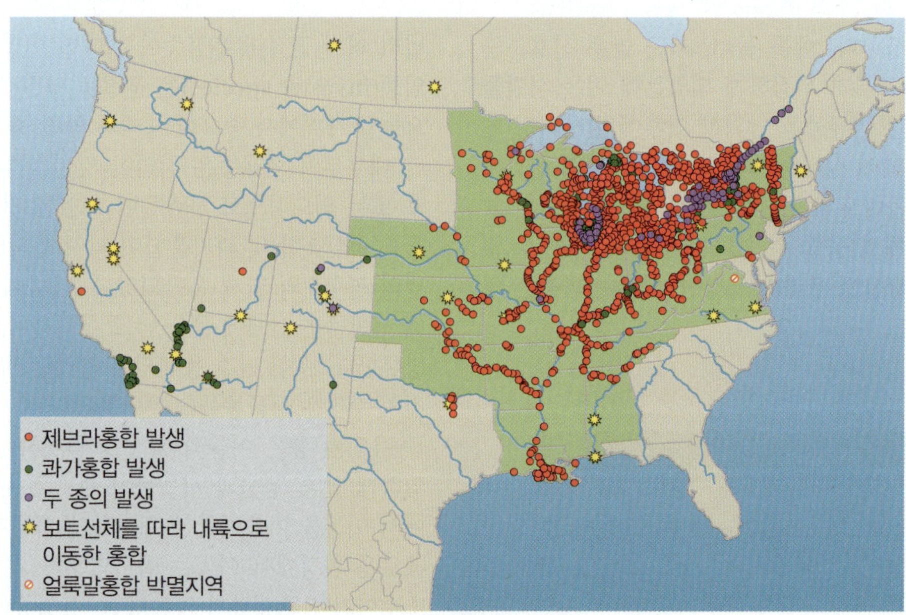

(b) 2011년 6월의 북아메리카 얼룩말홍합 및 콰가홍합의 발생

▲ **그림 4.13** 얼룩말홍합과 콰가홍합은 생태군집을 변화시키는 생물학적 침입종들이다. 이들은 연안에서 식물플랑크톤과 동물플랑크톤을 여과섭식하는 동안, 다른 종들에게 **(a)**, 부정적(적색하향 화살표) 및 긍정적(녹색상향 화살표)으로 영향을 끼친다. **(b)**의 지도는 2011년 6월 북아메리카의 얼룩말홍합(적색 점)과 콰가홍합(녹색 점)의 발생 상태를 보여주고 있다. 불과 20년 만에, 이들은 오대호의 좁은 지역에서 수로를 따라 대륙으로 퍼져나갔다. 사람들은 무심코 이것들을 선체에(노란색 스타) 실어 서쪽 멀리 캘리포니아까지 이동시켰다. 두 지역에서의 개체들은 멸절되었다. (b)의 출처: 미국 지질조사.

대한 침입종의 영향은 심각하며, 이는 해마다 이동인구의 증가와 세계화 속에서 늘어나고 있다.

얼룩말와 콰가홍합에 대한 과학적 연구와 언론의 관심은 침입종을 주요 환경적, 경제적 문제로 부각시켰다. 1990년, 미국의 의회는 1996년 국가침입종을 규정하는 법안을 통과시켰다. 무엇보다도 이 법안은 선박들이 담수의 평형수를 방류한 후 그레이트호를 출발하기 전 해수로 교환할 것을 의무화하고 있다.

그 이후, 침입종의 퇴치 및 통제를 위해 기금이 만들어졌다. 관리자들은 얼룩말홍합의 전파를 막기 위해 이들을 건져내거나, 독성물질을 뿌리거나, 말려버리거나, 산소를 제거하거나, 포식자와 병을 유발시키거나, 열과 소음, 전기, 이산화탄소 및 자외선을 조사하였다. 그러나 이들 대부분의 방식은 국소적이거나 단기적

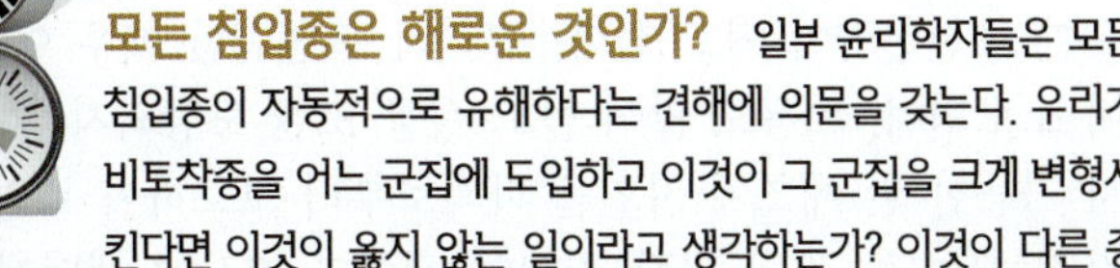

모든 침입종은 해로운 것인가? 일부 윤리학자들은 모든 침입종이 자동적으로 유해하다는 견해에 의문을 갖는다. 우리가 비토착종을 어느 군집에 도입하고 이것이 그 군집을 크게 변형시킨다면 이것이 옳지 않는 일이라고 생각하는가? 이것이 다른 종들을 멸종케 한다면? 침입종이 인간에 의해서가 아니라 스스로 유입되었다면? 이것이 유럽꿀벌처럼 우리 사회에 경제적 이익을 제공하게 된다면? 당신은 어떠한 윤리적 판단기준으로(1장 참조) 이 침입종을 수용할 것인지 배척할 것인지를 결정하겠는가?

이어서 생태계에 넓게 퍼진 방대한 개체군들에 효과적으로 관리하기는 어려웠다. 연이은 침입종으로 인하여 관리자들은 통제와 퇴치수단들이 매우 어렵고 비용이 많이 들어 보호전략(평형수의 규제와 같은)에 더 많은 투자가 이루어져야 한다는 것을 알게 되었다.

침입을 방지하기 위하여 생물종이 번져나가는 곳을 예측하는 것이 도움이 된다. 개체의 생물학을 분석함으로써, 과학자들은 이것이 생존하는 환경조건에 대한 모델링을 할 수 있다. 2007년, 연구자들은 어떻게 얼룩말홍합과 콰가홍합이 껍데기를 만들기 위해 물속에서 칼슘을 사용하는지에 대한 지식을 응용하여 홍합이 어느 곳에서 잘 번식하는지를 예측하였다. 연구자들은 북미전역을 걸쳐 저위험지역과 고위험지역에 대한 지도를 작성하였고, 이는 지금까지 대부분의 경우에서 실제로 전파되는 지역을 확인시켜 주고 있다.

변화된 군집은 다시 복원될 수 있다

침입종들은 사람들이 자연환경과 군집에 가하고 있는 서식지 변경, 삼림벌채, 오염, 기후변화, 핵심종의 사냥 및 기타 활동을 통한 엄청난 변환으로 계속 추가되고 있다. 인간의 영향에 의해 변형된 수많은 지구경관으로, 많은 군집과 생태계는 심각하게 파괴된다. 생태계는 우리의 문명과 생활을 지탱해주기 때문에, 저하된 생태계가 기능을 멈춘다면 이는 우리의 건강과 복지를 위협하게 된다.

이에 대한 인식이 **복원생태학(restoration ecology)**을 탄생하게 한다. 복원생태학자들은 생태군집의 과거 상태에 대해 인류의 산업문명이 이들을 변형시키기 전에 존재했던 모습으로 복구한다. 이후 이들은 일부의 지역을 과거의 상태로 복원시킬 수 있는 방법을 찾기 위해 힘쓴다. 일부의 경우, 그 의도는 일차적으로 시스템의 기능성을 회복시키려는 것으로, 예를 들어 습지가 오염물질을 여과하고 지하수를 충전하는 기능을 되살리거나, 산림에 의한 대기여과, 토양조성 및 야생동물에 대한 서식지 제공 등의 기능을 복원하려 한다. 다른 경우는, 군집을 정착하기 이전의 자연상태로 완전히 되돌리려 한다. 어느 경우이건, 생태복원학은 **생태학적 복원(ecological restoration)**, 즉 실제적으로 이러한 비전을 수행하고 군집을 회복하기 위한 모든 노력에 정보를 준다.

예를 들어, 미국의 거의 모든 키 높은 초본의 초원지대는 19세기에 농지로 변하였다. 지금 사람들은 토착식물을 심고, 침입종과 경쟁자들을 제거하며, 역사적으로 이 군집을 유지하게 했던 화재를 본뜬 모방화재를 냄으로써 초원지역을 복원하고 있다(**그림 4.14**).

세계에서 가장 큰 복원프로젝트는 플로리다의 에버글레이즈를 일부 회복시키기 위한 노력이다. 7,500 km^2의 습지와 계절적으로 홍수에 잠기는 초원지대인 에버글레이즈는 몇십 년 동안 홍수조절을 위한 용도와 관개 및 개발을 위한 과잉사용으로 인하여 물이 고갈되고 있다. 경제적으로 중요한 어류들이 결과적으로 크게 고통받고 있으며 철새들의 개체수는 90~95%로 감소하였다. 30년간 78억 달러가 소요되는 복원프로젝트는 댐건설을 막고, 1,600 km의 운하와 1,150 km의 제방, 그리고 200개의 물을 제어하는 구조를 통하여 물을 다시 복원하려 하고 있다. 에버글레이

▶ **그림 4.14** 미드윈 국립초원지대에서 미국 농무부 산림봉사 생태학자들이 이전 일리노이주 무기고였던 초원복원지역의 토종잔디를 검사하고 있다.

WEIGHING 이슈

"자연적" 군집 복원하기 북미의 생태복원가들은 자주 생태군집을 "자연적" 상태로 복원하려는 데 초점을 둔다. 그러나 "자연적"이란 무엇을 의미하는가? 이는 산업화 이전의 군집상태를 의미하는가? 유럽인들이 신대륙에 오기 전을 말하는가? 사람들이 군집에 관심을 갖기 시작한 때를 말하는가?

아메리칸원주민들이 유럽인들이 400년 전 도착해서 농사를 위해 산림을 베어내기 전까지 사냥을 하기 위해 주기적으로 잡풀에 불을 내었던 것을 말해보자.

오늘날 그 지역의 거주자들은 그곳을 "자연적"인 숲풀상태로 복원하길 원하고 있다. 복원가들은 원주민들의 산림형태로 되돌려야 하는가 아니면 원주민들이 도착하기 전의 산림으로 되돌려야 하는가? 당신은 어떤 가치가 복원에 대한 바람의 바탕이 되고 있다고 생각하는가?

즈는 수백만의 플로리다 주민들에게 음용수를 제공하고, 상당량의 관광수입을 가져오기에, 이러한 생태계 서비스(1, 2, 5장 참조)의 복원은 경제적인 이익과 함께, 생태적으로 가치있는 것으로 증명될 것이다.

인구가 증가하고 개발이 확대되면서, 생태학적 복원은 점점 중요한 보전전략이 되고 있다. 그러나 복원이란 매우 어렵고, 시간이 소모되며, 비용도 많이 들고 성공 또한 보장되지 않는다. 따라서 가능한 한 애초에 자연을 파괴로부터 보호하여 복원이 필요하지 않게 하는 것이 가장 최선인 것이다. 8장에 생태계 복원에 대하여 더 탐구하게 될 것이다.

지구의 생물군계

전 세계에 걸쳐, 각 지역은 군집구성에 있어 끝없는 다양성을 이끄는 서로 다른 생물종들의 고향이다. 그러나 멀리 떨어진 군집들은 종종 그 구조와 기능면에서 강한 유사성을 공유한다. 이는 군집을 다양한 형태로 분류하게 한다. **생물군계(biome)**는 주로 우점하는 식물형태와 식생구조에 의해 식별되는 대규모의 생태단위인 유사군집들의 주요 지역적 복합체이다. 세계는 넓은 지리적 면적을 포함하는 여러 생물군계로 구성되어 있다(**그림 4.15**).

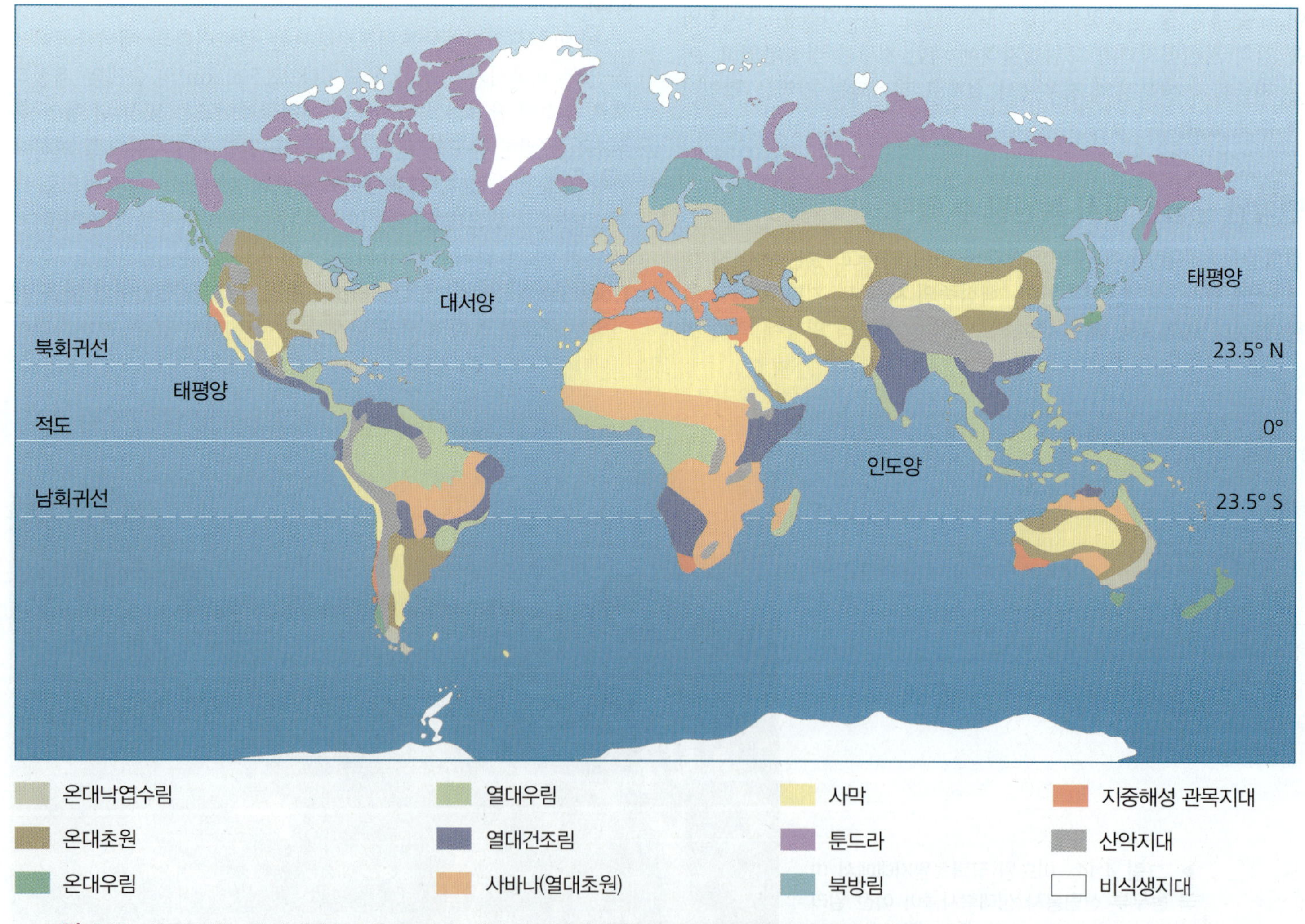

▲ **그림 4.15** 생물군계는 전 세계적으로 온도, 강우, 대기 및 해양의 순환구도, 기타 요인들에 의해 구분된다.

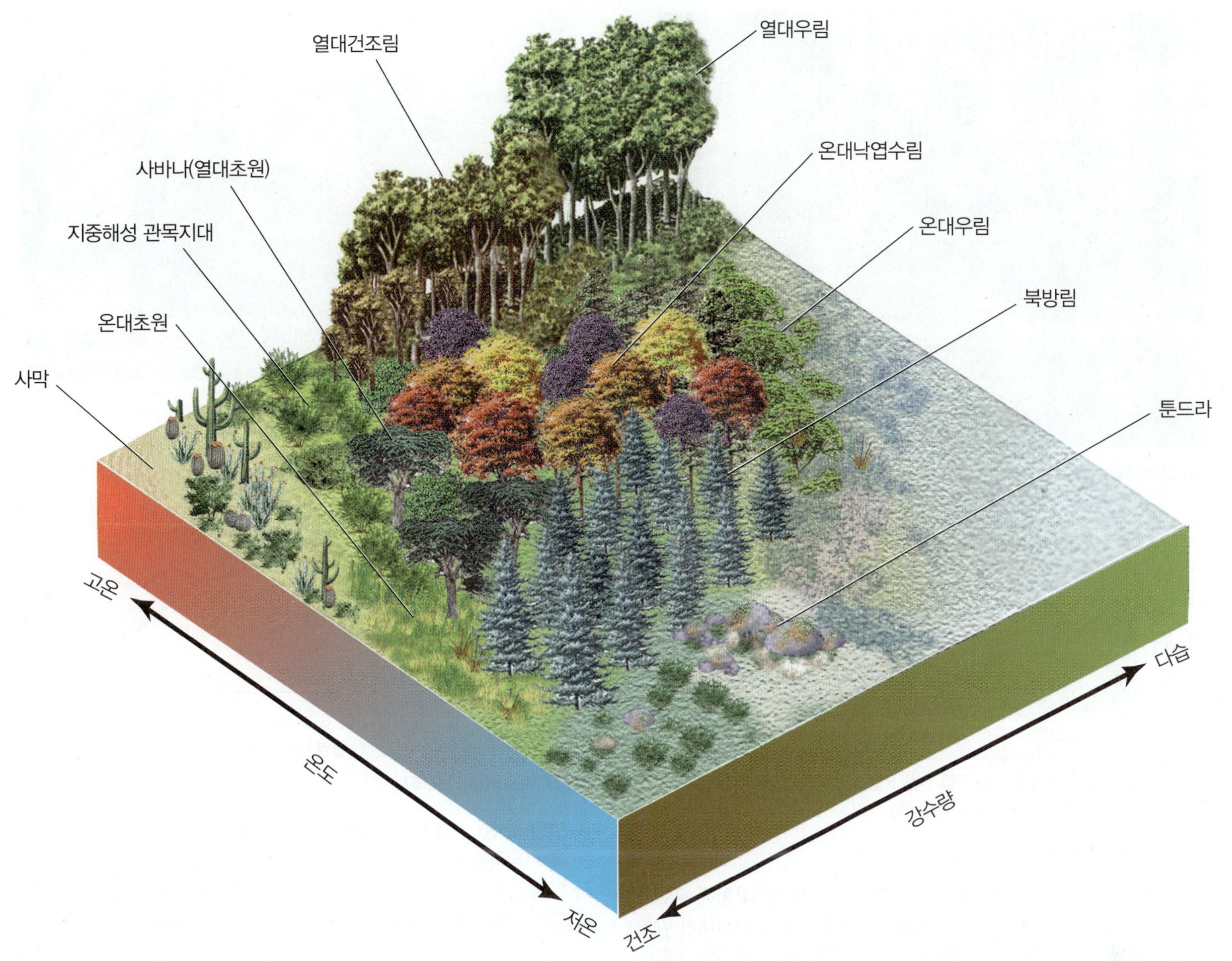

▲ **그림 4.16** 강수량이 증가함에 따라 대체로 식생은 더 크고 풍부해진다. 온도가 올라가면, 식물군집의 형태가 변화된다. 온도와 강수량은 함께 한 지역의 생물군계를 결정하는 주요 요인이다.

기후는 생물군계의 위치에 영향을 준다

어떤 생물군계가 지구내 각 지역에 포함되는지는 다양한 무생물적 요소들, 즉 온도, 강우, 대기, 대양의 해류형태 및 토양의 특성 등에 의존한다. 이들 중 온도와 강우는 가장 큰 영향을 주고 있다(**그림 4.16**). 생물군계의 형태가 대개 기후의 작용이기 때문에, 또한 온도와 강우가 기후의 가장 큰 지표인자이기에, 과학자들은 이러한 정보를 기술하기 위하여 종종 **기후표**, 또는 **기후그래프**를 사용한다.

지구의 기후형태는 생물군계를 지구의 서로 다른 곳에서 넓은 지역을 차지하도록 한다. 예를 들어, 온대낙엽수림은 북미, 유럽, 및 동중국 지역에서 발생한다. 그림 4.16에서 동일한 생물군계를 나타내는 지역들이 어떻게 유사한 위도에서 발생하는지를 주목하자. 이는 온도에 대한 지구의 남북간 차이 및 대기순환의 형태에 기인하기 때문이다(13장 참조).

수계 및 연안생태계 역시 생물군계와 유사한 형태를 보여준다

생물군계를 다룸에 있어서, 우리는 전적으로 육상생태계에 집중할 것인데 이는 생물군계의 개념이 전통적으로 육상계에 적용되고 발전되어 왔기 때문이다. 그러나 생물군계에 동등한 지역들이 대양과 연안, 담수계에서도 존재한다. 해안가를 따라 펼쳐진 얕은 수계를 하나의 수계로 간주할 수 있고 대륙붕을 다른 수계로, 그리고 대양과 심해, 산호초, 해조숲 등을 또 다른 수계로 간주할 수 있다. 여러 해안계, 즉 염습지, 바위가 많은 조간대 군락, 맹그로브림, 강어귀 등은 육상과 수계요소를 공유하고 있다. 그리고 그레이트호와 같은 담수계는 전 세계에 걸쳐 폭넓게 분포되어 있다.

육상생물군계와 달리, 수계는 대기온도와 강우가 아닌, 수온과 염분, 용존된 영양분, 파도 및 조류, 깊이, 빛투과성 및 기질의

(a) 온대낙엽수림

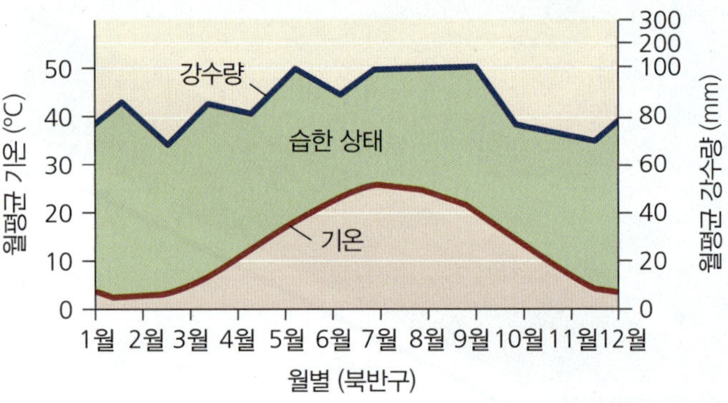

(b) 미국, 워싱턴 D.C.

▲ 그림 4.17 온대낙엽수림(a)은 계절별 안정적인 강수량과 함께 온도의 변화를 겪는다. 과학자들은 지역의 월평균 강수량과 온도를 나타내기 위해서 기후도표(b)를 사용한다. 이 도표에서, *x*축은 연중 월을 나타내고, *y*축은 온도와 강수량을 표시한다. 곡선은 월별 강수량(청색)과 온도(적색)를 가리킨다. 강수량의 곡선이 온도곡선 위에 위치할 때, 워싱턴 D.C. 주변의 연중 온대성 낙엽수림의 경우처럼, 그 지역은, 녹색으로 표시하였듯이, 비교적 습한 조건을 유지한다. 그림 4.17부터 그림 4.26의 기후그래프는, G. and D. Lawlor가 번역한 2002. *Walter's vegetation of the Earth: The ecological systems of the geo-biosphere*, 4th ed.의 Breckle, S.W., and H. Walter로부터 인용함. 최초 출판은 1999년 Eugen Ulmer KG이며 허가를 득하고 사용하였음.

(a) 온대초원

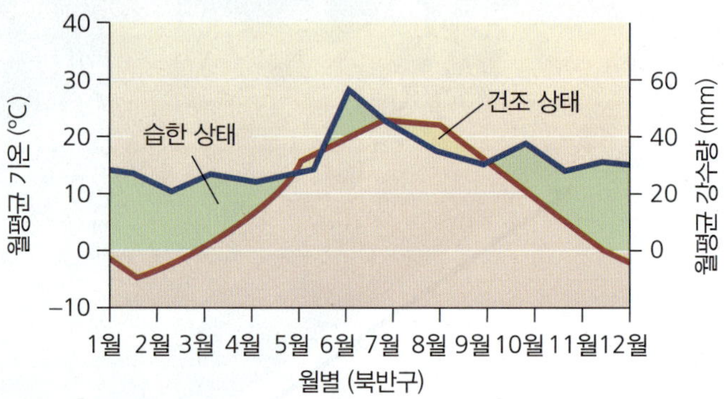

(b) 우크라이나, 오데사

▲ 그림 4.18 온대초원은 계절별 온도변화와 함께 많은 나무가 자라기에는 매우 부족한 강수량이 특징이다. 본 기후그래프는 습한 기후조건(녹색)과 함께 건조한 기후(노란색; 온도곡선이 강수량곡선 위에 위치할 때)를 나타낸다. 기후그래프는 Breckle, S.W., 2002로부터 인용함.

형태(예: 모래, 진흙, 또는 암석바닥) 등에 의해 결정된다. 해양군집은 또한 식물상보다 동물상에 의해 더 분명히 묘사된다. (12장에서 더 구체적으로 담수, 해양, 연안생태계에 대해서 조사할 것이다.)

세계는 대략 10개의 육상생물군계로 나눌 수 있다

온대낙엽수림 남부 그레이트호 주변의 풍경을 우점하고 있는 **온대낙엽수림(temperate deciduous forest;** 그림 4.17)은 잎이 지는, 즉 매년 가을 잎이 떨어지고 겨울 동안 휴면하는, 잎이 넓은 나무들이 분포하는 것이 특징이다. 이들 중간 위도의 산림은 유럽과 중국동부, 그리고 북미동부에 위치하며, 이 모든 지역은 강우가 비교적 연중 균등하게 발생하고 있다.

온대낙엽수림의 토양은 비교적 비옥한데, 열대우림과 비교하여 매우 적은 수의 나무수종을 이루고 있다. 오크나무, 밤나무, 단풍나무들이 이 지역의 몇 안되는 가장 보편적인 나무들이다. 북미 동부지역의 온대낙엽수림내 전형적인 동물들의 그림 4.9에 나타나 있다(4장 참조).

온대초원 그레이트호에서 서쪽으로 이동하다보면, 여름과 겨울의 온도차가 매우 심하고, 강수량이 적어지는 **온대초원(temperate grassland)**을 발견하게 된다(그림 4.18). 이는 대평원의 제한된 강우가 나무보다는 초지의 유지에 더 적합하기 때문이다. 대초원으로 알려진 온대초원은 한때 북미와 남미, 그리고 대부분의 중앙아시아를 걸쳐 분포되어 있었다. 오늘날 사람들은 대부분의 초원을 농지로 전환시켰다. 북미초원의 특징적인 척추동물로는 미국들소, 프레리도그, 영양, 그리고 땅에서 웅지를 트

(a) 온대우림

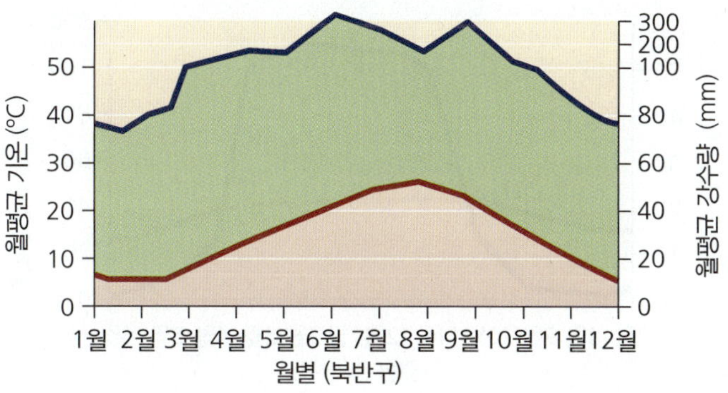

(b) 일본, 나가사키

▲ **그림 4.19** 온대우림 지역은 풍부한 강수량으로 습기가 많으며, 이끼들이 우점한다. Climatograph adapted from Breckle, S.W., 2002.

(a) 열대우림

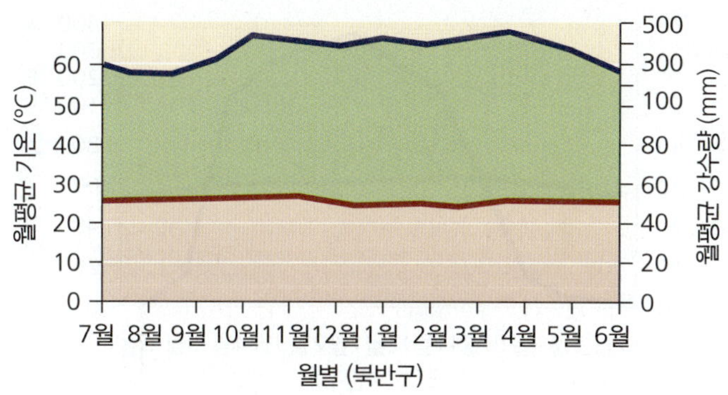

(b) 인도네시아, 자바, 보고르

▲ **그림 4.20** 열대우림은 일정하게 따뜻한 기온과 상당량의 강우하에 서식하는 생물다양성이 특징이다. Climatograph adapted from Breckle, S.W., 2002.

는 종다리와 프레리 닭 등이 있다.

온대우림 북미 서쪽으로 더 나아가면, 지형이 변화되고, 생물군계의 형태는 혼합된다. 태평양 북서부 해안지역은 폭우가 내리는 **온대우림(temperate rainforest)**지역이다(**그림 4.19**). 삼나무, 가문비나무, 햄락, 더글러스 전나무와 기타 침엽수림은 온대우림에서 매우 크게 생장하고, 숲의 내부는 습하고 그늘져 있다. 습기를 좋아하는 밝은 노란 바나나 색을 띠고 있는 바나나 달팽이와 같은 동물들이 흔하다.

온대우림의 토양은 비옥하지만 산림이 제거되면 산사태와 토양침식에 취약하다. 벌목으로 이 산림은 대부분의 오래된 나무들이 제거되며 올빼미와 같은 멸종위기 동물들을 멸종으로 몰아넣고 있다. 현지 주민들은 목재를 더 생산하기를 바라지만, 이들은 또한 지나친 벌목에 따른 고통을 겪고 있다.

열대우림 열대지역에서는 온대지역에서 발견되는 동일한 형태를 볼 수 있다. 높은 강우량의 지역에서는 우림이, 중간 강우량의 지역에서는 건조 또는 낙엽송이, 낮은 강우의 지역에서는 잔디가 우점한다. 그러나 열대의 생물군계는 온대의 그것과 비교하여 다른 양상을 보이는데, 이는 이곳이 적도와 가깝고 따라서 연중으로 따뜻하기 때문이다. 무엇보다도 이 지역은 매우 큰 생물다양성을 유지하고 있다.

열대우림(tropical rainforest; 그림 4.20)은 중앙아메리카, 남아메리카, 동남아시아, 서아프리카, 그리고 다른 열대지역을 포함하며, 연중강우와 균일한 따뜻한 기온이 특징이다. 열대우림은 다양한 곤충, 조류, 양서류 및 기타 동물들과 함께 습하고 어두운 내부와 무성한 식물, 그리고 매우 다양한 군집들로 이루어져 있다.

이 숲들은 한 종의 나무들이 우점하지 않으며, 적도에 가까울수록 매우 많은 수의 나무종들이 각각의 낮은 밀도로 섞여 있다. 어떤 나무들은 덩굴로 감겨 있고, 무화과로 덮여 있으며, 착생식물(난초와 나무에서 자라는 다른 식물들)들이 누르고 있어서, 때때로 이들의 무게로 인하여 붕괴되기도 한다.

이러한 종의 풍부함에도 불구하고, 열대우림은 유기물이 적은 빈약한 산성토양을 지닌다. 이 생물군계 내의 모든 영양분은 거

(a) 열대건조림

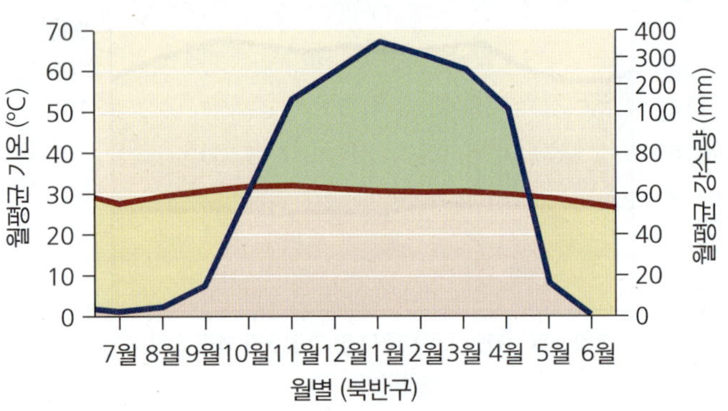

(b) 오스트레일리아, 다윈

▲ **그림 4.21** 열대건조림은 강수량의 계절적 변화가 심하고 비교적 일정하게 따뜻한 기온을 체험한다. 기후그래프는 Breckle, S.W., 2002로부터 인용함.

(a) 사바나

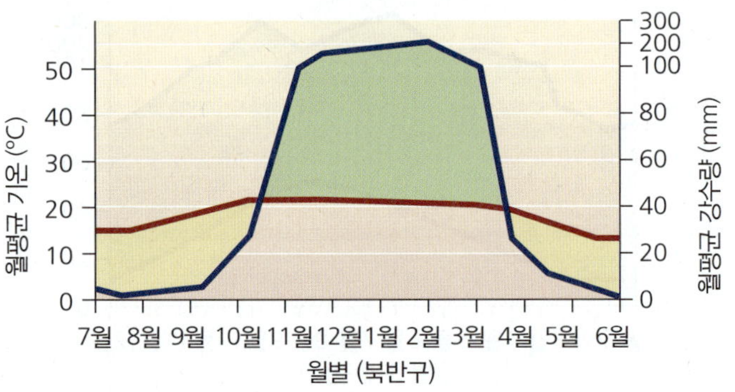

(b) 짐바브웨이, 하라레

▲ **그림 4.22** 사바나는 수목군락이 형성된 초원이다. 이 지역은 기온의 계절별 변화는 약하지만 극심한 강수량의 변화를 겪는다. 기후그래프는 Breckle, S.W., 2002로부터 인용함.

의 토양이 아닌, 식물에 들어 있다. 열대우림지역이 제거되면, 불행하게도 일단 영양분이 부족한 토양은 잠시 동안만 농사를 지탱할 수 있다는 것이다(7장 참조). 그 결과, 농지는 신속히 황폐해지고, 토양과 식생이 천천히 회복된다.

열대건조림 연중 따뜻하고 전체적으로 비가 적고 계절의존적인 열대지역은 **열대건조림(tropical dry forest)** 또는 열대낙엽수림의 생물군계(**그림 4.21**)로, 인도, 아프리카, 남아메리카 및 호주의 북쪽지역에 분포되어 있다. 우기와 건기가 열대건조림에서는 연중 반씩을 차지한다. 열대건조림에 서식하는 생물들은 강우와 온도의 계절적 변동에 적응되어 있다. 예컨대, 식물들은 낙엽림으로 잎이 뻗쳐 있으며 우기에 다량으로 생장한 후, 건기가 되면 잎이 떨어진다.

우기 동안 비는 매우 강하게 내릴 수 있으며, 침식이 쉬운 토양과 결합되면, 사람들이 벌목한 곳에서 심각한 토양침식을 불러올 수 있다. 전 세계에 걸쳐, 상당량의 열대건조림을 농지로 바꿔 놓았다. 열대건조림의 식물은 농업과 목축업을 위한 식생의 제거는 높이가 낮고 식생의 밀도가 열대우림보다 훨씬 덜하기 때문에 수월하다.

사바나(열대초원) 건조한 열대지역은 아카시아 또는 다른 나무들의 무리가 산재된 열대초지인 **사바나(savanna;** **그림 4.22**)를 이룬다. 사바나 생물군계는, 오늘날 넓게 펼쳐진 아프리카 지역과 남아메리카, 호주, 인도 및 다른 건조열대지역에서 발견된다. 사바나지역의 강우는 보통 분명한 우기에 발생하며 넓은 공간의 물웅덩이 주변으로 초식동물을 모이게 한다. 아프리카 사바나지역의 보편적인 초식동물로는 얼룩말, 가젤, 기린이 있고, 이들 초식동물의 포식자에는 사자, 하이에나 및 다른 운동성이 뛰어난 육식동물 등이 있다.

사막 강우가 매우 적은 지역은 **사막(desert)**을 형성한다(**그림 4.23**). 사막은 연중 25 cm 이하의 강우가 내리며, 지구에서 가장 건조한 생물군계인 대부분은 주로 몇 달 또는 몇 년을 두고 고립된 폭풍의 시기에 발생한다. 아프리카의 사하라 사막과 나미브 사막 등의 경우에는 대부분이 모래언덕으로 이루어졌고, 다른 사막, 즉 애리조나와 북서 멕시코의 소노란 사막의 경우에는 강우량이

(a) 사막

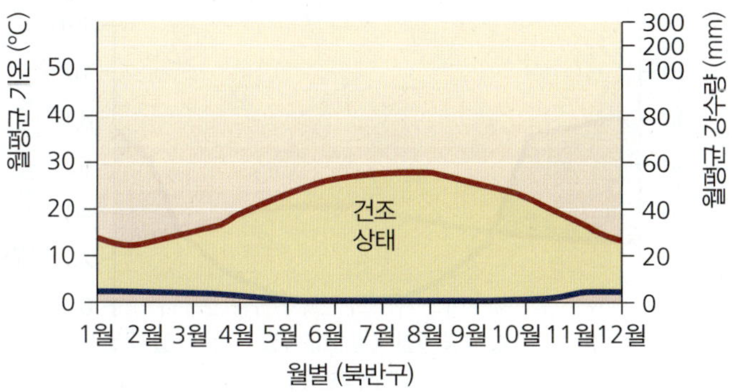

(b) 이집트, 카이로

▲ 그림 4.23 사막은 일년 내내 건조하지만 항상 뜨거운 것은 아니다. 이집트 카이로의 기후그래프에서 온도곡선은 항상 강수량곡선 위에 위치하는데 이는 이 지역이 일년 내내 건조한 상태라는 것을 나타낸다. 기후그래프는 Breckle, S.W., 2002로부터 인용함.

(a) 툰드라

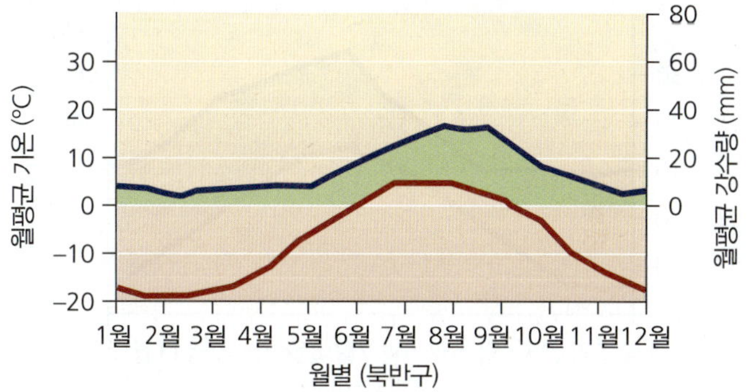

(b) 러시아, 바이가치

▲ 그림 4.24 툰드라는 극지방 근처의 춥고 건조한 생물군계이다. 알파인 툰드라는 높은 고지대와 낮은 위도에서 발생한다. 기후그래프는 Breckle, S.W., 2002로부터 인용함.

더 많고 식생도 더 풍부하다. 사막의 토양은 염도가 있을 수 있으며, 종종 높은 미네랄 및 낮은 유기물 함량으로 **암설토(lithosol)** 또는 암석토양으로 알려져 있다. 사막은 낮은 습도와 상대적으로 적은 식생으로 인해 극한온도로부터 벗어나기가 어렵기 때문에, 낮 동안은 햇빛으로 쉽게 열을 받고, 밤에는 빨리 열을 빼앗긴다. 그 결과 낮과 밤의 온도는 연중 전 계절에 걸쳐 크게 달라진다.

사막의 동물과 식물들은 가혹한 기후에 대처하기 위하여 다양한 적응을 보여준다. 방울뱀과 캥거루쥐와 같은 대부분의 파충류와 포유류는 서늘한 밤에 활동하고, 많은 호주사막의 새들은 강우와 식물생장이 발생된 지역으로 장거리를 이동하는 유랑족들이다. 많은 사막식물들은 수분의 손실을 감소하기 위하여 두껍고 가죽 같은 잎 또는 수분이 손실될 수 있는 잎이 없이 광합성이 가능한 녹색의 수간을 지니고 있다. 선인장과 다른 사막의 식물들의 가시는 이들이 보유하고 있는 귀중한 수분을 갈취하려는 초식동물의 침입으로부터 보호하고 있다. 이러한 특징은 전 세계 사막에서 수렴진화 과정에 의해 진화해 왔다(그림 3.2 참조)

툰드라 사막처럼 매우 건조한 **툰드라(tundra; 그림 4.24)**는 북부 러시아와 캐나다, 스칸디나비아를 따라 매우 높은 위도에서 발생한다. 낮이 거의 없는 혹한의 겨울과 낮의 길이가 긴 여름은 나무가 없고 이끼와 키 작은 잡목의 경관을 특징 지운다. 기온과 낮길이가 계절별로 큰 차이를 보이는 것은 이 생물군계의 높은 위도로 여름에는 태양을 향해 놓여 있고 겨울에는 태양으로부터 멀리 떨어져 있기 때문이다

추운 기후로 인해, 지하의 토양은 영구히 동결되어 있으며 이를 **영구동토**라 한다. 겨울 동안 표토층은 얼어 있으며, 기온이 온화해지면 물웅덩이를 만들어 모기와 다른 곤충들의 이상적인 서식처로 이용된다. 곤충의 무리는 짧지만 생산성이 풍부한 여름에 번식을 위해 장거리를 이동해 온 새들에게 이익을 준다. 순록 역시 번식을 위해 툰드라 지역으로 오며, 겨울이 되면 이동한다. 북극곰과 사향소와 같은 몇몇 동물들만이 혹독한 기후 속에서 연중 내내 생존할 수 있다.

툰드라는 온대와 열대지역에 있는 높은 산꼭대기에서 **알파인 툰드라**로 존재한다. 이곳의 높은 고도는 높은 위도와 유사한 환경

(a) 북방림

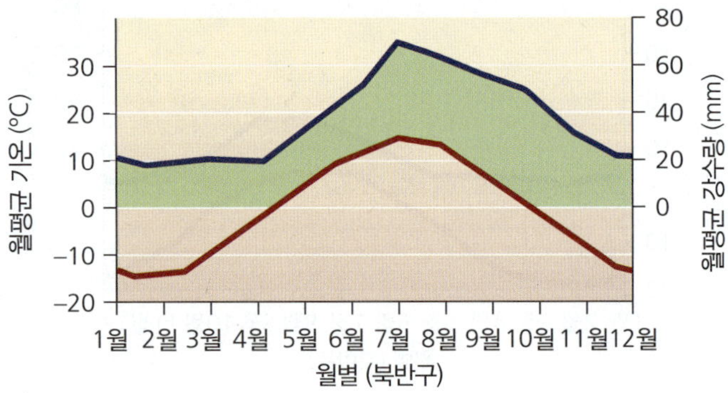

(b) 러시아, 아르한겔스크

▲ 그림 4.25 북쪽 수림대는 길고 추운 겨울과 비교적 선선한 여름, 적당한 강수량이 특징이다. 기후그래프는 Breckle, S.W., 2002로부터 인용함.

(a) 지중해성관목지대

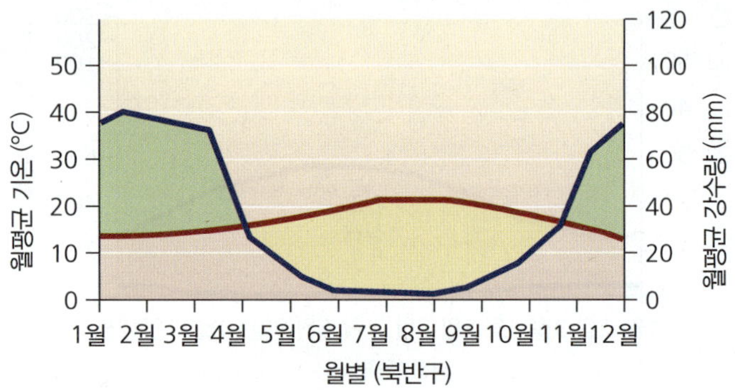

(b) 미국, 캘리포니아, 로스엔젤레스

▲ 그림 4.26 관목수풀지대는 관목이 우점한 높은 계절적 변화의 생물군계로 해양기후의 영향을 받으며, 화재에 따라 변화한다. 기후그래프는 Breckle, S.W., 2002로부터 인용함.

조건을 제공한다.

북방림 종종 타이가라 불리는 **북방림(boreal forest; 그림 4.25)**은 캐나다와 알래스카, 러시아, 스칸디나비아를 걸쳐 넓은 지대로 뻗어 있다. 이곳은 검은 가문비나무와 같이, 몇 안되는 상록수들로 구성되어 있는데, 이들은 습지와 호수들이 산재된 넓은 산림지역에 우점하고 있다. 이 산림은 온대림보다 차갑고 건조한 지역에서 발달하며 길고 추운 겨울과 짧고 선선한 여름을 맞이 하게 된다. 토양은 전형적으로 영양분이 적고 산성이다. 계절적으로 낮의 길이와 기온, 강우량의 변화가 매우 심하기 때문에, 많은 생물들은 양분섭취와 번식행위를 따뜻하고 습한 짧은 몇 개월 동안 집중하고 있다. 북방림에 연중으로 서식하는 동물들은 사슴, 늑대, 곰, 스라소니, 설치류 등의 포유동물이 있다. 이 생물군계는 또한 기간이 짧고 먹이가 풍부한 여름에 열대지방을 거쳐 번식을 위해 찾아오는 곤충을 잡아먹는 철새들을 맞이한다.

지중해성관목지대 북방림과는 대조적으로, 연속적인 분포를 보이는 **지중해성관목지대(chaparral; 그림 4.26)**는 아주 작은 패치의 형태로 전 세계에 걸쳐 넓게 분포하고 있다. 지중해성관목지대는 대부분 상록관목으로 이루어져 있고 조밀하게 모여 있다. 이 생물군계 역시 온화하고 습한 겨울과 따뜻하고 건조한 여름으로 계절적 변화가 뚜렷하다. 이러한 형태의 기후는 해양의 영향을 받고 있으며 종종 "지중해성"으로 불린다. 지중해 외에도, 지중해성관목지대는 캘리포니아와 칠레, 남호주의 해안을 따라 발생한다. 지중해성관목지대의 군집은 빈번한 화재를 겪게 되며, 이곳의 생물종들은 화재에 강하거나 또는 씨앗의 발아는 이러한 현상에 의존하기도 한다.

>> 결론

자연의 세계는 매우 복잡해서 여러 방법과 다양한 규모를 동원해야 바라볼 수 있다. 세계의 군집을 주요 형태로 구분하는 것, 또는 생물군계는 가장 광범위한 지리학적 규모에 대한 정보를 제공한다. 더 국소적인 차원에서 군집의 기능을 위해하기 위해서는 종과 종 사이의 상호작용을 이해하는 것이 필요하다. 경쟁, 포식, 기생 및 공생 등의 상호작용들은 강함 및 약함, 직접 및 간접효과로 나타난다. 먹이관계는 영양단계와 먹이망의 개념으로 나타낼 수 있으며, 특히 영향력이 강한 종을 핵심종이라 부르고 있다. 사람들은 생태군집을 변화시키는데, 어떤 경우에는 비토착종을 유입함으로써 이들이 종종 침입자로 둔갑하게 된다. 그러나 점점, 생태복원을 통하여 우리가 그 동안 조장한 변화들을 원래대로 돌리려는 시도를 하고 있다.

이해도 측정

1. 경쟁은 어떻게 자원의 배분을 촉진하는가?
2. 몇 가지 착취종들의 상호작용의 유형을 대조하시오. 포식, 기생, 초식은 어떤 차이가 있는가?
3. 공생적 상리공생 및 비공생적 상리공생의 사례를 들으시오. 상리공생이 당신의 일상에 영향을 미치는 방법을 적어도 한 가지 기술하시오
4. 영양단계와 에너지흐름의 개념을 이용하여, 채식주의자의 생태발자국이 육식주의자보다 작은 이유를 설명하시오
5. 먹이사슬과 먹이망을 구별하시오. 어느 것이 군집의 실체에 가장 일치하는가?, 그 이유는?
6. 핵심종이란 용어의 의미는 무엇인가? 어떤 유형의 생물체가 핵심종에 가장 가깝다고 생각하는가?
7. 1차천이를 설명하시오. 이는 2차천이와 어떻게 다른가?
8. 복원생태학이란 무엇인가? 이것이 오늘날 중요한 과학적 과업이 된 이유는 무엇인가?
9. 지구의 특정한 지역에서 형성되는 생물군계에 가장 큰 영향을 미치는 요인들은 무엇인가? 특정 지역에서 형성되는 수계의 형태를 결정하는 요인들은 무엇인가?
10. 열대우림에 대한 전형적인 기후도표를 묘사하시오. 도표의 모든 부분을 표시하고 생태학자가 얻을 수 있는 모든 유형의 정보를 기술하시오. 이제 사막에 대한 기후도표를 묘사하시오. 이것은 열대우림의 기후그래프와 어떻게 다른가? 이를 통하여 두 생물군계의 차이에 대해서 무엇을 알 수 있는가?

해법찾기

1. 같은 식물에서 씨앗을 먹으며, 곁에서 나란히 섭식활동하는 두 종류의 새를 발견했다고 가정해보자. 당신은 이들이 과연 경쟁하고 있는지를 궁금해 한다. 어떻게 이 의문점을 해결할 과학적 연구를 설계할 것인지 기술하시오. 당신은 초기에 어떤 관찰을 시도할 것인가? 두 새들이 경쟁하고 있다는 가정을 실험하기 위해 체계적인 실험을 진행하려 할 것인가? 그렇다면 어떻게?
2. 캠퍼스 밖이나 당신이 사는 마당, 또는 가까운 공원이나 자연공간에서 일정 시간을 머무르시오. 최소 10가지의 생물체(식물, 동물, 및 기타)를 찾아, 각각 이들이 무엇을 먹고 사는지, 또는 이들이 어떻게 영양분을 가져오는지를 추측할 수 있도록 충분한 시간을 갖고 관찰하시오. 이제 그림 4.9를 모델로 하여 관찰한 모든 생물들이 포함된 간단한 먹이망을 묘사하시오.
3. 당신은 이 장에서 기술하지 않은 생물들 중 핵심종이라 여겨지는 생물이 떠오르는 것이 있는가? 어떤 이유에서 그리 생각하는가? 이 생물이 핵심종인지 여부를 어떻게 실험실에서 테스트할 수 있는가?
4. 과학자들은 왜 침입종이 문제가 된다고 생각하는가? 무엇이 생물종을 침입자로 만드는가? 침입종은 어떠한 생태적 영향을 갖고 있는가?
5. **생각해보기** 연방정부기관이 당신을 얼룩말홍합의 침입에 대한 대응을 고안하는 담당자로 지정하였다. 이 장에서 배운 내용을 바탕으로, 당신은 어떻게 이 종을 제어할 방법을 찾아 그 영향을 감소시킬 것인가? 당신은 어떤 전략을 즉시 구사할 것인가, 또한 어떤 전략으로 이후의 과학적 연구를 진행할 것인가? 당신의 각 아이디어 중에서, 이익이나 보탬이 되는 것 한 가지를 들고, 실행과정에서 직면할 수 있는 한 가지 장애물을 밝히시오. 당신은 어떠한 추가적인 조치로 전개되는 콰가홍합의 침입을 다룰 것인가?

생태발자국 계산하기

2005년, 코넬대학의 생태학자인 데이비드 피멘텔과 로돌포 주니가, 도우 모리슨은 미국내 도입 및 침입한 종들에 의한 경제적, 생태적 비용을 검토하였다. 이들은 미국에 대략 5만 종이 도입되었고, 매년 1,200억 달라가 넘는 경제적 비용이 든다는 것을 알아냈다. 이 비용은 직접적인 유실 및 손해와 함께 침입종을 제어하는 데 드는 비용이 포함되었다. (연구진들은 그들이 몇 배나 더 많은 비용이 소요될 것이라고 말하는 생물다양성과 생태계 서비스, 심미적 가치 등은 금전적 비용으로 계산하려 하지 않았다). 각 유형별 도입종의 수와 이들이 우리 경제에 손해를 끼치는 연간 비용을 결정하기 위한 다음의 표에서 빠진 부분을 계산하시오.

생물군	총 도입비율	도입된 종의 수	연간 총비용 비율	연간 경제적 비용
식물	50.0	25,000	27.2	
미생물	40.0		20.2	
절지동물	9.0		15.7	
어류	0.28		4.2	
조류	0.19		1.5	$1.9 billion
연체류	0.18		1.7	
파충류 및 양서류	0.11		0.009	
포유류	0.04	20	29.4	$37.5 billion
합계	100	50,000	100	$127.4 billion

Data from Pimentel, D., R. Zuniga, and D. Morrison, 2005. Update on the environmental and economic costs associated with alien–invasive species in the United States. *Ecological Economics* 52: 273 – 288.

1. 미국에 도입된 5만여 종 중에 절반은 식물이다. 비토착종이 새로운 환경에 도입되는 방법을 두 가지 기술하시오. 우리는 어떻게 비재래종이 새로운 지역에 정착하거나 기존군집에 위협을 주는 것을 방지하도록 도움을 줄 수 있는가?
2. 작물에 손해를 끼치는 생명체가 가장 많은 비용을 치르는 도입종이다. 잡초나 병원성미생물, 절지동물 등, 작물을 공격하는 종들이 피멘텔과 그의 동료들의 기록한 비용의 절반을 차지한다. 어떠한 조치들을—농부와 정부, 그리고 사회로써 우리가—취해야 작물에 대한 침입종들의 영향을 최소화할 수 있겠는가?
3. 어떻게 당신의 행동이 위에 열거한 비토착종들의 유입 및 생태학적 임팩트에 영향을 줄 수 있는가? 침입종들의 영향이 감소될 수 있도록 당신이 개인적으로 할 수 있는 것을 세 가지 열거하시오.

5 환경경제와 환경정책

이 장을 마치고 나서 할 수 있는 것들

- 경제이론의 원리를 설명하고 환경에 대한 그 의미를 요약
- 경제성장, 경제적 건전성(economic health) 및 지속가능성의 개념을 비교
- 환경경제학과 생태경제학의 접근방법을 설명
- 환경정책의 목표를 설명하고 그 사회적 상황을 평가
- 미국 환경정책의 역사를 논의하고 주요 미국 환경법을 확인
- 국제적 환경정책 관련 기관들을 특징짓고 각국의 국가간 문제를 처리하는 방법 평가
- 환경정책 과정의 개요를 서술하고 그 효율성 평가
- 정책 과정에서 과학의 역할을 논의
- 환경정책에 대한 서로 다른 접근방법들을 대조

티후아나 강 하구 근처 오염된 해변

중점 사례 연구

샌디에이고와 티후아나: 오염문제 및 정책 해법

"사려 깊고 최선을 다하는 소그룹의 시민들이 진실로
세상을 바꿀 수 있음을 결코 의심하지 말라.
그것이 지금까지 있었던 유일한 것이다."
—인류학자 마가렛 미드(Margaret Mead)

"인간과 자연이 생산적인 조화 속에서 존재할 수 있고 미국의 현재와 미래 세대의 사회적, 경제적 및 기타 요건을
충족할 수 있는 상태를 생성하고 유지하는 것은 연방정부의 지속적인 정책이다."
—국가환경정책법(National Environmental Policy Act)

샌디에이고의 남쪽 해변은 서핑하기에 세계 최고 대열의 파도를 자랑한다. 그러나 요즘 대부분의 서퍼들은 그 유혹을 회피한다. 그 이유는 이곳과 가까운 오염이 심한 멕시코의 티후아나강에서 국경선을 가로질러 흘러서 태평양으로 흘러가고 수백만 갤론의 처리되지 않은 폐수를 쏟아내기 때문이다.

"비가 내릴 때, 나는 그것을 하수 쓰나미라고 한다."라고 서퍼이자 환경운동가인 서지 데디나(Serge Dedina)가 말한다. "임페리얼 비치에서 코로나도까지 40 m^2에 걸쳐, 눈으로 볼 수 있는 곳까지 갈색 깃털 같은 것이 덮여 있다."

폭우가 하수 처리장의 폐수 처리 한도를 넘을 때 그러한 사건이 발생한다. 샌디에이고 해안수는 비가 오염물질을 강으로 밀어낼 때 강우 유출수를 받아들인다. 멕시코의 티후아나 국경지역을 가로질러, 노후화하여 누수하는 하수 시스템이 이물질에 막히게 되고 미처리 하수가 거리로 넘쳐 흐르고 결국 티후아나강으로 흘러가게 되었다.

멕시코 북부 바하 캘리포니아의 황량한 풍경을 관통하여 북서쪽을 감아 흐르는, 티후아나강은 샌디에이고 남쪽 미국 국경을 가로지른다(**그림 5.1a**). 물이 강으로 흘러드는 육지로 구성된 티후아나강의 유역은 4,500 km^2(1,750 mi^2)을 차지하며 두 국가의 200만 명의 사람들의 보금자리다. 티후아나강 유역은 멕시코가 그 지역의 약 70%를 차지하는 국경의 유역이다(국경선을 가로지르기 때문에 그렇게 이름을 붙었다). 그 국경의 멕시코 쪽의 강과 지류는 농장, 아파트, 판잣집, 공장, 누수 중인 하수처리공장 및 독성 폐기장과 연결되어 있다. 비가 이 모든 출처의 오염물을 티후아나강으로 쏟아내고 결국 미국과 멕시코 해변으로 간다(**그림 5.1b**).

비록 오염물질이 수십 년 동안 티후아나강에 유입되었다 하더라도, 최근 몇 년 동안 그 지역의 인구가 급속히 증가하여 하수 처리 시설의 용량을 초과하여 문제가 점차 악화되었다. 그 영향이 심화되어 결과적으로, 멕시코와 미국은 티후아나의 부하 폐기물을 처리하기 위한 폐수처리장 건설을 합의하였다. 사우스 베이 인터내셔널 폐수 처리장(IWTP)은 1997년 북쪽 국경에서 제한적으로 가동을 시작했고 하루에 9,500만 리터(2,500만 갤론)까지 폐수를 처리하였다. 그러나 불행히도, 티후아나의 인구가 너무 빠르게 성장하여, 그 시설은 3년 이내에 그 용량 한계에 도달했고, 과부하된 폐수가 하류로 흐르기 시작했다.

그 후로, 해변 폐쇄 및 오염 관련 건강 위해성 권고가 번번하게 공지되었고, 강을 따라 쓰레기가 해변에 흩어져 있었다. "나는 매일 깨진 병, 풍선 또는 캔의 고리부분 등을 발견한다. 피하 주사 바늘을 발견하기도 했다. 정말로 슬프다"라고 임페리얼 비치의 한 주민이 그 지역 신문에서 말했다.

티후아나강 유역의 멕시코 주민들은 대부분 이웃 미국인들에 비해 빈곤하게 살고 있기 때문에 보다 심한 오염을 겪고 있다. 티후아나의 주택 약 1/3이 하수 시스템과 연결되어 있지 않으며 로마 타우리나(Loma Taurina) 같은 빈곤 지역에서는, 먹고 마시는 물을 오염시키고, 질병 위험을 높여 강의 오염물질이 사람들의 일상 생활에 직접 영향을 미치는데, 특히 홍수 발생시 더욱 심하다. 멕시코 국경 쪽에 미국 소유 공장, 즉 마킬라도라(maquiladoras: 값싼 노동력을 이용, 조립 · 수출하는 멕시코의 외국계 공장)의 증가 또한 산업 폐기물의 직접 처분, 그리고 이 지역에 수천 명의 새로운 노동자를 유치함으로써 오염을 가중시켜 왔다. 여러 가지 측면에서 국경 지역을 걸쳐 경제적 불평등이 수질 오염문제를 악화시켜 왔다.

우리가 이 장에서 환경경제학과 환경정책을 탐구할 때, 주기적으로

(a) 티후아나강 유역 지도

(b) 폐수가 티후아나 근처 대양으로 유입한다

▲ **그림 5.1** 티후아나강은 멕시코에서 샌디에이고 바로 남쪽 캘리포니아로 북서쪽으로 구불구불 흐르며, 4,500 km²(1,750 mi²) 유역을 흘러 나간다(지도에서 녹색으로) **(a).** 강으로 들어가는 오염물질은 국경 양쪽 사람들에게 영향을 미치고 때때로 태평양 진입 하구역에 갈색 깃털처럼 보이는 것을 형성한다 **(b).** 사진은 티후아나를 배경으로 한 북쪽의 항공 사진이다.

티후아나강 유역의 사람들이 그 지역의 오염문제를 해결하기 위해 과학 및 정책을 사용하여 어떻게 접근하는지 살펴볼 것이다. ■

경제학: 접근방법 및 환경적 의미

많은 환경문제는 우리가 티후아나강 유역에서 본 영향들을 복합적으로 공유한다 — 인간의 건강에 해를 끼치고, 생태계를 바꾸고, 경제적 피해를 입히고 사람들 사이의 불평등에 기여하는 등. 티후아나강 유역에서, 오염이 그 지역 경제에 영향을 끼친다 — 차례로, 경제적 불평등이 오염을 심화시킨다. 하천의 오염된 물은 병원균(질병을 일으키는 유기체)을 운반하여, 건강을 위협하고 의료 비용을 증가시킨다. 처리되지 않은 폐수는 용존 산소의 농도를 낮추어, 경제적으로 가치 있는 어패류를 죽인다. 오염과 해변 폐쇄는 멕시코와, 남 캘리포니아의 휴양 및 관광 모두를 감소시킨다 그 해변들은 매년 15억 달러 이상을 소비하는 17,500만 관광객을 유치했다. 결과적으로, 오염을 줄이는 방법을 찾는 것이 그 지역 경제에 도움이 될 것이다.

경제학(economics)은 사람들이 그 수요 측면에서 재화와 용역을 제공하는 자원을 사용 결정하는 방법을 연구한다. 이 정의에 의하면, 환경문제는 또한 인구와 1인당 자원 소비에 따른 경제적 문제이다. 사실, 경제학이라는 말과 생태학이라는 말은 동일한 그리스어 어원, "가정(household)"을 의미하는 *oikos*에서 나온다. 생태학자들이 모든 생물의 보다 광범위한 서식처를 연구하는 반면, 경제학자들은 전통적으로 인간 사회의 가정을 연구해왔다.

여러 유형의 경제가 존재한다

경제(economy)는 자원을 개인과 기업에 의해 매입 및 제조되는 물질 상품인 **재화(goods)**로 변환하는 사회 시스템이다. 그리고 **서비스(services)**는 사업의 형태로 타인을 위해 행하는 일이다. 경제의 가장 오래된 유형은 **생존 경제(subsistence economy)**이다. 생존 경제에서 사람들은, 급여를 받고 일하여 그 후 생필품을 구입하기보다는, 그들이 자연에서 수집하거나 그 자신이 생산할 수 있는 것으로 그 일상 수요를 충족시킨다.

경제의 두 번째 유형 **자본주의 시장 경제**이다. 이 시스템에서, 구매자와 판매자 간 상호작용이 어떤 재화와 서비스가 생산되는지, 얼마나 많이 생산되는지 그리고 이것들이 어떻게 생산되고 유통되는지를 결정한다. 자본주의 경제는 사회주의 경제, 즉 **중앙 계획 경제**와 대비된다. 중앙 계획 경제에서는 정부가 자원을 어떻게 할당하지 결정한다. 실제로, 오늘날의 자본주의 및 사회주의 경제는 실제 서로의 시스템을 도입한 하이브리드 시스템(흔히 **혼합 경제**라고 부른다)이다.

현대 혼합 경제에서는, 정부가 통상적으로 다음의 여러 가지 이유로 시장에 개입한다. (1) 단일 구매자나 단일 판매자에 의해 취해지는 불공정 이익을 제거하기 위해 (2) 국방, 의료 및 교육과 같은 사회 서비스를 제공하기 위해 (3) 노인, 자연재해 피해자 기타 등등을 위한 "안전망(safety nets)"을 제공하기 위해 (4) 공유지(1장)를 관리하고 (5) 오염과 건강 및 삶의 질의 기타 위협을 감소시키기 위해서 시장에 개입한다.

경제는 환경으로부터의 재화와 서비스에 의존한다

경제는 환경으로부터 (천연 자원과 같은) 투입(inputs)을 받고, 인간 사회가 기능할 수 있도록 그것을 복잡한 방법으로 가공한 다음 환경으로 (폐기물과 같은) 결과물(outputs)을 방출한다. 인간 경제와 비인간적 환경 간의 이러한 상호작용은 너무나 명백하지만, 전통적인 경제 학설은 오랫동안 이 연결의 중요성을 간과했다. 사실 대부분의 주류 경제학자들은 대체로 환경을 무시하는 세계관을 여전히 고수하고 있다(그림 5.2A)—그리고 이 개념이 계속하여 대부분의 정책 결정을 주도하고 있다. 그러나 빠르게 성장하고 있는 환경 경제학 및 생태 경제학 분야의 현대 경제학자들(5장)은 인간 경제는 환경의 부분 집합이며 천연자원과 생태계 서비스(ecosystem services)에 있어 환경에 결정적으로 의존하고 있다고 명시적으로 인정한다(그림 5.2B).

경제 활동은 천연자원(1장), 우리의 생존에 필요한 물질 및 힘을 사용한다: 태양 에너지, 우리가 마시는 신선한 물, 목재를 제공하는 나무, 금속을 제공하는 바위 그리고 기계에 동력을 제공하는 화석 연료. 천연자연을 자연이 생산하는 "재화"라고 생각할 수 있다.

환경 시스템은 또한 경제를 지원하는 방식으로 자연스럽게 기능한다. 지구의 생태계는 공기와 물을 정화하고, 토양을 이루며 영양분을 순환하고, 기후를 조절하며, 식물을 수분(受粉)시키고, 우리의 경제 활동으로 발생한 폐기물을 재생한다. **생태계 서비스(ecosystem services;** 1, 2장)라고 불리는 그러한 필수 과정이 인간 경제활동을 가능하게 하는 삶을 지원한다.

우리의 환경이 생태계 재화 및 서비스를 제공함으로써 경제 활동을 가동하지만, 경제 활동은 다시 환경에 영향을 미칠 수 있다. 경제활동은 천연자원을 고갈시키고 오염을 발생하여 생태계의 역량을 저하시킨다. 실제로, 밀레니엄 생태계평가(Millennium Ecosystem Assessment; 1장)는, 과학자들이 전 세계적으로 조사한 24개의 생태계 서비스 중 15개가 성능 저하 또는 지속 불가능하게 사용되고 있다고 2005년 결론 내렸다. 생태계 서비스 저하는, 환경이 사람들의 경제적 기회를 침체시키는 티후아나강의 예에서 보는 바와 같이, 연쇄적으로 경제에 지장을 줄 수 있다. 밀레니엄 생태계평가에 따르면, 생태 저하는 부유한 자들보다 가난한 자들에게 더욱 해를 끼친다. 결과적으로, 생태계 서비스 복원은 빈곤을 완화하는 주요 수단이 된다.

아담 스미스는 "보이지 않는 손"을 제안했다

경제학이 18세기 학문으로 발전하기 시작했을 때, 많은 철학자들은 그 자신의 이기심으로 행동하는 개인들이 (공유지의 비극에서처럼, 1장) 사회에 해를 끼칠 것이라고 주장했다. 그러나 스코틀랜드 철학자 **아담 스미스(Adam Smith,** 1723~1790)는, 사리사욕 행위가 법률과 사유재산권으로 제한을 받고 공정한 경쟁시장 내에서 작용하는 한, 사회에 이익을 줄 수 있다고 믿었다. 오늘날 **고전 경제학(classical economics)**의 창시자로 알려진 스미스는 경쟁 시장에서 사람들이 그 자신의 경제적 이익을 자유롭게 추구할 때, 시장은 그 행동들이 전체로서 사회에 이익을 주도록 이끄는, 마치 "보이지 않는 손"에 인도되는 것처럼 움직일 것이라고 생각했다. 스미스의 철학은 오늘날 여전히 자유시장 사상의 지주로 남아 있다.

신고전주의 경제학은 심리학과 비용 편익 분석을 통합한다

경제학자들은 그 후, 인간 행동을 설명하고자 했을 때, 보다 정량적 접근방법을 채택했다. **신고전주의 경제학(neoclassical economics)**은 소비자 선택의 기저를 이루는 심리학적 요소를 검토하여 특정 상품 단위에 대한 소비자의 선호도 측면에서 시장 가격을 설명한다. 신고전주의 경제이론에서 구매자는 가능한 가장 낮은 가격을 원하는 반면, 판매자는 가능한 가장 높은 가격을 원한다. 이 갈등의 결과로, 절충가에 도달하고 "적당한" 양의 상품이 매매된다. 이 균형은 종종 공급 측면에서 주어진 가격으로 판매 제안되는 상품의 양, 그리고 수요의 측면에서 구매하고 싶다면 주어진 가격에서 사람들이 구매할 상품의 양으로 표현된다(그림 5.3).

행동이나 결정을 평가하기 위해, 신고전주의 경제학자들은 종종 **비용 편익 분석(cost-benefit analysis)**을 사용한다. 이 접근방법에서, 경제학자들은 제안된 행동에 대한 예상 비용을 집계하고 이것을 행동의 결과로 추정되는 이익의 합과 비교한다. 이윤이 비용을 초과하면, 그 행동을 추구해야 한다; 비용이 이윤을 초과하면, 그것은 추구해서는 안 된다. 대안 행동의 선택을 고려할 때, 비용에 대한 최대 이윤 초과를 선택해야 한다.

이 논리는 아주 논리적이지만, 모든 비용 및 이윤이 쉽게 식별되어 정의되거나 정량화될 수 없기 때문에, 문제가 종종 발생한다. 예를 들어 오염을 줄이는 장비를 설치하는 비용을 집계하는 것은 쉬울 수 있으나, 사람들의 건강이나 라이프스타일에 대한 환경의 영향을 평가하는 것은 어렵다. 게다가, 화폐 가치는 종종 (공장 오염물질의 지역사회에 대한 장기적인 건강 영향과 같은) 환경 비용보다 (공장이 창출하는 일자리와 같은) 경제적 이익에 훨씬 쉽게 할당될 수 있으며, 그래서 경제적 이익은 비용 편익 분석에서 부풀려지는 경향이 있다. 그 결과, 환경 옹호론자들은 종종 이들 분석이 경제 개발을 선호하고 환경 보호에 대항하는 편파적 것이라고 느낀다.

신고전주의 경제학은 환경에 대한 심오한 함의를 가진다

오늘날의 자본주의 시장 체제는 대체로 신고전주의 경제학의 원리에 따라 움직인다. 이 체제는 우리 사회에 유래 없는 물질적 부를 창출했다. 유감스럽게도 다음, 신고전주의 경제학의 네 가지 기본 가정들은 종종 환경 파괴에 기여한다.

자원은 무한하거나 대체 가능한가? 하나의 가정은 천연 자원과 노동자와 같은 인적 자원은 무한하거나 대체로 대체가능하고

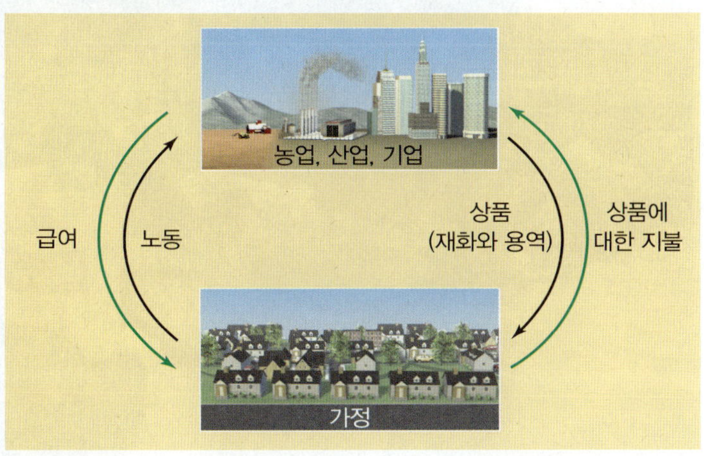

(a) 경제 활동에 대한 전통적인 관점

◀ 그림 5.2 표준 신고전주의 경제학은 가계와 기업 간의 생산과 소비의 과정에 집중하는데(a), 환경을 상품 생산을 가능하게 하는 "생산의 요소"로서만 간주한다. 반면, 환경 경제학과 생태 경제학은 각각 인간 경제를 자연 환경 내에 존재하며(b), 환경으로부터 자원을 받고, 폐기물을 환경에 배출하고 다양한 생태계 서비스로부터 혜택을 받는 것으로 본다.

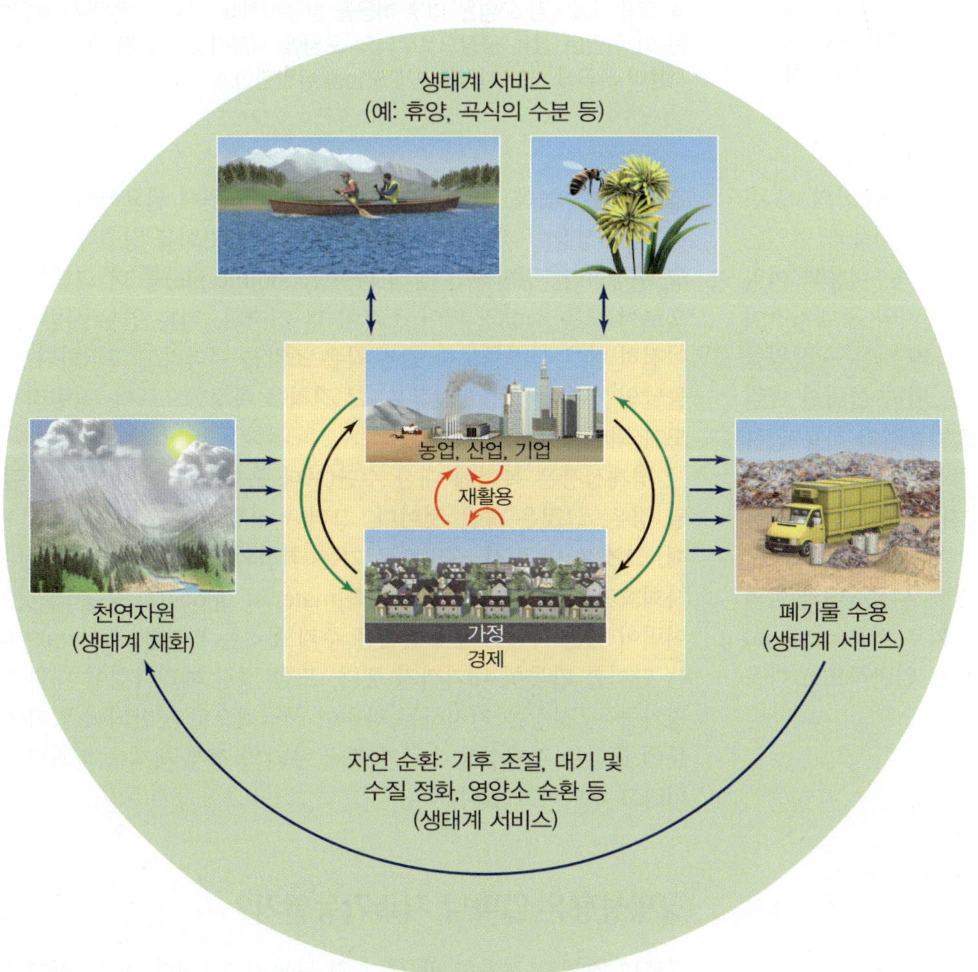

(b) 환경 및 생태 경제학의 경제 활동에 대한 관점

교체할 수 있다는 것이다. 이것은 우리가 하나의 자원을 다 써버렸다면 그 자원을 대체물을 찾을 수 있을 것이라는 의미이다. 분명히 많은 자원은 대체 가능하다. 그러나 일부는 대체 불가능하다. 화석 연료와 같은 재생할 수 없는 자원은 진정 고갈될 수 있으며, 산림 제품과 같은 많은 재생 가능한 자원 또한 그 자원이 보충되는 것보다 더 빠르게 소모한다면 고갈될 수 있다.

우리는 미래를 할인해야 하는가? 둘째, 신고전주의 경제학은 현재의 사건보다 미래의 사건에 더 낮은 가치를 부여한다. 경제 용어로, 미래 영향을 "할인한다" 단기 비용 및 이익은 장기 비용 및 이익보다 더 큰 중요성을 부여하며 우리가 장기적인 정책 결정 결과를 무시하게 한다. 많은 환경문제는 점차로 전개되고, 할인은 우리가 창출한 오염과 오늘날 우리가 고갈시키는 자원의 미래 세대에 대한 영향을 경시하도록 한다.

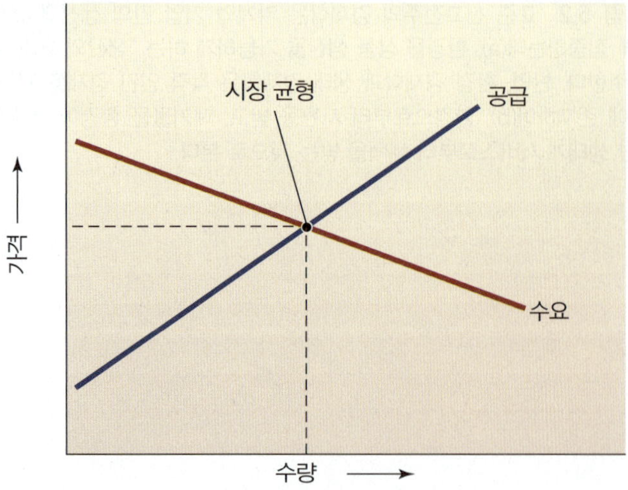

▲ **그림 5.3** 수요 및 공급 그래프에서, 수요 곡선은 소비자가 각 가격으로 원하는 주어진 재화(또는 용역)의 양을 나타내며, 공급 곡선은 각 가격으로 생산되는 양을 나타낸다. 자동적으로 시장은 공급이 수요와 같은 균형점을 향해 움직인다.

▲ **그림 5.4** 강 오염은 외부 비용을 발생시킨다. 티후아나강에서 세탁하는 이 여인은 상류 공장으로부터의 오염에 시달리고 있으며 그녀의 세제 사용이 하류에 사는 사람들에게 오염을 유발한다.

모든 비용과 이익은 내부적인가? 신고전주의 경제학의 세 번째 가정은 재화 또는 용역의 교환과 관련된 모든 비용과 이익은 직접 거래한 개인들에 의해 부담된다는 것이다. 즉, 비용과 이익은 거래에 대해 "내부적"이라고 가정하며, 판매자와 구매자만이 경험한다는 것이다. 그러나 많은 거래가 사회의 다른 구성원들에게 영향을 미친다. 예를 들어, 티후아나강을 따라 들어선 마킬라도라(멕시코의 외국계 기업)에서 발생한 오염물질이 하류에 사는 사람들에게 해를 끼칠 수 있다. 그러한 경우, 오염 발생에 관여하지 않은 사회의 구성원들이 그 비용을 지불하게 된다. 시장 가격이 오염의 사회적, 환경적 또는 경제적 비용을 고려하지 않을 경우, 납세자가 그 비용의 부담을 진다. 판매자나 구매자 이외의 사람들에게 영향을 미치는 거래의 비용은 **외부 비용(external costs)**으로 알려져 있다(**그림 5.4**). 외부 비용은 일반적으로 다음을 포함한다.

- 인간의 건강 문제
- 재산 피해
- 하천에 물고기 감소와 같은 환경의 질적 저하
- 대기 오염이나 벌목과 같은 미적 손상
- 오염원의 하류나 하류에 사는 사람들이 경험하는 스트레스와 불안
- 이러한 문제로 인한 부동산 가치 저하

외부 비용을 무시함으로써, 경제는 특정 선택의 결과에 대한 잘못된 인상을 만들며 참여하지 않는 거래의 영향에 사람들을 시달리게 한다. 외부 비용은 정부가 환경 법규 및 규정을 개발하는 이유의 하나를 구성한다.

모든 성장이 좋은가? 신고전주의 경제 접근의 네 번째 가정은 경제성장이 높은 고용 및 사회질서 유지를 위해 필요하다는 것이다. 경제성장이 가난한 자들이 부유해지는 기회를 창출해야 한다고 주장한다. 전반적인 경제 파이(economic pie)를 더 크게 만듦으로써 모든 사람의 파이 조각이 더 커지며, 비록 일부 사람들은 여전히 다른 사람들보다 훨씬 작은 조각을 먹더라도 그러하다. 오늘날의 경제에서 경제성장은, 그 진척을 측정함으로써, 정량적 척도가 되었다.

경제성장은 목적에 대한 수단(보다 훌륭한 웰빙으로 가는 길)일 경우, 그것은 좋은 것이다. 그러나 성장 그 자체로 목적이 될 때, 그것은 더 이상 웰빙으로 가는 최선의 경로가 아닐 수 있다. 사회학자들은 심지어, 물적재화(material goods)가 종종 그것에 여력이 있는 사람들에게 만족을 주지 못하는 **부자병(affluenza)**이라는 단어를 만들어 내기까지 했다. 또한 성장 패러다임에 대한 비평가들은, 성장을 지지하는 자원이 궁극적으로 제한되어 있기 때문에 끝없는 경제성장 추구가 결국 우리의 경제 체제를 파괴할 것이라고 우려하고 있다.

경제성장은 얼마나 지속가능한가?

글로벌 경제는 정확히 반 세기 전 규모의 7배이다. 모든 경제 활동 척도(거래, 생산율, 생산된 재화의 양과 가치)는 어느 때보다 높다. 이는 많은 사람들에게 보다 커다란 물질적 부를 가져다주었다(비록 불평등하고 빈부 격차가 증가하였지만).

오늘날 미국은 "보다 많고 보다 큰" 것이 항상 더 좋다는 관점의 전형적 예시이다. 기술 발달과 글로벌 무역 팽창으로 인하여 광고 및 상품의 이용가능성 증대가 이루어져, 미국인들은 역사상 유래 없는 소비 열풍이 일어났다. 1인당 소비의 급격한 증가는 다수의 결과를 낳았다(**그림 5.5**).

경제성장은 다음 두 가지에서 비롯한다. (1) 경제에 투자 증

가(예: 노동과 천연자원에 보다 많은 투자) (2) 보다 나은 기술 및 접근방법으로 인해 생산 효율성 증진(예: 보다 적은 투자로 보다 많은 재화를 생산할 수 있도록 하는 아이디어와 장비). 이 두 번째 접근방법—그에 의해 적은 투자로 보다 많이 생산—은 종종 경제 발전이라고 한다.

인구 및 소비가 증가하자, 우리는 첫 번째 접근방법을 사용하여서 영원히 성장을 지속할 수 없다는 것이 점점 분명해지고 있다. 지구상에 재생 불가능한 자원들은 양적으로 유한하고 많은 재생 가능한 자원들은 수확할 수 있는 속도에 제한이 있다. 두 번째 접근방법에 대하여, 우리는 성장에 대한 한계를 극복하기 위해 재차 기술 혁신을 실행하여 왔다. 광물, 화석 연료 및 지하수를 추출하는 보다 효율적인 기술이 우리가 이들 자원을 덜 낭비하고 보다 완전하게 활용할 수 있게 한다. 자동화된 농기계, 비료, 화학 살충제는 단위 토지 면적당 보다 많은 식량을 생산할 수 있도록 한다(7장). 새로운 기계는 우리의 제조 속도를 높인다. 우리는 계속하여 보다 강력한 컴퓨터 칩들은 생산하면서 그 칩들은 점점 소형화하고 보다 적은 원료를 사용한다. 이러한 모든 방법을 동원하여 우리는 보다 적은 자원을 사용하면서 보다 많은 재화와 용역을 생산하고 있다.

그러면 우리는, 기술 발전이 우리의 모든 환경적 한계를 극복하고 무한히 경제성장을 계속할 수 있을 것이라고 결론 내릴 수 있는가? 분명한 것은 기술혁신을 통하여 자원 기반을 고갈시키지 않고 보다 높은 효율성 및 경제성장을 이룩할 수 있다는 것이다—그러나 궁극적으로, 재생 불가능한 자원은 유한하며, 재생 가능한 자원은 제한된 속도로만 사용할 수 있다. 인구와 소비가 계속하여 성장하고 우리가 완전한 재사용 및 재생으로 변화하지 않는다면, 우리는 결국에 자원을 고갈시키고 우리의 혁신 역량에 점점 더 큰 요구를 하게 될 것이다.

생태경제학자들(ecological economists)은, 결국 문명이 그 환경적 한계를 극복하지 못할 것이라고 주장한다. 생태 경제학자들은 생태계 및 시스템 과학(2장)의 원칙을 경제 체제의 분석에 적용하고, 자연 시스템이 인간 경제를 지속가능할 수 있도록 하는 좋은 모델로 생각한다. 자연에서, 모든 개체군은 한계 요인 및 수용 능력(carrying capacity)에 직면하며(3장), 시스템은 일반적으로 선형적 방식이 아닌 자기 재생 주기(self-renewing cycles)로 작동한다. 많은 생태 경제학자들은 경제성장이 둔화되더라도 다소 안정적인 경제를 옹호한다. 그러한 안정된 상태의 경제는 자연 시스템을 반영하려는 것이다. 생태 경제학자들은 삶의 질은, 지속가능성을 향상시키는 기술 발전과 보다 높은 재활용과 같은 행동 변화의 결과로서, **안정상태의 경제(steady-state economies)**에서 지속적으로 높아질 수 있다고 주장한다. 그들의 주장에 의하면, 부와 인간의 복지는 경제성장이 평준화한 후 계속하여 높아질 수 있다.

환경경제학자들(environmental economists)은, 인구 증가가 감소하지 않거나 자원이 보다 효율적으로 사용되지 않는다면, 경제가 지속가능할 수 없다는 생태 경제학에 동의하는 경향이 있으나, 그들은 우리가 이러한 변화를 이룩할 수 있으며 우리의 현재 경제 체제 내에서 지속가능성을 달성할 수 있을 것이라 애써 주장

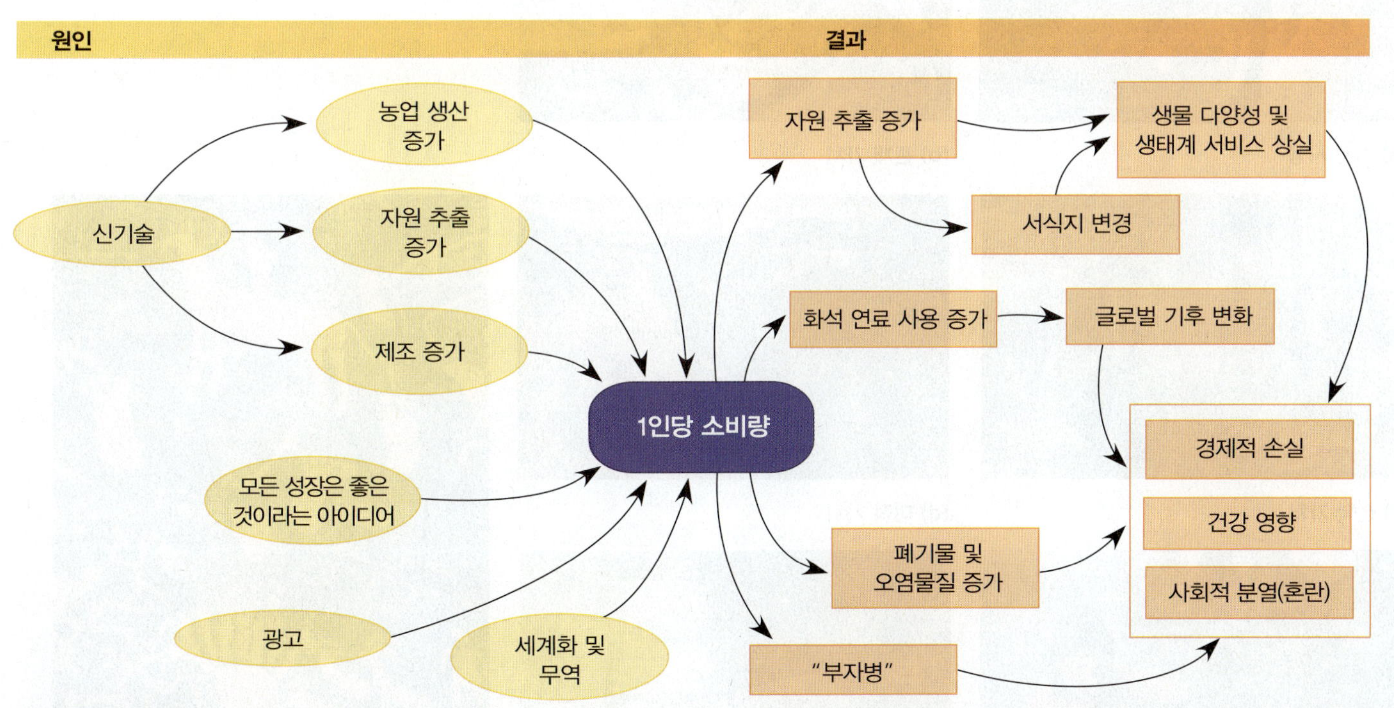

해결책

이 장을 통해, 당신이 할 수 있는 1인당 소비 증가에 대한 많은 솔루션을 확인하려고 노력하라. 여러분이 개인적으로 이 문제 해결에 도움이 되도록 무엇을 할 수 있는가? 각 조치나 솔루션이 상기 개념도의 항목들에 어떻게 영향을 미칠 수 있는지 고려하라.

▲ **그림 5.5** 재화 및 용역에 대한 1인당 소비 증가는 다수의 원인(왼쪽 타원)과 다양한 환경적, 사회적 및 경제적 귀결(오른쪽 상자)의 결과에서 기인한다. 이 개념도의 화살표는 원인에서 결과로 이어진다. 외곽 박스 내부의 그룹화된 항목들이 꼭 특별한 관계를 공유하는 것은 아니다; 외곽 박스는 단지 그 특징을 간소화하려 한 것이다.

한다. 환경문제를 다루기 위해 신고전주의 경제학의 원리를 수정함으로써, 환경 경제학자들은 우리의 경제를 계속 성장시킬 수 있으며 기술이 계속 효율성을 증진시킬 수 있을 것이라고 주장한다. 그리하여 생태 경제학자들은 혁신을 요구하는 반면, 환경 경제학자들은 개혁을 요구한다. 환경 경제학자들이 취하는 접근방식의 하나는 화폐 가치를 생태계 재화 및 서비스에 할당하는 것이며, 이는 그것들을 전통적인 비용 편익 분석으로 보다 잘 통합하기 위해서이다.

우리는 생태계 재화 및 서비스에 화폐 가치를 할당할 수 있다

생태계 서비스(ecosystem services)는, 일반적으로 재화나 용역의 시장 가격에 포함되지 않는 가치인 **비시장 가치(nonmarket values)**를 가진다고 한다(**표 5.1** 및 **그림 5.6**). 예를 들어, 자연 풍경으로부터 얻는 미적 및 휴양적 즐거움은 진정 가치 있는 것이다. 그러나 우리는 이것에 돈을 지불하지 않기 때문에, 그 가치를 정량화하기 힘들며 경제적 가치의 어떠한 전통적인 척도로도 표현할 수 없다. 또한 강우는 저수지를 우리가 마실 물로 채우고, 강이 우리에게 수력을 주며, 우리의 폐기물을 씻어 내려가며, 그리고 물이 증발하여 그 자체로 오염물질을 정화하고 다시 강하하는 지구의 물 순환(3장)을 생각해 보라. 이 자연 주기는 바로 우리 존재에게 매우 중요한 것이나, 그 가치를 정량화하지 못하기 때문에, 그것을 저해할 때 시장은 어떠한 재정적 벌금도 부과하지 않는다.

표 5.1 현대 시장 경제가 일반적으로 다루지 않는 가치들

비시장 가치	우리가 사물에 부여하는 가치
사용 가치	우리가 직접 사용하는 가치
존재 가치	비록 우리가 직접적으로 경험하지 못하더라고 단지 존재하기 때문(예: 멀리 떨어진 장소의 멸종 위기종)
선택 가치	지금 사용하지 않지만 나중에 사용할 수 있는 가치
미적 가치	그 미(美)나 감정적 호소에 대한 가치
과학적 가치	과학 연구의 대상이 될 수 있는 가치
교육적 가치	우리 자신들이나 세계에 대하여 우리에게 가르침을 주는 가치
문화적 가치	우리의 문화를 유지하거나 정의하는 데 도움이 되는 가치

(a) 가치 사용

(b) 존재 가치

(c) 선택 가치

(d) 미적 가치

(e) 과학적 가치

(f) 교육적 가치

(g) 문화적 가치

◀ **그림 5.6** 여기 표시된 것과 같은 비시장 가치에 대한 고려는 보다 나은 환경 및 경제적 가치를 결정하는 데 도움이 될 수 있다. 자세한 내용은 표 5.1을 참조하라.

이 딜레마를 해결하기 위해, 환경 및 생태 경제학자들은 생태계 서비스의 가치를 할당하는 방법을 모색했다. 한 방법으로서 경제학자들은 얼마나 많은 사람들이 자원을 보호하거나 회복하기 위해 기꺼이 지불할 용의가 있는지 확인하기 위해 (설문)조사를 실시한다. 또 다른 접근방법으로는 사람들이 휴양 목적으로 공원 여행에 지불하는 돈, 시간 또는 노력을 측정한다. 경제학자들은 또한 풍경, 전망, 평화 및 고요함의 달러 가치를 추론하기 위해 다른 환경 설정들에서 유사한 주택들에 대한 주택 가격을 비교한다. 그들은 또한 망가진 자연 시스템을 회복하기 위해서, 생태계 시스템의 기능을 기술로 대체하기 위해서, 또는 오염의 피해를 감소시키기 위해서 필요한 비용을 측정할 수도 있다.

1997년, 환경 경제학자 로버트 코스탄자(Robert Costanza)가 이끄는 한 연구팀이 대양, 숲, 습지 및 기타 생태계가 전 세계에 제공하는 모든 용역의 총 경제적 가치를 계산하기 시작했다. 코스탄자 팀은 과학 문헌을 샅샅이 뒤져서 수질 정화, 기후 조절, 식물 수분 및 오염 정화와 같은 17개 주요 생태계 용역에 대한 달러 가치를 추정하기 위해 다양한 방법을 사용한 100개 이상의 연구를 평가하였다(**그림 5.7**). 추정치의 정확도를 향상시키기 위해, 연구자들은 다양한 기법을 사용하여 데이터를 재평가하였다. 그들은 그 다음 각각이 차지하는 글로벌 영역을 각 생태계에 대한 평균 추정치에 곱하였다. 네이처 저널에 보고된 그들의 분석 계산에 의하면, 지구의 총 생물권은 매년 33조 달러(2011년 46조 달러) 가치의 생태계 용역을 제공한다—모든 국가의 총 GDP보다 많았다.

2002년 후속 연구에서, 코스탄자는 자연 시스템 보존 대(對) 황무지를 농업, 벌목 또는 양어용 전환의 이익 및 비용을 비교하기 위해 앤드류 밤포드(Andrew Balmford) 외 17명의 동료가 합류했다. 많은 연구를 검토 후, 그들은 지구의 육지 표면 15% 및 대양 30%을 차지하는 자연 보호 구역의 글로벌 네트워크는 4.4조 달러와 5.2조 달러의 가치가 있을 것으로, 사이언스 저널에 보고했다. 이러한 금액은 직접적인 인간의 천연자원 개발 사용을 위해 전환되는 지역의 가치 보다 100배 더 크다—그들의 연구에 의하면, 보호구역 보존이 현저하게 좋은 거래임을 나타낸다고 설명한다.

기업은 지속가능성 우려에 대응하고 있다

경제학자들이 오랜 가정을 다시 생각하고 보다 많은 소비자 및 투자자가 지속가능한 제품 및 서비스에 대한 선호도를 표현함에 따라, 많은 산업, 사업 및 기업들이 그들의 운영을 "친환경적으로 만듦(greening)"으로써 돈을 벌 수 있다는 것을 발견하고 있다.

벤 앤 제리즈(Ben & Jerry's)(아이스크림), 파타고니아(Patagonia)(아웃도어 의류), 세븐스 제너레이션(Seventh Generation)(가정용품) 및 크레도(Credo)(전 Working Assets; 전화 서비스). 일부 기업은 환경 의식적인(eco-conscious) 이미지를 함양해 왔다. 최근, 기업의 지속가능성은 기본이 되었고, 포드 자동차 회사(Ford Motor Company), 도요타(Toyota), 맥도날드(McDonald's), 스타벅스(Starbucks), 이케아(IKEA), 다우(Dow), 듀폰(Dupont), 바스프(BASF), 인텔(Intel) 및 월마트(Wal-Mart)를 포함한, 세계의 거대 기업 중 일부가 합류했다(**그림 5.8**). HP(Hewlett-Packard)는 사용된 토너 카트리지, 전자제품 및 플라스틱을 재사용 및 재활용하는 프로그램을 운영한다. 나이키(Nike, Inc.,)는 매년 수백만 켤레의 중고 운동화를 모아서 그 재료를 재활용하여 농구 코트, 테니스 코트 및 런닝 트랙 표면을 만든다. 갭(Gap, Inc.,)은 지속가능하게 설계한 본사 건물을 지었고, 그 매장 및 유통 센터의 에너지 사용을 절감했으며, 그 직원

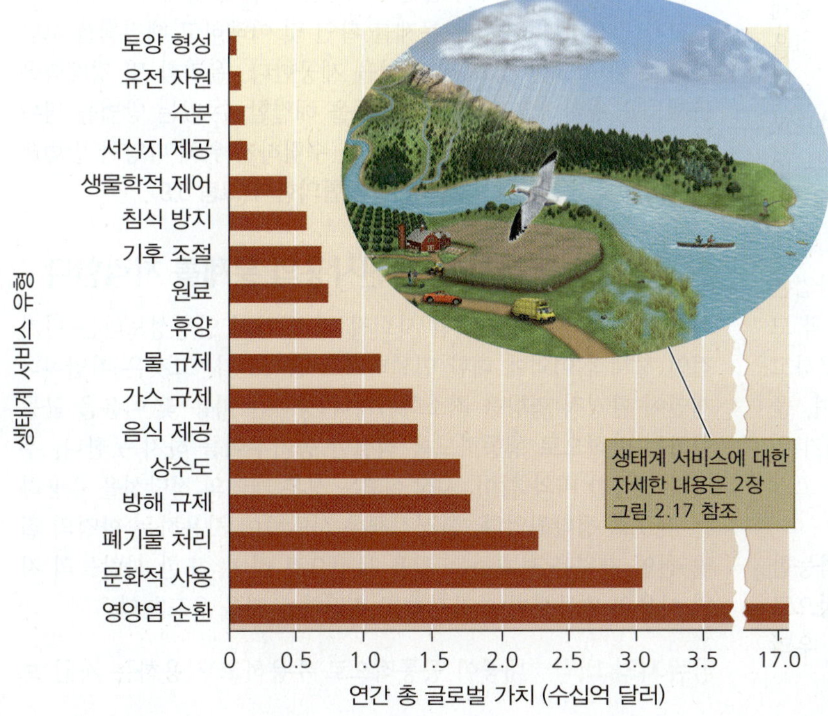

◀ **그림 5.7** 환경 경제학자들은 1997년 세계 생태계 서비스의 가치를 33조 달러 이상(2011년 46조 달러)으로 추정했다. 각 주요 생태계 서비스에 대한 소계를 나타낸다. 33조 달러 수치는 적절한 데이터가 이용 불가능한 생태계의 가치를 계산하지 않았기 때문에 과소 평가된 값이다. R. 코스탄자 외 1997의 데이터. 세계 생태계 용역 및 자연 자본의 가치. 네이처 387: 253–260.

▲ **그림 5.8** 월마트 점원이 고객을 위해 재사용 가능한 캔버스 가방에 소형 형광 전구를 담고 있다. 월마트는 가장 유명한 친환경 노력의 예를 제공한다. 이 세계 최대의 소매 업체는 유기농 및 지속가능한 상품을 판매하고, 포장을 줄이며 재활용 재료를 사용하고, 트럭의 연료 효율성을 높이며, 매장의 에너지 사용을 줄이고, 재생 가능한 에너지로 동력을 얻고, 이산화탄소 배출을 줄이며, 매 개발 에이커에 대하여 1에이커의 자연 토지를 보존하는 프로그램을 시작했다. 또한 그 제품을 평가하는 "지속가능성 지수"를 개발하여 소비자에게 알리는 중이다. 많은 사람들이 월마트의 지속가능성에의 노력에 여전히 회의적이지만, 그 사업을 유지하기 위해 공급자들에게 그들의 관행을 바꾸도록 설득하는 기업의 거대한 범위와 능력은 월마트가 추구하는 변화가 광범위한 영향을 미칠 수 있다는 것을 의미한다.

들을 위해 대체 교통수단을 장려하고 있다. 오늘날 많은 기업이 에너지 효율을 높이고, 독성 물질을 줄이며, 재활용 재료 사용을 높이고, 온실 가스 배출을 최소화하는 방법을 찾고 있다. 그렇게 함으로써, 그들은 종종 비용을 줄이고 이윤을 증가시킨다는 것을 발견한다.

물론, 기업은 그 주주들을 위해 돈을 벌기 위해 존재하므로 그들이 이익을 얻지 못하는 목표를 추구하리라고 기대할 수 없다. 때때로 기업의 친환경적인 노력은 현실보다 미사여구이며, 기업의 환경보호 홍보활동은 기업이 사실 보다 더 지속가능하게 행동하는 것으로 소비자를 오도할 수 있다. 예를 들어, 생수 산업은 "순수한" 및 "자연의"와 같은 단어로 그 제품을 광고한다. 숲과 고산 지대 용천수의 이미지는 생수가 우리가 마시기에 더 깨끗하고 더 건강하다고 믿도록 한다—실제로 물은 종종 덜 안전하며, 플라스틱 병은 주요 폐기물의 근원이며, 병을 제조하고 운송하기 위해 석유에너지를 사용하며, 그 산업은 지역 사회의 대수층을 고갈시킨다(12장).

결국 기업의 행동은 소비자의 행동에 달려 있다. 지속가능한 해법을 진정으로 촉진하는 기업들에게 보상함으로써, 진정으로 지속가능성 추세를 권장하는 소비자로서의 우리의 역할이 우리 모두가 해야 할 일이다.

시장은 실패할 수 있다

시장이 활동의 총 비용 및 이익을 반영하지 않을 경우, 시장은 실패라고 한다. 시장이 (생태계 서비스와 같은) 경제에 대한 환경의 긍정적인 기여를 고려하지 않는 경우 또는 시장이 환경 또는 사람들에 대한 경제 활동의 부정적 영향(외부 비용)을 반영하지 않는 경우, **시장 실패(market failure)**가 발생한다. 전통적으로, 시장 실패는 정부 개입으로 대응해 왔다. 정부는 법과 규정을 통해 기업 행동을 제한할 수 있다. 그들은 환경적으로 유해한 활동에 세금을 부과할 수 있다. 또한 그들은 공정성, 자원 보존 및 경제적 지속가능성을 촉진하기 위해 시장 메커니즘을 이용하는 경제적 인센티브를 설계할 수 있다. 우리는 이제 환경정책에 대한 우리의 논의에서 이러한 접근방법들을 검토할 것이다.

환경정책: 개요

경제 분석과 과학적 연구는 자원이 고갈되고, 생태계 서비스가 저하되거나 사람들의 삶의 질이 떨어지는 시기를 확인할 수 있도록 돕는다. 일단 사회가 그러한 문제가 존재한다고 광범위한 합의에 도달하면, 정책 결정을 통해 문제를 해결하도록 지도자들을 설득할 수 있다. **정책(policy)**은 문제를 해결하고 특정한 사례에서 의사결정을 하도록 일반적인 계획과 원칙의 공식적인 체계(set)로 구성된다. **공공 정책(public policy)**은 정부가 수립한 정책으로 지역, 주, 연방 및 국제적 수준의 정책을 포함한다. 공공 정책은 사회 복지 발전을 위한 법, 규정, 명령, 인센티브 및 관행으로 구성되어 있다. **환경정책(environmental policy)**은 인간과 환경의 상호작용에 관한 정책이다. 일반적으로 인간 복지 증진 또는 자연 시스템 보호를 위해 자원 사용 규제나 오염 감소를 목적으로 한다.

효과적인 환경정책 수립은 과학, 윤리학 및 경제학으로부터의 투자가 필요하다. 과학은 문제를 확인 및 이해하고 해결책을 고안하기 위해 필요한 정보 및 분석을 제공한다. 윤리학 및 경제학은 문제들을 평가하고 사회가 그것들을 해결할 수 있는 방법을 명확히 기준을 제공한다. 정부는 정책을 수립하기 위해 다양한 방법으로 시민, 조직 및 민간 부문과 상호협의한다(**그림 5.9**).

환경정책은 공정성 및 자원사용의 문제를 처리한다

시장 자본주의는 장기적인 사회적 및 환경적 안정성보다는 단기적인 경제적 이익에 대한 인센티브로 움직인다. 그것은 기업이나 개인이 환경적 영향을 최소화하거나 양자간 비용 및 이윤을 균등화하는 방식으로 행동하도록 적절한 동기부여를 하지 못한다. 우리가 언급한 바와 같이, 시장 실패는 정부 개입의 정당성을 수용하는 것으로 생각되었다. 환경정책은 사람들이 사용하는 환경의 질 및 천연 자원을 보호하는 것을 목적으로 하며, 또한 사람들의 자원 사용의 평등성이나 공정함을 촉진하는 것을 유도한다.

공유지의 비극 대중이 공통적으로 수용하고 사용하는 자원 보

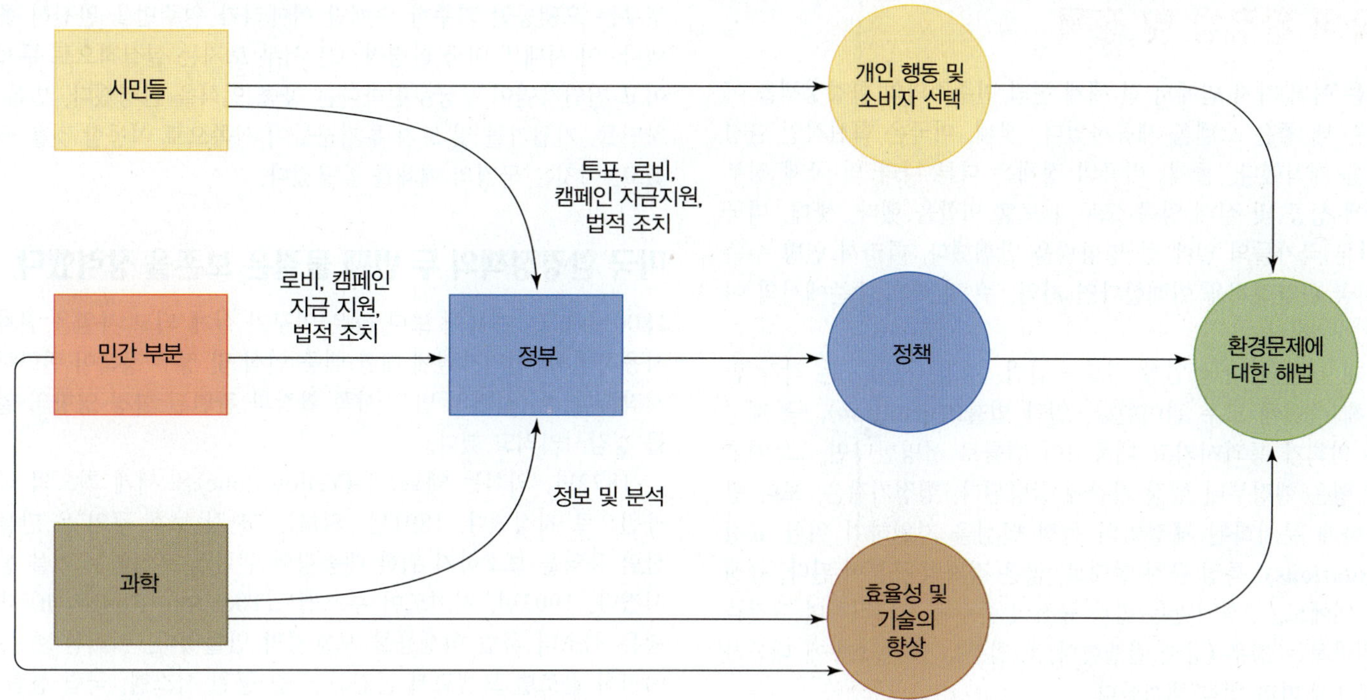

▲ **그림 5.9** 공공정책은 사회로서 우리가 환경문제를 처리하는 방법에서 중심 역할을 한다. 다양한 이익을 대표하는 유권자, 민간 부문 및 로비 단체는 정부 대표들에게 영향을 미친다. 과학 연구 또한 정부 결정에 정보를 제공한다. 정부 대표 및 기관은 문제 해결을 목표로 정책을 수립한다. 공공 정책—기술 및 효율성의 증진 그리고 개인적 행동 및 소비자 구매 선택과 함께—은 환경문제에 지속적인 해결책을 제공할 수 있다.

호 정책은 자원의 고갈이나 감소로부터 보호하는 것이다. 환경 과학자 개럿 하딘(Garrett Hardin)이 1968년 리포트 "공유지의 비극" (1장)에서 설명한 바와 같이, 모두가 접근할 수 있는 공유된 자원은 결국 남용되거나 감소될 것이다. 그리하여 그가 주장하기를, 그러한 자원의 사용에 대한 지침을 마련하는 것이 최선의 이익이라고 한다. 공동 목장에 대한 하딘의 예에서, 지침은 각 개인이 방목할 수 있는 동물의 수를 제한할 수 있거나 공유 자원을 복원하고 관리하기 위해 목장 사용자에게 지불하도록 요구할 수 있다. 이들 두 가지 개념—사용 제한과 적극적인 관리—은 오늘날 환경정책의 중심이다.

무임 승객 공적 보유 자원에 대한 정책 개발의 두 번째 이유는 **무임 승객** 곤궁(**free rider** predicament)이다. 10개의 서로 다른 공장에서 방출하는 물 오염으로 고생하는 강변 지역사회를 예로 들자. 문제는 모든 공장이 자발적으로 그 자체 오염을 줄이기로 합의한다면 이론적으로 해결될 수 있다. 그러나 그들 모두 오염을 줄이기 시작하였지만, 그들 중의 어느 하나가 그것을 중단하려는 유혹을 받게 된다. 그러한 공장은, 다른 공장이 이행하는 희생을 회피함으로써, 본질적으로 "무임 승차"를 하게 될 것이다. 많은 공장이 무임 승차를 한다면, 전체 노력이 붕괴할 것이다. 무임 승차의 문제 때문에, 공장의 자발적 노력이, 공공정책에 의한 규정된 노력보다 일반적으로 효과가 떨어진다.

외부 비용 환경정책은 또한 외부 비용을 제거함으로써 공정성 촉진을 목적으로 하는데, 일부 당사자가 다른 당사자들에게 해를 주는 방식으로 자원을 사용하지 않도록 보장한다. 예를 들어, 어떤 공장은 폐기물을 강으로 배출하고 폐기물 처리나 재활용 비용 지불을 피함으로써 보다 큰 이익을 얻을 수 있다. 그러나 그 행동은 강의 하류 사용자들에게 외부 비용(수질 오염, 어류 군집 감소, 미적 저하, 건강 위험)을 부과한다. 티후아나강 유역 미국 소유 마킬라도라가 하류 멕시코 가족들에게 영향을 미치는 폐기물을 버린다(그림 5.4 참조). 마찬가지로, 그 유역에 거주하는 인구 증가에서 나오는 폐수가 강을 더욱 오염시켜, 하류 주민들과 멕시코 및 캘리포니아 해변 피서객에게 많은 외부 비용을 부과한다.

WEIGHING 이슈

우리는 정말 환경정책이 필요한가? 많은 자유시장 옹호자들은 환경법 및 규정이 사무(私務)에 대한 바람직하지 않는 정부의 개입이라고 주장한다. 아담 스미스(5장)은 개인들이 그 자신의 이기심을 추구함으로써 사회를 이롭게 한다고 주장한다. 이기심으로 행동하는 개인이 (a) 환경문제를 처리함으로써 사회에 이익을 주거나 (b) 환경문제를 유발함으로써 사회에 해를 끼치는 상황을 당신은 설명할 수 있는가? 정책이 각각 상황에서 어떻게 도움이 될 수 있는가? 환경법 및 규정의 장점 및 단점은 무엇인가?

미국의 환경법 및 정책

미국은 여러 가지 면에서 전 세계 헌법 민주주의의 환경정책을 이해하는 데 좋은 모델을 제공하였다. 첫째, 미국은 혁신적인 환경정책을 개척했다. 둘째, 미국의 정책은 다른 나라 및 국제 정부기구에 성공 및 실패 양쪽 모두의 모델 역할을 했다. 셋째, 미국은 다른 국가들의 일에 큰 영향력을 발휘했다. 따라서 연방 수준의 미국 환경정책을 이해한다면 지역, 주 및 국제 수준에서의 이해가 가능하다.

3개 부문의 미국 연방 정부—입법, 행정, 사법—는 각각 환경정책 측면에 모두 관여한다. 일단 **법률(legislation)**, 즉 제정법은 의회가 통과시키고 대통령이 법률로 서명한다면, 그 이행 및 집행은 행정부내 행정 기관에 할당된다. 행정기관은, 보다 광범위하게 문서화된 제정법의 목적 달성을 지원하기 위한 **규정(regulations)**, 특정 규칙 형태로, 많은 정책의 근본이 된다. 규정 발표 외에도, 행정기관은 법과 규정의 준수를 모니터하며 그것들을 위반하는 경우 (강제)집행한다. 사법부는 법원 소송에 대응하여 필요에 따라 법을 해석한다.

연방정부의 구조는 주지사, 입법부, 사법부 및 기관을 갖춘 주(州) 수준에 반영된다. 주 법은 미국 헌법의 원칙을 위반할 수 없고, 주 및 연방 법이 충돌하는 경우, 연방법이 우선한다. 캘리포니아, 뉴욕, 뉴저지 및 매사추세츠와 같은 인구밀도가 높은 도시들이 있는 많은 주에는 강력한 환경법 및 자금지원이 잘되는 환경기관들이 있다. 그러한 주의 시민들은, 과거에 광범위한 환경 파괴를 목격했기 때문에, 환경의 질 보호를 보다 중요시한다.

샌디에이고 해변과 같은 곳에서 공중 보건을 보호하기 위해, 캘리포니아 주 의회 의원들은 주 환경 보건 공무원들에게 기준을 설립하고 세균 오염에 대한 수질 테스트를 시행할 것을 요구했다. 연안 바다의 세균 농도가 캘리포니아 법이 설정한 건강 한도를 초과할 경우, 공무원들은 권고 또는 경고를 발한다. 연방 정책에 대한 우리의 논의를 통해 진행한 바와 같이, 미국의 중요한 환경정책은 주 또는 지역 수준에서 생성된다는 것을 기억하자.

초기 미국 환경정책은 개발을 촉진했다

미국 환경정책을 구성하는 법들은 크게 세 기간 동안 만들어졌다. 1780~1800년대의 첫 기간 동안 제정된 법률은 국가의 서부 확장에 맞추어졌으며 주로 정착 및 대륙의 풍부한 천연자원의 이용을 촉진하기 위한 것이었다(**그림 5.10**).

이들 초기 법 중에 연방 정부에게 소유주가 없는 토지를 관리하고, 그것들을 조사하고 사적 소유를 위해 준비하는 그리드 시스템을 만들 권한을 주는 1785년 및 1787년도의 일반토지조례(*General Land Ordinances*)가 있었다. 1785년과 1870년대 사이에, 연방 정부는 원주민으로부터 몰수한 땅에 정착을 촉진하고, 이 토지들을 그 시민들에게 나누어 주었다. 서부 정착은 이 시민들에게 번영을 달성하는 수단을 제공하면서 동부 도시가 붐비는 것을 완화시켰다. 젊은 국가로 대륙의 지배권을 두고 여전히 유럽과 다투는 시점에서 정부는 미국의 지리적 범위를 확대했다. 또한 정부는 오랫동안 거주한 수백만 아메리카 원주민을 완전히 쫓아냈다. 이 시대의 미국 환경정책은 서부 토지는 실질적으로 무제한이고 천연자원이 무궁무진하다는 공공 인식을 반영했다. 법은 정착민들, 기업가들 및 토지 투기꾼들이 서쪽으로 이동할 것을 권장했고, 이것은 국경의 폐쇄를 앞당겼다.

미국 환경정책의 두 번째 물결은 보존을 장려했다

1800년대 말, 대륙에 보다 많은 인구가 살게 되고 자원을 점차로 사용하면서, 천연자원에 대한 대중 인식 및 정부 정책이 변화하기 시작했다. 이 시기의 법은 서쪽 확장과 관련된 환경 영향의 일부를 경감시키려고 했다.

1872년, 의회는 옐로스톤(Yellowstone)을 세계 최초의 국립공원으로 지정했다. 1891년, 의회는 "산림 보호 구역"을 만들고 산림 유역을 보호하기 위한 대통령의 권한을 부여하는 법을 통과시켰다. 1903년, 시어도어 루즈벨트(Theodore Roosevelt) 대통령은 최초의 국립 야생동물 보호지역 만들었다. 이러한 행보는, 여전히 글로벌 모델로서 굳건한 국립 공원 시스템, 국립 산림 시스템, 국립 야생동물 보호구역 시스템의 탄생을 가능하게 했다 (9장). 이러한 개발은 대륙의 자원이 고갈될 수 있고 법적인 보호가 필요하다는 새로운 이해를 반영했다.

토지 관리 정책은 20세기를 통해 계속되었으며, 더스트 보울(Dust Bowl; 1930년도 미국남부를 휩쓴 모래바람)의 해에 토양 보존을(7장), 1964년 야생지역 보호법(Wilderness Act)을 통해 야생지역 보존을 해결했으며(9장), 이는 "인간은 체류하지 않는 방문자이며, 인간의 구속을 받지 않는" 자연 그대로의 토지를 보존하고자 했다.

제3의 물결은 오염에 대응했다

20세기 추가적인 사회 변화가 미국 환경정책의 중요한 제3의 시대를 야기했다. 기술, 중공업 및 집중적인 자원 소비가 주도하는 보다 인구 밀도가 높아진 국가서, 미국인들은 자신들이 경제적으로 잘 살지만 보다 나쁜 공기와 물, 더 많은 폐기물 및 독성 화학물질과 함께 생활한다는 것을 발견했다. 1960년대 및 1970년대 동안, 여러 사건이 환경문제에 대한 인식을 높였으며 공공 정책 변화를 야기했다.

한 획기적인 사건은 미국 과학자이자 작가인 레이첼 카슨(Rachel Carson)의 저서 "침묵의 봄(*Silent Spring*)"의 1962년 출간이었다(**그림 5.11**). 침묵의 봄은 살충제와 산업 화학물질의 부정적인 생태 및 건강 영향을 대중에게 일깨웠다(10장). 책의 제목은 살충제가 아주 많은 새를 죽일 수 있어 봄날 노래할 새가 거의 없어질 거라는 카슨의 경고를 의미한다.

오하이오의 쿠야호가 강(Cuyahoga River; **그림 5.12**)은 또한 오염물질 해저드(pollution hazards)에 관심을 집중시켰다. 쿠야호가는 기름 및 산업 폐기물로 너무 오염되었으며 1950년대와 1960년대에 실제로 클리브랜드 강가 근처에서 여러 번 화재가 발생하였다. 1969년 캘리포니아 산타 바바라 연안의 기름 유출과

(a) 1860년경 네브라스카의 커스터 카운티 정착민

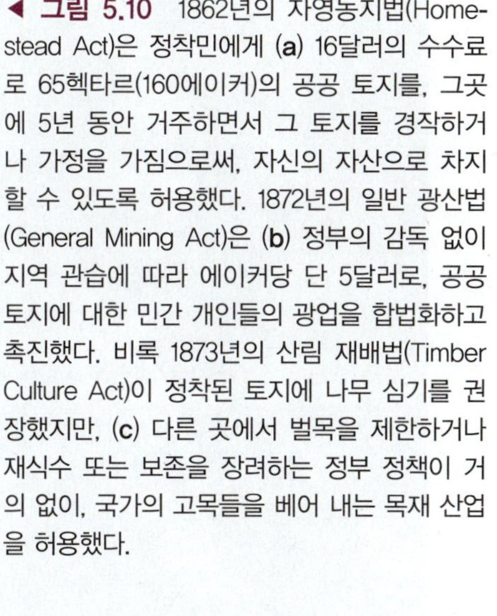

◀ **그림 5.10** 1862년의 자영농지법(Homestead Act)은 정착민에게 (a) 16달러의 수수료로 65헥타르(160에이커)의 공공 토지를, 그곳에 5년 동안 거주하면서 그 토지를 경작하거나 가정을 가짐으로써, 자신의 자산으로 차지할 수 있도록 허용했다. 1872년의 일반 광산법(General Mining Act)은 (b) 정부의 감독 없이 지역 관습에 따라 에이커당 단 5달러로, 공공토지에 대한 민간 개인들의 광업을 합법화하고 촉진했다. 비록 1873년의 산림 재배법(Timber Culture Act)이 정착된 토지에 나무 심기를 권장했지만, (c) 다른 곳에서 벌목을 제한하거나 재식수 또는 보존을 장려하는 정부 정책이 거의 없이, 국가의 고목들을 베어 내는 목재 산업을 허용했다.

(b) 19세기 광산운영, 알래스카 링크스 크릭

(c) 고목을 쓰러뜨리는 벌목꾼, 워싱턴

함께, 이 광경은 대중이 의회 및 대통령에게 환경을 보호하기 위해 보다 많은 것을 하도록 촉구했다.

주로 1960년대 이후 제정된 환경정책 때문에, 공중 보건이 보다 잘 보호되고 나라의 공기 및 물이 훨씬 깨끗해진 상태이다. 오늘을 사는 우리 모두는, 이 시기 동안 오염문제를 해결하기 위한 정책 설계에 헌신적이었던 사람들에게 커다란 빚을 지고 있다.

NEPA는 시민에게 정책 결정으로의 투입을 제공한다

지구의 날 이외에, 연방정부의 2가지 조치는 1970년 이래 미국환경정책의 현대화 시대의 시작이었다. 1970년 1월 1일, 리차드 닉슨 대통령은 **국가환경정책법(National Environmental Policy Act, NEPA)**을 서명하였다. NEPA는 환경품질위원회(Council on Environmental Quality)로 불리는 기관을 창립하여 환경의 질에 많은 영향을 끼칠 수 있는 주요 연방 조치에 대하여 **환경영향평가서(environmental impact statement, EIS)**를 작성하도

▲ **그림 5.11** 과학자이자 작가인 레이첼 카슨은 1962년 그녀의 저서 〈침묵의 봄〉에서 DDT와 기타 살충제의 환경문제를 조명했다.

록 요구하였다. 환경영향평가서는 연방 정부가 수행하거나 자금을 지원하는 개발 프로젝트에서 발생할 수 있는 잠재적 환경 영향을 평가하는 연구결과 보고서이다.

NEPA의 영향은 광범위했다. 환경영향평가서 프로세스는 정부 기관 및 기관과 계약한 기업이 새로운 댐, 고속도로나 건설 프로젝트를 진행하기 전에 환경 영향을 평가하도록 만들었다. 비록 환경영향평가서 프로세스가 일반적으로 그러한 프로젝트를 중단시키지는 않지만, 그것은 환경 손상을 최소화하는 인센티브로서 역할할 수 있다. NEPA는 또한 환경영향평가서를 공개적으로 이용 가능하도록 만들고 정책입안자가 그것에 대한 공공의 의견을 구하고 고려하도록 요구함으로써, 정책 과정에 일반 시민 투입을 인정하였다.

▼ **그림 5.12** 수질 오염에 대한 보다 나은 통제의 필요성을 보여준 엄청난 광경으로, 오하이오 쿠야호가 강은 1950년대와 1960년대에 여러 번 불이 났다. 쿠야호가는 기름과 산업 폐기물로 너무 오염되어 강이 한번에 며칠 동안 타올랐다.

EPA의 창설은 환경정책의 변화를 표했다

NEPA를 법으로 서명한 6개월 후, 닉슨 대통령은 환경정책에 대해 새로운 통합된 접근방법을 요구하는 행정 명령을 발표했다. "정부의 환경 관련 활동들은 수년에 걸쳐 조금씩 증가하였다."라고 그 명령은 언급했다. "시간이 그것들을 합리적이고 체계적으로 구성하여 왔다." 닉슨의 명령은 수질, 대기 오염, 고형 폐기물 및 기타 문제들을 규제하는 기관 구성요소들을 새로이 창설된 환경보호청(EPA)으로 이관하였다. 그 명령은 EPA에 연구 수행 및 평가, 환경의 질 감시, 오염 수준에 대한 표준 수립 및 집행, 표준 및 목표 충족에서 주 지원, 공공 교육 등의 임무를 맡겼다.

FAQ

Q: EPA는 환경을 위한 옹호자가 아닌가?

A: 모든 행정 기관과 마찬가지로, EPA는 행정부의 일부이며 집권 당시 대통령의 행정부 정책에 따라 운영된다. 따라서 보수당 대통령 하의 EPA는 자유당 대통령 하의 EPA와 매우 다르게 기능할 수 있다. 실제로, 때때로 그 기관은 환경 규제를 방해할 수 있다! EPA는 신중한 과학 연구를 수행하고 과학적으로 정보를 갖춘 정책 권고를 하도록 많은 경력 과학자들을 고용한다. 그들은 대통령이 지명한 행정관들에게 자문하나, 정책 결정은 궁극적으로 이들이 정치적으로 임명한 행정관들이 내린다.

기타 중요한 법들이 뒤따랐다

이 시기 동안 보다 깨끗한 환경에 대한 지속적인 공공의 요구는 미국 환경정책에 여전히 기본적인 많은 주요 법률을 낳았다(**그림 15.3**). 티후아나 강의 그것과 같은 강 오염문제에 대한 중요한 법으로는 1977년의 수질오염방지법(Clean Water Act)이 있었다. 수질오염방지법과 같은 연방법 통과 이전에 오염문제는 대체로 지역 및 주 정부에게 맡겨지거나 소송을 통해 해결되었다. 그러나 쿠야호가의 불타는 강은 엄격한 법률이 필요하다는 것을 많은 사람들에게 시사하였다. 1965년 및 1972년의 연방 수질 오염 통제법(Federal Water Pollution Control Acts)을 통한 오염물질에 대한 제한 덕분에, 그리고 수질오염방지법 덕분에, 미국의 수로는 마침내 회복하기 시작했다. 이 법들은 폐기물의 배출, 특히 산업 폐수의 강 및 하천으로 배출을 규제하였다. 수질오염방지법은 또한 야생동물을 보호하고 오염 물질 배출에 대해 허가 시스템을 수립하는 것을 목표로 했다. 오늘날 수천 개의 연방, 주 및 지역 법

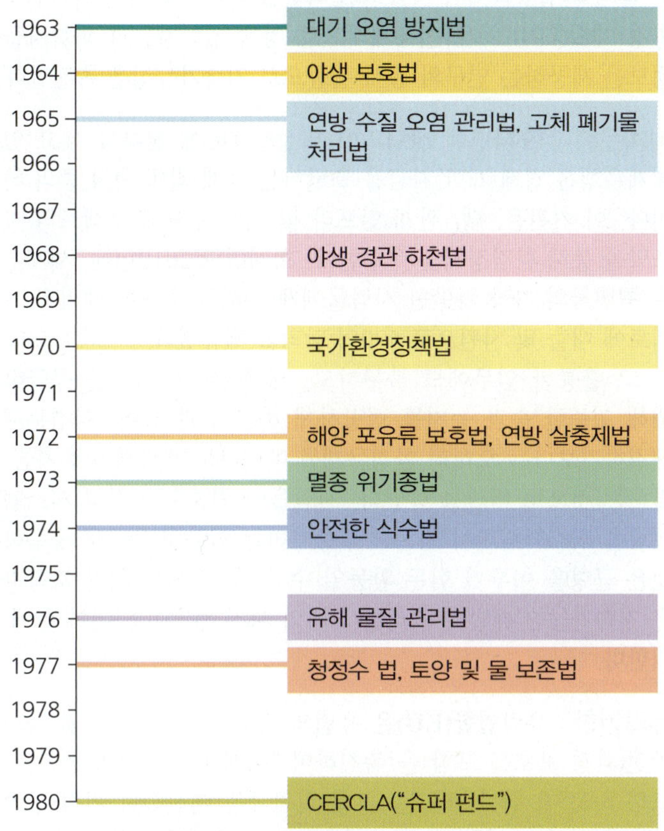

▲그림 5.13 현대 미국 환경정책에서 영향력 있는 법의 대부분은 1960년대와 1970년대에 제정되었다.

과 규정은 미국 및 다른 나라의 건강 및 환경의 질을 보호하는 데 도움이 되고 있다.

정책에 대한 사회적 맥락은 시간에 따라 진화한다

역사학자들에 따르면, (1) 환경문제의 증거가 널리 그리고 명백하게 되었고 (2) 사람들이 그 문제들을 다루기 위한 정책을 시각화할 수 있었으며 (3) 기꺼이 행동할 지원적인 대중과 지도자들로 정치적 기후가 무르익었기 때문에, 환경정책의 주요 발전이 1960년대와 1970년대에 발생했다. 또한 우주 프로그램으로부터의 사진이 인류가 사상 처음으로 우주로부터 지구를 볼 수 있도록 했다(1장과 맺는말의 사진을 참조하라). 오늘날 우리는 그때의 이미지들의 힘을 이해하기 힘드나, 그 이미지들은 우리 행성의 유한한 자연을 인식하게 함으로써 많은 사람들의 세계관을 혁신했다.

1990년대까지, 미국의 정치적 기후는 변화하였다. 비록 환경보호 목표에 대한 대중적 지원이 여전히 높았으나, 많은 시민과 정책 전문가들은 이러한 목표를 달성하기 위해 사용되는 법적 및 규제적 수단이 종종 기업이나 개인에게 경제적 부담을 부과한다고 생각하기 시작했다. 점차로, 환경법을 되돌리거나 약화하려는 시도가 있었고, 1994년부터 2006년까지 조지 W 부시 행정부와 여당인 공화당 우위 의회가 다수의 노력으로 정점을 찍었다.

환경 보호 지지자들이 어렵게 얻은 이점이 약화되는 것을 보면서, 많은 사람들이 새로운 관점 및 전략을 제안하기 시작했다. "환경보호주의의 죽음(The Death of Environmentalism)"이라는 제목의 도발적인 2004년 에세이에서, 정치 컨설턴트 마이클 쉘런버거(Michael Shellenberger)와 테드 노다우스(Ted Nordhaus)는 환경 옹호자들은 단순히 기술적인 정책 개선점을 제안하지 말고 대신 사람들의 핵심 가치에 호소하고 미래에 대한 영감을 주는 적극적인 비전을 명확히 설명할 필요가 있다고 주장했다. 이러한 제안들은 심도 있는 토론을 개최했고 2008년 버락 오바마가 그의 대통령 선거 캠페인에서 유사한 접근방법을 포용하였다.

환경정책에서 미국의 국제적 리더십이 최근 수십 년간 쇠퇴함에 따라, 다른 국가들이 환경문제에 대한 그 관심을 높였다. 1992년 브라질 리오데자네이로 지구 정상회담 및 2002년 남아프리카 요하네스버그 지속가능한 개발에 대한 세계 정상회담은 지금까지 중 최대의 외교 회의이었으며, 지속가능한 개발 개념에 대하여 200개 국가의 지도자들을 단합하게 했다(1장, 맺는말). 국제적으로, 우리는 새로운 환경정책의 물결에 착수하고 있으며, 그 하나가 지속가능성과 지속가능한 개발에 대한 초점이다. 이 접근방법은 세계의 사람들의 삶의 수준을 높이면서 자연 시스템을 보호하는 것을 목적으로 한다. 또한 글로벌 기후 변화의 시급한 문제(14장)는 환경정책에 대한 세계적 논의의 대부분을 지배하게 되었다(**그림 5.14**). 우리가 환경 파괴의 사회적, 경제적 및 생태적 영향을 계속하여 생각할 때, 환경정책 및 지속가능한 해결책에 대한 조사는 앞으로 몇 년 동안 우리 모두를 위한 거버넌스 및 일상 생활의 중요한 부분이 될 것이다.

국제 환경정책

환경 시스템은 정치적 경계에 국한되지 않는다. 예를 들어, 세계

그림 5.14 워싱턴 D.C. 2009 파워 시프트 행사에서 대학생들과 활동가들이 미국 지도자들에게 대기 중 이산화탄소 농도를 350 ppm으로 낮출 수 있도록 지원하는 정책을 제정할 것을 촉구한다. 이것은 정치적 과정을 통해 글로벌 기후 변화를 해결하기 위한 대중의 지지를 표출했던 최근의 여러 주요 사건 중 하나였다.

의 주요 강의 대부분은 국제적 경계를 걸친다. 그 결과, 티후아나 강 유역의 것과 같은 환경문제는 흔히 범위가 국제적이다. 미국의 법이 멕시코나 미국 외부의 기타 국가에서 효력이 없기 때문에 국제법은 국가간 문제를 해결하는데 매우 중요하다.

국제법은 관습법과 조약법을 포함한다

관습법(customary law)으로 알려진 국제법은 대부분의 문화권이 일반적으로 행해 온 오랜 관행이나 관습에서 발생한다. **조약법(conventional law)**으로 알려진 국제법은 국가들이 시작하는 협약 즉 조약에서 발생한다. 그 일례가, 오존층을 약화시키는 대기 중 화학물질 배출을 감소시키기 위한 160개 이상의 국가들 간의 1987년 협정인 몬트리올 의정서(Montreal Protocol)이다(13장). 다른 예로, 글로벌 기후 변화에 기여하는 온실가스 배출을 감소시키기 위한 교토 의정서(Kyoto Protocol)가 있다(14장). **표 5.2**는 주요 환경 조약의 발췌를 나타낸다

티후아나강 유역의 폐수를 처리하는 사우스 베이 국제 폐수 처리장은 1990년 멕시코와 미국 간 조약의 결과로 건설되었다. 미국-멕시코 국경을 따라 많은 사회적, 경제적 및 환경적 문제가 1994년 북미 자유 무역 협정(NAFTA: North American Free Trade Agreement)의 영향을 받았다(**과학 비하인드 스토리** 참조).

여러 조직들이 국제 환경정책을 형성한다

많은 국제 조직들이, 자금을 조달하고, 정치적 또는 경제적 압력을 행사하고/행사하거나 언론의 관심을 유도함으로써, 국가들의 정책 및 행동에 영향을 미치는 역할을 한다.

유엔 1945년 설립되어 전 세계 모든 국가의 대표들을 포함하는 유엔은 "세계 평화와 안전을 유지하고, 국가간 우호적인 관계를 형성하고, 국제 경제적, 사회적, 문화적 및 인도적 문제를 해결하고 인권 및 기본적 자유 존중을 촉진하기 위해 협력하며, 이러한 목적들을 달성하기 위해 국가들의 활동을 조율하는 중심이 되고"자 한다.

뉴욕 시에 본부를 둔 유엔은, 회의를 후원하고 조약을 조율하고 국제 환경정책에서 적극적인 역할을 한다. 그 내부 기관인 UN 환경 계획(UNEP)은 전세계적으로 정책 입안자들과 과학자들에 정보를 제공하는 연구와 봉사 활동으로 지속가능성을 촉진한다.

세계은행 1944년에 설립되어 워싱턴 DC에 본부를 두고 있는 세계은행은 경제 개발 자금을 조달하는 세계 최대 출처 중의 하나이다. 이 기관은, 댐, 관개 인프라 및 기타 주요 프로젝트의 자금 조달을 통해 환경정책을 형성한다. 회계연도 2010년에, 세계은행은 최빈국의 가장 가난한 사람들에게 수혜를 주도록 계획된 프로젝트에 대출 및 지원으로 590억 달러를 제공했다.

그 훌륭한 임무에도 불구하고, 세계은행은 전기를 공급하기 위해 귀중한 숲과 농지를 범람하게 하는 댐과 같이, 환경문제를 해결하기보다는 오히려 환경문제를 야기하는 프로젝트에 자금 조달하는 것으로 비판을 받았다. 사람들이 의존하는 환경 시스템의 손상을 최소화하면서 빈곤국의 증가하는 인구의 욕구를 충족하는 것은 균형을 이루기 힘든 활동일 수 있다. 오늘날 환경 과학자들은 지속가능한 개발이 그러한 노력의 지침 원칙이 되어야 함에 동의한다.

유럽연합 **유럽연합(EU)**은 유럽의 단합과 그 경제적 및 사회적 발전(환경 보호를 포함)을 촉진하며 "세계에서 유럽의 역할을 확고히 하고"자 한다. EU는 27개 회원국을 대신하여 법적 구속력 있는 조약에 서명할 수 있으며 국내법과 동일한 권능을 갖는 규정을 제정할 수 있다. EU의 유럽환경청(European Environment Agency)은 폐기물 관리, 소음 공해, 수질 오염, 대기 오염, 서식지 파괴 및 자연 재해를 처리한다. EU는 또한 회원국 간 무역 장벽을 제거하고자 한다. 그것은 일부 국가들의 환경 규정을 무역 장벽으로 분류하였으며, 일부 북유럽 국가의 엄격한 환경법이 다른 회원국으로부터의 환경적으로 유해한 상품의 수입 및 판매를 제한한다고 주장했다.

세계 무역 기구(WTO) 스위스 제네바에 본사를 둔 **세계 무역 기구(WTO)**는, 국제 상거래의 장벽을 줄이고 무역 관행의 국가

표 5.2 일부 주요 국제 환경 조약

조약 또는 의정서	효력 발생 연도	비준한 국가	미국의 상태
멸종 위기 야생 동식물의 국제 거래에 대한 협약(CITES) (8장)	1975	175	비준
국제적으로 중요한 습지에 대한 람사르 협약	1975	159	비준
오존층 보호를 위한 비엔나 협약, 오존층을 고갈시키는 물질에 대한 의정서(몬트리올 의정서) (13장)	1989	196	비준
유해 폐기물의 국가간 이동 통제 및 그 처리에 대한 바젤 협약 (1장, 17장)	1992	172	서명했으나 비준하지 않았음
생물 다양성 협회(8장)	1993	168	서명했으나 비준하지 않았음
잔류성 유기 오염물질에 대한 스톡홀름 협약(10장)	2004	152	서명했으나 비준하지 않았음
기후 변화에 대한 유엔 기본 협약에 대한 교토 의정서(14장)	2005	184	서명했으나 비준하지 않았음

간 공정성을 강화함으로써, 다국적 기업을 대표하며 자유 무역을 촉진한다. UN과 EU가 국가들의 내정에 제한된 영향을 미치는 반면, WTO는 그 지침을 준수하지 않는 국가에 재정적 제재를 부과할 권한이 있다. 이들 제재는 환경정책에 영향을 미칠 수 있다.

EU와 마찬가지로, WTO는 일부 국가 환경법을 불공정한 무역 장벽으로 해석했다. 예를 들어, 1995년 미국 EPA는 의회의 대기오염방지법(Clean Air Act) 개정에 뒤이어, 미국 도시에서 클린 버닝(cleanerburning) 가솔린을 요구하는 규정을 공표하였다. 브라질과 베네수엘라는, 그들이 미국으로 수출하는 (그 만큼 깨끗이 연소하지 않는) 석유를 차별하는 새로운 규칙이라고 하면서, WTO에 불만을 제기하였다. WTO는 비록 남미 가솔린이 미국인의 건강을 위협할지라도 EPA 규칙이 불법 무역 장벽이라고 동의했다. 그 결정은 미국이 그 규정을 약화시키도록 만들었다. 당연히, 비평가들은 WTO가 환경문제를 악화시킨다고 자주 비난해 왔다.

상거래를 촉진하는 국제 조약들이 무역 장벽으로 생각된다면, 산업과 기업이 환경 보호법을 약화시키도록 허용했다. NAFTA의 11장은, 법이 투자자의 수익을 방해한다면, 한 국가의 투자자가 다른 국가를 고소할 수 있도록 허용한다. 캐나다의 축산업은 광우병이 발견된 뒤 캐나다 소고기 금지에 대하여 미국 납세자들에게 3억 달러를 요구했다. 공공 보건을 위해 캘리포니아가 금지한 가솔린 첨가제인 MTBE 화학물을 생산하는 캐나다 제조사가 10억 달러 이익 손실로 캘리포니아를 고소했다. 인근 지역 주민들이 독성 폐기물 폐기 재개를 거부한 후 한 미국 기업이 멕시코에 1,600만 달러를 지불하도록 강요했다. 이러한 법정 도전이 모두 성공한 것은 아니지만, NAFTA의 11장의 사례는 주 및 국가의 새로운 환경 보호법의 통과를 방해했다.

비정부 기구 많은 **비정부 기구(NGO)**는 활동 범위가 국제적이 되었고 국제 환경정책에 대해 영향력을 행사하고 있다. 국제 자연보호협회(Nature Conservancy)는 정치적 개입 없이 토지 보존 목적(그 경우, 희귀종을 위한 토지 및 서식지를 구매 및 관리) 달성에 집중하고 있다. 국제보호협회(Conservation International), 세계 자연 보호 기금(World Wide Fund for Nature), 그린피스 Population Connection과 같은 그룹은 연구, 교육, 로비 또는 항의를 통해 정책을 형성하려고 시도한다.

WEIGHING 이슈

무역 장벽과 환경 보호 국가 A가 국가 B보다 엄격한 자연 보호법을 갖추고 있다면, 그리고 이 법들이 그 상품을 국가 A에 수출하는 국가 B의 능력을 제한한다면, WTO 및 EU의 정책에 의해, 국가 A의 환경 보호법은 자유무역이라는 이름으로 제재할 수 있다. 이것이 옳다고 생각하는가? 국가 A가 부유한 산업국가이고 국가 B가 모든 경제적 후원을 필요로 하는 가난한 개발도상국이라면?

과학 및 환경정책 과정

미국과 같은 입헌 민주 국가에서는, 모든 사람이 정치적 의견이 있으며 차이가 있을 수 있다. 그러나 돈이 영향력을 발휘하고, 일부 사람들 및 조직은 다른 사람들보다 훨씬 영향력이 있다. 우리는 정책 결정 과정의 주요 단계 및 과학의 정책에 대한 역할을 검토할 때, 이러한 역학을 탐구할 것이다.

단계적 과정에서 정책 결과

환경정책은 구상, 헌신 및 여러 사람들의 지지가 필요한 여러 단계의 과정을 포함한다(**그림 5.15**).

❶ **문제를 확인한다** 정책 과정의 첫 단계는 환경문제를 확인하는 것이다. 이는 호기심, 관찰, 기록 유지, 환경과 우리의 관계 인식이 필요하다. 그래서 과학적 관찰 및 데이터 수집이 주요 역할을 한다. 예를 들어, 샌디에이고 및 티후아나 지역 해변의 오염 평가는 오염 탐지, 처리되지 않은 폐수의 생태적 및 건강 영향 인식, 그리고 해변, 태평양 및 티후아나강 유역 간 물 흐름 역학에 대한 이해를 필요로 한다.

❷ **문제의 원인을 찾아낸다** 정책 과정의 다음 단계는 문제의 구체적인 원인을 발견하는 것이며, 이는 종종 과학적 연구가 필요하다. 티후아나강의 오염 원인을 찾고 있는 연구원은 미국에 본사를 둔 기업들이 멕시코 국경 쪽의 마킬라도라를 개업하기 시작하자 오염이 심해졌다는 것을 알아 차릴 수 있을 것이다. 마킬라도라 옹호자들은, 멕시코 노동자들에게 저임금을 지불함으로써 기업 비용을 낮추는 반면, 이들 공장들이 많은 필요한 일자리를 제공한다고 주장한다. 반대론자들은 그 공장들은 폐기물과 오염된 물을 방출하여 경계지역의 생태계 관리를 어렵게 한다고 주장한다.

❸ **해법을 구상한다** 문제의 원인을 정확히 파악할수록, 그 해법을 보다 효과적으로 구상할 수 있다. 비록 해법이 종종 사회적 또는 정치적 조치에 의존하더라도 과학은 또한 여기서 중요한 역할을 한다. 샌디에이고에서, 시민 운동가들은 티후아나가 자체 오염 법률을 보다 효과적으로 시행하기를 원했다 – 하수처리 시스템에서 유해 폐기물을 없애기 위해 샌디에이고 시 공무원이 멕시코 상대 담당자들과 함께 교육 및 작업을 시작했을 때, 해법은 가시화 되기 시작하였다.

❹ **조직한다** 정책에 영향을 미치려는 것에 관한 한, 조직이 개인보다 일반적으로 보다 효과적이다. 그러나 동기화되고, 정보를 갖추고 조직화된 작은 연합과 개별 시민들조차도 환경문제를 해결할 수 있다. 샌디에이고 지역 주민 로리 샐다나(Lori Saldaña)의 본보기를 보자. 티후아나강 오염에 우려하여 샐다나는 미국 정부가 건설할 것을 제안한 국제 폐수 처리장에 대한 계획을 검토했다. 그녀는 그것이 단지 오염물질을 강에서 바다로 이동시키는 것에 불과하며, 하수가 바다에서 5.6 km (3.5마일) 멀리 떨어진 곳에 방출될 것이라고 결론 내렸다. 그녀의 지역 시에라 클럽 지부와 협력하여, 샐다나는 공장 설계

❶ 문제를 확인한다

❷ 문제의 원인을 찾아낸다

❸ 해법을 구상한다

❹ 조직한다

❺ 접근 기회와 영향을 키운다

❻ 해법을 법으로 이끈다

❼ 정책을 이행하고, 평가하고 해석한다

▲ **그림 5.15** 정책 과정의 단계를 이행하는 것은 환경문제를 해결하는 데 도움이 된다.

에 항의하고 EPA가 추가 연구를 수행하여 궁극적으로 설계 변경을 하도록 하는 소송에 참여했다. 국경 문제에 대한 위원회의 행동 및 작업 10년 후, 샐다나는 캘리포니아 76지구 대표가 되어, 캘리포니아 주 하원에 출마하여 승리하였다.

❺ **접근 기회와 영향을 키운다** 정책 과정의 다음 단계는 변화를 제정할 수 있는 영향을 갖춘 정책입안자에 대한 접근 기회를 얻는 것이다. 사람들은 로비를 하거나 캠페인 기부를 통해 접근 기회 및 영향력을 얻는다. 누구라도 선출된 공무원의 마음을 바꾸도록 시간이나 돈을 지출할 수 있지만, 이것은 정치적 목소리를 내도록 기업이나 조직에 고용된 직업 로비스트들보다 일반 시민에게 훨씬 더 어렵다. 후보의 재선 노력을 돈으로 지원하는 것은 주장을 들리게 하는 또 다른 방법이며, 어떤 개인이라도 정치 캠페인에 돈을 기부할 수 있다.

이 방법 모두, 기존 국제 처리장을 보완하기 위해 폐수 처리장을 건설하는 미국 정부와 접촉을 꾀하는 민간 부분 컨소시엄이 사용하였다. 이러한 노력으로 바자구아 프로젝트(Bajagua Project)의 후원자들은 미국 공무원들에게 로비 했고 캘리포니아 의회 대표들에게 캠페인 기부하였는데, 의회 대표들은 그들의 요구를 지지하기를 원했다. 그러한 노력으로 다음 해인 2006년, 국제 경계 및 물 위원회(International Boundary and Water Commission)는 바자구아 프로젝트를 지원하기로 합의했다 – 비록 위원회가 2년 후 계획을 변경했지만.

❻ **해법을 법으로 이끈다** 다음 단계는 바람직한 해법을 구현하는 법, 즉 법률 초안을 준비하는 것이다. 누구라도 법안을 초안할 수 있지만, 하원 및 상원 의원이 이 법안을 소개하고, 그것을 전체 위원회에서 소위원회로 이끌고 그리고 전 국회로 나아가도록 한다(**그림 5.16**). 그것이 이 모든 단계를 거쳐서 대통령의 사인을 받는다면, 그 법안은 법이 되지만, 법안은 그 와중에 수많은 방법으로 사라질 수 있다.

❼ **정책을 이행하고, 평가하고 해석한다** 법의 제정 후, (EPA와 같은) 행정 기관은 규정을 이행한다. 입안자는 정책의 성공 및 실패를 평가하고 필요에 따라 정책을 개정할 수 있다. 또한 법원은 소송에 대응하여 법을 해석하며, 많은 환경정책은 사법 심리에 의해 채택되거나 폐기되었다. 사회적 및 환경적 상황이 변화함에 따라 새로운 문제가 확인될 경우, 정책 과정은 첫 단계로 돌아올 수 있으며, 그 과정이 새롭게 시작될 수 있다.

과학은 정책에서 역할을 할 수 있으나 오용될 수도 있다

국가의 힘은 과학에 대한 헌신에 달려 있고 이것이 정부가 우리 세금의 일부를 과학 연구에 자금을 조달하기 위해 충당하는 이유이다. 정책입안자가 과학 연구에서 정보를 많이 모을수록, 그 입안자가 보다 훌륭한 정책을 만들어 낼 것이다.

불행히도, 때때로 정책입안자들은 이데올로기만으로 과학적 문제에 대한 정책을 결정하도록 할 수 있다. 2004년, 초당적인 우

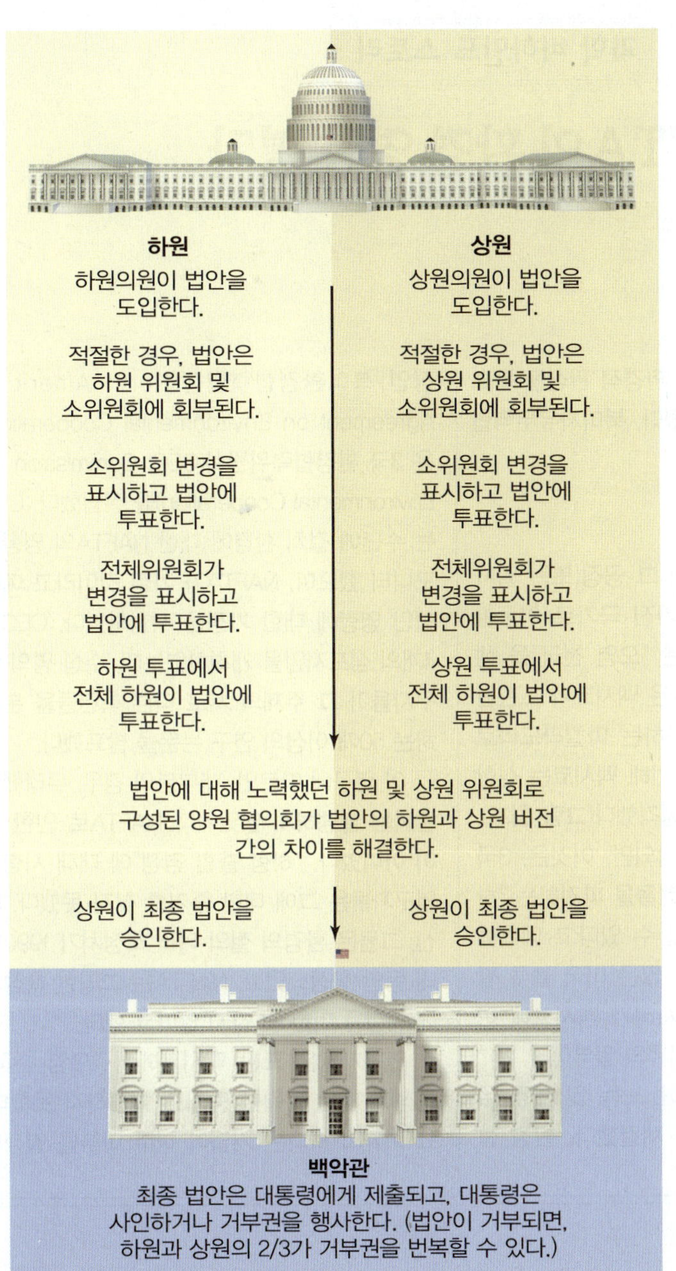

▲ **그림 5.16** 법안이 미국 법이 되기 전, 그것은 양 입법기관의 장애물을 넘어야 한다. 법안이 상원과 하원을 통과하는 경우, 양원 협의회는 법안이 대통령에게 가기 전에 상원과 하원 버전 간의 차이를 해결한다. 그리고 나서 대통령은 서명 또는 법안 거부권을 행사할 수 있다.

려하는 과학자 연합(Union of Concerned Scientists)은 과학적 조언을 무시하고, 정책적 목적으로 과학 정보를 조작하며, 정부 과학자들의 보고서를 검열, 억압 및 편집하고, 자격 없거나 권력의 지위에 명백히 이해 상충하는 사람들을 통하여, 과학적 지식을 잘못 전하여 대중을 호도하는 조지 W 부시 행정부를 비난하는 성명서를 발표했다. 12,000명 이상의 미국 과학자들이 이 성명서에 서명했다. 기후 변화나 멸종 위기 종 보호와 같은 정치적으로 민감한 문제를 연구하는 많은 정부 과학자들은 그들이 그 업무가 억압받거나 불신 받고 그 일자리 위협받는 것으로 여겨진다고 말했다. 많은 사람들이 자기 검열을 선택했다.

이러한 모든 이유로, 오바마가 "정부에 과학의 무결성을 회복하고" "과학 데이터는 정치적 선전 역할을 하도록 결코 왜곡되거나 은폐되지 않을 것을" 보장한다고 말했을 때, 대부분의 미국 과학자들은 안심하고 버락 오마바의 당선을 환영했다. 물론, 어느 정당이나 과학을 정치화할 수 있으며, 2011년 현재, 우려하는 과학자 연합은 그 약속에 충분히 부응하지 못하는 것으로 오바마 행정부를 비난한다.

납세자 자금 지원 과학이 정치적 목적으로—좌파 또는 우파에 의해—억압받거나 왜곡될 때마다, 우리 모두는 잃게 된다. 일반적으로, 용감한 정부 과학자들이 그들의 경력을 무릅쓰고 공공에게 경고할 때 그리고 언론인들이 열심히 일해서 이 문제들을 폭로하고 공표할 때만이 권력 남용이 밝혀진다. 우리는 과학이 정책에서 하는 역할을 당연하게 받아들일 수만은 없다. 과학적 지식이 있는 민주주의 시민은 경계를 유지하고 정부 대표들이 우리의 처분에 달려 있는 엄청난 과학 자산을 적절하게 사용하고 있는지 확인하도록 지원해야 한다.

환경정책에 대한 접근방법

대부분의 사람들이 환경정책을 생각할 때, 떠오르는 것은 수질오염방지법(Clean Water Act)과 같은 주요 법률 또는 공장이 강에 버릴 수 있거나 없는 것을 명시하는 것과 같은 정부 규정이다. 그러나, 환경정책은 훨씬 더 다양하다.

우리는 3가지 유형의 정책 접근 방식을 따른다

오늘날의 환경정책은 3가지 주요 접근 방식 내에서 다양한 전략을 따를 수 있다(**그림 5.17**).

법원 소송 최근 수십 년간의 입법 추진에 앞서, 대부분의 미국 환경정책 문제는 법원 소송으로 해결되었다. 오염으로 인한 외부 비용을 겪는 개인들이 한 번에 한 사건으로 오염자들을 고소했다. 법원은 때때로, 오염자에게 그 운영을 중단하거나 영향을 받는 개인에게 손해 배상할 것을 명령하여 오염자들을 처벌했다. 그러나 산업화가 진행되고 오염이 심해짐에 따라 오염은 피하기 힘들어졌고, 판사는 산업의 방해를 꺼려했다. 사람들은 법률과 규정을 공공의 건강과 안전을 보호하는 보다 효과적인 수단으로 보기 시작했다.

명령 및 통제(Command-and-control) 정책 최근 수십 년간 대부분의 환경법과 오늘날 기관이 집행하는 대부분의 규정은 명령 및 통제 접근방식을 사용한다. 이 명령 및 통제 접근 방식에서, 기관은 어떤 행위를 금지하거나, 규칙이나 한계를 설정하고, 위반에 대한 처벌로 통제한다. 정책결정의 이 단순하고 직접적인 접근 방식은 미국 시민과 많은 다른 국가에게 보다 맑은 대기, 깨끗한 물, 안전한 일터, 건강 인근 지역 및 기타 많은 삶의 질의 향상을 가져다주었다. 오늘날 우리가 누리는 상대적으로 안전하고 건강하며 안전한 삶의 대부분은 지난 수십 년간의 명령-통제 환경 노동자들이 멕시코 티후아나의 마킬라도라에서 파나소닉용 TV 회로 보드를 조립한다.

과학 비하인드 스토리

NAFTA의 환경 영향 평가

많은 국제 조약은 환경문제를 처리한다(표 5.2 참조). 그러나 특별히 환경적 관심을 목표로 하지 않는 조약들이 여전히 주요한 환경적 영향력을 가질 수 있다. 북미자유무역협정(NAFTA)이 그러한 조약의 하나이다.

멕시코, 미국, 캐나다는 그들 간 자유무역을 촉진하기 위해 NAFTA에 사인했다. 1994년 발효된 NAFTA는 수입 및 수출에 대한 관세와 같은 무역 장벽을 제거했다. 외국 기업이 국내 산업을 밀어내지 못하도록 국가는 외국 상품 가격을 올리기 위해 관세를 부과한다—그러나 국가가 상호 관세를 제거하기로 합의할 수 있다면, 모두에게 상품 가격이 보다 낮아진다.

많은 사람들이 NAFTA가 노동자와 환경 보호를 약화시킬 것을 걱정했다. 예를 들어, 환경의 질과 노동자 안전을 보호하려는 국가의 규정이 무역이나 투자 장벽으로 간주된다면, NAFTA 하에서 환경의 질과 노동자 환경을 보호하려는 규정은 잠재적으로 번복될 수 있다.

또한 많은 사람들이 비용을 낮추고 이윤을 높이도록 동기화된 산업이 그 공장(또는 일자리)을 가장 약한 규정을 가진 국가로 이동할 것이라고 생각했다. 이것은 "오염 천국"을 생성할 수 있다. 많은 사람들은 멕시코가 느슨한 규정으로부터 이익을 추구하는 마킬라도라로 가득 찰 것이고 그것으로 인해 멕시코는 심한 오염에 시달릴 것이라고 생각했다(**그림 참조**). 사람들은 일단 이주가 시작되면, 이것은, 3국 모두 영리 목적으로 그 규정들을 파괴하는 "하향 출혈 경쟁"으로 이어질 수 있다고 예측했다. 이것이 NAFTA가 아주 많은 미국 블루 칼라 노동자들이 그들의 일자리가 멕시코에 이동할 것이라고 우려하는 이유의 일부이다.

이러한 우려에 대응하여, 노동 및 환경 우려에 대하여 양방 협정을 체결했다. 환경 협정인 북미환경협력협정(North American Agreement on Environmental Cooperation)은 3국 환경협력위원회(CEC: Commission on Environmental Cooperation)를 설립했다. CEC는 수년에 걸쳐 환경에 대한 NAFTA의 영향을 모니터 했으며, NAFTA가 가질 것이라고 예측했던 영향에 대한 가정을 시험하였다. CEC는 4개의 심포지엄을 개최하였는데, 수십 명의 연구자들이 그 주제의 서로 다른 측면들을 분석하는 50개 이상의 연구 논문을 발표했다.

이 연구에 따르면, 대부분의 경우, 우려했던 결과는 발생하지 않았거나 NAFTA로 인한 것이 아니었다. "하향 출혈 경쟁"에 대해 시험한 연구자들은 그에 대한 증거를 찾지 못했다. 대신, 그들은 환경의 질의 여러 측정치가 1990년대 동안 향상되었고, NAFTA는 그러한 측정치에 영향을 미친 것 같지 않다고 했다.

연구자들은 또한 멕시코에서 "오염 천국" 형성에 대한 강력한 증거도 발견하지 못했다. 그 이유의 하나는 기업이 이주 여부를 결정할

정책 덕분이다.

경제 정책 도구 명령 및 통제 정책의 성공에도 불구하고, 많은 사람들이 문제에 대한 특정 해법은 하향식 명령이며 때때로 고압적인 접근 방식의 속성에 환멸을 느낀다. 그 결과, 오늘날 정치학자, 경제학자, 정책 입안자들은 대중에게 이익이 되는 방향으로 시장 자본주의의 혁신 및 경제 효율성을 이끌기 위한 대안적 접근법을 모색하고 있다. 그러한 경제 정책 도구는 바람직한 결과를 촉진하기 위해 재정적 인센티브를 사용하고 민간 기업들이 혁신하여 더 낮은 비용으로 새롭고 더 나은 해법을 도출하도록 시장 안에서 경쟁하기를 권장한다.

이 세 가지 주요 접근방식 각각은 장단점이 있으며, 서로 다른 상황에 적합하다. 접근방법들은 또한 함께 사용될 수도 있다. 예를 들어, 정부 규정은 종종 시장 기반 노력을 할 필요가 있으며, 시민들은 규정이 확실히 시행되도록 하기 위해 법원을 활용할 수 있다. 이제 여러 유형의 경제 정책 도구를 탐구해 보자.

환경세는 지속 불가능한 활동을 억제한다

과세로, 돈이 민간 당사자에서 정부로 가며, 정부는 공공에게 이익이 되는 서비스로 그것을 재분배한다. 바람직하지 않은 활동에 과세하는 것은, 외부 비용을 사업 비용의 일부로 만듦으로써, 외부 비용을 내부화하는 데 기여한다. 환경적으로 해가 되는 활동 및 상품에 대한 세금을 **환경세(green tax)**라고 한다. 기업이 환경세를 지불하는 경우, 그것은 본질적으로 기업이 유발하는 환경 피해를 공공에게 상환하는 것이다.

환경세 과세로, 수로를 오염시키는 공장을 소유한 회사는 그 방출한 오염물질의 양에 대한 세금을 지불한다—오염물질이 많을수록 세금 지불액이 높아진다. 이는 회사에게 그 방법은 기업 임의에 맡기면서 오염을 줄이도록 재정적 인센티브를 준다. 한 오

멕시코 국경지역의 마킬라도라는 NAFTA 이후 몇 년 동안 번성했다. 아마도 가장 최악의 오염이 여기 나타난 현장에서 발생했다. 이 버려진 납 재활용 공장에서, 미국 오너인 Metales y Derivados가 6,600톤의 유해한 폐기물을 노동자 계급 티후아나 인근지역 한가운데 버려두었다.

경우 고려할 많은 요소들이 있기 때문이며, 환경 규제는 이 요소들 중의 하나일 뿐이다. 역설적이게도, 오염 천국의 한 분명한 사례는 멕시코가 아니라 캐나다에서 발생했다! NAFTA 발효 직후, 미국에서 캐나다로 유해 폐기물의 수출이 4배 이상에 달했다(거의 철강, 화학 공장으로부터). 캐나다에서의 처리 비용은 더 낮고 규제 및 책임 문제가 덜했다. 캐나다는 규정 강화로 대응했다.

CEC 후원 연구자들은 또한, NAFTA가 국가 간 환경적으로 우수한 기술, 상품 및 접근 방법의 확산을 촉진함으로써, 지속가능성을 증진시킬 것이라는 가정을 시험했다. 캐나다는 EPA의 에너지 스타 프로그램(Energy Star program; 15장)을 사용하기 시작했다. 멕시코는 살충제 DDT를 금지했다. 화학 제조사들은 위해오염물질을 감소시키기 위해 다국적 프로그램을 수립했다. 그리고 그 세 국가는 멸종위기 종 및 서식처를 보호할 방법을 상의했다.

또한 지속가능하도록 생산되는 상품에 대한 미국 및 캐나다 소비자들의 수요는 멕시코에서의 개선을 촉진하도록 했다. 많은 멕시코 커피 농부들이 지속가능한 농장으로 전환하였고, 북쪽 국경 제품을 판매하는 마킬라도라들은 멕시코에서만 판매할 때보다 환경적인 개선을 이루었다.

그러나 이 모든 것에도 불구하고, 멕시코의 환경 영향은 NAFTA 이후 점차로 악화되었다. 예를 들어, 티후아나와 같은 국경지역 마킬라도라로부터의 대기 및 수질 오염은 크게 증가하였다. 그러나 연구자들은 이것은 오염 천국이나 하향 출혈로 인한 것이 아니라 가속화된 멕시코 경제성장 때문이라고 했다. 경제성장에서 소비와 오염이 규제 및 환경 보호를 강화하는 국가의 능력을 능가했기 때문이다.

전반적으로, NAFTA 이후 몇 년 동안 CEC 후원 연구자들은 무역 자유화가 환경 개선으로 이어질 수 있지만, 입안자가 동향에 면밀하게 관심을 기울이고 조정할 준비가 되어 있는 경우에만 그러하다. 연구자들에 의하면, 무역 및 환경의 질 양쪽 모두에 혜택을 주는 윈윈 정책을 수립할 기회와 준비도 되어 있다고 한다.

염사는 그 오염을 줄이도록 기술에 투자하도록 선택할 수 있는데, 그렇게 함으로써 세금을 내는 것보다 비용이 덜 든다면 그러하다. 다른 오염사는 세금—정부가 일부 기타 방법으로 오염을 완화하도록 사용할 수 있는 자금—납부를 선택할 수 있다.

담배 및 주류에 대한 "죄악세(sin taxes)"가 미국 사회 정책 도구지만, 환경세는 아직 미국에서 광범위한 지지를 얻지 못하고 있다. 오염에 대한 세금은 유럽에서 널리 도입되어 왔고, 유럽의 많은 국가들이, 오염시키는 당사자가 그 영향 비용을 지불할 책임을 져야 한다고 명시하는, **오염자 부담원칙(polluter-pays principle)**을 채택했다. 오늘날 기후 변화에 대처하기 위해 탄소세금(carbon taxes)—가솔린, 석탄 기반 전력 및 화석 연료 중심 제품에 대한 세금—을 시행해야 할지 여부에 대한 논쟁이 있다.

환경세는 단지 규정에 지정된 수준에 대해서가 아니라 더 낮은 수준까지 배출을 낮추도록 산업에 인센티브를 제공한다. 그러나 환경세는 단점이 있다. 그 하나는 기업이 그 세금 비용을 고객들에게 전가할 가능성이 높다는 것이다.

보조금은 특정 활동을 촉진한다

경제 정책 도구의 다른 유형은, 특정 산업이나 활동을 장려하기 위해 정부가 지급하는 자금이나 자원이 보조금이다. 보조금은 많은 유형이 있으며, 그 한 가지가 세금 감면이다. 산업, 회사 또는 개인에 대한 세금 감면은 그 비용을 감소시킴으로써 지원하는 것이다.

보조금은 환경적으로 지속가능한 활동을 촉진하기 위해 사용될 수 있으나, 대체로 지속 불가능한 활동을 지원하기 위해 사용된다. 미국에서, 공유지에서의 목재 추출(9장), 방목(7장), 및 광물 추출(11장)에 대한 보조금은, 종종 공공 보유 자원을 저하시키면서, 모두 민간 기업에 돌아간다. 화석 연료 산업 또한 혜택을 받았다. 2002~2008년까지 미국 정부는 720억 달러의 시민의 돈—

문제: 공장의 오염물질이 사람들의 건강에 해를 끼친다.

▲ **그림 5.17** 공장의 오염물질과 같은 주어진 환경문제에 대하여, 우리는 세 가지 주요 형태의 정책 접근방법을 고려할 수 있다. ❶ 소송을 통해 보상을 꾀하고 ❷ 명령 및 통제 법률 및 규제를 통해 오염을 제한하고 ❸ 시장 기반 또는 기타 경제적 전략을 통해 자발적으로 오염을 감소시킨다.

해법: 세 가지 정책 접근 방법

❶ 법원에 고장을 고소하여 손해배상 및/또는 명령을 꾀한다.

❷ 정부 규제가 허용 배출량을 제한한다.

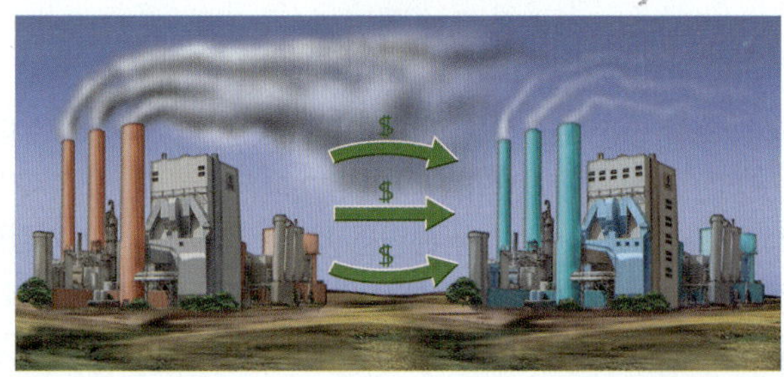

❸ 시장기반 접근방법: 오염물질을 적게 배출하는 공장은 무역 허가, 환경세 면제, 보조금 혜택 또는 환경 마크 상품 판매를 통해 오염 공장보다 경쟁우위가 된다. 오염 공장은 시장 경쟁에서 생존하기 위해 배출을 절감하는 방법을 찾아야 한다.

1인당 240달러—을 화석 연료 기업에 준 반면, 재생 에너지 노력에는 290억 달러만 사용했다. 약 540억 달라 화석 연료 보조금이 세금 감면 형태였다.

통틀어, 환경 과학자인 노만 마이어스(Norman Myers)와 제니퍼 켄트(Jennifer Kent)에 따르면, 전 세계의 정부들은 환경 및 경제에 유해한 것으로 판단되는 보조금으로 연간 약 1.45조 달러를 사용한다—대략 5개국 재정보다 더 큰 금액. 그들에 의하면, 평균 미국 납세자는 환경에 유해한 보조금으로 연간 2,000달러 지불하고, 상품 가격 상승 및 생태계 서비스 저하를 통해 또 2,000달러를 더 지불한다고 한다.

허가 거래는 비용을 절감하고 결과를 낳는다

허가 거래(permit trading)로 알려진 혁신적인 시장 기반 접근 방식으로 정부는 환경적으로 유해한 활동에 대한 허가로 시장을 형성하며, 기업, 유틸리티 또는 산업은 그 활동을 수행할 권리를 구입하고, 판매하거나 거래하도록 허가 받는다. 예를 들어, 대기 오염물질 배출을 감소시키기 위해, 정부는 배출권(emissions permits)을 부여하고 **배출 거래 시스템(emissions trading system)**을 설정할 수 있다. **총량제한** 배출권 **거래 시스템(cap-and-trade** emissions trading system)에서, 정부는 허용할 전체적인 오염량을 최초 결정하고(즉, 허용되는 총 오염량의 한도를 정한다), 그러고 나서 그 전체 양 중 얼마의 양을 배출하도록 허용하는지 각 오염자에게 허가권을 발행한다. 오염자들은 이 허가권을 다른 오염자들과 교환할 수 있으며, 매년 정부가 허용되는 전체 배출량을 줄일 수 있다(그림 14.23, 14장).

예를 들어, 10단위 오염 배출권을 가진 공장주가 보다 효율적으로 오염원 배출을 관리하여 5단위만 배출할 수 있다고 가정하자. 그러면 공장주는 배출권이 남고, 그것은 오염 감소에 문제가 있거나 생산을 확대하고자 하는 일부 다른 공장주에게 매우 귀중할 수 있다. 그러한 경우, 남은 배출권을 판매할 수 있다. 그렇게 하여 수입을 창출하고 다른 공장의 수요를 충족시키면서 총 오염량은 증가시키지 않는다. 배출을 감소시키는 방법을 찾기 위해 기업에 경제적 인센티브를 제공함으로써, 허가 거래는, 기존 규제 시스템에 비해, 산업과 공공 모두의 비용을 감소시킬 수 있다.

보다 낮은 대기오염 물질 배출을 명령하는 대기오염방지법(Clean Air Act; 13장) 개정으로 수립된, 이산화황에 대한 총량제한 거래 시스템은 1995년 이후 미국에서 시행 중으로, 이는 산성 강화물의 통제에 기여한다(13장). 대기오염방지법의 개정 이후 오염 근원으로부터의 이산화황 배출이 64% 감소하였고(**그림 5.18**), 설페이트 침적이 감소하였으며, 대기의 질과 가시성이 개선되었다. 예상보다 훨씬 적은 비용으로, 전기 공급이나 경제성장에 명백한 영향 없이, 감축이 달성되었다. 허가 거래 시스템으로 인한 절약은 연간 수십억 달러로 추정되며, EPA는 그 프로그램의 이익이 그 비용을 약 40대 1로 능가하는 것으로 계산한다.

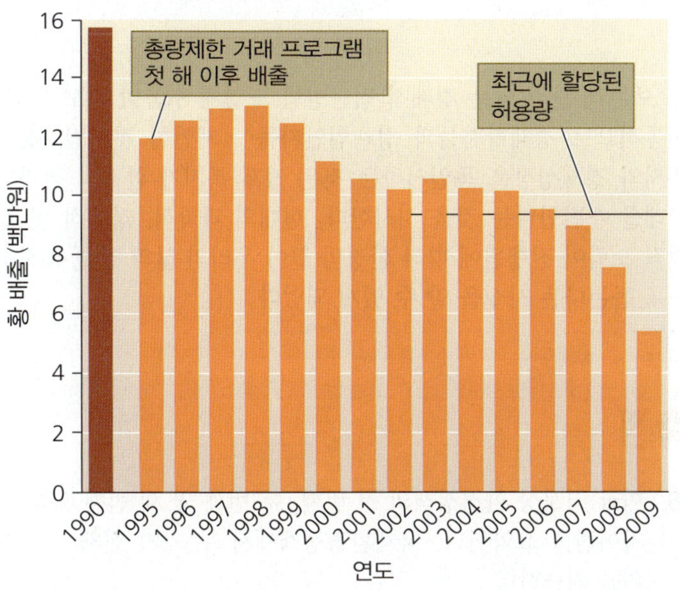

▲ **그림 5.18** 1990년 대기오염방지법 개정으로 요구된 배출 거래 프로그램에 참여하는 오염원자부터 이산화황 배출은 1990년 이후 64% 감소하였다. 2009년 현재, 미국 전체 배출량은 허가권에서 할당된 양(검은 선) 이하로 뚝 떨어졌다. 미국 환경보호청(EPA) 자료.

현재, 유럽 국가들은 기후 변화를 해결하기 위해 탄소 배출 시장을 운영 중이다(14장). 일부 미국 산업은 시카고 기후 거래소(Chicago Climate Exchange)를 통해 탄소 거래에 참여하고 있으며, 배출권 거래 프로그램은 미국 주 연합(coalitions of U.S. states)이 수립 중에 있다(14장).

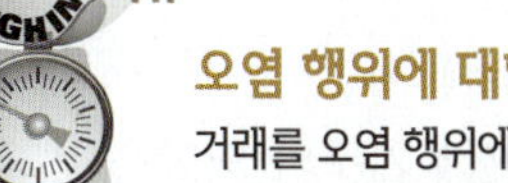

오염 행위에 대한 허가인가? 일부 환경 운동가들은, 배출 거래를 오염 행위에 대한 허가를 부여하는 것으로 보기 때문에, 배출 거래에 반대한다. 어떻게 배출 거래를 대기 오염 감소 도구로 생각하는가? 대신 명령 및 통제 규제를 선호하는가? 각 접근방법에서 어떤 장점과 단점을 보는가?

환경 마크는 소비자들에게 권한을 부여한다

시장 실패에 대처하기 위해 시장을 이용하는 또 하나의 전략은 소비자가 핵심 역할을 하도록 한다. 제조업체들이 그 상품을 어떻게 기르고, 수확하거나 제조했는지 그 라벨에 지정하는 경우, **환경 마크(ecolabeling)**로 불리는 이 접근방법은 소비자에게 어느 브랜드가 환경 친화적 공정을 사용하는지 알린다(**그림 5.19**). 소비자가 환경 마크 사용을 우선적으로 구입함으로써, 소비자들은 기업에게 보다 지속가능한 공정으로 전환하도록 강력한 인센티브를 제공한다. 초창기 하나의 예는 실수로 돌고래를 잡지 않도록 참치를 잡는 방법 방법을 표시하는 "돌고래 안전"이라는 참치 캔 라벨 부착이었다. 다른 일반적인 예들로 재활용 종이(17장), 유기농 식품(7장) 및 지속가능한 임업을 통한 수확된 목재(9장)를 포함한다.

▲ **그림 5.19** 환경 마크는 소비자에게 낮은 환경적 영향을 갖는 상품에 대한 정보를 제공하여 소비자의 구매 결정을 통해 보다 지속가능한 기업 관행을 촉진하도록 한다. 유기농 주스는 시장에서 널리 이용 가능하게 된 환경 마크 상품들 중의 한 예에 불과하다.

시장 인센티브는 또한 지역 수준으로 작동한다

당신는 이미 정책 도구로서 재정적 인센티브 관련 거래에 참여하고 있을 수 있다. 많은 지방 자치단체들이 주민들에게 그 생성하는 폐기물의 양에 따라 폐기물 처리에 대하여 청구한다. 다른 도시들은 타이어 및 엔진 오일과 같이, 안전한 처리에 비용이 많이 드는 항목에 세금이나 처리 비용을 부과한다. 여전히 다른 도시들은 물 사용 효율 기기를 구매하는 주민들에게 리베이트를 제공하는데, 리베이트가 폐수처리 시스템을 업그레이드하는 것보다 시에 비용을 덜 들이기 때문이다. 마찬가지로, 전력회사는 때때로 고효율 전구 및 가전제품을 구매하는 소비자에게 할인을 제공하는데, 그렇게 함으로써 그 발전소의 발전 용량을 증가시키는 것보다 공공요금 비용이 더 저렴하기 때문이다.

경제 정책 도구의 창의적 사용은 모든 분야에서 증가하고 있으며, 명령 및 통제, 규제 및 법원에서의 법적 조치도 계속하여 환경정책 결정에 중요한 역할을 하고 있다. 이와 같이, 우리 사회의 문제에 대한 지속가능한 해법을 찾고자 할 때 우리가 고려할 수 있는 다양한 효과적인 정책 전략이 존재한다.

결론

환경정책 결정은, 과학, 윤리학 및 경제학을 이용하며 정책 과정에 대한 빈틈없는 이해가 필요한 문제 해결 연구이다. 법과 규제의 전통적인 명령 및 통제 접근방법은 여전히 가장 일반적인 정책 접근방법이나, 혁신적인 경제 정책 도구의 개발이 증가하고 있다. 생태계 서비스의 가치를 정량화하려는 환경 및 생태 경제학자들의 노력뿐만 아니라, 혁신적 경제정책 도구들은 환경 보호 및 자원 보존과 관련 있는 경제적 접근방법 도입에 도움이 되고 있다. 전통적으로 경제학자들과 정책입안자들이 제안한 것처럼, 경제 복지와 경제성장을 동일시하는 것은 경제 복지가 환경의 질과의 거래를 수반한다는 것을 시사한다. 현대의 과학적, 경제적 및 정치적 노력이 진행됨에 따라 환경의 질이 우리의 삶의 질을 촉진하도록 돕는다는 사실을 알 수 있게 되었다.

이해도 측정

1. 인간 경제학이 자연 경제학과 연결되는 2가지 주요 방법을 말한다.
2. 신고전파 경제적 접근방법이 환경문제를 악화시킬 수 있다고 비평가들이 주장하는 4가지 방법을 기술한다.
3. 신고전파 경제학자, 환경 경제학자, 생태 경제학자의 관점을, 특히 경제성장 문제에 대하여, 비교하고 대조한다.
4. 생태계 서비스는 무엇인가? 여러 개의 예를 든다. 일부 경제학들이 비시장가치와 생태계 서비스에 화폐 가치를 할당하려고 시도한 방법을 기술한다.
5. 환경정책에 대한 세 가지 일반적 정당성을 기술하고 비평한다. 외부 비용의 개념을 설명하고, 이것이 환경정책과 관련 있는 이유를 설명한다.
6. 미국 역사상 환경정책의 첫 번째, 두 번째 및 세 번째 시대 간 차이점을 요약한다. 국제환경정책에서 두 가지 현재 우선순위를 기술한다.
7. 국가환경정책법(National Environmental Policy Act)은 무엇을 달성했는가? 미국 환경보호청(EPA)의 기원 및 임무를 요약 기술한다.
8. 문제의 확인부터 정책의 시행, 평가 및 해석까지 환경정책 과정의 단계를 나열한다.
9. 환경정책에 대한 세 가지 주요 접근방법을 비교 및 대조한다: 소송, 명령 및 통제 정책, 경제 정책 도구. 각각의 장점과 단점을 기술한다.
10. 환경세, 보조금, 세금 감면 및 배출권을 구별한다.

해법찾기

1. 안정 상태의 경제(steady-state economies)가 경제성장을 우선시하는 우리의 현재 접근방법에 대한 실제적인 대안이라고 생각하는가? 그러한 이유는? 또는 그렇지 않은 이유는?
2. 우리가 비시장가치만 가진 생태계 서비스 및 기타 존재를 정량화하여 시장 가치를 부여해야 한다고 생각하는가? 왜? 또는 왜 그렇지 않은가?
3. 미국 역사상 한 유형의 환경정책에서 또 다른 유형의 정책으로 전환의 원인을 반추하라. 이제 미래를 들여다보고 25년, 50년 또는 100년 후의 삶이 어떻게 달라질 수 있는지 생각해본다. 미래의 환경정책에 대하여 어떠한 추측을 하는가? 그것이 해결할 수 있는 것은 무엇인가? 우리가 정책의 차이가 있는 환경정책을 갖출 것이라 예측하는가?
4. UN, EU, 세계은행, WTO 및 비정부기구의 역할을 비교한다. 당신이 선호하는 정책에 대해 이들 기관 중의 꼭 하나로부터 지원을 얻을 수 있다면, 어느 기관을 선택할 것인가? 이유는?
5. **생각해 보기** 당신이 미국 하원에 선출되었다고 생각하자. 당신의 지역 사람들이 처리되지 않은 생활 폐수, 공장의 화학물질 배출, 상업 및 레저 보트의 기름 누출로 비정상적인 수질 오염을 겪고 있다. 이러한 문제들에 대한 해법 모색에서 당신은 어떤 접근방법을 취할 것인가? 선택의 이유를 제시하시오.

생태발자국 계산하기

보존 유권자 연맹(League of Conservation Voters)은 환경문제에 대한 미국 정책 입안자들의 투표 기록을 추적하고 시민에게 정보를 제공하는 비정부 조직이다. 그 연맹은 옹호 조직이며, 당신은 그 입장에 동의하거나 동의 하지 않을 수 있으나, 그 웹사이트는 환경정책을 취급하는 법안에 대한 당신의 의회 대표의 투표를 추적하는 쉬운 방법을 제공한다. LCV 웹사이트 http://www.lcv.org에 접속하라. "득점 카드(Scorecard)" 하에서, 가장 최근 연도 링크를 클릭하라. 당신의 주 대표를 찾고 그들의 이름을 클릭하여 그들의 투표 기록을 탐색하라. Y와 N은 그들이 주요 법안들에 어떻게 투표했는지 나타낸다. 그 법안들의 내용을 읽으려면, 그 법안들의 링크를 클릭하라.

의회 대표들의 투표 기록

	의원 성명	이해관계 법안에 대한 그/그녀의 투표 내용
당신의 주 출신 미국 하원의원		
당신의 주 출신 미국 상원의원		
의회 지도부 일원		

1. 당신은 주 하원의원의 투표기록을 탐색한 후, 당신이 동의하지 않는 한 표를 찾아라. 표의 첫 열에, 그 의원의 이름을 기입하고 당신의 관심 법안에 대한 그 또는 그녀의 투표를 기술하라. 당신은 무엇을 동의하지 않는가? 그리고 이유는?
2. 다음으로, 당신 주의 2명의 상원의원의 투표기록을 탐색하고 당신이 동의하지 않는 한 표를 찾아라. 표의 두 번째 열에, 그 상원의원의 이름을 기입하고 당신의 관심 법안에 대한 그 또는 그녀의 투표를 기술하라. 당신은 무엇을 동의하지 않는가? 그리고 이유는?
3. 이러한 문제들 중의 하나에 대하여, 당신은 당신의 국회의원에게 쓸 편지의 윤곽을 잡아라. 그 편지에는 그 또는 그녀가 이 문제에 대하여 당신의 입장을 지지해야 한다고 생각하는 이유를 설명한다.
4. 보존 유권자 연맹은 특정 입장을 옹호한다. 당신은 그들과 다른 입장을 취하는 경우를 찾았는가? 그렇다면, 무엇을 동의하지 않았고, 그 이유는?
5. 당신이 보는 기술된 법안 중 하나를 선택하고, 법안의 통과가 당신의 주의 사람들의 생태발자국에 어떻게 영향을 줄 것이라고 생각하는지 설명하시오.

6 인구

이 장을 마치고 나서 할 수 있는 것들

- ▶ 인구성장의 한계를 인식
- ▶ 인구, 풍요 및 기술이 어떻게 환경에 영향을 미치는지를 평가
- ▶ 인구통계학의 기본을 설명 및 적용
- ▶ 인구학적 전이의 개념을 요약 및 평가
- ▶ 부와 빈곤, 여성의 지위 그리고 가족계획 등이 어떻게 인구증가에 영향을 미치는지를 설명

중국 거대 도시 중의 하나인 광저우에 인구가 밀집한 거리

중점 사례 연구

중국의 한 자녀 정책

"인구증가는 메뚜기의 재앙과 비슷하다. 우리가 오늘날 이 지구에서 갖고 있는 것은 사람의 재앙이다."

—테드 터너(Ted Turner), 유엔 인구기금의 언론담당

"당신이 사회 건강성을 개선할 때, 인구증가는 하강한다...
나는 그것을 알기 전에는 그것이 역설적이라고 생각했다."

—빌게이츠(Bill Gates), 의장, 마이크로소프트 사

중화인민공화국은 2012년 초에 전 세계 인구 70억 명 중 5분의 1의 인구가 살고 있는, 세계에서 가장 인구가 많은 나라이다.

마오쩌둥(Mao Zedong)이 63년 전 국가의 현재 정권을 수립했을 때, 대략 5억 4,000만 명의 사람들이 주로 농촌과 전쟁으로 파괴된 가난한 나라에 살고 있었다. 마오는 인구증가가 바람직하다고 믿고 있었고, 그의 지도력 하에 중국이 성장하고 변화했다. 1970년까지 식량 생산, 식품 유통 및 공중 위생의 개선으로 중국의 인구는 7억 9,000만 명으로 증가하였다. 그 당시에 평균적인 중국인 여자는 일생 동안 5.8명의 아이를 출산했다.

그러나 국가의 인구 급성장 및 공업과 농업의 발전은 국가의 토양침식, 물의 고갈, 숲의 평지화를 야기시키고 공기를 오염시켰다. 중국 지도자들은 만약 인구수가 훨씬 크게 성장하게 되면 국가가 국민을 먹여 살릴 수 없을지도 모른다는 것을 깨닫게 되었다. 그들은 지속적인 인구증가가 자금을 고갈시키고 중국 사회의 안정과 발전을 위협할 수 있다고 보았다. 그래서 1970년에 정부는 대부분의 중국인 부부가 한 자녀 이상 가지는 것을 금지시키는 인구억제 프로그램을 실시하기로 결정했다.

이 프로그램은 사람들이 늦게 결혼하고 저출산을 하도록 격려하는 교육을 시작하였다. 이러한 노력과 함께 중국 정부는 피임이나 낙태를 용이하게 하였다. 이런 결과 1975년 중국의 연간 인구증가율은 2.8%에서 1.8%까지 떨어졌다.

또한 출산율을 더 감소시키기 위해 1979년에 정부는 한 자녀 제한을 강제하는 상벌제도를 제정하는 과감한 시도를 하였다. 한 명의 자녀를 둔 가족들은 학교, 의료, 주택, 정부의 일에 더 쉽게 지원받았다. 뿐만 아니라 한 명의 자녀를 둔 어머니는 더 긴 출산 휴가를 받았다. 한편 여러 아이를 가진 가족은 벌금, 고용 차별, 사회 경멸과 조롱을 받게 되었다. 어떤 경우에는 벌금이 부부의 연간 소득의 절반을 넘었다.

인구증가율은 떨어졌지만 정책에 대한 민심이 폭발하려고 했다. 1984년부터 한 자녀 정책은 느슨해지다가 강화되고 다시 느슨해지자 정부의 지도자들은 시민의 반대를 최소화하면서 인구억제를 극대화하는 것을 찾았다. 오늘날 한 자녀 정책은 지난 몇 년간에 비해 덜 엄격하고 대부분 도시 지역의 가족에 적용된다. 농가의 성공은 종종 여러 자식을 갖는 것에 의존하고 있기 때문에 농촌의 많은 농부들과 소수민족은 면제된다.

정책을 집행하는 데 있어서 중국은 역사상 가장 큰 논쟁의 여지가 있는 사회실험 중 하나를 실시하고 있다. 순전히 양적인 측면에서 실험은 성공을 거두었다: 국가의 증가율은 이제 0.5%로 낮아졌고, 나라의 많은 사회적, 경제적, 환경적 문제를 쉽게 처리할 수 있게 되었다.

그러나 한 자녀 정책 또한 의도하지 않은 결과를 낳고 있다. 전통적으로 중국 문화는 아들들을 소중히 여기고 있는데 그 이유는 그들이 가족의 성을 따르고 농촌의 농업 노동력을 돕고 연로한 부모를 돌보기 때문이다. 대조적으로 딸들은 관습적 영향에 따라 대부분 결혼하여 그들의 부모님을 떠난다. 그 결과, 딸들은 아들처럼 자기의 부모에게 동일한 혜택을 제공할 수 없다. 이와 같이, 단 한 명의 아이로 제한되는 문제에 직면하게 된 많은 중국 부부들은 딸보다 아들을 더 선호한다. 비극적으로, 이것은 선택적인 낙태, 여아 살해, 불균형한 성비, 그리고 아내를 찾을 수 없는 젊은 남성을 위한 사춘기 소녀들의 암시장 거래로 이어지고 있다.

게다가 고령화와 노동력 축소를 포함하는 추가적인 문제가 가까운 미래에 예상된다. 거기에다 중국의 정책은 개인 생식의 선택권을 침입하는

정부를 반대하는 사람들로부터 세계적으로 격렬한 비판을 유발하고 있다.

다른 나라들도 점점 더 인구가 넘쳐나게 되므로 정부도 개인의 자유를 제한하는 과감한 정책 도입을 검토할 수도 있다고 느낄지도 모른다. 이 장에서 우리는 세계 인구 동태를 조사하며 그 원인을 검토하고 환경과 우리 사회에 대한 그들의 결과를 평가한다. ■

70억 세계

중국이 인구증가를 늦추기 위해, 일하는 동안 대부분의 국가에서는 인구수가 계속해서 증가하는 추세이다. 대부분의 인구증가는 그것을 다루는 데 부실하게 준비된 빈곤 개발도상국에서 발생하고 있다. 인도(**그림 6.1**)는 향후 수십 년 안에 세계에서 가장 인구가 많은 나라로 중국을 능가할 정도다. 인류의 인구증가율은 늦어지고 있지만, 절대 수는 여전히 증가하고 있다. 따라서 인구증가율은 여전히 증가하고 있는 상태이고, 2011년에 세계 인구는 70억을 훌쩍 넘을 것이다.

인구는 빠르게 성장하고 있다

세계 인구는 캘리포니아, 텍사스, 뉴욕을 합한 인구수만큼 매년 8,000만 명 이상이 증가한다. 세계는 매 초당 2.6명이 태어나고 매일 큰 대학 축구 경기장(각각 인구 11만 명씩) 두 개를 가득 채울 수 있을 만큼의 사람이 태어난다. 인구가 인류 역사상 10억 명에 도달하는데 1800년 이후까지 걸렸다. 그때 이후로 우리는 나중 3번의 10억 명의 사람들 증가에 겨우 12년씩 걸려서 세계인구에 60억 명을 이미 추가했다(**그림 6.2**). 지금처럼 매우 많은 사람들 속에 살았던 세대는 이전에 없었다.

무엇으로 우리의 전례 없는 성장을 설명할 수 있는가? 기하 급수적 성장은—단위 시간당 고정 비율에 의한 양적 증가—복리로 예금(3장)이 늘어나는 것처럼, 시간이 지남에 따라 인구 규모의 증가가 가속화된다. 그 이유는 작은 수에 일정한 비율이 증가하면 조금만 증가하지만 큰 수에 똑같은 일정 비율이 증가하면 크게 증가하기 때문이다. 따라서 인구성장률이 안정을 유지하더라도 인구는 가임 세대와 함께 더 큰 증가분으로 성장할 것이다.

20세기 동안 대부분 인구증가율은 해마다 증가했다. 이 속도는 1960년대에 2.1%로 정점에 도달하고 그 이후 1.2%까지 감소하였다. 1.2%는 작은 것 같지만, 기하 급수적인 성장은 작은 수들을 큰 결과로 증식한다. 한 남자와 한 여자로 시작해서 1.2%로 성장하는 가상의 인구는 겨우 40세대 후에는 2,939명이고 60세대 후에는 112,695명의 인구증가를 초래한다. 또한 세계 성장률은 1.2%이지만, 세계 성장률은 지역에 따라 크게 다르고 개발도상국에서 가장 높게 나타난다(**그림 6.3**).

1.2%의 연간 성장률로, 인구는 불과 58년 안에 크기가 2배가 된다. 우리는 유용한 경험에 바탕을 둔 방법으로 두 배의 시간을 대략 추정할 수 있다. 다만 숫자 70(0.7의 100배, 2의 자연 로그)을 취해서 그것을 연평균 성장률로 나누어라: 70/1.2 = 58.3. 중국의 현재 0.5%의 성장률은 인구가 2배로 늘어나는데 대략 140년(70/0.5 = 140)이 걸린다는 의미이다. 중국이 한 자녀 정책을 가지지 않았다면 인구 성장률은 2.8%로 이는 인구가 두 배로 커지는데 25년(70/2.8 = 25)이 걸릴 것이다.

세계인구가 어떻게 빠르게 성장했는지 상상하는 것을 돕기 위해—그리고 당신의 생애 동안 계속 성장할 것이라는 것—이 장에

FAQ

Q: 10억은 얼마나 큰가?

A: 인간은 큰 숫자를 개념화하는데 문제를 가지고 있다. 그 결과 우리는 종종 이러한 70억이라는 수의 진정한 크기를 인식하는 데 실패한다. 우리는 10억이 100만보다 크다는 것을 알고 있지만, 둘 다 엄청나게 큰 숫자로 보는 경향이 있기 때문에 크기에서도 둘 다 비슷하게 보는 경향이 있다. 예를 들어, 은행원이 만약에 1초에 1달러씩 세는 속도로 하루에 8시간씩 매일매일 센다면 100만 달러를 세는 데 얼마나 걸리는지 계산 없이 추측해보자. 이와 같은 속도로 10억 달러를 세면 얼마나 걸릴지 추측해보자. 당신의 예측과 답변의 차이는 당신을 놀라게 할 수 있다. 10억 달러를 세는 데 95년 걸리는 반면, 100만 달러를 세는 데 단순하게 35일 걸릴 것이다! 100만 초의 생활은 겨우 12일이 소요되고 10억 초의 생활은 31년을 필요로 한다. 당신은 70억 초 동안 살 수 없다. 왜냐하면 221년 걸리기 때문이다. 이러한 예로 우리는 "billion"안에 "b"의 진가를 알게 되었다.

▲ **그림 6.1** 인구증가는 70억 명 그 이상으로 계속 증가되고 있다. 인도는 중국을 제치고 세계에서 가장 인구가 많은 나라가 될 처지에 있다. 이 사진은 인도 여성이 자신의 아기를 예방접종시키기 위해 줄을 서서 기다리고 있는 모습이다.

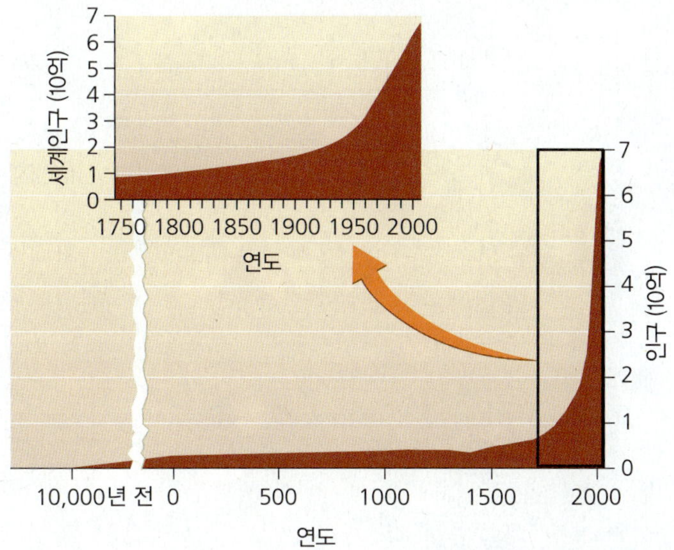

▲ **그림 6.2** 긴 시간(**아래 그래프**)에 걸쳐 산업혁명(**위 그래프의 삽입 그림**) 이후 세계 인구의 크기를 보면 어떻게 거의 모든 성장이 지난 200년간에 발생했는지를 보여준다. 1800년에 10억 명에 못 미치던 인구가 점점 증가하여 거의 70억에 가까운 인구가 살고 있다. Data from U.S. Bureau of the Census.

있는 **환경실천행동**의 모습을 보아라. 다른 장에서도 똑같이 환경과학에서 생활에 중요한 개념을 확립하기 위해 시각적 이미지를 사용하는 환경실천행동 페이지를 보게 될 것이다.

인구증가에 한계가 있나?

인구증가 숫자에서 괄목할 만한 성장은 기술 혁신, 개선된 위생 시설, 더 나은 의료, 농업 생산 증가 그리고 사망률과 유아사망률을 낮추는 요인들로부터 비롯되었다. 출산율은 많이 감소하지 않았지만 여러 해 동안 출산이 사망률을 웃돌고 있기 때문에 인구증가로 이어졌다. 그러나 인구가 무한하게 성장할 수 있을까?

환경 요인은 인구성장(3장)을 제한하지만, 인간수용능력(3장)을 예측하는 환경과학자들은 상이한 예측을 하고 있다. 가장 철저한 추정 범위는 건강한 환경에서 사는 10~20억 사람들에서 자연지역 없이 집약적인 재배의 저급화된 세계의 극심한 빈곤에 살고 있는 33억 명까지 이른다.

인간의 수용능력을 추산하는 데 대한 어려움은 인류는 성공적인 종들이며, 또한 반복적으로 새로운 기술과 자원을 확보하는 방법을 개발하여 예측되는 성장의 한계를 반복적으로 극복하고 있는 데 있다. 예를 들어, 영국의 경제학자 토머스 맬서스(Thomas Malthus, 1766~1834)는 사회가 출산율을 감소하지 않는 경우 전쟁, 질병, 기아를 통한 사망률이 증가하여 인구를 감소시킬 수 있다는 인구의 원리를 그의 영향력 있는 작품 인구론 "*An Essay on the Principle of Population*(1798)"에서 주장했다. 맬서스의 주장이 그 시대에 합리적이긴 했지만, 19세기의 농업개선은 식량 공급을 증가시켰고, 그의 예측은 맞지 않았다. 이와 유사하게, 생물학자 폴 에를리히(Paul Ehrlich)는 인간의 인구증가는 곧 식량 생산을 앞지를 것이고 20세기 이후에 대규모 흉년으로 먹을 양식이 모자라 굶주림과 갈등을 보여줄 것이라고 1968년 그의 책인 인구폭탄(*The Population Bomb*)에서 예측했다. 그러나 "녹색혁명(Green Revolution)"(7장)으로 수십 년간 개발지역에서 식량생산이 증가되었고, 에를리히의 비참한 예측은 완전히 실현되지 않았다.

이러한 인간의 기술혁신은 항상 우리 인구를 지탱하는 방법을 찾을 수 있을까? 새로운 자원을 찾거나 고갈되는 자원들을 대체

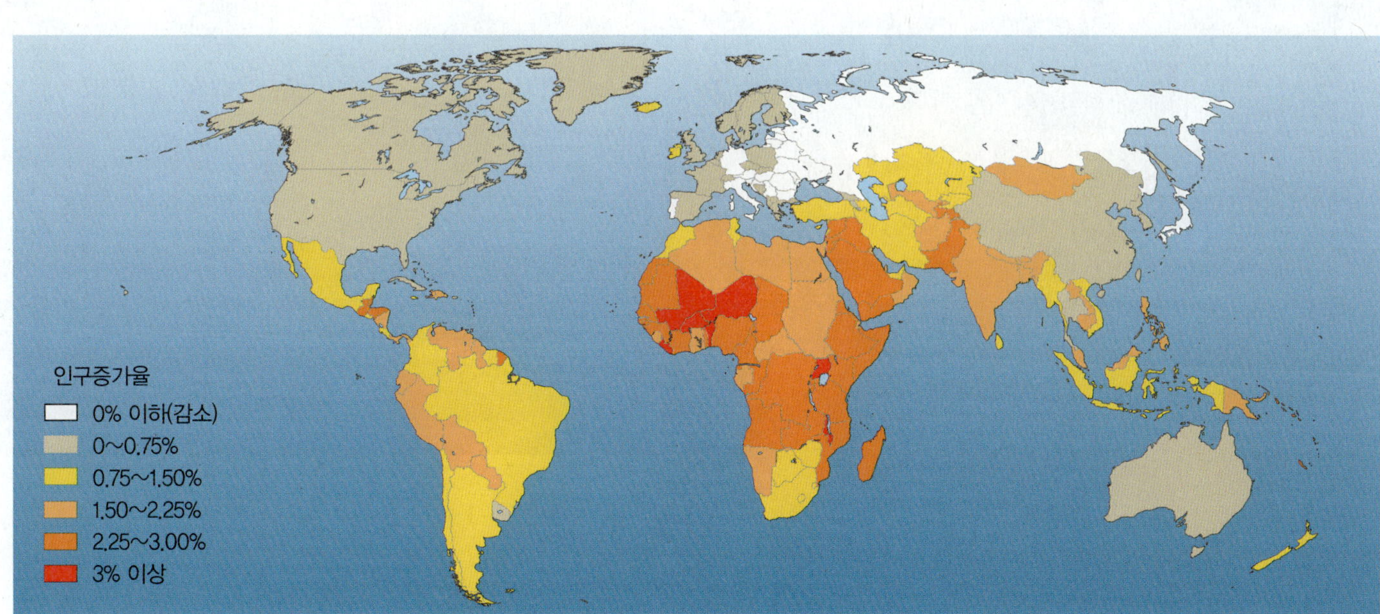

▲ **그림 6.3** 인구증가율은 위치에 따라 크게 다르다. 인구는 열대나 아열대의 가난한 나라에서 가장 빠르게 성장하고 있지만 현재는 일부 북부의 선진국에서 감소하기 시작했다. 2010년도의 인구 변화의 자연 비율(6장)을 나타내고 있다. Data from Population Reference Bureau, 2010. *2010 World population data sheet*. By permission.

세계인구가 증가하여 지구는 더욱 붐비게 되었다.

1900년부터 1950년까지 인구수는 50%까지 증가하였다.

이후 인구는 폭발적으로 늘어났다: 2000년에 인구는 1950년보다 140% 증가하여 2.4배로 커졌다.

2000년에 살아 있는 2명당 2050년에는 3명이 될 것이다. 우리가 오늘날 누리고 있는 생활수준을 자녀들에게 제공할 수 있을 정도로 충분한 자원이 남아 있을까?

바꿀 수 있다

- 개발도상국 여성들의 권리와 교육을 지원한다.
- 인구가 증가할지라도, 자원의 소비감소는 생태발자국을 줄일 것이다.

할 자원을 찾을 경우 많은 경제학자들이 유지하는 관점에서 인구증가로 인한 자원의 고갈은 문제가 되지 않을 것이다(5장). 반면, 환경과학자들은 몇 가지 자원만이 실제로 사람들에 의해 만들어지고 있지만 대부분의 자원들은 일단 고갈되면 대체할 수 없다는 것을 인식하고 있다. 예를 들어 종이 멸종되면 우리는 생태계에 있는 그것들의 정확한 기능을 수행할 수 없다. 인구가 계속해서 증가하므로, 우리는 아직 우리의 수용능력을 높이기 위해 계속 방법을 찾아야 한다. 그러나 인구의 생태 및 논리적 성장에 대해 우리에게 주어진 지식으로(3장), 우리는 인구수가 영원히 증가할 수 있다는 것으로 추정 할만한 이유가 없다.

그러나 인간의 인구증가가 정말 문제인가? 자원 대체가 가상적으로 우리의 인구를 무한하게 성장하게 할 수 있다고 해도, 우리는 우리 자신과 우리의 후손을 위해 원하는 삶의 질을 유지할 수 있을까? 모든 자원의 가용성과 품질이 인구증가와 함께 영원히 속도를 유지하지 않는 한, 앞으로는 보통 사람들이 오늘날보다 사람이 살기에 더 적은 공간과 더 적은 식량, 더 적은 재료와 재산을 가져야 한다. 따라서 인구증가가 만약 자원을 소모하고, 사회 시스템에 스트레스를 주며, 자연 환경을 저하시키는, 즉 우리의 삶의 질을 떨어뜨린다면 정말 문제가 될 것이다(**그림 6.4**).

인구는 환경에 영향을 미치는 여러 요인 중 하나이다

널리 사용되는 공식 중 하나가 우리에게 인구와 환경의 질에 영향을 미치는 다른 요인에 대해 생각하는 편리한 방법을 제공한다. **IPAT 모델**은 1974년에 폴 에를리히와 존 홀렌(John Holdren)에 의해 제안된 식의 변형이다. IPAT 모델은 환경에 대한 우리의 총 영향(I)을 인구(P), 풍요(A), 기술(T) 간의 상호작용에서 발생하는 방법으로 나타낸다:

$$I = P \times A \times T$$

더 많은 개인 공간을 차지하고, 천연 자원을 사용하며, 폐기물을 생성하므로 증가된 인구는 환경에 미치는 영향을 더욱 심화한다. 증가된 풍요는 일반적으로 강화된 부를 따라 개인당 더 큰 자원 소비를 하므로 환경에 미치는 영향을 확대한다. 광물, 화석연료, 원시림과 해양어업을 이용하기 위해 능력을 강화하는 기술은 일반적

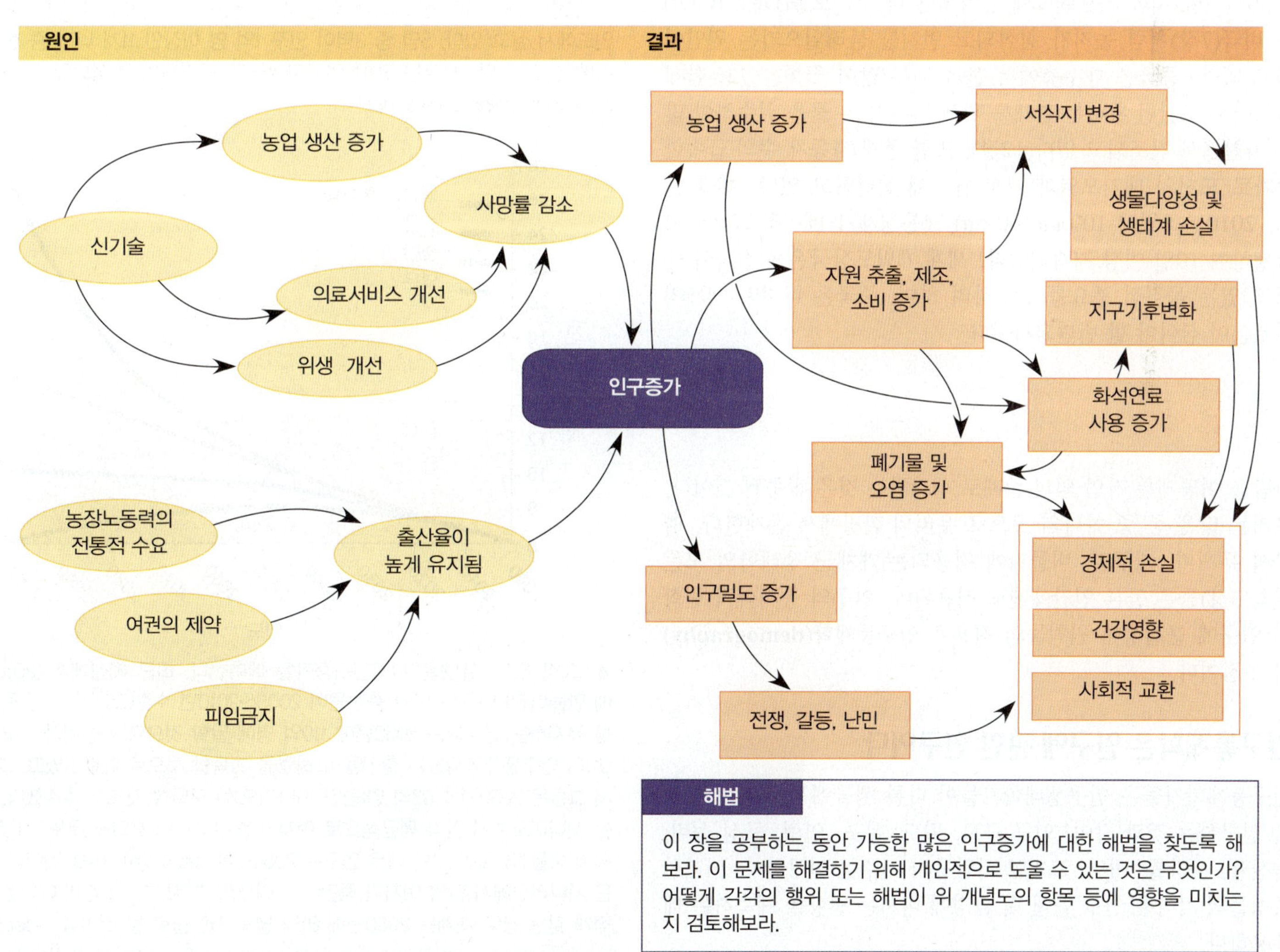

▲ **그림 6.4** 인구증가는 다양한 원인(왼쪽 타원형)과 결과(오른쪽 상자)가 있다. 급속한 인구증가의 결과는 사회와 환경을 위해 일반적으로 부정적이다. 이 개념지도의 화살표는 원인에서 결과로 이어진다. 설명 상자들 안에서 그룹화된 항목은 반드시 특별한 관계를 공유하지 않는다는 점에 유의하라. 설명 상자들은 단지 그림을 유선화하는 것이다.

인 악영향이 크지만, 굴뚝 배출 감소, 신재생 에너지를 이용 또는 생산효율을 개선하는 기술은 악영향을 줄일 수 있다.

또한 주어진 환경이 인간의 압박에 얼마나 민감한지를 나타내기 위해 식에 네 번째 요소, 민감도(S)를 추가할 수도 있다. 예를 들어, 중국 서부의 건조한 땅은 중국 남동부의 습한 지역에 비해 인위적 교란에 더 민감하다. 식물은 건조한 서쪽에서 더 느리게 생장하며, 이것은 삼림벌채와 토양분해에 땅을 더 취약하게 만든다. 따라서 중국 서부에 사람을 추가하는 것은 중국 남동부에 사람을 추가하는 것보다 환경에 미치는 영향이 더 크다. 우리는 교육, 법률과 그 집행, 안정적이고 응집력 있는 사회, 행복한 환경을 증진시키고 윤리 기준과 같은 사회 제도의 효과에 대한 조건을 추가하여 더욱 IPAT 방정식을 개선할 수 있다. 이러한 모든 요인은 어떻게 인구, 풍요, 그리고 기술이 환경 영향으로 해석되는지에 영향을 준다.

현대 중국은 어떻게 IPAT 공식의 모든 요소가 짧은 시간에 엄청난 환경 영향을 일으키는 데 결합될 수 있는지를 보여준다. 중국은 세계에서 가장 빠르게 성장하고 있는 경제를 자랑하지만 국가는 급속한 경제발전으로 인한 전례 없는 환경문제와 싸우고 있다. 집약농업은 나라의 습한 벼농사 지역에서 서쪽으로 확대되어, 1930년대에 미국 하트랜드에서 일어난 더스트 보울(Dust Bowl)의 비극(7장)처럼 농지가 침식되고 먼지를 불러일으키는 원인이 되고 있다. 중국은 대수층에서 물을 너무 많이 끌어올렸고 한때 거대한 수로였던 황하는 관개를 위해 너무 많은 물을 취수하여 많은 지천에서 건조되고 있다(12장). 또한 현재 자동차 수의 급속한 증가로 도시의 대기오염과 교통 체증에 직면하고 있다. 예를 들어, 2010년 8월에 100 km(60-mi) 교통정체가 베이징 교외에서 발생하여 10일 이상 지속되었다! 세계 개발도상국은 선진국이 즐기고 있는 물질적 풍요를 달성하려 하며, 중국은 나머지 세계의 대부분이 삼아야 할 반면교사이다.

인구통계학

사람을 어떻게든 자연 외의 존재로 생각하는 것은 잘못된 것이다. 우리는 많은 종 중 하나의 종으로 우리의 환경에서 존재한다. 따라서 두꺼비, 개구리, 비둘기에 적용되는 개체군 생태학의 모든 원칙(3장)들은 물론 인간에게도 적용된다. 인구의 통계학적 변화의 연구에 군집생태 원칙들의 적용은 **인구통계학(demography)**의 초점이다.

인구통계학은 인구에 관한 연구이다

인구통계학자들은 인구생태학자들이 다른 생물에서 이러한 특성을 연구하는 것과 같이, 인구 규모, 밀도, 분포, 연령, 구성 성비, 출산율, 사망률, 이민, 그리고 사람들의 이주를 연구한다. 이러한 특성들의 각각은 인구 동태 및 환경에 미치는 영향을 예측하는 데 유용하다.

인구의 크기 70억 이상의 전 세계 인구는 중국의 13.4억 명, 인도 12.1억 명, 미국 3.12억 명에 달하는 인구와 함께 200개국 이상에 흩어져 있다(**그림 6.5**). 유엔 인구국은 2050년까지 세계인구가 90억 명을 넘어설 것으로 추정하고 있다(**그림 6.6**). 그러나 인구 크기만으로는—개인의 절대 수—전체 이야기를 해주지 않는다. 오히려 인구가 환경에 미치는 영향은 밀도, 분포 및 구성에 따라 달라진다(뿐만 아니라 풍요, 기술 및 앞서 언급한 기타 요인에 따라서도 환경에 미치는 영향은 달라진다).

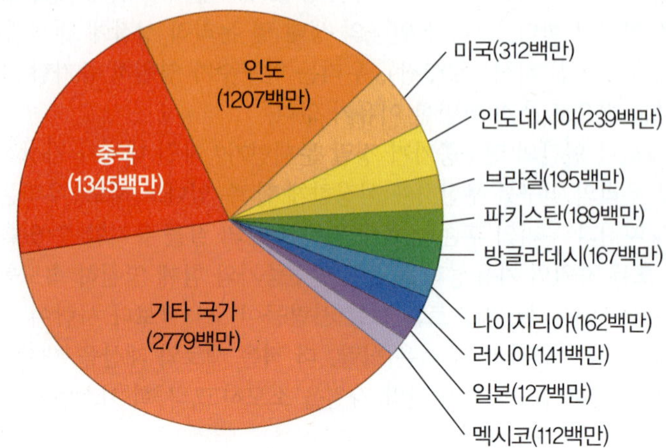

▲ **그림 6.5** 거의 전 세계 5명 중 1명이 중국인이며, 6명 중 1명 이상이 인도에서 살고 있다. 5명 중 3명이 인구 1억 명 이상인 11개 나라 중 한 나라에 살고 있다. 자료는 2011 인구자료국에 근거하여 추정되었다. *2010 world population data sheet.*

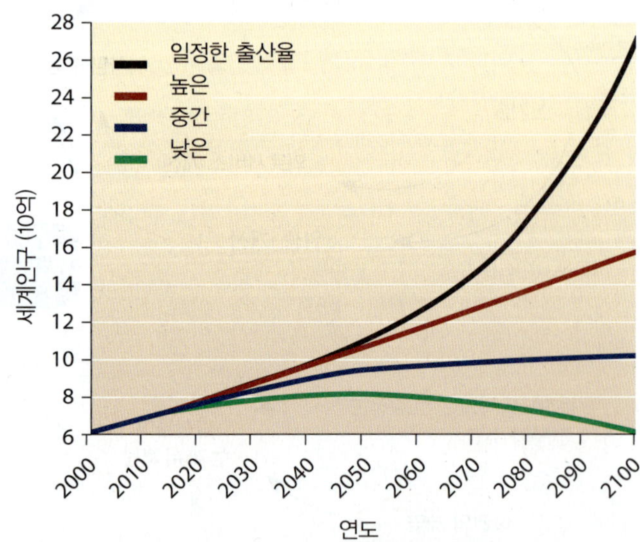

▲ **그림 6.6** 유엔은 세계인구증가를 예측한다. 최근 예상에서 (2010년에 만들어진) 인구는 만약 출산율이 2005~2010년 수준(그래프의 맨 윗줄)을 유지하는 경우에는 2050년에 110억 명에 달할 것으로 추정된다. 그러나 UN의 인구통계학자들은 출산율이 하락을 계속할 것으로 예측하였고, 그래서 그들은 2050년에 93억 명(중간 시나리오)에 도달할 것으로 추측했다. 높은 시나리오에서 만약 평균적으로 여자가 중간 시나리오의 경우보다 0.5명의 아이를 더 많이 갖는 경우 인구는 2050년에 106억 명에 이를 것이다. 낮은 시나리오에서 만약 여자가 중간 시나리오의 경우보다 0.5명의 아이를 더 적게 갖는 경우 세계는 2050년에 81억 명의 사람들로 될 것이다. Adapted by permission from Population Division of the Department of Economic and Social Affairs of the United Nations Secretariat, 2011. *World population prospects: The 2010 revision*, http://esa.un.org/unpp, Fig 1. © United Nations, 2011.

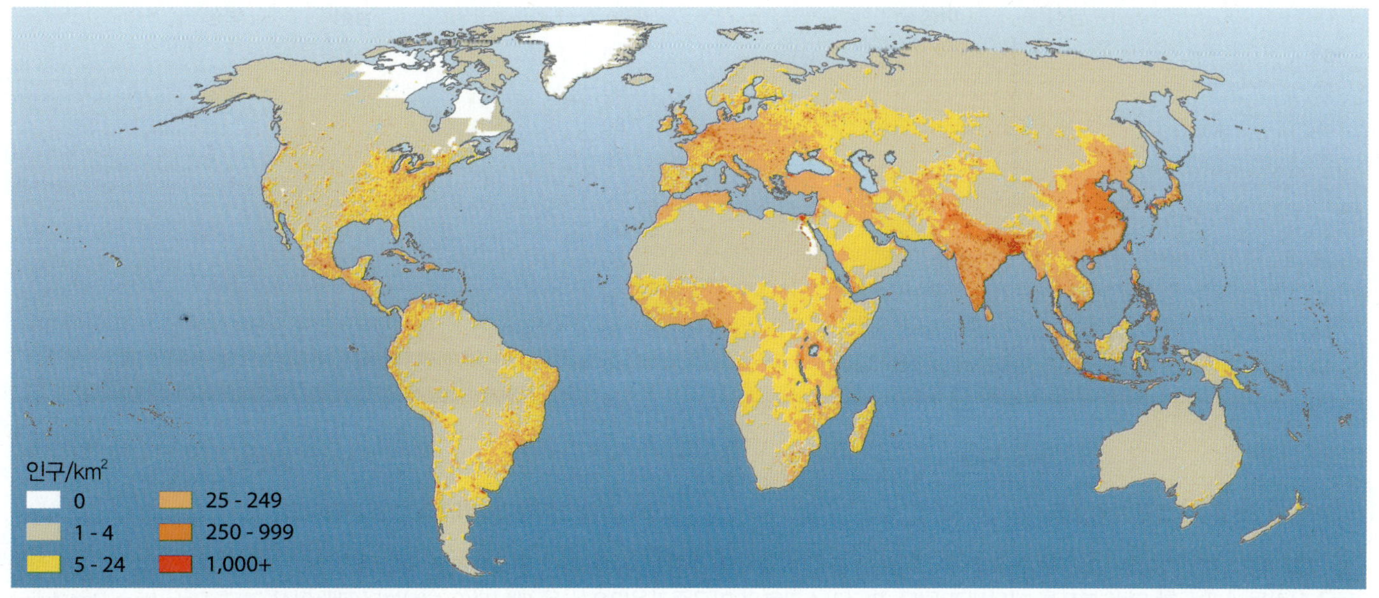

▲ **그림 6.7** 인구밀도는 한 지역에서 다른 지역으로 엄청나게 다양하다. 인도, 방글라데시, 중국 동부 지역이 가장 조밀한 인구를 가지고 있는 반면, 북극이나 사막 지역은 가장 낮은 인구 밀도를 가지고 있다. The World: Population Density, 2000. Center for International Earth Science Information Network (CIESIN), Columbia University; and Centro Internacional de Agricultura Tropical (CIAT). 2005. Gridded Population of the World Version 3 (GPWv3). Palisdes, NY: Socioeconomic Data and Applications Center (SEDAC), Columbia University. By permission.

인구밀도 및 분포 사람들은 우리의 행성에 불균일하게 분포하고 있다. 생태학적 용어로 말하면, 인구 분포는 모든 공간적인 규모(3장)에서 밀집되어 있다. 세계 규모(**그림 6.7**)에서, 인구밀도는 온대, 아열대, 열대 기후와 같은 지역에서 가장 높고 사막, 열대우림, 그리고 툰드라 같은 극단적인 기후지역에서 가장 낮다. 인구는 바다의 해안이나 하천을 따라 밀집되어 있고 물과 멀리 떨어져 있는 곳은 덜 밀집되어 있다. 더 많은 지역 규모에서 우리는 도시와 마을에서 함께 무리를 이룬다.

이 불균일한 분포는 특정 지역이 다른 지역보다 환경영향에 견딜 수 있음을 의미한다. 마치 황하가 중국 농부들로부터 압박을 받는 것과 마찬가지로 세계의 다른 주요 하천은 모두 인간이 미치는 영향을 그들의 감당할 몫 이상으로 받는다. 동시에 낮은 인구밀도 일부 지역은 민감(우리의 수정된 IPAT 모델에서 높은 S값)하고 그래서 충격에 취약하다. 예를 들어, 사막과 건조지대의 초원들은 제멋대로 너무 많은 물을 사용하는 농업과 목장에 의해 쉽게 분해된다.

연령구조 연령구조는 인구집단 내에서 각 연령층의 상대적인 수를 묘사한다(3장). 이러한 데이터는 인간 집단의 미래의 동태를 예측하는 가치가 있다. 주로 생산연령이 지난 개인들로 구성된 인구는 시간이 지남에 따라 감소하는 경향이 있다. 대조적으로, 생산연령 또는 생산연령 전의 많은 개인의 인구는 증가하기가 쉽다. 출생은 사망과 보조를 맞추기 때문에 고른 연령 분포의 인구는 안정된 상태로 유지된다.

종종 인구 피라미드라고 불리는 연령구조 다이어그램은 과학자가 연령구조를 설명하는 데 사용하는 시각적 도구이다(**그림 6.8**). 각각의 수평막대의 폭은 각각 연령층의 사람 수를 나타낸

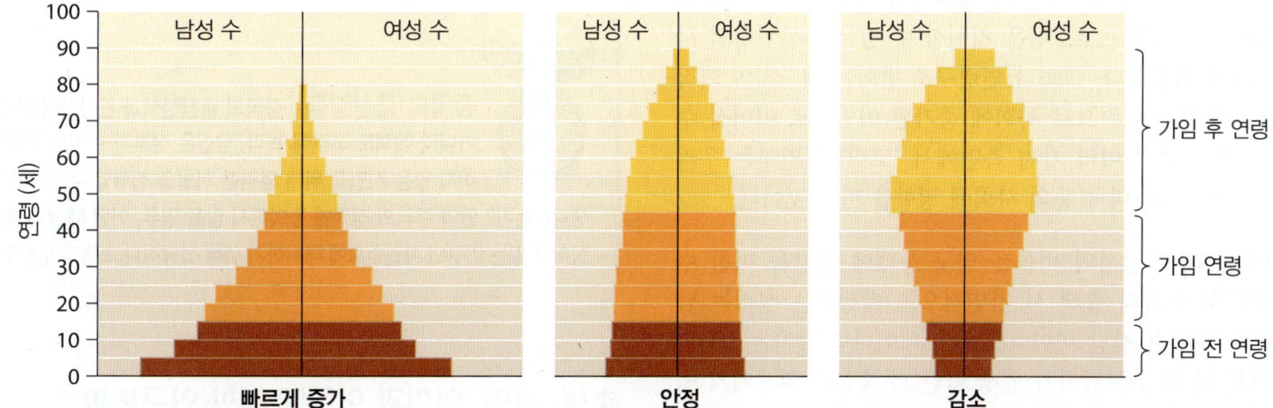

▲ **그림 6.8** 연령구조 다이어그램은 인구 연령층의 개개인의 수를 보여준다. 왼쪽과 같은 그림은 젊은 연령층에 치우쳐 있어서, 빠르게 증가할 인구를 나타낸다. 오른쪽과 같은 그림은 노령층에 치우쳐 있어서, 감소할 인구를 나타낸다. 가운데 다이어그램에 보인 것 같은 균형 잡힌 연령구조를 가진 집단은 안정된 상태로 남을 것이다.

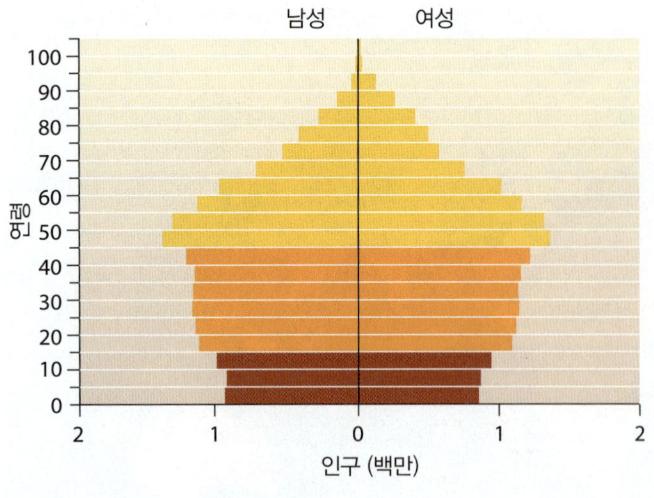

(a) 2010년 캐나다의 연령 피라미드

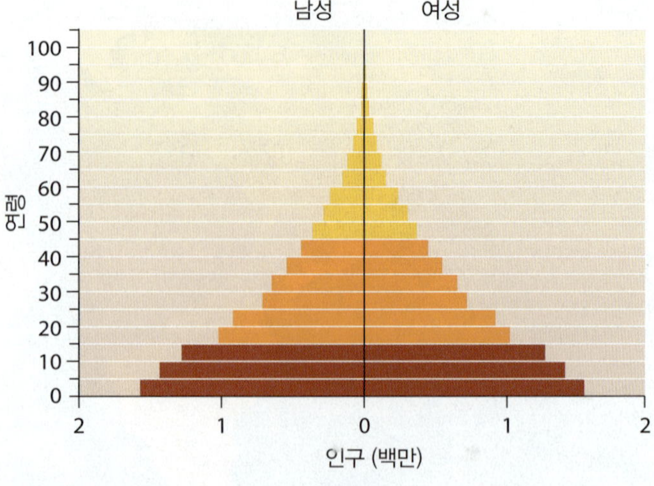

(b) 2010년 마다가스카르의 연령 피라미드

▲ **그림 6.9** 캐나다**(a)**는 다양한 연령층에서 비교적 균일한 숫자로 상당히 균형 잡힌 연령구조를 나타내고 있다. 마다가스카르**(b)**는 과도하게 젊은 사람들에 편중한 연령 분포를 나타내고 있다. 마다가스카르의 인구증가율(2.9 %)은 캐나다(0.4 %)보다 7배 이상 크다. Data from Population Division of the Department of Economic and Social Affairs of the United Nations Secretariat, 2011. *World population prospects: The 2010 revision*, http://esa.un.org/unpp. © United Nations, 2011. By permission.

다. 폭넓은 기초를 가진 피라미드는 아직 생산연령에 도달하지 않은 사람들의 큰 비율을 나타내며 이것은 인구가 곧 급속히 성장할 수 있음을 나타낸다.

예를 들어, 캐나다와 마다가스카르의 연령구조를 비교해보자(**그림 6.9**). 마다가스카르의 젊은 연령층에서 큰 인구 집약은 커다란 인구증가의 전조이다. 당연히, 마다가스카르는 캐나다보다 훨씬 큰 인구증가율을 보인다.

오늘날 인구는 미국을 포함한 많은 나라에서 고령화가 진행되고 있다. 세계적인 평균 연령은 오늘날 28세이지만, 그러나 2050년에는 38세일 것이다. 중국의 인구정책은 근본적으로 그 연령구조를 변경시켰다. 1970년에 중국의 중간 연령은 20세이었다. 2050년이 되면 45세일 것이다. 1970년에 중국은 60세 이상의 사람들보다 5세 이하의 어린이들이 더 많았지만, 2050년까지 5세 미만보다 60세 이상 사람들이 12배나 더 많아질 것이다! 연령구조에서의 이 극적인 변화(**그림 6.10**)는 중국의 경제, 의료시스템, 가족, 군사력에 도전이 될 것인데, 왜냐하면 증가하는 노인들을 지원하기 위한 사회적 프로그램을 지원할 수 있는 노동연령의 사람들이 더 적기 때문이다. 그러나 연령구조 변화는 생산적인 퇴직자에 의한 자원봉사 노력으로 사회에 증가된 이익으로 이어질 수 있다. 모두 좋고 나쁜 여러 가지 측면에서 "고령화" 인구는 우리의 일생을 통해 중국, 미국 등의 사회에 영향을 미칠 것이다.

성비 여성에 대한 남성의 비율은 인구 동태에 영향을 미칠 수 있다. 인구에서 인간의 출생 시 자연적으로 발생하는 성비는 남성이 약간 우세하여, 갓난 여아 100명이 태어나면 남아는 106명이 태어난다. 이 현상은 남자가 일생 약간 더 죽음을 일으키기 쉽다는 사실에 대한 진화적 적응이다. 그것은 사람들이 생산연령에 도달할 때 남녀의 비율이 거의 같아지는 것을 확실히 하는 경향이 있다. 따라서 출생 시 약간 불균일한 성비는 큰 문제가 안 될 수 있다. 그러나 크게 기형적인 비율은 문제로 이어질 수 있다.

최근 몇 년 동안, 인구통계학자들은 중국의 불안한 추세를 목격했다. 여자와 남자의 신생아 비율이 심각하게 편중되어 있었다. 2000년 인구 조사에서 100명의 소녀 대비 120명의 소년이 태어났다고 보고되었다. 일부 지방에서는 100명의 소녀 대 138명의 소년의 높은 성비를 보고했다. 이러한 비정상적인 성비에 대한 유력한 가설은 일부 부모가 초음파를 통해 태아의 성별을 확인하고 선택적으로 여성 태아를 낙태하고 있다는 것이다.

중국의 편중된 성비는 인구증가율을 더 낮출지도 모른다. 하지만 이것은 "실종된 소녀"로 비극적인 것이 증명되었다. 또한 이는 많은 중국 남자들을 독신으로 남게 하는 바람직하지 않은 사회적 결과를 초래하고 있다. 결국 이것은 냉혹한 새로운 현상의 결과이다. 일부 중국 농촌 지역에서는 십대 소녀가 납치되어, 독신 남성을 위한 신부로 다른 지역의 가족에게 판매되고 있다.

WEIGHING 이슈

중국의 출산정책 중국의 출산정책과 관련하여 문제점뿐만 아니라 혜택도 고려해 보라. 당신은 정부가 이러한 정책을 준수하지 않은 시민을 위해 엄격한 처벌을 집행할 수 있어야 된다고 생각하는가? 만약 중국의 정책에 동의하지 않을 경우, 어떤 대안이 빠르게 성장하고 있는 인구의 자원수요에 대처하기 위해 적당하다고 생각하는가?

출생, 사망, 이민과 이주에 의한 인구변화

출생, 사망, 이민과 이주의 비율은 인구가 성장, 축소, 또는 안정적으로 유지될지 여부를 결정한다. 인구성장을 측정하는 공식(3장)은

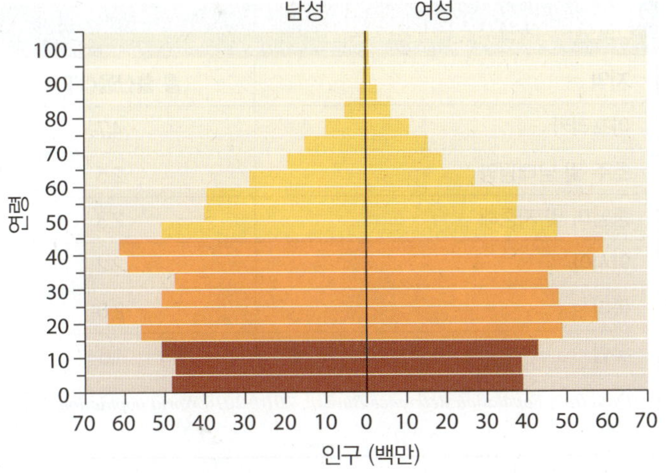

(a) 2010년 중국의 연령 피라미드

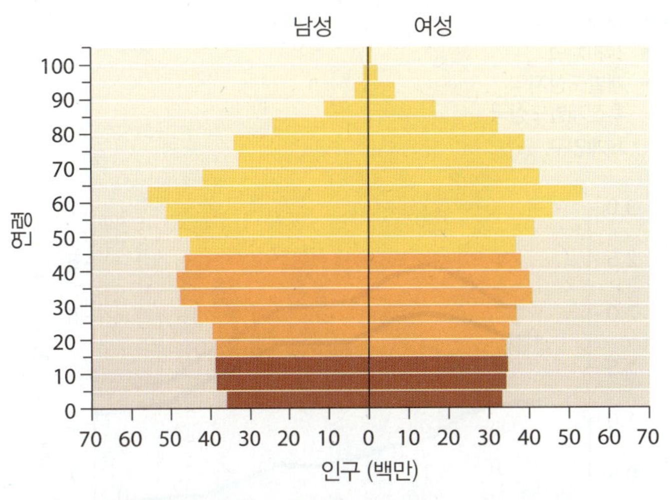

(b) 2050년에 예상되는 중국의 연령 피라미드

(c) 홍콩의 젊은 여성 공장 근로자들

(d) 고령화된 중국인

▲ **그림 6.10** 중국 인구가 고령화될 때, 노인들이 젊은이들의 수를 능가할 것이다. 인구 피라미드는 2010년**(a)**에서 2050년**(b)**까지 중국 인구의 고령화가 예측되는 것을 보여준다. 오늘날의 아이들은, 노동연령의 성인이 되었을 때**(c)**, 그 어떤 이전 세대보다도 더 많은 수의 노인**(d)**을 부양해야 하는 압박에 직면할지도 모른다. Data in (a) and (b) from Population Division of the Department of Economic and Social Affairs of the United Nations Secretariat, 2011. *World population prospects: The 2010 revision*, http://esa.un.org/unpp. © United Nations, 2011. By permission.

사람에 관한 것이다. 출생 및 이민은 인구수를 추가하는 반면, 죽음과 이주는 인구수를 감소한다. 지난 200년간의 기술발전은 인간의 사망률에서 극적인 감소로 이어졌고, 출생률과 사망률 사이의 격차를 확대하였으며 세계 인구팽창의 결과로 이어졌다.

지난 수십 년 동안 세계 각국의 출산율 감소는 세계적인 성장률의 전반적인 감소로 이어졌다(**그림 6.11**). 성장속도가 둔화되고 있지만, 인구의 절대적인 크기가 계속해서 증가하는 것을 명심하라. 성장속도가 매년 둔화되고 있더라도, 매년 지구에 8,000만 명 이상을 계속해서 추가하고 있다.

총 출산율은 인구증가에 영향을 미친다

인구통계의 한 가지 중요한 통계는 인구의 잠재적인 증가를 조사하기 위해 계산해야 하는 것은 여성 1인당 일생 동안 태어나는 평균 아기 수인 **총 출산율(TFR)**이다. 대체 출산율은 인구 크기를 안정하게 유지하는 총 출산율이다. 인간의 경우, 대체 출산율은 약 2.1의 총 출산율과 같다(두 아이는 어머니와 아버지를 대체하고 나머지 0.1%는 아이가 생산연령에 도달하기 전에 사망하는 위험성을 설명한다). 만약 총 출산율이 2.1 이하로 떨어질 경우(이민자가 없는 경우) 인구크기는 축소될 것이다.

다양한 요소들이 최근 몇 년 동안 많은 국가에서 총 출산율을 감소시켰다. 역사적으로, 사람들은 많은 아이를 임신하는 경향이 있었는데 그것은 적어도 일부가 살아남을 수 있도록 하는 데 도움이 되었다. 오늘날의 개선된 의료처치는 유아 사망률을 감소시켰으며, 다자녀 부담의 필요성을 감소시켰다. 도시화는 또한 총 출산율 하향을 주도하고 있다. 농촌가정은 농장일에 노동력을 제공하는 아이들이 필요한 반면, 도시지역에 있는 아이들은 일반적으로 노동시장에서 제외되고 학교에 감으로써 가족에 경제적으로 부담을 준다. 무엇보다 요즘처럼 정부가 일부 형태의 사회보장제도를 제공하는 경우, 부모들은 노후를 준비하기 위해 소수의 자녀를 양육하고자 한다. 마지막으로, 더 넓은 교육기회와 사회에서의 역할 변화와 함께 여성들은 육아에 덜 중점을 두고 노동력으로 전

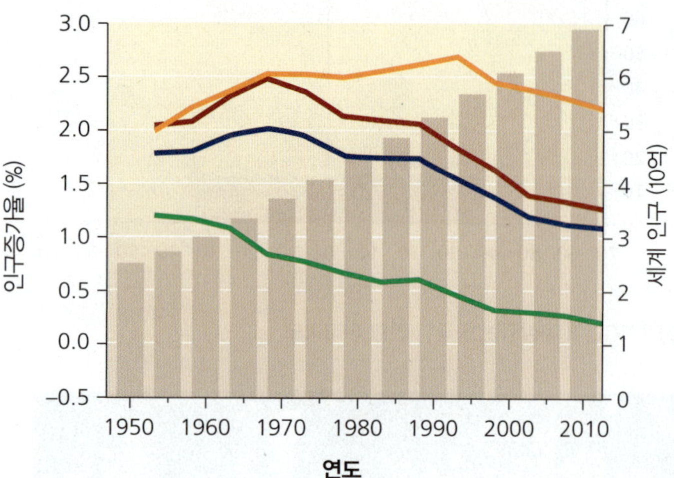

▲ **그림 6.11** 세계인구의 연간 증가율(**어두운 파란 선**)은 1960년대 후반에 정점을 찍은 이후 감소하고 있다. 선진지역(**녹색 선**)의 증가율은 1950년 이후 하락하고 있지만, 반면 개발도상지역(**빨간색 선**)의 것은 1960년대 후반의 세계적인 정점 이후 하락하고 있다. 세계 최빈국(**오렌지 선**)의 증가율은 1990년대에 떨어지기 시작하였다. 증가율이 감소하고 있지만, 전에 없는 큰 숫자의 작은 비율이 증가하여 거의 같은 양을 생성하기 때문에 세계인구의 크기(**회색 막대**)는 여전히 같은 양이 매년 증가하고 있다. Data from Population Division of the Department of Economic and Social Affairs of the United Nations Secretariat, 2011. *World population prospects: The 2010 revision*, http://esa.un.org/unpp. © United Nations, 2011. By permission.

환되는 경향이 있다.

이러한 모든 요소들이 TFR이 지난 반세기 동안 2.6에서 1.6으로 떨어진 유럽에서 함께 나타났다. 거의 모든 유럽 국가는 지금 대체 수준 이하의 출산율을 가지고 있으며, 인구는 45개의 유럽국가 중 17개의 국가가 감소되고 있다. 2010년 유럽 전체 **인구 변화의 자연 비율(natural rate of population change**; 이주를 제외한 출생 및 사망률에 변화)은 0.0%와 0.1% 사이였다. 전 세계적으로 2010년까지 72개국이 2.1의 대체 출산율로 추락했다. 이들 국가는 세계 인구의 약 45%를 구성하고 중국이 포함되어 있다(1.5의 TFR). **표 6.1**은 주요 대륙 지역의 TFR을 보여준다.

많은 국가들은 인구통계학적 전이를 경험했다

출산율과 총 출산율이 낮은 많은 국가들은 밀접한 변화를 공통적으로 경험하고 있다. 좋은 위생, 효과적인 건강 관리 및 안정적인 식량 공급이 이루어지는 국가에서는 어느 때보다 많은 사람들이 수명이 길어지고 있다. 그 결과, 지난 50년간 세계적으로 보통 사람들의 평균 수명(사람이 살고 있다는 것을 예상할 수 있는 시간)은 유아 사망률 감소로 인해 대부분 46세에서 69세까지 늘어나고 있다. 이러한 변화를 겪은 사회는 일반적으로 도시화와 산업화를 이루어 부를 축척하였다.

표 6.1 주요 지역의 총 출산율

지역	총 출산율(TFR)
아프리카	4.7
호주 및 남태평양	2.5
중남미 및 지중해	2.3
아시아	2.2
북미	2.0
유럽	1.6

Data from Population Reference Bureau, 2010. 2010 World population data sheet.

이러한 경향을 이해하기 위해 인구통계학자들은 **인구통계학적 전이(demographic transition)**라는 개념을 개발했다. 이것은 먼저 그들이 산업화된 서구 국가들에서 발생한 사망률과 출산율 감소를 설명하기 위해 인구 통계학자 프랭크 노테스테인(Frank Notestein)에 의해 1940년대와 1950년대에 제안된 경제적, 문화적 변화의 모델이다. 노테스테인은 국가가 높은 출생 및 사망률의 안정적인 전기-산업화 단계에서 낮은 출생 및 사망률의 안정적인 후기-산업화 단계로 이동한다고 믿었다(**그림 6.12**). 그가 제안한 산업화는 처음에 사망률을 감소시키고 나서 대가족의 필요성을 줄여 출생률을 떨어뜨리는 원인이 된다. 이후 부모들은 오히려 아이들의 숫자보다는 삶의 질에 대한 투자를 선택한다. 출생률이 감소하기 전에 사망률이 감소하기 때문에 순 인구증가가 결과로 나타난다. 따라서 인구통계학적 전이 모델에서 인구증가는 사회가 다른 개발의 한 단계에서 이동할 때 발생하는 일시적인 현상으로 볼 수 있다.

전기-산업화 단계 인구 통계학적 추이 모델의 첫 단계는 인류 역사의 대부분을 정의한 조건에서 나타나는 **전기-산업화 단계(pre-industrial stage)**이다. 전기-산업화 사회에서는 사망률과 출생률이 모두 높다. 질병이 확산되고, 의료수준이 초보이며, 식량 공급도 불안정하고 구하기 어려웠기 때문에 사망률이 높다. 사람들이 여러 아이를 가짐으로써 유아 사망률을 보상해야 하기 때문에 출산율이 높다. 이 단계에서 아이들은 가족의 기본적인 욕구를 충족시킬 수 있는 노동자로서 가치가 있다. 전기-산업화 단계의 인구는 많은 증가를 하지 않기에 인구가 인간의 산업혁명까지 비교적 안정되어 있던 이유이다.

산업화와 사망률 저하 산업화는 과도기로 알려진 인구통계학적 추이의 두 번째 단계를 시작한다. 전기-산업화 단계에서부터 **전이 단계(transitional stage)**까지의 변화는 일반적으로 증가된 식량생산 및 향상된 의료서비스로 인해 사망률이 감소되었다는 것이 특징이다. 사람들은 여전히 새로운 경제적 · 사회적 상황에 익숙하지 않기 때문에, 과도기의 출생률은 높게 남아 있다. 그 결과, 인구증가가 급등하였다.

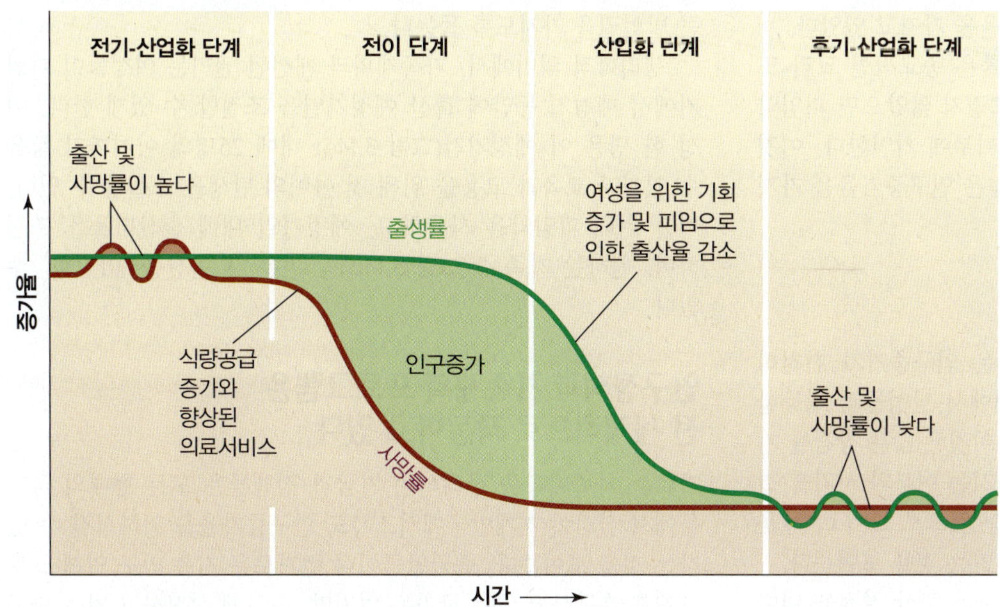

◀ 그림 6.12 인구통계학적 추이는 몇몇의 일부 인구의 높은 출산율과 높은 사망률의 전기-산업화 단계에서 저출산 낮은 사망률의 후기-산업화 단계까지의 과정을 모델로 만든다. 이 그림에서는 두 곡선 사이의 넓은 녹색 영역은 이 과정의 중간 부분 사이에 급속한 인구증가를 일으키는 원인이 되는 출생과 사망 사이의 간격을 나타낸다. Adapted from Kent, M., and K. Crews, 1990. *World population: Fundamentals of growth*. By permission of the Population Reference Bureau.

산업화 단계와 출산율 저하 인구통계학적 전이의 세 번째 단계는 **산업화 단계(industrial stage)**이다. 산업화는 특히 여성을 위한 사회의 고용기회들을 증가시킨다. 아이들은 전기-산업화 단계에서 했던 것처럼 가족의 식량 수요를 충족시키기 위해 돕지 않기 때문에, 아이들은 경제적인 측면에서 가치가 떨어진다. 부부가 이를 인식하고 피임에 대한 권한을 가지고 있다면, 소수의 아이만 낳을 것이다. 출생률은 사망률보다 떨어지고 인구는 감소하게 된다.

후기-산업화 단계 마지막 단계에서 **후기-산업화 단계(post-industrial stage)**는 출생 및 사망률이 모두 낮고 안정적인 수준으로 떨어진다. 인구 규모는 안정 또는 약간 감소한다. 사회는 폭주하는 인구증가의 위협 없이 산업화의 성과를 누린다.

인구통계학적 전이는 보편적인 과정인가?

인구통계학적 전이는 많은 유럽국가, 미국, 캐나다, 일본 및 몇몇 다른 선진국에서 과거 200년에서 300년에 걸쳐 일어났다. 이는 모든 개발도상국이 현재와 미래에 산업화될 때 적용 또는 적용되지 않을수도 있는 모델이다. 한편, 어떻게 증가율이 산업화된 선진국에서 첫째로 떨어졌고, 다음으로 저개발국에서 그리고 마지막으로 미개발국에서 떨어졌는지를 그림 6.12에서 주목하라. 결국 모든 국가가 전이를 경험하기 전에 그것이 단순히 시간 문제라는 것을 제안하고 있다. 반면, 일부 개발도상국은 이미 선진국의 전이를 따라가는 대규모 인구의 영향으로 지나치게 고통받고 있는지도 모른다. 출산에 큰 가치를 두거나 여성들의 자유가 적은 문화는 이러한 전이를 결코 완성하지 못할지도 모른다.

또한 자연과학자들은 모든 사람들이 현대 미국인처럼 살고자 한다면 4개 반의 지구에 해당하는 천연자원을 필요로 할 것이라고 추정하고 있다. 따라서 (사람들의 대다수가 포함된) 개발도상국들이 인구통계학적 전이를 거쳐갈지 여부는 우리의 문명과 지구환경의 미래를 위한 가장 중요한 질문 중 하나이다.

인구와 사회

인구통계학적 전이 이론은 인구의 동태에 영향을 미치거나 (인구동태에 의해 영향을 받는) 사회적 요인에 따라 어떻게 인구가 변하는지에 대한 정량적 연구와 연계된다. 이러한 사회적 요인 몇 가지를 좀 더 자세히 살펴보자.

가족계획은 인구증가를 제어하는 열쇠이다

사회가 인구증가를 늦추도록 하는 가장 큰 단일 요인으로는 **가족계획(family planning)**에 참여하는 여성이나 부부의 능력, 즉 자신의 아이들의 수와 터울을 계획하는 노력이다. 가족계획 프로그램 및 진료소는 출산문제에 대하여 잠재적인 어머니와 아버지에게 정보와 상담을 제공한다. 가족계획의 중요한 구성요소는 피임, 특히 임신의 빈도를 줄임으로써 한 사람이 낳을 수 있는 어린이의 수를 제어하는 노력이다. 이것은 **피임(contraception)** 즉 성교에도 불구하고 임신을 방지하기 위한 의도적인 시도에 의존하고 있다. 오늘날 사용되는 현대적인 피임의 일반적인 방법은 콘돔, 살정제, 호르몬 치료(경구 피임약/호르몬 주사), 자궁내장치(IUDs) 및 난관 결찰이나 정관수술을 통한 영구적 피임이 있다. 많은 가족계획의 단체에서는 무료 또는 할인 피임약을 제공함으로써 고객들을 지원한다.

2010년 전 세계적으로, 나라마다 피임약 사용은 큰 폭으로 차이를 보이고 있으며, 여성의 55%(15~49세)가 피임을 한다고 보고했다. 중국은 86%로 전 세계 국가 중 가장 높은 비율을 차지했다. 호주, 브라질, 캐나다, 코스타리카, 쿠바, 미크로네시아, 뉴질랜드, 니카라과, 파라과이, 푸에르토리코, 태국, 미국, 우루과이가 한 것처럼 유럽 6개국은 70% 이상의 피임을 보여주었다. 반면,

17개의 아프리카 국가들은 10% 이하의 비율을 가지고 있었다.

일부 사회에서 피임에 대한 낮은 이용률은 종교적인 교리 또는 가족계획을 방해하는 문화적인 영향, 그렇지 않았으면 피임약을 사용해야 할 사람들의 상담 및 피임약 거부에 기인한다. 이것은 부모들의 욕구보다 더 큰 가족 크기와 높은 인구증가율을 가져올 수 있다.

여권신장이 출산율을 감소시킨다

오늘날, 많은 사회과학자와 정책입안자들은 인구증가가 천천히 안정될 때까지, 여자들이 세계적으로 사회에서 남성들과 평등한 권한을 부여받아야 된다고 인식하고 있다. 이것은 많은 장점을 가지고 있다: 연구결과들은 여성이 아이를 가지는 여부와 시기를 결정하는 데 자유로울 경우 출산율이 떨어지는 것으로 보이고, 낳은 아이들은 건강하게 돌보며 더 나은 교육을 받는 것을 보여준다.

여성을 위한 평등한 권리의 장점 중 하나는 출산 결정을 내릴 능력이다. 많은 사회에서는 남성들이 얼마나 많은 아이들을 가질지에 대한 결정을 포함하여 여성들의 의사결정 능력까지 제한한다. 출산율은 여성이 피임 및 가족계획에 대한 개선된 결정권을 가진 국가에서 가장 눈에 띄게 떨어졌다(**과학 비하인드 스토리** 참조).

여성평등은 또한 교육의 기회를 확대하는 것을 포함하는데, 왜냐하면 많은 나라에서 소녀들이 교육받는 것을 방해받거나 학교 밖으로 내몰리기 때문이다. 문맹국 사람들의 3분의 2 이상이 여성이다. 자료에서도 확실하게 여성들이 교육을 받을 기회가 주어질 때 출산율이 줄어드는 것을 보여준다(**그림 6.13**). 교육은 더 많은 여성들이 경력을 추구하고, 출산을 지연하며, 출산결정에 더 큰 발언권을 가지도록 돕는다.

생리학적 의미에서, 가족계획과 개선된 권리는 여성들이 가임기에서 폐경기 동안에 출산 예정기일을 조절할 수 있게 한다. 여성 한 명은 이 예정기간(**그림 6.14a**) 내에 25명의 아이까지 품을 수 있지만 교육과 고용을 위해 첫 아이의 탄생을 조절할 수 있다. 이를 위해 피임약을 사용하고, 예정기일 내에 출산터울을 조절하며, 원하는 가족 수(**그림 6.14b**)를 얻은 후 출산을 "마감할" 수 있다.

인구정책과 가족계획 프로그램은 전 세계적으로 작동하고 있다

자료는 가족계획을 장려하는 자금과 정책들은 모든 형태의 국가들에서 심지어 저개발국에서조차도 인구증가율을 저하시킬 수 있다는 것을 보여준다. 중국만큼이나 번거로운 지속 인구 억제 프로그램을 추구하고 있는 국가는 없지만, 빠르게 성장하고 있는 다른 국가들은 덜 제한적인 프로그램을 실시하고 있다.

인도는 인구 억제정책을 실시한 첫 번째 나라였다. 그러나 정책입안자가 1970년대에 강제 피임을 도입할 때 항의의 결과로 정부의 정책을 무너뜨렸다. 그 이후, 인도의 노력은 가족계획 및 출산 보건 관리를 중심으로 보다 소극적이고 훨씬 덜 강압적이 되었다. 그러나 오늘날 일련의 인도 주 정부들은 또한 "두 아이의 규범"을 추진하는 인센티브와 비인센티브 프로그램을 가동하지만 이것이 공정하고 효과적인 방법인지 여부는 논쟁 중에 있다.

태국 정부는 출산율이 감소하고 인구성장을 감소하였다. 1960년대 태국의 증가율은 2.3%였지만 현재는 0.6%에 불과하다. 이 감소는 한 자녀 정책 없이 교육에 기반을 둔 가족계획과 증가된 피임약의 이용 결과였다. 브라질, 멕시코, 이란, 쿠바 및 다른 많은 개발도상국들도 목표를 설정하고, 대책, 교육, 피임 및 출산 보건 서비스 제공을 수반하는 인구증가 완화 정책을 위한 적극적인 프로그램을 제정하여 실행하고 있다. 연구는 이러한 프로그램을 가진 나라들이 그것들이 없는 유사한 국가보다 낮은 출생률을 보이는 것으로 나타났다(**그림 6.15**).

1994년 UN은 이집트 카이로에서 인구와 개발에 관한 이정표 컨퍼런스를 개최하였고, 179개국이 20년 이내 국민의 출산 건강에 범용적인 접근을 제공하도록 모든 정부에 요구하는 강령에 서명했다. 컨퍼런스는 미리 정해놓은 목표로 피임을 추진하고 인구를 낮추는 오래된 관념의 인구 하향 조정 정책이 변하도록 요구하였다. 대신, 더 나은 교육과 의료를 제공하고 아래에서 위로 인구에 영향을 미치는 사회적 요구에 부응하도록 정부에 촉구했다(빈곤, 질병, 성 차별 완화와 같은). 그러나 가족계획에 대한 전 세계의 자금은, 카이로 회의 이후로 10년간 3분의 1 이상까지 떨어졌고 이러한 발의에 느리게 진행되었다.

빈곤 감소가 출산율을 낮춘다

세계의 절반 이상 사람들은 국제적으로 정의된 빈곤의 구분인 하루 2달러 이하로 생활하고 있다. 가난한 사회가 풍요로운 사회보다

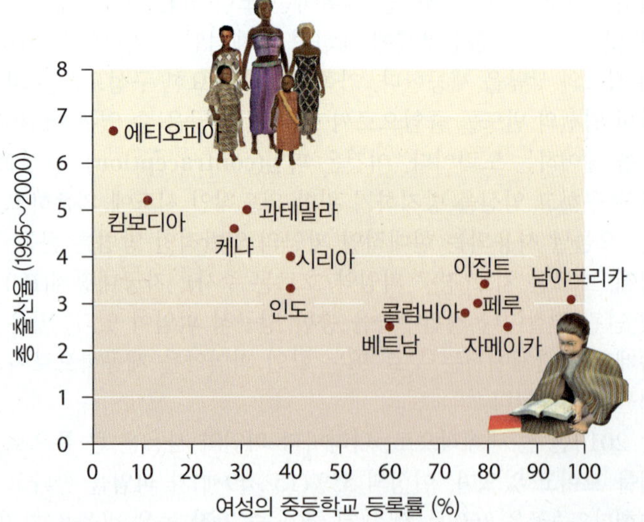

▲ **그림 6.13** 여성의 읽고 쓰는 능력의 증가는 많은 국가에서 출산율 감소와 크게 관련되어 있다. Data from McDonald, M., and D. Nierenberg, 2003. Linking population, women, and biodiversity. *State of the world 2003*. Washington, D.C.: Worldwatch Institute.

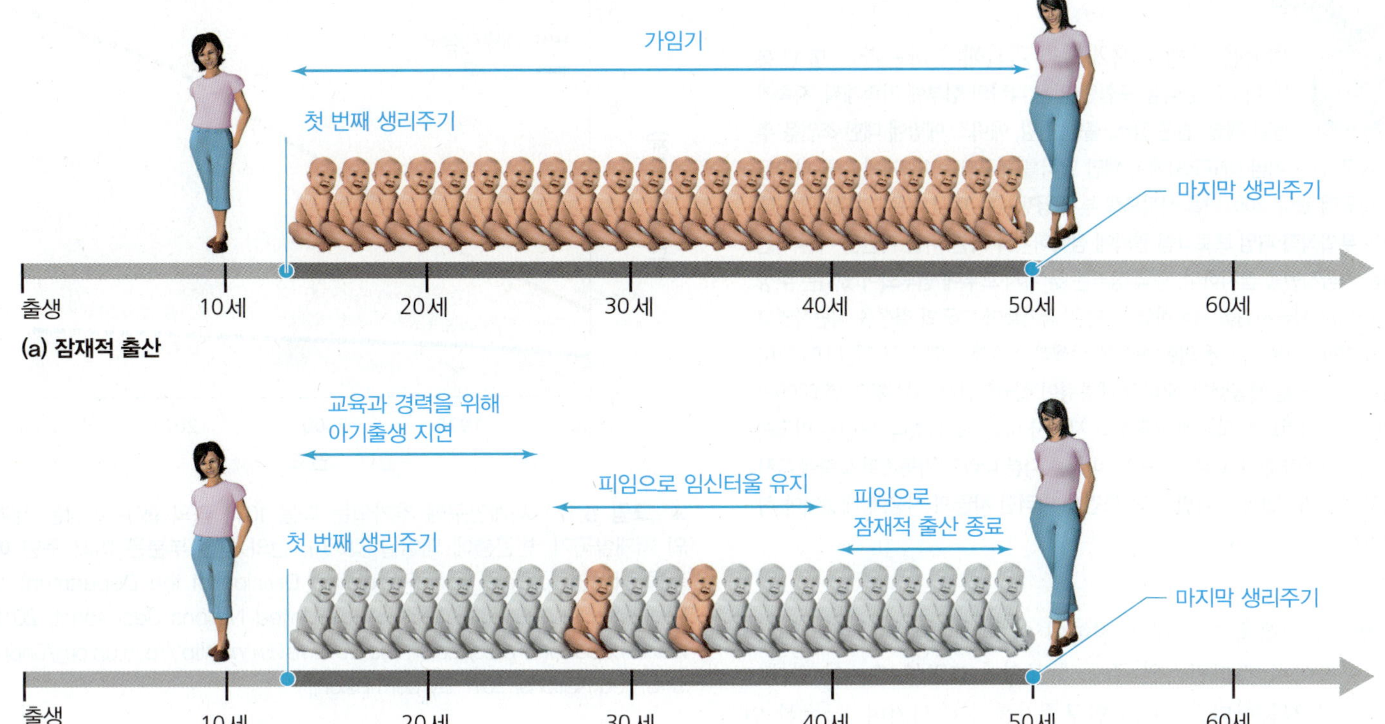

▲ **그림 6.14** (a) 여성들은 잠재적으로 "출산 예정기일" 내에는 매우 높은 출산율을 가질 수 있지만, (b) 교육과 경력을 위해 첫 아기의 출생을 미루고 임신터울 유지 또는 출산 예정기일 내에 피임약을 사용함으로써 출생수를 줄일 수 있다.

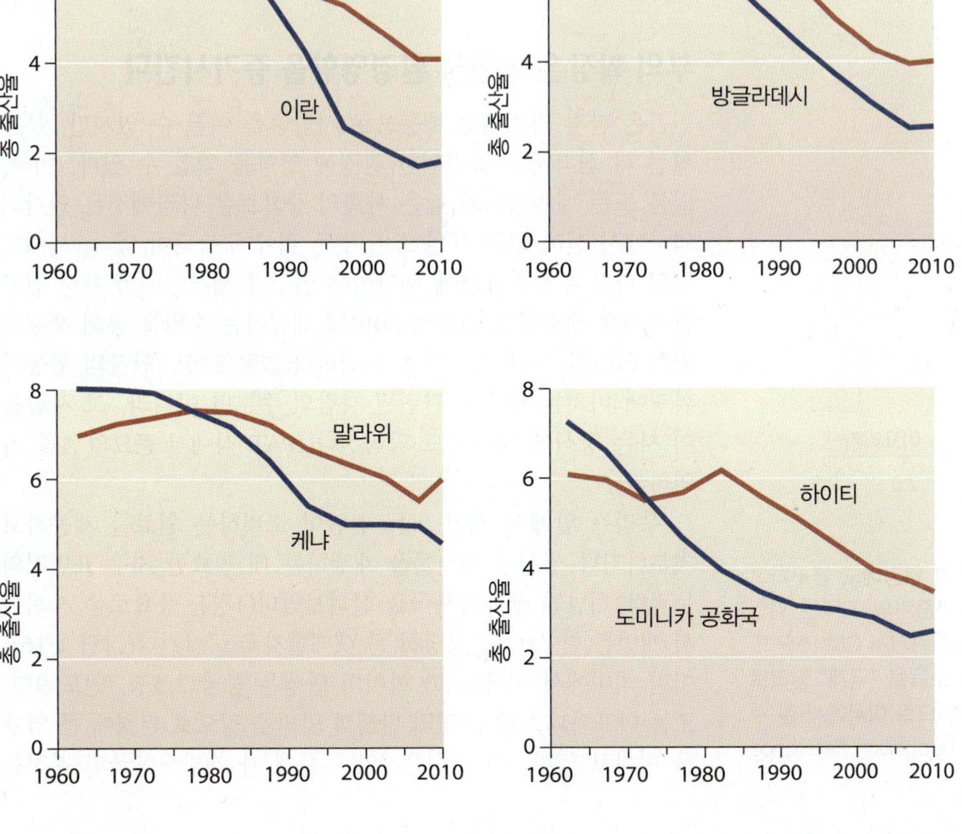

◀ **그림 6.15** 이웃나라 네 쌍의 데이터는 출산율 감소에 가족계획의 효과를 보여준다. 각각의 경우에 가족계획과 (경우에 따라) 다른 출산 권리, 교육, 여성(**파란 선**)에게 유용한 의료 서비스를 한 국가는 이웃국가(**빨간 선**)보다 총 출산율(TFR)을 줄였다. Data from Population Reference Bureau and Harrison, P., and F. Pearce, 2000. *AAAS Atlas of population and environment*, edited by the American Association for the Advancement of Science, © 2000 by the American Association for the Advancement of Science. Used by permission of the publisher, University of California Press.

WEIGHING 이슈

미국은 국제 가족계획을 기권해야 하는가? 몇 년 동안 미국은 중국을 포함한 많은 나라의 정부에 가족계획, 지속가능한 개발, 빈곤 감소, 출산 건강, 에이즈 예방에 대한 조언을 주는 유엔 인구 기금(UNFPA)에 수백만 달러를 제공하는 180개의 다른 나라들에 합류해 왔다. 2001년을 시작으로 부시 행정부는, 미국 법은 "강제적인 낙태 또는 무의식적 피임 프로그램 관리에 참여하거나 지원"하는 기관은 어떤 기관이든 기금지원을 금지하며, 중국 정부는 두 가지 모두에 연루되어 있다는 주장을 하면서 자금지원을 보류하였다. 많은 국가들이 미국의 결정을 비판하였고 유럽연합(EU)은 미국에 의한 손실을 상쇄하기 위해 유엔 인구 기금(UNFPA)에 추가 자금을 제공했다. 오바마 대통령이 집권하면서 그는 2009년 6000만 달러를 할당하도록 의회에 요구하고 자금지원을 부활시켰다. 당신은 미국의 정책이 있어야 한다고 생각하는가? 미국은 다른 나라의 가족계획 노력에 투자해야 하는가? 만약 있다면 어떤 조건을 이러한 자금의 사용에 내걸어야 하는가?

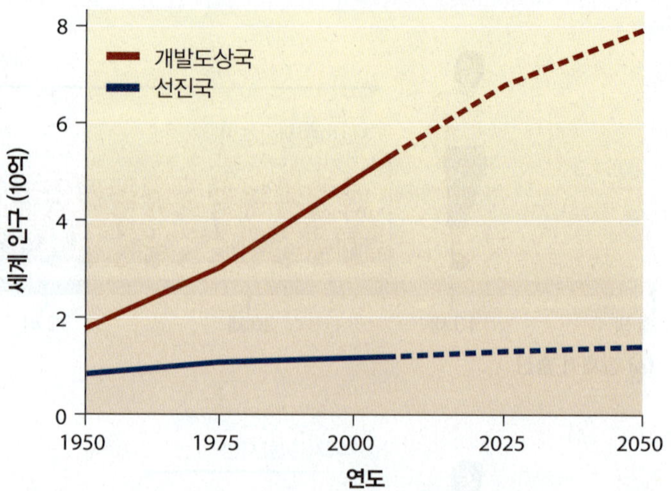

▲ **그림 6.17** 세계인구에 추가되는 다음 10억 명의 99% 이상은 세계의 저개발국가, 빈곤층에 태어날 것이다. 선의 점선 부분은 미래 동향 예측을 나타낸다. Data from Population Division of the Department of Economic and Social Affairs of the United Nations Secretariat, 2011. *World population prospects: The 2010 revision*, http://esa.un.org/unpp. © United Nations, 2011. By permission.

높은 인구증가율을 나타내는 경향이 있기 때문에 빈곤을 구제하는 것은 카이로 컨퍼런스의 주요 목표였다(**그림 6.16**). 이 관계는 양방향으로 작동한다. 빈곤은 인구증가를 심화시키며, 급속한 인구증가는 빈곤을 악화시킨다.

또한 이러한 경향은 지구상 사람들의 분포에 영향을 미친다. 1960년에 세계인구의 70%는 개발도상국에 살고 있었다. 2010년 모든 사람들의 82%가 이들 국가에 살고 있다. 또한 세계인구에 추가될 다음의 10억 명의 전체 99%가 이러한 가난한 개발도상국에서 태어날 것이다(**그림 6.17**).

이것은 사회적인 관점에서 불행한 일이다. 왜냐하면 이 사람들은 그들에게 풍요로움을 제공할 수 없는 국가들에 태어나기 때문이다. 이것은 또한 환경의 관점에서도 불행한 일이다. 왜냐하면 빈곤은 종종 환경 악화를 초래하고 있기 때문이다. 예를 들어, 척박한 농지에서 농업에 의존하는 사람들은 그곳에서의 농사가 토양을 저하시키고 지속가능하지 않은 경우일지라도 농사를 지어야 할 필요가 있을지도 모른다. 빈곤은 또한 사람들이 숲을 훼손시켜 생물다양성을 고갈시키도록 한다. 예를 들어, 가난한 이민자나 광부들은 현재 멸종위기에 처해 있는 대형 유인원을 포함하여, 아프리카의 숲에서 "야생 고기"를 위해 대형 포유류를 사냥한다.

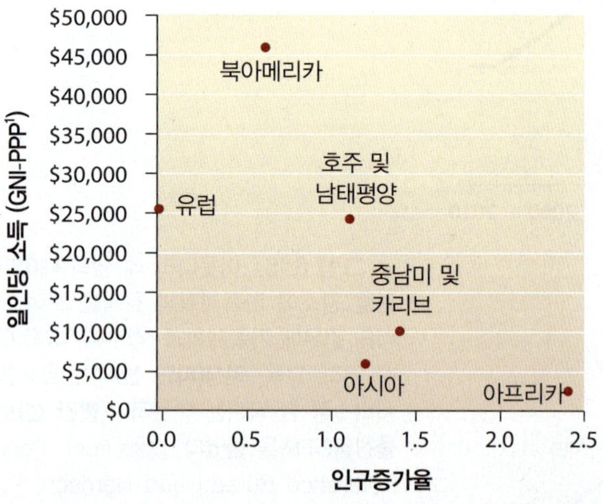

▲ **그림 6.16** 빈곤과 인구증가는 다른 많은 요인의 영향에도 불구하고 상당히 강한 상관관계를 나타낸다. 가장 급속한 인구증가의 지역은 일인당 소득이 낮게 나타내는 경향이 있다. 일인당 소득은 여기서 GNI PPP 또는 "구매력의 총 국민소득"으로 나타내며, 국가간의 소득을 "국제" 달러로 환산하여 표준화하는 방법으로 한 사람에게 주어진 돈으로 미국에서 살 수 있는 제품이나 서비스의 양을 나타낸다. Data from Population Reference Bureau, 2010. *2010 World population data sheet*.

부의 확장은 일인당 환경영향을 증가시킨다

빈곤은 환경 파괴적인 행동으로 사람들을 이끌 수 있지만, 부는 훨씬 더 심각하고 광범위한 환경에 영향을 입힐 수 있다. 미국, 일본 또는 네덜란드와 같은 사회의 풍요로운 나라에서는 인간의 역사에서 전례 없는 자원 소비 수준 위에 구축되어 있다. 세계인구의 가장 부유한 1/5에 해당하는 인구가 세계인구의 가장 빈곤한 1/5에 해당하는 인구의 80배에 해당하는 수입을 통해 세계자원의 86%를 사용하는 것을 고려하라(**그림 6.18**). 인간의 활동이 환경에 미치는 영향은 관련된 사람의 수뿐만 아니라, 그 사람들이 사는 방식에 따라서도 달라진다(IPAT 식에서 풍요의 *A*를 기억하라).

우리는 앞에서 개인 또는 집단이 소비하는 원료를 제공하고 처분하거나 생성된 폐기물을 재생하는 데 필요한 지구 표면적의 누적량 개념인 생태발자국을 살펴보았다(1장). 풍요로운 사회에서 개인은 한 사람당 상당히 큰 생태발자국을 남긴다(그림 1.16). 이런 의미에서 미국의 한 아이의 탄생은 중국 3.5명, 인도 9명, 또는 아프가니스탄 13명의 탄생과 맞먹을 정도로 환경에 큰 영향을 미치고 있다. 이 사실은 "인구 문제"가 개발도상국의 전적인

(a) 미국 거주 가족

(b) 인도 거주 가족

◀ **그림 6.18** 전형적인 미국인 가정(**a**)은 부유한 물질의 소유와 큰 집에서 살고 있을지도 모른다. 인도와 같은 개발도상국의 전형적인 가정(**b**)은 몇 가지 살림살이와 약간의 돈이나 작고 띄엄띄엄 지어진 주거지역에 살고 있을지도 모른다. 인도의 평균 거주자와 비교하여 평균적인 미국 거주자는 16배 이상의 수입을 즐기고 11배 이상의 토지를 사용하여 17배 이상의 이산화탄소 배출량을 방출한다. Data from Population Reference Bureau, 2009. *2009 World Population Data Sheet*.

문제만은 아니라는 것을 상기시켜 준다!

인구가 증가하고 있는 것과 마찬가지로, 소비도 그렇다. 인류의 세계적인 생태발자국이 이미 1970년대에 우리를 지원하기 위한 지구용량을 넘어선 것을 보았고(1장) 인류는 이제 지구용량 평균의 50%를 초과한 상태에서 살고 있다(**그림 6.19**). 중국, 인도 및 기타 인구가 많은 국가의 급속한 산업화에 수반되는 소비의 증가는 더욱 시급하게 우리가 글로벌 지속가능성으로의 경로를 찾도록 만들고 있다.

인류의 가장 중요한 목표가 모든 사람들의 삶의 질을 높이는 것이라면, 개발도상국은 인구 성장을 느리게 하는 방법을 찾아야 한다. 그러나 선진국에 사는 우리도 소비를 줄이기 위해 기꺼이 노력해야 한다. 지구는 현재 북미인의 삶의 표준으로 70억 명이 살 수 있는 자원을 갖고 있지 않다. 우리는 모험을 할 수도 없고 지구 밖의 다른 행성에서 가져오지도 못한다. 우리는 모두를 지원하는 지구를 최대한 활용해야 한다.

과학 비하인드 스토리

방글라데시의 출산율 감소

콜럼비아 대학교의 제임스 필립스 박사
(Dr. James Phillips of Columbia University)

개발도상국의 연구는 빈곤과 인구 과잉으로 인한 빈곤인데, 이는 높은 출산율을 촉진하고 높은 출산율은 경제발전을 저해하는 악순환의 고리를 만들 수 있다는 것을 보여준다. 이러한 국가들이 출산율을 끌어내리기 위해 수행할 수 있는 정책단계가 있는가? 남아시아 국가인 방글라데시의 가족계획 프로그램의 과학적인 분석에서 그 답을 찾아보자.

방글라데시는 지구상에서 가장 가난하고 가장 인구밀도가 높은 나라 중 하나이다. 그 1.66억 명은 위스콘신 크기의 지역에 살고 있으며, 그 중 45%가 빈곤선 이하의 생활을 하고 있다. 희박한 자연자원과 평방 킬로미터당 1,150명(평방 마일당 약 3,000명—뉴저지 인구밀도의 2.5배)으로, 인구증가를 제한하는 것은 매우 중요하다. 1976년 방글라데시 대통령 지아우르 라맨(Ziaur Rahman)은 "우리가 인구에 대해 무언가 할 수 없다면, 우리가 달성하려는 그 어떤 목표라도 출산율 감소보다 더 중요한 것은 아무것도 없다"라고 선언하였다.

이후 방글라데시는 인구증가를 늦추는 데 괄목할 만한 진전을 이루었다. 정체된 경제발전, 낮은 문맹률, 빈곤층의 건강관리, 여성을 위한 제한된 권리에도 불구하고 국가의 총 합계 출산율(TFR)은 크게 떨어졌다. 1970년대에는 방글라데시의 평균적인 여성은 사는 동안 거의 7명의 아이를 출산했다. 오늘날, TFR은 2.40이다(**첫 번째 그림 참조**).

연구자들은 가족계획 프로그램이 방글라데시 TFR의 급속한 감소의 원인이라는 가설을 세웠다. 이러한 가설을 시험하기 어렵기 때문에 일부 연구자들은 자연 실험의 이점을 이용했다(1장). 방글라데시를 사회 경제적으로 비슷하지만 파키스탄(그림 6.15 참조)같이 TFR을 저하시키는 데 그다지 성공하고 있지 않는 나라와 비교함으로써 연구자들은 방글라데시가 그 전통사회의 가치에 민감한 헌신적인 노력을 공격적인 충분한 자금으로 지원하였기 때문이라고 결론지었다.

그러나 양국은 동일하지 않기 때문에 이러한 광범위한 규모의 비교로 확고한 결론을 내리는 것은 어려웠다. 이것이 왜 방글라데시 매틀랩(Matlab)의 고립 농촌 지역에서의 매틀랩 가족계획과 보건 서비스 프로젝트가 개발도상국의 가족계획에서

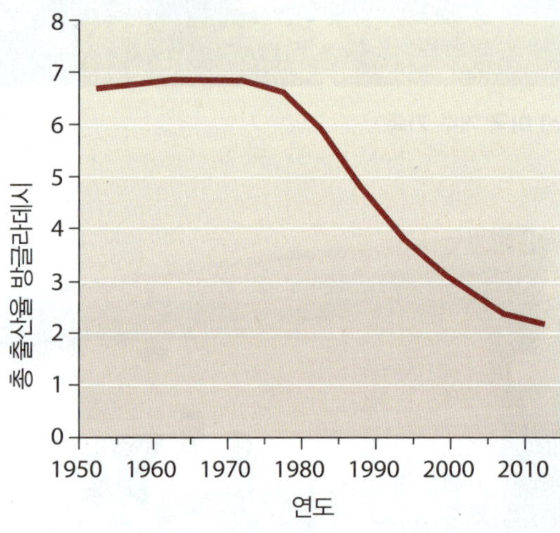

총 합계출산율은 부분적으로 가족계획 프로그램 때문에 지난 40년 동안 방글라데시에서 현저하게 감소하였다.
Data from Population Division of the Department of Economic and Social Affairs of the United Nations Secretariat, 2011. *World population prospects: The 2010 revision*. http://esa.un.org/unpp. © United Nations, 2011. By permission.

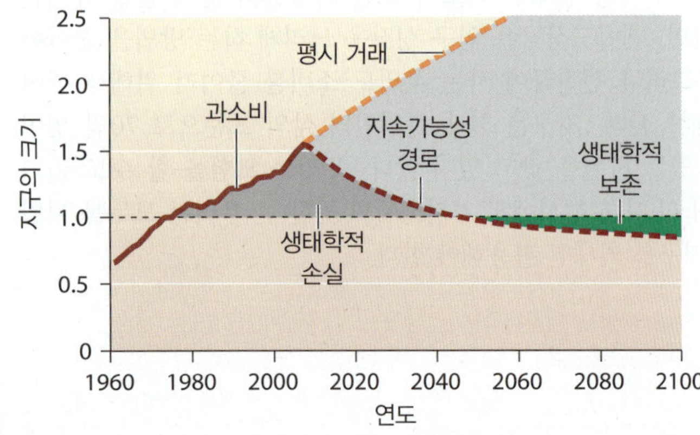

◀ **그림 6.19** 지구 생태발자국은 지구가 장기적으로 견딜 수 있는 생태발자국보다 50% 더 큰 것으로 추정된다. 만약 인구와 소비가 (**주황색 점선**) 계속 증가한다면 시스템이 무너지고 인구가 추락할 때까지 우리는 생태학적 손실 또는 과소비를 지속시킬 것이다. 대신, 만약 우리가 지속가능성(**빨간 점선**)의 경로를 추구하는 경우, 궁극적으로 생태계에 빚을 갚고 우리의 문명을 유지할 수 있게 된다. Data from WWF International, 2010. *Living Planet Report 2010*. Published by WWF–World Wide Fund for Nature. © 2010 WWF (panda.org). Zoological Society of London, and Global Footprint Network.

가장 유명한 실험 중 하나가 되고 있는지의 이유이다.

매틀랩 프로젝트는 방글라데시 정부와 국제원조기관이 협력하여 실행하는 집중적인 봉사활동 프로그램이었다. 프로젝트 지역의 각 가정은 상담, 교육, 무료 피임약을 제공하는 지역 여성들의 격주 방문을 받았다. 가까운 지역에서 유사한 정부 운영 프로그램과 비교하면 매틀랩 프로젝트가 더 많은 교육, 더 많은 서비스, 그리고 더 빈번한 방문을 하였다. 두 지역에서 고도로 조직화된 데이터 수집 시스템은 연구자들에게 출생, 사망 및 피임약 사용 등의 건강 관련 행동에 대한 자세한 정보를 주었다. 결과는 정부 실행 프로젝트와 매틀랩 프로젝트를 비교하는 실험이 됐다.

매틀랩 프로젝트 책임자 제임스 필립스(James Phillips)와 동료들이 1988년에 10년치의 데이터를 검토했을 때, 출산율이 두 지역에서 감소한 것을 발견하였다. 감소는 거의 전적으로 피임약 사용의 증가에 의한 것처럼 보였다. 왜냐하면 평균 결혼연령과 같은 다른 요소들은 같았기 때문이다. 필립과 동료들은 또한 감소가 정부 실행 영역보다 매틀랩의 영역에서 굉장히 크게 나타난 것을 발견했다. 이러한 연구 결과는 고강도의 봉사활동이 여성의 지위, 교육, 경제개발에 상당한 개선이 없는 상태에서조차도 TFR에 영향을 미칠 수 있다고 제시했다.

매틀랩 프로젝트에서, 방글라데시 가정들은 상담, 교육 및 무료 피임약을 제공하는 지역 여성들의 방문을 받았다.

왜 봉사 활동 프로그램이 성공적인가? 하나의 가설은 의료 종사자들의 방문이 지역 여성들이 소가족이 바람직하다는 것을 확신하도록 도왔다는 것이다. 그러나 1999년, 미시간(Michigan) 대학의 대학원생인 메리 아렌즈-퀘닝(Mary Arends-Kuenning)과 동료들은 매틀랩 또는 인근 지역 중 어느 하나도 봉사활동 작업자의 방문횟수와 이상적인 가족크기에 대한 여자의 인식 사이에는 아무런 관계가 없다고 보고하였다. 이상적인 가족크기는 모든 분야에서 똑같이 감소했다. 피임에 대한 새로운 수요를 창출하는 대신 매틀랩 프로젝트는 여성들이 이미 존재하는 더 적은 수의 아이들에 대한 욕구를 출산능력을 감소하는 피임약의 사용 같은 행동으로 전환하도록 도운 것처럼 보인다.

불리한 사회 경제적 조건에도 불구하고 출산율을 억제하는 방글라데시의 능력은 폭발적인 인구증가에 직면한 가난한 나라를 위해 잘 보여준 예시이다. 그러나 방글라데시와 같이 전통적 관습을 갖고 있으며 자원이 부족한 나라에서 총 출산율을 더 낮추는 것은 어렵기 때문에 낮은 총 출산율을 구현하기 위해서는 정치적, 사회경제적 변화를 필요로 할 수 있다. 그럼에도 불구하고, 매틀랩에서의 과학적 연구는 방글라데시와 다른 지역의 인구 억제 노력을 알리는 데 기여하고 출산능력에 대한 가족계획 프로그램의 영향을 조명하였다.

결론

오늘날 인구는 과거의 어느 때보다도 많다. 증가하는 인구와 소비는, 환경과 세계 모든 사람들의 요구를 충족하려는 능력에 영향을 미친다. 오늘날 태어난 아이들의 대다수는 산업화된 세계에서 우리가 익숙했던 것보다 훨씬 덜 건강하고, 덜 풍요롭게 그들의 삶을 살 가능성이 높다.

그러나 적어도 고무되는 두 가지의 큰 이유는 있다. 첫째, 비록 세계인구는 여전히 증가하지만 거의 모든 곳에서 출산율은 감소되고 있고 몇몇 나라는 인구감소까지 보이고 있다. 대부분의 선진국들은 인구통계학적 전이과정을 지났고, 인구를 안정화하여 보다 번영된 사회를 만드는 동안 사망률을 낮추는 것이 가능하다는 것을 보여주었다. 둘째, 전 세계 여성의 권리를 확대하는 데 진전이 있었다. 아직 갈 길이 많이 남아 있지만, 여성들은 더 나은 교육, 더 많은 경제적 자립, 그리고 출산을 결정하는 더 많은 권한을 얻고 있다. 이런 발전으로 윤리적 진전 이외에도 인구의 증가를 느리게 하는 데 돕고 있다.

인구는 영원히 계속 상승할 수 없다. 문제는 어떻게 상승을 중지하는가이다: 그것은 인구통계학적 전이의 완만한 과정을 통해서일까? 중국의 한 자녀 정책과 같은 제한적인 정부의 개입을 통해서일까? 또는 과밀하고 부족한 자원에 대한 경쟁에 의해 야기된 질병과 사회적 갈등의 비참한 맬서스(Malthusian) 검사를 통해서일까? 또한 지속가능성은 우리의 경제와 사회를 지탱하는 자연의 시스템을 파괴하지 않도록 제때에 인구 규모를 안정시키도록 요구할 것이다. 인류는 확실히 특별한 종이다. 우리는 지구의 자연과 심지어는 기후 시스템의 많은 부분을 바꿀 수 있는 지배력을 가지는 유일한 종이다. 뿐만 아니라 우리가 의존하는 시스템을 파괴하기 전에 인구증가를 저지시키는 데 필요한 지능을 가진 유일한 종이다.

이해도 측정

1. 대략적으로 현재 세계인구는 얼마인가? 매일 몇 명의 사람들이 인구에 추가되는가?
2. 왜 환경적인 제한에도 불구하고 인구는 계속 증가하고 있는가? 인간의 수용능력을 증가시킨 혁신의 예를 하나 들어라.
3. 인구증가가 문제인지에 관하여 환경과학자와 경제학자 및 정책입안자들의 견해를 대조하라. 왜 인구증가는 통상 문제로 인식되는지에 대한 이유를 몇 가지 들어라.
4. IPAT 모델을 설명하라. 어떻게 기술이 환경영향을 증가 또는 감소시킬 수 있는가? 최소한 두 개의 예를 들어라.
5. 인구통계학자가 어떻게 변화할 수 있는지를 추정하기 위하여 인구크기, 밀도, 연령구조, 성비를 어떻게 사용하는지 설명하여라. 어떻게 이러한 각각의 요인이 환경에 대한 인구의 영향을 결정하는 데 도움이 되는가?
6. 총 출산율(TFR)은 무엇인가? 왜 인간의 대체 출산율이 약 2.1인가? 어떻게 유럽의 총 출산율은 인구변화의 자연적인 비율에 영향을 미치는가?
7. 왜 많은 국가에서 출산율이 떨어졌는가?
8. 어떻게 인구통계학적 추이 모델은 최근 세기의 인구증가율의 상승을 설명하는가? 어떻게 많은 나라에서 인구증가율의 최근 감소를 설명하는가?
9. 왜 여성 능력상승과 성 평등의 추구가 인구증가 제어에 중요한 것처럼 비쳐지는가? 가족계획 프로그램의 목적을 설명하여라.
10. 왜 더 가난한 사회는 부유한 사회보다 더 높은 인구 성장률을 갖는가? 가난이 환경에 어떤 영향을 주는가? 풍요는 환경에 어떤 영향을 주는가?

해법찾기

1. 중국의 출산율 감소는 국가의 연령구조에 큰 변화를 가져오고 있다. 그림 6.10을 검토하라. 그것은 인구가 점점 고령화되어 2050년이 되면 인구 피라미드의 최상층이 높은 인구밀도로 이어지는 것을 보여준다. 이것이 궁극적으로 중국인 사회에 어떤 영향을 미치겠는가? 어떤 단계적인 조치가 대응으로 취해질 수 있는가?
2. 이 장에서 주어진 중국의 예에 IPAT 모델을 적용해보라. 어떻게 인구, 풍요, 기술 그리고 생태계의 민감도가 중국의 환경에 영향을 미치는가? 이제 자신의 나라 또는 자신의 주 정부를 고려해보라. 어떻게 인구, 풍요, 기술 그리고 생태계의 민감도가 환경에 영향을 미치는가? 어떻게 인구증가의 환경영향을 최소화할 수 있는가?
3. 당신은 오늘날의 개발도상국 모두가 인구통계학적 전이를 완료하고 영원한 상태의 저출산과 낮은 사망률을 즐기게 될 것이라고 생각하는가? 이유는 또는 아닌 이유는? 국제사회로서 우리는 그들이 하는 것을 보장하도록 돕기 위해 무슨 단계를 취하면 되겠는가? 이제 미국과 캐나다 등 선진국을 생각해보라. 당신은 이 나라들이 번영의 상태에서 그들의 출생률과 사망률을 감소시키고 안정화하는 것을 계속할 것이라고 생각하는가? 무슨 요인들이 그들이 그렇게 하는지 여부에 영향을 미치는가?
4. **생각해보기** 인도의 총리가 당신에게 국가의 인구정책을 담당시켰다고 하자. 인도는 연간 1.6%의 인구증가율, 2.7의 총 출산율, 49%의 피임약 사용률, 그리고 71% 농촌인구가 있다. 어떤 정책 단계를 추천할 것인가? 이유는 무엇인가?
5. **생각해보기** 독일 인구 정책을 설계하게 되었다고 가정하자. 독일은 연간 0.2%의 비율로 인구가 줄고, 1.3의 총 출산율, 66%의 피임약 사용률, 73%의 도시 인구를 가지고 있다. 어떤 정책 단계를 추천할 것인가? 이유는 무엇인가?

생태발자국 계산하기

한 국가의 인구크기와 시민들의 풍요는 각각 자원의 소비와 환경에 영향을 미친다. 2010년에 세계인구는 69억을 초과하였고, 일인당 연간 평균소득은 $10,030이며, 가장 최근의 세계 평균 생태발자국 추정치는 1인당 2.7헥타르였다. 표에 있는 자료샘플은 인구, 풍요 및 환경영향 등이 어떻게 연관되는지 탐구하도록 할 것이다.

국가	인구 (백만 명)	풍요도 (일인당 소득, GNI PPP)[1]	개인적인 영향 (일인당 발자국, ha/person)	총 영향 (국가 발자국, millions of ha)
벨기에	10.8	$34,760	8.0	86
브라질	193.3	$10,070	2.9	
중국	1,338.1	$6,020	2.2	
에티오피아	85.0	$870	1.1	
인도	1,188.8	$2,960	0.9	
일본	127.4	$35,220	4.7	
멕시코	110.6	$14,270	3.0	
러시아	141.9	$15,630	4.4	
미국	309.6	$46,970	8.0	2,477

[1] *GNI PPP는 "구매력의 총 국민소득"으로 나타내며, 국가간의 소득을 "국제" 달러로 환산하여 표준화하는 방법으로 한 사람에게 주어진 돈으로 미국 내에서 구입할 수 있는 제품이나 서비스의 양을 나타낸다.*

Data Sources: *Population and affluence data are from Population Reference Bureau, 2010. World population data sheet 2010. Footprint data are for 2007, from WWF International, Zoological Society of London, and Global Footprint Network. Living Planet Report 2010.*

1. 각 국가 전체에 미치는 영향(국가 생태발자국)을 계산하라.
2. 풍요도(x축) 대비 일인당 영향(y축)을 나타내는 그래프를 그려라. 결과가 보여주는 것은 무엇인가? 왜 데이터가 그런지 설명하라.
3. 인구(x축)에 관련하여 전체에 미치는 영향(y축)을 나타낸 그래프를 그려라. 결과가 제시하는 것은 무엇인가?
4. 풍요도(x축)와 관련하여 전체에 미치는 영향(y축)을 나타낸 그래프를 그려라. 결과가 제시하는 것은 무엇인가?
5. IPAT 방정식에서 4개의 변수 중 세 가지를 사용했다. 이제 어떻게 T(기술) 변수가 잠재적으로 미국의 총 영향을 잠재적으로 증가시킬 수 있는지의 예와, 어떻게 그것이 잠재적으로 미국의 영향을 줄일 수 있는지의 예를 들어라.

7 토양, 농업 및 식량의 미래

이 장을 마치고 나서 할 수 있는 것들

- ▶ 성장하는 인구 먹거리를 생산하기 위한 도전 과제
- ▶ 전통산업 및 지속가능한 농업방식의 비교와 대조
- ▶ 녹색혁명의 목표, 방법 및 결과 확인
- ▶ 농업에서 토양의 중요성을 설명
- ▶ 토양침식과 토지황폐화의 종류와 원인을 분석
- ▶ 토양보존의 원리를 설명하고 토양침식 및 토양 황폐화의 해결책을 제공
- ▶ 지속가능한 농업과 산업을 위한 관개, 비료 및 해충관리에 대한 접근 방식의 비교 및 대조
- ▶ 유전자조작 식품의 과학기술을 설명하고 그 사용을 둘러싼 논쟁을 평가
- ▶ 사육과 양식의 장점과 단점을 평가
- ▶ 유기농업을 설명하고 최근 유기농업의 성장을 요약

아이오와 농부, 네이트 론시엑(왼쪽)과 폴 부치 슈로더(오른쪽)

중점 사례 연구

아이오와 농부의 무경작농업

"자기의 토양을 파괴하는 국가는 스스로를 파괴한다."
—미국 대통령, 프랭클린 루스벨트

"농장을 소유하고 있지 않은 것에 2가지 영적인 위험이 있다. 하나는 아침식사가 식료품에서 온다는 가정과 또 다른 하나는 열이 난로에서 비롯된다는 가정의 위험성이다."
—보존주의자이며 철학자, 알도 레오폴드

아이오와 농부 폴 "부치" 슈로더(Paul "Butch" Schroeder)와 동생 데이비드(David)는 그들의 생계가 자기들 토양을 건강하고 생산적으로 유지하는 데 의존하고 있다는 것을 알고 있다. 서부 아이오와의 슈로더 형제의 1200 ha(3000 acres)의 농장은 풍부한 초원 토양으로 역사적으로 풍부한 곡물의 수확을 거뒀다.

게다가 슈로더 형제는 또한 농부가 처음 그 지역에 정착한 이래 경작이나 재배의 주기반복이 토양의 생산성을 감소시킨다는 것을 알고 있다. 그들은 많은 표토—유기물과 영양소가 풍부하고 가치있는 표층—가 물에 씻기고 바람에 날리면서 부식되어 유실되는 것을 알고 있다. 경작(쟁기질, 정지작업, 써레질 또는 끌질)으로 토양을 바꾸는 것은 토양에 공기를 불어넣고 잡초나 오래된 작물의 잔류물을 토양 속으로 묻어서 기름지게 하지만, 경작은 또한 표층을 드러내어 물과 바람에 귀중한 표토가 침식되도록 한다.

결국 슈로더 형제는 수확 후 흙을 경작하는 기존의 관행을 포기하고 대신 경작 없는 농업으로 전환했다. 오히려 각각의 수확 후 경작보다, 그들은 항상 식물물질로 덮인 토양을 유지하고 각 분야에 작물 잔류물을 남기기 시작했다. 다음 작물을 심기 위해 그들은 토양 표면의 얇고 얕은 도랑에 씨앗을 떨어뜨리고 그것을 덮었다. 옛 잔류 물을 통해 새로운 작물의 씨앗을 심음으로써, 더 적은 토양의 침식과 유기물의 축적, 그리고 토양은 더 많은 물을 흡수할 수 있다—이 모든 것은 식물생장을 북돋운다. 경작이 필요한 그들의 땅 일부에서는 필요한 만큼만, 제한된 경작을 하는 보전적인 경작을 실시한다.

슈로더 형제는 무경작농법이 시간뿐만 아니라 비용을 절약하는 것을 발견했다. 경작을 포기함으로, 그들은 자기들이 필요로 하는 트렉터의 횟수를 줄여 연료와 시간과 노력을 절약하고 장비의 마모와 철거를 줄였다.

슈로더 형제는 또한 자기들 땅에 다른 보전방법을 실천하였다. 그들은 다른 지역에서 필요로 하는 비료의 양을 결정하여 과도하게 시비하지 않기 위해 토양 샘플을 채취하였다. 침식을 예방하도록 설계 이식 방법을 사용하였다. 농부들이 재배 중 많이 침식된 땅을 관리하기 위한 미국 정부의 보존 저장 프로그램으로 취약하고 척박한 토양의 농사를 포기한다. 환경의 질을 보호하고 미래의 지속가능한 수익률의 투자로 토양을 육성하는 이러한 모든 조치는 농부들의 경비를 절약해준다.

미래의 투자는 가족 농장이 다음 세대로 계승될 때 중요하다. 북동쪽 아이오와 시욱스 카운티(Sioux County)에서 26세의 네이트 론시엑(Nate Ronsiek)은 그의 부친 빈스(Vince)가 맡긴 농장을 담당하였다. 네이트와 그의 아내 레이첼(Rachel)은 네이트 아버지가 가르쳐준 것뿐만 아니라 캔자스 주립대학의 학생으로 배운 것들을 보존 전략으로 쓰고 있다.

"네이트는 짧은 시간 농사를 지었지만, 그는 자신의 농장에서 돈을 절약하고 환경을 개선하는 많은 일을 하고 있다"고 자연 자원 보존국 창구의 자연보호주의자 그레그 마렉(Greg Marek)은 말한다.

65마리 가축을 위해 곡물을 조달하는 론시엑은 무경작농법을 실천하고 있다. 그는 그 자신을 위한 방법을 시도하고 싶었기 때문에, 자신의 땅에 전통적인 경작지와 무경작농법 경작지 결과를 비교하기 위해 아이오와 주립대학의 농업관들과 일했다. 3년 후 그는 더 적은 시간과 비용으로 무경작농법 경작지에서 기존의 경작지보다 많은 옥수수를 생산했다. 론시엑은 무경작농법 경작지에서 물이 더 잘 침투되고 어떻게 그 경작지가 덜 침식되는지 명확하게 알았다고 말한다.

"나는 흥분된다, 론시엑이 말하길 "미래 성장계절에 생산은 물론 잠재적 이익 역시 증가할 것으로 기대된다. 내가 재래식 경작 작업을 위해 소요하던 연료 및 시간을 농장의 다른 곳에 투자를 할 수 있었다."고 했다.

토양비옥도를 강화하고 침식을 감소시킴으로써, 무경작농법 기술은 공기, 수로, 그리고 생태계 오염을 감소시켜 아이오와의 사람들과 환경에 이익을 준다. 무경작 방법이 적용되는 세계 다른 곳에서도 비슷한 효과가 감지되고 있다.

무경작농법이 어디에서든 만병 통치약은 아니다. 그러나 적절한 지역에서는 지지자들은 그것이 농업을 지속 가능하게 만드는 것을 도울 수 있다고 말한다. 우리가 만약 식량생산을 지원하는 토양을 포함하여 자연 환경을 보호하면서 세계 인구를 부양하려면, 지속가능한 농업이 필요하다. ■

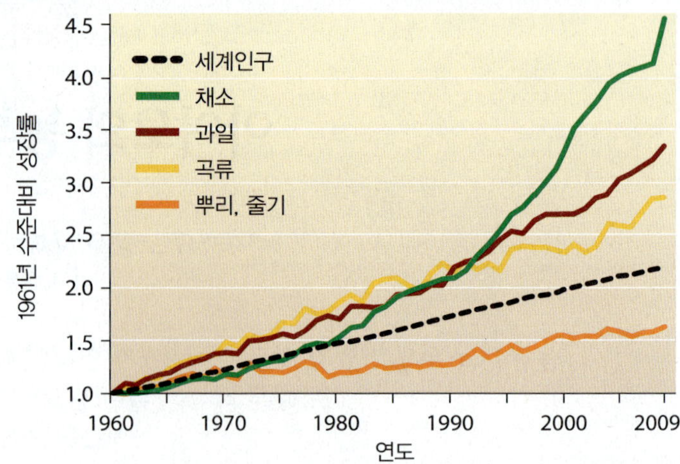

▲ **그림 7.1** 대부분 식량의 세계생산은 지난 반세기에 걸쳐 세계 인구보다 더욱 빠르게 상승하고 있다. 이것은 우리가 매년 1인당 더 많은 식량을 생산하고 있다는 것을 의미한다. 경향 선은 1961년 수준과 비교하여 누적 증가를 보여준다(예를 들어, 2.0의 값은 1961년 양의 2배를 의미한다). 인구는 사람들의 숫자로 나타내고 식량은 무게로 나타내었다. Data from U.N. Food and Agriculture Organization (FAO).

세계에 식량공급을 위한 경주

이러한 슈로더 형제와 네이트 론시엑 등 농부들의 노력 덕분에 우리의 식량생산 능력은 과거 반세기에 걸쳐 세계 인구보다 빠르게 성장하였다(**그림 7.1**). 1인당 더 많은 식량을 생산하여 사람들의 삶의 질을 개선하는 것은 인류의 자랑 중 금자탑이다.

그러나 오늘날 생존하고 있는 70억 명 모두가 충분히 먹고 있지 못하며, 2050년까지 인구가 추가로 20억 명이 늘어날 것으로 예상하고 있다. **식량안보(food security)**를 제공하고 항상 모든 사람들에게 충분하고 안전하며 영양 있으며 이용 가능한 식량공급의 보증은 향후 다가오는 수십 년에서 우리의 최대 과제 중 하나이다.

우리는 영양결핍, 영양과다 및 영양실조에 직면해 있다

우리의 식량생산 상승에도 불구하고 전 세계적으로 9.25억 명의 사람들이 최소한 음식 에너지의 필요량보다 적은 열량의 에너지를 제공받는 **영양부족(undernutrition)**에 시달리고 있다. 그 결과, 5초마다 세계 어딘가에서 아이가 굶어 죽고 있다. 많은 사람들이 너무 가난하여 그들이 필요로 하는 식량을 구입할 수 없기 때문에 영양부족이 되었으나, 정치적 장애, 분쟁 및 분배의 비효율성도 심각한 영향을 주고 있다.

세계적으로 영양실조로 고통받고 있는 사람들의 수는 1970년대부터 1990년대 후반까지 꾸준히 감소했다(**그림 7.2**). 기아문제가 가장 현저한 개발도상국의 영양부족 인구비율은 더 급격하게 하락했다. 이러한 고무적인 경향이 2000년대의 식량가격 상승과 2008년에서 2009년의 경제불황의 반전으로 배고픈 사람들의 수와 비율이 모두 증가했다. 그러나 2010년에 영양부족 인구는 대부분 개발도상국에서 더 좋아지는 경제상황으로 인해 전년부터 감소하였다. 또한 굶주림 수준은 인구의 비율로 40년 전에 있었던 비율보다 실질적으로 낮다.

10억 명이나 되는 사람들이 영양식품에 대한 접근이 어렵지만, 많은 다른 사람들은 매일 너무 많은 칼로리를 소비하며 **영양과다(overnutrition)**에 시달리고 있다. 영양과다는 심장 혈관 질환, 당뇨병 및 다른 건강문제로 이어질 유해한 체중 증가를 초래한다. 미국에서는 성인의 5명 가운데 3명 이상은 엄밀히 따지면 과체중이고 3명 중 한 명은 비만이다. 그러나 영양과다는 세계적인 문제이다. 세계보건기구(WHO)는 2008년에 전 세계적으로 15억 성인이 과체중이었고 적어도 500만 명이 비만이었던 것으로 추정하고 있다. 2015년까지 이 숫자는 23억과 7억 명으로 늘어날 것으로 예측하고 있다.

사람이 먹는 음식의 양(quantity)이 건강을 위해 중요하기 때

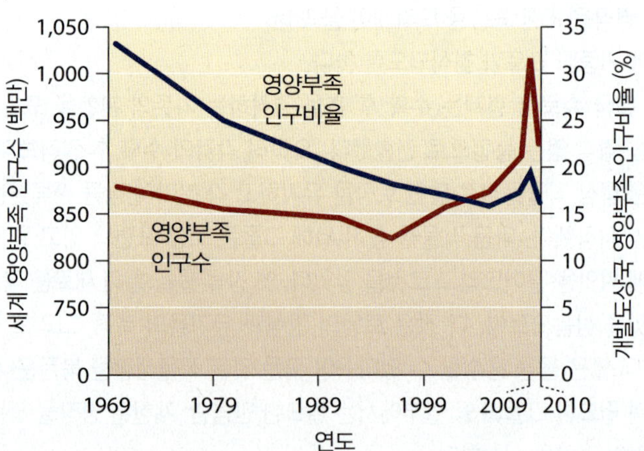

▲ **그림 7.2** 세계에서 영양부족으로 고통받는 사람들의 수는 1970년에서 1990년대 후반까지 감소했지만, 반면 개발도상국에 있는 영양부족 사람들의 비율은 더욱 하락하였다. 그러나 기아의 이러한 모든 지표는 경제상황에 대한 응답으로 최근에 증가했다. Data from Food and Agriculture Organization of the United Nations, Rome, 2010. *The state of food insecurity in the world, 2010*. Rome.

문에 식품의 품질(quality)이 중요하다. **영양실조(malmutrition)**는, 몸이 원하는 영양의 부족, 비타민과 미네랄의 완전한 보충을 얻는 것에 실패했을 때 발생한다. 영양부족은 쉽게 질환으로 이어질 수 있다(**그림 7.3**). 예를 들면, 높은 전분이지만 단백질과 필수 아미노산(2장)이 부족한 식사를 먹는 사람들은 콰시오커(kwashiorkor)를 일으킬 수 있다. 모유에서 단백질을 받지 못한 아이들은 복부팽창, 머리카락 손상과 퇴색, 정신장애, 면역억제, 발달과 성장 지연 등의 원인이 되는 콰시오커가 발병할 위험이 가장 크다. 칼로리의 부족과 단백질 결핍은 마라스무스(marasmus)로 이어질 수 있는데, 그것은 개발도상국 수백만 아이들 사이에 소모성 또는 퇴행성의 원인이 된다. 빈혈(피로와 발달 장애의 원인이 되는 철의 부족), 요오드 결핍(갑상선과 뇌 손상의 붓기를 일으키는), 비타민 A 결핍(실명으로 이어질)은 또한 경고성으로 유행한다.

일부 바이오 연료는 식량공급을 감소시킨다

최근에는 신재생 에너지를 촉진하기 위한 몇 가지 노력이 영양가 있는 식품에 대하여 의도하지 않은 결과를 가져왔다. **바이오 연료(biofuel**; 16장) 유기물질에서 유래한 석유의 대체품으로서 내연기관에 사용되는 연료이다. 미국에서 옥수수(16장)에서 생산되는 에탄올은 주요 바이오 연료이다.

▲ **그림 7.3** 소말리아에서 영양실조로 수백만의 어머니를 포함한 아이들이 콰시오커와 소모증 등의 형태로 고통받고 있다.

2007년 미국에서 에탄올에 대한 정부의 보조금이 확대될 때, 미국의 에탄올 생산은 새 에탄올 시설들이 가동되고 농부들이 그들의 옥수수를 식량 대신 에탄올을 위해 팔기 시작했을 때 거의 두 배가 되었다. 예를 들면 아이오와 주에서 재배된 옥수수의 절반 이상은 에탄올 생산을 위해 사용된다.

연료 생산용 옥수수의 사용이 세계적으로 옥수수 부족의 원인 및 기본적인 식품 가격의 급등을 야기했다. 농부들이 이전의 식용작물 재배 경작지를 바이오 연료 생산의 경작지로 전환시키고 있기 때문에 다른 주식 곡물 가격도 상승할 때 상황은 더 악화되었다(16장). 저소득 사람들에게 있어 식량가격의 상승은 두려움이었다. 많은 국가에서 수천 건의 항의가 이어졌고 폭동이 일어났다. 이 식량 위기는 그림 7.2에 나타내는 글로벌 기아의 증가에 일조했다.

농업의 변모

우리가 모든 사람들을 위해 식량안보를 개선하려면, 우리의 식량을 생산하는 방법과 어떻게 우리가 그것을 더 지속 가능하게 할 수 있는지를 검토해야 할 필요가 있을 것이다. 인구가 성장한 것과 마찬가지로, 우리는 농업에 전념할 토지와 자원의 양을 가지고 있다. 인간의 사용 및 소비를 위한 작물과 가축사육이 **농업(agriculture)**이라고 정의할 수 있다.

우리는 우리를 위해 식물을 기르는 데 사용된 **경작지(cropland)**, **방목지(rangeland)**, 방목 가축에 사용되는 목초지에서 식량과 섬유질의 대부분을 얻는다. 농업은 현재 지구 표면의 38%를 차지하고 있다. 이러한 땅의 26%가 목초지이며, 12%가 농경지이다.

산업농업은 최근의 인류 발명이다

16만 년 동안, 인류는 식량과 섬유질을 위해 야생 동식물을 수렵채집했다. 약 1만 년 전 빙하가 감소하고 기후가 따뜻해짐으로, 어떤 문화권의 사람들은 씨앗에서 식물을 키우고 동물을 가축화하기 시작했다.

수천 년 동안 재배, 수확, 보관 및 작물을 분배하는 작업은 손도구와 간단한 기계를 가지고 인간과 동물의 노동력으로 이루어졌다—**전통적인 농업(traditioanal agriculture)**으로 알려진 방법. 전통적인 농부들은 일반적으로 작은 토지의 농장에서 아메리카 원주민의 농업체계인 옥수수, 콩, 호박, 피망 등을 섞어 심는 **다재배(polyculture**; "다양한 종류")를 했다. 전통적인 농업이 지금도 행해지고 있지만, 급속하게 수확량을 증가시키는 농법이 새로운 방법으로 대체되고 있다.

전통적인 농업의 수천 년 실행 후, 산업혁명(1장)은 그것이 산업에 그랬던 것처럼, 농업에 대규모 기계화 및 화석연료의 사용을 도입했다. 농부들은 작물을 경작하고 수확하며, 운송 및 처리에 더 빠르고 강력한 수단을 제공하는 기계로 말과 소를 대체했다. 그러한 **산업농업(industrial agriculture)**은 또한 관개를 강화하고 합성비료를 도입함으로 생산을 배가시켰지만, 반면에 화학농약의 출현은 작물 해충과 잡초와의 경쟁에 의해 초식동물의 수를 감소시켰다. 오늘날 산업농업은 세계 경작지의 25% 이상에서 실시되고 아이오와 같은 지역에서는 광범위하게 실시되고 있다.

그러나 기계의 사용은 질서 있게 일직선으로 단일 작물이 재배되는 광대한 지역을 경작하는 고도로 조직화된 농업방법의 필요성을 초래했다. 이러한 **단일품종(monoculture;** "한 가지 형태")은 농업을 보다 효율적으로 만들었지만, 농경지에서의 다양한 식생의 생장을 제한하고, 생물다양성을 감소시킨다. 또한 경작지에 있는 모든 식물이 단일 재배처럼 유전적으로 유사한 경우, 모든 작물은 식물에서 식물로 빠르게 퍼질 수 있는 바이러스 질병, 곰팡이 병원균 또는 해충에도 취약하고 일괄적인 피해를 받을 수 있다.

산업농업의 유전적 유사 작물 품종의 광범위한 사용은 여러 지역의 토착품종을 보존하기 위한 노력을 이끌었는데 이는 어느 날 우리의 상업작물에 도입할 필요가 있는 유전자를 보유하고 있기 때문이다. 이러한 종류의 씨앗은 노르웨이의 북쪽 스피츠베르겐(Spitsbergen) 섬에 2008년에 설립된 '최악의 날을 위한 씨앗 저장소'를 비롯해 세계의 씨앗 형태를 보존하는 기관인 일부 1400 **씨앗 뱅크(seed banks)**에 저장되어 있다. 많은 농업 과학자들은, 또한 그들과 유전자를 교환하는 토종 식물의 유전자 변형 버전을 방지하여 작물의 야생 친척 종의 유전적 완전성을 보호할 필요가 있다고 생각한다. 이들 과학자는 그들의 환경에 잘 적응하는 식물의 자연적 유전자 조합된 작물들을 보전하기 위하여 야생 개체군의 유전적인 "오염"을 피하기 원한다.

우리의 단일품종 사용은 또한 인간의 식습관 협소화에 기여하고 있다. 세계적으로, 우리가 오늘날 소비하는 식량의 90%는 불과 15 작물 종 및 8종의 가축으로부터 얻으며 과거보다 다양성의 급격히 감소하였다. 1930년대 멕시코에서 자란 옥수수 품종의 단 30%만이 지금까지 존재한다. 미국에서는 많은 과일과 채소 작물이 한 세기 지나지 않아 다양성이 90% 감소하고 있다.

녹색혁명은 생산을 증진하고 산업농업을 수출한다

우리의 증가하는 인구를 위한 식량의 더 많은 양과 품질에 대한 요구는 20세기 중-후반에 **녹색혁명(green Revolution)**으로 이어졌다. 이 농업 "혁명"은 새로운 기술, 작물 다양성 및 농법을 개발도상국에 도입하고 이들 국가에서 식량생산을 크게 증가시켰다.

녹색혁명으로 나타난 개발도상국에의 기술 이전은 미국 농업 과학자 **노먼 볼로그(Norman Borlaug)**가 특별한 밀 재배 방식을 멕시코에 소개한 1940년에 시작되었다(**그림 7.4**). 큰 머리 씨앗을 생산하는 이 밀의 종자는 질병에 대한 저항력이 있고, 바람에 견디도록 키가 작고, 생산성이 높다. 이 새로운 작물을 심는 20년 내에, 멕시코는 밀 생산을 3배로 늘렸고 밀 수출을 시작했다. 이 프로그램의 놀라운 성공은 전 세계의 유사한 프로젝트에 영향을 주었다. 볼로그—노벨 평화상을 수상—는 그의 밀을 인도와 파키스탄으로 가져가 그곳에서 농업의 개혁을 도왔다.

곧 많은 개발도상국들은 선진국에서 밀, 쌀, 옥수수 및 기타 작물의 선택적으로 육성된 종을 사용하여 자신의 생산량이 2배, 3배, 또는 4배가 될 것이다. 이러한 작물들이 극적으로 생산량을 증가시키고 수백만 명이 굶주림을 피할 수 있게 했다. 볼로그가 2009년에 95세 나이로 사망했을 때, 그는 "역사상 누구보다도 많은 생명을 구했다."라고 널리 경축되었다.

산업농업의 효과는 혼란스럽다

산업농업은 식량 생산량이 우리의 인구증가와 속도를 유지할 수 있게 했지만, 그러나 그것은 많은 부정적인 환경과 사회적 영향을 끼치고 있다. 긍정적인 측면으로는, 높은 투입의 산업농업은 토지의 각 헥타르당 더 높은 수확량을 생산하고 새로운 농지를 위한 자연 지역의 개발을 위한 압력을 저하시키는 데 극적으로 성공했다. 예를 들어 1961년에서 2008년 사이에 식량생산은 150% 증가하였고, 인구는 100% 증가했으며, 반면에 농업용으로 전환된 면적은 10% 증가했다.

부정적인 측면으로는 물, 화석연료, 비료, 합성 농약의 집중적인 적용은 오염, 표토의 손실 및 토양의 질을 악화시켰다. 산업농업은 또한 전통적인 농업보다 훨씬 많은 에너지를 필요로 한다. 1900년부터 2000년까지 산업농업이 전 세계로 확대되고 세계 재배면적이 단지 33% 확대하면서 인간은 농업에 80배 에너지 소비를 증가시켰다. 산업농업은 또한 필요한 고급기술을 감당할 수 없는 저소득 농가를 이주시켰다. 이것은 오늘날 개발도상국의 많은 지역에서 발생하고 있는 것처럼 강제로 가난한 농촌 사람들을 도시지역으로 이주시킬 수 있다(4장).

▼ 그림 7.4 노먼 볼로그는 녹색혁명 시작을 도운 그가 키운 밀의 다양한 사례를 보유하고 있다. 다수확 질병 저항성 밀은 많은 개발도상국의 농업 생산성을 증가시키는 데 도움을 주었다.

WEIGHING 이슈

녹색혁명과 인구 1960년대에 인도의 인구는 급증하고 전통적인 농업은 성장을 지원하기에 충분한 식량을 생산하지 못했다. 녹색혁명 농업을 받아들여, 인도는 많은 기아를 비켜갈 수 있었다. 그러나 노먼 블로그는 그의 녹색혁명 방법을 소위 "기아와 빈곤에 대한 인간의 전쟁에서 일시적인 성공"이라고 불렀으며, 그가 "인구 괴물"이라는 것을 다루기 위해 우리에게 약간의 숨쉴 공간을 주기 위한 것이라 한다. 사실 농업을 강화한 이후 수년 동안에도 인도는 수억 명의 인구증가와 함께 광범위한 빈곤과 기아에 계속 고통받고 있다.

당신은 녹색혁명이 문제를 해결, 연기, 또는 새로운 것을 초래했다고 생각하는가? 녹색혁명의 장점이 그 비용을 능가했는가?

지속가능한 농업은 환경영향을 감소시킨다

우리는 농업에 많은 화석연료 에너지를 쏟고; 관개, 비료, 농약의 사용을 강화하며; 모내기와 수확을 더 자주 하고; 더 많은 토지를 경작하며; 더 많은 생산성 작물과 가축품종을 발전시키는 (교배와 유전자 공학) 등에 의해 인상적인 성장을 달성하였다. 그러나 이러한 실천의 대부분은 토양을 분해하고, 물을 오염시키며 생물다양성에 영향을 미쳤다.

농업에 적절하고 유효한 땅이 점점 부족해지고 있기 때문에, 우리는 단순히 새로운 지역에 농업을 확대하고 유지할 수 없다. 대신, 우리는 미리 경작지역에서 식량생산의 효율성을 개선하는 방법을 찾아야 한다. 산업농업은 지구의 70억 인구를 먹여 살리기 위해 필요한 것 같지만, 많은 전문가들은 우리가 덜 오염을 일으키고, 자원집약이 덜하며, 자연계에 덜 영향을 일으키는 방법으로 식량생산을 하는 것이 장기적으로 더 효과적일 것이라 느낀다. 따라서 많은 농민과 농업 과학자가 더 나은 자연 생태계의 기능을 모방하는 농업 시스템을 창안해 내고 있다.

지속가능한 농업(sustainable agriculture)은 장기적으로 작물과 가축의 생산에 필수적인 건강한 토양, 깨끗한 물, 유전적 다양성을 유지하는 농업으로 설명하고 있다. 그것은 먼 미래에도 같은 방법으로 실시할 수 있는 농업이다. 농업 시스템을 생태계 같이 처리하는 것은 지속가능한 농업의 중요한 측면이며, 이 일반적인 교훈은 위치, 규모, 또는 관여 작물에 관계없이 적용된다.

농업을 지속가능하게 만드는 하나의 주요 구성요소는 우리가 농업에 화석연료를 대량으로 소비하는 것을 자제하고 이러한 화석연료 대량 소비가 일으키는 오염을 줄이는 것이다. 화석연료는 농업기계 및 관개 용수를 위한 펌프에 동력을 공급한다. 또한 일부 비료나 농약의 합성에서 원료로도 사용된다. **저투입농업(low-input agriculture)**은 산업농업에서 사용되는 것보다 더 적은 양의 농약, 비료, 성장 호르몬, 항생제, 물 및 화석연료 에너지를 사용하는 것이다. 이러한 접근 방식은 산업농업 방법을 사용하는 농가가 직접 지불해야 하는 비옥화와 해충 통제와 같은 가치 있는 생태계 서비스를 자연이 제공하도록 허용함으로써 식량생산 비용을 줄이는 것을 추구한다.

다음 절에서, 우리는 현대의 식량생산이 어떻게 농업의 기본 요소—토양 비옥도 유지, 물 공급과 농작물 시비, 그리고 농작물 해충 제어—에 영향을 미치고 어떻게 높은 작물 수확량을 유지하면서 더욱 지속가능한 방법으로 이러한 영향을 줄일 수 있는지 검토해 본다. 농업의 기반인 토양부터 시작해보자.

토양

토양(soil)은 단순히 생명이 없는 먼지가 아니다; 그것은 분해된 바위, 유기물, 물, 가스, 영양염류 및 미생물로 이루어진 복잡한 시스템이다. 건강한 토양은 농업을 위해, 산림(9장)을 위해, 그리고 지구의 자연 시스템이 작동하기 위해 필수적이다. 생산적인 토양은 재생 가능한 자원이다. 토양이 한 번 소모되어도, 토양은 시간이 지남에 따라 다시 재생할 수도 있다. 그러나 이 재생은 일반적으로 매우 느리게 일어난다. 우리가 부주의나 무지로 토양을 악용한다면, 오랜 기간 동안 삶을 유지하는 토양의 능력을 크게 감소시킬 수 있다.

우리는 일반적으로 토양의 놀라운 복잡성을 간과한다. 토양은 부피로 약 50%의 광물질과 최대 5%의 유기물로 구성되어 있다. 나머지는 공기나 물로 이루어진 공극으로 구성되어 있다. 토양의 유기물은 살아 있거나 죽은 미생물뿐만 아니라 식물과 동물에서 파생된 부패물질을 포함한다. 토양 생태계는 박테리아, 곰팡이, 원생생물, 벌레, 곤충, 땅속 동물 등 다양한 무리를 부양한다(**그림 7.5**). 지역의 토양조성은 기후, 위도, 고도에 영향을 미침에 따라 그 생태계에 많은 영향을 미칠 수 있다.

토양은 천천히 형성된다

암석권의 모태가 되는 물질이 대기, 수권, 생물권의 영향에 노출되면 토양 형성이 시작된다(2장). **모재(parent material)**는 특정 지역에 기초 지질재료이다. 그것은 용암과 화산재; 빙하에 의해 퇴적된 바위나 토사; 바람에 날리는 모래언덕; 강바닥, 범람원, 호수 바다에 쌓인 퇴적물; 또는 **암반(bedrock)**, 지구의 지각을 구성하는 단단한 암석 등이 경화된 것일 수 있다. 모재는 큰 바위 입자에서 더 작은 입자로 분해하는 **풍화작용(weathering)**, 물리적, 화학적 및 생물학적 과정에 의해 부숴진다.

일단 풍화작용이 미세 입자를 생성하면, 생물학적 활동은 유기물, 분해 및 축적을 통해 토양 형성에 기여한다. 식물, 동물 및 미생물이 죽어 퇴적되면 이 물질들은 풍화 바위 입자 속에서 미네랄과 혼합 퇴적된다. 예를 들어 온대림의 낙엽송은 분해자(4장)가 낙엽을 사용하여 토양에 영양분으로 퇴적할 수 있도록 매년 가을에 낙엽을 떨어뜨린다. 복잡한 유기물 분자는 식물이 뿌리를 통해서 취할 수 있는 간단한 것으로 분해된다. 유기물의 부분적인 분해는 부식토, 흑색, 스펀지와 복잡한 유기 화합물로 구성된 부서지기 쉬운 덩어리를 만든다. 부식질 함량이 높은 토양은 수분을 잘 유지하고 식물의 생활을 위해 생산적이다.

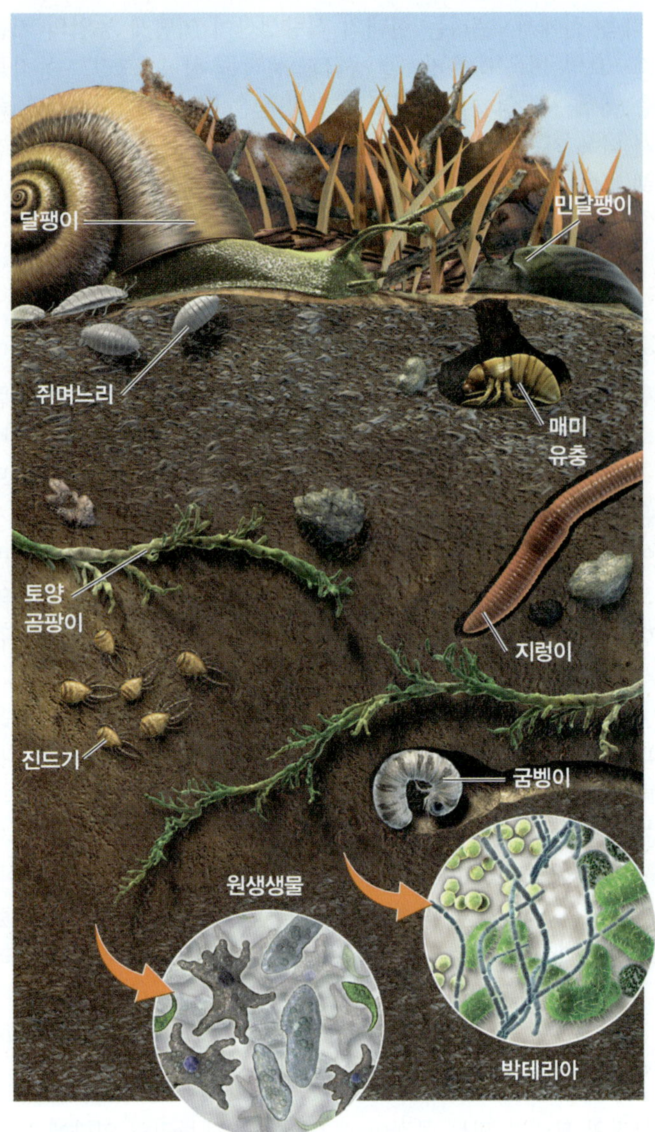

▲ 그림 7.5 토양은 유기 및 무기 성분의 복잡한 혼합물이며, 그것을 비옥하게 유지하는 데 도움을 주는 살아 있는 생물로 채워진다. 사실, 전체 생태계는 토양 안에 존재한다. 대부분의 토양생물은 지렁이, 곤충, 균류로 박테리아를 유기물로 분해한다. 지렁이들과 같은 많은 것들은 토양의 통기에 도움이 된다.

토양의 단면은 지층으로 알려진 층으로 구성되어 있다

바람, 물, 생물의 이동과 풍화에 의해 형성된 토양은 입자의 형태로 구별하면 서로 다른 토양층으로 나누어질 수 있다. 토양의 각 층은 **지층(soil profile)**이라고 하며 표면으로부터 최하부까지의 전체 단면은 **토양단면(horizon)**으로 알려져 있다.

토양의 지층을 분류하는 가장 쉬운 방법은 표토, 심토 및 모재의 각각에 대응하는 A, B, C층을 구별하는 것이다. 그러나 토양 과학자는 종종 생물에서의 유기물로 주로 구성된 O층(낙엽층)을 포함한 3개의 추가 지층으로 구별하고 있다(**그림 7.6**). 토양은 서로 다른 지역에 따라 다양하고, 이러한 6가지 지층을 모두 포함하는 것은 거의 없지만, 어떤 주어진 토양은 적어도 그것 중 일부를 포함한다.

일반적으로 풍화와 유기물 농도의 정도는 토양단면에서 한 단계 내려갈 때 감소한다. 미네랄은 일반적으로 **침출(leaching)** 결과로 아래로 내려가며, 고체입자가 현탁 또는 액체에 용해하는 과정으로 다른 지역으로 수송된다. 일부 토양에서 미네랄은 식물이 영양분을 빼앗길 정도로 빠르게 침출할지도 모른다.

농업과 생태계를 위한 중요한 지층은 A층 또는 **표토(topsoil)**이다. 표토는 위에서 혼합된 유기물질과 부식질을 가진 풍화된 기질과 같은 대부분 무기물 미네랄 요소로 구성된다. 표토는 식물에 가장 영양가 있는 흙의 일부이며, 그 느슨한 질감, 어두운 색채, 부식질에 의한 강력한 수분 보유 능력을 가지고 있다. O와 A층은 토양에 생명을 주는 무수한 생물 대부분의 집이다. 표토는 농업에 필수적이지만, 농업이 지속가능하지 않게 행해지면 토양의 비옥도와 수분을 유지하는 능력을 저하시키고 유기물이 고갈될 것이다. 농민이 무경작 농업을 실천할 때, 본질적으로 표토를 충당하기 위해 작물 잔류 O층을 만들고, 보호 표토층으로 이 O층을 통해 새로운 작물의 씨앗을 심는다.

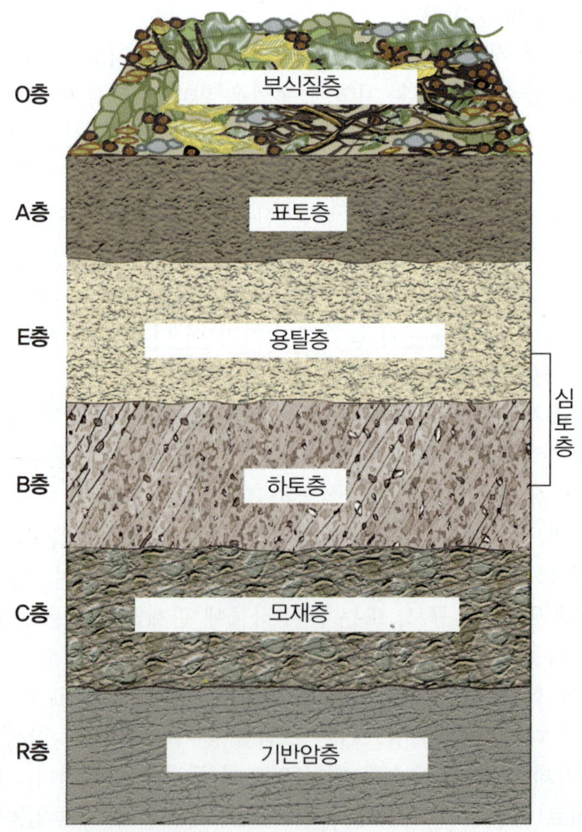

▲ 그림 7.6 성숙토는 다른 성분과 특성을 가지고 있는 층 또는 지층으로 구성되어 있다. 최상층은 동물에 의해 퇴적된 유기물질의 대부분으로 구성된 **O층** 또는 **낙엽층**(O = 유기물)이다. 그것의 아래에는 미네랄 성분과 혼합된 일부 유기물질로 이루어지는 **A층**이 놓여 있다. 미네랄과 유기물질은 **E층**(E = 용탈 또는 침출)에서 그들이 축적되는 **B층** 또는 하층토로 침출되는 경향이 있다. **C층**은 대부분 풍화된 모재로 구성되며 순수 모재의 **R층**(R = 바위) 위에 놓여 있다.

토양 특성의 지역적 차이는 농업에 영향을 미친다

토양의 특성은 장소에 따라 변화하고 기후와 같은 변수에 깊은 영향을 받는다. 아마존에 떨어지는 많은 양의 비는 표토와 E층에서 미네랄과 영양분을 침출시킨다. 식물에 의해 흡수되지 않는 것은 식물의 뿌리가 닿는 부분의 아래 지하수면으로 빠르게 옮겨진다. 따뜻한 온도는 낙엽의 부식과 식물의 영양분 흡수를 가속화하여 오직 소량의 부식질이 얇은 표토층에 남아 있게 한다. 결과적으로 열대림이 농업을 위해 제거되면 작물재배가 빠르게 토양의 비옥도를 고갈시킨다.

열대 숲이 우거진 지역에서 농업의 전통적인 형태는 농부가 몇 년에 하나의 터에서 재배한 뒤 첫 번째 터는 다시 숲으로 생장하도록 내버려 두고 또 다른 터로 옮겨가는 **화전농업**(swidden agriculture)이다(**그림 7.7a**). 낮은 인구밀도에서 이것은 지속할 수 있었지만 오늘날의 고밀도의 인간 집단과 토양은 다시 생성하는데 충분한 시간을 허용하지 않는다. 그 결과 집약적 농업은 많은 열대지역의 토양을 분해하고 있다.

하지만 아이오와의 대초원에는 강우가 적어서 그 때문에 침출이 적게 되고 식물의 뿌리가 닿는 범위 내에 영양분을 유지한다. 식물은 표토에서 죽었을 때 영양분을 돌려주고 그것이 비옥토를 유지한다. 온대초원의 두껍고 풍부한 표토는 만약 무경작 농업과 보전경작과 같은 기술이 사용된다면 최소한의 비옥토를 손실해 반복적으로 재배할 수 있다(**그림 7.7b**).

(a) 부실한 영양 토양에서의 열대 화전농업

(b) 아이오와의 비옥토에서의 산업농업

◀ **그림 7.7** 수리남(Surinam)**(a)**과 같은 열대 숲이 우거진 지역에서 농업의 전통적인 형태는 화전농업이다. 이 방법에서는, 숲이 잘리고, 터가 몇 년에 하나만 경작되므로 농부는 이동해서 다른 터로 대체한다. 열대 우림의 토양(**삽입 참조**)은 영양분이 부실하고 쉽게 고갈되기 때문에 자주 이동이 필요하다. 아이오와 초원**(b)**에서는, 적은 강우량은 영양분이 표토에서 용출되지 않고 있음을 의미한다. 유기물질의 축적으로 비옥한 토양의 형성은 지속가능한 경작을 할 수 있게 한다. 아이오와 농장의 삽입된 표토에는 두껍고 어두운 층이 있음을 주목하라.

FAQ

Q: "화전농업(slash-and-burn)"은 무엇인가?

A: 열대 숲의 토양은 상대적으로 낮은 수준의 식물영양소를 함유하고 있기 때문에 작물 재배에 적합하지 않다. 그러나 토양은 영양분이 빈약하지만, 숲의 무성한 식물에 매여 있는 많은 양의 영양소가 있다. 농부들이 농업을 위해 열대 우림의 터들을 개발할 때, 그들은 경작지의 식물을 절단하고 태우므로 토양을 부유하게 했다. 영양이 풍부한 재는 땅에 스며들어 다음 작물을 재배할 수 있는 충분한 비옥함을 제공한다. 이러한 방법을 화전농업이라고 한다.

하지만 재에서 온 영양소는 일반적으로 수년 내에 고갈되고 있다. 합성비료를 구매하기 위한 재원이 부족한 가난한 농민들은 반복된 숲의 개간으로 이런 행위는 생태계의 생산성과 생물다양성에 더욱 부정적인 영향을 끼친다.

건강한 토양을 유지하기

전 세계 특히 건조 지역에서는 작물을 기르고 가축을 방목하는 것이 더 어려워지고 있다. 토양은 비옥도가 저하되고 생산성이 감소하는 이 과정을 **토양 분해(soil degradation)**라 칭한다. 매년 우리 행성은 80만 명의 사람이 늘어나고 토양분해로 5~7백만 [12~17백만 에이커, 서부 버지니아(West Virginia)의 면적]의 생산적인 농경지를 잃는다. 일반적인 원인은 토양침식, 영양소 고갈, 물 부족, 염류화(7장), 침수(7장), 화학물질 오염, 토양구조와 pH의 변화, 토양의 유기물질의 손실이 포함된다. 지난 50년 동안 과학자들은 토양분해가 13%의 농경지에 잠재적인 국제 곡물생산 비율을 감소시켰다고 추정한다.

침식은 생태계와 농업을 퇴화시킨다

침식은 바람과 물의 작용에 의해 한 장소로부터 물질이 제거되어 다른 장소로 옮겨지는 것이다(**그림 7.8**). 침식된 물질이 새로운 장소에 이동하였을 때 **퇴적(deposition)**이 발생한다. 침식과 퇴적은 장기적으로 토양을 만드는 것을 도울 수 있는 자연적인 과정이다. 흐르는 물은 강 계곡과 삼각주에 걸쳐 비옥하고 생산적이며 영양분이 풍부한 갓 형성된 퇴적물을 침식시킬 수 있다. 그러나 침식은 일반적으로 토양이 형성되는 것보다 훨씬 빠르게 발생하기 때문에 종종 지역적으로 생태계와 농업에 문제가 된다. 침식은 또한 표토 생물에게 가장 가치 있는 토층을 제거하는 경향이 있다. 일반적으로 가파른 경사, 폭우 강도, 그리고 드문 드문 덮여 있는 식물 등은 모두 왕성한 물 침식으로 이어진다.

사람들은 3가지를 널리 실행하여 땅을 부식에 취약하게 만들었다.

- 부적절한 계획 또는 지나친 경작으로 과도한 경작지 재배
- 땅이 수용할 수 있는 것보다 더 많은 가축으로 방목장에 과도한 방목
- 경사지 숲 벌목 또는 대규모 벌목(9장)

토양침식은 세계적인 문제이다

오늘날의 세계에서 인류는 침식의 주요 원인이며, 우리는 부자연스러울 정도의 높은 비율로 그것을 가속하고 있다. 2004년의 연구에서 지질학자 브루스 윌킨슨(Bruce Wilkinson)은 인간의 활동이 다른 모든 자연적인 과정의 합보다 더 많은 열 배 이상의 흙을 지구 표면에서 옮긴다고 결론 내렸다. 토양 과학자 데이비드 몽고메리(David Montgomery)의 2007년 연구는 인간이 미치는 영향의 정도가 더 크다는 것을 알아냈다. 몽고메리의 연구는 또한 보전방식의 농업이 전통적인 농업보다 침식이 더 느리다는 연구 결과를 보고하였고, 이것이 해결책이라고 지적했다.

세계 경작지의 190억 ha(470억 acre) 이상은 침식이나 인간의 활동에 의한 다양한 형태의 토양분해로 고통받고 있다. 지난 10년간 중국은 인디애나 크기의 농경지를 잃었다. 미국은 수확 곡물 매 1톤을 위해 약 5톤의 토양을 잃는다. 아프리카에서 향후 40년간의 토양분해는 수확량의 반을 감소시킬 수 있다. 이러한 많은 지역에서 일어나고 있는 급속한 인구성장과 함께 토양의 질과 작물 수확량의 감소가 겹쳐지면 우리는 왜 몇몇 관찰자가 농업의 미래를 위기 상황으로 설명하는지 그 이유를 알기 시작할 것이다.

사막화는 건조지역의 생산성을 저감시킨다

세계 많은 인구가 건조지에서 살며 농사를 짓고, 지구 육지 표면의 약 40%가 건조 및 반건조 환경으로 덮여 있다. 이러한 지역의 강수량은 너무 빈약하기 때문에 인구증가에 의한 물 수요를 충족할 수 없으므로 건조 지역들은 사막화되는 경향이 있다. **사막화(desertification)**는 침식, 토양다짐, 산림제거, 방목, 가뭄, 염해,

▼ **그림 7.8** 이곳 아이오와 농장에서 일어나고 있는 것과 같은 물 침식은 쉽게 토양이 노출된 곳에서 토양을 제거할 수 있다.

기후변화, 물 부족 및 기타 요인의 결과로 10% 이상의 생산성이 손실되는 지역의 토지분해의 형태라고 설명한다. 대부분의 그런 분해는 바람과 물의 침식으로부터 온다.

일부 추정에 따르면 사막화는 100여 개국에서 10억 이상의 사람들의 식량공급과 행복을 위태롭게 하고 생산성 저하를 통해 매년 수십억 달러의 비용을 지불하게 한다. 2007년 유엔 보고서는 사막화가 기후변화로 강우형태가 변화할 때 더욱 악화되어, 10년에 5,000만 명의 많은 사람을 이동시킬 것이라고 추정했다. 중국은 사막화로 연간 65억 달러의 손실을 본다. 중국의 서부 유역에서는 4억 이상의 염소, 양, 암소의 방목 때문에 사막 지대가 확대되고 서로서로 연결된다.

사막화의 결과 최근에는 중국의 황폐한 땅에서 거대한 모래폭풍이 북미 태평양을 넘어 날아 가고, 아프리카의 사하라 사막에서의 모래폭풍은 대서양을 건너 카리브 해로 불어온다(**그림 13.6 참조**). 20세기 초반 더스트 보울(Dust Bowl)의 날이 발생하는 동안 대규모 먼지폭풍은 사막화가 미국의 농업과 사회를 뿌리 채 흔들었다.

먼지폭풍 더스트 보울은 미국이 침식에 대처토록 촉구했다

북아메리카 대평원의 대규모 재배 이전에 이 온대 초원 지역의 자생하는 대초원 잔디는 토양을 제자리에 잡아두었다. 19세기 후반에서 20세기 초반에 많은 개척 정착민들이 농부로서 생계를 꾸리기 위해 오클라호마, 텍사스, 캔자스, 뉴 멕시코, 콜로라도에 도착했다. 농부들은 풍부한 밀을 재배하고, 농장주는 수천의 가축을 방목했으며, 때때로 부적합한 땅으로까지 확대하여 자생 잔디를 제거하고 토양구조를 변경함으로써 침식을 가속화하였다.

1930년대 초, 가뭄은 계속되고 있는 인간의 영향을 더욱 악화시켰고, 지역의 강풍은 표토 수백만 톤을 침식하기 시작했다. 먼지폭풍은 최대 2,000 km(1,250 mi)까지 이동하였고, 멀리 뉴욕과 워싱턴 DC 등의 비와 눈을 검게 하였다. 일부 지역은 몇 년 만에 표토 10 cm(4 in)를 잃었다. 남부 대평원 중 가장 영향을 받은 지역은 이제 역사적 사건 자체로 사용되는 용어인 **더스트 보울**로 알려지게 되었다(**그림 7.9**). 더스트 보울의 "검은 눈보라"는 수천의 농부들을 그들 땅에서 내쫓았다.

이에 대응하여 미국정부는 주 및 지방정부와 함께 토양보전대책의 연구를 위한 지원을 증가시켰다. 미국 의회는 토양보존서비스(SCS)를 설립, 1935년 토양보전법을 통과시켰다. 이 새로운 기관은 개별 농가에 대한 보전계획을 수립하기 위해 농가와 긴밀하게 협조했다.

SCS(현재 천연자원보존국의 이름)는 자신들의 토양보전기관을 설립한 다른 국가들의 모델로서의 역할을 하였다. 남미에서는 무경작농법의 인기가 폭발하여, 이제는 아르헨티나, 브라질, 파라과이 등의 농지 대부분을 담당하고 있다. 이 방대한 지역에 걸친 무경작농업으로의 전환은 그들에게 정보 및 자료를 제공하는 농학자와 정부의 담당기관의 도움과 함께 농부들에 의한 풀뿌리 지역기관을 통해 주로 이루어져 왔다.

(a) 캔자스 먼지폭풍, 1930년대

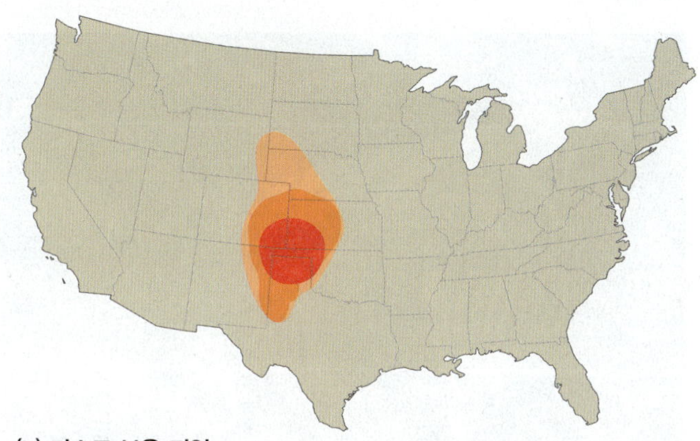

(b) 더스트 보울 지역

▲ **그림 7.9** 형편없는 농사법과 더불어 가뭄은 남부 대평원의 더스트 보울 지역에서 1930년대에 수백만 미국 농민에게 폐허와 절망을 가져왔다. 사진(**a**)은 1930년대 먼지폭풍이 캔자스 도지시티(Dodge City, Kansas) 근처 주택으로 접근하는 우뚝 솟은 먼지구름을 보여준다. 지도(**b**)는 가장 영향을 받는 영역을 나타내는 어두운 색상으로 더스트 보울 영역을 보여준다.

지속가능한 농업은 토양관리와 함께 시작한다

일련의 재배기술들은 토양에서 재래식 재배의 영향을 감소시키고 토양분해와 싸울 수 있다(**그림 7.10**).

윤작 **윤작(crop rotation)**에서 농부들은 다음의 한 계절이나 또는 차년에 지정된 경작지에서 재배 작물의 종류를 교대한다(**그림 7.10a**). 작물을 교대하는 것은 토양에 영양을 되돌려주고, 연작과 관련된 질병의 고리를 끊고, 휴경지로 놓아 둠으로부터 오는 침식을 최소화한다. 많은 미국의 농가는 자기 밭의 밀 또는 옥수수와 콩을 다음 해에 교체한다. 콩은 콩과식물로, 그들의 뿌리에 질소를 고정하는 특별한 뿌리를 가지고 있고(2장), 이전 작물이 부분적으로 양분을 고갈시킨 토양을 재활성화시킨다. 윤작도 해충을 감소시킨다; 만약에 곤충이 하나의 작물에 적응하고 알을 낳는다면, 다른 종류의 작물을 재배하는 것이 그들의 후손에게 먹을 것을 남겨놓지 않도록 할 것이다.

윤작과 유사한 실행에서, 아이오와의 농부들처럼 많은 무경작농법의 농부들은 주 작물들을 경작하지 않을 때 그 기간 동안 침식을 방지하기 위하여 질소를 보충하는 클로버 같은 덮개 작물을

(a) 윤작

(b) 등고선 재배

(c) 계단식

(d) 간작

(e) 방풍림

(f) 무경작농법

▲ **그림 7.10** 세계의 농부들은 토양을 보존하기 위해 다양한 전략을 채택한다. 콩과 옥수수 같은 작물을 교대로 재배하는 윤작(**a**)은 토양의 영양분을 복구하고 작물 해충의 영향을 줄이는 데 도움을 주었다. 등고선 재배(**b**)는 언덕에 침식을 감소시킨다. 계단식(**c**)은 가파른 산악 지역에서 침식을 최소화할 수 있다. 간작(**d**)은 토양 비옥도를 유지하면서 토양 손실을 줄일 수 있다. 방풍림(**e**)은 바람의 침식을 방지한다. (**f**)에서 옥수수는 무경작농법 농업에 사용되는 "덮개 작물"의 잔류물 가운데서 자라난다.

재배한다.

등고선 농업 약간의 식물로 덮여 있는 비탈 아래로 흘러내리는 물은 쉽게 토양을 쓸려내려 가게 할 수 있어서, 농부들은 사면에 경작하기 위한 몇 가지 방법을 개발했다. **등고선 재배(contour farming;** 그림 7.10b)는 사면 옆을 가로지르고 경사면과 수직이며 자연적인 땅의 등고선을 따라 나 있는 고랑으로 이루어져 있다. 등고선 농업에서 각각의 고랑 측면은 유출을 느리게 하고 침식된 토양을 포집하는 작은 댐의 역할을 한다. 등고선 농업은 야생에서 잘 자라는 작물이 있는 완만한 경사지에서 가장 효과적이다. 아이오와 농부 부치(Butch)와 데이비드 슈로더(David Shroeder)는 자신들의 모든 땅에서 등고선 농업을 실시했다. 그들은 또한 경작지 경계 및 인근 하천을 따라 완충 지대로 식물을 심었고 그것은 더 나아가 침식과 수질 오염에 대해 보호해 주었다.

계단식 매우 가파른 지형에서 계단식 농업(**그림 7.10c**)은 침식을 방지하기 위해 가장 효과적인 방법이다. 계단식은 가파른 언덕을 잘라서 평평하게 만든 경작지를 계단의 끝을 높여서 관개와 침전으로부터 물을 담는다. **계단식(terracing)** 산비탈은 경사지를 계단과 같은 연속된 단계로 변형시키고, 물 침식으로 인한 많은 양의 토양 손실 없이 농부들이 경사지에서 경작하는 것을 가능하게 한다.

간작 농부들은 교대하는 띠 모양 또는 다른 공간적으로 혼합된 방식으로 다른 종류의 작물을 심는 **간작(intercropping)**을 함으로써 침식을 최소화할 수도 있다(**그림 7.10d**). 간작은 단일 작물이 땅을 덮는 것보다 더 많이 땅을 덮어주므로 침식이 늦춰지도록 돕는다. 윤작과 마찬가지로 간작은 곤충과 질병에 대한 취약성을 줄이고 질소 고정 콩과식물을 이용한 경우 흙을 다시 비옥하게 한다. 브라질에서는 무경작 농부들이 옥수수, 대두, 밀, 양파, 카사바, 포도, 토마토, 담배, 과수원, 과일 등과 같은 식용 작물과 함께 피복 작물로 간작한다.

방풍림 바람으로부터 침식을 감소시키는데 널리 퍼진 방법은 바람막이(windbreaks) 또는 **방풍림(shelterbelts)**을 세우는 것이다(**그림 7.10e**). 이들은 바람을 느리게 하는 나무들의 줄 또는 들판의 가장자리를 따라 심어져 있는 다른 키가 큰 식물들이다. 대평원에서는 이러한 포플러 등 빠르게 생장하는 종이 종종 사용된다. 방풍림은 열매, 땔감, 또는 바람으로부터 보호 등을 제공하는 나무들로 둘러싸이거나 혼합된 작물이 심어진 간작과 함께 사용될 수 있다.

보전경작 보전경작(conservatoin tillage)은 재래식 경작에 비하여 경작의 양을 줄이는 방식으로 설명한다. 무경작농법은 보전경작의 궁극적인 형태이다. 무경작법(**그림 7.10f**)을 이용하여 심는 방법은 트랙터를 이용하여 죽은 잡초의 O층과 작물 잔류물이 A지층 상층부를 잘라내어 고랑을 만드는 "무경작 작은 두렁(no-till drill)"을 이용하여 농사짓는 것이다. 이 장비는 고랑에 씨를 떨어뜨리고 씨 위로 고랑을 덮어 토양의 교란을 최소화한다.

침식이 저감되면서 유기물과 토양 생물상을 증가시킴으로써, 무경작 농업과 보전경작은 토양의 질을 향상시키고, 토양에 탄소를 저장함으로써 글로벌 기후변화에 대처한다. 미국에서는 현재 농지의 거의 1/4은 무경작 재배를 하고, 40% 이상은 보전경작을 사용하여 경작되고 있다(**그림 7.11**). 미국 정부의 통계에 따르면 미국에서 침식비율은 1982년 9.1 tons/ha(3.7 tons/acre)에서 2003년에는 5.9 tons/ha(2.4 tons/acre)으로 보전경작 덕분에 감소했다.

무경작 및 보존경작법은 아열대와 온대, 남미에서 가장 널리 퍼지게 되었다. 브라질, 아르헨티나, 파라과이는 모든 경작지의 절반 이상이 현재 무경작법 경작 중이다. 세계의 경작지에서는 폭우가 부식을 촉진하고, 경작 토양이 유기물과 영양분을 잃게 하며, 더운 날씨는 경작 토양을 가열할 수 있다. 따라서 무경작 방법은 이런 지역에서 특히 유용하며, 작물 수확량의 증가의 결과는 미국을 앞지르게 되었다: 작물 생산은 증가하였고(어떤 경우에 그들은 거의 두 배), 침식은 감소하였으며, 토양의 질은 강화되고, 오염이 감소되며, 모든 농가의 비용이 약 50% 감소했다.

미국에서의 무경작농법에 대한 비판은 이 방법이 종종 상당한 화학 제초제(잡초가 물리적으로 필드에서 제거되지 않기 때문에)와 합성비료(다른 식물들이 토양양분의 대부분을 흡수하기 때문에)의 사용을 요구한다는 것에 주목하고 있다. 많은 선진국에서는 이것이 확실한 경우이다. 하지만 지지자들은 남미의 개발도상국에서는 농부들이 더 많은 **녹비(green manures**; 비료로의 죽은 식물)에 의존, 피복 작물의 윤작, 질소고정 콩과식물을 포함함으로써 산업화 모델로부터 떨어져 나왔다는 것을 지적하고 있다. 비료와 콩류는 토양에 영양을 주고, 피복 작물은 잡초가 차지하는 공간을 차지해서 잡초를 줄인다. 이 방법은 대규모 집약농업을 위해서는 종종 실효성이 있지는 않지만, 농부들은 이용 가능한 방법에 자신들을 교육하고 그들의 농장을 위한 최고의 것을 선택하고 있다.

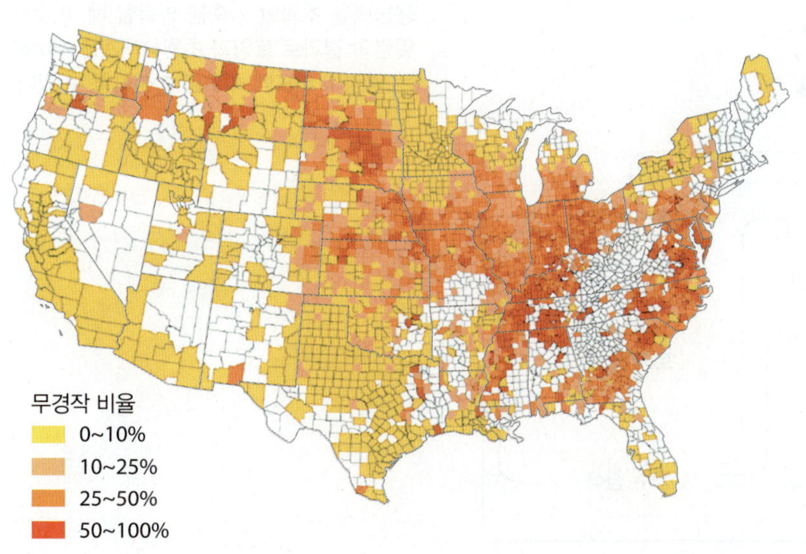

◀ **그림 7.11** 미국 전역에, 이 카운티별 지도의 빨강과 오렌지색은 대부분의 중서부와 남부 대서양 연안을 따라 무경작 방법이 실시되는 것을 보여준다. Data from Conservation Technology Information Center, National Crop Residue Management Survey, 2004.

방목 실행은 토양분해에 기여할 수 있다

우리는 이 장에서 주로 토양과 생태계에 미치는 영향의 근원으로 작물의 재배에 초점을 맞췄지만, 가축사육 또한 영향을 증가시킨다. 인간은 총 34억의 소, 양 및 염소를 주로 개방된 방목장의 잔디에서 방목한다. 가축의 개체수가 수용능력의 범위(3장)를 초과하지 않고 잔디의 소비가 재성장할 수 있는 것보다 빠르지 않는 한, 방목은 지속가능할 것이다. 하지만 너무 많은 가축이 지피식물을 과식할 때 식물의 재성장을 저해하고, 바이오매스의 교환을 막고, 결과적으로는 **과방목(overgrazing)**하고 있는 것이다.

가축이 너무 많은 지피식물을 제거하면 토양은 노출되어 침식에 취약해진다. 양성의 피드백 순환(2장)에서는 토양침식이 초목의 재생을 어렵게 만들고, 지피식물의 부족을 영속시켜 더 많은 침식의 증가를 가져오는 문제를 만든다(**그림 7.12**). 게다가, 토종식물이 아닌 잡초 식물은 또한 가축의 입맛에 맞지 않고 새롭게 바뀐 환경에서 자생식물을 이길 수 있다.

너무 많은 가축이 땅을 짓밟는 것은 토양이 다져짐으로써 구조를 변형시킬 수 있다. 토양의 다져짐은 물의 침투, 토양의 통기, 식물의 뿌리 확장 및 세포호흡을 방해한다(2장). 이러한 모든 효과는 토착식물의 생장과 생존을 더욱 감소시킨다.

세계의 토양분해는 과방목을 하는 농경지 농업과 같이 사막화의 더 큰 원인이다. 세계 방목지의 전체 70%가 분해된 것으로 분류되고, 이들 땅에서의 생산성 손실은 연간 233억 달러로 추정되고 있다. 미국 서부의 목초지는 종종 "공유지의 비극" 프로세스에 의해 과방목되어 왔지만(1장), 오늘날 목장이 지속가능하고 건강한 땅을 보호하기 위한 방법을 찾기 위해 정부기관, 환경과학자, 심지어 환경옹호론자들과 협조적으로 노력하고 있는 목장주 수가 증가하고 있다.

농업 보조금은 토양분해에 영향을 미친다

사람들이 소유하고 있는 토지의 황폐화를 일으키는 과밀한 농업과 방목에 의한 부작용을 방지하기 위한 어떤 노력이 이익이 되지 않는다면 시장은 그들을 실망시킬 것이다. 그러나 토지 황폐화는 점차적으로 확산되는데 그 이유는 일반적으로 농부와 목장주들은 보전이 장기적으로 이득임을 알지만 단기적으로 이익이 없이는 실행할 수 없기 때문이다.

많은 국가가 농업을 지원하기 위해 정부 보조금으로 수십억 달러를 소비한다. 평균 미국 농부의 소득의 약 5분의 1은 보조금에서 온다. 이러한 보조금 지지자들은 날씨의 불확실성이 해마다 예측할 수 없는 농업의 이익과 손실을 만든다고 강조한다. 농업 시스템이 좋지 않은 해를 위해 농부들을 보상할 수 있는 방법이 필요하다고 말한다. 이 경우도 있을 수 있지만, 보조금은 다음과 같이 경작되지 않을 땅을 경작하게 격려할 수 있다; 즉, 필요한 것보다 많은 식량을 생산하여, 다른 생산자의 가격을 낮추고; 땅을 더 황폐화시키는 방법을 밟히는 것. 따라서 보조금의 반대자들은 환경 파괴적인 농업관행에 보조금을 지급하는 것은 지속가능하지 않은 것이라고 주장한다. 그들은 농부들이 단기 생산 장애로부터 자신들을 보호하기 위해 보험에 가입하는 모델을 제안한다.

다수의 미국 및 국제 프로그램들은 토양보존을 촉진한다

정부 보조금은 토양의 저하를 촉진할지도 모르는 반면, 미국 의회는 매 5~6년마다 통과시키는 농업법안을 통해 농업보존을 증진하는 약간의 조항을 또한 제정했다. 이러한 농업법안의 많은 조항들은 농부들이 정부 보조금을 받을 수 있기 전에 토양 보존계획과 실행을 채택하도록 요구한다.

1985년 농업법안에 설립된 자연 **보존 저장 프로그램(Conservation Reserve Program)**은 농부들이 높은 침식성 작물 경작을 중지하고 대신 잔디와 나무를 심도록 해 농부들에게 보조금을 지불했다. 보존 저장 프로그램에 따르는 토지는 현재 거의 아이오와 크기의 지역에 이르고, 미국 농무부(USDA)는 이 프로그램에 투자된 각 달러는 거의 표토 약 1톤을 절약하고 있다고 추정한다. 침식을 감소시키는 것 이외에, 보존 저장 프로그

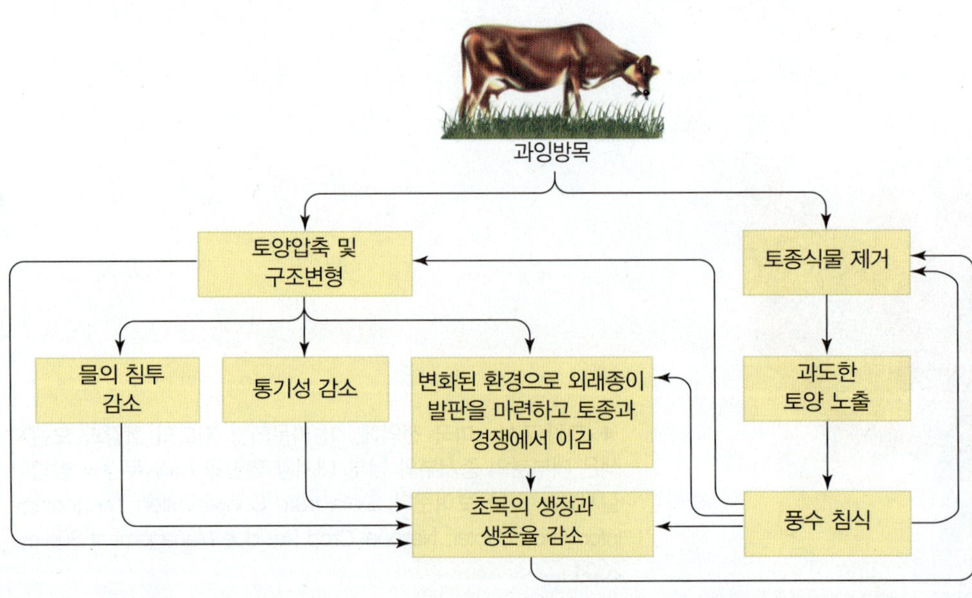

◀ **그림 7.12** 방목지와 그들의 토양의 수용능력을 초과한 가축을 방목할 때, 이것은 일련의 결과로 토양과 초원생태계를 저하하는 양성의 피드백 회로를 활성화할 수 있다.

램은 농민의 수입을 창출하며, 수질을 개선하고, 야생 동물을 위한 서식지를 제공하고 있다. 전국적으로, 정부는 농부들에게 총 1,200~1,600만 ha(3,000~4,000만 ac) 토지의 보전을 위해 연간 약 18억 달러를 지불한다.

의회는 1996년, 2002년 및 2008년의 농업법안에 보전 저장 프로그램을 다시 허용하고 확대했다. 부치와 데이비드 슈로더는 이 프로그램을 활용한 아이오와 및 전국의 많은 농부들의 일원으로 손상되고 황폐화된 토양의 땅을 생산에서 제외했다. 2008년 법안은 총 보존 저장 토지를 3,200만 에이커로 제한하였으나 또한 초원, 습지, 야생 동물의 서식지 및 다른 자원의 보전을 위한 14개의 다른 프로그램을 지원했다. 국제적으로는 식량 농업기구(FAO)가 이끄는 다양한 프로그램을 통해 유엔은 토양의 보전과 지속가능한 농업을 증진시켰다.

작물에 물 주기와 시비하기

환경에서 토양분해는 농업의 영향만이 아니다. 우리는 농경지로부터 멀리 떨어진 곳에서 때때로 지속 불가능한 방식을 이용하여 작물의 수확량을 높이기 위해 보조적으로 물과 영양분을 식물에 공급해서 자연 시스템에 영향을 준다.

관개는 생산성을 향상시키지만 토양을 손상시킬 수 있다

식물은 최적의 생장을 위해 물을 필요로 하고 사람들은 작물이 강우로부터 받는 수분을 오랫동안 보충해 주었다. 농업을 지원하기 위한 물의 인위적인 제공이 **관개(irrigation)**라고 알려져 있다. 작물을 관개함으로, 사람들은 가물었을 때 높은 수율을 유지하고 이전에 건조하고 비생산적이었던 영역을 비옥한 농지로 바꾼다.

세계적으로 관개 면적은 산업적 농법의 채택에 따라 증가하고 있으며, 인간에 의해 담수의 70%가 채수되어 작물에 쓰인다. 어떤 경우에는 관개를 위해 물을 빼내는 것이 대수층을 고갈시키고, 하천과 호수를 마르게 한다(12장).

일부 지역에서 과도한 관개는 토양을 분해하고 있다. **침수(waterlogging)**는 과도한 관개를 할 때 발생하며 수층이 식물 뿌리가 썩는 지점까지 올라오게 함으로써 기체에 접근을 못하게 하고 근본적으로 식물을 사별시킨다. 더 빈번한 문제는 **염류화(salinization)**로 표토층에 소금이 축적되는 것이다. 강수량은 최소한이고 증발률이 높은 건조지역에서는, A층에서 물의 증발이 낮은 지층에서 염이 용해된 물을 끌어올릴 수 있다. 표면에서 물이 증발했을 때, 이러한 염은 토양에 남게 되고, 종종 토양표면을 흰색으로 바꾼다. 염류화는 현재 모든 세계적으로 관개되는 농경지의 5분의 1의 생산성을 저하시키고, 매년 110억 달러 이상의 비용이 들게 한다.

지속가능한 관개 방식은 효율성을 극대화한다

농업에서 물 사용을 감소시키는 가장 효과적인 방법 중 하나는 더 적합한 작물재배와 기후이다. 많은 건조 지역들이 대규모 관개와 종종 관개용수를 값싸게 하는 정부 보조금에 의해 생산적인 농지로 전환되었다. 이러한 지역의 일부 농부들은 쌀이나 면과 같은 물을 많이 필요로 하는 작물을 재배하고 있다. 이것은 건조 기후에서 증발로 과도한 물의 손실로 이어진다. 콩이나 밀과 같은 훨씬 적은 물을 필요로 하는 다른 작물을 선택하면 이러한 지역을 물의 사용을 크게 줄이면서도 농업적으로 생산적인 지역으로 남게 할 수 있다.

다른 방법은 관개용수 이용효율을 향상시키는 새로운 기술을 받아들이는 것이다. 현재 세계적으로 관개효율은 낮으며, 식물은 우리가 지원하는 물의 불과 43%를 사용하고 나머지는 증발하거나 식물의 뿌리에서 토양으로 스며든다(**그림 7.13a**). 식물의 뿌리에 직접 물을 보내는 새로운 점적 관개 시스템이 90% 이상 효율성을 향상시킬 수 있다(**그림 7.13b**). 이러한 시스템은 한 번 설치하는 것은 매우 비싸며 대부분 부자 나라의 농가가 사용하고 있었지만, 개발도상국에서도 더 많은 농민이 감당할 수 있도록 많이 저렴해지고 있다. 점적 시스템은 사례연구 중심에서 소개한 것 같

(a) 전통적 관개

(b) 점적 관수

▲ **그림 7.13** 현재 식물은 우리가 관개에 지원하는 절반 이하의 물을 흡수한다. 전통적인 방법(a)은 증발로 물이 많이 손실된다. 보다 효율적인 관개 방식에서 물은 정확하게 식물을 대상으로 하고 있다. 캘리포니아에서 포도 덩굴에 급수(b)하는 것처럼 점적 관수 시스템에서 호스는 식물에 물을 곧장 떨어트리기 위해 배열되어 있다.

은 단일작물의 광대한 땅에서 사용되지 않지만, 그러나 소규모로 된 농지나 과일나무와 같은 다년생 식물에는 유용하다.

비료는 작물생산을 늘일 수 있으나 과도하게 투여될 수 있다

식물은 생장하기 위해 적은 양의 다른 십여 개 영양분은 물론 질소, 인, 그리고 칼륨을 필요로 한다. 식물의 침출과 흡수로 이러한 영양분이 흙에서 제거되며, 만약 토양이 너무 적은 양의 영양소를 포함하게 되면 작물의 생산량은 감소한다. 따라서 우리는 필수적인 영양소가 포함된 물질의 **비료(fertilizer)**를 추가하여 영양이 제한된 토양을 강화하기 위해 애쓴다.

2가지 주요 종류의 비료가 있다. **무기질 비료(inorganic fertilizer)**는 채굴되거나 광물질첨가제에서 합성 제조된다. **유기질 비료(organic fertilizer)**는 유기체의 잔재와 폐기물로 구성되고 가축분뇨, 작물 잔사, 신선한 식물(녹비, green manure), 퇴비(compost), 분해자가 제어된 환경에서 식품과 작물의 폐기물을 포함하여 유기물을 분해할 때 생성된 혼합물로 구성된다.

역사적으로 인간은 토양에 영양분을 공급하기 위해 유기질 비료에 의존하고 있었다. 그러나 20세기 후반 산업화와 녹색혁명 지역의 농민은 널리 무기질 비료의 사용을 받아들였다(**그림 7.14**). 이 사용은 우리 세계의 식량생산을 매우 가속화하고 있지만, 무기질 비료의 과도한 시비는 점점 심각한 공해 문제를 일으키고 있다. 무기질 비료는 일반적으로 유기질 비료보다 침출의 영향을 받기 쉽고, 더 쉽게 지하수를 오염시킨다. 이러한 비료의 영양분도 경작지의 경계를 훨씬 넘어 영향을 미칠 수 있다. 우리는 어떻게 중서부 농장과 다른 오염원으로부터 질소와 인의 유출이 미시시피 강 하구부근 멕시코 만에서 식물플랑크톤이 과도한 증식을 하도록 했는지와 산소가 고갈된 "죽음의 지역" 생성이 동물과 식물의 생명을 앗아간 것을 보았다(2장). 이러한 부영양화(2, 12장)는

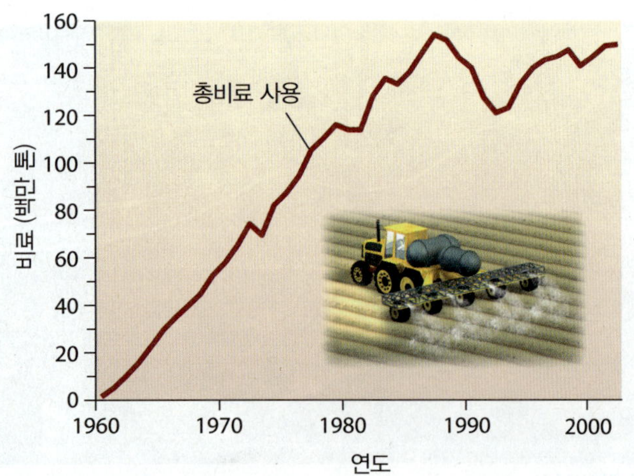

▲ **그림 7.14** 합성 무기질 비료의 사용은 지난 반 세기 동안 크게 증가하고 지금은 연간 147,000,000톤 이상에 달한다(1990년대 초 동안 임시적인 하락은 구소련의 국가와 같은 나라의 해체에 따른 나라의 경제 하락에 기인했다). Data from Food and Agriculture Organization of the United Nations (FAO).

전 세계 수많은 하구, 호수, 연못에서 발생한다. 대기오염은 또한 광화학 스모그(13장)와 산성비(13장)의 형성에 기여하는 일부 질소비료의 구성요소가 공기로 증발되는 것으로 발생할 수 있다.

지속가능한 비료사용은 목표 영양물질을 정하고 모니터링하는 것을 수반한다

작물 시비에 대한 지속가능한 방법은 식물의 뿌리에 영양소가 전달되도록 비료의 과다 시비를 피하는 것을 목표로 하고 있다. 이것은 여러 가지 방법으로 수행한다. 점적 관개 시스템을 사용하는 농부는 관개용수에 비료를 첨가하여 오직 식물의 뿌리 위에서 용수를 방출하면 된다. 무경작 또는 보전경작 시스템은 종종 비료를 씨앗과 함께 주입하고, 거의 발육하는 식물에 집중시킨다. 농부들도 아이오와의 슈로더 형제처럼 정기적으로 토양의 영양분을 모니터링하고 토양의 영양 수준이 너무 낮은 경우에만 비료를 투여하여 과도한 시비를 피할 수 있다. 하천을 따라 경작지의 가장자리에 심어진 식물은 침식된 토양을 따라 유출되는 영양분을 잡아낼 수 있다.

지속가능한 농업은 또한 무기질 비료가 할 수 없는 몇 가지 이점을 제공하는 것으로서 유기질 비료의 사용을 포괄한다. 유기질 비료는 영양분을 제공하는 것뿐만 아니라 토양구조, 영양유지 및 보수능력을 향상시키는 유기물을 제공한다. 그렇다고 유기질 비료의 사용에 비용이 없는 것은 아니다. 예를 들어 비료는 작물에 대한 충분한 질소를 공급하는 데 필요한 양으로 적용될 때에도, 그것은 수로에 과잉 인을 내놓아 수로로 흘러 넘치게 할 수 있다. 따라서 지속가능한 방법은 단순히 유기질 비료에만 의지하는 것이 아니라 오히려 무기질 비료를 사용하여 목표한 영양소를 전달하여 그들을 통합하여 사용하는 것이다.

해충 방제

농업의 역사를 통해, 우리의 농작물을 섭식하거나 경쟁을 하는 곤충, 곰팡이, 바이러스, 쥐 그리고 잡초 등을 제거하는 방법을 이용하여 농작물을 집단 재배하는 방법으로 인해 이득을 얻고 있다. 해충과 잡초는 단일 품종에 특히 커다란 위협을 주었고, 작물에 특화되어 적응한 해충은 쉽게 식물 대대로 옮겨갈 수 있다.

사람들이 **해충(pest)**이라고 부르는 것은 우리에게 가치 있는 작물에 피해를 주는 어떤 생물이다. 우리가 **잡초(weed)**라 부르는 것은 우리의 작물과 경쟁하는 어떤 식물이다. 병해충이나 잡초의 행동의 본질에는 악의가 전혀 없다. 이러한 생물은 단순히 생존과 번식을 하려는 것이지만, 이렇게 할 때 그들은 농장의 생산성에 영향을 미친다.

우리는 수천의 화학농약을 개발했다

해충과 잡초를 억제하기 위해, 사람들은 벌레(살충제), 식물(제초제) 및 균(살균제)을 죽이기 위해 수천의 화학물질을 개발해 왔다. 이러한 물질을 총칭하여 **농약(pesticide)**으로 불린다. 고도로 변형

된 산업농업 생태계는 해충의 개체수를 통제하는 자연적인 메커니즘의 능력을 제한한다. 산업농업의 적용이 증가함에 따라 농부들은 농업 해충을 제어하기 위해 화학적 수단을 사용하게 되었다.

모든 농약의 3/4은 농지에 적용된다. 1960년 이래 농약사용은 세계적으로 네 배 상승하였다. 선진국들에서의 사용은 지난 20년 동안 제자리 걸음이었으나, 개발도상국에서는 계속 상승하고 있다. 합성농약에 노출은 어떤 상황(10장)에서 사람이나 다른 생물체에 건강상 영향을 가지고 올 수 있기 때문에, 식량 생산에서의 사용은 생태계에 광범위한 영향을 미칠 수 있다.

해충은 살충제에 대한 내성이 진화한다

이러한 화학물질의 독성에도 불구하고 그 효과는 해충이 그들에 대한 저항력을 진화시키기 때문에 시간에 따라 감소하는 경향이 있다. 집단 내의 생물은 그들의 특성에서 다양한 자연선택(3장)에 대한 우리의 논의를 되돌아 보라. 왜냐하면 대부분의 곤충, 잡초 및 미생물들은 엄청난 수로 불어날 수 있기 때문에, 개별적인 극히 일부가 우연히 농약을 대사하고 해독하도록 하는 유전자를 이미 가지고 있을지도 모른다는 것이다(10장). 이러한 개체들은 농약에 노출되어도 살아남을 것이고, 반면에 이 유전자가 없는 개체들은 그렇지 못할 것이다. 만약 유전적으로 살충제에 내성이 있는 곤충이 생존하고 저항이 있는 다른 개체와 짝을 짓는 경우에는 살충제 내성 유전자는 자손에게 전달될 것이다. 저항 있는 개체들이 해충 집단에서 우점하게 될 때 살충제이 적용은 그 효력을 상실하고 개체수는 증가할 것이다(**그림 7.15**).

많은 경우 산업 화학자들은 해충이 농약에 대한 더 강력한 내성을 갖도록 진화하는 동안 산업화학자들은 화학물질의 독성을 증가시키거나 개발하면서 해충과의 경쟁에 휩쓸리고 있다. 우리는 이 순환 과정에 갇혀 있기 때문에 "농약 쳇바퀴"라는 별명으로 불리고 있다. 2011년 686종의 절지동물(곤충과 그 친척) 중에서만 330종 이상이 살충제에 내성이 있다는 9,900건의 보고가 있다. 수백 이상의 잡초 종과 식물의 질병은 제초제와 다른 살충제에 대한 내성을 진화시켜왔다. 녹색 복숭아 진딧물, 콜로라도 감자 딱정벌레, 배추좀나방 애벌레와 같은 곤충들을 포함하는 많은 종들이 여러 화학물질에 대한 내성을 진화시켜왔다.

생물학적 방제는 하나의 생물이 다른 생물에 대항하여 싸우게 하는 것이다

일부 합성 화학물질의 농약 내성, 비표적 생물에 대한 독성 및 사람의 건강 위험 때문에 농업 과학자는 점점 해충과 잡초를 먹거나 감염시키는 생물체로 그들과 싸운다. **생물학적 조절(biological control)** 및 **생물 조절(biocontrol)**라 불리는 조절 더 지속가능한 해충제어 전략은, "내 적의 적은 친구이다"의 원리를 이용한다. 예를 들어, 기생벌(4장)은 많은 유충의 천적이다. 이 기생벌들은 말벌 유충에 산란하고 알에서 부화한 유충은 애벌레를 먹는다, 결

❶ 해충이 작물을 공격

❷ 살충제 살포

❸ 대부분 해충은 죽는다. 일부 선천적 저항력 개체는 생존

❹ 생존개체들이 번식하고 살충제 내성 개체를 생산

❺ 살충제를 다시 살포

❻ 살충제 효과 미미. 새로운 더 독성이 있는 살충제가 개발된다.

▲ **그림 7.15** 자연선택(3장) 과정을 통해, 작물 해충은 우리가 해충을 죽이기 위해 적용하는 독에 대한 저항력을 진화시킬 수 있다. 살충제가 돌발하는 해충에 적용될 때 독(저항력 개체들은 그림에서 빨간색으로 표시)에 선천성 면역 또는 저항성을 갖는 몇몇을 제외한 모든 개체를 죽일 수 있다. 이러한 살아남은 개체들은 독에 대한 내성의 유전자를 가지는 군을 형성할 수 있다. 농약의 미래 적용은 비효과적일지도 모르며, 우리가 해충통제의 대체수단 또는 더 강력한 독을 개발토록 할 수도 있다.

국 그것을 죽인다. 기생벌은 자주 생물 방제제로서 사용되며 종종 해충 방제와 화학농약의 사용을 줄이는 데 성공했다.

성공한 생물학적 방제 중 고전적 경우의 하나는 1920년대에 아르헨티나에서 호주까지 방목장에 급속히 퍼져나간 프리클리 페어(prickly pear) 선인장을 제어하기 위해 도입한 선인장나방(*Cactoblastis cactorum*)이다. 불과 몇 년 사이에, 나방은 선인장으로부터 목초지의 수백만 헥타르를 보호할 수 있었다(**그림 7.16**).

그러나 생물방제 방식은 위험을 수반한다. 생물방제 생물은 때로는 화학방제보다 관리가 더 어렵다. 왜냐하면 일단 움직이기 시작하면 그들을 "해제"할 수 없기 때문이다. 또한 생물방제 생물은 경우에 따라 침략과 피해 비표적 생물이 된다. 예를 들면 호주에서 선인장나방이 성공함에 따라 그것은 토종이 아닌 선인장을 제어하기 위해 다른 나라에 도입되었다. 카리브 섬에 도입된 나방은 스스로 플로리다에 퍼져, 지금 미국 남동부에서 희귀 토종의 선인장을 자신의 방식으로 먹어 치우고 있다. 만약 이 나방이 멕시코와 미국 남서부에 도달하면 그들은 그곳에서 토종 선인장과 경제적으로 중요한 프리클리 페어 종을 죽일 수 있다. 따라서 의도하지 않은 영향에 대한 우려에서, 연구자들은 실행하기 전에 생물방제 제안을 주의 깊게 연구해야 하고, 정부의 규제당국은 이러한 노력을 인정해야 한다.

(a) 선인장나방 도입 전

(b) 선인장나방 도입 후

▲ **그림 7.16** 생물방제의 고전적인 경우로 선인장나방의 애벌레(*Cactoblastis cactorum*)는 호주의 퀸즐랜드 방목지의 수백만 헥타르에서 토종이 아닌 프리클리 페어 선인장을 치우는 데 사용되었다. 이 사진은 1920년대부터 나방 도입의 이전(**a**)과 이후(**b**)의 호주 목장을 보여준다.

통합 해충 관리는 해충방제를 위한 다양한 방법을 조합한다

화학 및 생물방제 두 가지 모두의 방식이 위험을 초래할 것이 분명해지자, 농업과학자와 농부들은 각각의 방식에서 최고의 특성을 결합하여 더 정교한 전략을 개발하기 시작했다. **통합해충관리(integrated pest management, IPM)**는 생물방제, 필요한 화학물질의 사용, 집단 심층 모니터링, 서식지 변경, 윤작, 유전자 재조합, 작물 대체 경작방법과 기계적인 해충 제거 등을 포함하는 다양한 기술을 통합한다.

IPM은 지속가능한 농업기술을 포용하는 세계의 많은 지역에서 인기를 끌고 있다. 인도네시아가 전형적인 경우이다. 이 나라는 몇 년 동안 많은 농약 사용을 보조했으나, 그 나라 과학자들은 농약이 실제로 해충문제를 더욱 악화시키고 있었다는 것을 이해하게 되었다. 그들은 갈색 멸구의 천적을 죽이고 있었으며, 갈색 멸구의 개체수가 폭발적으로 늘어나자, 갈색 멸구들은 논을 파괴하기 시작했다. 농약의 보조금 지원은 돈의 낭비, 오염을 유발, 명백하게 생산성을 감소시킨다고 결론을 내리고, 1986년 인도네시아 정부는 57가지 살충제의 수입을 금지했고, 농약 보조금을 인하했으며 IPM을 추진했다. 4년 만에 농약 생산량이 반으로 감소하고 수입이 3분의 2로 떨어졌고, 보조금은 단계적으로 폐지되었다(연간 1.79억 달러 절약). 쌀 수확량은 IPM으로 13% 증가되고 그 이후 이 방법은 다른 수십 개 나라로 확산되었다.

꽃가루 매개자들은 보존가치가 있는 유익한 "벌레"들이다

해충을 관리하는 것은, 모든 곤충은 어떻든 나쁘거나 위협적이라는 습관적인 생각에 쉽게 빠지는 농업에서 중요한 논란의 대상이다. 그러나 실제로 대부분의 곤충은 농업에 무해하며 일부는 절대적으로 중요하다. 작물을 수분하는 곤충은 우리의 식량 생산에서 아직까진 적어도 가장 중요한 요소로 이해되고 평가된다(**그림 7.17**). 꽃가루 매개자는 농업의 숨은 공로자이다.

수분(pollination; 4장)은 식물의 수컷 세포(화분)와 식물의 암컷 세포를 수정하는 과정이며; 그것은 생식교배의 식물학적 버전이다. 꽃가루 매개자는 하나의 꽃에서 다른 꽃으로 꽃가루를 이동시키는 동물이다. 꽃은 사실, 꽃가루 매개자를 끌어들이기 위한 기능에 진화적으로 적응한다. 꽃의 달콤한 꿀과 단백질이 풍부한 꽃가루는 이러한 성적 중개자를 유혹하기 위한 보상으로 기능하고 꽃의 달콤한 향기와 선명한 색은 이러한 보상을 홍보하는 신호들이다.

우리의 주요 농작물은 초본류에서 유래되고, 바람에 의해 수분되지만, 재배식물 800종류는 수분을 위해 꿀벌과 다른 곤충에

▲ **그림 7.17** 북미 농부들은 꽃이 수분되는 적절한 때에 작물을 위해 유럽 꿀벌(삽입, 사과 꽃에서)의 벌집(사진 속 흰 상자)을 기르는 양봉가를 고용한다. 최근에, 꿀벌은 엄청난 손상을 가하는 전염병으로 고통받고 있고, 그로 인해 꽃가루 매개자의 토착종을 보존하는 것이 점점 더 중요해지고 있다.

의존하고 있다. 전반적으로, 미국에서만 꿀벌의 재래종은 작물농업을 위하여 매년 30억 달러의 수분 서비스를 제공할 것으로 추정된다.

토종 꽃가루 매개자 생물다양성의 보전은 오늘날 특히 중요하다. 왜냐하면 수분에 길들여진 일꾼 꿀벌(*Apis mellifera*)이 감소하고 있기 때문이다. 최근에는 뜻하지 않게 도입된 2가지 기생 진드기가 꿀벌 개체수를 휩쓸고, 벌집을 대량으로 죽였으며, 많은 양봉가를 금융 파멸로 떠밀었다. 그것 외에 2006년부터 시작하여 전체 벌집이 알 수 없이 죽어 떨어져 나가기 시작했다. 지난 몇 년 동안, 미국의 모든 꿀벌의 최대 삼분의 일이 **벌집군집붕괴현상(colony collapse disorder)**으로 인하여 사라지고 있다. 과학자들은 이 신비한 증후군의 원인을 밝히기 위해 경쟁하고 있다. 주요 가설은 살충제 노출, 알 수 없는 새로운 기생충, 또는 꿀벌의 면역체계를 약화하고 벌집의 사회적 소통을 파괴하는 스트레스의 결합 등이다. 뿐만 아니라 우리는 우리가 소중히 하는 식물을 위협하는 "나쁜" 곤충을 제어하기 위해 "좋은" 곤충을 죽이지 않도록 매우 신중해야 한다.

유전자조작 식품

녹색혁명은 우리가 증가하는 인구비율로 인한 더 많은 사람들의 식량공급을 가능하게 해 주었지만, 계속되는 인구증가는 더욱 혁신적인 것을 요구하고 있다. 잠재적인 새로운 해결책은 농작물과 가축을 포함한 생명체의 유전자를 과학자들이 직접 변경할 수 있도록 하는 유전학의 발전으로 1980년대와 1990년대에 나타나기 시작했다. 우리에게 식량을 제공하는 생물의 유전자조작은 지구 환경 시스템에 미치는 영향을 완화하면서 영양과 농업의 효율성을 강화할 것을 약속한다. 그러나 유전자 변형은 또한 아직 잘 이해되지 않은 위험을 초래할 수 있다. 이 가능성이 소비자 운동가, 소규모 농가, 환경 운동가, 그리고 대기업의 비평가에 의해 불안과 항의를 일으킬 수 있다.

식품은 유전적으로 변형될 수 있다

작물과 가축의 유전자조작은 유전공학의 일종이다. **유전공학(genetic engineering)**은 과학자가 직접 그 DNA 조각을 추가, 삭제 또는 수정하여 실험실에서 생물의 유전물질을 조작하는 모든 과정이다(2장). **유전자 변형(genetically modified, GM)** 동물은 여러 생물의 DNA로부터 함께 조합된 **재조합 DNA(recombinant DNA)**를 사용하여 유전적으로 조작된 생물이다(그림 7.18). 목표는 특정의 바람직한 특성(예: 급속한 성장, 내병

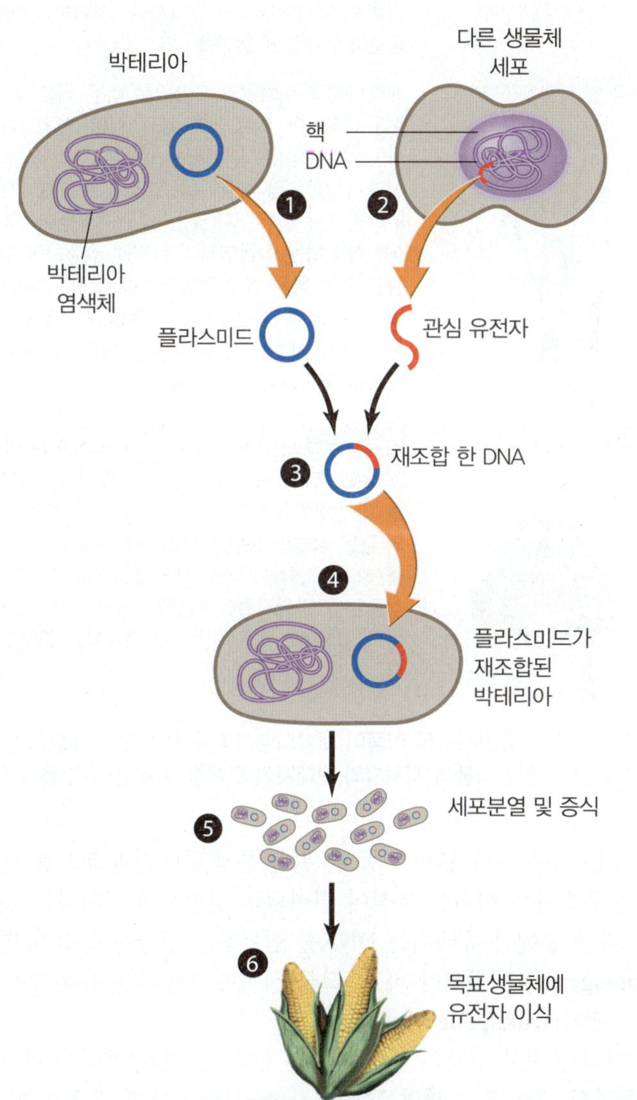

▲ **그림 7.18** 재조합 DNA를 만들기 위해 과학자들은 먼저 세균 배양에서 작은 원형 DNA 분자 플라스미드❶를 분리한다. 관심 유전자를 포함한 DNA❷가 이어서 다른 생물에서 제거된다. 과학자들은 재조합 DNA ❸를 형성하는 플라스미드에 관심 유전자를 삽입한다. 이 재조합 DNA는 새로운 박테리아에 들어가고❹, 박테리아가 복제되면❺ 목적 유전자의 많은 복제를 생성한다. 목적 유전자는 표적 식물 또는 동물의 많은 개체에게 전달된다❻. 성공적으로 목적 유전자를 조합한 개체를 배양하여 증식시킨다. 계획대로 모두 된다면 새로운 유전자는 식용 작물의 급속한 성장과 높은 영양가 등의 바람직한 특성의 유전적 변형 생물로 나타나게 된다.

유전자 변형 식품 기술의 몇 가지 잘 알려진 예

식품	개발	식품	개발
박테리아(Bt) 작물	과학자들은 식물이 스스로 살충제를 생산하는 능력을 갖추도록 함으로써 곤충에 의한 작물 손실을 줄일 수 있기를 바랐다. *Bacillus thuringiensis*(Bt)를 연구하는 과학자들이 박테리아의 곤충독소 생성을 담당하는 유전자를 끄집어내어 작물의 DNA에 삽입하였다. USDA와 EPA는 사과로부터 브로콜리와 크랜베리에 이르는 18개의 작물의 현장 실험을 승인하였다. 오늘날 옥수수와 목화는 가장 널리 재배되는 Bt 작물이다. 지지자들은 Bt 작물이 화학살충제의 요구를 감소시켰다고 말한다. 비판자들은 Bt 작물로 인하여 곤충이 독성에 저항토록 진화하고 사람들에게 알러지를 유발하며 비표적 종들에게 해롭게 될까봐 걱정한다.	라운드업(Roundup) 대비 작물 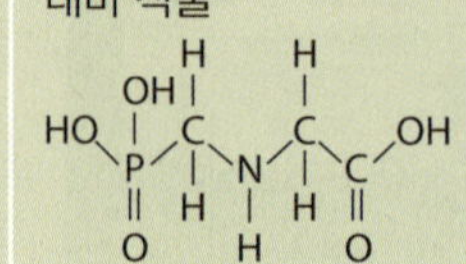	몬산토 회사의 널리 사용되는 제초제인 라운드업(Roundup)은 잡초를 죽이지만 또한 작물도 죽인다. 그래서 몬산토는 자기들의 제초제에 견디는 콩, 옥수수, 목화 및 유채를 공학적으로 조작하였다. 이런 "라운드업 대비 작물" 덕분에 농부들은 작물을 죽이지 않고 제초제를 뿌릴 수 있게 되었다. 물론 이로 인해 농부들은 다른 경쟁 제품보다 라운드업을 더 사용하게 되었다. 불행하게도 라운드업의 활성성분인 글라이포세이트(glyphosate)는 캘리포니아 농장 일꾼들에게 병을 유발하였고, 잡초들은 글라이포세이트에 대한 내성을 가지기 시작했다.
황금 쌀 	개발도상국 수백만의 사람들은 너무 적은 비타민 A를 섭취하며, 이로 인해 설사, 실명, 면역억제 및 사망에까지 이른다. 문제는 동아시아의 어린이들에게서 가장 심각한데 이 지역의 주식인 흰쌀은 비타민 A를 함유하지 않는다. 연구자들이 비타민 A를 생성하는 식물에서 유전자를 추출하여 더 영양가 있는 황금 쌀을 만들기 위해 쌀의 DNA에 접목시켰다(비타민 전구물질이 쌀을 황금색으로 바꾼다). 비판자들은 생명공학 회사들이 자기들의 생산품을 과대포장한다고 비난하였다.	해바라기와 슈퍼잡초 	Bt 해바라기에 대한 연구는 유전자 전환이 다른 식물로 퍼져나가면 잡초들이 작물과 심하게 경쟁하도록 바뀔 수 있다는 것을 제시하였다. 이것은 애호박, 유채 및 해바라기 같이 야생종과 교잡할 수 있는 작물에서 쉽게 나타난다. 연구자들은 야생 해바라기와 Bt 해바리기를 교잡하여 Bt 유전자를 가진 잡종이 더 많은 씨를 생산하고 Bt 유전자가 없는 잡종보다 제초제에 더 내성을 갖는다는 것을 발견하였다. 그들은 만약 Bt 해바라기가 상업적으로 재배되면 Bt 유전자가 퍼져나가 야생의 해바라기를 슈퍼잡초로 변하게 할 것이라고 결론지었다.
냉해방지 딸기 	연구자들이 *Pseudomonas syringae* 박테리아의 DNA로부터 얼음결정의 형성을 촉진하는 유전자를 제거하였다. 변형된 서리방지 박테리아는 딸기와 같은 작물의 표면에 뿌려주면 냉해방지제 역할을 하여 그들을 서리로부터 보호한다. 그러나 소식통들은 과학자들이 식물에 뿌릴 때 입고 있는 옷과 얼굴마스크는 대중에게 경계심을 준다고 한다.	StarLink 옥수수 	Bt 옥수수의 변종인 StarLink 옥수수는 사람을 위한 식용이 아닌 동물사료로 미국에서 승인되어 사용되고 있다. 2000년에 StarLink 옥수수 DNA가 타코쉘과 다른 옥수수 제품에서 발견되었다. 이 제품들은 알러지 반응의 염려로 회수되었다. 실제로 그런 건강상의 영향이 확인되지는 않았으나 옥수수 제조사는 시장에서 회수할 것을 결정했다.

▲ **그림 7.19** 유전자조작 식품이 개발되면서 다수의 제품은 대중의 반대와 시장에서의 문제에 부닥쳤다. 이러한 경우들에 대한 선택은 유전자 변형 식품의 지지자와 반대자가 토론한 주제 중 일부를 설명하는 역할을 한다.

성 또는 높은 영양 콘텐츠 등)을 위한 특정 단백질과 코드를 생성하는 유전자를 이러한 특성이 결여되는 생명체에 배치하는 것이다. 다른 종에서 유래되는 DNA를 함유하는 생물은 **유전자 변형(transgenic)** 생물이라 하고, 그들 사이에 이동하는 유전자는 **이식 유전자(transgene)**라 불린다.

이식 유전자 생물의 생성은 생명체에서 유래된 제품을 만드는 생물과학 재료 응용 **생명공학(biotechnology)**의 한 유형이다. 생명공학은 우리가 의약품의 개발, 오염 정화, 암의 원인이나 다른 질병을 이해하며, 심장 마비 후 혈전을 용해하고, 더 나은 맥주 치즈를 만드는 것을 지원하고 있다. **그림 7.19**는 유전자 재조합 식품의 몇 가지 주목해야 할 동향을 나타내고 있다. 그들 배후에 있는 이야기는 식품 생명공학의 약속과 함정 모두를 보여주고 있다.

사람에 의한 동식물의 유전적 변경은 새로운 것이 아니다; 인위적 선택(3장)을 통해 우리는 수천 년 동안 우리의 가축과 작물식물의 유전적 조합에 영향을 주었다. 그러나 비평가들이 바로 지적하고 있는 것처럼 유전학자가 GM 생물을 생성하기 위해 사용하는 기술은 여러 가지 방법으로 전통적인 품종개량과 다른 것이다. 첫째, 선택적 품종개량은 동일하거나 유사한 종의 개체에서 유전자를 섞는 것이고, 반면에 과학자들이 재조합 DNA를 만드는 것은 통상적으로 바이러스와 작물, 또는 거미와 염소 등과 같은 다른 생물의 유전자를 혼합하는 것이다. 둘째, 선택적 품종개량은 대지에 사는 생물 전체로 다루어지는 반면에 생명공학은 실험실에서 유전물질을 다룬다. 셋째, 전통적인 번식은 자신들의 유전자 조합의 선택인 반면, 유전공학은 새로운 조합을 직접 생성한다. 그래서 전통적인 번식은 자신들의 유전자 선택의 과정(3장)을 통하는 반면, 유전공학은 돌연 변이 과정과 유사하다(3장).

생명공학은 우리 주위의 생산품을 변형시키고 있다

단지 30년 만에 GM 식품이 공상과학으로부터 주류농업으로 옮겨왔다. 대부분의 GM 작물은 오늘날 제초제에 저항하도록 설계되어서 농부들이 작물을 죽일 걱정 없이 잡초를 죽일 제초제를 사용할 수 있다. 다른 작물들은 곤충의 공격에 저항하도록 설계된다. 일부는 두 종류의 저항을 위해 변형된다. 제초제 및 해충에 대한 저항성이 대규모 상업 농부들이 더 효율적으로 작물을 재배하는 것을 가능하게 한다. 그 결과 미국 및 기타 국가에서 이러한 농부들에게 GM 종자의 판매가 빠르게 상승하고 있다.

2010년에 GM 품종은 미국의 옥수수 수확의 86%와 콩과 면화 작물의 93%를 차지했다. 이것은 GM 작물 품종이 상업적으로 1996년 이후에 심어져 온 것을 감안할 때 놀라운 성장이다. 세계적으로 모든 콩 식물의 4분의 3은 현재 유전자 변형이며, 모든 옥수수 식물의 4분의 1, 모든 카놀라 식물의 4분의 1이며, 면 식물의 절반이 유전자변형식물이다. 옥수수 제품을 포함하는 식품의 다양성과 GM 품종인 미국의 옥수수가 압도적인 다수임을 감안할 때, 우리가 매일 GM 식품을 소비할 가능성은 매우 크다.

대두는 세계 GM 작물의 대부분을 차지하고 있다(**그림 7.20a**). 2010년에 GM 작물이 증가한 29개국 가운데 6개국(미국, 브라질, 아르헨티나, 인도, 캐나다, 중국)이 92%를 차지하고, 그 중 미국

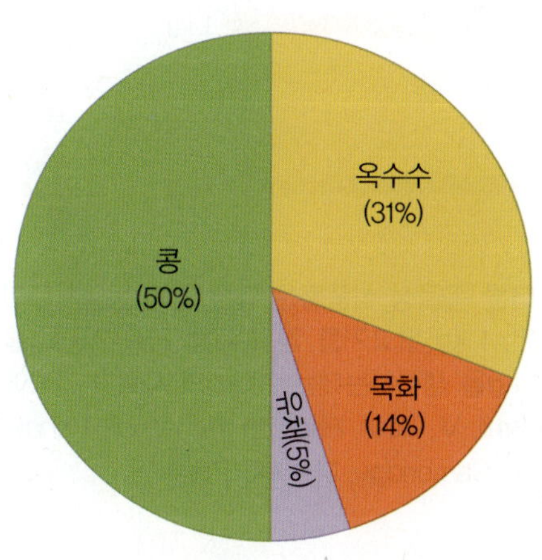

(a) 종류별 GM 작물

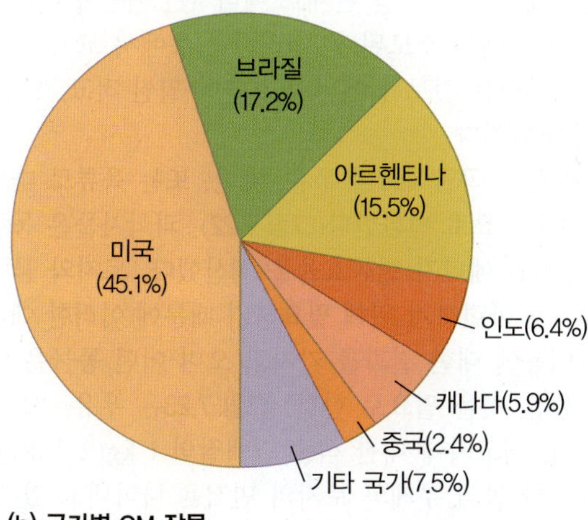

(b) 국가별 GM 작물

▲ **그림 7.20** 세계 유전자 변형 작물(**a**) 중 지금까지 콩이 대부분을 차지하고 있다. 전 세계 국가(**b**) 중 미국은 대부분의 면적을 GM 작물에 할애하고 있다. 2010년 Data from the International Service for the Acquisition of Agri-Biotech Applications.

혼자 전세계 총량의 절반 가까이 증가했다(**그림 7.20b**). 2009년 GM 작물의 시장가치는 105억 달러로 추정되었다.

GM 작물의 영향은 무엇인가?

GM 작물들이 채택되고 생명공학 사업이 확장할 때, 많은 시민, 과학자, 정책 입안자들의 관심은 고조되었다. 일부 사람들은 새로운 식품이 사람들이 먹기에 위험할지도 모른다고 두려워했다. 다른 사람들은 해충이 초강력 작물에 저항성을 진화시켜 초강력 해충이 되거나 또는 변형유전자가 작물에서 다른 식물로 전해져 그들을 초강력 잡초로 변하게 할까봐 걱정한다. 일부 사람들은 변형유전자가 작물과 아주 가까운 야생 친척 식물로 통합되는 것을 걱정한다.

왜냐하면 GM 기술은 빠르게 변화하고 우리의 환경에 대한 대규모 도입이 최근이기 때문에 우리는 아직 모르는 것이 많이 남아있다. 수백만 명의 미국인은 외형상으로 확실한 피해의 신호 없이 매일 GM 식품을 먹고, 부정적인 환경영향의 직접적인 증거는 지금까지 제한적이었다. 그러나 여전히 그 이상의 과학적인 연구 없이 환경에 미치는 영향에 대한 우려를 일축하기에는 너무 이르다.

데이터는 농약 사용에 대한 GM 작물의 영향은 뒤죽박죽인 것을 나타낸다. 해충 저항성 GM 작물의 채택은 화학농약의 사용을 줄일 수 있는 것처럼 보이지만, 제초제 저항성 작물을 심는 농가는 작물이 그것을 견딜 수 있기 때문에 더 많은 제초제를 사용하는 경향이 있다. 사회 과학 연구소의 2010년 연구는 1996년에서 2008년 사이에 미국에서 전체 GM 작물로 농약 사용이 6,400만 파운드(2903만 kg) 감소했지만, 제초제의 사용이 3.83억 파운드(1.74억 kg) 증가했다는 것을 계산해 냈다.

유전자 변형 작물은 제초제 저항성을 가진 무경작 농업의 촉진, 건조지역에서 사용하기에 높은 가뭄 내성을 가진 작물 설계, 자연지역을 추가로 농업지역으로 변환하지 않고, 우리의 증가하는 인구를 먹여 살릴 수 있는 고수익 작물에 의해 지속가능한 농업을 발전시킬 수 있는 잠재력을 가지고 있다.

그러나 GM 작물의 창출은 고가이며, 좋지 않은 이점의 특성을 가진 작물이고, 개발도상국의 소규모 농가(증가된 영양, 가뭄 내성, 염분 내성 등)에서 널리 상용화되지 않았는데, 아마도 기업이 그렇게 하기에는 적은 인센티브를 가지고 있기 때문이다. 종종 어떤 회사의 GM 작물은 그 회사가 제조하고 이익을 내는 제초제(예를 들어, 몬산토의 라운드 업 레디 작물)에는 내성이 있다. 녹색혁명은 주로 공공 벤처였다면 GM 작물에 약속된 '유전자 혁명'은 주로 자신의 제품을 판매하는 기업의 경제적 이익에 의해 움직인다. 이것은 세계의 식량공급이 GM 기술을 개발하는 몇 개의 큰 농업생명공학 기업에 의해 주도되고 있는 것에 대한 우려의 확산을 몰고 왔다.

GM 식품의 미래는 전적으로 과학뿐만 아니라 사회, 경제, 법률 그리고 정치적 요인들에 달려 있고, 이러한 요소들은 국가들에 따라 다르다. 유럽 소비자들은 GM 기술에 대한 광범위한 불안을 표명하고 있으며, 유럽의 각국 정부는 GM 생명체를 포함한 모든 식품은 그렇게 꼬리표를 붙일 것을 의무화하였다. 이와는 대조적으로 미국의 소비자들은 일반적으로 그들 식품의 대부분은 GM

제품을 포함하고 있는지조차도 인식하지 못하고, 미국 정부기관에 의해 승인된 GM 작물을 거의 받아들인다.

세계에서 크고 급속하게 산업화하는 국가들(브라질, 인도, 중국 등)은 이러한 식품의 비용과 이점에 대하여 윤리적, 경제적, 정치적 논쟁이 계속됨에도 현재 적극적으로 GM 작물을 추진하고 있다. 많은 전문가들은 우리가 **예방 원칙(precautionary principle;** 해당 조치의 파급 효과가 잘 파악될 때까지 새로운 조치는 취해서는 안 된다는 생각)을 채택해야 하고 GM 식품을 신중하게 추진해야 한다고 느끼지만, 증가하는 인구에 의한 식량공급에 대한 수요는 세계에서 그들의 채택을 가속시키고 있는지도 모른다.

식량을 위한 동물사육: 가축, 가금, 수산양식

농지 농업으로부터의 식량은 인류 식량의 대부분을 차지하지만 우리의 대부분은 동물성 식품도 식량으로 이용한다. 농사법이 시간의 경과와 함께 변하는 것처럼 우리가 식량을 위해 동물을 기르는 방법도 변한다.

부와 다국적 상거래가 증가하고 있는 것처럼 육류, 우유, 계란, 기타 동물성 식품에 대한 소비도 그러하다(**그림 7.21**). 식량을 위해 사육되는 가축의 세계적인 사육두수는 1961년에서 2009년 사이에 72억 마리에서 252억 마리로 증가했다. 이러한 동물들의 대부분은 닭이다. 다국적 육류생산은 1950년 이후 다섯 배 증가하고, 1인당 고기 소비량은 두 배 증가하였다. 유엔식량농업기구(FAO)는 더 많은 개발도상국들이 인구 통계학적 전환(6장)을 통해 부유해짐에 따라 총 육류소비는 2050년 거의 두 배가 될 것으로 추정하고 있다.

우리의 식품선택은 또한 에너지 선택이다

우리가 먹을 것을 선택하는 것은 우리의 에너지와 농업을 지원하는 토지를 사용하는 방법에 대한 파급 효과를 가지고 있다. 에너지의 영양 단계와 피라미드에 관한 우리 논의를 상기하라(4장).

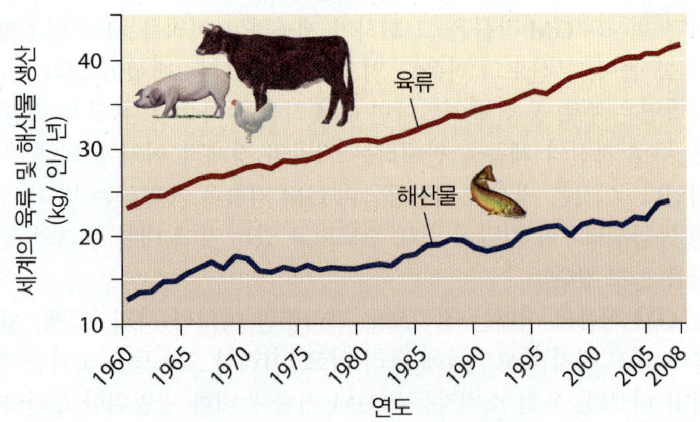

▲ **그림 7.21** 해산물(바다와 민물에서 수확되거나 양식된)의 인당 소비량이 증가한 것처럼 농가에서 나온 육류의 인당 소비량은 세계적으로 꾸준히 증가하고 있다. Data from U.N. Food and Agriculture Organization (FAO).

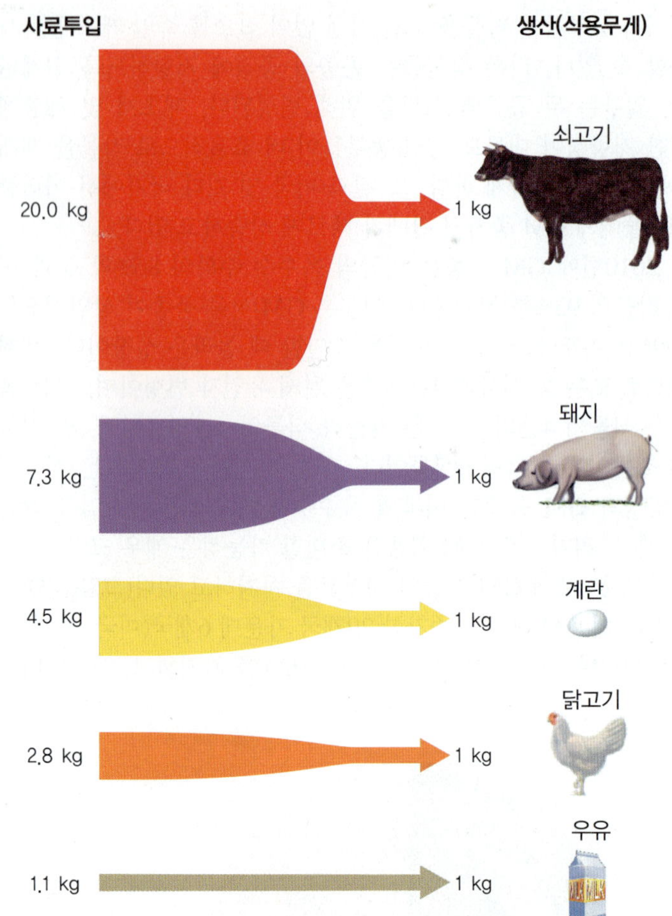

▲ **그림 7.22** 서로 다른 동물성 식품들은 다른 양의 동물사료의 투입을 필요로 한다. 예를 들면, 1 kg 닭고기를 얻기 위해 사료 2.8 kg을 주어야 하지만, 반면 쇠고기 1 kg을 생산하는데는 20 kg의 사료가 가축에 제공되어야 한다. Data from Smil, V., 2001. *Feeding the world: A challenge for the twenty–first century*. Cambridge, MA: MIT Press.

한 개의 영양 단계에서 다음 단계로 에너지가 이동할 때마다 90% 정도는 세포호흡에서 소모된다. 이러한 이유에서 고기를 먹는 것이 채식에 의존하는 것보다 에너지 효율이 훨씬 적고, 훨씬 더 큰 생태발자국을 남긴다.

어떤 동물들은 곡물사료를 우유, 계란, 또는 육류로 다른 동물들보다 더 효율적으로 변환한다(**그림 7.22**). 과학자들은 동물의 종류별로 상대적인 에너지 변환효율을 계산했다. 토지와 물이 동물을 위한 음식을 마련하기 위해 필요하기 때문에 이러한 에너지 효율은 토지 이용에 대한 결과를 가지고 오며 어떤 동물은 다른 동물보다 더 많은 것을 필요로 한다. **그림 7.23**은 우유, 계란, 닭고기, 돼지고기, 쇠고기에 대한 식품 단백질의 1 kg(2.2 lb)을 생성하는 데 필요한 물의 무게와 토지의 면적을 나타내고 있다. 쇠고기를 생산하는 것은 최대량을 필요로 하는 반면, 계란이나 닭고기를 생산하는 것은 최소한의 공간과 물을 필요로 한다. 이러한 차이는 우리가 무엇을 먹을지를 선택했을 때, 간접적으로 토지와 물 등의 자원을 활용하는 방법을 선택하는 것임을 명확하게 한다.

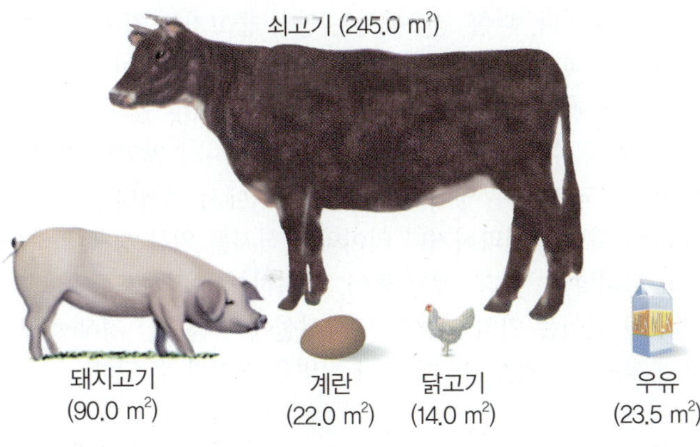

(a) 1 kg의 단백질 생산에 필요한 토지

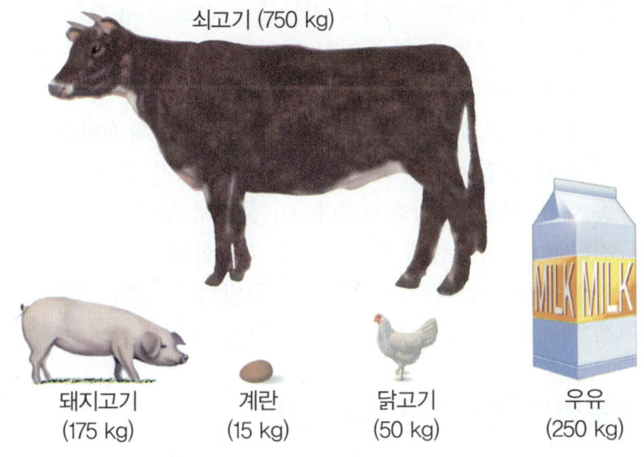

(b) 1 kg의 단백질 생산에 필요한 물

▲ **그림 7.23** 서로 다른 형태의 동물성 식품의 생산은 다른 양의 토지와 물이 요구된다. 쇠고기를 위한 소의 사육은 모든 동물성 식품 중 가장 많은 토지와 물을 필요로 한다. Data from Smil, V., 2001. *Feeding the world: A challenge for the twenty-first century*. Cambridge, MA: MIT Press.

가축사육농업은 이익과 비용을 가지고 있다

전통적인 농업에서 가축은 농가 자신의 집 근처에 머물게 하거나 유목 또는 정착의 축산업을 하는 목초지에서 방목되고 있다. 이러한 전통이 존재하지만, 산업농업의 출현은 새로운 방법을 가져왔다. 또한 **공장식 농장** 또는 **집약 사육장**(factory farms or concentrated animal feeding operations, CAFOs)으로 알려진 **가축사육장(feedlot)**은 본질적으로 매우 높은 밀도로 살고 있는 동물에 에너지가 풍부한 사료를 제공하도록 설계된 거대한 창고나 울타리를 친 곳이다(**그림 7.24**). 오늘날 거의 세계 절반의 돼지고기와 닭고기의 대부분은 가축사육장에서 온다.

가축사육장의 운용은 경제적 효율성이 더 큰 식량 생산이 가능하게 하여 더 많은 사람들에게 적당한 가격의 고기를 살 수 있게 한다. 가축사육장들은 환경의 질을 위한 무엇보다 중요한 혜택 한 가지를 제공한다: 방목장에서 소와 다른 가축들을 데려와 가축사육장에서 사육을 하는 것은 방목으로 인해 생길 수 있는 부작용을 감소시킬 수 있다.

그렇지만 산업용 가축사육장 모델을 통한 집약된 가축생산은 몇 가지 부정적인 효과를 가지고 있다. 국제 곡물 생산의 45%가 가축 및 가금류 먹이로 간다. 이것은 곡물 가격을 상승시켜 매우 가난한 사람들을 위한 식량확보를 위험하게 한다. 가축은 엄청난 양의 분뇨를 생성하고 그 폐기물들은 지표수나 지하수를 오염시킬 수 있다. 또한 동물들을 가두어두는 사육 조건은 질병을 통제하기 위해 많은 항생제를 필요로 한다. 항생제의 남용은 세균이 항생제에 내성을 갖게 될 가능성이 있다(해충이 살충제에 내성을 갖게 되는 것처럼; 147쪽 참조), 이러한 약물들이 그다지 효과적이지 않게 만든다. 가축도 기후변화로 이어질 온실가스의 주요 공급원이다(14장). 2006년 종합 FAO의 보고서는 축산농업은 우리의 이산화탄소 배출량의 9%, 우리의 메탄 배출의 37% 및 아산화질소 배출량의 65%를 차지한다고 결론 냈다—모두 합하여 자동차 운송에 의한 것보다 더 큰 18%의 점유율로 기후변화를 몰고 올 것이다.

그러나 가축사육장의 적절한 관리는 그 영향을 최소화할 수 있어 EPA와 미국의 주정부들은 가축사육장을 관리한다. 예를 들

▼ **그림 7.24** 미국에서 먹는 대부분의 육류는 가축사육장 또는 공장식 농장에서 자란 동물에서 온다. 이러한 지역은 수천 마리의 닭(**a**) 또는 소(**b**)들을 높은 밀도로 사육한다. 동물에는 질병을 제어하기 위한 항생제가 넉넉하게 투여된다.

(a) 아르칸사스의 닭 사육농장

(a) 캘리포니아의 젖소 사육장

어, 가축사육장에서 축분은 비료로 농지에 적용할 수 있고, 무기비료에 대한 필요성을 감소시킨다.

우리는 양식으로 수산물을 생산한다

목초지와 가축사육장에서 작물을 심고 가축을 기르는 것 외에도 우리는 식량생산을 위해 수산생물에 의존하고 있다. 전 해양의 야생 물고기의 개체수는 수요 증가와 대부분의 해양 수산물을 과도하게 수확하도록 이끄는 신기술로 인해 급감하고 있다(12장). 이것은 양식장에서 어패류를 기르는 것이 이러한 식품에 대한 우리의 수요를 충족시키기 위한 유일한 방법임을 의미한다.

우리는 제어된 환경의 양식장에서 식량을 위해 수산생물의 양식을 요구하여, 220개 이상의 담수 및 해양 종의 **양식(aquaculture)**을 추진하고 있다(**그림 7.25**). 많은 수산 종들이 대규모 가두리 양식장에서 양식되고 있으며, 연못 또는 보유 탱크에서도 양식되는 것들도 있다. 양식은 식량생산 중 가장 빠르게 성장하는 산업이다; 지난 20년 동안 전 세계적으로 생산량이 다섯 배로 증가하였다. 아시아에서 가장 널리 퍼진 양식업은 오늘날 800억 달러 가치의 식량을 생산하여 우리가 먹는 민물고기의 4분의 3 그리고 패류의 절반 이상을 제공한다.

양식은 과수확과 감소된 야생 동물의 어획 압박을 줄일 수 있다. 또한 양식은 적은 화석연료를 소비하고 해양어업의 경우보다 더 안전한 작업 환경을 제공한다. 어류 양식도 꽤 에너지 효율적으로 될 수 있으며, 대륙붕의 바다에서보다 단위 면적당 10배 많은 수확량이 생산되고, 먼바다에서보다 1,000배 이상의 많은 수확량이 생산된다.

이러한 장점과 함께 양식업에는 단점이 있다. 양식은 양식생물의 폐기물과 분해된 사료 둘 다 모두에서 엄청난 양의 폐기물을 생성할 수 있다. 가축사육장 동물처럼 상업적으로 양식되는 물고기에는 수시로 곡물사료를 주고 있으며, 이는 사람들을 위한 식량공급

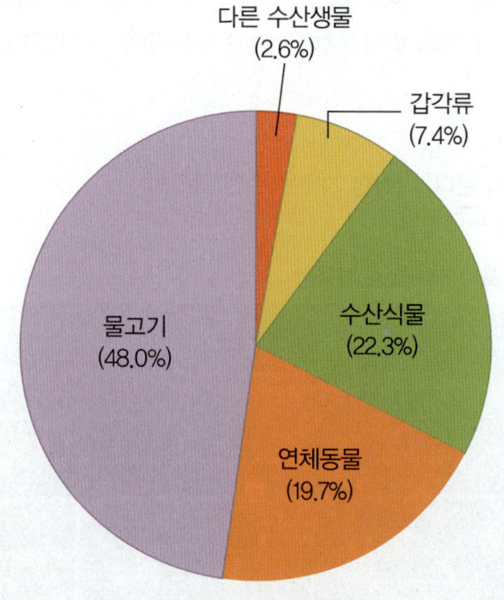

▲ **그림 7.25** 양식은 많은 종류의 어류뿐만 아니라 다른 해양 및 담수 생물의 폭넓은 다양성을 포함한다. Data from U.N. Food and Agriculture Organization (FAO).

에 영향을 미친다. 다른 경우에서는 양식 물고기는 청어와 멸치 같은 야생 바다의 물고기로 만든 어분을 사료로 주고, 이러한 물고기 포획은 야생 어류 개체수에 추가적인 압박을 줄 수 있다.

만약 양식 수산물들이 그들이 원래 존재하지 않았던 생태계로 빠져나가게 되면(일부 잉어 종이 미국 해역에서 그랬던 것처럼), 토종 동물에 질병을 전파하거나 먹이와 서식지를 위한 경쟁에서 토종생물이 밀려날 수 있다. 예를 들어, 급속하게 성장하도록 유전적으로 변형된 연어는 만약 그들이 양식시설에서 탈출할 경우 야생 연어의 개체로 유전자를 전달하거나 질병을 전파할 수 있다.

지속가능한 농업의 성장

산업농업은 식량생산이 우리의 인구증가 속도를 유지할 수 있게 해 주었지만, 그것은 많은 불리한 환경적, 사회적 영향을 미친다. 이들은 농약사용, 유전자조작, 집중 가축사육장 및 양식 작업 등에 의하여 화석연료 의존도를 증가시켜 토양의 황폐화를 야기한다. 집중적인 산업농업은 특정 환경 압박을 줄일 수 있지만, 그것은 종종 다른 것을 더 악화시킨다. 이 장에서 우리는 높은 수확량을 유지하고, 식량생산에 자원투입을 최소화하며, 농업의 환경적 영향을 줄이는 농업의 지속가능한 접근방법을 살펴보았다. 그러면 이제 세계의 지속가능한 농업의 발전을 자세히 살펴보자.

유기농업이 붐을 일으키고 있다

지속가능한 농업의 다른 유형은 합성비료, 살충제, 살균제, 제초제를 사용하지 않는 **유기농업(organic agriculture)**이다. 1990년 미국 의회는 유기농 제품에 대한 국가 표준을 설정하고 판매를 촉진하기 위해 유기식품생산법을 통과시켰다. 이 법은 2000년에 미국 농무부가 작물과 가축이 정식으로 유기농으로 인증될 수 있는 것으로 기준을 발행하고, 이 표준은 국가 유기농 프로그램의 일환으로 2002년에 시행되었다. 캘리포니아 주, 워싱턴 주와 텍사스는 유기농 식품을 분류하는데 엄격한 국가의 지침을 수립하고 오늘날 많은 미국의 주와 70개국 이상의 나라는 유기농 기준을 자세히 설명하는 법을 가지고 있다.

농부들을 위한 유기농업은 많은 이점을 가져올 수 있다: 저 투입 비용, 고부가가치의 생산으로부터 향상된 수입, 감소된 화학물질 오염과 토양황폐화(**과학 비하인드 스토리** 참조). 그러나 유기농업으로 전환하는 것이 약간의 위험을 포함하기 때문에 그들의 제품이 유기농 및 유기농 식품에 의한 공인 가격으로 인증된 판매가 되기 전에 농가는 3년간 유기농 방식을 사용해야 한다. 소비자에게 주요 장애물은 유기농 식품의 가격이다. 유기농 제품은 기존의 것보다 10~30% 더 비싼 경향이 있으며, 몇몇은 (예를 들면, 우유와 같은) 2배의 비용이 들 수 있다. 그러나 많은 수의 소비자들은 식료품과 다른 기업들이 그것들을 더 널리 사용할 수 있도록 하는 유기농 제품을 위해 기꺼이 더 많은 돈을 지불하고 있다.

오늘날, 4명의 미국인 중 3명은 적어도 가끔 유기농 식품을 사며, 5개의 소매 식료품점 중 4개 이상이 그것을 제공한다. 미국 소비자는 2010년에 모든 식품매출의 4%에 이르는 유기농 식품에

평균적인 채소가게 상품은 생산에서 장바구니까지 1400 마일(2253 km) 운반된다.

장거리 운송 수단은 기름을 소모하여 오염과 기후 변화에 기여한다.

바꿀 수 있다

▶ 캠퍼스 식료품 담당자에게 지역에서 재배하고 생산된 제품을 사도록 요청한다.

▶ 농부들 가게에서 구매하거나 캠퍼스에서 시작하도록 돕는다.

▶ 공동체가 지원하는 농업 프로그램의 농부들과 협력한다.

지역재배 및 생산층은 식품에 의한 탄소발자국을 줄인다.

스위스 유기농연구소의 폴 매더

과학 비하인드 스토리

유기농업이 통하고 있나?

우리는 답변을 찾기 위해 유기농업의 선두주자인 스위스를 돌아볼 수 있다. 이곳의 농지 매 9헥타르 중 1헥타르는 유기적으로 관리되며—세계에서 네 번째 높은 비율—스위스 과학자들은 유기농업의 편익과 비용을 시험하는 가운데 앞장서고 있다. 유기농업에 대해 가장 오래 실천하고 가장 많이 인용된 연구는 1997년에 다시 설립된 스위스의 데르윌(Therwil)의 실험농장으로부터 나왔다. 장기연구 사례는 드물지만 농업과 생태학에서 가치가 있는데, 그 이유는 느린 과정과 단기연구의 변동성에 의해 미궁에 빠지는 파악하기 어려운 효과를 명확히 할 수 있기 때문이다.

스위스의 연구 현장에서는 밀, 감자와 다른 작물들이 서로 다른 처리의 재배지에서 자라고 있다.

- 다량의 화학 살충제, 제초제, 무기 비료를 사용하는 재래식 농업
- 또한 유기비료(가축분뇨)를 사용하는 재래식 농업
- 오직 비료, 기계적 제초, 해충을 제어하기 위한 식물 추출만을 사용하는 유기농업
- 또한 허브 추출물 같은 천연 증강제를 추가하는 유기농업

연구자들은 매년 수확에서 작물생산량을 기록한다. 뿐만 아니라 정기적으로 토양을 분석하여 영양소 함량, pH 값, 구조 및 기타 변수를 측정하고 생물다양성과 토양의 미생물이나 무척추동물의 활성을 측정한다. 이러한 토양 질의 지표들은 연구자들이 장기간 농장의 생산성 잠재력을 평가하는 데 도움을 준다.

2002년에 두 개의 스위스 연구기관의 폴 매더(Paul Mäder)와 동료들은 21년간 데이터의 결과를 *Science* 저널에서 보고했다. 이 기간에 걸쳐 유기경작지는 재래식 농지가 생산한 양의 80%를 생산했다. 겨울 밀 유기작물은 재래식 생산량의 90%를 생산했다. 유기감자 작물은 영양결핍과 질병 때문에 재래식 생산량의 평균 58~66%를 생산했다.

유기농 부지는 20% 적게 생산했지만, 재래식 경작지보다 35~50% 적게 비료를 받고 97% 적은 살충제를 사용하면서 그렇게 생산했다. 이와 같이 매더 팀은 유기농 부지는 매우 효율적이었고 "재래식 농업 시스템의 현실적인 대안"이라고 결론 내렸다.

어떻게 유기경작지가 합성 농약 없이 괜찮은 수확량을 생산할 수 있을까? 대답은 토양에 있다. 매더 팀은 유기 농지의 토양은 더 나은 구조, 일부 영양소의 더 나은 공급 및 훨씬 많은 미생물 활성 및 무척추동물의 생물다양성을 가지는 것을 발견했다(**첫 번째 그림**). 차이는 단순히 경작지를 봐도 알 수 있을 정도였다(**두 번째 그림**).

스위스의 데이터는 다른 곳의 과학자들에 의해 발견된 것들도 반영한다. 예를 들어, 노스다코타와 네브래스카의 유기농과 재래식 농장을 비교한 미국의 연구자들은 유기농업이 보

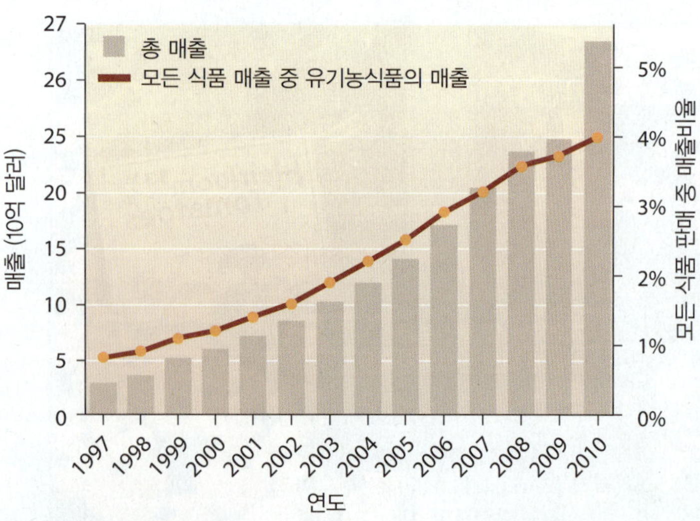

(a) 유기농식품 매출

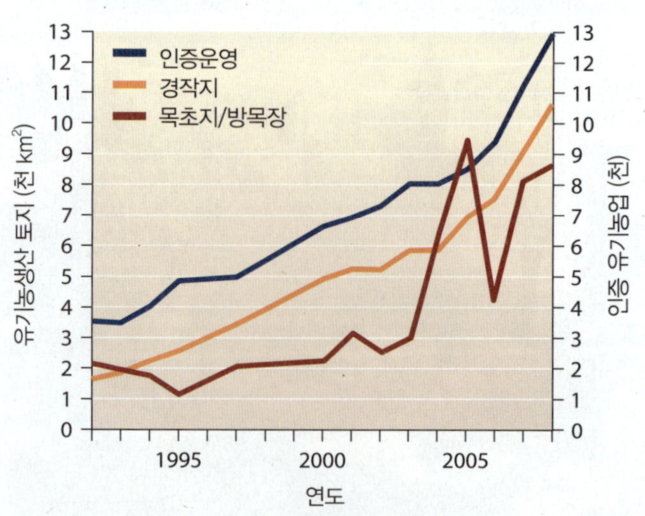

(b) 유기농업 정도

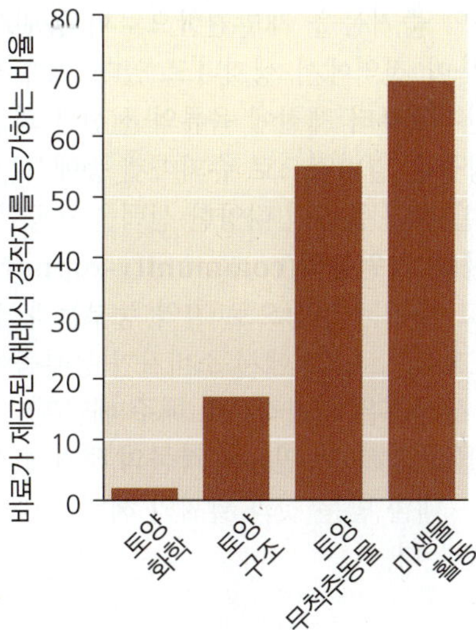

유기농 경작지는 토양질에 비료를 공급하는 재래식 경작지를 능가하며, 토양 화학에 대한 평균값(6개 변수), 토양구조(3개의 변수), 토양 무척추동물(5개 변수), 그리고 미생물의 활동(6개 변수) 등에서 평균 값에 달한다. 유기농 경작지는 아직도 퇴비(제시되지 않음) 없이 재래식 경작지를 능가한다. Data from Mäder, P., et al., 2002. Soil fertility and biodiversity in organic farming. *Science* 296: 1694–1697.

다 많은 미생물의 생활, 지렁이 활동, 수분보유 능력, 표토의 깊이와 자연적으로 발생하는 양분이 있는 토양을 생성한다는 것을 발견했다. 이러한 토양 질의 차이로, 연구자들은 유기농 경작지가 시간이 갈수록 재래식 경작지에 비하여 점점 더 낳은 생산력을 가져올 것으로 예상한다 — 다른 말로 하면, 유기농 경작지는 더 지속가능하다는 것이다.

스위스의 부지에서는 이것이 사실인지 여부를 결정하기 위한 연구가 계속되고 있다. 일례로 2009년에는 젠스 레이필드(Jens Leifeld)와 두 동료가 취리히 연구소에서 27년 후의 토양 탄소함량을 분석했다. 이들은 토양 탄소가 모든 처리에서 감소하는 것을 발견했지만 대부분은 무기비료를 사용하거나 비료사용이 없

(a) 유기농 부지

(b) 재래식 부지

유기농 부지(a)는 더 많은 잡초를 보였지만 스위스 실험에서 재래식 부지(b)보다 더 많은 지렁이 분변토와 건강한 토양구조를 보였다.

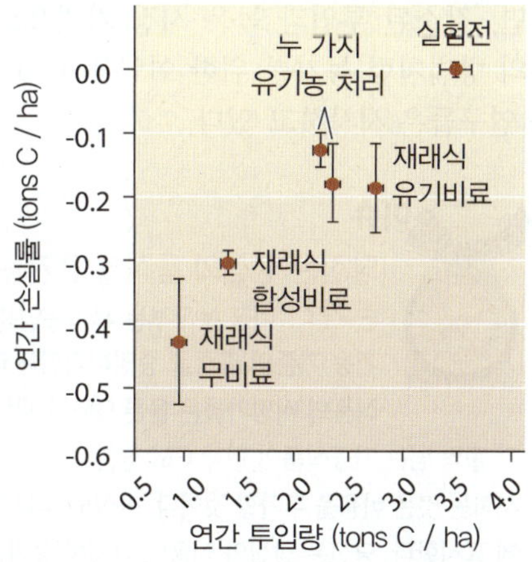

유기농 부지는 27년간 농사에서 비료를 쓰지 않거나 오직 합성비료만 쓴 재래식 부지보다 토양 탄소를 적게 잃었다. 유기 비료 보충의 재래식 부지는 유기농 부지만큼 토양 탄소를 유지했다. Data from Leifeld, J., et al., 2009. Consequences of conventional versus organic farming on soil carbon: Results from a 27-year field experiment. *Agronomy Journal* 101: 1204–1218.

는 재래식 부지에서 감소했다. 그러나 소똥과 합성 비료로 보충된 재래식 부지는 토양탄소 고정에 있어서 유기농 부지만큼 하였다(**세 번째 그림**).

더 장기간의 데이터가 발표되고 새로운 연구들이 시작될 때, 우리는 토양의 질을 위한 유기농업의 이점과 우리가 농업의 장기적 지속가능성을 보호하면서 수확량을 극대화하기 위해 재래식 방법을 개선시킬 수 있는 방법에 대해 점점 더 배우게 될 것이다.

◀ **그림 7.26** 미국의 유기농 식품의 판매**(a)**는 지난 10년간 총 달러 금액(막대) 및 전체 식품 시장(선)의 비율이 모두 빠른 속도로 증가하고 있다. 미국에서는 1990년대 중반 이후**(b)**, 유기농 작물과 가축에 바쳐진 면적은 각각 네 배로 됐으며, 인증 운영의 수는 세 배 이상 늘었다. (a)는 Willer, Helga, and Lukas Kilcher(Eds.)의 허가에 의해 채택되었다(2009). *The world of organic agriculture, statistics and emerging trends* 2009. FiBL-IFOAM Report. IFOAM, Bonn; FiBL, Frick; ITC, Geneva. Data used with permission from Organic Trade Association OTA: Manufacturer Survey 2007. Additional, updated data provided by Organic Trade Association. (b) Data from USDA Economic Research Service.

267억 달러를 지출했다(**그림 7.26a**). 세계적으로 유기농 매출이 540억 달러를 돌파하였을 때 2000년에서 2009년 사이에 3배가 되었다.

생산은 수요에 따라 증가하고 있다(**그림 7.26b**). 유기농업은 세계적인 농지의 1% 미만을 차지하고 있지만(2008년에 3500만 ha 또는 8650만 acres), 이 면적은 급속하게 확대되고 있다. 이 면적의 3분의 2는 선진국이며, 미국 50개 주의 농부와 150개 이상의 나라의 140만 농부는 어느 정도 상용 유기농업을 실천하고 있다. 흔한 오해와는 달리, 유기농업은 유기인증을 위한 기준을 만족한다면 크고 작은 농장에서 할 수 있다.

정부의 정책은 유기농업을 지원하고 있다. 미국에서는 2008년 농업법안이 유기농업을 위해 5년 동안 1.12억 달러를 확보하고 정부는 인증비용을 부담하여 도와준다. 유럽연합(EU)은 유기농업으로 전환할 때 재정적으로 농부들을 지원하기 위한 정책을 1993년에 채택했다. 전환이 완료

되면, 감소된 투입과 높은 시장 가격으로 유기농업이 적어도 기존의 방법처럼 농가를 위한 이익을 올릴 수 있도록 만들 수 있음을 연구들은 시사하고 있다.

WEIGHING 이슈

당신은 당신의 음식에 유기농 인증 표시가 되길 원하는가? 미국 농무부는 유기농임을 주장하는 제품에 정부의 유기농 기준의 충족을 증명하기위해 라벨을 발행한다. 유전자조작 식품의 비평가들은 물론 GM의 제품도 표시하기를 원한다. 70%가 훌쩍 넘는 가공식품이 현재 GM 성분을 포함하고 있다는 것을 생각하면 표시하는 것은 비용을 추가할 것이다. 아직도 유럽연합(EU)은 현재 이 같은 식품에 표시한다. 당신은 당신의 식품이 그것이 유기농인지, 유전자조작된 것인지 표시되길 원하는가? 당신은 이러한 표시에 따라 식품들을 선택하겠는가? 어떻게 당신의 식품의 선택과 구입의 결정이 환경에 (좋은 또는 나쁜) 영향을 줄까?

지역적으로 지원되는 농업이 증가하고 있다

유기농법과는 따로, 지속가능한 농업으로 옮기는 다른 구성요건은 식품의 장거리 수송에서 화석연료 사용을 절감하려는 시도이다(**환경실천행동** 참조). 미국의 슈퍼마켓에서 판매되는 평균적인 식품은 농장과 채소가게 사이에서 적어도 2,300 km(1,400 mi)를 이동한다. 이동시간 때문에, 슈퍼마켓의 농산물은 종종 화학적으로 신선함과 색을 유지하도록 처리된다.

이에 부응하여, 증가하는 수의 선진국 농부들과 소비자들이 지역의 소규모 농업을 지원하고 있다. 사람들이 신선함과 지역적으로 재배된 생산품의 즐거움을 재발견함으로써 **농민시장(farmer's markets)**은 북미 전역에서 생겨나고 있다. 농민시장에서, 소비자는 지역 생산자로부터 제철에 육류와 신선한 과일과 야채를 산다. 이러한 시장들은 일반적으로 슈퍼마켓 등에서는 볼 수 없는 유기제품과 독특한 지역 품종의 다양한 선택을 제공한다.

일부 소비자도 **지역사회 지원농업(community-supported agriculture, CSA)**이라고 불리는 현상으로 지역 농부들과 심지어 파트너가 되고 있다. CSA 프로그램에서 소비자가 농부들에게 생산 몫을 미리 지불하면 생산품은 일반적으로 매주 배달된다. 소비자는 신선한 제철 농산물을 얻고, 농민들은 작물의 투자에 선불로 보장된 수입을 얻는다—대출 받는 것과 날씨의 혜택을 바라는 것에 대한 대안으로 환영받는다.

지속가능한 농업이 미래를 위한 로드맵을 제공한다

농업 시스템을 지속가능하게 만들기 위한 최선의 방법은 자연 생태계의 기능을 모방하는 것이다. 생태계는 순환적으로 작동하며 내부에서 음의 반향 고리로 안정화되어 있기 때문에 지속가능하다. 이와 같이, 생태계는 농업을 위한 유용한 모델을 제공한다.

슈로더 형제와 네이트 론시엑에 의해 채택된 방법은 어떻게 농업시스템이 보다 효율적으로 주위의 자연 생태계와 효율적으로 통합될 수 있는지 그리고 식량생산에 의한 환경영향을 줄일 수 있는지에 대한 예를 들었다. 이와 같은 노력들은 전세계의 농부들을 도우려고 하는 방법과 함께 농업을 지속가능하게 하며, 다가오는 세기를 통한 지속가능한 농업전략은 우리 모두를 위해서 중요할 것이다.

>> 결론

인류는 만 년의 농업역사를 가지고 있으며, 이 기간에 걸쳐 식량생산 방법은 계속 변해왔다. 집약적인 산업농업의 많은 실행은 환경에 상당한 부정적 영향을 미친다. 동시에 생산량 증가는 식량공급을 늘렸고 토지 또는 자원에 대한 특정 압력을 완화하는 데 도움이 되었다.

분명한 것은 우리의 행성이 토양, 물, 꽃가루 매개체 및 기타 자원과 우리의 식량 생산을 지원하는 생태계 서비스의 추가적인 교란 없이 세기 중반까지 90억 명 사람을 지원하게 된다면, 우리는 지속가능한 농업으로 전환하는 방법을 찾아야만 한다. 이러한 생물학적 해충구제, 유기농업, 꽃가루 매개체 보존, 토종 작물 다양성의 보전, 지속가능한 양식업 및 식품의 신중하고 책임 있는 유전자 변형은 모두가 지속가능한 미래를 달성하기 위해 우리가 필요로 하는 게임 계획의 일부일지도 모른다.

이해도 측정

1. 1970년에서 2010년까지 세계 식량안보의 패턴을 설명하라. 일반적으로 현대 세계에서 볼 수 있는 2개의 영양소 결핍 이름을 대라.
2. 재래식과 산업 농업에서 사용되는 방법을 비교 대조하라. 어떻게 지속가능한 농업이 산업농업과 다른가?
3. 어떻게 토양의 지층이 생성되는가? 전형적인 토양단면에서 주요 지층을 열거하고 설명하라. 전형적인 단면에서 유기물질 분포의 일반적인 패턴은 무엇인가?
4. 토양침식을 촉진하는 인간의 3가지 활동을 써라. 침식의 위험을 줄이는 데 도움을 줄 수 있는 몇 가지 농업 기술(계단식 산비탈과 무경작 농업 등)을 설명하라.
5. 어떻게 과도한 관개가 토양을 손상하고 작물 수확량을 감소시키는지 설명하라.
6. 어떻게 비료는 작물의 생장을 증진하는가? 토양에 시비된 대량의 비료는 또한 물공급과 대기에서 결국 어떻게 되는가? 어떻게 지속가능한 농업 방식은 비료의 유출을 감소시키는가?

7. 이떻게 농약 내성이 발생하는지 설명하라.
8. 어떻게 유전자 변형 생물이 만들어지는가? 어떻게 유전공학은 재래식 농업 사육과 다른가? 어떻게 비슷한가?
9. 1 kg의 쇠고기, 돼지 고기, 닭고기, 계란, 우유를 생산하기 위해 요구되는 토지와 물을 비교 대조하라.
10. 양식업의 일부 경제적 이점은 무엇인가? 일부 부정적인 환경 영향은 무엇인가?

해법찾기

1. 어떻게 농부가 토양을 보전하는 데 가장 좋은 도움을 줄 수 있다고 생각하는가? 어떻게 과학자가 토양을 보전하는 데 가장 좋은 도움을 줄 수 있다고 생각하는가? 어떻게 나라가 토양을 보전하는 데 가장 좋은 도움을 줄 수 있다고 생각하는가?
2. 높은 투입의 산업농업이 환경에 이로울 수 있는 몇 가지 방법과 그것이 유해할 수 있는 몇 가지 방법을 평가하라. 이제 우리가 산업농업의 환경영향을 완화하기 위해 산업농업을 변경할 수 있는 몇 가지 방법을 제안하라.
3. 해충관리의 효과적인 생물학적 제어를 위한 요인은 무엇인가? 생물학적 방제에 관한 위험은 무엇인가? 당신은 특정 해충에 대한 생물방제를 사용할지 여부를 결정해야 한다고 하면, 결정 전에 원하는 답에 대한 질문은 무엇인가?
4. **생각해보기** 당신은 토양 보전과 지속가능한 농업을 하는 농민을 지원하는 국제적인 인증 기관의 장이라고 하자. 당신은 지불할 천만 달러를 가지고 있다. 당신 기관의 직원은 기금이 (1) 염분화 경향이 있는 아프리카 건조지역의 농부들, (2) 스웨덴 농업이 실시되고 있는 빠르게 성장하는 인도네시아의 농부들, (3) 무경작농업이 행해지는 아르헨티나 농부들, (4) 사막화를 겪고 있는 몽골 건조지역의 농부들에게 가야 한다고 결정했다. 이들 각 지역에서의 자금 조달을 위해 어떤 프로젝트의 유형을 추천하겠는가, 어떻게 그들 사이에서 당신의 기금을 배분하겠는가, 그리고 그 이유는 무엇인가?
5. **생각해보기** 당신은 USDA의 공무원이며, 스스로 농약을 생성하고 일반 양배추보다 비타민 함량이 2배 높은 새로운 유전자 변형 양배추의 재배를 허락할지 안 할지를 결정해야 한다고 하자. 새로운 작물을 승인할지 여부를 결정하기 전에 어떤 질문을 과학자에게 물어볼 것인가? 어떤 과학적 데이터를 보기 원하는가? 또한 비과학자에게 자문을 받거나 윤리적, 경제적, 사회적 요인을 고려할 것인가?

생태발자국 계산하기

20세기 동안 식량생산이 더욱 산업화됨에 따라 점점 더 많은 에너지가 음식을 보존하고 시장에 출시하기 위해 지출되고 있다. 오늘날 미국에서 식품이 평균 224 km 떨어진 경작지로부터 당신의 테이블로 이동한다. 식품을 위해 지불하는 가격은 이러한 장거리 운송비용을 충당하며, 그것은 2004년에 마일당(1.609 km) 톤당 약 1달러였다. 사람은 평균 하루에 0.9 kg의 식품을 먹는다고 가정하고, 아래 표에 각 범주에 대한 식품 운송 비용을 계산하라.

소비자	일일 비용	연간 비용
당신	$1.40	$511
당신의 학급		
당신의 도시		
당신의 주		
국가		

Pirog, R., and A. Benjamin, 2003. Checking the food odometer: Comparing food miles for local versus conventional produce sales to Iowa institutions. Leopold Center for Sustainable Agriculture, Iowa State University, Ames.

1. 시장에 식품을 가져오기 위하여 장거리 수송에 의존하는 식품 생산 및 유통 시스템의 환경지속 가능성에 대한 구체적인 과제는 무엇인가?
2. 2003년 조사에서는 지역에서 생산된 식품은 시장까지 단지 80 km 또는 그 정도 이동되고, 그래서 운송 비용의 96%를 절약하고 있다고 주목했다. 지역에서 생산된 식품은 신선할 것이고, 그들이 시장에 옮겨질 때 환경적 영향을 덜 야기시킬 것이지만, 그러나 지역 식료품에 의존하는 소비자로서 당신에게 불리한 점은 무엇인가? 당신은 장점들이 그 단점들을 상회한다고 생각하는가?
3. 최근 가솔린 가격에 무슨 일이 일어났는가? 어떻게 미래 가솔린 가격의 증가가 앞의 질문에 대한 답변에 영향을 미치는가?

8 생물다양성과 보전생물학

이 장을 마치고 나서 할 수 있는 것들

- ▶ 지구상의 생물다양성의 영역을 설명
- ▶ 배경멸종속도를 대규모 멸종 시기와 대비
- ▶ 생물다양성 감소의 주된 원인들을 평가
- ▶ 생물다양성으로부터 오는 혜택을 구체적으로 제시
- ▶ 보전생물학의 과학과 실제를 평가
- ▶ 멸종위협종과 멸종위기종의 보전을 위한 노력을 분석
- ▶ 종 수준 이상에서의 보전의 노력을 비교하고 대비

시호테알린(Sikhote Alin) 산맥의 시베리아호랑이

중점 사례 연구

시베리아호랑이 살리기

"이번 세기에는 예지력과 연민도 거의 없고 미래에 대한 영혼의 너그러움도 없어서 이번 세기가 이 세상이 지금까지 보아온 동물 가운데 가장 인상적이고 아름다운 종을 없앨 수도 있다는 점에 대해서 미래 세대들은 진정으로 슬퍼할 것이다"

—야생동물학자인 조지 샬러(George Schaller)가 호랑이를 두고 한 말

"만약 당신이 호랑이를 죽인다면 당신은 오토바이를 살 수 있다"

—익명의 밀렵꾼이 호랑이 신체의 일부를 팔면서

역사적으로 호랑이는 터키로부터 북동시베리아와 인도네시아까지 아시아에 널리 분포해 왔다. 그러나 사람들은 이 위엄있는 줄무니의 고양이를 그 분포지역의 거의 대부분에서 몰아내었다. 오늘날 호랑이는 매우 희귀해졌고 멸종위기에 놓여 있다. 100년 전에는 호랑이가 10만 마리가 있었는데 비해서 현재는 겨우 3,000마리가 조금 넘은 수가 생존하고 있다.

호랑이 가운데 시베리아호랑이라고 불리는 아종은 세계에서 가장 큰 고양이이다. 이 제왕 같은 동물은 지금은 러시아 극동지방의 시호테알린 산맥의 외딴 곳을 마지막 피난처로 삼고 있다. 시베리아호랑이는 수천 년 동안 그 지역의 원주민들과 공존해 왔고 또한 원주민의 전설 안에서 지배적인 위치를 차지하였다. 이 사람들은 호랑이를 산과 숲의 수호자로 간주해왔고 호랑이가 사람을 잡아먹기 전에는 호랑이를 죽이는 일이 거의 없었다.

그러나 20세기에 이 지역으로 이주해 온 러시아인들은 이러한 문화적 전통이 전혀 없었다. 그들은 스포츠로, 또 가죽을 얻기 위해서 가차없이 사냥을 했고 그 결과 호랑이 개체군은 겨우 20~30마리 정도만 남게 되었다. 이에 직면하여 러시아 정부는 호랑이의 사냥을 금지했고 그 결과 호랑이 개체군은 회복되기 시작했다. 그러나 밀렵꾼들이 불법적으로 호랑이를 죽이고 신체 부위들은 중국과 다른 아시아 국가들에 팔기 시작했는데 이런 국가들에서는 전통의약품과 소위 최음제로 사용되었다. 한편 벌목, 도로건설, 그리고 농업은 호랑이의 서식지를 파괴하고 단편화시켰으며 그 결과 더 많은 밀렵꾼들이 호랑이 서식지에 쉽게 접근할 수 있게 되었다.

국제보전단체들은 줄어드는 호랑이 개체군을 살리기 위해서 러시아의 생물학자들과 함께 일하기 시작했다. 그러한 단체의 하나는 호르노커 야생동물 연구소(Hornocker Wildlife Institute)로서 지금은 야생동물보전협회(Wildlife Conservation Society, WCS)의 일부가 되었다. 1992년에 이 단체는 시베리아호랑이 프로젝트를 발족시키는 데 참여하여 호랑이와 그 서식지를 연구하고 보전하는 데 전념하고 있다. 이 단체는 호랑이를 보호하는 계획을 세웠고 그 동물의 가치를 주민들에게 교육시키며 그 부근에 사는 사람들과 밀접하게 일하기 시작했다.

오늘날 WCS의 생물학자들은 라디오 목걸이추적장치(radio collar)로 호랑이를 추적하고 이동과 건강을 모니터링하며 죽었을 때는 죽은 원인을 파악하고 호랑이 생태계의 특성들에 대한 연구를 계속하고 있다. 뿐만 아니라 그 지역의 주민들과 일하면서 야생동물들의 관리에도 경제적으로 지원하여 밀렵꾼들의 밀렵을 억제하거나 그들을 붙잡는 데 도움을 주고 있다.

그러한 노력 덕분에, 다른 곳에서는 호랑이들이 감소하는 데 비해서, 시베리아호랑이 개체군은 안정화되었다. 2005년의 마지막 전체 분포지역 조사에서 시베리아호랑이는 야생에서 428마리에서 502마리로 추정되었고, 반면에 1,500마리 이상의 호랑이들은 동물원이나 포획번식(captive breeding) 프로그램을 통해서 존재하는 것으로 파악되었다. 그러나 밀렵을 줄이기 위한 정부의 재정 지원과 법률 집행이 약해지면서 2005년 이후로 호랑이 수가 다시 줄어들고 있는 것으로 나타났다.

많은 헌신적인 과학자들과 보전주의자들, 그리고 정책입안자들은 이 멸종위기동물들은 살리기 위해서 계속 노력하고 있다. 2010년 11월에는 호랑이가 살고 있는 13개국의 지도자들이 모여서 러시아의 상트페테르부르크에서 역사적인 정상회담을 가졌는데 이것은 야생동물 한 종을 살리는 데 초점을 맞추고 여러 국가의 정상들이 모인 첫 번째 회의로 기억될 것이다. 그 회의에 참석한 권위자들 중에는 러시아의 블라디미르 푸틴 총리, 중국의 원 자바오 총리, 로버트 조엘릭 세계은행 총재, 그리고 배우 레오

나르도 디카프리오를 들 수 있다. 이 국제 호랑이포럼에서는 지도자들이 세계 호랑이 회복 프로그램(Global Tiger Recovery Program)이라고 불리는 여러 국가가 참여하는 전략적 계획을 발의하는 선언문에 서명하였다.

이 프로그램은 2022년(중국 12간지에 의하면 범띠 해의 그 다음 해)까지 서식지를 보호하고 밀렵을 근절하고 호랑이 모피와 신체 부위의 불법적 무역을 다루어서 호랑이 개체군을 두 배로 증가시키는 것을 목표로 하고 있다. 각 국가의 정부와 보전 기관과 세계은행은 수백만 달러를 약속했다(그러나 실제로는 이보다 더 많은 금액이 필요한데 처음 5년 동안의 프로그램에 3억5천만 달러가 예상되었다). 13개국의 대표자들은 2011년 동안에 재정에 대한 세부사항을 논의하기로 계획하였다.

호랑이 보전을 옹호하는 일부의 사람들은 이 프로그램을 비판하였는데 그 이유로는 재정지원이 충분하지 못하고 호랑이 신체 부위에 대한 요구를 줄이는 구체적인 방법이 명확하게 제시되지 못했으며 또한 제안된 행동들이 충분히 초점이 모여지지 않았다는 점을 들었다. 그럼에도 불구하고 최고 정치적 수준에서 호랑이 보전을 위한 지지를 보여주었다는 점에서 정상회의는 호랑이 보전 노력을 뚜렷하게 지원해 주었다. 호랑이를 임박한 멸종으로부터 살리기 위한 투쟁은 값으로 매길 수 없는 지구상의 생물다양성의 감소를 막기 위해서 오늘날 전 세계에서 일어나고 있는 수많은 노력의 하나이다. ■

생물이 살고 있는 우리의 지구

증가하고 있는 인구와 자원의 소비는 호랑이(tiger)로부터 호랑이딱정벌레(tiger beetle: 길앞잡이과 곤충들)에 이르기까지 우리 지구의 생물상과 동물상에 엄청난 압력으로 작용하고 있다. 우리는 지구상의 생명의 다양성을 감소시키고 있는데, 생물다양성은 우리 지구를 이처럼 특별하게 만드는 바로 그 특성이다.

생물다양성은 여러 수준을 포함한다

생물다양성(biological diversity 또는 **biodiversity**; 3장)은 종, 유전자, 개체군, 군집의 다양성을 포함하여 모든 생물학적 조직 수준에 걸친 생명의 다양성을 기술한다. 생물다양성은 생명처럼 다양한 면을 가진 개념으로서 생물학자들은 그들 자신의 목적과 철학에 따라 다른 실무적 정의를 사용한다. 그래도 과학자들은 그 개념이 생명의 주요 조직수준에 걸쳐서 적용된다는 데 동의한다(**그림 8.1**). 가시적으로 가장 쉬운 수준, 그리고 가장 많이 사용되는 수준은 종다양성(species diversity)이다.

종다양성 **종(species**; 3장)은 생물의 뚜렷한 유형으로서 어떤 특성을 독특하게 공유하고 서로 교배하여 생식력 있는 자손을 만들 수 있는 개체들의 집단이다. 생물학자들은 종을 구별하기 위하여 다른 기준들을 사용한다. 어떤 학자들은 공통조상으로 인하여 공유되는 특성을 강조하기도 하고 어떤 학자들은 다른 종 사이에서 교배가 일어나는 능력을 강조하기도 한다. 그러나 실제로 과학자들은 종의 동정에서는 일반적으로 동의가 이루어진다.

생태계다양성

종다양성

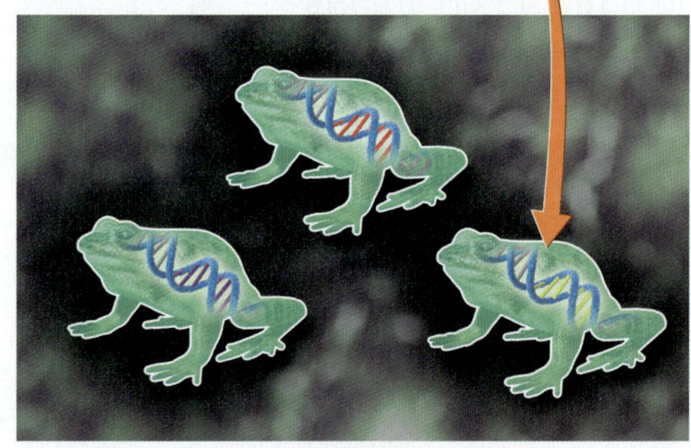

유전적 다양성

▲ **그림 8.1** 생물다양성의 개념은 생명의 위계 중 여러 수준을 포함한다. 종다양성(**가운데 그림**)은 종의 수나 종류를 가리킨다. 유전적 다양성(**아래 그림**)은 한 종 내의 개체들 사이의 DNA 조성의 변이를 가리킨다. 생태계다양성(**위 그림**)과 이와 연결된 개념들은 생태계, 생물군집, 서식지, 경관과 같은 종수준 이상 단계의 다양성을 가리킨다.

우리는 **종다양성(species diversity)**을 어떤 특정 지역의 종 수 또는 종의 종류로 표현한다. 종다양성의 한 요소는 종의 **풍부도**(species richness)이고 이는 종 수를 뜻한다. 또 다른 요소는 **균등도**(evenness) 또는 **상대 풍부도**(relative abundance)이고 종들이 개체수에 있어서 서로 다른 정도를 의미한다.

종분화(speciation; 3장)는 새로운 종을 만들어 내고 반면에 멸종(extinction; 3장)은 종의 풍부도를 감소시킨다. 이입(immigration), 이출(emigration), 그리고 국지적 멸종은 국지적인 종 풍부도를 변화시키지만 종분화와 멸종은 종 풍부도를 지구적 수준에서 변화시킨다.

분류학자(taxonomist)들은 진화적 관계를 반영시키면서 종들을 유사도에 따라서 범주(category)의 계급(hierarchy)으로 분류시킨다. 연관되는 종은 속(단수 genus, 복수 genera)으로 그룹 지어지며, 연관되는 속은 과(family)로 그룹 지어지고, 같은 방식으로 더 상위 범주로 그룹 지어진다(**그림 8.2**). 모든 종에게는 속과 종을 표시하는 두 부분으로 된 라틴어 또는 라틴화된 학명이 주어진다. 호랑이(*Panthera tigris*)는 재규어(jaguar: *Panthera onca*), 표범(*Panthera pardus*), 그리고 아프리카 사자(*Panthera leo*)와 같은 지구상의 대형 고양이 종들과 유사하다. 이들 4개 종은 진화적 측면에서 밀접하게 연계되어 있으며 이것은 그들이 공유하고 있는 속명 *Panthera*에 나타나 있다. 그들은 치타(cheetah: *Acinonyx jubatus*)나 스라소니(bobcat: *Felis rufus*)와 같이 비록 같은 과(Felidae)에 속하지만 속이 다른 고양이들과는 조금 멀리 연계된다.

생물다양성은 종 아래 수준에서는 아종(subspecies)의 형태로 존재한다. 아종은 격리된 지리적 장소에 사는 한 종의 개체군들로서 약간의 특성이 다르다. 아종은 종분화를 일으키는 것과 같은 과정에 의해서 발생하지만(3장) 분리된 종을 만들 만큼 충분히 분화가 이루어지지 못했을 때 생성된다. 과학자들은 아종을 학명의 3번째 부분으로 표시한다. 시베리아호랑이의 학명은 *Panthera tigris altaica*로서 아직도 생존하고 있는 호랑이의 5개 아종(또는 4개 아종)의 하나이다(**그림 8.3**). 호랑이의 아종은 색깔, 모피의 두께, 줄무늬의 유형, 그리고 크기에서 차이가 난다. 예를 들면 시베리아호랑이는 인도와 네팔에 서식하는 벵골호랑이(Bengal tiger; *Panthera tigris tigris*)에 비해서 어깨높이가 더 높고 모피가 더 두껍고 발바닥이 더 넓다.

유전적 다양성 과학자들은 한 종의 다른 개체군들로부터 개체들 사이에 상당한 유전적 차이를 인식할 때 아종을 지정한다. 그러나 모든 종은 어느 정도는 유전적 차이가 있는 개체들로 구성되며, 이 유전적 다양성은 생물다양성의 중요한 구성요소이다. **유전적 다양성(genetic diversity)**은 개체들 사이에서 DNA 조성의 차이를 포함한다(2장).

유전적 다양성은 국지적 조건에 대한 적응을 위한 소재가 된다. 호랑이에 있어서 모피 두께에 대한 유전자의 다양성은 자연선택(3장)이 따뜻한 지역에 사는 벵골호랑이에게는 얇은 모피에 대한 유전자를, 추운 지역에 사는 시베리아호랑이에게는 두꺼운 모피의 유전자를 선호하게 만들었다. 장기적으로는 더 높은 유전적 다양성을 가지는 개체군은 생존할 가능성이 더 큰데, 이것은 이 변이가 그 개체군을 환경의 변화에 더 잘 대처하게 만들기 때문이다.

유전적 다양성이 거의 없는 개체군은 환경의 변화에 매우 취약한데 이는 새로운 환경에 그들을 적응시키는 데 도움을 주는 유전적 변이성이 부족하기 때문이다. 유전적 다양성이 낮은 개체군은 질병에 더 취약하고, 유전적으로 유사한 부모 사이에 교배가 일어날 때 약하거나 결함이 있는 자손이 생기는 현상인 **근교약세**(inbreeding depression)현상을 겪을 수 있다. 과학자들은 치타, 아메리카들소, 코끼리물범을 비롯한 여러 종에서 개체수가 크게 줄어들어 유전적 다양성이 낮아짐을 경고하였는데 이러한 종에서 유전적 다양성이 줄어든 전반적인 결과는 앞으로 더 지켜보아야 한

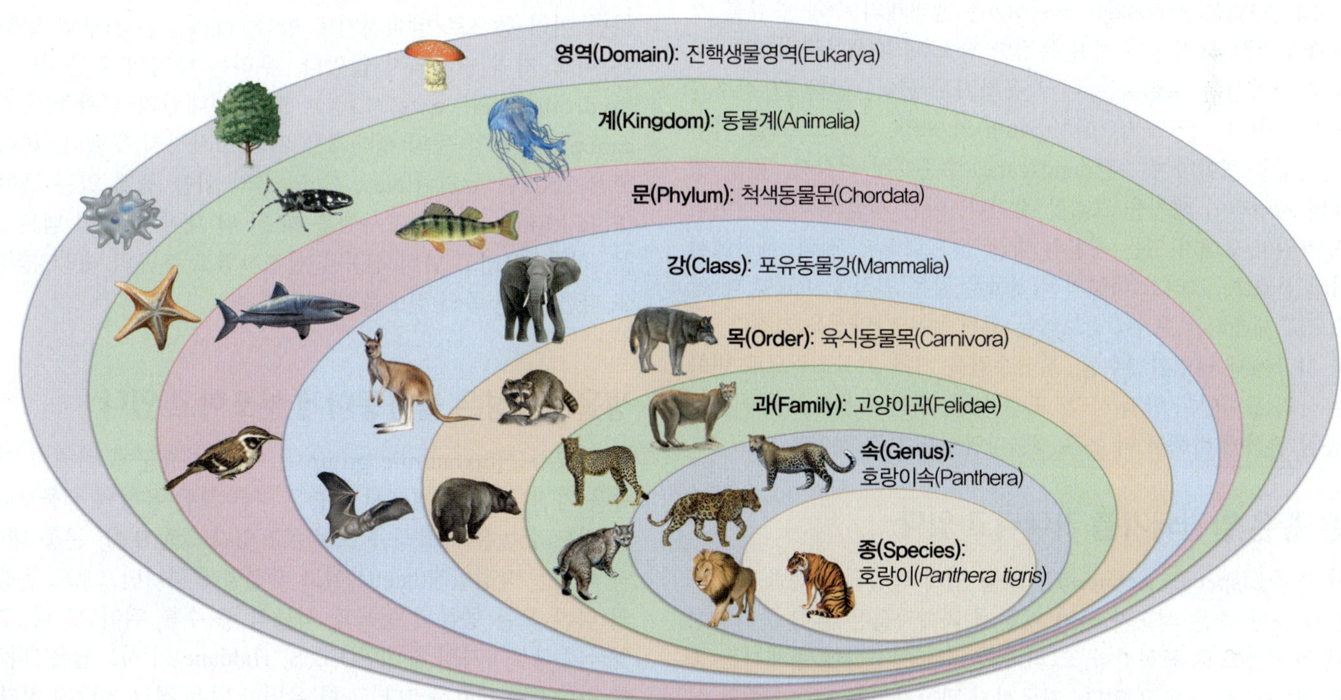

▲ **그림 8.2** 분류학자들은 진화적 관계를 반영하기 위해서 위계적 체계를 사용하여 생물들을 분류한다. 모양, 행동, 그리고 유전이 비슷한 종들은 (왜냐하면 공통조상을 최근까지 공유하고 있었으므로) 같은 속에 포함시킨다. 비슷한 속의 생물들은 같은 과에 포함시킨다. 과는 목 내에, 목은 강 내에, 강은 문 내에, 문은 계 내에, 그리고 계는 영역 내에 위치시킨다. 예를 들면 호랑이는 포유동물 문에 속하고 여기에는 코끼리, 캥거루, 박쥐도 포함된다. 그러나 지난 수백만 년에 걸쳐서 진화하고 분화된 이들 종 사이의 차이는 그들을 서로 다른 목, 과, 속에 위치시킬 정도로 충분히 크다.

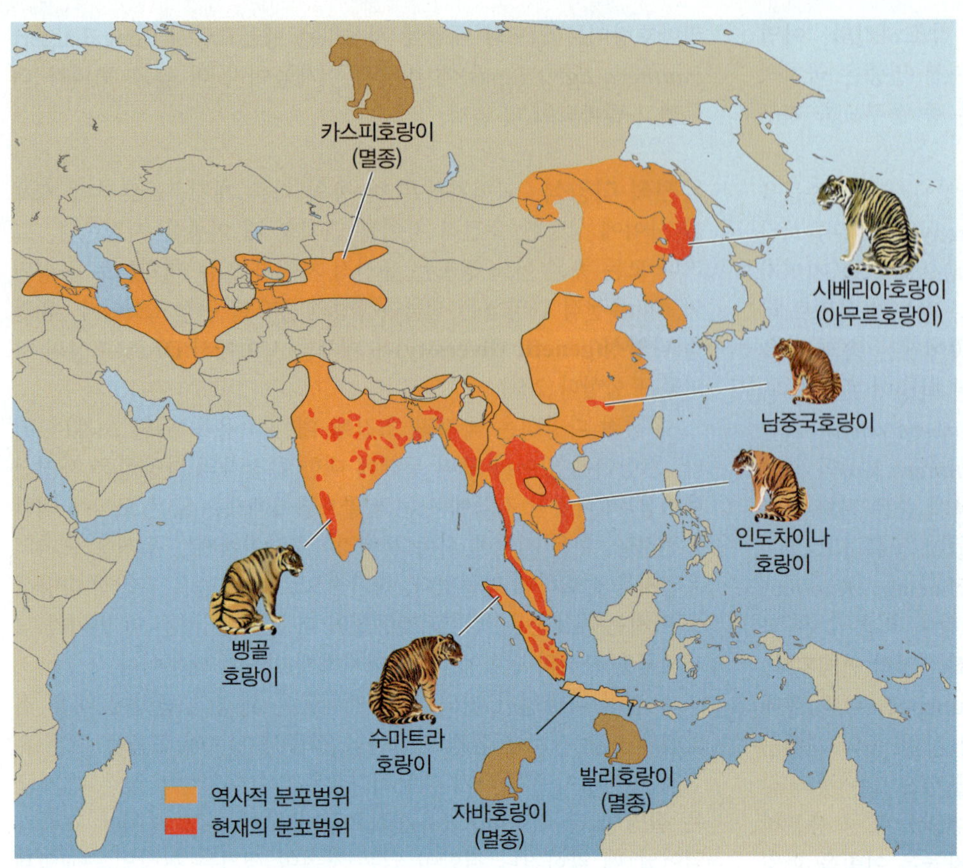

◀ **그림 8.3** 8종의 호랑이 아종 가운데 3종은—발리, 자바, 카스피 호랑이—20세기에 멸종되었다. 오늘날 단지 시베리아, 벵골, 인도차이나, 수마트라 호랑이만이 존속하고 있고, 남중국호랑이는 지난 25년간 관찰된 적이 없어서 멸종된 것으로 여겨진다. 삼림의 벌채, 사냥, 그리고 사람들로부터의 여러 가지 압력들이 모든 호랑이 아종들을 그들이 과거에 살고 있던 지리적 분포범위의 93%로부터 사라지게 하였다. 연구자들은 대부분의 생존 개체들이 그 종의 원래 분포범위의 0.5%에도 못 미치는 면적에 밀집되어 있는 것으로 추정하고 있다. 이 지도는 1800년(**주황색**)과 2000년(**적색**)의 8개 아종의 분포범위를 대비시키고 있다. Data from the Tiger Information Center.

다. 우리가 먹는 곡물의 유전적 다양성의 감소는 인류가 크게 우려하는 사항의 하나이다(7장).

생태계다양성 생물다양성은 또한 종 수준 이상에서도 적용된다. 생태계다양성(ecosystem diversity)은 생태계의 수와 종류를 가리키지만, 생물학자들은 어떤 특정한 장소 내의 생물군집 또는 서식지의 다양성을 표현하는 데 사용하기도 한다. 만약 그 장소가 넓다면 과학자들은 크기, 패치(patch)의 모양, 그리고 그들 사이의 연결성을 포함하여 경관(landscape) 수준에서 서식지, 군집, 생태계의 지리적인 배열을 고려할 것이다. 이런 개념의 어떤 것이더라도 바위와 모래가 있는 해변의 해안, 숲으로 덮인 절벽, 해안에서 떨어진 산호초, 그리고 대양의 바닷물은 같은 면적을 비교할 때 단일종으로 재배되는 옥수수밭보다는 훨씬 높은 다양성을 가진다. 식생이 사막에서 낙엽활엽수림, 침엽수림을 거쳐 고산초원으로 변화하는 산의 경사면은 단지 사막, 또는 삼림, 또는 초원으로만 이루어진 동일 면적에 비해서 더 높은 생물다양성을 가질 것이다.

많은 종은 발견되기를 기다리고 있다

종의 풍부도(species richness)는 가장 쉽게 측정되고 전반적인 다양성에 대한 좋은 척도가 되기 때문에 과학자들은 흔히 종다양성을 종의 풍부도로 표현한다. 그러나 우리는 지구상에 존재하는 종 수에 대하여 잘 모르고 있다. 지금까지 과학자들은 180만 종의 식물, 동물, 미생물을 기재해왔다. 그러나 실제로 지구상에 존재하는 종의 수는 300만 종에서 1억 종 사이로 추정되며, 그 중 가장 널리 인정되는 추정치는 1400만 종 부근이다.

종 수에 대한 우리의 지식은 여러 가지 이유로 불완전하다. 첫째 많은 종은 크기가 너무 작고 쉽게 간과된다. 이러한 종으로는 세균, 선충(회충류), 균류, 원생생물, 그리고 토양에 서식하는 절지동물을 포함한다. 둘째로는 많은 생물들은 동정하기가 너무 어려워 한때 같은 종으로 생각되었던 생물들이 좀 더 자세히 관찰하면 여러 종으로 밝혀지기도 한다. 셋째로는 지구의 일부 지역은 아직 거의 탐사되지 않았다. 우리는 대양의 깊은 곳, 열수구(hydrothermal vents; 12장), 또는 열대림의 임관층(숲지붕층, canopy)과 토양 등의 생태계를 거의 조사하지 못했다. 하나의 예로서 2005년 뉴기니(New Guinea)의 외딴 곳에 있는 포야 산맥(Foja Mountains)을 조사했을 때 한 달 내에 40종이 넘는 포유동물, 식물, 그리고 나비 신종을 발견하였고 부근의 해양지역에서는 또 다른 50여 종의 신종을 발견하였다.

생물다양성은 불균등하게 분포하고 있다

어떤 분류군(taxonomic group)은 다른 분류군에 비해서 더 많은 종을 가진다. 이런 점에서 곤충은 다른 모든 유형의 생물보다 놀라울 정도의 높은 다양성을 보여주고 있다(**그림 8.4**). 곤충 내에서는 약 40%는 딱정벌레(beetle)이고 딱정벌레 하나만으로도 곤충 이외의 다른 모든 종류의 동물과 식물의 종 수를 뛰어넘는다. 20세기 영국의 생물학자인 홀데인(J.B.S. Haldane)이 하느님은 "딱정벌레를 지나치게 애호하였다"고 한 유명한 말은 결코 놀랍지 않다.

살아 있는 생물은 또한 전 지구에 걸쳐 불균등하게 분포하고 있다. 예를 들면 종의 풍부도는 일반적으로 적도와 가까워질수록 증가한다. 위도에 따른 이러한 유형의 변이를 "위도 경사(latitudinal gradient)"라고 부르며 이를 설명하기 위한 가설은 매우 많다. 그

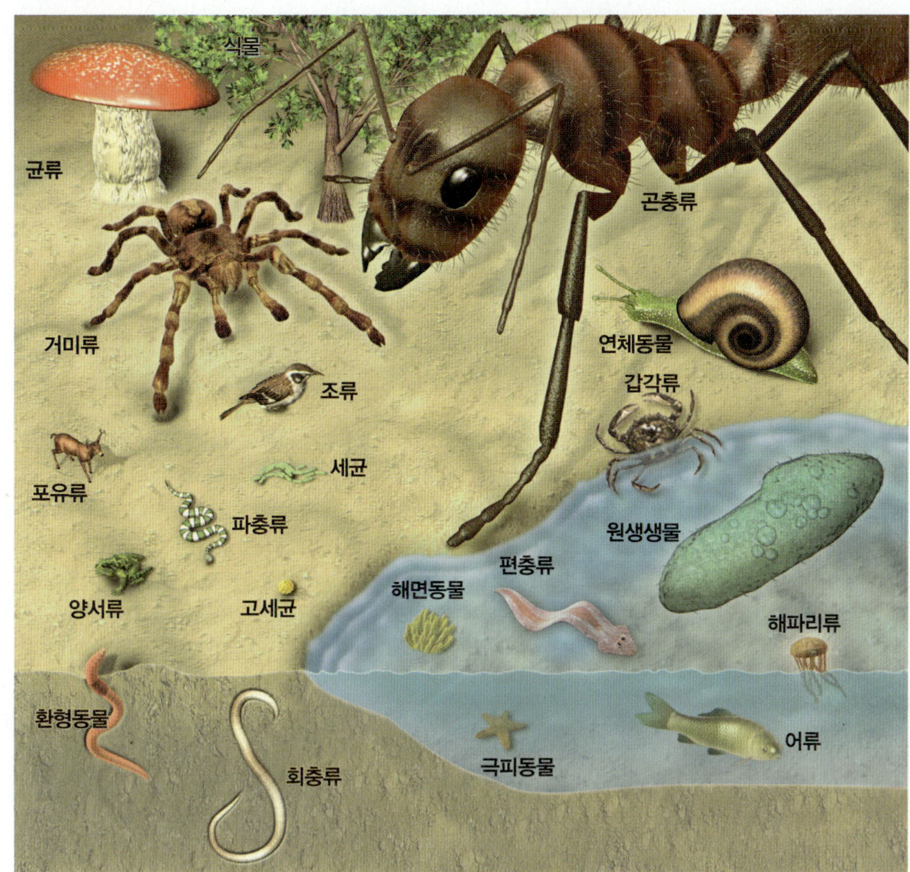

◀ **그림 8.4** 이 삽화에서는 각 주요 분류군으로부터 알려진 종 수의 크기에 따라 생물의 크기를 조정하였다. 이 삽화는 생물의 그룹들 간의 종의 풍부도 차이를 시각적으로 보여준다. 그러나 모든 종이 발견되거나 기록된 것도 아니어서 어떤 그룹들은 (세균, 고세균, 곤충, 선충, 원생생물, 균류, 또는 다른 그룹들) 현재 우리가 알고 있는 것보다 훨씬 많은 종이 있을지도 모른다. Data from Groombridge, B., and M.D. Jenkins, 2002. *Global biodiversity: Earth's living resources in the 21st century*. UNEP-World Conservation Monitoring Centre. Cambridge, U.K.: Hoechst Foundation.

중 우세한 가설은 열대지방의 위도에서는 태양광선과 열, 습도가 크게 높아 식물의 생장이 뛰어나며 그 결과 열대부근으로 갈수록 생산성이 더 높고 더 많은 동물을 부양한다. 한편 적도 지역의 상대적으로 안정한 기후는 한 종이 생태계를 지배하는 것을 막고 대신 수많은 종이 공존할 수 있게 한다. 변화가 많은 환경 조건은 일반종(generalist: 넓은 범위의 조건을 견딜 수 있는 종)에 유리하지만 안정한 조건은 특수종(specialist: 특별한 일을 특히 잘 수행하는 종)에 유리하다. 위도 경사에 대한 또 다른 유력한 가설은 여러 번의 빙하기가 생물을 열대지방으로 계속적으로 이동시켰고 그 결과 극지방과 온대지방은 상대적으로 종다양성이 낮다고 설명한다.

위도 경사는 지구의 생물군계(biome)의 종다양성에도 영향을 준다(4장). 열대건조림(tropical dry forest)과 열대우림(tropical rainforest)은 툰드라(tundra)와 북방침엽수림(boreal forest)에 비해서 훨씬 더 많은 종을 부양한다. 더 작은 규모에서는 다양성은 서식지 유형에 따라 변한다. 구조적으로 다양한 서식지는 더 많은 생태적 지위(ecological niche)를 허용하여(3장) 더 높은 종 풍부도(species richness)와 종 균등도(species evenness)를 지원한다. 예를 들면 삼림은 초원보다 다양성이 더 높다.

주어진 면적에서는 종다양성은 서식지의 다양성에 비례하여 증가한다. 이것은 각 서식지가 어느 정도 다른 조합의 생물들을 지지하기 때문이다. 그래서 추이대(ecotone: 다른 서식지가 만나는 지역의 전이 지대; 2장)는 흔히 높은 생물다양성을 지지한다. 사람들에 의한 교란(disturbance)은 때로 서식지 다양성을 증가시키므로 종다양성은 교란지에서 증가할 수 있다. 그러나 이것은 국지적 규모에서만 사실이다. 더 큰 규모에서는 인간에 의한 교란은 다양성을 감소시키는데, 이것은 서식지가 균질화될 때 특수종이 사라지고 또한 서식지가 단편화(fragmentation)되면서 넓은 면적의 서식지를 필요로 하는 종이 사라지기 때문이다.

멸종과 생물다양성의 감소

모든 수준의 생물다양성은 인간의 영향에 의해서, 대부분은 돌이킬 수 없는 종의 멸종을 통해서 감소되고 있다. 한 종의 마지막 개체가 죽고 그 종이 존재함을 멈추면 **멸종(extinction;** 3장)이 일어난다. 한 지역에서 특정한 종이 사라졌지만 지구 전체에서는 아직 사라지지 않았을 때는 멸종 대신 **절멸(extirpation)**이라고 부른다. 호랑이는 대부분의 과거 분포지역에서 절멸되었지만(그림 8.3 참조), 아직 멸종된 것은 아니다. 절멸은 시간이 지나면 멸종될 수 있는 침식적인(erosive) 과정이다.

인간의 영향은 오늘날 대부분의 경우의 절멸과 멸종에 책임이 있다. 그러나 이러한 과정은 비록 매우 느린 속도이기는 하지만 자연적으로도 일어난다. 만약 종이 자연적으로 멸종되지 않았다면 우리 주변은 공룡, 삼엽충, 그리고 인류가 출현하기 훨씬 이전에 사라진 수백만 종의 다른 생물들로 꽉 차 있을 것이다. 고생물학자들은 지금까지 살았던 모든 종의 99%는 지금은 이미 멸종되었고, 현재 지구의 풍부한 종다양성은 이 나머지 1%의 생물종으로 이루어져 있다.

인간이 출현하기 전에 일어났던 대부분의 멸종은 각자 독자적인 이유로, 배경멸종속도(background extinction rate)라고 불리는 느린 속도(3장)로 일어났다. 화석의 기록(3장)에 보존된 생물의 흔적을 연구한 결과 과학자들은 포유동물과 해양동물의 경우 평균적으로 매년 백만 종~천만 종당 1종씩 사라졌다고 추정하고 있다.

지구는 다섯 번의 대규모 멸종 사건을 경험하였다

지구 역사상에서 여러 번 멸종속도가 이 배경멸종속도를 뛰어넘었다. 지난 4억4천만 년 동안 우리 지구는 다섯 번의 대규모 멸종 사건을 겪었다(3장, **그림 8.5**). 각각의 사건에서는 그 당시에 살던 생물의 모든 과의 1/5 이상을, 모든 종의 적어도 반을 잃었다. 가장 심한 멸종사건은 페름기(Perminan period)의 끝에 일어났다 (지질학적 시기에 대해서는 **부록: 지질학적 연대기** 참조). 2억4천8백만년 전의 이 시기에는 모든 종의 90% 이상이 멸종되었다. 가장 잘 알려진 대규모 멸종 사건은 6천5백만 년 전인 백악기(Cretaceous period)의 끝에 일어났으며 이때에는 명백히 소행성이 지구와 충돌하여 공룡과 다른 많은 생물 그룹들을 사라지게 하였다.

만약 현재와 같은 경향이 지속된다면 현재의 지질시대, 즉 제4기(Quaternary period)에 모든 종의 반 이상이 멸종되는 것을 볼지도 모른다. 비록 과거의 대규모 멸종의 비슷한 규모일지라도 오늘날 진행되는 대규모 멸종은 두 가지 측면에서 과거와 다르다. 첫째는 우리가 멸종을 일으키고 있다는 점이고, 둘째는 그 결과 우리가 피해를 볼 것이라는 점이다.

우리는 제6의 대규모 멸종을 일으키기 시작했다

지난 수 세기 동안 우리는 인간에 의해서 야기된 수백 가지의 멸

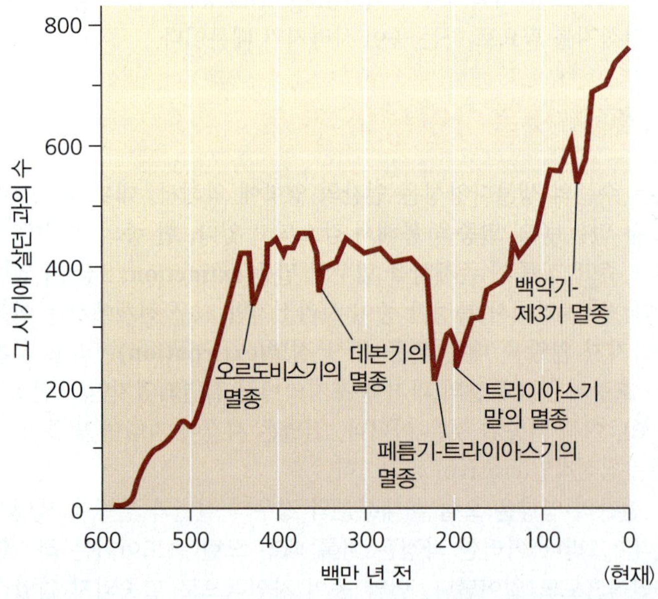

▲ **그림 8.5** 화석의 기록은 지구 역사의 지난 5억 년 동안에 일어났던 다섯 번의 대규모 멸종 사건들의 증거를 보여주고 있다. 오르도비스기, 데본기, 페름기, 트라이아스기, 그리고 백악기의 말에 전 세계 종의 50~95%가 멸종된 것으로 생각된다. (이 그래프는 종이 아니라 과를 보여주고 있으며, 그래서 감소가 덜 급격한 것으로 보인다.) 매번 생물다양성은 같거나 더 높은 수준으로 회복되었으나 한번 회복하는데 수백만 년의 시간이 소요되었다. Data from Raup, D.M., and J.J. Sepkoski, 1982. Mass extinctions in the marine fossil record. *Science* 215:1501–1503. Reprinted with permission from AAAS.

▲ **그림 8.6** 상아부리 딱따구리(ivory-billed woodpecker)는 북아메리카에서 가장 위엄있는 새의 하나였고 미국 동남부에 걸쳐서 노령림(old-growth forest)에 살았다. 삼림의 벌채와 목재 수확으로 인하여 이 새가 먹이, 피난처, 그리고 둥지를 만들기 위하여 필요로 하는 성숙한 나무들이 사라졌고, 미국 남부의 상징인 이 새는 멸종된 것처럼 보였다. 최근에는 아칸소, 루이지애나, 플로리다 주에서 확증되지 않은 관찰이 있어서 이 종이 아직도 살아 있다는 희망을 가지게 했지만, 그러나 그 증거는 아직 파악하기 어렵다.

종사건을 기록하고 있다. 지난 2세기 동안에만 북아메리카의 조류 중에는 인간에 의해서 캐롤라이나앵무(Carolina parakeet), 큰바다오리(great auk), 까치오리(Labrador duck), 나그네비둘기(passenger pigeon)는 이미 멸종되었고(3장), 그리고 아마도 백맨딱새(Backman's warbler)와 에스키모쇠부리도요(Eskimo curlew), 어쩌면 상아부리딱따구리(ivory-billed woodpecker)(**그림 8.6**)까지도 멸종되었을지 모른다. 미국흰두루미(whooping crane), 커트랜드아메리카솔새(Kirtland's warbler), 캘리포니아콘도르(California condor, 8장)를 비롯한 몇 가지 종들은 멸종직전의 상태에 있다.

그러나 인간에 의한 종의 멸종은 선사시대에도 있었다. 고고학적인 여러 증거는 인간이 섬과 대륙에 도달하면 바로 즉시 멸종이 물결이 뒤따랐음을 보여주고 있다(**그림 8.7**). 폴리네시아인들이 하와이에 도착한 이후 조류의 반이 멸종되었다. 뉴질랜드나 마다가스카르와 같은 큰 육괴를 포함한 다른 많은 대양의 섬에서도 인간의 도착 이후 조류, 포유류, 파충류 동물들이 사라졌다. 오스트레일리아에서는 약 5만 년 전에 인간이 도착한 이후 수십 종의 대형 포유동물이, 그리고 북아메리카에서는 만 년 또는 더 오래 전에 인간이 도착한 이후 33속의 대형 포유동물이 멸종되었다.

오늘날, 종의 멸종은 가속화되고 있는데 이는 인구 및 자원 소비의 증가가 서식지와 야생생물에 더 큰 부담을 주고 있기 때문이다. 2005년에는 새천년생태계평가(Millenium Ecosystem Assessment)에 관련된 과학자들이(1장) 현재의 지구적 멸종속도는 배경멸종속도보다 100배 내지 1000배 더 크다고 계산하였다. 그들은 다음에 올 수십 년 동안에는 그 속도가 지금보다 10배 더 커질 것으로 예측하였다.

멸종위기종을 모니터하기 위하여 세계자연보전연맹(International Union for Conservation of Nature, IUCN)은 높은 멸종위기에 처한 종의 목록을 업데이트하면서 **적색목록(Red List)**을 관리하고 있다. 2010년의 적색목록은 포유류의 21%(1,131종),

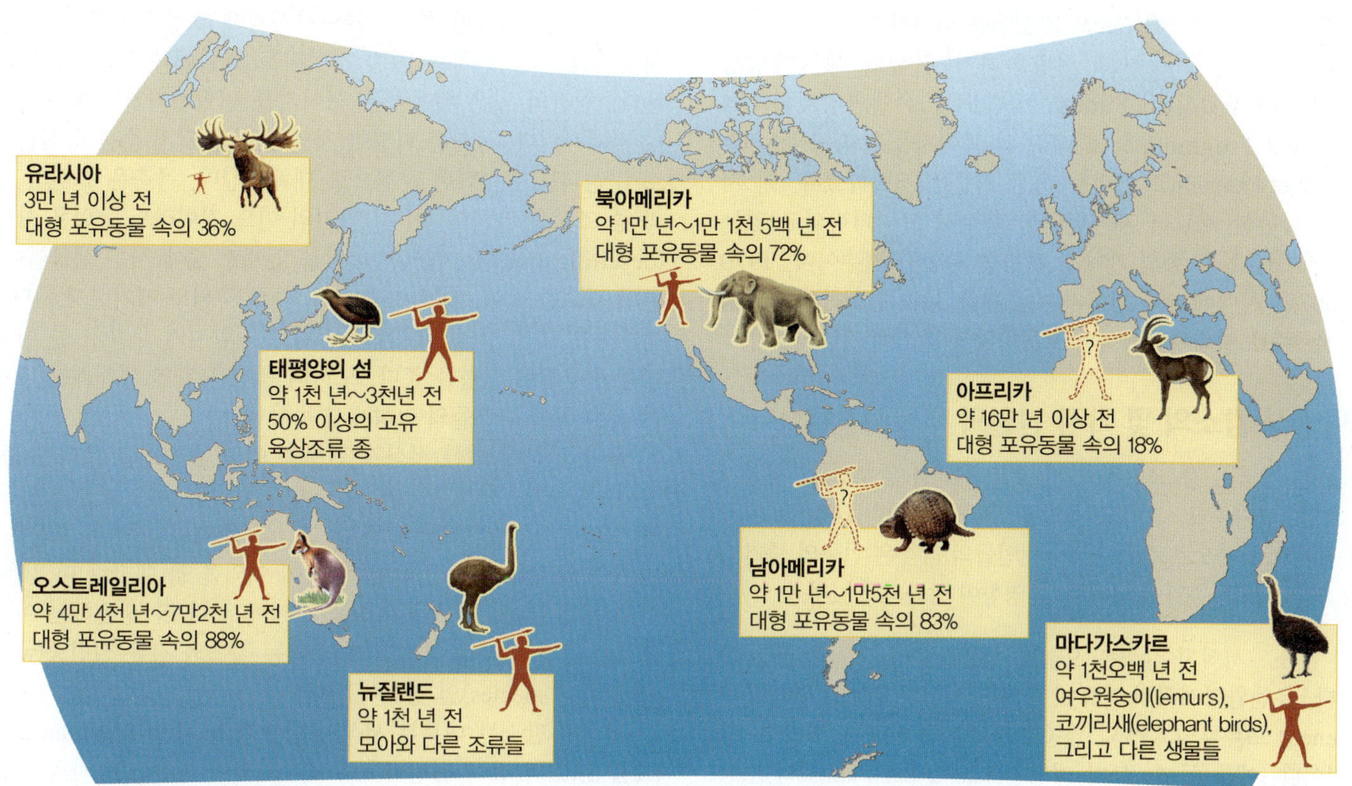

▲ **그림 8.7** 그림은 인간의 정착시기와 최근의 멸종범위를 보여준다. 삽화는 각 지역에서의 희귀종 멸종을 나타낸다. 인간사냥꾼의 아이콘은 사람이 동물에게 끼친 영향에 따라서 크기를 결정하였으며, 사냥은 멸종의 원인이었다. 큰 아이콘들은 기후변화 또는 다른 요인과는 다르게 인간의 영향이 확실하였을 때 표시한다. Assessing the causes of late Pleistocene extinctions on the continents. *Science* 306: 70–75; and Wilson, E.O., 1992. *The diversity of life. Cambridge*, MA: Belknap Press.

조류의 13%(1,240종), 그리고 양서류의 30%(1,898종)가 멸종의 위협에 처해 있다고 보고하고 있다. 다른 그룹의 생물들(평가가 아직 완전하지 않은) 가운데에는 17%에서 73%까지의 종이 높은 멸종위기에 처해 있다고 판단된다. 미국에서만도 지난 500년 동안 237종의 동물과 30종의 식물이 멸종되었다고 알려졌다. 이 모든 숫자를 감안하면 실제의 숫자는 틀림없이 알려진 숫자보다 더 클 것이다.

멸종의 가능성이 있는 1,131종의 포유동물 가운데에는 호랑이가 있다. 호랑이는 엄청난 크기와 사나운 포식동물로서의 명성에도 불구하고 지구상에서 가장 심각한 멸종위기에 처한 대형 동물이다. 1950년에는 8종의 호랑이 아종(tiger subspecies)이 존재하였다(그림 8.3 참조). 오늘날 그 중 3개의 아종이 멸종하였다. 발리 호랑이(Bali tiger)는 1940년대에, 카스피호랑이(Caspian tiger)는 1970년대에, 그리고 자바호랑이(Javan tiger)는 1980년대에 멸종하였다. 남중국호랑이는 지난 25년간 발견되지 않았으며 그 서식지도 거의 남아 있지 않아서 과학자들은 이 아종이 이미 멸종되지 않았다면 금방 멸종될 것으로 우려하고 있다.

생물다양성 감소는 멸종 이상을 의미한다

멸종은 생물다양성 감소 이야기의 한 부분에 지나지 않는다. 더 큰 부분은 감소하고 있는 개체군 크기와 관련된 것이다. 한 종의 개체수가 감소함에 따라 그 지리적 분포범위는 과거의 서식지의 일부에서 절멸되면서 축소된다. 그리하여 오늘날의 많은 종들은 과거보다 더 적은 수로, 더 적은 면적에 살고 있다. 호랑이는 19세기에는 전 세계에서 10만 마리 이상이 살았지만 지금은 3,000~3,500마리에 지나지 않는다. 그러한 감소는 종다양성뿐만 아니라 유전적

FAQ

Q: 만약 대규모 멸종이 일어나고 있다면 왜 내 주변에서 멸종되고 있는 종을 볼 수 없는가?

A: 우리들 대부분이 개인적으로 생물다양성 감소의 규모를 인지하지 못하는 두 가지 이유가 있다. 첫째는 여러분이 마을이나 도시에 살고 있다면 여러분이 매일 보고 있는 식물이나 동물들은 교란된 장소에서 번성하는 일반종(generalist species)일 것이다. 반면에 문제가 있는 종들은 덜 교란된 서식지에 의존하는 종으로서 그들을 보기 위해서는 더 멀리 가야 한다.

두 번째로는 인간의 수명은 매우 짧다. 우리의 수명 동안에 개체군이나 종이 감소되는 과정은 우리에게는 느린 과정이지만 지구의 시간 수준으로는 급격한, 거의 순간적으로 일어나는 일이다. 우리들은 각자 이미 많은 종이 사라진 세계에 태어나기 때문에 무엇이 이미 없어졌는지를 인지하지 못한다. 이와 마찬가지로 우리의 손자들은 우리가 생존하고 있는 동안에 없어진 종들을 인지하지 못할 것이다. 인간의 각 세대들은 전반적인 현상의 한 부분만 경험하기 때문에 큰 그림을 보는 데 어려움이 있다. 그럼에도 불구하고 생물학을 연구하는 연구자들과 야외에서 평생을 보내는 자연학자(naturalist)들은 생물다양성 감소의 많은 경우를 보고 있으며 이것이 바로 그들을 생물다양성 문제에 대해서 열정적이 되게끔 만드는 이유이다.

다양성과 생태계다양성이 감소되고 있음을 의미한다.

이러한 감소를 측정하고 정량화하기 위하여 세계야생생물기금(World Wildlife Funds, WWF)과 유엔환경계획(UN Environment Programme, UNEP)의 과학자들은 **지구생존지수**(Living Planet Index)라고 불리는 측정 기준을 개발하였다. 이 지수는 신뢰할만한 자료를 제공할만큼 충분히 모니터링되고 있는 2,544종의 포유동물 종의 개체군 경향을 종합한 지수이다. 1970년과 2007년 사이에 지구생존지수는 대략 30% 감소하였고(**그림 8.8**), 이는 주로 열대지방에서의 생물다양성 감소에 기인되었다.

생물다양성 감소의 몇 가지 원인이 두드러진다

과학자들은 개체군 감소의 네 가지 주요 원인을 밝혀냈다: 서식지 감소, 오염, 과다수확, 그리고 침입종. 지구기후변화(14장)은 지금 5번째 원인으로 떠오르고 있다. 이 원인들의 각각은 인구의 증가와 일인당 자원소비의 증가에 의해서 그 영향이 심화되고 있다.

서식지 감소 서식지 감소는 오늘날 생물다양성 감소의 가장 큰 원인이다. 유엔환경계획의 자료에 따르면 서식지 감소는 멸종우려(threatened) 포유류의 83%와 멸종우려 조류의 85% 감소의 첫 번째 원인이다. 예를 들면, 북미 대평원(The Great Plains)의 초원(prairie)은 오늘날 거의 대부분이 농경지로 전환되었다. 과거 초원의 1% 이하만이 오늘날까지 남아 있다. 그 결과로 초원의 조류 개체군들은 82~99%까지 감소되었다.

서식지 파괴는 거의 모든 생물군계(biome)에서 널리 일어났다(**그림 8.9**). 전 세계의 온대 삼림, 초원, 그리고 관목림의 절반 이상이 1950년까지 다른 형태로 (대부분은 농업용도로) 전환되었다. 과학자들은 아시아 전역에서 지난 10년간 호랑이의 잔여 서식지의 40%가 사라졌다고 추정한다. 오늘날 서식지는 열대우림, 연대 건조림, 그리고 사바나에서 가장 빨리 사라지고 있다.

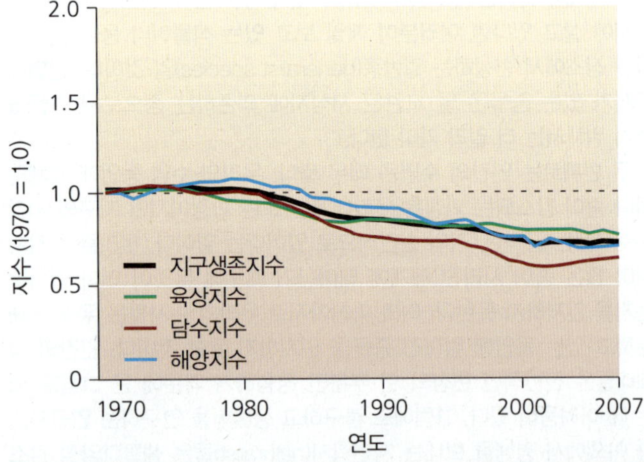

▲ **그림 8.8** 생존지구지수(Living Planet Index)는 지구 생물다양성 상태의 지표로 사용된다. 이 지수의 값은 2,544종의 포유류의 7,953개체군의 경향을 요약한다. 1970년과 2007년 사이에 지구생존지수는 대략 30%나 감소하였다. 이 지수는 육상종은 25%, 담수종은 35%, 그리고 해양종은 24% 감소하였다. 대부분의 감소는 열대지방에서 일어났으며 이곳에서는 이 지수가 60%나 감소하였다. 반면에 온대지역에서는 29%나 증가하여 회복되고 있음을 보여준다. Data from World Wide Fund for Nature, 2010. *The Living Planet Report, 2010*. Gland, Switzerland.

생물들은 그들이 살고 있는 서식지에 적응되어 있기 때문에 서식지의 주요 변화는 어떤 것이라도 그들에게 덜 적합하게 만든다. 인간의 많은 활동들은 서식지를 변형시키거나 훼손시키거나 파괴시킨다. 농사는 다양한 자연 군집을 단지 수종의 식물종으로 구성되는 단순화된 군집으로 대체시킨다. 목축은 초원의 구조와 종 조성을 바꾼다. 이 두 가지의 어느 것이라도 농업은 사막화(desertification)를 이끈다. 삼림을 없애면 숲에 사는 생물들이 생존에 필요한 먹이, 피난처, 그리고 다른 자원도 제거하게 된다. 수력발전용 댐은 강의 상류를 저수지로 전환시켜 하류의 물 환경과 범람원 군집에 영향을 준다. 도시의 팽창은 자연 생태계를 대체하여 많은 종들을 그들의 고향에서 몰아낸다.

물론 인간에 의한 서식지 변형은 어떤 종에게는 혜택을 준다. 참새, 비둘기, 회색다람쥐, 쥐, 바퀴벌레와 같은 동물들은 도시와 교외에서 번성한다. 그러나 인간의 존재에 의해서 도움을 받는 종들은 비교적 소수이며, 한 종이 이익을 볼 때마다 더 많은 종이 손해를 본다. 더구나 우리들 사이에서 더 잘 생존하는 이러한 종들은 금방 사라질 염려가 거의 없는 잡초와 같은 일반종(weedy generalist species)인 경향이 있다.

서식지 감소는 대부분 **서식지 단편화(habitat fragmentation)**(**그림 8.10**)와 같이 점진적으로 조각화되어 훼손되는 과정을 통해서 일어난다. 농사, 벌목, 도로 건설, 또는 개발사업이 삼림으로 침투하면 연속적이고 광대한 삼림 서식지를 일련의 단편, 또는 조각 서식지로 쪼갠다. 하나의 경관에 걸쳐서 서식지 단편화가 진행됨에 따라 삼림 서식지에 적응된 동물과 식물은 하나의 조각에서 다른 조각으로 사라지는 현상이 계속된다. 서식지 단편화에 대응

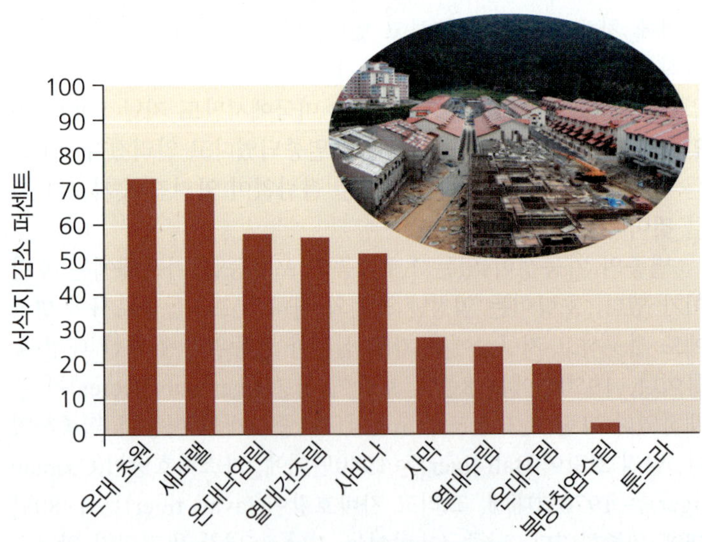

▲ **그림 8.9** 서식지 감소는 주택 개발(**삽입 사진**), 농업, 채광, 그리고 다른 활동 등의 인간 영향의 결과로 지구의 모든 생물군계(biome)에 영향을 미치고 있다. 각 생물군계의 막대는 원래의 면적 중 1990년까지 인간의 사용을 위해서 전환된 면적의 백분율을 보여준다. 온대초원과 새퍼렐(chaparral)은 70% 이상 감소되었고, 반면에 툰드라와 북방침엽수림은 거의 감소되지 않았다. 이러한 자료들은 완전한 서식지 전환의 결과만 계산하였고, 다른 방식으로 인간의 활동에 의해서 간접적으로 영향을 받는 면적은 제외하였다. Adapted from Millennium *Ecosystem Assessment, 2005. Ecosystems and human well-being: Biodiversity synthesis*. World Resources Institute, Washington, D.C..

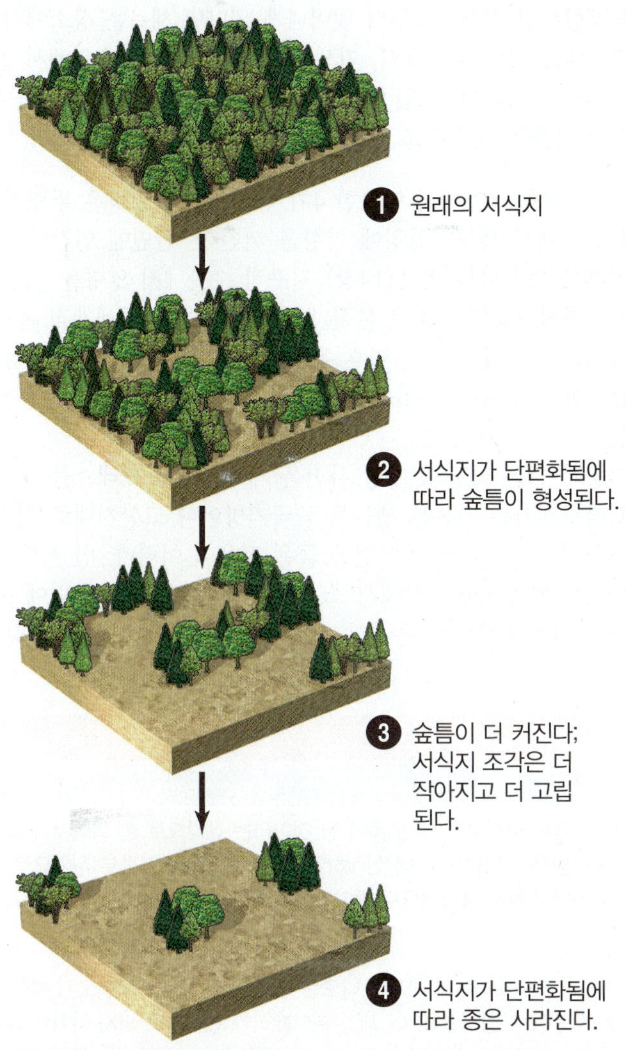

▲ **그림 8.10** 서식지 단편화는 원래의 자연 서식지 내에서❶ 숲틈(gap)이 형성될 때 시작된다❷. 개발이 진행됨에 따라 이러한 숲틈은 확장되고 ❸, 서로 합쳐지고, 마침내는 경관에서 주된 요소가 되어❹, 숲틈 한가운데에서 서식지의 섬을 고립시키게 된다. 서식지가 단편화됨에 따라 더 적은 수의 개체군들이 존속하고, 단편(조각 생태계) 내의 종의 수는 감소한다.

하여 보전생물학자들은 보존할 지역에 우선순위를 부여하는 경관 수준의 전략을 고안한다(9장).

오염 오염은 여러 가지로 생물에게 해를 준다. 대기오염(13장)은 삼림생태계의 질을 저하시킨다. 수질오염(12장)은 어류와 양서류를 손상시킨다. 비료, 농약, 그리고 침전물을 포함한 농업 유수(runoff; 2, 7장)는 육서 및 수서 생물종에 해를 끼친다. 중금속, 폴리염화비페닐(polychlorinated biphenyls, PCBs), 내분비교란 화합물, 그 외 다른 유독 화합물들은 사람들과 야생동물들에게 독성물질로 작용한다(10장). 대양의 플라스틱 쓰레기들이 해양 생물들을 목졸라 죽이거나, 익사시키거나, 질식시킨다(12장). 석유와 화학물질의 유출이 야생생물에 미치는 영향은 극적이고 잘 알려져 있다(12, 15장). 그러나 비록 오염이 상당한 위협이 되지만 그것은 대중이 인식하고 있는 것보다는 덜 심각하며, 또한 서식지의 감소보다는 훨씬 덜 영향을 준다.

과다수확 대부분의 종에게는 사람들에 의한 사냥이나 과다수확은 그 자체로 멸종의 위협은 되지 않지만 시베리아호랑이와 같은 종에게는 멸종 위협이 될 수 있다. 몸집이 크고, 개체수가 적고, 수명이 길고, 그리고 평생동안 소수의 자식을 기르는 생물들은 전형적인 K-선택종으로서(4장), 시베리아호랑이는 사냥에 취약한 바로 그러한 유형의 동물이다. 러시아인들에 의한 사냥의 시작은 시베리아호랑이를 거의 멸종에 이르게 하였으나, 반면에 제2차 세계대전 후에는 사냥의 감소로 개체군은 증가하게 되었다. 1980년대에는 시베리아호랑이의 개체군은 250마리까지 증가하였다. 그러나 1989년 소비에트연방의 붕괴는 호랑이를 포함한 시베리아의 자연 자원에 대하여 규정과 규칙이 없는 수확의 자유를 불러와서, 1991년부터 1996년 사이에 밀렵꾼들은 불법적으로 적어도 180마리의 시베리아호랑이를 살해하였다. 이 시기의 시베리아호랑이의 밀렵은 많은 아시아 국가들의 경제성장과 맞물려서 증가하였는데, 일부 아시아 국가들에서는 호랑이의 음경이 사람들의 성적 기능을 증가시키고, 호랑이의 뼈, 발톱, 수염, 그리고 다른 신체 부위들이 다양한 건강 문제 해결을 시도하는 데 사용되어 왔다(**그림 8.11**). 그 효과에 대한 증거가 확실하지 않은데도 불구하고 호랑이 한 마리로부터 나온 신체 부위들을 판매하면 암시장에서는 적어도 15,000달러를 받을 수 있었으며 이것은 가난한 지역의 밀렵꾼들에게는 강력한 경제적 유혹으로 작용하였다.

사냥은 많은 K-선택종의 개체군을 감소시켰다. 대서양귀신고래(Atlantic gray whale)는 이미 멸종되었고, 다른 몇 종류의 고래들은 멸종우려종(threatened species)이거나 멸종위기종(endangered species)이다. 고기를 얻기 위해서 사냥되어온 고릴라와 다른 영장류들은 곧 멸종에 직면할지도 모른다. 단순히 수프에 들어갈 지느러미를 얻기 위해서 매년 수천 마리의 상어가 죽어가고 있다. 오늘날 대양은 한때 살았던 대형 동물의 10%만 보유하고 있다(12장).

과다수확에 대응하기 위해서 각국 정부는 법을 통과시키고, 협약에 조인하여 밀렵근절 노력을 강화시키고 있다. 과학자들은 불법 사냥과 불법 야생생물 거래를 적발하기 위하여 유전적 분석을 시작하였다. 예를 들면, DNA 분석으로 코끼리의 상아가 어느 지역에서 나왔는지를 밝혀낼 수 있고, 시장에서 파는 고래 고기가 불법으로 잡힌 것인지를 판별할 수 있다(**과학 비하인드 스토리** 참조).

침입종 비자생종(non-native species)을 새로운 환경으로 도입하는 것은, 그 가운데 일부는 침입종으로 되며(4장), 자생종(native species)을 몰아내게 된다(**그림 8.12**). 일부의 도입은 우연히 일어난다. 그 예로는 선박의 평형수(ballast water)에 섞여 수송된 수서 생물(얼룩말홍합, zebra mussel; 4장), 애완동물 거래 중 탈출한 동물, 우리가 한 장소에서 다른 장소로 이동할 때 양말에 붙어서 옮겨온 잡초 등이 있다. 다른 도입은 의도적이다. 사람들은 오래전부터 새로운 장소에 정착할 때마다 작물과 동물을 함께 가져왔고, 오늘날은 외래의 애완동물과 관상용식물을 국제 거래를 통하여 들여온다.

새로운 장소에 도입된 대부분의 생물들은 사라지지만 일부의 종류는 잘 생존할 수 있다. 특히 만약 그들이 원래의 서식지에서 그들을 공격하던 포식자나 기생생물로부터 해방되거나, 자원의 접

▲ **그림 8.11** 일부 아시아 문화에서는 호랑이의 신체 부위가 전통 의약품과 최음제로 판매된다. 밀렵꾼들은 이러한 품목에 대한 시장의 수요를 충족시키기 위하여 호랑이를 불법적으로 죽이고 있다. 이 사진은 중국 북부 지역의 길거리 판매상인이 호랑이 신체 부위를 판매를 목적으로 진열해 놓은 것을 보여준다.

근을 제한하던 경쟁자로부터 벗어나게 된다면 새로운 장소에서 매우 잘 살아갈 수 있다. 포식, 기생, 경쟁과 같은 제한요인에서 일단 벗어나게 되면(4장), 도입종은 번성할 수 있고 자생종을 쫓아내게 된다. 침입종은 매년 수조 달러의 경제적 피해를 끼칠 수 있다.

지구기후변화 앞에서 언급한 4가지의 인간의 영향은 뚜렷한 시간과 장소에서 생물다양성에 영향을 끼친다. 반면에 인간이 지구의 기후를 조작하는 것은(14장) 지구적 수준에서 영향을 끼친다. 우리가 화석연료의 연소로 온실가스를 배출하여 전 세계적 온난화를 일으킴에 따라 우리는 기후 유형을 변화시키고 극단적 기상 사건(급격한 기상이변, extreme weather events)의 빈도를 증가시킨다.

가뭄과 같은 극단적 기상 사건은 개체군에 스트레스를 증가시키고 따뜻해지는 기온은 생물들을 극지방이나 고산지대로 지리적 분포범위를 이동시킨다. 어떤 종들은 적응이 어렵다. 산 꼭대기의 생물들은 (예를 들면 3장에서 소개된 몬테베르데의 운무림에 사는 동물들) 따뜻해지는 기온에서 피하기 위하여 더 위로 올라갈 수

침입종

종	침입한 장소	영향
집시나방 (*Lymantria dispar*)	미국 북동부 (자생지는 유라시아 대륙)	1860년대에 상업적 목적의 비단을 생산하는 데 도움이 될 것이라는 생각으로 한 과학자가 매사추세츠주에 도입하였다. 이 나방은 비단만드는 데 실패하였고, 반면에 미국 북동부 지역으로 퍼져나가서 수년 만에 넓은 지역에 걸쳐서 폭발적으로 증가하여 나무의 잎을 먹어치웠다.
흰점찌르레기 (*Sturnus vulgaris*)	북아메리카 (자생지는 유럽)	이 새는 세익스피어 애호가들이 세익스피어의 희곡에 나오는 모든 새를 미국에 들여오기 위한 목적으로 19세기 말에 뉴욕시에 처음 도입하였다. 이 새가 북아메리카 전역으로 퍼져 나가는 데에는 75년밖에 걸리지 않았으며, 이 대륙에서 가장 흔한 새가 되었다. 흰점찌르레기는 둥지 구멍에 대한 경쟁에서 자생종들을 이기는 것으로 생각된다.
털빕새귀리 (*Bromus tectorum*)	미국 서부 (자생지는 유라시아 대륙)	털빕새귀리(cheatgrass)는 1890년대에 미국의 워싱턴주에 도입된 이후 30년 만에 미국 서부의 넓은 지역으로 퍼져 나갔다. 이 종은 다른 식물들을 밀쳐내고, 토양 질소를 다 흡수하며, 쉽게 불탄다. 불은 자생 식물들을 죽이지만 털빕새귀리는 죽지 않고 오히려 경쟁자가 없는 상태에서 더 강하게 자라게 된다.
갈색나무뱀 (*Boiga irregularis*)	괌 (자생지는 동남아시아)	태평양의 섬인 괌(Guam)에서 거의 모든 자생 산림 조류종이 사라졌다. 그 범인은 갈색나무뱀으로 제2차 세계대전 중에 우연히 군용 비행기의 화물칸에 실려서 괌으로 밀항하게 되었다. 이 뱀은 다른 섬에도 펴져서 같은 생태학적 파괴를 일으켰다. 보전생물학자들은 하와이에 이 종이 도입될 것을 가장 두려워하고 있다.
칡 (*Pueraria montana*)	미국 동남부 (자생지는 일본)	칡은 한 생육기에 30 m까지 자라는 덩굴성 목본식물이다. 미국토양보전국(U.S. Soil Conservation Service)은 토양침식을 방지하기 위하여 1930년대에 이 종을 도입하였다. 새로운 환경에도 잘 적응하면서 엄청나게 빨리 자라는 칡은 수천 헥타르의 숲과 밭과 길가를 점령하였다.
알락하늘소 (*Anoplophora glabripennis*)	미국 (자생지는 아시아)	1990년대에 수입된 목재와 함께 도입된 이 종은 나무에 구멍을 뚫고 나무가 물과 양분을 흡수하고 이동시키는 과정을 방해한다. 이들은 한 장소에서 대부분의 낙엽활엽수들을 고사시킬지도 모른다. 시카고와 시애틀을 비롯한 미국의 여러 도시에서는 이 침입종을 발견한 이후 수천그루의 나무를 베어버렸다.
분홍늑대달팽이 (*Euglandina rosea*)	하와이 (자생지는 미국 동남부와 라틴아메리카)	1950년대에 또 다른 초식성 침입종인 아프리카대왕달팽이(giant African land snail)를 먹어치워서 그 개체군을 줄이기 위한 좋은 의도로 과학자들이 하와이에 분홍늑대달팽이를 도입하였다. 그러나 수십 년 만에 이 육식성 분홍늑대달팽이는 대신에 하와이의 자생 줄무늬나무달팽이(banded tree snail)의 절반 이상을 멸종시켰다.

▲ **그림 8.12** 침입종이란, 흔히 자생종에 해를 끼치면서 도입된 곳에서 번성하는 종을 말한다. 이 표는 수천가지 침입종 가운데 몇 가지만 보여준다.

▲ **그림 8.13** 북극의 온난화가 해빙을 녹임에 따라 북극곰은 물개 사냥 장소인 얼음이 없어져 먹이를 찾기 위하여 더 멀리 헤엄쳐야 한다. 환경단체들이 제기한 소송은 미국어류및야생생물보호국으로 하여금 2008년에 북극곰을 지구온난화의 결과로 멸종위기종법에 의거한 멸종위협종 목록에 올리도록 하였다.

없어서 사라지게 된다. 또한 나무는 극지방으로 충분히 빨리 이동할 수 없다. 분포범위가 변함에 따라 동물과 식물들은 지금까지 적응하지 못했던 새로운 먹이, 포식자, 그리고 기생생물의 군집 속에 속하게 될 것이다. 온난화가 가장 빠른 북극에서는 북극곰(**그림 8.13**)이 얼음이 녹아 물개를 사냥하기 어려워져서(14장) 미국의 멸종위기종법(Endangered Species Act, ESA) 상의 멸종우려종(threatened species) 목록에 등록되어 있다. 대체로 과학자들은 지구 기온의 1.5~2.5°C 상승은 전 세계 동식물의 20~30%를 멸종위기에 처하게 할 것이라고 예측하고 있다.

모든 다섯 가지 생물다양성 감소의 원인들은 인구 증가와 일인당 자원 소비량 증가에 의해서 그 영향이 더 심화되고 있다. 연구자들이 생물다양성 감소의 원인들에 대한 확고한 과학적 이해를 하게 되면서 우리들은 그 결과를 인정하게 되었다(**그림 8.14**). 더구나 이러한 원인들은 서로 상호작용하면서 그들의 부분의 합보다 더 큰 영향을 주게 된다. 전 세계에 걸쳐서 현재의 양서류 개체군의 붕괴는 이 사례의 하나이다. 오늘날 개구리, 두꺼비, 그리고 도롱뇽의 전 개체군은 자취를 감추고 있다. 알려진 6,300종 가운데 거의 2,500종이 감소하고 있고, 수년 전 또는 수십 년 전에 연구된 약 170종은 사라진 것으로 생각된다. 이러한 생물들이 우리들 눈앞에서 사라짐에 따라 과학자들은 그 이유를 찾기 위해서 동분서주하고 있으며, 그들은 서식지 파괴, 화학적 오염, 질병, 침입종, 그리고 기후 변화와 연관되는 증거들을 찾아내었다. 연구자들은, 어떤 경우에는 상호작용 중인 요인들이 서로의 영향을 더 증가시키는 것으로 추정하고 있다.

생물다양성의 혜택

생물다양성 감소는 윤리적 측면에서도 문제가 된다. 왜냐하면 많은 사람들은 생물들이 존재할 수 있는 내재적 가치(intrinsic value)를 가지고 있다고 느끼기 때문이다. 그러나 생물다양성 감소는 또한 인간사회에도 문제가 된다. 왜냐하면 생물다양성이 많

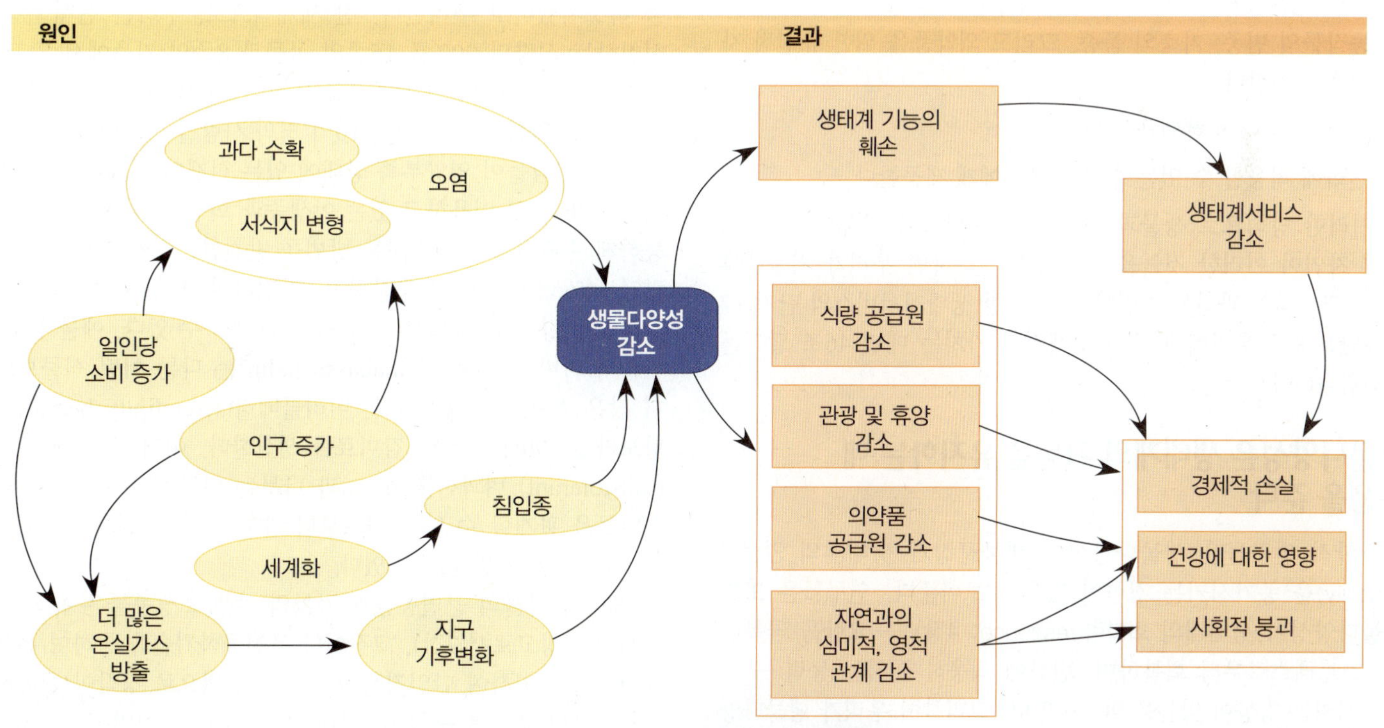

▲ **그림 8.14** 생물다양성의 감소는 다양한 원인으로 발생하며 (좌측의 타원), 생태적 계와 인간의 웰빙에 여러 가지의 결과를 낳는다 (우측의 상자). 이 개념도에서 화살표는 원인으로부터 결과로 이끈다. 하나의 큰 상자 안에 들어 있는 작은 상자들은 서로 특별한 관계를 반드시 가지는 것은 아니고 단지 그림을 간소화시키기 위해서 사용되었다.

해결책

8장에서 여러분이 공부를 더 진행함에 따라서 생물다양성 감소에 대하여 가능한 더 많은 해결책을 도출해 보도록 노력하라. 이 문제를 해결하기 위해서 여러분은 도움이 되는 어떤 일을 개인적으로 할 수 있을 것인가? 각 행동이나 해결책이 어떻게 위의 개념도에 있는 항목들에 영향을 줄 수 있는지 생각해보라.

은 유형의(tangible) 실제적인 방식으로 사람들에게 혜택을 주고 사회를 지원하기 때문이다.

생물다양성은 생태계서비스를 제공한다

일반 대중의 의견과는 달리, 생활 속의 몇 가지는 무료이다. 우리가 그것들을 제공하는 생태계를 보호하는 한. 손상되지 않은 숲은 깨끗한 공기와 물을 제공한다, 그리고 홍수와 가뭄을 막기 위한 수문학적 체계(hydrological system)에서 완충작용을 한다. 자연에서 자라고 있는 곡식의 변종은 병충해에 대한 보험 역할을 한다. 야생생물들은 관광객을 끌어모으고 경제를 활성화시킨다. 손상되지 않은 생태계는 이러한, 그리고 다른 귀중한 과정을 제공하는데, 이를 우리 모두를 위하여 무료로 제공되는 **생태계서비스**(ecosystem service; 1, 2, 5장)라고 부른다. 유엔환경계획(UNEP)에 따르면, 생물다양성은:

- 식품, 연료, 섬유, 그리고 피난처를 제공한다.
- 공기와 물을 정화한다.
- 폐기물과 독소를 분해한다.
- 지구의 기후를 안정화시킨다.
- 홍수, 가뭄, 온도를 완충시킨다.
- 영양소를 순화시키고 토양 비옥도를 유지한다.
- 많은 농작물을 포함한 식물의 꽃가루받이(수분)를 담당한다.
- 해로운 생물(pest)과 질병을 방제한다.
- 농작물의 변종, 가축의 품종, 그리고 의약품을 위한 유전적 자원을 유지한다.
- 문화적, 심미적 혜택을 준다.
- 변화에 적응할 수 있는 수단을 우리에게 제공한다.

이러한 방식으로 생물과 생태계는, 사람들이 복제할 수 없고 만약 자연이 이러한 것들을 제공하지 않는다면 우리가 지불해야 하는, 필수적인 과정을 지원한다. 이러한 생태계서비스의 단지 17가지만으로도 우리에게 주는 경제적인 가치는 매년 46조 달러를 상회한다(5장).

생물다양성은 생태계의 기능을 유지하는 데 도움을 준다

생태학적 연구들은 생물다양성이 생물군집과 생태계의 **안정성**(stability)을 증가시키는 경향이 있음을 보여준다. 연구들은 또한 생물다양성이 생태계의 **회복력**(resilience; 4장) — 교란을 극복하고, 스트레스로부터 회복하며, 변화에 적응하게 하는 능력 — 을 증가시키는 경향이 있음을 발견하였다. 그리하여 우리가 생물다양성을 없앨 때 이것은 자연계가 우리 사회를 위하여 기능하고 서비스를 제공하는 능력을 감소시키게 된다.

단지 몇 종을 잃는 것으로 한 생태계가 기능할 수 있는 능력에 많은 차이가 날 수 있을까? 폴 에를리히(Paul Ehrlich)와 앤 에를리히(Anne Ehrlich)가 처음으로 제시한 은유를 생각해보라(6장). 어떤 비행기의 날개에서 하나, 또는 둘, 또는 셋의 리벳(rivet; 대갈못)이 빠진다면 그 비행기는 아마도 추락하지는 않을 수 있다. 그러나 더 많은 리벳을 제거한다면 그 구조물은 위험에 빠질 것이고, 마침내는 리벳 하나를 더 제거하면 비행기는 추락할 것이다.

연구에 의하면 호랑이와 같은 최상위포식자(top predator)는 진정으로 강한 영향을 주는데, 이것은 최상위 포식자가 흔히 핵심종(keystone species; 4장)이기 때문이다. 호랑이 한 마리는 많은 초식동물을 먹고 살고, 각각의 초식동물은 많은 식물을 먹고 산다 – 그래서 호랑이와 같은 종의 제거는 먹이사슬을 따라 내려가면서 그 영향이 증폭된다.

개미나 지렁이와 같은 "생태계 기술자(ecosystem engineer; 4장)"는 모든 면에서 핵심종만큼 영향력이 있어서 어떤 생태계에서 생태계 기술자 하나가 없어지면 마찬가지로 주요 변화가 일어날 수 있다. 생태계는 복잡해서 어떤 종이 가장 중요한지 예측하기 어렵다. 그래서 많은 사람들은 알도 레오폴드(Aldo Leopold; 1장)의 정신을 따라 예방 원리(precautionary principle; 7장)를 적용하는 것을 좋아한다. 레오폴드는 "모든 톱니의 이와 모든 바퀴를 보전하는 것은 현명한 수리(tinkering)의 첫 번째 예방책이다"라고 충고하였다.

생물다양성은 식량 안보를 강화한다

생물다양성은 우리가 먹은 식량을 제공한다. 역사를 통틀어 사람들은 7,000종의 식물과 수천 종의 동물을 식량으로 사용해왔다. 오늘날 영양 전문가들은 산업적 농업이 우리의 음식물 종류(diet)를 축소시켰다고 우려한다. 전 세계적으로, 우리는 현재 우리가 섭취하는 식량의 90%를 15종의 곡물과 8종의 가축에서 얻고 있으며, 이러한 다양성의 부족으로 인하여 특정한 곡물의 생산이 실패할 때의 위험성이 커진다. 10억 명의 사람들이 기아에 허덕이고 더 많은 사람들이 영양부족 상태에 있는 현재의 세계에서, 우리는 새로운 또는 덜 이용하고 있는 야생종과 희귀 곡물 품종을 지속가능하게 수확하거나 경작하는 방법을 발견함으로써(**그림 8.15**), 식량안보(food security; 충분하고, 안전하며, 영양이 풍부하고, 안정적인 식량 공급의 확보; 7장)를 강화시킬 수 있다. 예를 들면 아마존의 바바수 야자나무(babassu palm)는 다른 어떤 식물보다도 더 많은 식용유를 생산한다. 미러클베리(serendipity berry)는 설탕보다 3,000배나 강한 감미료를 생산한다. 여러 종의 염분 내성(salt-tolerant) 벼과식물(grass)과 나무는 너무 강인하여 농부들이 바닷물을 관개할 수 있고 이로부터 가축의 사료, 대용 식용유, 또는 다른 제품을 생산할 수 있다.

게다가 곡물의 근연종들과 곡물의 야생 조상종들은 유전적 다양성의 저장고로서(7장), 교잡이나 유전공학기술을 통하여 유용한 유전자를 도입하여 단일경작 곡물이 재난적으로 경작이 실패하는 것으로부터 우리를 구할 수 있게 한다. 우리는 이미 감자, 밀, 보리, 그리고 다른 곡물의 근연종으로부터 수십조 달러의 가치의 질병저항성 유전자를 도입하였다.

생물들은 의약품을 제공한다

사람들은 수세기 동안 식물로부터 의약품(medicines)을 생산해왔

식량 안보와 생물다양성: 새로운 잠재적 식량원		
종	자생지	잠재적 용도와 혜택
비름 (*Amaranthus* 속의 3종)	열대 및 안데스 아메리카	낟알과 잎을 먹는 야채; 가축의 사료; 빠른 생장과 내건성
부리티야자 (*Mauritia flexuosa*)	아마존 저지대	아메리카 인디안에게는 "생명의 나무"; 비타민이 풍부한 열매; 줄기의 속(고갱이)은 빵의 재료; 어린 줄기에서 나오는 팜하트(야자순)
마카 (*Lepidium meyenii*)	안데스 산맥	추위에 대한 내성이 크며 무와 비슷한 뿌리 야채; 독특한 향취를 가지고 있음. 거의 멸종위기에 처해 있다.
바비루사 (*Babyrousa babyrussa*)	인도네시아: 몰루카제도 및 술라웨시	깊은 숲에 사는 돼지; 섬유소가 많은 식물을 섭취하므로 곡물에 대한 의존도가 낮다.
카피바라 (*Hydrochoeris hydrochoeris*)	남아메리카	세계에서 가장 큰 설치류; 고기는 높게 평가됨. 물가 부근의 개방된 서식지에서 쉽게 사육가능함.
비쿠냐 (*Lama vicugna*)	중앙안데스	야마와 근연관계가 있는 멸종위협종; 고기 모피, 가축의 공급원; 경제성 있는 목축이 가능함
차찰라카 (*Ortalis*속의 많은 종)	중남미	열대 조류; 사람들의 서식지 환경에 잘 적응함; 빨리 자란다.

▲ **그림 8.15** 생물다양성을 보호함으로써 우리는 식량 안보를 증진시킬 수 있다. 여기에 소개한 야생종은 우리의 식품 공급을 보조해 줄 수 있는 많은 동식물 중의 일부에 지나지 않는다. Adapted from Wilson, E.O., 1992. *The diversity of life*. Cambridge, MA: Belknap Press.

으며 오늘날의 많은 약품(pharmaceuticals)은 야생식물로부터 추출한 화학물질에서 유래된 것이다(**그림 8.16**). 마다가스카르빈카(rosy periwinkle)는 호지킨병(Hodgkin's disease)과 치명적인 백혈병의 한 종류를 치료하는 데 사용되는 약품을 생산한다. 만약 이 식물이 마다가스카르에서 멸종되었다면 이들 두 치명적인 질병은 훨씬 더 많은 사람들을 사망하게 했을 것이다. 오스트레일리아에서는 코르크나무(corkwood)의 한 희귀종인 레이카르듀보이시아(*Duboisia leichardtii*)가 히오신(hyoscine)이라는 물질을 생산하는데, 이 물질은 내과의사들이 암, 위장병, 그리고 뱃멀미를 치료하는 데 사용한다. 미국의 북서부 태평양연안에 자라는 태평양주목(Pacific yew)은 항암제인 택솔(taxol)을 만드는 기초 형태의 화학물질을 생산한다. 매년 야생종으로부터 기원한 의약품생산은 1,500억 달러의 판매고를 올리며 수천 명의 사람들을 살린다.

세계의 생물다양성은 아직 발견되지 않은 의약품의 더욱 큰 보물창고이다. 한 종이 멸종될 때마다 우리는 암, 에이즈, 또는 다른 질병을 치료할 수 있는 기회를 잃어버리게 되는 것이다(**그림 8.17**).

의약품과 생물다양성: 약품의 천연자원		
식물	약제	의학적 용도
파인애플(*Ananas comosus*)	브로멜라인 (Bromelain)	조직의 염증 억제
가을크로커스(콜치쿰) (*Colchicum autumnale*)	콜치신(콜히친) (Colchicine)	항암제
노랑씬코나(기나나무) (*Cinchona ledgeriana*)	퀴닌(키니네) (Quinine)	학질(말라리아) 치료제
타임(백리향) (*Thymus vulgaris*)	티몰 (Thymol)	곰팡이 감염 치료
태평양주목 (*Taxus brevifolia*)	택솔 (Taxol)	항암제(특히 난소암)
무쿠나(벨벳빈) (*Mucuna deeringiana*)	L-도파(도파민) (L-Dopa)	파킨슨병 억제제
디기탈리스 (*Digitalis purpurea*)	디기톡신 (Digitoxin)	강심제

▲ **그림 8.16** 생물다양성을 보호함으로써 우리는 식량 안보를 증진시킬 수 있다. 여기에 소개한 야생종은 우리의 식품 공급을 보조해 줄 수 있는 많은 동식물 중의 일부에 지나지 않는다. Adapted from Wilson, E.O., 1992. *The diversity of life*. Cambridge, MA: Belknap Press.

▲ **그림 8.17** 두 종의 위장부화개구리(gastric brooding frogs)가 오스트레일리아의 열대우림에서 발견된 후 금방 멸종되었을 때 우리는 의학적 발전을 이룩할 기회를 잃어버린 셈이다. 이 이상한 개구리들의 암컷은 새끼를 위장 속에서 키우므로, 어린 새끼들은 모체의 위산을 중화시키는 물질을 만들어내었을 것이다. 그러한 물질들은 위궤양을 치료하는 데 있어서 엄청난 가치를 가지고 있었음에 틀림없다. 미국에서는 위궤양으로 고생하는 사람들이 2,500만 명이나 된다. 두 종의 개구리가 모두 1980년대에 멸종되었을 때 그러한 물질의 비밀도 함께 사라졌다.

생물다양성은 관광과 휴양을 통해서 경제를 부양한다

많은 사람들은 야생생물과 자연지역을 관찰하기 위하여 여행하는 것을 좋아하고 또한 그렇게 함으로써 자연보호지역 주변에 살고 있는 주민들에게 경제적인 기회를 제공하게 된다. 방문객들은 지역사업체에서 돈을 사용하고 지역 주민들을 가이드로 고용하며 또한 지역 주민들이 일하는 공원을 지원하게 된다. 이러한 **생태관광 (ecotourism**; 4장)은 그렇지 않으면 가난에 찌들릴 지역에 고용과 수입을 창출하게 된다.

생태관광은 다음과 같이 여러 나라에서 중요한 소득원이 되어 왔다; 코스타리카의 열대우림; 오스트레일리아의 크레이트베리어 산호초(Great Barrier Reef); 벨리즈의 산호초, 동굴, 열대우림; 케냐와 탄자니아의 사바나의 야생동물. 미국에서도 생태관광으로 혜택을 보고 있다; 여러 국립공원은 전 세계로부터 수백만 명의 방문객을 받아들이고 있다. 비록 생태관광을 위한 너무 과다한 개발이 사람들을 유인할 수 있는 자연자산에 피해를 줄 수 있지만, 그래도 생태관광은 여러 국가, 주, 지역 사회에서 자연 지역을 보존하고 경관과 자생종에 대한 영향을 줄이기 위한 강력한 경제적 동기(인센티브)로 작용할 수 있다.

사람들은 자연의 가치를 매기고 자연과의 연결을 찾고자 한다

생물다양성이 사람들에게 주는 혜택을 모두 경제적 숫자와 식량 및 의약품의 실용적 가치로 표현할 수는 없다. 어떤 과학자들과 철학자들은 사람들이 생물다양성에서 더 깊은 가치를 찾아야 한다고 주장한다. 하버드 대학교의 생물학자이며 문필가인 에드워드 윌슨(Edward O. Wilson)은, 인간은 자연에 대한 본능적인 사랑을 가지고 있고 다른 생물과 정서적인 유대를 느낀다는 사실을 주장하면서, **바이오필리아("biophilia"**; 생명사랑)의 개념을 대중화시켰다(**그림 8.18**). 윌슨과 다른 사람들은 바이오필리아의 증거로서 사람들의 공원과 야생생물에 대한 친밀감, 애완동물에 대한 사랑, 자연경관이 보이는 부동산에 대한 높은 가치, 등산, 조류 관찰, 낚시, 사냥, 야영, 그리고 이와 유사한 야외 활동 추구에 대한

▼ **그림 8.18** 인도네시아의 한 소녀가 세계에서 가장 큰 꽃을 피우는 라플레시아(*Rafflesia arnoldii*)의 꽃을 들여다보고 있다. 바이오필리아(biophilia)의 개념은 인간은 자연에 대한 본능적인 사랑을 가지고 매혹을 느끼며 또한 다른 생물과 연계되고자 하는 깊은 욕망을 가진다는 것을 강조한다.

관심을 내세우고 있다.

2005년의 책에서 리처드 루브(Richard Louv)는 오늘날의 어린이들이 야외 경험과 야생 생물에 대한 접촉이 점차 줄어듦에 따라 그들이 소위 "자연결핍 장애(nature-deficit disorder)"를 앓고 있다고 말한다. 비록 이것이 의학적 조건은 아니지만 루브는 생물다양성과 자연으로부터의 소외는 어린이들의 발달을 저해하고 선진국의 젊은이들이 오늘날 겪고 있는 많은 정서적이고 신체적인 문제의 숨은 이유라고 주장한다.

우리는 다른 종에 대해서 윤리적 의무를 가지고 있는가?

생물다양성이 주는 모든 실용적인 혜택 외에도 많은 사람들은 살아 있는 생물들은 존재할 수 있는 내재적 가치를 가지고 있다고 느낀다. 이러한 관점에서는 생물다양성 보전은 윤리적 기준만으로도 정당화된다. 모리스 호르노커(Maurice Hornocker)는 그와 그의 동료들이 처음으로 시베리아호랑이 프로젝트를 시작했을 때 다음과 같이 말했다; "모든 고양이과 동물종 가운데 가장 뛰어나고 가장 멸종위기에 처한 종을 구하는(save) 것은 지구 전체의 책임이 되어야 한다.... 만약 호랑이를 구할 가치가 없다면, 그러면 우리의 가장 중요한 것은 도대체 무엇인가? 무엇이 구할 가치가 있는가?"

오늘날 많은 사람들은 사라져가는 종을 구하는 데 노력을 기울이고 있다. 오늘날의 생물다양성 위기에 대한 해결책은 다양하게 추구할 수 있으며, 과학자들은 지구의 생물의 다양성을 유지하기 위한 혁신적인 접근방법을 개발하고 있다.

보전생물학: 해결책 찾기

오늘날 더 많은 과학자들과 시민들이 생물다양성 감소를 중단시킬 필요를 느끼고 있다. 에드워드 윌슨은 1994년 자서전 "자연학자(*naturalist*)"에서 다음과 같이 쓰고 있다:

> 20세기가 시작되었을 때 사람들은 여전히 지구는 사람들에게 베풀어주는 데 있어서 무한하다고 생각했다. 그러나 한 사람의 일생 중에 폭발하는 인구는 야생지역을 위기의 자연보존지구로 축소시켰다. 생태계와 종은 지나간 6천5백만 년 중 가장 빠른 속도로 사라지고 있다. 우리가 행한 일에 당황하여 우리는 우리의 역할을 국지적 정복자에서 지구적 집사(steward)로 바꾸기 시작했다.

보전생물학은 생물다양성 감소에 대응해서 시작되었다

자연적 계(natural systems)의 책임있는 집사로서의 역할을 해야 하고 또한 과학을 그러한 노력의 도구로 사용해야 한다는 요청은 보전생물학의 탄생을 촉진시키는 데 도움을 주었다. **보전생물학 (conservation biology)**은 생물학적 다양성의 감소, 보호 및 복원에 영향을 주는 요인, 힘, 그리고 과정들을 이해하는 데 헌신하는 과학적 학문분야의 하나이다.

보전생물학자들은 서식지 파괴와 종의 감소(**환경실천행동** 참조)와 같은 문제의 해결책을 찾는 것에 목표를 둔다. 보전생물학

마다가스카르에서 곤충 채집하기

보전생물학자들은 종을 감소와 멸종으로부터 구하기 위하여 노력을 경주하고 있다.

아프리카에서 코뿔소를 추적함

세이셸까치울새(Seychelles Magpie Robin)의 혈액 샘플

그들은 야외에서, 실험실에서, 동물원에서, 그리고 보호를 필요로 하는 장소에서 지역주민들과 함께....

.... 서식지 감소와 다른 원인들에 의하여 위협받고 있는 식물과 동물 개체군들을 회복시키기 위하여 노력하면서.

홍콩, 송신기 단 바다거북

플로리다에서 식물을 채집하기

스페인에서 새를 라디오로 추적함

바꿀 수 있다

- 여러분의 마당이나, 지역사회나, 학교 교정에서 야생생물의 서식지를 보존하거나 복원하기
- 종이나 서식지를 살리기 위한 일을 하는 단체에 자발적으로 시간을 투자하거나 돈을 기부하기
- 음지에서 자란 커피, 유기농 제품, 그리고 다른 야생생물-친화적 제품을 사기

은 그래서 목표지향적 과학이며, 암묵적인 가치와 윤리적 기준을 가지고 있다. 보전생물학자들은 진화와 멸종의 이해를 생태학 및 환경적 계의 역동적 특성과 결합시키고 있다. 그들은 우리가 다른 생물에 미치는 영향을 연구하기 위하여 야외조사 자료, 실험실 자료, 이론, 그리고 실험을 이용한다. 그들은 또한 인간의 영향을 줄이기 위한 방법들을 고안하고, 검증하며, 시행한다.

유전적 수준에서는, **보전유전학자**(conservation geneticist)들은 한 개체군이 얼마까지 작아지면, 그리고 얼마만큼의 유전적 변이를 잃으면 근교약세(inbreeding depression)와 같은 문제에 도달하는지를 탐구한다(8장). 한 개체군의 **최소생존개체군크기**(minimum viable population size)를 결정함으로써 보전유전학자들은 야생생물의 관리자들이 개체군 크기를 증가시키는 것이 얼마나 중요한지를 판단하게 하는 데 도움을 준다. 유전자, 개체군, 그리고 종에 대한 연구는 서식지, 생물군집, 그리고 생태계와 관련된 보전 노력에 도움을 준다. 작고 고립된 아개체군(subpopulation)은 절멸에 가장 취약하기 때문에, 보전생물학자들은 여기에 특별한 관심을 기울인다. 생물들이 어떻게 한 조각 서식지(habitat patch)에서 다른 조각 서식지로 전파되는지, 그리고 어떻게 유전자가 아개체군 사이에서 흐르는지를 조사함으로써 보전생물학자들은 한 개체군이 얼마나 오랫동안 지속할 가능성이 있는지, 또는 서식지의 변화나 다른 위협에 직면하여 사라질 것인지를 배우도록 노력한다.

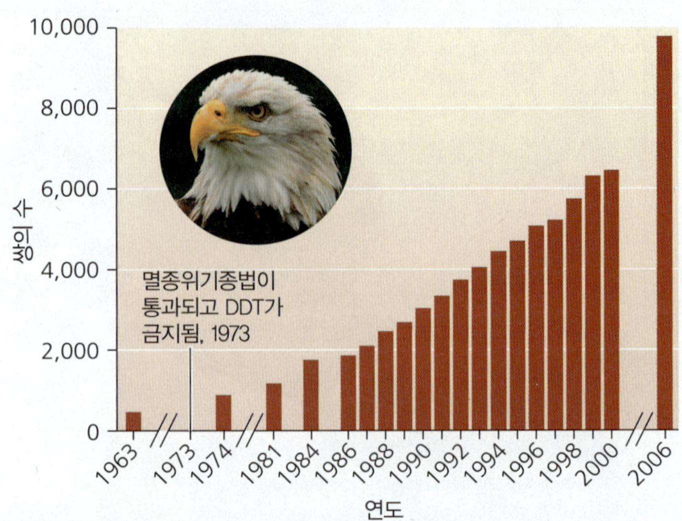

▲ **그림 8.19** 흰머리독수리(bald eagle)의 회복은 미국 멸종위기종법의 한 성공사례이다. 미국의 국가적 상징인 흰머리독수리는 1960년대에 미국 본토 48개주에서 거의 멸종에 가까웠다. 1973년에 멸종위기종법과 DDT 사용금지조치를 따라서 독수리 개체군은 장기간의 회복을 시작하였다. 2007년에 미국 본토 48개주에서 약 1만 마리로 증가하여 흰머리독수리는 회복되었음이 선언되었고 멸종위기종 목록에서 삭제되었다. Data from U.S. Fish and Wildlife Service, based on annual volunteer eagle surveys. The paucity of data after 2000 is because surveys began to be discontinued once it became clear that the eagle was recovering.

보전의 노력은 멸종위기종에 초점을 두고 있다

미국에서 생물다양성을 보호하기 위한 주된 법률은 **멸종위기종법**(**Endangered Species Act, ESA**)이다. 이 법은 1973년에 제정되었으며 정부나 민간 시민이 멸종위기종이나 그 서식지를 파괴하는 행동을 취하는 것을 금지한다. 이 법은 또한 멸종위기종으로부터 생산된 제품을 거래하는 것도 금지한다. 그 목적은 멸종을 막고 개체군이 감소하는 것을 안정시키고 개체군이 회복되는 것을 가능하게 하기 위함이다. 2011년 현재 미국에는 1,061종이 "멸종위기종(endangered species)"으로, 그리고 313종이 "멸종우려종(threatened species)"으로 지정되어 있다. 멸종우려는 멸종위기보다 한 단계 위험성이 낮다. 이들 종의 약 절반에 대해서는 정부기관이 그들을 보호하고 그 개체군을 증가시키기 위하여 회복계획을 운영하고 있다.

멸종위기종법은 몇 가지 언급할 만한 성공을 거두고 있다. 1973년의 DDT 사용금지에 이어서 야생동물 관리자들에 의한 계속된 노력으로 흰머리독수리(bald eagle), 매(peregrine falcon), 갈색사다새(brown pelican), 그리고 다른 새들이 회복되었고 이제는 더 이상 멸종위기 상태가 아니다(**그림 8.19**). 붉은벼슬딱다구리(red-cockaded woodpecker) 등과 같은 다른 종에 대해서도 집중적인 관리 프로그램을 실시하여 이들은 서식지에 대한 지속적인 압력에 직면해서도 안정된 개체군을 유지할 수 있게 되었다. 실제로 개체군이 감소하고 있던 종의 약 40%가 안정되었다.

이러한 성공은 멸종위기종법을 시행하는 정부기관인 미국어류 및야생생물보호국(U.S. Fish and Wildlife Service)과 국립해양수산청(National Marine Fisheries Service)은 지속적으로 업무에 비해서 예산이 부족한데도 불구하고 거둔 것이다. 멸종위기종법에 대한 재승인은 1994년부터 2006년 사이에 권력을 쥔 공화당 상원으로부터 강한 반대에 직면했다. 서식지를 보호하기 위한 능력을 박탈하여 멸종위기종법을 약화시키기 위한 이러한 시도는 2006년에 5,700명의 과학자들이 상원에 항의 편지를 보낸 후 겨우 피할 수 있었다.

계속되는 여론조사들은 대부분의 미국시민들이 멸종위기종 보호를 지지하고 있음을 보여준다. 아직도 일부의 반대자들은 멸종위기종법은 미국시민 개인의 생활보다 멸종위기 생물의 생명에 더 가치를 부여하고 있다고 느낀다. 이것은 1990년대에 북부점박이올빼미(northern spotted owl)를 보호하기 위하여 온대우림 노령림(old-growth forest)의 벌목을 줄인 결과 벌목공들이 직업을 잃을 것을 염려했던 미국의 태평양 연안 북서부 지역(Pacific Northwest)에서의 일반적인 인식이었다. 더구나 많은 토지소유주들은 연방정부 공무원들이 멸종우려종이나 멸종위기종이 발견되는 사유지의 사용을 제한할 것을 염려하였다. 이것은 본인의 땅에 그러한 종들이 출현하는 사실을 감추려고 하는 토지소유주들 사이에 "쏘고, 삽으로 덮고, 입닫자(shoot, shovel, and shut up)"로 대표되는 관행을 만들어내게 되었다.

그러나 실제로 멸종위기종법은 개발사업들을 중단시킨 적은 거의 없었으며, 멸종위기종법의 여러 조항과 수정된 조항들은 토지소유주들과의 협력을 장려하고 있다. **서식지보전계획**(habitat conservation plans)과 **안전피난처협정**(safe harbor agreements)은 만약 멸종위기종 서식지를 어떤 점에서 개선한다면 토지소유주들이 어느 정도 해를 끼치는 것을 허용하는 계약이다.

오늘날 여러 국가들에서는 비록 항상 효과적인 것은 아니지만 종을 보호하기 위한 법을 가지고 있다. 2002년에 캐나다가 **위기종법**(Species at Risk Act)을 제정하였을 때 캐나다 정부는 조심스럽게 이 법을 중앙정부로부터의 명령으로 제시하기보다는 토지소유주와 주정부가 협력하는 것을 강조하였다. 환경의 지지자들과 많은 과학자들은 이 법이 너무 약하고 서식지를 적절히 보호하지 못한다고 항의하였다.

러시아 정부는 1995년에 시베리아호랑이 보호 프로그램을 만들고 시베리아호랑이를 국가 천연기념물로 지정하는 것을 내용으로 하는 법령 795호(Decree 795)를 공표하였다. 2007년에 러시아 정부는 호랑이를 보호하기 위하여 시호테알린 산맥(Sikhote-Alin Mountains)에 국립공원을 설치하였으며, 그 다음해 블라디미르 푸틴 국무총리가 개인적으로 호랑이에 꼬리표를 붙이고 있는 현장의 과학자들을 방문하였다. 그러나 호랑이 보전을 위한 국가 예산은 계속 미약하여 야생생물보전협회(Wildlife Conservation Society)는 러시아의 밀렵금지법을 강화시키기 위하여 러시아인들에게 재정적인 지원의 도움이 필요하다고 느꼈다. 2010년에 상트페테르부르크(St. Petersburg)에서 국제호랑이포럼(International Tiger Forum)을 유치하는 러시아가 이에 즈음하여 정부지원금을 증가시킬지는 두고 볼 일이다.

보전의 노력에는 국제 협약도 포함된다

유엔은 생물다양성을 보호하기 위하여 몇 가지 국제 조약을 만들었다. 1973년에 만든 멸종위기에 처한 **야생동식물종의 국제거래에 관한 협약(Convention on International Trade in Endangered Species of Wild Fauna and Flora, CITES)**은 멸종위기종 개체와 그 신체부위의 국제거래를 금지함으로써 이들을 보호한다. 체약국들이 이 협약을 이행하면 신체부위의 거래가 국제적으로 이루어지고 있는 호랑이와 다른 희귀종을 보호할 수 있게 된다.

1992년에는 많은 국가의 지도자들이 **생물다양성 협약(Convention on Biological Diversity, CBD)**에 동의하였다. 이 협약은 3가지 목표를 구현한다: 생물다양성을 보전하는 것, 생물다양성을 지속가능한 방식으로 이용하는 것, 그리고 생물다양성의 혜택을 공정하게 분배하는 것. 이 협약의 업적 중에는 체약국들이 자연보호지역을 확대하도록 촉구하였고, 숲을 파괴하지 않고 음지에서 자라는 커피와 다른 작물의 국제적 시장을 강화하였고, 아프리카 국가들이 야생생물 보존지역으로부터 나오는 생태관광의 경제적 혜택을 공유하는 것을 보장하였으며, 일부 쌀 생산 아시아 국가들에서 농약을 집중적으로 사용하는 농업 방식을 지속가능한 농업으로 전환시켰다. 아직도 이 협약의 전반적인 목표—"2010년까지 지구적, 지역적, 국가적 수준에서 현재의 생물다양성 감소 속도를 상당하게 줄인다"—는 충족되지 않았다. 현재 193개국이 이 협약에 가입하였다. 아직 가입하지 않은 나라들은 크기가 작은 나라인 안도라, 바티칸, 그리고 미국이다.

포획번식, 재도입, 그리고 복제가 추구되고 있다

멸종우려종과 멸종위기종을 살리기 위한 노력의 일환으로 동물원과 식물원은 **포획번식(captive breeding)**의 중심 장소가 되었다. 포획번식은 야생지역에 재도입시키기 위하여 이들 종의 개체수를 조절하는 환경조건에서 번식시키고 양육시킨다. 이 프로그램의 하나의 예는 캘리포니아콘도르(California condor; 북아메리카에서 가장 큰 새)를 살리기 위한 것이다(**그림 8.20**). 옐로스톤국립공원에 회색늑대를 재도입하기 위한 프로그램은 성공적이었고 미국 국민들에게는 인기가 있었으나, 늑대가 가축을 공격할까 두려워하는 목장주인들의 심한 반대에 부딪혔다. 미국의 애리조나주와 뉴멕시코주에서도 늑대 도입이 추진되고 있으나 많은 늑대가 죽임을 당했다.

중국에서는 시베리아호랑이의 재도입 프로그램을 고려하고 있다. 중국 정부는 포획번식 중인 600마리의 시베리아호랑이를 중국 동북부 끝 지역에 풀어놓은 것을 준비 중이다. 그러나 일부 비평가들은 그곳의 숲이 너무 단편화되어 있어 먼저 서식지의 조건을 개선하는 데 초점을 맞추어야 한다고 주장한다.

생물종을 멸종위기로부터 구하는 새로운 아이디어는 개체들을 복제(cloning)하는 것이다. 이 방법에서는 멸종위기종의 DNA(2장)를 핵을 제거한 배양된 난세포에 삽입하고 이를 대리모로 사용할 수 있는 근연종의 암컷에 이식한다. 이러한 방법으로 여러 종의 포유동물들이 복제되었는데 그 결과는 엇갈린다. 심지어 어떤 과학자들은 멸종된 종의 보존된 신체부위에서 추출된 DNA로부터 이 종을 복원할 수 있다고 말한다. 실제로 2009년에 피레네 아이벡스(ibex, mountain goat; 염소영양의 한 종류)의 한 아종을 2000년에 죽은 마지막 생존 개체의 세포로부터 복제하였다. 그러나 복제된 어린 아이벡스 개체는 출생 후 곧 죽었다. 비록 기술적 관점에서 복제가 가능하다고 하여도 그러한 노력은 생물다양성 감소에 대한 적절한 대응은 아니다. 야생에서의 충분한 서식지와 보

◀ **그림 8.20** 캘리포니아 콘도르를 멸종으로부터 구하기 위하여 생물학자들은 병아리를 포획상태에서 길렀다. 콘도르 성체의 머리와 비슷하게 보이고 만져지도록 고안된 손가락인형으로 병아리에게 먹이를 먹이면서, 생물학자들은 병아리들이 사람들과 전혀 접촉하지 못하도록 하였는데 이것은 병아리가 성장했을 때 사람들과 연대감을 느끼지 않도록 하기 위해서였다. 콘도르는 사람들의 사냥으로, 전기줄과의 충돌로, 또한 납 총알로 죽은 동물의 시체를 먹은 후 납 중독에 의하여 감소하였다. 1982년까지 단지 22마리의 콘도르가 살아남았는데, 생물학자들은 생존하는 모든 콘도르 개체를 포획하기로 결정하였다. 이는 그 수를 불린 후 야생으로 방사하기 위한 목적이었다. 계속된 프로그램은 성공적이었다. 2011년 현재 포획상태의 개체는 189마리이고, 캘리포니아, 애리조나, 바하캘리포니아에 방사된 개체들 181마리가 야생에서 살아가고 있다. 몇 쌍은 둥지를 만들기 시작하였고 지금까지 24마리의 병아리가 야생에서 키워졌다.

오리건 주립대학교의 베이커 박사가 일본의 한 호텔 방에서 유전적 분석을 하고 있다.

과학 비하인드 스토리

불법 고래잡이를 밝히기 위하여 법의학(forensics) 사용하기

모든 텔레비전 광이 잘 알고 있듯이 법의학(forensic science)은 미궁사건 해결과 범죄 대책에 결정적인 도구이다. 최근에는 보전생물학자들은 수조 원에 달하는 지구적 불법 야생생물 거래에서 비밀을 캐고 악한들을 붙잡는 데 법의학을 이용하고 있다. 그러한 탐정 이야기의 하나는 태평양과 일본에서 건너왔다.

고래고기는 오랫동안 일본과 일부 다른 국가에서 별미로 여겨져 왔다. 포경선은 20세기에 과다수확을 통하여 고래의 대부분의 종의 개체군을 거의 말살시켰고, 국제포경위원회(International Whaling Commission, IWC)에서는 1986년을 시작으로 전 세계에서 상업적 포경을 금지시켰다. 아직도 고래고기는 오늘날 시장에서 부유한 소비자에게 계속 팔리고 있다(사진 참조). 이 고기는 여러 원천으로부터 합법적으로 나온다:

1. 과학적 사냥. 일본과 몇몇 다른 국가들은 연구 목적으로 제한된 숫자의 고래를 계속 잡을 수 있도록 IWC와 협상하였고 고래고기는 나중에 아마도 판매될 것이다.
2. 다른 동물을 잡기 위해서 설치한 그물에 우연히 잡혀 죽은 고래[혼획(*bycatch*); 12장].
3. IWC의 포획금지 이전에 잡혀 냉동 비축되었던 고래.

그러나 보전생물학자들은 시장에서의 고래고기의 상당량은 실제로 고기로 팔기 위한 목적으로 불법적으로 잡은 것이고 또한 일본과 다른 국가의 어선들은 국제법이 허용하고 있는 양을 초과하여 고래를 죽이고 있다고 오랫동안 의심해왔다. DNA 염기서열분석기술이 개발된 후 과학자들은 이 도구를 사용할 수 있었다.

이 이야기의 탐정들은 보전유전학자인 베이커(Scott Baker), 팔룸비(Stephen Palumbi), 시프리아노(Frank Cipriano)와 그 동료들이다.

한국의 한 시장에서 고래고기가 판매되고 있다.

거의 20년 동안 이들은 특급비밀이 된 식료품점 쇼핑 여행을 위해서 아시아를 여행해왔다.

이것은 1993년에 시작되었는데 베이커와 팔룸비는 일본에서 여러 곳의 시장에서 고래고기의 표본을 샀으며 이들 표본으로부터 DNA 염기서열을 분석하였다. 이들 고래고기는 모두 단순히 쿠지라(*kujira*)로 라벨 붙여 있었으며 쿠지라는 고래고기에 대한 일반적인 일본어이다. 법은 고래고기의 수출을 금지하고 있으므로 연구자들은 휴대용 유전검사 세트를 사용하여 호텔방에서 분석을 실시할 수밖에 없었다. 그들이 미국에 도착한 후 검사 결과를 알려진 고래 표본과 비교하였다.

어느 표본이 어느 것과 일치하는지를 분석한 결과 그들이 구입한 표본은 9종의 밍크고래(minke whale), 4종의 긴수염고래(fin whale), 한 종의 혹등고래(humpback whale), 그리고 두 종의 돌고래(dolphin)였다. 더구나 다른 대양에서 자라는 고래아종은 유전적으로 다르기 때문에 연구자들은 표본으로부터 유전적 변이를 분석한 결과 한 종의 긴수염고래는 대서양에서 잡은 것이었고 나머지 3종은 태평양에서 잡은 것이었으며, 9종 가운데 8종의 밍크고래는 남반구에서 나온 것이었다.

이들 종 또는 아종의 여러 종류는 포획의 범위를 벗어나고 있으므로 이 자료는 일부의 고래고기는 불법적으로 사냥되고, 처리되고, 거래되었다고 판단하였다. 베이커와 팔룸비는 사이언스(*Science*) 잡지에 실린 1994년의 논문에서 "법적인 고래잡이의 존재는 불법적인

호가 없다면 동물원에 있는 복제된 동물들은 거의 도움이 안될 것이다.

법의학은 종을 보호하기 위해 사용되고 있다

법의 과학(forensic science), 또는 **법의학(forensics)**에서는 범죄 또는 사고와 관련된 의문을 풀기 위한 증거를 과학적으로 분석한다. 보전생물학자들은 현재 위험에 빠진 종을 불법적 수확으로부터 보호하기 위하여 법의학적 방법을 활용하고 있다. 시장에서 파는 생물들과 그 조직으로부터 DNA를 분석함으로써 연구자들은 종 또는 아종을 구별할 수 있고 때로는 지리적 기원도 추정할 수 있다. 이 방법은 불법적 활동을 탐지하여 야생생물들을 보호하는 법의 집행을 도와준다(**과학 비하인드 스토리** 참조).

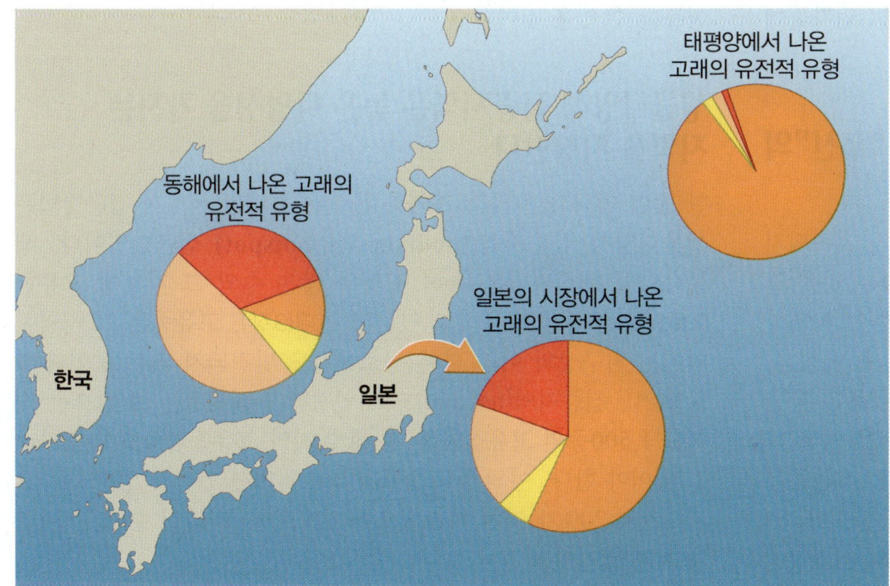

일본의 시장에서 판매되는 밍크고래의 유전적 유형의 분포(중앙의 파이 차트)는 동해에서 나오는 고래(왼쪽 파이 차트)와 개방된 태평양에서 나오는 고래(오른쪽 파이 차트)의 두 가지 유형을 다 가지고 있음을 보여준다. 시장에서의 유형이 어떻게 두 지리적 지역 유형의 중간이 되나를 주의해서 보아라. Adapted with permission from Lukoschek, V., et al., 2009. High proportion of protected minke whales sold on Japanese markets due to illegal, unreported, or unregulated exploitation. *Animal Conservation* 12:385–395.

고래 생산물의 판매를 은폐하기 위하여 사용되고 있다"고 결론지었다. 그들은 국제 사회가 고래 수확을 좀 더 면밀히 모니터할 것을 촉구하였다.

베이커, 팔룸비, 그리고 시프리아노는 2년 후 한국과 일본에서의 시장의 조사결과를 발표하였다. 또 한번 그들의 유전적 탐정활동은 다양한 고래 종을 밝혀내었고, 그들의 조사자료는 이들 국가가 IWC에 보고한 합법적인 포획의 기록(일본의 과학적 고래잡이와 한국의 혼획)과 일치되기 어렵다고 보고하였다. 그들이 조사한 고래 가운데에는 아직까지 학계에 알려지지 않은 새로운 아종 또는 종으로 보이는 두 개의 표본이 들어 있었다.

2000년에는 이 팀은 일본과 한국의 시장에서 파는 고래고기 655점의 표본을 분석하여 12종 또는 아종의 고래의 증거를 찾아내었으며, 그 외에도 범고래, 돌고래, 쇠돌고래, 심지어는 앙고기와 말고기도 포함되어 있었다. 고래 가운데 7종은 국제적으로 보호되는 종이었으며 이들은 합하여 일본 시장에 판매되는 고래고기의 약 10%를 차지하였다.

일본 시장에서 나온 밍크고래를 유전적으로 분석한 결과 상당히 높은 비율이 한국과 일본이 혼획(bycatch)으로 잡고 있다는 동해에서 나온 것이다. 시장에 나온 고래고기의 1/3은 동해에서 나왔는데 이것은 일본이 보고하는 있는 양의 4배에 달한다(**위 그림 참조**). 연구진들은 일본과 한국이 함께 동해에서 너무 많은 밍크고래를 수확하여 마침내는 전 개체군을 몰살할 수도 있을 것으로 계산하였다(**아래 그림 참조**).

2007년에 베이커는 고래 고기가 한국 시장을 통과하는 고래의 개체수를 추정하기 위하여 유전적 법의학과 생태적 방법을 함께 사용하는 연구팀을 이끌었다. 그들은 5년 동안 밍크고래가 한국시장에서 827마리가 거래되었다고 추정하였다. 한국은 혼획으로 458마리만이 포획되었다고 보고하였는데, 그 차이는 곧 불법적으로 포획된 것으로 결론지었다.

일본과 한국 정부는 이러한 발견을 반박할려고 노력하였다. 그러나 과학자들을 법의학 탐정으로 전환시키는 기술과 접근방법은 지금 이러한 논란과 국제적 수준에서의 고래포획 정책에 영향력을 끼치고 있다.

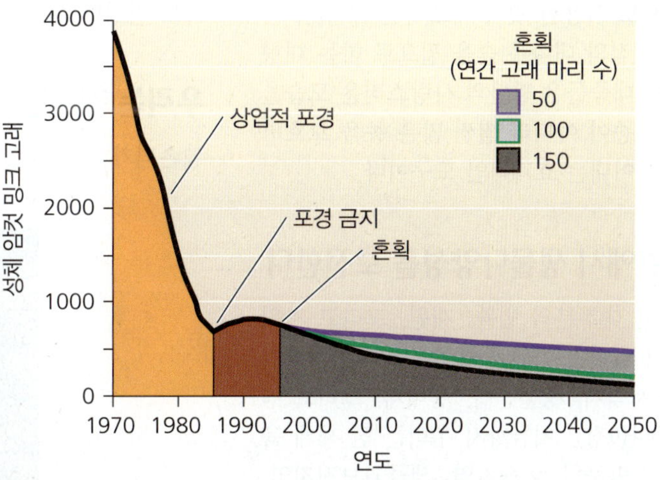

동해의 밍크고래는 1986년 포경금지가 실시될 때까지 급격히 감소되었다(그래프의 주황색). 개체군 모델은 매년 혼획되는 밍크고래의 수가 150마리, 100마리, 심지어 50마리일 경우에도 개체군의 회복을 막을 정도로 큼을 예측하고 있다. 자료는 동해의 실제적 혼획이 매년 150마리에 가까움을 제시한다. Data from Baker, C.S., et al., 2000. Predicted decline of protected whales based on molecular genetic monitoring of Japanese and Korean markets. *Proc. Roy. Soc. Lond. B* 267:1191–1199.

비슷한 예의 하나는 엄니(tusk)로부터 상아(ivory)를 얻기 위해 죽임을 당한 아프리카 코끼리와 관련된 것이다. 코끼리의 학살을 막기 위한 노력의 하나로 상아의 거래는 세계적으로 금지되고 있다. 2002년에 싱가포르에서 공항세관이 6.5톤의 코끼리 엄니를 압수한 후 워싱턴대학교(University of Washington)의 바서(Samuel Wasser) 교수가 이끄는 연구자들은 엄니로부터 DNA를 추출하고 분석하여 죽은 코끼리의 출신 지역을 파악할 수 있었다. 연구자들은 엄니가 잠비아(떠난 항구)에서 죽은 사나바 코끼리의 것인지, 아니면 다른 지역에서 죽은 산림 코끼리의 것인지 밝혀내고자 하였다. 분석된 DNA는 잠비아코끼리의 DNA와 일치하였으며 이는 잠비아 정부가 파악하고 있는 것보다 훨씬 많은 코끼리들이 죽임을 당하고 있음을 알려주었다. 이에 반응하여 잠비아 정부는 야생동물 국장을 교체하였으며 밀렵꾼들과 상아밀수업자들에게 더 혹독한 선고를 내리기 시작하였다.

어떤 종은 서식지와 생물군집을 보호하는 "우산"의 역할을 한다

과학자들은 생물들이 의존하고 있는 더 큰 생태적 계가 지속되지 않는다면 종을 보호한다는 노력은 거의 도움이 안된다는 것을 알고 있다. 아직도 생물군집이나 생태계를 보호하는 법률이나 조약은 없다. 그러므로 흔히 보전생물학자들은 특정한 종을 서식지, 생물군집, 생태계를 보전하는 도구로 사용한다. 그러한 종은 **우산종(umbrella species)**이라고 불리는데, 왜냐하면 그들은 많은 다른 종을 보호하는 일종의 우산의 역할을 하기 때문이다. 우산종은 시베리아호랑이처럼 흔히 먼 거리를 돌아다니는 대형동물이다. 그러한 동물들은 넓은 면적을 필요로 하기 때문에 그들의 서식지에 대한 요구를 충족시켜 줄려면 많은 대중적 관심을 결코 끌지 못하는 카리스마가 없는 수천 종의 서식지 요구도 함께 충족시켜줄 수 있다.

환경옹호단체들은 대형의 카리스마가 있는 포유동물을 생물다양성 보전을 위한 선봉대로 사용하는 것이 효과적인 전략이라는 것을 발견하였다. 특정한 **깃대종(flagship species)**을 홍보하는 접근방법은 세계야생생물기금(World Wildlife Fund, WWF)이 오랫동안 판다(panda)를 상징으로 사용한 것이 대표적인 예이다. 판다는 교란되지 않은 상당한 면적의 대나무 숲을 필요로 하는 대형 멸종위기 포유동물이다. 일반 대중들은 판다의 사랑스러운 모습을 매우 좋아하며, 이는 판다 한 종이 아니라 훨씬 많은 종을 보호하려는 보전 노력의 지지를 이끌어내는 효과적인 도구이다.

보호지역은 생태계 수준에서 생물다양성을 보전한다

비록 생물다양성 보전을 위한 대부분의 법률, 재원, 그리고 자원은 단일종 접근방법을 취하고 있지만 공원과 보호지역의 미개발지를 보존하는 우리의 관습은 서식지, 생물군집, 생태계, 그리고 경관을 보전하는 데 도움을 준다(9장). 지금까지 우리는 전 세계 육지지역의 12%를 국립공원, 주립공원, 야생지역, 생물권보전지역, 그리고 다른 보호지역으로 떼어 놓았다. 이러한 많은 지역은 생물다양성 보전 목적이 아니라 휴양, 수질보호, 또는 다른 목적으로 관리되고 있고, 많은 곳은 불법 벌목, 밀렵, 또는 자원채취로 시달리고 있다. 아직도 이러한 장소들은 동물과 식물을 인간에 의한 학대로부터 어느 정도 보호하고 있고, 어떤 곳은 자연적 계 전체를 포함할 정도로 넓어서 이곳이 없다면 단편화되고, 훼손되고, 파괴되었을 곳을 보호하고 있다.

보호지역만으로는 충분하지 못하다. 인도는 남아 있는 호랑이를 보호하기 위해서 보존지역을 설치하였지만 호랑이는 적어도 이들 보존지역의 두 곳에서 이미 사라졌다. 오늘날 매우 어려운 문제의 하나는 경관에 걸쳐서 보호지역 사이의 연결을 보장하는 것이다. 보호지역이 연결된다면 호랑이처럼 넓은 지역을 필요로 하는 종의 단절된 개체군들은 서로 섞일 수 있고, 또한 기후변화가 보호지역 내의 서식지를 변화시킴에 따라 이에 대응하여 개체들이 이동할 수 있을 것이다.

생물다양성 집중지역은 높은 다양성을 가지는 지역을 지칭한다

한 종이 아니라 지리적 지역과 관련된 하나의 국제적 접근방법은 **생물다양성 집중지역(biodiversity hotspot)** 접근방법이다. 생물다양성 핵심지역은 특히 굉장히 많은 수의 그 지역에 **고유한(endemic)** 종을 함유하고 있는 곳인데(3장), 고유종은 그 지역이외에는 지구상의 어떤 다른 장소에서도 발견되지 않는 종이다(그림 8.21). 집중지역(hotspot)으로 인정받기 위해서는 그 장소는 적어도 1,500종의 고유식물종(전 세계 지역 고유종의 0.5%)이 자라고 있어야 한다. 이외에도 집중지역이 될려면 인간의 영향으로 그 서식지의 70%가 이미 사라졌으며 앞으로 더 사라질 수 있는 위험에 처해 있어야 한다.

비영리단체인 국제보전협회(Conservation International, CI)는 34개소의 생물다양성 집중지역을 지도에 표시하였다(그림 8.22). 이들 지역의 생태계는 지구 육지 표면의 15.7%를 덮고 있었으나, 지금은 서식지 감소로 인하여 2.3%만 차지하고 있다. 이 작은 육지 면적은 지구 식물종의 약 절반의 삶터이며, 또한 모든 육상 포유동물종의 42%가 살고 있다. 집중지역의 개념은 이들 지역에 초점을 맞출 것을 장려하게 되며, 이곳에서는 똑같은 노력으로도 엄청난 수의 독특한 종을 보호할 수 있다.

우리는 훼손된 생태계를 복원할 수 있다

훼손되기 전에 자연지역을 보호하는 것은 생물다양성과 생태적 계

▲ **그림 8.21** 알락꼬리여우원숭이(ring-tailed lemur)는 마다가스카르 섬에 고유한 영장류의 하나이다. 포획번식으로 인하여 전 세계의 동물원에서 생존하는 개체가 2,000마리가 넘지만 이 여우원숭이의 자연 서식지는 빠르게 감소하고 있다. 마다가스카르에서는 인구증가, 가난, 그리고 자원 추출로 인하여 산림의 90% 이상이 없어졌다. 최근의 한 대통령은 보전과 생태관광을 장려하였으나 그 정권이 무너진 후 불법 벌목이 재개되었고 넓은 면적의 보호된 숲이 파괴되었다. 많은 여우원숭이들은 죽임을 당했고 그 고기가 팔렸으며 목재는 부유한 나라의 수요를 맞추기 위해 수출되었다.

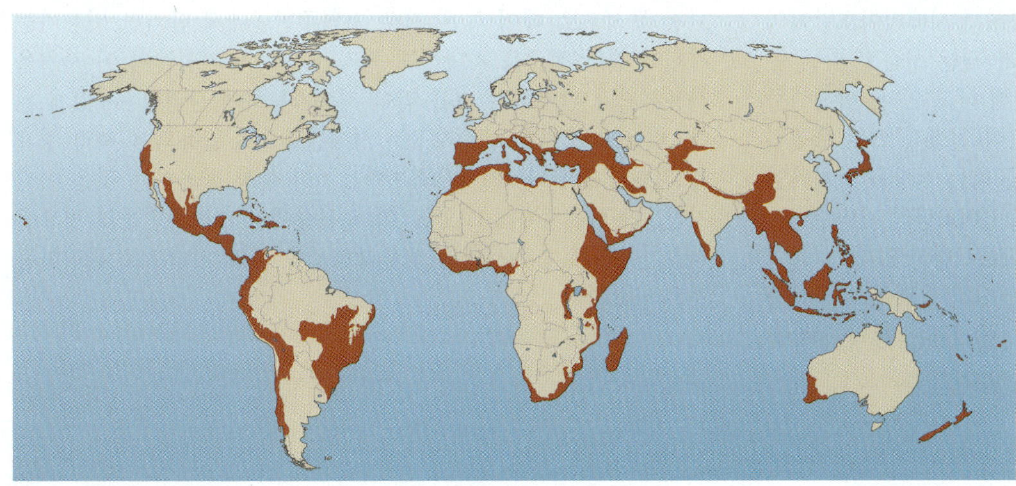

◀ **그림 8.22** 지구상의 일부 지역은 다른 곳에서는 발견되지 않는 종이 예외적으로 많이 살고 있다. 많은 보전생물학자들은 생물다양성 집중지역(*biodiversity hotspot*)이라고 불리는 이들 지역의 서식지 보전에 우선순위를 두는 것을 지지하고 있다. 적색으로 표시한 곳은 국제보전협회(Conservation International)가 지정한 34개 생물다양성 집중지역이다. 적색으로 표시된 지역의 단지 15%만이 실제적으로 이들 종을 위한 서식지이다; 대부분은 개발되었다. Data from Conservation International.

를 지키기 위한 최선의 방법이다. 그러나 우리는 흔히 생태적 복원(ecological restoration)을 통해서 훼손된(degraded) 자연적 계(natural systems)를 훼손 이전의 상태와 어느 정도 유사하게 복원시킬 수 있다(4장). 생태적 복원 계획은 단순히 동물과 식물 개체군을 되돌려놓는 것뿐만 아니라 생태계의 기능을 유지하게 하는 과정들을 회복시키는 것도 목적으로 한다. 일리노이주의 초원이나 플로리다주의 에버글레이즈(Everlaglades; 4장) 생태계처럼 복잡한 자연적 계를 복원시킴으로써, 복원생태학자들은 야생생물에 대한 서식지와 사람들을 위한 생태계 서비스를 제공하면서 오염물질을 거르고, 물과 공기를 정화하며, 토양을 형성하고, 지하수를 재충전하는 계(system)를 되살리는 것을 목표로 한다.

오늘날 가장 이목을 끄는 복원 사업은 남부 이라크의 광대한 습지(marsh)를 복원하려는 노력이다. 1990년대에 이라크의 통치자 후세인(Saddam Hussein)은 그가 생각하기에 그에게 충성하지 않는 사람들이 살고 있는 이 지역을 황폐화시키기 위해 이곳 습지의 물을 배수시켰다. 오늘날 많은 국가에서 온 생태학자들은 수백만 달러짜리 복원 노력을 위하여 이곳 습지 지역의 사람들과 합류하였다. 이 사업은 그 지역의 75%까지 자연수의 흐름을 회복시킬 수 있었고, 그 결과 식생이 다시 자라고 야생동물과 사람들이 되돌아오기 시작하였다. 이 노력이 거의 성공을 거둘려고 하는 즈음에 가뭄이 닥쳐서 터키와 시리아는 이곳의 상류지역의 물을 그들 자신의 목적을 위해서 물길을 돌리기 시작하였다. 2011년 현재 생태학자들과 인권운동가들은 똑같이 이 야심찬 복원사업의 완성을 위한 방법을 찾고 있다.

단일 종 보전? 서식지, 생물군집, 생태계 또는 경관을 보전하는 것에 비해서 단일 종의 보전에 초점을 맞추는 것의 장점을 여러분은 무엇이라고 생각하는가? 무엇이 단점인가? 어느 것이 더 좋은 접근방법일까? 아니면 둘 다 추구해야 할까?

지역사회 기반의 보전이 증가하고 있다

이라크의 습지 복원 사업이 의도하고 있는 것처럼, 사람들과 야생생물과 생태계를 동시에 도와주는 것이 현재 보전생물학에서 많은 노력을 기울이고 있는 일이다. 지난 수십 년간 선진국의 보전주의자들은 다른 국가의 생태계를 보전하기 위한 열정에서 보전대상지역 주민들의 요구를 흔히 무시해왔다. 개발도상국들은 이것을 새로운 식민주의의 한 종류로 보았다. 오늘날 이러한 경향은 크게 바뀌었으며, 많은 보전생물학자들은 어떤 지역과 그 속의 야생생물을 보호하는 노력에서 지역주민들을 적극적으로 참여시키고 있다(**그림 8.23**).

이러한 협동적인 접근방법은 **지역사회기반보전(community-based conservation)**이라고 불리는데, 많은 곳의 호랑이를 보호하기 위한 노력에서도 사용되고 있다. 인도에서는 여러 가지 보전 사업들이 감소하고 있는 벵갈호랑이의 서식지 내에 살고 있는 지역사회에 교육, 보건진료, 그리고 개발 원조를 제공하고 있다. 캄보디아에서는 인도차이나호랑이를 사냥해 왔던 사람들을 훈련시켜서 동물들을 밀렵꾼들로부터 보호하는 산림감시원이나 과학과 모니터링을 도와주는 야생생물 기술자로 고용하여 월급을 주고 있다. 러시아에서는 야생생물보전협회(Wildlife Conservation

▲ **그림 8.23** 지역사회기반보전에서는 보전생물학자들이 지역주민들과 동반자로서 활동하는 데에 주민들이 그들 자신의 지역에서 야생생물과 서식지를 보전하는 데 힘을 실어주고 있다. 이 사진에서는 코스타리카의 여학생들이 이 나라의 수도인 산호세(San Jose)의 한 공원에서 나무를 심고 있다.

Society, WCS)가 지역의 사냥꾼들과 협력해서 시베리아호랑이의 밀렵을 줄이고 호랑이와 사냥꾼들의 먹이가 되는 사슴과 다른 동물들의 개체군을 증가시키기 위한 일을 함께 하고 있다. 야생생물보전협회는 또한 유럽지역 러시아에 "호랑이-친화적"으로 보증된 지속가능한 방식으로 수확된 지역 생산물을 파는 시장을 설치하였다. 지역 생산물 판매에서 나오는 수익으로 1,000명의 지역주민들이 12~25%의 추가 수입을 올리는 것을 목표로 하고 있다.

보전이 지역 주민에게 혜택이 될려면 열심히 노력하고 투자하고 모든 관계자들 사이에 신뢰가 구축되어야 한다. 땅의 일부를 보전 목적으로 떼어 놓은 것은 지역주민들에게 단기간 이용가능 자원에 대한 접근을 차단하게 되지만 외부의 기업들이 이 자원을 사용하거나 판매하는 것을 막아 지속가능하게 관리할 수 있게 된다. 더욱이 공원과 보존지구는 생태관광으로 활용되어 지역 경제를 지원하게 된다. 지역사회기반보전이 항상 성공하는 것은 아니지만, 인구가 증가하고 있는 이 지구상에서 지역주민들의 필요를 지속가능하게 충족시키는 생물다양성을 지역 기반으로 관리하는 것은 필요하다.

>> 결론

전 세계의 과학자들이 모은 자료들은 각자의 고향에서 서식지 변화를 지켜보아 온 자연주의자(naturalist)들이 이미 알고 있는 사실들을 확인시켜 주었다: 양서류로부터 호랑이에 이르기까지, 우리가 생존하고 있는 동안에 생물다양성은 급격히 그리고 뚜렷이 감소되고 있다. 생물다양성의 이와 같은 감소는 과거의 지질시대에 일어났던 것과 맞먹는 대규모 멸종을 일으킬 것으로 위협하고 있다. 서식지 전환, 침입종, 오염, 생물자원의 과다수확, 그리고 기후변화는 생물다양성 감소의 주된 원인이다. 이 감소는 중요한 문제가 되는데, 그것은 인간사회가 생물다양성의 많은 실질적 혜택 없이 작동할 수 없기 때문이다. 보전생물학자들은 멸종위기종을 살리고, 그들의 서식지를 보호하고, 개체군을 회복시키며, 그리고 자연 생태계를 보전하고 복원하는 것을 목표로 하는 과학을 수행하는 데 있어서의 어려움에 맞서고 있다. 이러한 과학자들의 혁신적인 전략들은 지구상의 생물다양성 감소 속도를 늦추는 것을 보장하는데 한몫하고 있다.

이해도 측정

1. 생물다양성이란 무엇인가? 생물다양성의 3가지 수준을 기술하여라.
2. 생물다양성 감소의 5가지 주요 원인은 무엇인가? 각각에 대하여 하나의 구체적 예를 들어라.
3. 3가지 침입종을 들고, 그들의 영향을 설명하라.
4. 생태계서비스(ecosystem services)를 정의하라. 만약 자연 자원이 없어졌을 때 그들을 대신하는데 어려움이 있는 그러한 생태계서비스의 3가지 예를 들어라.
5. 생물다양성과 식량안보 사이의 관계는 무엇인가? 생물다양성과 약품(pharmaceutical) 사이의 관계는? 식량안보 및 의약품(medicine)에 대한 생물다양성 보전의 잠재적 혜택의 예를 3가지 들어라.
6. 생물다양성 보전이 왜 중요하다고 사람들이 생각하는지 3가지를 들어라.
7. 미국의 멸종위기종법이 성취한 두 가지 주요 업적을 들어라. 왜 사람들이 이 법을 비판하는지 두 가지 이유를 들어라.
8. 포획번식이 어떻게 멸종위기종의 회복을 도와주는지 설명하고 그 예를 하나 들어라. 복제가 왜 그 자체로 종 감소에 대한 효과적인 대응이 결코 될 수 없는지 이제 설명해보라.
9. 우산종과 핵심종 사이의 차이는 무엇인가? 한 종이 우산종과 핵심종 둘 다 될 수 있는가?
10. 생물다양성 집중지역(biodiversity hotspot)은 무엇인가? 지역사회기반보전을 설명하라.

해법찾기

1. 생물다양성 보전의 중요성에 대한 많은 주장이 나왔다. 어떤 주장이 여러분에게 가장 설득력이 있으며, 그 이유는 무엇인가? 어떤 주장이 여러분에게 가장 설득력이 없으며 그 이유는 무엇인가?
2. 어떤 사람들은 멸종이 항상 일어나고 있기 때문에 우리는 멸종위기종에 대해서 걱정해서는 안 된다고 주장한다. 여러분은 이 견해에 대해서 어떻게 생각하는가?
3. 선진국에서 온 생물다양성 보존 애호가들은 개발도상국의 생물다양성이 높은 장소를 보전목적으로 떼어 놓아야 한다고 오랫동안 주장해왔다. 그러나 개발도상국의 지도자들은 이런 사람들을 신식민주의자로 비난해왔다. 이 지도자들은 "당신 국가들은 수십 년 또는 수백 년 전에 환경을 과다하게 이용하여

번영과 힘을 얻었나. 그런데 왜 우리는 우리 땅과 자원을 따로 떼어 놓고 우리의 개발을 희생해야 하는가?"라고 묻고 있다. 이러한 지도자들에 대하여 여러분은 어떻게 생각하는가? 환경 애호가들에 대해서는 어떻게 생각하는가? 보존과 개발이 동시에 달성될 수 있는 방법은 없을까?

4. **생각해보기** 여러분이 멸종위기종법이 없는 어떤 나라에서 영향력 있는 국회의원이고, 그리고 그 나라의 사라지고 있는 생물다양성을 보호하기 위한 법률을 도입하기를 원한다고 가정해보라. 야생동식물종의 국제거래에 관한 협약(CITES) 및 생물다양성 협약(CBD)과 같은 국제적인 노력뿐만 아니라 미국의 멸종위기종법과 캐나다의 위기종법을 고려해보라. 여러분은 어떤 전략을 그 법률에 사용할 것인가? 여러분의 법이 이러한 노력들과 비교하여 어떻게 비슷하고 어떻게 다른가?

5. **생각해보기** 여러분이 지역사회의 한 일원으로서, 한 시민으로서, 그리고 두 어린이의 부모로서, 쇼핑몰과 공동주택단지 개발계획을 논의하는 읍 주민회의에 참가한다고 가정해보라. 이 개발계획은 여러분이 거주하는 읍에서 마지막 남은 큰 숲인 40헥타르 면적의 숲을 없앨 예정이다. 개발업자들은 이 숲이 없어져도, 0.4헥타르 면적의 작은 숲이 곳곳에 남아 있을 것이기 때문에, 문제가 되지 않을 것이라고 말한다. 이 개발사업이 지역사회의 생물다양성, 어린이, 그리고 삶의 질에 미치는 가능한 영향을 생각해보라. 여러분은 이 회의에서 동료 시민들과 읍의 의사결정권자들에게 어떻게 말할 것인가? 그 이유는?

생태발자국 계산하기

이 장에서 논의한 생물다양성 감소의 다섯 가지 주요 원인 가운데 서식지 변화는 거의 틀림없이 가장 큰 영향을 준다. 웨커네이걸(Mathis wackernagel)과 리스(William Rees)는 1996년에 출판된 생태발자국(ecological footprint)의 개념을 도입하는 책에서 북아메리카 주민 1인당 평균 소비/토지이용 매트릭스(matrix)를 제시하였다. 매트릭스 내의 각 셀(cell)은 한 개인의 소비(음식, 주거, 교통, 소비재, 서비스)의 다른 유형에서 각 유형이 요구하는 토지의 헥타르(ha)의 수를 나열한다. 한 사람을 부양하기 위하여 요구되는 평균 4.27 ha 가운데 0.59 ha는 숲이고, 대부분(0.40 ha)은 주거에 대한 요구를 맞추기 위해서 사용된다. 이 정보를 이용하여 다음의 표에서 빈 자리의 숫자를 계산하여라.

	주거에 사용되는 숲의 면적 (ha)	사용되는 전체 숲 면적 (ha)
여러분	0.40	0.59
여러분의 학급(class)		
여러분의 사는 주(state)		
미국		

Data from Wackernagel, M., and W. Rees, 1996. Our ecological footprint: Reducing human impact on the earth. *British Columbia, Canada: New Society Publishers.*

1. 대략 숲 생산성의 2/3가 주거에 소비된다. 나머지 1/3의 대부분은 어디에 소비되는 것으로 생각되는가?
2. 만약 숲 생산물 수확량이 지속가능 생산 속도를 초과한다면 숲에서는 어떤 결과가 일어날 수 있을까? 숲을 둘러싸고 있는 지역사회에는 어떤 결과가 일어날까?
3. 다음의 각 경우에서 생물다양성에 어떤 영향이 있을 것으로 기대하는가? 그 이유는?
   a. 하나의 큰 숲 내에 작은 장소를 벌목하는 일.
   b. 전체 숲을 개벌(clear-cutting)하는 일(9장).
   c. 전체 숲을 개벌하고 그 후 어린 나무들을 한 종류만 심어 단일 수종 조림지를 만드는 일.

9 산림, 산림관리 및 보호지역

이 장을 마치고 나서 할 수 있는 것들

- ▶ 산림의 생태적 경제적 기여에 대한 요약
- ▶ 산림벌채에 대한 역사와 현재의 규모에 대한 요약
- ▶ 목재생산의 방법에 대한 기술과 산림관리 양상의 평가
- ▶ 정부토지관리 기관과 그들이 관리하는 토지에 대한 식별
- ▶ 공원과 보호지역의 유형을 파악하고 설계에 관련된 문제를 평가

근로자가 미시간주 에스카나바 지역 제지공장에서 만들어지는 종이 생산 작업을 하고 있다.

중심 사례 연구

교재에 사용되는 FSC 인증 종이

"FSC(산림 청지기 협의회)는 산림인증에 있어서 높은 기준을 제시한다. 그 기준은 산림의 보존 가치가 중요하고 현장 관리에 의미 있는 개선을 지속적으로 제공하기 때문이다."

–케리 세사레오, WWF–미국 산림프로그램 부의장

"회사도 개인과 마찬가지로 거울 속의 자신을 살펴보아야 하며, 환경을 위한 옳고 좋은 일에 대해 숙지하여야 한다."

–릭 윌레트, 사장 및 CEO 뉴페이지(NewPage) 회사

이 책의 페이지를 넘기면서, 나무가 생장하고 관리되며 수확되어 처리된 후 종이를 만드는 과정에서 인증된 지속가능한 방법을 알 수 있게 된다.

여러분이 사용하는 책의 종이 근원을 추적하다 보면 백양나무, 자작나무, 너도밤나무, 사탕나무, 가문비나무, 소나무 등 다양한 나무의 혼합숲이 존재하는 미시간 주의 상부 반도(upper peninsula)에까지 도달하게 된다. 이 지역은 사람이 거의 살지 않는 캐나다와 국경지역이며, 미시간 호, 슈페리어호 및 위스콘신 주 측면에 닿아 있는 지역으로 지난 200년간 우리에게 지속적인 목재를 제공했음에도 불구하고 산림이 울창하다.

이 책에 사용되는 종이를 생산하는 목재는 지속적인 관리계획 하에 수확되며 산림고갈을 방지하거나 산림의 생태적 역할을 저해하는 것을 방지한다. 목재는 13,000명의 주민이 거주하는 미시간 호 인근에 위치한 에스카나바 펄프와 종이공장에 보내진다. 에스카나바의 종이공장은 주민 1,100명을 고용하고 있는 가장 큰 회사이다.

에스카나바 공장에서 나무는 분쇄되어 목재의 분자적 결합을 잘라내는 화학물질에 혼합된다. 종이공장 근로자는 목재의 섬유질을 염색, 소독, 정제하고 물과 염색약으로 섞는다. 이런 혼합은 움직이는 매트에 부어지고 무거운 롤러에 의해 얇게 펴진다. 얇게 펴진 종이는 더운 롤러에 의해 건조되고 여러 가지 코팅 처리된다. 종이는 커다란 통에 의해 말려지고 종이로 절단된다. 이런 방법으로 에스카나바 공장은 매년 77만 톤의 종이를 생산한다. 화학약품과 물은 재사용되며 버려지는 폐기물은 공장을 운영하는 연료로 사용된다.

이런 과정의 각 단계는 제3기관인 산림 청지기 협의회(Forest Stewardship Council, FSC)에 의해 지속가능한 산림관리와 종이 생산에 대한 엄격한 원칙을 잘 준수하는지를 확인하게 된다. 산림 청지기 협의회는 산림 및 관련 기업, 제품에 대한 지속가능에 대한 표준을 맞추는지에 대해 공인하는 기구이다. 미시간 주의 상부 반도 지역의 산림 청지기 협의회 인증된 목재 벌채 방식은 희귀종, 민감한 서식지, 안정적인 수자원, 침식방지, 살충제 사용 최소화, 산림의 다양성 및 벌채 후 회복에 대한 능력 등의 여러 가지 항목에 대한 준수를 요구한다. 산림 청지기 협의회 인증은 생산물에 대해 산림을 보호하는 지속가능한 방식을 소비자에게 알리는 가장 확실한 방법이 된다.

에스카나바 종이공장은 오하이오주에 본사를 둔 뉴페이지란 회사에 11개의 공장 중 하나이다. 뉴페이지 공장은 켄터키, 메인, 매릴랜드, 미시간, 미네소타, 위스콘신 및 노바스코샤 주에 위치하고 있으며 모두 합쳐 일 년에 440만 톤의 종이를 생산하며 이는 책, 잡지, 신문, 음식물포장재

등에 사용된다. 생산되는 종이 중 일부는 산림 청지기 협의회 인증을 받았지만 뉴페이지는 지속가능한 임업이니셔티브®(Forestry Initiative®)의 인증을 받은 민간 사유지의 목제 공급업체에 대해서도 관심을 가지고 있다. 뉴페이지는 원시림, 열대우림, 혹은 높은 보전가치를 가진 산림에서 생산되는 목재는 사용하지 않는다.

우리가 사용하는 교과서 종이에 대한 FSC 인증은 이 책의 발행자인 피어슨교육재단이 지속가능한 관행을 따르려고 하기 때문에 가능했다. 피어슨 재단은 저자 및 편집자의 요구에 부응하여 이 책에 대한 FSC 인증 종이를 지원했다. 왜냐하면 환경과학 교재는 이러한 내용을 전파해야 한다고 생각하기 때문이다. 여러분이 이 책을 넘길 때 산림의 지속가능한 원칙을 준수하여 전 세계의 산림 보호에 작은 지지를 보내야 한다. ■

산림생태계와 산림 자원

산림은 전 세계 지표의 31%를 차지하고 있다(**그림 9.1**). 산림은 무수한 생명체에게 서식처를 제공하고 토양과 수질을 유지하는 데 도움을 주며, 지구의 생지화학적 순환에 중요한 역할을 하고 있다(2장 참조). 산림은 오랜 기간 인류에게 땔감, 건축, 종이 및 기타 자원을 공급해주고 있다.

다양한 산림이 존재한다

산림(forest)은 나무가 밀집된 지역이다. 세계 대부분의 산림은 **북방림**(4장 참조)에 분포하며, 생물상(biome)은 캐나다, 스칸디나비아, 러시아에 걸쳐 있다. 또 다른 산림은 **열대우림**(4장 참조)이며 생물상은 중미 및 남미, 적도 아프리카, 인도네시아, 그리고 동남아시아에 존재한다. **온대낙엽수림**(4장 참조), **온대우림**(4장 참조)과 **열대건조림**(4장 참조)은 넓은 지역에 걸쳐 분포한다.

이들 각 지역의 식물군집은 토양과 기후조건에 따라 차이가 존재한다. 그 결과 생태학자와 산림관리자는 우점하는 식물종에 따라 산림형을 정의하고 구분한다(**그림 9.2**). 미국 동부지역은 10개의 다른 산림형을 보이고 있으며, 가문비나무로부터 참나무-히코리, 긴잎-침엽수림 등 다양하다. 서부 미국지역은 13개의 다른 산림형을 보이고 있으며, 더글라스 잣나무로부터 습한 태평양 서북부 헴록(hemlock)-가문비(sitka spruce) 잣나무, 건조한 지역의 폰데로사 소나무, 피뇬(pinyon)-주니퍼 산림 등으로 나누어진다. 미시간 북부 반도지역은 다양한 산림형을 보여준다. 에스카나바 지역은 가문비나무 산림지역이 아스펜 산림과 혼합되어 나타나며, 자작나무, 단풍나무, 너도밤나무 그리고 흰, 붉은, 방크스(Jack pine) 소나무가 나타난다.

산림은 생태적으로 복잡하다

산림의 복잡한 구조로 인해 여러 생물종에 서식지를 공급하며 산림은 생물다양성이 가장 풍부한 생태계이다(**그림 9.3**). 곤충, 조류, 포유류 및 기타 동물들은 나뭇잎, 열매 종자와 나무의 갈라진 틈 등 식물과 연관된 지역에 서식처를 갖는다. 나무 캐노피는 생명으로 가득하며, 관목 지하부 및 토양을 덮는 임상식물에도 다양한 생물들이 서식할 수 있는 먹이와 숨을 곳을 제공한다. 잎과 줄기, 뿌리는 균류 및 미생물에 의해 이용되며, 특히 토양 위에는 낙엽으로 인한 부산물이 토양을 이롭게 하고 있으며 다양한 토양생물이 식물의 분해와 물질의 순환을 돕고 있다.

산림은 다양한 식물상을 가지고 있으며 이런 지역은 높은 생물다양성을 나타낸다. 일반적으로 오래된 산림은 보다 다양한 생물종을 보유하는데, 이는 다양한 구조적 다양한 서식처, 많은 미세서식지와 자원이 제공되기 때문이다.

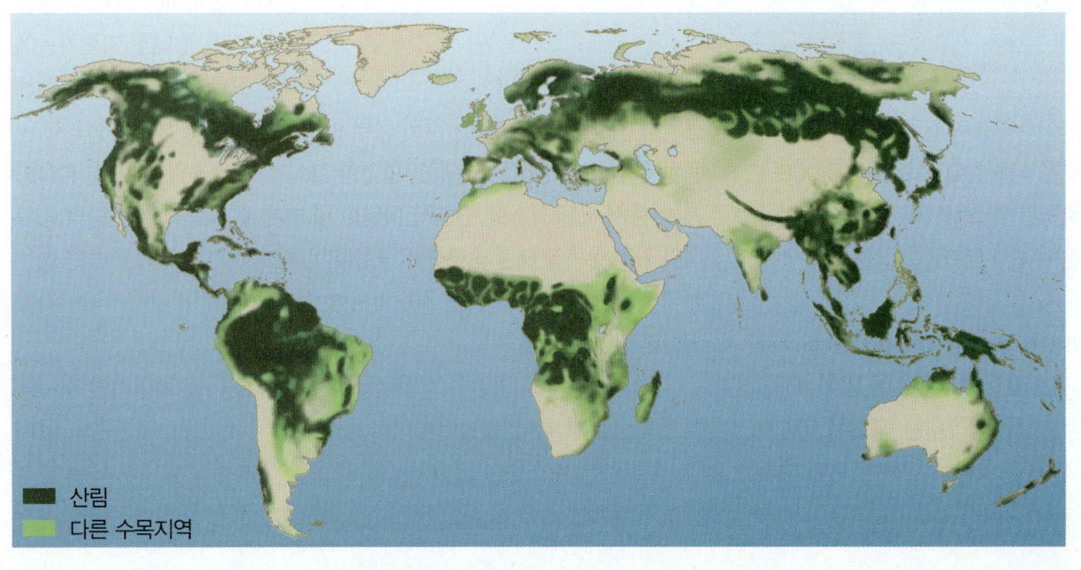

◀ **그림 9.1** 산림은 지구표면의 31%를 차지한다. 생산지역 중 가장 큰 지역은 북반구에 위치하는 북방림과 남미, 아프리카, 동남아에 위치하는 열대우림지역이다. 나무가 있는 지역으로 분류되는 지역은 수목이 덜 분포하는 지역에 목재를 제공한다. Data from Food and Agricutural Organization of the United Nations, 2010. *Global forest resources assessment 2010.*

(a) 단풍-너도밤나무-자작나무 산림지역, 미시간 상부반도

(b) 참나무-히커리 산림, 웨스트 버지니아

(c) 폰데로사 소나무림, 애리조나 북부

(d) 삼나무림, 캘리포니아 북부해안

▲ **그림 9.2** 23개의 북미에 존재하는 산림형태 중 (a) 단풍-너도밤나무-자작나무 산림지역, (b) 참나무-히커리 지역 (c) 폰데로사 소나무림과 (d) 미국 삼나무 산림지역.

산림은 생태계서비스를 제공한다

생물다양성 이외에 산림은 다양한 생태계 서비스를 제공한다(1, 2, 5장 참조; **그림 9.4**). 식물이 생장함에 따라 뿌리는 토양을 안정시키며 침식을 막아준다. 비가 오게 되면 잎과 낙엽은 흐르는 물을 잡아둔다. 홍수를 방지하고 토양에 생장하는 뿌리에 수분을 공급하며 저수지를 충전하고 토양침식을 감소시키며 하천과 강을 정화한다. 산림 식물은 또한 오염을 걸려주며, 토양으로부터 수분을 빨아들여 대기 중으로 순환시킨다(3장 참조). 식물은 우리가 호흡하는 산소를 공급하고 수분과 강수 패턴을 조절하여 온화한 기후로 만든다. 식물 뿌리는 토양 깊숙한 곳의 영양물질을 끌어올려 지표면의 식물에게 공급한다. 식물은 낙엽 등을 부식시켜 유기물을 표토에 다시 공급한다.

이런 생태적 작용을 통하여 산림은 우리의 생존에 필수불가결하며, 삶의 질을 높여준다. 사람들에게 문화적, 심미적, 보건적, 레크리에이션 가치를 증진시키며(5장 참조), 모험적이고 정신적인 휴식을 위한 장소로 활용한다. 아름다운 나무, 자전거, 야생동물 관찰, 맑은 공기 등 여러 가지 이유로 산림을 이용한다.

산림이 제공하는 서비스 중 탄소저장은 최근에 기후변화에 적응하는 방안으로 많은 관심을 끌고 있다(14장). 산림은 이산화탄소를 대기 중에서 광합성을 통해 흡수하고(2장 참조) 조직에 탄소를 저장하는 등의 과정을 통해 탄소의 주요 저장원이다. 실제로 학자들은 산림과 토양이 저장하는 탄소가 현재 대기 중의 탄소량보다 많다고 추정한다. 식물이 분해되거나 소각되면 이산화탄소가 대기 중에 방출되고 감소한 수목만큼 이산화탄소 흡수를 저감하게 되어 지구온난화를 가속시킨다. 산림의 보전이 늘어날수록 기후변화에 대처할 수 있게 된다.

산림은 가치있는 자원을 공급한다

탄소저장 및 기타 생태계 서비스는 산림의 가치를 매우 높여준다. 또한 산림은 여러 경제적 가치를 제공한다. 식물은 의약품의 원료

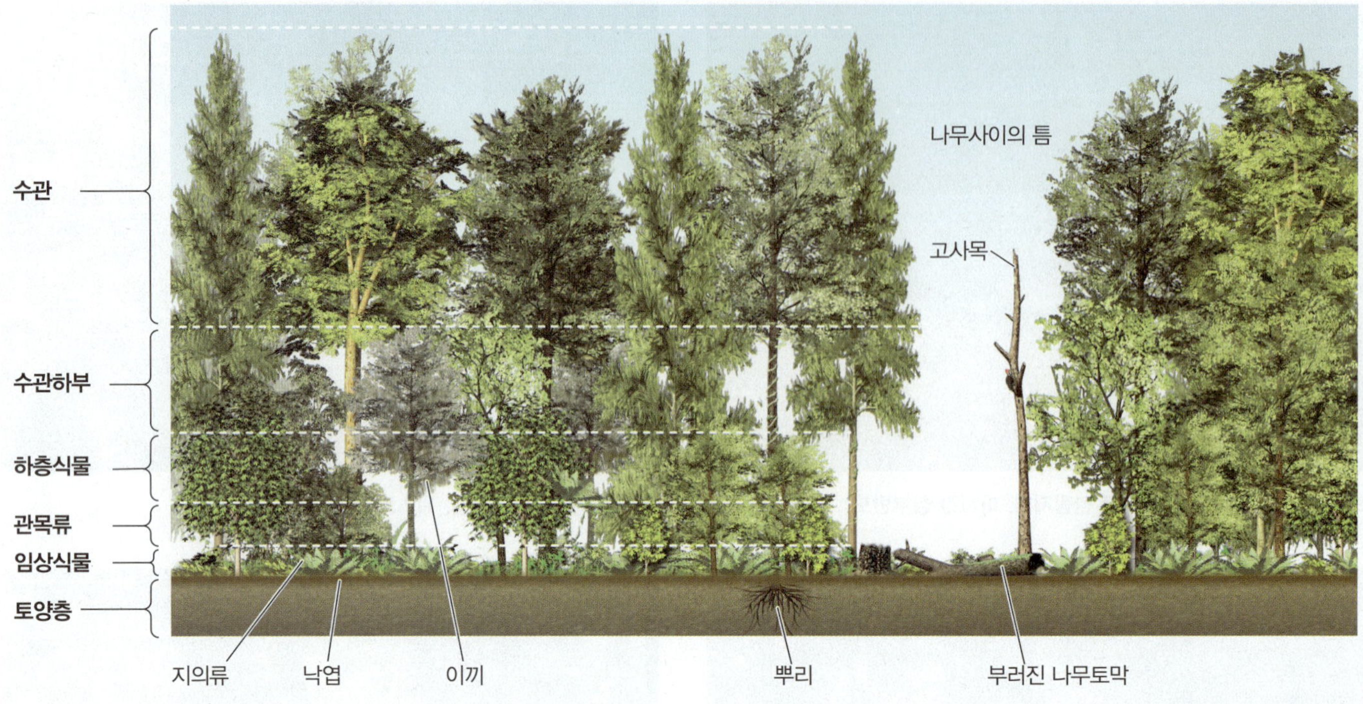

▲ **그림 9.3** 울창한 산림의 단면에서 보듯이 가장 큰 나무의 캐노피(canopy)와 아랫부분은 그늘을 만드는 캐노피하부 및 하층식물(understory)이 있다. 관목과 표층지역은 임상식물 바로 위에 있으며 낙엽에 의해 만들어지고 많은 곤충이 서식한다. 덩굴, 이끼, 지의식물(lichen), 착생식물(epiphytes) 등에 의해 피복된다. 고사목(snags)은 딱따구리와 다른 동물에게 먹이와 번식지를 제공하며 토양을 비옥하게 한다. 쓰러진 나무로 인한 공간은 빛이 투과되며 임상식물에 도달하여 식생 천이가 일어나게 된다.

▲ **그림 9.4** 산림은 매우 높은 가치의 생태계 서비스 및 자원을 우리에게 제공해 준다.

로, 염색제로 섬유질을 공급하며, 동물, 식물, 버섯은 먹이자원으로 나무로부터는 목재를 얻는다. 지난 천 년간 목재는 화력을 공급하고 우리에게 식량을 공급해 주었다. 목재를 이용하여 집을 짓고 배를 만들었으며 각국의 문화를 연결해 주었다. 종이를 만들었으며 이는 문화의 첫 시작이었다.

최근 수십 년간 산업발달로 인해 더 많은 벌채가 이루어졌으며, 산림자원의 추출물은 우리의 삶의 질 향상을 가능하게 하였다. 대부분의 벌목이 캐나다, 러시아 등 많은 북방림을 가진 지역에서 이루어졌고, 브라질이나 인도네시아 같은 열대우림국가에서도 벌목이 이루어졌다. 미국의 벌목은 남부의 소나무 식재림과 서부의 침엽수림에서 나타났다.

산림 손실

나무가 생장보다 빠르게 벌목이 되면 산림의 감소가 일어나는데 이를 **벌채(deforestation)**라고 부른다. 산림의 감소 및 벌채는 경관과 생태계의 변화를 일으키며, 여러분이 이 문장을 읽는 동안 2헥타르의 열대우림이 벌채되고 있다. 산림을 변화시키는 동안 생물다양성의 손실을 가져오며 기후변화를 초래하고 우리 사회를 지탱하는 생태계 서비스를 저해한다. 변형과 조각난 산림지역의 급격한 변화는 우리 사회의 우선적으로 해결해야 할 문제이다(**환경실천행동** 참조).

매년 지구는 1천8백만 에이커(약 7백3만 ha)의 산림 손실이 일어나는데 이는 사우스캐롤라이나 주의 크기이다.

브라질의 론도니아 위성사진(1975)

같은 지역의 2001 사진

아마존 산림의 도로가 건설됨에 따라 정착주민과 큰 규모의 기업체는 산림을 벌채하고 산림을 목축 및 대두 생산지로 전환한다. 개발은 도로가 건설되는 곳에서 일어난다.

목축은 초지를 불태우고 지역을 개벌한 곳에서 일어난다.

산림 손실은 생물다양성 손실, 기후변화, 토양침식 및 기타 문제를 야기한다.

대두농장은 산림을 고립화시킨다.

정착민은 지역에 몇 년 만 토양을 경작하게 되는데 토양은 수명을 다하고 더 많은 산림을 벌채한다.

아마존의 정착민

바꿀 수 있다

- FSC 인증된 지속가능한 산림 생산물만을 구매한다.
- 고기를 적게 먹는다 (목축은 곡물 생산보다 많은 토지를 필요로 한다).
- 자신의 주거 지역 및 지구에 산림보호에 기여한다.

농업과 목재를 위한 요구는 산림에 압력을 가중한다

우리는 목재와 임산물이 필요하고 농업지역에서 생산된 식량과 섬유질에 의존한다. 하지만 농업 지역은 한때는 산림이 존재하였다. 지난 수천 년 동안 사람들은 농업과 산림 부산물을 얻기 위해 산림벌채를 해왔다.

산림벌채는 우리 문명의 성장을 이끌어 왔지만 산림 손실은 인구 성장에 따라 부정적인 결과를 초래하였다. 벌채는 생물다양성 손실, 토양악화 및 사막화를 유도하였으며(7장 참조) 대기 중에 이산화탄소 농도를 증가시켜 기후변화를 발생시킨다.

2010년 유엔 식량 및 농업기구(FAO)는 지구산림자원평가(*Global Forest Resources Assessment*) 보고서를 발간하였는데 이 보고서는 위성에 의한 원격감지자료에 근거한 것이며 산림전문가, 설문자료 및 통계모델을 활용하였다. 평가에 의하면 향후 매년 1,300만 헥타르의 산림이 전 세계에서 손실될 것으로 판단되었다. 매년 복원되는 산림면적을 감안하면 매년 520만 헥타르, 즉 미국 켄터키주 면적 혹은 매사추세스 면적의 2배에 해당되는 지역이다. 하지만 이런 산림손실은 1990년대의 손실(매년 830만 헥타르)에 의하면 줄어든 것이다.

산림은 남미나 아프리카의 열대우림에서 더 급속히 사라된다. 이 지역의 개발도상국가는 늘어나는 인구에 대응하기 위해 정착지역을 계속 증가시키고 있으며 자연자원을 개발하고 경제적 이득을 얻으려는 시도를 계속하고 있다. 게다가 이 지역의 사람들은 산림을 식량을 얻기 위한 연료 및 화목으로 사용하고 있는 실정이다(16장 참조). 반면에 유럽과 미국의 지역들은 과거의 벌채로 인한 지역에 산림복원을 시도하고 있다.

북미지역의 산림벌채

미국과 캐나다가 지난 400년간 서부로 팽창함에 따라 산림은 목재 및 농업을 위해 벌채되었다. 동부의 광활한 활엽수림은 19세기 중반에 사라져 갔으며, 많은 수의 농장을 만들었다. 이 지역의 목재는 대서양 해안선과 중서부 지역의 많은 도시를 건설하는 데 사용되었다. 농업지역이 공업지역으로 이동됨에 따라 목재는 산업의 에너지를 얻는데 사용되었으며, 벌채과정은 남으로 이동하였고 이 지역의 광활한 침엽수림과 저지대의 활엽수림이 벌채되어 단일림으로 변모되었다. 오래된 숲이 제거됨에 따라 목재회사는 서부지역으로 옮겨갔으며 로키산맥, 시에라네바다, 캐스케이드 및 태평양해안 지역의 산림을 제거하였다. 산림자원의 벌채는 미국사회가 발전되는 데 도움을 주었으나 산림을 지속적으로 이용하지는 못하였다. 우리의 미래를 위한 재생가능 자원은 고갈되었다.

20세기까지 인간의 손이 닿지 않은 **1차 산림(primary forest)**은 거의 남아 있지 않을 것이며 지금도 거의 존재하지 않는다(**그림 9.5**). 동부지역의 많은 참나무 및 단풍나무 및 캘리포니아 해안지역의 redwoods는 **2차 산림지(secondary forest)**이며 이 지역은 원시림이 벌채된 이후 종자에 의해 조성된 지역이다.

목재업자의 수입은 대경목에 의해 변한다. 산림이 없어지게 되면 산업은 감소할 것이며 목재회사는 이동하게 되어 지역의 벌채자가 직업을 잃게 된다. 북미(알래스카 및 브리티시 컬럼비아 지역)의 원시림이 사라지면 많은 벌목업자가 다시 직장을 잃게 될 것이며 일하던 사람들은 개발도상국으로 이동하게 된다.

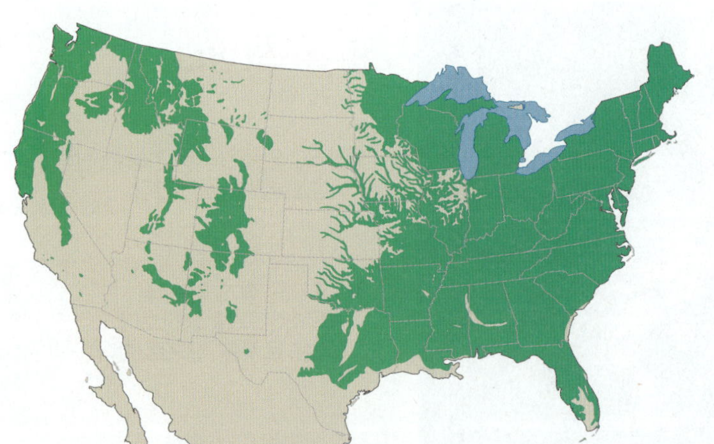

(a) 1620: 1차 산림의 지역(벌채 이전)

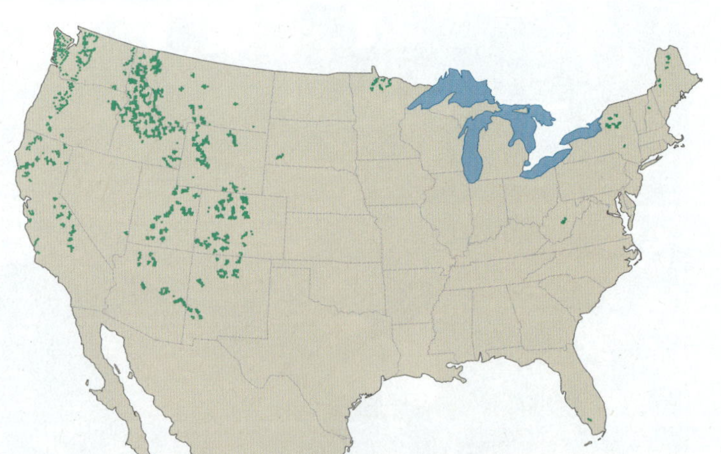

(b) 오늘날: 벌채되지 않은 1차 산림이 남아 있는 지역

▲ **그림 9.5** 유럽인이 북미에 도착하였을 때의 모습**(a)**에 의하면 대륙의 산림이 대부분 1차 산림인 녹색으로 덮여 있다. 오늘날 대부분의 1차 산림이 손실되었으며**(b)**, 농업과 목재를 위해 사라졌다. 오늘날 2차 산림으로 재조성되었으며 여러 종에 의한 적은 나무로 구성되어 있다. Sources: (a) adapted from Greeley, W.B., 1925. The relation of geography to timber supply, *Economic Geography* 1:1–11; and (b) map by George Draffan, www.endgame.org

산림은 개발도상국에서 빠르게 사라지고 있다

벌채되지 않은 1차 산림은 많은 개발도상국에 아직 남아 있으며 미국과 캐나다의 100~200년 전 모습과 비슷한 많은 자원의 보고이다. 오늘날 발달한 기술은 자원의 채취를 쉽게 하며, 북미에서 일어났던 일의 진행을 훨씬 빠르게 한다. 그 결과 벌채는 브라질, 인도네시아, 서부아프리카에서 훨씬 빨리 진행된다. 열대우림은 많은 생물다양성의 보고이며 북미의 북방림보다 다양성이 훨씬 높다.

개발도상국은 경제개발과 외국 자본의 도입을 위해 훨씬 느슨한 벌목규정을 적용할 만큼 심각하다. 외국의 다국적 자본 기업은 개발도상국 국가에 자원을 가져갈 수 있는 권리 혹은 면허 등 비용을 지불하는 형태를 취한다. 면허를 일단 받게 되면 기업들은 산림자원을 지속적으로 활용하는 일에 덜 관심을 갖는다. 대부분 경제적 이득은 단기적이며, 외국의 기업에 의해 주도되는 형태로 진행된다. 지역민들은 일시적으로 고용되며, 산림의 벌채가 끝나면 산림에 의한 생태계 서비스를 받지 못하며 산림도 사라져 버린다. 게다가 개발도상국의 목재는 유럽 및 북미로 수출된다. 이런 방법으로 값비싼 가구용 목재 및 다른 임산물로 사용되며 가난한 나라의 산림의 파괴가 계속 이루어진다.

오늘날 동남아시아 및 인도네시아 광활한 열대우림은 기름을 얻기 위한 대규모 식재로 전환된다(**그림 9.6**). 기름야자 열매는 기름을 얻는 식물인데 스낵, 비누, 화장품 및 생물연료를 얻기 위해 활용되며, 인도네시아에서는 야자열매 식재는 600만 헥타르에 이르는 광활한 열대우림 면적이다. 플랜테이션을 위한 벌채는 더 많은 개발을 유도하며 개설된 도로를 통해 접근이 증가되며 더 많은 불법을 유도한다. 기름야자는 환경보호론자에게 난제이다. 기후변화를 위해 투쟁하는 많은 사람들은 화석연료의 대체로 생물연료의 개발을 촉구해 왔다(16장 참조). 하지만 사회가 필요로 하는 생물연료를 얻기 위한 단일림 형태의 식재는 자연적인 산림을 훼손하는 심각한 환경영향을 일으킨다.

▲ **그림 9.6** 위의 그림과 같은 보르네오 지역의 야자기름 플랜테이션은 인도네시아 및 동남아 국가의 1차 산림을 대신하고 있다. 산림벌채는 개발, 불법 벌채 및 산림훼손을 지속적으로 진행하도록 하고 있으며, 1950년 이후 보르네오 섬 개발을 주도하고 있다(**아래 지도**). Data from Radday, M, WWWF-Germany, 2007. Designed by Hugo Ahlenius, UNEP/GRID-Arendal. Extent of deforestation in Borneo 1950–2001, and projection towards2020.

WEIGHING 이슈

이곳저곳의 벌채 당신 주변 지역에서 오래된 숲의 벌채를 반대하는 환경주의자라 가정하자. 당신의 주장을 받아들여 산림회사가 그 지역에 벌채를 포기하고 개발도상국의 1차 산림을 훼손한다면 주변지역의 벌채를 반대할 것인가? 아니면 다른 접근법을 주장할 것인가?

해결방안이 떠오르고 있다

새로운 해결방안이 개발도상국 산림벌채에 제시되었다. 보전단체는 면허를 사들이고 벌목 대신에 산림보전에 활용한다. 다른 경우는 지역사회에 근거를 둔 보전이다(8장 참조).

인도네시아에서는 이 책의 종이를 공급하는 뉴페이지 회사가 POTICO(Palm Oil, Timber, Carbon Offsets)라고 불리는 3년짜리 프로그램을 만들었으며 벌목과 불법벌채를 줄이고 있다. 이 계획에서 비영리단체인 WRI(World Resources Institute)는 1차 우림을 개발하는 면허를 소유한 야자기름 회사와 함께 이미 벌채된 지역의 복구를 돕도록 하고 있다. WRI는 보전을 위한 산림 보호를 진행하고 있거나 FSC 인증을 받은 지속가능한 산림 경영을 수행하고 있다. 1차 산림은 야자기름 생산보다는 더 많은 탄소를 저장하고 있으며 이런 점을 활용하여 인도네시아 정부의 온실효과 발생 기체를 줄이고 있으며 탄소 상쇄를 위한 인증으로 활용하고 있다(14장 참조).

탄소 상쇄는 산림벌채와 기후변화를 한꺼번에 해결하는 국제 계획의 중심에 서 있다. 산림 손실은 지구 온실효과의 15~25%까지 원인으로 파악되고 있으며, 이는 세계 전체의 자동차에 의한 오염과 비슷하다. 최근의 국제기후회의(14장 참조)에서 *REDFD(Reducing Emissions from Deforestation and Forest Degradation)*와 같은 논의가 이루어지고 있으며 선진공업국은 산림보전을 위해 개발도상국에게 비용을 지불해야 한다는 것이다. 이 계획 하에 저개발 국가는 부자국가로부터 비용을 지급받으며, 부자국가는 탄소 상쇄에 대한 것을 인증으로 보상받는다.

산림 관리

산림자원에 대한 요구는 증대하고 있으며, 우리도 자원의 관점에서 산림을 관리하여야 한다. 임업인은 **산림학(forestry)** 차원에서 산림을 경영하는 전문직종이다. 임업인은 임산물의 요구와 생태계로서의 산림의 중요성에 대한 균형적인 관점이 필요하다. 오늘날 지속가능한 산림경영 관리는 임산물의 지속적 생산을 요구하는 소비자의 관점으로 연결되어 있다. FSC 인증에 의한 종이로 만들어진 본 교재처럼 더 많은 임산물이 지속가능한 방법이 인증되는 방식으로 생산되어야 한다.

산림자원의 관리에 대한 논쟁은 일반적으로 자연자원의 관리에 대한 문제와 맞닿아 있다. 화석연료나 광물과 같은 자원은 재생가능하지 않으나 태양에너지와 같은 자원은 지속가능하다. 이러한 극단적인 사이에 놓인 목재는 너무 단기간에 벌목하지 않으면 재생가능한 자원이 된다. 산림자원 같이 지속가능한 자원은 급격하게 생산되어서는 안 된다(1장 참조). 목재 이외에 이러한 자원에는 토양, 물, 초지, 야생동물 및 수산업이 포함된다.

자원관리(resource management)는 재생가능한 자원을 어떻게 수확하고 조절하는가에 대한 전략이다. 지속가능한 자원은 이 자원을 고갈되지 않도록 활용하는 것이다. 자원관리는 자연자원에 의한 관점뿐만 아니라 사회, 정치적, 경제적 요소를 고려한 관점에서 이루어져야 한다.

자원관리자는 전략을 따른다

자원관리의 중요한 문제는 자원의 습득만을 고려할지 혹은 넓은 사회적 시스템의 관점에서 이루어질지에 대한 것이다. 넓은 관점은 전체 시스템을 악화시키는 것을 피하게 하고 자원을 장기적으로 지속적으로 사용하는 데 도움을 준다.

최대 지속가능 생산(MSY) 전통적으로 자원관리의 중요한 원리는 MSY(Maximum Sustainable Yield)이었으며, 이의 목적은 자원의 고갈 없이 최대한의 수확을 이끌어내는 것을 목표로 하고 있다. 로지스틱 성장곡선에 따르면(그림 3.11 참조) 개체군의 성장은 중간의 밀도에서 가장 빠르게 나타나는데, 이는 환경수용력의 절반에 해당됨을 알 수 있다(4장 참조). 어장의 물고기는 MSY는 어류 개체군을 중간 수준의 밀도로 조절하는 것이며 이는 수확 이후 개체군이 다시 성장하도록 하는 것이다. 이렇게 함

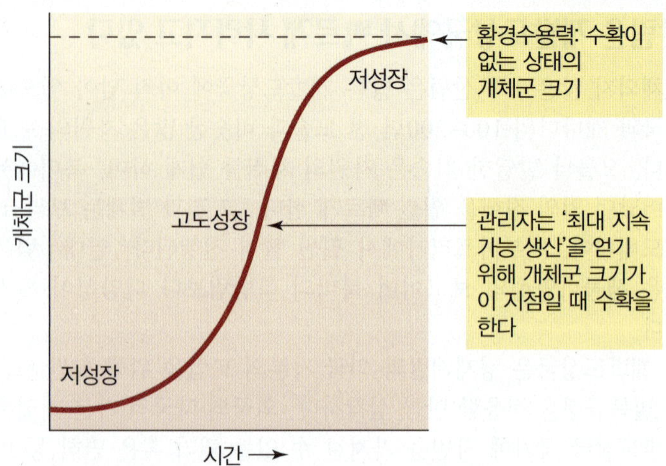

▲ **그림 9.7** MSY 개념을 사용하여 자원의 최대 수확을 지속적으로 달성할 수 있다. 야생동물이나 어류의 개체군은 로지스틱 성장곡선을 따르며 관리자는 환경수용력의 절반에서 개체군을 유지하며 이때 개체군은 최대의 성장을 한다.

으로써 어류개체군의 수확을 단위 시간 내에 최대화할 수 있으며 수확의 지속가능성을 무한정 달성할 수 있다(**그림 9.7**).

관리자의 접근은 어류개체군을 환경수용력 절반으로 유지하는 것인 데 수확하지 않은 상태에서의 원래 밀도보다는 적은 상태이다. 이런 식의 개체군 조절은 전체 군집의 먹이망 조절에도 영향을 주며 다른 종에게도 영향을 준다. 생태적 관점에서 MSY는 매우 의미 있는 변화를 유도할 수 있다.

산림에서도 MSY는 적용되며 최대생장이 일어난 후 산림의 벌채를 하는 데 사용된다. 나무는 중간 나이에서 가장 생장이 빠르므로 나무는 일반적으로 벌채하지 않은 상태의 수확시점보다는 훨씬 이전에 벌채를 하게 된다. 이런 방법으로 목재생산이 장기간에 걸쳐 최대화되며, 이로 인해 산림에 의존하는 종 및 서식지 산림생태계의 큰 변화를 가져올 수 있다.

생태계 기반 관리 MSY에 의한 생태계 변화 때문에 오늘날 많은 관리자가 **생태계 기반 관리(ecosystem-based management)** 방식을 따른다. 이는 자원을 제공하는 생태적 과정에서 영향을 최소화하는 데 목표가 있다. 많은 인증된 지속가능한 산림계획은 일정한 지역을 보전하고 생태적으로 중요한 서식지를 회복하며 경관수준 패턴을 고려(2장 참조)하여 산림벌채가 생태적 과정이 되게 하며 산림생태계의 통합적 기능을 달성하게 한다. 하지만 최적의 조건을 도출하기는 쉽지 않다. 생태계는 복잡하고 작동되는 시스템을 이해하는 것에 한계가 있다. 하지만 생태계에 근거한 관리는 여러 사람에게 다양한 의미를 준다.

적응적 관리 관리에 있어 실패도 성공도 발생할 수 있다. **적응적 관리(adaptive management)**는 다양한 접근을 시도하는 것이며, 시간이 지남에 따라 방법의 개선도 수반한다. 관리자에게 있어 한 사람의 방법을 모니터링하여 필요에 따라 개선하는 방식을 통해 습득하고 과학과 경영의 복합적 학문 분야이며 최선에

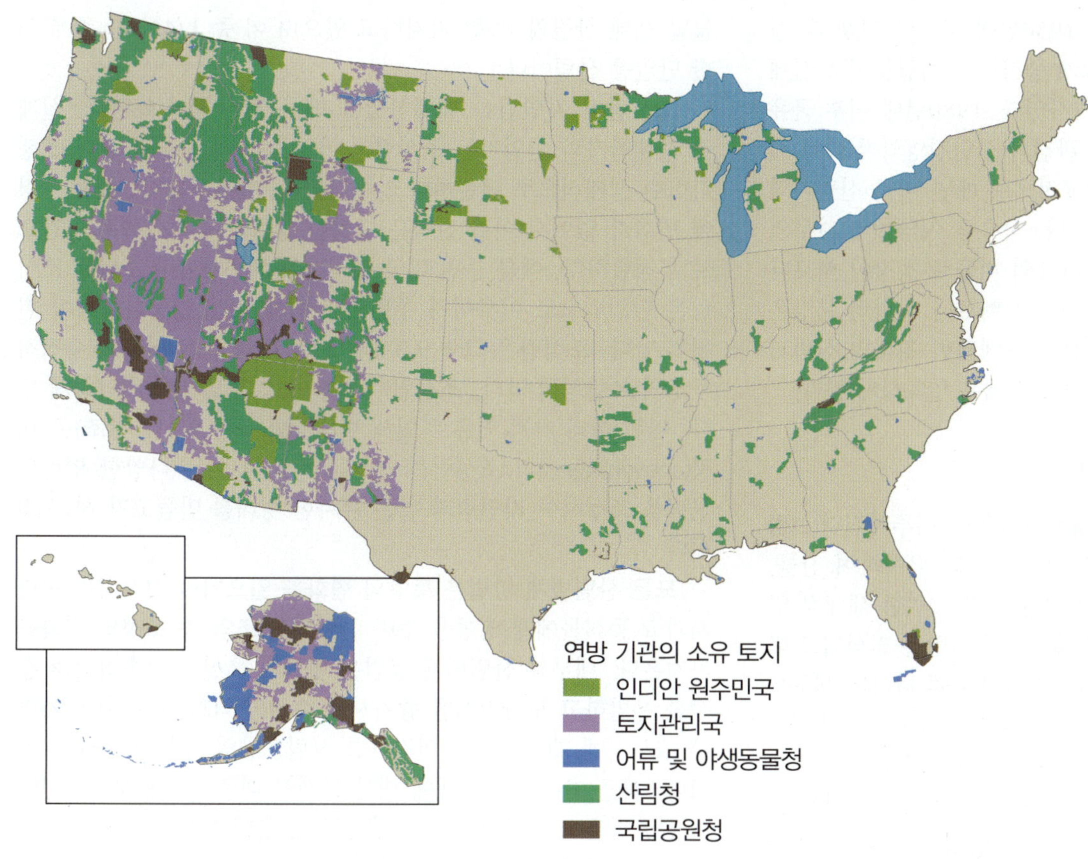

◀ **그림 9.8** 연방정부가 소유하고 관리하는 토지는 2억 5,000만 헥타르에 이른다. 여기에는 국가소유 산림, 국립공원, 국가야생동물보호지역, 원주민보전지역 및 토지관리국 등이 포함된다. Data from United States Geological Survey.

대한 가설은 실제로 자원을 관리하는 법을 실행해 봄으로써 발휘된다.

공유림과 사유림로부터 산림을 벌채한다

수백 년 전 미국 산림의 급속한 벌채와 '목재 기근'에 대한 두려움이 널리 퍼졌을 때부터 산림자원의 경영이 시작되었다. 연방정부로 하여금 산림의 보전시스템을 만들도록 하였다. 공유림이 조림을 위해 지정되었으며, 목재를 생산하고 수자원보호 및 목재부족에 대한 보장을 위해 관리되었다. 오늘날 미국 **연방산림(national forest)** 시스템은 7,700만 헥타르가 지정되었으며 이를 미국산림청(US Forest Service)이 관리하며 전 국토의 8%를 차지한다(**그림 9.8**). 미국 산림청은 1905년 기퍼트 핀쇼에 의해 창설되었는데, 그는 '장기적으로 가장 많은 사람에게 최대의 이익을' 이라는 산림의 보전윤리를 가지고 있는 사람이다(1장 참조). 핀쇼는 국가는 공공토지로부터 자원을 얻고 사용해야 한다는 생각을 가지고 있으며 현명하고 사려 깊은 목재자원의 관리는 절대적이라 믿고 있다.

오늘날 미국에 있어 대부분 목재생산은 땅을 소유한 목재회사 혹은 개인 소유에 의한 사유림에서 이루어진다(**그림 9.9**). 목재회사는 국유림으로부터도 목재를 생산해 낸다. 미국 산림청의 종사자는 목재판매 및 벌목회사의 접근을 돕기 위한 도로건설을 관리한다. 이런 방법으로 세금을 납부하는 사람은 민간목재회사가 공유림에서 얻는 이익을 나누어 준다(6장 참조).

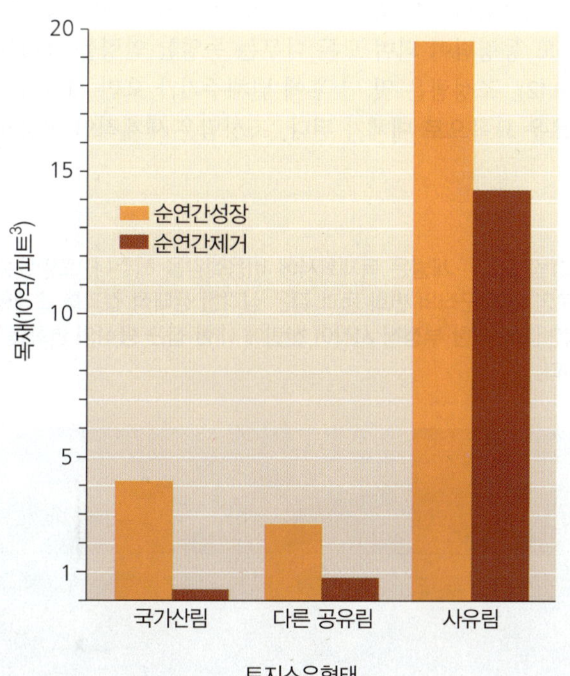

▲ **그림 9.9** 벌채지역의 회복에 따라 나무(목재 생물량에 의한 입방피트)는 벌채보다 빠르게 축적되며 이는 특히 국립산림 및 다른 공유지에서 나타난다. 벌채 이후 자라는 산림지역은 벌채 후 없어지는 산림과는 지속성에서 다르다. 사유림은 목재회사 및 적은 토지소유자 모두를 포함한다. Data from USDA Forest Service, 2008. *Forest resources of the United States*, 2007. U.S. Department of Agriculture, Washington, D.C.

미국 국유림 지역의 목재생산은 1950년대 국가가 전쟁 후 경제부흥이 진행될 때 종이 소비가 크게 증가하고 사람들이 도시에 집을 짓기 위해 대거 진출할 때 증가하였다. 1980년대 이후 국유림 지역에서 목재의 생산은 경제적 관점과 산림경영의 철학이 진화함으로써 변화되었다. 현재는 평균적으로 매년 미국 산림지역의 2.1% 정도가 목재를 위해 벌목된다. 국유림 지역에서 나무의 생장은 제거보다 빠르게 나타나며 11:1의 비율로 성장이 빠르다(그림 9.9 참조). 하지만 생장이 제거보다 빠르나 산림의 특징은 변하며, 1차 산림이 어린 2차 산림으로 대체되면 원래의 산림과 매우 다른 모습을 보이게 되며 생태적으로 매우 열악하게 된다.

여러 가지 방법으로 벌채한다

대다수의 벌채는 **개벌(clear cutting)**방식으로 이루어진다(**그림 9.10**). 개벌은 비용-효율적이며 자연재해 방식과 유사하여 산불, 토네이도, 폭풍과 같은 방식이다. 하지만 개벌로 인한 생태적 영향은 심각하다. 전체 생태적 군집이 제거되며 토양은 침식되고 빛은 임상식물까지 도달하여 미세기후조건의 변화가 나타나 새로운 식물종이 기존의 원래 식물종을 밀어낸다.

개벌에 대한 일반인의 부정적 인식도 나타나 임업자 및 목재회사에게 다른 방식을 채택할 것을 요구한다(**그림 9.11**). 예를 들면, 선택적 벌채시스템은 산림의 구조적 다양성을 유지시켜주나 비용측면에서는 효율적이지 못하다.

오늘날 북미 산림산업은 빨리 자라는 식물종에 의한 단일림 정책을 사용한다(7장 참조). 지역의 모든 종이 동시에 식재되어 조성림도 동령림이 되며 모든 나무는 동일한 연령을 가지게 된다(**그림 9.12**). 조성림은 몇 년 후에 벌채주기가 오면 제거되며 토지는 새로운 묘목으로 대체가 된다. 조성림은 세계적인 현상으로 오늘날 세계 산림의 7%를 차지하고 있으며 이 중 1/4이 한 종에 의한 단일종 산림이다.

조성림이 자연림을 대체하였을 때 군집은 단순화된다. 실제로 생태학자와 임업자는 조성림이 마치 농업의 작물과 같다고 생각하며 생태적으로 단순하다고 생각한다. 매우 적은 수종과 수령에 변화가 없어서 이런 산림은 다양한 생물종이 서식하는 공간으로 부적합하다. 예를 들면 미국 미시간주 에스카나바 소나무 조성림은 단일림으로 이루어져 주변의 산림에 비해 생물다양성이 현저히 낮다. 조성림은 그림 9.3에서 보는 바와 같은 식물의 수직적 구조의 복합성이 낮다. 조성림은 외부 해충의 발생에 취약하게 된다. 이런 여러 가지 이유로 인해 벌채방법(그림 9.11c 참조)은 이령(uneven-aged)의 조성림을 선호하게 되며 이는 다양한 연령의 산림을 조성하여 자연림과 같은 유사한 형태를 만들고자 하는 것이다.

모든 산림벌채 방법은 토양의 변화를 일으키며 서식처를 변화시키고 동식물에게 영향을 주며 산림의 구조와 종 조성의 변화를 가져온다. 대부분 산림벌채 방법은 빗물의 유실을 가속화하며 홍수를 유발하고 토양침식을 증가시켜 수질의 악화를 보인다. 가파른 경사지에 개벌이 이루어진다면 산림토양의 유실이 초래될 것이다. 최근 이런 산림벌채에 대한 문제가 대중들에게 부각되었으며 공공림은 레크리에이션, 야생동물 및 생태계 통합 등의 목적을 위해 관리되어야 한다는 인식이 증가되었다.

공공림은 레크리에이션과 생태계를 위해 관리되어야 한다

1976년 미국의회는 **국가산림관리법(National Forest Management Act)**을 통과시켰으며 모든 국가산림은 국가환경정책법(NEPA, 5장 참조)에 의한 대중 참여를 조건으로 하는 재생가능자원의 계획을 만들어야 한다고 하였다. 가이드라인은 이런 계획이 벌채에 대한 생태적 영향을 평가해야 한다는 것이다. 그 결과 산림벌채 방식은 생태계에 근거한 관리목표와 통합을 이루어야 하며, 미국산림청은 야생동물과 훼손 생태계복원의 목적을 위한 프로그램을 개발해야 한다.

미시간의 북부 반도에 위치한 하이어워사 국립산림지역은 국가산림관리법 아래의 관리의 모범사례를 제공한다. 산림관리계획의 최근 수정안은 아래의 사용목표를 설정한다:

- 목재 벌채관리는 신중하게 진행
- 어류 및 야생동물 개체군을 모니터링함
- 다양한 레크리에이션–정해진 지역에서의 등산, 낚시, 보트 등
- 목축을 억제하고 역사적, 고고학적 지역을 보호하고 새로운 도로건설 금지
- 위협 동식물의 서식지를 보호, 습지, 하천, 산림 및 토양을 회복하고 노령림을 보호함.

▼ **그림 9.10** 개벌은 목재회사에 비용절감을 해주나, 토양유실, 수자원 오염, 생태군집의 변화 등과 같은 심각한 생태적 결과를 초래한다. 일반국민들에 의한 부정적 시각이 산림에 대한 접근 방식의 변화를 이끌어 내었다.

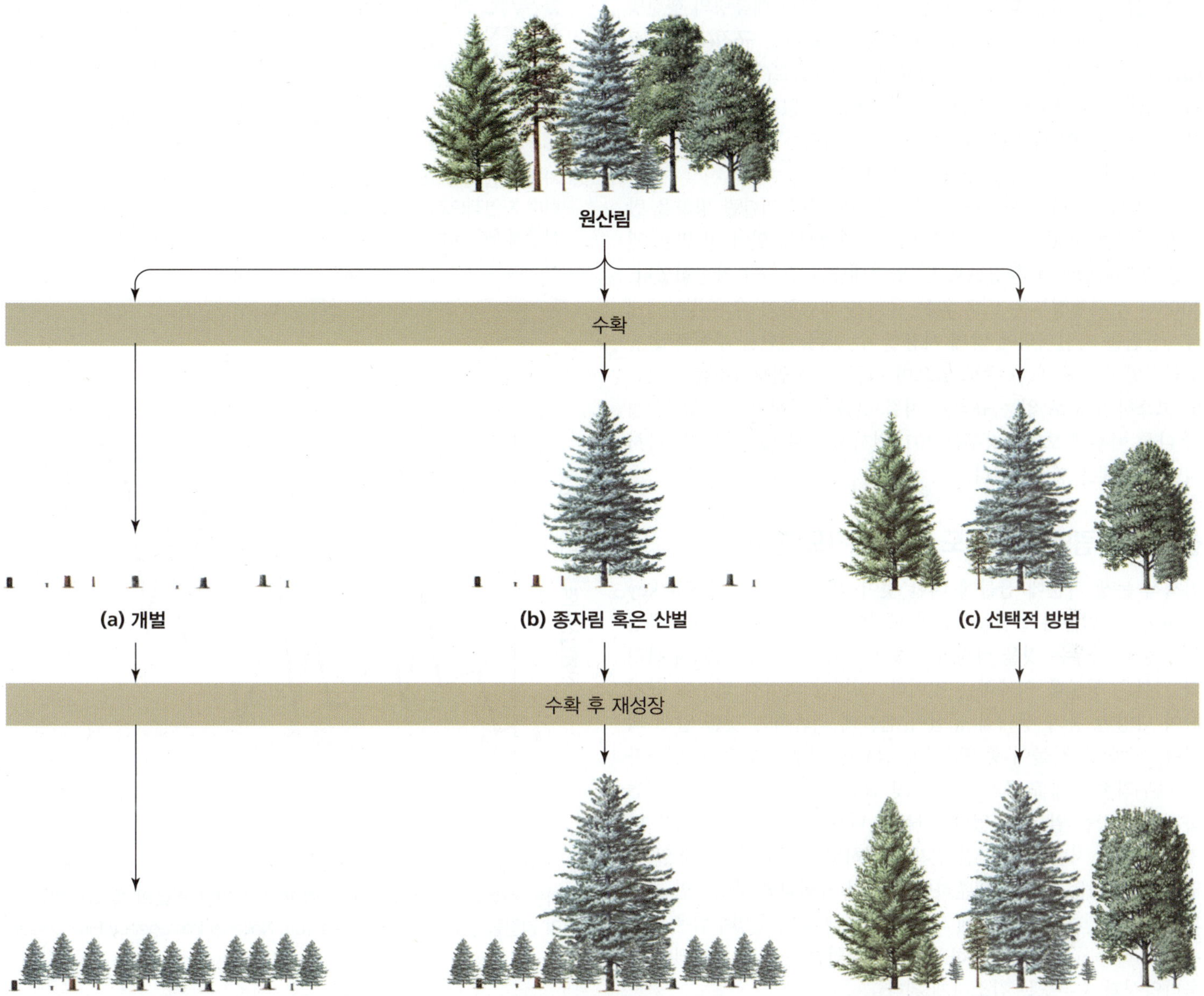

원산림

수확

(a) 개벌

(b) 종자림 혹은 산벌

(c) 선택적 방법

수확 후 재성장

▲ **그림 9.11** 임업인은 벌채를 위한 다양한 방법을 도출해낸다. 개벌**(a)**은 지역의 모든 나무를 잘라내는 것이며 비용을 적게 드나 경관적 변화를 만든다. 종자를 위한 목재를 남기는 산벌(shelterwood cutting) 방법**(b)**, 큰 나무를 남겨두는 방법은 이 지역에 종자를 공급하고 묘목에 그늘을 제공한다. 선택적 방법**(c)**은 소수의 나무들을 벌채하여 대부분의 나무를 남겨 놓는다. 개벌에 비해 환경영향을 최소화한다. 위의 방법들은 산림의 형태와 기능을 심각하게 변경시키는 공통점이 있다.

▶ **그림 9.12** 동령림 관리는 심겨진 모든 나무의 연령이 동일하며(사진의 앞부분), 개벌 후에 조림한 것이다. 이령림 관리는 수확은 모든 연령을 감안하여 이루어지며(사진의 뒷부분), 대부분 야생종에게 다양한 서식지를 제공하며 다양한 수종의 나무를 혼재할 수 있어 생태적인 기능이 가장 좋은 방법이다.

보전을 강조하는 다른 국가정책이 빌 클린턴 대통령의 행정명령에 의해 2001년 발효되었으며 이를 '**도로없는 규칙(roadless rule)**'이라 부른다. 이 규칙은 2300만 70헥타르(국가산림지역의 31%, 전체 미 국토의 2%)를 도로건설(벌채) 없는 지역으로 지정하는 것이다. 이 규칙은 대중의 적극적 지지를 이끌어 내었으며 420만 명의 국민이 지지의견을 개진하였다.

조지 W. 부시대통령 행정부는 정책에 있어 커다란 방향을 만들어 내었다. 2004년 부시행정부는 산림벌채에 있어 더 많은 권한을 부여하였으며 환경보호 및 일반대중의 감시를 제한하였다. 2005년 부시행정부는 도로 없는 규칙을 개정하여 각 주정부에게 국가산림을 자신지역에 맞게 사용할 수 있는 권한을 부여하였다. 호의적인 반응을 보인 주도 있으며 다른 주는 연방정부를 법적으로 고소하여 도로 없는 규칙을 지킬 것을 요구하기도 하였다. 법적 다툼 이후에 오바마정부는 2011년까지 도로 없는 규칙을 다시 지키는 규정을 제정하였다.

산불은 산림에 해롭기도 하나 돕기도 한다

정책적 논쟁 가운데 산불에 대한 것이 있다. 스모키 곰(Smokey Bear)은 산림청이 산림공무원의 모자에 붙이는 사랑스런 이름인데 산불과 싸우는 것을 상징하는 것이며 지난 100년간 토지 관리의 기본은 산불을 억제하는 것이다. 하지만 과학적 연구에 근거하여 다양한 종과 생태적 군집이 산불에 의존하는 것을 알게 되었다. 식물 중 산불이 종자발아에 필요한 경우도 있으며, 연구자는 나무의 나이테를 근거로 초지 및 침엽수림 지역에 산불이 빈번하게 발생함을 알 수 있었다. 산불은 나무의 나이테에 흔적을 남기며 산불이 지난 수백 년간 언제 발생하였는지를 정확하게 알 수 있다. 생태계는 산불에 의존하며 산불이 억제되면 부정적인 효과가 나타난다. 초지는 관목에 의해 사라지게 되며 침엽수림은 활엽수림의 하층식생으로 고사하게 된다. 침입종은 계속 천이되어 생물다양성과 풍부도는 감소하게 된다.

장기적으로 산불의 지속적 억제는 대규모 산불을 초래하게 되고 전체 산림을 사라지게 하며 인간의 삶을 위협한다. 산불억제는 가지, 통남, 잔가지, 잎의 축적 등을 일으키며 대규모 치명적인 산불을 초래하기 때문이다. 이런 이유로 최근에는 대규모 산불이 빈번하였다(**그림 9.13**). 게다가 산림주변 지역의 인간 거주로 인한 택지개발(**야외지역-도시 접근, wildland urban interface**)을 초래하여 더 많은 주거지역을 산불에 노출되게 하였다(**그림 9.14**).

FAQ

Q: 산불은 모두 나쁜 영향을 주는가?

A: 그렇지 않다. 야생에서 일어나는 산불은 생태계를 변화시키며, 재산에 피해를 주고 사람의 목숨을 앗아가기도 한다. 하지만 아이러니하게도 최근에 일어난 파괴적인 산불은 지난 수십 년간 산불을 억제한 것에 기인한다. 불은 자연적 현상이며 산림과 초지의 건강성을 유지시켜 준다. 자연적으로 발생할 경우 산불은 축적된 유기물만 소진하고 영양물질을 토양에 공급하며, 새로운 식생이 자라나도록 한다. 산불의 억제는 대규모의 쓰러진 잔목(downed woods), 건초, 낙엽 축적 등으로 인해 대규모의 산불을 초래하며 이런 산불은 규모도 크므로 불이 너무 뜨거워 조절이 되지 않는다. 이런 이유로 오늘날 관리자들이 산불을 고의적으로 발생시키고 축적되는 유기물의 양을 조절하며 자연적으로 발생하는 불을 일정하게 통제한다. 이렇게 하는 것은 산불에 의존하는 생태계를 보다 건강하고 안전한 조건으로 만들어 주기 때문이다.

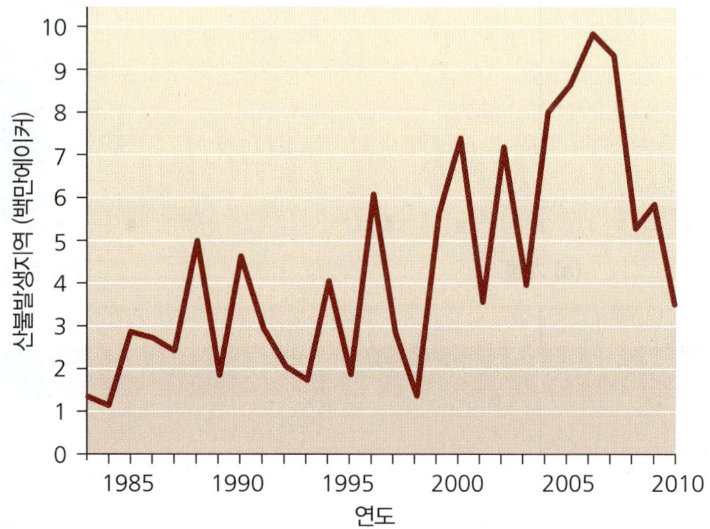

▲ **그림 9.13** 산불은 더 크고 빈번하게 발생하는데 미국 전역에 매년 발생하는 산불과 피해지역이다. 불의 억제로 인한 연료의 축적이 원인이며 위의 경향을 설명하고 있다. Data from National interagency Fire Center.

산불의 연료부하를 감소시키고, 산림의 재산과 상태를 보호하기 위해 관리자는 매우 통제된 상황에서 산불을 고의로 발생시킨다(그림 1.6b 참조). 이것을 **통제된 산불(prescribed burns)**이라 부르는데 축적된 연료를 소진시키고 토양에 영양물질을 공급하며 새로운 식생의 정착을 도와준다.

대규모 산불이 발생하게 되면 많은 고사목을 만든다. 자연적 교란(산불, 폭풍, 해충 및 질병 피해) 혹은 목재회사에 의하여 고사목 또는 잔가지를 제거하는 것을 **고목벌채(salvage logging)**라고 부른다. 단기적인 경제관점에서 고목벌채는 이득이다. 하지만 고사목은 가치가 있는데 곤충에 의해 부식된 지역은 야생동물에게 먹이를 공급해 주고, 다른 동물들은 번식 및 둥지를 위해 고사목을 이용한다. 고사목을 제거하는 것은 토양침식을 일으킬 수도 있다. 게다가 식생발아를 방해하며 산불을 야기하기도 한다(**과학 비하인드 스토리** 참조).

▲ **그림 9.14** 지난 세기 동안 산불의 억제는 낙엽 및 잔목, 묘목 등의 축적을 가져왔으며 이로 인해 산불이 일어날 때 강도가 세졌다. 그 결과 대규모 산불이 발생하게 되어 생태계 및 산림인근 지역의 거주민에게 피해를 준다. 이런 경우는 남부 캘리포니아에서 2007년 발생함. 이런 비정상적인 강한 산불을 막기 위해 생태학자는 자연적인 발생을 유도하며 통제된 산불을 통해 산림의 축적된 유기물을 제거하여 산림 생태계를 회복하는 것이다.

WEIGHING 이슈

산불을 어떻게 다룰 것인가? 지난 100년간 산불의 억제는 대규모 발생을 초래하였다. 통제된 산불은 이런 위험을 감소시키는 데 도움이 되지만, 모든 토지에 통제된 산불을 적용하기에 충분한 연료를 갖지 못할 것이다. 통제된 산불은 산림의 생태적 기능을 증가시키면서 산림인근지역에 거주하는 사람들에게 도움을 주는 것이 가능한가? 이런 산불이 빈번한 인근지역에 주거지역을 개발하는 것이 옳은 일인가?

기후변화는 산림을 변화시킨다

기후변화(14장)는 지구 전체 및 북미지역과 건조한 서부산림을 더욱 악화시킨다. 게다가 따뜻한 겨울과 덥고 건조한 여름은 산소나무풍뎅이(mountaian pine beetle)의 대규모 발생을 더욱 촉진시키며 이 해충은 1990년 이래 미국 서부지역의 산림 1,100만 헥타르 산림을 초토화시켰다(**그림 9.15**). 이전의 산림관리로 인하여 넓은 지역에서 대부분 동령림이 생겨났으며 이 숲의 많은 수목이 해충발생에 초기 연령층이었다. 가장 피해가 큰 지역은 풍뎅이가 좋아하는 연령층으로 구성되어 있는 단일종 산림이었다. 기후변화는 다른 종에 해를 입히는 동안 일부 이익을 얻는 종도 있으며, 질병, 병원균 및 관리전략과 서로 연관되어 있을 때 많은 산림생태계가 심각하게 변형될 수 있다. 밀집되고 습한 산림지역은 건조하고 관목 및 초본이 우점하는 산림으로 바뀌게 되며 심지어는 오늘날 관찰되지 않는 특이한 산림형태도 나타날 수 있다.

지속가능한 산림은 뿌리 내리고 있다

이러한 모든 도전은 지속가능한 산림경영으로 해결될 수 있다. 전 세계적으로 산림지역의 감소가 나타나지만 2010년 FAO 지구산림자원평가 보고서는 더 많은 산림이 토양보전, 수자원 및 생물다양성 등을 보호하기 위해 점점 더 많은 산림이 관리되고 있으며, 조성림에서 목재를 효율적으로 얻고 있음을 보여준다.

목재회사가 자신의 방식이 지속가능하다고 주장하나 소비자는 지속가능성을 평가하기 어렵다. 따라서 산림관리협의회(FSC)와 같은 기구는 지속가능성에 대해 기업을 평가하고 점수를 매긴다. 협의회는 **지속가능한 산림인증(sustainable forest certification)**을 회사에게 부여하고 인증된 방법에 의한 임산물을 지속가능하다고 평가한다(**그림 9.16**).

인증기구는 다수 존재하나 산림관리협의회는 가장 강한 법칙을 적용하고 있으며 본 교재에 사용하는 종이는 '관리의 법칙'을 적용하여 종이의 생산을 위한 벌채, 목재운반, 종이제작 등의 전 과정에 대한 평가를 실시하여 엄격한 법칙을 적용하는 것이다. 협의회 인증은 10개의 일반적 법칙과 56개의 보다 구체적인 판단기준을 적용한다.

FSC 인증된 산림, 목재회사 및 제품의 사용이 점점 늘어나고 있다. 2011년도 기준으로 목재생산을 위한 FSC 인증된 산림이 세계 산림의 5%가 넘는 1억 3,400만 헥타르에 이르며 전 세계 81개 국가가 참여하고 있다. 지속가능한 산림 운영이 생산자에게 적어도 단기적으로는 더 비용이 지출되나 일반 소비자가 인증된 산림에서 생산되는 제품보다 더 많은 비용을 지불할 의사가

▼ **그림 9.15** 서부의 수백만 헥타르에 이르는 산림지역에 산소나무풍뎅이(**삽입그림**)가 발병하여 나무의 껍질부분을 먹는다. 풍뎅이는 특별히 동령림에 창궐하여 지구온난화로 인한 더운 여름과 따뜻한 겨울에 대규모 발생한다.

오리건주립대의 대학원생인 다니엘 도나토가 미국 의회에서 증언하고 있다.

과학 비하인드 스토리

산불 및 산림과의 투쟁

학술지에 출간된 논문 한 편이 학교 전체를 소용돌이 속으로 밀어 넣고 대학원생을 의회 증언대에 서게 하여 법을 만드는 사람의 공격적인 질문에 빠지게 하는 일은 흔한 일이 아니다. 고목벌채(salvage logging)로 인한 정치적으로 민감한 논쟁이 일어났다.

산불이 산림에 발생하게 되면 불에 탄 나무는 벌목되어 목재로 팔아야 하는가? 고목벌채 옹호자는 그렇다고 대답한다. 경제적인 가치가 있는 나무는 시장에 팔아서 이득을 얻어야 한다는 것이며 반대자는 불에 탄 나무는 그 자리에 있는 것이 토양유실, 야생동물서식지, 토양에 유기물 공급 및 나무가 자라는 토대를 마련하는 등의 관점에서 더 가치가 있다고 주장한다.

고목벌채의 찬성자는 산림은 산불 후에 벌목되고 묘목이 심겨지면 훨씬 재생력이 높아진다고 주장한다. 게다가 고목벌채는 산불의 위험성을 감소시키며 다음 산불의 연료를 제거한다는 것이다. 2002년 오리건주의 비스킷(Biscuit) 지역 산불이 20만 헥타르를 소진하였을 때 오리건주립대의 산림자원대학의 사람들은 이 논쟁을 나무 제거의 논거로 삼았다.

하지만 오리건주립대의 대학원생인 다니엘 도나토와 다른 5명의 연구자는 연구지역을 조성하여 산불로 인한 지역에 고목벌채가 정말로 산불위험 감소와 묘목의 생장에 도움을 주는지를 연구하였다. 묘목생장과 생존을 산불 이전(2004)과 산불 이후(2005) 고목벌채가 일어난 지역을 비교하였으며, 고목벌채가 일어나지 않은 지역을 조사하였다.

연구자들은 침엽수 묘목은 산불이 난 지역에 자연적으로 발아하며 밀도도 조림한 지역보다 더 높게 나타난다는 것을 밝혀내었다. 이 연구는 인공적인 식재는 불필요하다는 것을 의미하며, 고사목의 벌목지역에서는 자연적 발아에 의한 밀도는 29%에 불과하다는 것을 보여주었다**(그림 참조)**. 고목벌채는 묘목의 생장을 방해하며 토양과 다른 묘목에 방해가 된다는 것을 의미한다.

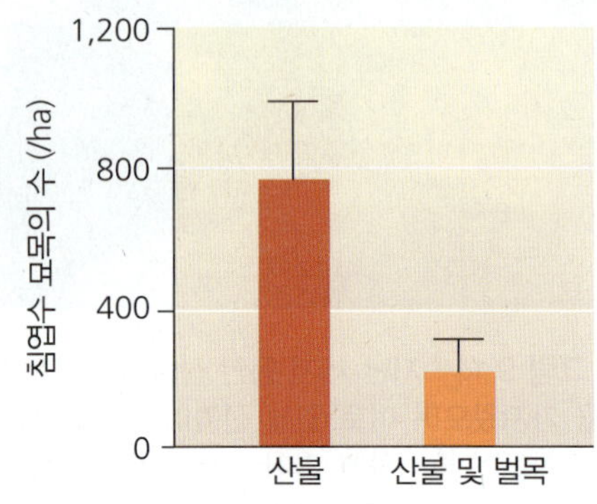

비스킷 지역의 산불에 있어 침엽수 종자의 자연적 성장은 고목벌채가 이루어진 지역에 더 낮게 나타났다(오렌지색). Date from Donato, D.D., et al., 2006. Postt-wildfire logging hinders regeneration and increases fire risk. *Science* 311:352. Reprinted with permission from AAAS.

도나토 팀은 고목벌채를 한 지역은 하지 않은 지역보다 3배나 더 많은 양의 잔가지를 보여주었다**(두 번째 그림)**. 이 연구팀은 따라서 산불이 일어난 후 가장 좋은 전략은 그 지역을

◀ **그림 9.16** 미시간 반도 북부 지역 및 기타 지역에서 벌목이 FSC 규정에 의한 지속가능한 방법으로 이루어지는가를 조사하는 감시자와 목재.

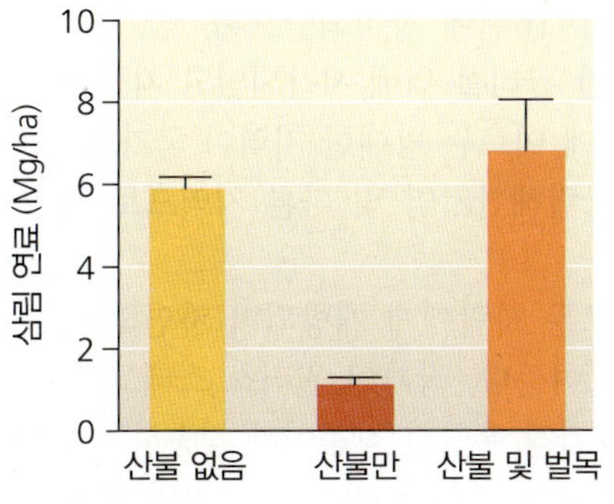

(a) 작은 연료

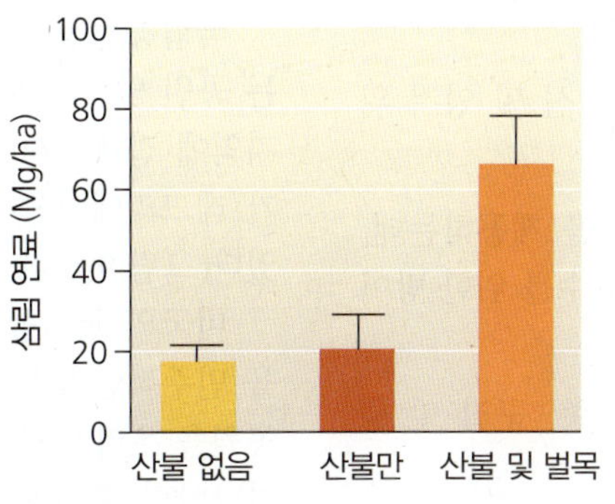

(b) 큰 연료

산불이 난 지역에 고목벌채가 이루어진(오렌지색) 지역에서 연료는 작은 가지의 연료(a), 큰 가지의 연료(b) 벌목이 이루어지지 않은 지역(빨간색) 및 산불이 없었던 지역보다 더 많이 발생하는 것을 보여준다. Date from Donato., D.C., et al., 2006. Post-wildfire logging hinders regeneration and increases fire risk. *Science* 311: 355. Repringed with permission from AAAS.

그대로 두어서 자연발아에 의한 산림재생이며 고사목을 놔두면 종자발아가 더 효과적으로 이루어지는 것을 보여주는 것이라 하였다.

이 결과 다른 오리건주립대의 산림학과 교수는 2002년 산불에 의한 논쟁이 모순된다고 주장하였다. 사이언스가 도나토의 논문을 발간하였을 때 저널의 편집위원장에게 결정을 재고해 달라고 주장하였으며 사이언스의 논문심사 과정은 실패작이며 존 세숀 교수와 다른 사람들은 저널의 논문 발간을 막으려는 시도를 하였다.

2006년에 발간된 논문은 이상스러운 사건의 연속이었다. 미국 의회 국회의원인 오리건주의 그레그 월든과 워싱턴 주의 브라이언 배이드 의원은 논문은 고목벌채를 지지하여 이를 적용하려는 의회를 위협한다고 주장하였으며, 두 의원은 도나토 및 다른 연구자들을 청문회에 증인으로 소환하여 오리건 주의 메드포드에 모여든 대중 앞에 질문을 퍼부었다. 29세의 대학원생은 어려운 질문에 자신들의 연구결과를 주장하였다.

미국의 토지관리청(BLM)은 연구팀의 연구비를 유보하였으며, 이 일은 많은 사람들에게 정치적인 압력에 의한 것으로 비쳐져 많은 언론의 관심을 이끌었고 BLM은 다시 연구비를 지급하였다.

오리건주립대의 산림대학에서 논쟁이 수개월간 계속되었다. 대학은 목재판매로 인한 세금의 12%를 연구비로 지원받았는데 이 일이 산업에 영향을 주도록 했다는 것이다. 이메일에 대한 내용이 공개되었으며, 대학의 학장인 살와서 교수는 목재회사 대표들과 본 논문의 반박에 대해 논의하였다는 것이다. 대중관심이 증가함에 따라 대학의 평판은 하락하였으며 대학원 지원율이 감소하였고, 교수협의회는 살와서 학장의 대학내 리더십의 부재라 비판하였다. 학장은 실수를 인정하고 교수들의 무기명 투표에서는 살아남았으나 개혁을 요구받게 되었다.

사이언스 논문과 다른 학술지에서 연구방법에 대한 과학적 비판이 논의되었으며 여러 사람들은 연구의 결론이 단기간의 자료에서 보여주기에는 한계가 있다는 비판이 제기되었다. 과학자들은 장기적인 연구가 고목벌채로 인해 산림재생 및 산불 위협에 대한 정확한 예측 평가를 위해 수행되어야 한다는 것을 동의하였다.

오리건주립대의 두 개의 다른 연구가 장기적인 예측을 제공하였는데 제프리 새포드와 동료는 오리건지역과 9~19년 전에 발생한 북부 캘리포니아 침엽수림의 자연재생에 대한 광범위한 자료를 수집하였으며, 조나단 탐슨과 동료는 인공위성 자료, 사진 및 정부의 15년 전 발생한 이 지역의 산불에 대한 영향을 분석하였다. 연구 결과 1987년 발생한 산불 이후 고목벌채가 수행된 지역에서 일어난 2002년 산불이 벌목이 이루어지지 않은 지역의 산불보다 훨씬 강도가 높은 것을 찾아내었다.

보다 장기적인 연구가 고목벌채에 대해 수행되고 있으며 오늘날 산불이 더 빈번하고 거세게 일어나는 것에 대해 보다 잘 대처할 수 있는 방법을 찾아낼 것이다.

확인되고 있어 장기적으로는 지속가능한 방법이 자원의 보전에 더 이롭고 비용을 절감할 수 있다. 시장에서 인증된 제품에 대해 구매의사를 물어볼 때 소비자가 원하는 방향으로 제품생산을 유도할 수 있는 것이다. 홈디포(Home Depot) 같은 다른 대규모 회사는 지속가능한 제품을 팔고 있으며, 회사의 구매 결정은 목재의 벌채방식에 대해 많은 영향을 주고 있다.

공원 및 보호지역

오늘날 지구의 많은 사람들이 자원을 사용함에 따라 지속가능한 자원의 경영은 산림과 생태계에서 매우 중요한 주제가 되고 있다. 따라서 많은 지역이 향후 개발될 수 없는 지역으로 보전할 필요가 있으며 오늘날 12%의 세계 토지는 공원, 보전지역 및 보호구 등 여러 형태의 보전을 위한 곳으로 지정되어 관리되고 있다.

왜 공원 및 보전지역을 만드는가?

공원 및 보전지역의 조성은 다양한 이유가 있다:

- 여러 가지의 과학적 특성으로 인해 사람들은 보전하고 싶어 한다(**그림 9.17**).
- 보호지역은 하이킹, 낚시, 사냥, 카약, 조류관찰 및 다른 레크리에이션 활동을 제공한다.

- 공원은 생태관광의 수입원이 된다(3, 8장 참조).
- 개발되지 않은 지역은 마음의 안정, 건강, 호기심 및 영적 위안, 탐험 기회 등을 제공한다.
- 보호지역은 통합적 이득 및 생태계 서비스 등을 제공하는데, 예를 들면 개발되지 않은 수권은 맑은 물 및 홍수를 위한 방어 지역을 공급한다.
- 보전지역은 생물다양성을 보호하며 서식지는 종, 군집 및 생태계를 보호한다.

연방공원 및 보전지역은 미국이 최초이다

미국 서부지역의 광활한 자연의 아름다움은 미국 정부로 하여금 세계 최초의 **국립공원(national parks)**을 만들었으며, 공공지역은 개발로부터 보호되고 자연의 아름다움 및 레크리에이션의 기회를 제공하였다. 엘로스톤 국립공원은 1872년에 시작되었으며 세쿼이아, 제너럴 그랜드(지금은 킹스 캐년), 요세미트, 마운트 레이니어 및 크레이터호수 국립공원이 계속적으로 국립공원에 편입되었다.

▲ 그림 9.17 요세미티 국립공원과 같이 빼어난 자연적 아름다움을 지닌 지역은 매년 수백만의 시민이 방문한다.

국립공원청(NPS)은 1916년에 창설되었으며, 국가의 증가하는 공원 및 기념물에 대한 관리를 위해 시작되었고 지금은 393개 지역에 전체 3,600만 ha에 이르는 방대한 지역이 국가역사물, 국가 레크리에이션지역, 국립해안지역 및 다른 지역으로 관리되고 있다(그림 9.8 참조).

미국의 국립공원은 모든 사람에게 개방되며 자연의 아름다움을 민주적인 방법으로 보여준다. 작가인 월러스 스테그너는 국립공원을 우리가 생각해낸 가장 훌륭한 작품이라 칭송하고 있다. 에카나바의 종이공장 근로자는 주말에 가족을 근처의 픽처드록스 국립호안지역에 데리고 가서 그 지역에 슈페리어 호수근처의 모래절벽에서 캠핑을 증기며 호수를 가로질러 아일로열국립공원에 등산하고 무스와 늑대의 서식지에 카약을 하며 이들을 관찰한다. 인근의 다른 광활한 사암절벽인 슬리핑베어둔스국립호안지역을 탐사할 수 있다.

다른 형태의 연방보호구역은 **국립야생보호구역(National Wildlife Refuge)**이 있다. 야생보호구역 시스템은 시오드로 루즈벨트 대통령 시절인 1903년에 시작되었는데 지금은 550개 지역에 6,100만 헥타르(그림 9.8)에 이르는 광활한 면적을 관리한다. 미국어류및야생동물청은 이 국립야생보호구역을 관리하며 야생동물의 천국을 제공한다. 주민들에게 사냥, 낚시, 조류관찰, 야생동물, 사진, 환경교육 및 공공을 위한 목적으로 사용한다.

개발되지 않도록 지역을 보호하고자 하는 여론에 의해 1964년 미국의회는 윌더니스법(Wilderness Act)을 제정하였으며 이는 연방정부의 공유지를 **야생지역(wilderness areas)**으로 지정한다는 것이다. 이 지역은 개발이 허락되지 않으며 대중을 위해서는 자전거, 자연연구 및 다른 레크리에이션을 허락하는 곳이다. 전역에 756개의 지역이 있으며 전체 4,400만 헥타르에 이르며 미국토지의 5%를 차지한다(알래스카를 제외하면 2.7%).

연방기구 및 단체가 보호지역을 돕고 있다

연방정부 차원에서 토지를 지정하는 것은 지역 및 지방정부수준과 평등하다. 미국의 각주는 공공지역에서 자원을 관리하는 기구를 가지고 있으며, 많은 군 및 지자체도 관리기구가 있다. 맥캐닉섬이 미국의 2번째 국립공원으로 지정된 이후 미시간 주로 이관되었을 때 이 섬은 미국에서 첫 번째 주공원이 되었다. 오늘날 3,700여 개의 주 차원의 공원이 미국정부에 있으며 지역공원, 군공원 및 다른 공원이 지정되어 있다.

민간 비정부기관인 **토지신탁(land trust)** 같은 기관은 지역 및 지방에 조직을 가지고 있으며 토지를 구입하여 자연적인 조건하에 보전한다. 자연보전협회(Nature Conservancy)는 전 세계에서 가장 큰 토지신탁 기구이며 미국에 1,700여 개의 토지를 신탁하고 있으며 69만 헥타르에 이르는 토지를 관리하고 있으며 추가로 410만 헥타르에 이르는 토지를 캘리포니아 해안의 빅서(Big Sur), 와이오밍 주의 잭슨홀, 메인 주의 마운트 사막섬을 포함하여 경관지역으로 관리하고 있다. 게다가 수천 개의 자발적 지역단체(지역에서는 '프렌즈'라는 용어 사용)는 보호지역을 돌보는 풀뿌리 조직이다.

공원 및 보전지역은 국제적으로 증가하고 있다

많은 나라들이 보호지역을 지정하고 있으며 그 결과 생태관광 등을 통해 이득을 얻고 있는데 코스타리카(3장), 에콰도르, 태국 및 탄자니아 등이 대표지역이다. 공원 및 보전지역은 1970년대 이후로 6배 증가하였으며 오늘날 지구의 12%에 이르는 114,000의 보호지역이 있다. 하지만 공원은 자원관리, 레크리에이션 제공, 밀렵으로부터 야생동물보호, 벌목으로부터 보호 등을 수행하기에는 자금이 부족하다. 따라서 많은 보호지역이 단지 서류상의 보호지역이며 실제로는 보호업무를 수행하지 못한다.

국제기구인 UN 산하의 기관에서 지정하여 국제적으로 보호하는 지역도 있다. **생물권보전지역(biosphere reserve)**이 대표적인데 높은 생물다양성을 가지고 있으며 지역민을 위한 지속가능성을 제공하면서 보전의 역할을 수행하는 곳이다. 각 생물권보전지역은 (1) 생물다양성 보존을 위한 핵심지역, (2) 지역활동 및 제한적 개발이 이루어지는 완충지역, (3) 외곽지역으로 인간거주, 기타 토지이용 등을 통한 지속가능성이 이루어지는 지역 등으로 구분된다(그림 9.18).

세계유산지역은 다른 국제적 보호지역이다. 150개 국가에 걸쳐 900개의 지역이 지정되어 있으며 자연적 혹은 문화적 가치로 지정되었다. 한 개의 예로 아프리카 3개국에 걸쳐 있는 산악 고릴라 보전지역이다. 이 지역은 르완다, 우간다, 콩고민주공화국 등 3개 국가에 걸친 국립공원지역인데 접경공원지역이 된다. 접경지역은 때로는 '평화공원(peace parks)'이 되기도 하여 지역 간의 긴장을 완화시켜준다.

해양에 존재하는 자연자원의 중요성을 위해 보호지역이 해안가에 지정된다(12장 참조).

서식지 절편화는 보전지역을 더 활성화시킨다

넓은 지역의 보호는 서식지 절편화로 발생하는 위험을 이해하는데 많은 도움을 준다(8장 참조). 농업, 거주 지역, 고속도로, 벌목 및 기타 영향으로 서식지를 연결되지 않는 여러 지역으로 고립화한다(그림 9.19a, b).

산림이 절편화되면 많은 종들이 고통을 받는데 곰, 퓨마(mountain lion) 등 포식자는 넓은 서식지를 필요로 한다. 조류 중 산림의 내부지역이 필요로 하는 종들은 절편화된 지역의 주변지역으로 몰리면 번식을 하지 못한다(그림 9.19C). 이들의 둥지는 포식자나 기생충에 의해 위협받게 되며, 서식지의 보금자리를 이동하게 된다. 이런 현상을 **주변효과(edge effect)**라 부르는데 조류학자는 산림 절편화가 많은 미국의 산림조류의 감소 원인으로 파악하고 있다.

서식지 절편화는 국립공원에 영향을 주어서 농장, 목초지, 도로 및 도시로 둘러싸인 섬을 만든다. 1983년 보전생물학자인 윌리엄 뉴마크는 서부지역의 국립공원에서 관찰된 포유류를 조사하였으며 많은 공원지역이 과거에 있던 종이 사라진 것을 관찰하였다. 붉은여우 및 수달은 세쿼이아 및 킹스 캐년 국립공원에서 사라진 것이 좋은 예이다. 흰꼬리토끼, 스컹크는 브리스캐년국립공원에 더 이상 살지 않는다. 모두 합쳐 42종의 사라졌으며 생태적으로 적은 공원지역은 큰 지역보다 더 많은 종을 상실한다. 사라진 종은 개체군의 유지가 불가능하기 때문이며, 뉴마크는 결론적으로 새로운 종이 유입되기에는 공원지역이 너무 고립되어 있다고 판단한다.

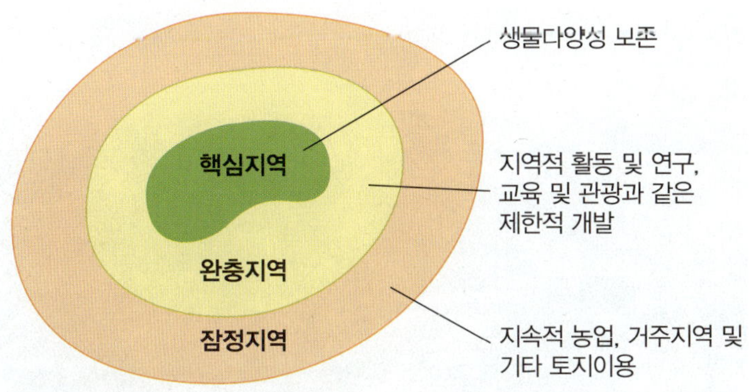

(a) 생물권보전지역의 세 개의 권역

(b) 지역민에 의한 지속가능한 수확

▲ 그림 9.18 생물권보전지역은 국제적인 보호지역으로 지역민의 이익을 위한 지속가능한 개발과 보존(preservation)을 함께 진행한다. 각 보전조닝은 (a) 생물다양성보존을 위한 핵심지역, 제한적 개발이 허용되는 완충지역 및 다양한 이용이 가능한 잠정지역이다. 과테말라의 마야생물권보전지역(b) 여성들은 지역의 열대우림에서 견과류를 수확하고 가공한다. FSC 인증의 잠정 지역은 불법 벌채로부터 핵심 지역을 보전한다.

보전지역은 생물다양성이 증진된다

서식지 절편화는 생물다양성 보전의 핵심이 되며 얼마나 많은 지역을 보전지역으로 설정하는 방식에 대한 (한 개의 큰 지역 vs. 여러 개의 작은 지역) 해답을 얻기 위해 보전생물학자는 이론을 제시하는 데 이를 **'SLOSS 딜레마'**라 부른다(**"single large or several small"**). 이에 대한 해답을 얻기 위해 야외에 커다란 실험지역을 조성하여 아마존 열대우림에 30년간 1000 km^2 지역에 연

(a) 오레건 주의 후드산 국립산림지역에 벌채된 지역(눈에 덮여 있음)

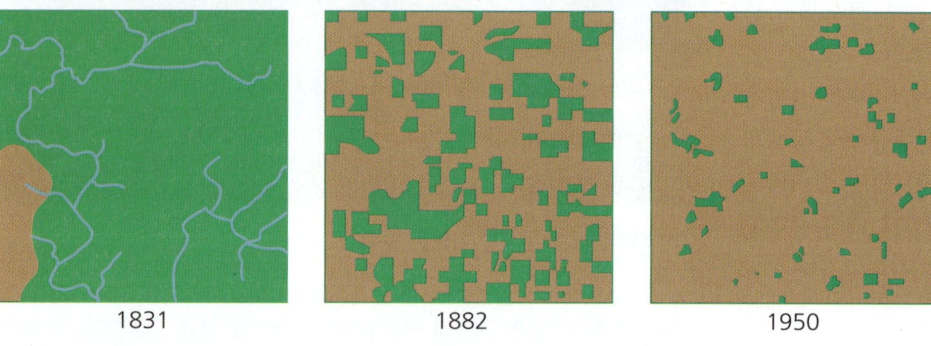

(b) 위스컨신주의 카디즈 타운의 산림지역의 파편화 과정(녹색부분)

(c) 산림지빠귀

▲ **그림 9.19** 산림 파편화는 개벌지역(**a**)에서 나타나며, 농업 및 거주지역에서도 나타난다. (**b**) 그림은 위스콘신 주의 산림지역이 변화되는 것을 시기적으로 보여주는데 1831~1950년에 이르기까지 파편화가 나타나며, (**c**) 지역에 거주하는 산림지빠귀(wood thrush)에 영향을 주었는데 이 새는 북미찌르레기(cowbird)에 의해 탁란되었으며 이 새는 개방지역에 출현한다. *Source*(b): Curtis, J.T,ed, *Man's role in changing the face of the earth*. Copyright 1956 Curtis, J.T. 1956. Used by permission of the publisher, University of Chicago Press.

▼ **그림 9.20** 대규모 야외실험지역으로 1, 10, 100헥타르에 이르는 연구지가 아마존지역에 조성되었다.

구자들은 산림절편화에 대한 생물학적 거동 연구를 통하여 동물, 식물 및 생태계에 있어서의 절편화의 영향 연구를 수행하고 있다.

연구자는 브라질의 초지 중 산림벌채가 이루어진 지역에서 다양한 크기의 연구지가 조성되었다(**그림 9.20**). 학자들은 벌채가 이루어진 지역과 동일한 크기의 지역을 산림과 연결되는 지역에 조성하였으며, 700여 개의 논문, 석박사학위논문, 책 등을 발간하였다. 연구자는 아래의 결론을 도출하였다.

- 동물 그룹의 종다양성은 절편화 지역에서 감소하였다.
- 적은 절편화 지역은 크게 절편화된 지역보다 더 많은 종이 더 빨리 사라졌다.
- 100헥타르에 이르는 절편화 지역은 15년 이전에 절반 이상의 종이 사라졌다.
- 더 고립된 산림지역은 산림과 인접한 절편화 지역에 비해 더 많은 종의 손실을 보았다.
- 자연적으로 조성된 2차 산림 지역은 산림동물들로 하여금 통로로 사용되었다.
- 주변 및 2차 산림 지역은 새로운 종이 절편화된 지역에 들어올

수 있게 하였으며, 일반종(generalists)은 훼손된 지역에 정착하였으며 내부종을 위협하였다.

- 주변지역은 태양광선, 열 및 바람에 의해 더 많은 식물이 죽었으며 주변효과는 300 m 이상 내부지역으로 확장되는 것으로 나타났다.

이런 결과는 연구자가 대규모 절편화로 인해 사라지는 종을 파악하게 되었으며 정책입안자로 하여금 개발압력에 대해 산림보전의 중요성을 이해하는 데 도움을 준다.

기후변화는 보호지역을 위협한다

오늘날 지구기후변화(14장)는 보호지역에 우리의 노력을 위협한다. 기온이 따뜻해짐에 따라 종의 분포는 극지방으로 이동하며 고산지대로 옮겨간다(14장). 절편화된 서식지에서 장거리를 이동할 수 없는 종은 다른 지역으로 이동하기 힘들며 공원에서 보호받기를 희망하는 종은 이곳에 갇히게 된다. 몬테베르데의 황금두꺼비 경우처럼(3장) 고산지역의 종은 건조해지거나 더워지면 갈 곳이 없어지게 되며 멸종에 이르게 된다. 이런 이유로 보호지역의 생태통로(corridor)는 동물이 서식지 섬에서 이동할 수 있게 해 주며 그 중요성이 더욱 증가되고 있다. 보전생물학자 및 토지관리청은 보전지역을 연결하는 이동통로를 건설하고자 하며 이런 전략은 보호지역 및 공원 이외의 지역의 생물다양성을 증진시킨다.

≫ 결론

산림은 생태적 및 경제적으로 가치가 있으나 전 세계의 산림이 감소되고 있다. 북미에서 산림관리는 자원의 획득이라는 초기의 목적에서 지속적 성장 및 토지, 자원의 다목적 이용이라는 방향으로 전환되고 있으며 공공림은 목재생산뿐 아니라 레크리에이션, 야생동물서식지, 생태계 서비스라는 측면에서 관리된다. 지속적 산림인증제도는 산림지역의 보존을 위한 경제적 이익을 제공한다.

한편 자연지역의 보전에 대한 대중적 지지는 미국 및 다른 나라의 공원 및 보호지역의 증가로 이어지고 있다. 개발이 서식지 절편화 및 개체군 고립화로 이어짐에 따라 학자들은 종의 보전, 군집 및 생태계 보전을 경관적 차원에서 고려하고 있다.

이해도 측정

1. 자연 1차림 지역이 단일종의 동령림보다 생물다양성이 높은 이유를 최소한 2가지 이상 말하시오.
2. 산림이 제공하는 3가지 생태계 서비스를 기술하시오.
3. 산림파괴의 몇 가지 이유를 말하시오. 오늘날 산림벌목이 가장 심한 곳은 어디인가?
4. 최대지속수확(MSY), 생태계 근거 관리 및 적응관리(adaptive management)를 비교하시오. 왜 많은 사람이 MSY를 추구하며 이는 생태적으로 바람직하다는 개념과 충돌되는가?
5. 목재수확의 주요한 방법을 비교하시오.
6. 벌목의 생태적 영향을 기술하시오. 미국 산림청이 벌목으로 인한 영향에 대한 대중의 관심에 어떻게 반응하는가?
7. 산불은 해로운 것인가? 기술하시오.
8. 보전지역과 공원을 조성하는 최소한의 네 가지 이유를 말해 보시오. 국립공원이 국립야생보호구역과 다른 이유를 설명하고 윌더니스지역은 무엇인가?
9. 지구의 몇 퍼센트가 보호지역인가? 북미 이외의 보호지역으로 지정된 곳을 기술하시오.
10. 산림 절편화가 동물에 주는 영향이 무엇이 있는지 두 가지 말해 보시오. 산림절편화에 대한 생물학적 거동 연구가 보전지역을 설계할 때 어떤 도움을 주는가?

해법찾기

1. 선진국 시민들은 개발도상국에게 열대림을 파괴하지 말 것을 경고한다. 개발도상국 사람들은 이것을 가설에 불과하며 선진국은 그들의 산림을 파괴하고 자원을 과거에 수탈하여 부를 축적하였다고 한다. 개발도상국 중 하나이며 산림의 파괴가 이루어지는 인도네시아의 대통령에게 무엇을 조언할 것인가?
2. MSY는 자원의 활용 정책으로 대표할 수 있는가? 있지 않다면 그 이유는?
3. 기후변화로 인한 종의 범위가 영향을 받고 있는데 멸종위기 포유류의 보전을 위해 노력하지만 좁은 지역과 제한된 연구비로 토지를 구입하여 개체군을 회복할 수 없다면 보호지역을 어떻게 디자인할 것인가? 생태통로를 이용할 것인가? 고도의 다양성은? SLOSS 중 어느 것을 택할 것인가? 해답을 설명하시오.
4. **생각해보기** 국립산림지역의 감독관이라 가정하자. 목재회사가 원하는 만큼 벌채한다. 환경가들은 벌목을 원하지 않는다. 산림 중 10%가 원시 1차림이고 90% 2차 산림이다. 산림관리

자는 MSY와 생태적 관리 및 적응관리로 나누어져 있다. 어느 방법을 선택할 것인가? 벌목을 원시림 혹은 2차 산림에 허용할 것인가? 그러하다면 어떤 벌목전략을 추구할 것인가 산불관리 및 고목벌채에 대해서는 학자들에게 자문을 구할 것인가?

5. **생각해보기** 비정부기구 옹호자인 당신은 개발도상국의 가치가 높은 열대림에 대한 지역 사정과 지역민들을 잘 알고 있으며 그들이 원하는 산림 및 생물의 보전과 자원을 이용한 삶의 향상을 잘 이해하고 있다. 정부계획은 지역민의 다른 계획이 없는 한 다국적 목재회사에게 산림을 팔고 토지를 양도할 예정이다. 당신의 주장을 기술하시오. 이 장에서 언급된 이슈와 선택을 고려하고 정부 및 민간 보조지역, 생물권 보전, 산림관리기법, 탄소상쇄, FSC 인증된 지속가능한 산림 등을 고려할 것, 당신의 선택을 기술하시오.

생태발자국 계산하기

산림자원에 우리는 의존하고 있으며 평균적으로 북미지역의 한 사람당 225 kg의 종이와 종이류를 사용한다. 종이와 판지의 소비량과 아래의 인구전체를 고려하여 각 지역에서 일인당 소비하는 양을 계산하시오. 1톤 = 2,205파운드

	인구(백만)	전체 종이 사용(백만 톤)	일인당 종이 사용(kg)
아프리카	999	6	5.90
아시아	4,117	159	
유럽	738	99	
남미	580	27	
북미	341	77	
오세아니아	36	4	
세계	6,810		57.61
All data are for 2009, from Population Reference Bureau and U.N. Food and Agriculture Organization(FAOSTAT).			

1. 유럽 사람들이 사용하는 비율이라면 북미 사람은 매년 얼마만큼의 종이를 절약할 수 있는가?
2. 유럽 사람의 평균만큼 전 세계의 사람이 사용한다면 얼마만큼의 종이를 사용하는가? 만일 미국인의 평균이라면?
3. 다른 지역의 사람이 미국인보다 종이를 더 적게 쓴다고 생각하는가? 종이 사용을 억제할 수 있는 3가지 방법을 드시오.
4. 일반적인 방법보다 FSC 인증에 의해 종이를 사용하여 환경영향을 줄일 수 있는 3가지 방법을 기술하시오.

10 환경보건 및 독성학

이 장을 마치고 나서 할 수 있는 것들

- ▶ 주요 환경유해물질을 파악하고 환경보건의 목표를 설명
- ▶ 환경내 독성물질의 유형, 독성에 영향을 미치는 인자, 독성물질에 대한 생물체의 대응기작 등에 대한 설명
- ▶ 독성물질의 이동경로, 이들이 생물체와 생태계에 미치는 영향 등에 대한 설명
- ▶ 유해화학물질에 대한 연구, 즉 야생독성학, 역학, 동물실험 및 용량-반응분석 등에 대한 논의
- ▶ 위해성 평가 및 위해성 관리에 대한 비교 및 대조
- ▶ 위해성에 대한 철학적 접근 및 이것과 제어정책 사이의 관계를 비교

이 아기는 독성물질을 섭취하고 있는가?

병속의 독: 비스페놀 A는 안전한가?

"미국의 신생아들은 비스페놀 A에 사전 오염되어 태어나고 있다. 이에 대한 조치를 취하기 위해서 어떤 증거가 더 필요한가?"
—바서대학, 환경유해성 및 유방암 프로젝트 책임자, 자넷 그레이

"인간에 대한 비스페놀 A의 노출에 대하여 기본적인 보건학적 관심조차 없다."
—미국 화학산업 연합회

동물들의 생식발달에 변화를 초래하는 독성물질이 어떻게 유아들의 젖병에 사용되고 있는가? 어떻게 유방암 및 전립선암, 심장질환에 연루된 물질이 식음료 용기에 일상적으로 사용될 수 있는가? **비스페놀 A(BPA)**는 신경계통의 이상을 비롯하여 유산에 이르기까지 광범위하게 관련이 있는 것으로 나타나고 있다. 우리가 일상에서 사용하고 있는 수백 가지의 물품 안에 BPA가 존재하며 지금 이 순간에도 우리의 몸속에서 BPA가 순환되고 있을 확률이 90%에 이르고 있다.

위해성을 내포하고 있는 화학물질들이 우리 사회에 어떻게 널리 퍼져 있는지를 이해하기 위해서는 과학자들과 정책입안자들이 독성물질과 환경위해성에 대한 연구를 어떻게 수행하고 있는가를 살펴볼 필요가 있다.

비스페놀 A는 분자식 $C_{15}H_{16}O_2$의 합성유기물질로서 금속재질의 식음료 캔이나 수도관의 연결수지 또는 치과에서 치아의 충진재로 사용되고 있다. 또한 단단하고 투명한 폴리카보네이트 플라스틱 물병이나 다양한 식품용기들, 안경렌즈, 각종 CD와 DVD, 전자장치, 유아젖병 또는 어린이 장난감 등에서 발견되고 있다.

불행히도 비스페놀 A는 이들 제품에서 떨어져 나와 식품이나 대기 혹은 우리의 몸속으로 흘러들어 온다. 질병관리방제센터(CDC)에서는 미국인의 93%가량이 요 속에 검출가능한 양으로 존재하고 있다고 보고하고 있다. 대부분의 화학물질들은 노출 후 수 시간 내에 몸 전체를 순환하고 있으므로 이 같은 요중 검출현상은 대부분의 미국인들이 끊임없이 BPA에 폭로되고 있다는 사실을 제시하는 것이다. 유아 및 어린이들은 체중에 비해 더 많이 흡수하고 BPA를 덜 효과적으로 대사하기 때문에 체내에 많은 BPA를 축적한다.

BPA는 인간에게 어떤 영향을 미치는가? 설치류 등을 대상으로 한 200여 회의 동물실험 결과, BPA는 생식계통의 이상을 유발하고 있는 것으로 밝혀졌고, 최근의 결과에 의하면 인간에게도 건강상의 악영향을 끼치고 있는 것으로 나타나고 있다(**과학 비하인드 스토리** 참조). 이러한 악영향은 매우 낮은 농도에서도 관찰되고 있는데 그 주된 이유가 여성의 성호르몬인 에스트로겐에 대한 BPS의 모방효과 때문인 것으로 알려져 있다. 호르몬의 경우 체내에서 아주 적은 양으로도 활성이 나타나고 있으며 따라서 BPA와 같이 에스트로겐의 구조와 유사한 합성물질이 체내에 유입되었을 경우에도 매우 적은 농도에서도 에스트로겐과 유사한 반응을 보이게 되는 것이다.

점점 늘어나는 연구 사례와 맞물려 많은 연구자와 의사, 소비자보호단체 등에서는 비스페놀 A에 대한 정부의 규제와 제조사에 대한 사용금지 등을 요구하고 있다. 산업체에서는 자체 주도 연구를 통하여 건강상의 위해가 없음을 지적하며 안전하다는 주장을 펼치고 있다. BPA에 대한 최근의 방대한 연구결과들을 평가하기 위하여 소집된 전문가회의에서도 기존의 연구방법들이 낮은 농도에서도 그 효력을 발생하는 유사호르몬 물질들을 제대로 검증하지 못하고 있다는 사실에 매우 곤혹해 하고 있다. 따라서 전문가들 사이에서도 종종 서로 다른 결론에 도달하곤 한다. 예컨대, 미국식품의약국(US FDA)은 2008년에 BPA를 규제할 아무런 이유가 없다고 주장했지만 과학자 자문 위원회는 이에 동의하지 않았으며, 2009년 미국식품의약국은 시험프로그램을 시작하기로 결정하였다.

2008년 캐나다 정부는 처음으로 비스페놀 A의 독성을 선포하였으며, 이것의 수입 및 판매를 금지시켰다. 2011년 이후, 중국과 말레이시아, 미국의 9개주에서 일부 유아용품에서 BPA의 사용이 금지되었다. 미

▲ **그림 10.1** 소비자 리포트 잡지의 연구자들은 2009년 위의 (또는 더 많은) 포장상품들에 대하여 조사하였다; 이들은 조사된 거의 모든 상품에서 포장용기 안쪽에서 흘러나온 비스페놀 A가 존재하고 있음을 밝혀냈다.

국에서는 BPA에 대한 연방정부의 규제가 없었음에도 불구하고, 많은 회사에서는 풀뿌리운동의 노력으로 자발적으로 자사의 제품, 특히 유아용품내 BPA의 사용을 금지하였다. 플라스틱 유아용 병을 판매하는 미국내 6대 대형회사에서는 2008년 BPA의 사용을 중지할 것을 다짐하였으며, Sunoco 제조회사에서는 아동용품에 BPA를 사용하는 회사에 그 판매를 중지하였다. 월마트와 토이스러스 등의 소매업들도 BPA가 포함된 아동용품을 취급하지 않을 것을 결정하였다. 그 결과, 관심있는 부모들은 BPA가 없는 아동용품을 쉽게 찾을 수 있었지만, 그렇지 않은 사람들은 수천 가지의 BPA 상품에 노출되어 있다(**그림 10.1**).

비스페놀 A는 결코 환경보건을 위협하는 가장 큰 요인 중의 하나는 아니다. 그러나 이것은 우리 사회가 어떻게 건강위험요인을 평가하고 이들을 관리해야 하는지를 결정하기 위한 시기적절한 사례를 제공하고 있다. 과학자와 정부관리자들이 BPA의 잠재적 위해성을 평가하면서, 그들의 노력은 우리에게 어떻게 호르몬 교란물질이 우리가 직면한 환경보건위해성을 평가하고 통제하는 방법에 도전하고 있는가를 엿볼 수 있게 한다. ■

환경보건

비스페놀 A와 같은 인공합성물질의 영향을 조사하는 것이 환경보건의 넓은 영역 중의 하나이다. **환경보건(environmental health)**에 대한 연구는 인간의 건강과 삶의 질에 영향을 주는 환경요인들을 평가하는 것이다. 이러한 환경요인들은 통제불가능한 자연환경의 영역에서도 인위적 요인과 마찬가지로 존재하고 있다. 환경보건 전문가들은 인류의 건강 및 복지에 필수적인 생태계에 위협적인 요소를 차단하기 위한 방법을 모색하고 있다.

우리는 네 가지 유형의 환경유해성에 직면해 있다

환경보건의 유해요소들는 크게 물리적, 화학적, 생물학적, 문화적 측면의 네 종류로 구분할 수 있다. 비록 어느 정도의 위험은 감수해야 하는 부분이 있지만, 대부분의 환경보건은 위험물질의 노출 및 그 영향을 최소화하려는 노력에 집중되고 있다.

물리적 유해요인 물리적 유해요인들은 환경 내에서 자연적으로 발생하는 과정으로부터 유래되고 있으며 인류의 생명과 건강을 위협하고 있다. 이들 중에는 인체의 DNA를 변형시켜 피부암이나 백내장, 면역억제 등을 유발하는 자외선을 방사하는 햇빛과 같은 자연현상으로부터 발생한다(**그림 10.2A**). 우리는 선크림이나 차단용 의류 등을 통해 피부로부터 자외선에 의한 피해를 줄일 수 있다.

다른 물리적 유해요인으로는 지진이나 화산폭발, 화재, 홍수, 산사태, 태풍, 가뭄 등의 분명한 형태의 요인들이 있다. 이러한 물리적 요인들이 발생하는 것을 막을 수는 없어도 평소 이들에 대한 준비나 안전대책을 강구함으로써 피해를 최소화할 수 있다. 예를 들어, 산비탈의 식생을 제거하는 것은 산사태의 위험성을 높이는 결과를 초래하게 되고, 강물의 흐름경로를 바꾸게 되면 지역에 따라 홍수를 조장하거나 또는 방지하게 된다(12장 참조).

화학적 유해요인 화학적 유해요인들은 주로 인공합성물들로 각종 의약품이나 소독제, 농약 등을 포함하고 있다(**그림 10.2B**). 자연물질들 중 탄화수소나 납, 아스베스토스와 같이 가공하여 사용

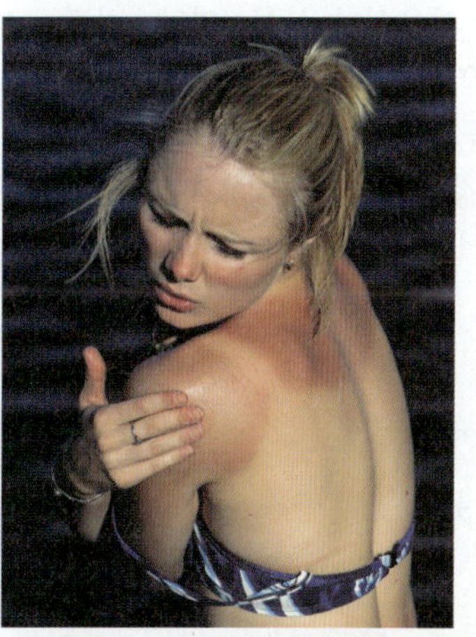

(a) 물리적 유해요인

(b) 화학적 유해요인

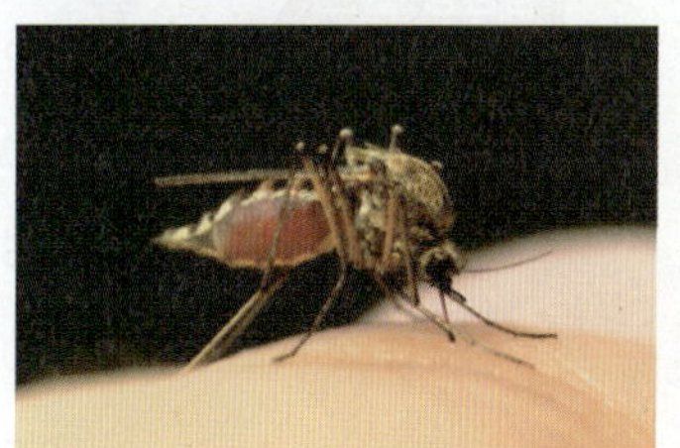

(c) 생물학적 유해요인

(d) 문화적 유해요인

▲ **그림 10.2** 환경보건의 유해요소들은 네 가지 유형이 있다. 태양의 자외선은 물리적 유해요인의 예이다(a). 과도한 노출은 피부암의 위험성을 증가시킨다. 화학적 유해요인(b)에는 인공화합물과 자연물질이 포함된다. 대부분의 노출은 농약과 가정내 화학용품으로부터 발생한다. 생물학적 유해요인(c)에는 질병과 이를 옮기는 생물들이 있다. 예컨대, 어떤 모기들은 말라리아를 일으키는 것을 포함하여 병원미생물의 숙주로 활동한다. 문화적 또는 생활적 유해요인(d)에는 강요된 사회경제적 제약을 비롯하여 우리가 만들어내는 행위적 결정 등이 있다. 흡연은 사람들에게 폐암과 각종 질병을 유발시키는 생활방식의 선택이다.

하고 있는 물질 또한 건강에 유해하다. 이 장에서는 환경보건에 대한 기초적 내용 이후 대부분은 이와 같은 화학적 환경유해요인들과 이들의 연구 및 통제방법 등에 대하여 다루게 될 것이다.

생물학적 유해요인 생물학적 유해요인들은 생태계내 생물 간의 상호작용에 의한 결과이다(**그림 10.2c**). 바이러스나 병원균 등의 감염에 의한 질병을 전염성 질병이라 한다. 말라리아나 콜레라, 결핵, 인플루엔자와 같은 전염성 질병이 주요 환경보건의 유해요인인데 이는 특히 건강복지 자원이 빈약하거나 빈곤층이 만연한 개발도상국에서 빈번히 발생하고 있다. 다른 물리적, 화학적 요인들과 마찬가지로 생물학적 유해요인 또한 그 위험에서 완전히 벗어날 수는 없지만 청결한 위생이나 적절한 의료행위 등을 통해서 발생빈도나 감염도를 낮출 수 있다.

문화적 유해요인 주거형태나 사회생태학적 상황, 직업, 또는 행동습관 등을 통한 유해요인들을 일컬어 **문화적 유해요인**(cultural hazard) 또는 **생활형 유해요인**(lifestyle hazard)이라 할 수 있다. 이러한 문화적 유해요인들 또한 어느 정도 방지할 수는 있지만 통제가 불가능한 경우도 있다. 예컨대, 흡연은 각자의 선택의 문제이지만(**그림 10.2d**) 간접흡연의 피해는 개인적 선택의 몫이 아닌 통제불능의 문제인 것이다. 약물의 사용이나 식사, 영양, 범죄, 교통수단 등, 다른 문화적 요인들 역시 이와 크게 다르지 않다. 환경정의 옹호론자들은 유해폐기물 처리장 근처에 거주하는 것과 같이 문화적 유해요인으로부터 강요된 위험에 노출된 사람들은 주로 경제력이 부족하거나 정치적 영향력이 적은 자들이라 주장하고 있다.

질병과 같은 생물학적 유해요인이 환경보건의 핵심이라 할 수 있다

기술문명의 발달에도 불구하고 인류는 끊임없이 질병과 싸우고 있으며 이는 전 세계적으로 수많은 사람들의 사망원인이 되고 있다(**그림 10.3a**). 인류사망원인의 과반수 이상이 암이나 심장병과 같은 비전염성 질병으로부터 기인하고 있다. 이들 질병은 비록 전염되지는 않고 있으나 유전적 요인이나 환경적 요인, 생활습관 등의 영향을 받고 있다. 예컨대, 심장병의 원인은 개인의 유전적 요소뿐 아니라 식습관이나 운동 같은 생활방식의 차이에서도 찾아볼 수 있다.

전염병에 의한 사망은 매년 네 명의 사망자 중 한 명꼴로 발생하고 있으며 이는 전 세계적으로 1천4백만 명에 이르고 있다(**그림 10.3b**). 병원성 세균 및 바이러스, 원생동물 중에는 직접적인 접촉에 의해 감염되는 것들이 있는 반면, 일부는 병원균을 숙주에 옮기는 **벡터**(vector)와 같은 매개생물을 통해 감염을 일으킨다. 개도국에서 전염병은 전체 사망자의 절반 가까이 차지하는 큰 골칫거리이다. 선진국에서는 전염병에 의한 사망자 수가 매우 적은데 이는 균형잡힌 식사와 보다 나은 청결 및 위생상태, 의료혜택 등에 기인하고 있다.

공중보건에 대한 지난 몇십 년간의 노력의 결과로 전염성 질병의 발병률이 경감되었고 어떤 것은 아예 사라져 버렸으나 다른 형태의 질병들이 새롭게 떠오르고 있다. AIDS와 같이 어떤 것들은 수많은 노력에도 불구하고 전 세계적으로 번져나가고 있다. 결핵균과 말라리아유발종은 항생제에 대한 내성을 키워가고 있으며 같은 이치로 해충들 또한 농약에 대한 저항성이 증대되고 있다.

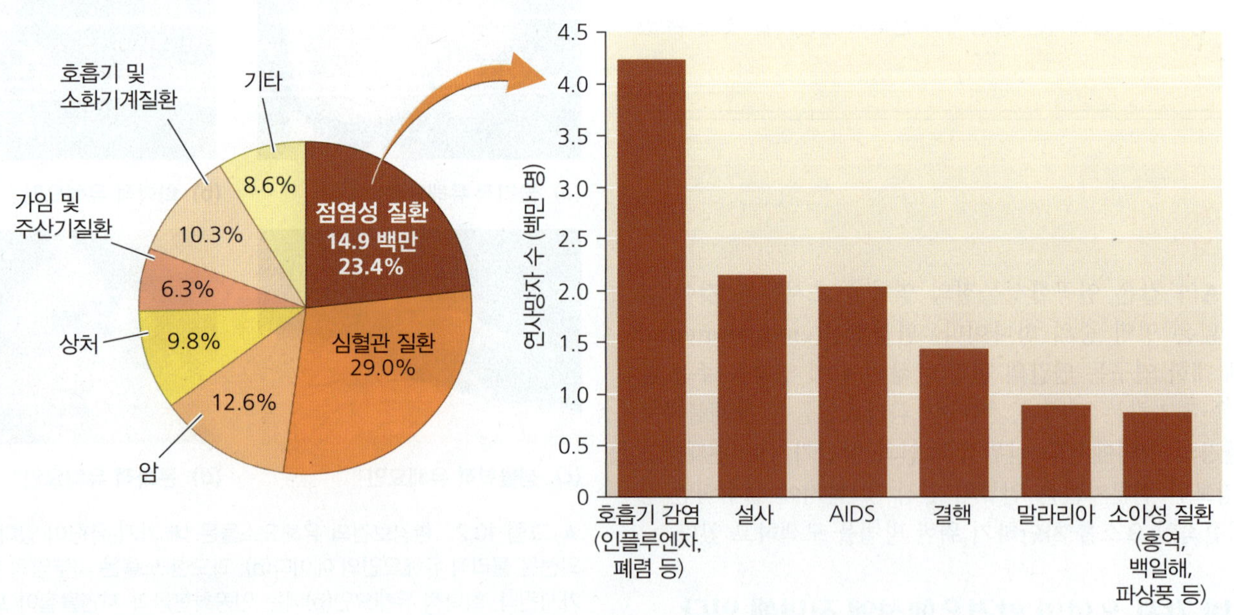

(a) 전 세계 주요 사망원인 **(b) 전염성에 의한 주요 사망원인**

▲ **그림 10.3** 감염에 의한 질병은 세계적으로 두 번째 사망에 이르게 하는 원인으로(**a**), 거의 모든 사망의 4분의 1을 차지한다. 6가지의 질병(**b**) – 호흡기질병, 설사, 에이즈, 결핵(TB), 말라리아, 그리고 어린이질환 – 은 감염에 의한 사망의 80%를 차지한다. Data from World Health Organization, 2009. *World health statistics 2009*. WHO, Geneva, Switzerland.

또한 인위적인 지구온난화 현상은 온대지역의 열대성 질병(예: 말라리아, 댕기열, 콜레라 등)에 대한 발판을 구축하고 있다.

높은 인구밀도와 전 지구적 확산이 가능한 상황에서 한 지역에서 발생된 새로운 전염성 질병(또는 기존질병의 새로운 종)은 빠른 속도로 다른 지역으로 옮아가게 된다. 최근의 예를 보더라도 2003년 발생한 SARS(severe acute respiratory syndrome, 중증급성호흡증후군)나, 2004년 발생한 조류독감 H5N1, 2009~2010년간 전 세계에 유행한 조류독감 H1N1 등이 있다. 인플루엔자와 같은 질병은 병원균의 진화속도가 매우 빠르고 방대하여 항상 위험한 상태로 돌변할 수 있으며 따라서 전 지구적인 전염병을 초래할 수 있다.

수많은 헌신적 사람들, 즉 의사나 간호사, 정책입안자, 인류학자들은 인류의 건강을 지키고 질병을 방지하기 위하여 헌신의 노력을 다하고 있다. 이들은 전염병으로 고통받는 이들에게 청결한 위생 및 보건, 각종 의료혜택 및 영양식 등을 제공함으로써 삶의 질을 높이기 위한 다양한 시도를 하고 있다.

독성학은 화학적 유해성에 대한 연구이다

복지가 늘어나면서 인류의 건강지표들이 점차 증가하고 있지만 현대사회는 더욱 많은 인공합성 화학물질에 노출되고 있다. 이들 중에는 인류의 건강에 위협이 되는 것들이 있지만 이들이 어떻게, 어느 정도까지 위해작용을 하는지를 파악하기 위해서는 매우 복잡한 과학적 노력이 뒤따른다. **독성학(toxicology)**이란 인간 및 다른 생명체에 가해지는 화학물질의 독성효과를 연구하는 학문이다. 독성학자들은 이들을 비교, 평가하여 **독성(toxicity)** 및 유해성을 조사한다. 독성물질(toxic substance) 혹은 독(poison)을 가리켜 **독성물(toxicant)**이라 하지만, 어떤 화학물질이라도 우리 몸에 흡수되거나 많은 양으로 주변에 노출될 경우 우리에게 부정적 영향을 끼치게 된다. 반대로, 독성물이라 하더라도 적은 양으로 흡수될 경우에는 건강에 위해를 주지 않기도 한다. 이러한 사실은 다음의 문구를 통해서 요약될 수 있다. "용량이 독성을 결정한다." 달리 말하자면, 물질의 독성은 그 화학적 특징뿐 아니라 용량에 의존하고 있다 할 것이다.

최근 몇십 년간 새로운 화학물질을 만들어내는 인간의 능력은 늘어만 왔고 그만큼 우리 주변에 화학물질 오염농도도 증가되어 왔으며 이에 따라 환경과 보건에 대한 우리의 관심도 높아져 왔다. 이러한 경향은 주변환경에서 발생하거나 처분되고 있는 독성물질을 다루는 **환경독성학(environmental toxicology)**이 태동하는 계기가 되었다. 일반 독성학자들은 동물실험 등을 통하여 인간의 건강문제에 초점을 맞춰왔다. 환경독성학자들은 동물 및 식물의 연구를 통하여 독성물질의 생태계에 대한 영향을 조사하고 이들이 지표생물로 활용될 수 있는가에 대한 연구를 통하여 인간에게 다가오는 위협요소를 진단할 수 있도록 하고 있다.

인간은 실내의 환경보건 유해요인에 노출되어 있다

현대 미국인들은 모든 생활의 90% 정도를 실내에서 보내고 있다. 불행하게도 집과 직장의 실내 또한 실외에서와 마찬가지로 각종 물리적, 화학적, 생물학적, 문화적 유해요인들에 노출되어 있다(**표 10.1**; 그림 13.21 참조)

담배연기와 라돈은 주요 실내 유해요인이며(13장 참조), 선진국에서는 폐암의 2대 원인으로 꼽히고 있다. 집과 사무실은 곰팡이가 방출하는 독성물질이 문제로 특히 습도가 높을 때 벽 등에 번성하게 된다. 석면은 과거 벽 등에 절연재로 많이 사용되어 왔으며 흡입 시 독성이 강한 것으로 알려져 있다. 수도관이나 낡은 페인트로부터 유출된 납은 뇌와 간, 신장 및 위 등에 독성작용이 있으며 학습능력이나 이상행동의 초래, 빈혈, 청각장애, 심지어 사망 등을 유발할 수 있다. 미국내 어린이들의 납에 의한 중독률은 최근 급속히 감소하고 있는데 이는 교육을 통한 홍보와 함께 정부의 건강보호 및 규제에 의한 납함유 페인트물 및 가솔린의 사용금지 등에 의한 결과이다(1장 참조).

아직도 실내 유해화학물질 중에는 규명되지 않고 있는 것이 있다. 최근 발견된 것 중 하나로 폴리브롬화 디페닐 에테르(PBDE)가 있다. 이 물질은 주로 컴퓨터, TV, 플라스틱제, 가구 등에 화재 지연물질로 사용되고 있으며 제품의 수명이 다할 때까지 서서히 유출되고 있다. 비스페놀 A와 같이 PBDE 또한 내분비계 장애물질로 알려져 있다. EU에서는 2003년 PBDE의 사용을 금지하였으나 미국에서는 이에 대하여 매우 소극적인 자세를 취하고 있는 실정이다.

위험은 보상과 균형을 맞춰야 한다

이 장을 통하여 화학적 독성물질의 영향을 살펴보는 과정에서 우리는 현재 우리가 누리고 있는 생활표준에 이들이 매우 중요한 역

표 10.1 선정된 주요 환경유해물질

실외공기
▶ 자동차매연의 화학물질
▶ 산업오염물질
▶ 광화학스모그(13장 참조)
▶ 표류농약
▶ 먼지 및 분진
물
▶ 살충제 및 제초제 유출수
▶ 질산 및 비료 유출수
▶ 지하수 및 지표수내 수은, 비소, 기타 중금속
음식
▶ 자연적 독소
▶ 살충제 및 제초제 잔류농약
실내
▶ 흡연 및 간접흡연
▶ 라돈
▶ 페인트 및 파이프내 납
▶ 석면
▶ 플라스틱 및 각종 소비재내 독성물질(예; PBDEs, 프탈레이드, 비스페놀 A)
▶ 먼지 및 분진

할을 수행해 왔다는 사실을 되새겨볼 필요가 있다. 이들은 식품생산의 농업분야와 건강 및 생명을 지켜온 의학분야, 또한 생활전반에 사용되고 있는 물질들과 그 편리성에 있어 일조하고 있음을 알 수 있다. 따라서 이들 화학물질의 유해성과 함께 이들의 유익한 점 또한 살펴볼 필요가 있으며 이에 대한 대체물질을 찾는 것이 적절할 것이다.

독성물질과 생물체에 대한 영향

우리의 환경에는 건강을 위협하는 수많은 자연물질들이 존재한다. 여기에는 지하로부터 스며나오는 오일을 비롯하여 암석바닥에서 솟아오르는 라돈가스, 생물체가 생성하는 여러 종류의 독소들, 예를 들어 초식동물 또는 약탈자의 접근을 방지하는 식물체 및 곤충이 생성하는 화학물질들이 있다. 또한 우리는 수많은 종류의 인공합성물질에 노출되어 있다.

합성물질은 우리 주변과 인체에 항상 존재한다

우리의 일상에서 합성물질은 항상 우리 주변을 에워싸고 있으며 미국에서는 매년 113 kg의 화학물질들을 모든 남녀노소를 위하여 제조하거나 수입하고 있다. 특히 해충과 잡초를 구제하기 위한 농약은 사용과정에서 토양과 대기, 수질을 오염시키며 인간과 다른 생물체에도 도달하게 된다(**그림 10.4**)

이러한 작용의 결과로 우리 모두의 체내에는 수백 종의 산업화학물질들이 매우 적은 양으로 존재하고 있다. 미국정부는 최근의 국가건강 및 영양에 관한 실험조사를 통하여 미국인들의 체내에 148가지의 외래물질들이 존재한다는 사실을 보고하고 있다. 이들 중에는 국제적으로 사용금지되어 있는 독성 유기오염물질도 포함되어 있다(10장 참조). 실험에 참여한 사람들 중 41~100%의 비율로 이들 오염물질이 발견되고 있다. 소규모의 조사에서도 유사한 결과가 나타나고 있다. 합성물질에 대한 노출은 임산부에 의해 흡수된 화학물질이 태아에게 전달되는 임신초기부터 시작된다. 비영리 환경단체에서 실시한 2009년 조사에 의하면 조사받은 10명의 신생아에서 분리한 탯줄에서 232가지의 화학물질이 발견된 것으로 나타났다. 10개의 탯줄 중 9개에서 BPA가 발견되어 연구자들로부터 우리는 태어날 때부터 "미리 오염되어 있다"는 말을 듣게 되는 것이다.

물론 이들 모두가 매사 주의를 요하는 화학물질은 아닐 것이다. 또한 모든 합성물질이라고 해서 건강에 위해를 주는 것은 아니다. 비교적 매우 적은 숫자가 확실한 독성효과가 있는 것으로 알려져 있다. 그러나 대략 10만 종의 합성화학물질이 우리 주변에서 상용되고 있으며 이들 중 매우 적은 숫자만이 독성실험을 거친 것이다. 대부분의 물질들은 우리에게 어떠한 영향을 끼치고 있는지 알 수가 없을 뿐이다.

침묵의 봄은 합성물질에 대한 대중의 태도를 변화시켰다

1960년대 들어서야 비로소 대중들은 농약의 위험성에 대하여 인식하기 시작하였다. 레이첼 카슨이 1962년 발표한 책 '침묵의 봄'(5장 참조)이 그 주요 요인이 되었으며 이 책을 통하여 대표적 살충제인 DDT가 대중의 관심을 끌어모았다. 이 책은 그 당시 많은 농약들이 인간에 대한 안전성 실험없이 인간에게는 해가 없을 것이라는 가정 하에 무분별하게 살포되고 있던 시점에 출간되었다(**그림 10.5**).

카슨은 당시의 과학적 연구를 비롯하여 여러 의학적 사례 및 기타 자료들을 들어 DDT와 여타 인공합성 농약들이 인간과 동식물, 생태계에 유해하다고 주장하였다. 곧 책은 베스트셀러가 되었으며 대중들의 환경에 대한 시각을 전환시키는 데 큰 공헌을 하게 되었다. 미국은 1973년 DDT의 사용을 금지하였으며 이후 여러 국가에서도 이를 시행하였다. 그러나 미국의 화학회사에서는 아직도 DDT를 제조하여 열대지역의 개도국에 수출하고 있는데 이는 주로 말라리아 등을 옮기는 모기를 박멸하기 위하여 사용되고 있다. 이들 국가에서는 말라리아가 농약의 폐해보다 더 큰 위해요소로 작용하고 있기 때문이다.

WEIGHING 이슈

독의 순환? 미국에서는 DDT의 사용이 금지되었지만 미국내 화학회사는 아직도 DDT를 제조하여 제3국에 수출하고 있다. 따라서 이들 국가에서 생산된 농약 및 라돈으로 오염된 농산물들이 미국에 역수출될 수 있는데 이와 같은 현상을 독의 순환이라 한다. 이러한 현상에 대한 당신의 생각은? 한 국가가 다른 국가에 독성이 알려진 물질을 판매하는 행위는 비윤리적인가? 아니면, 말라리아의 박멸을 위해 DDT를 원하는 아프리카 국가에 DDT 판매를 금지하는 것이 비윤리적인가?

모든 독성물질이 합성물질이 아니듯이 모든 합성물질 또한 독성물질이 아니다

비록, 많은 독성학자들이 인공합성물질에 초점을 맞추고 있지만 자연에서도 독성을 지닌 물질이 존재하고 있다. 그러므로 모든 인공합성물질은 건강에 이롭지 못하고 모든 자연물질은 이롭다는 생각은 잘못된 것이다. 실제 우리가 식용하는 여러 동물성 및 식물성 물질들 중에는 유해한 것들이 존재한다. 초식동물의 접근을 방지하기 위한 목적으로 생성하는 식물성 독소를 상기해보라. 국내에서 생산되는 곡류 중에는 독성물질의 함량이 적은 종자를 선택하고 있지만(3장 참조) 그 위험성을 완전히 제거하지 못하고 있다. 또한 동물성 고기를 섭취할 경우에도 이전에 식물로부터 그 동물에 흡수되거나 다른 동물로부터 취한 독성물질을 같이 섭취할 수 있다. 과학자들은 자연적 독성물질들이 지닌 위험성에 대하여 열띤 논쟁을 벌이고 있으며 이에 대한 해답을 얻기 위해서는 더 많은 연구가 필요하다는 것은 자명하다.

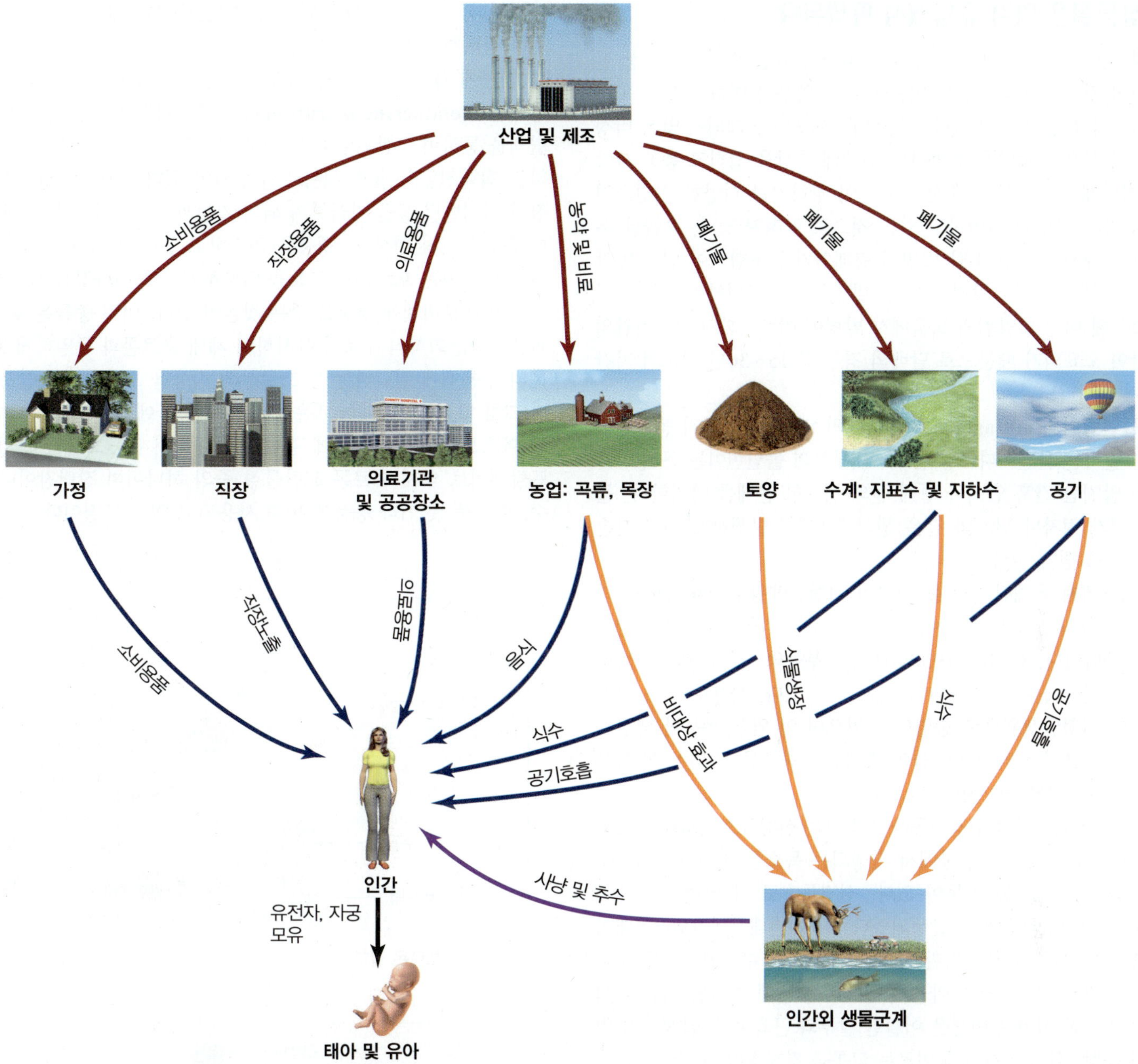

산업 및 제조
소비용품
직장용품
의료용품
농약 및 비료
폐기물
폐기물
폐기물
가정
직장
의료기관
및 공공장소
농업: 곡류, 목장
토양
수계: 지표수 및 지하수
공기
소비용품
직장노출
의료용품
음식
식수
공기호흡
비대상 효과
식물생장
식수
공기흡입
사냥 및 추수
인간
유전자, 자궁
모유
태아 및 유아
인간외 생물군계

▲ **그림 10.4** 인공합성물질들은 환경 내에서 여러 경로를 통해 이동한다. 사람들은 이들 중 아주 적은 양을 흡입하며, 대부분은 해가 없는 물질이다. 그러나 사람들은 다양한 출처에서 적은 양의 독성물질을 받아들이며, 태아나 유아들은 특히 민감하다.

D.D.T.
Powerful Insecticide
Harmless to Humans
TODD

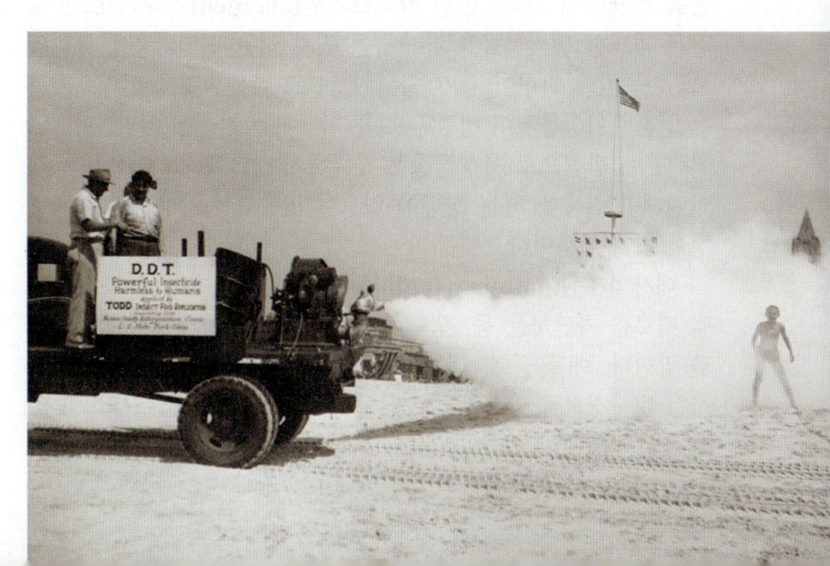

▶ **그림 10.5** 뉴욕, 롱아일랜드 해변에서 아이들이 1945년 실험되었던 살충제 분무기로부터 DDT의 운무에 노출되어 있다. 1960년대 전까지, DDT와 같은 강력한 살충제에 대한 환경 및 보건학적 영향은 널리 알려지지 않았다. 공원과 이웃주변들은 대량노출에 대한 보호장치도 없이 정기적으로 해충방제를 위해 살포되었다.

독성물질은 여러 유형에서 파생된다

독성물질은 건강에 미치는 영향에 따라 분류할 수 있다. 가장 잘 알려진 것으로 발암물질이 있는데 주로 암을 유발하는 물질 또는 방사선과 같은 것들이 있다. 암은 악성세포의 통제되지 않은 비정상적 성장으로 종양을 유발하여 신체에 손상을 입히고 종종 사망에 이르게 한다. 암은 유전적 요인이 강하지만 다양한 환경요인 역시 암의 발병에 기여하고 있는 것으로 알려져 있다. 오늘날 우리 사회에서 상당량의 암 발병이 담배연기에 포함되어 있는 발암물질에 의한 것으로 알려져 있다. 발암물질은 규명하기가 매우 까다로운데 이는 발암원의 노출에서 발병에 이르기까지 상당기간의 시간이 소요되기 때문으로 담배의 경우 약 15~30년 정도의 기간을 거쳐 나타난다.

돌연변이원(mutagens)은 생물체의 DNA에 유전적 돌연변이를 유발하는 물질이다(2장 참조). 대부분의 돌연변이는 큰 영향을 주지 않지만 간혹 암이나 장애 등의 심각한 문제를 야기한다. 돌연변이가 정자나 난자와 같은 생식세포에서 발생하게 되면 자손이 영향을 받게 된다.

태아에게 유해한 물질을 일컬어 **기형유발원(teratogens)**이라 한다. 자궁내 인간의 배아에 손상을 입히는 기형발생원은 출생결함을 유발한다. 한 예로 1950년대 임산부들의 구토증세를 완화하기 위해서 개발된 탈리도마이드를 들 수 있다. 불행히도 이 약은 강력한 기형발생원으로 증명이 되었으며 이 약을 복용한 임산부에서 태어난 수천의 신생아들이 출생결함 증세를 보였다. 이 약은 1960년대 임산부의 사용이 금지되었다.

다른 독성물질로 신경계통을 공격하는 **신경독소(neurotoxins)**가 있다. 신경독소는 동물에서 파생되는 독소를 비롯하여 납, 수은 등의 중금속, 농약 등이 있다. 신경독소로 잘 알려진 사례가 일본의 미나마타현에서 발생되었다. 1930년대부터 1960년대까지 미나마타 해안에 위치한 한 화학공장에서 수은폐기물을 강물에 투기해 왔다. 수천의 마을 주민들이 수은에 중독된 어류를 섭취하였고 곧 이어 주민들은 어눌한 말투와 근육마비, 급성경련 및 발작 증상, 심지어 사망에 이르는 고통을 겪게 되었다.

인간의 면역체계는 질병으로부터 신체를 보호한다. 독성물질 중에는 면역체계를 약화시키는 것이 있으며 이는 세균이나 바이러스, 알러지 유발요인 또는 기타 공격물질에 대한 신체의 방어기능을 억제하게 된다. 한편 **알레르기원(allergen)**이라 부르는 물질은 과도한 면역반응을 유도하여 원치 않는 면역작용을 불러일으킨다. 최근 천식이 증가하는 원인으로 주변환경에 알레르기를 유발하는 합성물질이 범람한 것을 지적하는 가설이 있다. 알레르기원은 일반적으로 독성물질로 분류하지 않는데, 그 이유는 특정인에게만 작용을 하는 경향이 있으며 반응과 노출용량과의 관련성이 없기 때문이다.

대사억제원(pathway inhibitor)은 생체 내에서 주요 생화학적 경로를 차단하는 등, 생화학적 대사경로를 방해하는 독성물질을 말한다. 예를 들어, 쥐의 독소의 경우, 혈액응고단백질을 합성하는 대사경로를 방해함으로써 설치류내 내부출혈을 유발하고 있다. 아트라진과 같은 제초제는 광합성 경로를 차단하여 식물을 고사시킨다. 시안화물(청산가리)은 미토콘드리아내 에너지 합성경로를 방해하여 세포를 괴사시킨다.

최근에 과학자들은 내분비계를 교란하는 독성물질인 **내분비계 장애물질(endocrine disruptors)**에 주목하고 있다. 내분비계는 혈액을 통하여 운반되며 매우 적은 양으로 체내 주요 기능을 수행하는 화학전달물질(호르몬)로 구성되어 있다. 이들은 인간의 성장과 성적발달 등을 자극하며 뇌의 기능과 식욕, 성욕을 비롯하여 다양한 생리적 현상 및 행동을 조절하고 있다. 내분비계 교란 독성물질 중에는 호르몬의 작용을 억제하거나 분해과정을 촉진하여 동물의 내분비계에 영향을 주는 것들이 있다. 어떤 종들은 호르몬과 분자적, 화학적 구조가 유사하여 체내 호르몬과 동일하게 호르몬의 수용체에 결합하는 등 호르몬의 작용을 모방하는 것들도 있다(**그림 10.6**). 비스페놀 A는 여성호르몬인 에스트로겐을 모방하여 에스트로겐의 수용체에 결합하여 내분비계를 교란하고 있다. 프탈레이트 역시 호르몬 교란물질 중의 하나이며 장난감이나 향수, 화장품 및 기타 용품에 널리 사용되고 있는 물질이다. 보건연

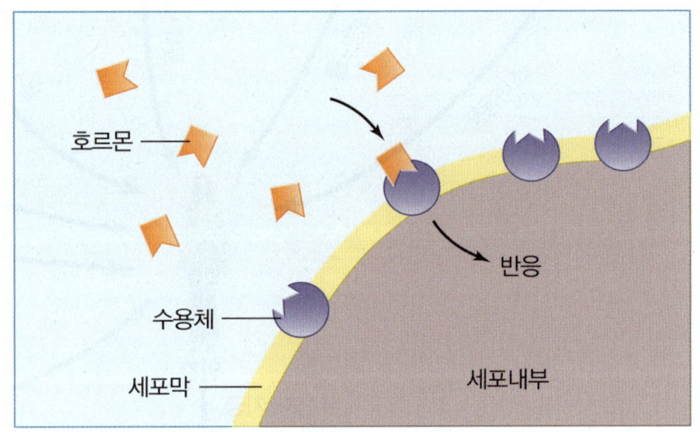

(a) 정상적 호르몬 결합

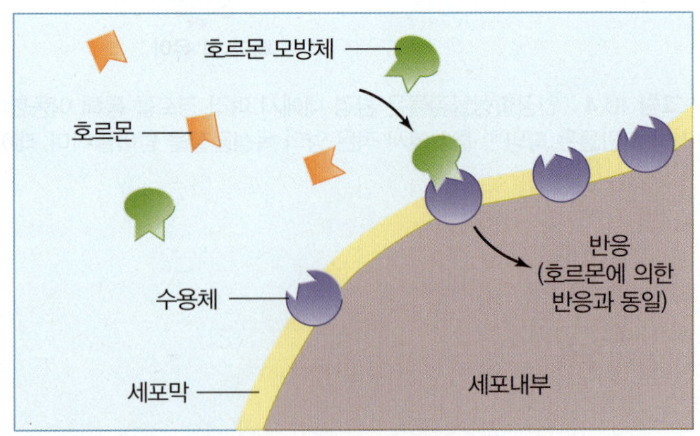

(b) 호르몬 모방 작용

▲ **그림 10.6** 내분비계 장애물질은 호르몬 분자의 구조와 유사한 모방물질이 대부분이다. 자물쇠에 열쇠가 꼭 들어맞는 키처럼, 호르몬의 모방체는 호르몬처럼 세포수용체에 결합하여 반응한다.

구에 따르면 프탈레이트는 출생시의 결함이나 유방암, 부족한 정자수, 생식능력 등과 연관이 있는 것으로 나타났다.

비스페놀 A와 같이 프탈레이트 또한 하나의 물질이 발암원과 돌연변이원, 내분비계 장애물질 등 동시에 여러 악영향을 끼치고 있다는 것을 보여주고 있다.

생물체들은 독성물질에 대하여 자연방어능력을 지니고 있다

인공합성 독성물질은 새로운 물질이지만 생물들은 수백만 년 동안 자연적인 독성물질에 노출되어 왔다. 수은, 카드뮴, 비소 등을 비롯하여 다른 유해물질도 자연환경에서 발견된다. 몇몇 생물체들은 자신을 방어하거나 포식수단으로 독소를 생산한다. 예를 들어 뱀이나 성게의 독소, 또는 국화 종류에서 발견되는 자연살충제인 피레드린 등이 있다. 이들에 대한 노출은 생물체에게 선택압력(3장 참조)으로 작용하여 독성물질에 내성을 보이는 진화상의 혜택을 얻게 되었다.

피부나 비늘, 깃털, 털과 같은 방어벽은 독성물질에 대한 1차 방어수단으로 작용하며 이들의 체내 침입을 막고 있다. 그러나 독성물질은 음식의 섭취나 호흡 등의 다른 경로를 통하여 체내에 침범한다. 체내에 침입한 독성물질은 동물에게는 혈관이니 림프조직, 식물에게는 관다발계를 통하여 빠르게 분포된다.

생물들은 침입한 유해물질을 효소를 이용하여 무독화시키는 생화학적 반응경로가 존재한다. 어떤 반응경로는 독성물질을 분해하거나 대사시켜 무독화시킨다. 또 다른 반응에서는 침입한 독성물질을 친수성물질로 전환시켜 요를 통해 쉽게 체외로 배출하고 있다. 인간의 경우, 대부분의 반응경로가 간에서 발생하며 따라서 간은 다른 기관에 비하여 알코올 등의 유해물질에 크게 영향을 받기 쉽다.

독성물질 중에는 체내에서 친수성물질로 전환되지 않거나 쉽게 무독화되지 않는 것들이 있는데 이들은 주로 지방조직이나 세포막 등에 축적되어 주요 기관으로부터 분리된다. 중금속, 다이옥신, DDT와 같은 살충제 등이 이러한 방법으로 체내에 축적된다.

방어기작은 대체로 적은 농도의 독성물질에 대하여 작용하는 반면, 농도가 높아지면 크게 감소한다. 어떤 것들은 생물체내 방어기작이 존재하지 않아 미세한 노출에도 쉽게 타격을 입게 된다. 자연적인 독성물질에 대한 방어기작은 수백 년을 걸쳐 진화해온 산물이다. 오늘날 우리 주변에 범람하고 있는 많은 인공합성물질들은 그 출현시기가 매우 짧아 이들에 대한 영향은 매우 심각할 수 있으며 예측불가능하다.

유해물질에 대한 개체들의 반응은 다양하다

위에서 언급한 방어능력에는 유전적인 요인에 기초한 것들이 있다. 결과적으로 개인의 유전적 다양성에 따라 유해물질에 대한 반응은 달라질 수 있다. 열악한 보건환경은 생물학적, 화학적 유해물질에 대하여 더욱 민감한 반응을 보이게 한다. 민감도는 또한 성별, 연령, 체중에 따라 달라진다. 어린 개체들은 성체에 비해 작은 크기와 기관들의 빠른 성장 등에 기인하여 유해물질에 대한 민감도가 훨씬 높다. 미국 환경청과 같은 기관들은 통상 성인에 준하여 유해화학물질에 대한 폭로기준을 정하고 있으며 이로부터 유아와 어린이의 기준을 하향 적용하고 있다. 그러나 과학자들은 이와 같은 선형적 외삽방식이 태아나 유아, 어린이에 대한 적절한 보호책이 될 수 없음에 동감하고 있다.

FAQ

Q: 독성물질에 노출되면 물질에 대한 유전적 저항을 유발하는가?

A: 생물집단이 살충제와 같은 독성물질에 노출되면, 대부분은 죽어버리고 몇몇 개체들만 살아남는다. 이 개체들은 (다른 개체들이 갖지 않는) 독성물질의 독성을 무력화시키는 효소를 생성하는 유전자를 소유하고 있다. 이 유전자의 효과가 살충제를 살포했을 때만 발현되기 때문에, 사람들은 독성물질이 소수 개체들의 유전자를 변이시켜 무독화 유전자를 만들어낼 것이라고 생각한다. 무독화효소를 생성하는 유전자는 태생부터 저항성이 있는 개체들의 DNA에 존재해 있지만, 그 효력은 단지 살충제의 노출이 독성물질에 대한 저항능력을 위한 선택적 압력(3장 참조)을 유발할 때에만 발휘된다.

반응에 영향을 미치는 폭로유형

유해물질에 대한 위해성은 단기간에 많은 양의 폭로(**급성노출, acute exposure**)를 경험했는지와 소량으로 장기간에 걸쳐 폭로(**만성노출, chronic exposure**)되었는지에 따라 큰 차이를 보이고 있다. 급성노출의 사례는 쉽게 인지가 가능한데 이는 분명한 사건, 즉 사고로 인한 흡입, 기름유출, 화학물질의 유출 또는 원전사고 등에 기인하기 때문이다. 일반적으로 실험실에서 행하는 독성실험은 급성독성 실험이다. 그러나 만성노출이 더 빈번하며 이를 인지하거나 진단하는 것은 매우 어렵다. 만성노출은 흡연으로 인한 폐암이나 알코올에 의한 간 또는 신장의 손상과 같이 표적기관에 점진적인 영향을 미치고 있다. 장기간에 걸쳐 진행되기 때문에 만성독성은 인과관계를 규명하는 것이 분명치 않을 수 있다.

독성물질과 생태계의 영향

독성물질이 환경에 축적되어 생명체에 해를 끼치게 되면 영향을 받은 개체군(3장 참조)의 크기는 감소하게 된다. 이러한 감소는 다른 생명체에도 영향을 주게 된다. 예컨대, 포식자에 이상이 생기면 피포식자들의 숫자는 증가하게 된다. 또한 피포식자군에 영향이 미치면 포식자 역시 줄어든 피포식자에 따라 개체군의 크기가 감소한다. 이러한 연쇄적 반응은 생물군집(4장 참조)에 변화를 초래하며 생태계를 위태롭게 한다. 생태계에는 여러 방식으로

케이스 웨스턴 리저브(Case Western Reserve) 대학교의 페트리샤 헌트(Patricia Hunt) 박사

과학 비하인드 스토리

비스페놀 A의 안전성 실험

실험동물을 대상으로 한 비스페놀 A의 건강에 대한 영향을 보고한 많은 연구들 중에서, 최초의 한 연구는 실험보조원의 잘못된 비누사용에 의해 도출되었다.

1998년 오하이오 주의 케이스 웨스턴 리저브 대학교의 한 실험실에서, 유전학자인 페트리샤 헌트는 실험실내 암컷쥐에 대한 일상적인 검사를 수행하고 있었다. 난소로부터 발달 중인 난자를 추출하여 조사하는 과정에서 그녀는 무엇인가 잘못되었다는 의문을 가지게 되었다. 약 40%의 난자들에서 염색체에 문제가 나타났고, 12%는 염색체의 수가 불규칙한 염색체 이수성을 보였는데, 이는 쥐 및 이와 유사한 인간에게서도 사산이나 유산을 유발할 수 있는 것이었다.

그 이유를 조사하기 시작하면서, 실험실보조원이 쥐를 사육하는 플라스틱통과 물병을 실수로 거친 비누를 사용하여 세척했다는 것이 밝혀졌다. 쥐 통에 거칠게 가해진 비누로 인하여 플라스틱의 일부가 녹아내렸던 것이다.

쥐 사육통은 비스페놀 A(BPA)를 함유하고 있는 폴리카보네이트 플라스틱으로 만들어졌다. 헌트는 그 당시 BPA가 에스트로겐을 모방하고 있다는 것과, 몇몇 연구에서도 이 물질이 쥐에 생식기관의 이상증세인 저정자증 및 조숙증과 연관되어 있다고 주장하는 것을 알고 있었다. 다른 연구에서도 열이나, 산, 또는 거친 비누로 플라스틱을 처리할 때, 그 안의 BPA가 물과 음식으로 스며나온다고 지적하였다.

헌트는 이 화학물질이 실험실의 생쥐에 부정적인 영향을 끼치는지에 대해 의문이 들었다. 헌트는 사고로 발생한 이러한 현상을 재현시키기 위해 그녀의 실험실내 연구원들에게 거친 비누의 사용량을 달리해서 폴리카보네이트 사육통과 물병을 세척하도록 하였다. 이후 이들은 플라스틱 물병과 손상된 사육통 안에 있는 쥐를 유리물병과 손상되지 않은 사육통 내의 쥐와 비교관찰을 하였다.

상당히 손상된 우리 내에서 BPA에 노출된 생쥐의 난자는 초기 사고에 의해 나타났던 것처럼(**첫 번째 그림**), 감수분열시, 심각한 문제를 보여주었다. 이와는 반대로, 손상되지 않은 우리에 있던 생쥐의 난자는 정상이었다.

또 한번의 실험에서 헌트팀은 암컷생쥐에게 3, 5, 7일간 매일 BPA를 경구투여하였다. 실험쥐에서는 낮은 복용량에도 불구하고 동일한 비정상적인 감수분열형태가 관찰되었다(**두 번째 그림**). 7일간 BPA에 폭로된 생쥐가 가장 큰 영향을 받았다.

2003년 *Current Biology*에 실린 헌트의 발견은 비스페놀 A의 안전성에 대한 새로운 관심의 물결을 일으켰다. 그 발견은 생쥐나 사람의 성염색체가 유사하게 분열하고 기능하기에 매우 혼란스런 것이었다. "우리는 인간에게 안전하다고 여겨지는 용량 또는 그 이하의 용량에서도 생쥐의 실험에서 감수분열상의 결함을 관찰했습니다"라고 논문은 말하고 있다. "분명히, BPA가 유전적으로 비정상적인 자손의 발생빈도를 증가시킬 수 있는 가능성은 너무 심

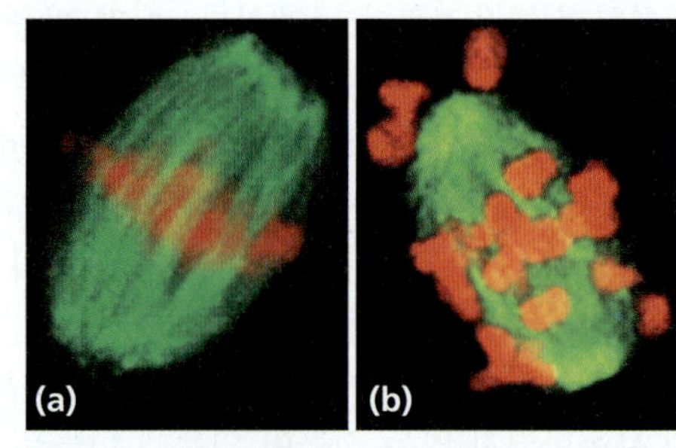

정상적인 세포분열시(a), 염색체(적색)는 잘 정렬되어 있다. 비스페놀 A에 폭로시 비정상적인 세포분열을 유발하는데(b), 염색체는 분산되고, 딸세포 사이에서 불규칙하게 분포되어 있다.

독성물질이 축적되고 지속되어 생태계의 기능에 영향을 미치고 있다.

대기오염물질의 광범위한 이동

독성물질들은 각종 농업이나 산업활동, 또는 가정에서 방출되고 있으며 때론 방출된 지점에서 꽤 멀리 떨어진 곳에 재분포된다. 많은 화학물질들이 대기를 통하여 운반되며 발생원에서 먼 지역의 생태계에 영향을 미칠 수 있다.

많은 물질들이 바람에 의해 운반됨으로 합성물질은 세계 도처에서 발견되며 심지어 인간의 발길이 닿지 않는 곳에서도 발견된다. 지구의 극지방은 특히 쉽게 오염이 되는 곳인데 이는 지구의 기류적 특성에 의해 자연스럽게 대기오염물질들이 극지역으로 이동되기 때문이다(**그림 10.7**). 따라서 온대나 열대지역에서 제조하여 사용한 합성물질들이 북극곰이나 남극의 펭귄, 그린랜드의 원주민들의 체내에 축적되고 있다. 변압기나 전기장비에 사용되고 있는 폴리염화 비페닐류(PCBs) 또한 그 한 예이다.

비교적 짧은 거리 내에서도 그 영향이 미칠 수 있다. 농약은 소위 **농약이동**(pesticide drift)이라 하는 과정을 통하여 기류에 의해 농경지로부터 멀리 떨어진 지역까지 운반될 수 있다. 예를 들어, 시에라네바다 산지에 서식하는 개구리는 캘리포니아의 센트럴밸리 지역의 농경지로부터 농약이동에 의해 운반된 농약에 의해 개체군이 줄어든 적이 있다.

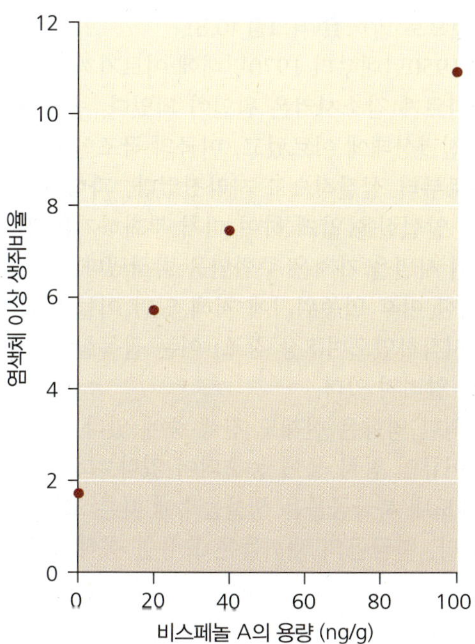

이 같은 용량-반응의 실험에서, 세포분열시 염색체이상을 보여주는 생쥐의 비율은 비스페놀 A의 용량에 비례하여 증가하였다. 미국과 유럽에서는, 사람들의 일일 허용섭취량을 체중당 50 ng/g으로 정하도록 규정하였다. Data from Hunt, P.A., et al., 2003. Bisphenol A exposure causes meiotic aneuploidy in the female mouse. *Current Biology* 13: 546-553.

각해서 이에 대한 보다 심층적인 연구가 필요합니다."

그 이후로, BPA에 대하여 낮은 용량에서도 실험동물에게 유해한 영향이 있다는 수십여 가지의 연구가 보고되었는데, 이는 비단 에스트로겐의 모방과 관련 있는 생식계통뿐 아니라, 갑상선부터 간과 지방에까지 이르고 있다. 1997년 최초로 BPA의 영향에 대한 증거를 보여준 과학자 프레더릭 폼살(Frederick vom Saal)은 2007년에 "이 화학물질은 달팽이, 곤충, 가재, 물고기, 개구리, 파충류, 조류와 설치류에 해를 입히고 있으며, 따라서 화학업계에서는 사람들에게 인간에 대한 실험정보가 없다면 이에 대하여 완전히 안전하다고 느낄 수 있다"고 말했다.

폼살은 인간에 대한 최초의 보고가 나타나기까지 오랜 시간을 기다릴 필요가 없었다. 2008년, 미국의학협회가 영국 엑스터지역의 페닌슐라 의과대학의 이안 랭과 데이비드 멜저가 이끈 연구결과를 저널에 발표하였다(10장 참조). 랭과 멜저의 연구팀은 미국정부가 최근에 실행한 국립건강영양조사로부터 데이터를 이용하여 인간에 대한 BPA의 영향을 평가하는 역학조사를 수행하였다. 조사에 응한 1,455명 대상자의 데이터로부터 이들은 미국의 성인을 대표하는 샘플을 얻게 되었다. 이들은 인종, 교육, 수입, 흡연, 체중 및 여러 인자들을 분류한 뒤, 인간의 요에 있는 BPA의 농도와 주요 건강질환의 상관관계를 분석하였다.

이들 과학자의 분석결과는 요속에 높은 농도의 BPA를 함유한 미국인들이 당뇨병과 심장질환(**세 번째 그림**), 그리고 간 속의 3개의 효소의 비정상적 농도 수치가 높아 있음을 보여주었다. 연구팀은 또한 암, 뇌졸중, 관절염, 갑상선병 및 호흡기질병 등의 다른 질병과는 관계가 없음을 알아내었다.

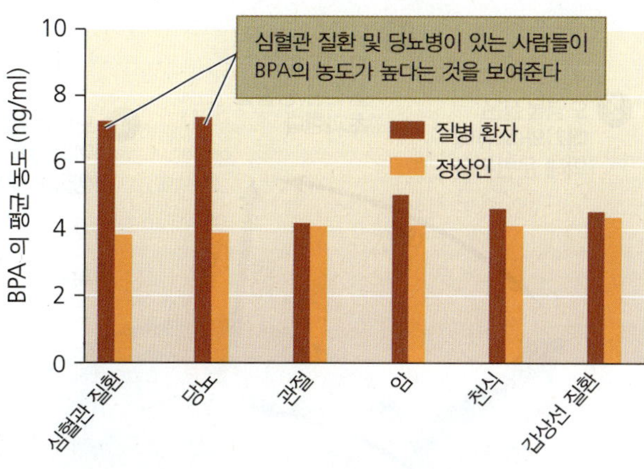

2008년의 역학조사에서, 다른 질환과는 달리 당뇨병과 심장질환을 지닌 미국인들이 비스페놀 A의 평균농도가 상당히 높다는 것을 보여주었다. 오차범위는 95%의 신뢰도를 나타내고 있다. Adapted from Lang, I.A., et al., 2008. Association of urinary bisphenol A concentration with medical disorders and laboratory abnormalities in adults. *JAMA* 300: 1303–1310.

설치류와 세포배양에서 행한 BPA의 작용기작에 대한 이전의 실험은 BPA가 왜, 그리고 어떻게 간효소와 당뇨에 영향을 주고 있는지를 설명하는 데 도움을 주었다. 그러나 심혈관 질환에 대한 관련성은 밝혀지지 못하였다.

인간에 대한 BPA의 첫 번째 직접적인 관련성을 밝힌 것은 인과관계를 배재한 협동연구였다. BPA가 실질적으로 관찰된 결과를 유발하는지를 밝혀내기 위해서는 몇 년간 저농도 및 고농도로 폭로된 사람들을 추적해서 누가 가장 쉽게 질환을 앓게 되는지를 예측하고, 이를 미래의 데이터와 연결하는 실험을 행해야 할 것이다. 이러한 장기적 연구를 위해서는 많은 시간이 걸릴 것이다. 한편으로, 과학자들은 현재 확보된 증거를 바탕으로 BPA의 사용을 제한할 것을 관계자들에게 촉구해야 할 것이다.

잔류독성물질

방출된 독성물질은 자연에서 신속히 분해되어 독성이 사라지기도 하지만 어떤 것들은 몇 달, 몇 년, 몇십 년을 거쳐 분해되지 않고 있다. 화학물질이 분해되는 속도는 그 자체의 화학적 특성과 함께 온도, 습도, 햇빛 등의 요인들에 달려 있다. 생물방제에 사용되는 *Bt* 독소(7장 참조)와 유전자변형 작물들은 쉽게 분해되지만 DDT나 PCB와 같은 물질들은 수십 년간 분해되지 않고 잔류한다.

잔류성 인공합성물질들은 만든 목적 자체가 난분해성이기 때문에 도처에 널려 있는 것이다. 일례로 플라스틱의 제조에 사용되는 화학물질의 경우 분해가 쉽지 않도록 사용되고 있다. 그러나 대부분의 독성물질들은 시간이 지나면서 잘게 부숴지게 되어 있다. 이들 분해산물은 원래의 물질보다 독성이 덜해지는 것들이 있는 반면 어떤 것들은 독성이 동일하거나 더 커지는 경우도 발생한다. 예를 들어 DDT는 DDE로 분해되는데 이는 그 자체의 독성은 물론 난분해성 또한 더 커지는 특징을 보이고 있다.

수계에 농축되는 독성물질

독성물질은 환경 내에 골고루 분포되는 것이 아니라 좀 특별한 방식에 의해 이동한다. 수계의 유출수(12장 참조)는 적은 양의 지표수에 오염물질을 농축하게 된다. 인간이 방출한 소량의 독소, 각종 약물, 해독제 제품 등은 폐수처리 과정을 거쳐 수계에 진입한

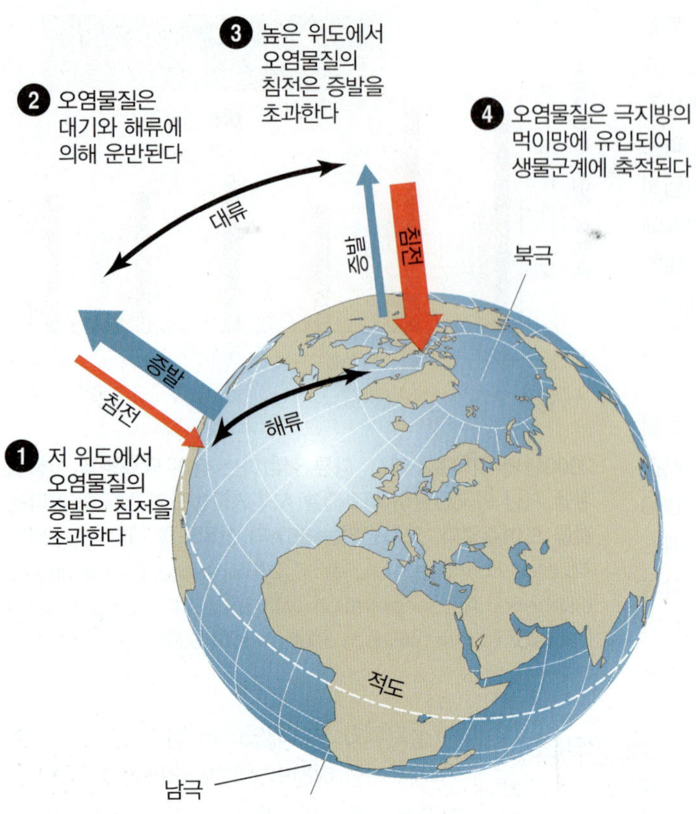

▲ 그림 10.7 지구적 증류과정에서, 증발하여 저위도에서 대기로 상승하거나, 해양에 침전된 오염물질들은 해류와 대류에 의해 극점을 향해 운반된다. 이러한 과정 속에서 오염물질들은 극점 근처에 집적된다.

다. 많은 화학물질들은 수용성으로 쉽게 흡수 또는 흡수과정을 거쳐 생물체 내에 축적된다. 이 같은 이유로, 어류나 개구리, 수생 무척추동물들은 수질오염에 적합한 지표생물이 되고 있다. 하천 또는 강으로 유입된 오염물질들은 음용수로 흘러들어가거나 대기 중에 떠다니게 된다. 수계(12장 참조)에 축적된 독성물질들은 장거리에 걸쳐 이동하며 생태계를 교란시킨다.

독성물질은 먹이사슬을 통해 상위단계 생물체에 축적된다

지용성 독성물질들은 **생물축적(bioaccumulation)** 과정을 거쳐 동물의 지방조직에는 주변환경보다 과다한 독성물질이 축적하게 된다. 피식자의 조직에 축적된 독성물질은 포식자에게 옮겨지면 이들 또한 독성물질을 그들의 지방조직에 축적하게 된다. 따라서 생물축적은 전 영양단계에서 이루어지게 된다. 더군다나, 포식자의 경우 다량의 피식자를 섭취하기 때문에 축적되는 독성물질의 양은 더욱 많아지며 위의 영양단계로 갈수록 그 양은 점점 농축된다. 이러한 현상을 **생물농축(biomagnification)**이라 부르며 DDT와 관련하여 북미에서 발생하였다. 최상위 포식자인 맹금류에게 살충제인 DDT가 다량 농축된 것이 밝혀졌는데 이는 물에 유입된 DDT가 조류(algae)와 플랑크톤, 작은 어류에서 큰 어류, 또한 이를 먹이로 하는 맹금류에 이르기까지 먹이사슬을 통해서 농축되어 왔기 때문인 것으로 밝혀졌다(**그림 10.8**).

DDT의 생물농축은 1950년대부터 1970년대에 이르기까지 북미 맹금류의 숫자를 가파르게 감소시켜온 원인이 되었다. 송골매는 미국 동부에서 거의 전멸상태에 이르렀고, 미국의 국조인 대머리독수리는 48개의 주로부터 실질적으로 사라졌었다. 과학자들은 마침내 DDT가 새의 알껍질을 얇게 하여 미처 부화하기도 전에 알껍질이 깨져 배아의 사멸을 가져온 주범임을 밝혀냈다. 미국이 DDT의 사용을 금지한 이후 멸종위기에 처해 있던 이들 맹금류들은 다시 부활하기 시작하였으며(8장 참조) 이는 괄목할 만한 성공적인 환경사례로 잘 알려져 있다.

하지만 생물농축에 의한 영향은 현재도 진행 중에 있다. 수은은 상업적으로 중요한 어류인 참치 등에 농축되어 있다. 북극 노르웨이령의 스발바르 제도내 북극곰들은 생물농축에 따른 고농도의 PCB가 축적되어 있다. 북극곰의 새끼들은 모유를 통해 공급

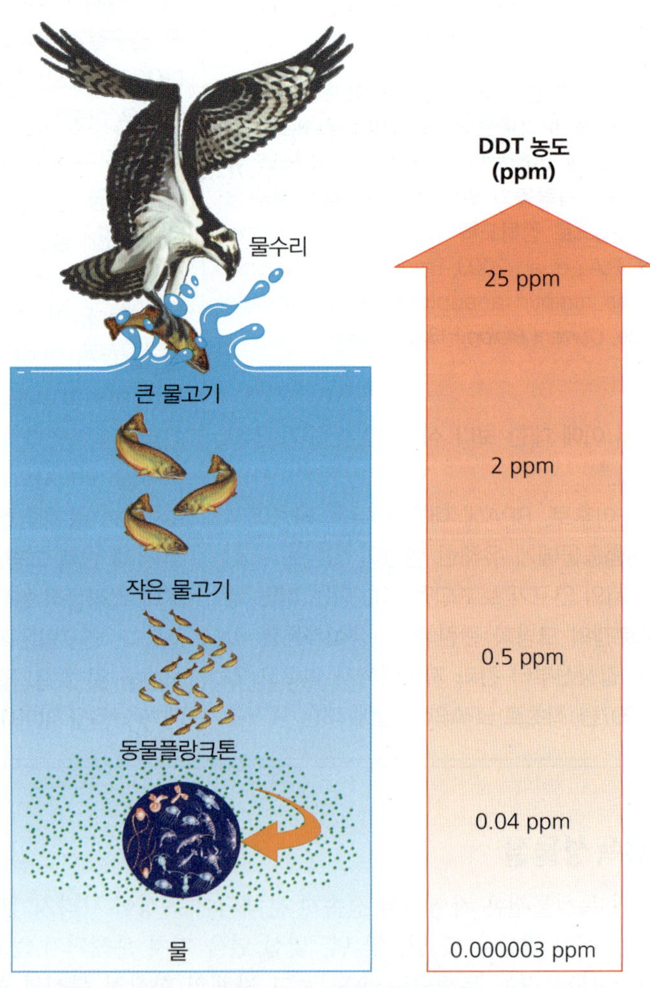

▲ 그림 10.8 낮은 영양단계에 위치한 생물들은 물속에서 DDT와 같은 지용성 화합물을 섭취한다. 상위 영양단계의 동물들이 먹이사슬의 아래에 위치한 생물들을 섭취하면서, 생물들은 위 소비자들에게 독성물질을 전달하며 모든 영양단계의 생물들은 자신의 조직 내에 그 물질을 생물축적한다. 물질의 농도는 생물농축현상에 의해 상위 영양단계에서 증가하는데, 이는 각 소비자는 하위 영양단계에서 많은 개체들을 소비하기 때문이다. 생물농축현상의 고전적 사례에서, DDT는 동물플랑크톤에서부터 다양한 어류를 거쳐 어류를 잡아먹는 물수리와 같은 새들에게 고농도로 농축된다.

받은 PCB의 영향으로 면역억제 및 호르몬 교란, 높은 치사율을 보이고 있다. 오염물질은 환경 내에 잔류하며 세대를 통하여 축적되고 있다.

생물농축은 어떤 경우에도 생태계의 구조 및 기능에 영향을 미치고 있다. 영양단계의 최상위 계층인 독수리나 북극곰의 숫자가 감소한다면 생물종 간의 상호작용에 변화를 초래하며 결국 먹이그물을 통하여 연쇄적으로 영향을 주게 된다.

독성물질은 생태계 서비스를 위협한다

독성물질은 생태계의 생물구성과 생물 및 무생물 사이의 상호작용에 변화를 줄 수 있다. 이렇게 함으로써 유해물질은 자연이 제공하는 생태계의 서비스를 위협할 수 있다. 예를 들어, 농약의 사용은 최근들어 벌꿀의 감소와 관련이 있는 것으로 나타났다. 벌꿀들은 100여 가지가 넘는 경제적으로 유용한 작물에 수분을 하고 있는데 이들의 감소는 결국 농민들로 하여금 양봉가를 채용하여 수분을 종용함으로써 경비를 지불하게 만들고 있다.

건강하게 작동하는 생태계는 물질순환의 서비스를 제공한다. 토양의 분해자들은 유기물질을 분해하여 식물이 필요한 영양분을 보충해 주고 있다. 살충제나 살균제가 토양에 오염되면 영양물질의 순환비율이 변화된다. 이 같은 변화는 생산자가 필요로 하는 영양분의 공급과 이들의 생장에 영향을 끼치며 생태계 전체에 영향을 주게 된다.

유해물질의 영향 연구

환경유해물질이 개체와 생태계에 미치는 영향을 조사하는 것은 결코 만만치 않은 일이다. 이를 위해 과학자들은 상호관련성 조사 및 철저한 실험 등 여러 유형의 과학적 방법들을 동원하고 있다.

야생 자연 연구는 현장과 실험실 연구의 조합

과학자들은 환경유해물질의 영향을 연구하여 동물군집을 보호하며 또한 인간에 대한 잠재위험요인을 파악한다. 흔히 야생 독성학자들은 현장에서 동물들을 관찰하며 가설을 설정한 후 실험실에서 보다 정교한 실험을 통하여 가설을 입증하고 있다. 예컨대, 생물학자 루이스 길레트(Louis Guillette)와 동료들은 농경지 유출수에 오염된 플로리다의 악어농장에서 이보다 덜 오염된 지역과 비교하여 악어들의 생식계통의 이상증세가 심하다는 것을 관찰하였다(**그림 10.9a**). 이를 토대로, 그는 오염물질이 알의 부화기간 동안 악어의 내분비계를 교란할 것이라는 가설을 세웠다. 본 가설을 근거로 행한 실험실 연구에서 악어알 내에 제초제인 아트라진 등의 오염물질의 존재를 확인하였고, 이것이 에스트로겐의 수용체와 결합하거나 테스토스테론을 에스트로겐으로 전환시켜주는 효소를 생산할 수 있다는 것을 발견하였다.

길레트의 연구에 기초하여 타이론 헤이스(Tyrone Hayes)는 극소량의 아트라진에 오염된 물에서 자란 수컷 개구리가 암컷화되거나 정소와 난소가 동시에 발달하는 자웅동체로 전환되는 것을 실험실에서 관찰하였다. 이후 현장조사결과 북미에 흔한 표범개구리가 아트라진의 과다사용처에서 호르몬 이상증세를 보이고 있다는 사실이 알려졌다. 이러한 연구는 원래 광합성을 방해하여 식물을 고사시키는 아트라진이 동물에게는 내분비계 장애물질로 작용할 수도 있다는 사실을 보여주고 있다.

(a) 악어로부터 혈액을 채취하는 루이스 길레트

(b) 실험실에서 개구리를 잡고 있는 타이론 헤이스

▲ **그림 10.9** 연구자인 루이스 길레트(a)와 타이론 헤이스(b)는 악어와 개구리가 각각 생식 이상증세를 보이고 있는 것을 밝혔는데 이는 살충제에 의한 내분비교란 때문이다.

인체에 미치는 영향은 사례, 역학조사 및 동물실험에 의존한다

환경독성학자들은 규모가 큰 집단을 대상으로 역학조사를 실시하고 있는데 이는 유해물질에 노출된 집단과 그렇지 않은 집단을 비교해 보는 것이다. 역학조사 연구원들은 몇 년 또는 몇십 년의 장기간에 걸쳐 인간을 추적, 조사하고 있으며 각 조사집단에서 발생하는 사망률, 암, 기타 다른 건강문제 등을 파악한다. 이후 수집된 정보를 분석하여 조사집단 간의 차이점을 찾아내고 차이를 입증할 가설에 대한 통계학적 실험을 실시한다. 특정물질에 노출된 집단에서 상당한 비교우위의 유해정도를 보이게 되면 그 물질에 유해의 원인이 있다는 것을 암시한다. 역학조사 과정은 한 사건이 연구가능한 집단적 연구대상을 만든다는 점에서 자연적 실험과 유사하다.

역학연구는 건강유해물질과 그 결과 사이의 통계학적 연관성을 조사하고 있지만 그 인과관계를 확신할 수는 없다. 이에 대한 확신을 위해서는 보다 철저한 실험이 필요하다. 하지만 인간을 대상으로 다량의 독성물질을 주입하는 실험은 명백히 비윤리적인 것이다. 이것이 그 동안 실험실의 연구자들이 실험대상으로 설치류나 포유류를 이용해온 이유인 것이다. 동물을 대상으로 한 실험은 비교적 윤리적으로 덜 지탄받고 있으며, 또한 인간과 유사한 진화경로로 인하여 이들에게 해가 되는 물질들은 인간에게도 해를 주기 쉽기 때문이다.

용량-반응의 분석은 독성학의 중심

독성학에서 실험동물을 이용하여 행하는 실험이 **용량-반응분석(dose-response analysis)**이다. 과학자들은 어떤 물질의 독성 정도를 파악하고자 할 때 그 반응의 크기나, 용량을 달리한 실험에서 반응을 보인 동물들의 숫자를 파악하여 결정한다. **용량(dose)**이란 실험동물이 흡수한 물질의 총량을 말하며, **반응(response)**이란 흡수의 결과로 동물들이 보인 부정적 결과의 형태나 정도를 일컫는다. 일반적으로 반응 정도는 부정적 결과를 보인 동물들의 비율을 측정함으로써 표시하게 된다. 분석된 정보는 그래프를 통해 x축을 용량으로, y축을 반응으로 표시하고 있으며 그 결과로 표시된 곡선을 **용량-반응곡선(dose-response curve)**이라 한다(그림 10.10a).

작성된 용량-반응곡선을 통하여 독성학자들은 물질의 독성을 간편한 측정치(사용한 실험동물의 절반을 치사시킨 물질의 용량)로 측정한다. 이렇게 50%의 치사를 유도하는 물질의 치사량을 **LD_{50}**라 한다. 높은 LD_{50} 값을 갖는 독성물질은 낮은 LD_{50} 값의 물질에 비하여 상대적으로 독성이 낮다고 할 수 있다.

실험의 목적이 치사량이 아니라 다른 효과에 관한 것일 경우, 즉 실험동물의 50%가 다른 형태의 효과를 보였을 경우(예를 들어, 어떤 용량의 독성물질이 실험한 생쥐 중에서 50%가 털이 없는 효과를 보여줄 수 있는지)에는 이를 유효량-50%, 또는 **ED_{50}**라 한다.

독성물질 중에는 어떠한 농도에서도 반응을 보이는 것이 있는가 하면, 역치 또는 일정용량 이상일 경우에만 반응이 나타나는 것들이 있다. 이러한 **역치용량(threshold dose,** 그림 10.10b)은

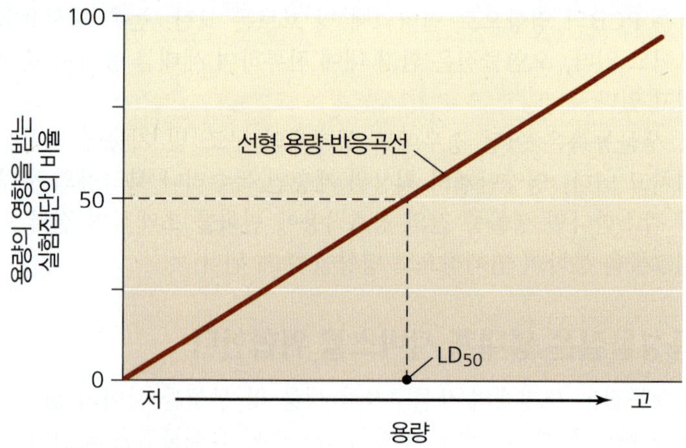

(a) 선형 용량-반응곡선

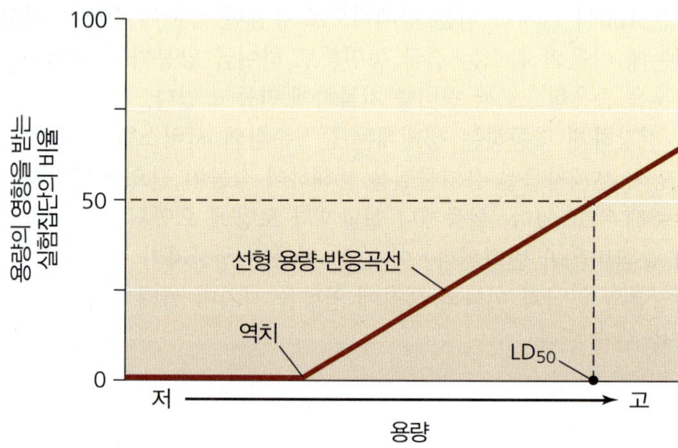

(b) 역치점을 지닌 용량-반응곡선

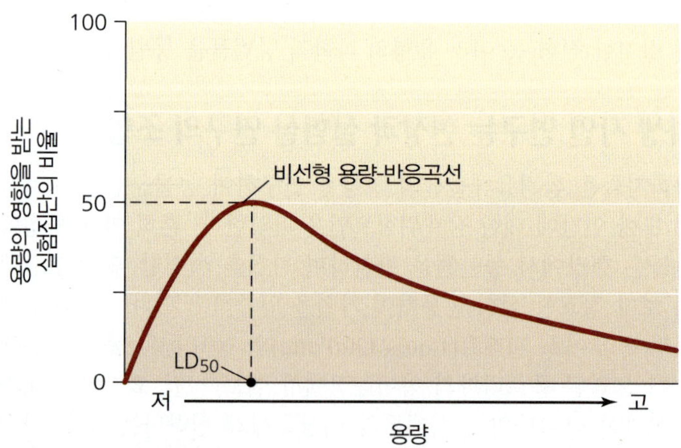

(c) 특이한 용량-반응곡선

▲ **그림 10.10** 고전적인 선형 용량-반응곡선에서(a), 어떤 물질에 의해 영향을 받았거나 치사한 동물의 비율은 용량에 따라 상승한다. 동물의 50%가 치사했을 때의 값은 치사량-50 또는 LD_{50}으로 표시한다. 독성물질에 따라 역치값(b), 즉 측정효력이 발생하지 않을 만큼의 용량이 존재한다. 어떤 물질, 특히 내분비계 장애물질들은, U자형이나 J자형, 또는 반대의 독특한 비선형 용량-반응의 곡선(c)을 나타낸다. 이 곡선들은 독성물질에 대한 생물들의 반응이 종종 복잡하다는 것을 보여주고 있다.

신체기관이 물질대사로 포화상태에 이르렀거나 독성물질을 최소량으로 분비하는 상태에서 이보다 더 많은 양에 폭로되었을 때 나타날 수 있다. 또한 세포가 DNA에 일정 크기 이상의 손상을 입을 경우 이를 수리하는 과정에서 발생할 수 있다.

때로는 용량이 증가함에 따라 반응이 감소할 수도 있다. 독성학자들은 용량-반응곡선이 U형, J형, 또는 U의 반대 형태 등이 있다는 것을 알아냈다(**그림 10.10c**). 언뜻 이해가 가지 않는 이러한 곡선은 "용량이 독성을 만든다"는 전통적인 독성학의 개념에 배치된다. 이러한 독특한 용량-반응곡선은 특히 내분비계 장애물질에서 발견되는데 이는 호르몬시스템이 혈액내 소량의 호르몬물질에 반응을 보이는 것과 유사하다. 내분비계가 적은 양의 화학물질에 반응하기 때문에 아주 적은 양으로도 체내에 침범한 내분비계 독성물질에 쉽게 타격을 받게 되는 것이다. 비스페놀 A와 관련하여, 실험동물을 대상으로 한 많은 연구에서 일반적인 형태에서 벗어난 용량-반응곡선을 보인 것으로 나타났다.

동물실험을 통한 용량-반응곡선은 인간에 대한 영향을 외삽하는 데 필요하기 때문에 매우 중요하다(외삽, extrapolation; 실험동물로부터 얻은 결과를 인간에게 적용시키기 위한 방식). 이러한 외삽방식이 실제 도출된 결과로부터 확장시키는 것이기 때문에 이를 인간에게 적용하기 위해서 불확실성 요인을 도입하고 있다. 결론적으로 안전을 위해서 관련부처에서는 동물실험을 바탕으로 최소한의 영향을 미칠 수 있는 독성물질의 농도 이하로 일일 최대 허용량을 규정해 놓고 있다.

혼합은 각자의 합 이상의 효과를 발휘할 수 있다

유해물질 하나를 규명하는 것도 매우 어려운 작업인데 여러 개의 물질이 혼합되었을 경우에는 상상 이상의 어려움이 뒤따른다. 다수의 화학물질이 혼재된 경우, 개개의 독성영향과는 전혀 다른 방향으로 작용할 수 있다. 혼합물질의 독성은 각각의 독성효과의 합이거나, 독성이 지워지는 경우, 또는 증폭하는 경우가 있다. 혼합체에서 개별독성효과의 합보다 더 크게 나타나는 상호작용을 일컬어 **상승효과(synergistic effect)**라고 한다.

플로리다의 악어를 대상으로 한 실험에서 DDT의 분해산물인 DDE의 경우 다른 화학물질의 존재 여부에 따라 악어의 성적전환이 억제되거나 촉진될 수 있다는 것이 밝혀졌다. 질산과 아트라진, 알디캅에 동시노출된 생쥐의 경우, 면역계와 호르몬계, 신경계통에 이상이 발생하였지만 각 물질에 단독으로 노출된 경우에는 이상증세를 발견하지 못하였다.

전통적으로 환경보건은 한번에 한 가지의 유해성을 규명하는 데 매달려 왔다. 독성학에서는 화학물질의 정확한 숫자와 상호작용을 규명하기 위한 고도의 실험설계에 앞서 단일물질의 규명에 우선순위를 두어왔다. 이러한 접근방식은 변하고 있지만 모든 화학물질의 조합에 대하여 규명하려는 시도는 불가능할 것이다.

내분비계 장애는 독성학의 도전과제

기존관념과 배치되는 용량-반응곡선은 독성학자들과 안전성에 대한 새로운 기준을 세워야 하는 정책입안자들에게 도전과제로 대두되고 있다. 대다수의 인공합성물질이 넓은 지역을 걸쳐 미량으로 존재하고 있기에 많은 과학자들은 적은 양으로도 영향을 미칠 수 있는 화학물질의 위험성에 대하여 과소평가하고 있는 것은 아닌지 의심하고 있다.

내분비계 장애효과에 대한 연구는 몇십 년 전 보고되었지만 합성물질이 동물의 호르몬계를 변화시킬 수 있다는 사실이 널리 알려진 때는 1996년, 테오 콜본, 다이안 두마노스키, 마이어에 의해 저술된 책인 '도둑맞은 미래'가 출간된 직후이다. '침묵의 봄'과 같이 이 책 또한 여러 과학자의 자료를 토대로 하였으며 일관된 견해로 많은 독자들을 충격에 몰아넣었으며, 과학자들과 화학산업으로부터 많은 비평을 초래하였다.

오늘날, 수천의 연구로부터 수백 가지의 물질들이 생식 및 발생, 면역, 뇌, 신경계 및 호르몬 유도과정 등과 연관이 있는 것으로 밝혀졌다. 동물실험에 의한 증거는 매우 강력하나, 인간에 대한 영향은 추정할 뿐이다. 연구자들은 내분비계 장애물질이 남성들의 출생시 생식기 장애 및 고환암 등의 증가와 밀접한 관련이 있다고 보고하고 있다. 다른 보고에 의하면 유방암의 급속한 증가 원인이 (미국여성 8명 중 한 명꼴로 유방암이 발생) 호르몬의 장애에 기인하고 있음을 주장하고 있는데 이는 에스트로겐의 증가가 중년여성에게 종양발달을 촉진하고 있는 것으로 나타났기 때문이다. 혹자는 남성들의 생식계통 장애증상을 증가한 BPA의 탓으로 돌리고 있다. 예컨대, 중국에서 행한 2009년의 한 연구에서는 BPA 취급공장에서 근무한 근로자들이 그렇지 않은 대조군과 비교하여 4배가량의 높은 발기부전현상이 있음을 보고하였다. 이후의 2010년 연구에서는 요속에 BPA가 발견된 근로자들의 경우, 발견되지 않은 대조군과 비교하여 2~4배 정도 정자수의 부족 및 정자 기능이 약화되었음을 보고하고 있다. 비록 중국의 근로자들이 미국과 비교하여 더 높은 수치의 BPA에 노출되고 있지만, 이러한 보고는 비스페놀 A가 인간에게 생식 기능의 이상과 연관되어 있음을 알리는 초기 연구자료가 되고 있다.

호르몬 장애에 관한 연구는 격렬한 논쟁을 불러왔다. 이는 부분적으로 새로운 학문의 태동과정에서 파생되는 불확실성에 기인하고 있지만 한편으로는 이를 실험하는 과정에서 지불되는 경제적 비용에도 그 원인이 있다. 화학회사들은 비스페놀 A가 어떠한 건강상의 해가 없음을 입증하는 연구를 내놓고 있으며 FDA와 같은 해당기관에서도 안전성을 입증하기 위한 정보를 우선적으로 이들 회사의 결과에 의존하고 있다. 그러나 산업과 무관하게 독립적인 연구를 수행하는 학술기관에서는 다른 결론을 내놓고 있다. 2006년 말까지 행한 연구자료에 의하면, 동물실험을 거쳐 학술지에 게재된 178개의 연구논문 중 151개의 논문이 적은 양의 비스페놀 A에도 유해한 것으로 보고하고 있다. 거의 예외없이 유해성을 밝힌 논문은 정부로부터 지원을 받고 있는 반면, 회사로부터 지원을 받은 연구에서는 해가 없는 것으로 보고하고 있다.

위해성 평가 및 위해성 관리

화학물질 사용 및 금지에 관한 정책결정은 수년간의 독성실험을 거친 후 이루어진다. 마찬가지로, 질병 및 건강에 관한 정책 역시 충분한 과학적 실험에 기초하고 있다. 그러나 정책 및 관리에 대한 결정은 경제적, 윤리적 측면에 대한 고려가 따르며, 종종 강력한 이권이 개입된 정치적 압력을 받게 된다. 과학적 정보의 수집 및 해석, 정책결정 과정에는 위해성에 대한 평가 및 관리가 필요하다.

확률적으로 위해성을 표기하다

위해물질에 노출되었다고 해서 항상 피해를 입는 결과로 이어지지는 않는다. 이보다는 피해가 발생할 수 있는 확률이 높아져 결과적으로 피해자가 발생한 개연성이 높아질 것이다. 위해성을 이해하기 위해서 유해물질의 정체와 세기 그 이상의 것을 알아야 한다. 또한 유해물질과 조우할 확률, 빈도, 유해물질의 양 및 위해강도, 개체 민감도 등을 알아야 한다. 이러한 요인들은 전체적인 위해도를 결정하는 데 도움이 된다.

위해성은 특정 결과가 발생할 수 있는 가능성에 대한 정량적인 설명, 즉 확률로써 측정한다. 어떤 사건(예: 상해, 사망, 환경적 또는 경제적 손실 등)이나 물질로부터 유해결과가 나타날 수 있는 확률이 바로 그 현상으로부터 발생할 수 있는 위해성이 된다.

위해성에 대한 인식은 현실과 일치하지 않을 수 있다

어떤 행동이나 결정에는 항상 위험적 요소, 일이 잘못될 수도 있을 개연성이 존재한다. 우리는 일상에서 위험을 최소화하기 위하여 노력하지만 그러한 위험에 대한 인식이 통계학적 현실과 일치되지 않고 있다(**그림 10.11**). 인간은 비교적 위험도가 낮은 행위에 대해서 지나치게 염려하는 반면, 위험도가 큰 것에 대해서는 간과하는 부분이 있다. 예컨대, 대부분의 사람들은 자동차를 운전하는 것보다 비행기를 타는 것이 더 위험하다고 인식하고 있으나, 국가안전위원회의 자료에 의하면 2010년도 자동차사고로 인한 사망자 수가 항공사고에 의한 사망숫자에 비해 무려 69배나 높은 것으로 나타났다. 심리학자들은 이러한 인식과 현실의 차이가 실제 위험과 관계없이 우리가 직접 상황을 통제할 수 있는 것들이 그렇지 못한 것에 비하여 더 안전하다고 느끼기 때문인 것으로 지적하고 있다.

이러한 심리현상은 인간들이 BPA나 원자력, 독성폐기물, 식품에 존재하는 농약류 등, 눈에 보이지 않거나 아주 적은 양으로 존재하며 개인적인 통제가 불가능한 멀리 떨어진 곳에 존재하는 환경유해요인들에 대한 걱정을 이해하는 데 도움을 준다. 이와 반대로, 사람들은 흡연이나 과식, 운동부족 등, 통계적으로 훨씬 높은 위험성을 보여주고 있는 자발적 행위들에 대하여 크게 위험성을 느끼지 못하거나 무시하려는 경향이 있다.

위해성의 정량적 평가

위해성의 정량적 평가 및 다른 물질 또는 사건과 관련한 위해성 비교를 통틀어 **위해성 평가(risk assessment)**라 한다. 위해성 평가는 문제를 찾아내고 그 윤곽을 파악해나가는 하나의 방법이다. 환경보건적으로 인간 또는 자연에 대한 물질 또는 사건에 의한 위험성과 안전성을 확신시키는 데 도움을 주고 있다.

화학물질에 대한 위해성 평가는 몇 가지 단계로 구성되어 있

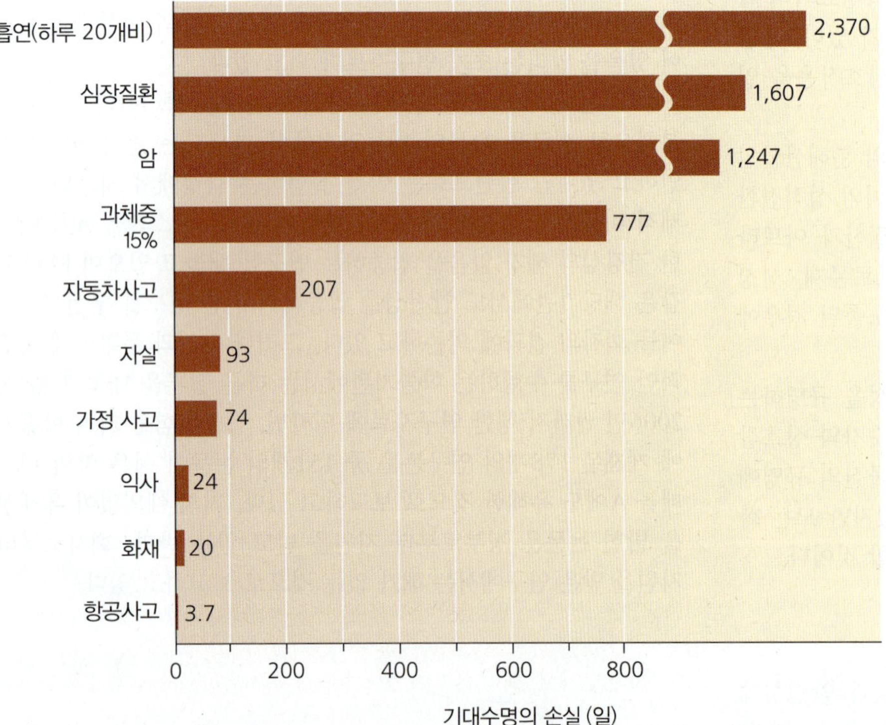

◀ **그림 10.11** 위험에 대한 지각이 항상 실제의 위험과 일치하지는 않는다. 이곳에 나열된 목록은 미국 내에서 몇몇 사망의 주요 원인들과 이들 각자가 떠안고 있는 위해성 측정에 관한 것이다. 위해성은 기대수명을 상실한 일수로 측정한다. 즉, 보험회사에서 주로 사용하는 수단으로써, 전체인구를 대상으로 위험을 겪은 사람들이 잃어버린 삶의 일수이다. 이 측정에 따르면, 보편적인 불안요인인 항공사고는 가정내 사고보다 20배는 덜 위험하며, 자동차사고 보다는 50배 이상 덜 위험하고, 또한 비만해지는 것보다 200배 이상은 덜 위험하다. Data from Cohen, B., 1991. Catalog of risks extended and updated. *Health Physics* 61: 317–335.

다. 첫 번째 단계는 독성에 대한 과학적 연구과정으로, 대상물질이 독성효과가 있는지와 용량-반응분석을 통하여 노출량에 따라 독성이 어떻게 달라지는 등을 포함하고 있다. 이어서, 개인 또는 집단에 대한 노출평가 단계로 노출빈도를 포함하여 노출농도와 노출기간 등을 평가한다. 중점사례에서 살펴보았듯이, 비스페놀 A에 대한 위해성 평가는 종종 서로 다른 결론에 이르기도 한다.

위해성 관리는 과학 및 사회적 요인의 결합과정

정확한 위해성 평가는 위험을 최소화시키기 위한 정책과 결정이 요구되는 효과적인 **위해성 관리(risk management)**를 향한 중요한 과정이다(**그림 10.12**). 대부분의 국가에서 위해성 관리는 정부기관이 주체가 되어 있다. 미국에서는 관련부처로 환경청(EPA), 질병관리방제센터(CDC), 식품의약국(FDA) 등이 있다. 위해성 관리에 있어서 과학적인 위해성 평가는 경제적, 사회적, 정치적 필요성과 가치에 비추어 고려되고 있다. 위해성 관리자들은 위험을 감소하거나 제거하기 위한 결정을 하기 전에 과학적, 비과학적 요소와 관련하여 다양한 방법으로 위해성에 대한 비용 및 편익을 평가한다.

환경보건 및 독성학에서 비용과 편익을 비교하는 과정은 매우 어려운데 이는 편익은 경제적 요인이 수반되는 반면, 비용은 건강과 관련이 있기 때문이다(5장 참조). 더구나 경제적 편익성에 대한 평가는 잘 알려져 있으며 정량적 평가가 용이하고 분명하게 금액이 결정되지만 보건학적 위해성은 그 개연성을 측량하기가 어렵고 종종 대다수의 사람들과는 무관하게 소수의 사람들이 겪게 되는 경우가 있다. 만약 정부가 한 가지 농약의 사용을 금지시킨다면 이는 농부에게 상당한 경제적 손실을 입히는 반면 이에 따른 이득은 다소 예측이 힘들지만 장기간에 걸쳐 보다 건강해진 사람들이나 좀 더 줄어든 건강보험비용, 또는 가중된 노동자의 생산성 등을 통하여 나타나게 된다. 비용과 편익을 측정할 수 있는 표준 평가방식이 없기에 위해성 관리는 종종 논쟁에 휘말리게 된다.

비스페놀 A의 경우, 식음료캔에 대한 플라스틱 마개사용을 금지하는 것은 득보다 실이 더 많을 수 있다. 왜냐하면 마개는 금속의 부식을 방지해주고 병원균의 침입을 막아주기 때문이다. BPA를 대체할 수 있는 소재들이 있지만 이는 소재에 대한 원가상승을 유발하게 되며 그 비용은 곧 소비자들에게 전가되게 된다. 이러한 복잡한 구도가 위해성 평가 과정이 아무리 명확하다 해도 위해성 관리를 어렵게 만드는 요인이 되고 있다. 이러한 어려움이 왜 미국의 해당관청에서 BPA의 제재조치에 머뭇거리는지를 설명하는데 도움이 될 것이다. 2011부터 FDA와 EPA는 BPA의 위해성 관리에 대한 조항들을 재조사하고 있다.

안전성 확보를 위한 두 가지 방편

물질에 대한 독성은 이를 측정하고 실험을 행할 때까지 잘 알 수 없고 여전히 실험이 필요한 화학물질들과 이들의 혼합체가 존재하기에 과학은 위해성 평가를 동반하는 많은 불확실성을 결코 제거하지 못할 것이다. 이러한 불확실성의 세계에서 물질의 안전성과 위험성을 구분짓는 두 가지 기본적인 철학적 접근방법이 있다(**그림 10.13**).

첫 번째가 화학물질에 대하여 그 유해성이 노출될 때까지 안전하다고 가정하는 것이다. 이를 소위 "무죄추정의 원칙(innocent-until-proven-guilt)"이라 한다. 모든 화학물질에 대한 철저한 검증

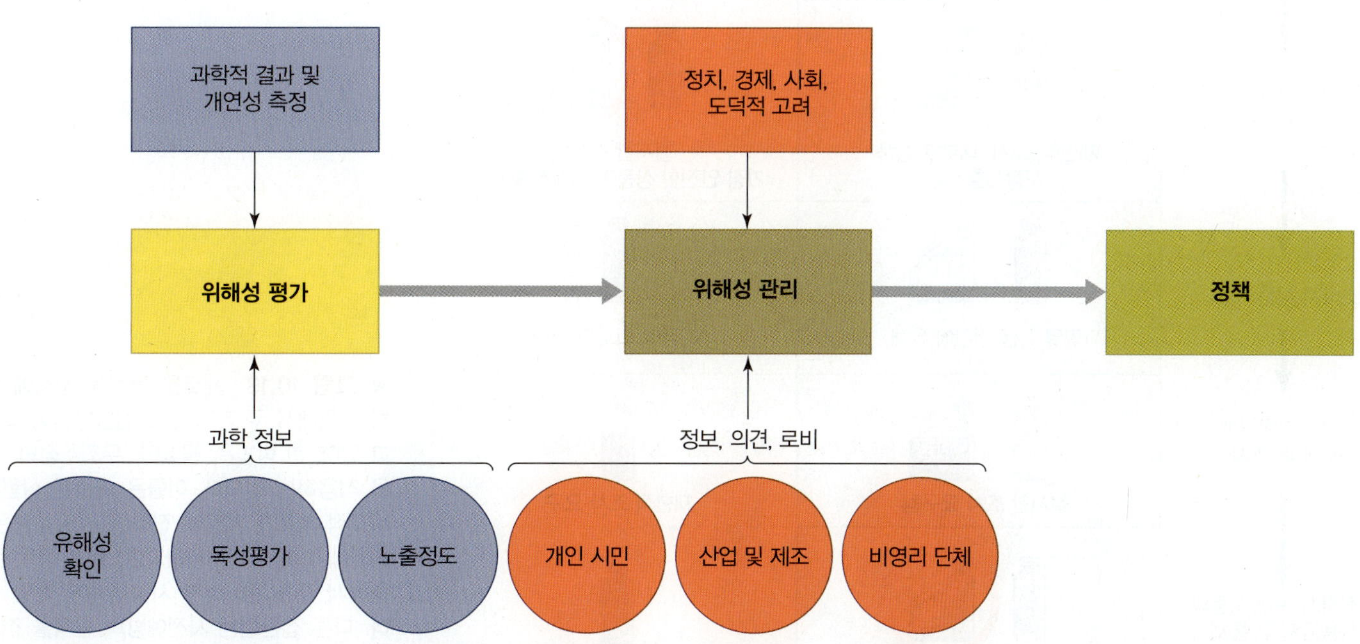

▲ **그림 10.12** 환경위해성에 대한 위해도를 진단하는 첫 번째 단계는 위해도를 정량화하고 이를 다른 위해성과 비교하는 과정이다. 일단 과학을 통해 위해성을 확인하고 진단하면, 위해성 관리를 진행할 수 있다. 이 과정에서는, 경제적, 정치적, 사회적 그리고 윤리적인 문제들이 위해성 평가로부터 도출된 과학적 자료에 비추어 고려된다. 이러한 모든 형태의 정보에 대한 숙고는 환경위해성에 대한 위해도를 최소화하는 정치적 결정으로 귀결되는 경향이 있다.

은 불행히도 매우 길고 복잡하며 큰 비용을 수반하는 작업이기에 이러한 "무죄추정의 원칙" 접근방법은 기술혁신과 경제활동을 수월하게 하는 장점이 있다. 그러나 후에 위험성이 노출될 수도 있는 물질에 대하여 과도한 사용을 조장할 수 있는 단점이 있다.

다른 접근방법은 물질에 유해성이 없다는 것이 밝혀질 때까지 유해하다고 보는 것이다. 이는 사전예방의 원칙(precautionary principle)을 따르는 것이다(7장 참조). 보다 신중한 이러한 접근방식은 물질이 환경에 노출되기 전에 그 유해성을 확인시켜 줄 수 있지만, 이 역시 기술적, 경제적 발전의 행보에 걸림돌로 작용할 수 있다.

이 두 가지 방식은 실제로 가능한 접근방식의 양 끝에 놓여 있다. 이 두 개의 방식은 주로 검증의 부담을 어느 곳에 둘 것인가에 따라 달라지는데, 이는 바로 제품의 안전성을 생산자가 입증하느냐, 아니면 제품의 위험성을 정부나 과학자, 시민이 입증하게 하느냐는 것이다.

> **WEIGHING 이슈**
>
> **사전예방원칙** 산업비평가들은 화학제조업자들이 제조물품들이 시장에서 히트하기 전, 이들의 안전성을 증명하기 위한 부담을 안아야 한다고 주장한다. 산업지지자들은 안전성연구에 대한 더 많은 부담들은 소비자가 요구하는 상품의 시장진입을 방해하여 가격상승을 유도할 것이라고 말한다. 당신의 생각은 어떠한가? 정부는 사전예방의 원칙을 따라 상품의 시장진입 전에 안전성 증명을 요구해야 하는가?

정책에 반영되는 철학적 접근

철학적 접근방식의 선택은 정책에 직접적인 영향을 미치고 있으며, 어떤 방식을 취할 것인지는 국가에 따라 다르다. EU는 예방적 원칙을 수용하는 정책과정을 채택한 반면, 미국은 대부분 무죄추정의 원칙 방식을 따르고 있다.

미국에서는 몇몇 정부기관들이 여러 법령 하에 합성물질의 유통 및 통제에 대한 책임을 맡고 있다. FDA에서는 1938년 최초로 제정된 법령에 의해 식품 및 식품부산물, 화장품, 약품, 의료장비 등을 관리하고 있다. EPA는 1947년의 법령 및 개정법령에 의해 농약을 관리하고 있다. 직업안전위생관리국(OSHA)에서는 1970년의 법령으로 작업장 유해물질을 관리하고 있다. 다른 몇몇 기관 역시 화학물질들을 관리하고 있다. 다른 법령의 지배를 받지 않고 있는 합성화학물질들은 1976년의 독성물질규제법령(TSCA)에 의해 관리되고 있다.

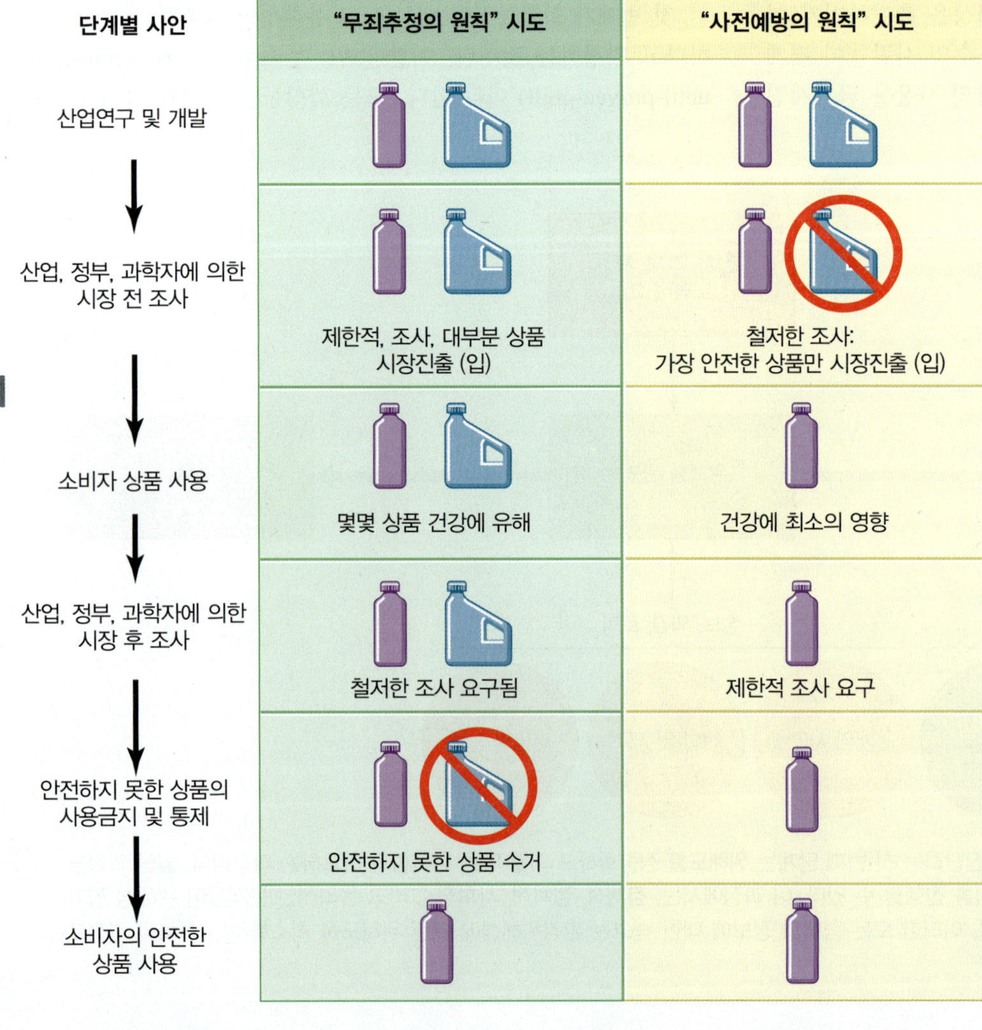

◀ **그림 10.13** 새로운 물질을 시장에 도입하기 위해서 두 가지 주요 접근방법이 고려되고 있다. 한 방법은, 물질이 "무죄추정의 원칙"을 적용하는 것이다. 이들은 제한된 실험직후 비교적 빠르게 시장에 진입한다. 생산품은 소비자에게 빠르게 도달하지만, 일부 품목은 (그림에서 푸른 병) 일부 사람들에게 해를 끼친다. 다른 접근법은 사전예방의 원칙을 적용하는 것으로, 철저한 실험을 거친 후에 조심스럽게 시장에 내놓는 것이다. 시장에 도달한 생산품들은 안전해야 한다. 그러나 철저하게 안전한 많은 물품(그림에서 자주색 병)들이 소비자에게 도달하는 시기는 늦춰질 것이다.

EPA 규제는 오직 부분적으로 유효

독성물질규제법령(Toxic Substances Control Act, TSCA)으로 인해 EPA는 PCB부터 납, 비스페놀 A에 이르기까지 미국에서 수입 또는 생산되는 약 83,000가지의 산업화학물질을 관리하고 있다. 법령에 따라 EPA는 이들 물질을 규제하며 위험성이 있다고 판단될 경우 사용을 금지시킬 수 있는 권한을 갖고 있다.

그러나 많은 대중건강 옹호론자들은 TSCA가 독성물질 관리가 느슨하다. 이들은 검사가 필요한 산업체에 대한 조사가 최소로 이루어지고 있으며, 또한 보다 의미있고 광범위한 실험을 실시하기 위하여 EPA는 화학물질에 대한 독성증거를 보여줘야 한다고 지적하고 있다. 말하자면, EPA는 진퇴양란(Catch-22)에 빠져있는 양상이다. 독성을 찾기 위한 연구를 감행하려면 사전에 독성이 있다는 것을 증명해야 하는 것이다. 그 결과로 대부분의 합성물질들은 철저한 검사가 수행되기도 전에 이미 시장에 나와 있다. TSCA의 관할 하에 있는 물질 중 단지 10%만이 철저한 독성실험을 거친 것이고, 2%만이 발암성과 유전독성, 기형발생성에 대한 실험이 이루어졌으며, 1% 미만이 규제되고 있고, 대부분의 물질은 내분기계나 신경계, 면역계 등에 대한 실험이 진행되지 않은 것으로 미국과학학술원은 보고하고 있다. 결과적으로 미국에서 시장에 진출한 제품들은 독성으로부터 자유롭지 못하며 따라서 소비자의 선택이 특히 중요한 몫이 되고 있다.

국제적 규제를 받는 독성물질

EU는 제조화학물질의 규제 및 검사에 대하여 세계에서 가장 엄격하게 하고 있다. 2007년에 EU의 **REACH 제도**가 실시에 들어갔다(*REACH*란 *R*egistration－등록, *E*valuation－평가, *A*uthorization－허가, *R*estriction of *Ch*emical－화학물질의 제한, 의 첫음을 따서 지은 말). REACH 제도는 화학물질의 안전성검사에 대한 부담을 대부분 정부에서 민간산업체로 이양하였으며, 연간 1톤이 넘는 화학물질의 수입 및 생산에 대하여 유럽화학물질관리청(ECHA)에 등록시킬 것을 요구하고 있다. 이로 인해 약 3만 종의 물질이 REACH의 요구를 따를 것으로 예상하고 있다. 2003년도에 실시한 영향평가에서 EU의 위원들은 REACH 제도에 의해서 화학회사와 취급자들이 11년에 걸쳐 38~70조가량의 미화를 지불할 것으로 내다봤으며, 반면에 이로 인한 건강상의 이익은 30년에 걸쳐 미화 약 670조 달러에 이를 것으로 전망했다. 그 이후 변화된 프로그램은 비용-편익의 예상비율이 더 높은 것으로 나타났다.

세계는 또한 국가간 무역에 의한 화학물질의 오염문제도 다루고 있다. 2004년, 스톡홀름 협약을 통하여 **잔류성 유기오염물질(Persistent Organic Pollutants, POPs)**에 대한 규제협약이 발효되었으며 현재 150여 개의 국가에서 이를 채택하고 있다. POPs는 환경에 잔류하는 독성물질로 먹이사슬을 통해 생물농축이 되며 먼 지역까지 이동하는 특성이 있다. 북극곰에서 발견되는 POPs와 기타 오염물질이 대표적인 사례이다. 오염물질은 종종 국경을 넘어 이동하므로 이에 대처하기 위한 국제협약이 필요하다. 스톡홀름협약은 처음엔 'dirty dozen'으로 알려진, 가장 위험하다고 판단된 12개의 POPs에 대한 사용 및 방출을 금지하는 것이 목적이었다. 협약에서는 이러한 물질의 사용을 규제하는 지침서를 규정하고 보다 안전한 대체물질로 전환할 것을 촉구하였다.

>> 결론

REACH나 스톡홀름협약과 같은 국제조약은 각 정부에서 독성물질이나 환경유해물질로부터 인간과 자연, 생태계를 보호하기 위한 조치의 한 예다. 그러나 이에 대한 해결책은 이러한 정부의 규제로부터 나오는 것만은 아니다. 소비자의 선택이 기업의 의사결정에 영향을 미치는 효과적인 방법이 될 수 있다. 플라스틱에서 농약, 화장품, 장난감에 이르기까지 소비자들이 제품의 독성과 관련하여 충분한 과학적 정보를 갖게 된다면 제조업체의 의사결정에 큰 영향을 줄 것이다. 일단 과학적 결과가 나오면 위해성 관리에 필요한 철학적 접근방식에 의해 적절한 정책적 결정이 이루어질 것이다.

검증에 대한 부담이 정부 또는 산업체 어디에 있건 간에 위해성에 대한 완벽한 과학적 지식을 기대할 수는 없다. 따라서 밝혀진 정보에 의지해 올바른 선택을 해야 할 것이다. 화학합성물질은 식량의 대량공급 및 수명연장으로 이어진 의료기술의 발달 등, 인간에게 셀 수 없는 편리함을 가져다주었다. 이들이 없는 삶은 상상하기 힘들 것이다. 그러나 좀 더 나은 미래, 즉 인간과 환경이 공존할 수 있는 풍요로운 세상을 위하여, 물질의 위해성을 정확히 파악하고 유해물질의 사용을 금지하며 좀 더 안전한 물질로 대체할 수 있도록 노력해야 할 것이다.

이해도 측정

1. 환경유해성의 네 가지 주요 요인은 무엇인가?
2. 질병은 어떻게 인간이 처한 가장 큰 유해요인이 되고 있는가? 환경보건전문가들은 질병이 인간의 건강에 영향을 끼치고 있는 방법을 알아내기 위하여 어떠한 상호연관성을 연구해야 하는가?
3. 납, 석면, 라돈, PBDEs 등에 대한 노출은 어느 곳에서 가장 심하게 발생하는가?
4. 이 장에서 열거한 독성물질의 일반적인 분류에 대하여 목록

을 작성하고 설명하시오.

5. 독성물질로부터 생물체들이 방어하고 있는 기작에 대하여 설명하시오.
6. 독성물질은 환경 내에서 어떻게 이동하고 있으며, 어느 장소에서 쉽게 발견되고 있는가? 생물축적과 생물농축의 과정을 비교하시오.
7. 역학조사란 무엇이며, 어떻게 실행되고 있는가?
8. 용량-반응곡선을 설명하시오. 높은 값의 LD_{50}은 낮은 값의 LD_{50}에 비해 안전하다고 고려되는 이유는 무엇인가?
9. 어떤 요인들이 독성물질에 대한 개인의 반응에 영향을 미치는가? 만성노출이 급성노출과 비교하여 이를 측정하고 진단하는데 더 어려운 이유는 무엇인가?
10. 과학자들은 어떻게 물질 또는 활성에 대한 위해성을 확인하고 평가하는가?

해법찾기

1. 실내에서 당신과 함께 공존하는 환경보건유해물질에 대하여 기술하시오. 당신은 과거 실내 또는 실외의 유해물질에 어떻게 영향을 받았다고 생각하는가? 앞으로 당신은 이러한 유해물질에 대하여 어떻게 최선의 대응을 할 수 있을 것인가?
2. 당신은 실험동물이 독성학을 위한 실험에 사용되어야 한다고 생각하는가? 이에 대한 당신의 찬반의견은?
3. 합성물질의 위험성에 대한 관리와 연구에 있어서 미국과 EU의 정책의 차이점을 기술하시오. 둘 중 어느 정책이 더 우수하다고 생각하는지 그 이유를 말하시오.
4. **생각해보기** 당신은 두 어린아이의 부모이며, 당신의 자녀들에게 노출된 환경보건을 최소화하기를 원하고 있다. 당신의 목적을 이루기 위하여 가정과 일상에서 취할 수 있는 5가지 단계를 열거하시오.
5. **생각해보기** 당신은 공공보건기관에서 근무하고 있으며 비스페놀 A에 대해서 대중들을 교육시킬 것과 이에 대한 폭로를 최소화시킬수 있도록 제안할 것을 요청받았다. 당신은 당신의 생활습관을 점검하는 것을 시작으로 BPA를 함유하고 있는 물품들에 대한 대안용품을 사용할 수 있는 수단들을 찾으려 한다. 당신의 일상에서 비스페놀 A에 노출되어 있는 것을 5가지 만들어보고, 이들 노출을 피하거나 최소화시킬수 있는 방법을 제시하시오. 이러한 노력에 더 많은 시간과 비용이 요구되는가? 이러한 변화를 수용하는 데 소요되는 비용은 얼마인가? 당신은 비스페놀 A에 관심이 있는 사람에게 이것이 인간의 건강과 연관되어 있다는 것에 대하여 무엇을 얘기할 것인가?

생태발자국 계산하기

미환경청 EPA가 농약의 사용에 대한 정보를 수집하여 보고한 최종년인 2001년, 미국민은 12억 파운드의 농약을 사용하였고, 세계적으로 50.5억 파운드의 농약을 사용하였다. 같은 해, 미국의 인구는 2억 8,500만이었고, 세계인구는 61.6억만 이었다. 농약은 해충을 구제하기 위해 농부와 정부, 산업체와 개인들이 사용하는 수백 가지의 화학물이다. 표 안에 2001년 기준 미국의 한 시민으로서 당신의 농약사용량을 계산하고, 세계의 평균적 시민으로서 사용한 양을 계산하라.

	연간 살충제 사용 (활성성분의 무게, 파운드)
당신	
학급	
주	
미국	12억 파운드
세계(전체)	50.5억 파운드
세계(일인당)	

1. 세계 일인당 사용량에 대한 당신의 연간 농약사용비율은 얼마인가?
2. 2007년, 미국시민과 세계의 평균시민의 생태발자국은 각각 8.0헥타르와 2.7헥타르(1장)을 기록했다. 농약사용비율을 생태발자국의 비율과 비교하라. 그 차이점은 무엇이고, 어떤 요인이 그 차이를 유발하고 있는가?
3. 미국시민의 일인당 평균 농약사용량이 당신은 개인적으로 합당하다고 생각하는가? 과연 이 표는 경각심을 불러일으키는가 아니면 관심 밖의 대상인가? 당신은 현재수준의 농약사용과 관련한 위해성을 평가하기 위해서 어떤 과정을 더 알아보고 싶은가?

11 지질학, 광물, 광업

이 장을 마치고 나서 할 수 있는 것들

- ▶ 지구 내부구조를 기술하고 지각 표면을 어떻게 형성하는지 설명
- ▶ 암석의 범주를 식별하고 암석의 순환이 어떻게 우리 주변의 풍경과 암석권을 형성하는지 설명
- ▶ 지질 재해의 주요 유형을 나열하고 그 영향을 완화하는 방법을 설명
- ▶ 광물 자원의 종류와 그것들이 우리의 제품과 사회에 어떻게 기여하는지 개요를 서술
- ▶ 채광의 주요 방법들을 기술
- ▶ 광업의 환경과 사회에 미치는 영향을 설명
- ▶ 복원노력과 광업정책 평가
- ▶ 광물 자원의 지속가능한 이용을 촉진하기 위한 방법을 평가

동부 콩고의 콜탄 광부들

중점 사례 연구

휴대전화 광산

"콩고 민주공화국 내의 갈등은 주로 5개의 주요 광물자원의 접근과 통제 및 무역에 관한 것이다: 콜탄(coltan), 다이아몬드, 구리, 코발트와 금."

—유엔 안전보장이사회 보고서, 2001년 4월

"콜탄 …은 지역민에게 도움이 되지 않는다. 사실 그것은 콩고의 저주다."

—아프리카 저널리스트 코피(Kofi Akosah-Sarpong)

미국의 대학 캠퍼스에서 한 학생이 주머니에서 휴대전화를 꺼내어 친구에게 전화를 건다. 그녀의 전화에는 탄탈럼(tantalum)이라고 불리는 거의 알려지지 않은 금속이 있는데 적은 양이지만 그것 없이 작동할 수 있는 휴대폰은 없다.

지구 반대편, 아프리카의 중심부에서 아주 가난한 광부가 탄탈럼이 포함된 콜탄 광석 덩어리를 얻기 위해 정글 강바닥의 퇴적물을 체로 거르며 하루 종일 힘들게 일하고 있다. 해질녘이 되면 그들이 살고 있는 누추한 광산 캠프에서 광부 자신의 가족을 위해 음식을 살 수 있을 만큼의 적은 양만을 남기고 대부분의 광석을 반군이 가져간다.

안타깝게도 탄탈럼은 우리의 그럴듯한 글로벌 하이테크 경제를 지구상에서 가장 심하게 망가진 지역의 하나와 연결하고 있다. 콩고민주공화국은 6개국과 다양한 반정부 민병대가 참여하는 커다란 분쟁에 휘말려 있다. 1998년부터 이 전쟁에서 500만 명 이상이 목숨을 잃고 있다. 그것은 천연자원—구리, 코발트, 금, 다이아몬드, 우라늄 그리고 목재—이 풍부한 나라가 가난하여 다른 나라 사람들에게 그 자원에 대한 통제를 상실하고 있는 민족의 슬픈 역사의 최근의 현상이다.

주기율표의 원소 번호 73(**부록 C**)인 탄탈럼(Ta)은 최근 분쟁의 중심에 있다. 우리는 휴대전화, 컴퓨터 칩, DVD 플레이어, 게임 콘솔, 디지털 카메라를 위해 이 금속에 의존하고 있다. 탄탈럼 분말은 고온에 대한 저항성이 높고 전기가 잘 통해 콘덴서(에너지를 축적하는 작은 회로 기판의 전류 제어 부품)에 적합하다.

탄탈럼은 탄탈라이트라 불리는 윤기 없는 검은 광물에서 유래되는데 탄탈라이트는 종종 콜럼바이트라는 광물에 존재한다. 그래서 광석은 콜럼바이트-탄탈라이트 또는 줄여서 콜탄으로 언급된다. 콩고 동부에서 남성들은 열대우림 강바닥의 분화구를 파서 캘리포니아 광부들이 금을 골라냈던 방법으로 콜탄을 접시질(panning; 모래나 분쇄된 광석 속에 섞여 있는 무거운 금속을 골라내는 방법)한다.

1990년대 후반에 정보 기술이 급성장한 바와 같이, 탄탈럼의 세계적인 수요는 상승하고 금속의 시장 가격은 2001년에 $500/kg($230/lb)까지 치솟았다. 높은 가격은 일부 콩고 남자들로 하여금 콜탄을 채굴하는 데 자원하도록 이끌었지만, 더 많은 사람들은 강제노동을 강요받았다.

1998년에 인접한 르완다, 우간다 군대의 지원을 받는 지역 민병대가 동부 콩고에 들끓었다. 농부들은 자기들의 땅에서 쫓겨났고, 마을들은 불탔으며, 민간인들은 공포에 떨었다. 각 군의 병사는 채굴작업 통제권을 장악했다. 그들은 농부, 난민, 포로, 그리고 아이들이 일하도록 강요하고 병사들은 사람들이 채굴한 콜탄으로부터의 이익을 부당하게 취했다. 아이들과 교사들은 학교를 포기하고 광산에서 일을 했다. 이 혼란으로 광부들과 군인들이 국립 공원으로 몰려 들었을 때, 둥근귀코끼리, 하마, 멸종위기에 처한 고릴라, 그리고 오카피, 기린의 희귀종을 포함한 야생 생물들을 식용으로 죽이고 열대우림을 없애는 생태계 교란을 야기시켰다.

반역자, 군인, 그리고 도둑들이 유럽과 미국의 회사에 콜탄을 판매하는 상인들에게 콜탄을 팔아 자신들의 부를 축적하는 동안 대부분의 광부들은 거의 빈곤을 면치 못하였다. 이들 기업은 탄탈럼 분말을 정제하여 노키아, 모토로라, 소니, 인텔, 컴팩, 델 및 기타 하이테크 기업과 같은 콘덴서 제조업자들에게 판매했다.

2001년 유엔안전보장이사회의 위탁을 받은 전문가 패널은 콜탄의 부가가치가 자금 조달에 기여하며 전쟁을 연장시켰다고 결론 지었다. 패널은 콩고에서 밀수되고 인근 주변국에서 수출된 콜탄 및 다른 광물들의 통상 금지령을 UN에 촉구했다. 민간 활동가의 운동은 "피 섞인 휴대폰을 원치 않는다!"는 슬로건을 이끌어냈다.

소니, 노키아, 에릭슨, 그리고 다른 기업들은 소비자들에게 동부 콩고의 탄탈럼을 사용하고 있지 않다는 것을 확인받기 위해 서둘렀고 실제로 동부 콩고는 세계 공급의 10% 미만을 생산하는 중이었다. 한편 일부 관계자들은 통상 금지령이 오랫동안 시달려온 콩고인들을 돕는 것이 아니라 해칠 수 있다고 느꼈다. 광산생활은 비참할지도 모르지만, 그것은 평균 소득이 20센트인 곳의 대부분의 다른 일보다 더 나은 보수를 지불했다.

그러나 곧 하이테크 붐이 가라앉았고, 탄탈럼의 세계적인 수요는 감소했다. 원인은 호주와 몇몇 다른 국가들이 탄탈라이트 채굴의 산업화의 촉진으로 발생했다. 공급량이 수요를 초과해, 탄탈럼의 시장가격이 하락하였고 몇몇 주요 생산자들은 탄탈럼 채굴을 중지했다. 그러나 여러 국가들이 그들의 비축량을 통해 2010년까지 영향을 끼치기 시작했고, 수요를 증가시켜 다시 가격을 끌어올렸다.

오늘날, 외국군은 콩고에서 나갔지만, 내부의 파벌들은 여전히 이러한 자원들 위에서 맹렬하게 싸우고 수천 명의 사람이 죽거나 그들의 집에서 도망가는 현상이 발생하고 있다. 서부 전자회사들은 일부러 콩고에서 탄탈럼을 구입하는 것을 피하고 있지만 결과적으로 탄탈럼의 많은 양이 중국으로 팔려나가고 있다. 2010년에 미국 의회는 금융개혁 법안에 전자회사들이 판매하는 제품에 들어간 탄탈럼의 원산지를 보고하는 것을 모든 전자 회사에 요구하는 수정안을 포함시켰다. 하지만 무역은 매우 많은 중간업자들이 있고 그들의 탄탈럼이 실제로 어디서 왔는지 회사들이 식별하기 매우 힘든 투명성을 내포하고 있다.

그 동안, 일부 콩고 남자들은 다른 사람들이 주석, 구리, 코발트를 채굴하는 동안 콜탄 광산으로 돌아오고 있다. 이러한 이야기들을 포함해 많은 부유한 국가에서 매일 우리의 제품에 사용하기 위한 다른 "분쟁 광물"들의 유사한 이야기들이 발생하고 있다. ■

지질학: 환경과학에 대한 물리적 기초

어떻게 지구의 표면 아래에서 원료를 추출하여, 우리의 일상 생활에서 사용하는 제품으로 바꾸는지에 대한 일례를 콜탄은 제공한다. 지구에서 자원을 채굴하는 것이 환경에 미치는 영향, 그리고 생태계 교란이 상대적으로 적은 방법으로 광물을 채굴하는 많은 방법들을 이해하기 위해서는 먼저 지구를 형성하는 일부 물리적 과정의 지식을 필요로 한다.

우리의 지구는 동적이며, 이것은 지구의 물리적 특성, 과정 및 역사에 대한 연구를 하는 **지질학(geology)**에 동기부여를 한다. 인간의 일생은 지질연대의 긴 과정에서 단지 눈 깜짝할 새에 지나지 않고, 인간이 경험한 지구는 변화하는 행성의 긴 역사에서 단지 하나의 스냅샷이다. 우리는 지각의 판 구조론과 바위의 순환이라는 지질학에서 중요한 근본적인 두 가지 프로세스를 고려함으로써 장기적인 지각운동을 파악할 수 있다.

지구는 층으로 구성되어 있다

대부분의 지질학적 과정은 지구표면 근처에서 이루어지지만 우리의 행성은 여러 층으로 구성되어 있다(**그림 11.1**). 지구의 중심에는 대부분이 철로 이루어져 있고 고체상태의 외핵과 용융상태의 내핵으로 이루어진 중핵체가 있다. **핵(core)**의 주위는 밀도가 높고 탄성 있는 바위로 **맨틀(mantle)**이라 불리는 두꺼운 층이다. **암류권**(asthenosphere)이라 불리는 맨틀 상층부의 일부는 특히 어떤 지역에서는 녹은 부드러운 돌을 포함하고 있다. 암류권 위 더 단단한 바위는 **암석권(lithosphere)**이다. 암석권은 최상부 맨틀과 지구 표면을 덮는 얇고 부서지기 쉬운 저밀도의 층인 지각(crust)을 포함한다. 지구 내부의 강렬한 열은 거대한 컨베이어 벨트 시스템과 같이 맨틀의 부드러운 암석을 주기적으로 위쪽으로(더워질 때) 아래쪽으로(차가워질 때) 밀어내며 맨틀의 순환을 일으킨다. 맨틀 물질이 이동하면서 암석권의 표면을 따라 암석권의 큰 판을 끌어당긴다. 암석권 판의 움직임은 **판 구조론(plate teetonics)**으로 알려져 있으며, 지구지각운동의 대단히 중요한 과정으로 알려져 있다.

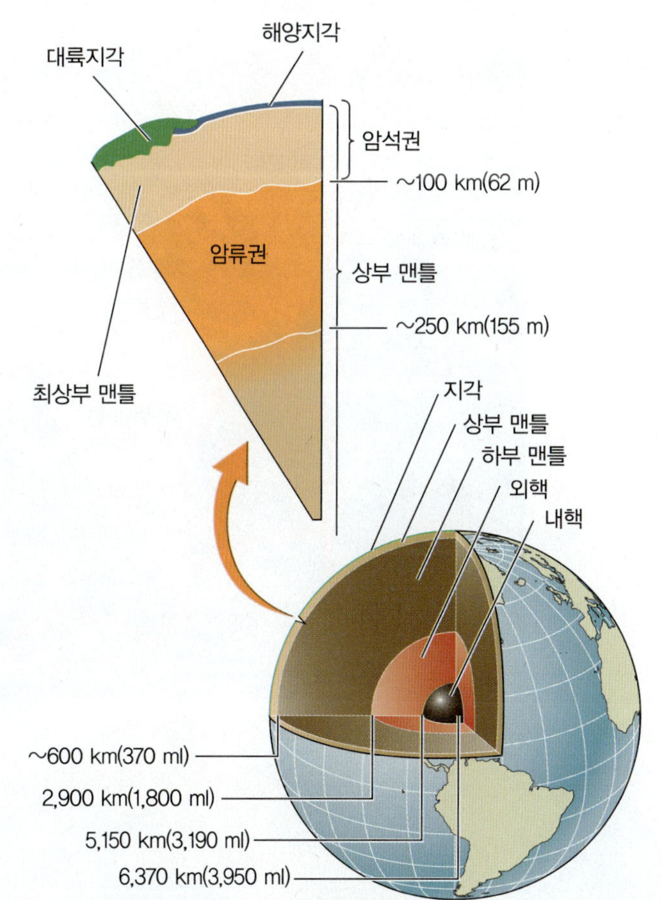

그림 11.1 지구의 3가지 주요 층(핵, 맨틀, 지각)이 그들 스스로 층을 이루고 있다. 고체 철의 내핵은 용융된 철의 외핵으로 둘러싸여 있으며 바위로 된 맨틀은 위쪽 가장자리 근처의 용융된 암석권이 포함되어 있다. 지구의 표면에서 밀도가 높고 얇은 해양 지각은 가볍고 두꺼운 대륙 지각에 인접해 있다. 암석권은 지각과 암류권 위의 상부 맨틀로 이루어져 있다.

판 구조는 지구의 지형을 형성한다

지구 표면은 서로 퍼즐조각처럼 맞춰져 있는 약 15개의 주요 판 구조들로 이루어져 있다(**그림 11.2**). 오렌지 껍질을 벗기고 조각들을 과일 위에 다시 채우는 것을 상상해 본다면 채워진 불규칙한 조각들은 지구 표면을 타고 다니는 판과 같은 것이다. 그러나 판은 지구의 크기에 비해 얇아 사과의 껍질에 더 가깝다. 이 판들은 연간 약 2~15 cm(1~6 in)의 속도로 이동한다. 이 느린 움직임은 지구의 기후와 대륙들이 붙고 분리하고 다시 붙는 등의 다양한 배열을 통하여 생물의 진화에 영향을 끼쳐왔다. 전 세계의 고대 암석 형성과정을 연구함으로써 지질학자들은 적어도 두 번 모든 육지들이 접합해 초대륙을 이뤘던 것을 밝혀냈다. 과학자들은 약 225만 년 전에 발생한 초대륙에 판게아(Pangaea)라는 별칭을 붙였다(그림 11.2 참조).

세 가지 유형의 판 경계가 있다

판 사이의 경계에서 발생하는 작용은 큰 결과를 가져온다. 우리는 판 경계를 세 종류로 분류할 수 있다.

판이 갈라지는 경계(divergent plate boundary)에서 구조 판들은 **마그마(magma**; 용융 액체 상태로 가열한 암석)가 표면 위로 올라올 때 서로 밀어내고 그것이 식을 때 새로운 지각을 만든다(**그림 11.3a**). 예로는 중앙 대서양 해령으로 북극해에서 대서양의 아프리카 남단에까지 펼쳐지는 16,000 km(10,000 mi) 판 경계이다.

두 판이 만나는 경우에 판들은 서로 나란히 미끄러지고 갈리며 **변환 단층 경계(transform plate boundary)**를 형성한다(**그림 11.3b**). 이 움직임은 주향 이동 단층을 따라 지진(11장)을 발생시키는 마찰을 생성한다. 단층(fault)은 지각의 균열이며, 주향

▲ **그림 11.2** 지구의 지각은 판구조론의 작용으로 매우 천천히 움직이는 약 15개의 주요 판으로 이루어져 있다. 오늘날의 대륙들은 약 225만 년 전에 판게아(왼쪽)에 접합되었다.

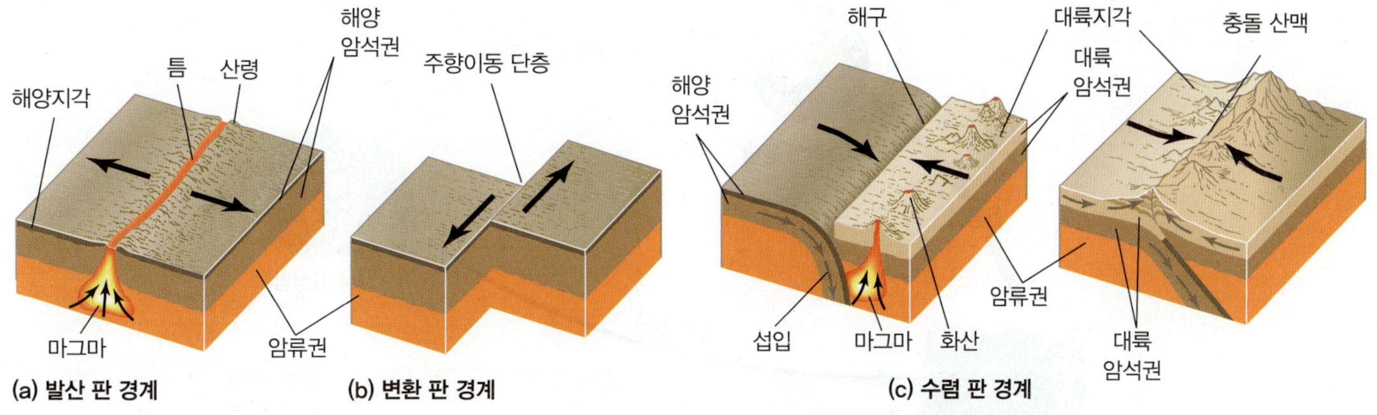

▲ **그림 11.3** 구조 판 사이 경계의 다양한 타입은 다양한 지질학적 과정을 생성한다. 발산 판 경계의 해저 위의 중앙 해령 (a)에서 두 판이 서서히 컨베이어 벨트 방식으로 경계를 이동하고 지각 아래로부터의 마그마가 용암으로서 밀려 올라간다. 변환 판층 경계에서(b) 두 판이 지진으로 이어지는 마찰을 만들고 서로 나란히 민다. 수렴 판 경계에서(c) 한 판이 화산 활동으로 이어질 다른 판 아래로 들어간다. 두 판에서 대륙 지각이 충돌하면 바위 조임이 산맥을 형성할 수 있다.

이동 단층에서 각 대륙의 반대 방향으로 수평 이동한다. 태평양판과 북아메리카 판은 캘리포니아의 산 안드레아스 단층을 따라 서로를 문지른다. 남부 캘리포니아에서 천천히 이 단층을 따라 북캘리포니아를 향해 조금씩 움직이며, 로스앤젤레스의 위치는 궁극적으로 샌프란시스코에 도달할 것이다.

판이 수렴판 경계(convergent plate boundary)에서 충돌하면 두 가지 결과 중 하나가 일어날 수 있다(**그림 11.3c**). 첫 번째 경우는 하나의 판이 '**섭입(subduction)**'이라고 불리는 과정에서 다른 판 아래로 미끄러져 들어갈 수 있다. 섭입된 판은 맨틀 속으로 들어가면서 달궈지고 압력을 받으며, 수증기가 떠오른 판의 용융을 도우며 빠져나간다(용융점을 낮추며). 용암이 상승하며 화산의 표면을 통해 분출할 수 있다(11장).

해양 지각은 대륙 지각보다 밀도가 높기 때문에, 섭입 영역에서 해양 지각은 이로 인해 해안선과 평행한 일련의 화산이 형성된다. 워싱턴의 세인트 헬렌 산에 위치한 캐스케이드(Cascades; 13장)는 1980년에 격렬하게 분화하고 2004년에 그 활동을 다시 시작했으며 섭입에 의한 마그마로 채워진다. 남미의 안데스 산맥(나스카 판이 남아메리카 판 아래로 섭입되는 곳에 위치한)은 다른 예를 제공한다. 한 해양 지각 판이 다른 해양 지각 판 아래로 섭입될 때, 화산활동의 결과로 일본과 알류샨과 같은 호 형태의 섬들을 형성한다. 이것은 또한 마리아나 해구와 같은 지구의 가장 깊은 심연 같은 깊은 도랑을 만들 수 있다.

대신, 두 대륙 지각이 충돌할 때에는 이 충돌로 융기가 이루어질 수 있다. 세계에서 가장 높은 산맥인 히말라야는 40~50만년 전부터 시작된 인도-오스트레일리아 판과 유라시아 판의 충돌 결과이며 산맥은 오늘날에도 판들의 수렴으로 융기하고 있다. 세계에서 가장 높은 산맥 중 하나인 미국 동부의 애팔래치아 산맥은 이보다도 훨씬 고대에 아프리카 판의 가장자리의 충돌로부터 생겨났다.

판 구조는 지구의 지형을 생성한다

이러한 방법으로 산맥을 형성하는 판 구조의 과정은 대륙, 섬, 해양의 지질을 형성하고 화산과 지진이 활동하게 한다. 콩고 동부의 콜탄 광산 지역은 아프리카 판이 스스로 천천히 멀리 당기고 있는 아프리카의 그레이트 리프트 밸리 시스템의 서쪽 가장자리를 따라 위치하고 있다. 세계에서 가장 큰 호수들 중 일부는 킬리만자로 산과 같은 화산들의 아래 거대한 협곡 바닥에 형성되어 왔다.

결국, 지각과정에 의해 생성된 지형은 서식지가 다른 동물들과 식물들의 적응능, 침식과 풍화에 영향을 미치는 강수, 바람, 해류, 가열 및 냉각과 같은 변화무쌍한 환경의 변화에 의하여 기후를 형성한다. 따라서 판 구조론은 생물 군계의 위치에 영향을 미친다(4장). 또한 구조론은 생명의 진화의 역사에 영향을 미쳤다. 예를 들어, 초대륙에서 땅덩어리의 융합은 종이 풍부한 해안 지역의 범위를 제한하고 극단적인 기온 변화로 대륙의 내부가 건조해져 넓은 지역에서 멸종이 일어나는 데에 도움이 됐다고 생각된다.

지난 수십 년간 과학자들은 근본적으로 중요한 환경 시스템인 판 구조론이 반세기 전까지만 해도 인류에겐 전혀 알려져 있지 않았다는 것을 깨달았다. 놀랍게도, 지질학자들이 이렇게 우리 바로 발 아래의 땅 움직임에 대해 설명하던 때에 다른 한편에서는 사람들을 달로 보내고 있었다.

암석의 순환은 암석의 질을 바꾼다

우리는 바위를 꽤 단단한 것으로 생각하는 경향이 있다. 그러나 장기적으로, 지질학적 시간이 지나면, 바위와 이를 구성하는 광물이 **암석의 순환(rock cycle)**이라 불리는 매우 느린 과정을 통해 가열, 용해, 냉각, 분해, 재조립된다(**그림 11.4**).

◀ **그림 11.4** 암석의 순환에서, 화성암**(a)**은 암석이 녹아 마그마 또는 용암이 되고 이것들이 식으면서 형성된다. 퇴적암**(b)**은 바위가 풍화 침식될 때 형성되고, 그 결과 퇴적물이 새로운 바위를 형성하기 위해 압축된다. 변성암**(c)**은 암석이 지하에서 극심한 열과 압력을 받을 때 형성된다. 이러한 과정들을 거쳐(다른 색의 화살표로 나타낸), 암석의 각 유형은 다른 두 가지 유형 중 하나로 전환될 수 있다.

암석(rock)은 광물의 고형 집합체이다. 차례로, **광물(mineral)**은 자연적으로 발생하는 고체 원소나 결정 구조, 특정 화학 조성 및 물성을 가진 무기 화합물이다. 특정 지역에서 바위의 종류는 토양 특성에 영향을 줌으로써 지역의 식물 군집에 영향을 미친다. 암석의 순환을 이해하면 우리는 토양, 광물 자원, 화석 연료 및 기타 천연 자원의 형성과 보존에 더 많은 감사를 하게 된다.

화성암 모든 암석이 녹을 수 있다. 충분히 높은 온도에서, **마그마(magma)**라고 불리는 용융 액체 상태가 된다. 마그마가 지각을 통해 방출되는 경우(화산 폭발을 통해), 마그마가 **용암(lava)**으로 지표면을 따라 흐르거나 튈 것이다. 마그마 또는 용암이 냉각되어 형성된 암석을 **화성암(igneous rock**; "불"을 뜻하는 라틴어 *ignis*에서 유래)이라 부른다(**그림 11.4a**).

퇴적암 모든 노출된 암석은 시간이 지남에 따라 풍화된다. 바람, 물, 냉각, 해동의 끊임없는 힘이 작은 알갱이(또는 큰 덩어리)를 잇달아 암석에서 떼어 낸다. 풍화(7장)와 침식(7장)을 통해 암석의 입자들은 바람에 날리고 물에 씻겨 비탈 아래, 하류, 하강기류를 따라 쌓이게 되어 **퇴적물(sediments)**을 형성하게 된다. 또한 일부 퇴적물은 물리적 침식이나 암석의 입자들의 축적으로 형성되는 것이 아니라 화학적 용액으로부터 물질의 침전으로 형성된다. 침전물 층은 쌓이는 층이 많아짐에 따라 무게와 압력이 증가해 시간이 지남에 따라 축적된다. **퇴적암(sedimentary rock; 그림 11.4b)**은 침전물들이 서로 물리적인 압력을 받거나, 용해된 광물 입자들이 결합한 풀의 일종으로 침전물 사이로 배어나와 형성된다.

퇴적층의 물리적 압축 및 화학적 변환의 과정은 유기체의 화석(3장)과 우리가 사용하는 화석연료를 만들 수 있다(15장). 퇴적층 또는 단층은 시간 순서대로 쌓이기 때문에, 지질학자와 고생물학자들은 퇴적암에서 발견된 화석에 상대적인 날짜를 지정할 수 있다. 퇴적암에서 증거를 연구함으로써, 과학자들은 지구의 역사에 대한 추론을 할 수 있다.

변성암 지질학적 힘은 암석을 휘게 하고 부상, 압축시키고 늘릴 수 있다. 암석이 큰 열 또는 압력을 받는 경우, 그것은 암석의 형태를 변화시켜 **변성암(metamorphic rock;** 그리스어로 "변경된 양식")으로 바뀐다(**그림 11.4c**). 바위를 변성시키는 힘은 보통 깊은 지하에서 발생하는데, 암석의 녹는점보다는 낮지만 외형이나

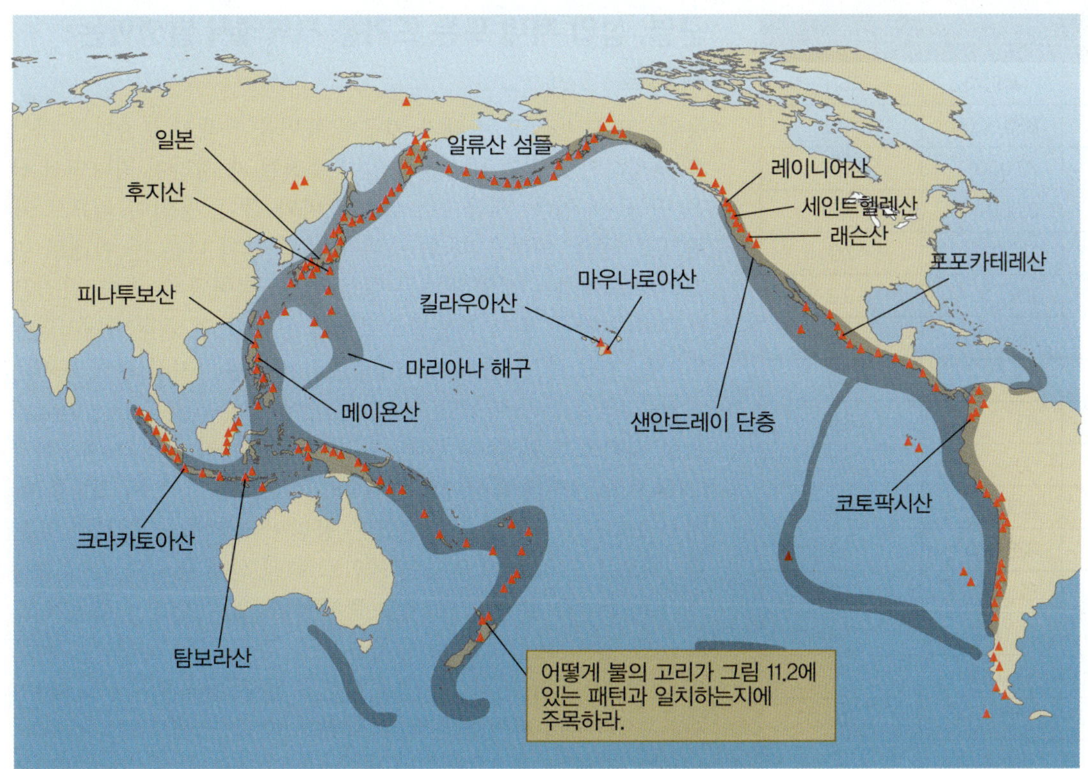

◀ **그림 11.5** 지구의 화산과 지진의 대부분은 섭입지대와 다른 판의 경계들이 태평양을 따라 원을 형성하고 있는 환태평양 벨트, 또는 "불의 고리"를 따라 발생한다. 이 지도에서 빨간색 표시는 주요 화산을 나타내고 회색 음영 부분은 최대의 지진 위험 지역을 나타내고 있다. 그림 11.2에 나와 있는 구조 판의 경계에서 이러한 위험의 분포를 비교하라.

물리적 특성을 바꿀 수 있는 충분한 온도에서 일어난다.

지질 및 자연재해

판 구조는 우리의 행성을 형성하는 창조적인 힘을 발생시키지만, 지각 운동의 결과 중 일부는 우리에게 위험을 초래할 수 있다. 지진이나 화산폭발은 **지질 재해**(geologic hazard)의 예시이다. 우리는 소위 "불의 고리"라고 불리는 **환태평양 지대**(circum-Pacific belt)를 조사함으로써 지각운동과 자연재해가 어떻게 지각과정에 연관되는지 볼 수 있다(**그림 11.5**). 열의 아홉의 지진과 절반이 넘는 세계의 화산들은 40,000 km(25,000 mile)에 달하는 섭입 지대의 호와 단층계를 따라 발생한다.

지진은 판 경계와 단층의 움직임에서 발생한다

지각판의 경계지역 또는 다른 장소에서 지각의 **균열**(fault)에 의하여 지표면이 갈라지며, 이런 활동에 의한 반복적인 폭발은 지각의 압력을 감소시킨다. 각 에너지의 방출은 우리가 아는 **지진(earthquake)**을 야기시킨다. 대부분의 지진은 느낄 수 없을 정도로 미미하지만 때때로 인간의 생명과 재산에 막대한 손해를 입힐 정도로 강력하다(**그림 11.6**, **표 11.1**). 일반적으로 토양이 느슨하거나 물로 포화되어 있는 곳에서 손상이 가장 크다. 매립지 위에 건설된 도시지역은 특히 영향을 받기 쉽다.

지진에 의한 피해를 최소화하기 위해, 엔지니어들은 흔들림으로부터 건물을 보호하는 방법을 개발했다. 그들은 건축요소를 강화함과 동시에 건축물이 땅의 움직임과 같이 움직이고 피해없이 흔들리게 디자인했다. 유연한 나무 줄기가 폭풍 속에서 구부러지는 것과 같이 유연성을 지닌 빌딩은 지진의 격렬한 흔들림에서도 좀 더 견뎌낼 수 있다. 이러한 설계는 캘리포니아, 일본 및 기타 지진이 발생하기 쉬운 영역에서 새로운 건축 기준의 중요한 부분이며 많은 노후화된 건물들이 이 코드에 맞춰 개량되고 있다.

▼ **그림 11.6** 2010년 아이티의 지진이 포르토 프랭스(Port-au-Prince)의 수도를 파괴하고 23만 명으로 추정되는 사람들이 사망했다. 사망자가 많은 이유 중 하나는 아이티의 건물 대부분이 지진에 견딜 수 있도록 구축되어 있지 않았다는 것이다. 2011년 초 이보다 더 강한 지진으로 인한 일본의 구조적 피해는 더 엄격한 내진성 건축 기준으로 인해 아이티의 피해보다 더 적었다.

표 11.1 대규모 또는 최근 지진의 예

지역	연도	사망자	크기[1]
샨시지방, 중국	1556	830,000	~8
리스본, 포르투갈	1755	70,000[2]	8.7
샌프란시스코, 캘리포니아	1906	3,000	7.8
관토, 일본	1923	143,000	7.9
앵커리지, 알래스카	1964	128[2]	9.2
탕샨, 중국	1976	255,000+	7.5
미초아칸, 멕시코	1985	9,500	8.0
로마프리에타, 캘리포니아	1989	63	6.9
노쓰리지, 캘리포니아	1994	60	6.7
고베, 일본	1995	5,502	6.9
북부 수마트라	2004	228,000[2]	9.1
카쉬미르, 파키스탄	2005	86,000	7.6
쓰촨지방, 중국	2008	50,000+	7.9
포트어프린스, 하이티	2010	236,000	7.0
마울레, 칠레	2010	500	8.8
토호쿠, 일본	2011	23,600[2,3]	9.0

[1] 순간 크기로 측정; 각 단위는 이전의 단위보다 대략 32배 강력함.
[2] 쓰나미 사망자 포함.
[3] 실종 및 사망추정 사람들 포함.

균열, 섭입 지대 또는 뜨거운 지역에서 발생하는 화산들

용암, 고온 가스 또는 재가 지구의 표면을 통해서 분출하면 화산을 형성하고 그것은 냉각된 용암이 축적될 때 시간이 지나면서 산을 만들 수 있다. 지금까지 살펴본 바와 같이, 용암이 리프트 계곡으로, 중앙 해령을 따라, 또는 하나의 판이 다른 판 아래로 미끄러져 들어가는 섭입 지대를 형성하도록 밀어낼 수 있다. 용암은 맨틀이 지각을 뚫고 분출함으로부터 용융된 암석의 마개지역에 위치한 "핫스팟"을 통해서도 내뿜어질 수 있다. 지각 판이 뜨거운 지역을 가로 질러 이동할 때, 이 근원에서 반복된 분화는 화산의 선형 시리즈를 만들 수 있다. 하와이 제도는 이 과정의 예시이다(**그림 11.7a**). 몇몇 화산에서는 하와이의 킬라우에아 산(**그림 11.7b**)처럼 1983년부터 계속 분출해온 용암이 내리막을 천천히 흐른다. 때로는 1980년에 있었던 세인트 헬렌 산의 분출과 같이 갑작스러운 폭발로 많은 양의 재를 뿜어낼 수 있다(13장). 유독가스, 화산재, 암석 파편 등으로 뭉쳐진 구름 같은 화산 쇄설류는 빠르게 언덕을 내려오면서 그 길에 있던 모든 것들을 뒤덮기도 한다. 서기 79년 베수비어스 산이 폭발했을 때 **화산 쇄설류**(pyroclastic flow)로 인해 로마 고대 도시인 폼페이(Pompeii)와 허큘레니움(Herculaneum)의 주민들이 매몰되는 대참사가 있었다.

화산폭발은 환경에도 영향을 미친다(**표 11.2**). 재는 햇빛을 가리고 황 기체는 황산 연무를 발생시켜 열 복사를 막으며 대기를 식힌다. 대폭발—1991년 필리핀 피나투보(Pinatubo) 산과 같은—은 세계의 온도를 저하시킨다. 1815년 인도네시아의 탐보라

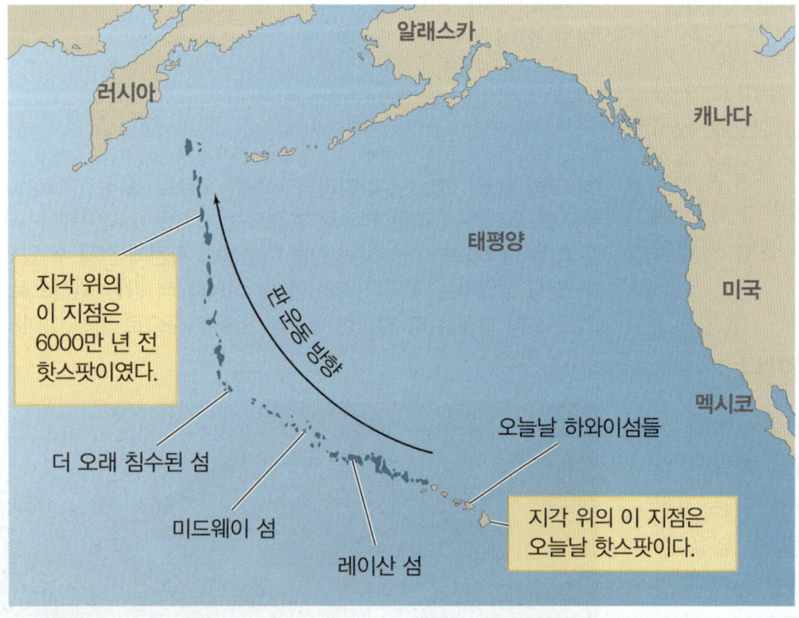

(a) 현재 그리고 이전의 화산의 하와이섬들, 화산의 열지점 위를 지각이 움직일 때 형성된다

(b) 킬라우에아 화산의 분출

▲ **그림 11.7** 하와이 제도(**a**)는 태평양 판이 핫스팟 위를 통과할 때 맨틀 속 마그마의 핫스팟에서의 반복 분화에 의해 형성되어 왔다. 하와이 빅아일랜드 섬은 가장 최근에 형성되고, 여전히 화산 활동 중이다. 다른 섬은 오래되고 이미 침식되기 시작했다. 기존의 섬들은 북서쪽으로 뻗어 있고 물속에 잠겼다. 미래에 새로운 섬은 어느 날 지금의 하와이 빅아일랜드 섬의 남동쪽 바다에서 떠오를 것이다. 하와이 빅아일랜드 섬의 남동해에 있는 활화산 킬라우에아(**b**)는 현재 핫스팟 가장자리 위에 떠 있는 하와이의 막내 화산이다.

표 11.2 주목할 만한 화산폭발의 예			
위치	연도	영향	크기
옐로스톤 칼데라, 와이오밍, 미국	640,000 B.P.[1]	옐로스톤 국립공원에서 가장 최근의 마그마 분출	8
마즈나 산, 오리건 미국	6,870 B.P.	크레이터 호수 생성	7
베수비우스 산, 이탈리아	A.D. 79	폼페이와 허큘레이넘이 묻힘	5
탬보라 산, 인도네시아	1815	"여름이 없는 해" 생성; 70,000명이 사망	7
크라카타우, 인도네시아	1883	36,000명 사망 5,000 km(3,000 mi) 떨어진 곳에서도 들림; 날씨에 5년 동안 영향	6
세인트헬렌 산, 워싱톤, 미국	1980	폭발하여 산 정상이 사라짐; 화산재가 하늘 19 km(12 mi)까지, 미국 11개주에 보내고; 57명 사망	5
킬라우에아, 하와이	1983~현재	계속적인 용암의 흐름	1
피나투보 산, 필리핀	1991	황산 에어로졸이 세계의 온도를 0.5℃(0.9℉) 낮춤	6
에이야퀴알라조쿨, 아이슬란드	2010	구름이 대기를 혼란시키고 유럽까지 날아감	1

[1]B.P. = years before the present.
[2]Measured by the Volcanic Explosivity Index, which ranges from 0 (least powerful) to 8 (most powerful).

(Tambora) 산이 폭발했을 때, 전세계적 흉작의 원인이 될 만큼 다음 해 내내 지구를 식히기에 충분했고 1816년을 "여름이 없는 해"로 만들었다.

산사태는 대량 손실의 한 형태이다

화산과 지진보다 작은 규모에서 **산사태(landslide)**는 많은 양의 바위나 토양이 붕괴하는 현상이 발생한다. 산사태는 심각하고 종종 갑자기 발생하며 **대량 손실(mass wasting)**의 좀 더 일반적인 현상의 징후이며 중력에 의한 토양과 암석의 내리막 운동이다. 대량 파괴는 자연적으로 발생하지만, 토양을 드러내는 인간의 토지 이용 관행에 의해 종종 사면이 붕괴되기 쉬운 현상을 초래된다. 호우는 토양을 흠뻑 적시고 토양, 암석, 물의 이류(mudslide)를 촉발시킬 수 있다.

대부분의 경우 대량 손실은 불안정한 비탈에서 구조물 재산을 손상시키며 침식시킨다(**그림 11.8**). 경우에 따라서는 대량 손실은 거대하고 치명적일 수 있다. 1998년에 니카라과와 온두라스에서 발생한 허리케인 밋치(Mitch)의 심각한 호우로 발생한 이류는 11,000명이 넘는 사망자를 냈다. 화산 폭발이 눈을 녹이고 언덕 아래로 흘려 보낸 많은 양의 불안정한 진흙은 라하르(lahars; 화산재 이류)라 불리며, 특히 위험하다. 1985년 콜롬비아에서는 화산 폭발에 뒤이은 라하르가 21,000명의 사망자를 내며 아메로의 마을 전체를 뒤덮고 21,000명의 사망자를 발생시켰다.

쓰나미는 지진, 화산 또는 산사태가 뒤따를 수 있다

지진, 화산 폭발, 큰 해안 산사태는 모두 즉시 해수의 방대한 양을 이동시켜 바다 건너 수천 마일을 이동할 수 있는 해일과 거대한 파도 또는 너울을 촉발할 수 있다. 2004년 12월 26일에 수마트라에서 발생한 지진이 거대한 **쓰나미(tsunami)**를 촉발시켰고 인도네시아로부터 인도 및 아프리카에 이르는 모든 인도양 해안선이 황폐화된 재해에 전 세계의 이목이 쏠렸다. 대략 230,000명이 죽고 1~200만 명이 실종됐으며 전체 지역 사회가 파괴되었다.

또한 최근에 지진으로 발생한 해일은 2011년 3월 11일 일본의 동북 지방의 대부분을 황폐화시켰다(**그림 11.9**). 쓰나미와 지진은 23,000명 이상의 사람을 죽였고, 3천억 달러 이상의 경제적 영향을 끼쳤으며 후쿠시마 원전에서의 방사능 물질 방출의 원인이 되었다(16장).

▼ **그림 11.8** 산사태는 특히 강한 비가 토양을 포화시킨 후, 캘리포니아의 해안 경사 지역에서 자주 발생한다. 이러한 라구나 비치, 오렌지 카운티의 경사면에 지어진 주택들은 특히 겨울 폭우가 토양을 포화시킨 후, 캘리포니아의 해안 지역 경사에서 자주 발생한다. 이러한 라구나 비치, 오렌지 카운티의 이 같은 불안정한 경사면에 지어진 주택은 경사가 무너질 때 손상되거나 파괴될 수 있다.

◀ **그림 11.9** 2011년 3월 11일 지진 해일은 일본 동북 해안 전체 지역을 파괴했다. 최대 10 m(30 ft) 높이의 파도가 해안선을 파괴했고 내륙 9.6 km(6 mi)까지 덮쳤다. 이 사진을 보면 보호하기 충분할 만큼 높은 둑을 넘어 거대한 파도가 들이 닥친다.

미국과 캐나다에 살고 있는 사람들은 쓰나미가 먼 곳에서 발생하는 것이라 여겨 생각해본 적이 별로 없을 것이다. 2011년 일본에서 발생한 쓰나미는 태평양을 가로질렀고 캘리포니아와 오리건에서 한 명의 사망자를 내고 약간의 손해를 입혔다. 1700년 태평양 북서부 지진 후 큰 쓰나미가 북아메리카의 태평양 연안을 강타했고, 1964년 알래스카 지진 후 캘리포니아 남쪽 일부에서 100명이 익사했다. 과학자들이 모니터링하고 있는 카나리아(Canary) 제도 화산의 불안정한 지역이 바다로 침몰할 경우 북미의 대서양 연안은 위험에 노출될 수 있다.

2004년 쓰나미 이후, 국가 및 국제기구들은 해안의 주민들에게 접근하는 쓰나미를 사전에 경고해주는 시스템을 개발하기 위한 노력을 강화하고 있다. 추가적으로 우리가 맹그로브 숲과 같은 자연 식생에서 산다면 쓰나미의 영향을 줄일 수 있다(12장).

우리는 자연재해의 영향을 악화시키거나 줄일 수 있다

앞에서 언급한 지질재해 외에, 사람들은 수권, 대기권, 생물권에서 생기는 자연재해의 다른 유형에 직면하고 있다. 호우는 하천 주변 저지대 지역을 황폐하게 하는 홍수로 이어질 수 있다(12장). 해안 침식(coastal erosion)은 바닷가를 조금씩 침식시킬 수 있다(12장). 산불(wildfire)은 화재가 발생하기 쉬운 지역에서의 생활과 재산을 위협할 수 있다(9장). 그리고 토네이도(tornadoes)나 허리케인(hurricanes)은(13장) 큰 피해와 인명 손실을 일으킬 수 있다.

우리는 이러한 현상을 "자연재해"로 언급하고 있지만, 우리에게 그 피해의 규모는 우리가 하는 선택에 달려 있다. 우리는 다양한 인간활동으로 소위 자연재해의 영향을 악화시키는 경향이 있다.

- 인구가 늘어남에 따라 더 많은 사람들이 자연재해의 영향을 받기 쉬운 지역에 살게 된다.
- 우리는 대부분 매력적이라고 생각하는 지역에 사는 것을 선택하지만 그것은 또한 위험에 취약하다는 것을 뜻한다. 예를 들어, 해안선은 해일이나 태풍에 의한 침식을 받기 쉽고, 산악지역은 화산과 대량 손실 현상을 특징으로 삼을 수 있다.
- 우리는 주변의 경관을 이용하고 인위적인 조작에 의하여 자연재해의 빈도와 심각성을 증가시킬 수 있다. 홍수를 통제하기 위하여 강을 막아 댐을 설치하고 둑을 쌓는 것은 때때로 2011년 미시시피 강을 따라 발생한 비극적인 홍수로 이어질 수 있다(12장). 자연의 산불을 억제하는 것은 숲을 더 크고 심각한 손상을 입힐 위험에 처하게 하는 것이다. 경사에서의 개벌(9장)과 일부 채굴 관행(11장)은 대량 손실, 빠른 유출, 토양 다짐과 배수 패턴을 바꿀 수 있다.
- 우리가 온실가스를 배출해 지구의 기후를 바꾸는 것처럼(14장), 인간활동은 국지적으로 가뭄의 위험, 화재, 홍수 그리고 산사태의 증가와 기후의 패턴을 바꾼다. 지구온난화에 의해 유도된 해수면 상승은 해안 침식을 증가시킨다. 그리고 일부 연구에서는 해양온도의 상승은 태풍의 힘과 지속시간을 증가시킬 수 있다고 제시하고 있다.

우리는 지질과 생태계에 대한 제대로 된 이해를 통해서 기술, 공학, 정책을 이용해 재해의 영향을 줄일 수 있다. 내진 건물 건축, 쓰나미와 화산 조기경보 시스템 디자인, 해안가 숲, 암초, 해안 소택지는 쓰나미와 해안 침식으로부터 보호받을 수 있다는 것을 포함한 예시들은 앞서 언급했다(12장). 또한 개량된 임업, 광업 시행은 산사태를 방지할 수 있다. 지역 규제, 건축 기준법, 산사태, 홍수, 화재 태풍에 취약한 지역의 개발을 막는 보험 인센티브는 우리를 재해에서 보호해 줄 수 있으며, 자연재해 사후 처리 시 납세자의 비용을 줄일 수 있다. 마지막으로, 글로벌 기후변화에 대처하는 것은 많은 지역에서 자연재해의 빈도를 줄일 수 있을 것이다.

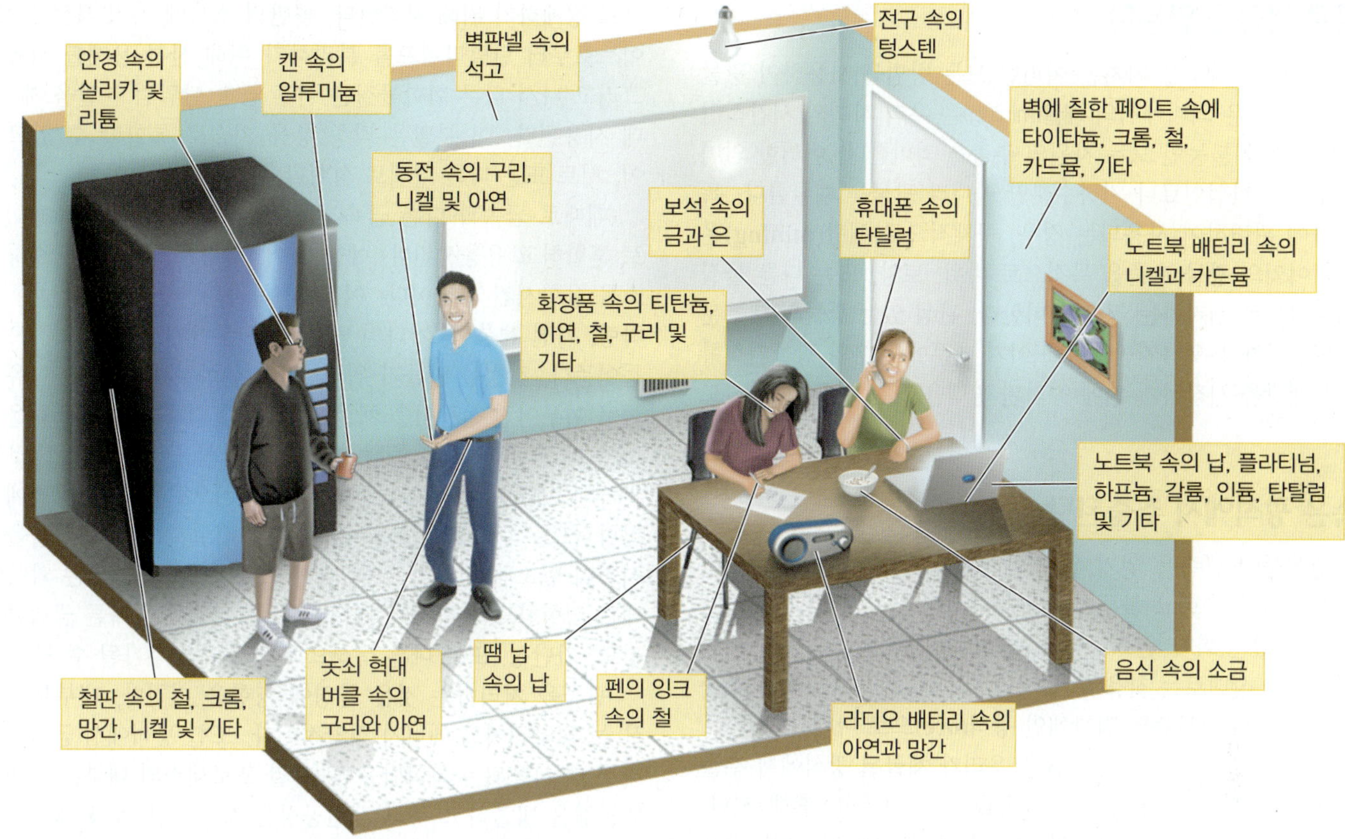

▲ **그림 11.10** 우리가 채취한 광물로부터의 요소는 우리가 일상생활에 사용하는 제품 어느 곳에나 있다. 전형적인 대학교 학생 라운지에서의 이 장면은 우리를 둘러싼 많은 광물의 일부를 보여주고 있다.

지구의 광물자원

단계적인 지질과정과 치명적인 지질재해가 모두 암석의 분포와 대륙권의 광물 및 그 이용 가능성에 영향을 준다. 우리는 제품에 사용되는 원료로써 광물자원의 광범위한 분포에 의존하기 때문에, 이러한 자원을 채굴하여 처리한다. 건축자재, 배선, 의류, 전자제품, 작물용 비료를 비롯한 우리가 사용하는 지하자원 없이는 문명은 존재할 수 없다. 대학(**그림 11.10**)의 학생 라운지에서 대표적인 상황을 고려하여 지구에서 채취한 광물을 원료로 한 물건이 얼마나 많은지 주목해라.

채굴된 재료를 광범위하게 사용하고 있다

우리는 종종 우리가 매일 사용하고 있는 자원이 얼마나 채굴되는지 알지 못한다. 미국 정부의 데이터에 따르면, 광물정보원(Mineral Information Institute)은 2009년 미국인이 매년 소모하는 새로운 광물과 연료가 17,000 kg(37,000 lb)가 넘는다고 추정했다. 현재의 사용 속도로는 2009년에 태어난 아이는 일생 동안 약 130만 kg(290만 lb)을 사용할 것이다(**그림 11.11**).

연간 광물과 연료사용량 17,000 kg의 절반(9,600 kg 또는 21,000 lb) 이상은 집중적인 에너지 수요에 공급되는 석탄, 석유 및 천연 가스로부터 온다. 나머지 광물 사용의 대부분은 우리의 건물, 도로, 교량, 주차장을 구축하는 데 사용되는 모래, 자갈, 돌에 기인하고 있다. 금속사용은 다른 두 카테고리에 의해 축소되어 있지만, 평균적인 미국인은 자신의 평생 동안 2톤 이상의 알루미늄을 사용한다. 이러한 소비수준은 우리의 생활방식을 보다 지속 가능하게 하는 재활용과 재사용(오래된 고속도로에서 나온 돌과 자갈을 새 구조물에 재활용하는 것과 같은)의 필요성을 보여준다.

▲ **그림 11.11** 현재 이용률로, 미국에서 2009년에 태어난 아기는 충격적으로 130만 kg(290만 lb)의 채굴된 광물, 금속 및 연료를 그의 일생 동안 사용한다고 예측되었다. Data from Mineral Information Institute, 2009.

채굴로 광물을 얻는다

우리는 채광의 과정을 거치는 이러한 모든 방법을 사용하여 광물을 얻는다. 넓은 의미에서의 채굴(mining)은 우리 사회의 시간적인 잣대로는 재생 불능인 모든 자원의 추출을 의미한다. 이러한 의미에서 우리는 화석연료나 지하수뿐만 아니라 광물을 채굴한다. 특히 광물에 관련하여 사용되는 경우, 구체적으로 **채광(mining)**은 경제적 이익의 광물 추출을 목적으로 바위, 토양, 또는 다른 물질을 체계적으로 제거하는 것을 의미한다. 관심 있는 광물의 대부분은 광범위하게 분포하지만 저농도이기 때문에 광부와 광물지질학자들은 채광을 시작하기 전에 집적된 광맥을 찾는 것을 먼저 시도했다.

금속은 광석에서 추출된다

일부 광물들이 금속을 얻기 위해 채광된다. **금속(metal)**은 일반적으로 윤기가 흐르고 불투명하며 유연성이 있으며 열과 전기를 전도할 수 있는 화학 원소의 한 종류이다. 대부분 금속들은 지각에서 순수한 상태로는 찾을 수 없지만 대신에 우리가 금속을 추출하는 광물 또는 광물들의 집합체인 **광석(ore)**으로 나타난다.

구리, 철, 납, 금 및 알루미늄은 우리가 채굴된 광석에서 추출하는 많은 경제적 가치가 있는 금속들이다. 컴퓨터, 휴대 전화, DVD 플레이어 및 다른 장비의 전자 부품에 사용되는 탄탈럼은 탄탈라이트 광물에서 유래하는 금속이다(그림 11.12). 자연상태에서 탄탈라이트는 종종 콜탄이라 불리는 광석에서 컬럼바이트 광물과 함께 발견된다.

광석을 채굴한 후 금속을 추출한다

지상에서 광물을 추출하는 것은 그것들을 사용하기 위한 첫 번째 단계이다. 그러나 대부분의 광물은 우리의 제품에 사용되기 위해 몇 가지 방법으로 처리될 필요가 있다. 예를 들어 광석이 채굴된 후, 바위를 분쇄하고 분쇄하여 원하는 금속이 화학적 또는 물리적 수단에 의해 분리되게 한다. 그 다음 재료는 우리가 원하는 금속으로 정제하기 위해 처리된다. 콜탄의 경우에 처리 시설은 컬럼바이트로부터 탄탈라이트를 분리하기 위해 산성 용제를 사용한다. 그러고 나서 다른 화학물질은 이후 금속 탄탈럼 분말을 제조하는데 사용된다. 이 분말은 각종 용융 기술로 통합할 수 있고 와이어, 시트 또는 다른 형태로 성형할 수 있다.

때때로 금속과 다른 금속 또는 비금속 물질을 **합금**(alloy) 형태로 혼합하고 용융시킨다. 예를 들어, 철강은 금속 철과 소량의 탄소를 융합시킨 합금이다. 이 특정 합금의 강도와 가단성은 건물, 차량, 가전 제품 및 기타의 많은 응용 분야에 철강을 최적으로 만들어준다. 강철을 만들기 위해, 먼저 산화철과 같은 철 함유 화합물로 이루어진 철광석을 채굴한다. 철강 업체들은 그 광석을 가열하여 **제련(smelting**; 융점 이상으로 광석을 가열하고 그것을 다른 금속이나 화학물질과 결합시키는 것)으로 알려진 방법에 의해 화학적으로 탄소와 철을 추출한다. 그리고 그들은 화합물을 용융시키며 탄소의 정확한 양을 제거하고 막대, 시트 또는 와이어 형태로 성형하도록 재처리한다. 이 융해 과정에서 다른 금속은 철의 강도, 가단성, 또는 다른 특성으로 변화되어 추가될 수 있다.

광물을 처리하는 것은 환경에 영향을 미친다. 대부분의 방법은 물 집약적이고 에너지 집약적이다. 또한 광석에서 금속을 추출하는 데 사용되는 화학반응 및 가열 프로세스의 대부분은 대기 오염물질을 방출하고 특히 제련공장은 오랫동안 독성 대기 오염물질의 핫스팟이 되고 있다. 게다가 토양과 물은 흔히 금속이 추출된 후 남은 광석의 일부분, 즉 **선광(tailing)**에 의해 오염된다. 선광은 광석 폐기물 중에 존재하는 무거운 금속뿐만 아니라 추출 과정에 적용되는 화학물질도 침출될 수 있다. 예를 들어, 광석에서 금을 추출하는 데에 시안화물을 사용하고 있으며, 구리를 추출하기 위해 황산을 사용하고 있다. 채광작업은 종종 큰 저수지에 **표면 저류(surface impoundment)**라는 선광의 독성 슬러리를 저장한다. 압수 벽은 누수와 붕괴를 방지하도록 설계되어 있지만, 저류 시설의 구조적 일체성이 손상될 경우 사고가 발생할 수 있다. 2000년에는 켄터키, 이네즈 근처의 석탄 선광 인공호의 균열로 인해 10억 리터(2.5~3억 갤런)의 석탄 슬러리가 방출돼 120

(a) 탄탈라이트 광석

(b) 정제된 탄탈럼

(c) 탄탈럼을 포함하고 있는 콘덴서

▲ 그림 11.12 탄탈라이트 광석(a)은 지상에서 채굴한 후, 순수한 금속 탄탈럼(b)을 추출하기 위해 처리된다. 이 금속은 콘덴서(c) 및 컴퓨터 칩, 휴대폰 및 많은 다른 장치의 다른 전자 부품에 사용된다.

▲ **그림 11.13** 우리가 사용하는 광물은 전 세계에서 온다. 그림은 경제적으로 중요한 광물들과 함께 주요 용도와 주요 생산국의 선택이 나타나 있다. 미네랄, 사용방법 및 원산지만 나타내고 있다.

km(75 mile)의 하천을 검게 물들이고 자연수계를 파괴했으며 많은 지역 사회에 공급되는 음용수에 영향을 끼쳤다.

우리는 또한 비금속 물질을 채광한다

우리는 또한 금속을 포함하지 않은 많은 광물을 채광하고 사용한다. **그림 11.13**은 원산지 국가와 금속과 비금속 모두를 포함한 경제적으로 중요한 광물자원 몇몇의 사용을 보여준다. 우리가 사용하는 제품 중 많은 지질자원은 먼 나라에서 채굴되었다.

모래와 자갈(가장 일반적으로 채굴된 광물 자원)은 채움과 건축 자재로 제공한다. 인산염은 비료로 제공해준다. 우리는 다양한 목적을 위해 석회암, 소금, 칼륨 및 다른 광물을 채굴한다.

보석은 그 희소성과 아름다움으로 귀중하게 여겨진다. 예를 들어, 다이아몬드는 콜탄처럼 오랫동안 귀중하게 여겨져 자원 전쟁을 부추기고 있다. 동부 콩고 분쟁 외에도 다이아몬드 무역은 군대가 지역 사람들을 광산 노동으로 착취하고 이익을 위해 다이아몬드를 팔 때, 앙골라, 시에라 리온, 라이베리아 및 다른 지역에서의 전쟁 자금을 대고 장기화시키며 심화시키는 역할을 해왔다. 이것은 콜탄이 "분쟁의 광물"이라고 불리는 것과 같이 "피의 다이아몬드"라는 문구를 들을 수 있는 이유이다.

또한 우리는 연료 물질을 채굴한다. 우라늄 광석은 우라늄 금속을 추출하는 광물이며 원자력 에너지로 사용한다(15장). 우리가 채굴하는 가장 일반적인 연료의 하나는 석탄이다. 석탄(15장)은 유기물로 구성되어 있기 때문에 광물이 아니지만 석탄은 많은 일반적 광업문제와 관련성이 있기 때문에 이 장에서 석탄광업을 고려해봐야 한다. 다른 화석연료—석유, 천연 가스 및 유사, 유혈암과 메탄 수화물 같은 대체 화석 연료—또한 유기물이며 지구에서 추출된다(15장에서 설명된 대로).

채굴방법과 그것들의 영향

광물채굴은 사람들에게 일자리를 제공하고 많은 지역 사회의 수입에 있어서 중요한 산업이다. 채광은 우리가 매일 사용하는 수많은 제품의 원료를 공급하기 때문에, 그것은 우리의 생존을 위해 필요하다. 그러나 채광은 환경 · 사회적 영향에 있어 대가를 지불해야 한다. 필요한 광물은 종종 특정 지역에서 단지 암석의 작은 부분을 차지하므로 재료의 매우 많은 양이 원하는 광물을 얻기 위해 제거된다. 이것은 흔히 채광 작업이 땅의 넓은 지역을 건드리는 것을 의미한다.

광산의 특성에 따라 일부 채굴 방법 중 하나가 지상에서 자원을 추출하기 위해 사용될 수 있다. 광업 회사는 그 경제적 효율성에 따라 사용 방법을 선택한다.

광맥 채굴은 토양이나 암석의 표층을 제거한다

자원이 표면 근처의 얕은 수평 광산에서 발생한 경우 표면의 흙과 바위 층이 자원을 드러내는데 넓은 영역에서 제거되는 가장 효과적인 채굴 방법은 **광맥 채굴(strip mining)**이다. 중장비는 토지에서 띠로 덮고 있는 토양이나 암석(표토라고도 함)을 제거하고 자원을 추출한다. 그러고 나서 이 부분은 표토를 다시 충전하고, 광부들은 이웃 지역으로 이동해서 과정을 반복한다. 광맥 채굴은 일반적으로 석탄(그림 11.14a)과 유사(15장), 그리고 때로는 모래와 자갈 채취에 사용된다.

광맥 채굴은 경제적으로 효율적이지만, 그것은 넓은 지역의 자연 생태계를 파괴하고, 다시 채워진 지역의 토양은 쉽게 침식되어 떨어져 나갈 수 있다.

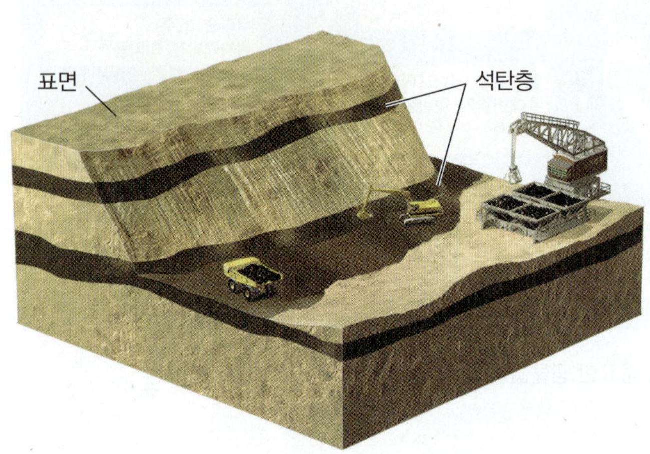

(a) 광맥 채굴

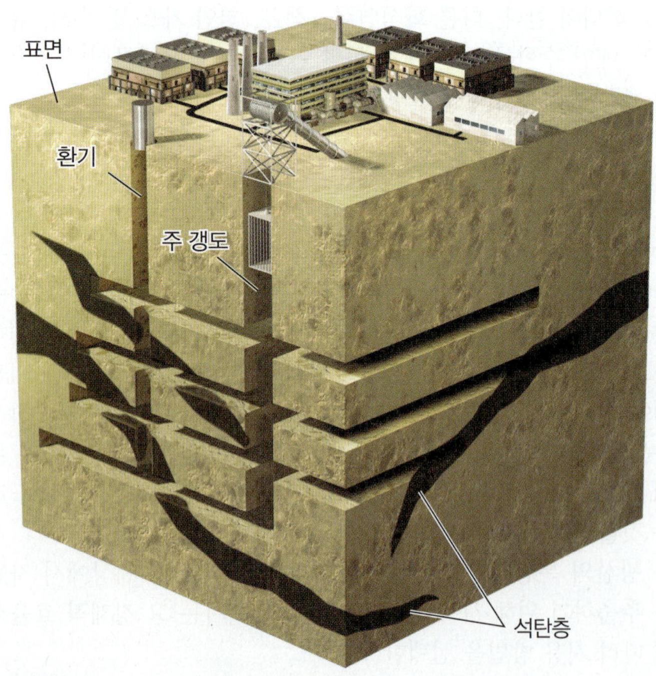

(b) 지하 채굴

▲ 그림 11.14 석탄 채굴은 두 종류의 채굴 방법이 있다. 광맥 채굴(a)에서는 지구의 표면으로부터 토양은 제거되고, 석탄이 채굴된 층이 제거된다. 지하 채굴(b)에서는 광부들은 바위를 폭발시키고 지하갱도와 터널에서 작업을 한다. 이 통로는 석탄 또는 광물의 지하갱도에 대한 접근을 제공한다.

지하광산에서 광부들은 땅속작업을 한다

자원이 지하 깊은 지역의 광맥에 집중되어 매장되어 있고 지각이 안전한 터널링을 가능하게 한 경우에는 광업 회사는 **지하 채굴(subsurface mining)**을 해 나간다. 이 방식에서 갱도는 깊은 땅속으로 굴착되고 터널 네트워크는 광물의 매장층을 따라 굴착되거나 폭파된다(그림 11.14b). 광부들은 체계적으로 자원을 채취하여 표면으로 보낸다.

아연, 납, 니켈, 주석, 금, 구리, 우라늄뿐만 아니라 다이아몬드, 인산, 소금, 칼륨 등의 금속 채굴을 위해 지하 채굴을 사용하고 있다. 또한 많은 석탄이 지하 채굴 기술을 이용해 채굴되고 있다. 지하광산의 규모는 상상도 못할 수 있다. 세계에서 가장 깊은 광산(남아프리카 공화국의 어떤 금광)은 지하 4 km(2.5 mile)에 달한다.

지하광산은 채굴의 가장 위험한 형태이며, 사망사고가 빈번하다. 중국에서 석탄 채굴 여건은 2010년 한 해에만 2,400명이 넘는 광부들이 목숨을 잃었을 만큼 매우 위험하다. 천연가스 폭발에 의한 부상이나 사망의 위험을 감수하고 갱도 및 터널 붕괴뿐만 아니라 광부들은 치명적인 탄진폐증을 포함한 호흡기 질환을 야기시키는 유독가스와 석탄가루를 흡입한다.

때때로 지하광산은 폐광이 된 후에 사람들에게 영향을 미칠 수 있다. 버려진 광산터널은 표면을 함몰시켜 싱크홀의 원인이 될 수 있다. 노천광산 및 지하광산 모두 새로 노출된 바위 표면의 황화광물이 산소와 빗물에 반응해 황산을 생성할 때 발생하는 **산성 배출액(acid drainage)**으로 인해 수질을 오염시킬 수 있다. 황산이 흘러 넘칠 때 생물에 유독한 금속을 암석에서 침출시킨다. 산성 배출액이 하천에 침출되고 농업 용수나 음용수로 공급되는 지하수를 오염시켰을 때, 산성 배출액은 물고기와 다른 수생 생물들에게 영향을 미칠 수 있다(그림 11.15). 산성 배출액은 자연 현상이지만, 광업이 크게 한번에 많은 새로운 바위의 표면을 노출시킴으로써 이 과정을 가속시킨다.

▲ 그림 11.15 지하 광산에서의 산성 배출액은 서부버지니아의 경사면을 타고 흐른다. 황색은 토양표면의 배수와 녹을 형성한 철 때문이다.

FAQ

Q: 그렇게 위험한데 누가 광산에서 일하려고 하겠는가?

A: 광산 사고는 헤드라인에 주기적으로 나타나고 있는 것으로 보인다. 예를 들어, 2010년 후반, 칠레에서 광부 33명이 600 m(2000 ft)의 금과 구리 광산 지하에 69일간 갇혀 있다 구출되었다. 4일 후, 중국의 지하 탄광에서 폭발이 일어나 광부 37명이 죽었다. 2010년 초 서부 버지니아의 탄광에서 유사한 폭발이 일어나 29명의 광부가 목숨을 잃었고, 2011년 파키스탄에서 45명이 죽었다. 이러한 위험과 지하 탄광에서 일할 때의 만성적으로 건강에 미치는 영향을 생각한다면 누가 그런 일을 받아들이겠는가 하고 의문을 품는 것은 당연하다 할 수 있다.

광산에서 일하는 사람들의 대부분은 다른 선택권이 별로 없기 때문에 그렇게 일한다. 지하 채굴은 보수가 좋은 직업의 하나로 미국의 애팔래치아와 같이 경제적으로 낙후된 지역에서 한다. 그리고 대부분의 광산 일은 사람들이 고등학교를 졸업하자마자 시작할 수 있다. 일은 위험하지만 많은 광부들은 경력의 기회가 많지 않기 때문에 자신과 가족을 위해 위험을 기꺼이 받아들인다.

노천 채굴은 땅에 거대한 구멍을 만든다

광물이 암석층에 널리 고르게 분산된 때나 지층이 터널을 뚫기에 적합하지 않을 경우에 선택하는 방법이 노천 채굴이다. 이것은 본질적으로 거대한 구멍을 파고 광석을 둘러싸고 있는 쓸모 없는 바위를 따라 필요한 광석을 떼어내는 것을 포함한다. 일부 **노천 채굴(open pit mining)**은 상상도 할 수 없을 정도로 거대하다. 세계 최대의 노천 채굴은 유타의 솔트 레이크 시티(Salt Lake City, Utah) 근처 빙햄 협곡 광산(Bingham Canyon Mine)으로 폭 4 km(2.5 mile), 깊이 1.2 km(0.75 mile)이다(**그림 11.16**). 컨베이어 시스템과 사람보다 큰 타이어의 거대한 트럭이 매일 약 50만 톤의 광석과 폐기물 바위를 실어 나른다.

노천 채굴은 사람과 기계가 움직일 수 있어야 하고 쓸모 없는 바위를 구덩이 외부에 거대한 더미로 남기기 때문에 계단식이다. 자원이 없어지거나 광산의 가치가 없어질 때까지 구덩이가 확장된다. 노천 광산은 구리, 철, 금, 다이아몬드, 석탄 및 기타 자원들의 채굴을 위하여 사용되고 있다. 또한 점토, 자갈, 모래 및 석회암, 화강암, 대리석, 슬레이트와 같은 돌을 추출하기 위해 이 기술을 사용한다. 하지만 일반적으로 이러한 작업장을 **채석장(quarries)**이라 부른다.

노천 채굴은 소량의 광석을 추출하기 위해 거대한 부피의 쓸모 없는 암석이 제거돼야 하므로 매우 크며, 그 광석은 작은 양의 귀한 금속만을 포함하고 있다. 이 광산의 크기에 따라 서식지의 상실과 미적 경관을 해치는 정도가 비례한다는 것을 의미한다.

채굴이 완료되면 버려진 구덩이는 일반적으로 지하수로 가득 찬다. 황을 포함한 광물이 존재하는 경우에는 산성화된 배출수가 구덩이를 형성하고, 때로는 대수층에 침투할 수 있다.

▲ **그림 11.16** 유타의 솔트레이크시 외부의 빙햄 협곡 노천광산은 지상 세계 최대의 인공 구멍이다. 이 거대한 광산은 주로 구리를 생산한다.

사금 채굴은 광물을 분리하기 위해 유수를 사용한다

일부 금속과 보석은 다른 곳에서 옮겨져 흐르는 물을 따라 이동하며 강바닥에 축적된다. 이러한 금속과 보석을 찾으려고 광부들은 현대 또는 고대의 강바닥에서 일반적으로 흐르는 물로 가벼운 진흙과 자갈을 가치 있는 무거운 광물로부터 분리하기 위해 체로 친다(**그림 11.17**). 이 기술들은 **사금 채굴**(발음은 "plasser")이라고 한다.

▼ **그림 11.17** 동부 콩고의 광부는 사금 채굴법을 이용해 콜탄을 찾는다. 침전물은 플라스틱 통에 남고 물은 빠져나간다. 무거운 콜탄이 아래로 가라앉을 동안 침전물이 분리된다.

사금 채굴은 저밀도의 물질들이 씻겨나가는 동안 바닥에 남는 고밀도의 탄탈라이트를 찾기 위해 냄비나 간단한 도구를 들고 많은 양의 잔해를 체로 치면서 강바닥을 헤치며 다니는 콩고의 콜탄 광부들이 사용했던 방법이다. 오늘의 아프리카 광부들은 1849년 골드러시 때 캘리포니아에 진출하였고 1896년부터 1899년까지 알래스카의 클론다이크 골드러시에 진출했던 미국 광부들이 사용한 방법과 유사한 소규모의 사금 채굴법을 실시한다. 오늘날 대규모 준설이나 중장비를 사용하고 있지만, 금을 위한 사금 채굴은 여전히 알래스카 및 캐나다 지역에서 실시되고 있다.

콩고 같은 지역에서의 사금 채굴의 많은 사회적 영향 외에도 사금 채굴은 대부분의 방법이 개울을 이용하여 많은 양의 침전물들을 씻어내기 때문에 수 킬로미터의 하천에서 물고기와 다른 생명체를 살 수 없게 만들어 환경 파괴를 일으킨다. 골드러시 이후 수십 년에 걸친 북캘리포니아의 강에서의 금 채굴은 매우 많은 양의 침전물을 샌프란시스코 만으로 흘려 보냈기 때문에 1884년에 미국 지방법원의 판결로 최종적으로 광업이 중단되었다. 사금 채굴도 침식을 일으키고 생태학적으로 중요한 식물군락에 피해를 입히며 하천 둑을 침해한다.

산 정상 채굴은 능선의 모양을 바꾸고 계곡을 메울 수 있다

자원이 능선 또는 산의 정상 부근 지하갱도에서 발견된 경우 광업회사는 자원의 전체 줄기를 잡기 위해 수백 피트의 산 정상을 깎는 '**산 정상 제거 채굴(mountaintop removal mining)**'을 수행할 수 있다(**그림 11.18**). 이 채굴방법은 미국 동부의 애팔래치아 산맥에서 석탄을 채굴하기 위해 주로 사용되고 있다. 산 정상 제거 채굴법은 숲을 개벌하고 수목을 팔고 표토를 제거한 후 추출하려는 석탄을 반복적인 암석 분쇄를 통해 채굴한다. 표토는 다시 산 정상에 위치하게 되지만 폐기된 바위가 불안정하고 원래의 암석보다 더 큰 부피를 차지하는 많은 양의 폐기된 바위가 인접한 협곡에 버려진다("골짜기 메움"이라고 불린다). 지금까지 산 정상 제거는 델라웨어의 크기만큼의 지역을 날려버렸고 약 3,200 km(2,000 mile)의 하천을 메웠다.

▼ **그림 11.18** 애팔래치아 산맥에서 석탄채굴을 위한 산 정상 채굴은 대규모로 이루어진다. 표시된 것과 같은 광산용 트럭은 최대 높이 15 m(50피트)와 길이 7 m(23피트)이다.

과학자들은 골짜기에 침전물 몇 톤을 버리는 것이 광대한 서식지를 퇴화하거나 파괴하고, 하천과 강의 흐름을 막으며, 산성 배출액이 수로를 오염시키는지를 연구하고 있다. 벌목된 경사면과 잔해로 채워진 협곡으로 인해 침식이 심해지고 이류가 잦아지며 갑작스런 홍수가 저지대를 황폐화시킨다. 또한 산 정상 광업으로 인해 벌목된 애팔래치아 숲들은 미국에서 종 다양성이 가장 풍부한 삼림의 일부이다.

현장 가까운 지역 사회에 사는 사람들은 사회적, 신체적 영향을 경험한다. 광산에서의 폭발은 집의 기초와 우물에 균열을 일으키고, 느슨한 바위가 마당과 집으로 굴러 떨어지며 홍수가 재산을 파괴한다. 석탄가루는 호흡기 질환을 일으키고 오염된 물은 건강과 관련된 다양한 문제를 극대화시킨다. 실제로 2009년의 연구는 산 정상 광구의 사람들은 폐암, 심장 질환, 신장 질환, 폐 질환, 고혈압 및 사망률이 증가하는 것을 기록했다. 이러한 모든 점에서, 이미 미국에서 가장 가난한 애팔래치아의 사람들은 그들의 석탄으로 생산한 전기로 미국시민들이 혜택을 받는 동안 상당한 외부 비용(5장)으로 고통받는다.

산 정상 제거 채굴법을 비판하는 사람들은 골짜기 메움이 수질오염 방지법을 위반한다고 주장하고 있다. 2010년에 환경 보호국은 산 정상 채굴법과 골짜기 메움에 의한 피해를 최소화하기 위해 새로운 규제를 도입했다. 2009년에 의회에서 소개된 법은 몇몇 산 정상 채굴법 관행을 제한하려 했지만 법으로 제정하는 데 실패했다.

용해 채굴법은 일정한 장소에서 자원을 용해하여 추출한다

매장층이 특히 깊고 자원이 액체에 용해될 수 있는 경우에 광부들은 **용해 채굴법**(solution mining) 또는 **현장 채취**(in-situ recovery)라고 불리는 기술을 사용할 수 있다. 이 기술은 좁은 시추공을 매장층에 도달할 때까지 땅을 깊게 뚫고 물, 산 또는 다른 액체를 시추공으로 주입해 주변 암석으로부터 자원을 침출시키고 주입한 액체에 용해시키는 것이다. 이어서 얻어진 용액을 뽑아내고 원하는 자원을 분리한다. 염화나트륨(식염), 리튬, 붕소, 브롬, 마그네슘, 인, 구리, 우라늄을 이와 같은 방법으로 채굴할 수 있다.

용해 채굴법은 표면에서 작은 부분만 건드리므로 일반적으로 다른 채굴 기술들보다 환경에 영향을 적게 미친다. 환경에 영향을 미치는 잠재적 영향에는 시추공 주변 지하수로의 우발적 산 유출과 암석으로부터 산, 중금속 또는 우라늄이 침출되어 대수층이 오염되는 것이 포함된다.

일부 광업은 바다에서 이루어진다

바다는 우리 사회에 유용한 여러 광물을 가지고 있다. 우리는 해수에서 녹아 있는 염분으로부터 마그네슘과 같은 몇몇 광물을 추출한다. 해저에서도 광물을 추출한다. 예를 들어, 많은 광물은 해저의 일부에 흩어져 있는 작은 공 모양의 부착물로 망간 단괴에 집중되어 있다. 망간 단괴는 태평양에서만 해도 1.5조 톤이 존재하며 매장량은 지상 매장량을 초과할 수 있다. 지상 자원이 희소해지고 해저광업 기술이 발달하면서 광업 회사들이 바다로 점점 눈을 돌릴지도 모른다. 하지만 연안자원 채굴은 구조적으로 어려워 그것들을 추출하는 것은 아직까지 제한적이다.

채굴된 지역의 복구는 종종 부분적으로만 유효하다

광업이 환경에 미치는 영향 때문에, 미국과 다른 선진국 정부들은 현재 채광에 따라 표면이 채굴된 지역을 광산회사가 복원하거나 개간할 것을 요구하기 때문이다. 이러한 복원 또는 **매립(reclamation)**의 목적은 광업 전의 상태와 유사한 상태로 지역을 복원하는 것이다. 지역을 복원하기 위해 기업은 광업에 사용되는 건물 및 기타 구조물을 제거하며, 표토를 원위치하고, 갱도를 채우며 지역의 식물들을 다시 심을 것이 요구된다(**그림 11.19**). 미국에서는 1977년 노천광산 제어 및 복구법(Surface Mining Control and Reclamation Act)이 복구노력을 의무화하고 광업이 승인될 수 있기 전에 매립 비용을 충당하기 위해 채권을 게시하도록 기업에게 요구하였다. 이것은 회사가 어떤 이유로 토지의 복원에 실패했을 경우, 정부가 그렇게 할 돈을 가지고 있을 수 있도록 보장한다. 그러나 대부분의 국가는 감독을 소홀히 하고 콩고와 같은 나라에서는 전혀 규제가 없다.

채광 산업은 채굴된 땅의 복원에 있어서 크게 진일보해왔고 이러한 노력의 일환으로 많은 성실한 생태학자들과 기술자들을 고용한다. 그러나 복원된 지역에서 채광으로 생긴 영향(토양과 물이 산성 배출액으로 오염되는 것과 같은)은 심각하고 장기적일 수 있다. 또한 복원된 지역은 일반적으로 채광 전의 자연 생태계로 복원되지 않는다. 이유 중 하나는 빠르게 생장하는 잔디는 일반적으로 복원 노력을 시작하고 고정하는 데 사용되는 것이다. 이것은 침식을 처음부터 신속하게 제어하는 데 도움을 주지만 장기적으로는 숲, 습지, 또는 다른 복잡한 자연 공동체가 자리 잡는 데 방해할 수 있다. 즉, 잔디는 일반적으로 광업의 결과로 생긴 산성이고 압축되고 영양이 부족해진 토양에서 느리게 생장하는 고유 식물을 이길 수 있다. 또한 눈에 띄지 않지만 생태계를 유지하는 중요한 공생관계(4장)-식물과 균류 또는 식물과 곤충 사이의 특별한 관계가 형성되지 않아서 복구가 매우 힘들다.

채광 및 산성 배출액에 의해 오염된 물은 pH를 완화시키고 유독성 중금속을 제거할 수 있다면 재사용할 수 있다. 토지의 복원과 마찬가지로 이것은 도전적이고 불완전한 과정이지만, 연구자 및 채광 산업은 기술을 향상 시키는 데 노력하고 있지만(**과학 비하인드 스토리** 참조) 장기적인 복구가 필요할 수 있다. 로마제국 시대부터 시작된 스페인의 광산은 오늘날도 여전히 수로에 산성 배출액을 침출시키고 있다.

▲ **그림 11.19** 오늘날 대부분의 채광 지역이 복구되고 있지만 복구하는 것이 채굴 전에 존재하던 자연을 거의 재현할 수 없다. 사진은 가나, 서아프리카의 복구 인력들이 버려진 금광 구덩이에 나무를 심는 것을 보여준다.

> WEIGHING 이슈
>
> **채굴지역** 광업 복원은 환경에 심각한 영향을 미치고 채굴 전의 상태와 유사하게 채광지역을 복구시키는 것은 비용이 많이 들고 어렵다. 당신은 광업회사가 폐광 후에 복원하기 위해 비용을 얼마나 요구해야 하며, 어떤 기준으로 복원하도록 이끌어야 한다고 생각하는가? 완벽한 복구를 요구해야 하는가? 아니면, 복구하지 말아야 한다고 요구해야 하는가? 수질 오염, 건강에 미치는 영향, 종 다양성 파괴, 토양 오염 또는 다른 피해의 최소화 중 어떤 것을 우선시 해야 하는가? 우리가 요구하는 복구 비용이 회사가 광산을 운영하여 번 돈만큼 의존해야 하는가? 자신의 의견을 말해보아라.

1872년 제정된 법이 아직도 미국 광업 정책을 이끌고 있다

광산 회사가 지분을 주장하고 미국의 토지를 사용하는 방법은 한 세기도 넘은 오래된 법률에 의해 지침을 받는다. **1872년의 일반 광업법(General Mining Act of 1872)**은 어떤 미국시민 또는 기업도 연합으로 소유한 땅을 탐광할 수 있도록, 공공 노천 광업의 작은 구획에 대한 지분을 미국정부에 요구할 수 있는 사업권을 허가해주며 사람들과 기업들을 독려했다. 지분을 소유한 개인 또는 기업은 채광지역에서 나오는 광물을 취할 수 있는 유일한 권한을 획득했다. 지분 소유자들은 제곱미터당 약 5달러를 청구(즉,

몬태나 주 부트(Butte) 근처의 버클리 광구의 유독성 물

과학 비하인드 스토리

박테리아를 이용한 광산폐수 정화 및 금속회수

광업은 두 가지 딜레마를 초래한다: 그것은 환경에 영향을 미치고 재생 불가능한 광물을 고갈시킬 수 있다는 것이다. 현재 일부 과학자들이 한꺼번에 모두 이러한 단점을 해결하려 하고 있다. 그들은 오염된 광산 현장을 정리하는 동시에 귀중한 광물들을 축적하는 것을 목표로 하고 있다. 그들의 비밀 병기는? 박테리아.

1982년 대서양 리치필드(Richfield) 회사가 채굴을 중단했던 1평방마일의 노천 구리 광산, 버클리 광구가 있는 몬태나 서부로 무대를 옮겨보자. 일단 광산이 문을 닫고 펌프가 꺼져 있게 되면서, 지하수는 540 m(1,780 ft) 깊이의 분화구를 채우기 시작했다.

물이 바위 벽을 씻어냈고 공기 중 산소와 혼합되어 갓 바위에서 추출된 황화 광물과 반응해 산성 배출수를 만들었다(11장). 형성된 황산과 버클리 광구에 모인 물은 pH값이 2.2에 도달해 레몬주스의 산과 맞먹는 산성이 되었다. 매우 낮은 pH는 철, 아연, 알루미늄, 망간, 니켈, 카드뮴, 코발트 및 비소 이온뿐만 아니라 구리를 포함한 바위 속의 금속을 산성수로 침출시키고 있었다. 이러한 금속들은 금속 황산염을 형성하기 위해 수중의 황산, 황산이온에 결합된 금속이온을 포함하는 화합물과 반응한다. 예를 들어, 아연은 황산아연($ZnSO_4$)의 형태로, 철은 황산철($FeSO_4$)을 형성했다.

금속 황산염은 물에 용해되고 이 금속이 고농도로 물에 녹아 유독한 물로 만든다. 이 물은 생물학자들이 물속의 새로운 미생물 종을 발견할 만큼 비정상적으로 산성이었고 금속이 풍부했다.

지하수는 연간 13피트의 수직속도로 구덩이를 지속적으로 채웠으며, 전문가들은 2015년까지 생태계를 오염시키고 사람들의 음용수를 중독시키는 배출수가 클라크 포크(Clark Fork) 강에 넘칠 것으로 추정했다. 해결책을 찾기 위한 논쟁이 있었다.

전통적으로, 광산 엔지니어들은 물의 pH를 높이기 위해 석회나 수산화나트륨과 같은 강 알칼리성 물질을 추가하여 산성 광산 배출수를 처리하기 위해 노력했다. pH가 올라가면, 용해된 중금속은 응집하여 용액에서 석출된다. 최근 몇 년 동안, 연구자들은 불용성 금속 황화물에 산성 광산 배출수에 용해된 금속의 황산염을 변환하는 작업을 위해 황산염 환원 세균을 이용하기 시작했다.

황산염 환원 세균은 화학적 에너지를 얻기 위해 황산염을 환원하여 혐기적 상태에서 성장하는 미생물이다. 이렇게 해서 그들은 폐기물로 방출하는 황화물을 생성한다. 자연계에서는 이 같은 일부 박테리아가 습지의 진흙 속 유기물을 분해하여 습지와 갯벌에서 그들의 독특한 썩은 계란 냄새를 나게 하는 황화수소를 생산한다.

땅을 구입)할 수 있는 특허를 요청할 수 있다. 그들이 추출한 광물로 만들 수 있는 이익에 상관없이 법은 대중에게 어떤 종류의 납입도 요구하지 않았고 최근까지 채굴 후 땅의 복원도 요구되어지지 않았다.

정책의 지지자들은 그것이 우리 경제에 필수적인 자원을 찾기 위해 상당한 재정적 위험과 투자를 수행해야 하는 국내 광산산업을 계속 장려하는데 적절하고 바람직하다고 말했다. 비판자들은 무료에 가깝게 공공재를 사유 재산으로 제공하는 정책이라고 비판했다. 또한 그들은 이 법에 따라 광산과는 아무 상관이 없는 수익성 토지 개발계획(예: 콘도개발 등)을 주도하는 부작용을 초래했다고 지적했다.

비판자들은 몇 년 동안 법을 여러 번 수정하기 위해 노력했지만 대부분 성공하지 못했다. 최근의 노력인 2009년 하드락(Hardrock) 광업 및 복원법에는 크게 특허 프로세스의 종료, 몇 몇 공유지의 광산 개발 제한구역 설정, 채굴현장이 채굴 이전 상태로 일부 외형을 복원할 것을 의무화, 새로운 광산에서의 이익의 4%와 기존 광산에서의 이익의 8%의 로열티를 정부에 지불할 것을 요구하는 것들이 있다. 그 돈은 채굴 지역을 정화하고 채굴에 영향을 받은 지역사회에 배상하는 기금을 마련하는 데 도움을 줄 것이다. 그 법안은 의회의 상하원에 회부되었지만 통과되는데 실패했다.

WEIGHING 이슈

1872년 광업법의 개정 당신이 미국 의회의 의원이고, 당신의 동료들이 1872년 일반 광업법의 개정안을 준비하는 데 도움을 요청하고 있다고 하자. 당신은 법을 개정하는 이 같은 노력에 참여할 것인가? 만약 그렇다면 당신은 어떤 것을 법안에 포함시킬 것인가?

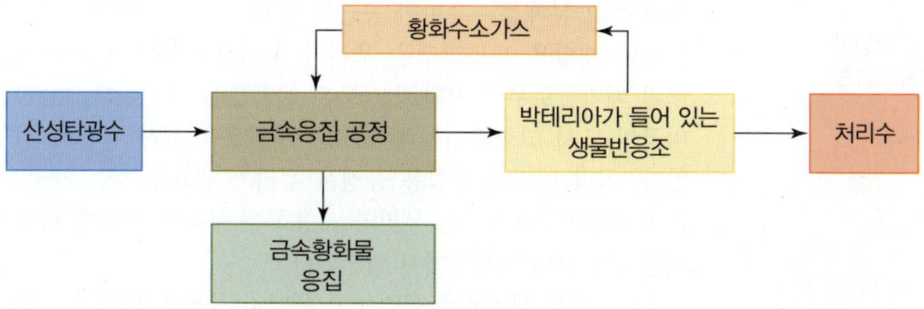

황화수소가스

산성탄광수 → 금속응집 공정 → 박테리아가 들어 있는 생물반응조 → 처리수

금속황화물 응집

황산염이 풍부한 산성 광산폐수가 두 개의 반응조로 공급된다. 생물 반응기의 박테리아는 금속 응집 반응조를 순환하는 황화수소(H_2S)를 생성한다. 황화수소의 존재 하에서 금속이온은 황과 결합해 금속 황화물을 형성한다. 황화물은 용해하지 않기 때문에 침전한다. 황화물을 회수하고 경제적 가치의 광물을 수확하는 추가 처리를 할 수 있다. 농업 용수로 사용하기에 충분히 깨끗한 처리수가 시스템에서 배출된다.

황산염 환원 박테리아를 이용한 광산폐수로부터 금속 회수율 (%)

금속	금속 회수율 (%)
알루미늄	99.8
카드뮴	99.7
코발트	99.1
구리	99.8
철	97.1
망간	87.4
니켈	47.8
아연	100.0

Data from Tabak, H.H., et al., 2003. Advances in biotreatment of acid mine drainage and biorecovery of metals: 1. Metal precipitation for recovery and recycle. *Biodegradation* 14: 423 436.

버클리 광구에서 EPA의 과학자 헨리 타박(Henry Tabak), 신시내티 대학의 화학 엔지니어 라케쉬 가빈드(Rakesh Govind) 및 세 명의 동료들이 황산염 환원 세균이 물을 정화하고 가치 있는 금속을 회수할 수 있는지 여부를 조사했다.

강산성 폐수는 대부분의 박테리아를 해치므로 타박과 가빈드 팀은 두 가지 단계의 공정을 설계했다(**그림 참조**). 그들은 박테리아를 중성 pH에서 광산수의 황산염과 박테리아의 성장에 필요한 탄소 함유 영양소와 함께 먹이로 주며 생물 반응기에서 성장시켜 황화수소를 생산하였다. 그리고 그들은 버클리 광구의 산성 광산 배출수와 황화수소를 반응시키는 일련의 반응조로 이동시켰다. 이러한 반응조 내의 반응은 광산폐수에 용해된 금속을 불용성 금속 황화물로 응집시켜 침전조의 바닥으로 침전시켰다.

그리고 금속 황화물은 침전조에서 제거된다. 연구팀은 여러 금속들 각각에 대한 평균 회수율을 산출하고 성공 여부를 확인했다(**표 참조**). 각종 금속의 침전물은 75~98% 범위의 순도였다.

처리되고 재사용할 수 있는 높은 비율의 금속 회수 외에, 공정은 광산폐수 속의 유독 금속을 깨끗이 하고 물속의 pH를 상승시키는 중탄산이온(HCO_3^-)을 생성하는 반응으로 pH를 높인다. 전체 처리 후, 연구진은 물이 농작물을 관개를 위한 안전 기준을 충족하기에 충분히 깨끗하였다고 판단했다.

2003년에 발표된 이 연구는 작은 규모의 연구실에서 수행되었다. 많은 양의 광산수를 처리하기 위해서는 연구 규모를 늘려야 할 일이 남아 있다. 오늘날, 과학자들이 산성 광산 폐액으로부터 금속을 회수하는 더 좋은 방법들을 발달시키고 이러한 시스템의 규모를 확장시키기 위한 것과 같은 다양하고 넓은 분야의 노력들이 몬태나부터 남아프리카까지 전 세계에서 지속적으로 이루어지고 있다. 이러한 접근 방식은 희망을 약속하고, 과학자들에게 전 세계 채굴지역을 복원하는 새로운 도구를 제공한다.

광물의 지속적 사용을 향해

채굴은 환경에 많은 영향을 미치지만 우리는 또한 명심해야 할 다른 걱정거리를 가지고 있다: 광물들은 공급이 유한한(1장) 재생불가능한 자원이다. 결과적으로 남아 있는 소모품을 절약하고 이를 지속할 수 있는 방법을 찾는 것이 우리에게 도움이 될 것이다.

광물은 공급이 한정되어 있다

우리가 사용하는 몇몇 광물들은 풍부하고 거의 고갈될 일은 없을 것이지만 다른 광물들은 곧 사용하지 못할 만큼 희소하다. 예를 들어, 2010년에 지질학자들은 알려진 것처럼 탄탈럼은 지금의 소비 속도로는 약 164년 이상 지속될 것으로 계산했다. 탄탈럼의 수요가 증가한다면 기간이 단축될 수 있다. 그리고 전 세계인이 미국인이 소비하는 속도로 탄탈럼을 소비하기 시작한다면 겨우 18년 밖에 더 쓸 수가 없다. 가장 시급한 것은 인듐의 공급이 점차 감소할 수 있다는 것이다. LCD 화면에 쓰이는 이 거무스름한 금속은 32년 정도 남았을지도 모른다. 이러한 공급의 우려와 가격의 변동성 때문에 공장들은 현재 다른 물질로 인듐을 대체할 방법을 개발하기 위해 노력하고 있다. 인듐과 갈륨의 부족은 고효율 태양광 셀의 생산에 위협을 가할 것이다. 백금도 줄어들고 있고 백금의 비가용성은 연료 셀과 차량용 촉매 변환장치 개발을 어렵게 만들 것이다. 그러나 백금의 높은 시장가격이 비싼 금속이기는 하지만 가용성을 지속적으로 유지할 수 있도록 재활용을 권장한다.

그림 11.20은 오늘의 소비 속도에서 몇몇 선택된 광물의 남은 추정 연도를 보여준다. 주어진 금속을 우리가 얼마 동안 더 사용

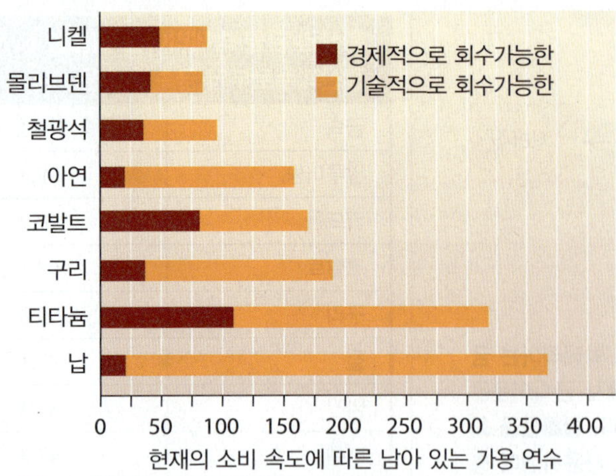

▲ **그림 11.20** 광물은 재생 불가능한 자원이라 공급이 한정된다. 현재 가격으로 경제적으로 회수 가능한 것으로 추정되고 알려진 세계적인 매장량을 감안하며 현재 소비속도를 가정했을 때 특정 광물의 남은 연도 수를 빨간색으로 나타냈다. 바(적황색)의 전체 길이는 모든 알려진 현재의 사용 가능한 기술을 이용하여 매장량, 경제적으로 회수할 수 있는지의 여부로 추정한 특정 금속들의 남은 연도 수이다. 이 모든 기간은 매장량이 더 발견되거나 소비 속도의 상승이 감소되었을 때 증가한다. Data are for 2010, from U.S. Geological Survey, 2011. *Mineral Commodity Summaries 2011*. USGS, Washington, D.C.

할 수 있을지 계산하는 것은 몇 가지 이유로 엄청난 불확실성으로 인해 어려웠다.

- 우리가 광물의 새로운 매장량을 발견했을 때, 드러난 보존량—그래서 우리에게 가용한 이 광물의 연수—이 증가한다. 이러한 이유로 이전에 예측했던 일부 부족현상이 발생하지 않고 우리는 현재의 추측보다 더 오래 이 광물들에 접근할 수 있다.
- 광물가격 상승은 현재 추출로 경제적으로 실현 가능한 광물보다 더 많은 광물에 도달할 수 있는 발전된 광산기술의 개발을 더 선호할 수 있다.
- 새로운 사회의 발전과 신기술은 광물의 수요를 바꿀 수 있다. 휴대전화와 컴퓨터 칩은 통신 애플리케이션에서의 구리배선을 대체해 구리의 수요를 감소케 한 탄탈럼, 광섬유 케이블의 수요를 촉진시켰다.
- 변화하는 소비패턴은 우리가 광물자원을 활용하는 속도를 변화시킨다. 경기침체는 수요를 억제하고 2008년과 2009년에 대부분 광물의 생산과 소비를 감소시켰다.
- 재활용 기술의 발전과 재활용률의 증가는 우리가 광물자원을 여러 번 사용할 수 있게 해 광물자원의 수명을 연장시킬 수 있다.

이러한 불확실성의 근거에도 불구하고, 우리는 지구의 유한한 광물자원 공급을 걱정하고 그것들을 좀 더 지속가능하게 사용하도록 하는 것이 현명할 것이다.

우리는 광물의 사용을 더 지속가능하게 만들 수 있다

우리는 자원들의 재활용 장려를 통해 광물자원에 따라 우리가 직면한 주요 문제들—유한한 공급과 환경파괴—을 해결할 수 있다. 도시의 재활용 프로그램은 우리가 소비하고 재활용 쓰레기통에 버린 폐기물로부터 전환해 사용된 물품들을 처리한다. 2009년에 미국의 도시 고형폐기물의 35%는 재활용을 위해 완전히 전환되었다. 차량 배터리 재활용 공정은 우리가 필요로 하는 새로운 제품의 80%를 제공하고, 우리가 사용하는 구리의 35%가 파이프나 전선 같은 폐구리자원에서 생산된다.

많은 경우 재활용은 실질적인 에너지 사용을 줄일 수 있다. 예를 들어, 재활용 철과 고철강을 다시 녹여 철을 만드는 것은 천연 철광석으로 철을 제작하는 것보다 더 적은 에너지가 든다. 마찬가지로 오늘날 미국의 알루미늄 중 40% 이상이 재활용된다(**그림 11.21**). 천연 알루미늄 광석에서 추출해 제작하는 것이 재활용 자원을 이용해 얻는 것보다 20배 이상 에너지가 더 들기 때문에 효과적이다. 이러한 에너지 사용의 감소는 온실가스의 방출을 감소시킬 수 있다.

우리는 전자폐기물로부터 금속을 재활용할 수 있다

폐기된 컴퓨터, 프린터, 휴대폰, 손안의 장치 및 기타 전자제품의 전자폐기물 또는 e-폐기물은 급속히 증가하고 있으며, 전자폐기물은 유해물질을 포함하고 있다(17장). 낡은 전기제품을 재활용하는 것은 매립지에 그것들이 들어가지 않도록 하는 데에 도움을 주고 또한 탄탈럼과 같은 가치 있는 광물을 절약하는 데 도움을 준다.

탄탈럼은 전자제품의 제조과정에서 생성된 부산물로부터 재활용이 되며 탄탈럼 함유 합금 및 제조 재료의 조각으로부터 재활용된다. 현재 업계에서는 재활용 제품에서 사용 가능한 탄탈럼이 20~25%를 차지할 것으로 추정하고 있다.

당신이 낡은 휴대폰을 폐기시키는 것보다 오히려 재활용 및 재사용 센터로 반납할 때, 휴대폰은 재조립되어 개발도상국에서 다시 팔릴 수 있다. 특히 아프리카 국가의 사람들은 재사용 휴대

▼ **그림 11.21** 당신이 알루미늄 캔을 재활용할 때 광물 자원, 돈 및 에너지를 절약하는 소중한 노력에 기여하고 있다.

폰이 비싸지 않고 가난한 시골 지방에는 항상 지상통신 서비스가 존재하는 것이 아니기 때문에 언제든지 살 준비가 되어 있다. 또한 전화는 개발도상국에서 해체되어 각종 부품들은 개조 및 재사용되거나 금속으로 재활용될 수 있다. 어느 쪽이든, 당신은 재사용 및 재활용을 통해 자원의 가용성을 확장하고 가치 있는 광물의 낭비를 감소시키는 데 도움을 준다.

오늘날 기존 휴대전화의 약 10%가 재활용되고 있다. 재활용률을 늘림으로써 우리는 천연광석의 수요를 감소시키고 아프리카의 콜탄 광산 지역의 자연과 광부들과 같은 사람들과 생태계에 미치는 압박을 줄일 수 있다. 전 세계적으로, 우리는 이미 채굴한 광물자원을 보다 효율적으로 사용할 수 있도록 재활용으로 채광의 영향을 최소화하고 자원에 대한 우리의 더 나은 접근을 보장하는 데 도움을 줄 것이다.

>> 결론

판 구조론과 암석의 순환과 같은 지질 물리적 과정들은 지구의 지형을 형성하고 생명 시스템의 기초를 형성하기 때문에 매우 중요하다. 지질학적 과정은 우리의 생명과 재산을 위협할 수 있는 지진, 화산, 산사태, 해일 등의 현상을 생성한다. 광물이 분배되는 방식에 따라, 광물의 다양성에 의존하고 다양한 방법으로 이러한 재생불가능한 자원들을 채굴한다. 경제적으로 효율적인 채광방법은 우리의 물질적 부에 크게 기여하지만 산성 배출액으로 서식지를 파괴시키는 것과 같이 광범위하게 환경에 영향을 미친다. 이러한 영향은 복원 노력과 규제의 강화가 광업이 환경적, 사회적 영향을 끼치는 것을 최소화하는 데 도움을 준다. 우리는 광물 자원의 고갈을 방지하기 위하여 주요 광물의 회수 및 재활용을 극대화하여 광물 자원의 지속적 활용을 가능하게 할 수 있다.

이해도 측정

1. 지구를 구성하는 지층의 기본구조의 이름을 말하라. 어느 부분이 암석권에 포함되는가?
2. 판 구조론이 (a) 산, (b) 화산, 그리고 (c) 지진의 형성을 어떻게 설명하는지 기술하라. 당신의 답변에서 발산판 경계, 변환판 경계 및 수렴판 경계가 각각의 형성에서 수행하는 역할을 설명하라.
3. 바위의 세 가지 주요 유형의 이름을 지정하고 각각의 유형이 암석순환을 통해 어떻게 변환되는지 설명하라.
4. 다음을 정의하고 서로를 대조하라: 광물, 금속, 광석, 합금.
5. 광산 지질학자가 지표면에 매우 가까운 수평 탄광 갱도에 위치해있다. 광업 회사가 석탄을 추출하는데 사용한 채광 기법은 무엇인가? 이러한 종류의 채광 기법이 흔히 환경에 미치는 영향 한 가지는?
6. 광맥 채굴이 지하 채굴과 다른 점은 무엇인가? 각각의 접근 방법이 노천 채광과 어떻게 다른가?
7. 산성 배출수는 무엇이며 그것은 왜 수생 생물에 유독한가?
8. 채광 후 효과적으로 자연 생태계를 복원하려는 노력이 자주 실패하는 이유는 무엇인지 설명하라. 토양과 식물 모두에 대해 논하라.
9. 특정 광물의 국제적 공급을 지속하는 데 영향을 미칠 다섯 가지 요인을 작성하라. 그리고 각각의 요인이 우리가 광물을 사용할 수 있는 기간에 영향을 어떻게 미치는지 설명하라.
10. 우리가 현재 재활용하는 금속의 세 가지 이름을 써라. 그리고 이 금속들을 회수하는 재활용품 또는 물질들을 구분해라.

해법찾기

1. 다음의 각각 자연재해에 대해 우리의 생명과 재산에 미치는 영향을 최소화하거나 완화하기 위해 할 수 있는 것 한 가지를 설명하라.
   - 지진
   - 산사태
   - 홍수
2. 자연 환경에서 광산의 세 가지 영향을 목록화하고, 어떻게 특정의 채굴이 이러한 각각의 영향으로 이어질 수 있는지 설명하라. 이러한 영향들은 어떻게 다뤄지는가? 이러한 영향을 방지, 감소, 또는 완화시킬 추가 해결책을 생각할 수 있는가?
3. 당신은 버려지기 직전의 광산 현장을 복구하는 더 효과적인 방법을 개발하기 위해 광산 회사와 함께 일할 것을 미국 환경보호국(EPA)에서 승인받았다. 복원을 하기 위해 일반적으로 시행되는 것보다 더 나은 몇 가지 아이디어를 설명하라. 이제 당신의 아이디어 중 하나를 테스트하기 위해 실행하고자 하는 분야의 실험을 설명하라.
4. **생각해보기** 콩고의 콜탄 이야기는 이용할 수 있는 자원의 풍부함이 그것을 보호하기 위해 부족하고 비효율적인 지배를 하는 나라의 군사분쟁을 더 악화시키고 연장시킬 수 있는 방법의 일례에 지나지 않는다. 이런 "자원전쟁"에서 시민들은

시민사회가 무너질 때 보통 가장 상처 입는다. 당신이 콩고 민주공화국의 광산에 관련된 충돌의 해결을 돕기 위해 천만 달러를 배당해온 국제 원조 기관의 장이라고 가정해보자. 당신은 콩고의 정부와 반정부 세력의 지도자, 이웃 나라, 유엔에 포함된 세계 국가의 대사, 국제 광업 기업의 대표자에 대한 접근 권한을 가지고 있다. 이 장에서 알게 된 것을 기반으로, 콩고의 상황을 개선하기 위해 어떤 단계를 취할 것인가?

5. **생각해보기** 당신이 학사 과정을 끝냈을 때, 어릴 적 살던 켄터키 언덕 집 뒤의 산이 산 정상 제거 채굴법을 통해 석탄을 채광하기로 예정돼 있는 것을 알게 되었다. 아직 거기에 살고 있는 당신의 부모는 건강과 안전이 걱정되고, 아름다운 수목으로 뒤덮인 개울과 집 뒤에 있는 골짜기를 잃고 싶지 않다. 하지만 당신의 형제는 일자리가 없고 채광 일을 할 수 있다. 이런 상황에서 당신은 무엇을 하려고 할 것인가?

생태발자국 계산하기

그림 11.20에서처럼, 한정된 몇몇 금속은 현재 가격으로 오직 수십 년 정도만 더 이용할 수 있다. 그리고 그 양이 줄어들수록 가격은 상승할 것이다. 총 사용 가능 기간(가격 면에서)은 여러 요인에 따라 달라진다. 한편으로 금속은 새로운 매장물이 발견되거나, 새로운 채광기술이 개발되거나, 또는 재활용하려는 노력이 늘어난다면 더 오랫동안 사용할 수 있다. 하지만 그 반면에 우리의 금속 소비량이 늘어난다면, 그것을 사용할 수 있는 시간은 줄어들 것이다.

현재 미국은 세계 전체보다 훨씬 높은 일인당 비율로 금속을 소비한다. 인류의 하나의 목표가 미국의 생활수준까지 세계 나머지 국가들의 생활수준을 높이는 것이라면, 광물공급에 대한 압박이 급격히 늘어날 것이다.

차트는 여러 금속들의 현재 알려진 경제적으로 회수할 수 있는 전 세계의 매장량과 함께 연간 사용량(각 수치는 1톤 기준)을 보여준다. 각 금속의 매장량을 매년 사용되는 양으로 나눠, 현재의 가격으로 공급 가능한 남은 햇수를 계산해 네 번째 열에 입력하라.

다섯 번째 열은 세계의 모든 사람들이 미국인이 하는 속도로 금속을 소비할 때의 세계의 사용 금액을 보여준다. 이제 세계가 미국의 속도로 금속을 소비할 경우, 각 금속을 현재 가격으로 공급 가능한 남은 햇수를 계산하고, 그 값들을 여섯 번째 열에 입력하라.

금속	알려진 경제적 보존량	일년간 사용되는 양	경제적 공급 시 남은 햇수	미국의 수준으로 모든 사람들이 소모한다면 매년 사용되는 양	미국의 수준으로 모든 사람들이 소모한다면 경제적 공급의 남은 햇수
티타늄	690,000	6,300		33,390	
구리	630,000	16,200		38,510	
니켈	76,000	1,550		5,098	
주석	5,200	261		846	
텅스텐	2,900	61		312	
안티몬	1,800	135		481	
은	510	22.2		130	
금	51	2.50		3.34	

Data are for 2010, from U.S. Geological Survey, 2011. Mineral Commodity Summaries *2011. USGS, Washington, D.C. All numbers are in thousands of metric tons. World consumption data are assumed equal to world production data. "Known economic reserves" include extractable amounts under current economic conditions. Additional reserves exist that could be mined at greater cost.*

1. 현재의 경제상황과 현재의 세계적인 소모 비율에서 가장 오래 남아 있을 금속은 이 8개 중 어느 것인가? 이들 금속 중 어떤 것의 경제적 보존량이 가장 빠르게 고갈될 것인가?
2. 세계 시민이 미국의 평균적인 시민이 쓰는 속도로 금속을 소모한다면, 경제적인 보존량이 가장 오래 남아 있는 것은 이 8개의 금속들 중 어느 것인가? 어느 것이 가장 빠르게 고갈될 것인가?
3. 이 차트의 앞으로 남은 공급 가능한 햇수에 대한 계산은 인구 증가의 내용을 포함하지 않는다. 그 외의 모든 것이 같다면, 인구 증가가 이러한 수치에 미칠 영향에 대해 어떻게 생각하는가?
4. 이 금속들의 공급 가능한 햇수를 증가시킬 수 있는 2개의 일반적인 방법을 설명하라. 당신 이러한 방법으로 공급가능한 햇수를 증가시킬 수 있을 것이라고 생각하는가?

12 담수, 해양과 해안

이 장을 마치고 나서 할 수 있는 것들

- ▶ 사람과 생태계에 물의 중요성을 설명하고, 지구 담수의 분포를 설명
- ▶ 담수, 해양 및 상호 수생 시스템의 해안 부분을 설명
- ▶ 우리가 물을 사용하는 방법과 인간의 활동이 수계에 미치는 영향에 대해 토론
- ▶ 물 공급의 문제를 평가하고 담수 고갈을 해결하기 위해 해법을 제안
- ▶ 수질오염의 주요 등급을 설명하고 점오염원 및 비점오염원을 비교하고 대조
- ▶ 수질을 해결하는 미국의 법률을 설명
- ▶ 우리가 마시는 물과 폐수를 처리하는 방법을 설명
- ▶ 해양 어업 쇠퇴 이유와 상태를 검토
- ▶ 혁신적인 해법으로 해양 보호 지역 및 보존 평가

루이지애나의 사라져가는 해안 습지는 큰 백노와 같은 야생 생물의 다양성을 뒷받침한다.

중점 사례 연구

루이지애나 해안의 퇴적물 빈곤

"루이지애나와 미시시피 해안지역은 주의 경제, 문화 및 환경보전에 결정적이다."
—낸시 서틀리(Nancy Sutley), 백악관 환경질 위원회 의장

"진정으로 습지를 망친 것은 그들이 강에 제방을 설치하였을 때이다. 그들은 제방을 걷어내고 물이 흐르도록 해야 한다; 그것이 땅을 구축하는 것이다."
—프랭크 블랙키(Blackie) 캄포, 루이지애나 쉘(Shell) 해변 주민

루이지애나 주는 줄어들고 있다. 그 연안 습지들은 육지와 바다의 경계에 걸쳐 있으며 이들은 멕시코 만 바다 밑으로 사라지고 있다. 루이지애나는 매년 해안습지 65 km^2(25 mi^2)를 잃고 있으며, 1800년대 중반부터 1990년대 초반까지의 비교는 상당한 손실을 나타낸다(**그림 12.1A**). 1930년대 이후에만 루이지애나는 거의 4,900 km^2(1,900 mi^2)의 연안습지를 잃었다—델라웨어 크기의 면적.

루이지애나 연안습지의 전이대는 해안의 내염성 벼과의 군집부터 담수 노송나무(bald cypress; 그림 12.8) 습지가 내륙까지 진행된다. 이러한 생태계는 독수리, 펠리컨, 새우, 굴, 검은 곰, 악어, 그리고 바다거북을 포함하여 동물의 다양성을 뒷받침하고 있다. 주의 연안습지는 또한 뉴올리언스(New Orleans)와 배턴루지(Baton Rouge) 등의 도시를 폭풍으로 부터 보호한다. 이러한 습지의 식생은 걸프만에서 내륙으로 들어오는 강풍에 방풍림으로, 파도에 방파제로 역할을 한다.

루이지애나 연안습지의 수백만 헥타르는 미시시피 강이 멕시코만으로 흘러들기 전에 그 퇴적물을 삼각주에 퇴적시킴으로써 지난 7,000년 동안에 형성되었다. 미시시피 강은 3.2백만 km^2(1.2 백만 mi^2) 유역에서 대량의 퇴적물을 축적시킨다(**그림 12.1B**). 이 퇴적물의 대부분은 미국 농업의 심장부를 흐르는 미주리 강 유역에서 유래한다.

강의 삼각주의 염습지는 자연적으로 시간이 지남에 따라 다져진다. 퇴적층이 다져짐에 따라 습지의 수심은 점점 깊어지며, 이는 식생을 깊은 바닷속으로 매립시킨다. 이에 따라, 수심이 깊어지게 되면 식물은 죽고, 그러면 토양은 바다로 씻겨나간다. 그러나 자연적인 다짐은 강에서 퇴적물의 유입과 습지 잔디에서의 유기물 증착에 의해 상쇄된다. 삼각주에서의 이러한 작용은 토양을 높이고 수심을 비교적 안정되게 하며 식물을 건강하게 유지시킨다.

그럼 왜 루이지애나의 습지는 바다로 잠기는가? 그것은 사람들이 미시시피 강을 매우 광범위하게 변화시켜 퇴적물이 더 이상 그들이 필요로 하는 습지에 도달하지 못하도록 되었기 때문이다. 강 유역은 대략 2,000개의 댐을 포함하고 있어 강물이 느리게 흐르고 퇴적물이 물에 따라서 삼각주가 아닌 저수지로 침전되도록 한다. 이것은 강의 삼각주에 도달하는 퇴적물의 수송을 방지할 뿐만 아니라 각 댐의 저수지를 천천히 채우고 있어 퇴적물을 감소시키고 수명을 단축시킨다. 따라서 미시시피 유역 전체에서 미네소타와 다른 지역에 있는 댐들은 하류의 루이지애나 주 해안의 수백 킬로미터에 영향을 미친다.

미시시피 강은 또한 수천 킬로미터의 제방이 줄지어 있다. 이러한 구조물은 소규모 홍수를 방지하며, 미시시피 강 입구는 멕시코 만으로 출하하는 해상운송에 필요한 깊은 수로를 제공하기 위해 제방이 줄지어 있다. 이 제방은 삼각주로 강이 쓸려가는 것을 방지하고 미시시피 강 하류를 걸프만의 대륙붕 깊은 바다까지 퇴적물을 쏟아내는 "통로"를 만든다(**그림 12.1C**).

루이지애나의 경제는 석유와 천연가스 채굴의 혜택을 받고 있지만 이러한 활동은 습지의 손실을 촉진해 왔다. 석유, 천연가스, 염수 지하수의 대량 추출은 땅을 다져서 토양 높이를 낮춘다. 또한 기술자들은 운송 및 석유·가스 탐사를 촉진하기 위해 13,000 km(8000 mi) 운하를 연안습지로 통과시켰다. 이러한 운하들은 습지를 조각 내 침식속도를 증가시킨다. 또한 바닷물이 내륙으로 침투하여 담수습지에 피해를 입힌다. 2010년 딥

(a) 1839년과 1993년의 해안습지 면적

(b) 미시시피 강 유역

▲ 그림 12.1 사람들은 강을 따라 대규모 제방을 구축하고 상류 댐 뒤에 있는 퇴적물을 차단하여 미시시피 강 삼각주에 토사 퇴적 패턴을 변경했기 때문에, 루이지애나 연안 습지의 크기(a)는 1839년에서 1993년까지 실질적으로 축소되었다. 미시시피 강 수계(b)는 48개 주 면적의 40% 이상에 강물을 배출하는 미국에서 최대 규모이다. 남쪽 루이지애나의 위성 이미지(c)는 미시시피 강(오른쪽 기둥)과 아차팔라야 강(Atchafalaya) (왼쪽 기둥)으로부터 멕시코만의 깊은 바다로 방출되는 퇴적물의 갈색 기둥을 보여준다. (a) Adapted from Environmental Defense Fund.

(c) 멕시코만으로 흘러드는 미시시피 강으로부터 보이는 퇴적물 기둥

워터 호라이즌의 걸프만에서의 오일유출(15장)은 루이지애나의 습지에 영향을 주었다. 기름 유출은 연안습지를 쓸어내려 습지의 식생을 덮어버렸으며 산소를 확보하는 능력을 손상시켰다.

해안침식 방지를 위해 제안된 해법은 미시시피 강에서 대량의 물을 연안습지로 분배하여 자연상태로 시스템을 복원하는 데 중점을 둔다. 이 방법의 지지자들은 미시시피 강물의 1/3을 배출하는 아차팔라야 강(Atchafalaya River)에 중점을 둔다. 이 물과 퇴적물을 공급받는 아차팔라야 평야는 건강한 연안습지의 토지면적을 늘리고 있다. 2010년 3월에 오바마 행정부는 걸프해안 복원을 위해 2009~2011년에 자금 6,300만 달러를 지원하는 연안생태계 회복을 위한 "로드맵" 작성을 발표하였다. 일부 주민들은 그러나 미시시피 강에서 물길 전환에 반대하고 있다. 왜냐하면 그들은 홍수로 자신들이 소유하고 있는 토지가 수몰되는 것을 보기 원하지 않기 때문이다. 주민들은 또한 미시시피 강에 의해 운반되는 오염물질로 인한 지역의 물 공급 오염을 우려하고 있다.

취수, 운송, 홍수조절을 위해 수로를 두는 상반되는 요구를 감안할 때, 미시시피 강과 남부 루이지애나에서 직면하는 문제에 간단한 해결책은 없다. 그러나 루이지애나 연안습지와 같은 문제를 어떻게 해결하느냐는 우리의 가장 귀중한 천연자원인 물에 대해 장기적인 지속가능성을 결정하는 데 도움이 된다. ■

담수 시스템

"물, 어디에나 물이지만, 마실 물은 한 방울도 없네." 고대 선원의 운율(*The Rime of the Ancient Mariner*) 시로 잘 알려진 구절은 우리 행성의 상태를 잘 설명하고 있다. 물이 풍부한 것 같이 보일지도 모르지만, 우리가 마실 수 있는 물은 매우 드물며 제한되어 있다(**그림 12.2**). 지구의 물 약 97.5%가 바다에 있으며 너무 염분이 많아서 마실 수 없거나 작물에 사용할 수 없다. 약간의 염을 함유한 물을 포함하여 불과 2.5%만이 **담수(freshwater)**로 간주되고 있다. 대부분의 신선한 물은 빙하, 만년설 및 지하 대수층에 묶여 있기 때문에 지구상 물의 1/10,000 조금 넘는 부분만이 인간의 사용을 위해 쉽게 접근할 수 있다.

물은 순환을 통하여 재생되고 재이용된다(2장). 하늘에서 떨어지는 강수량은 땅속으로 스며들거나 강으로 유출되고 강은 해양과 대규모 내륙 호수로 물을 운반한다. 물이 흐를 때 강은 연못, 습지, 연안 수 생태계와 상호작용할 수 있다. 지하 대수층은 이 수역의 바닥 퇴적물을 통해 하천, 연못 및 호수와 물을 교환한다. 물순환에서 물의 움직임은 물, 생물, 퇴적물, 오염물질 및 다른 용해된 물질을 교환하는 상호 연결된 수계 그물망을 형성한다(**그림 12.3**). 따라서 어떤 하나의 시스템 내에서 일어나는 것은 다른 시스템—먼 곳에 떨어져 있을지라도—에 영향을 준다. 지하수에서 시작하여 이 상호 연결된 시스템의 구성요소를 살펴보자.

지하수는 물순환에 결정적인 역할을 한다

지구 육지의 표면에 도달하는 강수량의 일부는 표면에 침투하고 토양을 통해서 아래로 침투하여 **지하수(groundwater)**가 되거나, 토양이나 암석의 구멍에 보관되어 지표면 아래에 머문다. 지하수는 표면 아래에 천천히 흐르고 장기간 지하에 남아 있을 수 있다. 지하수는 지구 담수 공급의 1/5을 차지하고 인간의 물 수요를 충족시키는 데 중요한 역할을 하고 있다.

지하수는 **대수층(auifer)**에 포함되어 있다: 다공성, 스펀지 모양의 물을 보유하는 바위, 모래, 자갈지층(2장, **그림 12.4**). 대수층의 상위 층 또는 통기영역은 부분적으로 물로 채워진 기공 공간이 포함되어 있다. 하층 또는 포화 영역에서는 공간이 완전히 물로 채워져 있다. 이 두 영역 사이의 경계는 **수층(water table)**이다.

가장 크게 알려진 대수층은 미국의 대평원 밑에 놓여 있는 오갈랄라(Ogallala) 대수층이다(**그림 12.5**). 이 거대한 대수층의 물은 미국 농부들이 세계에서 가장 풍부한 곡물 생산지역을 만드는 것을 가능하게 하였다. 그러나 지속 불가능할 정도의 취수는 장기적으로 농업용 대수층 사용을 위협하고 있다.

지표수는 강과 하천 생태계로 모여든다

지표수(surface water)는 지구의 표면에 위치한 담수로 전체 담수의 1%를 차지하고 있지만, 그것은 우리의 생존을 위해 지구 생태계에 필수적이다. 지하수와 지표수는 상호작용하여 물은 하나의

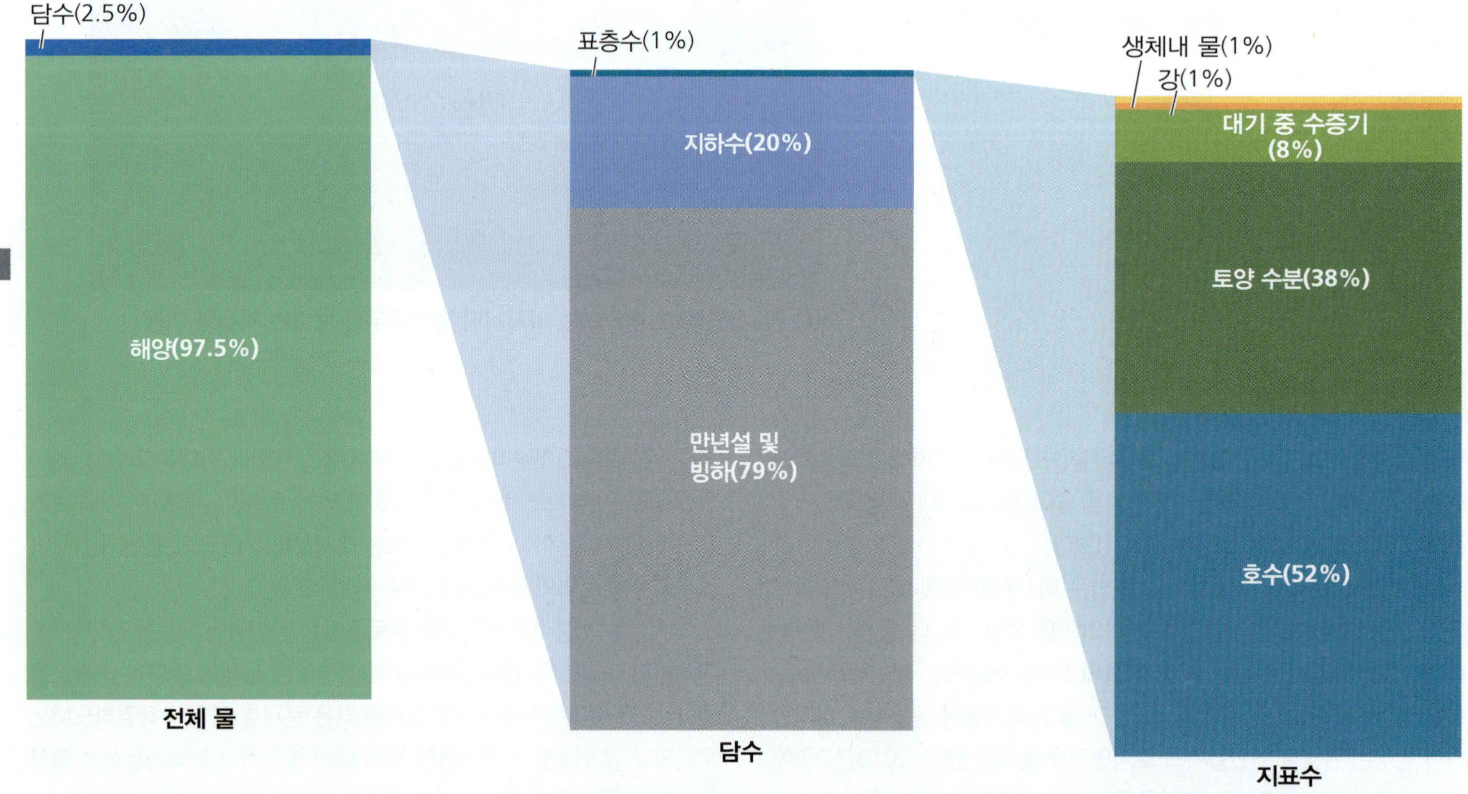

▲ **그림 12.2** 지구 물의 단지 2.5%만이 담수이다. 2.5% 중 대부분은 빙하와 만년설에 묶여 있다. 그 중 1%가 지표수이며 대부분 호수와 토양 수분이다. 출처: United Nations Environment Programme (UNEP) and World Resources Institute.

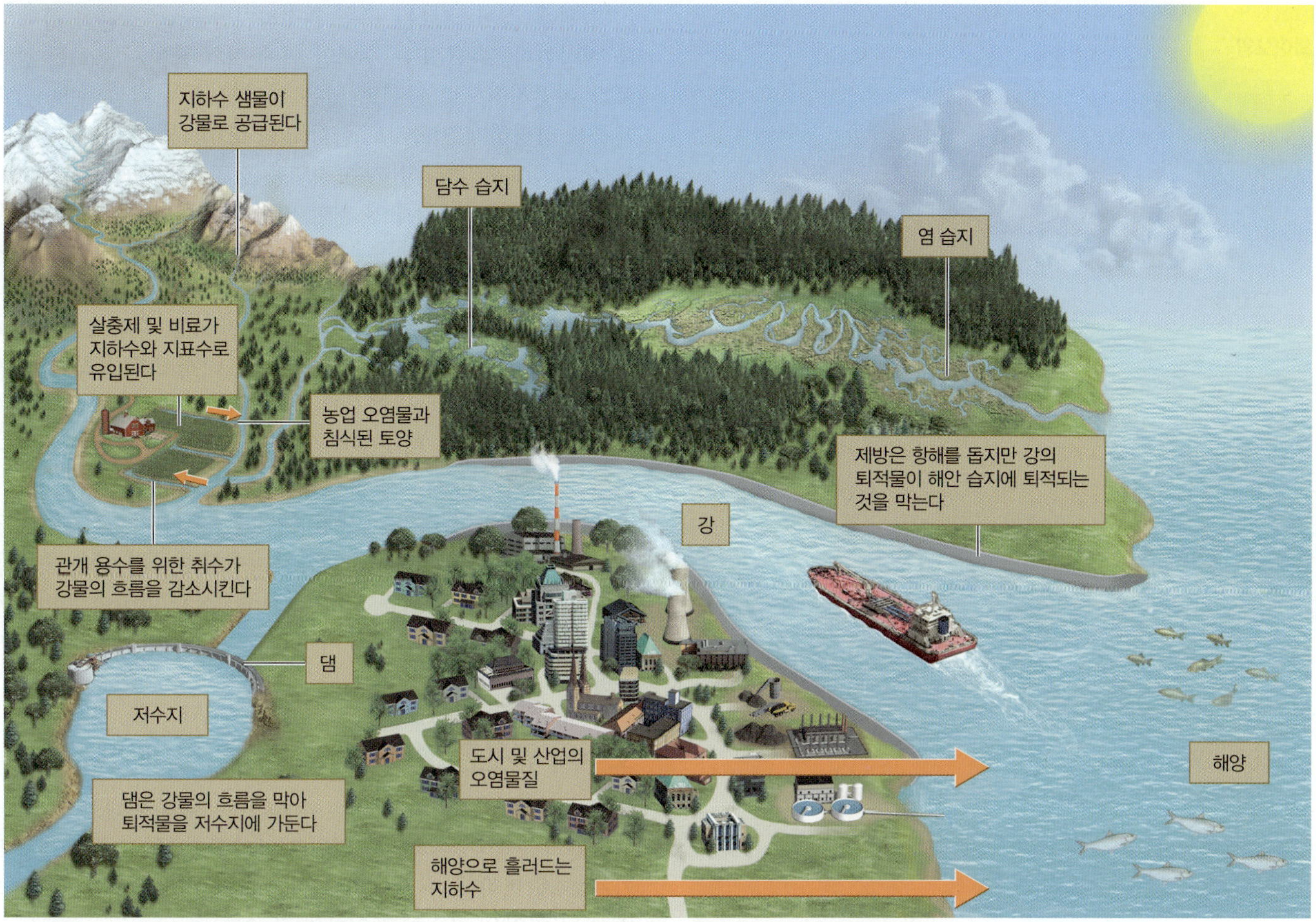

지하수 샘물이
강물로 공급된다
담수 습지
염 습지
살충제 및 비료가
지하수와 지표수로
유입된다
농업 오염물과
침식된 토양
제방은 항해를 돕지만 강의
퇴적물이 해안 습지에 퇴적되는
것을 막는다
강
관개 용수를 위한 취수가
강물의 흐름을 감소시킨다
댐
저수지
도시 및 산업의
오염물질
해양
댐은 강물의 흐름을 막아
퇴적물을 저수지에 가둔다
해양으로 흘러드는
지하수

▲ **그림 12.3** 광범위하게 상호작용하는 담수 시스템. 물은 해양 및 연안수계를 통해 흐른다. 사람들은 댐과 제방 건설, 인간의 이수 목적으로 물을 빼내고 오염물질을 유입하여 시스템의 구성요소에 영향을 미친다. 시스템이 밀접하게 연결되어 있기 때문에 이러한 영향은 시스템을 연쇄적으로 그리고 발생지에서 멀리까지 영향을 미칠 수 있다.

대수층 재충전 지역
분수
우물
우물
지하수면
지하수
샘물
비피압
대수층
피압
대수층
상부
가압층(점토)
하부
가압층(점토)

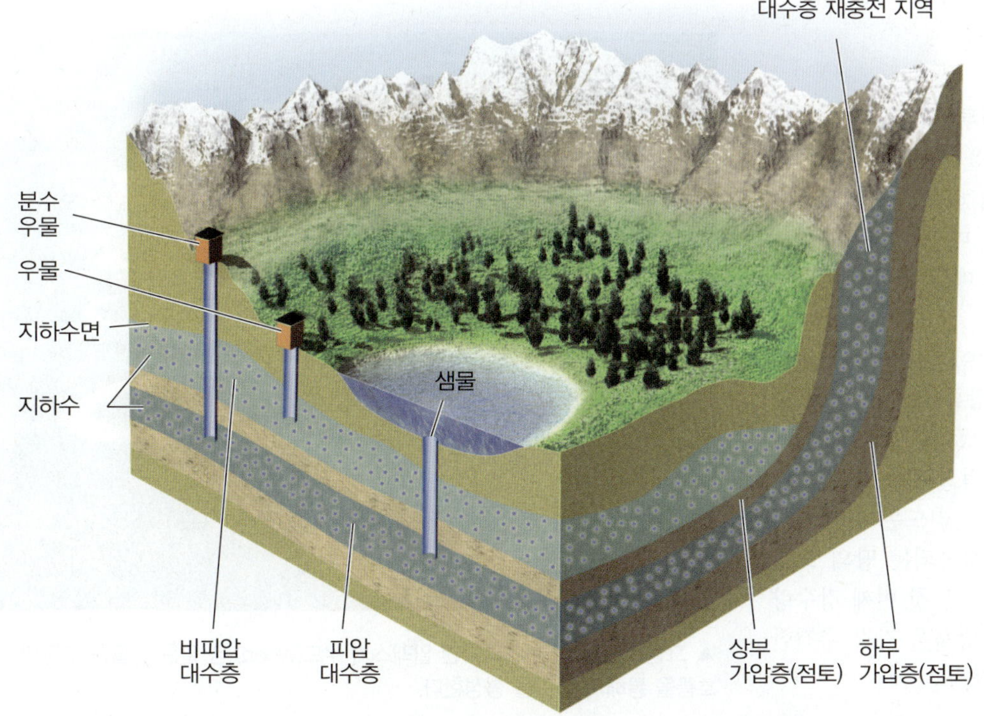

◀ **그림 12.4** 지하수는 불투수층 위의 비피압 대수층이나 불투수층 사이의 피압대수층의 압력 하에서 생성될 수 있다. 물은 자연적으로 샘물로 지표까지 상승할 수 있고 우리가 파는 우물을 통해 지표면으로 상승할 수 있다. 분수우물은 압력 하에서 물을 파내려는 피압대수층으로 갇힌 물을 뿜어낸다.

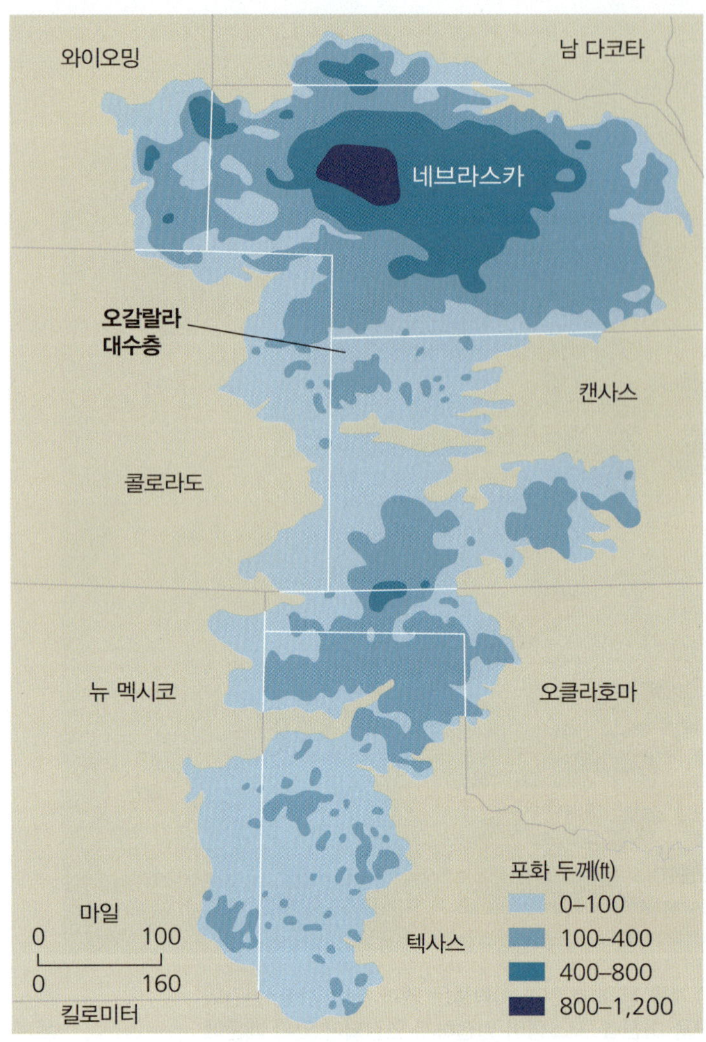

▲ 그림 12.5 오갈랄라 대수층은 세계 최대의 대수층이며 취수가 시작되기 전 물 3,700 km^3(881 mi^3)를 보유하고 있었다. 이 대수층은 미국의 8개 주 아래의 453,000 km^2(175,000 mi^2) 대평원 아래에 놓여 있다. 관개를 위한 과도한 취수는 현재 이 대수층의 양과 규모를 축소시키고 있다.

계에서 다른 계로 흐를 수 있다. 지표수는 침투하면 지하수가 된다. 지하수는 샘물(또는 인간이 시추한 우물)을 통해 지표수가 되어 많은 경우 표면상태가 건조해지지 않을 때 하천으로 흐르거나 습지에서 습도를 유지토록 한다. 미국에서는 매일 지하수 1.9조 L(4920 억 갈론)가 지표수로 방출된다—거의 매일 미시시피 강에 흐르는 유량과 같은 양.

비로 하늘에서 떨어지거나, 샘터에서 솟아 나오거나, 눈이나 빙하에서 녹은 후 지표면을 흐르는 물을 **방류(runoff)**라고 한다. 방류는 내리막을 흘러 시냇물을 형성함으로써 모인다. 이러한 작은 물 흐름들은 강으로 합류하고 궁극적으로는 호수와 바다로 도달한다. 조그만 강 하나가 큰 강으로 흘러드는 것을 **지류(tributary)**라고 부른다. 물이 강과 하천으로 집하되는 땅의 모든 면적을 **유역(watershed)**이라 한다(2장). 당신은 첫 번째 강수량으로 떨어진 위치로 다시 미시시피 강 물 한 방울을 각각 추적한다면 강의 유역 윤곽을 파악할 수 있을 것이다.

경관은 강이 흐르는 곳을 결정하지만 강은 흐름을 통해 경관을 형성한다. 수천 또는 수백만 년에 걸쳐 굽이쳐 흐르는 강은 진로가 이곳저곳으로 앞뒤로 넓은 지역에 걸쳐 바뀔 수도 있으며, 계곡을 평평하게 만들기도 한다(그림 12.6). 정기적으로 홍수가 나는 강의 진로에 가장 가까운 지역은 강의 **범람원(flood plain)** 안에 있다고 말한다. 홍수에 의한 미사의 빈번한 퇴적은 범람원 토양을 특히 비옥하게 만든다. 따라서 농업은 범람원에서 번창하고 **배후습지(reparian)** 숲은 생산적이고 종이 풍부하다. 사행천의 흐름은 종종 풍부한 유량으로 흐르는 동안 새로운 유로를 형성하는 대규모 홍수에 의해 유도된다. 그러나 미시시피 그리고 다른 하천에서의 대규모 댐은 역사적으로 사행하천의 비율을 66%에서 83%로 저감시켰다. 이것은 홍수가 강 하류로 흘러가는 것보다 오히려 댐에 막히고 저수지에 가둬지기 때문에 발생한다.

강과 하천들이 다양한 생물 군집을 형성한다. 조류와 퇴적물(4장)은 물 딱정벌레에서 가재까지 무척추동물의 많은 종류를 지원한다. 물고기와 양서류, 수생 무척추동물과 식물을 먹이로 하고 물총새, 왜가리와 물수리 등의 조류가 물고기와 양서류를 먹이로 한다.

호수와 연못은 생태학적으로 다양성 계이다

호수나 연못은 정지된 지표수 수계이다. 세계 최대의 호수, 북아메리카의 오대호는 때로는 내해로 알려져 있다. 호수와 연못은 크기가 크게 변화할 수 있지만 과학자들은 이러한 해역에 공통되는 몇 가지 영역을 기술하고 있다(그림 12.7).

수체의 영양이 풍부한 가장자리에서 수생식물이 진흙 속에서 발아한 후 성장하여 수면 위로 뻗어 나오기에 충분할 정도로 수심이 얕다. 이 지역은 **연안대(littral zone)**라고 이름 지어졌으며 무척추동물—곤충의 유충, 달팽이, 가재와 같은—이 풍부해 물고기,

▲ 그림 12.6 여기에 나타낸 알래스카 우드(Wood) 강 같은 강들은 그들의 흐름을 통해서 경관을 형성한다.

새, 거북, 양서류 등의 먹이가 된다. **저서대**(benthic zone)는 해안에서 가장 깊은 지점까지 호수와 연못의 바닥을 따라 뻗어 있으며, 많은 무척추동물이 서식한다. 해안에서 멀리 떨어진 호수와 연못의 중심 부분에서는 태양이 **호수대**(limnetic zone)의 얕은 곳까지 침투한다. 빛은 광합성(2장)이 가능하도록 하기 때문에 호수대는 식물플랑크톤(조류, 원생동물 및 박테리아를; 2장)을 유지하고 그것은 연쇄적으로 동물플랑크톤(2장)을 유지하여 모두 물고기의 먹이가 된다. 호수대 아래 물은 햇빛을 받지 못하기 때문에, 광합성 생명체가 없으며 상층부보다 용존산소의 수준이 낮다.

연못과 호수는 하천으로부터 퇴적물과 영양염의 수송으로 시간이 지남에 따라 영양상태가 변화한다. 영양소가 낮고 산소가 높은 **빈영양**(oligotrophic) 호수와 연못은 서서히 높은 영양소와 저산소 조건의 **부영양**(eutrophic) 수역으로 변화해 간다(2장). 결국 수체는 수계천이의 과정에 의해 완전히 메워질 수 있다(4장). 이러한 변화는 자연적으로 발생하지만, 체사피크(Chesapeake) 만에서 일어나고 있는 것처럼 부영양화는 인위적인 영양물질 오염에 기인할 수 있다(2장).

담수 습지에는 마쉬습지, 늪, 이탄 습지 및 봄철습지 등이 있다

습지(wetlands)는 토양이 물로 포화된 시스템이며, 그들은 일반적으로 충분한 식물과 함께 얕은 정체 수역의 모습을 하고 있다. 담수 습지에는 많은 종류가 있으며, 대부분이 매우 풍부하고 생산적이다. **담수 마쉬습지**(freshwater marshes)에는 얕은 수심으로부터 부들과 큰 고랭이 등의 식물이 수면 위로 생장할 수 있도록 한다. **늪**(swamps)도 식생이 풍부한 얕은 물에서 형성되지만, 이것들은 숲 지역에서 발생한다(**그림 12.8**). **이탄 습지**(bogs)는 두꺼운 식물 부유물로 덮인 연못이며 수계천이 단계를 나타낼 수 있다. **봄철습지**(vernal pools)는 계절적 습지로 이른 봄에 비와 눈 녹은 물로 생성되고, 날씨가 따뜻해지면 마른다.

습지는 야생동물을 위한 귀중한 서식지이다. 예를 들어 루이지애나의 해안 습지는 매년 약 180만 물새를 위한 서식지를 제공한다. 습지는 또한 유출을 늦추고 홍수를 감소시키며 대수층을 재충전하고 오염물질을 여과하는 등의 생태계에서 중요한 역할을 한다. 루이지애나 연안 노송나무 습지는 조경을 위하여 필요한 노

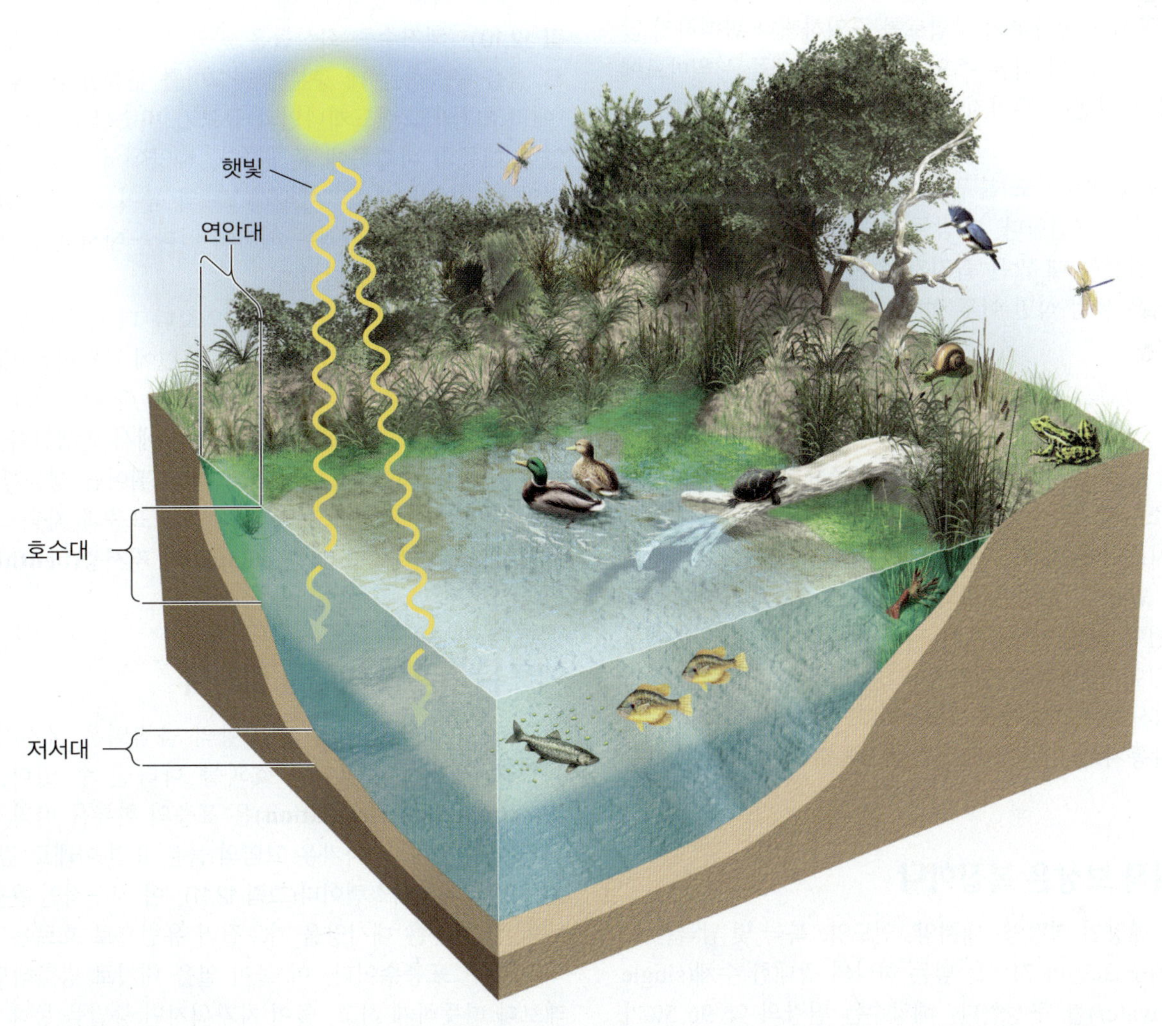

▲ **그림 12.7** 호수나 연못에서 나타나는 식물들은 연안대의 해안선을 따라 생장한다. 호수대는 광합성이 수행되는 태양이 내리쬐는 열린 물의 층이다. 저서 영역은 수체의 바닥 쪽에 종종 진흙으로 암설이나 영양소가 풍부하고 산소는 낮다.

▲ **그림 12.8** 그림의 루이지애나 대머리 노송나무 늪과 같은 담수 습지는 생물학적으로 다양하고 생산적인 생태계를 유지한다.

송나무 부엽토를 만들기 위하여 노송나무 습지를 갈아 엎을 때 노송나무 습지에 서식하는 많은 희귀종의 서식지가 파괴된다. 환경보호 단체는 주요 주거 개선 소매업체에 루이지애나에서 노송나무 부엽토 판매를 중지하도록 제의하였고 2007년 월마트는 더 이상 루이지애나에서 노송나무의 부엽토를 구입하거나 판매하지 않겠다고 선언했다. 그러나 다른 주요 소매 유통업체들은 월마트에 합류하지 않았고 여전히 루이지애나의 노송나무 숲은 위협받고 있다.

습지의 중요한 역할에도 불구하고 사람들은 농업을 위해 배수시켜 광범위하게 매립한다. 사람들이 물을 빼내고, 강에 수로를 내고, 댐을 건설할 때 많은 습지가 손실된다. 예를 들어 캐나다 남부와 미국은 유럽 식민 이후 절반 이상의 습지를 잃고 있다.

해양

해양은 지구의 상호 연결된 수생 시스템의 중요한 구성요소이다. 대부분의 강(소수의 강은 내해로 흐름)은 해양으로 흘러가므로, 해양은 담수 시스템에 의해 운반되는 물, 퇴적물, 오염물질 및 생물의 대부분을 받는다. 해양은 거의 모든 환경 시스템과 인간활동의 다양한 도전에 의해 영향을 받는다. 우리가 해안에서 먼 내륙 지역에 살고 있어도, 바다는 우리에게 영향을 미친다. 해양은 아이오와에서 식사하는 사람들을 위해 물고기를 제공하고, 뉴 멕시코에서는 자동차에 기름을 공급하며, 테네시 날씨에 영향을 미친다.

해양의 물리적 보상은 복잡하다

세계 5대 주요 해양인 태평양, 대서양, 인도양, 북극 및 남극은 모두 연결되어 지구 표면의 71%를 덮는 하나의 광대한 수체(single vast body of water)를 구성한다. 해양수는 질량의 약 96.5%가 H_2O를 포함하고; 나머지 대부분은 용해된 소금의 이온으로 구성되어 있다. 해양수는 주로 짠맛인데 그 이유는 강이나 바람이 대륙으로부터의 퇴적물과 그 염을 바다로 운반하기 때문이다. 증발은 이어 순수하게 물만 제거시켜 염분의 농도를 높게 한다. 만약 우리가 바다에서 모든 물을 증발시킬 수 있다면 세계의 바다분지는 63 m(207 ft) 두께의 두꺼운 건조 소금의 층으로 덮였을 것이다.

해양 표층수는 수표면 아래보다 따뜻한데, 태양이 그들을 가열하고 따뜻한 물은 밀도가 낮기 때문이다. 표면 아래에 깊은 물은 밀도가 높고 바람, 햇빛, 그리고 일상적인 온도 변화의 영향을 받지 않는다. 바닷물은 **해류(currents)**로 이동하고, 400 m (1,300 ft) 높이로 원거리를 이동하는 강 같이 흐른다(**그림 12.9**). 풍력, 태양열, 냉난방, 중력, 밀도 차이 및 코리올리 효과(13장)는 해류의 글로벌 시스템을 구동한다.

표면의 바람과 열은 또한 해수의 연직방향의 해류를 생성한다. **용승(upwelling)**은 차가운 고밀도의 저수층수가 표층을 향한 상승이다. 저층의 이 물은 영양소가 풍부하기 때문에 용승은 종종 높은 일차 생산성(2장) 및 수익성 어업을 지원하고 있다. **하강류(downwellings)**는 용존 가스가 풍부한 따뜻한 표층수를 아래쪽으로 침강시켜 심층수의 생명을 위한 산소의 유입을 제공한다.

바다는 대부분의 지도와 지구본에 푸른색의 매끄러운 띠 모양으로 그려져 있지만, 해저바닥의 일부는 거칠고 복잡하다(**그림 12.10**). 해저수중 화산들은 하와이 제도 등과 같이 해수면 위로 섬을 구축하는 데 충분한 마그마를 분출한다(그림 11.7 참조). 애리조나의 그랜드캐니언과 규모가 비슷한 가파른 협곡들이 다양한 대륙의 바깥쪽에 존재한다. 해양에서 가장 깊은 곳—남태평양 마리아나 해구—에베레스트의 높이보다 1마일 이상 깊다. 지구에서 가장 긴 산맥은 해저에 있다—대서양 중앙 해령(13장)은 대서양의 길이에 달한다.

일부 해역에서는 그 어떤 해역보다 더 풍요로운 생명을 지지한다. 해수의 상단 10 m(33 ft)는 표면에 도달하는 태양열 에너지의 80%를 흡수한다. 따라서 거의 모든 바다의 주요 생산성은 밝은 상위 계층 또는 **유광층**(photic zone)에서 발생한다. 일반적으로 대륙붕의 따뜻하고 얕은 바다가 가장 뛰어난 생물학적 생산성과 종의 다양성을 지원하고 있다. 해양의 표층과 지층으로 분류되는 서식처와 생태계는 **표영층(pelagic)**과 **저서층(benthic)**으로 구별된다.

해류는 기후에 영향을 미친다

해수의 수평 방향과 수직 방향의 움직임은 국지적 또는 지구적으로 기후에 광범위한 효과를 나타낼 수 있다. **열염 순환(thermohaline circulation)**은 표층의 한류를 따라 따뜻한 저염의 물이 이동하고, 차가운 고염의 물은 표면 아래로 깊이 이동하는 지구적인 해류시스템이다(**그림 12.11**). 이 지구적인 운반 벨트 시스템의 한 부분은 대서양을 가로질러 유럽으로 흐르는 멕시코 만류의 따뜻한 표층수이다. 이 물이 열을 대기로 방출하면 유럽을 본래보다 따뜻하게 하고, 물이 차가워지면 증발을 통해 염도가 높아져 밀도가 증가하여 가라앉는다. 이것은 **북대서양 심층수**(NADW)로 알려진 하강류 영역을 만든다.

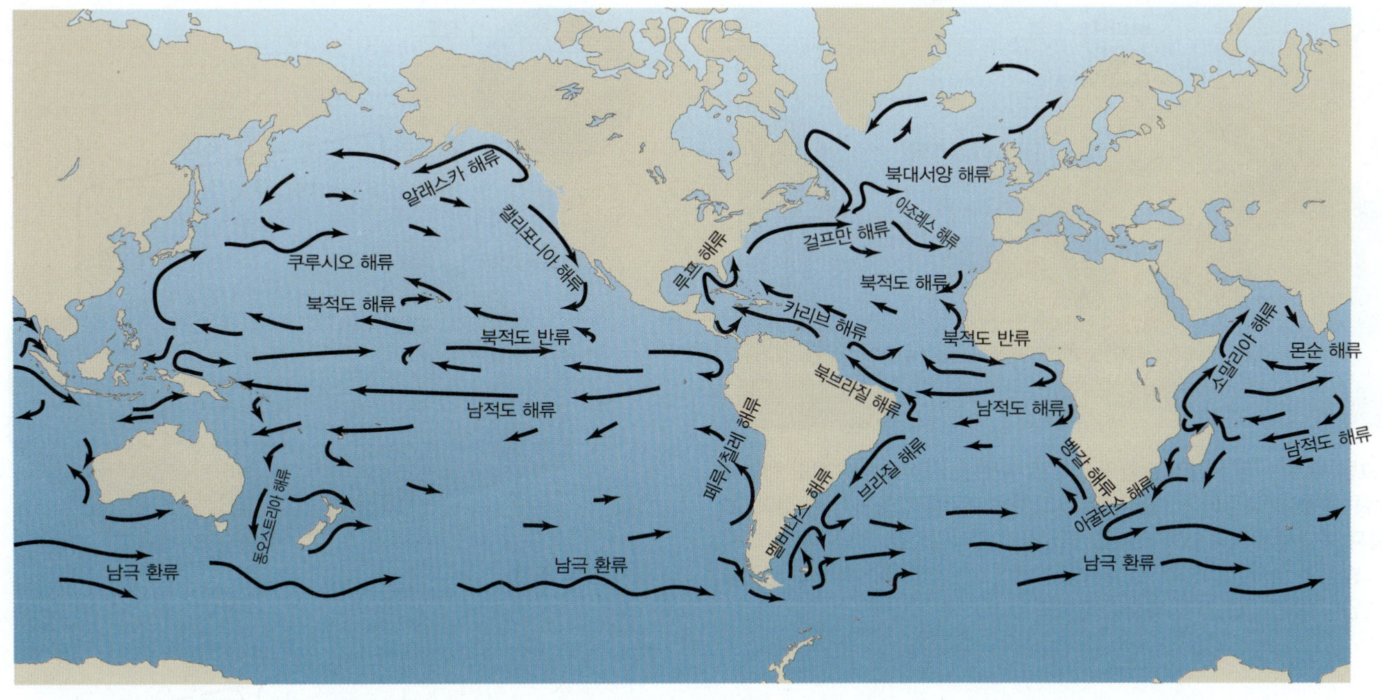

▲ 그림 12.9 해양의 상층수는 표층 해류로 장기적이고 예측 가능한 지구적 패턴의 움직임으로 흐른다. 난류와 한류는 지구 기후 시스템과 상호 작용하고 사람들은 몇 세기에 걸쳐 바다를 항해하는데 해류를 이용하고 있다. Adapted from Rick Lumpkin (NOAA/AOML).

과학자들은 열염 순환을 중단하는 것이 급격한 기후 변화를 야기시킬 수 있다는 것을 가정했다. 지구온난화(14장)가 그린란드 빙상의 대부분을 녹일 경우 그 결과로 북대서양으로 유출되는 담수는 표층수의 밀도를 낮추게 한다(담수가 바닷물보다 저밀도이기 때문에). 이것은 잠재적으로 NADW 형성을 중지시키고 따뜻한 물의 북방 흐름을 막아 유럽이 급속하게 냉각되는 원인이 될 수 있다. 일부 데이터는 이 지역에서 열염 순환이 이미 둔화되고 있음을 시사하고 있지만 다른 연구자들은 그린란드가 이 세기에 북대서양 심층수 형성을 중지시킬 정도로 유출을 생성하지 않을 것이라고 주장한다.

기후에 영향을 주는 해류와 대기와의 다른 상호 작용은 **엘니뇨 남방진동(El Niño–Southern Oscillation, ENSO)**으로 대기

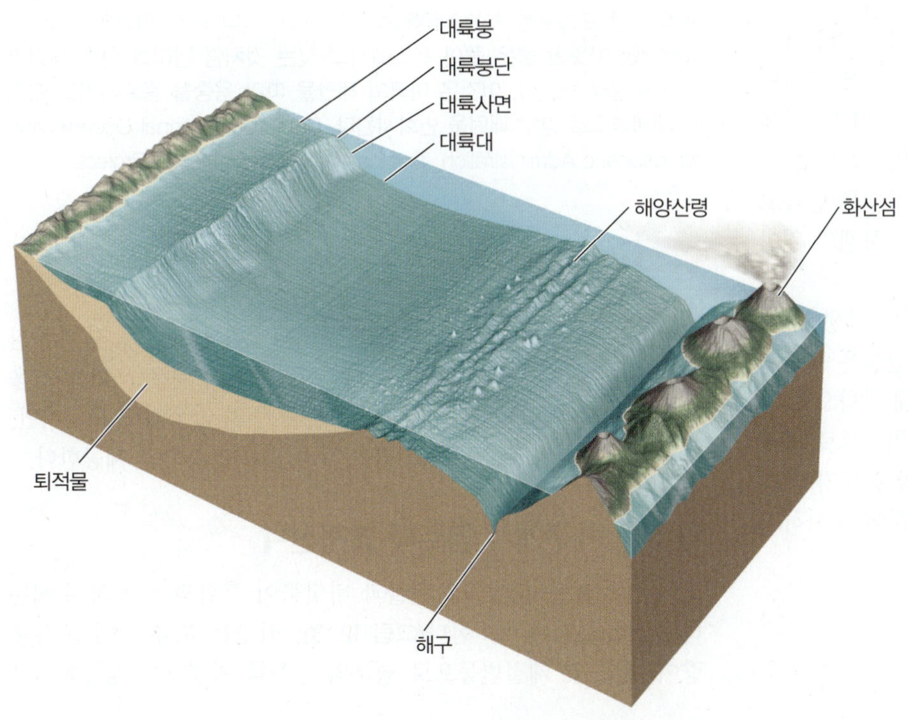

◀ 그림 12.10 양식화된 해저 지형 프로파일은 해저 환경의 주요 지질의 특징을 보여준다. 얕은 물은 대륙붕 위의 대륙의 가장자리 주위에 존재하며, 대륙붕 경사가 끊어지는 곳에서 서서히 사라진다. 가파른 대륙 사면은 대륙에서의 퇴적물에 의해 깔려 더 완만한 대륙의 상승하는 길을 제공한다. 해저의 광대한 지역은 평평한 심해 평원이다. 해양 바닥 확장은 능선에서 일어나고 해양 지각은 협곡으로 사라진다(11장). 협곡을 따라 일어나는 화산활동은 알류샨 열도(Aleutian Islands) 등 일련의 섬을 생성할 수 있다. 이 그림의 왼쪽에 있는 모습은 대서양을 더 특징적으로 나타냈으며, 그림의 오른쪽 모습은 태평양을 더 특징적으로 나타냈다. Adapted from Thurman, H.V., 1990. *Essentials of oceanography*, 4th ed. New York: Macmillan.

▲ 그림 12.11 바다 열염 순환의 일부로 따뜻한 표면 해류가 적도 해역에서 유럽을 향해 북상하여 열을 나르고 그들은 대기를 따뜻하게 한 결과, 차가워져 북대서양 심층수(NADW)를 형성하며 가라앉는다. 과학자들은 그린란드 빙상의 급속한 해빙이 열 흐름을 방해하고 유럽이 비약적으로 냉각되는 원인이 될 수 있는지에 대해 논쟁하고 있다.

압에서의 체계적인 변화, 해수면 온도, 열대 태평양의 해양 순환이다. 정상적인 조건에서 일반적인 바람은 대기의 대규모 대류순환을 형성하고, 동부 태평양의 고기압 영역에서 서부 태평양의 저기압으로 적도를 따라 동쪽에서 서쪽으로 분다(그림 12.12a). 바람이 표층수를 서쪽으로 밀어 물이 서태평양에서 쌓이도록 한다. 그 결과, 인도네시아 근처의 물이 남미에서 가까운 물보다 50 cm(20 in.) 이상 높고 8°C 더 따뜻해질 수 있다. 서쪽으로 움직이는 지표수는 차가운 물이 페루와 에콰도르 해안을 따라 영양이 풍부한 용승의 깊은 곳에서 올라올 수 있도록 한다.

엘니뇨(El Niño) 조건은 대기압이 동 태평양에서 감소하고 서 태평양에서 증가하여 적도 바람이 약해져 따뜻한 물이 동쪽 방향으로 흐르는 것이 허용될 때 촉발된다(그림 12.12b). 이것은 미국의 태평양 연안 용승을 억제하고, 해양 생물과 어업을 지원하는 영양소의 전달을 막는다. 페루 멸치어업 등의 연안산업은 엘니뇨에 의해 황폐화되었고, 1982년부터 1983년 엘니뇨는 세계경제에 80억 달러에 달하는 손실을 일으켰다. 엘니뇨는 일반적으로 건조한 지역(남부 캘리포니아와 같은)에서 폭풍우와 홍수를 만들고 일반적으로 습한 지역(인도네시아 등)에서는 가뭄과 화재의 원인이 되는 등 전세계 기상 패턴을 바꾼다.

라니냐(La Niña) 현상은 엘니뇨의 반대다. 라니냐 발생 시 서쪽으로 부는 바람이 강해질 때 적도지역 태평양에 찬물은 표면으로 상승하여 서쪽으로 뻗어나가고, 기상 패턴은 반대 방향으로 영향을 받는다. ENSO 주기는 2~8년에 발생하고 정기적으로 있지만 불규칙하다. 과학자들은 지구온난화 대기와 해양 온도가 이러한 주기의 빈도와 강도를 증가시키고 있는지에 대하여 조사하고 있다.

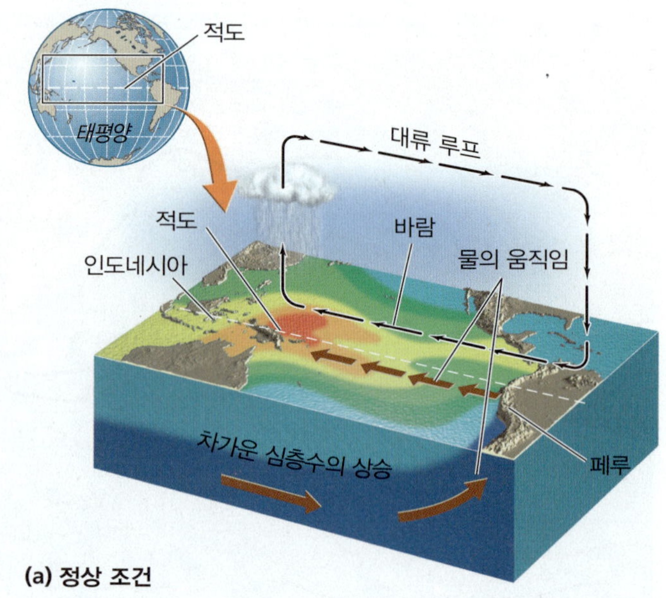

(a) 정상 조건

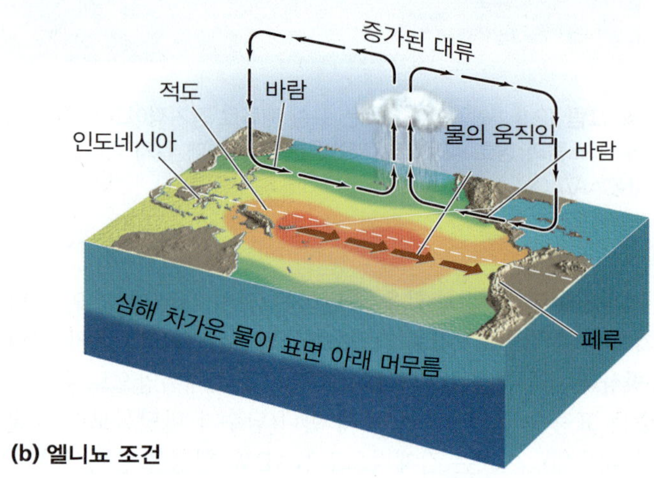

(b) 엘니뇨 조건

▲ 그림 12.12 이 그림에서 빨간색과 오렌지색은 따뜻한 물을 나타내고, 파란색과 녹색은 찬물을 의미한다. 정상적인 조건에서는 (a) 일반적인 바람은 따뜻한 표층수를 서쪽 태평양쪽으로 민다. 엘니뇨 조건(b)에서 바람이 약해지면 따뜻한 물은 물이 욕조에서 휘젓는 것처럼 남미를 향해 태평양을 가로질러 흐른다. 이것은 미국의 해안을 따라 용승을 종료시키고 지역적 세계적으로 강우 패턴을 변화시킨다. Data from National Oceanic and Atmospheric Administration, Tropical Atmospheric Ocean Project.

바다와 해안시스템

지형, 온도, 염도, 영양염 및 태양광의 다양함으로 바다 및 해안환경은 생태계의 다양성을 형성한다. 이러한 시스템은 우리에게 음용수나 작물을 경작하는 데 필요한 물을 주지 않을지도 모르지만, 그들은 생물다양성이 넘치고 많은 다른 필요한 자원을 제공한다.

담수는 하구에서 염수와 합쳐진다

강이 해양으로 흘러들고 민물과 바닷물이 혼합되는 곳의 수체는 **하구(estuaries)**라고 한다(그림 12.13). 하구는 조류와 담수 유출량이 매일 및 계절변동으로 염분의 변화를 가져오는 생물학적으

▲ **그림 12.13** 민물 강은 염수와 혼합하여 하구에 소금기 있는 물을 형성한다. 강물로부터 영양물질의 유입 증가는 지구상에서 가장 생산적인 생태계 유형 중 하나를 생성한다.

로 생산적인 생태계이다. 하구의 얕은 물은 장어양식과 다른 식물의 생명을 지키는 물떼새류와 많은 상업적으로 중요한 갑각류 종의 중요한 서식지를 제공한다.

하구는 어느 곳이나 연안개발, 수질오염, 서식지 변화 및 남획의 영향을 받고 있다. 체사피크(Chesapeake) 만 하구(2장에서 소개)는 그 일례이다. 하구 및 기타 해안 생태계는 모든 사람들의 2/3가 바다에서 160 km(100 mi)의 범위 내에서 생활하는 것을 선택하기 때문에 태생적으로 인간의 영향을 받고 있다.

갯벌은 온대 해안선을 따라 형성된다

온대 위도의 많은 세계 해안에서 조석이 모래와 실트 기질을 부드러운 경사로 씻어내는 장소에 따라 **갯벌(salt marshes)**이 발생한다. 밀물과 썰물의 조석은 **조류세곡**(tidal creeks)이라고 하는 수로를 흘러들었다 나가며 최고 높이의 조석은 루이지애나 해안의 습지와 같이 높아진 갯벌에 모래와 실트 기질을 쏟아놓는다(**그림 12.14**). 갯벌 평지는 내염성 잔디뿐만 아니라 골풀, 관목 및 다른 초본 식물로 두꺼워진다.

▼ **그림 12.14** 갯벌은 진흙 투성이 온대 조간대에서 발생한다. 조수의 물은 때때로 부분적으로 염분에 적응한 잔디가 참긴 벤치라는 평평한 영역에서 조수 만이라는 수로를 흐른다.

▲ **그림 12.15** 맹그로브 숲은 열대 · 아열대 해안선을 형성한다. 맹그로브 나무는 독특한 뿌리로 염수에서 생장하고 적응되어 많은 물고기, 새, 게, 및 다른 동물을 위한 서식지를 제공한다.

갯벌은 매우 높은 일차 생산력을 자랑하고 있으며, 도요새, 물떼새류, 물새, 많은 어패류의 종을 위한 중요한 서식지를 제공한다. 갯벌도 오염을 걸러내고 폭풍 파도에 대하여 해안선을 안정시킨다.

맹그로브 숲은 열대와 아열대의 해안선을 형성한다

열대 · 아열대 위도에서는 맹그로브 숲이 해안을 따라 갯벌을 대체한다. **맹그로브(mangroves)**는 내염성이며, 그들은 산소를 얻기 위해 스노클링과 같이 위쪽으로 굽거나 또는 수위가 변할 때 나무를 지지하기 위해 아래로 굽어지는 독특한 뿌리를 갖고 있다(**그림 12.15**). 생선, 조개, 게, 뱀, 그리고 다른 생물들이 뿌리 연결망 사이에서 번창하고 새들은 이 해안 숲의 조밀한 잎에 둥지를 틀고 먹이를 공급하고 있다. 맹그로브는 폭풍 파도로부터 해안선을 보호하고, 오염물을 걸러내며, 토양침식을 막고, 앞바다의 산호초를 보호한다. 그들은 또한 사람들에게 식품, 의약품, 도구 및 건설용 재료를 제공한다. 세계 맹그로브 숲의 절반은 사람들이 해안지역을 관광지와 새우 양식장을 위한 개발로 파괴되고 있다.

조간대는 지속적으로 변화한다

바다가 육지, **조간대(intertidal)** 또는 **해안(littoral)**을 만나는 곳에서 생태계(**그림 12.16**)는 만조 시 상한과 간조 시의 하한 사이에서 확산한다. **조수(tides)**는 특정 지역의 해수면을 기준으로 정기적인 상승과 하강 운동을 일컬으며, 달과 태양의 인력에 기인한다. 조간 생물은 하루 중 일정 시간은 물속에 잠겨서, 일정 시간은 공기와 햇빛에 노출되어서, 일부 시간은 파도에 부딪히면서 보낸다.

생명은 간조 시에 은신처와 물(조수 웅덩이)을 제공하는 바위 해안선의 균열부위에 풍부하게 서식한다. 이러한 말미잘, 홍합 및 삿갓조개 등의 고착(고정) 동물은 바위에 부착하여 그들 위에 부유하는 물속의 플랑크톤으로 먹이를 공급받는다. 성게, 바다 굼

▲ 그림 12.16 암석조간대는 생물다양성에 대한 틈새 공간을 제공하고 조수의 최저 및 최고 도달 사이에 바위 해안선을 따라 펼쳐져 있다. 해안선이 높은 지역은 수시로 공기에 노출되어 오랜 기간 동안 노출을 용인하는 생물은 최고의 상부 조간대에 특화되어 있다. 아래 조간대는 짧은 기간 동안 덜 자주 노출되어 있어, 노출에 적응이 적은 지형 생물은 이 영역에서 번성한다.

벵이, 딱지조개와 삿갓 조개류는 조간 조류 또는 바위에서 부서진 먹이를 먹는다. 불가사리는 초식동물 또는 여과섭식자를 포식한다. 게는 바위를 기어가면서 퇴적물과 생물 사체를 포식한다. 암석조간대는 온도, 염분, 수분 등의 환경조건이 간조 시부터 만조까지 비약적으로 변하기 때문에 매우 다양한 환경이 만들어진다.

켈프 숲은 많은 생물들의 피난처이다

많은 온대 해안을 따라 대형 갈조류 또는 **켈프(kelp)**는 대륙붕 층에서 성장하여 햇볕이 비치는 표층까지 도달한다. 일부 켈프는 높이가 60 m(200 ft)에 달하며 하루 45 cm(18 in) 성장할 수 있다. 밀도 높은 켈프 서식은 "숲"을 형성한다(**그림 12.17**). 켈프 숲은 물개와 상어 등의 육식동물에게 먹이가 되는 무척추동물과 물고기들에게 피난처와 먹이를 제공한다(켈프 숲은 핵심종으로서의 해달에 관한 논의를 위하여 제공하였다; 4장). 켈프 숲은 파도의 에너지를 흡수하고 침식으로부터 해안을 보호한다. 사람들은 켈프의 일부 종류를 먹고, 일부 종은 화장품, 페인트, 아이스크림, 기타 소비 제품의 증점제로 사용되는 화합물을 제공한다.

산호초는 생물다양성의 보고다

얕은 아열대 및 열대 바다는 산호초의 서식처이다. 산호초는 산호로 알려져 있는 작은 무척추동물의 골격으로 구성된 탄산칼슘의 덩어리이다. 산호는 해파리와 관련이 있으며 날카로운 촉수로 지나가는 먹이를 잡아먹는다. 또한 자신의 몸에 서식하는 (산호초의 선명한 색깔의 다양성을 제공하며 광합성을 통해 유기물을 생산하는 쥬산텔라로 알려져 있는 와편모조류) 공생 조류에서 영양을 얻고 있다. 대부분의 산호는 군체를 이루며, 산호초의 화려한 표면은 고밀도의 수백만 개체로 구성되어 있다. 산호가 죽게 되면, 그 골격은 산호초의 일부로 남아 있고 새로운 산호는 그 위에 성장하며 산호초를 크게 한다.

▼ 그림 12.17 켈프로 알려진 커다란 갈조류의 숲은 대륙붕 층에서 자란다. 수많은 물고기와 다른 생물은 다시마를 먹거나 잎 속에서 피난처를 찾는다.

(a) 산호초 군락

(b) 백화된 산호

▲ **그림 12.18** 산호초는 물고기와 다른 생물의 놀라운 다양성을 위해 먹이와 피난처를 제공하고 있다(a). 오늘날 이 산호초는 인간의 영향으로 여러 스트레스에 직면하고 있다. 많은 산호는 산호의 백화현상의 결과로 사망하고(b) 있으며, 그것으로 산호가 자신의 갈충 조류를 잃고 있는 것이다. 백화는 산호의 표백이 분명하다.

산호초는 파도의 에너지를 흡수함으로써 해안선을 보호한다. 그들은 또한 엄청난 생물다양성의 주역이다(**그림 12.18a**). 이것은 산호초가 높은 일차생산의 영역인 얕은 연안 해역에서의 복잡한 물리적 구조(많은 서식지)를 제공하기 때문이다. 아네모네, 스펀지, 관충류 및 기타 고착 무척추동물, 무수한 연체동물, 편형동물, 그리고 성게 산호초의 엄청난 다양성 이외에도 수천 어종이 산호초의 구조물에서 먹이와 피난처를 찾는다. 산호초의 아름다움과 다양성은 그들을 연안 지역의 경제적 이익을 제공하는 생태관광 목적지로 만든다.

산호초는 하지만 세계적으로 놀라울 정도로 감소되고 있다. 연안 해역에서의 영양염 오염은 조류의 성장을 촉진하고 그것은 산호초를 질식시킨다. 많은 산호초는 주산셀러(황록공생조류)가 죽거나 산호를 떠날 때 영양을 빼앗아 발생하는 "산호의 백화"가 진행되는 것을 겪었다(**그림 12.18b**). 산호의 백화현상은 오염물질의 유입, 알 수 없는 자연적인 원인 또는 이러한 요소들의 조합에서 기인하는 지구 규모의 기후변화와 관련된 수온의 상승에 의한 것으로 생각되고 있다.

산호초도 다른 방법으로 기후변화의 영향을 받고 있다. 해양은 사람들이 지금까지 대기로 방출한 잉여 이산화탄소(CO_2)의 약 1/3을 흡수하고 있으며, 이는 지구 기후변화의 진행을 늦췄다. 그러나 이 과도한 CO_2가 해수의 pH를 낮추어 해양의 산성화라는 현상을 가져왔다. 이것은 산호와 다른 생물이 자신의 껍질을 생성하는 데 필요한 탄산이온의 바다의 농도를 감소시키는 일련의 화학 반응을 일으킨다. 이러한 반응은 또한 산호 껍질에서 탄산칼슘을 용해시키는 분자를 생산한다. 껍질 용해율을 증가시키고 새로운 껍질이 형성되는 속도를 저하시킴으로써 해양의 산성화가 산호초의 지속성을 위협한다. 이산화탄소의 대기 중 농도와 함께 해양 산성화가 증가한다. 만약 이산화탄소의 대기 중 농도가 500 ppm(오늘날 391 ppm에서)으로 증가하면 매우 적은 해역만이 산호초를 유지하기에 충분한 탄산이온 농도를 갖게 된다.

해양생태계는 생물다양성이 풍부하다

해양의 표영권에서의 생물다양성은 그 분포가 매우 다양하다. 일차생산(2장)과 표층동물의 생활은 영양이 풍부한 용승 지역에 집중하고 있다. 미세 식물플랑크톤은 해양생태계에서의 먹이사슬 최하단을 구성하며 동물플랑크톤은 물고기, 해파리, 고래, 기타 자유 유영 동물의 먹이가 된다(**그림 12.19**). 더 높은 영양단계의 육식동물로는 더 큰 물고기, 바다거북, 상어가 포함되어 있다.

거의 알려지지 않은 심해 생태계에서 동물들은 극도의 수압에 견딜 수 있도록 적응하고 독립영양생물(2장)로부터 먹이 공급이 없는어둠 속에서 생활할 수 있도록 적응하였다. 종종 이러한 이상하게 보이는 생물의 대부분은 사체 또는 위에서 떨어지는 유기 파편을 먹어서 청소한다. 다른 것들은 육식 동물이거나 공생(4장)

▼ **그림 12.19** 해수의 최상부에는 수십억 식물플랑크톤—해양 먹이 사슬의 기초를 형성하는 작은 광합성 조류, 원생생물 및 박테리아—뿐만 아니라 식물플랑크톤을 섭식하는 다음 영양단계의 동물플랑크톤, 작은 동물과 원생생물이 포함되어 있다.

박테리아로부터 먹이를 얻는다. 해저 화산의 불출에 의해 미네랄이 운반되는 열수구 주변에는 심해 생태계가 형성된다. 최근 발견된 이러한 심해계의 관충류, 새우, 그리고 다른 생물들은 햇빛이 아니라 열수의 화학물질로부터 에너지를 얻기 위해서 공생 박테리아를 사용하고 있다.

수계는 인간의 활동에 의해 영향을 받는다

수계에 대한 우리의 탐방은 담수와 해양생태계의 생태 경제적 가치를 보여주었다. 우리는 이제 이수를 위해 물을 뽑아내고, 댐과 제방을 건설하며 물의 화학적 생물학적 및 물리적 성질을 변화시키는 오염물질을 유출하는 인간 활동이 이러한 시스템에 어떻게 영향을 미치는지를 볼 것이다.

인간의 활동은 물길에 영향을 미친다

물은 한정된 자원이지만, 지속가능하게 관리하는 한 재생가능한 자원이다. 불행하게도 사람들은 지속 불가능한 수준으로 물을 빼내어 쓰고 지표수와 지하수의 많은 자원을 고갈시키고 있다. 이미 전 세계인의 1/3이 물 부족의 영향을 받고 있다.

또한 사람들은 집중적으로 물 공급, 운송, 치수에 대한 요구를 충족하기 위해 댐, 제방 및 우회 수로와 담수 수로를 설계하고 있다. 우리는 사례 연구 중심에서 살펴본 바와 같이, 미시시피 강 유역의 댐과 수로화가 강 하구에 역효과를 가져왔다. 우리가 연계 연결되어 있는 수생 시스템의 일부에 한 일들은 때로는 심각한 방향으로 다른 많은 영향을 미친다.

담수는 지구 전역에 불균등하게 분포한다

지역별로 지하수, 지표수 및 강수량이 다양하기 때문에 담수의 가용성은 세계적으로 크게 다르다. 우리가 담수 공급과 인구를 지도에서 비교해보면 사람들이 담수량에 맞춰 전 세계에 분포하지 않는 것을 알 수 있다(**그림 12.20**). 물과 인구분포의 불일치 때문에 인간사회는 항상 사람들이 수원으로부터 그것을 원하는 곳으로 담수를 수송하기 위해 노력하고 있다.

담수는 시간뿐만 아니라 공간적으로 편재되어 있다. 인도의 몬순 폭풍은 예를 들어 몇 시간 만에 지역의 연간 강수량의 절반을 쏟아붓는다. 강들은 흐르는데 계절의 차이가 있다. 이러한 이유로 댐은 강물의 흐름이 감소할 때 건조 시기에 사용할 수 있도록 물을 저장한다.

물 가용성과 인간의 수요 사이의 기존의 불일치가 충분하지 않았던 것처럼, 지구규모의 기후변화(14장)는 강수 패턴을 바꾸고, 빙하를 녹이고, 계절보다 빠른 유출을 일으키는 원인이 되고 가뭄과 홍수를 심화시켜 많은 지역의 상황을 악화시킬 수 있다.

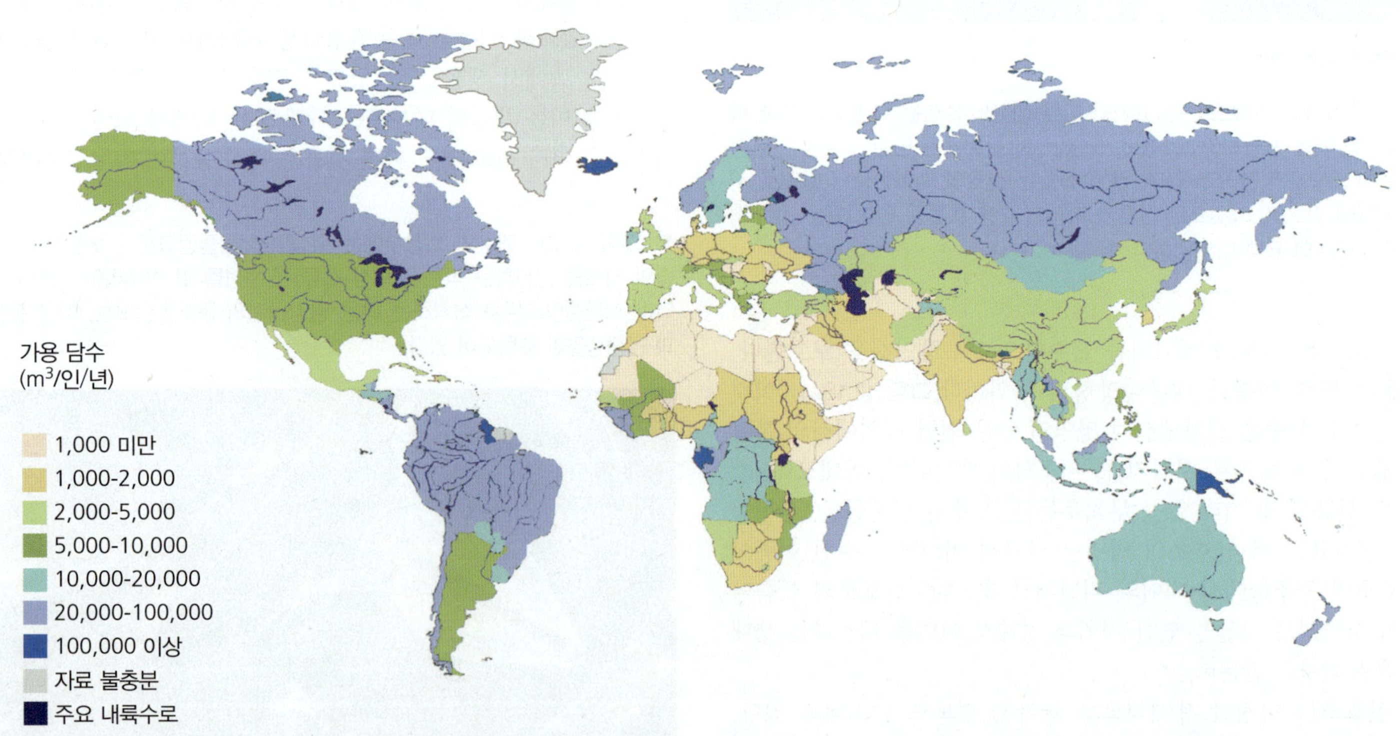

▲ **그림 12.20** 국가들은 국민일인당 가용 담수의 양에서 크게 다르다. 예를 들어, 아이슬란드, 파푸아 뉴기니, 가봉 및 가이아나(이 지도에서 진한 파랑) 각각이 많은 중동과 북아프리카 국가보다 인당 100배 이상의 물을 가지고 있다. Data From Harrison, P., and F. Pearce, 2000. *AAAS atlas of population and the environment*, edited by the American Association for the Advancement of Science, © 2000 by the American Association for the Advancement of Science. Used by permission of the publisher, University of California Press.

물은 가정과 공장, 특히 농사에 공급된다

우리는 가정에서 모든 음용, 요리, 청소를 위해 물을 사용하고 있다. 대부분의 광업, 산업, 제조 공정이 물을 필요로 한다. 농가나 목장 노동자는 농작물에 관개하거나 가축에 물을 공급하기 위하여 물을 사용하고 있다. 전 지구적으로 농업에 연간 담수 사용량의 약 70%를 할당한다. 산업계는 약 20%, 거주와 도시에서 사용은 10%를 차지하고 있다.

우리가 대수층과 지표수로부터 물을 이용하고 이를 원래대로 되돌리지 않는 경우 이것은 **소비적인 이용(consumptive use)**이라고 한다. 우리의 일차 소비적 물의 이용은 농업 관개용이다(7장). 이와는 대조적으로, **물 자원을 낭비하지 않는 사용(nonconsumptive use)**은 물을 완전히 제거하지 않거나 또는 일시적으로 대수층과 지표수 수체에서 물을 제거하는 것이다. 수력발전 댐에서 전기를 생산하기 위해 물을 사용하는 것이 자원을 낭비하지 않는 사용의 예이다. 물은 취수되어 터빈을 돌리기 위하여 댐 기계를 통과한 후에 하류로 다시 방류된다.

급속한 인구 증가는 매년 많은 사람들에게 식량과 옷을 공급하는 것을 필요로 하기 때문에, 우리는 농업에 너무 많은 물을 사용한다. 전반적으로, 50년 전보다 오늘의 관개를 위해 70% 더 많은 물을 사용하고 관개 지역을 2배로 늘렸다. 관개는 배 이상의 수확량을 생산할 수 있다. 그 결과, 우리는 세계적인 곡물 수확의 60%를 포함하여 우리 농산물의 전체 40%는 세계 농지의 18%에서 생산한다.

세계적으로는 관개용 취수의 약 15~35%는 지속불가능하다고 생각되고 있다. 농업이 물을 지속적으로 공급할 수 있는 것보다 더 많은 깨끗한 물을 요구하는 지역에서는 **물 채굴**(water mining)—재충전될 수 있는 것보다 더 빠르게 물을 빼내는 것—이 일어나고 있다. 이러한 지역은 대수층이 고갈되고 있거나 또는 표층수가 다른 지역으로부터 배관으로 공급되고 있다.

우리는 홍수조절을 위해 둑과 제방을 쌓았다

홍수(flooding)는 눈 녹은 물과 호우가 강물의 양을 팽창시켜 강둑을 범람시킬 때 발생하는 일반적인 자연적인 과정이다. 이 과정은 자연스럽게 영양이 풍부한 퇴적물을 범람원에 뿌려 자연 생태계와 인간의 농업에 보탬이 되고 있다.

도시와 마을이 미시시피 강과 다른 하천의 범람원으로 성장할 때, 그러나 다른 한 편으로 사람들은 홍수로 인한 재산 피해로 고통받고 있다. 지역 사회와 정부는 강변을 따라 주 수로에 물을 유지하기 위해 **둑**(dikes)과 **제방**(levees)을 구축하였다. 이러한 구조물들은 대부분의 경우 홍수를 막지만 강제로 수로에 머물도록 하여 엄청난 에너지를 구축함으로써 치명적인 범람사고로 이어져 오히려 홍수를 악화시킬 수 있다(**그림 12.21**). 미시시피 강 제방의 대부분은 1927년 미시시피 강 하류의 엄청난 침수 후 구축되었고 국민들은 홍수로부터 더 큰 보호를 요구했다.

▲ **그림 12.21** 2011년 5월 미시시피 강에 비정상적으로 높은 수위는 루이지애나 동쪽 캐롤 교구에서 제방이 무너져 인접한 농지에 홍수를 가져오는 원인이 되었다. 일부 인구가 적은 지역의 상류 제방은 의도적으로 파괴되고, 범람원은 하천의 유량을 낮추고 하류의 인구 밀집 지역을 보호하기 위해 범람시켰다.

우리는 수천 개의 댐을 세웠다

댐(dam)은 강과 하천에 놓인 그 흐름을 차단할 장애물이다. 댐은 인간의 사용을 위해 물을 저장하는 **저수지(reservoirs)**와 인공 호수를 만든다. 우리는 홍수를 방지하고 식수를 제공하기 위해 관개를 돕고 전기를 생성하기 위해 댐을 건설한다.

세계적으로, 140개국 이상에서 강을 가로질러 45,000개의 대형 댐(높이 15 m 또는 49 ft 이상)을 세웠다. 우리는 수만 개의 작은 댐을 구축하였다. 세계 유일의 몇 개 주요 하천만 댐이 없고 자유롭게 흐르도록 남아 있다. 이것들은 캐나다, 알래스카, 러시아의 툰드라와 타이가를 통해 흐르고 라틴 아메리카, 아프리카의 오지를 흐르고 있다.

댐은 **그림 12.22**에 나타낸 것처럼 그리고 우리의 사례연구 중심에서 설명된 것처럼 편익과 비용 모두를 우리에게 준다. 이러한 복잡한 예로서 세계에서 가장 큰 댐을 검토해보자: 중국 양쯔강의 삼협댐 높이 186 m(610 ft)와 2.3 km(1.4 mi) 넓이. 이 댐은 2008년에 완공되었고(**그림 12.23a**), 저류조는 616 km(385 mi)를 뻗어나간다. 이 댐은 역사적으로 양쯔강 유역에 발생한 대규모 홍수를 막는 데 도움이 된다. 또한 선박이나 바지선이 멀리 상류까지 여행토록 허용하고 대규모 석탄이나 원자력 발전소 수십 개를 대체하는 데 충분한 수력을 생성한다.

그러나 삼협댐은 구축하기 위해 390억 달러의 비용이 들었고 그 저수지는 22개 도시를 수몰시켰으며 124만 명을 이주시켰다(**그림 12.23b**). 상승한 수위는 10,000년 된 유적지, 생산적인 농지 및 야생 동물의 서식지를 수몰시켰다. 양쯔강 하구 갯벌 습지는 침식되고 있으며 하천 유속이 느려질 때 댐의 저수지에 침전하는 퇴적물을 빼앗아 간다. 많은 과학자들은 또한 양쯔강에 많은 오염물질이 갇혀서 물을 마실 수 없도록 만들게 되는 것을 걱정한다.

혜택에 비해 댐의 비용이 더 든다고 생각하는 일부 사람들은 이러한 댐 해체를 추진하고 있다. 댐을 제거하여 강이 자유롭게

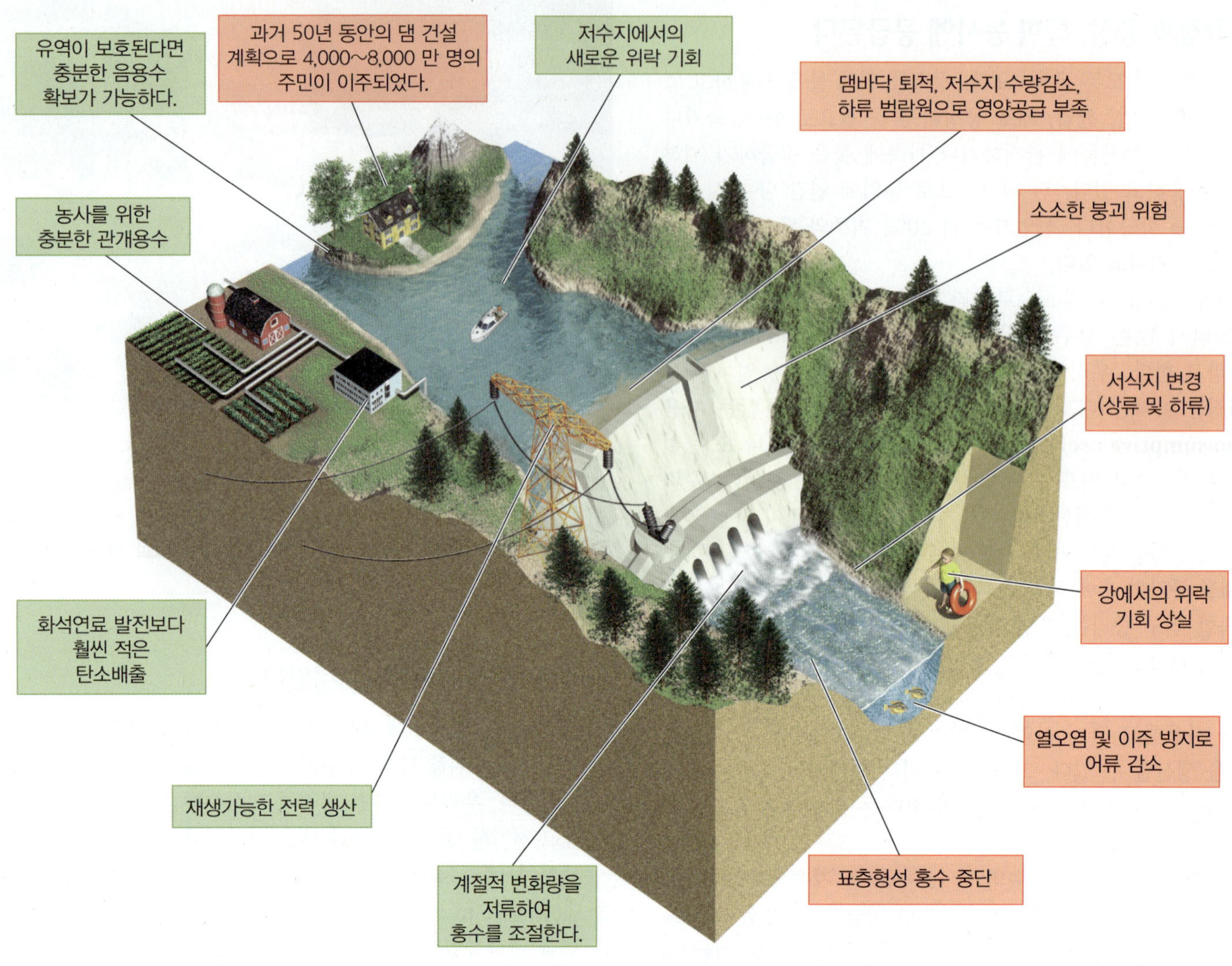

▲ **그림 12.22** 강을 막아 댐을 설치하는 것은 사람과 환경에 다양한 결과를 가져온다. 깨끗하고 재생가능한 발전은 수력 발전 댐의 몇 가지 주요 이점(**녹색 상자**) 중 하나이다. 서식지 변경은 몇 가지 부정적인 영향(**붉은 상자**) 중 하나이다.

흐르도록 함으로써 생태계를 복원하고 경제적으로 가치가 있는 어업을 다시 복구시키며 플라이 낚시와 래프팅 등 강의 레크리에이션을 부활시킬 수 있다고 한다. 많은 노화 댐들은 비싼 수리를 필요로 하고 있거나, 경제적 유용성을 넘어선 이러한 댐들이 제거 대상이다. 일부 400개의 댐들이 지난 10년간 미국에서 제거되었고, 500개 이상의 댐이 개보수 허가를 받게 될 때 향후 10년간 더 많은 댐이 없어질 것이다.

우리는 지표수를 필요에 적합하게 전환한다

사람들은 오랫동안 강과 호수에서 물을 농장, 가정, 도시로 전환하였다. 세계 최대의 전환 프로젝트는 중국에서 이루어지고 있다. 그곳의 정부 지도자들은 야심찬 계획을 통해 중국 남부의 양쯔강(물이 풍부)으로 기후가 건조하고 사람들이 그 물을 뽑아 써서 늘 건조한 중국 북부의 황하에 송수관으로 물을 보내는 것을 추진하고 있다. 총 길이 2,500 km(1,550 mi)에 달하는 대규모 수로(인공 하천) 3개는 북방으로 수조 갤런 물을 이동하기 위해 건설되고 있다. 중국 지도자들은 물의 전환이 북부의 농장과 도시의 물 부족을 해결하게 되기를 희망하고 있다. 그러나 많은 과학자들은 620억 달러 프로젝트가 중국 북부의 물 수요를 충족하기에 충분한 물을 전달하지 못할 것이며, 아직도 대규모 환경 영향의 원인으로 수십만 명을 이동시킨다고 말하고 있다.

WEIGHING 이슈

물에 도달하기 논란이 되는 담수의 전환은 미국에서도 발생했다. 빠르게 성장하고 있는 라스베가스 대도시 권역은 콜로라도강에서 할당받은 물을 초과하여 네바다에서 가장 큰 도시의 수요를 충족하기 위해 450 km(280 mi) 떨어진 곳에서 지하수를 전환하는 35억 달러 프로젝트를 제안했다. 당신은 이러한 전환이 윤리적으로 정당화된다고 생각하는가? 동부 네바다의 전환지역에서 농촌과 습지 생태계가 이 프로젝트에 의해 파괴된다면, 이것이 라스베가스에서 생성되는 경제활동을 위해 주어지는 비용으로 받아들여질 수 있는가? 다른 방법으로 어떻게 라스베가스와 같은 도시는 그들의 미래의 물 수요를 충족할 수 있을까?

과도한 취수는 강과 호수를 마르게 한다

우리의 전환과 소비의 결과로 여러 곳에서 우리는 지속 불가능한

(a) 이창에 있는 3개의 거대한 댐, 중국

(b) 쓰촨지방에서 이주하는 주민, 중국

▲ **그림 12.23** 중국 삼협 댐(**a**)은 2008년에 완공된 세계 최대의 댐이다. 120만 명이 이주되었고, 쓰촨지방(**b**)은 도시 전체가 댐 건설을 위해 파괴되었다.

속도로 지표수를 빼내어 쓰고 있어 강의 유량을 크게 감소시키고 있다. 많은 주요 하천들—북미의 콜로라도강, 중국의 황하와 아프리카 나일강—은 정기적으로 과도한 취수로 바다에 도달하기 전에 고갈된다. 유속의 감소는 이 강에 의존하고 있는 도시와 농장의 미래를 위협할 뿐만 아니라 하천의 생태계와 그 평야를 크게 변형시켜, 식물 군락 변경, 물고기와 무척추동물의 개체수를 감소시키고 어업을 황폐화시킨다.

현재의 우즈베키스탄과 카자흐스탄의 국경인 아랄해처럼 지표수 고갈의 영향이 분명한 곳은 어디에도 없다. 한때 지구상에서 4번째로 큰 호수였던 아랄해는 이 건조한 지역의 목화농장에 농업용 관개를 제공하기 위해 호수로 흐르는 두 개의 강물을 전환한 지 불과 45년 만에 호수 4/5를 잃었다(**그림 12.24**). 아랄해의 축소는 60,000명 어민의 일자리 상실의 원인이 되었지만, 과학자, 엔지니어, 주민들은 아랄해의 북쪽 부분을 살리기 위해 노력하고 있으며, 아마도 지금은 회복되기 시작했을지도 모른다.

(a) 아랄해 위성사진, 1987

(b) 아랄해 위성사진, 2009

(c) 아랄해의 빠르게 줄어드는 물로 좌초된 선박들

▲ **그림 12.24** 중앙아시아의 아랄해는 축소되고(**a, b**) 있는데, 이유는 너무 많은 물을 목화작물을 관개하는 데 뽑아 쓰기 때문이다. 옛 해안선을 따라 배는 모래(**c**)에 좌초되어 있다. 왜냐하면 바닷물이 너무 멀리 빨리 후퇴하였기 때문이다. 오늘날 복구노력은 바다의 북쪽 부분의 감소 경향을 반전시키기 시작했으며, 물이 서서히 상승하고 있다.

지하수 고갈은 사람들과 생태계에 영향을 미친다

지하수는 대부분의 대수층이 아주 천천히 충전되기 때문에 지표수보다 더 쉽게 고갈된다. 만약 우리가 대수층을 은행계좌로 비교한다면 우리는 예금보다 더 많이 출금하고 있어 잔고가 줄어들고 있는 것이다. 오늘날 우리는 지하수를 매년 재충전되는 양보다 160 km^3 더 많이 추출하여 채수하고 있다. 이것은 지구 인구의 1/3이—미국 농촌 인구의 99%를 포함하여—지하수에 의존하기 때문에 문제이다.

대수층이 채수되면 지하수면은 점점 더 깊이 내려간다. 이것은 지하수가 유입되는 습지에서 담수를 빼앗아 그들이 고갈되어 마르는 원인이 된다. 지하수는 추출하는 것이 점점 더 어려워져 비용이 비싸지고 결국에는 소진될지도 모른다. 멕시코, 인도, 중국 및 여러 아시아와 중동의 일부는 지하수면이 연간 1~3 m (3~10 ft)씩 하락하고 있다.

지하수가 해안에서 과도하게 뽑아내질 때 바닷물이 해양에서 대수층으로 침입하게 되고 이로 인해 물을 마실 수 없도록 만든다. 이런 일이 플로리다, 중동 및 다른 곳에서 발생했다. 더욱이 대수층의 물을 잃을 때 상층부 지층을 지지하기 어렵게 될 수 있으며, 상부 지표면은 가라앉거나 또는 붕괴할 수 있다. 멕시코 시티, 베니스, 방콕, 베이징들은 천천히 가라앉고 있으며, 도로는 가라앉고 지하배관은 파열되는 원인이 된다. 일단 땅이 가라앉으면 토양이나 암석은 압축되고 물을 유지할 수 있는 다공성을 잃는다. 이후 고갈된 대수층을 재충전하는 것은 더 어렵게 된다.

생수는 생태학적 비용이 든다

요즘 지하수는 새로운 용도로 채수된다—페트병에 포장되어 슈퍼마켓 선반에서 판매된다. 2009년에 미국인들은 평균적으로 100 L 이상의 생수를 사 마셨고 생수 매출은 미국에서 105억 달러와 전 세계적으로 600억 달러를 돌파했다.

생수를 구입하는 대부분의 사람들은 휴대성과 편리성 때문이거나 수돗물보다 더 낫다고 생각하기 때문이다. 그러나 블라인드 맛 테스트에서 사람들은 수돗물의 맛도 좋다고 생각하며, 화학적 분석은 생수가 수돗물보다 더 안전하거나 건강하지 않다는 것을 보여준다(**과학 비하인드 스토리** 참조).

생수도 근본적으로 생태계에 영향을 미친다. 2009년의 연구는 생수의 에너지 비용이 수돗물의 에너지 비용보다 1,000~2,000배 더 크다고 산출했다. 대부분의 에너지는 병을 만들고 제품의 운반에 사용되었다. 더욱이 미국에서는 4병 중 적어도 3병은 사용 후 버리고 있기 때문에, 연간 300~400억 개의 용기를 처분해야 한다.

우리는 미래의 물 전쟁을 보게 될까?

인구증가, 관개농업의 확대, 산업의 발전은 1960년부터 2000년까지 연간 담수 사용량을 두 배로 늘렸다. 증가된 담수 취수는 물 부족으로 이어질 수 있으며, 자원고갈은 분쟁으로 이어질 수 있다. 많은 사람들은 계속되는 인구증가와 기후변화가 강우패턴을 변화시킬 때 지역 분쟁에 있어서의 물의 역할은 증가할 것으로 예측하고 있다. 총 261개 주요 강(유역이 세계 육지 면적의 45%를 커버)은 국경을 지나므로 국가 간 의견불일치는 다반사다. 물은 이미 이스라엘, 팔레스타인 사람, 그리고 이웃 간의 불화의 중요한 요소가 되었다.

미국은 물 분쟁의 몫을 가지고 있다. 콜로라도 강물의 배분은 오랫동안 건조한 서부에서 농장 및 성장하는 도시 간 갈등의 근원이 되어왔다. 조지아, 앨라배마, 플로리다 주들도 현재 공유 하천에서 취수에 대한 법적 분규를 겪고 있다.

아직 긍정적인 측면은 많은 나라들이 물 분쟁을 해결하기 위해 협력하고 있다는 것이다. 인도는 파키스탄, 방글라데시, 부탄, 네팔과의 국경을 넘어 강을 공동 관리하기 위해 협정을 체결했다. 유럽에서는 라인강과 다뉴브 강가의 국가들이 물 공유 협약에 서명했다. 이러한 진전은 물 전쟁이 줄어들 수 있기를 바라는 이유가 된다.

담수 고갈에 대한 해결책

담수 고갈에 대처하기 위해서는 우리가 물 공급을 증가시키거나 또는 물수요를 줄일 수 있다. 대형 댐을 건설하여 물 공급을 증가시키는 것은 과거의 물 부족에 대한 일반적인 해결책이었다. 그러나 우리는 이미 대규모 댐 적지의 대부분을 개발하였고 남아 있는 것들의 대부분은 개발도상국의 원격지에 있다. 따라서 더 많은 댐을 건설하는 것은 담수에 대한 사람들의 수요를 충족하기 위해 대부분의 장소에서 실행 가능한 해결책으로 나타나지 않는다.

물 공급을 증가시키기 위한 또 다른 전략은 해수 담수화로 바닷물이나 한계 품질의 다른 물에서 소금을 제거하여 담수를 생산하는 것이다. 이것은 소금물을 증발시켜 생성된 담수증기를 응축하여 수행할 수 있다. 불행히도, 담수화는 화석연료나 전기를 대량으로 투입하는 것을 필요로 하는 에너지 집약적인 공정이다. 이것은 비용이 비싸서 페르시아만 지역에 있는 건조지대 산유국과 같은 나라들의 집중적인 사용을 제한한다. 따라서 대부분의 국가에서 물 공급을 증가시키려는 그것의 이용은 제한적이다.

FAQ

Q: 우리는 단지 우리의 물수요를 충족시키기 위해 담수화를 사용할 수 없는가?

A: 지구의 바닷물은 끝없이 공급될 수 있음을 감안할 때, 많은 사람들은 담수화가 우리의 세계 물 위기에 대한 해답이라고 간주하고 있다. 그럼 왜 우리는 열심히 이 기술을 모든 곳에서 이용하지 않는가?

간단히 말하면, 우리는 경제적으로 실행가능하고 환경적으로 지속가능한 담수의 보급을 위해 필요한 풍부한 청정 에너지원이 부족하다. 예를 들어, 미국에서는 담수 7,000억 리터 이상(1850억 갤런)을 매일 식량생산, 산업, 공공 수도로 사용한다. 담수화로 이 양을 조금이라도 공급하기 위해 필요한 에너지를 전용하는 것은 가솔린, 전기 및 기타 연료의 가격이 폭등하는 원인이 된다. 담수화를 위한 에너지원으로 화석연료를 사용하면 미국의 대기오염물질 및 온실가스 배출량을 증가시키는 것이다. 이러한 제약으로 인해, 우리가 풍부한 환경 친화적인 에너지원을 찾을 수 없으면 담수화가 널리 미국에서 포용되는 일은 거의 없을 것이다.

우리는 물수요를 줄일 수 있다

공급기반 전략은 물 공급을 증가시키기 위한 큰 기대를 갖고 있지 않기 때문에 사람들은 점점 수요기반의 해결책으로 돌아서고 있다. 절약 및 효율적인 조치는 담수 수요를 감소시키는 전략이다. 이러한 전략은 개별 행동 변화를 필요로 하기 때문에 정치적으로 어려울 수 있지만, 더 나은 경제적 이익을 제공하고 더 적은 생태적 및 사회적 손상을 줄 수 있다. 공급기반에서 수요기반 해결책으로 이동은 이미 배당금을 지불하였다. 예를 들면, 미국은 인구가 31% 증가하는 동안에도 보전 대책 덕분에 1980년부터 2005년까지 5%의 물 사용량을 감소시켰다. 농업, 가정, 산업 및 지자체에서 물을 절약할 수 있는 방법을 살펴보자.

농업 농부들은 보다 효율적인 관개방법을 사용하여 효율성을 향상시킬 수 있다. 경작지는 자유롭게 물이 범람하고 있는 가운데 "홍수와 고랑" 관개는 세계 관개시설의 90%를 차지하고 있다. 이러한 관개시설의 경우 농작물은 오직 공급된 물의 40%만을 사용하지만 다른 관개방법들은 훨씬 효율적이다. 저압 스프레이 관개는 식물을 향해 아래쪽으로 물을 분출하며, 드립(drip) 관개 시스템은 식물 각각을 대상으로 직접 토양에 물을 공급한다(7장). 전문가들은 드립 관개(이것에서는 고작 10%의 물만 낭비됨)는 생산량을 20~90%까지 올리면서 물 사용은 반으로 줄일 수 있으며 개발도상국 농부들의 연수입을 30억 달러 추가로 올릴 수 있다고 추정한다.

그들이 경작되고 있는 토지와 기후에 맞는 작물을 선택하면 물을 대량으로 절약할 수 있다. 건조지역에서 정부 보조 관개로 물을 많이 필요로 하는 작물(예를 들면, 면화, 쌀, 알팔파 등)의 재배를 없애면 물 사용을 크게 줄일 수 있다. 바이오 기술은 또한 품종개량(3장) 및 유전자 변형(7장)을 통해 적은 물을 필요로 하는 작물 품종을 생산하는 것으로 물사용을 줄일 수 있다.

가정 가정에서는 저유량 수도꼭지, 샤워기, 세탁기, 화장실을 설치하여 물 사용을 줄일 수 있다. 고효율의 화장실과 샤워기는 전형적으로 물소비가 가장 많은 2가지의 실내 용도이기 때문에 최대 절약을 제공한다. 야외 물 사용은 지붕에서 떨어지는 빗물을 저장함으로써 최소화할 수 있다. 외래식물종을 해당 지역의 자연 강수 패턴에 적합한 고유 식물로 바꿈으로써 물에 대한 수요를 줄일 수 있다. 건조조건에 적응한 식물을 이용한 조경은 야외의 물 사용을 줄이기 위한 미국 남서부에서 인기 있는 방법이다.

산업과 도시 제조 업체는 적은 물을 사용하는 공정으로 전환하여 그들의 비용을 절감하고 있다. 라스베가스는 관개 및 공업 용도로 처리한 도시하수를 재활용하는 많은 도시 중 하나이다. 배관의 누수를 찾아 새는 것을 막는 것도 일부 도시와 기업에 대량의 물을 절약하여 비용을 절감하게 해준다. 보스턴과 주변 지역은 새는 곳을 막고, 효율적인 배관으로 집들을 개선하고 보전을 촉진하여 17년 동안 31%의 물 수요를 감소시켰다. 이 프로그램은 메사추세츠 주가 선호하지 않는 5억 달러의 강 지류 계획을 피하도록 하였다.

수질오염과 관리

사람들이 너무 많은 물을 빼내는 것으로 댐, 지류화 및 제방으로 수로를 조작하여 시스템의 자연적인 과정을 변경함으로써 수계에 영향을 주고 있는 것을 볼 수 있다. 또한 사람들이 지표수와 지하수에 유해 물질과 질병을 일으키는 원인 생물을 유입시킬 때, 수 생태계에 영향을 미치고 인간의 건강을 위협하게 된다.

선진국들은 지난 수십 년 동안 수질오염을 정화하는 데 훌륭한 진전을 이루어왔다. 그래도 물에 관한 세계위원회는 최근 절반 이상의 세계 주요 강들이 심각한 고갈과 오염 및 주변 생태계를 오염시키는 상태로 남아 있어 그 강에 의지하는 사람들의 건강과 생명을 위협하고 있다고 결론을 내렸다. 한편 지하수의 대부분은 눈에 보이지 않는 오염으로 "비밀의 위기"라고도 부른다.

수질오염은 점오염원과 비점오염원으로부터 온다

오염(pollution)은 건강이나 사람의 복지나 기타 생물들에게 바람직하지 않은 영향의 원인이 되는 물질 또는 에너지의 환경 방출이다. 오염은 물리적, 화학적 또는 생물학적으로 물, 공기 또는 토양에 영향을 미칠 수 있다. **수질오염(water pollution)**은 다양한 형태로 와서 물 생태계 및 인간의 건강에 다양한 영향을 일으킬 수 있다.

수질오염 대부분의 형태는 인간의 눈에 띄지 않아서 과학자와 기술자들은 물의 화학적 성질(예를 들면, pH, 영양염 농도, 용존 산소 농도 등), 물리적 특성(온도와 탁도—물 시료 중의 부유입자 밀도), 그리고 생물학적 성질(유해한 미생물의 존재와 수 생태계의 종 다양성 등)을 측정한다.

일부 수질오염은 분리된 곳, 즉 공장, 하수구 또는 유조선과 같은 **점오염원(point sources)**으로부터 유출된다. 대조적으로 **비점오염원(non-point-sources)**은 농장, 도시의 거리 및 주거 주변지역 등의 넓은 범위의 여러 곳에서 유입되어 축적된다(**그림 12.25**). 미국 수질 정화법(5장)은 산업용 방류를 대상으로 하여 점오염원에 대한 어느 정도의 성공을 거두었다. 오늘날 미국에서의 수질은 잔디밭에 비료나 농약을 뿌리고 겨울에 도로에 염을 뿌리며, 자동차용 오일 교환 등 수많은 일반적인 활동에서 발생하는 비점오염원으로부터 가장 고통받고 있다. 식수의 비점오염원 오염을 최소화하기 위해, 정부는 저수지 주변 유역 토지 개발을 제한한다.

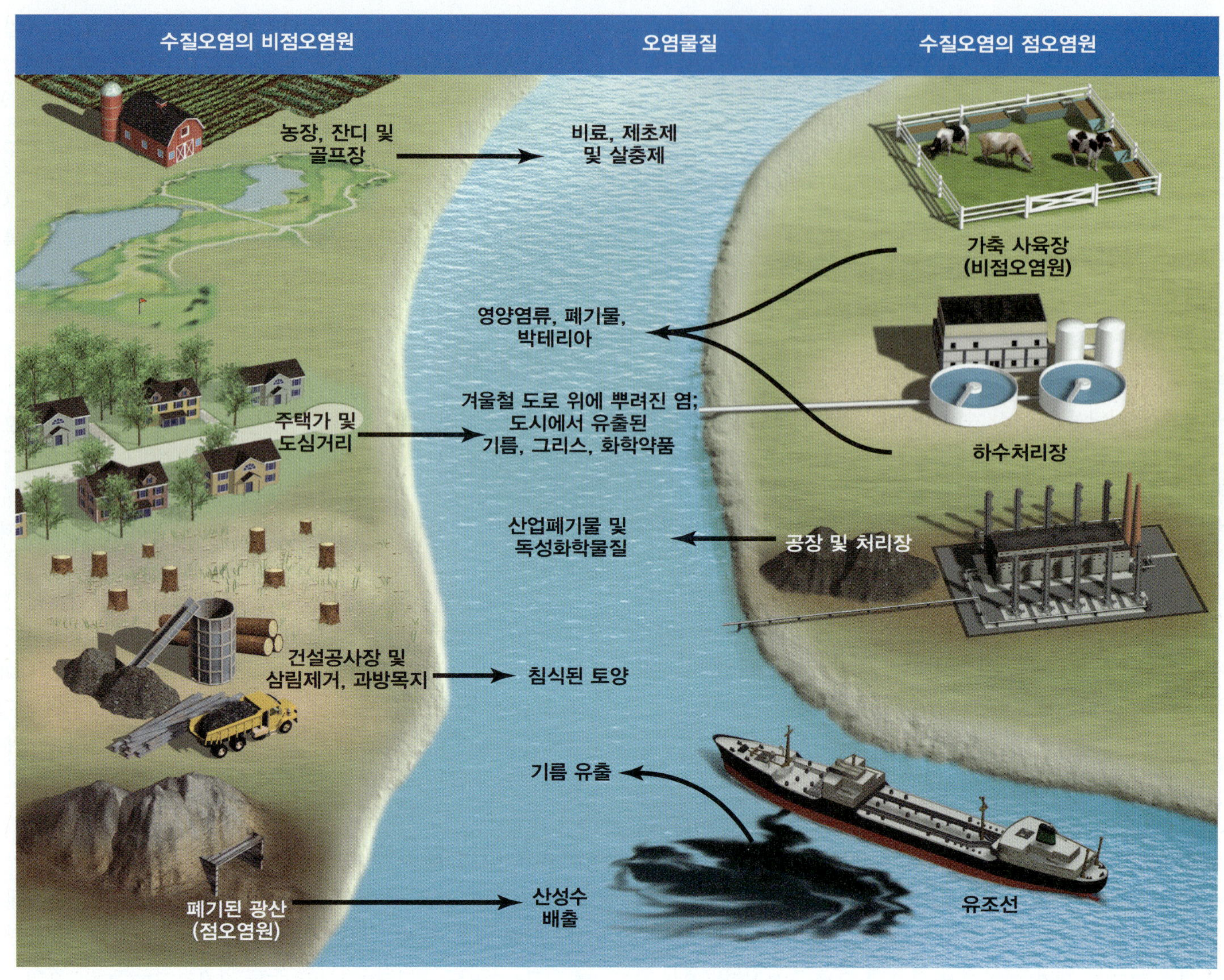

▲ **그림 12.25** 점오염원**(오른쪽)**은 별도의 시설이나 장소, 일반적으로 하나의 유출 배관에서 나오고 있다. 도로에서 유출, 주거 주변지역, 잔디, 그리고 농장**(왼쪽)** 같은 비점오염원은 넓은 면적에 걸쳐 다수의 공급원에서 유래한다.

수질오염은 여러 형태가 있다

수질오염은 오염된 물을 마시거나 오염된 곳에 사는 사람들이나 생물을 위협하고, 수로에 손상을 입히는 여러 가지 형태에 의하여 발생한다. 오늘날 세계에서 물에 영향을 미치는 수질오염물질의 주요 종류를 조사해 보자.

독성화학물질 수로와 해안 생태계는 살충제, 석유제품, 기타 합성 화학물질 등 우리 자신들이 만든 독성 유기물질로 오염되고 있다(7, 10장). 이들의 대부분은 동물과 식물에게 독성을 주고, 수계 생태계를 변화시키며, 암을 포함하여 인간의 집단적인 건강 문제를 일으킬 수 있다. 또한 산성비(13장)에서 광산 채굴 현장에서의 산성배수(12장)와 산이 그러하듯이, 비소, 납, 수은은 인간의 건강 및 환경 등에 피해를 줄 수 있다. 농촌, 도시 교외 지역을 둘러싸는 대규모 유역과 함께 미시시피 강은 농업, 산업, 가정 및 기업 등의 배출원으로부터 유독 오염물질을 나르는 수로이다.

산업계에 더 엄격한 규제를 강제하는 것은 많은 독성화학물질의 방출을 줄일 수 있다. 우리는 또한 산업 공정을 바꾸고 이러한 물질에 덜 영향받기 위하여 우리의 구매 결정을 변경할 수 있다.

병원균과 수인성 질병 질병의 원인이 되는 생물(병원성 바이러스, 원생동물 및 박테리아)은 불충분한 하수처리수로 인하여 인간의 배설물 및 사육장에서의 동물 폐기물로 오염된 식수 공급을 통해 유입될 수 있다(7장). 병원체에 의한 생물학적 오염이 연간 약 5만 명이 사망하는 다른 어떤 유형의 수질오염보다 인간의 건강에 문제를 가져온다. 특히 이러한 문제는 아시아와 아프리카의 농촌 지역에서 많은 사람들이 안전한 식수와 위생시설이 부족하기 때문에 발생한다. 개선은 하고 있지만 세계보건기구(WHO)는 거의 10억 명의 사람들이 안전한 식수를 공급받지 못하고 있으며, 26억 명의 사람들—인류의 40% 인구—은 아직도 적절한 하수 및 위생 시설이 부족하다고 지적한다.

우리는 식수소독(12장) 및 폐수처리(12장)로 수계 병원체에 의한 위험을 줄일 수 있다. 건강 위험을 줄이기 위한 다른 조치에는 개인 위생 장려를 위한 공교육과 식품의 생산, 가공, 유통의 청정도를 확보하기 위한 정부의 규제 등이 포함된다.

유류 오염 담수 및 해양 시스템의 유류 오염은 모든 규모의 기름유출에서 비롯된다. 대규모 유출 사고는 드물게 발생하지만 그 유출 영향은 엄청날 수 있다. 영국 석유회사의 딥워터 호라이즌 시추 해양 플랫폼의 폭발로 인하여 11명의 노동자들이 사망하고(15장) 루이지애나 해안으로 가라앉았을 때 유류 유출로 인한 어업, 경제, 생태계에 대한 유류 유출의 피해는 2010년에 현실화되었다. 분당 6,800 L의 속도로 플랫폼의 수중 관정에서 분출된 기름은 해류에 의해 널리 퍼져 북부 멕시코만 해안지역을 덮어버렸다(그림 12.26a). 유출의 경제적, 생태학적인 영향은 루이지애나, 미시시피, 앨라배마, 플로리다의 해안을 따라 수백 마일의 물, 갯벌과 퇴적층 및 해안선에 걸쳐 이어졌다.

딥워터 호라이즌 기름유출 등 심각한 대형 사건도 큰 영향을 주지만 매년 세계의 바다로 유출되는 석유 약 130만 톤의 거의 절반(47%)은 해저관정의 자연 용출에 기인한다. 다른 38%는 무수히 널리 퍼져 있는 작은 비점오염원으로부터 바다에 축적된다. 해상 운반선박 및 관광 보트들은 강, 호수, 하구, 바다 등을 오갈 때 기름을 유출할 수 있다. 도로 및 주차장에서의 차량 엔진오일도 비에 씻겨 하천을 통해 강, 해안지역 바다로 흘러간다. 기름 오염의 12%는 석유 수송에서 비롯되며 3%는 해안에서 떨어진 지역에서 오일 추출 시에 발생한 유출에서 비롯된다. 딥워터 호라이즌 유출은 엄청난 재앙이었지만, 다행이도 전 세계적으로 유조선에서 유출되는 기름의 양이 지난 30년 동안 감소했으며 이런 감소의 원인은 부분적으로 기름유출 방지와 대응에 대한 중요성을 계속 감소해 왔기 때문이다(그림 12.26b).

1990년 미국의 유류 오염 방지법은 10억 달러의 오염방지와 정화 기금을 만들었다. 또한 2015년까지 미국의 영해 내의 모든 유조선은 선체구멍에 대한 예방 조치로 이중 선체를 장착하도록 요구했다. 딥워터 호라이즌 유출을 계기로 미국 정부는 바다의 시추작업의 규제 강화를 검토하고 있다.

영양염류 오염 체사피크 만의 죽음의 지역은 어떻게 영양염류 오염이 지표수에서 부영양화와 저산소화의 원인이 되는지를 보여준다(2장). 과잉 질소 및(또는) 인이 수역에 들어가면 그것들은 조류와 수생식물의 성장을 가속화한다. 그러면 조류는 확산하여 수표면을 덮어 수중식물의 태양빛을 차단한다. 조류가 사멸하면 박테리아는 그들을 소모한다. 이 분해는 산소를 필요로 하기 때문에 박테리아 활성이 증가되면 용존산소를 감소시킨다. 용존산소의 감소는 어류와 갑각류의 서식을 제한하여 담수와 해수 생태계의 구적인 변화로 이어질 수 있다.

용존산소가 매우 낮은 "죽음의 지역"은 매년 북부 멕시코 만에 나타나며, 미시시피와 아차팔라야(Atchafalaya) 강에 의해 운반되는 중서부 농장에서 발생되는 영양염류가 주범이다(그림 12.27). 저산소 상태는 반대로 해양생물에 영향을 주어 새우와 물고기의 어획량이 1980년대의 반으로 감소하였다.

과도한 영양염 농도는 때때로 강력한 독소를 생산하는 미세조류 종의 폭발적 증식을 야기한다. 이러한 조류의 증식은 **유해 조류의 폭발적 증식(harmful algal blooms)**으로 알려져 있으며, 때때로 적색의 광합성 색소를 갖고 있는 미세조류의 성장으로 물의 색깔이 변색되기 때문에 **적조(red tides)**라고 불린다. 유해 조류의 폭발적 증식은 수생 동물과 사람에게 질병을 일으키거나 사

(a) 루이지애나 염습지에서 딥워터 호라이즌 기름유출에 의한 기름

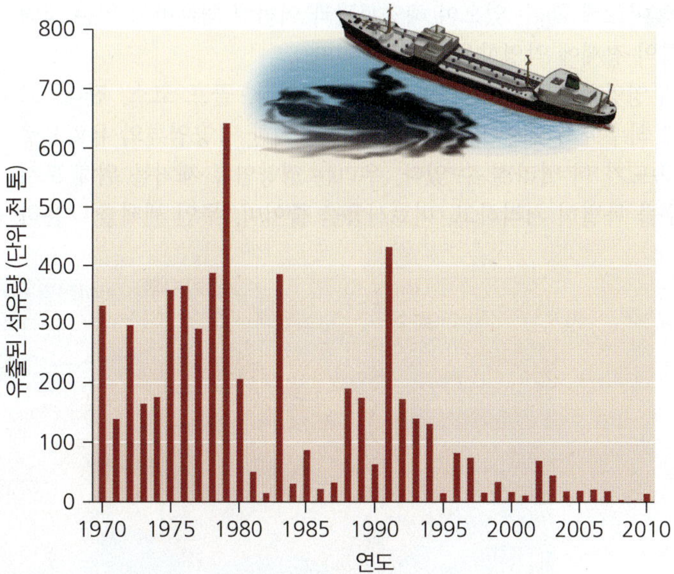

(b) 유조선에서 유출된 석유량, 1970~2010

▲ 그림 12.26 영국 석유회사의 딥워터 호라이즌 석유 시추 플랫폼이 폭발하여 멕시코만에 수백만 리터의 원유를 쏟아낸 2010년 이후 오염은 루이지애나 주의 해안선을 따라 심각하였다(a). 그러나 오늘날 대형 유조선 유출(b)에서 더 적은 기름이 해양 수역에 유출되고 있는데 이는 일부 석유 운송 산업 규제 및 개선된 유출 대응 기술 덕분이다. 막대그래프는 7톤 이상의 비군사적 기름유출 사고의 전 세계 누적량을 나타낸다. Data for (b) International Tanker Owners Pollution Federation Ltd.

매년 300~400억 개의 플라스틱 생수병이 미국에서 버려진다.

과학 비하인드 스토리

"병 속에 담는 것이 더 좋은가?"

수돗물과 생수 중 어느 것이 당신이 마시기에 더 안전하고 건강한가?

그 답을 아는 것은 어렵다. 왜냐하면 기업들은 우리에게 생수 품질에 대해 아무것도 말할 필요도 없고 심지어는 그 물이 어디에서 오는지조차도 말할 필요가 없기 때문이다.

주민들에게 수돗물을 공급하는 지자체는 환경보호국에 수원, 처리 방법 및 오염물질을 설명하는 보고서를 정기적으로 제출해야 한다. 이와는 대조적으로, 생수는 식품의약국(FDA)에 의해 "음식"으로 훨씬 가볍게 규제되고 있다. 생수 기업은 물을 어디서 공급받고 있는지, 또 어떻게 다루어지고 있는지에 대하여 국민이나 정부에 통지할 필요는 없다. 뿐만 아니라 공인 시험소에서 시료를 테스트하거나 오염 문제를 FDA에 통지할 것을 강요받지 않는다.

그래서 생수에 무엇이 있는지를 알아보기 위해 과학자들은 몇 가지 조사를 해야 했다. 2008년에 워싱턴 DC에 본사를 둔 환경 실무 그룹(EWG)의 연구진은 분석을 위해 아이오와 대학의 위생 연구소에 10개 주요 브랜드의 병에 넣어진 물 샘플을 보냈다. 실험실의 화학자는 일련의 테스트를 통해 미량의 중금속, 방사성 동위원소, 폐수오염에 의한 카페인 및 의약품, 비료의 질산염과 암모니아, 그리고 용매나 가소제 등의 다양한 산업용 화합물을 포함하는 38종의 화학 오염물질을 밝혀냈다(**첫 번째 그림**).

각 브랜드는 평균 8가지 오염물질을 함유하였고 두 브랜드는 캘리포니아의 법적기준 및 산업 안전 가이드 라인을 초과한 수준의 화학물질을 포함하고 있었다. 두 브랜드는 표준적인 수돗물 처리 화학 조성을 나타내었다. 이것은 놀라운 일이 아니다: 생수의 25~44%는 단순 수돗물로 병입하여 높은 가격으로 판매하고 있다.

2009년 독일 프랑크푸르트의 요한 볼프강 괴테 대학(Johann Wolfgang Goethe University)의 연구원 마틴 와그너(Martin Wagner)와 외르크 오엘만(Jörg Oehlmann)은 에스트로겐을 모방하는 호르몬 교란 화학물질의 존재를 20개 브랜드의 생수를 대상으로 테스트했다(10장). 연구진은 유리병에 포장된 9개 브랜드, 플라스틱 병에 포장된 9개 브랜드(PET, 폴리에틸렌 테레프탈레이트, "#1" 유형의 플라스틱) 및 내부가 플라스틱 코팅된 "테트라 팩" 판지 곽에 포장된 2개 브랜드를 비교했다. 그들은 "효모 에스트로겐 분별"에 에스트로겐 모방 화합물

망에 이르게 할 수 있으며 해양관광과 어업에 의존하고 있는 지역사회의 경제에 악영향을 미칠 수 있다.

부영양화는 자연적인 과정이지만, 농장, 골프 코스, 잔디, 그리고 하수에서 폐수 및 비료의 유출에 의한 영양염류의 유입으로 그 속도가 더 빨라질 수 있다. 우리는 영양염류 제거를 위해 도시 하수를 특별히 처리하고, 비료사용을 줄이며, 무인 세제를 사용하고, 식물을 재배하며, 수로에 영양염류 유입을 줄이기 위해 하천이나 강 주변의 자연 지역을 보호함으로써 영양염류에 의한 오염을 줄일 수 있다.

생물분해가능 폐기물 대량의 생분해성 물질의 수중 유출도 용존산소 수준을 감소시킨다. 인간의 폐기물, 가축 분뇨, 제지 공장

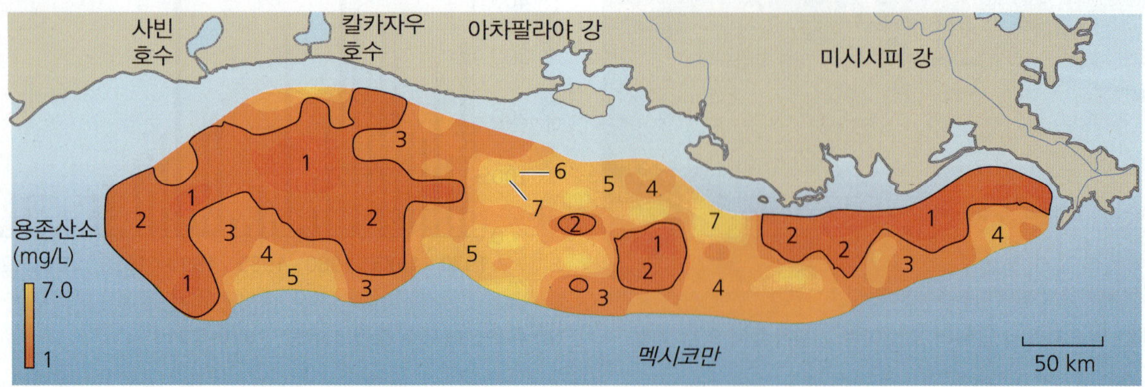

▲ **그림 12.27** 용존산소 농도가 2010년 루이지애나 주 연안 멕시코 만에서 지도화되었다. 붉은 지역은 최저 산소 농도를 나타내고 있다. 저산소층(< 2 mg/L) 영역은 검은 선으로 테두리를 둘렀다. Data from N. Rabalais, Louisiana Universities Marine Consortium(LUMCON), and R. E. Turner, Louisiana State University.

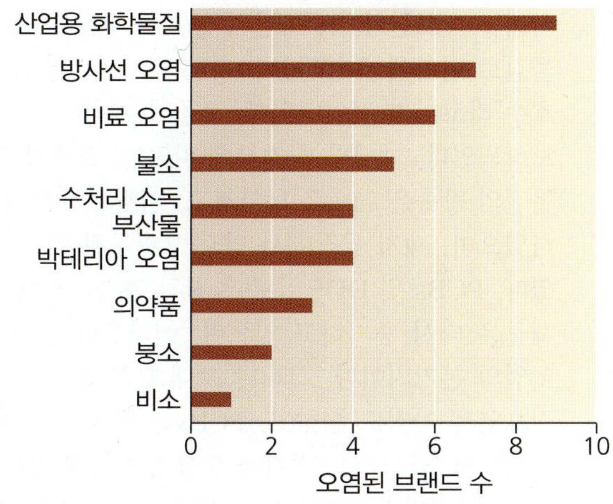

테스트한 생수의 10개 주요 브랜드 중 대부분은 산업용 화학물질, 방사성 동위원소 비료 오염뿐만 아니라 다른 오염물질을 포함했다. Souce: Naidenko, O., et al., 2008. Bottled water quality investigation: 10 major brands, 38 pollutants. Environmental Working Group, Washington, D.C.

에 노출되었을 때 색을 변화시키는 유전자로 조작된 효모세포를 사용하는 표준시험관 검사(물론 대조군으로 수돗물 시료)를 위해 시료를 사용했다.

연구진은 60%의 시료에서 에스트로겐 오염을 발견했다(**두 번째 그림**). 테트라 팩의 브랜드와 9개의 플라스틱 브랜드 중 7개가 포장에서 침출된 것이 명백한 호르몬 모방물질을 포함하고 있었다. 그래서 3개의 유리병 브랜드는 아마도 병입 공장에서 오염된 것으로 추정된다.

그러고 나서 와그너와 오엘만은 수중 화학물질이 살아 있는 동물, 즉 에스트로겐 물질에 노출될 경우, 그 번식을 증가시키는 것으로 알려져 있는 달팽이의 종류에 영향을 미치는지 여부를 시험했다. 그들은 일부 달팽이는 PET 플라스틱 용기에 다른 달팽이는 유리용기에서 사육했다. 56일 후 PET 용기의 달팽이는 대조 조건 달팽이보다 39~122% 이상의 배아를 생산하였지만, 반면 유리용기의 달팽이는 차이를 보이지 않았다. 이것은 에스트로겐 화합물이 플라스틱에서 침출된다는 것을 시사한다. 그 결과는 “*Environmental Science and Pollution Research*” 잡지에 게재되었다.

생수의 품질과 안전성에 관한 연구는 이제 시작되었지만, 이러한 연구 등은 생수가 일련의 오염물질을 포함할 수 있으며 일부는 건강에 위험을 초래할 수 있는 것으로 지적했다. 수돗물도 오염물질을 많이 포함하고 있을지도 모르지만, 지자체는 수질에 대하여 시험하고 보고토록 요구하고 있다. 이러한 연구 결과에 따라 점점 더 많은 사람들이 병에 넣은 물의 안전성에 대한 그들의 가정을 검토하고 있다.

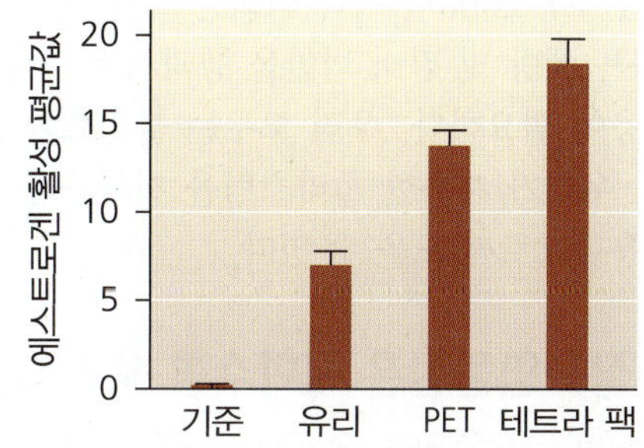

에스트로겐 활성(효모 세포 배양 시험에 의해 결정된 것처럼)은 테트라 팩 용기를 뒤이어 PET 플라스틱 용기 그리고 유리 용기의 생수 순서로 가장 높았다. 음성 대조군은 아무런 에스트로겐 효과를 보여주지 않았다. With kind permission from Springer Science and Business Media and the author, from Wagner, M., and J. Oehlmann, 2009. Endocrine disruptors in bottled mineral water: Total estrogenic burden and migration from plastic bottles. *Environmental Science and Pollution Research* 16: 278–286, Fig 3a

에서 펄프, 마당의 폐기물(베어 낸 잔디와 잎) 등이 수로에 유입되면 유기물질이 대사될 때 박테리아에 의한 분해가 상승한다. 이것은 식물 영양소의 유입이 증가하는 수중에서처럼, 물속의 용존 산소 농도를 저하시킨다. **폐수(wastewater)**는 인간 활동에 의해 영향을 받은 물이며, 생분해성 폐기물의 공급원이다. 화장실, 샤워실, 싱크대, 식기 세척기, 세탁기에서 물; 제조 및 산업용 세정 공정에 사용되는 물; 우수 유출 등이 포함되어 있다. 유기물질을 제거하는 폐수처리의 대폭적인 보급 실천은 선진국 하천의 생물분해성 폐기물의 영향을 크게 줄였다. 그러나 폐수처리가 일반화되지 않은 일부 개발도상국에서는 산소고갈이 주요 문제로 남아 있다.

퇴적물 우리는 사례 연구중심에서 보았듯이 침식된 토양이 유출로 인하여 강으로 옮겨져 강물의 흐름에 따라 장거리로 수송된다. 개발을 위한 절토, 굴파기, 토지정리와 재배농장 토지 모두는 바람과 물의 침식에 노출되어 수로로 유입되는 토양의 양을 증가시킨다(7장). 높은 퇴적물 농도는 물고기와 무척추동물의 호흡을 방해하거나 저서 생물을 질식시켜 수생 생태계에 손상을 입힌다. 또한 퇴적물은 물을 탁하게 하고 뿌리 수생 식물이 필요로 하는 태양광을 차단한다. 우리는 지속가능한 토양의 실행을 채택하여 큰 규모의 식물재배 방해를 방지하고 물가에서 퇴적물을 걸러 수변 식생을 유지함으로써 퇴적물의 오염을 줄일 수 있다.

열 오염 온도가 상승하면 용존산소를 유지하는 물의 능력은 저하되므로 어떤 수생생물은 인간 활동이 물의 온도를 올릴 때 생존할 수 없을지도 모른다. 우리가 강에서 물을 빼내어 산업시설을 냉각하기 위해 그것을 사용할 때, 우리는 다시 물을 돌려 보내는 강으로 열을 전달하게 된다. 사람들은 또한 물에 그늘을 제공하는 하안 식생을 제거하여 물의 온도를 올린다.

너무 적은 열도 문제를 일으킬 수 있다. 미시시피 강과 그 지류에서 다른 많은 댐이 설치된 강처럼, 저수지의 바닥은 표면의 물보다 춥다. 댐 운영자가 저수지의 깊은 곳으로부터 물을 방출하면 하류의 물 온도가 갑자기 떨어져 야생생물에 영향을 미친다.

그물망과 플라스틱 부스러기 버려진 어망, 비닐봉투나 병, 낚싯줄, 버킷, 부유물 및 기타 쓰레기는 수생 생물에 해를 줄 수 있다. 수생 포유류, 바다새, 물고기, 바다거북은 부유 플라스틱을 먹이로 잘못 알고 소화시키지 못하거나 뱉어내지 못하는 물질을 섭취하여 그 결과로 죽을 수 있다.

최근 과학자들은 플라스틱 쓰레기들이 조류가 수렴하는 바다의 영역에 축적되는 것을 알았다. 이러한 영역 중의 하나는 북태평양의 "거대한 태평양 쓰레기 패치"이다. 이 장소는 종종 텍사스의 두 배인 것으로 추정되고 있으며 한 연구는 그 해역에서 m^2당 3.3플라스틱의 조각이 있다고 문서로 보고하였다(**환경실천행동** 참조). 2006년 미국 의회는 그와 같은 해양오염에 해양 쓰레기 연구, 예방 및 감소 법안을 통과시켜 대응하였다. 그러나 더 많은 대응이 필요하다. 우리 모두는 불필요한 플라스틱의 사용을 줄이고, 우리가 사용한 플라스틱을 재사용하고 버리는 플라스틱을 재활용함으로써 도울 수 있다.

수질오염물질은 지하수를 오염시킬 수 있다

이러한 오염물질의 대부분은 지표뿐만 아니라 지하수에도 영향을 미친다. 지하수 오염은 지표수의 오염보다 탐지가 더욱 어려워 해결하는 데 더 많은 문제가 있다. 지하수는 천천히 흘러서 장기간 오염물질이 머물 수 있다. 분해 또한 지표수보다 지하수에서 더 느리다. 왜냐하면 지하수는 햇빛에 노출되어 있지 않고 더 적은 미생물과 미네랄이 포함되어 있으며, 더 적은 용존산소와 유기물을 보유하고 있기 때문이다.

알루미늄, 불소, 질산염 및 황산염을 포함하는 고농도에서 유독한 몇 가지 화학물질이 지하수에 자연적으로 존재한다. 그러나 인간의 활동에 의한 지하수 오염이 확산되고 있다. 산업, 농업 및 도시폐기물—중금속에서 석유 제품, 용제, 농약에 이르기까지—은 토양을 통해 침출하고 대수층에 침투할 수 있다. 예를 들어, 비료의 질산염은 캐나다와 미국 49개주의 대수층까지 용해되고 있다. 식수의 질산염은 암, 유산 및 유아의 혈액 산소 운반 능력을 저하시키는 "파랑 아기" 신드롬에 연관되어 있다. 다른 오염물질들은 균열된 지하 탱크, 잘못 설계된 우물, 그리고 액체 유해폐기물을 지하로 매장하는 과정 중에 지하수로 유입될 수 있다(17장).

입법 및 규제 노력은 수질오염을 저감하는 데 도움을 주었다

우리의 담수 오염 문제가 다양해 보일지도 모르지만 수십 년 전에는 많은 문제들이 더 악화되었었다는 것을 기억하는 것이 중요하다(5장). 1960년대와 1970년대 미국에서 시민 활동과 정부의 대응으로 1972년 연방 수질오염방지법(1977년 수질오염 방지법으로 개정 및 개칭됨)이 제정되었다. 이러한 법은 산업 폐수의 기준의 설정, 지표수 중의 오염 수준에 대한 기준 설정, 하수처리장 건설 자금을 제공, 허가 없이 점 오염원에서 오염물질을 배출하는 하는 것은 불법이 되게 하였다. 이러한 법률 덕분에 미국에서 점 오염원 오염은 감소하였고, 강과 호수는 현저하게 깨끗해졌다.

캐나다와 미국의 오대호 수질오염과의 싸움은 고무적인 성공사례를 대표한다. 1970년대에 이 호수들은 폐수, 비료, 독성화학물질로 심하게 오염되었으며, 그리고 이리호(Lake Erie)는 "죽은 호수"라고까지 선언되었다. 오늘날 캐나다와 미국 정부의 노력은 보상되었다. 캐나다 환경부에 따르면, 호수에 7가지 유독한 화학물질의 방출은 71%로 낮아졌고, 지자체의 인 방출량은 80% 감소하였으며, 제지 공장에서 염소 오염물질 방출은 82%까지 감소하였다. PCBs 및 DDE 수준은 각각 78%와 91% 낮아졌다. 조류 개체군은 다시 증가하고 있으며, 이리호는 현재 세계 최대의 명태 어업의 본거지이다. 그러나 오대호 문제는 끝난 것이 아니다. 저질오염은 아직도 심하고, PCBs류 및 수은은 아직도 대기로부터 유입되며, 물고기는 먹기에 항상 안전하지 않다. 그럼에도 불구하고, 지금까지의 진행상황은 시민들이 정부가 조치를 취하도록 압력을 가하면 상태가 개선되는 방법을 보여주었다.

이러한 성공은 환경규제의 효과적인 집행이 요구된다. 뉴욕타임즈의 2009년 조사에서는 수질오염방지법 위반은 앞서 10년 동안에 상승하였으며 자금부족과 인력이 부족한 주 및 연방 규제 당국은 이러한 위반의 단지 소수에만 대처했다고 보고하였다. 그 결과 10명의 미국인 중 1명은 안전하지 않은 식수에 노출되었다. 보고서 발표 후 곧 환경보호국(EPA)의 행정국장 리사 잭슨(Lisa Jackson)은 이러한 문제를 해결할 수 있도록 집행을 강화하겠다고 약속했다.

우리는 음용수를 처리한다

정수처리는 오늘날 선진국에서 널리 시행되고 있다. 우리의 수돗물은 저수지 또는 대수층 물이 수돗물로 송수되기 전에 입자상 물질을 제거하기 위해 모래, 자갈 및 숯 필터를 통과한 뒤 화학약품으로 처리 및(또는) 염소나 오존 등의 소량의 약품으로 소독된다. EPA는 90개 이상의 음용수 오염물질에 대한 기준을 설정하여 지자체 및 민간 물 공급업자가 의무적으로 만족하도록 한다. 음용수 처리는 한때 많은 목숨을 앗아간 수계 감염에 의한 사망률을 저하시켰고, 그것은 현대의 가장 중요한 기술적 진보 중 하나이다.

우리는 폐수를 처리한다

수질오염방지법 통과 전까지는 도시와 마을에서 정기적으로 수로에 처리되지 않은 오수를 방류하였다. 이것은 많은 수역에서 산소 부족 및 병원체 오염으로 이어졌다. 폐수처리는 이제 기본적인 방법이다. 농촌에서는 **정화조 시스템(septic systems)**이 하수를 처리하는 가장 일반적인 방법이다. 정화조 시스템에서 폐수는 가정에서 지하 정화조로 흘러가고, 그 안에서 고형물과 기름이 물에서 분리된다. 처리수는 지하 자갈로 채워진 트렌치 내에 수평으로 놓여진 구멍 뚫린 배수관의 배수지로 내려 보내진다. 미생물은 이러한 파이프가 방류하는 폐수 중의 오염물질을 분해한다. 정기적으로 정화조에서 고형 폐기물은 퍼내어져 매립지로 보내진다.

더 인구 밀도가 높은 지역에서 도시하수도는 가정이나 기업에서 배출되는 폐수를 **폐수처리장(wastewater treatment plants)**이라고 하는 중앙처리지로 운반한다(**그림 12.28**). 처리장에서 들어오는 폐수는 먼저 큰 개체를 걸러내는 스크린을 통과한다. 그런 다음

길가 쓰레기와 버려진 쓰레기는 하천으로 강으로 그리고 바다로 흘러든다.

로스앤젤레스 강에서 바다로 향하는 쓰레기를 가두고 처리한다.

셀수 없는 수조개의 플라스틱 쓰레기 조각들이 조류에 의해 바다에 쌓이고 있다.

찰스무어가 "태평양 거대 쓰레기 지대"로부터 떠온 물을 들고 있다.

위 속에 플라스틱이 가득차서 죽은 독수리

해양 쓰레기는 동물들을 그물에 얽히거나 플라스틱을 삼키게 하여 죽인다.

낚시도구에 잡혀 위험에 빠진 하와이 바다표범

바꿀 수 있다

- 해안을 국제 해안정화와 함께 청소해라.
- 어디서든 쓰레기를 주워라. 오늘의 하천쓰레기가 내일에는 바다에 있을 수 있다.
- 소비를 줄이고 물건을 재사용 및 재활용하여라. 그러면 쓰레기 발생량을 대폭 줄이게 될 것이다.

1차 처리장(primary treatment)으로 보내어져 침전조에서 폐수 내 부유고형물의 약 60%가 침전되어 처리된다. 그 다음 폐수는 **2차 처리장(secondary treatment)**으로 보내어져 폐수 내 잔류하는 유기물의 작은 입자 대부분을 호기성 박테리아가 소비하도록 혼합되고 포기된다. 대략 부유고형물의 약 90%는 2차 처리 후 제거될 수 있다. 일부 경우에 폐수는 특히 우려되는 오염물질을 제거하기 위해 추가 처리된다. 예를 들어 미시시피 강을 따라 일부 폐수처리장은 북부 멕시코 만에 유입되는 질소와 인을 제거하도

◀ 그림 12.28 여기에 나타낸 것은 현대적인 환경적으로 민감한 폐수처리장 시설의 일반화된 공정이다.

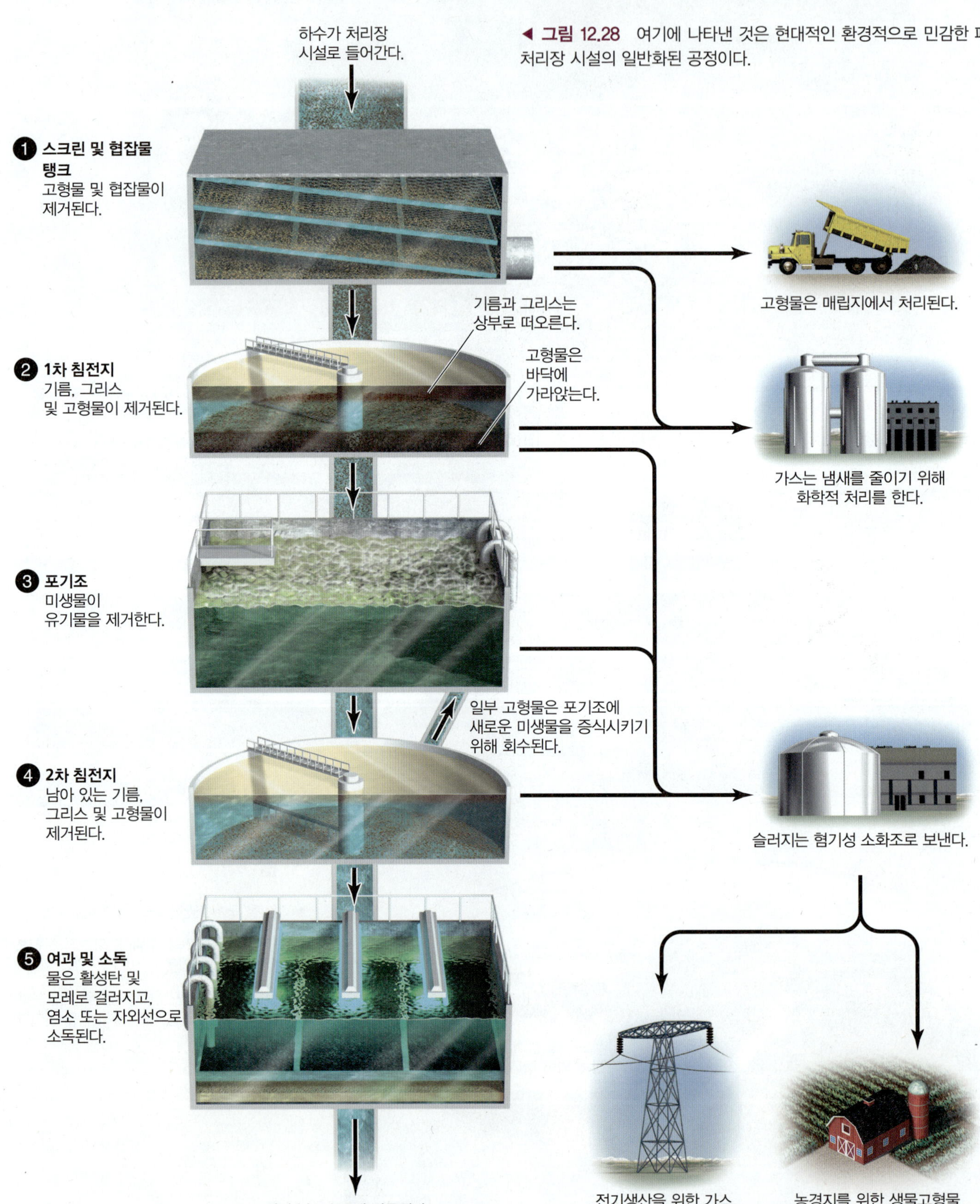

록 되어 있다.

최종적으로, 처리된 물은 박테리아를 죽이기 위해 염소와 때로는 자외선으로 처리한다. 폐수처리 **유출수(effluent)**라고 불리는 처리수는 통상 일반 강이나 바다로 방출된다. 어떤 상황에서는 관개용 또는 산업용 목적을 위해 유출수는 재처리되어 잔디와 골프코스, 관개 또는 산업으로 "재사용"된다.

슬러지(sludge)라는 처리 과정 동안 수집된 고형물은 소화조로 보내지고 거기서 미생물이 더 많은 물질을 분해한다. 최종산물 "생물고형물"은 건조되고 나서 매립 및 소각되거나 또는 농지에 비료로 사용되고 있다.

습지는 폐수처리를 도울 수 있다

인공습지는 폐수처리를 돕기 위해 사용되어왔다. 이러한 사이트의 대부분은 폐수처리장에서 방류된 물을 "정화"하기 위해 미생물, 조류, 수생 식물을 사용하고 있다. 습지에서 정화된 물은 수로에 방출되거나 또는 지하로 침투시킬 수 있다. 최초의 인공습지는 캘리포니아 주 북부의 절경 레드우드 해안 마을 아르카타(Arcata)에서 1980년대에 건설되었다. 미국에는 현재 이 역할을 수행하는 약 500개의 인공적으로 구축 또는 복원된 습지가 있다.

폐수 유출수의 방출은 심지어 해안을 따라 형성된 연안습지의 보전에 대한 약속을 보여준다. 루이지애나의 조사 지역에서 폐수 유출수는 연안 습지에 방출되었고 유출수의 높아진 영양물질 농도로 습지잔디도 생장이 높아졌다. 증가된 식물의 생장은 습지퇴적물에 식물 유기물 침착의 증가로 이어졌고 자연 토양압축에 의한 퇴적층 두께의 깊이 증가는 지속가능한 생태계를 형성한다.

고갈되는 바다

강이나 바다로 흘러드는 수계오염물질과 댐과 제방에 의해 만들어진 수로에 의하여 해양과 그곳의 생물자원들은 영향을 받는다. 또한 사람들은 해양 어류를 남획하고 해양과 연안 생태계의 균형과 기능을 위협함으로써 바다를 교란하고 있다.

세계 어류 개체군의 절반 이상을 완벽하게 수산자원으로 이용하고 있으며, 이는 유엔 식량 농업기구(FAO)에 따르면, 우리가 어류자원을 고갈시키지 않으면서 더 생산성 있는 어업활동은 하기는 어려울 것이다라는 것을 의미한다. 해수어류개체군의 추가적인 28%는 남획되었으며, 이미 멸종되어가고 있다. 만약 현재 추세가 계속되면 오늘날 우리가 잡는 물고기의 모든 해양 생물종의 개체군은 2048년까지 붕괴할 것이라고 과학 저널 "*Science*"의 2006년의 종합연구에서 예측하였다.

만약 예측된 대로 어업이 붕괴하면 우리는 그들이 제공하는 생태계 서비스를 잃게 된다. 생산성은 감소하고, 생태계는 교란에 과민하게 반응하며, 식물 및 생물(예를 들면 굴 등)에 의한 영양염과 미세조류의 섭식은 감소하여 유해조류의 폭발적 증식, 죽음 지역, 어류 폐사, 해수욕장 폐쇄 등이 더 일반화될 것이다, 양식(탱크 또는 가두리로 물고기를 사육)의 급성장은, 자연생태계의 어족자원에 대한 압력을 완화하는 데 도움이 되고 있으나 양식 자체가 환경적 고민을 안고 있다(7장). 이 모두가 치명적이므로 많은 과학자와 어업의 관리자들은 우리가 보다 지속가능한 어업으로 즉시 돌아서야 한다고 말한다.

고기잡이는 산업화되었다

세계 수산업의 총 어획은 수십 년간 증가하다가 약 1988년 이후부터 보합이었고(**그림 12.29**) 그 이후 거의 일정하게 유지하고 있다. 어획이 안정된 것처럼 보이는 것은 개체수 감소를 숨기는 몇 가지 요인에 의해 설명될 수 있다. 고기잡이 선단은 점점 원양어장을 이용하고 있고, 더 강도 높은 고기잡이를 하고, 이전보다 더 작은 물고기를 잡고 있으며, 그들이 이전에 간과했던 그다지 바람직하지 않은 어종도 대상으로 하고 있다는 것이다.

오늘날의 산업화된 상업적인 고기잡이 선단은 여러 가지 방법을 사용하여 대량으로 물고기를 붙잡기 위하여 화석연료를 이용한 거대한 선박 및 강력한 신기술을 채용하고 있다. 일부 배는 광대역에 걸쳐 긴 유망(driftnet)을 설치한다(**그림 12.30a**). 투명 나일론 그물망의 이 연결은 통과하는 물고기를 포획하도록 조류의 흐름에 따라 배열되어 있으며, 그들은 상단의 부표와 바닥의 무게에 의해 수직으로 유지된다. **연승어업(longline fishing, 그림 12.30b)**은 길이에 따라 수천 개의 미끼를 낀 낚시바늘을 배치한 매우 긴 줄(최대 80 km[50 mi] 길이)을 설치한다. **트롤(trawling)**은 하단의 무게와 꼭대기의 부표로 물을 통과하는 거대한 원뿔형의 그물망을 끄는 것을 끌어올린다. 공해상에서 트롤은 원양 물고기를 잡는데 바닥 트롤(bottom-trawling; **그림 12.30c**)은 저서 생물을 잡기 위해 대륙붕의 바닥을 무게가 가해진 그물망으로 끈다.

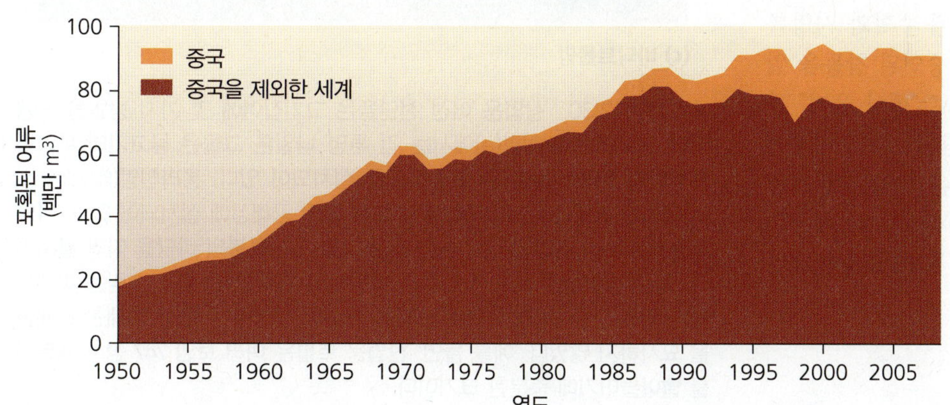

◀ **그림 12.29** 세계 총 어업 어획량은 지난 20년간 정체되어 있으며, 많은 사람들은 보전 대책이 취해지지 않으면 세계적인 감소가 즉각적으로 일어날 것을 두려워한다. 중국의 데이터는 오히려 과장되었을 수 있기 때문에, 그림은 중국의 데이터가 포함된 것과 포함되지 않은 경향을 나타내고 있다. Data from the Food and Agriculture Organization of the United Nations, 2010. *The state of world fisheries and aquaculture 2010*. Fig 3. By permission.

불행히도, 이러한 어획법은 단지 그들이 목표로 하는 것보다 더 많은 종을 잡는다. **혼획(bycatch),** 즉 비표적 동물의 우발적 포획은 매년 수백만 마리 동물의 사망을 차지하고 있다. 드리프트 그물망(driftnetting)은 돌고래, 물개, 바다 거북뿐만 아니라 무수한 비표적 물고기를 잡는다. 연승어업은 거북이, 상어와 바닷새를 죽인다. 바닥 트롤은 종종 깨끗한 절단(9장) 및 벗겨내기 채굴(11장)에 비유되며 특히 동물을 위한 쉼터와 서식지를 제공하는 산호초 등 구조적으로 복잡한 영역을 파괴한다.

산업화된 어업 선단은 많은 어장을 고갈시킨다

세계의 바다를 통해 오늘날의 산업화된 어선 선단들은 해양 개체군을 고갈시키고 있다. 2003년의 조사에서 어류 생물학자 랜섬 마이어(Ransom Myers)와 보리스 웜(Boris Worm)은 수산자료를 분석하여 오늘날 해양은 그들이 한때 보유하던 대형 어류와 상어의 10분의 1을 보유하고 있다고 결론지었다.

많은 어업이 최근 무너졌다. 밑바닥에 사는 물고기(예를 들어 대서양 대구, 선창, 넙치 및 가자미 등의 저서 생물의 서식지에 사는 종)들은 400년 가까이 뉴잉글랜드와 캐나다의 경제에 동력을 제공해왔다. 이미 어업에 대한 압박은 너무 강력하여 대부분의 보존량이 무너졌으며, 그들과 함께 어업 경제를 끌어내리고 있다.

캐나다의 대구 보존량이 99%까지 하락한 뒤 회복 조짐을 보이지 않음에 따라, 1992년에 캐나다 정부는 뉴펀들랜드(Newfoundland)와 래브라도(Labrador) 주를 벗어난 그랜드 뱅크스(Grand Banks) 지역에서 대구잡이의 전면 금지를 명령했다. 국경의 미국 쪽에서는 어업 금지가 고갈된 어업을 복구하는 데 기여하고 있다. 메인(Main)만 조지 연안의 저서 물고기 어업이 1990년대 중반에 붕괴되었을 때, 국립해양어업국(NMFS)은 3개의 최고 어장을 폐쇄했다. 폐쇄는 효과가 있었다. 대구와 노란 꼬리 가자미의 산란 보존량은 상승하였고, 바다 가리비의 바이오매스는 14배 증가했다. 어부들은 좋아지기 시작했고 특히 폐쇄 영역의 바로 바깥쪽이 더 그러했다. 불행히도, 대구는 회복되지 않았다. 연구자들은 일단 성숙한 대구가 제거되면 그들이 먹이로 했던 종들이 증식하고 그들은 경쟁적으로 어린 대구를 먹이로 삼아 개체수가 다시 회복되는 것을 막는다고 제시했다.

참돔 보존량도 멕시코 만에서 남획에 의해 비슷하게 고갈되었다. 참돔은 1989년 심각하게 남획된 것으로 확인되었고, 현재 개체군은 그들의 역사적으로 풍요로웠을 때의 겨우 3%이다. 걸프 만 종들의 개체군은 새우잡이 배의 혼획으로 야기된 수확과 사망률에 의해 영향을 받는다. 2005년 NMFS에 의해 승인된 참돔을 위한 복구계획은 15년 이상에 걸쳐 실패한 계획으로 "현상 유지" 관리방식을 단순히 유지하도록 한 것이라고 환경단체로부터 비판받았다. 이 그룹들은 연방법원에 제소하였고, 법원은 2007년에 그들에게 유리한 판결을 내려 참돔의 개체군을 회복시키는 데 성공의 확률이 더 큰 보다 포괄적인 계획을 수립하도록 NMFS에게 명령했다.

(a) 드리프트망

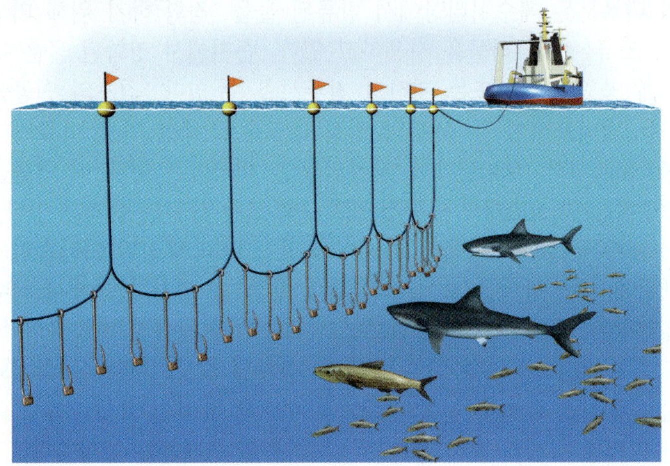

(b) 롱라인망

(c) 바닥트롤망

▲ **그림 12.30** 상업용 어선 선단들은 고기잡이에 몇 가지 방법을 사용한다. 드리프트(drift)망**(a)**에서는 긴 투명 나일론 그물은 물고기의 무리를 포착하기 위해 공해상을 표류하도록 설치되어 있다. 롱라인망(longlining)**(b)**에서는 매우 많은 미끼를 매단 고리 줄이 공해상에 설치되어 있다. 바닥트롤(trawling)망**(C)**에서는 추를 매단 그물이 대륙붕의 바닥을 따라 끌려간다. 모든 방법들은 비표적 동물을 대량으로 포획한다. 위의 그림은 이해를 돕기 위해 단순화되었으므로 이러한 기술이 달성할 수 있는 거대한 스케일을 묘사하지 않았다. 예를 들면, 산업용 트롤은 여러 보잉 747 점보 제트기를 빨아들이기에 충분한 크기이다.

우리의 구매 선택이 고기잡이에 영향을 미칠 수 있다

우리는 해산물을 구입할 때 주의 깊은 선택을 함으로써 소비자로서 보다 지속가능한 어업의 실천을 장려할 수 있다. 일부 해양 보호단체는 소비자가 남획된 물고기와 조개류 또는 지속가능한 방식으로 수확된 것으로부터 생태학적으로 해로운 어획을 구별하기 쉽게 하기 위해 간단한 지침서를 고안했다. 예를 들어, 몬터레이베이 아쿠아리움(Monterey Bay Aquarium)은 해당 웹 사이트에서 이 정보를 풍부하게 제공한다.

해양보존은 생태계를 보호한다

어업 경영자는 설문조사, 어류개체군 생물학 연구와 미래의 어획량을 저하시키지 않고 수확할 수 있도록 지정된 종의 물고기의 수를 결정하기 위한 어획량 감시 등을 수행하고 있다—**최대 지속가능 생산수확**(9장)이라고 불리는 개념. 이러한 기술의 사용에도 불구하고, 어류나 패류 보존량의 수가 격감하고 있다. 그래서 많은 과학자와 관리자는 초점을 개별 종에서 더 큰 생태계의 요소로 해양자원을 보는 쪽으로 이동할 때라고 느끼고 있다. 이러한 생태계 기반 관리(9장)의 중요한 측면의 하나는 인간의 간섭 없이 기능할 수 있는 지역의 바다 영역을 따로 떼어 놓는 것이다.

수백 개의 **해양 보호 구역(marine protected areas, MPA)**은 대부분이 선진국의 해안선을 따라 지정되어 있다. 그러나 그 이름과는 다르게, 거의 모든 MPA에서 고기잡이 및 기타 채굴 활동이 가능하기 때문에 사람들로부터 완전히 보호되고 있지는 않다.

어획 압력으로부터 효과적인 피난처가 부족하기 때문에 많은 과학자들은 고기잡이가 금지된 지역을 설립하기를 원한다. 이러한 "어업금지"지역은 **해양 보호구(marine reserves)**라고 불려지게 되었다. 자연 그대로의 생태계를 유지하기 위해 설계된 해양 보호구에도 어업을 개선하는 것을 목적으로 한다. 과학자들은 보존지역 내부에서 생산된 치어가 해양 보호 구역 밖으로 분산되어 다른 구역의 바다를 보존하기 때문에 물고기를 위한 생산 공장 역할을 할 수 있다고 주장하고 있다. 두 목적을 모두 제공하는 것으로, 지지자들을 유지하여, 해양 보호구는 환경 보호자와 어민을 똑같이 위하는 win-win의 제안이다. 그러나 많은 상업 및 엔터테인먼트 어부는 금어 구역의 아이디어를 싫어하고 설립된 거의 모든 해양 보호구역에 반대하여왔다.

보존은 고기와 어부 모두에게 효과적일 수 있다

지난 20년 동안 세계의 해양 보호구에서의 데이터는 보호가 생태계, 어류 개체군 및 어업 경제에 이익을 가져다주는 win-win 해법으로 작동할 수 있다는 것을 보여왔다. 2001년의 해양 보호구로부터 데이터의 종합적 검토는 단지 보호구 설정 1~2년 후에도 해양은 보존된다는 것을 밝혀냈다:

- 생물체 밀도의 평균 91%까지 증가.
- 생물체 생체량의 평균 192%까지 증가.
- 생물체 평균 크기의 31%까지 증가.
- 종다양성의 23%까지 증가.

만약 해양 보호구역이 원칙적으로 작동하는 경우에 얼마나 큰 규모 보호구가 필요하게 되고, 얼마나 많이 필요하며, 해류의 최고 이점을 얻기 위해 어디에 배치해야 하는지에 대한 의문이 일어난다. 얼마나 넓은 지역의 바다가 금어 보존지역으로 보호받아야 하는지에 대한 수십 건의 연구들은 10~65%의 범위에서 대부분 20%와 50% 사이에 들어가는 것으로 추정하였다. 대부분의 과학자는 계획 과정에서 직접 어부의 참여는 이러한 모든 관련된 질문에 대한 대답을 마련하기 위해 중요하다고 생각한다. 만약 해양 보호구역이 작동할 수 있고 받아들여진다면, 그들은 바다를 잘 배정하고 우리의 가장 급박한 환경 문제의 해결책에 도움을 줄 것이다.

>> 결론

우리 행성의 다양한 수계는 물을 교환하는 생태계의 상호 연결된 거미줄망을 구성한다. 따라서 오염물질 유입이나 수로 공학은 시스템을 통해 연쇄적인 영향을 일으키는 원인이 된다. 인구의 확대와 물 이용의 증가는 물 공급에 부담을 주고 전 세계 지표수 및 지하수에 영향을 주고 있다. 수질오염물질은 사람의 건강과 생태계의 안정성을 위협하고 해양 어류개체군의 남획은 해양의 생물다양성을 위협하고 있다.

낙관적인 이유는 상당히 많지만 물 이용 효율의 개선이 인구가 증가할지라도 물 수요를 감소시키는 데 희망을 보여준다. 많은 담수역의 수질은 지난 수십 년간 입법 정책결정자의 실행과 관심 있는 시민 수백만의 노력 덕분에 개선되고 있다. 해양에는 해양 보호구가 우리가 생태계와 어업을 동시에 복원할 수 있도록 희망을 준다.

이해도 측정

1. 왜 지구상의 물의 분포가 많은 사람들이 적당한 담수에 접근하는데 어렵게 만드는지 설명하라.
2. 이 장에서 소개된 수계 시스템 중 하나를 선택하여 그것이 다른 수계 시스템과 상호 작용하는 방법의 세 가지 예를 들어라.
3. 왜 산호초는 생물학적으로 가치가 있나? 어떻게 그들은 인간의 영향에 의해 파괴되고 있나? 무엇이 맹그로브 숲과 바다 갯벌이 사라지는 원인이 되고 있나?
4. 강에 댐을 막는 것의 3가지 장점과 3가지 비용을 설명하라.

중국 삼협 댐과 저수지가 제기한 특정의 환경, 건강과 사회적 관심은 무엇인가?

5. 왜 콜로라도, 리오 그랜데, 나일강과 황강은 오늘날 델타에 도달하기 전에 서서히 말라가는가?
6. 수질오염물질의 세 가지 주요 유형의 이름을 대고 각각의 예를 보여라. 어떤 종류의 오염물질이 당신의 지역에서 가장 중요하다고 생각하는지 설명하라.
7. 지하수를 정의하고 일부 인위적(인간)인 지하수 오염원을 열거하라. 왜 많은 과학자들이 지하수 오염을 지표수 오염보다 더 큰 문제로 간주하는가?
8. 폐수처리 공정에서 중요한 단계를 기술하고 설명하라. 어떻게 인위적으로 축조된 습지가 그런 처리를 도울 수 있는가?
9. 3가지 산업 어업 방식의 이름을 대고 어떻게 혼획을 만들어 해양 생물에 해를끼치는지 설명하라.
10. 어떻게 해양 보호구는 해양 보호지역과 다른가? 왜 많은 어부는 해양 보호구에 반대하는가? 왜 많은 과학자들이 금어 보존이 어부들에게 좋을 거라고 말하는지 이유를 설명하라.

해법찾기

1. 어떻게 농업의 물수요를 줄일 수 있는가? 가정용 물 사용량을 줄일 수 있는 몇 가지 방법을 설명하라. 어떻게 산업용 물 사용을 저감할 수 있는가?
2. 자신의 행동으로 수질오염에 기여하게 되는 세 가지 방법을 설명하라. 이제 이러한 영향을 줄일 수 있는 세 가지 방법에 대해 설명하라.
3. 지난 55년 동안과 지난 20년 동안 세계적인 물고기 포획 동향을 설명하고 이러한 경향을 설명할 몇 가지 요인을 설명하라.
4. **생각해보기** 주지사가 당신을 주를 위한 물 정책을 담당하도록 하였다. 주의 지하 대수층은 과도한 채수로 많은 우물이 말라가고 있다. 지난해 농업생산은 한 세대 만에 처음으로 감소하였고, 농가들은 당신이 무언가를 하도록 아우성치고 있다. 한편, 주에서 가장 큰 도시는 너무 빠르게 성장하여 급성장하는 도시인구를 위한 더 많은 물을 필요로 하고 있다. 당신은 주의 물 공급을 복원하기 위해 어떤 정책을 고려하겠는가? 공급을 증가시키는 조치를 취하겠는가, 수요를 감소시키는 조치를 취하겠는가, 아니면 둘 다? 당신의 선택을 설명하라.
5. **생각해보기** 당신은 일부 주민이 상업 어업자로 고용되고 다른 일부는 주변의 산호초에서 스노클링이나 스쿠버 다이빙을 하러 오는 생태관광객에게 서비스를 제공하여 생계를 유지하고 있는 해안 마을의 시장이다. 최근에는 일부 어종자원이 붕괴되고, 증가하는 산호초 파괴로 물고기가 사라져 생태관광이 감소하고 있다. 과학자들은 산호초 주위에 해양 보호구를 설정하는 것에 지지할 것을 촉구하고 있지만, 대부분의 상업 및 관광업 어부는 이 아이디어에 반대하고 있다. 지역 사회의 경제와 환경을 복원하기 위해 당신은 어떤 단계적 조치를 취하겠는가?

생태발자국 계산하기

물의 단일 최대의 개인 용도 중 하나는 샤워용입니다. 1992년 이전에 지어진 집과 아파트에서 표준인 구형의 샤워꼭지는 1분당 최소 19 L의 물을 뿌렸으나 그 이후 생산된 저유량 샤워꼭지는 1분당 단지 9.5 L의 물을 뿌린다. 주어진 1일 평균 샤워시간 8분으로 저유량 샤워꼭지와 구형 꼭지의 일 년 동안 사용량과 절약량을 계산하고 표에 결과를 기록하라.

	표준 샤워꼭지의 1년간 사용량 (리터)	저유량 샤워꼭지의 1년간 사용량 (리터)	저유량 샤워꼭지의 1년간 절약량 (리터)
당신			
당신의 학급			
당신의 주			
국가			

1. 2010년에 물감도(WaterSense) 프로그램에 따라 EPA는 아직도 1분당 7.6 L의 물을 뿌리는 샤워꼭지를 추진하기 시작했다. 일부 도시에서는 이미 이것을 요구하고 있으며, 오늘날 일부 모델은 더 낮게 뿌린다. 9.5 L 샤워꼭지 대신 7.6 L 샤워꼭지를 사용함으로써 연간 얼마나 물을 절약하겠는가?
2. 평균 샤워시간을 8분에서 6분으로 단축함으로써 연간 절약할 수 있는 물을 얼마나 되나? 9.5 L 샤워꼭지를 사용한다고 가정하라.
3. 1번과 2번 문제에 대한 답을 비교하라. 7.6 L 샤워꼭지로 8분 샤워할 때 또는 9.5 L 샤워꼭지로 6분간 샤워할 때 어느 쪽이 더 물을 절약하는가?
4. 이 물 절약 시나리오에서 고려되지 않는 어떤 요소라도 생각할 수 있는가? 있다면 설명하라.

13 대기과학과 대기오염

이 장을 마치고 나서 할 수 있는 것들

- ▶ 지구 대기의 조성, 구조 및 기능을 설명
- ▶ 대기 조건에 날씨와 기후를 연관
- ▶ 주요 실외 공기 오염물질을 식별, 실외 공기 오염의 범위 개요 및 잠재력 있는 해법을 평가
- ▶ 성층권 오존 고갈을 설명하고 이를 해결하기 위해 취한 단계를 확인
- ▶ 산성강하물을 정의하고 그 결과를 설명
- ▶ 주요 실내 공기 오염물질의 식별과 실내 공기 오염의 범위를 특성화하고, 잠재력 있는 해법을 평가

대기오염이 심한 날의 테헤란, 이란

LA와 자매결연 도시 테헤란(Tehran)은 깨끗한 공기를 숨쉬기 위해 씨름하고 있다

"자동차 및 산업에서 배출된 유독 가스는 테헤란의 공기에 계속 큰 손상을 초래하고 있다."
—유세프 라시디(Yousef Rashidi), 테헤란의 공기질 관리 회사 이사

"나는 1970년에 LA를 떠났고 내가 떠난 이유 중 하나는 무서운 스모그였다. 그러고 나서 그들은 그것을 정화했다. 그것은 정부가 지금까지 나를 위해 한 가장 큰 것 중 하나였다. 이제 여러분은 아름다운 날을 가지고 있다. 그것은 매우 살기 좋은 장소이다."
—배우 겸 코메디언 스티브 마틴(Steve Martin)의 로스엔젤레스 매거진 대담

로스앤젤레스는 미국인의 마음속에 오랫동안 대기오염을 상징하고 있다. 스모그는 수백만 대의 자동차 배기에 의해 공급되어 1960년대부터 1990년대를 통해 도시를 덮었다. 그러나 최근에는 정책적 노력과 기술의 진보가 로스앤젤레스의 공기질을 개선하였다. 오늘날 LA는 아직도 국가 최악의 스모그로 고통받지만 그 하늘은 전 세계의 "자매결연 도시" 중의 일부 도시의 하늘보다 맑다.

자매 도시 프로그램은 미국 도시민과 전 세계의 다른 사람들 사이의 관계를 촉진함으로써 세계 평화와 이해를 증진하기 위해 고안되었다. 수백 개의 미국 도시들은 정부 방문과 자매 도시와의 문화적 유대를 공유하고 있다. LA의 자매 도시 중 하나는 이란의 수도 테헤란이다. 그렇게 되었을 때 이 두 도시가 공유한 것은 스모그이다.

테헤란의 공원과 가로수가 화려한 도시로 만들지만, 테헤란의 공기 질은 너무 나빠 은행, 빨래방, 또는 식료품점에 가기 위하여 밖으로 나갈 때 주민들은 일반적으로 안면 마스크를 착용한다. 특히 공기가 나쁜 날에는 정부가 학교를 폐쇄하고 사람들에게 실내에 머물도록 지도한다.

38세 실업가인 메흐디 가흐라칸로우(Mehdi Gharakhanlou)는 말하기를 "겨울철 매일 시내 중심가로부터 피로, 메스꺼움, 눈의 가려움증, 목의 통증, 심한 두통, 심지어 이러한 증상 모두와 함께 귀가한다… 나는 밖에 나갈 때 마스크를 착용하지만 그것도 별로 도움이 되지 않는다."

"사람들은 눈 알레르기, 코의 염증…, 두통, 눈화상으로 고통받고 있다." 테헤란 기자 알보르즈 말레키(Alborz Maleki)는 덧붙여 말하기를 "아이와 고령자가 많은 [건강] 문제에 직면해 있다."

실제로 매일 사람들은 이란의 수도에서 실외 공기오염으로 사망하고 있다. 보건 당국은 대기오염으로 인한 호흡기질환으로 테헤란에서 연간 수천 명이 불의의 죽음을 당한다고 비난한다. 2006년에는 3,600명이 단지 한 달 만에 사망했다.

로스앤젤레스처럼 자동차 교통수단이 테헤란 오염의 대부분을 생성한다. 테헤란의 오염물질의 약 80%는 20년 이상이며 촉매 컨버터 등의 기본적인 오염물질 필터링 기술이 빠진 300만 대의 자동차 배기에서 온다. 테헤란의 제한된 대중교통 시스템은 대부분의 사람들이 주위를 돌아다니기 위해 강제로 자동차, 오토바이, 택시에 의존하도록 한다. 또한 이란 정부는 국민들에게 세계에서 가장 싼 휘발유 값의 일부를 보조하는 데 수십억 달러를 지출하고 있다. 1갤런당 40센트의 연료 가격은 이란 국민들에게 연료 절약에 대한 필요성을 못 느끼게 만들고 있고, 이란 차량들은 유럽 차량들보다 4배 이상의 연료 중 더 소비한다.

로스앤젤레스와 테헤란 모두에서 지형은 대기 질 문제를 악화시킨다. 각 도시는 오염을 가두는 산들에 둘러싸인 계곡에 자리하고 있다. 테헤란에서는 열역전(thermal inversions)이 거리에 오염물질을 가두고 그것들을 날려버릴 약간의 바람도 없는 겨울철이 최악이다. 그리고 최근 수십 년의 로스앤젤레스처럼, 사람들은 다른 곳에서 테헤란으로 물밀듯이 몰려

들고 있어서 공해를 제어하려는 노력은 인구 증가에 압도되고 있다.

모든 면에서 현대 테헤란은 로스앤젤레스가 수십 년 전에 그랬던 것과 같은 이유로 위험하게 오염되고 있다. LA와 테헤란은 최근 선진국 도시와 개발도상국 도시 간의 차이를 유형화한다. 국민을 위해 부를 쌓으려고 공업화하는 국가는 미국의 한 세대 이전의 세대가 겪었던 도시와 산업 대기오염의 전철을 답습하고 있다.

로스앤젤레스는 24개의 다른 자매도시가 있다. 그들의 대부분 역시 심각한 대기오염과 씨름하고 있다. 그리스 아테네, 인도네시아 자카르타, 인도 뭄바이, 중국 광저우, 대만 타이베이, 그리고 엘살바도르 산 살바도르, 모두들 정기적으로 나쁜 공기의 질을 경험하고 있다. LA 자매도시 중 가장 잘 알려진 도시는 멕시코의 멕시코시티인데 세계에서 가장 오염된 공기를 가지고 있을지도 모른다.

이러한 도시의 대부분은 로스앤젤레스나 다른 미국도시가 했던 것처럼, 그들의 공기 질을 개선하기 위한 조치를 취하고 있다. 우리는 지구의 대기와 어떻게 우리가 배출한 오염물질을 감축할 수 있는지 알게 될 때, 로스앤젤레스, 테헤란, 그리고 LA의 다른 자매도시의 대기오염문제를 해결하기 위하여 우리가 찾은 해결 방법들을 검토할 것이다. ■

대기

우리가 숨쉬는 모든 호흡은 지구를 둘러싸고 있는 가스층인 **대기(atmosphere)**와의 연결을 통하여 이루어진다. 대기는 산소를 공급하고 해로운 태양열 복사를 흡수하며, 지구로 들어오는 유성을 태워버리며, 물과 영양분을 운반하고 재활용하며, 기후를 온화하게 한다.

지구의 대기는 78%의 질소(N_2)와 21%의 산소(O_2)로 구성되어 있다. 나머지 1%는 아르곤(Ar)과 수증기 및 몇 가지 다른 가스로 구성되어 있다(**그림 13.1**). 지구는 긴 역사에 걸쳐 대기의 조성이 변경되었다. 산소는 광합성에 의해 산소를 방출하는 미생물의 출현으로 약 27억 년 전에 구축되기 시작했다(2장). 오늘날 인간의 활동은 이산화탄소(CO_2), 메탄(CH_4), 오존(O_3) 등의 일부 대기 가스의 농도를 바꾸고 있다.

대기는 층으로 되어 있다

우리 위로 매우 높게 뻗어 있는 것 같은 대기는 실제로 복숭아 솜털 껍데기처럼 지구 지름의 겨우 1/100이다. 이것은 온도, 밀도 및 조성이 다른 4개의 층으로 구성되어 있다(**그림 13.2**).

최하단 층인 **대류권(troposphere)** 내 공기의 움직임은 지구의 기상에 주로 관여한다. 그것은 대기의 다른 층에 비해 [평균 높이 11 km(7 mi)] 얇지만, 중력이 지구표면 근처의 공기를 아래로 당겨 더 밀도 높게 만들기 때문에 대류권에서는 대기 질량의 3/4이 포함되어 있다. 대류권 대기는 고도에 따라 더 차가워지며 대류권 상부에서는 약 −52°C(−62°F)까지 떨어진다. 이 지점에서 온도는 대류권 계면이라는 경계를 만들고 고도에 따라 감소하

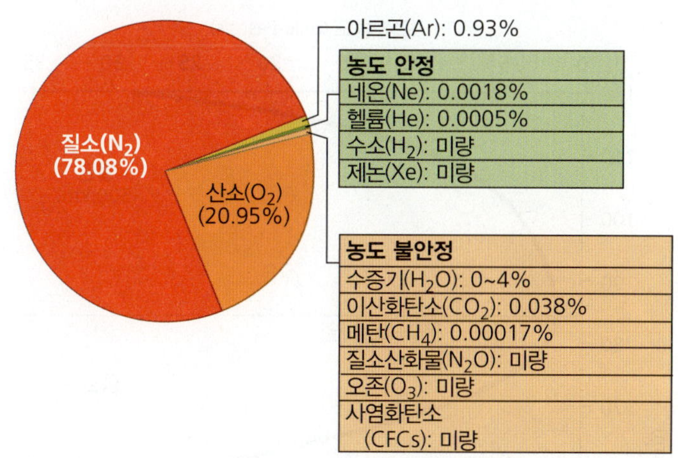

▲ **그림 13.1** 지구의 대기는 질소, 산소, 아르곤과 일부 가스로 희석된 농도에서 구성되어 있다. 불변성 가스들은 농도가 고정되어 있다. 가변성 가스는 자연적인 과정 또는 인간의 활동 중 하나의 결과로 농도가 변한다. Data from Ahrens, C.D., 2007. *Meteorology today,* 8th ed. Belmont, CA: Brooks/Cole.

지 않게 된다. 대류권 계면은 대류권과 그 위의 대기층인 성층권 사이의 혼합을 제한하는 뚜껑 역할을 한다.

성층권(stratosphere)은 해발 11~50 km(7~31 mi)까지 확장된다. 대류권과 조성이 유사한 성층권은 1,000배 더 건조하고 저밀도이다. 그것의 가스상은 연직혼합이 적어 일단 물질(오염물질 포함)이 들어가면 그들은 오래 잔류하는 경향이 있다. 성층권은 오존과 산소가 태양의 자외선(UV) 복사를 흡수하여 산란하기 때문에 고도에 따라 따뜻하게 된다(2장). 대기 오존의 대부분은 대략 해발 17~30 km(10~19 mi)의 **오존층(ozone layer)**이라고 부르는 성층권의 한 부분에 집합한다. 오존층은 주로 지구표면에 도달하는 자외선의 양을 감소시킨다. UV 빛은 생체 조직을 손상시키고 유전자의 돌연변이를 유발할 가능성이 있기 때문에 오존층의 보호 효과는 지구상의 생명체에게 필수적이다.

성층권의 상부에는 중간권이 놓여 있는데 그곳은 압력이 매우 낮고 온도는 고도와 함께 감소한다. 우리 대기권의 최상층인 열권은 고도 500 km(300 mi)에까지 이른다.

태양과 대기가 날씨와 기후를 조절한다

태양 에너지의 엄청난 양이 지속적으로 대기상층부에 충돌한다—1,000 watts/m^2 이상, 인간 사회에서 생산된 모든 전기보다 수천 배 더 이상. 그 태양 에너지 중 약 70%가 대기와 행성 표면에서 흡수되고 나머지는 우주 공간으로 반사되어 돌아간다(그림 14.1, 참조).

지표면 물이 태양열 에너지를 흡수한 후 열을 방사하여 약간의 물을 증발시킨다. 따라서 지구 표면 부근의 공기는 더 높은 고도에서 공기보다 따뜻하고 더 습한 경향이 있다. 이러한 차이는 **대류 순환운동(convective circulation)** 프로세스를 설정한다. 따뜻한 공기는 밀도가 낮아지고 상승하여 수직 흐름을 생성한다. 공기가 낮은 대기압의 영역으로 상승하면 그것은 팽창하여 냉각한다. 공기가 냉각되면 밀도가 높아져 하강하고 상승하는 따뜻한 공기를

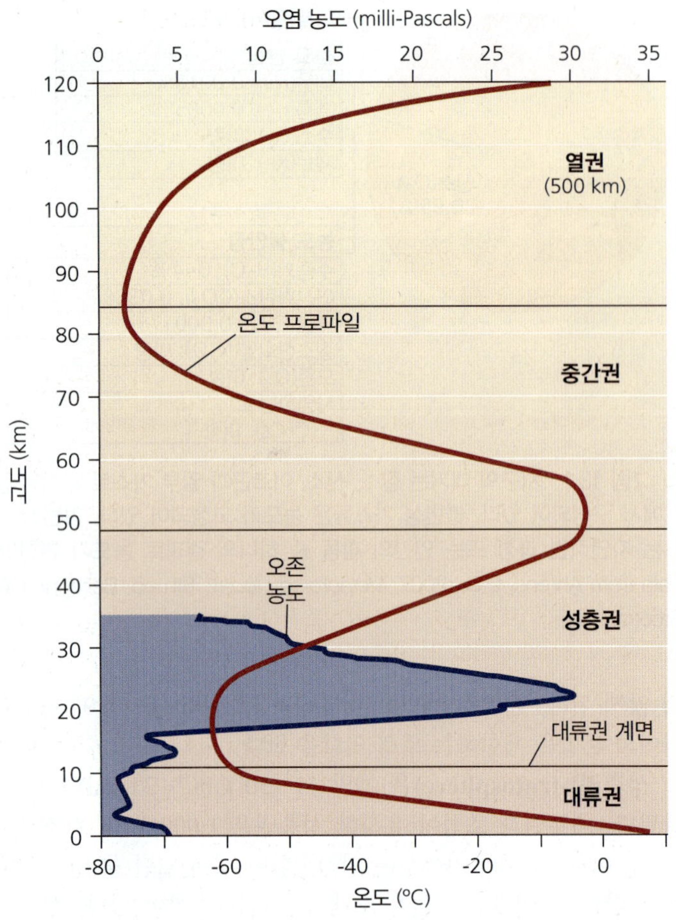

▲ **그림 13.2** 온도(빨간색 선)는 대류권에서 고도에 따라 강하하고 성층권에서는 고도에 따라 상승하고 중간권에서는 저하한 다음 열권에서 다시 상승한다. 대류권 계면은 성층권에서 대류권을 분리한다. 오존(파란색 사선 영역)은 오존층이라는 용어를 야기하는 성층권의 한 부분에서 절정에 달한다. Adapted from Jacobson, M.Z., 2002. *Atmospheric pollution: History, science, and regulation*. Cambridge: Cambridge University Press; and Parson, E.A., 2003. *Protecting the ozone layer: Science and strategy*. Oxford: Oxford University Press.

대체한다. 하강하는 공기는 지표근처 열이나 습기를 선택하며 그 과정을 계속하여 다시 상승할 준비를 한다. 대류순환은 날씨와 기후에 영향을 미친다.

날씨와 기후는 온도, 압력, 습도, 구름, 바람 등 대류권의 물리적 성질을 수반한다. **날씨(weather)**는 몇 분, 몇 시간 또는 며칠에 좁은 지리적 영역의 대기 상태를 특정한다. 이와는 대조적으로, **기후(climate)**는 큰 지역 전체에서 볼 수 있는 대기 상태의 계절, 년, 또는 수천 년의 패턴을 설명한다. 마크 트웨인(Mark Twain)은 "기후는 우리가 기대하는 것이며, 날씨는 우리가 얻는 것이다"라고 말하며 구별하였다. 예를 들어, 로스앤젤레스는 따뜻하고 건조한 여름과 온화하고 비 오는 겨울 특징의 기후를 가지고 있지만 아직도 가끔 가을날 건조한 산타아나(Santa Ana) 바람이 사막에서 불어 와 매우 무더운 날씨가 된다.

대부분의 조건에서 대류권의 공기는 고도가 높아짐에 따라 온도가 내려간다. 따뜻한 공기는 상승하기 때문에 결과적으로 연직 혼합이 일어난다(**그림 13.3a**). 그러나 때때로, 차가운 공기층이 따뜻한 공기층 아래에서 형성할 수 있다. 이러한 정상적인 온도변화 곡선으로부터 편차는 **기온역전(temperature inversion)** 또는 **열역전(thermal inversion)**으로 알려져 있다(**그림 13.3b**). 고도에 따라 온도가 상승하는 공기의 띠는 **역전층(inversion layer)**으로 불린다(온도 변화의 법선 방향이 역전되어 있기 때문에). 열역전은 때로는 지상에 냉기를 포함하고 때로는 지상보다 높은 역전층을 생성하는 다양한 방법으로 일어날 수 있다. 일반적인 유형의 역전(그림 13.3b에 나타낸) 중 하나는 능선이 아침햇살을 차단하여 골짜기 내의 지상의 공기를 그늘지고 차게 하는 산골짜기에서 일어날 수 있다.

역전층 바닥의 더 차가운 공기가 상부의 따뜻한 공기보다 밀도가 높기 때문에, 수직혼합에 저항하며 안정하게 남아 있다. 수직혼합은 대기오염을 위로 옮겨 희석될 수 있지만, 열역전은 지면 가까이에서 오염물질을 가둔다. 며칠 동안 지속된 역전은 1952년 영국 런던에서 "살인 스모그" 위기를 일으켰다. 역전은 공장과 석탄 난로에서 발생한 오염물질을 가두어 4,000명, 즉 일부 추정 12,000명을 죽인 악조건을 만들었다. 로스앤젤레스와 테헤란 모

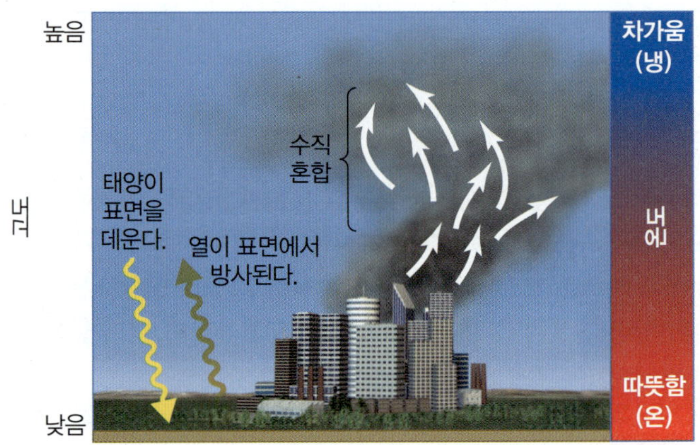

(a) 정상 상태

(b) 열역전

▲ **그림 13.3** 정상적인 조건(a)에서는 공기가 고도에 따라 차가워지고, 다른 고도의 공기와 섞이며, 오염물질을 상향 및 외부로 분산시킨다. 열역전(b) 시에는 역전층 내에서 고밀도의 차가운 공기가 바닥 근처에 남아 있고 공기가 고도에 따라 따뜻해진다. 혼합이 조금 일어나고 오염물질은 표면 근처에 갇힌다.

두 열역전이 오염물질 분산을 방해하여 자신들 최악의 공해에 시달리고 있다. 두 도시는 산으로 둘러싸여 있고 그것은 역전층 형성을 촉진하고 공기의 흐름을 차단하여 오염물질을 가둔다. 테헤란은 매년 250일 이상 열역전을 경험한다. 역전은 산으로 둘러싸인 계곡 대도시, 멕시코시티에서 한국 서울, 브라질 상파울로에 이르기까지 정기적으로 오염을 집중시켰다.

대규모 순환체계는 지구기후패턴을 생성한다

큰 지리적 스케일로 대류 공기흐름은 장기적인 기후패턴에 기여하고 있다(**그림 13.4a**). 적도 부근에서는 태양열 복사가 해들리 세포순환(Hadley cells)으로 알려진 대류 세포순환 쌍의 움직임을 설정한다. 여기에서는 태양 빛이 가장 강렬하여 표면의 공기가 따뜻해져 상승하고 확장한다. 그렇게 될 때 습기를 방출하여 적도 부근의 열대우림을 야기하는 호우를 생성한다. 수분을 많이 방출한 후 이 공기는 발산해 북쪽과 남쪽을 향하는 기류로 이동하다. 이러한 기류의 공기가 냉각되어 북위와 남위 약 30도에서 지구로 하강한다. 하강기류는 이제 건조하므로 위도 약 30도의 지역은 매우 건조하게 되어 사막으로 되고 있다. 페럴 세포순환(Ferrel cells)과 극 세포순환(polar cells)이라고 불리는 두 개의 대류 세포순환 쌍은 공기를 들어올려 북위와 남위 60도 부근에 강수량을 생성하고 건조공기를 위도 약 30도 부근과 극지방으로 하강시킨다.

이러한 세 쌍의 대류 세포순환들은 적도부근에 습한 기후를 생성하고, 위도 30도 근처에는 건조기후를 생성하며, 위도 60도 가까이에는 축축한 지역과 극지 가까이에는 건조 상태 기후를 만든다. 이러한 패턴들은 온도 변화와 함께 왜 생물 군계가 위도 범위에 배열되는 경향이 있는지의 이유를 설명하는 데 도움이 된다(그림 4.15).

해들리, 페럴 및 극성 세포순환들은 또한 지구규모 바람의 패턴을 생성하는 지구의 자전과 상호작용한다(**그림 13.4b**). 지구가 자전축을 중심으로 돌 때 적도에 위치한 지역은 극지에 가까운 지역보다 빠르게 회전한다. 이것은 대류 세포순환의 기류가 북쪽에서 남쪽으로 흐를 때 지표면의 그들 아래 일부 지역은 서쪽에서 동쪽으로 다른 지역보다 빠르게 움직인다는 것을 의미한다. 그 결과 지구에 있는 관찰자의 관점에서 이러한 기류는 직선 경로에서 편향되도록 나타난다. 이 편향은 코리올리 효과(Coriolis effect)라고 불리며 휘는 지구 바람의 패턴으로 그림 13.4b에 나타냈다. 수세

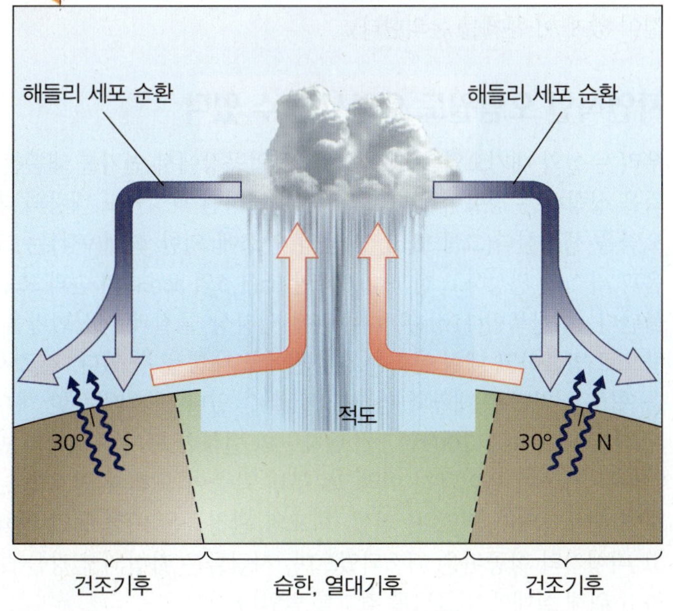

(a) 대류

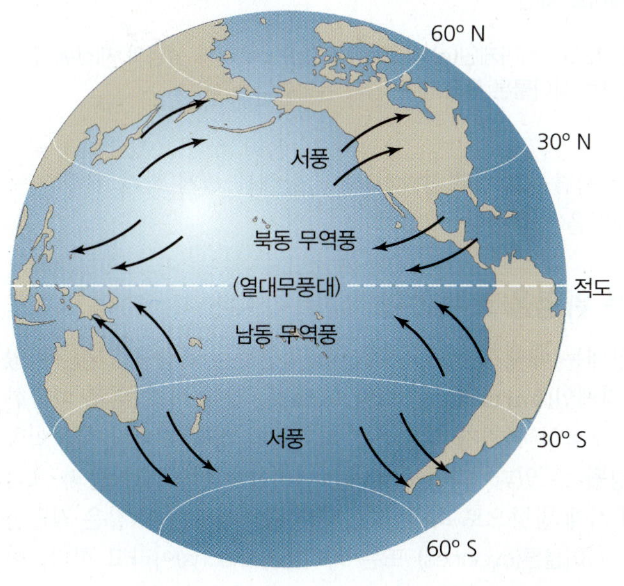

(b) 지구 기류 형태

◀ **그림 13.4** 일련의 대규모 대류 세포순환(**a**)들은 습도와 건조도의 지구적인 패턴을 결정하는 데 도움이 된다. 적도부근에서는 따뜻한 공기가 부상하여 팽창하고 냉각하며, 수분응축은 열대 지역에서 습한 기후를 야기시킨다. 공기는 극지로 이동하고 위도 약 30도의 부근으로 하강한다. 열대 지방에 그 수분을 잃은 이 공기는 위도 약 30도 지역이 건조해지는 원인이다. 이 대류 순환, 해들리 세포순환은 적도의 양쪽에서 발생한다. 대략 위도 30~60도 북쪽과 남쪽 사이 페렐 세포순환이 발생하고, 그리고 위도 60~90도 사이에서 극 세포순환이 발생한다. 위도 60도 부근의 공기가 습한 기후를 생성하고 건조기후를 생성하며 90도 부근으로 떨어진다. 지구 기류(**b**)들은 또한 위도패턴을 보여준다. 적도와 위도 30도 사이의 무역풍은 서쪽으로 불고, 위도 30도와 60도 사이의 편서풍은 동쪽으로 분다.

(a) 허리케인 위성사진

(b) 토네이도 사진

▲ 그림 13.5 허리케인(a)과 토네이도(b)는 우리의 생명과 재산에 위험을 초래하는 사이클론 폭풍의 두 가지 유형이다.

기 동안 사람들은 풍력선박의 해양 항해를 쉽게 하기 위해 지구 바람 패턴을 사용했다.

폭풍은 위험을 초래한다

대기 상태는 때때로 생명과 재산을 위협하는 폭풍을 만들 수 있다. **허리케인(hurricanes**; 그림 13.5a)은 열대 바다 위로 따뜻한 습기를 포함한 공기가 상승하는 저기압의 영역에 바람이 돌입할 때 형성될 수 있다. 북반구에서는 이러한 바람이 코리올리 효과 때문에 시계 방향으로 회전한다. 다른 지역에서는 이 같은 격렬한 폭풍을 사이클론(cyclones) 또는 타이푼(typhoons)이라고 한다. 이러한 폭풍의 강력한 대류 기류는 엄청난 양의 수증기를 끌어올린다. 따뜻한 습한 공기가 상승하여 냉각할 때, 물은 응축하고 (차가운 공기는 따뜻한 공기만큼 수증기를 잡고 있을 수 없기 때문에) 비로 폭우처럼 떨어진다. 북미지역의 걸프 해안(Gulf Coast)과 대서양 해안은 허리케인에 가장 민감하다.

토네이도(tornado; 그림 13.5b)는 따뜻한 공기 덩어리가 차가운 공기 덩어리와 만나서 따뜻한 공기가 빠르게 상승할 때 강력한 대류 기류를 움직이게 하여 형성될 수 있다. 만약 높은 고도의 바람이 낮은 고도의 바람과는 다른 방향으로 빠르게 불고 있다면 상승하는 공기 기둥은 회전을 시작할 수 있다. 결국 상승하는 공기의 회전 기류는 시간당 최대풍속 500 km(시간당 310 mph)로 해당 경로에 있는 토양이나 물체를 들어올릴 수 있다. 북미에서는 토네이도가 캐나다의 찬 공기가 멕시코 만의 따뜻한 공기와 자주 만나는 대평원과 동남부에서 가장 형성하기 쉽다.

대기가 어떻게 작용하는지에 대한 이해는 우리에게 파괴적인 폭풍우를 예측하고 사람들에게 접근을 경고하는 데 도움이 된다. 이러한 지식은 또한 대기오염이 기후, 생태계, 경제, 인간의 건강에 어떻게 영향을 미치는지를 이해하는 데 도움이 된다.

실외 대기오염

인간의 역사를 통해 우리는 대기를 공중 폐기물의 쓰레기장으로 만들었다. 나무를 태우거나 현대적인 석탄 화력발전소로부터 사람들은 기후에 영향을 미치고, 사람과 다른 생물에 해를 미칠 수 있는 대기에 배출된 **대기오염물질(air pollutants)**, 가스, 입자상 물질을 생성하였다. **대기오염(air pollution)**은 대기오염물질의 대기 중으로 방출을 가리킨다.

최근 수십 년 동안, 선진국 정부의 정책 및 개선 기술들은 우리가 거의 모든 형태의 **실외 대기오염[outdoor air pollution**, 종종 주변 대기오염(ambient air pollution)이라고도 함]을 줄이는 데 도움이 되었다. 그러나 실외 대기오염은 특히 개발도상국과 도시 지역에서 문제로 남아 있다. 오늘날 최대의 대기오염 문제는 지구 기후변화에 기여하는 온실가스(15장) 배출일 수 있다(우리는 14장에서 별도로 깊이 있게 이 문제를 논의한다).

자연적인 오염원도 오염시킬 수 있다

우리는 실외 대기오염을 생각할 때, 산업공장에서 연기를 내뿜는 굴뚝을 상상하는 경향이 있다. 그러나 자연적인 과정들도 대량의 대기오염을 생성한다(그림 13.6). 식물의 연소에 의한 화재(9장)는 그을음과 가스를 생성하고 한 해 6,000만 ha(1.5억 acres)의 숲과 초원이 불탄다. 화산폭발(11장)은 대류권에 입자상 물질과 이산화황을 대량으로 방출하고 대형 분화는 성층권에도 내뿜을 수 있다. 건조지역을 휩쓰는 바람은 대량의 먼지를 보낼 수 있다 —때때로 한 대륙에서 다른 대륙으로. 2009년 7월 테헤란의 번화한 도시는 국가의 반을 감싸는 가뭄이 들이닥친 이라크로부터 폭풍이 모래와 먼지를 날려 보내 침체상태가 되었다. 기업, 학교와 관청들은 며칠 동안 폐쇄되고 비행기의 항공편은 취소되었으며, 사람들은 자신의 건강을 보호하기 위해 실내에 머물도록 경고를 받았다.

일부 자연에 미치는 영향은 인간의 활동과 토지 이용 정책에

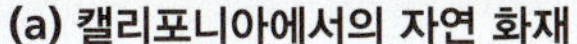

(a) 캘리포니아에서의 자연 화재

(b) 마운트 세인트 헬렌 화산 폭발, 1980

(c) 아프리카에서 아메리카로 먼지를 날리는 먼지폭풍

▲ 그림 13.6 숲과 초원의 화재(a)는 자연적인 대기오염원 중 하나이다. 화산은 마운트 세인트 헬렌(b)이 보여준 것 같이 또 다른 오염원이며, 1980년에 워싱턴 주에서 분화했다. 모래폭풍은 3번째 오염원이다. 아프리카에서 아메리카로 대서양을 넘어 흙을 불어 나르는 무역풍(c)은, 곰팡이 및 카리브해의 산호초 시스템에서 죽어 떨어져 나온 곰팡이와 박테리아의 포자를 옮기지만, 그들은 또한 아마존 열대 우림에 영양을 불어 나른다.

의해 악화되고 있다. 식생을 제거하는 농업과 방목행위는 풍식과 모래폭풍을 촉진한다(7장). 자연발생의 산불 억제는 땔감을 축적하여 궁극적으로 더 파괴적인 화재로 이어질 수 있다(9장). 그리고 열대 지방에서 많은 농민은 농경을 위해 삼림을 제거하기 위한 불을 지른다.

우리가 실외 대기오염을 초래한다

인간활동은 대기오염의 많은 오염원을 도입한다. 수질오염처럼 대기오염도 점오염원(point sources) 또는 비점오염원(non-point sources; 12장)에서 발생될 수 있다. 점오염원은 석탄 화력발전소 같이 오염물질이 대량으로 배출되기 때문에 특정 위치를 기술할 수 있다. 비점오염원(수천 대의 자동차 같은)은 수많은 미세물질의 오염원들이 광범위하게 확산된 오염원으로 구성되어 있다.

이러한 그을음이나 일산화탄소 등의 **1차 오염물질(primary pollutants)**은 오염물질이 해를 입힐 가능성 혹은 유해물질을 형성하기 위해 반응할 수 있는 형태로 대류권에 방출된다. 일단 일차 오염물질이 대기의 성분과 반응하여 생산된 유해물질은 **2차 오염물질(secondary pollutants)**이라고 한다.

오염물질들은 대기 중에서 보내는 시간의 길이가 다르다—**체류시간(residence time)**이라고 부름—왜냐하면 물질들이 대기 중에서 어떻게 쉽게 반응하는지와 그들이 땅에 얼마나 빨리 가라앉는지가 다르기 때문이다. 짧은 체류시간을 갖는 오염물질은 짧은 기간 동안 국소적인 영향을 미친다. 대부분의 입자상 물질이나 자동차의 배기가스에서 발생된 오염물질은 오직 몇 시간 또는 며칠 머무르며 그것이 테헤란이나 로스앤젤레스 같은 도시의 대기질이 매일 변경될 수 있는 이유이다. 대조적으로 긴 체류 시간을 갖는 오염물질은 지역 또는 지구적으로 장기간 또는 수세기에 걸쳐 영향을 미치고 있다. 지구 기후변화와 지구의 오존층 고갈을 몰고 오는 오염물질(2가지 독립적인 현상! — FAQ 참조)들은 각각 꽤 오랫동안 대기 중에 잔류하기 때문에 이러한 지구적이고 장기적으로 지속되는 영향을 끼칠 수 있다. 그림 13.7은 이 관계를 예를 들어 보여준다.

대기오염방지 입법으로 미국내 대기오염문제를 다룬다

미국에서는 대기오염에 대처하기 위해 의회는 일련의 법률, 특히 대기오염방지법을 통과시켰고 1963년에 제정되어 이후 여러 번 개정되었는데 특히 1970년과 1990년이었다. 법률의 주요 부분은 공해방지에 관한 연구의 기금조성, 대기 질에 대한 기준 설정, 새 발생원으로부터의 배출량 제한 부과 그리고 시민들이 기준을 위반하는 당사자들을 소송할 수 있게 하는 것이다. 이것은 또한 이산화황 배출권 거래 프로그램(6장)을 도입했다. 1995년 시작하여 기업 및 시설들에 이 오염물질을 방출할 수 있는 배출권을 할당했고, 구매, 판매, 또는 이러한 할당을 거래할 수 있게 했다. 매년 전체적으로 허용되는 오염의 양은 낮춰졌다. 이러한 시장기반 인센티브 프로그램은 전국의 이산화황 배출량을 줄이는 데 도움이 되었다(그림 5.18 참조). 로스앤젤레스 지역에서는 1994년에 자신의 캡-앤-트레이드 제도를 채용하였다. 지역 대기청정 인센티브 시장(RECLAIM)은 LA 분지가 2003년까지 이산화황의 배출을 47%, 질소산화물의 배출을 61%까지 줄이도록 도왔으며, 프로그램이 계속 진행됨에 따라 추가 감소가 달성되고 있다.

대기오염방지법에 따라 미국환경보호국(EPA)은 배출 및 전국의 대기오염물질의 농도에 대해 전국의 기준을 설정한다. 공기의 질을 모니터링하고 개발, 구현 및 그 경계 내의 규칙을 적용하는 것은 주로 주의 책임이다. 주는 승인을 위해 미국환경보호국에 계획을 제출하고 만약 주의 계획이 적절치 않은 경우 미국환경보호국은 집행을 대신 할 수 있다. 어떤 지역이 그곳의 대기를 정화하

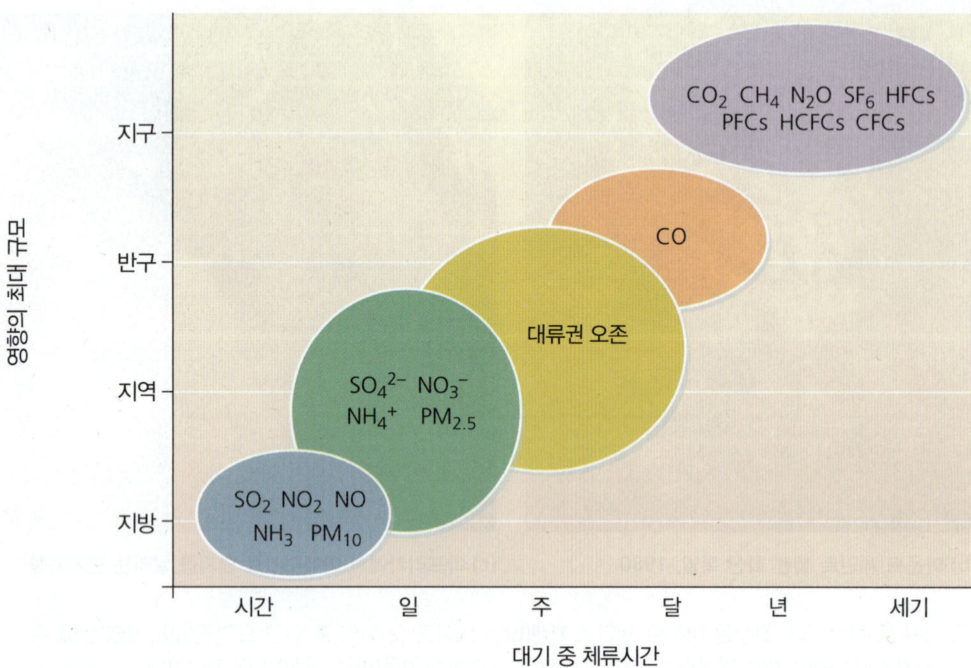

◀ **그림 13.7** 대기 중에서 짧은 체류 시간을 갖는 물질은 국소적으로만 대기의 질에 영향을 미치는 반면, 긴 체류 시간을 가지는 것은 지역적 또는 지구적으로 공기의 질에 영향을 미친다. Data from United Nations Environment Programme, 2007. *Global environmental outlook(GEO-4)*, Nairobi, Kenya.

는 데 실패하면 미국환경보호국은 교통수단 프로젝트에 대한 연방정부의 자금지원을 막을 수 있다.

미국환경보호국은 기준오염물질에 대한 기준을 설정한다

미국환경보호국과 주들은 6가지 기준 오염물질, 특히 인간의 건강에 큰 위협이 된다고 판단되는 오염물질에 주목한다 — 일산화탄소(CO), 이산화황(SO_2), 이산화질소(NO_2), 대류권 오존(O_3), 입자상 물질 그리고 납(Pb). 이것들을 위해 미국환경보호국은 실외 대기 중의 최대 허용 농도를 설정했다.

일산화탄소 **일산화탄소(carbon monoxide)**는 연료의 불완전 연소에 의해 주로 생산되는 무색, 무취의 가스이다. 자동차와 엔진은 미국에서 CO 배출량의 78%를 차지하고 있다. 다른 오염원들은 산업공정, 화재, 폐기물 연소 및 주거지 장작 연소 등을 포함한다. 일산화탄소는 적혈구의 헤모글로빈에 결합할 수 있기 때문에 헤모글로빈이 산소와 결합하는 것을 방해하여 우리들에게서 산소를 빼앗을 수 있다.

이산화황 **이산화황(sulfur dioxide)**은 자극적인 냄새를 가진 무색의 기체이다. 대부분의 SO_2 오염은 발전 및 산업용 석탄의 연소 결과이다. 연소시 석탄의 원소 유황(S)은 SO_2를 형성하기 위해 산소(O_2)와 반응한다. 일단 대기 중의 이산화황은 삼산화황(SO_3)과 황산(H_2SO_4)을 형성하기 위해 반응할 수 있으며, 산성비로 지구로 돌아갈 수 있다(13장).

이산화질소 **이산화질소(nitrogen dioxide)**는 스모그와 산성비의 원인이 되며 악취가 나는 적갈색 가스이다. 산화질소(NO)와 함께, NO_2는 **질소산화물(nitrogen oxides, NO_x)**이라는 화합물의 가족에 속한다. 대기 중의 질소와 산소가 연소 기관에 의해 만들어진 고온에서 반응하여 질소산화물이 발생한다. 미국 대부분의 NO_x 배출량은 차량엔진의 연소에서 발생한다. 전기 사용시설 및 산업용 연소가 나머지의 대부분을 차지하고 있다.

성층권 오존 성층권의 오존이 UV 방사선을 여과해 우리를 지키고 있지만, 인간의 활동에 의한 오존은 대류권에서 낮게 축적된다. 이 무색 기체는 2차 오염물질이며 햇빛, 열, 질소산화물 및 휘발성 탄소 함유 화학물질의 상호작용에 의해 만들어진다. 스모그의 주성분으로 O_3은 분자로서 불안정성의 결과로 건강에 위험을 초래한다; 산소원자 3개의 오존은 쉽게 산소 가스분자와 유리 산소원자로 분리된다. 산소원자는 이어 생체 조직을 손상시키고 호흡기 문제를 일으키는 반응에 관여할 수 있다. **대류권 오존(tropospheric ozone)**은 가장 자주 미국환경보호국의 기준을 초과하는 오염물질이다.

입자상 물질 **입자상 물질(particulate matter)**은 대기 중에 부유할 정도로 미세하며 흡입 시 호흡 계통을 손상시킬 수 있는 고체 또는 액체 입자로 구성된다. 입자상 물질은 먼지와 그을음 등 1차 오염물질뿐만 아니라 황산염과 질산염 등의 2차 오염물질 등을 포함한다. 미국환경보호국은 입자의 크기에 따라 입자상 오염을 분류한다. PM_{10} 오염은 입자직경이 10마이크론 미만의 입자로 구성되어 있고(인간 머리카락 너비의 1/7), $PM_{2.5}$ 오염은 입자직경 2.5마이크론 미만의 더 미세한 입자로 구성되어 있다. 대부분의 PM_{10} 오염은 도로 먼지에서 오고, 대부분의 $PM_{2.5}$ 오염은 연소 과정의 결과로 온다.

납 **납(lead)**은 입자상 오염물질로 대기에 들어가는 중금속이다. 납 함유 화합물인 테트라 에틸 납과 테트라 메틸 납은 가솔린에 첨가될 경우 엔진 성능을 향상시킨다. 그러나 유연 가솔린의 연소 배출은 공기 중 납을 방출하고 그것은 흡입될 수 있거나 토지와 물에 정착될 수 있다. 납은 먹이사슬에 들어가 신체 조직에 축적되어 중추신경계의 기능 장애, 소아 발달 장애 및 기타 질병 (10장)을 일으킬 수 있다. 1980년대 이후 유연 가솔린은 대부분의 선진국(1장)에서 단계적으로 폐지되어 납 오염이 급격히 줄었다. 그러나 자동차 배기는 아직 유연 가솔린이 금지되지 않은 개발도상국에서 납 오염을 발생시킨다.

미국환경보호국의 모니터링은 많은 미국인들이 기준 오염물질의 농도가 정기적으로 유해한 수준에 도달하는 곳에서 살고 있는 것을 발견했다. 예를 들어 로스앤젤레스 카운티 주민들은 6가지의 기준 오염물질 중 4가지가 안전기준을 위반하고 있는 대기를 숨쉬고 있다. 2008년 당시 모두 합하여 1억2,700만 명의 미국인이 6가지 기준 오염물질 중 적어도 한 가지에 대한 국가 환경 대기 질 기준을 위반한 카운티에 살았다.

기관들이 배출을 모니터한다

대기 중 6가지 기준 오염물질의 농도를 측정하는 것 이외에, 주 및 지방정부기관도 모니터링하고 미국환경보호국의 기준 오염물질의 대기 농도에 영향을 미치는 오염물질의 배출량을 보고하고 있다. 배출량은 1차 오염물질인 4가지 기본 오염물질(일산화탄소, 이산화황, 입자상 물질 및 납)뿐만 아니라 모든 질소화합물(왜냐하면 NO는 대기 중에서 1, 2차 오염물질인 NO_2 형성을 위해 반응하므로)에 대하여 모니터 된다. 대류권 오존은 2차 오염물질뿐이며, 우리는 그것을 배출하지 않는다. 대신 기관들은 오존 및 다른 2차 오염물질을 생성하는 **휘발성 유기화합물(VOCs)** 탄소를 함유하는 화학물질(2장의 탄화수소)들의 배출량을 모니터한다. 인위적인 VOC 배출량의 가장 큰 원천은 용매의 산업적 이용과 자동차 배출가스 등이다. 2008년에 미국에서 인간의 활동은 6가지 모니터링 대상 오염물질 1.23억 톤으로 대기를 오염시켰다(**그림 13.8**).

우리는 미국의 대기오염을 줄였다

1970년 대기청정법 이후 우리는 6가지 모니터링 대상 오염물질(**그림 13.9a**)의 각각의 배출량을 줄였으며, 6가지의 오염물질 총 배출량은 합해서 모두 60% 감소하였다. 이러한 극적인 배출량의 감소는 국가의 인구, 에너지 소비, 차량의 주행 거리 및 국내 총생산의 상당한 증가에도 불구하고 일어났다(**그림 13.9b**).

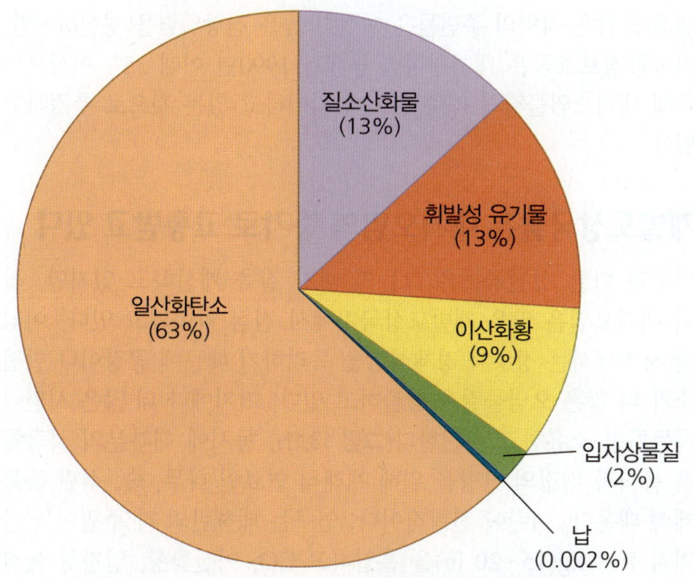

▲ **그림 13.8** 2008년에 미국은 미국환경보호국과 주 및 지방 정부 기관에 의해 감시되는 6가지 주요 오염물질 123만 톤을 방출했다. 일산화탄소가 질량 기준 이러한 배출량의 대부분을 차지하고 있다. Data from U.S. EPA.

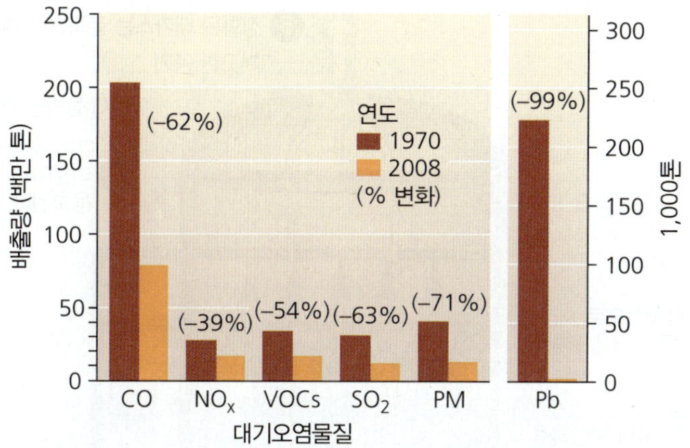

(a) 6가지 주요 오염물질의 감소

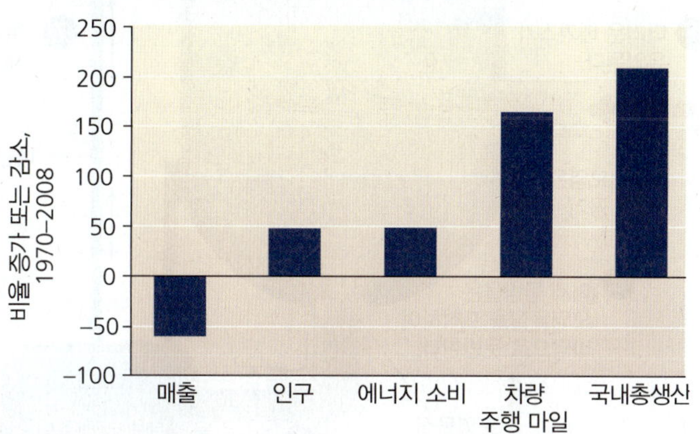

(b) 주요 지표의 경향

▲ **그림 13.9** 미국환경보호국은 미국의 대기 중에 몇 가지 주요 오염물질의 배출을 추적한다. 이러한 오염물질은 각각 1970년 **(a)** 이후 실질적인 감소를 보이고 있으며, 6가지 오염물질의 배출량은 합해서 모두 60% 감소하였다. 우리는 이러한 배출량 감소를 미국의 인구, 에너지 소비량, 차량 주행 마일 및 국내 총생산(GDP) 등의 실질적인 증가**(b)**에도 불구하고 달성하였다. 입자상 물질에 대한 데이터는 1985년 이후의 PM_{10}이다. Data from U.S. EPA.

우리는 각각 깨끗한 공기를 위한 풀뿌리 사회적 요구가 동기가 된 정책단계와 기술개발의 결과로 이 성공을 달성하였다. 청정연소 자동차 엔진과 촉매 변환 장치 등의 자동차 기술이 큰 역할을 해왔다. 촉매 컨버터에서 엔진배기는 탄화수소, CO_2 및 NO_x를 이산화탄소, 수증기 및 질소 가스로 변환하는 여러 종류의 금속과 반응한다. 이산화황 허가권 거래 프로그램(5장)과 청정 석탄기술(15장)은 SO_2의 배출량을 삭감했다. 굴뚝에서 방출되기 전에 화학적으로 변환하거나 물리적으로 공기 중의 오염물질을 제거하는 이러한 백 하우스 필터, 정전 집진기 및 **스크러버(scrubbers; 그림 13.10)**와 같은 기술들은 공장, 발전소 및 정유공장들이 일부 오염물질의 배출량을 삭감하는 것을 가능하게 했다. 그리고 유연 가솔린의 단계적 폐지는 미국의 납 배출량을 1980년대에만 93% 급락시키는 요인이 되었다.

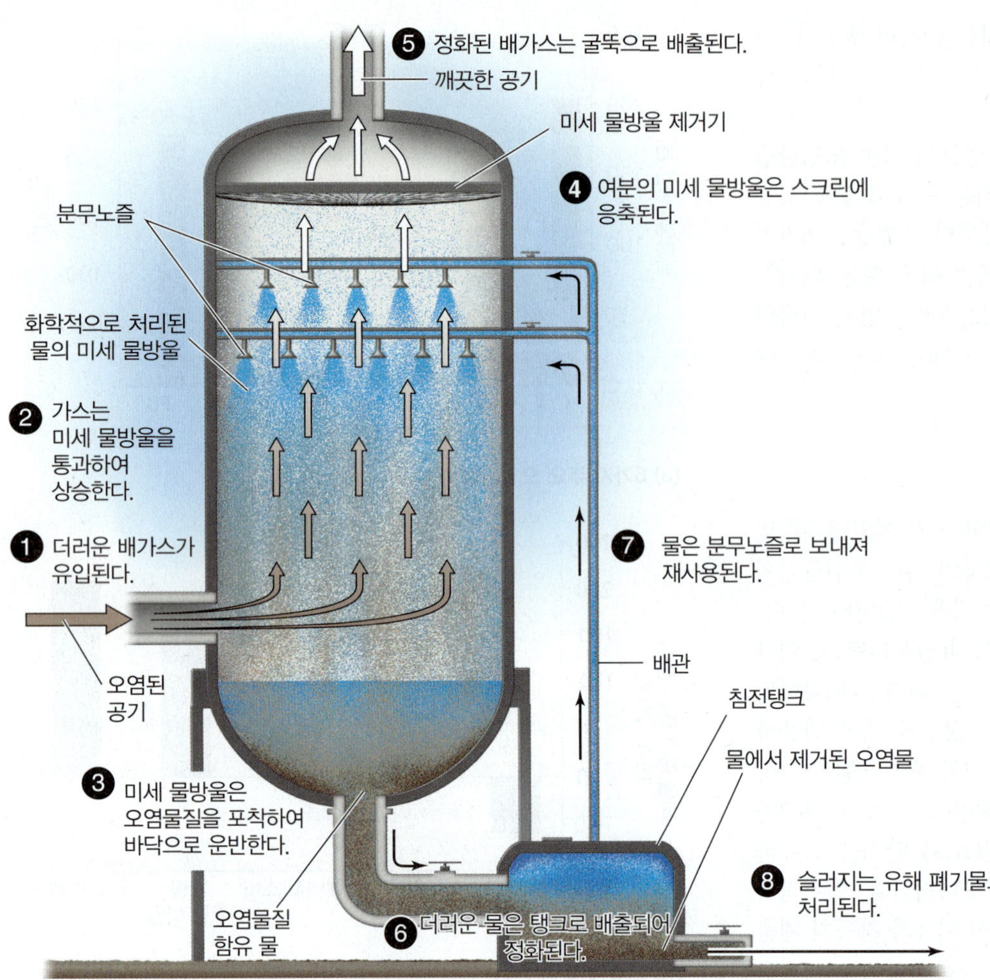

◀ **그림 13.10** 이 분무 탑 습식 스크러버에서는 배열된 노즐이 미세 물방울을 분무하여 석회 또는 다른 활성 화학물질과 혼합시키는 동안 오염된 공기❶는 반응조를 통해서 상승한다❷. 떨어지는 미세 물방울은 오염물질을 포착하고 근본적으로는 그들을 공기로부터 세척해내면서 반응조 바닥❸으로 그들을 운반한다. 여분의 미세 물방울은 스크린❹에 포착되고 스크러버에서 방출된 공기는 거의 정화된다❺. 주기적으로 더러운 물은 반응조❻에서 배출되어 침전조에서 정화되고 스프레이 노즐을 통해 재순환❼된다. 슬러지는 유해폐기물로❽ 처분되어야 한다(17장). 스크러버 및 다른 오염 제어 장치는 많은 디자인이 나와 있다; 여기에 나타낸 유형은 적어도 입자상 물질 및 이산화황과 같은 가스의 90%를 일반적으로 제거한다.

1970년 이후 실외 대기오염의 감소는 인간의 건강과 환경의 질을 지키는 미국에 의해 달성된 가장 큰 업적 중의 하나를 나타낸다. 미국환경보호국은 1970년에서 1990년 사이 깨끗한 대기규제로 200,000명 미국인의 생명을 구한 것으로 추정하고 있다.

그러나 새로운 오염물질에 대한 우려가 대두되고 온실가스 배출량(14장)이 상승하는 추세에 있기 때문에 개선의 여지는 많이 남아 있다. 미국의 이산화탄소 배출량은 1970년에서 2008년까지 44% 증가되었다. 미국 대법원은 2007년에 미국환경보호국이 이산화탄소를 오염물질로 규제할 법적 권한을 가지고 있다고 판결하였다. 미국환경보호국은 2011년에 그렇게 하기로 하고 첫 번째 조치를 취했지만, 논리적인 도전과 강력한 정치적 반대에 직면하고 있다. 우리는 우리의 경제를 확대하면서 일부 주요 오염물질의 배출을 60%까지 줄일 수 있었기 때문에, 아직 우리는 곧 온실가스 배출량에서도 유사한 성공을 달성할 수 있다는 것을 기대할 수 있다.

독성 오염물질은 건강을 위협한다

우리는 또한 유해 대기오염물질로서 암 유발, 생식장애 또는 신경학적 발달, 면역 체계, 또는 호흡기 장애를 일으키는 것으로 알려져 있는 물질의 배출량을 저감하고 있다. 1990년 대기청정법 근거 아래 미국환경보호국은 수은(석탄화력 발전소의 배출 및 기타 발생원으로부터)에서 벤젠(가솔린 성분)과 메틸렌 클로라이드(페인트 박리제에서 발견)와 같은 휘발성 유기 화합물에 이르기까지 188가지 독성 대기오염물질을 규제한다.

미국 전역의 300 거점에서의 모니터링에 근거하여 전문가들은 독성 대기오염물질은 모든 28,000명의 미국인 중 1명에게 암을 일으키는 것으로 추정하고 있다(100만 명당 36명의 암 경우). 로스앤젤레스 같은 지역의 주민들은 여전히 높은 건강위험을 경험하지만, 미국환경보호국은 대기청정법 규제가 1990년 이래 35% 이상으로 유해 대기오염물질의 배출 감소에 기여하고 있는 것으로 추정하고 있다.

개발도상국들은 대기오염의 증가로 고통받고 있다

미국과 다른 선진국들은 그들의 대기 질을 개선하고 있지만, 실외 대기오염은 많은 개발도상국가에서 점점 악화되고 있다. 이러한 사회에서는 정부가 경제성장을 독려하기 때문에 공장이나 발전소가 더 많은 오염물질을 방출하고 있다. 거기에다 더 많은 시민이 자동차를 소유하고 운전한다(**그림 13.11**). 동시에 대부분의 사람들은 음식과 가정의 난방을 위해 재래식 연료인 나무, 숯, 석탄 등을 계속 태운다. 이란이 전형적이다: 연구는 테헤란의 각 주민이 연간 먼지 7~9 kg(15~20 lb)을 흡입하고 CO, 이산화황, 입자상 물질 및 기타 오염물질은 국제안전기준을 훨씬 초과했음을 밝혀내었다.

중국 사람들은 세계 최악의 대기오염의 일부로 고통받고 있다. 중국은 가장 오염이 심한 화석연료인 석탄의 풍부한 매장량으로 급

▲ **그림 13.11** 테헤란의 자동차 교통은 오늘날의 개발도상국가의 대기오염의 주요 원인을 설명해준다. 당국자는 트래픽이 평균 18 kph(11 mph)의 속도로 기어갈 때 테헤란의 차량이 매일 5,000톤의 오염물질을 방출하고 있는 것으로 추정한다.

속한 산업발전에 연료를 공급해왔다(15장). 발전소나 공장들을 구축하는 데 저렴하고 빠르기 때문에 종종 구식의 비효율적이고 높은 오염기술을 사용하여 전국 각지에서 생겨나고 있다. 자동차 소유는 하늘을 찌르고 있다; 수도 베이징에서만 매일 1500대의 새로운 자동차가 도로로 나온다. 많은 도시에서 안개가 종종 너무 짙어서 사람들이 태양을 볼 수 없을 정도다. 중국 과학자들 보고에 의하면 세계 은행, 세계 보건기구 모두는 실외 대기오염이 매년 중국에서 30만 명 이상의 조기 사망의 원인이 될 것으로 추정하고 있다고 한다. 중국의 오염 일부는 태평양을 넘어 로스앤젤레스 등 미국 서부도시로 부는 바람에 날려 북미에까지 도달한다.

중국 정부는 현재 오염을 줄이기 위해 노력하고 있다. 정부는 일부 상당한 오염공장이나 광산을 폐쇄하고 오염 산업을 위한 몇 가지 보조금을 단계적으로 폐지하고 있으며 발전소에 오염처리 장치를 설치하고 있다. 정부는 자신의 가정을 위한 효율적인 전기 히터를 구입하는 사람에게 보조금을 지급하고, 휘발유와 디젤을 위한 깨끗한 조제를 의무화하며, 연료효율 기준을 높이고, 자동차의 배출가스 규제를 더 강화하고 있다. 베이징에서는 대량 수송이 확장되고 있으며, 많은 버스는 천연가스를 연료로 운행하고, 심하게 오염시키는 차량은 시내 중심부 진입이 제한된다. 또한 중국은 적극적으로 더 깨끗한 풍력, 태양열과 원자력 발전이 석탄을 연소시켜 생산하는 전력을 대체하도록 개발하고 있다.

스모그는 우리의 가장 공통적인 대기 질 문제이다

그럼 이제 우리의 가장 널리 퍼져 있는 대기오염의 형태를 자세히 살펴보자: 스모그. 스모그(smog)는 종종 화석연료 연소의 결과

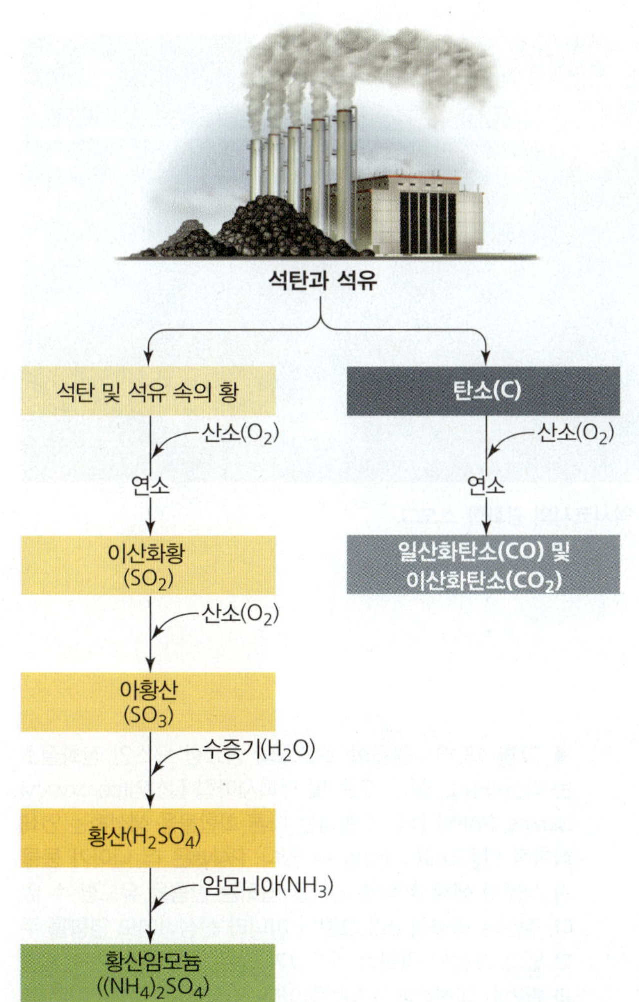

(a) 산업스모그 형성

(b) 펜실바니아의 도노라에서 대낮 스모그, 1948년

◀ **그림 13.12** 공해 방지 기술이 없는 제조공장 및 시설들에서 석탄과 석유의 연소로부터의 배출은 산업 스모그를 생성할 수 있다. 산업스모그는 화석연료의 탄소 성분에서 오는 일산화탄소와 이산화탄소뿐만 아니라 주로 이산화황 및 입자상 물질로 구성된다. 화석연료가 연소될 때 유황 오염물질이 이산화황을 증가시키고, 그것은 대기 중에서 다른 화학물질의 존재 하에서 몇 가지 다른 유황 화합물**(a)**을 생성할 수 있다. 어떤 특정한 기상 조건 하에서 산업스모그는 전체 도시와 지역을 덮을 수 있으며, 여기에 보인 것처럼**(b)** 1948년 펜실바니아 도노라에서 대낮에 치명적인 스모그 사건이 있었다.

로 도시지역에 형성하는 공기 오염물질의 유해한 화합물이다. 산업혁명 이래로 도시는 **산업스모그**(industrial smog)로 알려진 스모그로 고통받고 있다. 석탄과 석유가 연소될 때 일부는 완전히 연소되어 이산화탄소를 형성하고; 일부는 부분적으로 연소하여 CO를 생성하며; 일부는 불연소하여 그을음(탄소 입자)으로 배출된다. 또한 석탄은 수은이나 유황 등과 같은 오염물질을 포함하고 있다. 유황은 산소와 반응하여 이산화황을 형성하고 그것은 일련의 반응을 거쳐 황산과 황산암모늄을 형성할 수 있다(**그림 13.12a**). 추가 반응에 의해 생성되는 이러한 화학물질 등은 그을음과 함께 산업스모그의 주성분이다.

1952년 런던의 "살인 스모그" 및 다른 치명적인 오염 사건을 계기로 선진국의 정부는 산업배출을 규제하기 시작하였고 산업스모그를 크게 감소시켰다. 그러나 중국, 인도, 동유럽 등과 같은 산업화 지역의 석탄 연소 및 느슨한 오염규제는 심각한 건강 위험을 초래할 산업스모그 발생 결과를 낳는다.

우리가 언급해온 것처럼 날씨와 지형이 스모그 형성에 역할을 한다. 런던의 살인 스모그와 유사한 사건이 그보다 4년 전에 펜실베니아 도노라(Donora)의 작은 마을에서 발생했다(**그림 13.12b**). 지상부근의 공기는 밤에 냉각되고 도노라는 언덕에 둘러싸인 지역에 있기 때문에 아침 태양열은 지상부분의 공기를 따뜻하게 하여 확산시키도록 골짜기의 밑바닥까지지는 미치지 못하였다. 그 결과 발생한 열역전은 철강과 와이어 공장에 의해 발생한 스모그를 가뒀다. 21명이 사망하고 6,000명이 넘는 사람들—마을인구의 거의 절반—이 질병을 앓았다.

광화학 스모그는 일련의 반응으로 생성된다

오늘날 로스앤젤레스와 테헤란을 포함하는 대부분의 도시에서 자동차 배기가스에 의한 오염은 다른 유형의 스모그를 생성한다: 광화학 스모그. **광화학 스모그(photochemical smog)**는 햇빛이 1차 오염물질과 일반 대기화합물 사이의 화학반응을 유도하여 종종 가장 풍부한 대류권 오존과 100여 종의 화학물질의 혼합물을 생성할 때 형성된다(**그림 13.13a**). 그것은 또한 NO_2를 포함하기 때문에, 광화학 스모그는 일반적으로 갈색안개로 나타난다(**그림 13.13b**).

도시 지역에서 뜨겁고 맑은 바람이 없는 날은 광화학 스모그의 형성을 위한 완벽한 조건을 제공한다. 아침 교통량의 배기가스는 도시 대기에 NO와 VOCs를 방출하고 다음으로 햇빛은 오존 및 기타 오염물질의 생성을 촉진한다. 도시지역의 광화학 스모그는 일반적으로 오후에 최고조가 된다. 로스앤젤레스와 테헤란 등의 도시는 화창한 기후를 가지고 있고 근처의 산들이 대기를 가두어 열역전을 촉진하기 때문에 광화학 스모그가 발생하기 쉽다. 또한 로스엔젤레스의 자매 도시인 멕시코시는 산에 둘러싸이고 화

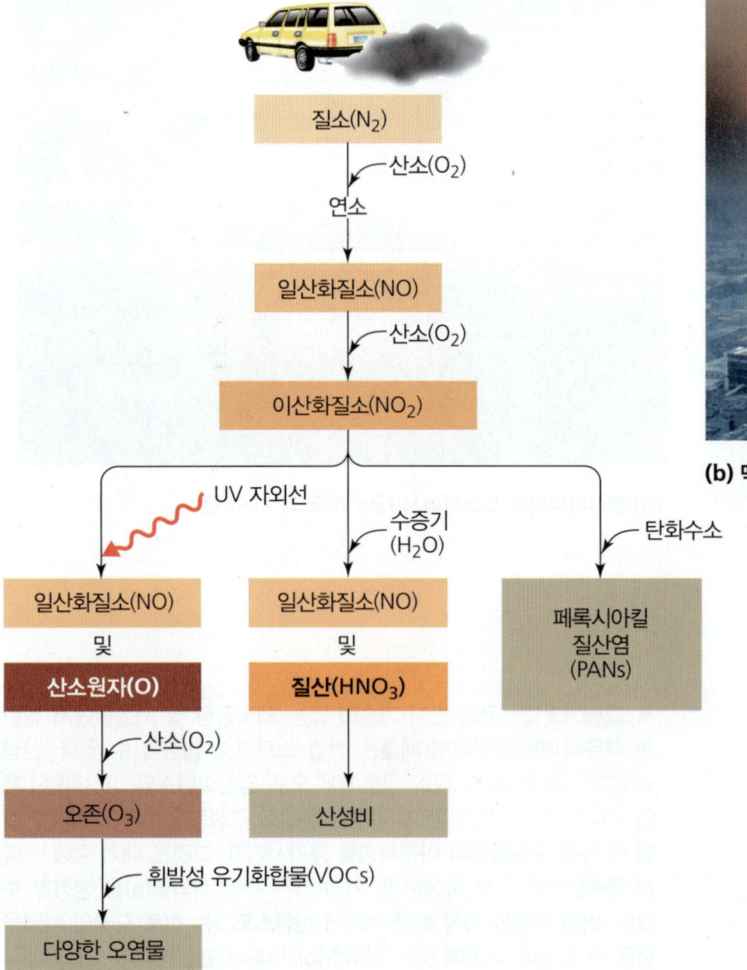

(a) 광화학 스모그 형성

(b) 멕시코시의 광화학 스모그

◀ **그림 13.13** 광화학 스모그의 중요한 요소인 산화질소는 이산화질소, 질산, 오존 및 페록시아킬 질산염(peroxyacyl nitrates, PANs) 등을 포함하는 다른 화합물을 생성하는 연쇄 화학적 반응(**a**)을 시작할 수 있다. PANs은 더 나아가 동물과 식물의 생체 조직에 손상을 입히는 반응을 유도할 수 있다. 질산은 광화학 스모그뿐만 아니라 산성비에도 영향을 주고 있다. 오늘날 광화학 스모그가 많은 도시 특히 언덕 지형과 빈번한 역전층에서 일반적이다. 멕시코시(**b**)는 수시로 광화학 스모그가 발생하는 도시 중 하나이다.

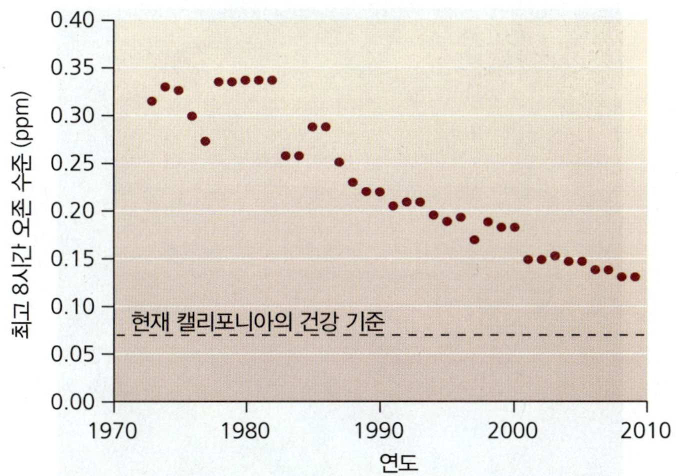

▲ **그림 13.14** 로스앤젤레스 지역의 대류권 오존의 최고조 수준은 1970년대 이래 정부의 정책 및 자동차 기술 개선 덕분에 감소하고 있다. 그러나 오존 오염은 여전히 주 건강 기준을 위반하고 있다. Data from Environment California, 2010. *Clean cars in California: Four decades of progress in the unfinished battle to clean up our air*.

창한 기후로 세계최악의 광화학 스모그로 고통을 받는다. 1996년에는 5일간의 위기로 적어도 300명이 사망하고 눈, 코, 인후, 호흡기 문제로 400,000명이 병원을 찾았다.

우리는 스모그 저감을 위한 발걸음을 내디딜 수 있다

로스앤젤레스의 대기오염과 투쟁은 1943년에 시작되었고 그때 도시의 첫 번째 주요 스모그 사건은 시정거리가 3블록으로 줄어든 것이었다. 그때 이후 로스엔젤레스 주민들은 두통, 눈의 염증, 천식, 폐 손상 및 관련 질병들을 겪고 있다. 그러나 로스앤젤레스는 그 문제에 대비하여 1970년대 이래 대기를 깨끗이 하는데 큰 진전을 이루고 있다. 캘리포니아는 미국의 주들 중 앞장서서 공해방지기술을 채택하고, 차량 배출기준을 설정하였으며, 똑같이 하도록 연방 정부를 압박하였다. 캘리포니아의 요구는 자동차 업계가 저공해 차량개발에 앞장서도록 도왔다. 캘리포니아의 비영리 환경단체의 2010년 연구는 오늘날의 새로운 자동차가 1960년대 자동차의 스모그 형성 배출량의 1%만 발생시킨다고 결론지었다. 오늘날의 차는 99% 청정하므로 도로에 차가 더 많이 있을지라도 대기는 더 깨끗하다. 로스앤젤레스에서 최고조의 스모그 수준은 1980년 이후 60~70% 줄어들었다(**그림 13.14**).

오늘날 캘리포니아 주와 33개의 다른 주에서 운전자는 자신의 차량의 배기가스를 정기적으로 점검받도록 요구되고 있다. 차량검사 프로그램은 이러한 주들에서 광화학 스모그의 원인 배출량을 30% 줄였다.

그 진전에도 불구하고 로스앤젤레스는 미국 폐 협회의 2010년 연구에 따르면 아직 어떤 미국 대도시권보다 최악의 대류권 오존오염으로 고통을 받는다고 한다. 로스엔젤레스 주민들은 연간 130일 이상 캘리포니아의 오존 건강기준을 초과하는 공기를 숨쉬고 있다. 2008년의 연구는 로스엔젤레스 유역과 가까운 산호아킨 밸리(San Joaquin Valley)의 대기오염이 매년 거의 3,900명 조기 사망과 사회에 280억 달러 비용(입원비, 실업수당 등)의 원인이 된다고 계산하였다.

테헤란은 오염으로 학교와 사무실을 닫게 하고 사람들에게 집에 머물도록 권고할 때, 정부가 각 "스모그 휴일"의 선언을 위해 1.3억 달러를 잃는 것으로 추정되고 있다. 거기에 시 직원들은 문제를 해결하기 위한 조치를 취해왔다. 지금 테헤란에서는 차량검사가 요구되며, 시내 중심으로 들어오는 교통량은 제한되고, 사람들은 오래된 차를 더 새로운 깨끗한 것으로 바꾸기 위해 비용을 지불하고 있다. 황은 디젤연료에서 저감되었고 납은 가솔린에서 제거되며 버스들은 천연가스로 주행(더 깨끗한 연소)하기 시작했다. 시 전체의 오염지도는 온라인 이용 가능하고 22개의 전광판은 도시 주변에 설치되어 현재의 오염 수준을 표시하고 있다. 이러한 모든 노력은 오염을 줄이는 데 도움이 되었다. 아직도 사람들은 도시로 계속 물밀듯이 몰려들고 주민들은 더 빨리 차를 구입한다. 이러한 추세들 모두는 정부의 노력을 앞질러서 오염은 2006년 이후 다시 악화되었다. 이에 관계자들은 가솔린 보소금을 낮추고 연료를 배급하고 지하철 시스템을 확장하기 시작했다.

세계 모든 도시 중 멕시코시티는 인구, 자동차 및 경제 활동이 성장하였음에도 스모그 문제—한때 세계 최악—를 저감시키는 데 성공하여 오늘날 주목받고 있다. 이제 자동차는 촉매 컨버터를 갖추고 배출량 검사를 받으며 일주일에 하루씩의 운행정지를 요구하는 규제를 받는다. 일부 산업시설들은 그들의 공정을 깨끗이 했으며 그렇지 않은 다른 시설들은 퇴출되었다. 국영 석유회사 페멕스(Pemex)는 가솔린에서 납을 제거하고 정유시설을 개선하였으며 더 깨끗한 가솔린을 수입하고 도시주민이 조리나 난방에 사용하는 연료에서 오염물질을 제거하였다. 지하철 시스템 및 저공해 버스들은 확대되고 자전거 채택 시스템이 도입되었다. 그 결과, 스모그는 납이나 이산화황 등의 다른 오염물질과 함께 감소하였다.

WEIGHING 이슈

당신 지역의 대기 질 당신 지역에서는 어떤 실외 대기오염 문제가 있는가? 당신이 호흡하는 공기의 정보를 검색할 수 있는 미국환경보호국 웹 사이트 중 하나를 검색해보라: www.airnow.gov, www.epa.gov/aircompare 또는 www.epa.gov/air/emissions/where.htm. 당신 지역의 대기 질은 다른 지역과 비교할 때 어떤가? 어떤 요인이 당신이 살고 있는 지역의 대기 질에 영향을 미친다고 생각하는가? 당신 지역의 대기오염을 감소시키기 위한 3단계를 제안하라. 해당 지역에서는 이러한 단계를 취한 후 어떤 이점이 있겠는가?

합성화학물이 성층권 오존을 고갈시킨다

대류권 오존은 광화학 스모그 오염물질이지만 성층권의 오존은 조직과 DNA를 손상시킬 수 있는 태양의 자외선을 흡수하여 지구상의 생명을 보호한다. 한 세대 이전 과학자들은 지구 성층권의 오존이 고갈되고 있으며, 인간의 건강과 환경에 위협이 된다는 것을 발견했다. 수백 명 과학자들의 수년에 걸친 연구는(**과학**

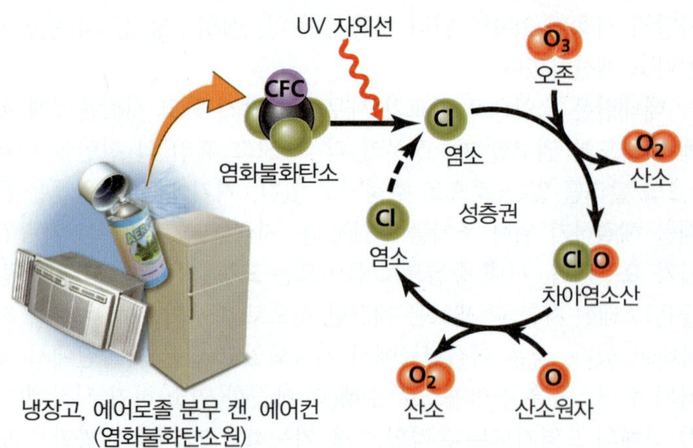

▲ **그림 13.15** UV 방사선의 존재 하에 CFC 한 분자에서 방출 된 염소원자는 오존분자와 반응하여 산소 가스 한 분자와 차아염소산(ClO) 한 분자를 형성한다. ClO 분자의 산소원자는 이어 산소 가스를 형성하기 위해 부유 산소원자와 결합하며, 새로 파괴적인 사이클을 시작하기 위해 염소원자를 떠난다. 이렇게 하여 염소원자 하나는 오존분자를 100,000개까지 파괴할 수 있다.

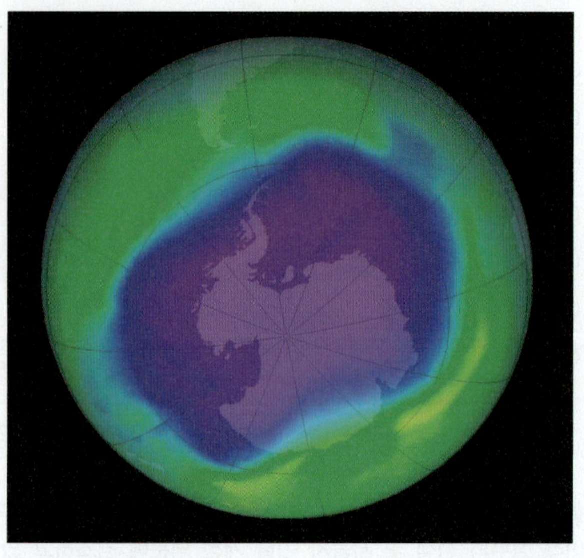

▲ **그림 13.16** "오존 구멍"은 남극상공과 최남단 해역 영역의 성층권의 얇아진 오존농도 구역으로 구성된다. 이것은 지난 수십 년 매년 9월 계절적으로 재현하였다. 2006년 9월 24일 지구 남반구의 이 컬러 위성사진은 오존 구멍(보라와 푸른색)이 지금까지 기록된 것 중 최대를 보여준다.

비하인드 스토리 참조) 공기 중의 특정 화학물질이 오존을 파괴하고 이러한 **오존층 파괴 물질(ozone-depleting substances)**의 대부분은 인간이 만든 것이라는 것을 제시하였다.

특히 연구자들은 **할로겐화 탄소(halocarbons)**—단순 탄화수소로부터 유도된 인공화합물(3장)—를 지적했는데 그것은 수소원자가 염소, 브롬, 불소 등의 할로겐원자로 치환된 것이다. 업계는 1970년대에 연간 100만 톤의 할로겐 탄소와 **염화불화탄소(chlorofluorocarbons, CFCs)**를 대량 생산하였다. CFCs는 냉매로, 소방제로, 에어로졸 스프레이용 분사제로, 전자 클리너로, 폴리스티렌 생산용 등으로 유용했다. CFCs는 거의 다른 화학물질과 반응하지 않기 때문에 과학자들은 무해하다고 추측했다. 비반응성이기 때문에 불행히도 CFCs는 그대로 성층권에 도달해 한 세기 이상을 거기에 남아 있을 수 있다. 성층권에서는 강렬한 태양열 방사선이 CFC 분자 내 결합을 깨고 그들의 구성원인 염소원자를 방출시킨다. 두 단계 화학 반응(**그림 13.15**)에서 각각 새로 유리된 염소원자가 오존분자를 분할한 후 즉시 그 자신 또 다른 한 개를 분할할 수 있다. 성층권에서의 긴 체류 시간이 동안, 각 자유 염소원자는 최대 100,000 오존분자를 파괴할 수 있다!

1985년 연구자들은 봄에 남극 상공의 성층권 오존수준이 이전 10년의 거의 절반 가까이 감소했으며 곧 오존에 구멍을 낼 정도로 오존층 농도를 옅게 한다는 것을 발표하여 세계에 충격을 주었다(**그림 13.16**). 그때 이후로 각 남반구의 봄 동안 이 광대한 지역의 오존농도는 그 역사적인 수준의 약 절반으로 떨어졌다.

몬트리올 의정서는 오존고갈 문제를 다루었다

CFCs의 생산을 제한하는 국제적인 정책 노력은 1987년에 **몬트리올 의정서(Montreal Protocol)**로 결실을 맺었다. 이 협약에서 서명 당사국(결국 196 번국)들은 1998년까지 CFC의 생산을 절반으로 줄이기로 합의했다. 다섯 가지 후속 합의는 감축 준수를 위한 진전된 시간표와 추가 오존고갈 물질 대책을 처리했다. 이 협정의 대상이 되는 물질은 현재 대부분 단계적으로 퇴출되고 업계에서는 안전한 대체 물질로 전환할 수 있었다.

그 결과, 우리는 명백하게 남극의 오존 구멍이 더 악화되는 것을 멈추게 하였다(**그림 13.17**). 그러나 오존층은 2060~2075년까지 완전히 회복할 것으로 예상되지 않는다. 대류권으로 방출되는 CFCs 50억 kg(110억 lb)의 대부분은 아직 성층권까지 확산되고 있지 않기 때문에 2020년까지 성층권의 농도는 최고점에 도달하지 못할 수 있다. 이것과 많은 할로겐화 탄소의 긴 체류 시간 때문에 우리는 정책의 실시와 필요한 환경영향 사이의 긴 지연 시간을 예상할 수 있다.

FAQ

Q: 오존층 구멍은 지구온난화와 관련이 있는가?

A: 이것은 대중이 갖고 있는 일반적인 오해이다. 어떤 사람들은 성층권 오존의 고갈이 열이나 온실가스를 대기 밖으로 내보내는 것으로, 지구온난화 방지에 도움이 된다고 믿는다. 또 어떤 사람들은 오존의 고갈이 열을 대기 중으로 들여보냄으로써 온난화를 악화시킨다고 믿고 있다. 모두 사실이 아니다. 오존의 고갈은 태양으로부터 과도한 자외선 복사가 과도해질 수 있지만 이것이 대기를 덥거나 차게 하지 않는다. 그러나 2011년에 발표된 연구는 오존 구멍이 분명히 남반구에서 대기순환과 강우에 확실히 영향을 준다는 것을 제시하였다. 우리는 여전히 배워야 할 것이 더 많고, 연구자들은 기후변화와 오존층 파괴의 측면 사이에 더 많은 연관성을 발견할 것이다.

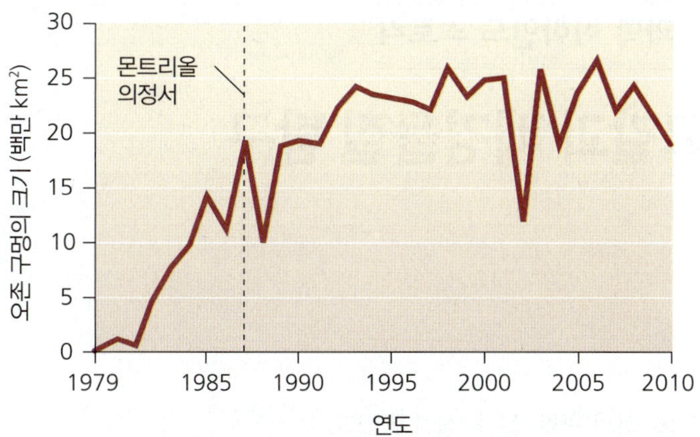

▲ **그림 13.17** 남극 오존구멍은 1979년에 출현 이후 크기가 빠르게 증가했지만, 1987년부터 시작된 오존층 파괴물질의 단계적 퇴출은 분명히 그 성장을 중지시켰다.

오존층 파괴에 대처하는 데 있어서의 성공적 사례는 몬트리올 의정서에서 생물다양성의 손실(8장)에서 잔류성 유기 오염물질(10장), 기후변화(14장)에 이르기까지 기타 지구규모의 문제에 관한 국제 협력의 모델로 여겨지고 있다.

산성강하물은 또 다른 국가간 오염문제이다

정치적 경계를 넘는 성층권 오존의 고갈처럼 대기권에서 지구 표면에 강하되는 산성비 또는 **산성강하물(acid deposition;** 3장)도 같다. 이것은 강우[일반적으로 **산성비(acid rain)**로 알려졌을 뿐만 아니라 산성 눈, 진눈깨비, 우박을 포함], 안개, 가스 또는 건조 입자의 퇴적에 의해 일어날 수 있다. 산성강화물은 **대기 강하(atmospheric deposition)**의 일종인데 그것은 더 넓게 수은, 질산염, 유기염소와 다른 화합물 등의 다양한 오염물질의 습식 또는 건식 강하물을 가리킨다.

대기 강하는 주로 자동차, 전기시설들 및 산업시설에 의한 화석 연료의 연소에 의해 이산화황, 질소산화물의 방출에서 주로 유래한다. 일단 공기 중에서 이러한 오염물질은 낮은 pH(2장)의 화합물, 즉 황산과 질산을 생성하는 물, 산소 및 산화제와 반응할 수 있다. 대류권에서 부유하는 이러한 산성 물방울은 수백 킬로미터를 며칠에서 몇 주에 걸쳐 이동할 수 있다(**그림 13.18**).

산성강하물은 많은 영향을 미친다

산성강하물은 생태계 및 우리의 기반시설에 광범위하게 유해한 영향을 미쳤다(**표 13.1**). 산은 칼슘, 마그네슘 및 칼륨 이온 등과 같은 영양분을 표토로부터 침출하여 토양의 화학적 성질을 변화시켜 식물과 토양생물에 해를 끼친다. 산성비는 또한 알루미늄, 아연, 수은, 구리 등의 독성 금속이온을 화학적으로 불용성 형태에서 가용성 형태로 그들을 변환하여 "이동하게" 한다. 알루미늄 등의 금속이온의 토양농도가 상승하면 식물뿌리 조직을 손상시켜 물과 양분의 섭취를 막아 식물을 약해지게 만든다. 일부 지역에서는 pH 2.3의 산성안개(식초에 해당하며, 보통 빗물보다 1,000배 이상 산성)가 숲을 덮어 나무가 죽어가고 있다.

표 13.1 산성강하물의 영향

미국 북동부 숲에서의 산성강하물
▶ 토양에서 염기성 양이온의 침출을 가속화함(Ca^{2+}, Mg^{2+}, Na^{+}, K^{+} 같은 산성강하물에 대응하는 이온들)
▶ 토양에 황과 질소가 축적되도록 허용함(과도한 질소는 식물에 과도한 영양을 시비하게 하고 잡초를 무성하게 함)
▶ 토양에서 용존 무기물 알루미늄의 증가는 식물의 물과 영양분 섭취를 방해함
▶ 붉은 가문비 나무의 가시에서 칼슘의 침출은 겨울철 나무의 동사로 이어짐
▶ 토양과 잎에서 염기성 양이온의 침출은 설탕단풍나무의 사망률을 증가시킴
▶ 뉴욕의 애디로댁 호수의 41% 산성화, 뉴잉글랜드 호수의 15% 산성화
▶ 호수의 산성화 중화능력의 저하
▶ 표층수의 알루미늄 수준의 증가
▶ 수중 생물의 종다양성과 풍부도 저하는 전체 먹이사슬에 영향을 미침

Souce: Driscoll, C.T., et al., 2001. *Acid rain revisited*. Hubbard Brook Research Foundation. Copyright 2001 C.T. Driscoll. Used with permission.

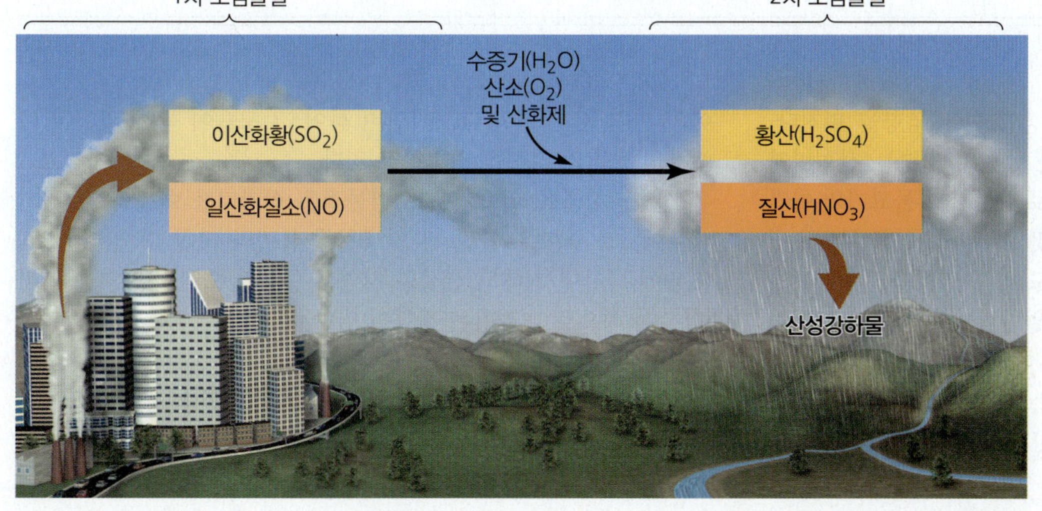

◀ **그림 13.18** 산성강하물은 발생원에서 바람 부는 훨씬 아래쪽에 결과를 초래할 수 있다. 산업과 시설들에서 방출되는 이산화황 및 산화 질소는 대기 중의 화학 반응에 의해 황산과 질산으로 변환된다. 이러한 산성 화합물은 비, 눈, 안개 및 건조 침착으로 지구표면에 내린다.

노벨상 수상 후 프레스센터에서 셔우드 롤런드(왼쪽), 마리오 몰리나(가운데), 파울 크뤼첸(오른쪽)

과학 비하인드 스토리

오존 고갈과 배경물질 탐구

성층권 오존의 고갈을 발견하고 이해하기 위해 과학자들은 역사적 기록, 야외 관찰, 실험실 실험, 컴퓨터 모델 및 위성 기술을 사용하고 있다.

이야기는 1924년으로 거슬러 올라간다. 그 당시 영국의 과학자 GMB 돕슨(Dobson)은 지상에서 햇빛을 채취하여 오존이 흡수하거나 하지 않는 파장의 강도를 비교하여 대기 중의 오존농도를 측정하는 기구를 구축했다. 1970년대까지 돕슨오존 분광광도계는 관측소의 글로벌 네트워크에 의해 오존을 모니터링하는 데 사용되었다.

한편, 대기 화학자들은 성층권 오존이 만들어지고 소멸되는 방법을 연구했다. 오존과 산소는 때때로 하나가 다른 것을 형성하기 위하여 반응하며 산소가 훨씬 풍부한 상태로 자연에 균형적으로 존재한다. 연구자들은 산화질소(NO) 같이 대기 중에 자연적으로 존재하는 특정 화학물질이 오존을 파괴한다는 것을 알아내었다. 네덜란드 기상학자 파울 크뤼첸(Paul Crutzen)은 토양 박테리아가 생산하는 아산화질소(N_2O)는 성층권으로 올라가서 NO를 생성한다고 1970년 보고했다. 그리고 비료를 사용하는 등의 일부 인간의 활동은 N_2O의 배출량을 증가시키고 있다.

크뤼첸의 보고에 이어, 미국의 과학자 리처드 스톨라르스키(Richard Stolarski)와 랄프 시세론(Ralph Cicerone)은 염소원자가 N_2O가 할 수 있는 것보다 더욱 효과적으로 오존을 파괴할 수 있다는 것을 1973년에 나타내었다. 그리고 2년 전에 영국의 과학자 제임스 러브록(James Lovelock)은 미량의 대기가스를 측정하는 측정기를 개발하여 사실상 모든 염화불화 탄소(CFCs)가 인류가 과거 40년간 생산하여 아직도 공중에서 성층권에 축적되고 있는 것을 발견했다.

이것은 결정적 통찰력을 위한 무대를 마련하였다. 1974년 미국의 화학자 F. 셔우드 롤런드(Sherwood Rowland)와 그의 멕시코 박사후 연구조교 마리오 몰리나(Mario Molina)는 선행하는 모든 연구에 주목하고, CFCs는 성층권으로 상승하여 자외선에 의해 분해되며 오존층을 파괴하는 염소원자를 방출하고 있다는 것을 깨달았다(그림 13.15 참조). 네이처지에 발표된 몰리나와 롤랜드의 분석은 궁극적으로 크뤼첸과 공동으로 그들에게 화학노벨상을 수상하게 했다.

신문은 또한 CFC 배출량에 제한을 설정하는 것에 대한 논의에 불을 붙였다. 산업계 지도자들은 연구를 공격하였다; 듀폰의 이사회 회장은 "공상과학 스토리라는... 쓰레기의 적재물...완전한 넌센스"라고 불렀다. 그러나 많은 연구자들에 의한 측정은 곧 CFCs 및 기타 할로겐화 탄소들이 실제로 오존을 고갈시킨다는 것을 확인했다. 그 결과 미국과 다른 여러 나라는 1978년에 에어로졸 스프레이의 캔에서 CFCs의 사용을 금지했다. 그러나 다른 용도로 사용은 계속되었고 1980년대 초반에 세계 CFCs 생산은 증가했다.

그 후, 충격적인 새로운 발견은 국제 사회가 조처를 취하도록 박차를 가했다. 1985년에 조세프 파먼(Josep Farman)과 동료들은 1950년대부터 오존농도를 기록한 남극의 영국 연구기지의 데이터를 분석했다. 파먼 팀은 봄의 남극 오존농도가 1970년대 이후 40~60% 급락한 것을 네이처지에 보고했다(**그림 (a) 참조**).

파먼 팀은 NASA의 과학자 그룹을 한방 먹였다. NASA의 과학자들은 오존농도(**그림 (b) 참조**)의 글로벌 하락을 보여주는 위성데이터의 산더미 위에 앉아 있었지만, 그들은 여전히 논

산성 물이 땅에서 흘러들 때 하천 강 호수에 영향을 미친다. 캐나다, 북유럽, 미국 및 다른 여러 곳 수천의 호수는 산성비가 토양과 암석에서 알루미늄이온을 수로로 침출시켜 물고기의 아가미를 손상시키고 염분과 수분의 균형 및 호흡과 순환을 무너뜨리기 때문에 물고기를 잃었다. 육상동물도 역시 영향을 받는다; 달팽이 및 기타 무척추동물의 개체수는 일반적으로 떨어지고 이것은 새의 먹이공급을 줄인다.

산성강하물은 작물에 피해를 입히고, 석조건물을 침식시켜 차량을 부식시키며 묘비의 기록을 지운다. 유럽의 고대성당들, 아시아의 사원 및 워싱턴 DC 기념비 등이 그 모습이 녹아 없어질 때 수십억 달러의 피해를 경험하고 있다.

산성강하물을 일으키는 오염물질은 장거리를 이동할 수 있기 때문에, 그 영향은 훨씬 더 발생원에서 멀리 미칠 수 있다. 그림 13.19에 나타낸 최대의 산성화 지역은 중공업 오염원 지역에서 바람 부는 쪽으로 내려가는 경향이 있다.

우리는 산성강하물에 대처하기 시작했다

정책은 우리가 산성강하물에 대처하는 것을 도왔다. 1990년 대기

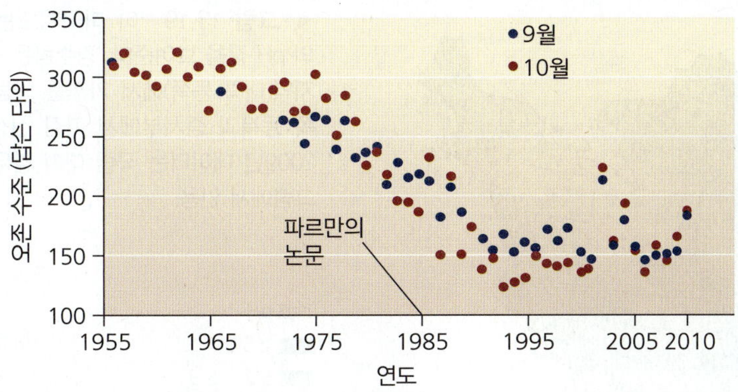

(a) 남극 핼리에서의 월평균 성층권 오존 수준

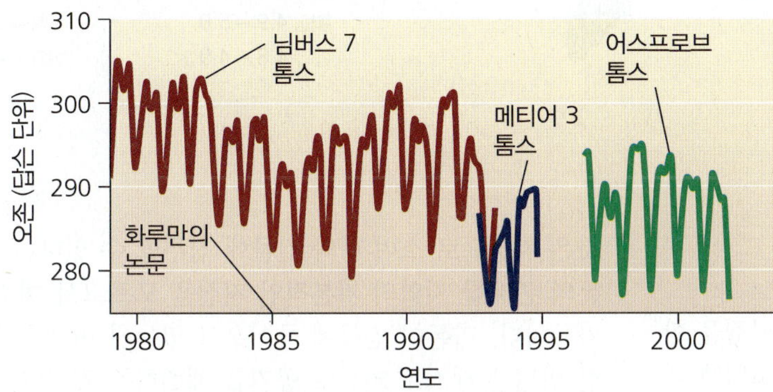

(b) 3개의 인공위성으로부터 얻은 세계 성층권 오존 값

남극 핼리(Halley)에서의 데이터(a)는 1960년대부터 1990년까지 성층권 오존 농도의 감소를 나타낸다. 오존 고갈물질이 1987년 몬트리올 의정서에 따라 단계적으로 폐지되게 된 후에는 오존농도의 감소가 정지됐다. 오존구멍을 설명하고 이러한 데이터를 이용하는 조세프 파먼 등에 의한 논문이 1985년에 게재되었다. 오존감소 및 안정화도 NASA의 3개 인공위성(65°N과 65°S 위도 사이의 모든 영역의 평균)으로부터 데이터(b)에 보이는 것과 같이 지구적으로 분명하다. Data in (a) from British Antarctic Survey. Data in (b) from NASA.

문게재를 위한 자신들의 분석을 제출하지 못했다.

그런데 왜 오존손실은 봄에 남부의 남극상공으로 지역화할까? 이 질문에 답하기 위해 대기화학자 수잔 솔로몬, 제임스 앤더슨, 크뤼첸과 다른 사람들이 지상기지국과 고도풍선 및 항공기를 사용하여 대기가스를 분석하기 위해 1986년과 1987년 원정에 올랐다. 그들은 극한의 남극 겨울에 극 성층권 구름이 높은 고도에서 형성하고 있는 것을 알았다. 이러한 얼음구름은 질산을 함유하며, 질산은 CFCs에서 염소원자를 분리해 낸다. 자유화된 염소원자가 구름에 축적되고 둥글게 선회하는 극지 바람의 흐름에 의해 남극상공에 갇히게 된다. 남극 봄(9월에 시작) 태양 빛은 돌아오고 염소원자에 의한 오존의 파괴는 가속화한다. 따뜻함이 극지 선회를 멈추고 공기가 다른 곳의 공기와 혼합되도록 할 때 오존구멍은 12월까지 남극상공에 남아 있다. 오존구멍은 돌아오는 봄까지 사라진다.

1987년까지 대량의 과학적인 증거는 몬트리올 의정서에 합의하는 세계 각국을 설득하는 데 도움이 되었다. 2년 이내에 얻어진 과학적인 증거와 컴퓨터 모델링은 더 과감한 조치가 필요하다는 것을 보여주었다. 1990년 몬트리올 의정서는 첫 번째로 몇 가지 후속 합의에서 2000년까지 CFCs의 완전한 폐지를 포함하도록 강화되었다. 오늘날 성층권의 오존 고갈물질량은 보합세가 되기 시작했다.

오존층이 장기적인 회복을 시작하므로 과학자들은 그들의 연구를 계속한다. 2009년 미국 해양대기청의 래비쉔카라(A.R. Ravishankara)가 이끄는 팀은 아산화질소(N_2O)가 현재 오존고갈의 주요 원인이 되었다고 판단했다. 그것의 배출량은 규제되지 않아서 그것이 미치는 영향은 지금 현재 남아 있는 할로겐화 탄소에 의해 영향받는 것보다 압도한다. 래비쉔카라 팀은 또한 강력한 온실가스인 아산화질소 규제는 기후변화 완화뿐만 아니라 빠른 오존의 회복에 도움이 될 것이라고 지적했다.

청정법에 의해 설립된 이산화황의 배출권 거래 프로그램은 지금까지 64%의 SO_2 배출을 저감했다(그림 5.18 참조). 2005년 연구는 프로그램의 경제적 이익이 40대 1로 그 비용을 상회할 것으로 추정하였다.

이 캡-앤-트레이드 프로그램에 의해 생성된 경제적 인센티브는 오염배출자들이 스크러버(13장) 등의 기술에 투자하고 더 깨끗하고 더 효율적으로 되기 위해 다른 방법을 고안하도록 장려한다. SO_2 배출량의 감소결과로 2007~2009년의 평균 황산비는 1989~1991년의 미국 동부에 비해 43% 낮았다. NO_x의 배출량도 미국환경보호국의 규정과 기술의 진보에 의해 낮아졌고 습식 질소강하물도 역시 이 기간 동안에 감소했다. 오존 고갈과 유사하지만, 생태계의 복원은 시간이 걸린다—그리고 과학자들은 추가적인 오염 감소가 필요하다고 충고하였다.

그 동안 산업계에서 산성강하물은 점점 심해지고 있다. 석탄에 의존하는 중국은 다른 어떤 국가보다 많은 이산화황을 배출하고 세계에서 최악의 산성비 문제를 가지고 있다. 전반적으로, 산성강하물의 데이터는 우리가 실외 대기오염 제어에 진전이 있지만, 더 많은 것을 할 수 있다는 것을 보여주고 있다. 똑같이 실내 공기 오염, 즉 대부분 익숙하지 않으나 통계적으로 더 위험하고 인류건강을 위협하는 오염원에 대해 똑같이 말할 수 있다.

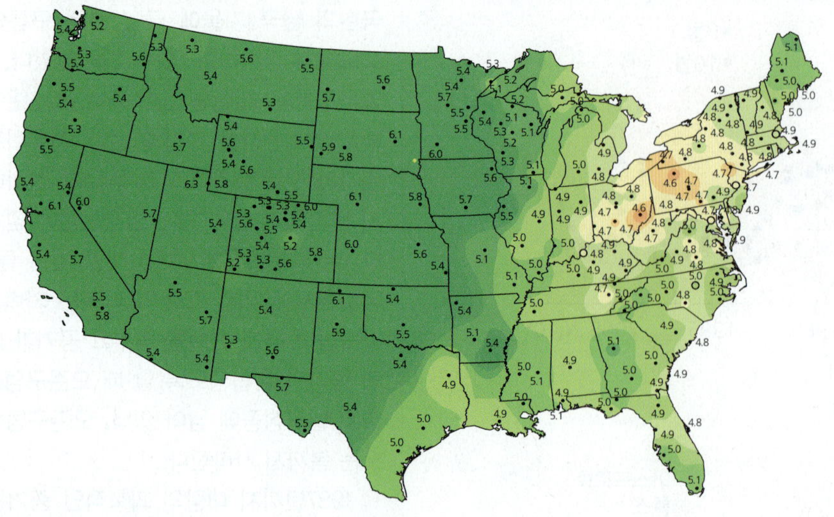

◀ **그림 13.19** 이 미국지도는 강우의 pH 값을 보여준다. 강수량은 중공업지역(대략 동쪽)에서 가까운 바람 부는 쪽 동북과 중서부에서 가장 산성이다. 2009년 데이터는 국립 대기 강우 프로그램에서 인용.

Lab pH

≥ 5.3	4.7 – 4.8
5.2 – 5.3	4.6 – 4.7
5.1 – 5.2	4.5 – 4.6
5.0 – 5.1	4.4 – 4.5
4.9 – 5.0	4.3 – 4.4
4.8 – 4.9	< 4.3

실내 공기오염

실내공기는 일반적으로 실외공기보다 높은 농도의 오염물질을 함유하고 있다. 그 결과, 직장, 학교, 가정에서 실내 공기오염에 의한 건강영향은 실외 대기오염에 의한 것보다 위험하다. 세계 보건기구(WHO) 및 다른 국제기구는 세계의 연간 200~300만 대부분이 대기오염과 실내 공기오염으로 사망에 이른다고 지정한다. 이것은 실내 공기오염이 매일 수천의 생명을 앗아가는 것을 의미한다.

위해도는 개발도상국과 선진국에서 다르다

실내 대기오염은 개발도상국에서 가장 영향력을 발휘하는데 그곳에서는 빈곤이 수백만의 사람들을 강제로 자신의 집안에서 배기장치가 거의 또는 전혀 없이 나무, 숯, 동물의 배설물 또는 작물의 폐기물을 조리 및 난방을 위해 태우도록 한다(**그림 13.20**). 이 과정에서 사람들은 위험한 양의 그을음과 일산화탄소를 흡입한다. 세계보건기구는 장작의 연소에 의한 실내 대기오염은 매년 160만 명을 죽이는데 이는 일부 개발도상국 전체 사망의 5%를 넘어 전세계 질병 부담의 2.7%를 포함한다고 추정하고 있다.

선진국에서는 반대로 우선적인 실내 공기의 건강위험이 담배연기와 라돈이다. 담배흡연은 눈, 코, 목을 자극하고; 천식 및 기타 호흡기 질환을 악화시키고; 크게는 폐암의 위험을 증가시킨다. 간접흡연을 흡입하면 동일한 문제의 많은 원인이 된다. 담배연기는 4,000가지 이상 화학물질의 집합체이며 그 중 일부는 독성과 발암성이 알려졌거나 의심된다. 흡연은 최근 선진국에서는 그다지 인기를 끌고 있지 않지만 아직 미국에서만 연간 16만 명의 폐암사망 원인으로 추정된다.

라돈가스는 선진국의 폐암의 두 번째 주요 원인이며, 미국에서 연간 추정 21,000명의 사망원인이 되고 있으며 세계의 폐암 케이스의 15%를 담당한다. 라돈(10장)은 토양, 암석, 또는 수중에서의 우라늄의 자연 붕괴에 의해 생기는 방사성 가스이다. 그것은 지상으로 스며 나와 건물에 침투할 수 있다. 무색 무취인 라돈의 존재를 지역의 기본적인 지질을 모르고서 예측하는 것은 불가능하다. 라돈이 건물에 들어오고 있는지 여부를 확인하는 유일한 방법은 테스트 키트로 공기를 채취하는 것이다. 미국환경보호국은 미국 가정의 6%가 라돈을 위한 안전기준을 초과하는 것으로 추정하고 있다. 1980년대 이후 수백만의 미국 가정이 라돈을 위해 조사되었고 백만에 가까운 가정이 라돈 완화의 조치를 받았으며, 새로운 집은 라돈 방지 형태로 지어지고 있다.

많은 물질이 실내공기를 오염시킨다

가정의 일상생활에서 우리는 많은 실내 대기오염물질에 노출되어

▼ **그림 13.20** 개발도상국에서는 많은 사람들이 여기 케냐 마사이족의 집에 보이는 것과 같이, 조리와 난방을 위해 집 내부에 아궁이가 있다. 실내연소가 심각한 입자상 물질 및 일산화탄소 오염에 가족 구성원은 노출되어 있다.

있다(**그림 13.21**). 가장 다양한 것은 휘발성 유기 화합물이다. 이러한 부유 탄소 함유 화합물들은 플라스틱, 기름, 향수, 페인트, 세정액, 접착제 및 농약 등에 의해 방출된다. VOCs는 가구, 건축 자재, 컬러필름, 카펫, 레이저 프린터, 팩시밀리, 종이 시트로부터 증발한다. 이러한 화학적으로 처리된 가구 등의 일부 제품은 새것일 때 다량의 휘발성 유기 화합물을 방출하고 점차 줄어든다. 복사기 등의 다른 것들은 그들이 사용될 때마다 휘발성 유기 화합물을 방출한다. 포름 알데하이드—보도목재, 단열재 및 기타에 널리 사용되는 VOC—는 점막을 자극하고, 피부 알레르기를 유도하며, 다른 질병을 일으킬 수 있다. 신차의 내부를 채우는 "신차 냄새"는 자동차의 새롭게 제조된 플라스틱, 금속, 가죽 부품에서 가스를 내뿜을 때 수십 가지의 VOCs의 복잡한 조합에서 비롯된다. 일부 과학적 연구는 이 조성으로부터 건강위험을 경고하고 신차는 통풍이 잘되도록 유지해 두는 것이 좋다고 조언한다.

VOCs는 종종 **새집 증후군**(sick-building syndrome)과 특정 원인이 특정되지 않는 실내의 오염으로 인한 질병에 대한 원인이 된다. 박테리아, 균류 및 곰팡이 등의 미생물도 알레르기 반응을 유도하고 건물 관련 질병을 일으킬 수 있다. 건물의 냉난방 시스템은 미생물을 위한 이상적인 번식지를 만들고, 기질로서 습기, 먼지, 발포 단열재를 제공하며, 뿐만 아니라 공기 중으로 생물을 날려보내는 공기의 흐름 등을 제공한다. 미국직업안전위생관리국(OSHA)은 30~70백만 미국인들은 그들이 살고 있는 건물의 환경 관련 질병으로 고통을 받고 있다고 추정하고 있다.

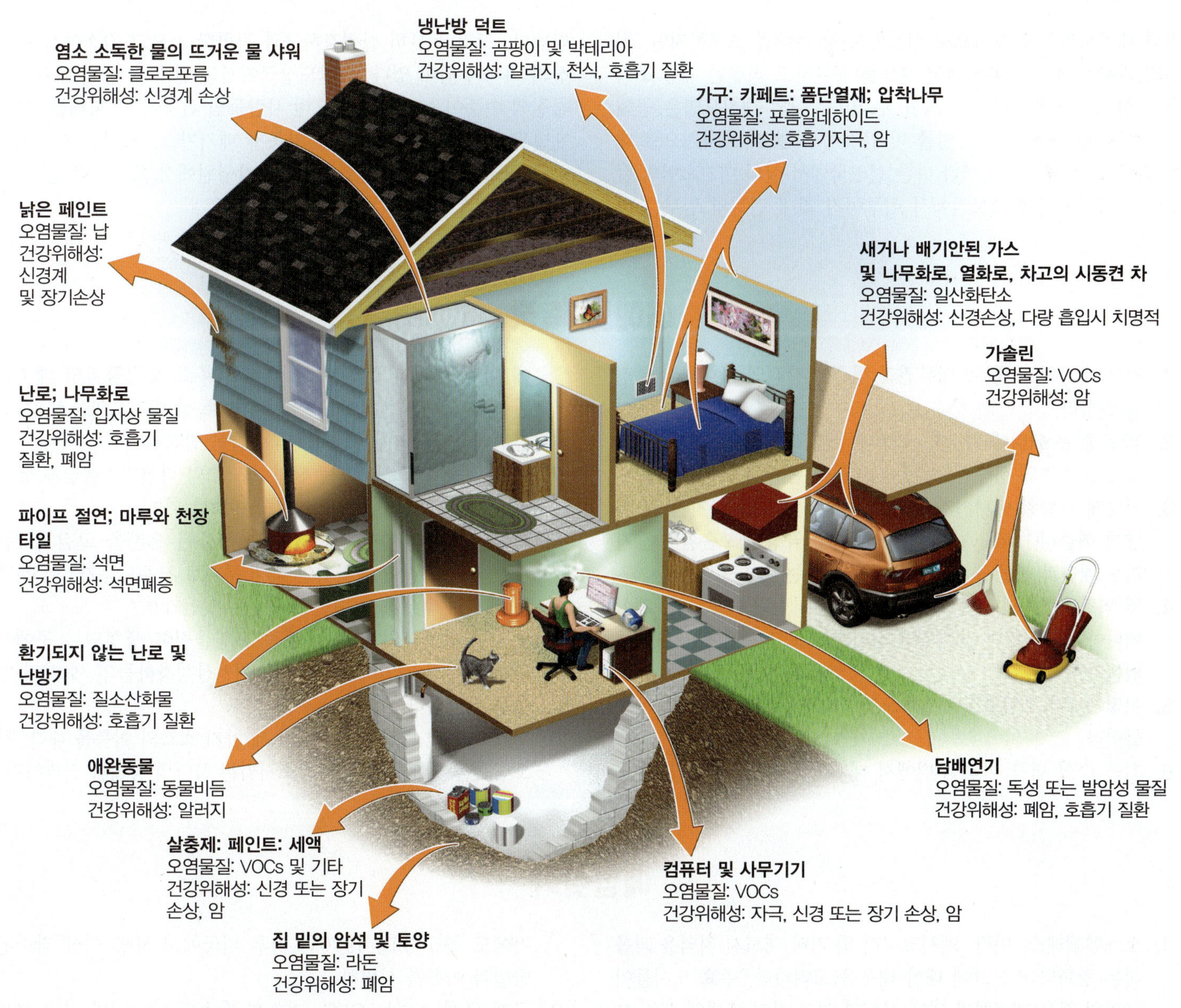

▲ **그림 13.21** 전형적인 미국 가정에는 실내 대기오염의 많은 소스가 포함되어 있다. 나타낸 것은 일반적인 소스들과 방출하는 주요 오염물질 및 그들이 가져다주는 건강위험의 일부다.

WEIGHING 이슈

당신의 실내 환경은 어느 정도 안전한가? 당신이 실내에서 보내는 시간의 양을 생각하라. 당신의 가정, 직장 또는 학교 환경에서 몇 가지 잠재적인 실내 공기 질 유해물질의 이름을 열거하여라. 이 공간은 환기가 잘 되는가? 당신은 사용하고 있는 실내 공간의 안전성을 향상시키기 위해 무엇을 할 수 있는가?

우리는 실내 대기오염을 저감할 수 있다

낮은 독성 물질을 사용하고, 공기의 질을 모니터링하며, 클린룸을 유지하고, 적절한 환기를 제공하는 것들이 대부분의 상황에서 실내 대기오염을 줄이기 위한 열쇠다. 선진국에서는 가능한 경우 플라스틱 및 처리된 목재의 사용을 제한하고, 차고와 야외 창고의 살충제, 세정액 및 기타 유해 물질들을 보관함으로써 유해물질에 대한 노출을 제한할 수 있다. 미국환경보호국은 우리가 라돈과 곰팡이를 위해 우리의 집과 사무실을 조사하고 일산화탄소를 위한 감지기를 설치하는 것이 좋다고 조언한다. 방과 공기 통로를 깨끗하고 곰팡이나 다른 생물학적 오염물질이 없도록 유지하는 것은 잠재적인 자극이나 알레르기를 감소시킬 것이다. 무엇보다도 실내 공간을 통풍이 잘되게 유지하는 것이 오염물질의 농도를 최소화할 수 있는 것이다.

≫ 결론

실내 대기오염은 잠재적으로 심각한 건강 피해를 초래하지만, 최신의 과학적 조사결과에 대한 정보를 공유하고 적절한 예방 조치를 취함으로써 위험을 최소화할 수 있다. 실외 대기오염은 공해방지 기술과 함께 정부의 법률 및 규정에 의해 더 효과적으로 대처해 왔다. 실제로 미국이나 다른 선진국에서 실외 대기오염의 감소는 지금까지의 환경보전에서 이루어진 최대 진전의 일부를 나타낸다. 그러나 특히 산성강하물과 광화학 스모그 감소에서는 개선의 여지가 남아 있다. 개발도상국에서는 실내 및 실외 대기오염물질의 수준이 높아지고 있으며 사람들의 건강에 큰 피해를 준다. 개발도상국의 산업화로 인한 자동차 배기가스, 오래된 시설에서 석탄 연소, 실내 장작연소 및 다른 발생원에서 오염저감 등은 새로운 도전 과제를 야기한다.

이해도 측정

1. 지구 대기의 두께는? 대류권과 성층권 각각의 하나씩의 특징을 말하라.
2. "오존층"은 어디에 위치하는가? 대류권 오존은 해로운 반면, 어떻게 그리고 왜 성층권 오존은 사람들을 위해 도움이 되는가?
3. 어떻게 태양열 에너지가 날씨와 기후에 영향을 미치는가? 어떻게 해들리(Hadley), 페렐(Ferrel) 및 극성 세포순환이 장기 기후 패턴과 생물 군계의 위치를 결정하는 데 도움이 되는가?
4. 열 역전을 설명하라. 어떻게 역전현상이 런던과 도노라, 펜실베니아에서 있었던 것과 같은 심각한 스모그 사건에 영향을 주었는가?
5. 어떻게 1차 오염물질은 2차 오염물질과 다른가? 각각의 예를 들어라.
6. 최근 수십 년간 미국 주변에서 대기의 "기준 오염물질" 농도에 어떤 변화가 있었는가? 우리의 주요 오염물질의 배출과 관련하여 어떤 현상이 일어났는가? 독성 대기오염물질 중 건강위해를 일으키는 것 하나의 이름을 말하라.
7. 어떻게 광화학 스모그는 산업 스모그와 다른가? 어떻게 날씨와 지형은 스모그 형성에 영향을 미치는가?
8. 어떻게 염화불화탄소(CFCs)가 성층권 오존을 고갈시키는가? 왜 이 고갈이 장기적인 국제 문제로 간주되는가? 이 문제를 해결하기 위해 취해진 조치는 무엇인가?
9. 왜 산성강하물의 영향은 종종 오염물질이 생성되는 곳에서 멀리 떨어진 지역에서 발생하는가? 산성강하물의 세 가지 영향을 나열하라.
10. 실내오염 및 관련 건강위해의 세 가지 소스의 이름을 대라. 각 오염원들에 대해 노출을 감소시키는 하나의 방법을 설명하라.

해법찾기

1. 로스앤젤레스, 이란, 멕시코시티 및 기타 대도시 지역을 괴롭히는 광화학 스모그에 대한 대응을 고려하라. 주요 도시들이 공기의 질을 개선하기 위해 시도한 여러 가지 방법에 대해 설명하라.
2. 주요 오염물질의 배출이 인구, 에너지 사용, 경제 활동의 증가에도 불구하고, 1970년 이후 미국에서 50% 이상 감소된 방법과 이유를 설명하라.
3. 국제 규제 조치는 CFCs 가스의 감소를 낳았지만, 산성강하물 등 다른 국가 간 오염 문제는 아직 효과적으로 해결되지 않았다. 당신은 정치적 경계를 넘는 오염물질에 대한 조치로

어떤 형태가 적당하다고 생각하는가?

4. **생각해보기** 당신이 카운티 보건 부서의 장이 되었고, 미국환경보호국이 당신의 카운티가 오존, 아황산가스, 질소 및 이산화질소에 대한 국가 대기질 기준을 충족하는 데 실패했음을 알린다. 당신의 카운티는 일부 시골이지만 200,000명과 10개의 거대한 교외의 도시에 있는 곳이다. 그곳에는 여러 대형 및 노화 석탄화력 발전소, 고급 오염 제어기술의 여러 공장들이 있고 대중교통 시스템이 없다. 당신의 카운티 정부가 대기질 기준을 충족하도록 하기 위해 무슨 조치를 취하도록 당신은 촉구하겠는가? 이러한 단계의 우선순위를 당신이 정하는 방법을 설명하라.
5. **생각해보기** 당신은 당신의 주에서 가장 큰 도시의 시장으로 선출되었다. 당신 도시의 주민들은 광화학 스모그와 교통체증에 대해 불평하고 있다. 교통 엔지니어 및 도시계획자들은 인구와 교통이 다음 세기에 20% 증가할 것으로 계획한다. 일부 전문가들은 홀수 일에 홀수 번호판만 단 차를 허용하고, 짝수 날에 짝수 번호판만 단 차를 허용하도록 도시로 유입되는 교통량을 제한할 것을 촉구하고 있다. 그러나 사업장 소유자들은 쇼핑객들이 방문을 방해 받을 경우 수입이 줄어들 것을 두려워한다. 당신의 도시의 특성을 고려하여 당신이 2부제(odd-day/even-day) 운전 프로그램을 실시할지를 결정하고 그 이유는 무엇인지를 설명하라. 당신은 당신 도시의 스모그 문제를 해결하기 위해 다른 어떤 조치를 취할 것인가?

생태발자국 계산하기

"일부 운전자가 교통사고 사망에 기여하는 동안, 대부분 운전자는 대기오염에 의한 사망에 기여한다." 그래서 대기오염은 차량사고보다 훨씬 더 많은 사람들을 죽이고 있다는 지적을 지구정책연구소의 한 기고가가 밝혔다. 미국환경보호국 자료에 따르면, 2008년 미국에서 질소산화물의 배출량은 총 16.3백만 톤이었다. 질소산화물은 자동차, 발전소 및 기타 산업, 상업, 주거용 소스의 연료 연소에서 오지만, 2008년 전체 중 9.5백만 톤은 차량에서 왔다. 미국 인구 조사국은 국가의 인구를 2008년 304,100,000명으로 추정하고 2020년 334,100,000명에 이를 것으로 전망한다. 이러한 데이터를 고려하여, 아래 표에서 2008년 누락된 값을 계산하라(1톤 = 2천 파운드).

	총 배출 NO_x (lb)	자동차 배출 NO_x (lb)
당신		
당신의 학급		
당신의 주		
미국		

Data from: U.S. EPA.

1. 어떤 비율로 미국 인구는 2008년과 2020년 사이에 증가할 것으로 예상되는가? 당신은 NO_x 배출이 이 기간 동안 증가 감소 또는 동일하게 유지될 것이라고 생각하는가? 그 이유는? (당신은 그림 13.9를 참조해도 된다.)
2. 당신은 평균적인 미국인 운전자라고 가정하자. 2008년 배출량 합계를 사용하여 얼마나 많은 양(파운드)의 NO_x 배출에 당신이 기여한 책임이 있는가? 당신은 당신이 주행거리의 절반을 줄일 수 있다면 얼마나 많은 양의 배출을 방지할 수 있는가? 즉, 총 NO_x의 몇 퍼센트가 되겠는가?
3. 당신은 당신의 차량 주행거리를 어떻게 50% 줄일 수 있는가? 당신이 기여하는 질소산화물 배출을 줄이기 위해 취할 수 있는 다른 단계는 어떤 것인가?

14 지구 기후변화

이 장을 마치고 나서 할 수 있는 것들

- ▶ 지구의 기후 시스템을 기술하고 지구기후에 영향을 미치는 요인을 설명
- ▶ 대기와 기후에 대한 인간의 영향을 특성화
- ▶ 어떻게 연구자들이 기후를 연구하는지 요약
- ▶ 지구 기후변화의 현재 동향 및 영향을 요약
- ▶ 예측된 지구적 기후변화의 미래 동향 및 영향을 기술
- ▶ 기후변화에 대응하는 방법을 제안하고 평가

몰디브의 수중각료회의

바다의 높아지는 수위는 몰디브에 홍수를 일으킬 수 있다

"지구온난화와 기후변화가 사실상 엄청난 인명을 앗아가고 난민으로 만들 수 있다…."
—이스라엘 새휘우, 몰디브 환경장관

"만약 우리가 오늘날 몰디브를 구하지 못한다면, 우리는 장차 런던, 뉴욕 또는 홍콩도 구할 수 없다.."
—모하메드 내시드, 몰디브 대통령

2009년 10월 17일에 인도양 해수면 아래 섬 국가 몰디브의 대통령 모하메드 나시드(Mohamed Nasheed)는 스쿠버 장비를 하고 기리푸시(Girifushi) 섬 석호의 푸른 물로 잠수하였다. 그의 전 각료들이 그를 따랐다.

이 관리들은 수중에서 각료회의를 주최하였는데 이 같은 회의가 세계 최초라는 것은 의심의 여지가 없다. 밑에서 파도치는 테이블에 앉아 그들은 선언문에 서명하고 낭독했다:

> 최전방에서의 구조요청(SOS): 기후변화는 일어나고, 그것은 지구상의 모든 사람의 권리와 안전을 위협하고 있다. 지구온난화로 1도 미만에서 빙하가 녹아 얼음판들이 붕괴되고 저지대들은 늪지대로 되는 위험에 노출되어 있다. 우리는 350 ppm의 안전한 수준까지 이산화탄소 배출량을 대폭 절감함으로써 한층 더 온도 상승을 저지하는 세계적인 노력으로 단결해야 한다.

웅대한 열대림과 화려한 산호초, 햇살이 가득한 해변으로 유명한 몰디브는 37만 몰디브 주민에게 섬은 집인 반면, 그 많은 관광객에게는 낙원이다. 그러나 주민과 관광객 모두는 지금 몰디브가 지구 기후변화로 인해 해수면 상승으로 수몰될 수 있다는 것을 우려하고 있다.

몰디브의 국토 면적의 약 80%가 해수면으로부터 1 m(39 in)도 안되는 높이에 있다. 가장 높은 곳이 해발 2.4 m(8 ft)인 1,200개의 섬으로 이루어진 국가는 해수면 상승이 사느냐 죽느냐의 문제이다. 세계 해양은 따뜻해진 온도로 바닷물이 증가되고 극지의 얼음이 녹아 바닷물로 배출되는 등, 20세기 동안 10~20 cm(4~8 in) 상승되었다. 현재 예측에 따르면, 해수면은 2100년 또 다른 18~59 cm(7~23 in) 상승할 것이다.

높아진 바다는 몰디브의 많은 지역에 홍수를 일으키고 식수 공급원을 바닷물로 오염시킬 것이다. 따뜻한 수온에 의해 강해진 폭풍이 해변을 침식하고 국가경제를 견인하는 관광과 어업에 매우 중요한 산호초를 손상시킬 것으로 예상된다. 몰디브 정부는 가장 낮은 섬의 일부 주민을 대피시키고 다른 섬 주민들의 이동도 검토하고 있다.

대통령 나시드는 세계가 자국의 상황을 알고 있는지 확인하고 있다. 그는 자국과 같은 작은 섬나라는 지구 규모의 기후변화를 구동시키는 탄소 배출량에 대한 책임이 없지만 오히려 결과로 고통받는 것은 자기들임을 지적하고 있다. "상황이 평소와 같이 사무적이라면" 나시드는 우리는 살지 못하고 죽을 것이다. "우리는 더 이상 존재하지 않을 것이다"라고 말하였다.

수중 내각회의는 350개 비영리 단체가 후원하여 기후변화의 영향에 관심을 끌기 위한 글로벌 캠페인을 시작했다. 이 캠페인은 5200개 행사가 181개국에서 개최된 2009년 10월 24일, 기후 행동의 국제 날에 절정에 달했다.

몰디브의 주민들은 곤경에 처했지만 자기들만이 그런 것이 아니라 했다. 다른 섬 국가인 갈라파고스에서 피지 세이셸까지 또한 해수 침수를 두려워하고 있다. 이런 섬나라들은 AOSIS라는 군소 도서 국가 연합을 통해 세계에 알려진 기후변화에서 그들의 입지를 구축하기 위해 조직적으로 대처해왔다.

허리케인에 의해 타격받는 플로리다, 루이지애나, 텍사스, 캐롤라이나와 기타 주정부의 해안가부터 뉴욕과 샌프란시스코 등의 해안 도시까지의 세계대륙연안은 해수면 상승에 의한 유사한 도전에 직면하게 될 것이다 —그리고 이것은 단지 세계적인 기후변화의 많은 결과 중 하나일 뿐이다. 어떻든 기후변화는 우리의 나머지 일생동안 우리 각자와 모두에게 영향을 미칠 것이다. ■

역동적인 기후

기후는 매일 날씨에서 중요한 폭풍우에 이르기까지, 작물 작황에서 사람의 건강에 이르기까지, 국가안보에서 경제를 지탱하는 생태계에 이르기까지 거의 우리 주위의 모든 것에 영향을 미친다. 우리가 10대나 20대의 학생이라면, 오늘날 기후의 가속화하는 변화는 우리 생애 우리의 미래를 형성하는 현상의 가장 주요한 이벤트가 될 수 있다.

기후변화는 또한 환경과학의 가장 급속하게 발전하는 영역이다. 기후에 대한 우리의 이해를 개선하는 새로운 과학적 연구가 매주 발표되고 정책 입안자와 사업가들은 결정이나 발표를 아주 빠르게 한다. 이 장을 읽을 무렵에는 그 정보의 일부는 이미 낡은 정보가 될지도 모른다. 우리는 스스로 기후변화 영향에 대한 최신 정보와 그것이 미래에 미치게 될 영향에 대해 더 탐구할 것을 권한다.

기후변화란 무엇인가?

기후(climate)란 온도, 강수량, 풍속, 습도, 기압, 일사 및 기타 특성을 포함하는 어느 지역의 장기 대기 조건이라고 설명할 수 있다. 기후는 몇 시간 또는 며칠 동안 지역의 기상조건을 특정한 날씨(13장)와는 달리 여러 계절, 여러 해 또는 여러 세기에 걸쳐 광범위한 지역에 걸친 대기 조건이라고도 설명할 수 있다. **지구 기후변화(global climate change)**는 온도, 강수량, 폭풍의 빈도와 강도 등 지구 기후의 측면에서의 변화를 설명하고 있다. 사람들은 종종 일상적인 대화 속에서 동의어로 **지구온난화**를 사용하고 있지만, **지구온난화(global warming)**는 지구의 평균 표면 온도의 상승을 특별히 의미한다. 지구온난화의 의미는 온도상승이 기후변화의 다른 요소들에 차례대로 영향을 미치지만 전지구적 기후변화의 오직 한 면이다.

장기적으로는 지구의 기후는 시간을 통해 자연스럽게 변화한다. 그러나 오늘날의 기후변화는 매우 빠르게 전개되고 있으며, 인류가 일찌기 경험한 적이 없는 조건을 만들어내고 있다. 과학자들은 인간의 활동, 특히 화석연료의 연소와 삼림벌채에 주된 책임이 있다는 것에 동의한다. 오늘날의 기후가 변화하는 이유를 이해하려면 어떻게 우리 행성의 기후가 기능하는지를 이해할 필요가 있다. 따라서 우리는 첫 번째로 지구의 기후시스템 기초를 조사할 것이다—수십억 년 동안 생명을 키워온 복잡하고 정밀하게 조율된 시스템.

기후에 영향을 미치는 3가지 요인

3개의 자연요인이 지구 기후에 가장 영향을 미친다. 첫 번째는 태양이다. 그게 없으면 지구는 어둡고 얼어버릴 것이다. 두 번째는 대기이다. 그게 없으면, 지구는 평균 33°C(59°F)로 더 춥고 밤낮의 온도 차는 지금보다 훨씬 더 클 것이다. 세 번째는 열과 수분을 저장하고 운반하는 해양이다.

태양은 지구 에너지의 대부분을 제공하고 있다. 지구의 대기, 구름, 땅, 얼음과 물이 함께 들어오는 태양 복사의 약 70%를 흡수하고 나머지 30%는 우주로 반사하고 있다(**그림 14.1**).

온실가스가 지표면 대기를 따뜻하게 한다

지구 표면이 태양복사를 흡수할 때 표면의 온도가 상승하고 가시광선보다 더 긴 파장의 적외선(2장)을 방출한다. 그 분자 중에 3개 이상의 원자를 갖는 대기가스는 매우 효과적으로 적외선을 흡수하는 경향이 있다. 이들은 수증기, 오존(O_3), 이산화탄소(CO_2), 질소산화물(N_2O), 메탄(CH_4)뿐만 아니라 염화불화탄소(CFCs; 13장)를 포함하며 대부분은 인위적 가스의 다양한 유형의 할로겐화 탄소 등을 포함한다. 이러한 가스는 **온실가스(greenhouse gas)**로 알려져 있다. 표면에서 방출되는 방사선을 흡수한 후 온실가스는 모든 방향으로 적외선을 다시 방출한다. 이 재방출되는 에너지의 일부는 우주공간에서 잃어버리지만, 일부는 되돌아와 **온실효과(greenhouse effect)**로 알려진 대기(특히 대류권, 13장)와 지구표면을 데운다.

온실가스는 대류권과 표면을 따뜻하게 하는 능력이 다르다. **지구온난화 지수**는 온난화에 기여하는 주어진 온실가스 하나의 분자의 상대적인 능력을 가리킨다. **표 14.1**은 몇 가지 온실가스의 지구온난화 지수를 보여준다. 값은 지구온난화 지수 1로 주어진 이산화탄소에 비례해 나타낸다. 따라서 메탄 1분자는 이산화탄소 분자의 25배이고 아산화질소 분자는 298배 강력하다.

FAQ

Q: 온실효과는 마치 온실처럼 작용한다. 그런가?

A: 사실 꼭 그렇지는 않다. 온실은 식물이 자라도록 돕는데 왜냐하면 온실 유리벽은 열을 가두기 때문이다. 대조적으로, 우리의 대기 중의 온실효과 가스분자는 표면에서 반사된 빛이 다른 파장으로 다시 방출되는 특정 파장의 빛을 흡수한다. 이 방사선의 일부는 다시 지구표면으로 되돌아와 대기가 본래보다 따뜻하도록 아래의 대기온도를 유지한다. 이 현상은 온실에서 일어나는 것과는 다르지만 과거에 "온실효과"라고 해서 이름이 굳어졌다.

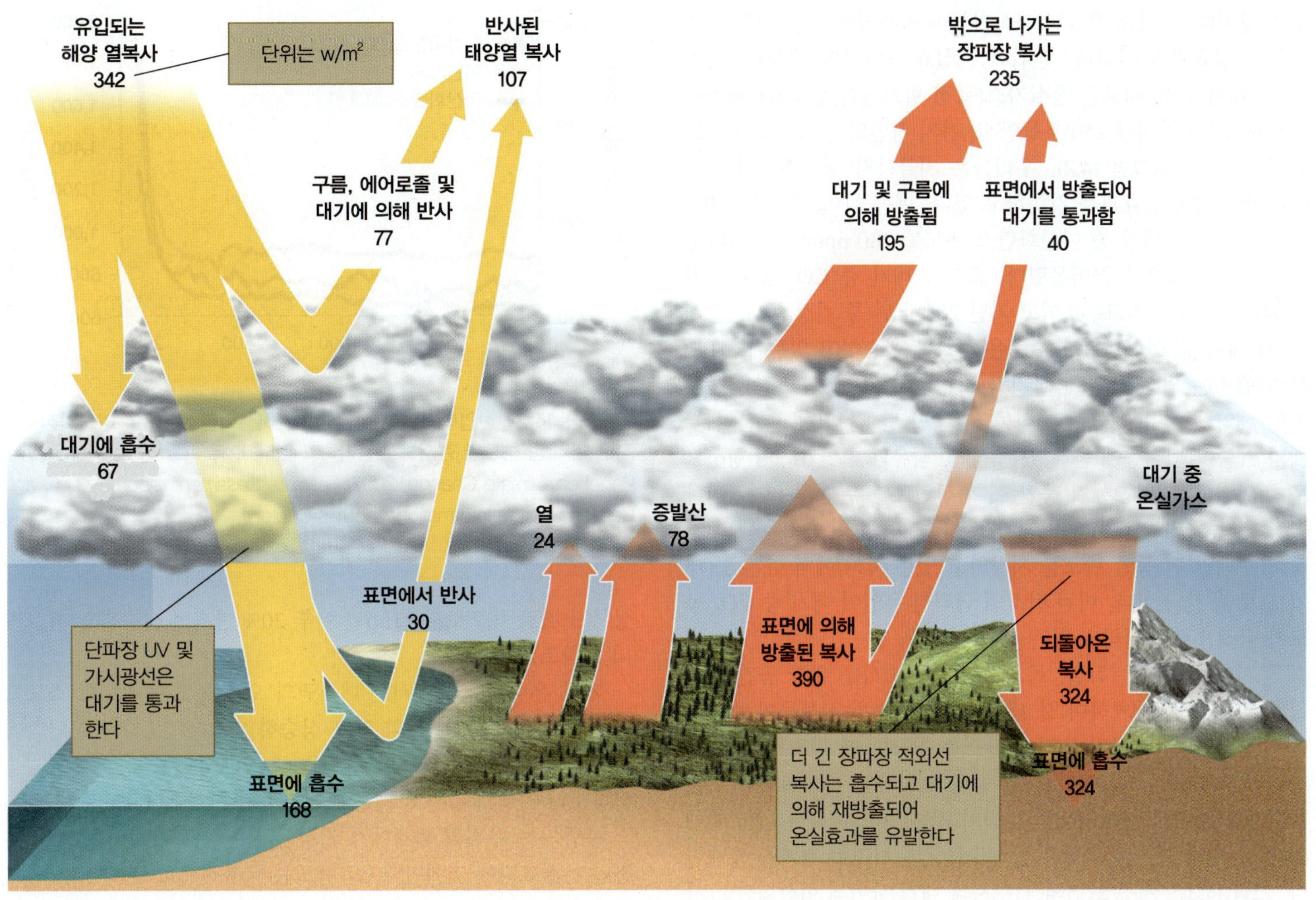

▲ **그림 14.1** 우리의 행성은 도달된 태양 복사의 약 70%를 흡수하고 나머지는 우주공간으로 반사한다(노란색 화살표). 대부분의 태양으로부터의 가시 및 자외선은 쉽게 대기권을 통과하여 표면에 도달하고 이 방사선은 흡수된 뒤, 더 긴 파장을 갖는 적외선으로 (오렌지 화살표) 재방사된다. 온실가스는 이 긴 파장 방사선의 일부를 흡수한 후 재방출하고 일부를 아래로 보내 온실효과에 의해 대기와 지표면을 데운다. 에너지 흐름의 주요 경로를 나타내는 이 그림은 우리의 행성이 자연적으로 m² 당 342와트(watts)를 방출하여 복사하고 같은 양을 태양으로부터 받는다는 것을 보여준다. 화살표의 두께는 각 경로의 에너지의 흐름에 비례한다. Data from Kiehl, J.T., and K.E. Trenberth, 1997. Earth's annual global mean energy budget. *Bulletin of the American Meteorological Society* 78: 197–208.

이산화탄소는 메탄과 아산화질소보다 분자당 단위로 강력하지 않지만 대기 중 훨씬 더 양이 풍부하기 때문에 온실효과에 더 많이 영향을 준다. 또한 인간의 활동으로부터 배출되는 온실가스는 주로 이산화탄소로 구성되어 있다. 최신 자료에 의하면, CO_2는 메탄, 아산화질소 및 할로겐화 탄소를 합친 것보다 거의 6배 더 영향을 미치고 있다.

온실가스 농도는 빠른 속도로 증가하고 있다

온실효과는 자연 현상이며, 온실가스는 모든 지구역사에서 우리의 대기 중에 존재하고 있다. 자연적인 온실효과 없이는 우리의 행성이 너무 추워 우리가 알고 있는 것과 같은 생활을 지원할 수

표 14.1 4가지 온실가스의 지구온난화 지수

온실가스	상대적인 잠열능력 (이산화탄소 증가)
이산화탄소	1
메탄	25
아산화질소	298
수소염화불화탄소 (Hydrochlorofluorocarbon HFC–23)	14,800

Data are for a 100-year time horizon, from Intergovernmental Panel on Climate Change, 2007. Fourth assessment report. Climate change 2007: The physical science basis.

없을 것이다. 따라서 오늘날 과학자들에게 관심을 끄는 것은 자연적인 온실효과가 아니라, 인위적 온실효과(인간이 생성)의 강화이다. 대기 중에 새로운 온실가스(특정 할로겐화 탄소)를 배출함으로써, 그리고 지난 250년 동안 몇 가지 자연의 온실가스 농도를 증가시킴으로써(**그림 14.2**), 우리들은 지금까지 경험해보지 못한 우리 행성의 온실효과를 강화하고 있다. 예를 들어, 우리는 1700년대 후반 지구대기 중 이산화탄소 농도를 280 ppm에서 2011년 392 ppm 이상으로 끌어올렸다. 오늘날 대기 중 CO_2 농도는 지난 80만 년 동안 최고수준이고 지난 200만 년 중 가장 높다.

왜 대기 중 이산화탄소 수준은 빠르게 상승하고 있는가? 대부분의 탄소는 암석층 안에 장기간 보존되어 있다(2, 15장). 습지 또는 해양에서 유기물(주로 식물)의 수만 년 전 퇴적, 부분적 부패와 압축이 퇴적층에 묻혀 있는 석탄, 석유와 천연가스의 형성으로 이어졌다. 지난 2세기 동안 이 화석연료를 추출하여 가정이나 공장, 자동차의 연료로 연소시킴으로써 대량의 탄소를 하나의 저장소(수백만 년 동안 탄소를 저장하고 있는 지하)에서 다른 곳(대기)으로 옮긴 것이다. 이런 탄소의 급격한 유입이 대기 중 CO_2 농도가 극적으로 증가하고 있는 주된 이유다.

동시에 사람들은 작물, 목초지, 마을, 도시를 위한 공간을 만들기 위해 숲을 제거하여 불 태우고 있다. 숲은 식물들이 광합성을 수행한 다음 자신의 조직에 탄소를 저장할 때 탄소를 위한 저장소의 역할을 한다. 이와 같이 숲을 제거하면 대기로부터 이산화탄소를 제거하는 생물권의 능력이 저하된다. 따라서 삼림 벌채(9장)는 대기 중 이산화탄소의 농도를 상승시키는 결과를 초래한다. **그림 14.3**은 지구 표면의 저수지와 대기 사이의 이산화탄소(자연과 인위적 모두)의 유입에 대한 과학자의 현재 이해를 요약한 것이다.

또한 메탄 농도도 올라가고 있다—1750년 이후 2.5배 상승(그림 14.2 참조)—오늘날의 대기 중 농도는 80만 년 이래 가장 높다. 우리는 매장된 화석연료의 활용, 신진대사 폐기물로 메탄을 방출하는 가축사육과 유기물을 매립지에 폐기하고 쌀과 같은 특정 작물을 재배함으로써 메탄을 배출했다.

인간의 활동은 또한 아산화질소의 대기 중 농도를 높였다. 이 온실가스는 사육장 부산물, 화학제조공장, 자동차의 배출 및 합성 질소비료 등으로서 1750년 이후 20% 가까이 상승하였다(그림 14.2 참조).

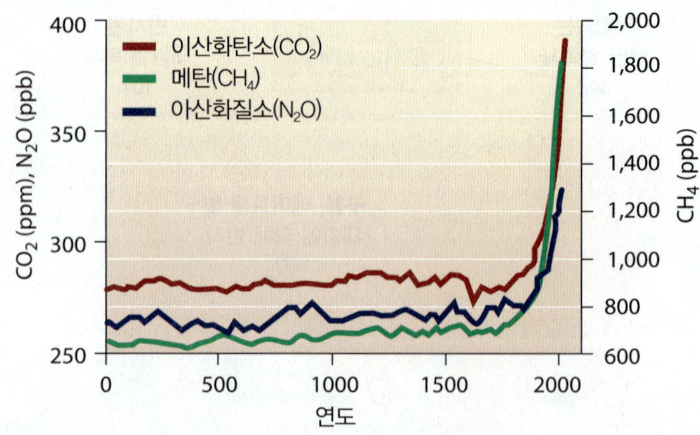

▲ **그림 14.2** 산업혁명이 시작된 이후, 이산화탄소, 메탄, 아산화질소의 지구 대기 중 농도가 현저하게 증가하고 있다. Data from Intergovernmental Panel on Climate Change, 2007. *Fourth assessment report*; NOAA; and Carbon Dioxide Information Analysis Center.

기타 온실가스 중에서는 대류권의 오존 농도가 광화학 스모그 원인으로 1750년 이후 약 36% 상승하였다(13장). 지구온난화에 대한 할로겐화 탄소가스의 영향은 생산과 사용에 대한 몬트리올 의정서와 이어지는 관리 때문에 감소하기 시작했다(13장).

수증기는 우리의 환경에서 가장 풍부한 온실가스이며, 대부분 천연 온실효과에 기여한다. 그 농도는 국부적으로 변화하지만, 지구적인 농도는 최근 몇 세기에 걸쳐 변화하지 않았기 때문에, 그것이 산업 시대의 기후변화를 몰고 온 것으로 보지 않는다.

다른 요인들은 표면을 데우거나 식힌다

온실가스가 대기 중에 가온 효과를 발휘하는 반면, **에어로졸(aerosol)**, 미세한 물방울 및 입자는 가열 또는 냉각 효과 중 하나를 가질 수 있다. 검댕입자와 카본블랙의 에어로졸은 일반적으로 태양열 에너지를 흡수해 온난화의 원인이 되지만 다른 대부분의 대류권 에어로졸은 태양광선을 반사하여 대기를 식힌다. 화석

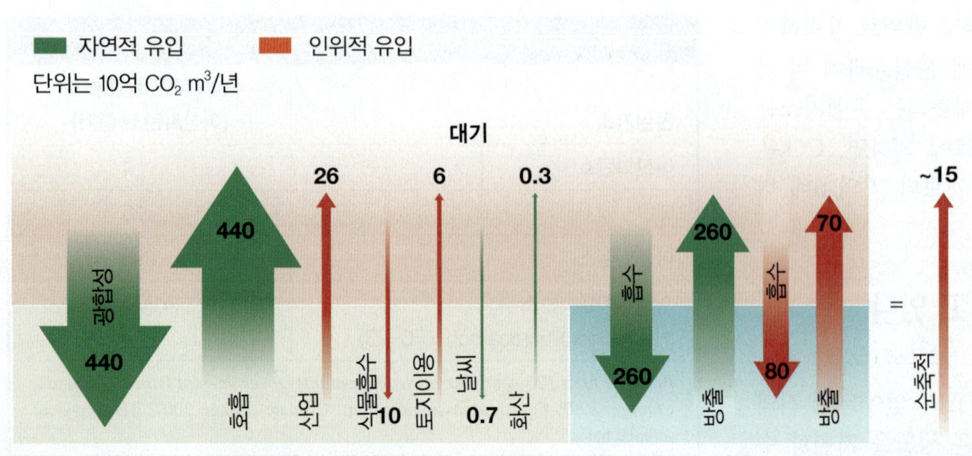

◀ **그림 14.3** 산업혁명 이후 인간 활동은 지구 대기에서 다시 지구로 이동하는 것보다 지구에서 대기로 더 많은 이산화탄소를 내보내고 있다. 모든 이산화탄소의 유입을 여기에 나타내었고 이산화탄소 질량에 따라 화살표 크기로 나타내었다. 녹색 화살표는 자연적인 유입을 나타내고, 빨간색 화살표는 인위적 유입이다. Adapted from Intergovernmental Panel on Climate Change, 2007. *Fourth assessment report*.

연료의 연소에 의해 생성된 황산 에어로졸은 적어도 단기적으로는 지구온난화를 늦출 수 있다. 이산화황이 대기에 들어가면 그것은 여러 가지 반응을 거치고 그 중 일부는 산성비가 된다(13장). 이러한 반응은 지구 표면에 도달하는 햇빛을 감소시켜주는 상층 대기의 유황을 많이 포함하는 에어로졸 연무를 형성할 수 있다. 주요 화산폭발에 의해 방출되는 에어로졸은 수년까지 지구의 기후를 냉각할 수 있다. 이것은 1991년에 필리핀의 피나투보(Pinatubo) 화산폭발과 함께 발생했다.

어떤 요인이 지구의 온도에 미치는 영향을 측정하기 위해 과학자들은 **방사선 세기(radiative forcing)**와 주어진 요인에 의해 발생하는 온도 에너지의 변화량을 계산했다. 양의 세기는 표면을 따뜻하게 하고 음의 세기는 그것을 냉각한다. **그림 14.4**는 에어로졸 온실가스 및 기타 요인에서 오늘날 우리의 행성이 경험하고 있는 방사선 세기에 대한 연구원들의 최고 계산을 보여준다. 과학자들이 모든 요인의 영향을 다 합하였을 때 그들은 오늘날 지구가 약 1.6 watts/m^2의 방사선 세기를 보유하고 있는 것을 알았다. 이것은 1750년 산업혁명 이전의 지구와 비교하여 오늘의 행성이 우주공간으로 방출하는 열에너지보다 1.6 watts/m^2 더 많은 열에너지를 받아서 보유하고 있다는 것을 의미한다. 그림 14.1을 되돌아보고 지구는 자연적으로 342 watts/m^2의 에너지를 받아서 발산한다는 점에 주목하라. 1.6은 342의 극히 일부처럼 보일지도 모르지만, 기후를 변화시키기에 충분하다.

기후는 몇 가지 이유로 인하여 자연스럽게 변한다

대기 조성 이외에, 기후는 지구의 자전과 공전의 순환적 변화, 태양에 의해 방출되는 에너지의 변화, 해양에 의한 이산화탄소의 흡수, 그리고 해양 순환 패턴에 의해 영향을 받는다.

밀란코비치 주기(Milankovitch cycle) 1920년대에 세르비아의 수학자 밀루틴 밀란코비치(Milutin Milankovitch)는 태양 주위 지구의 자전과 공전의 주기적 변화의 세 가지 유형을 설명했다. 수천 년에 걸쳐 우리의 행성은 그 축이 흔들리고, 축의 기울기가 변하고 공전궤도의 모양의 변화를 경험하였으며 모두를 다른 길이의 규칙적인 장기 주기로 경험하고 있다. 지금 **밀란코비치 주기(Milankovitch cycles)**로 알려진 이러한 변화는 태양열 복사가 지구 표면에 분산되는 방식을 변경한다(**그림 14.5**). 대기 가열 패턴을 변경함으로써 이러한 주기는 장기적인 기후변화를 촉발한다. 이것은 지구적인 표면 온도가 저하하고 빙하가 극지에서 중위도를 향해 나아가는 동안 빙하에 대한 정기적인 이야기 거리를 포함하고 있다.

태양열 발산(Solar output) 태양이 방출하는 방사선의 양은 변화한다. 예를 들어, 11년의 태양 흑점주기의 각 피크에 태양은 위성통신을 중단시킬 정도로 강한 태양열 섬광 및 에너지 파열을 방출할 수 있다. 그러나 과학자들은 최근 몇 세기에 우리의 행성에 도달하는 태양에너지의 변화가 단순히 지구 표면의 큰 온도변화를 주도할 수 있을 만큼 크지 않다고 결론 내렸다. 추정치는 태양열 발산에 의한 방사선 세기의 자연적인 변화는 불과 0.12 watts/m^2라고 하였다—그림 14.4에 나타낸 어떤 인위적인 원인에 의한 양보다 적음.

해양 흡수(Ocean absorption) 해양은 대기가 보유하고 있는 것보다 50배 이상의 탄소를 보유한다. 탄소가 직접 물에 용해될 때 그리고 해양의 식물성 플랑크톤이 광합성을 위해 그것을 사용할 때 그들은 대기로부터 이산화탄소를 흡수한다. 그러나 해양은 우리가 대기 중으로 방출하는 양보다 적은 CO_2를 흡수하고 있다(그림 2.20 참조). 이와 같이 해양의 탄소 흡수가 지구온난화를 감속하고 있지만 그것을 막을 수는 없다. 또한 최근의 증거는 가스가 따뜻한 물에서는 덜 녹기 때문에 바닷물이 따뜻해지면 CO_2를 적게 흡수한다는 것을 보여준다—대기의 온난화를 가속화 하는 양의 피드백 효과(2장).

해양 순환(Ocean circulation) 해수는 대기와 열을 교환하고 해류(12장)는 에너지를 장소에서 장소로 이동시킨다. 예를 들어, 해양의 열염 순환 시스템(12장)은 따뜻한 열대의 물을 유럽을 향해 북상토록 하여 그 대륙에 훨씬 온화한 기후를 제공한다. 과학자들은 그린란드의 해빙 얼음 바닥에서 민물 유입으로 유럽 사회에 엄청난 영향을 미칠 수 있는 온수의 흐름을 차단할 수 있는지 여부를 검토하고 있다.

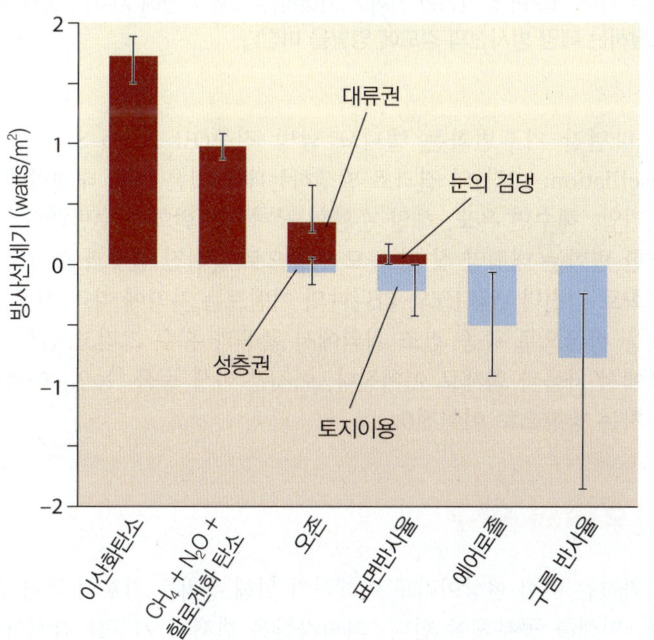

그림 14.4 산업혁명 이후 대기 중에 방출되는 각 가스와 인간에 의한 다른 영향 때문에, 기후에 영향을 준 온난화 및 냉각 효과를 우리가 추정할 수 있다. 이것을 방사선 세기로 나타내는데, 이 그래프에서 1750년을 기준으로 오늘날의 기후에 영향을 미치는 양을 평방 미터당 와트로 나타낸다. 빨간색 막대는 양의 세기(온난화)를 나타내며 파란색 막대는 음의 세기(냉각)를 나타낸다. 알베도(*Albedo*, 14장)는 표면의 반사율을 말한다. 더 작은 영향을 미치는 숫자는 표시되지 않았다. 합계에서, 과학자들은 대기 중에서의 인간의 영향은 1.6 watts/m^2 세기의 누적 방사선 세기를 발휘하는 것으로 추정하고 있다. Data from Intergovernmental Panel on Climate Change, 2007. *Fourth assessment report*.

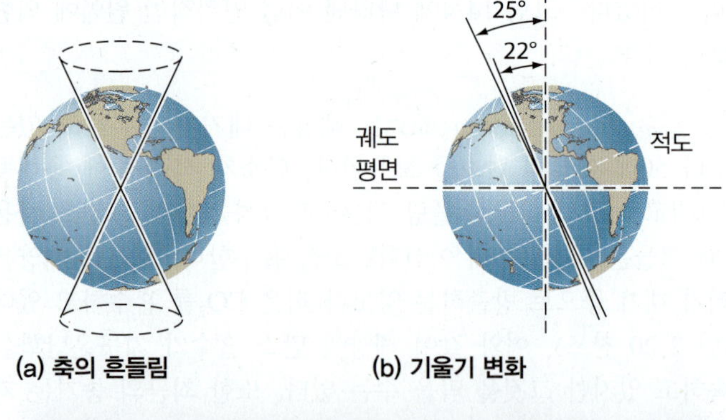

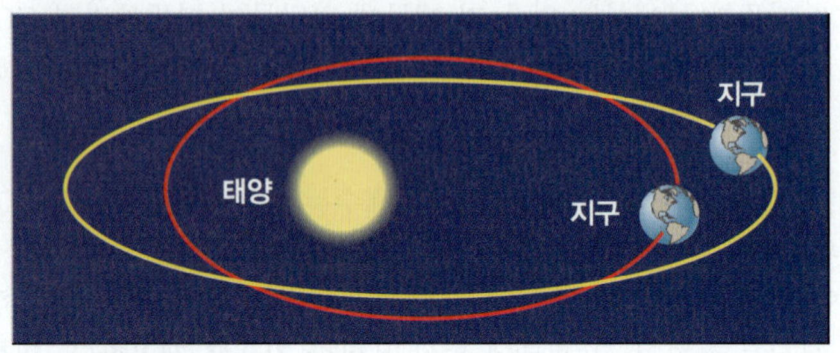

▲ **그림 14.5** 밀란코비치 주기는 세 가지 유형이 있다. 첫 번째는 축의 흔들림**(a)** 19,000~23,000년 주기로 일어난다. 두 번째는 지구자전축 기울기의 3도 변화**(b)** 41,000년 주기로 일어난다. 세 번째는 지구 궤도의 거의 둥근 형태에서 타원으로의 변화**(c)** 매 10만 년마다 반복한다. 이러한 변화는 지구 기후의 장기적인 변화에 기여하는 다른 시간에 지구의 일부분에 도달하는 태양 방사선의 강도에 영향을 미친다.

다년간 기후변화는 엘니뇨 남방 진동(El Niño-Southern Oscillation; 12장)의 결과로 발생하는데 그것은 열대 태평양에서 대기압, 해수면 온도, 해양 순환의 체계적인 변화를 수반한다. 이러한 변화는 태평양 십 년 규모 진동으로 알려진 현상과 장기적인 변화로 겹친다. 엘니뇨와 라니냐의 이벤트는 지역에 따라 기상 패턴을 바꿈으로 종종 건조 지역에서 폭풍과 홍수 그리고 습한 지역에서 가뭄과 화재로 이어진다. 이것은 야생 동물, 농업, 어업에 미치는 영향으로 이어진다.

기후변화 연구

변화하는 어떤 현상이라도 이해하기 위해 우리는 기후의 과거, 현재, 미래를 공부해야 한다. 과학자들은 현재의 기후를 감시하지만, 그들은 또한 과거의 변화를 추측하는 현명한 방법과 미래의 상태를 예측하기 위해 정교한 방법을 고안했다.

대표지표는 우리에게 과거에 관하여 이야기한다

과거 기후를 이해하기 위해, 과학자들은 수천 또는 수백만 년 전으로부터 단서를 해석하는 기술을 개발했다. **대표지표(proxy indicator)**는 직접적인 측정을 위한 대리 또는 대체 역할을 하고 과거의 기후에 빛을 비추는 간접 증거의 형태다.

예를 들어, 지구의 만년설, 빙상, 빙하는 기후의 역사에 대한 단서를 보유하고 있다. 극지방 근처 극한 지역과 높은 산의 정상에서 수천 년 동안 매년 내린 눈은 얼음으로 압축된다. 세월이 지남에 따라 이 얼음은 엄청난 깊이로 축적되고 그 층에 고대 대기의 작은 기포들을 보유한다(**그림 14.6**). 과학자들은 얼음을 시추하여 긴 기둥 또는 코어를 추출하고 거기에 갇힌 기포를 조사한다. 수천 년에 걸쳐 매 계절마다 축적된 층으로 된 얼음은 시간측정이 가능하다. 각 층의 얼음과 기포의 화학적 성질을 연구함으로써 과학자들은 각각의 기간 동안 대기 조성, 온실가스의 농도, 온도, 강설량, 태양 활동, 산불이나 화산 폭발의 빈도를 결정할 수 있다.

최근 연구자들은 작업 중 가장 깊은 얼음 코어를 시추하여 분석했다. 남극의 때묻지 않은 외딴 장소에서 얼음 아래의 3,270 m(10,728 ft)의 얼음을 시추하여 80만 년 이상된 얼음을 꺼냈다! 이 코어는 여덟 번의 빙하기 주기에 걸쳐 지구의 역사를 기록한 것이다. 얼음 속에 갇힌 기포를 분석함으로써, 연구자들은 지난 80만 년 동안 이산화탄소, 메탄, 아산화질소의 대기 중 농도가 현재보다 높은 적이 없는 것을 발견했다(**그림 14.7**). 이러한 데이터는 산업혁명 이후 온실가스를 방출함으로써 우리 인류를 깊은 미지의 세계로 인도하였다.

얼음 코어 결과는 또한 과거의 온도전환이 온실가스 농도와 긴밀하게 상관관계가 있음을 확인시켜 준다(그림 14.7에서 상위 두 개의 데이터와 아래의 온도 데이터 세트를 비교하라). 이 발견은 온실가스 배출량이 오늘날 지구를 따뜻하게 하는 원인이라는 과학적인 공감대를 확실히 해준다.

연구자들은 또한 물 아래의 퇴적물 바닥도 시추하였다. 이스터(Easter) 섬의 연구에서 보았듯이 퇴적층은 종종 과거에 자란 식물에서 떨어진 꽃가루 및 기타 파편을 보존하고 있다(1장). 기후는 그 지역에서 자라는 식물의 종류에 영향을 끼치기 때문에 발견된 식물이 무엇인지 알면 그 당시의 시간과 장소의 기후에 대해 알 수 있다. 대표지표의 다른 유형에는 나이테(연간 강수량 기

FAQ

Q: 기후는 자연적으로 변하는데 왜 기후변화를 걱정하는가?

A: 지구의 기후는 정말로 매우 긴 기간을 넘어 자연스럽게 변화한다. 그러나 알려진 자연적 요인은 오늘날 우리가 경험하고 있는 변화를 설명할 수 없으며, 우리의 문명이 이전에 이 세기를 위해 예견된 정도의 변화를 경험한 적이 없다. 하나의 과제는 오늘날의 기후는 비정상적으로 빠르게 변화하고 있다는 것이다. 다른 하나는 변화의 엄청난 양이다: 세계의 온도를 상승시킬 것으로 예측되고 있는 양은 빙하기를 가져오게 하는 데 필요한 냉각 양보다 많다. 온실가스 농도는 이미 그들이 80만 년에 걸쳐 온 농도보다 높고 여전히 상승하고 있다. 우리의 전체 문명은 지구 기후의 역사에서 매우 안정된 기간인 지난 몇천 년 동안에 발생했다. 우리의 배출량을 줄이지 않는 한, 우리는 곧 인간이 살아 본 적이 없는 기후의 문제에 도전받게 될 것이다.

록이나 화재 발생을 밝혀줌), 패총(몇 세기에 걸쳐 식물의 부분을 저장) 및 산호초(해양 화학적인 면을 밝혀줌)가 있다.

직접 측정은 현재 대기를 말해준다

오늘날 우리는 온도계로 온도를, 우량계로 강우를, 풍속계로 풍속을 그리고 기압계로 기압을 측정하고 실시간으로 이러한 정보를 통합하고 분석하기 위해 컴퓨터 프로그램을 이용한다. 이러한 기술을 통해 세계의 날씨 변화를 시간과 날짜에 따라 문서화한다. 그 결과, 지구의 모든 지역에서 오늘날의 기후에 대해 이해가 가능하다.

또한 대기 화학 및 바다도 측정한다. 대기 중 이산화탄소 농도의 직접 측정은 과학자 찰스 킬링(Charles Keeling)이 하와이의 마우나 로아 관측소(Mauna Loa Observatory)의 모니터링 기지에서 시간당 공기 샘플을 분석하기 시작한 1958년으로 거슬러 올라간다. 이러한 데이터는 대기 중 CO_2 농도가 1958년에 315 ppm에서 2011년에 392 ppm으로 증가했다는 것을 보여준다.

모델은 미래 대기를 예측하게 한다

기후 시스템이 어떻게 기능하는지를 이해하고 미래 기후변화를 예측하기 위해 과학자들은 정교한 컴퓨터 프로그램으로 기후 과정을 모의시험한다. 기후 모델은 대기 순환, 해양 순환, 대기 해양 상호작용에 대하여 알려진 것을 종합하고 기후과정을 모의시험하기 위해 반복하여 보정하는 프로그램이다(**그림 14.8**). 이것은 방대한 양의 데이터를 복잡한 수학 방정식과 함께 조작해야 한다—현대 컴퓨터의 출현 전까지는 불가능하였던 작업이다.

기후 모델 설계자들은 필수적으로 모델에 초기정보를 제공하

(a) 얼음 코어

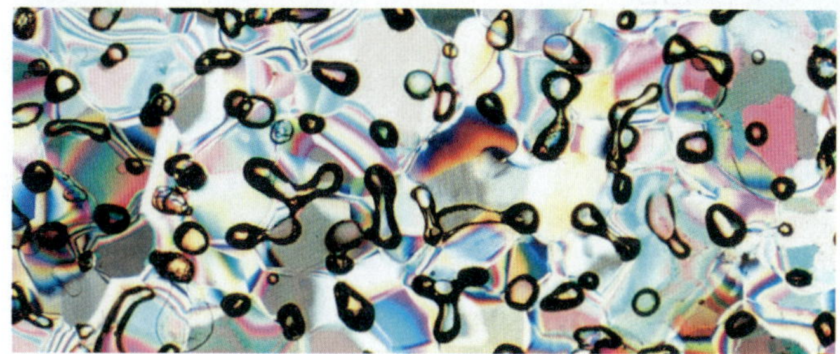

(b) 얼음 코어의 현미경 사진

▲ **그림 14.6** 그린란드와 남극에서 과학자들은 고대 빙상을 깊게 시추하여 과거 기후에 관한 정보를 추출하기 위해 캘거리 대학의 제럴드 홀드워스(Gerald Holdsworth) 박사가 잡고 있는 것과 같은 얼음 코어**(a)**를 꺼냈다. 얼음 속에 갇힌 기포(검은색 모양)**(b)**는 고대 대기의 작은 시료들을 포함하고 있다.

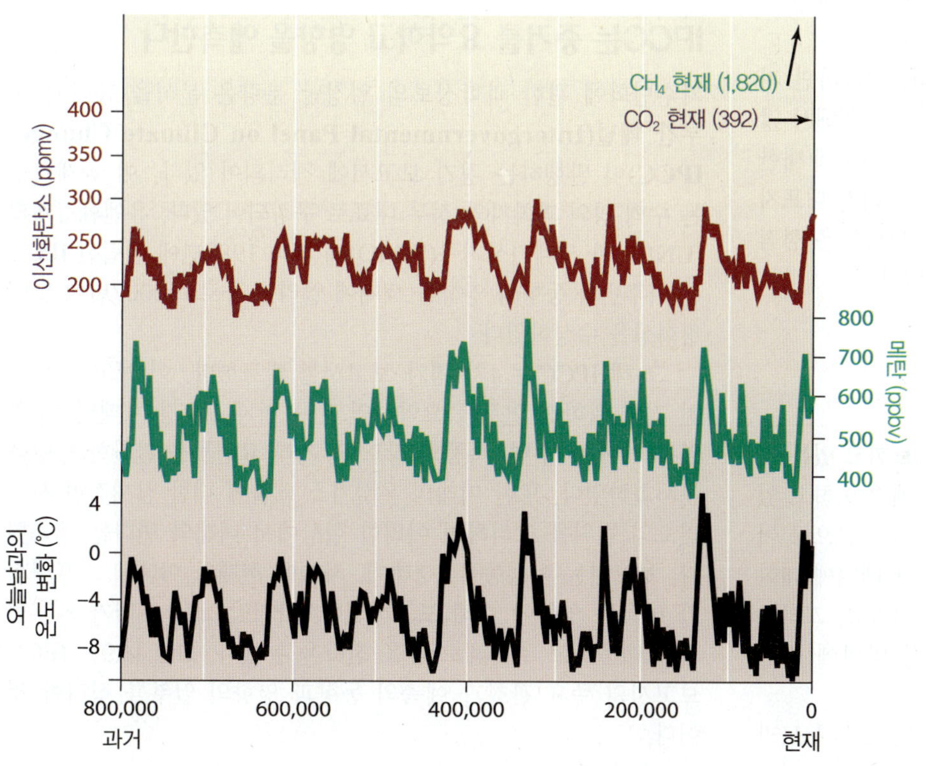

◀ **그림 14.7** 세계에서 가장 긴 빙하 코어의 데이터는 80만 년에 걸쳐 표면 온도**(검은 선)**의 변화, 대기의 메탄 농도**(녹색 선)**와 대기 중의 이산화탄소 농도**(빨간 선)** 변화를 밝히고 있다. 온도에서 높은 피크는 따뜻한 간빙기를 나타내고 낮은 골은 차가운 빙하기를 나타낸다. 이산화탄소와 메탄의 대기 중 농도는 온도와의 긴밀한 상관 관계에서 오르내린다. 오늘날의 현재 값은 비교를 위해 차트의 맨 오른쪽 상단에 포함되어 있다. "Ppmv" = parts per million by volume, and "ppbv" = parts per billion by volume. Adapted with permission from Brook, E., 2008. Windows on the greenhouse. Nature 453: 291–292, summarizing data from multiple research papers.

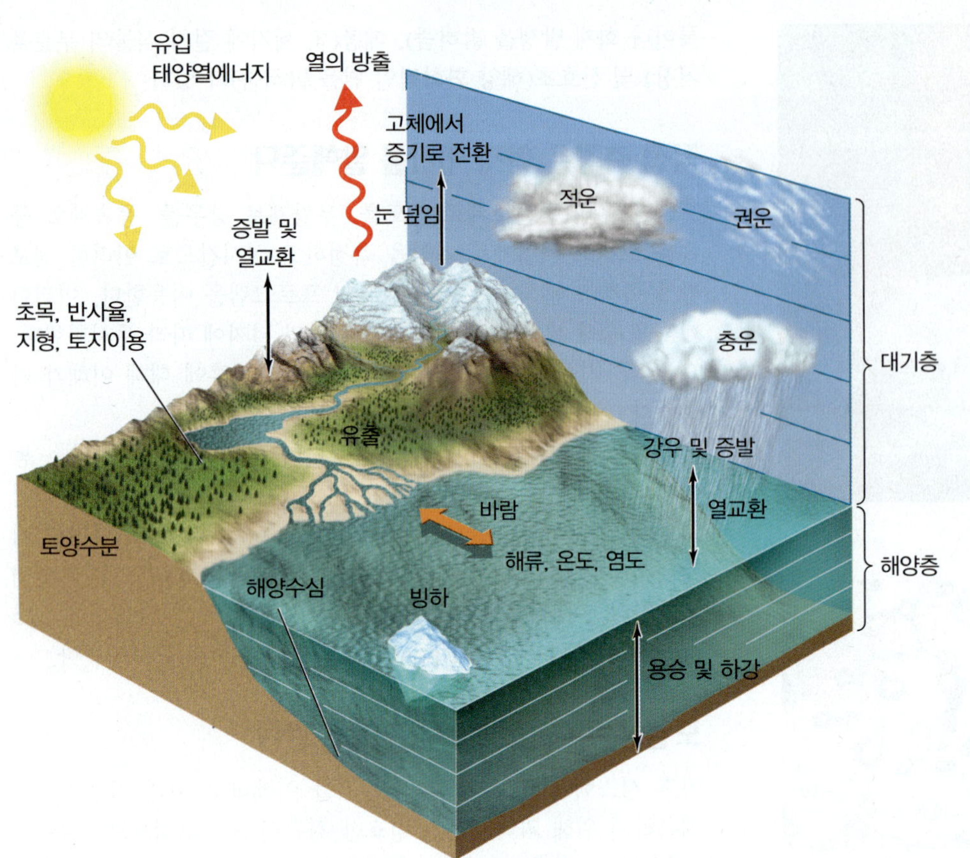

◀ **그림 14.8** 현대의 기후 모델들은 대기, 땅, 바다, 얼음 및 생물권과 관련되는 과정을 포함하여 많은 요인을 통합한다. 이러한 요인들을 여기에 도식화했지만, 실제 모델은 컴퓨터 모의시험에서 요인들을 수학 방정식처럼 다룬다.

고 모의시험을 위한 규칙을 설정하여 그것을 실행시킨다. 연구자들은 과거의 기후 데이터를 입력하고 현재를 위해 모델을 실행하여 모델의 유효성을 시험한다. 만약 어느 모델이 과거로부터 잘 확립된 데이터를 기반으로 하여 정확하게 현재의 기후를 복원한다면, 우리는 그것이 이상적으로 기후 메커니즘을 모의시험하고 있음을 신뢰하여 모델이 정확한 미래 기후를 예측할 수 있다는 것을 신뢰하는 이유가 된다.

기후모델 설계자들에게 많은 과제가 남아 있다. 왜냐하면 지구의 기후 시스템은 매우 복잡하고 보정과정의 이해를 위해서 많은 불확실성이 남아 있기 때문이다(2장). 여전히 기후과정에 대한 과학적 지식이 개선되고, 컴퓨팅 능력이 강화되며, 우리가 대표지표로부터 개선된 데이터를 수집하는 것처럼 기후 모델들은 점점 세계의 지역별 기후변화를 예측하는 데 기여하고 있다.

현재와 미래의 동향과 영향

사실상 요즈음 모두는 기후에 변화가 있다는 것을 느끼고 있는 것 같다. 몰디브 어부들은 바다가 자신들의 고향인 섬에 침범하고 있다는 것을 주시하고 있다. 텍사스 목장주는 수년간의 가뭄으로 어려움을 겪었다. 플로리다 주택 소유자들은 태풍이나 해일에 대한 보험가입이 힘들다는 것을 안다. 뉴요커, 보스턴, 시카고, 그리고 로스앤젤레스 시민들은 잇따라 전대 미문의 기상 악화에 직면한다.

기후변화에 대한 어떤 하나의 특별한 열파, 홍수, 또는 눈보라를 탓할 수 없지만, 극단적인 기상 현상은 확실히 엄청난 분량의 과학적인 증거에 근거된 실제 패턴의 일부이다. 기후변화는 이미 지구의 물리적 특성, 생물과 생태계, 그리고 인간의 복지에 많은 영향을 미치고 있다. 만약 우리가 계속 대기 중에 온실가스를 배출한다면 기후변화의 영향은 더 심각하게 확대될 것이다.

IPCC는 증거를 요약하고 영향을 예측한다

기후변화에 관한 과학정보의 엄청난 분량은 분석을 통하여 **정부간 패널(Intergovernmental Panel on Climate Change, IPCC)**이 발행하는 정기 보고서에 정리되어 있다. 이 국제기구는 수백 명의 과학자와 정부 대표로 구성되어 있다. 유엔환경계획(UNEP)과 세계기상기구(WMO)에 의해 1988년에 설립된 IPCC는 기후변화 동향과 영향을 세계에 알리는 공로로 2007년에 노벨평화상을 수상하였다.

그 해 IPCC는 4차 평가 보고서를 발표했다. 이 보고서는 수천 건의 과학적 연구를 요약하였고, 표면 온도, 강수 패턴, 눈과 얼음 커버, 해수면, 폭풍의 강도 및 기타 요인들을 관찰한 동향을 문서화하였다. 또한 미래의 온실가스 배출에 대한 잠재적인 시나리오의 범위를 고려하여 이러한 현상에서 미래의 변화를 예측했다. 보고서는 야생동물, 생태계, 사회에 현재와 미래의 기후변화가 미치는 영향에 대해 보고하였다. 마지막으로, 우리가 기후변화에 대응하고 추구해도 좋을 전략을 논했다. **그림 14.9**는 IPCC 보고서의 주요 관찰과 예측의 동향과 영향의 일부를 정리한 것이다.

모든 과학처럼 IPCC의 보고서는 불확실성을 다룬다. 따라서 저자들은 결론 및 예측에 통계적 확률을 할당하는 데 세심한 주의를 기울였다. 사회에 미치는 영향에 관련된 보고서의 추정은 보수적이다. 왜냐하면 보고서의 과학적인 결론은 세계 각국 정부 대표에 의해 승인받아야 했기 때문이며 그들의 일부는 화석연료 기반 경제를 개조하는 데 주저하고 있다.

온도는 상승을 계속한다

IPCC의 2007년 보고서는 평균 지구표면 온도가 1906년에서 2005년까지 1세기에 0.74°C(1.33°F) 상승했으며 이 증가의 대부분은 지난 수십 년에 발생하였다고 결론지었다(**그림 14.10**). WMO에 따르면, 세계적인 측정이 150년 전에 시작된 이래 기록상 가장 따뜻한 17년은 모두 1990년 이후였다. 2001~2010의 10년이 이전 어느 때보다 가장 더웠으며 1960년대 이후에는 각 10년이 그 이전 10년보다 더 따뜻했다.

향후 20년간 지구상의 평균 표면온도는 IPCC의 분석에 따르면, 약 0.4°C(0.7°F) 상승할 것으로 예상할 수 있다. 21세기 말에는 IPCC는 지구 기온이 배출 시나리오에 따라 오늘날보다 1.8~4.0°C(3.2~7.2°F)가 더 높을 것으로 예측한다. 온도변화는 이미 지역차이가 명백히 심화되면서 지역에 따라 변화할 것으로 예상된다(**그림 14.11**). 예를 들면, 극지역이 가장 강력한 온난화를 경험할 것이다.

해수면 온도도 역시 해양이 대기로부터 열을 흡수할 때 증가하고 있다. 2005년의 허리케인과 열대폭풍에 대한 기록—허리케

관찰된 기후변화의 주요 영향	
지구적 물리적 현상	**사회적 현상**
과거 100년 동안 지구 평균 표면온도가 0.74℃(1.33℉) 상승하였고, *21세기에는 1.8~4.0℃(3.2~7.2℉) 상승할 것이다.*	농부와 산림가들은 바뀐 성장계절과 교란된 섭생에 적응해야만 되었다.
1995년부터 2006년까지 11년은 기록적으로 가장 따뜻했던 해였다.	*온대작물 생산은 온도가 3℃(5.4℉) 이상 따뜻해질 때까지 증가할 것이지만 건조한 열대 및 아열대 지역에서는 작물생산이 떨어져 기근으로 이어질 것이다.*[5]
해양은 기후시스템에 추가된 열의 80% 이상을 흡수하여 적어도 3,000 m(9,800 ft) 깊이까지 데운다.	*생물다양성에 대한 영향은 물과 식량 및 기타 생태계 서비스와 생물자원 감소의 원인이 될 것이다.*[2]
빙하, 적설, 만년설, 빙상 및 바다 얼음 등이 계속 녹아서 해수면 상승을 가져온다.	*해수면 상승은 사람들을 섬과 해안으로부터 이주시킬 것이다.*[3]
해수면은 20세기에 평균 17cm(7 in) 상승하였고 *21세기에는 18~59 cm (7~23 in) 상승할 것이다.*	*산 빙하가 녹아 수백만 사람들의 용수 공급이 감소할 것이다.*[2]
해수는 pH가 0.1 낮아져 더 산성화되었고, *세기 말에는 0.14~0.35 더 낮아질 것이다.*	*기후변화의 악화 때문에 경제적 비용이 이익보다 더 클 것이며, 비용은 온도가 4℃(7.2℉) 따뜻해짐에 따라 전 세계 GDP의 평균 1~5%가 소요될 수 있다.*
폭풍 해일이 증가하였고 *앞으로 더 증가할 것이다.*[1]	가난한 나라와 공동체는 기후변화로 더 고통을 받을 것이다. 왜냐하면 더 기후에 민감한 자원에 의존하고 적응능력이 더 약하기 때문이다.[2]
지구생태계에 의한 탄소 흡수가 21세기 중반에 절정에 달하게 된 뒤 약해지거나 역전되면, 기후변화를 확대시킬 것이다.[2]	*인류의 건강도 기온 감소에 의한 건강 위해보다 기온이 올라간 날씨에 의한 건강 위해가 더 크기 때문에 더 고통을 받을 것이다.*[2]
지역적 물리적 현상	**생물학적 현상**
북극지역의 온난화가 가장 빠르다. *미래의 온난화는 북극에서 가장 클 것이며 바다보다도 육지에서 더 클 것이다.*	종들의 분포 범위는 극지역과 고지대로 이동하고 있으며 앞으로도 *계속 이동할 것이다.*
여름철 북극 바다의 얼음은 1978년 이래 10년마다 7.4%씩 얇아졌다.	계절적 현상(이주와 번식 같은)의 주기가 바뀌고 있으며 *계속 바뀔 것이다.*
강수량은 고위도에서 증가하고 아열대 위도에서 감소하여 습지는 더 *습하게 건조지역은 더 건조하게 할 것이다.*[1]	*만약 온도가 1.5~2.5℃(2.7~4.5℉) 이상 올라가면 약 20~30%의 종이 멸종위기에 직면할 것이다.*[5]
가뭄은 1970년대 이래 열대 및 아열대 지역에서 특히 더 지속되고 *강해지며 더 광범위하게 퍼졌다.*[1]	*종들의 상호교류 및 생태계 구조와 기능은 크게 변하고 결과적으로 생태계 다양성의 손실이 될 것이다.*
가뭄과 홍수는 증가하여 농업손실로 이어질 것이다.[2]	*산호는 백화 및 해양 산성화로 더 많은 교란을 경험할 것이다.*[5,4]
허리케인은 1970년 이래 북대서양에서 강해졌으며 *계속 강해질 것이다.*[1]	
열염순환은 느려지나 멈추지는 않을 것이고 *21세기에 유럽에 추위를 가져올 것이다.*[3]	

▲ **그림 14.9** 여기에 언급된 것들은 관측되고 예측된 주요 동향과 기후변화의 4차 평가 보고서에 관한 정부간 패널(IPCC)에 기재된 영향의 일부이다. 관찰된 현상은 일반 문체로, 예측된 미래의 현상은 이탤릭체로 쓰였다. 이해를 돕기 위해 이 표에서는 평균 추정치만 표현하고 있다. IPCC의 보고서는 예측의 범위도 제공한다. 확실성 신뢰 수준은 다음과 같다: [1]66~90% 확률 정확함; [2]~80% 확률 정확함; [3]90~99% 확률 정확함; [4]>99% 확률 정확함; [5]~50% 확률 정확함. Data from the Intergovernmental Panel on Climate Change, 2007. *Fourth assessment report*.

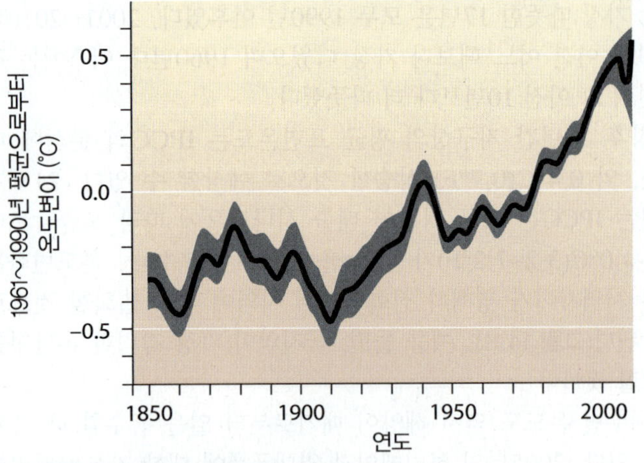

(a) 평균 지구온도측정, 1850~2010

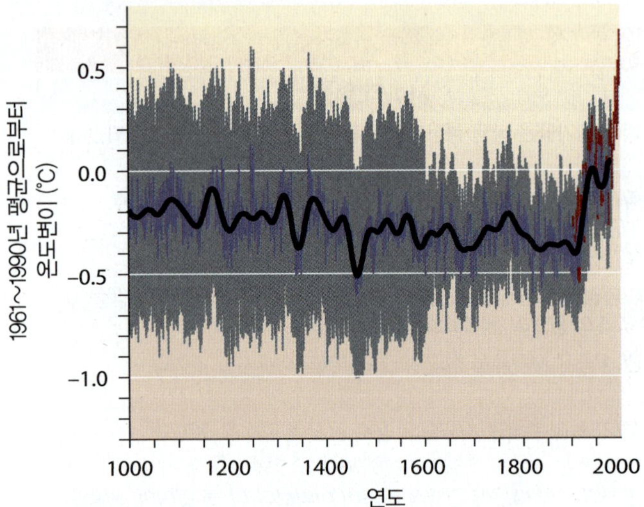

(b) 과거 1000년의 북반구 온도

▲ **그림 14.10** 온도계 데이터(a)는 1850년에서 2010년까지의 평균 지구표면 온도의 변화를 나타낸다. 회색 사선 부분은 불확실성의 범위를 보여준다. (b)는 대표지표(파란 선)와 온도계 데이터(빨간 선)가 함께 과거 천 년에 걸친 북반구 평균 기온의 변화를 보여준다. 회색 음영영역은 95% 신뢰 범위를 나타내고 있다. Data (a) from the Intergovernmental Panel on Climate Change (IPCC), 2007, *Fourth assessment report*, and the National Oceanic and Atmospheric Administration (NOAA); and (b) IPCC 2001, *Third assessment report*.

인 카트리나 및 다른 27개—은 많은 사람들에게 지구온난화 탓인지 아닌지에 대한 의문을 남겼다. 최근의 과학적 분석은 따뜻한 바다가 열대 폭풍우의 수를 증가하는 것이 아니라 아마도 그 힘과 지속 시간을 증대하고 있는지도 모른다는 것을 시사한다.

강수량도 역시 변하고 있다

따뜻한 대기가 많은 수증기를 보유하고 있지만, 강우 패턴의 변화로 세계의 일부 지역은 평소보다 눈비가 더 많이 오고 또 다른 지역은 덜 와서 복잡해졌다. 미국 남서부 등의 지역에서는 가뭄이 더 빈번하고 심해져 농업에 영향을 끼치고, 토양 침식을 악화시켜 물 공급이 줄어들며, 산불을 촉발시켰다. 그러는 동안 건조한 지역과 습도가 높은 지역은 똑같이 폭우가 증가하여 2008년 아이오와 및 중서부의 다른 지역에서의 홍수와 수십 명이 사망하고 수천 채의 가옥파괴와 수십억 달러 피해를 준 미시시피 강의 2011년 홍수 등을 가져왔다.

강수량의 미래 변화는 지난 세기 동안 보여준 지역의 변화가 더 심화될 것으로 예측된다(**그림 14.12**). 일반적으로 강수량은 고위도에서 증가하고 중저 위도에서 떨어지는데 이미 기존의 차이를 더 크게 하고 건조한 아열대의 많은 개발도상국에서 물 부족을 심화시키고 있다.

녹는 얼음과 눈은 광범위한 영향을 미친다

세계가 따뜻해지면서 산 꼭대기의 빙하는 사라지고 있다(**그림 14.13**). 1980년에서 2009년 사이에 평균적으로 세계의 빙하는 세계 빙하 모니터링 서비스에 따르면 각각 14 m(46 ft)의 수직 물 두께에 해당하는 질량을 잃고 있다고 한다. 열대의 산 꼭대기의 많은 빙하는 이미 소멸하고 있다. 몬태나(Montana)의 글레이셔(Glacier) 국립공원에서는 공원의 개장 시에 존재했던 150개의 빙하 중 유일하게 25개의 빙하만 남아 있으며 과학자들은 이마저도 2030년까지 사라질 것으로 추정하고 있다.

산은 겨울에 눈을 쌓아 여름 동안 서서히 녹은 눈을 흘려 보낸다. 세계인구의 최고 6분의 1은 산의 눈 녹은 물에 의존하는 지역에 살고 있다. 온난화의 온도가 산악의 빙하를 사라지게 하므로 이것은 여름철 수백만의 사람들에게 물 공급을 감소시키고 지역 공동체 전체가 물을 위해서 다른 장소를 찾거나 또는 이동해야만 할 것이다.

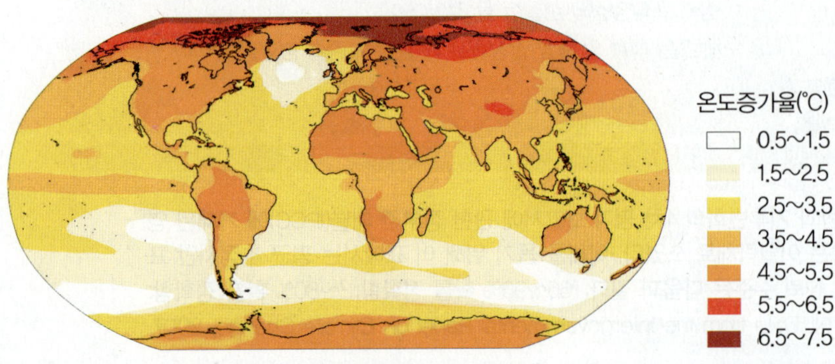

◀ **그림 14.11** 이 지도는 1980~1999년의 온도 대비 2090~2099년 10년을 위한 표면 온도의 예상 증가를 나타내고 있다. 육지는 바다보다 더 따뜻한 것으로 예상되며, 북극은 가장 온도가 증가할 것이다. 기후변화에 관한 정부 간 패널(IPCC)은 여러 배출 시나리오를 사용하고 있으며, 이 지도는 2100년까지 2.8°C(5.0°F)의 지구 평균 기온의 상승을 그 전제 조건으로 조정한 배출 시나리오를 사용하여 나타내었다. Data from Intergovernmental Panel on Climate Change, 2007. *Fourth assessment report*.

▶ **그림 14.12** 이 지도는 1980년부터 1999년 강수량의 상대적인 2090~2099년 10년간 6~8월 강수량 변화 예측을 보여준다. 갈색 음영 색상은 더 적은 강수량을 나타내고, 더 푸른 빛 음영은 더 많은 강수량을 나타낸 것이다. 흰색은 모의시험과 일치하지 않는 영역이다. 이 지도는 2100년까지 2.8°C(5.0°F)의 지구 평균 온도 상승을 수반하는 배출 시나리오를 가정하여 나타내었다. Data from Intergovernmental Panel on Climate Change, 2007. *Fourth assessment report*.

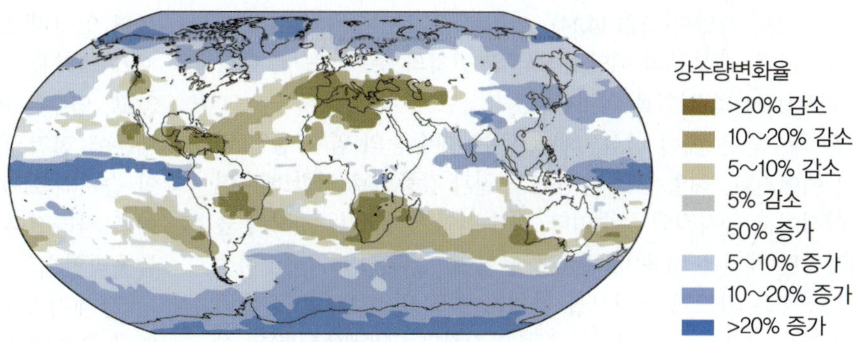

온난화 온도는 또한 북극에서 엄청난 양의 얼음을 녹이고 있다. 최근 연구는 그린란드를 덮고 있는 거대한 빙하가 점점 빠르게 녹고 있는 것으로 밝혀졌다. 남극에서는 로드 아일랜드 크기의 연안 빙하가 따뜻한 바다 물과의 접촉 결과로 붕괴되고 있다.

온난화가 북극에서 가속화되고 있는 이유 중 하나는 눈과 얼음이 녹을 때 더 어둡고 덜 반사되는 표면(벌거벗은 땅과 해빙수 같이) 등이 노출되어 빛을 반사하는 능력인 지구 알베도가 감소하기 때문이다. 그 결과, 더 많은 태양광선이 표면에서 흡수되고 공간으로의 반사량은 더 적어 표면이 따뜻해진다. 이런 과정에서 온난화는 더 많은 얼음과 눈이 녹는 원인이 되고 더 많은 방사선의 흡수로 더 따뜻해지는 원인이 된다(그림 2.1b 참조).

과학자들은 적설량과 빙상, 해빙 등이 극지 부근에서 계속 감소할 것으로 예측하고 있다. 북극해의 얼음이 사라지면서 새 항로가 상업용으로 개방되고, 정부와 기업들은 수중 오일과 광물자원에 새롭게 접근하기 위해 몰려들고 있다. 러시아, 캐나다, 미국 및 기타 국가들은 새로운 조사 데이터를 사용하여 얼음이 녹을 때 북극지역 주도권을 얻기 위하여 새로운 조사 데이터를 사용하여 유리한 위치를 차지하고자 애쓰고 있다.

북극의 따뜻한 기온도 영구동토(영구 동결지상)의 해동 원인이 되고 있다. 영구동토 속의 얼음결정이 녹을 때 해동되는 토양이 가라앉아 건물, 배관과 다른 기간시설들이 불안정해진다. 영구동토가 해동할 때 그것은 또한 수천 년 동안 저장되어 있는 메탄을 방출할 수 있다. 메탄은 강력한 온실가스이기 때문에 이것은 기후변화를 심화시키는 양성 조절기작(2장) 역할을 한다.

해수면 상승은 수억 명의 사람들에게 영향을 미칠 수도 있다

빙하와 빙상이 녹을 때 바다로의 유출량의 증가는 해수면 상승의 원인이 된다. 해양의 물이 따뜻해지면 물은 따뜻해질 때 부피가 팽창하므로 해수면 또한 상승한다. 세계적으로 평균 해수면은 1993년부터 3.2 mm/year씩 높아졌으며 20세기 동안 약 17 cm

(a) 그린넬 빙하, 1938

(b) 그린넬 빙하, 2005

◀ **그림 14.13** 빙하는 지구온난화가 진행됨에 따라 전 세계에서 급속하게 녹고 있다. 몬테나(Montana)의 빙하 국립공원의 그린넬(Grinnell) 빙하는 **(a)** 1938 **(b)** 2005년 사이에 실질적으로 줄어들었다.

(6.7 in)가 상승하였다(**그림 14.14**). 이러한 수치는 수위의 수직 상승을 나타내며, 대부분의 해안선에서 몇 인치의 수직 상승은 내륙의 수 피트(feet)의 침입을 의미한다.

높은 해수면은 해변 침식, 해안 홍수, 대수층의 염수 침입 및 해일로 이어진다. 해일은 태풍 관련 해일과 강풍으로 인한 해수면의 일시적이고 국지적인 상승이다. 해수면이 원래 있는 것보다 높게 시작하면 해일은 내륙 더 멀리 도달할 수 있다. 1987년에 비정상적으로 높은 파도가 몰디브를 덮쳐서 수도 말레(Malé)를 둘러싸는 호안을 구축하자는 캠페인을 촉발시켰다. "말레(Malé)의 장성"은 해일 시 들이닥치는 파도의 에너지를 분산시킴으로써 건물과 도로를 보호하기 위한 것이다.

2004년 12월 26일에 몰디브는 대형 쓰나미(11장)가 인도양 전역 해안지역을 휩쓸었을 때 미래에 무엇을 준비해야 하는지를 경험하였다. 쓰나미는 100명의 몰디브 주민 목숨을 앗아갔고 2만여 명이 집을 잃는 재해를 당했다. 몰디브의 재산 피해는 4.7억 달러로 국내 총생산(GDP)의 62%였다. 토양 침식, 대수층의 염수 오염 및 기타 영향으로부터의 간접 피해는 계속 경제적 손실을 초래하였다. 쓰나미는 기후변화로 인한 것이 아니라 지진에 의해 발생했다. 현재는 해수면만 상승하지만 자연재해가 줄 수 있는 피해는 현저하게 증가할 수 있다.

몰디브는 다른 많은 도서 국가보다 덜 심각하다. 몰디브는 해수면이 1990년대 연간 약 2.5 mm 상승하는 것을 보았지만, 대부분의 태평양 섬들은 더 큰 해수면 상승을 경험했다. 지역의 지질학적 조건으로 토지가 상승 또는 자연적으로 침하될 가능성이 있기 때문에 서로 다른 지역들은 서로 다른 정도의 해수면 변동을 경험한다.

미국에서는 인구의 53%가 해안 카운티에 살고 있다. 폭풍 해일에 대한 취약점은 허리케인 카트리나가 멕시코 만을 덮쳤을 때 비극으로 밝혀졌다. 뉴올리언스 외곽에서 오늘날 미시시피 강 델타의 습지는, 상승하는 해수면이 해안 채소재배 지역을 잠식함으로써 없어지고 있다. 이러한 해안습지들은 또한 댐 상류의 저수지가 델타를 형성시키는 점토를 가두고, 석유 추출로 땅이 가라앉고, 염수는 채널화된 수로를 침입하여 담수화 식물들을 죽이기 때문에 점점 유실되고 있다. 언급된 모든 것들로 루이지애나 연안 습지의 250만 헥타르(ha, 백만 에이커, acres) 이상이 1940년 이후 사라졌다. 지속적인 습지의 손실은 미래의 폭풍해일로부터 뉴올리언스의 보호막을 빼앗는 것이다.

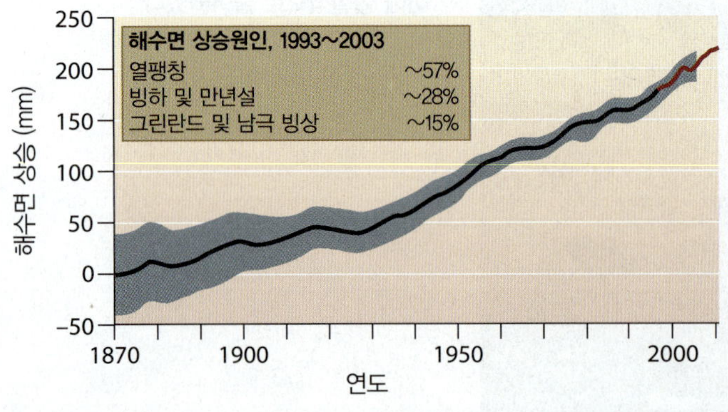

▲ **그림 14.14** 조수 측정(검은 선)과 위성 관측(빨간 선)으로부터 데이터는 세계 평균 해수면이 1870년 이후 200 mm(7.9 In)로 증가하고 있음을 보여주고 있다. 회색 음영 부분은 불확실도의 범위를 보여준다. 물의 온도 팽창이 대부분의 해수면 상승을 설명한다. Data from Intergovernmental Panel on Climate Change, 2007. *Fourth assessment report*, and CSIRO.

21세기 말에는 IPCC가 평균 해수면이 우리의 배출량 수준에 따라 오늘날보다 18~59 cm(7~23 in) 더 높을 것이라고 예측하고 있다. 그러나 이러한 추정치는 그린란드에서 가속화되고 있는 얼음의 융해(그리고 분명히 남극에서도 마찬가지)에 대한 최근의 발견을 고려하지 않았다. 왜냐하면 최근 IPCC 보고서가 준비될 때 아직 기후 모델에 포함되지 않을 정도로 새로운 것이었기 때문이다. 만약 극지방의 얼음 융해가 계속 가속되면 해수면이 더 빨리 상승할 것이다.

만약 해수면이 예상대로 상승하면 수억 명의 사람들이 피난 가거나 또는 폭풍과 해일로부터 보호하기 위한 비용에 더 많이 투자해야 할 것이다. 방글라데시 같은 저지대 델타 위의 인구 밀도가 높은 지역이 가장 영향을 받을 것이다. 플로리다처럼 폭풍이 발생하기 쉬운 지역, 휴스턴과 찰스턴 같은 해안가 도시들, 미국 걸프 해안 등과 같이 땅이 가라앉는 곳 등도 마찬가지일 것이다. 많은 태평양 섬들은 주민들을 대피시켜야 한다. 한편, 이러한 몰디브 등의 섬나라는 해수면 상승이 대수층에 염수를 유입시켜 신선한 물 부족으로 고통받을 가능성이 높다. 해수에 의한 지하수 및 토양의 오염은 염수 지하수 위에 떠 있는 작은 렌즈 모양의 담수에 의존하는 플로리다 템파와 같은 해안지역을 위협할 것이다.

기후변화가 산호초를 위협한다

전 세계에서 해수면 상승은 우리의 해안을 보호하는 염 습지와 맹그로브(mangrove) 숲을 침식하고 있다(12장). 그러나 과학자들은 산호초에 더 관심이 있는데 산호초(12장)는 해양 생물종에 서식지를 제공하고, 어업을 융성하게 하고, 관광을 위해 스노쿨링과 스쿠버 다이빙 장소를 제공하며, 파괴적인 파도로부터 해안선을 방어한다.

WEIGHING 이슈

환경난민들 몰디브의 사람들은 해수면 상승으로 10년간 고도 9 cm(3.5 in)를 잃은 태평양의 섬나라 투발루(Tuvalu)에서 그들의 미래의 전조를 본다. 투발루 11,000명 시민의 요청에 따라 뉴질랜드는 2003년 투발루로부터 "환경 난민"을 받기 시작하였다. 당신은 나머지 세계들도 이러한 환경난민에게 국제적 지위를 부여하고 그것을 처리하기 위한 일부 책임을 져야 한다고 생각하는가? 당신은 어느 국가의 전체 인구가 재배치된 경우 그들의 문화는 살아남을 수 있다고 생각하는가? 허리케인 카트리나로 발생한 수만 명의 난민을 생각하라. 그 비극을 계기로 어떻게 자신들의 삶과 문화를 지켰나?

기후변화는 산호초에게 두 가지 주요한 위협을 가한다. 먼저 따뜻한 물은 산호의 백화를 촉진시켜 산호를 죽인다(12장). 둘째, 대기 중 높은 CO_2 농도는 해양 화학적 특성을 바꾸어 **해양 산성화(ocean acidification;** 12장)에 이르게 한다. 해양의 물은 대기 중의 CO_2를 흡수하여 더 산성이 되고, 이것은 탄산칼슘 외골격을 구축하는 산호 및 다른 생물의 능력을 손상시킨다. 해양은 이미 0.1 pH 단위로 감소하였으며, 향후 100년 동안 0.14~0.35 단위 이상 pH의 저하가 예측된다. 이것은 살아 있는 산호초의 대부분을 쉽게 파괴하기에 충분하다. 이러한 파괴는 해양생물다양성 및 어업에 엄청난 재앙일 수 있는데, 이는 너무 많은 생물이 식량과 피난처를 위해 살아 있는 산호초에 의존하고 있기 때문이다.

기후변화는 생물과 생태계에 영향을 미친다

산호초의 위기에서 알 수 있듯이 지구의 물리적 시스템의 변화가 생물에도 영향을 미친다. 생물은 환경에 적응하고 있기 때문에, 우리가 이러한 환경을 변화시킬 때 영향을 받는다. 지구온난화가 진행되면서 그것은 온도에 의존하는 생물학적 현상을 바꾸고 있다. 이제는 봄에 식물이 더 일찍 잎이 싹트고 곤충은 더 일찍 알을 부화하고 새들은 더 일찍 옮겨가고 동물들은 더 일찍 발육되고 있다. 이러한 변화는 계절의 타이밍 불일치를 만들 수 있다. 예를 들어 큰 박새과로 알려진 유럽 새는 애벌레가 풍부한 때에 새끼를 양육하기 위하여 번식기를 조절하여 진화해왔다 지금은 애벌레의 부화 시기가 더 빨라졌으나, 새들은 이에 적응하지 못해 일부 어린 새끼만이 생존하고 있다.

또한 생물학자들은 온도가 따뜻해짐으로써 식물과 동물이 극지방으로 또는 고지대로 이동할 때(즉 저온 지역을 향해서) 생물의 공간적 범위의 변화를 기록하고 있다(**그림 14.15a**). 일부 생물은 대처할 수 없을 것이며 IPCC는 모든 동식물종의 최대 20~30%가 멸종위기에 처할 수 있다고 추정하였다. 나무는 충분한 속도로 그 분포를 이동하지 못할 수 있다. 희귀종들은 보존지역에서 그들이 생존할 수 없는 개발 지역으로 강제로 쫓겨날 수 있다. 산악 환경에 적응한 동물과 식물은 더 이상 갈 곳이 없을 때까지 꼭대기로 내몰릴지도 모른다(**그림 14.15b**, 3장).

광합성을 위해 CO_2를 끌어들이므로 식물은 탄소를 위한 저수지 역할을 하고 있기 때문에 식물군락에 미치는 영향은 기후변화의 중요한 요소이다. 만약 더 높은 CO_2 농도가 식물생장을 도와 더 많은 CO_2가 대기에서 제거될 수 있다면 탄소배출량을 줄이는데 도움이 될 것이다. 그러나 만약 기후변화가 식물의 생장을 저하시키는 경우(예를 들어, 가뭄, 화재, 질병을 통해) 대기로 탄소 유입이 증가할 가능성이 있다. 오늘날의 대규모 실험은 잉여의 이산화탄소가 식물의 생장을 위해 긍정적 또는 부정적인 결과를 모두 가져올 수 있다는 것을 보여주어 복잡한 결과를 보여준다(**과학 비하인드 스토리** 참조).

강우와 하천 흐름이 증가하는 지역에서는 침식과 범람이 수서 생태계를 오염시키거나 변화시킨다. 반면, 강우가 줄어드는 지역에서는 호수, 못, 습지 그리고 하천이 크게 위축된다. 결국 생태계에 대한 기후변화의 주된 영향들은 인간이 생태계로부터 받을 해택이나 서비스, 특히 인간사회에 필요한 청정한 대기와 음용수 등이 줄어든다는 것이다.

(a) 새들은 북쪽으로 이동 중

(b) 피카스는 더 높은 지대로 내몰리고 있다

▲ **그림 14.15** 국립 오듀본협회 사회 연구자들에 의한 크리스마스 버드 카운트의 2009년 분석에 따르면 305종의 북미 조류종 중 완전히 177종은 지난 40년 동안 더 북방으로 겨울 이동 범위를 바꿨다고 한다. 퍼플 핀치 **(a)**가 가장 큰 변화를 보였다. 개체 중심은 미주리 주 남동쪽에서 북부 아이오와로 697 km(433 mi) 북쪽으로 이동했다. 몬테인 동물들 중 새앙토끼(pika)**(b)**는 서쪽 북아메리카의 고원에 살고 있는 독특한 포유동물인데 온도가 따뜻해져서 더 높은 지역(더 제한된 서식지)으로 강제로 내몰리고 있다. 그레이트 분지(Great Basin)의 많은 새앙토끼 개체수는 이미 산에서 자취를 감추었다.

기후변화가 사회에 영향을 미친다

가뭄, 홍수, 해일 및 해수면 상승은 이미 수백만 명의 사람들의 생명과 삶을 희생시켰다. 그러나 기후변화는 아직도 더 많은 결과를 야기할 것이다. 여기에는 농업, 임업, 보건, 경제에 미치는 영향도 포함된다.

농업 온대의 일부 작물을 위해 적당한 온난화는 성장시기가 길어지므로 생산을 약간은 증가시킬 수 있다. 광합성 식물에 대한 추가적인 이산화탄소의 가용성 또한 생산성을 증가시킬 수 있지만, 위에 기술한 바와 같이 높아진 CO_2는 복합적인 결과를 가져

아스펜 FACE 연구원 마크 쿠비스케 박사
(Dr. Mark Kubiske), 미국산림청

과학 비하인드 스토리

고농도 이산화탄소와 미래 환경

이산화탄소 연기에 지속적으로 노출된 나무를 통해 지구 규모의 기후변화로 예견되는 것은 무엇인가? 수백 명의 과학자들은 자연조건을 유지하며 CO_2 농도만을 증가시킨 독특한 야외 환경인 "FACE(Free-Air CO_2 Enrichment)" 시설에서 기후변화에 대한 식물의 반응을 시험하였다.

식물은 광합성에 사용하기 위해 대기 중 이산화탄소(CO_2)를 소비하고 모든 생물은 세포호흡을 통해 대기 중에 CO_2를 배출한다(2장). 우리가 화석연료를 태우고 숲을 훼손할 때마다 대기 중에 CO_2는 증가하여 현재 대기는 2세기 전보다 35% 더 많은 CO_2를 포함하고 있다. 더 많은 CO_2가 더 많은 식물의 생장을 의미하고, 식물은 여분의 CO_2를 흡수하여 저장할 수 있는 것일까? 아마 그럴지도, 하지만 정말로 숲과 식물플랑크톤이 CO_2 배출 환경에서 우리를 보호할 수 있는지 확인하는 것이 더 나을 것이다.

일반적으로 어떻게 식물이 증가한 CO_2에 반응하는가를 측정하려면 실험실이나 온실 같은 작은 밀폐공간에서 가스 수준을 측정하려할 것이다. 그러나 이러한 작은 실내 실험에서 얻어진 결과가 숲이 어떻게 작동하는지 전체를 나타낼 수 있을까? 많은 과학자들은 없다고 생각했고 결국 자연조건을 유지하며 CO_2 농도만을 증가시킨 독특한 야외 환경—'FACE'를 단기간 만들었다. FACE 실험에서 연구자들은 정확하게 야외 숲(또는 다른 식물농장)을 둘러싸는 영역의 CO_2의 대기 수준을 조정하였다. 그들의 대규모 야외 조건에서 FACE의 실험은 온도의 변화, 햇빛, 강우, 초식곤충, 질병의 병원체와 식물 사이의 경쟁과 같은 야생식물 군락에 영향을 미치는 대부분 요인을 포함한다. 식물이 이러한 실제 상황에서 변화하는 가스조성에 어떻게 대응하는지를 측정함으로써 미래의 CO_2 세계에서 어떻게 생태계가 변하는지를 더 잘 알 수 있을 수 것이다.

수십 개 기관들이 FACE 시설을 후원하고 있다—지금까지 17개국에 36개 장소이며, 그들은 미국의 애리조나, 캘리포니아, 일리노이, 미네소타, 노스 캐롤라이나, 테네시, 네바다, 위스콘신 및 와이오밍 주들이다. 장소는 숲에서 초원 및 논에 이르기까지 다양한 생태계를 포함하고 규모의 크기는 직경 1 m에서 30 m (3 ~ 98 ft)의 범위이다.

전형적인 FACE의 연구가 어떻게 진행되는지 이해하기 위해 위스콘신 라인랜더(Rhinelander)에 가까운 하쇼(Harshaw) 실험숲(포플라 나무가 일반적이다)에 있는 아스펜 FACE를 방문해 보자. 여기에는 강철과 플라스틱으로 된 높은 타워와 파이프들이 직경 30 m(98 ft) 숲을 둘러싸고 있다(**사진 참조**). 파이프는 CO_2를 배출하여 식물이 지금보다 CO_2가 50% 더 많은 대기 중에 있게 했다(2050년 세계에 예측되는 것과 같게). 센서는 바람의 상태를 모니터링하고, 컴퓨터는 각 부지에서 CO_2의 배출을 조정하는 것으로 바람의 영향을 제어하여 주위의 대기 농도를 안정적으로 유지한다.

또한 파이프들에서는 대류권 오존(O_3, 도시 스모그의 주요 오염 물질; 13장)도 방출하며 연구진은 이 가스와 CO_2가 식물의 생장, 잎과 뿌리의 상태, 토양 탄소함량 및 기타 등등에 어떻게 영향을 미치는지를 연구하고 있다. 일부 부지의 파이프는 대조군으로 활용하기 위해 보통의 공기를 배출한다.

아스펜 FACE 시설을 이용하는 연구진은 지금까지 많은 것을 알아냈다.

- 높아진 CO_2 농도는 광합성과 나무의 생장을 높인다—그러나 적당한 수준의 오존농도는 이러한 생장 증가를 상쇄했다(그래프 참조). 많은 모델러들은 탄소가 나무들에 의해 분리되는 양을 추정할 때 오존을 고려하지 않았기 때문에 아스펜 FACE의 자료는 현존하는 모델들이 나무가 대기로부터 제거하는 CO_2 양이 아마도 과장되게 추정되었을 것이라는 것을 제시한다.
- 대기 중 오존과 CO_2가 상승할 때 포플러 및 자작나무를 공격하는 곤충과 병충해는 증

올 수 있다. 더군다나 일부 연구는 더 많은 이산화탄소가 공급되는 작물은 영양가가 더 적어지는 것을 보여주고 있다. 만약 강우량이 공간과 시간적으로 변하면 악화된 가뭄과 홍수는 농업 생산성을 삭감시킬 것이다. 모든 요인을 함께 고려하여 IPCC는 세계적인 작물수확량이 어느 정도 증가할 것으로 예측했지만, 3°C (5.4°F) 이상의 상승을 넘으면 수확량이 감소할 것으로 예상하고 있다. 계절적으로 건조 열대 및 아열대 지역에서 생장시기가 단축될 수 있고 수확은 가뭄의 영향에 취약해질 수 있다. 따라서 과학자들은 작물 생산이 열대 및 아열대 지역에서 미세한 온난화에도 떨어질 것으로 예측하고 있다. 이것은 많은 세계 개발도상국에서 기아를 악화시킬 것이다.

위스콘신의 아스펜 FACE 시설에서 높은 타워와 파이프는 선택된 나무주변의 대기 조성을 조절한다.

가한다.

- 높은 CO_2 농도는 포플러 나뭇잎의 떨어지는 것을 지연시키고 그것은 포플러를 통해에 취약하게 할 수 있다.

이러한 결과를 통해 상승하는 CO_2 수준은 숲과 나무들에 다양한 부정적 영향을 끼칠 가능성이 있다는 것을 알 수 있다—더 많은 CO_2가 식물을 행복하게 한다는 오래된 기대를 저버리면서. 물론, 다른 FACE 장소에서의 연구는 강화된 CO_2로 증가된 생장이 종종 일시적이며 그 생장률은 나중에 상쇄하거나 감소하는 것을 보여주고 있다.

이러한 질문에 대한 확고한 대답을 얻는 것은 수년 또는 수십 년이 걸리기 때문에 FACE 실험은 식물이 성숙해가는 동안 장기적으로 부지를 관찰하도록 설계되어 있다. 일부 FACE 부지들은 20년간 운영되었으며 현재는 다른 방법으로는 수집할 수 없는 데이터를 생산하고 있다.

그리하여 2008년에 아스펜 및 기타 주요 실험장소에 자금을 대는 미국 에너지부(DOE)가 자금지원을 중단한다고 발표했을 때 연구진은 충격을 받았다. 미국에너지부는 과학자들에게 탄소 함량을 분석하기 위해 나무를 자르고 흙을 파라고 조언했다. 이것은 탄소격리에 긴급하게 필요한 데이터를 제공할 것이며 미국에너지부가 말하길 이후 수백만 달러가 새로운 개선된 세대의 FACE 실험으로 돌려질 수 있을 것이라고 하였다.

많은 연구자들은 깜짝 놀랐으나 귀중하고 독특한 장기적인 실험장소는 아직 우리에게 가르쳐 줄 많은 것을 가지고 있다고 주장했다. 달리 어떻게 우리가 25년 또는 50년 후에 숲과 기후가 어떻게 상호 작용하는지를 알 수 있겠는지를 그들은 물었다? . . . 물론 그때까지 기다려 지구가 우리에게 보여주도록 하는 것은 제외하고—아마도 그때는 어떤 것을 하기에는 너무 늦어서 할 수 없을 것이다.

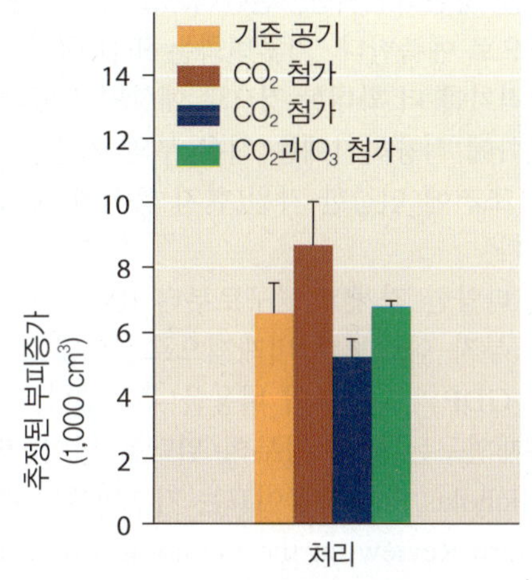

포플러 나무군집의 데이터는 연구기간 동안 이산화탄소가 공급된 나무들이 대조군 나무들보다 더 생장했다는 것을 보여준 반면, 오존이 공급된 것은 덜 생장했다는 것을 보여주고 있다. 두 가지 가스가 함께 공급된 나무는 기준과 다르게 생장하지 않았다. 제시된 것은 일반적인 집단의 데이터이다. Adapted from Isebrands, J.G., et al., 2001. Growth responses of Populus tremuloides clones to interacting elevated carbon dioxide and tropospheric ozone. *Environmental Pollution* 115: 359–371. Fig. 2, with permission from Elsevier.

임업 우리의 목재 및 종이 제품을 제공하는 숲에서 농축된 대기 중 CO_2는 단기적으로 큰 성장을 촉진할 수 있지만, 가뭄, 화재, 질병 등 다른 기후의 영향은 이러한 이익을 저감시킬 수도 있다. 산림 관리자는 점점 그 자신들이 치명적인 화재, 침입종, 곤충과 질병의 유행과 싸우고 있는 것을 발견한다. 치명적인 화재는 수십 년 동안 화재진화(9장)에서 부분적으로 기인하지만 또한 길고 따뜻하고 건조한 화재의 계절에 의해 촉발된다. 온화한 겨울과 덥고 건조한 여름은 소나무 딱정벌레, 수십억 제곱미터의 나무를 파괴하는 해충의 발생을 촉발한다(그림 9.15 참조).

보건 기후변화가 진행되면 우리는 더 많은 폭염에 직면하게 될 것이다—그리고 열 스트레스는 특히 노인들 사이에서 사망을 일으킬 수 있다. 시카고에서 1995년의 폭염은 적어도 485명이 사망하게 하였고 유럽에서 2003년의 폭염은 35,000명이 사망하게 했다. 온화한 기후도 또한 다른 건강문제에 우리를 노출시킨다.

- 뜨거운 온도 등이 광화학 스모그를 촉진하여 발생하는 대기오염으로부터 오는 호흡기질환(13장)
- 감염성 질환 곤충(모기 등)들이 극지로 이동할 때 댕기열 같은 열대질병의 온대지역으로의 확장
- 홍수가 하수처리장에 흘러 넘쳤을 때 질병과 위생문제
- 만약 폭풍우가 더 자주 또는 강력해질 경우 부상과 익사

추위로부터 건강 피해는 감소할 것이나 대부분의 연구자들은 따뜻한 날씨의 위험 증가는 이러한 이익을 상쇄하는 것 이상일 것이라고 느낀다.

경제 사람들이 기후변화의 영향에서 다양한 경제적 비용과 혜택을 경험하겠지만, 전반적으로 연구진은 비용이 이익을 상회할 것으로 예측한다. 기후변화는 또한 국가 내부 및 국가 간 모두 빈부격차를 더 확대할 것으로 예상되고 있다. 가난한 사람들은 기후변화에 적응하기에는 적은 부와 기술을 가지고 있어 그들은 기후 조건에 민감한 자원(현지 음식과 물 등)에 더 많이 의존하고 있다.

다양한 경제학 연구로부터 IPCC는 기후변화가 가난한 나라가 부자 나라보다 비례적으로 더 잃는 것으로, 전체적으로 평균 GDP의 1~5%의 비용을 추정했다. 지금까지 최고 지명도의 경제연구는 영국 정부의 위탁을 받아 경제학자 니콜라스 스턴(Nicholas Stern)이 이끄는 기후변화의 경제학에 대한 스턴 리뷰(Stern Review on the Economics of Climate Change)이다. 이 철저한 리뷰는 기후변화가 2200년까지 우리에게 대략 GDP의 5%에서 20%까지의 비용이 들게 하지만, 지금 GDP의 1%만 투자를 시작해도 우리가 이러한 미래 비용을 회피할 수 있게 된다고 결론 내렸다.

영향은 지역적으로 다를 것이다

기후변화의 영향은 지역적 변화에 따르므로 우리 각자가 겪는 이러한 영향은 우리가 사는 장소에 따라 좌우된다. 온도 변화는 북극에서 가장 크다(**그림 14.16**). 여기서는 빙하가 녹고 바다 얼음은 얇아지며 폭풍이 증가하고 변화된 조건들은 사람과 야생 동물에 문제를 야기하고 있다. 바다 얼음이 일찍 녹고 늦게 얼어 해안으로부터 멀어지면 이누이트 사람들과 북극곰 모두에게 똑같이 각각 식용으로 의존하는 바다 표범을 사냥하는 것이 어려워진다. 영구동토는 녹고 있으며 셀 수 없는 건물을 불안정하게 하고 있다. 빠른 북극 온난화가 얼음과 빙상을 녹이고 이것은 해수면 상승에 기여하고 있다.

미 의회가 연방 정부의 기후연구를 조율하기 위해 1990년에 만든 미국 지구 변화 연구 프로그램에 의해 미국에 있어서의 잠재적인 영향을 분석한다. 2009년 보고서에 이 프로그램의 과학자들이 현재 진행 중인 연구를 검토하고 미국에서 기후변화의 영향을 요약하였으며 미래의 영향을 예측했다(**표 14.2**). 많은 영향들이 지역에 따라 다를 것이지만, 아직도 보고서는 일부가 국가 전체에 걸쳐서 영향을 느낄 것이라고 예측했다. 미국 대부분의 평균 기온

◀ **그림 14.16** 북극은 지금까지의 기후변화 영향의 예봉을 부담했다. 북극해의 얼음이 녹을 때 최근의 과거 현재 미래의 여름 평균 최소 해빙의 정도를 나타내는 지도에 보인 것처럼 그것은 영역이 축소되고 있다. 이누이트 사람들은 그들의 전통적인 방법으로 사냥하고 여행하는 것이 어렵다는 것을 알았고 북극곰들은 물개사냥을 더 할 수 없어서 굶주리고 있다. 사람이 만든 구조물들은 영구 동토가 해동하여 아래로 내려앉을 때 피해를 입는다: 건물들은 기울어질 수 있고, 무너질 수 있으며, 균열이 갈 수 있고, 그리고 침하할 수 있다. Map data from National Center for Atmospheric Research and National Snow and Ice Data Center.

표 14.2 미국에서 일부 예측된 기후변화 영향
▶ 평균 기온은 금세기 말까지 2.2~6.1°C(4~11°F) 더 상승할 것이다.
▶ 가뭄과 홍수는 더 악화될 것이다.
▶ 더 길어진 생장계절과 증가된 CO_2는 작물에게 유리하나, 더 많은 가뭄, 열 스트레스, 해충과 병충해는 대부분의 생산을 감소시킬 것이다.
▶ 서부에서 고산 적설량은 감소하고 물 부족은 심화될 것이다.
▶ 차가운 날씨로 인한 질병은 감소하겠지만, 열 스트레스, 병 및 오염으로 인한 건강문제들은 증가할 것이다. 일부 열대 질병은 북쪽으로 확산할 것이다.
▶ 해수면은 상승하고 폭풍 해일은 해변을 침식하며 해안습지 및 부동산을 파괴할 것이다.
▶ 높은 산의 생태계와 섬의 해안장벽들은 사라지기 시작할 것이다.
▶ 가뭄, 산불, 해충의 창궐은 숲을 계속해서 변화시킬 것이다.
▶ 북동부 숲은 설탕단풍나무를 잃을 것이다; 남동부 숲은 목초지에 의해 침식될 것이다; 남서부 생태계는 더욱 사막화될 것이다.
▶ 영구 동토의 해동은 알래스카의 건물과 도로를 훼손시킬 것이다.
Adapted from: Karl, T.R., et al., eds., 2009. *Global climate change impacts in the United States*. U.S. Global Change Research Program and Cambridge University Press.

은 이미 1960년대와 1970년대 이후 0.6~1.1°C(1~2°F) 증가하고 있으며, 금세기 말에는 다시 2.2~6.1°C(4~11°F) 올라갈 것으로 예측된다(**그림 14.17**). 식물군락은 고도상 북상하여 위쪽으로 이동할 것이다. 극단적인 기상현상들이 더 빈번해 질 것으로 예측되고 있다.

우리는 앞으로 몇 년 동안 인위적인 기후변화의 다양한 결과를 체험할 수 있다(**그림 14.18**). 지금의 근본원인을 해결함으로써 우리는 가장 심각한 미래의 영향을 방지할 수 있을지도 모른다.

우리가 기후변화에 책임이 있는가?

과학자들은 대부분 또는 오늘날의 지구온난화 전부가 우리의 대기 중 온실가스 농도의 최근 증가를 잘 입증하였기 때문에 동의한다. 그들은 또한 이러한 온실가스 증가는 먼저 에너지를 위한 우리의 화석연료 연소의 결과이며 두 번째로 벌채로 인한 탄소 흡수 식물의 유실의 결과라는 데 동의한다.

기후변화 및 그 영향에 대한 압도적인 과학적 증거에도 불구하고 아직도 특히 미국에서는 많은 사람들이 오랫동안 그것이 일어나고 있다는 것을 부정하려 하고 있다. 실제로 대부분의 국가가 국제적인 대화를 통해 기후변화에 맞서기 위해 나아가는 동안 미국에서의 기후변화에 대한 공공토론은 그러한 현상이 진짜인지 인간의 탓인지에 대한 논쟁에 빠진 채로 남아 있다. 이러한 논의는 많은 화석연료 업계가 자금지원하고 있는 싱크 탱크와 소수의 연구자들의 대변인에 의해 선동된다. 이러한 개인들은 과학적인 합의에 의문을 제기하는 것을 목적으로 하고 있으며, 그들의 견해는 미국 언론에 의해 증폭되고, 양측의 주장이 증거에 의해 동일하게 지원되지 않는 경우조차도 모든 문제에 두 가지 측면을 제시하고자 한다.

2009년에 한 해커가 불법으로 영국의 이스트 앵글리아 대학(University of East Anglia)의 컴퓨터에 침입하여 소수의 기후과학자의 1,000개가 넘는 개인 이메일을 포함한 수천의 문서를 공개하였다. 이러한 메시지 중 일부는 연구자의 자료 사용과 자료

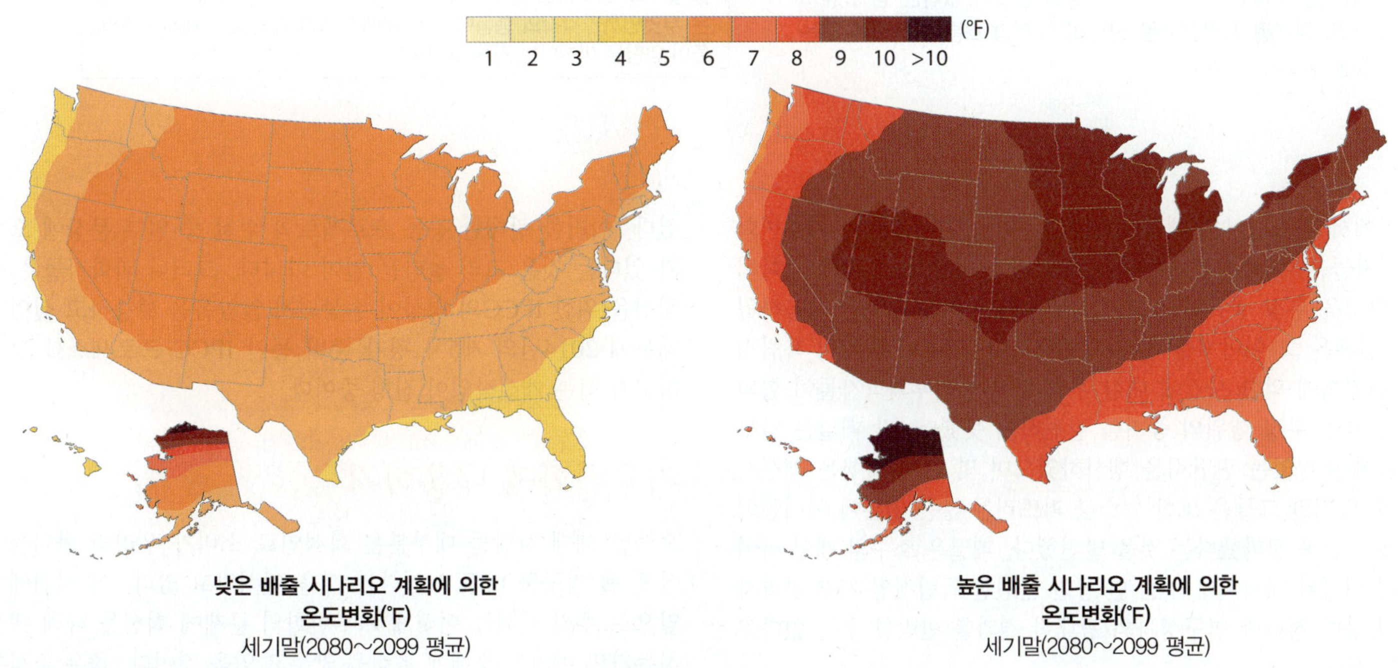

▲ **그림 14.17** 미국 전체의 평균 기온은 금세기 말까지 낮은 배출 시나리오로 4~6°F 및 높은 배출 시나리오로 7~11°F 상승할 것으로 예측된다. Data from Karl, T.R., et al., eds., 2009. *Global climate change impacts in the United States*. U.S. Global Change Research Program and Cambridge University Press.

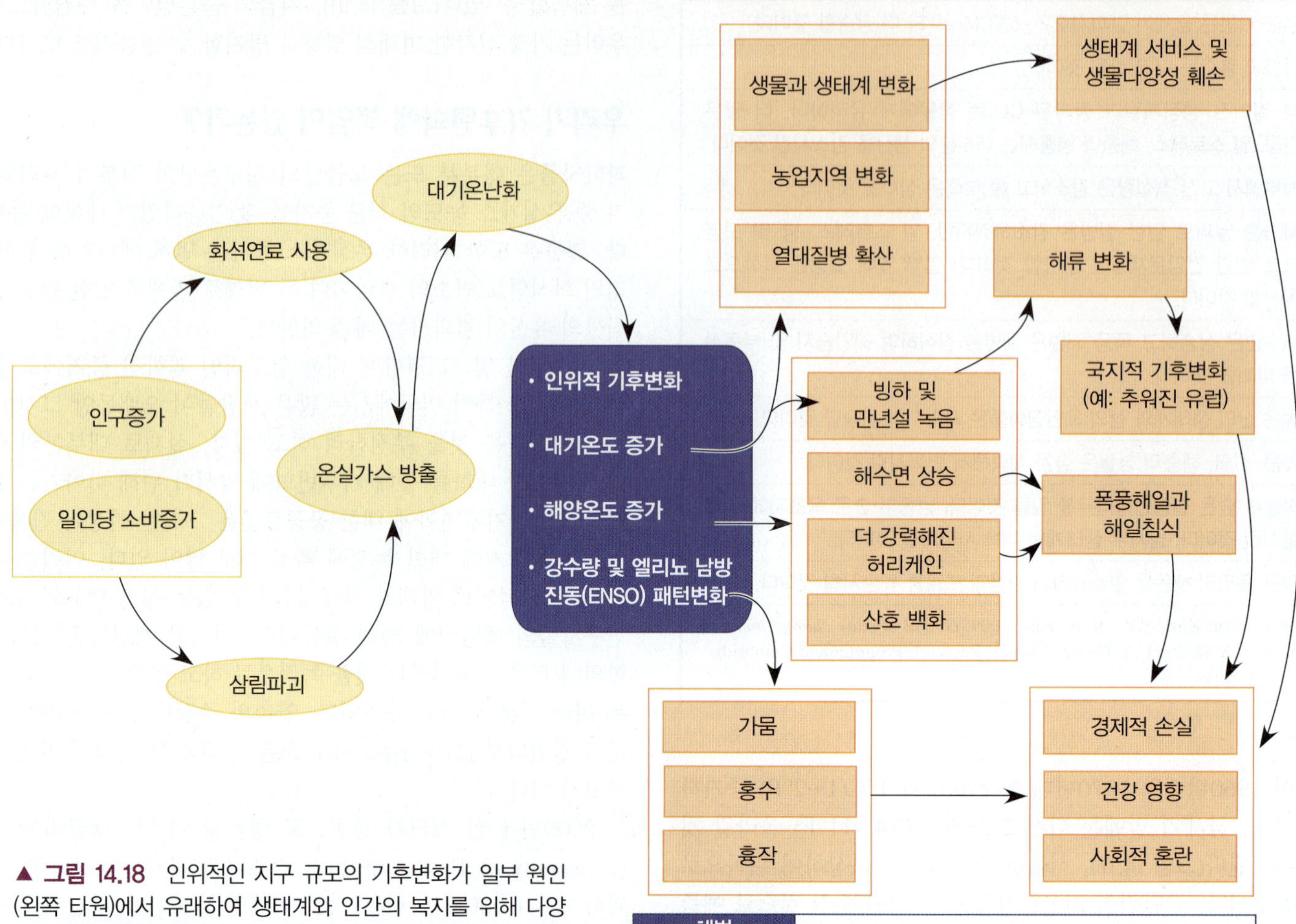

▲ **그림 14.18** 인위적인 지구 규모의 기후변화가 일부 원인(왼쪽 타원)에서 유래하여 생태계와 인간의 복지를 위해 다양한 결과(오른쪽 사각형)로 귀결된다. 이 개념지도의 화살표는 원인에서 결과로 이어진다. 강조된 사각형 안에 그룹화된 항목은 반드시 특별한 관계를 공유할 필요가 없다는 점에 유의하라; 강조된 사각형들은 단순히 도표의 흐름을 타도록 하는 것을 의도하고 있다.

해법

이 장을 공부하면서 인위적인 기후변화에 대하여 가능한 많은 해결책을 찾도록 노력하고 이 문제 해결을 위하여 개인적으로 할 수 있는 일은 무엇인까? 각각의 행동이나 해결책은 위의 개념도에 제시된 항목들이 영향을 미친다는 것을 고려하라.

처리에서 의스스러운 행동을 보이는 것으로 나타났다. 기후변화 반대자들은 이 사건을 "기후 게이트"라고 이름 짓고 전체 과학적인 업적을 부정 행위와 음모라고 비난하기 위해 그것을 사용하였다. 언론은 그 이야기를 널리 확산시켰다. 그러나 몇몇의 독립적인 위원회에 의한 사건에 대한 후속 조사는 기후과학자들이 혐의가 없으며 부정 행위의 증거를 발견하지 못했다. 각 패널은 일부 개인이 형편없는 판단력을 행사하였으며 몇 가지 실행은 개선시킬 수 있지만 그들은 또한 뉴스를 퍼뜨리는 많은 언론이 이메일의 내용을 잘못 전파했다는 것을 발견했다. 패널은 소수의 개인 사이에서 해킹된 메시지가 수십 년 동안 근면한 독립적인 기후 과학자 수천 명이 정리한 연구성과의 광대한 결과를 반박할 수는 없다고 동의했다.

같은 해 IPCC 보고서의 결론 중 일부에 대해 의문들이 제기되었고, 이후의 조사는 여러 문장이 불충분한 증거에 의해 뒷받침되었거나 아니면 잘못 기술되었거나 오해가 있었던 것으로 밝혀졌다. 이러한 광대한 공동 프로젝트의 수천 중 일부 문장에 오류가 있다는 것은 그리 놀라운 일이 아니다. 그러나 과학자들은 신뢰성을 위한 IPCC의 명성이 손상되지 않았음을 확증하고 싶었기 때문에 2014년의 제5차 평가 준비 동안 IPCC 프로세스를 강화하고자 하는 개선작업이 진행 중이다.

기후변화에 대응하기

오늘날 세계 사람들 대부분은 화석연료 소비가 우리의 아이들이 살게 될 지구를 바꾸고 있다는 것을 인식하고 있다. 이 시점에서 앞으로 우리 사회는 어떻게 기후변화의 문제에 최선을 다해 대응하는가의 어려운 문제에 초점을 맞추고 있을 것이다. 좋은 소식은 모든 사람—정부와 기업의 지도자들뿐만 아니라 일반 국민과 특히 오늘날의 젊은이들—이 이 해법을 찾는 일에 역할을 할 수 있다는 것이다.

우리는 완화 또는 적응 중 어느 것을 추구해야 될까?

우리는 두 가지 기본적인 방법으로 기후변화에 대응할 수 있다. 하나는 기후변화의 심각성을 줄이기 위해 온실가스 배출 감축 행동을 추구하는 것이다. 이 전략은 문제를 완화하거나 또는 방지가 목적이기 때문에 **완화(mitigation)**라고 한다. 예로는 에너지 효율 향상, 청정과 재생 에너지 자원으로 전환, 삼림 벌채를 방지, 매립가스 회수, 그리고 토질 보호 농사 장려 등이 있다.

대안으로 우리는 기후변화의 영향으로부터 우리 자신을 보호하기 위한 전략을 추구할 수 있다. 이 전략은 변화에 적응하기 위한 목표이기 때문에 **적응(adaptation)**이라고 부른다. 말레의 몰디브의 만리장성과 같은 바다방벽을 세우는 것이 적응의 일례이다. 다른 예들에는 연안 개발 제한, 가뭄 대비 농사법 조정, 강물 감소에 대처하는 물 관리 조정, 빙하 붕괴 홍수, 또는 지하수 염분 오염 등이 포함된다.

우리는 적응을 추구할 필요가 있다. 왜냐하면 지금 바로 우리의 모든 배출을 중지해도 이미 대기 중의 온실가스의 오염이 금세기 말 0.6°C(1.0°F) 높은 온도로 지구의 시스템이 새로운 평형 상태에 도달할 때까지 지구온난화를 계속 몰아갈 것이기 때문이다. 우리는 우리가 무엇을 하든 관계없이 이 변화에 직면할 것이기 때문에 그 영향을 최소화하는 방법을 개발하는 것이 현명하다.

우리는 또한 완화를 추구할 필요가 있다. 왜냐하면 만약 우리가 기후변화를 감소시키기 위해 아무것도 하지 않는 경우에는 궁극적으로 우리가 적응하려고 하는 어떠한 노력도 실패할 것이기 때문이다. 우리가 더 빨리 배출량을 줄이기 시작할수록 배출량이 최고조에 이르는 수준은 점점 낮아지고 기후변화는 줄어든다. 우리는 이 장의 남은 부분을 기후변화 완화를 위한 방법을 검토하는 데 할애할 것이다.

우리는 전력생산과 교통수단에서 해결책을 개발하고 있다

전력생산은 미국 이산화탄소 배출량의 가장 큰 부분(40%)을 차지하고 수송도 적지 않은 부분을 차지한다.

전력생산 조리에서 난방 및 조명까지 우리는 매일 하는 일의 대부분을 전기에 의존한다. 화석연료의 연소는 미국 전력의 70%를 생산하고 석탄이 배출량의 대부분을 차지한다.

우리는 에너지 절약 및 효율을 장려함으로써 우리의 화석연료 사용을 줄일 수 있다(15장). 발전 사업자는 생산된 단위 에너지당 적은 배출량을 생산하는 열병합 발전(15장)과 같은 방법을 사용할 수 있다. 제조 업체는 생산할 수 있으며, 소비자는 기술을 사용할 수 있다. 즉 소형 형광전구; 고효율 가전 제품; 및 에너지 효율 창문, 덕트, 단열 및 냉난방 장치 등. 또한 우리 모두는 전력 소비를 줄이기 위한 생활 형태를 선택할 수 있다.

우리는 또한 청정한 에너지원으로 전환하여 온실가스 배출량을 줄일 수 있다. 천연가스는 석탄의 절반에 해당하는 배출로 석탄과 같은 양의 에너지를 생산한다. 청정기술은 여전히 화석연료의 대안기술인데 여기에는 원자력 발전(15장), 바이오 에너지, 수력 발전, 지열 발전, 태양 전지, 풍력 발전 등이 포함된다(16장).

우리 사회가 청정하고 재생가능한 대체 에너지로 전환하는 동안, 대기 중에 누출되기 전 배출가스를 포획하려 시도하고 있다. **탄소포획(carbon capture)**은 발전소의 배출량에서 이산화탄소를 제거하는 기술과 방법을 가리킨다. 다음 단계는 **탄소 감금(carbon sequestration)** 또는 **저장(carbon storage)**인데 압력하에 깊은 소금 광산, 소진된 오일 및 가스 매장소 또는 다른 지하 저수지에 격리 또는 저장하는 것이다(그림 15.12 참조). 그러나 우리는 손실 없이 이것을 달성하기에 충분한 기술과 안전한 저장공간의 개발을 위한 기술은 낙후되어 있다 — 우리가 지금까지 배출량의 대폭적인 저감을 얻기 위해 충분한 탄소를 격리할 수 있을까에 대한 여부는 의문이다.

교통수단 평균적인 미국인 가정은 매일 차로 10번씩 운행하고, 미국의 납세자는 도로 건설 및 2억5천만 대의 등록된 자동차 수리에 하루 2억 달러를 지출하고 있다. 불행히도, 일반적인 자동차는 매우 비효율적이다. 오직 연료의 15%만이 순수하게 차량이 도로를 주행하는 데 사용된다(그림 14.19).

더 나은 공기 역학적인 디자인, 향상된 엔진 효율성, 개선된 타이어의 디자인 등은 우리들의 차가 더 연비가 좋도록 도와줄 수 있다(15장). 실제로, 많은 나라의 차들이 미국의 것보다 더 연비가 좋다. 가솔린 가격이 상승하면 연비가 좋은 자동차에 대한 소

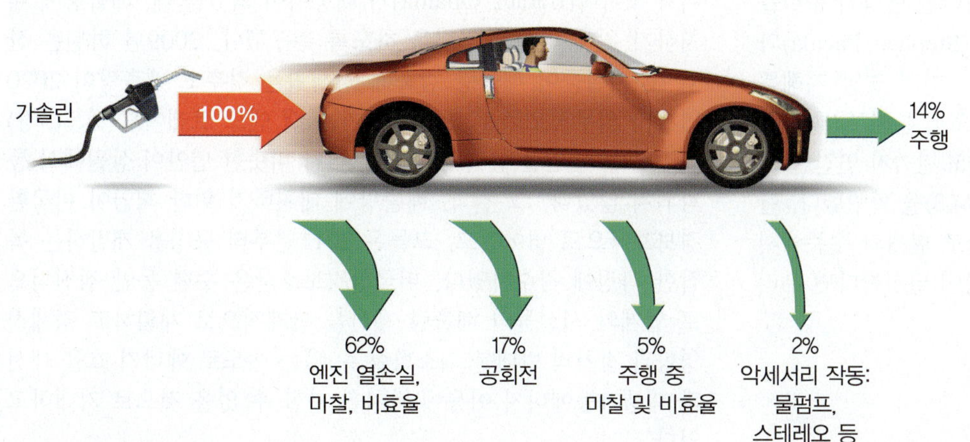

◀ **그림 14.19** 기존 자동차는 비효율적이다. 미국 에너지부에 따르면 오직 가스 탱크 에너지의 약 13~14%만이 자동차의 도로 주행에 쓰이는 반면에 가용한 에너지의 약 85%가 주로 열로 손실된다고 한다.

비자의 수요가 강해진다. 고도화된 기술은 또한 우리에게 전통적인 내연 엔진 자동차에 대한 대안을 제공하고 있다. 여기에는 가솔린-전기 하이브리드 자동차(15장); 완전 전기 자동차; 압축 천연 가스와 바이오 디젤 등의 대체 연료(16장); 수소 연료 전지(16장) 등이 포함되어 있다.

우리는 또한 자동차에 대한 의존도를 줄이는 라이프 스타일의 선택을 할 수 있다. 어떤 사람들은 직장 가까운 데서 생활하는 것을 선택하고 또 어떤 사람들은 버스, 지하철, 경전철 등과 같은 대중교통을 이용한다. 또 어떤 사람들은 아직 자전거나 걸어서 일을 가거나 심부름을 한다. 자동차 중심의 도시와 교외를 보행자나 자전거 통행에 더 친근한 도시로 만들고 대중교통 수단에 대한 사람들의 접근을 개선하는 것은 도시 및 지역 계획자들에게 핵심 과제이다(18장).

우리는 다양한 전략이 필요할 것이다

농업, 임업, 폐기물 관리 기술의 개선이 기후변화를 완화시키는데 도움을 줄 수 있다. 농업에서는 경작지와 목초지의 지속가능한 관리가 토양이 더 많은 탄소를 저장하는 것을 가능하게 한다. 새로운 기술들은 벼농사와 가축 및 거름으로부터 메탄 배출량을 줄이고 비료에서 질소 산화물의 배출량을 감소시킨다. 우리는 또한 재생가능한 바이오 연료 작물이 배출량을 감소 또는 증가하는지의 여부를 밝혀야 할 활발한 연구분야이지만 재생가능한 바이오 연료작물을 키울 수 있다(16장).

산림 경영에서 기존 산림의 보전, 벌채지역 녹화 및 지속가능한 산림 경영의 실천을 추구(9장)하는 모든 것들은 대기에서 이산화탄소를 흡수하도록 돕는다. 폐기물 관리자들은 폐수처리(12장)를 함으로써, 소각로(17장)에서 폐기물로부터 에너지를 생산함으로써 그리고 매립지(17장)에서 메탄을 회수함으로써 배출량을 줄이기 위해 자신들의 역할을 하고 있다. 개인, 지역 사회 및 폐기물 운송 업체들은 폐기물 감소, 재활용, 퇴비화 및 재료와 제품의 재사용을 촉진할 수 있다(17장).

우리는 기후변화를 완화하기 위한 하나의 "마법의 탄환(magic bullet)"을 발견할 것으로 기대해서는 안 된다. 배출량을 줄이는 것은 우리 경제의 많은 분야에서 사람들과 기관에 의한 많은 단계가 필요하다. 그러나 대부분의 감소는 현재 기술을 사용하여 달성될 수 있다—그리고 우리는 바로 이러한 변화의 구현을 시작할 수 있다. 환경 과학자 스티븐 파칼라(Stephen Pacala)와 로버트 소콜로(Robert Socolow)는 우리가 몇 가지 옛날 지혜를 따를 것을 조언한다: 일이 큰 경우 작은 부분으로 분해하라. 파칼라와 소콜로는 대규모로 전개할 경우 각각 2050년까지 연간 탄소 10억 톤을 제거할 수 있는 15가지의 전략(**표 14.3**)을 확인했다. 단지 이 15가지의 목표 중 7가지만 달성하더라도 현재의 수준에서 CO_2 배출량을 안정화시킬 것이다. 만약 더 많이 달성한다면 우리는 배출량을 더 줄일 수 있다.

표 14.3 2050년까지 10억 톤의 탄소를 줄이는 15가지 방법

1 자동차의 연비를 배가시켜라.
2 자동차 운행 거리를 반으로 줄여라.
3 모든 건물에서의 효율을 극대화하라.
4 석탄화력발전소의 효율을 배가시켜라.
5 1,400개 발전소에서 석탄을 천연가스로 대체하라.
6 800개의 석탄 발전소에서 탄소를 포집 및 저장하라.
7 수소발전소에서 탄소를 포집 및 저장하라.
8 180개 합성연료 발전소에서 탄소를 포집 및 저장하라.
9 수소연료 생산을 10배 증가해라.
10 세계의 원자력 용량을 3배로 늘려라.
11 풍력 용량을 50배 증가해라.
12 태양열 발전 용량을 700배로 늘려라.
13 에탄올 생산을 50배로 늘려라.
14 열대림 파괴를 중지하고 숲 재조성을 두 배로 늘려라.
15 모든 농경지에 보존 경작을 채택하라.

Adapted from Pacala, S., and R. Socolow, 2004. Stabilization wedges: Solving the climate problem for the next 50 years with current technologies. *Science* 305: 968–972.

정부는 무슨 역할을 해야 할까?

사람들이 배출량을 줄이기 위한 전략과 기술에 대해 합의했을지라도, 그들은 그 전략과 기술을 장려하기 위해 어떻게 할지에 대해서는 동의하지 않을지도 모른다. 주요 논의는 정부가 해야 할 역할이다: 그것은 법률과 규정에 의한 변경을 강제해야 하나? 그것은 정책을 부과하지 않고 민간 기업이 독자적으로 해결책을 개발하는 것을 기대해야 하는가? 그것은 타협과 민간 기업의 배출량을 줄이기 위한 재정적인 인센티브를 주는 프로그램을 설계해야 하는가? 이러한 토론은 미국에서 활발히 진행되었는데 여기에서 많은 비즈니스 리더와 정치가들은 기후변화에 대처하기 위한 모든 정부의 조치에 반대하고, 배출 삭감이 업계와 소비자에게 경제적 비용을 부과하는 것을 두려워하고 있다.

2007년 미국 대법원은 이산화탄소가 환경보호국(EPA)의 대기청정법에서 규제해야 하는 오염물질이었음을 판결했다(13장). 버락 오바마(Barack Obama)가 대통령이 되었을 때, 배출량에 대처하기 위해 의회가 입법을 하도록 촉구했다. 2009년 하원은 산업 및 시설들이 배출량 감축에 경쟁력을 갖추고 배출량이 2020년까지 의무적으로 17% 감소시키는 캡 앤드 트레이드 제도(5장)를 만드는 법안을 통과시켰다. 그러나 비슷한 법안이 상원에서 통과되지 않았다. 그 결과, 배출량에 대처하기 위한 책임이 미국환경보호국으로 넘어갔고, 그들은 2011년부터 규정을 개발하는 복잡한 과정에 착수하였다. 미국환경보호국은 수년 동안 점진적으로 업계와 시설들의 배출량 제한을 단계적으로 계획하고 경제적 영향과 정치적 반대를 최소화할 수 있는 속도로 에너지 효율 개선과 재생가능에너지 이용에 박차를 가할 수 있을 것으로 기대하고 있다.

표 14.4 배출량 감축 요구 및 달성

국가	요구량 변화, 1990~2008/2012[1]	준수량 변화, 1990~2009[2]
러시아	0.0%	−35.6%[3]
독일	−21.0%	−26.3%
영국	−12.5%	−26.9%
프랑스	0.0%	−7.7%
이탈리아	−6.5%	−5.4%
일본	−6.0%	−4.5%
미국[4]	−7.0%	+7.2%
캐나다	−6.0%	+16.9%

[1] 배출량 감축률(6가지 온실가스량 당 탄소량) 1990년부터 2008~2012년 기간 동안, 교토의정서에 의무화됨.

[2] 실제 배출량 변화율(6가지 온실가스량 당 탄소량) 1990년부터 2009년까지. 음수는 감소를 나타냄; 양수는 증가를 나타냄. 값들은 땅의 사용과 숲이 덮인 영향 등은 포함하지 않는다.

[3] 러시아의 감소는 주로 소련연방의 붕괴에 따른 경제적 쇠퇴에 기인함.

[4] 미국은 교토의정서를 비준하지 않았으나 감축이 할당되었고 배출량을 보고하였는데 비교를 위하여 이곳에 포함되었음.

Data from U.N. Framework Convention on Climate Change, National Greenhouse Gas Inventory Reports, 2011.

교토의정서는 배출량 제한을 위해 노력했다

기후변화는 세계적인 문제이므로 세계적인 협력이 효과적인 해결책을 구축하는 데 필요하다. 이것이 세계 정책 입안자들이 국제협약으로 기후변화를 해결하기 위해 시도한 이유이다. 1992년 세계 국가의 대부분은 유엔 기후변화협약(FCCC)에 서명했는데 그것은 자발적인 접근 방식으로 2000년까지 1990년 수준으로 온실가스 배출량을 줄이는 계획을 강조했다. 그러나 배출량은 계속 상승했고 국가들은 배출삭감을 요구하기 위한 단합조약을 도모하기 위해 함께 뭉쳤다. 1997년 일본 교토에서 작성된 초안 교토의정서는 당사국들이 2008~2012년 기간 동안 6종류의 온실가스 배출량을 1990년 수준 이하까지 줄이도록 의무화했다(**표 14.4**). 이 협약은 러시아가 그것을 비준하는 127번째 국가가 된 후인 2005년에 발효되었다.

미국은 교토의정서를 비준하지 않은 유일한 선진국이었다. 미국은 전 세계 온실가스의 1/5을 배출하기 때문에 이 세계적인 노력에 참여거부는 널리 원성을 샀고 조약의 효율성을 손상시켰다. 미국의 지도자들은 그 조약을 부당하다고 했는데, 그 이유는 중국과 인도 등 급속하게 공업화하는 나라에게 똑같이 배출량을 삭감하는 것을 요구하지 않고 산업화된 선진국에만 배출량 감소를 요구했기 때문이다. 또한 교토의정서 지지자들은 차등 요구 사항이 정당하다고 반박하는데 그 이유는 선진국이 현재의 문제를 만들었으므로 그것의 해결에 솔선해야 한다는 때문이다.

2009년(최신 전체 국제 데이터) 당시 교토의정서에 서명한 국가들은 1990년 대비 11.3%의 배출량을 줄였다. 하지만 이 감소의 대부분은 소련의 붕괴에 따른 러시아와 옛 소련권 국가에서의 경제적 쇠퇴에 의한 것이었다. 이들 국가가 배제되면 나머지 서명 국가들은 1990년부터 2009년까지 2.1% 배출량의 증가를 보여주었다. 더욱이 배출량은 2009년에서 2011까지 국가들이 경기침체에서 벗어날 때 상승세를 이어 갔다.

기후협상은 코펜하겐부터 칸쿤과 남아프리카에까지 진행되었다

최근 세계 각국의 대표는 일련의 회의에서 만나 교토의정서가 2012년에 완료되면 발효시킬 조약을 설계하고 있다. 이러한 기후협상 담당자들은 덴마크 코펜하겐의 2009년 회의에서 합의에 도달할 수 없었다. 여기서 세계의 양대 배출국인 중국과 미국은 다른 나라들을 만족시키기에 충분한 제안을 하지 않았다(**그림 14.20**). 중국은 가파른 배출 삭감을 약속했지만, 그것을 확인하기 위한 국제 모니터링은 허용하고 싶어하지 않다는 것을 보여주었다. 미국 오바마 대통령은 미국의회가 이미 합의한 것 이상은 약속하지 않는 것을 선택했다. 회의는 구체적인 목표나 확고한 약속 없이 불화 속에서 끝났다.

과정은 2010년 멕시코 칸쿤(Cancun)에서 제 궤도에 돌아왔는데 여기서 국가들은 생산적인 토론을 개최하고 코펜하겐 회의에서 제안을 구체화하였다. 선진국들은 개발도상국들에게 그들의 완화와 적응노력을 돕기 위해—2020년까지 최고 연간 천억 달러를—세계은행이 감독하는 펀드를 통해 지불하겠다고 약속했다. 국가들은 열대 국가들이 산림손실을 저감하는 것을 돕기 위해 "REDD"(9장)라고 애칭하는 계획에 포괄적으로 합의하였다. 선진국들은 청정에너지 기술을 개발도상국에 이전하기로 합의했다. 그리고 중국과 인도 등 급속하게 산업화하는 국가들은 감축 목표 및 국제 모니터링에 원칙적으로 합의했다. 참가자들은 또한 그들이 온실가스 오염을 줄이고 있는 방법을 공유했다. 예를 들어, 중국은 신재생에너지 사업을 가속화하고 있고 브라질은 삼림 벌채를 제한하며 농업경작을 장려하지 않도록 하는 계획을 발표했다(7장).

기후협상자들은 2011년 12월 남아공 더반에서 교토의정서의 후속 협약을 만들기 위한 마지막 기회를 잡았다. 그러나 조약과

▼ **그림 14.20** 2009년 코펜하겐 기후변화 회의에서 이러한 활동가들은 교섭대표에게 투발루(Tuvalu)나 몰디브(Maldives) 같은 섬나라 및 대기 중 이산화탄소 수준을 350 ppm까지 내리는 목표에 지지를 보여주었다.

정을 통해 200개국 간에 합의에 도달하는 것은 어려운 과제이며, 지금까지 제시된 정치적 단계는 기후변화를 중지시키기에는 적절하지 않았다. 그 결과, 전문가들은 기후변화 완화의 가장 효과적인 성공은 기술의 발전, 탄소거래시장과 국가, 지역, 지방의 주도권 등에서 올 것으로 예측하고 있다. 비즈니스와 산업은 신재생에너지 및 에너지 효율화 노력을 가속하고, 정책 입안자는 민간부문이 생산적인 해결책의 생성을 지원하는 방법을 모색하고 있다.

배출삭감이 경제를 손상시키겠는가?

미 상원은 그들이 미국 경제를 저해할 것이라는 두려움에 배출량 삭감을 반대하고 있다. 중국, 인도 및 다른 산업화 국가들은 지금까지 같은 가정 하에서 배출량 삭감에 저항해왔다. 이 가정은 우리경제의 너무 많은 부분이 화석연료에 의존하고 있다는 것을 생각하면 이해할 수 있다. 아직 독일, 영국, 프랑스 등의 국가는 1990년 이후 배출량을 감소하고 있는 반면, 그들은 기술적으로 고도화된 경제를 강화하고 미국 시민과 동등한 생활 기준을 제공한다.

정부와 산업계는 종종 배출량 제한으로 개발도상국이 잃는 것보다 자원이용과 일인당 배출량이 미국과 다른 선진국에서 높기 때문에, 경제적으로 그들이 더 많은 것을 잃는다고 느끼고 있다. 그러나 산업화된 선진국들도 또한 주요 에너지 전환에서 경제적으로 이득을 얻을 수 있다. 왜냐하면 그들은 화석연료 시대에 전력을 공급하기 위해 새로운 기술을 발명 개발하고 시장에 판매하는데 가장 높은 최고의 위치에 있기 때문이다. 독일, 일본, 중국은 이를 깨닫고 지금 태양에너지 기술의 생산, 개발 및 판매에서 세계를 선도하고 있다(**그림 14.21**). 만약 미국이 미래를 위한 에너지 기술을 개발하기 위해 신속하게 행동하지 않으면 미래는 중국, 독일, 일본 등의 국가에 속할 수 있다.

주와 도시들은 기후변화 정책을 앞서가고 있다

기후변화에 대처하기 위한 미국 연방정부의 조치가 없는 가운데, 각각의 주 및 지방정부는 배출량을 제한하는 정책을 추진하고 있다. 시애틀 시장, 그렉 니켈스(Greg Nickels; **그림 14.22a**)에 의해 발의된 미국시장기후보호협정에 2010년 미국 50개 주의 1,000여

▼ **그림 14.21** 중국 공장에서 노동자들이 태양 광 태양 전지 패널을 생산하고 있다(16장). 중국은 신재생 에너지 기술을 경쟁적으로 개발하고 있으며 그린 에너지 기술의 선도자가 되는데 미국을 능가하는 궤도에 있다.

(a) 그렉 니켈스

(b) 아놀드 슈워제네거

▲ **그림 14.22** 연방 수준에서의 리더십이 없는 경우에는 주 및 지역 수준에서 선출된 공무원이 담당하고 있다. 시애틀 시장 그렉 니켈스(**a**)는 1,000명 이상의 미국 시장들을 기후변화와의 싸움에 참여토록 설득했고 반면 캘리포니아 주지사 아놀드 슈워제네거(Arnold Schwarzenegger)(**b**)는 자기 주의 온실가스 배출량을 낮추기 위해 야심 찬 단계를 진행하였다.

개가 넘는 도시의 시장들이 서명을 마쳤다. 이 협정에 따라, 시장들은 교토의정서의 지침을 "지키거나 충족하는" 정책을 실행했다.

주의 수준에서 지금까지 가장 대담한 조치는 캘리포니아에서 나왔다. 2006년에 주 의회는 2020년까지 캘리포니아의 온실가스 배출량을 25% 삭감하는 것을 목표로 하는 법안인 지구온난화해결책 법안을 통과시키기 위하여 주지사 아놀드 슈워제네거(**그림 14.22b**)와 함께 일했다. 이 법은 위반에 대한 벌칙을 가진 첫 번째 주 법률이며, 이는 높은 자동차 연비를 의무화한 캘리포니아의 후속 절차였다.

또한 2007년에 북동부 10개의 주에서 지역온실가스이니셔티브(RGGI)를 출범시켰다. 이러한 노력으로 코네티컷, 델라웨어, 메인, 메릴랜드, 매사추세츠, 뉴햄프셔, 뉴저지, 뉴욕, 로드, 아일랜드, 버몬트는 발전소에서 이산화탄소 배출량을 위한 캡-앤-트레이드(cap-and-trade) 프로그램을 설정하였다. 유사한 노력으로 서부기후이니셔티브는 애리조나, 브리티시 컬럼비아, 캘리포니아, 매니토바, 몬태나, 뉴 멕시코, 온타리오, 오리건, 퀘벡, 유타 및 워싱턴을 포함한다. 이러한 배출권 거래 프로그램(5장)은 어떻게 정부가 공공 정책의 목표를 추구하기 위해 시장경제를 도입할 수 있는지 보여준다.

시장 기능이 기후변화를 해결하기 위해 이용되고 있다

허가 거래 프로그램(5장)은 사업, 산업 또는 시설들이 그들의 목표를 달성하는 방법에 유연성을 허용하면서 공공 정책 목표를 달성하기 위한 시장의 자본주의 경제적 효율성을 활용하는 것을 목표로 하고 있다. 허가 거래 프로그램의 지지자들은 그들이 가장 공정하고 저렴하며, 배출량을 줄이는 가장 효과적인 방법을 제공한다고 주장하고 있다. 오염배출자들은 법적으로 필요로 하는 양 이하로 배출량을 줄이기 위해 어떻게 배출량을 줄이고 재정적인 인센티브를 취할 것인지를 선택한다(**그림 14.23**). 탄소 배출량 캡-앤-트레이드 프로그램이 작동하는 방법의 예로 지역온실가스이니

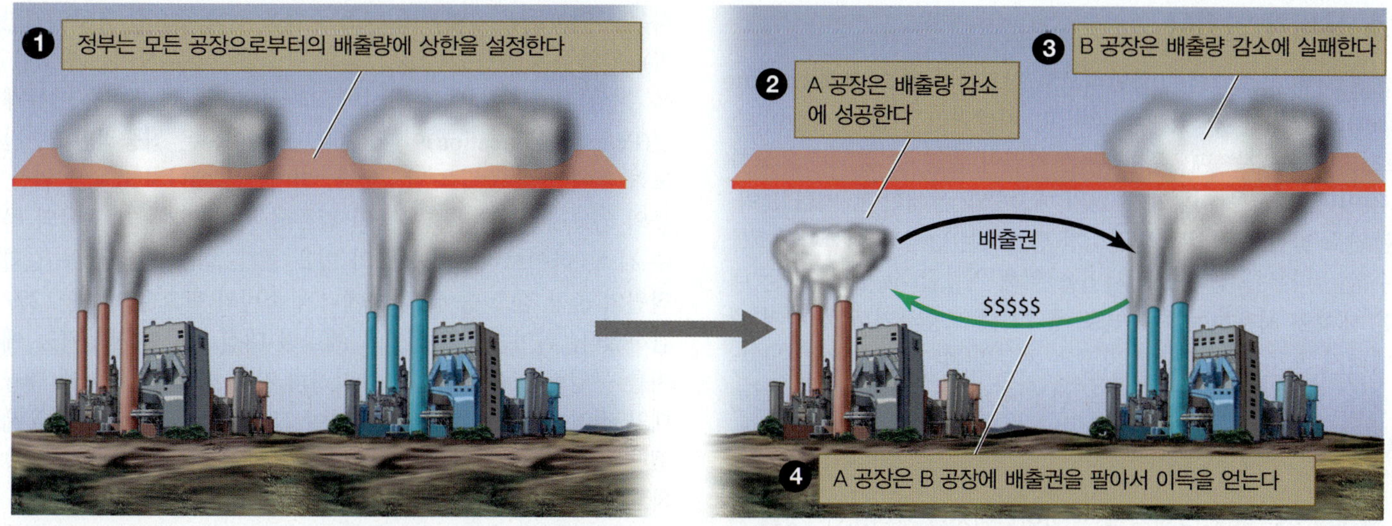

▲ **그림 14.23** 캡-앤-트레이드의 배출량 거래 제도는 ❶ 정부가 먼저 배출량 전체의 상한을 설정한다. 오염시설이 대응할 때 일부는 다른 시설보다 배출량을 더 줄여 성공을 거둘 수 있다. 이 그림에서 ❷ A 공장은 제대로 상한 아래로 그 배출량을 절감했고 여기서 ❸ B 공장은 전혀 그 배출량을 줄일 수 없었다. 그 결과, ❹ B 공장은 A 공장이 사용하지 않는 배출권을 구입하기 위해 A 공장에 돈을 지불해야 한다. A 공장은 이 거래에서 이익을 얻었고, 정부 상한은 지켜졌으며, 전체적으로 오염은 감소하였다. 시간이 흐르면서 상한은 배출량 감축을 달성하기 위해 더 낮춰질 수 있다.

셔티브를 검토해보라:

1. 각 주는 어느 오염배출원에게 참여토록 요구할지를 결정했다.
2. 각 주는 2009년 수준에 맞게 총 CO_2 배출량 상한을 정하였다.
3. 각 주는 각각 오염배출자에게 톤당 배출량 허가권을 배출량 상한까지만 배분하였다.
4. 각 주는 그들의 상한을 점차적으로 낮출 것이다—2018년까지 10%.
5. 허가량이 너무 적어 그들의 오염량을 감당할 수 없는 배출원은 자기들의 배출량을 감소하거나, 허가권을 사거나, 탄소차감 프로젝트를 통한 크레딧의 지불 등의 방법을 찾아야 한다(14장). 초과 허가권을 갖고 있는 오염자들은 그것을 팔 수 있다.
6. 어떤 오염자든 허가량 이상 배출 시 처벌받을 것이다.

일단 시작하고 실행하면 시스템은 스스로 유지될 것으로 기대되고 있다. 허가증의 가격은 판매되는 다른 상품과 같이 같은 종류의 금전적 인센티브를 생성하며 시장에서 자유롭게 변동하는 데 의미가 있다.

세계의 가장 큰 캡-앤-트레이드 프로그램은 유럽연합 배출권 거래제도이다. 이 시장은 2005년에 성공적인 스타트를 끊었다 — 투자자들이 정부가 산업에 너무 많은 허가권을 할당했다는 것을 발견하기 전까지. 초과 할당은 기업에게 배출량을 줄여 얻는 인센티브를 적게 주기 때문에 허가권은 그 가치를 잃고 시장에서 최고 가격의 1/100 가격으로 떨어졌다. 유럽은 더 많은 온실가스 및 배출원과 추가 멤버가 포함되도록 프로그램을 확대하면서 배출자들에게 허가권을 위해 지불하도록 만들고 배출량 상한을 전체 유럽연합에 설정함으로써 이러한 문제를 해결하려고 했다. 결국 정책이 배출량을 제한하는 유일한 경우에만 허가권은 가치가 있게 되고 시장은 작동할 것이다.

탄소세는 또 다른 옵션이다

세계 탄소 거래 시장이 혼돈된 결과를 나타낸 바와 같이, 경제학자, 과학자, 정책 결정자들은 캡-앤드-트레이드 제도가 충분한 효과가 없고, 빨리 작동하지도 않으며 또는 기회가 너무 없다고 말하고 있다. 이러한 대부분의 비난으로 정부가 대신 탄소세를 제정하는 것을 선호하고 있다. 이 방식은 정부들이 오염 배출자들에게 단위 온실가스의 배출마다 오염의 비용을 물리도록 하는 것이다. 이것은 오염 배출자들에게 배출량을 줄이도록 하기 위해 명확한 재정적 인센티브를 주는 것이다: 만약 그들이 배출량을 줄일 수 있는 방법을 찾을 수 있다면, 그들은 세금을 줄이고 비용을 절감한다. 탄소세는 지금까지 일부 유럽 국가, 브리티시 컬럼비아의 캐나다 주, 콜로라도 주 볼더에서 시행되었다.

탄소세의 단점은 대부분의 오염발생자들이 단순히 그들이 판매하는 제품이나 서비스의 가격을 인상함으로써 소비자에게 비용을 전가하는 것이다. 탄소세의 지지자들은 **유료배당(fee-and-dividend)**이라는 방법을 제시하여 대응하여 왔다. 이 방법은 탄소세 자금 또는 "수수료" 오염발생자들이 정부에 지불한 지불금은 납세자에게 세금 환불 또는 "배당"으로 보내진다. 이 방법에서는 만약 오염자가 소비자에게 그 비용을 전가하면 이러한 소비자들은 그들이 받는 세금 환급에 의해 보상된다. 이론적으로 이 시스템은 납세자에게 금전적 부담을 부과하지 않는 반면, 오염자들에게 배출량을 줄이기 위해 인센티브를 제공해야 한다.

WEIGHING 이슈

캡-앤-트레이드 또는 탄소세? 어떤 장점과 단점이 온실가스 배출량을 줄이기 위해 캡-앤-트레이드 시스템을 사용하는 데 있다고 보는가? 어떤 장점과 단점이 이 목표를 달성하기 위해 탄소세를 사용하는 데 있다고 보는가? 당신은 "유료 배당" 프로그램의 아이디어를 어떻게 생각하는가? 만약 당신이 미국의 상원 의원이라면 어떤 종류의 정책을 미국에서의 온실가스 배출에 대처하기 위해 지지하겠는가 그 이유는?

탄소 상쇄가 인기다

배출권 거래 프로그램은 일반적으로 참가자가 **탄소 상쇄(carbon offset)**를 구입할 수 있게 허락하고, 자발적인 지불은 자신이 스스로 줄일 수 없는 배출량을 다른 기업이 줄일 수 있도록 의도하는 것이다. 지불은 이렇게 자신의 배출량을 상쇄한다. 예를 들어, 석탄연소 발전소는 석탄 발전소가 방출하는 만큼의 이산화탄소를 흡수하는 나무를 심는 조림사업을 위해 지불할 수 있다. 또는 대학은 대학이 사용하는 화석연료 에너지를 보충하기 위해 청정 재생에너지 프로젝트 개발에 자금을 제공할 수 있다. 탄소 상쇄는 시설들, 기업, 대학, 정부 및 순 탄소가 방출되지 않는 **탄소 중립성(carbon neutrality)** 상태를 달성하려는 개인 사이에 인기를 끌고 있다.

원칙적으로 탄소 상쇄는 좋은 아이디어처럼 보이지만, 상쇄 기금이 실제로 그것이 의도된 것을 달성했는지를 확인하기 위하여 엄격한 감독이 필요하다—그리고 상쇄 기금이 오로지 배출량 감축만을 위해 지원되는지를 감독할 필요가 있다. 탄소 상쇄를 평가하기 위한 투명하고 강제적인 집행 체제를 구축하는 노력이 진행 중이다.

기업들은 탄소 중립으로 가고 있다

탄소 상쇄는 그들의 실행을 더 지속가능하게 만드는 것을 목표로 하는 사업자들과 기업들에 탄소 중립을 위한 주요한 통로이지만(5장), 기업들은 또한 스스로 그들의 탄소발자국을 줄이는 방법을 찾을 수 있다. 우수 사례는 당신의 교과서 출판사인 피어슨 에듀케이션(Pearson Education)이다. 2009년 피어슨은 집중적인 2년간의 노력 후에 탄소 중립을 달성했다. 피어슨은 에너지 효율을 위한 건물의 업그레이드, 더 효율적인 컴퓨터 서버 설계, 그 집단의 차량 수 감소, 하이브리드 자동차의 비율 증가, 화상 회의 사용 강화로 직원의 출장 감소 등에 의해 에너지 소비와 탄소발자국을 12% 저감하였다. 피어슨은 화석연료 에너지 대신 깨끗한 재생가능 에너지를 구입함으로써 그리고 뉴저지의 자사 장소 중 하나에 대규모 태양 전지 패널 어레이를 설치하여 그 배출량을 추가로 47% 제거했다. 그 배출량의 나머지 41%를 상쇄하기 위해 회사는 숲을 유지하고 영국에서 코스타리카까지 세계의 다양한 영역에서 나무를 심는 프로그램에 자금을 제공하고 있다.

우리는 기후를 제어해야 하는가?

만약 우리의 배출량 삭감의 모든 노력이 기후변화를 제어하는데 충분하지 않은 경우 어떻게 될까? 심한 기후변화의 가능성을 높게 보고 일부 과학자와 기술자들은 어쩔 수 없이 지구온난화를 반대로 하려는 막판 시도에서 지구의 기후를 바꾸는 과감한 독단적 단계를 고려하고 있는데 이를 **지구공학(geoengineering)** 방법이라고 부른다(**그림 14.24**).

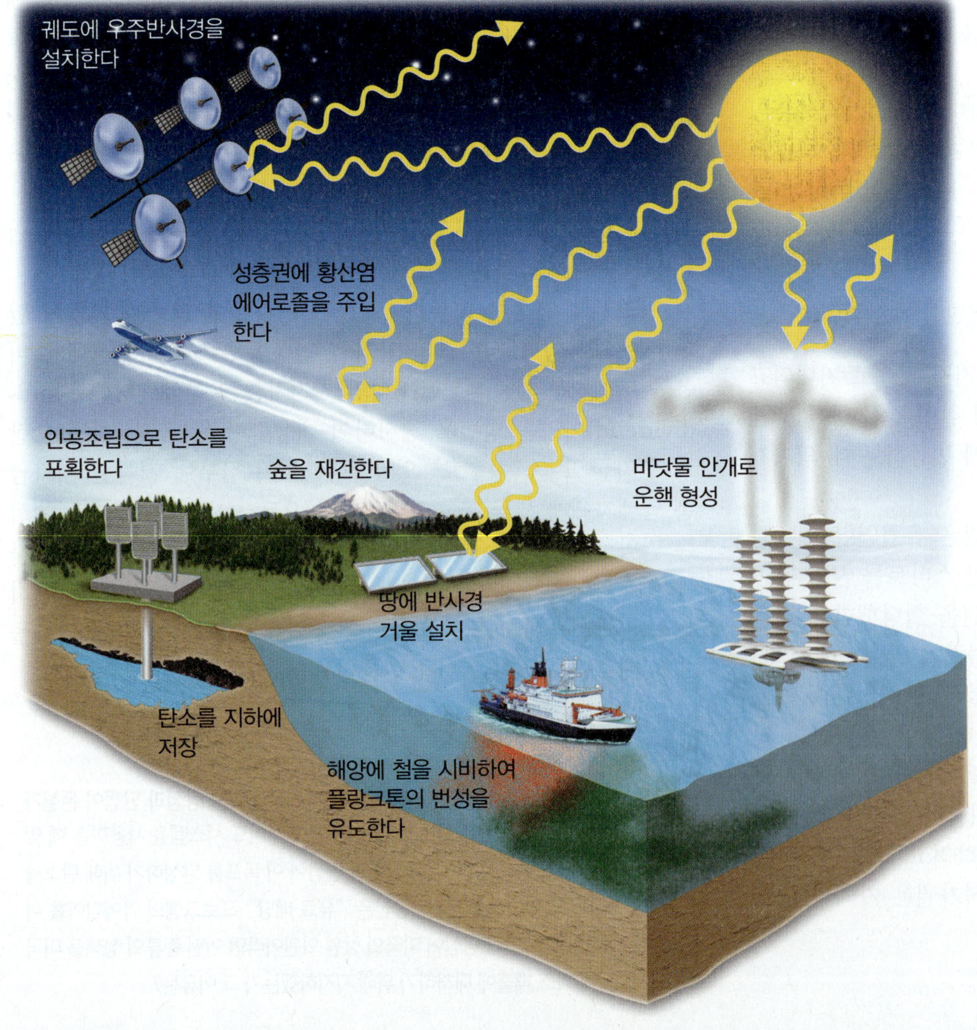

◀ **그림 14.24** 지구공학 제안은 공기로부터 이산화탄소를 제거하거나 멀리 지구에서 태양의 빛을 반사하여 지구의 기후를 냉각하는 방안을 찾고 있다. 오랫동안 주변 과학 또는 공상과학이라고 여겨졌던 지구공학은 이제 배출량을 감축하려는 우리의 노력이 너무 적거나 늦었다고 두려워하는 연구자들에 의해 검토되고 있다. 그러나 대부분의 지구공학 아이디어는 시험되지 않았고 개발되려면 수년이 걸릴 것이며 충분히 작동하지 않을 수 있거나 또는 다른 환경 영향으로 이어질 수 있어서 배출량 감소의 대안이 아니다.

첫째, 주요 지구공학 방법은 공기에서 이산화탄소를 뽑아내는 것이 될 것이다. 우리는 자연계에서 나무를 심어 광합성을 증대시키거나 철 등의 영양소로 바다의 식물플랑크톤에 비료를 줄 수 있다. 더 고도의 기술은 화학적으로 공기에서 CO_2를 거르는 "인조나무" 구조물을 설계하는 것이다.

둘째, 주요 지구공학적 접근방식은 태양광이 지구에 도달하기 전에 차단하여 지구를 냉각시키는 것이다. 사람들은 성층권에 황산염 및 기타 미세 먼지 입자를 주입함으로써, 바닷물로 구름핵을 파종하여, 또는 육상, 바다에 반사경의 집단을 배치, 혹은 우주공간의 궤도에서 태양 빛을 편향시키는 것을 제안하였다.

과학자들은 오랫동안 지구공학의 개념을 논의하는 것조차 꺼려왔다. 잠재적인 방법들은 기술적으로 곤란하고, 개발에 수년 또는 수십 년이 걸릴 것이며, 그들은 예상치 못한 환경 위험을 초래할 수 있다. 더욱이 햇빛을 차단하는 것은 온실가스의 농도를 저하시키지 않기 때문에 해양 산성화 등의 문제가 계속된다. 거기에 다 많은 전문가들은 기술적 수정이 쉽다는 희망을 공표하여 정치인들이 배출량을 줄이기 위해 노력하는 그들의 인센티브를 무력화하지 않을까 두려워하고 있다.

그러나 기후변화가 심화될 때 더 많은 과학자들은 배출량을 줄이고자 하는 우리의 노력이 모자라는 경우 예비로 지구공학을 기꺼이 심사숙고하려 하고 있다. 결과적으로 일부 연구자 및 연구기관은 지구공학 옵션의 위험과 혜택을 평가하기 시작했고 우리는 만약 기후변화가 그것을 정당화할 정도로 심각해지면 향후 조치를 취할 준비를 할 수 있다.

당신의 탄소발자국을 줄일 수 있다

정부의 정책, 기업 활동, 국제 조약 및 기술 혁신—그리고 아마 지구공학조차—등 모두 기후변화를 완화하는 역할을 할 것이다. 그러나 결국 가장 영향력 있는 요인은 정기적으로 수백만 명의 사람들의 집단 행동일지도 모른다. 우리 각자가 생태발자국(4장)을 가지고 있는 것과 마찬가지로 우리 각자가 우리의 배출에 책임 있는 탄소량을 표시하는 탄소발자국을 가지고 있다. 배출량을 감소하는 데 도움이 되기 위해 우리 각자는 일상생활에서 조치를 취할 수 있다—전등을 끄거나 어디에 살아야 할지 여부를 결정하고 어떻게 일하러 갈지를 결정하기 위해 기구를 선택할 때로부터.

대학생들은 탄소발자국을 줄이고 기후변화에 대처하기 위해 필요한 개인 및 사회의 변화를 주도하는 데에 필수적이다. 오늘날 캠퍼스 전체에서 관심이 고조되고 있다(맺는말). 이것은 2008년 1월 31일에 1,900개 이상의 학교가 집중 국가교육 —지구온난화에 참여했을 때 분명해졌다. 젊은이들은 이후 풀뿌리 이벤트에 큰 역할을 했는데, 즉 350.org의 국제 기후헌장의 날에서 —몰디브 수중 국무회의에서 시작됨—그것은 181개국에서 5,200개의 이벤트 특집을 열었고 지구역사상 정치 활동이 가장 널리 행해진 날이라고 불렸다. 지구 규모의 기후변화는 우리가 직면하고 있는 최대의 과제일지도 모른다. 그러나 협조함으로써 우리는 여전히 가장 심각한 영향을 해결할 수 있다. 봉사활동, 교육, 혁신 그리고 생활방식의 선택 등을 통해 오늘날의 젊은이는 기후변화로 돌릴 수 있는 힘과 인류와 우리의 지구를 위해 밝은 미래를 가져오도록 도울 수 있는 힘을 갖고 있다.

>> 결론

많은 요인이 지구기후에 영향을 미치고 인간 활동이 주요 역할을 해왔다. 기후변화는 지속적으로 진행되고, 온실가스의 추가 배출은 지구온난화를 심화시킬 것이고 심각하고 다양한 영향의 계속적인 원인이 될 것이다. 해수면 상승과 전지구적 기후변화의 결과들은 몰디브에서 방글라데시, 알래스카, 플로리다에 이르기까지 전 세계 거점에 영향을 미칠 것이다. 과학자와 정책 입안자들이 인위적인 기후변화와 그것의 환경, 경제, 사회적 영향을 더 잘 이해하게 되었을 때, 점점 더 많은 이들이 신속한 행동을 촉구하고 있다. 온실가스 배출량을 줄이고 완화하고 기후변화에 적응하기 위해 다른 조치를 취하는 것은 앞으로 몇 년 동안 우리 사회의 가장 큰 과제이다.

이해도 측정

1. 태양열 복사선은 지구에 도달 후 어떻게 되는가? 어떻게 온실가스는 낮은 대기를 따뜻하게 하는가?
2. 왜 이산화탄소가 주된 온실가스로 간주되는가? 왜 이산화탄소 농도는 대기에서 증가하는가?
3. 어떻게 과학자들은 고대의 대기를 연구하는가? 대표 지표가 무엇인지 설명하고, 두 가지 예를 들어라.
4. 지금까지 과학자들이 문서화한 기후의 다섯 가지 주요 동향을 열거하라.
5. 이제 연구원들이 잠재적인 영향으로 예측하는 다섯 가지 미래 동향을 열거하라.
6. 지구온난화로 인한 해수면 상승은 사람들에게 어떻게 문제를 일으킬 수 있는지 설명하라. 어떻게 기후변화가 해양 생태계에 영향을 미칠 수 있는가?
7. 어떻게 따뜻한 기후가 농업에 영향을 미칠 수 있는가? 어떻게 식물과 동물의 분포에 영향을 미치는가? 어떻게 인간의 건강에 영향을 미칠 수 있는가?
8. 미국에서 온실가스의 가장 큰 두 배출원은 무엇인가? 우리는 어떻게 이러한 배출을 줄일 수 있는가?

9. 기후변화에 대처하기 위해 어떤 역할을 국제조약이 했는가? 두 가지 구체적인 예를 제시하라.

10. 온실가스 배출을 줄이기 위한 시장기반의 접근방식 하나에 대해 설명하라. 그것이 잘 작동할 이유와 하지 않을 수 있는 이유를 설명하라.

해법찾기

1. 어떤 사람들은 우리가 에너지 경제의 실질적인 변화에 관여하기 전에 "더 많은 증거" 또는 "더 나은 과학을" 필요로 한다고 주장한다. 우리가 기후변화에 대한 조치를 취하기 전에 얼마나 많은 확실성을 필요로 한다고 생각하는가? 자신의 인생에서 중요한 결정을 하기 전에 얼마나 많은 확실성을 필요로 하는가? 국가 및 선출된 공무원은 다른 표준을 따라야 하는가? 사전예방원칙(7, 10장)이 지구 기후변화의 경우 적합한 표준이라고 생각하는가? 아니라면 이유는 무엇인가?
2. 교통수단에서 온실가스 배출을 줄일 수 있는 몇 가지 방법을 설명하라. 어느 방법을 가장 현실적이라고 생각하는가, 어떤 방법이 가장 현실성이 적다고 생각하는가, 그 이유는?
3. 당신은 자신의 생활방식을 탄소 중립적으로 만들고 싶어하고 배출량을 25% 삭감하는 것을 목표로 한다고 가정하자. 이 감소를 달성하기 위해 먼저 취할 세 가지 실천은 무엇인가?
4. **생각해보기** 당신은 교토의정서가 끝난 후에 참여를 위해 조약의 조건을 협상하기 위한 국제 회의에 미국 대표로 임명되었다. 모든 국가는 교토의정서가 완전히 유효하지는 않았다는 것을 인식하고 대부분이 더 강한 약관을 만들기 위해 노력하고 있다. 미국정부는 새로운 조약을 설계하는데 있어서 주도적인 역할을 가지고 가기 위하여 국가의 경제적 · 정치적 이익을 보호하면서 다른 나라의 대표들과 건설적으로 참여하도록 지시했다. 어떤 형태의 약관을 만들려고 노력할 것인가? 당신이 제안하거나 동의하고자 하는 최소한 3가지 구성 요소와 반대하는 최소한 하나를 설명하라.
5. **생각해보기** 당신은 미국의 중소규모 주정부의 주지사에 선출되었다. 여론 조사에서 대중은 온실가스 배출을 줄이기 위해 대담한 조치를 취할 것을 희망하고 있다는 것을 보여주고 있다. 그러나 여론조사는 또한 국민이 가솔린과 전기의 가격이 상승하는 것을 원하지 않는다는 것을 보여주고 있다. 주의 탄소배출 산업은 그들에게 요구되는 배출삭감을 경계하고 있지만 당신과 함께 기꺼이 아이디어를 탐구하고자 한다. 주의회는 당신이 유권자들에게 인기가 있는 한 당신의 노력을 지원할 것이다. 서쪽 주에서는 막 가파른 온실가스 배출 감축을 의무화하는 야심찬 법안을 통과시켰다. 동쪽 주에서는 막 새로운 지역 배출권 거래 컨소시엄에 가입하였다. 당신은 주지사로서 어떤 조치를 첫해에 시행할 것인가?

생태발자국 계산하기

지구 규모의 기후변화는 우리 모두가 기여하는 것인데, 왜냐하면 화석연료의 연소가 우리가 영위하는 생활방식을 유지하는 데 굉장히 큰 역할을 하고 있기 때문이다. 반대로, 개인으로서 우리 각자는 우리의 생활에서 개인적인 의사결정과 행동을 어떻게 하느냐를 통해 기후변화를 완화하는 데 도움이 된다. 몇 개의 온라인 계산기를 사용하면 당신이 담당하고 있는 탄소 배출량을 자신의 개인 탄소발자국으로 계산할 수 있다. 다음 사이트를 방문하여 퀴즈를 풀고 아래 표를 채워라. www.nature.org/initiatives/climatechange/calculator.

	탄소발자국 (1년간 개인 탄소배출량, t/man/y)
세계평균	
미국평균	
당신의 발자국	
3가지 변화에 의한 당신의 발자국	

1. 개인 탄소발자국은 평균적인 미국 주민의 그것과 비교할 때 어떤가? 세계의 보통 사람들의 그것과 비교할 때 어떤가? 왜 당신의 발자국은 그 방식에서 이들과는 다르다고 생각하는가?
2. 퀴즈를 풀고 다양한 선택과 활동의 영향을 주목하였을 때, 당신이 가장 놀란 것은 어느 것인가?
3. 탄소발자국을 낮추는 생활방식에서 당신이 만들 수 있는 3가지의 변화를 생각하라. 이제 3가지 변화를 도입해서 다시 발자국 퀴즈를 풀어라. 테이블에 발자국 결과를 입력하라. 연간 배출량을 얼마나 감소시켰는가?
4. 자신의 발자국을 위해 아직은 현실적이지 않은 목표치를 설정하는 것이 칭찬할 만하다고 생각하는가? 당신의 영향을 줄이는 데 도움이 되는 탄소 상쇄 구입을 선택하겠는가? 그 이유는?

15 재생불가능한 에너지원, 영향 및 에너지 보전

이 장을 마치고 나서 할 수 있는 것들

- ▶ 우리가 사용하는 에너지원 파악
- ▶ 석탄, 천연가스, 원유의 특성과 기원을 기술하고, 이들의 채굴 및 사용에 대한 평가
- ▶ 미래의 석유공급의 고갈에 대한 우려를 평가
- ▶ 대체 화석연료의 특성과 잠재성 기술
- ▶ 화석연료 사용에 대한 환경적, 정치적, 사회적, 경제적 영향에 대한 설명과 평가 및 해결책 파악
- ▶ 에너지를 보존하고 효율을 높이기 위한 전략을 설명
- ▶ 원자력에너지 및 이를 어떻게 사용하고 있는지를 기술
- ▶ 원자력의 장단점을 평가하고, 이에 대한 사회적 논쟁이 무엇인지 설명

2010년 4월
딥워터 호라이즌의 석유굴
착장치 화재

중심 사례 연구

해양시추 및 딥워터 호라이존(Deepwater Horizon)호의 폭발

"이번 석유유출은 미국이 겪은 사고 중에서 가장 큰 환경재앙이다."
—미 대통령 버락 오바마 2010

"딥워터 호라이존호 사고는 석유에 대한 지구적 집착의 직접적 결과이다. 이것이 녹색에너지에 대한 요청이 아니면 무엇이겠는가."
—조지아대학교 연구원 맨디 조이(Mandy Joye) 박사, 2010

바다로부터 11명의 목숨을 앗아간 이 사건은 거대한 굉음의 폭발로부터 시작되었다. 이 사건은 3개월간 국가를 공포로 몰아넣었다. 또한 그 결말은 몇 년이 지나도 끝나지 않을 것이다. 영국 석유회사인의 딥워터 호라이존(Deepwater Horizon)호의 석유시추시설의 폭발과 이로 인한 멕시코만 마콘도 유정의 기름유출은 해양과 해안, 습지를 오염시키고, 양어장를 파괴했으며, 관광산업을 마비시키고, 수많은 해양동물들의 죽음을 몰고 왔다. 유출된 기름은 1,050 km에 이르는 루이지애나, 미시시피, 앨라배마, 플로리다 주의 해안을 오염시켰다(**그림 15.1**). 결국 이 사건은 인간에게 화석연료의 사용을 위해서 얼마나 더 많은 비용을 지불해야 할 것인지에 대한 질문을 던졌다.

2010년 4월 20일, 멕시코만의 대형 재난은 해저 1마일 지역에서 시추작업 중이던 영국석유회사의 마콘도 유정에서 시추파이프를 통해 천연가스가 올라오면서 발생하기 시작했다. 유정에서 분출된 가스는 원유유출방지장치가 고장이 나면서 지상의 시추선까지 파이프를 타고 올라오면서 가스폭발에 의한 화재가 발생하였고 시추선은 이틀 뒤 가라앉았다. 사건은 정부관계자가 딴전을 피우는 사이 영국석유회사와 계약자들이 시추는 미뤄둔 채 비용절감에 매달리는 등 일련의 차질을 빚는 과정에서 발생되었다.

기름이 해저로부터 매분당 2,000갤런의 양으로 분출되면서 대응노력이 시작되었다. 수십 척의 배와 보트들이 해안 위로 솟아오른 기름띠를 에워싸고 가능한 태워버렸다. 비행기와 헬리콥터는 공중에서 화학유화제를 뿌려댔다. 수천의 사람들이 안전의류인 타이벡을 착용하고 해안으로 나와 기름흡수재를 펼쳐대었다. 이들은 팀을 이뤄 습지의 오염상태를 조사하고 기름에 뒤범벅된 새들과 야생동물들을 깨끗이 씻어 내보냈다. 작업은 힘들고, 어렵고, 지저분했으며 도저히 끝날 기미가 보이지 않았다.

86일이 지난 뒤 영국석유회사의 기술자들이 유정을 봉합하기 전까지 490만 배럴의 원유가 해안으로 흘러갔으며 이는 역사적으로 가장 큰 규모의 원유유출사건이 되었다. 기름이 해안가를 덮치면서 해변과 염습지가 오염이 되었고, 이는 새, 거북이, 조개, 어류, 각종 해양식물을 고사시키는 한편, 여름철 관광업에 큰 타격을 주었다. 국가의 가장 생산성 높은 어장이 폐쇄되면서 수천의 어부들이 일손을 놓았다.

연일 뉴스를 통해서 들어오는 새로운 사실에 많은 미국인들은 경악과 분노를 금치 못했다. 역시나 이번 사건 또한 회사와 관련자들의 부주의와 함께 정부의 느슨한 감시가 원인으로 작용했다. 그러나 기름유출사건은 부주의나 불운 등의 독립된 한 가지 원인이라기보다는 자동차의 사용 등, 기름에 대한 우리 사회의 탐욕스런 욕망도 한몫을 하고 있다는 것이 제대로 된 시각일 것이다. 우리의 화석연료에 대한 목마름은 석유회사로 하여금 더 많은 이익을 위하여 미지의 더 깊은 해양지역으로 진출하도록 이끌고 있다. 많은 경우에서 해안에서 더 깊이 들어갈수록 통제 불가능한 대형사고가 발생할 위험성이 높다는 것을 말해주고 있다.

화석연료의 의존도를 낮추고 보다 청정한 재생에너지원을 찾지 못한다면 인류는 해양 및 대기오염, 기후변화 및 건강이상, 그리고 해외자본의 기름에 의존해서 발생될 수 있는 경제적 불확실성 등의 고초를 겪게 될 것이다. 고통스럽게도 이런 극적인 사건들이 거의 매번 분명한 비용을 지

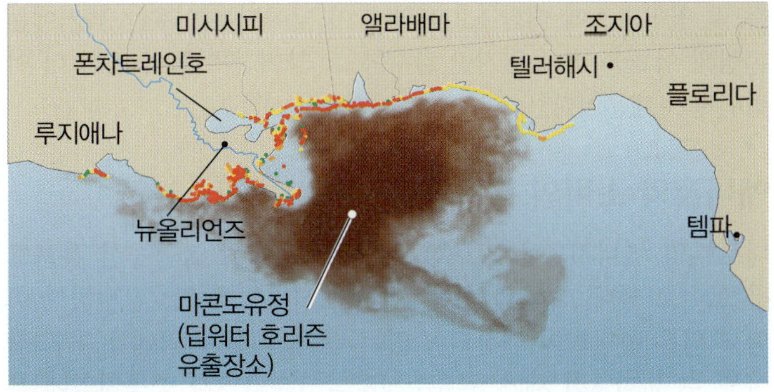

해안의 기름
- 매우 가벼운 기름
- 가벼운 기름
- 중간의 기름
- 무거운 기름

해수표면의 기름
- 1~10(일)
- 10~30(일)
- 30일 이상

(a) 기름 유출의 규모

(b) 루이지애나 해변에서 인부들이 기름을 제거하고 있다

▲ **그림 15.1** 마콘도 유정에서 폭발한 기름은 2010년 봄과 여름, 멕시코만 수천 평방마일로 퍼져 나갔다 **(a)**. 검은 지역은 더 오랜기간 기름이 표면위에 있었음을 나타낸다. 수천의 자원봉사자와 정부관계자, 그리고 영국석유회사(Brithsh Petroleum)의 지원을 받은 시민들이 광대한 정화작업을 도왔다. 출처 (a) : 내셔널지오그라픽 및 NOAA.

불하게 만든다. 딥워터 호라이존호의 이런 종류의 원유유출은 처음 사건도 아니며 마지막이 되지도 않을 것이다. ■

에너지원

인류는 지구상의 재생가능한 것과 불가능한 에너지원을 끌어쓸 수 있는 여러 수단들을 고안해왔다(**표 15.1**). 이들 에너지는 난방과 전기, 전력, 운송수단의 연료 및 플라스틱, 각종 의약품, 합성섬유 등을 생산하는 데 이용되고 있으며 산업화시대 우리 삶의 특징인 안락함과 편리함을 제공하고 있다.

다양한 에너지원의 사용

지구의 대부분의 에너지는 태양으로부터 나온다. 우리는 태양력 기술을 이용하여 직접 태양광으로부터 에너지를 끌어쓸 수 있다. 태양은 바람과 물의 순환에 도움을 주어 풍력과 수력발전을 가능케 한다. 당연히 태양은 식물의 광합성(2장)을 도와 목재 및 다른 바이오매스를 연료로 사용케 한다. 끝으로 식물이 죽으면 일부는 저장된 화학에너지를 **화석연료(fossil fuels)**로 전환시킨다. 화석연료는 양질의 가연성물질로 오랜 지질학적 연대를 거쳐 생물로부터 형성된 물질이다. 오늘날 사용하고 있는 화석연료는 세 종류로 기름, 석탄, 천연가스가 있다.

화석연료는 사고, 팔고, 소비하는 경제활동에 필요한 대부분의 에너지를 공급하며 선적이나 저장, 연소 등에 매우 효율적인 양질의 에너지원이다. 화석연료는 교통, 난방, 주방 및 제2의 에너지 형태로서 장거리 운송이 가능하고 다양한 용도에 이용되는 **전기(electricity)**를 생산하는 데 사용된다. 화석연료의 사용은 꾸준히 증가하여 오늘날 가장 높은 비율로 사용되고 있다(**그림 15.2**).

빛, 지열에너지, 조석에너지 등은 끊임없이 보충가능하며 고갈의 염려가 없기에 영구히 재생가능한 에너지원으로 인식되고 있다. 반면에 석탄, 석유, 천연가스와 같은 화석연료는 재생불가능한 에너지원이다(1장). 이들 재생불가능 에너지는 자연적 과정의 결과이지만 생성되는 데 매우 오랜시간이 필요하기 때문에 한번 고갈되면 인류의 문명이 유지되는 동안 결코 보충될 수 없다.

표 15.1 상용되는 에너지원

에너지원	설명	에너지 형태
원유	지하에서 추출한 액상의 화석연료	재생불가능
천연가스	지하에서 추출한 가스상의 화석연료	재생불가능
석탄	지하에서 추출한 고형의 화석연료	재생불가능
핵에너지	우라늄의 원자핵에서 생성된 에너지	재생불가능
바이오매스 에너지	광합성을 하는 식물에서 저장된 에너지	재생가능
수력	흐르는 물로부터 생성된 에너지	재생가능
태양에너지	태양에서 직접적으로 유래한 에너지	재생가능
풍력에너지	풍력에서 발생된 에너지	재생가능
지열에너지	지구의 내부로부터 발생된 열	재생가능
파력 및 조력에너지	조력 및 해양파도에서 발생된 에너지	재생가능

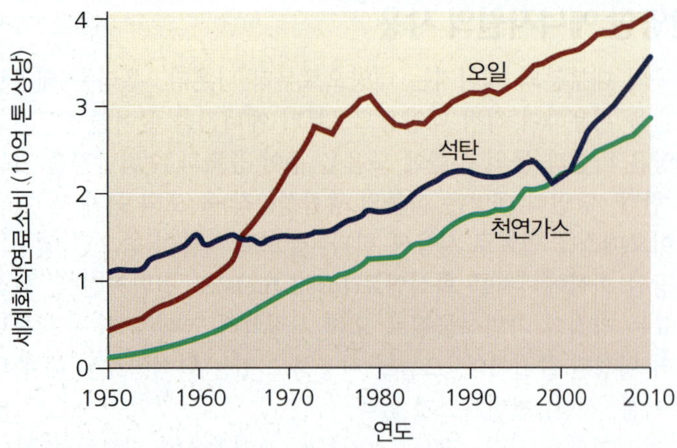

▲ **그림 15.2** 화석연료의 글로벌 소비는 지난 반 세기 동안 크게 증가했다. 오일의 사용은 1960년대들어 석탄을 추월하며 크게 상승했으며, 오늘날 최대 에너지원으로 자리잡았다. 미국 에너지 정보관리, 국제에너지기구 및 BP plc.의 자료. 2011. Statistical review of world energy 2011.

오늘날 인간의 하루 사용량에 해당되는 연료를 생산하려면 적어도 수천 년 동안 생물체가 매립될 시간이 필요하다. 현재의 사용 속도라면 몇십 년 또는 몇 세기 내에 지구상의 모든 화석연료를 고갈시킬 것이다.

우라늄의 분열과정을 통하여 에너지를 생산하는 원자력은 우라늄 광산(16장)이 고갈되면 재생불가능하다. 그러나 우라늄은 재활용 과정을 거쳐 재사용이 가능하다.

에너지 생성을 위한 에너지의 투입

에너지는 저절로 얻어지지 않는다. 이를 끌어오고, 정제하고, 운송하기 위해서 충분한 양의 다른 에너지를 투입해야 한다. 예컨대 멕시코만의 해양시추를 위해서 거대한 시추선호의 경우 미화 5억 6,000만 달러 소요)과 기름을 퍼올리고 운송하기 위한 기반시설—이 모든 것에 막대한 양의 에너지가 소모—이 필요하다. 따라서 새로운 에너지원을 평가할 때는 예상총수익에서 투자에 지출한 비용을 제외하여 고려해야 한다. **순 에너지(net energy)**는 투입된 에너지와 회수한 에너지의 차이로 표시된다.

순 에너지 = 회수에너지 − 투자에너지

에너지원을 평가하기 위해서 EROI에 의한 비율이 사용하는 것이 유용하다. **EROI**란 **투자대비 회수에너지(energy returned on investment)**란 뜻으로 다음과 같이 계상한다.

EROI = 회수된 에너지/투입된 에너지

EROI의 값이 높을수록 투자된 단위에너지당 회수에너지의 값이 높은 것을 의미한다. 화석연료가 널리 사용되는 이유는 이들의 EROI의 값이 높기 때문이다. 그러나 EROI의 값은 시대에 따라 변하기 마련이다. 1940년대 미국의 기름 및 천연가스에 대한 EROI의 값은 100:1이 넘었으나 지금은 5:1 정도이다. 이처럼 기름 및 천연가스에 대한 EROI의 값이 낮아지는 이유는 과거에는 손쉽게 이들을 퍼 올렸지만 갈수록 그 양이 줄어들며 점점 더 어려워지기 때문이다.

에너지와 소비의 불균형적 분포

대부분의 에너지원은 지구상에서 국소적이며 불균등한 분포도를 보이고 있다. 기름과 석탄, 천연가스의 경우에는 분명하며 어떤 지역은 상당량이 매장되어 있는 반면, 다른 지역에는 거의 찾아볼 수 없다. 전 세계 원유추정량의 3분의 2가 중동지역에 분포되어 있다. 중동지역은 천연가스도 풍부하지만 천연가스는 러시아가 가장 많이 보유하고 있다. 석탄 또한 러시아와 중국에 많이 분포해 있으나 미국의 석탄매장량이 세계적으로 가장 많다(**표 15.2**).

표 15.2 화석연료 추정매장량이 최대인 국가

오일 **(세계매장량의 %)**	**천연가스** **(세계매장량의 %)**	**석탄** **(세계매장량의 %)**
사우디아라비아, 17.3	러시아, 23.9	미국, 27.6
베네수엘라, 13.8*	이란, 15.8	러시아, 18.2
캐나다, 11.5*	카타르, 13.5	중국, 13.3
이란, 9.0	투르크메니스탄, 4.3	오스트레일리아, 8.9
이라크, 7.5	사우디아라비아, 4.3	인디아, 7.0

* 캐나다와 베네수엘라의 오일매장량의 대부분은 오일샌드의 형태이며(15장), 이 표에 포함되어 있다.
2011 BP plc.의 2010년 자료. *Statistical review of world energy 2011.*

세계의 소비량 또한 불균등하다. 개발도상국에 비해 선진국의 에너지 소비량이 훨씬 많다. 미국의 경우 인구는 전체의 4.5%에 불과하지만 세계에너지의 20% 이상을 소비하고 있다. 개도국의 경우 대부분의 에너지는 식품의 생산 및 조리, 난방 등의 생계유지형에 소비하고 있지만 선진국에서는 운송이나 산업분야에 더 많은 소비가 이루어지고 있다. 산업화된 국가일수록 기계장비 및 기술에 더 의존하기 때문에 화석연료의 사용량이 늘어나게 된다. 미국의 경우, 필요한 에너지의 83%를 화석연료에 의존하고 있다.

석탄, 천연가스 그리고 오일

화석연료의 세 종류는 석탄, 천연가스, 오일이다. 우선 화석연료가 어떻게 생성되었는지, 매장지는 어떻게 찾아내는지, 어떻게 추출하여 어디에 사용하는지 알아보자. 이후 화석연료의 사용에 따른 환경적, 사회적 영향에 대해서도 살펴보자.

화석에서 생성된 화석연료

화석연료는 유기물질이 산소가 없는 **혐기(anaerobic)**상태에서 수백만 년 동안 묻혀 있어야 생성된다. 이러한 환경은 호수나 늪, 낮은 해양바닥 등이 있다. 오늘날 가정 및 운송, 산업, 발전 등에 사용하고 있는 화석연료는 1~5억 년 전에 살았던 생물체로부터 형성되었다. 생물체가 죽은 직후 곧 바로 혐기상태에 처하게 되면 생물체에 있는 화학에너지는 부식되면서 차츰 집적이 되며 열과 압력을 받는 과정에서 이들의 탄화수소는 변형된다(**그림 15.3**).

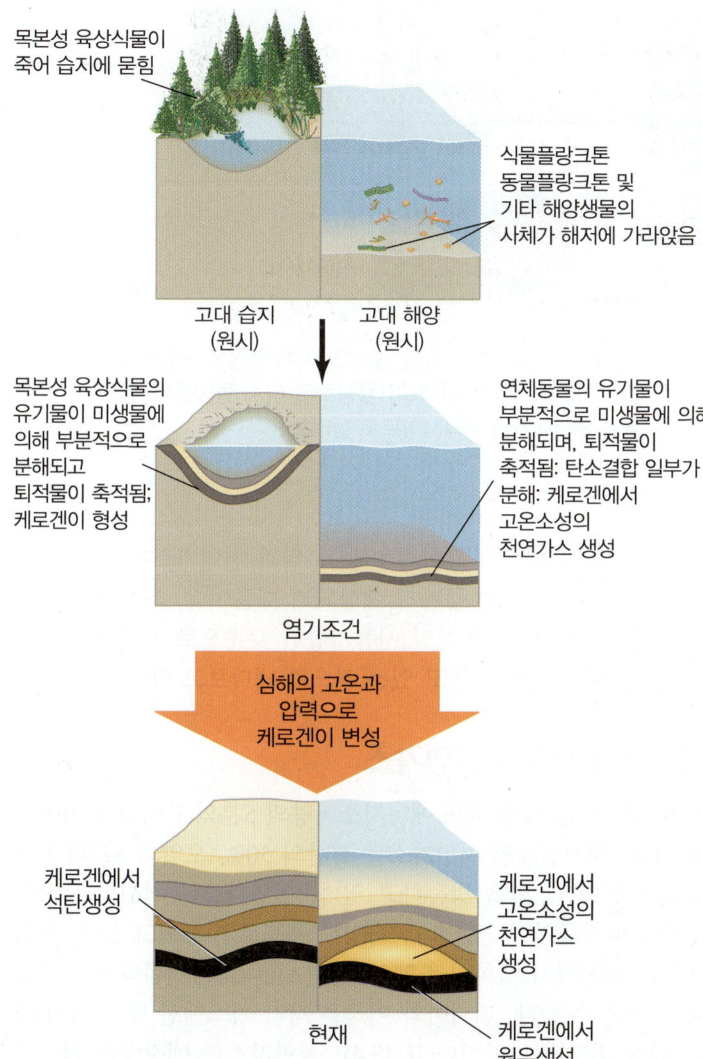

▲ **그림 15.3** 화석연료는 나무들이 호수에 떨어져 침전물이 쌓이거나 식물플랑크톤과 동물플랑크톤이 해저에서 부유하다 쌓이는 것과 같이, 생물체가 죽어서 산소가 부족한 상태에서 형성되기 시작한다(**맨 위 그림**). 침전물 밑 깊은 곳에서 서서히 혐기적 분해가 이루어지면서 유기물은 케로겐을 형성한다(**중간 그림**). 이때 지열이 케로겐에 작용하면서 원유와 천연가스를 생성한다(**아래 그림**). 오일과 가스는 조밀한 불투과층 밑의 다공성 암석층에 자리잡는다. 석탄은 식물체가 촘촘히 포개어져 거의 분해가 일어나지 않는 상태에서 형성된다.

석탄(coal)은 주로 식물체가 높은 압력을 받으며 압축되면서 단단한 탄소구조로 변화된 딱딱한 검은 빛깔의 물질이다. 석탄은 시간이 흐르며 압력과 열에 의해 물체로부터 수분이 빠져나가면서 분해되지 않거나 분해자가 없는 이유로 부식이 되지 않았기에 생성된 것이다. 3~4억 년 전 만연한 습지환경에 유기체가 묻히면서 전 세계적으로 석탄매장지가 형성되었다.

천연가스(natural gas)는 주로 메탄가스로 이루어졌으며 여러 종류의 휘발성 탄화수소도 포함되어 있다. **오일(oil)** 또는 **원유(crude oil)**는 다양한 탄화수소물질로 구성된 슬러지 형태의 액상물질이다. 오일은 또한 **석유(petroleum)**로도 알려져 있는데, 석유는 일반적으로 오일과 천연가스를 포함하는 말이다. 천연가스와 오일은 유기물질이 (주로 죽은 플랑크톤) 수백만 년 전 해안가를 따라 표류하다가 해저의 침천물에 파묻혀 형성된 것이다. 이들은 시간이 흐르며 압력과 열에 의해 오늘날의 천연가스와 오일로 전환된 것이다.

천연가스는 두 과정으로 생성된다. **생물학적** 가스는 얕은 물에서 박테리아에 의한 유기물질의 혐기적 분해과정을 거쳐 생성된다. 가축분뇨의 늪을 걸을 때 흔히 맡아볼 수 있는 습지의 가스가 그 예이다. 생물학적 천연가스는 매립지에서도 발생하고 있다. 매립지 관리자는 발생된 가스를 포집하여 판매하기도 한다(17장). **열적** 가스는 땅 밑의 열과 압력에 의해 생성된다. 열적 가스는 석탄 및 원유와 함께 직접 생성되기도 하고 이들이 열에 의해 변성이 되면서 생성되기도 한다. 상업적으로 판매되는 대부분의 가스는 열적 가스이며 매장된 원유의 윗층이나 석탄의 틈새에서 발견되어 종종 이들과 함께 추출된다. 딥워터 호라이존호의 폭발 역시 원유가 매장된 지역을 시추하는 과정에서 농축된 가스가 뿜어져 나오면서 발생된 것이다.

화석연료는 특수한 상태에서 형성되기에 분리되어 매장되어 있다. 예를 들어, 오일과 천연가스는 바위의 벌어진 틈새로 솟아오르다가 단단한 암석층으로 인해 빠져나오지 못할 상황에서 매장되어 있다. 화석연료를 찾는 지질학자들은 중심부를 뚫고 지하 암반의 구조에 대한 지상, 항공, 지질암반조사를 실행하여 매장지를 추정하고 있다.

석탄채굴 및 전기생산

석탄은 세계에서 가장 풍부한 화석연료이며 전 세계 에너지 소비량의 27%를 차지하고 있다. 석탄 매장지가 발견되면 여러 방법으로 채굴한다. 지표면 가까운 매장지는 **노천 채굴**을 하며 지하 깊은 곳에는 **지하 채굴**(그림 11.14 참조)을 시행한다. 최근 애팔래치아 산맥의 산 정상을 벗겨 내며 소위 '**산 정상 제거 채굴**(11장)'이란 대규모의 석탄 채굴을 하고 있다. (우리는 11장에서 더 자세한 광산 채굴 및 그 영향에 대하여 조사했다.)

사람들은 음식을 조리하거나 난방용, 도자기를 굽기 위하여 수천 년 동안 석탄을 사용해 왔다. 석탄에 의한 증기기관은 산업혁명을 주도하며 공장, 농업, 기차, 선박 등에 에너지를 공급해 왔다.

오늘날 석탄은 주로 전기를 생산하는 데 사용된다. 석탄을 이

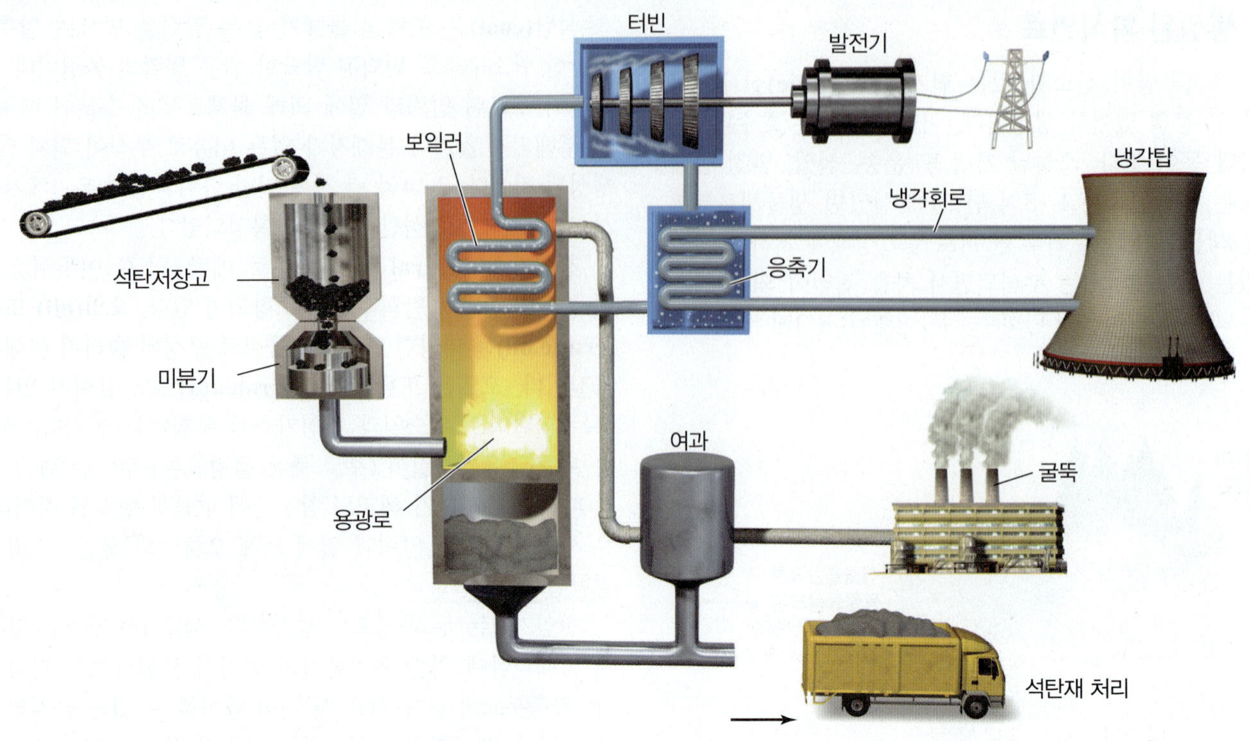

▲ **그림 15.4** 석탄화력발전소에서, 석탄은 분쇄돼어 고온의 용광로에 투입된다. 연소과정의 열은 물을 데우고, 이때 생성된 스팀이 터빈을 돌리며, 자석이 구리선을 통과하면서 전기가 발생된다. 증기는 곧 냉각되고 냉각루프에서 응축되어 용광로로 다시 돌아온다. "청정석탄"기술(15장)은 오염물질이 연소과정에서 걸러지도록 하며, 독성이 있는 재는 유해폐기물 처리사이트로 돌려보낸다.

용한 발전에서 석탄은 물을 증기로 바꾸고, 증기는 터빈을 돌려 전기를 생산한다(**그림 15.4**). 석탄은 미국내 전력생산의 50%를 차지하고 있으며, 중국 경제성장의 견인차 역할을 하고 있다. 중국과 미국은 석탄의 주요 생산국이자 소비국이다(**표 15.3**).

석탄은 매장지에 따라 수분과 탄소함량, 잠재에너지량이 달라진다. 석탄은 또한 황이나 수은, 비소, 기타 광물질 등의 불순물의 함유량에 차이가 난다. 미동부의 석탄에는 황 함유량이 높은데 이는 바닷물에 녹아 있던 황의 퇴적물에 기인한다. 석탄 내의 불순물은 규제를 받지 않는 한 연소 중 대기 중으로 방출된다. 이 장의 후반부에서 석탄의 연소로 인한 여러 건강 및 환경영향, 그리고 그 해결방안에 대하여 다룰 것이다. 석탄에서 비롯된 오염을

표 15.3 세계 상위 석탄생산자 및 소비자

생산 (세계 생산량 %)	소비 (세계 소비량 %)
중국, 43.8	중국, 45.9
미국, 14.0	미국, 13.2
인도, 8.0	인도, 9.0
오스트레일리아, 5.7	독일, 3.3
인도네시아, 4.3	러시아, 2.9

Data are for 2009, from U.S. Energy Information Administration, 2011.

방지하는 것은 매우 중요한데 이는 오일과 천연가스가 점점 고갈되면서 석탄 사용량의 증가가 예상되기 때문이다. 과학자들은 석탄의 매장량이 수백 년 동안 사용가능한 수준으로 오일과 천연가스의 매장량을 훨씬 웃돌고 있는 것으로 내다보고 있다.

석탄보다 청정한 천연가스

천연가스는 전 세계 주요 에너지소비량의 5분의 1 이상을 차지하고 있다. 청정연료인 천연가스는 석탄의 50%, 오일의 3분의 2 수준의 이산화탄소만을 방출하고 있다. 천연가스는 전기의 생산을 비롯하여 건물의 냉·난방 등 다양한 용도로 사용되고 있다. 천연가스는 저온에서 액화시켜 액화천연가스(LNG)로 전환하여 장거리로 운송할 수 있다. 러시아와 미국은 각각 가스생산 및 소비에 있어 세계 최고의 나라이다(**표 15.4**). 천연가스의 매장량은 앞으로 약 60년 정도를 공급할 수 있는 양으로 측정되고 있다.

오일은 세계에서 가장 많이 사용하는 연료

오늘날 오일은 전 세계 주요 에너지소비량의 3분의 1을 차지하고 있다. 지난 십 년간 세계의 오일사용량은 15% 증가했으며 오늘날 우리는 각 개인이 연평균 750 L 이상의 오일을 소비하고 있다. **표 15.5**는 세계 최대의 오일생산국 및 소비국을 보여준다.

표 15.4 세계 상위 천연가스 생산자 및 소비자

생산 (세계생산량 %)	소비 (세계소비량 %)
미국, 19.7	미국, 21.4
러시아, 19.4	러시아, 14.5
캐나다, 5.3	이란, 4.4
이란, 4.4	일본, 3.3
노르웨이, 3.4	독일, 3.1

Data are for 2009, from U.S. Energy Information Administration, 2011.

표 15.5 세계 상위 오일 생산자 및 소비자

생산 (세계생산량 %)	소비 (세계소비량 %)
러시아, 11.8	미국, 22.3
사우디아라비아, 11.6	중국, 9.9
미국, 10.8	일본, 5.3
이란, 4.9	인도, 3.7
중국, 4.7	러시아, 3.2

Data are for 2009, from U.S. Energy Information Administration, 2011.

오일과 가스의 추출

지질학자가 오일 또는 천연가스의 유망한 매장지역을 지적해주면 석유회사는 최초의 탐사시추 작업을 진행하여 오일 또는 가스가 발견이 되면 시추작업을 계속하게 된다. 일반적으로 오일과 가스는 지하에서 압력에 갇혀 있음으로 그 지역을 뚫게 되면 압력에 의해 지상으로 올라오게 된다. 한번 자연분출된 뒤에는 남아 있는 오일을 퍼 올리는 작업이 어려워 대개 펌프로 끌어올린다. 소위 **1차 추출(primary extraction)**뒤 남아 있는 오일은 대략 3분의 2 정도 된다. 이후 **2차 추출(secondary extraction)** 과정이 있는데 오일의 추출을 위해서 유기용매를 사용하거나 지하암반을 물 또는 증기로 세척하게 된다(**그림 15.5**). 가스의 추출에는 "파쇄기술"을 이용하여 암반을 파쇄하여 가스를 위로 올려보낸다. 파쇄기술의 한 종류로 고압으로 염수를 분사해 암반을 파쇄하는 것이 있다. 이후 파진 암반 틈새를 모래나 작은 유리구슬로 채우게 된다. 2차 추출 이후에도 남아 있는 오일이나 가스가 있지만 이 모두를 추출할 수 있는 기술이 현재로서는 부족하다.

기술에 의해 추출가능한 양을 계산할 수는 있지만 어디까지 추출할 것인가는 경제적 요인이 결정한다. 추출과정이 거듭될수록 어렵고 비용지출이 많아 채산성이 따라오지 못하므로 회사는 이를 포기하게 된다. 따라서 석유회사는 추출에 들어가는 비용과 판매로 얻는 이익에 대한 차이를 고려하게 된다. 연료 단가가 유동적이기 때문에 유전에서 이를 얼마나 추출할 것인가(경제적으로 회수가능한)에 대한 생각도 변하게 된다. 유가가 높아지면 경제적으로 회수가능한 양 또한 기술적으로 회수가능한 양에 접근

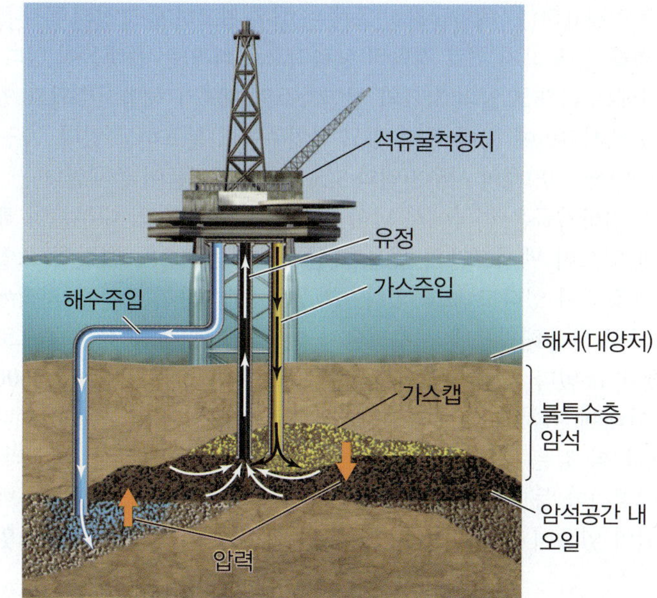

▲ **그림 15.5** 오일매장지에 작용하는 압력이 떨어지기 시작하면, 압력을 증가시키기 위해 다른 물질이 반드시 투입되어야 한다. 2차 추출에는 오일층 밑으로 해수를 주입하거나 오일층 위로 가스를 주입시켜서 더 많은 오일이 매장지에서 위쪽으로 이동하도록 하는 것이 있다.

하게 된다.

미국에서는 경제적인 이유로 대부분의 유전에서 2차 추출을 하지 않고 있다. 1970년대 오일파동 때는 2차 추출을 시도해 본 적이 있다. 오늘날에는 더 많은 회사들이 2차 추출을 시도하려 하고 있다. 현재의 상황에서 기술적으로, 그리고 경제적으로 추출가능한 화석연료의 양을 **입증된 회수자원(proven recoverable reserve)**이라 한다.

해양시추

오일 및 천연가스에 대한 시추는 육상뿐 아니라 해양의 대륙붕에서도 이루어진다(**그림 15.6**). 해양시추는 파도와 바람, 해류를 버텨낼

▼ **그림 15.6** 해양의 원유시추플랫폼은 오일산업이 대륙붕내 해저의 석유를 시추할 수 있도록 한다

기술이 필요하다. 해양굴착선 중에는 매우 견고하게 고정된 플랫폼의 형태와, 굴착지 위로 정박된 탄력적으로 떠 있는 플랫폼이 있다. 미국에는 대략 오일의 35%와 천연가스의 10%가 해양시추되고 있으며 멕시코만에 많이 몰려 있고 남가주에도 분포하고 있다. 오늘날 해안에는 90개의 시추지역과 3,500개의 플랫폼이 존재한다.

지질학자들은 미국에서 남아 있는 오일과 가스의 대부분이 해양에 있으며 멕시코만의 깊은 해안지역에만 590억 배럴의 오일이 매장되어 있다고 보고 있다. 그 동안 해안 가까운 얕은 지역에서 주로 추출해왔는데 시추기술이 발달되면서 점점 깊은 곳으로 이동하고 있다. 영국석유회사의 마콘도 유정도 해표면에서 1,500 m 아래에 위치해 있으며 현재 멕시코만에서 어떤 곳은 이보다 2배나 더 깊은 곳에도 존재한다. 전 세계적으로 브라질, 앙골라, 나이지리아 등 여러 나라의 해안가에서 상당량의 화석연료가 매장되어 있음이 알려지면서 각국은 이에 대한 각축전을 벌이고 있는 상황이다. 불행히도 깊은 해안지역의 유전을 개발하기 위한 현재의 기술은 발생가능한 사고를 방지할 수 있는 수준이 못되고 있다. 영국석유회사가 마콘도 유정의 누출을 막기 위하여 86일이나 지체했다는 사실은 바다밑 1마일 또는 그 이하의 지역에서 발생되는 위기상황에 대처할 수 있는 기술이 필요함을 말해주고 있다.

2008년 미 의회는 해안가에 위치한 지역에서의 시추를 금지해왔던 법안을 다시 들추어 냈다. 2010년 버락 오바마 대통령의 행정부는 드디어 방대한 해안지역에 대한 시추를 허락하였다. 이 지역에는 델라웨어의 남쪽에서부터 플로리다의 중앙, 멕시코만의 동쪽지역과 알래스카의 북부해안에 이르는 곳이 모두 포함되어 있다. 그러나 불과 이 법안이 허락된 지 몇 주 후에 딥워터 호라이존호의 유출사건이 발생한 것이다. 미 국민들은 오바마 행정부의 해산을 요구하며 해양시추안을 철회할 것과 새로운 안전책이 마련될 때가지 관련법안을 유보할 것을 강력히 주장하였다.

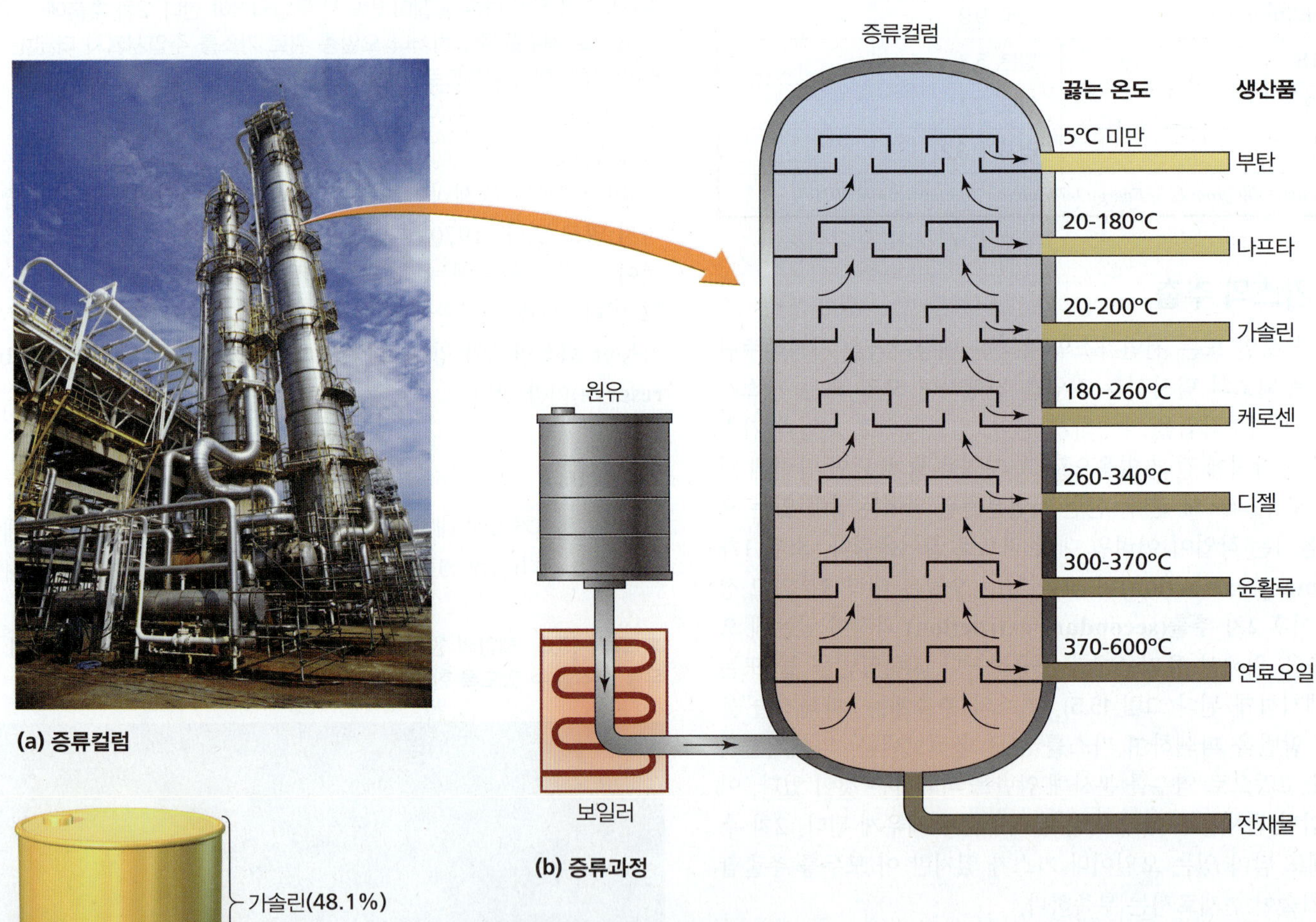

◀ **그림 15.7** 오일정제에서(a), 원유가 가열되면서, 여러 탄화수소 성분들이 증류되며 증류관을 통하여 위로 이동한다(b). 최상위 온도에서 비등하며 온도가 내려가면 쉽게 응축되는 성분은 증류관의 낮은 단계에서 농축된다. 비교적 낮은 온도에서 비등하는 성분은 증류관 위로 계속 상승하며, 온도가 비교적 낮은 상위단계에서 농축된다. 이런 방식으로, 중유(대체로 탄화수소분자가 긴 사슬형태 인 것)는 경유(대체로 짧은 탄화수소 분자로 이루어진 것)로부터 분리된다. 정제과정에서 일련의 석유산물들이 생성된다. (c)의 그림은 1배럴의 원유로부터 전형적으로 생성되는 각 주요 카데고리에 대한 비율을 보여준다. (c)에 대한 자료는 미국 에너지 정보관리국으로부터 발췌.

석유의 다목적 활용

추출된 원유는 정제한다(그림 15.7). 원유는 길이가 서로 다른 수백 종의 탄화수소 사슬의 복합체이다(2장). 사슬의 길이에 따라 각각의 화학적 특성 및 사용용도가 결정된다. 오일의 정제를 통하여 원유의 다양한 탄화수소가 분류되는데 분류된 원유는 가솔린엔진에 사용되는 것부터 타르나 아스팔트용, 기타 다양한 목적에 사용된다.

1920년대 이후로 정제기술 및 화학제조 분야는 석유화학의 급속한 성장을 도모하여 각종 윤활류에서 플라스틱제품, 의약품에 이르기까지 다양한 생산품 및 응용제품들이 쏟아져 나왔다. 오늘날 우리 주변의 많은 생활용품들은 바로 석유를 바탕으로 한 제품들이다(그림 15.8). 우리 생활주변의 석유화학제품의 범람으로 인하여 전문가들은 계속 이와 같은 석유자원을 사용하는 한 석유생산량이 곧 줄어들 것에 대하여 우려의 목소리를 내고 있다.

절반 이상이 고갈된 석유자원

과학자들과 오일전문가들은 인류가 이미 전 석유매장량의 절반을 사용한 것으로 관측하고 있다. 현재까지 인류는 1.1조 배럴의 석유를 사용하였고 남은 매장량은 1.0조 배럴이 조금 넘을 것으로 내다보고 있다. 남아 있는 오일을 언제까지 사용할 것인지에 대하여 분석전문가들은 매장량을 연간 생산량으로 나눈 값인 **R/P비 (reserve-to-production ratio)**를 사용하고 있다. 현재의 생산수준에서(연간 300억 배럴) 1.2조의 배럴은 40년이 조금 넘는 양에 불과하다.

불행한 것은 40년이라는 기간이 오일이 고갈된 후 무엇을 할 것인지에 대한 충분한 시간이 되지 않고 있다는 것이다. 과학자와 분석전문가들은 생산량이 최고점에 올라선 후 감소하기 시작하는 위기에 직면할 것이라고 주장한다. 이 시점을 **피크오일(peak oil)**이라 한다. 이들은 또한 인구가 증가하고 소비가 늘어남에 따라 수요는 증가하고 생산량이 줄어들게 되면 오일부족 현상이 발생할 것이라고 지적하고 있다. 오일생산량은 중간기점을 넘어서며 줄어들게 되어 있으므로 생산량이 최고점에 올라서는 피크오일의 시기가 머지 않아 곧 도래할 것이라고 예견하고 있다.

이 문제를 보다 잘 이해하기 위해서 시계를 1956년으로 돌려 볼 필요가 있다. 이때 쉘오일의 지질학자 킹 허버트는 미국의 오일생산량이 1970년대에 정점에 오를 것이라 예견하였다. 그 당시 그의 예견은 무시당했지만 이는 사실로 입증되었다. 그 당시 미국의 오일사용량은 정점에 이르렀고 이후 계속 감소하고 있다(그림 15.9a). 오일생산량의 정점을 가리켜 **허버트의 정점(Hubbert's peak)**이라 한다.

1974년 허버트는 기술과 경제, 지질학적 정보를 이용하여 세계 오일생산량의 정점을 1995년으로 예측하였다. 비록 생산량은 1995년을 지나 계속 증가하는 추세를 보이고 있지만 전문가들은 다가오는 10년 이내에 정점을 지날 것으로 예견하고 있다(그림 15.9b). 새로운 유전의 발견은 30년 전이 최고였으며 이후로 인류는 더 많은 오일을 소모하며 추출해 내고 있다.

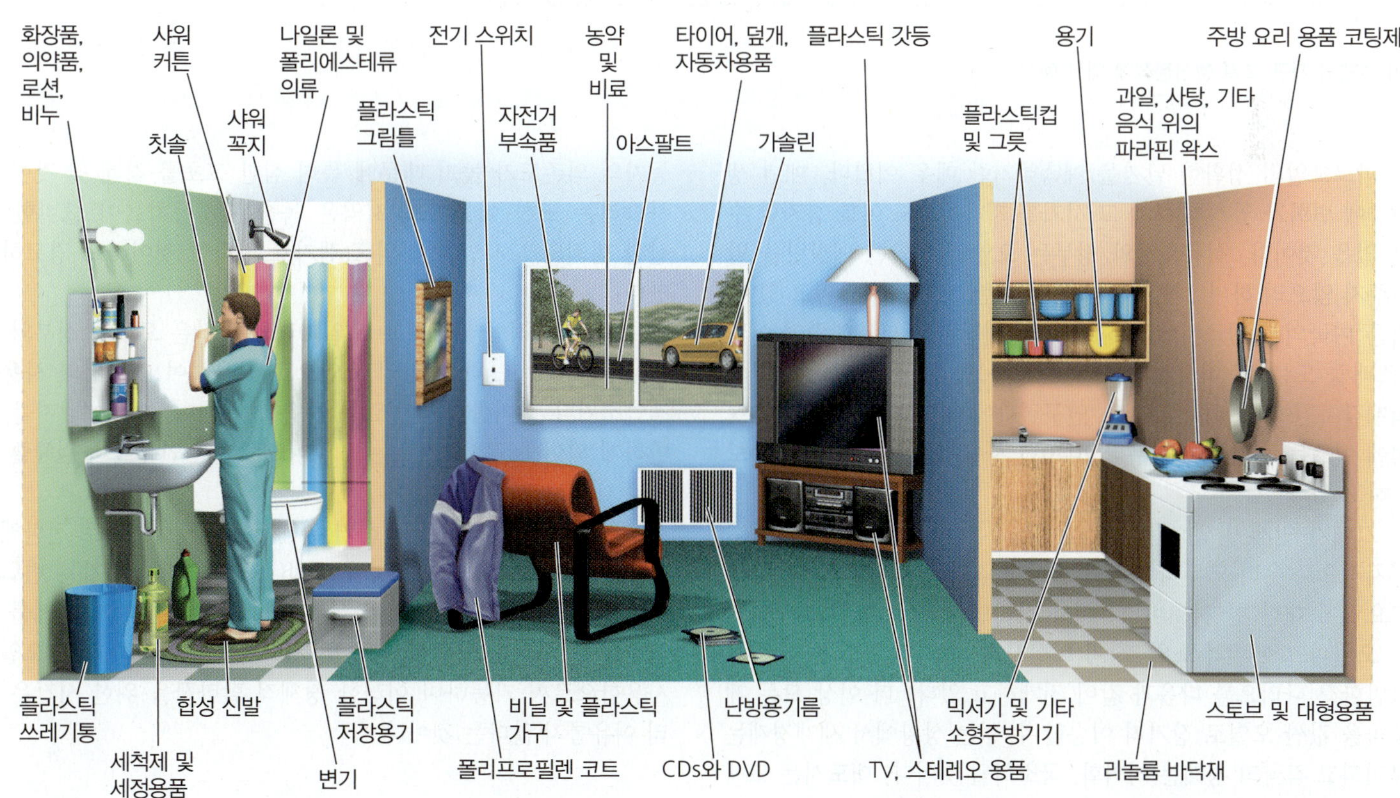

▲ 그림 15.8 석유생산품은 우리 일상의 도처에 존재한다. 운반과 난방에 사용하는 연료 외에도, 석유생산품은 우리가 입는 섬유제품과 매일 사용하는 셀 수 없는 플라스틱 용품 등이 있다.

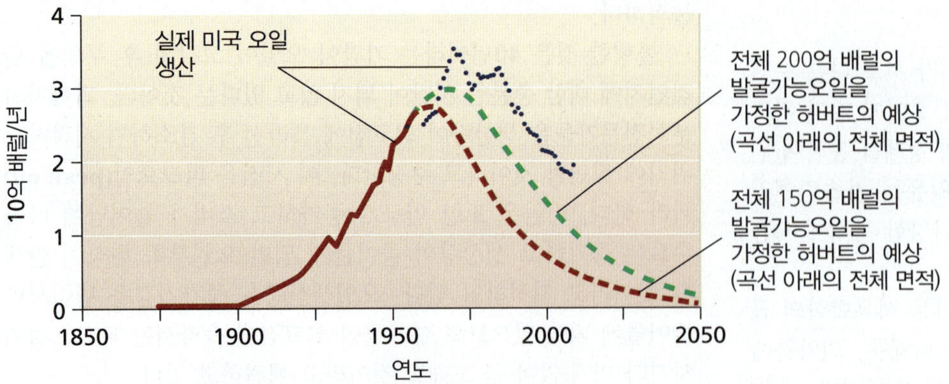

(a) 미국 오일 생산정점에 대한 허버트의 예상(실제 데이터 포함)

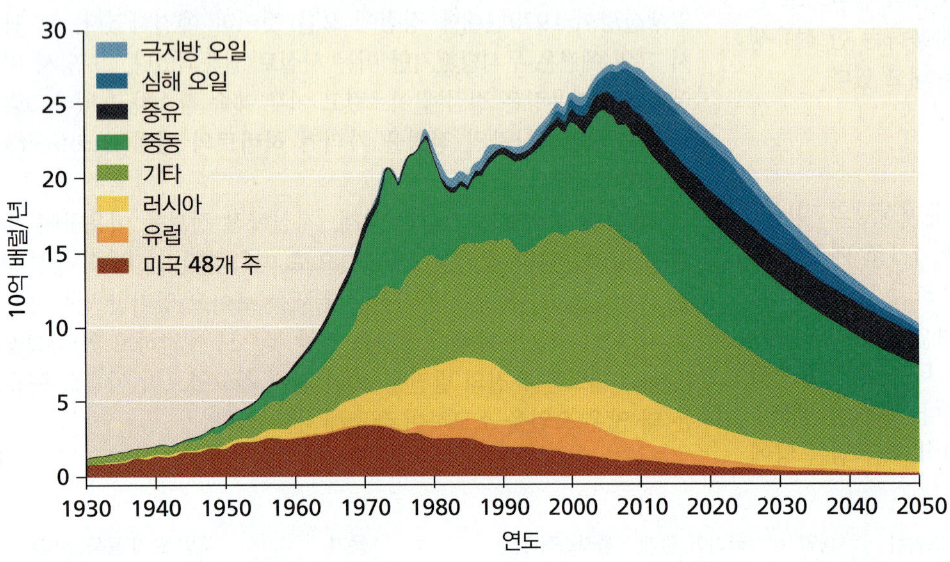

(b) 현재의 지구 오일 생산정점에 대한 예상

◀그림 15.9 화석연료는 재생불가능한 자원이기 때문에, 어느 시점에서 공급은 고갈의 중간지점을 통과하며, 연간생산량은 감소하기 시작한다. 미국의 오일생산은 지질학자인 킹 허버트의 예측처럼, 1970년에 절정에 도달했다**(a).** 알래스카와 멕시코만의 연속적 추출과 2차추출은 감소기간 동안 그의 예측을 뛰어넘어 생산량을 증대시켰다. 오늘날 많은 분석가들은 글로벌 오일생산량이 절정을 넘어섰다고 믿고 있다**(b).** 그림은 피크오일연구협회의 과학자들이 분석한 2009년 자료에서 발췌한 최근의 예상 규모이다. Data for (a) : Hubbert, M.K., 1956. *Nuclear energy and the fossil fuels*. Shell Development Co. Publ. No. 95, Houston, TX; and U.S. Energy Information Administration; (b) : Campbell, C.J., and Association for the Study of Peak Oil.

피크오일의 정확한 날짜를 예측하기란 매우 어렵다. 매년 생산량에 변화가 있기 때문에 그 시기를 지나치고도 이를 감지할 수가 없을 것이다. 석유회사와 정부는 오일의 정확한 매장량을 알려주지 않으려 하며 2차 추출의 양에 대한 평가도 엇갈리고 있다. 최근 미국의 지질조사에 의하면 추정 매장량은 1조 배럴이 아닌 2조배럴 또는 그 이상일 것으로 보고하고 있다. 2007년 미국의 회계감사원이 조사한 21개의 연구결과에 의하면 오일생산이 정점에 이르는 시기는 현재부터 2040년 사이에 발생할 것이라고 보고하고 있다.

그때가 언제 발생하든 수요와 공급 사이의 간극은 경제, 사회 정치적으로 우리 모두의 생활에 중대한 결과를 초래할 것이다. 피크오일에 대한 한 사회비평가이자 작가인 제임스 하워드 쿤슬러는 오일피크 이후의 소위 "장기 비상사태"의 기간 동안 벌어질 놀랄만한 시나리오를 다음과 같이 전개하고 있다: 더 이상 모든 제품들을 값싼 오일로 장거리 이송할 수 없는 상황에서 세계경제는 붕괴되고 각국의 경제는 지역화, 국소화될 것이다. 대도시는 도시농업 없이는 지탱이 불가능하게 되고, 화석연료에 기초한 비료와 농약이 없이는 아무리 농경지를 확장한다 하여도 70억 인구의 일부분에게만 식량배분이 이루어질 것이다. 미국의 교외지역은 자동차의 의존도가 높기 때문에 특히 심한 고초를 겪게 될 것이다. 쿤슬러는 또한 이들 교외지역은 녹슬은 자동차들이 즐비한 음산한 범죄의 도시인 미래의 슬램가로 전락할 것이라고 경고하고 있다.

보다 낙관적인 견해로는 오일가격의 하락은 오히려 정부와 기업, 개인에게 또 다른 힘의 요인으로 작용하여 에너지의 사용을 절약하거나 값비싼 화석연료를 사용할 것이며, 대체에너지를 개발하게 되어(16장) 다가오는 오일피크로부터 인류를 구원해줄 것으로 내다보고 있다.

지속가능한 사회를 달성하기 위해서는 재생에너지로 전환해야 할 것이다. 에너지의 효율성과 보전(15장)에 대한 투자는 변화의 시기를 좀 더 연장해 줄 것이다. 그러나 새로운 에너지 경제를 위한 기반을 구축하기 위한 연구 및 개발과정은 여전히 값싼 오일을 사용함으로써 가능하며 이러한 경제적 탈바꿈을 위한 시간은 그리 여유롭지 않다는 것이다.

기타 화석연료의 종류

오일생산량이 줄어듦에 따라 석탄이나 천연가스에 의존하려 할

FAQ

Q: 지하에 아직 수십 년 가량의 오일이 남아 있음에도 왜 우리는 피크오일에 대해 염려하는가?

A: 첫 번째로 기억해야 할 것은 피크오일이란 용어가 오일의 고갈을 뜻하지는 않는다는 것이다. 피크오일이란 오일생산량이 최고정점에 이른 것을 말한다. 이 정점을 지나게 되면 생산량은 감소하기 시작하며 공급과 수요의 경제학은 뒤바뀌게 된다. 공급은, 연간 5% 감소의 예측치로, 떨어질 것이다. 반면, 수요는, 특히 중국, 인도와 같은 국가가 수백만의 새로운 자동차를 차도에 진입시키면서, 증가세를 유지할 것이다. 수요와 공급의 차이는 상당한 경제적 파급효과를 일으키며 오일가격을 구동시킬 것이다. 높은 오일가격은 대체에너지원을 개발하려는 재정적 유인효과를 주겠지만, 새로운 재생가능한 에너지원을 개발하기 위해 충분한 시간과 자원을 찾으려는 과정에서 침체된 경제와 대치할 수도 있다.

것이다. 그러나 이 또한 그 정점을 지나 감소하게 될 것이다. 다른 형태의 화석연료로 최소 세 종류가 있다: 오일샌드, 오일셰일, 메탄 하이드레이트.

오일샌드 **오일샌드(oil sands 또는 타르샌드)**는 1~20%의 역청(bitumen)을 포함하는 습한 모래와 점토로 구성된 침전물이다. 역청이란 수소가 적고 탄소가 풍부한 두껍고 무거운 석유의 또 다른 형태이다. 오일샌드는 수분침식에 의해 화학적으로 변형되고 세균의 분해작용에 의해 변화된 원유의 일종이다. 역청은 너무 견고하여 일반적인 오일 시추방법으로 추출할 수 없기에 오일샌드는 노천 채굴방식으로 추출하고 있다(**그림 15.10**). 추출 후 역청은 특수한 정제과정을 거쳐서 수소를 첨가하거나 탄소를 제거하여 좀 더 값어치 있는 합성원유로 품질을 상승시킨다.

오일샌드의 4분의 3은 베네수엘라와 캐나다의 알버타에 매장되어 있다. 알버타에서는 1967년부터 노천 채굴을 하여 왔다. 원유가의 상승으로 오일샌드의 경제성이 증가하고 있으며 현재 12개 이상의 회사들이 이 지역에서 노천 채굴을 모색하고 있다. 캐나다의 오일샌드는 하루 100만 배럴 이상을 생산하고 있으며 이는 캐나다 석유생산량의 절반에 이르고 있다.

오일셰일 **오일셰일(oil shale)**은 케로틴이라는 유기물로 채워진 퇴적암으로 액체석유를 생산해 낼 수 있다. 오일셰일 또한 오일의 생성과 유사한 과정으로 만들어지는데 오일의 생성에 필요한 열과 압력이 부족하거나 케로틴이 충분한 지하깊이로 매장되지 않았기 때문에 형성된 것이다.

오일셰일 또한 노천 채굴이나 지표하층 채굴로 추출된다. 채굴된 오일셰일은 석탄과 같이 직접 연소하거나 수소를 첨가한 후 혐기상태에서 가소시켜 액체석유를 추출한다. 전 세계 오일셰일의 매장량은 6천억 배럴 정도의 양으로 알려졌으며 이는 석유매장량의 절반에 해당된다. 전세계 매장량의 40% 정도가 미국의 콜로라도, 와이오밍, 유타주에서 발견되고 있다.

메탄 하이드레이트 또 다른 형태의 새로운 화석연료가 해저의 침전물에 존재하고 있다. **메탄 하이드레이트(methane hydrate** 또는 메탄 클라스레이트, 메탄얼음)는 투명한 격자모양의 물 분자에 갇혀 있는 얼음모양의 고체 메탄 분자이다. 메탄 하이드레이트는 북극해저나 대륙붕의 여러 침전물 속 온도와 압력 하에서 매우 안정적이다.

과학자들은 지구상에 메탄 하이드레이트의 매장량이 매우 방대하여 석유, 석탄, 천연가스 등, 남아 있는 모든 화석연료의 2배 정도로 추정하고 있다. 그러나 우리는 이 물질을 안전하게 추출하는 방법에 무지하다. 추출과정에서 메탄 하이드레이트가 가스로 방출되어 버리는 재앙이 발생할 수도 있다. 이 과정에서 또한 대량 산사태와 쓰나미가 발생할 수 있으며 강력한 온실가스인 막대한 양의 메탄가스가 대기 중으로 방출되어 기후변화에 큰 영향을 줄 수 있다.

▶ **그림 15.10** 알버타에서, 회사는 세계에서 가장 큰 덤프트럭과 전기삽으로 오일샌드를 노천 채굴한다. 평균적으로 1배럴의 합성원유를 생산하는데 2톤의 오일샌드가 요구된다.

대체 화석연료는 단점이 있다

오일샌드나 오일셰일, 메탄 하이드레이트는 풍부하게 존재하지만 결코 에너지 위기의 만능해결책은 아니다. 첫 번째로, 이들의 순 에너지 가치는 추출 및 정제과정의 높은 비용으로 매우 낮다. 결국 투자대비 회수되는 에너지 비율(EROI)이 매우 낮게 된다. 예컨대 오일셰일의 생산과정에서 많은 에너지가 투입되며, 따라서 오일셰일의 EROI 값은 2:1 또는 3:1 정도인데 이는 원유의 5:1 또는 그 이상과 비교하여 낮은 수치이다.

두 번째로 이들의 환경에 대한 영향을 들 수 있다. 오일샌드와 오일셰일은 노천 채굴로 이는 주변경관을 해칠 뿐 아니라 주변 수계를 오염시킨다. 또한 이들을 채굴하기 위해서는 많은 양의 물이 필요하며 이 또한 채굴지에 흔치 않다. 알버타의 오일샌드 채굴지에서는 방대한 양의 오염된 물이 방치되어 있으며 이는 물새들에게 치명적이다. 이외에 대체 화석연료의 사용은 석탄, 오일, 가스와 마찬가지로 다량의 이산화탄소와 메탄 등을 방출하여 대기를 오염시킬 것이다. 이는 현재의 화석연료에 더하여 지구의 대기오염 및 지구기후변화를 가중시킬 것이다.

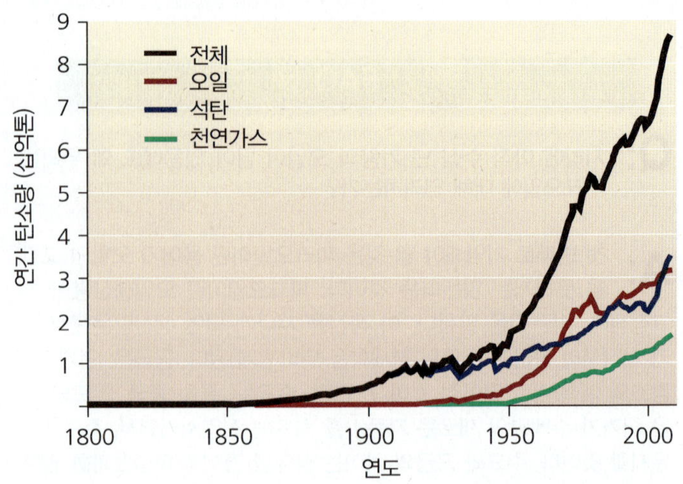

▲ **그림 15.11** 화석연료의 연소로부터 발생된 배출물질은 산업화가 진행되고 인구와 소비가 늘어나면서 드라마틱하게 증가하였다. 이곳에, 이산화탄소로부터 배출된 전 지구적 탄소방출을 발생원(오일, 석탄, 또는 천연가스) 별로 구분하였다. 기타 여러 발생원(시멘트 생산과 같은)도 전체의 항목으로 포함시켰다. Data from Carbon Dioxide Information Analysis Center, Oak Ridge National Laboratory, U.S. Department of Energy, Oak Ridge, TN.

화석연료 사용의 영향

현대사회의 화석연료에 대한 사랑과 이로부터 생산된 많은 석유화학제품들은 우리 조상들이 품어왔던 꿈 이상으로 생활수준을 높이고 수명을 연장시키며 장거리 여행을 수월하게 하였다. 그러나 동시에 이들은 인간과 환경에 악재로 작용하고 있으며 정치적, 경제적 불안정을 유도할 수도 있다.

화석연료의 사용은 대기오염과 기후변화를 유도한다

화석연료를 연소하게 되면 지구의 탄소순환에 변화가 온다. 우리는 지하에 오랜기간 저장되어왔던 탄소를 끄집어내어 대기로 방출시키고 있다. 이는 화석연료의 탄화수소가 공기 중의 산소와 만나 연소되는 과정에서 이산화탄소가 발생하며 이루어지고 있다. 이산화탄소는 온실가스(14장)로 지구를 덮어 기후변화를 초래하고 있다(14장). 기후변화는 여러 면에서 심각하고 광범위한 생태학적, 사회경제학적 영향을 끼치고 있으므로 이산화탄소에 의한 대기오염(**그림 15.11**)은 화석연료 사용에 따른 가장 중요한 환경영향으로 인식되고 있다. 더군다나, 메탄은 매우 강력한 온실가스이다. 오늘날 전 지구적으로 다방면에서 기후변화를 언급하고 있다(14장).

기후변화와 별개로 화석연료의 연소는 인간의 건강에 큰 영향을 주고 있다. 자동차의 가솔린 연소를 통하여 코와 목, 허파를 자극하는 오염물질이 방출되고 있으며, 암 또는 여타 심각한 건강장해를 유발하는 벤젠, 톨루엔 등의 탄화수소와 납, 비소 등의 불순물 또한 뿜어져 나오고 있다. 자동차 연료 및 화력발전소의 연소를 통하여 이산화황 및 질소산화물이 방출되며 이는 스모그(13장)와 산성비(13장)의 원인이 되고 있다. 석탄의 연소는 또한 생물체에 농축되었을 수도 있는 수은을 방출할 수도 있으며 이는 먹이사슬(10장)을 통하여 동물에게 피해를 주고 결국 인간에게도 그 피해가 올 수 있다.

화석연료에 의한 대기오염은 빠르게 산업화되고 있는 개발도상국에서 점점 심화될 수 있으며, 선진국에서는 감소하고 있는데 이는 미국의 대기오염방지법과 같은 건강을 보호하기 위하여 채택된 법제도의 결과이다(13장). 촉매정화장치와 같은 기술의 장착이 개발도상국내 배기가스의 오염을 크게 줄이는 데 기여할 것으로 내다보고 있다. 석탄화력발전에 의한 오염에 관한 현재 과학자와 공학자들은 불순물을 제거하기 위한 방법을 적극적으로 찾고 있으며 이는 환경 및 건강에 대한 영향을 감소시킬 것이다.

청정석탄기술은 석탄으로부터의 오염물질 감소를 목표로 한다

청정석탄기술(clean coal technologies)이란 석탄에서 전기를 발생시키는 동안 오염물질을 제거하기 위한 장비 등, 일련의 기술을 말한다. 이들 가운데는 오염물질을 화학적으로 전환시키거나 물리적으로 제거하는 장치인 여러 종류의 스크러버가 있다(13장). 다른 기술로는 수분함량이 높은 석탄을 건조시켜 청정연료로 바꾸는 것이 있다. 또한 가스화 과정을 통해서 적은 양의 오염물질과 에너지 효율을 높이는 방법이 있다. **가스화(gasification)**란 석탄을 고온에서 산소 및 증기와 반응시켜 **합성가스(syngas)**를 만드는 것이다. 합성가스는 가스터빈을 돌리거나 증기터빈을 돌리기 위한 물을 가열하는 데 사용된다.

미국정부와 석탄회사들은 청정석탄기술을 개발하기 위하여 수십억 달러를 쏟아부었고 이로 인해 황산이나 질산화물, 수은 등의 불순물을 제거하는 데 많은 도움을 주고 있다(13장). 석탄회사들은 또한 정부의 규제와 실행에 대항하며 많은 비용을 지불하고 있다. 결과적으로 많은 석탄회사들이 청정석탄기술의 도입 없이 건설되고 있는데 이들은 앞으로 몇십 년간 계속 대기를 오염시킬 것이다. 더구나 많은 분석가들과 환경론자들은 이러한 기술들이 완전한 청정기술이 될 수 없을 것이라고 강조하고 있다. 이들은 석탄은 본질적으로 발전용으로 맞지 않으며 완전히 청정에너지원과 교체되야 한다고 주장하고 있다.

탄소를 포집하고 저장할 수 있을까?

청정석탄기술이 모든 불순물을 제거한다 하더라도 석탄의 연소과정에서 엄청난 양의 이산화탄소가 방출되어 온실가스 효과를 강화하여 지구기후변화에 큰 영향을 줄 것이다. 이것이 오늘날 **탄소포집(carbon capture)** 및 **탄소저장(carbon storage, sequestration)**에 많은 관심을 두는 이유이다(14장). 이 방법은 방출되는 이산화탄소를 포집하여 이를 액화상태로 전환시켜 해양이나 지질학적으로 안정된 암석에 저장하는 것이다(**그림 15.12**).

탄소포집 및 저장(carbon capture & storage, CCS)기술은 새로운 시설을 짓거나 시설 개조과정에서 시도되고 있다. 세계최초의 탄소방출 제로를 위한 화력발전소가 2008년 독일에서 건설되었다. 이곳에서는 발생되는 황산과 이산화탄소를 포집하고 포집된 이산화탄소를 액화시켜 160 km 떨어진 곳에 위치한 폐기된 천연가스 유전지역으로 운송한 뒤 지하 900 m 깊이에 저장시킨다. 노스다코다주의 Great Plains Synfuels 발전소에서는 석탄을 가스화시킨 후 발생된 이산화탄소의 절반가량을 파이프라인을 통해서 캐나다로 이송하고 있는데 캐나다의 석유회사는 이를 사들여 유전내 오일을 추출하는 데 사용하고 있다.

최근 미국의 에너지국은 9개의 에너지회사와 팀을 이뤄 방출제로(zero emission)에 근접한 석탄화력발전소를 건설하려 하고 있다. 15억 달러의 *FutureGen* 프로젝트로 알려진 이 사업은 일리노이주의 마툰에 위치해 있으며 이곳에서는 석탄을 가스화 및 병합순환방식으로 연소하여 전기와 수소를 생산하고 이때 발생된 이산화탄소를 포집하여 이를 지하로 저장시키는 시설을 설계, 건설, 운영하려 하고 있다.

그러나 에너지전문가들은 아직 검증이 안 된 탄소포집 및 저장기술에 흡족해 하지는 않고 있다. 아직은 저장된 CO_2가 안정적으로 존재할지 또는 이 과정에서 지진 등을 유발하지는 않을지 알 수가 없다. 주입과정에서 지하수를 오염시킬지도 모르며, 해양에 주입된 CO_2는 주변해양수를 산성화시킬 수도 있을 것이다(12, 14장). 더구나, CCS는 많은 에너지의 투입이 필요하며 결국 비용을 지불하여 EROI의 값을 낮추고 있다. 마지막으로, 많은 재생에너지 옹호론자들은 CCS의 방법이 방출자들의 부담을 덜어주고 화석연료의 의존도를 높임으로써 재생에너지로의 전환에 방해가 될 것을 우려하고 있다.

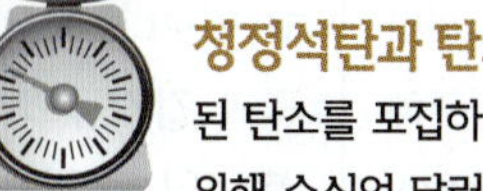

청정석탄과 탄소포집 당신은 우리가 화석연료로부터 방출된 탄소를 포집하고 석탄을 청정하게 태울 수 있는 방법을 찾기 위해 수십억 달러를 지불해야만 한다고 생각하는가? 또는 비록 현재는 석탄에 버금가는 규모의 전력을 생산하는 데 필요한 충분한 인프라가 갖추어져 있지 않다 하더라도, 청정하고 재생가능한 에너지원을 개발하려는데, 예산을 투자하는 것이 더 낫다고 생각하는가? 각각의 질문에 어떠한 긍정적인 면과 부정적인 면이 있는지 알아 볼 수 있는가?

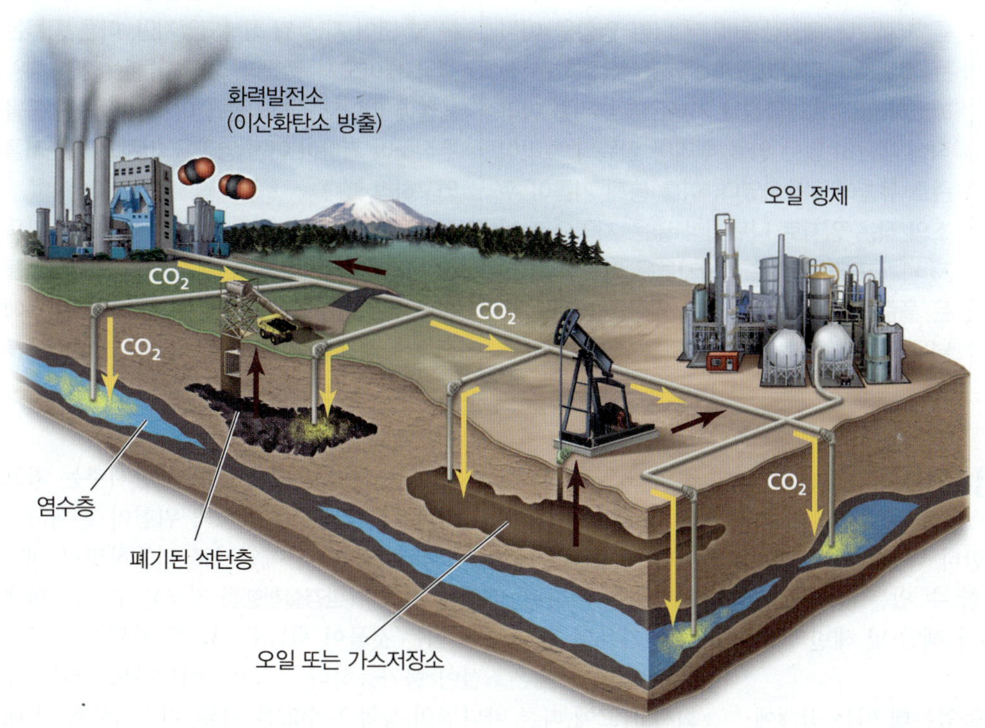

◀ **그림 15.12** 탄소포집 및 저장계획으로, 고갈된 화석연료 매립지, 깊은 염수 대수층, 또는 2차추출이 진행 중인 오일이나 가스매립지내로 액화된 이산화탄소를 주입할 것을 제안한다.

EPA의 한 과학자가 해변내 기름의 영향을 평가하기 위해 샘플을 채취하고 있다.

과학 비하인드 스토리

걸프만 기름유출의 영향을 찾아서

버락 오바마 대통령이 딥워터 호라이즌호의 기름유출사건에 대하여 "지금까지 미국이 직면한 가장 최악의 환경재난"이라고 한 말은 많은 미국인들에게 큰 반향을 일으켰다. 그러나 실제로 과학적 연구는 걸프만의 기름유출에 대하여 어떻게 얘기해 줄 것인가?

유출지역인 심해의 특징으로 인해 과학자들이 연구하기에 어렵기 때문에 이에 대한 모든 답을 얻을 수 없다. 많은 부분이 알려져 있지 않다. 그러나 기름유출에 대한 강도 높고 집중적인 과학적 대응은 오늘날 과학이 사회에 도움을 주는 역동적인 모습을 보여주고 있다.

기름이 유출됨에 따라 과학자들이 취한 첫 번째 업무는 얼마나 많은 기름이 유출되었는지, 어디로 흘러가고 있는지를 알아내는 것이었다. 영국석유회사와 미국정부에서 얻은 초기의 유속추정치는 매우 낮았고, 연구자들은 마침내 하루에 6만 2000배럴이 유출되는 것으로 측정했다.

바다밑 오일의 이동경로를 추적하는 것은 표면의 오일을 추적하는 것보다 훨씬 까다롭다. 몇 년간 걸프만에서 기름유출을 연구해 온 조지아대학의 생화학자 맨디 조이(Mandy Joye)는 새고 있는 기름유출부에서 맨해튼 크기의 기름기둥이 만들어지고 있다고 보고하였다. 그녀는 또한 기름과 가스를 먹고사는 세균들이 증식함에 따라 수중의 산소가 소비되는 저산소증 또는 산소농도가 낮아지고 있다는 증거를 밝혔다(2, 12장). 저산소증은 바다밑 지역을 어류와 다른 생물들이 살 수 없는 지역으로 만들 수 있다.

조이와 그 밖의 사람들은 넓은 해양과 바다밑 깊은 곳의 해양생물들의 영향에 대해 우려하고 있다. 몇몇 과학자들은 엷게 퍼져나간 기름층이 플랑크톤(먹이사슬의 기저층)과 함께 새우, 어류, 굴(어류산업의 기둥) 등에 파괴적일 수 있다는 것을 염려하고 있다. 과학자들은 샘플을 채취해서 유출이 발생하는 동안 플랑크톤의 숫자가 크게 감소하고 있다고 보고하고 있으나, 많은 유충들이 사라지고 성체의 어류와 갑각류의 숫자가 줄어드는 것을 알려면 몇 년이 더 걸릴 것이다.

영국석유회사가 기름을 분쇄하기 위해 사용했던 Corexit 9500이라 불리는 화학유화제의 영향은 또 다른 의문을 던지고 있다. 1978년 프랑스의 아모코 카디즈(Amoco Cadiz) 기름유출건을 추적했었던 생물학자 필리프 보댕(Philippe Bodin)의 보고는 Corexit 9500이 기름 자체보다 해양생물에 더 나쁜 영향을 미치는 것으로 나타나고 있다. 영국석유회사는 전례없이 많은 화학물질을 기름유출 부위를 따라 직접 대단히 많은 양을 뿌리며 딥워터 호라이즌호 유출에 적용하였다. 이를 통해 기름이 수조의 작은 입자로 나눠지며 넓은 지역으로 퍼져 나가고 있다. 많은 과학자들은 이것이 더 많은 플랑크톤과 유충, 어류에 영향을 미치며 더 넓은 곳으로 확장해 나가는 것을 염려하였다.

새와, 바다거북, 해양포유류 등에 가해지는 기름의 영향은 좀 더 접근이 용이하다. 공식적으로 확인된 사망숫자만 새 6,104마리, 거북 605마리, 그리고 97마리의 포유류가 포함되어 있고, 수백 마리의 동물들이 야생구조대에 의해 구조되었다. 그러나 훨씬 더 많은 파악되지 않은 동물들이 기름에 피해를 당했다. 이것이 다음 해의 동물의 분포에 어떤 영향을 가져올지는 분명치 않다. 1989년 알래스카의 엑손 발데스호(*Exxon Valdez*) 기름유출시, 어떤 종들은 몇 년이 지난 뒤 회복되었지만, 다른 종들은 결국 돌아오지 못했다. 연구자들은 몇몇 해양동물에 라디오 전파기를 달아서 이들의 행동을 추적하며 기름이 어떤 영향을 미치고 있는지를 연구하려 했다.

기름으로 뒤덤벅된 습지의 광경으로 가득찬 방송을 지켜보며, 연구자들은 습지식물들의 광범위한 사멸로 인하여 해안가가 파도에 심각한 침해를 받을 것을 우려하고 있다. 루

오일유출은 해양과 연안환경을 오염시킨다

발전소로부터 대기오염물질을 아무리 정화한다 해도 화석연료는 여러 형태로 수질을 오염시킨다. 쉽게 생각할 수 있는 것으로 유조선의 기름유출이나 해양석유 시추선에 의한 해안 및 해변의 오염을 들 수 있다.

딥워터 호라이즌 사건은 통제가 매우 힘들었는데 이는 심해에서의 오일유출 사고가 전에는 없었기 때문이다. 해양시추는 최고의 기술로도 해결하기 힘든 심각한 환경영향의 위험이 존재하고 있다. 유출된 기름이 멕시코만을 따라 해안가로 이동하면서 해당 지역들은 커다란 영향을 받았다(**환경실천행동** 참조). 수많은 희생동물 가운데 가장 눈에 띄는 것들이 새들로 이들은 깃털이 기름으로 뒤덮이면 체온조절이 불가능하다. 그러나 이보다도 영국석유회사 사고에 따른 바다밑의 상황은 수많은 어류, 새우, 산호 및 해

이지애나주는 이미 지반침하, 준설, 해수면 상승, 그리고 미시시피강(12장)의 댐에 의한 토사유입 등으로 해안습지의 많은 부분을 상실했다. 다행히, 연구자들은 기름이 대부분 식물의 뿌리를 통과하지 못한다는 것과, 기름으로 덮인 초지들이 새롭게 생장하고 있음을 알게 되었다. 실제로, 루이지애나 주립대학의 연구자인 유진 터너(Eugene Turner)는 2010년 기름에 의해 유실된 습지가 매년 다른 요인으로 유실된 습지와 비교해서 매우 낮다고 말하였다.

기름유출의 생태학적 영향은 인간에게도 상당한 충격을 주었다. 이 지역의 왕성했던 어업은 폐업하며 수천 명의 어부들의 일자리를 빼앗아 갔다. 정부는 어류와 갑각류에 대한 오염정도를 측정하고 안전하다고 판명되면 어업을 재개토록 하였으나, 소비자들은 이 지역의 해산물을 구매하려 하지 않았다. 해안의 관광산업은 방문객들이 외면하면서 여름 내내 한산하였다. 복합적으로, 어업과 관광업의 손실은 수십억 달러에 달했다.

경제적 손실에 따른 스트레스와 걱정으로 사람들의 건강이 나빠졌다고 보고한 연구자료도 있다. 3분의 1 이상의 부모들이 조사에 임한 콜롬비아대학의 연구자들에게 그들의 자녀들이 기름유출의 결과로 신체적 또는 정신적 건강질환을 겪었다고 말했으며, 이 상황은 저소득층에게는 2분의 1 정도로 증가했다. 다른 연구에서도 우울, 두통, 호흡기질환 및 가정내 폭력 등이 증가했다고 보고하였다.

과학자들은 걸프지역의 기름유출이 오래 지속적으로 영향을 미칠 것이라 보고 있다. 1979년 멕시코만의 유사한 익스톡(*Ixtoc*) 유출에서도 아직까지 기름이 해안의 맹그로브 산림지역과 죽은 산호초 인근 침전물에까지 남아 있다. 이 지역의 어부들은 수확량이 정상으로 돌아올 때까지 수년이 경과되었고, 굴은 아직도 회복되지 못하고 있다고 말한다. 아모코 카디즈 유조선이 기름유출을 한 뒤, 굴과 다른

딥워터 호라이즌의 기름유출에 의한 천연자원의 손실을 평가하기 위한 노력이 유사사고들 중에서 가장 광범위하게 진행되고 있다. 이러한 다각적 노력 속에서, 수천의 연구자들은 서식처를 조사하고, 샘플을 가져와 실험실에서 분석하고, 야생생태계와 밀도, 기타 등등을 탐색하고 모니터링하고 있다.

해산물들이 회복되는데 7년이 걸렸다. 알래스카의 엑손 발데스호가 유출한 기름은 해안 모래밑에 아직 남아 있으며, 이를 제거해야 할지, 그대로 두는 게 최선인지에 대해서 아직도 연구자들이 논쟁을 벌이고 있다.

그러나 연구자들은 걸프지역의 회복에 대해서는 희망적인 이유에 동의를 보이고 있다. 한 예로 걸프지역의 온화한 햇살의 기후가 기름을 빠르게 자연적으로 분해할 것이라는 것이다. 뜨거운 햇살 하에서, 기름의 방향족화합물들은 표면에서 증발하거나, 분해되어 상대적으로 적은 양의 벤젠, 나프탈렌, 톨루엔 등의 독성물질이 해양생물에 남게 될 것이다. 또한 탄화수소를 잡아먹는 세균들이 걸프해안과 침전물, 습지 등에서 살고 있는데, 이는 기름이 바다밑에서 자연적으로 스며 나오거나, 시추선과 유조선, 연결관 등에서 새어나오기 때문이다. 따라서 다른 곳에서는 기름을 먹는 세균이나 이들의 생장을 도모하기 위해서 양분을 투여하고 있지만, 걸프지역에서는 이미 기존의 세균들이 살고 있어서 자연적으로 자체 정화 능력을 갖고 있다고 할 수 있다.

연구자들은 현재 광범위한 과학적 연구를 수행하고 있다(**그림 참조**). 새로운 기금이 이를 도울 것이다. 영국석유회사는 앞으로 10년 동안 5억 달러를 투입하기로 약속했는데, 이는 기름유출전 연방정부가 제공하기로 했던 금액의 10배 수준이다. 제기된 많은 질문들에 대한 답은 장기적 영향이 분명해질수록 점진적으로 드러날 것이다. 과학자들은 많은 연구결과들이 보다 바람직하게 되고, 걸프시스템이 예상했던 것보다 더 충실히 회복되길 바랄 뿐이다.

양동물들의 희생이며 이는 해안 및 해양생태계에 복합적으로 영향을 미치고 있다. 습지식물들이 죽으며 침식된 습지로 인해 뉴올리언즈를 비롯한 해안도시들은 홍수와 폭풍으로부터 심각한 위험에 처하게 되었다. 많은 해산물을 공급하고 있던 해안지역의 어업은 크게 타격을 받아 수천의 어부와 새우양식업들이 일손을 놓게 되었다. 관광업 또한 큰 타격을 받았으며 경제적, 사회적 영향은 몇 년간 지속될 것으로 내다보았다. 이 사건을 통하여 과학자들은 해양기름 유출의 면모 및 지역과 생태계에 미치는 영향 등에 대하여 연구하고 있다(**과학 비하인드 스토리** 참조).

북극의 빙하가 녹으면서 새로운 항로가 만들어지자 각국은 부근의 해저에 있을 기름과 가스 매장지를 선점하기 위한 자리다툼의 각축전을 벌이고 있다. 그러나 북극해양에서의 시추는 매우 심각한 위험요소를 안고 있는데 이는 유출사고가 발생할 경우 빙하조각이나 폭풍, 저온 및 암흑의 계절 등의 요인들이 방제작업에

딥워터 호라이즌호의 유출사고는 멕시코만으로 수천만 갤론의 오일을 쏟아냈다. …

바다 표면의 기름띠

… 해안을 오염시키고 수많은 동물을 죽였으며 어업과 관광을 파괴시킨 곳

기름에 범벅된 갈색펠리컨

수천의 사람들이 스스로 정화작업에 뛰어들었으나 그 영향은 오랫동안 지속될 것이다.

정화된 오염 해변

바꿀 수 있다

- 지역내 오염정화 자원봉사
- 해양완유 시추에 대한 규제를 강화하도록 정책입안자들을 종용
- 오일소비량을 줄이는 행위
  자동차 사용 줄임
  연료효율이 높은 차 이용
  로컬 음식 섭취
  재사용, 재활용
  재생가능에너지 옹호

방해가 될 것이기 때문이다. 차가운 해수온도 또한 기름의 자연적 분해과정을 지연시킬 것이다.

화석연료의 사용과 채굴은 다양한 방법으로 오염시킨다

대형 해양유출사고가 해양환경에 큰 영향을 끼치고 있지만 기름에 의한 대부분의 수질오염은 우리 모두가 관련된 대규모의 비점오염원(12장)으로부터 발생하고 있다(12장). 자동차와 가정, 산업, 주유소, 각종 업무과정에서 새어나온 기름은 강과 수처리시설에 침투하여 결국 해양으로 흘러들어간다. 지하저장고에서 흘러나온 기름은 지하수를 오염시킨다. 또한 화석연료의 연소과정에서 발생된 대기오염은 담수생태계에 많은 영향을 주게 된다(13장).

육상에서의 채굴 또한 환경에 많은 영향을 주고 있다. 석탄의 채굴은 산성배수로 인하여 주변 수계를 오염시키고 서식처를 파괴하며 수많은 환경적, 사회적 영향을 끼치고 있다(11장). **석탄층 메탄가스(coalbed methane)**를 채굴하기 위해서 지하수를 사용하는데 염분이 있는 지하수를 주변에 투기하는 과정에서 토양을 오염시키고 식생을 파괴하게 된다.

많은 가스유전지에서 가스의 채굴은 수압파괴(hydrofracking or hydraulic fracturing) 방식에 의해 모래와 화학물질이 혼합된 물에 압력을 가하여 바위를 파괴함으로써 이루어지고 있다. 방대한 양의 물은 지표면으로 되돌아오면서 종종 지하 깊숙이 있던 염분이나 라돈 같은 방사능물질, 벤젠 등의 독성물질과 섞여 나온다. 이들 폐수는 이러한 독성물질에 대한 검사가 충분하지 못한 폐수처리시설로 가게 된다. 최근 펜실바니아의 천연가스 채굴지역이 바로 이러한 관심을 불러 모으고 있다. 이곳에는 방대한 마셀리스 셰일(Marcellus Shale) 매장지로부터 가스를 채굴한 후 반송된 수백만 갤런의 폐수를 처리시설로 보내고 있으며 이곳에서 처리된 물은 피츠버그, 필라델피아, 하리스버그 및 기타 도시의 주민들이 음용수로 이용하는 강물로 방류되고 있다.

육상에서 기름과 가스를 채굴하기 위해서는 도로연결망이 건설되어야 하며 이 과정에서 많은 후보지가 탐색되고 있다. 완전한 시추를 위한 기반시설로는 노동자들의 숙소 및 도로, 운송배관, 토양폐기물 더미, 그리고 기름을 채굴한 후 발생된 유해슬러지를 처리할 연못 등이 있다. 이러한 행위들은 토양과 수질을 오염시키며 서식지를 파괴하고 야생동물들을 교란시킨다. 알래스카 해안 노스슬로프(North Slope) 툰드라지역이 바로 이러한 문제들이 제기되고 있는 지역으로 정책입안자들 사이에 북극의 국립야생보호구역에 개발을 허용할 것인가에 대한 논쟁이 끊이지 않고 있다.

다행히도 과거에 비해 시추기술은 환경을 고려하여 시도되고 있다. **방향성 천공(directional drilling)**은 시추판(drilling pad)을 중심으로 밖으로 뻗어나가는 시추방법으로 수직으로 파 내려간 다음 그곳에서 다시 수평으로 파 들어가는 기술을 말한다. 이 기술은 시추판 주변으로 반경 수천 미터의 지하공간까지 탐색가능하다. 결과적으로 소수의 시추판으로 가능하며 지표면 시추지점의 흔적 또한 매우 적다.

화석연료의 채굴로부터 환경과 건강을 보호하기 위한 비용은 일반적으로 시장가격에 반영되어 있지 않다. 그 대신 우리는 의료비용이나 환경정화비용, 삶의 질에 미치는 영향 등에 대한 외부비용을 지출하고 있다(5장). 더군다나 주유소 및 가정에서 사용하는 연료의 비용에는 화석연료 생산에 지불되는 재정비용이 포함되어 있지 않다. 오히려 화석연료의 비용은 정부에서 석유회사에 지급하고 있는 보조금에 의해 싼 값에 형성되어 있다(5장). 따라서 우리는 알게 모르게 각종 세금을 통하여 화석연료의 에너지 비용을 지불하고 있는 것이다.

화석연료의 채굴은 지역주민에게 다양한 영향을 미친다

유전지역에 살고 있는 사람들은 유전산업과 관련하여 일자리와 경제적 이익을 받는 한편 오염에도 노출되어 있다. 멕시코만 지역은 기름과 가스산업에만 107,000명의 고용자가 활동하며 지역경제에 도움을 주고 있다. 그러나 이보다 더 많은 사람들이 관광이나 서비스산업, 어업 등에 종사하고 있으며 이들은 딥워터 호라이즌호 유출사고시 상당한 타격을 받은 사람들이다. 따라서 한번의 사고가 유전산업에 따른 경제적 이익을 압도할 수가 있는 것이다. 일자리와 환경영향에 대한 유사한 사례가 애팔래치아의 산정상 채굴과정에서 발생하고 있다(11장).

세계 대부분의 화석연료 채굴지역에서 지역주민들은 경제적 보상없이 오염에 시달리고 있다. 다국적기업들은 개발도상국의 기름과 가스를 채굴하는 과정에서 해당정부에 허가비용을 지불하고 있는데 이는 종종 유전지역의 주민들에게 제대로 지급되지 않고 있다. 더구나, 산유국 중 개발도상국가인 에콰도르, 베네수엘라, 나이지리아는 환경규제가 거의 없으며 그나마 있는 규제조항도 금전상의 이익에 따라 정부가 원치 않으면 실행되지 않고 있는 실정이다.

에콰도르에서는 지역민들이 열대우림지역에서의 유전사업과 관련한 환경 및 건강상의 영향에 대하여 미국의 석유회사인 쉐브론에 소송을 제기하였다. 2011년 에콰도르 법정에서는 쉐브론의 유죄를 인정하여 정화비용으로 관련소송상 역대 최대규모인 미화 95억 달러를 지급할 것을 명령하였다. 그러나 쉐브론은 미국의 법정으로부터 처분금지결정을 받아냈고, 이에 양측은 평결에 대한 팽팽한 샅바싸움을 벌이고 있다. 현재 양측의 대결은 국제적인 관심을 받고 있으며 그 결과는 매우 파장이 큰 전례를 남길 것이다.

나이지리아에서는 쉘오일(Shell Oil)회사가 오고니(Ogoni) 원주민 마을에서 300억 배럴의 기름을 채굴해 갔지만 오고니 원주민들은 물도 전기도 없는 가운데 아직도 빈곤에서 벗어나지 못하고 있다. 기름으로 인한 이익은 쉘 회사와 나이지라아 군부독재정권으로 돌아갔다. 이로 인하여 근처의 주민들은 기름유출, 소음, 화염 등에 노출되면서 질병을 얻게 되었다. 1962년 오고니의 환경운동자이자 지도자였던 켄 사로-위와(Ken Saro-Wiwa)는 주민들에 대한 보상문제로 정부와 투쟁하였다. 몇 년간의 박해와 고통을 겪은 뒤 사로-위와는 1994년 나이지리아 정부에 체포되었고 엉터리 소송으로 세계적인 조롱을 받은 군사법정에 의하여 사형을 당하였다.

외국 에너지 의존도는 국가 경제에 영향을 미친다

한 광주리에 모든 계란을 담는 것은 매우 위험한 일이다. 실제로 우리의 모든 기술과 서비스는 화석연료에 의존하고 있으므로 공급이 원활하지 못하거나 가격이 상승하면 크게 타격을 받게 된다. 충분한 화석연료를 보유하지 못한 나라의 경우 특히 타격이 크다(**그림 15.13**). 1970년 석유파동 이후 미국 또한 점점 수입에 의존하게 되었으며 현재 원유의 3분의 2가량을 수입하고 있는 실정이다.

의존한다는 것은 수출국가가 가격을 통제하고, 원유의 공급량이 감소될수록 수입국에 더 많은 기구지불을 강요한다는 것이다. 이 같은 경향은 1973년 석유수출국기구인 *OPEC*(*Organization of Petroleum Exporting Countries*)이 미국에 석유수출을 금지함으로써 더욱 분명히 나타났다. 석유수출국기구의 대부분 아랍국가들은 아랍-이스라엘 간의 제4차 중동전쟁인 욤 키푸르 전쟁(Yom Kippur War)에서 미국의 이스라엘 지원을 반대하며 석유공급을 제한하여 가격을 올려버렸다. 이러한 제재조치는 서구사회에 공황을 초래하였고 기름가격이 천정부지로 솟아오르며 인플레이션을 몰고 왔다(**그림 15.14**). 미국인들은 이에 대한 공포로 주유소 앞에 장사진을 치게 만들었다. 최근들어 허리케인 카트리나와 리타가 2005년도 해안가를 강타했을 때 많은 정유소와 해양시추선이 파괴되어 기름과 가스값이 가파르게 상승했었다.

지구 대부분의 오일이 중동지역에 몰려 있기에 이 지역에서의 위기는 미국 정책결정자들의 끊임없는 관심의 대상이 되고 있다. 2011년 튀니지와 이집트에서 불기 시작한 민주주의를 향한 거리의 봉기는 미국과 서유럽의 지도자들을 매우 난처하게 만들었는데 그 이유는 이들이 오랜 기간 이 지역의 독재자들을 옹호해 왔기 때문이었다. 독재자들은 자국의 민주주의를 탄압하는 한편, 서구사회에 대하여 오일에 쉽게 접근할 수 있도록 조치하였던 것이다. 2011년의 봉기는 오일사건과 관련한 최근의 한 예이며 뒤돌아보면 이와 같은 예는 1970년대 석유수출국기구의 엠바고를 비롯하여 1980년대 미국과 이라크, 이란대 이라크의 전쟁 등에서 찾아볼 수 있다.

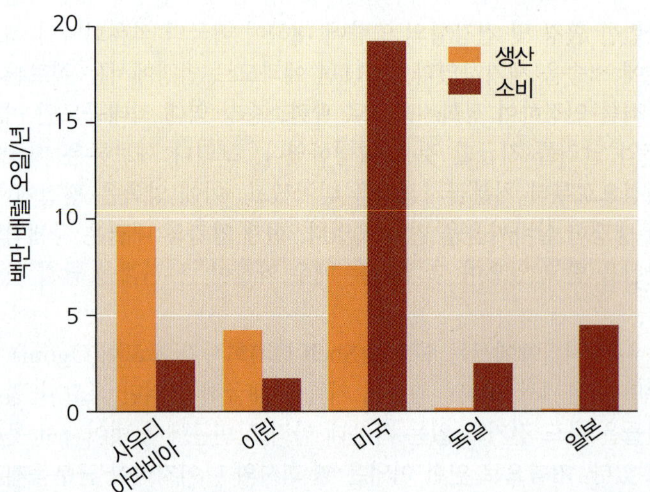

▲ **그림 15.13** 일본, 독일, 미국은 오일의 생산량보다 소비가 더 많은 나라들이다. 이란과 사우디아라비아는 소비량보다 더 많은 오일을 생산하고 있으며, 소비가 높은 나라에 오일을 수출할 수 있다. Data are for 2010, from U.S. Energy Information Administration and British Petroleum.

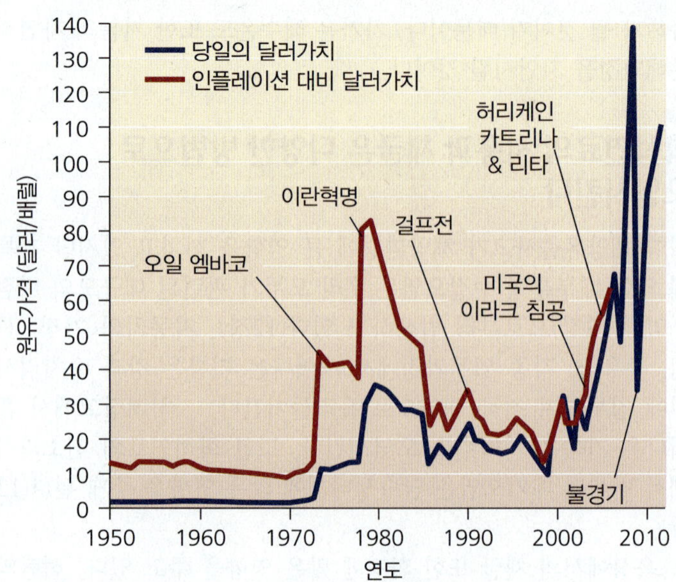

▲ **그림 15.14** 세계의 오일가격은, 종종 오일을 생산하는 국가의 정치적, 경제적 사건 등의 이유로, 지난 몇십 년 동안 크게 선회해왔다. 최근 가장 큰 가격인상은 오일이 풍부한 중동에서의 전쟁과 불안요인의 결과였다. Data from U.S. Energy Information Administration.

1973년 엠바고에 대한 대응책으로 미국정부는 수입에 대한 의존도를 낮추는 정책을 실행하였다. 이에 따라 석유회사들은 옛 유전지역에서 제2추출을 위한 시도를 하였다. 미국정부는 비상시를 위한 비축을 하기 시작했는데 오늘날 한 달 정도의 오일을 비축하고 있다. 국내생산자들의 판매가격을 동결하였고 재생에너지에 대한 연구에 투자하게 되었으며 아래에서 다룰 에너지 보존관련 법령 등을 시행하였다. 미국의 새 정책은 멕시코만 지역의 해양채굴 등 또 다른 유전자원의 개발을 불러일으켰다. 수입의존도를 낮추고 국내 생산을 부추키는 열망은 더 깊은 곳으로 해양시추를 시도하게끔 유도하였다. 이러한 시도는 알래스카 북부해안 노스슬로프(North Slope)에 위치한 북극국립야생보호구역(Arctic National Wildlife Refuge)에 대한 시추를 개방하기 위한 제안을 반복적으로 되풀이하게 만들었는데 비평가들은 이 지역의 개발이 생산량을 크게 증가시키지도 못하면서 미국의 마지막 보루인 야생지를 파괴할 것이라고 경고하고 있다.

이러한 정책에도 불구하고 미국은 해마다 더 많은 기름의 수입이 필요한 상황이다. 미국은 주로 중동에 의지해왔던 수입원을 다각화하여 오늘날에는 캐나다, 멕시코, 베네수엘라, 나이지리아 등으로 확산하고 있다.

어떻게 우리는 재생에너지로 전환할 것인가?

화석연료는 더 이상 지속가능한 에너지원이 아니다. 화석연료는 공급이 한정되어 있으며 또한 건강 및 환경, 정책 및 사회경제학적인 여러 부정적 결과를 빚어내고 있다(그림 15.15). 이러한 이유로 많은 과학자와 환경운동가, 사업가와 정책입안자들은 인간과 자연에게 덜 영향을 미칠 청정, 재생에너지원으로의 전환을 모색하고 있다. 이 부분에 있어 다른 나라가 미국보다 앞서 나가고 있다. 프랑스는 전력생산을 원자력발전에 의지하고 있으며 독일은 태양발전에 투자하고(16장), 중국은 다양한 재생에너지 기술개발에 주력하고 있다.

재생에너지원으로 전환함에 따라 우리는 화석연료의 사용기간을 연장할 수 있을 것이다. 에너지효율을 높이기 위한 기술을 개발하거나 에너지사용을 줄임으로써 에너지보존을 위한 정책실행과 함께 우리는 화석연료의 사용 연한을 늘릴 수 있다.

에너지 효율과 보존

재생에너지원으로 전환되기 전까지 우리는 점점 감소하는 화석연료의 사용을 최소화하기 위한 방법을 찾아야 할 것이다. **에너지효율성(energy efficiency)**이란 투입된 에너지와 비교하여 더 많은 출력에너지를 얻기 위한 능력을 말한다. **에너지보존(energy conservation)**은 에너지의 사용을 절감하기 위한 실천을 말한다. 에너지효율이 크면 에너지의 사용이 줄어들므로 효율성은 보존을 위한 일차적인 수단이 되고 있다. 효율성과 보존은 재생불가능한 에너지의 공급수명을 연장하고 이로 인한 환경영향을 경감할 수 있게 할 것이다.

개인선택과 효과적인 기술은 보전의 두 경로이다

개인 차원에서 우리는 자동차의 사용을 줄이거나 불필요한 전등을 끄고, 난방온도를 낮추거나 저효율 가전제품의 사용을 줄임으로써 에너지의 사용을 줄여나갈 수 있다.

많은 유럽국가들은 미국보다 일인당 에너지소비량이 적지만 동일한 생활수준을 유지하고 있다. 이는 미국시민들 역시 에너지

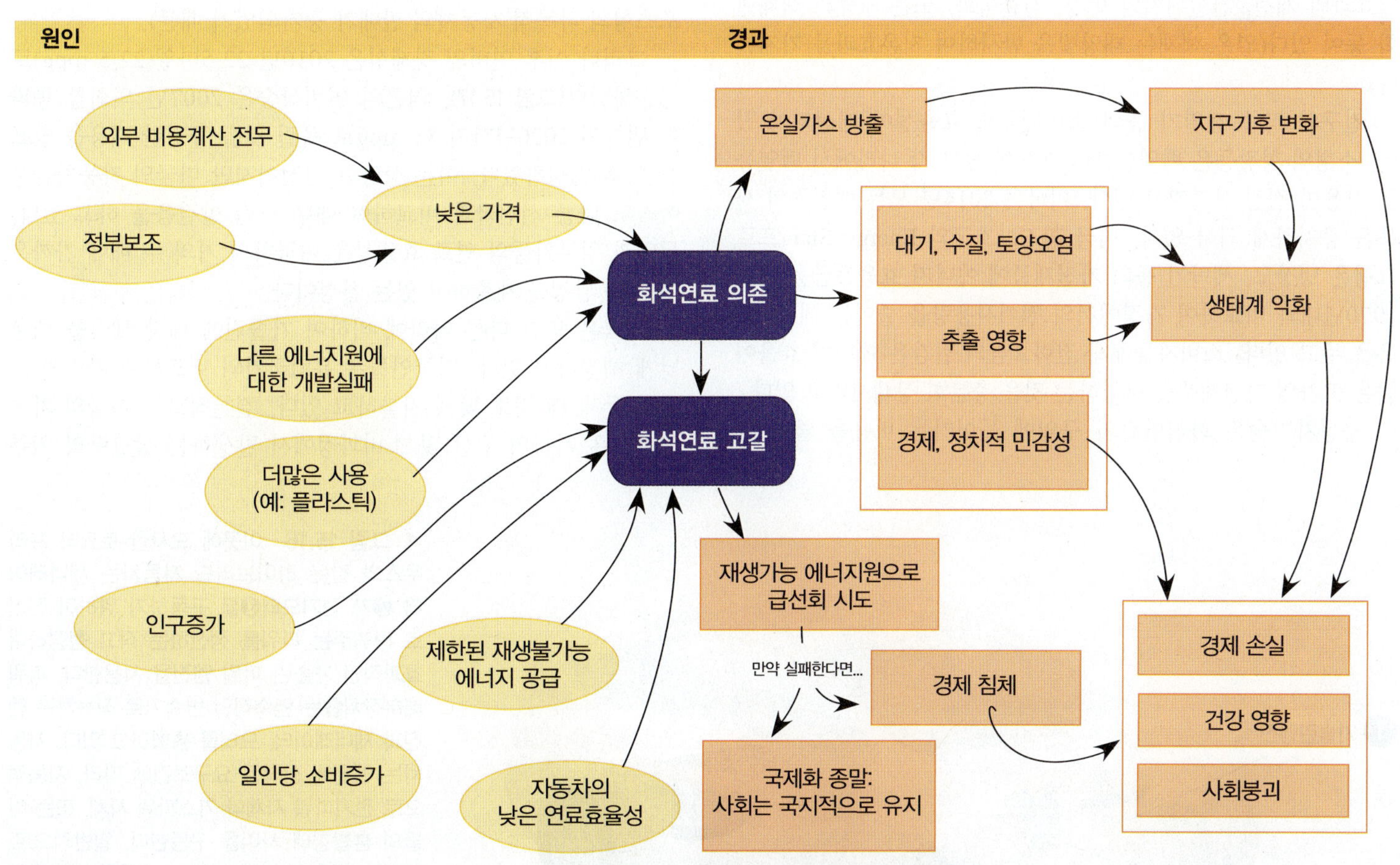

▲ **그림 15.15** 화석연료에 대한 의존과 고갈에는 많은 원인(왼쪽은 타원)과 결과(오른쪽은 상자)가 있다. 본 개념도의 화살표는 원인에서 결과로 이어진다. 외부상자 안에 묶은 항목들은 특별한 관계를 맺고 있지는 않다. 외부상자들은 단순히 그림을 간소화시킨 것이다.

해결책

이 장을 학습하면서 화석연료의 고갈 및 의존에 대한 해결 방안을 가능한 많이 찾아보라. 이 문제에 대처하기 위해 당신은 개인적으로 무엇을 할 수 있는가? 각각의 행동과 해결책들이 위에 열거한 개념지도의 내용에 어떻게 영향을 줄 수 있는지 생각해보라.

소비량을 줄이면서 삶의 질을 유지할 수 있다는 것을 말하고 있다. 더구나, 에너지소비량을 줄인다면 자원을 절약하면서 개인 또는 회사의 비용도 절감할 수 있을 것이다.

우리는 진보된 기술과 전략으로 에너지 소비장치 및 과정을 효율적으로 전환하여 에너지를 보존할 수 있다. 현재 우리가 사용하는 화석연료의 3분의 2는 자동차 및 발전소에서 단순히 폐열로 사라지고 있다. 미국은 다른 산업화된 국가와 비교하여 국내총생산액(GDP)대비 두 배 정도의 에너지를 태우고 있다. 다행히도 미국은 지난 30년과 비교하여 국내총생산액 대비 에너지 사용량이 50%로 줄어들었다. 이러한 효율화 작업에 힘입어 앞으로는 더 많은 진전이 있을 것으로 기대하고 있다.

발전소에서는 **병합발전(cogeneration)**을 통하여 발전과정에서 발생한 열을 포집하여 작업장이나 다른 곳에 열원으로 사용할 수 있다. 열병합발전은 발전소의 효율성을 두 배 가까이 높일 수 있다.

가정이나 직장, 공공건물에서는 겨울철 및 여름철 상당량의 열이 낮은 효율성과 단열시스템으로 불필요하게 소모되고 있다. 빌딩은 설계과정의 개선으로 냉난방(18장)에 필요한 에너지를 절약할 수 있다. 이러한 개선책으로 수동 태양열 설계(16장)나 단열효과의 개선, 건설위치의 변경, 건물녹화, 또는 지붕의 색채변화 등이 있다(옅은 색채는 태양빛을 반사하여 저온효과를 가져온다).

전구와 각종 전열기 등의 소비재들도 효율성이 개선되어 왔다. 소형의 형광등은 백열등보다 효율이 높아 각 나라에서 백열등의 사용이 점점 사라지고 있다. 미국은 2014년 모든 백열등의 사용을 중지하게 되어 있다. 미국 환경보호국의 Energy Star 프로그램은 냉장고, 세탁기 등의 가전제품에 에너지 효율등급을 매겨 1970년대와 비교하여 가정에서의 전기사용량을 줄이는 데 큰 도움을 주고 있다. 소비자들에게 전력요금의 절감은 에너지 효율이 높은 고가의 가전제품을 구입하는 것을 충분히 상쇄시키고 있다.

자동차기술은 화석연료의 구입에 들어가는 비용을 줄일 수 있는 최고의 기회가 되고 있다. 그 해답은 전기차나 전기와 가솔린의 하이브리드차(**그림 15.16**), 또는 수소연료 자동차 등을 통해 가능해질 것이다(16장). 전기와 가솔린의 하이브리드차 중에서 최근 토요타의 프리우스나 시보레의 볼트의 경우 각각 갤런당 50마일과 60마일의 연비를 보이고 있는데 이는 기존 자동차의 2~3배에 해당하고 있다. 이러한 대안자동차가 아니더라도 기존 자동차에도 엔진이나 변속기의 개발, 경량재 등을 사용하여 연료 사용량을 줄일 수 있다.

자동차연비는 환경보존의 열쇠이다

1973~1974년 석유수출국기구의 엠바고에 대응하여 미국이 실행한 정책 중에는 자동자연비를 높이는 것과 시간당 55마일의 속도제한조항이 있었다. 그러나 이후 30년간 1973~1974년 석유위기 때 시행했던 조항들은 사라져 버렸다. 가격 및 공급제한에 대한 위협이 없는 상황에서 이를 유지하려는 경제적 동기들이 부족해졌다. 대체에너지 개발에 대한 연구투자가 감소하였고 속도제한은 다시 부상하였으며 미국의 **연료비 효율기준(CAFE)**을 높이려는 정책은 계속 실패하였다. 신차의 평균연비는 1987년 갤런당 22.0마일에서 2004년 19.3마일로 줄어들었다(일반차에 비해 스포츠형의 다목적 자동차의 판매가 증가되었기 때문).

그러나 이후 연비의 경제성은 2010년 22.5마일(22.5 mpg)로 상승하였다(**그림 15.17**). 최근의 연비상승은 2007년 의회를 통과한 법률인 2020년까지 35 mpg로 올릴 것을 규정한 내용을 발표한 이후 발생하였다. 이는 상당한 진전이지만 미국의 자동차들은 아직도 다른 선진국과 비교하여 매우 느린 발걸음을 하고 있다. 독일과 일본차들의 연료 효율성은 미국차의 거의 두 배에 가까우며 계속 발전을 재촉하고 있는 실정이다.

미국은 또한 다른 나라에 비하여 가솔린에 대한 세금을 매우 낮게 책정하고 있다. 미국인들은 유럽국가와 비교하여 가스의 요금도 두세 배 정도 낮게 지불하고 있다. 결론적으로 미국의 가솔린가격은 기름의 생산 및 소비과정에서 발생하는 상당량의 외부

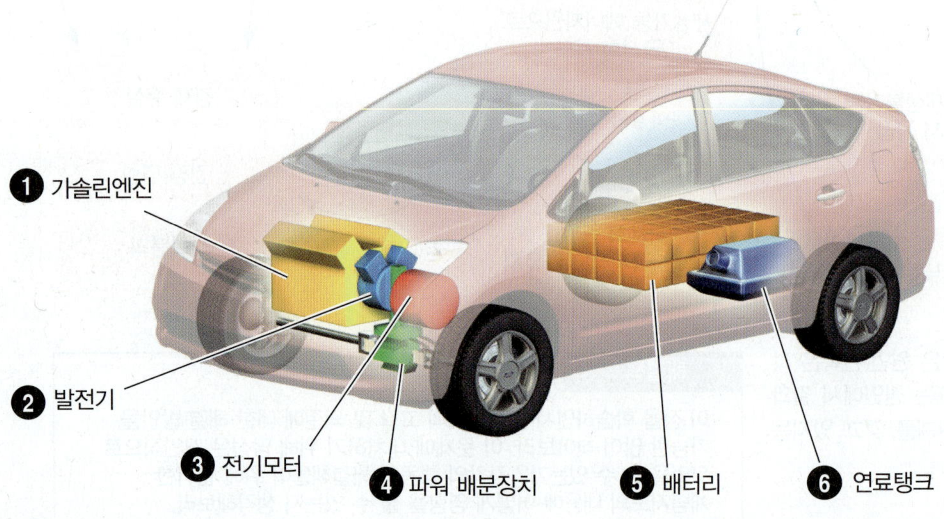

◀ **그림 15.16** 이곳에 묘사한 토요타 프리우스와 같은 하이브리드 자동차는 제너레이터 ❷가 전기모터❸를 구동하기 위하여 전기로 바꿔주는 파워를 생산하는 작고 청정하며 효과적인 가솔린 파워 엔진을 사용한다. 파워 배분장치❹는 연속적인 변속기로 작용하는 엔진과 제너레이터, 모터를 통합하고 있다. 자동차는 엔진에 장착된 요구조건에 따라, 자동적으로 전기파워 자체나 가스파워 자체, 또는 이 둘의 혼합형태 사이를 구동한다. 일반적으로, 모터는 저속의 도시 내에서 파워를 제공하며 언덕에서는 여분의 파워를 보탠다. 모터와 제너레이터에는 모터에 파워를 공급해주는 니켈 금속 하이드라이드 배터리팩❺이 장착되어 있다. 엔진을 위한 에너지는 일반적인 연료탱크 ❻ 안의 가솔린에서 공급받는다.

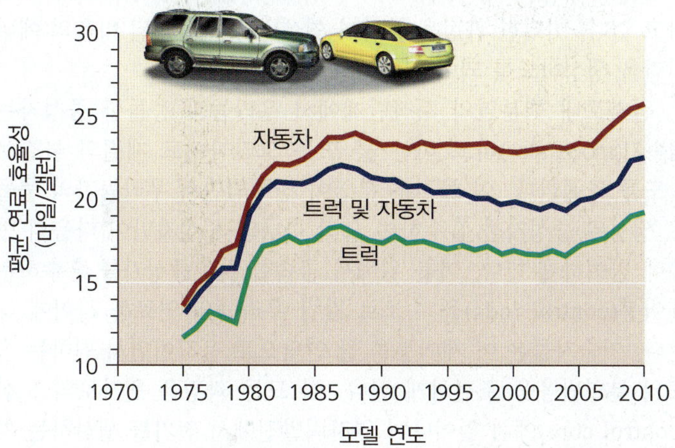

▲ **그림 15.17** 미국에서 자동차의 연료 효율은 1970년대 후반에 강제 법규정의 결과로 드라마틱하게 상승하였으나, 이후 연료경제 개선책에 대한 후속법규가 나오지 않아 정체되었다. 최근의 법규로 지금은 다시 이것이 개선되고 있다. Data from U.S. Environmental Protection Agency, 2010. *Light-duty automotive technology, carbon dioxide emissions, and fuel economy trends: 1975 through 2010.*

비용을 계산에 넣지 않고 있는 것이다(5장). 낮은 가격은 또한 연료를 보존하려는 경제적 인센티브를 낮추고 있다.

WEIGHING 이슈

연비절감 당신이 자동차를 운전할 때, 어떠한 연비가 나오는가? 그림 15.17의 평균과 비교하여 어떠한가? 만약 당신의 자동차의 연비가 갤런당 10마일 이상 높고, 같은 양의 연료를 사용한다고 했을 때, 더 이상 구매가 필요없는 가솔린의 양은 연간 얼마인가? 또한 얼마의 비용이 절감되는가? 당신은 미국정부가 연료비 효율 기준을 강제로 더 상향시켜야 한다고 생각하는가? 정부는 소비자들이 에너지를 절감하도록 가솔린판매 세금을 올려야 하는가? 이러한 조치들은 어떠한 영향을 (예컨대, 경제, 건강, 환경의 질 등에) 끼치는가?

2009년 의회와 오바마정부는 경제활동을 촉진하고 심각한 불경기에 일자리를 마련하는 한편, 자동차의 연료 효율을 개선하려 하고 있다. 또한 인기 있는 노후차량 보상프로그램(Cash for Clunkers)을 통하여 낡은 차를 새 차나 연비가 높은 차로 바꿀 경우 3,500달러 또는 4,500달러를 지급하고 있다. 30억 달러의 기금으로 평균 연비 15.8 mpg의 기존 차량을 24.9 mpg의 새 차로 구입하거나 임대하는 데 보조하고 있다. 이는 8억 2,400만 갤런의 가솔린 사용량을 줄여 900만 톤의 온실가스 방출을 막고 2억 7,800만 달러의 가치에 해당하는 사회적 이익을 창출하는 효과이다.

반동효과 효율성 향상의 효과를 사라지게 한다

에너지효율은 추구해야 할 중요한 일이지만 기대한 만큼 에너지를 절감하지 못할 수도 있다. 이는 좋을 기술로 얻어진 이익이 결과적으로 에너지를 더 소비하는 쪽으로 이동할 수 있기 때문이다. 예컨대 연비가 우수한 차를 구입한 소비자는 이익을 얻은 금액만큼 더 오래 운전하려는 경향이 있기 때문이다. 이러한 효과를 "반동효과(rebound effect)"라 하며 연구에 의하면 이러한 경향이 만연해 있는 것으로 나타났다. 어떤 경우에는 반동효과로 인해 효율성의 효과가 다 사라지게 되며 따라서 효율성의 제고가 에너지 사용량의 증가로 이어질 수 있다. 우리 사회가 에너지효율을 더 높이려는 과정에서 이 점은 매우 중요한 고려인자가 될 것이다.

그럼에도 불구하고, 효율성은 에너지사용을 줄이고 보존하려는 노력에 매우 필요한 역할을 할 것이다. 에너지사용을 줄이는 노력은 종종 새로운 유전을 발견하는 것에 비견되고 있다. 전문가들은 미국에서만 효과적인 보전 및 효율로 인하여 하루 600만 배럴의 기름을 절약할 수 있다고 평가하고 있다. 이는 거의 해양시추를 통해서 얻을 수 있는 양이며 또한 그만큼 환경부하를 완화시킬 수 있다. 과연 에너지를 보존하는 것은 새로운 유전을 찾는 행위보다 낫다. 이는 환경 및 건강에 대한 영향을 낮춰주고 화석연료의 사용기간을 늘려줄 것이다. 그러나 이와는 별개로 우리는 다른 에너지가 필요하다. 화석연료를 대신할 대체에너지로 원자력을 들 수 있다.

원자력 발전

원자력은 에너지에 관한 논쟁에서 묘한 갈등의 위치에 놓여 있다. 대기오염에서 자유로운 원자력은 오랜 기간 화석연료를 대체할 환경친화적인 대체에너지로 인식되어 왔다. 그러나 원자력에 대한 큰 기대감은 핵무기의 개발과 핵폐기물의 처리, 체르노빌 및 기타 지역의 핵발전사고 등으로 퇴색되고 있다. 결과적으로 안전성 및 이에 대한 지불비용은 원자력의 확산을 통제하기에 이르렀다.

1950년대 최초의 상업화 이후 원자력은 1970년대와 80년대를 거치며 성장을 구가해 왔다. 미국은 상당량의 전기를 원자력을 통해 생산하고 있다. 이는 세계 생산량의 4분의 1을 넘고 있으나 미국의 전체 전기공급량의 20% 수준에 불과하다. 여러 국가에서 더 큰 비율로 원자력에 의존하고 있다(**표 15.6**).

핵분열은 원자로 안에서 핵에너지를 방출하여 전기를 생산한다

핵에너지(nuclear energy)란 엄밀히 말하면 원자핵 안에 양성자와 중성자가 결합된 에너지다(2장). 우리는 이것을 열로 전환시켜 전기를 생산하고 있다. 핵에너지의 방출을 이끌어내는 반응이 **핵분열(nuclear fission)**로써 원자핵이 분열되는 것이다(**그림 15.18**). 핵분열시 우라늄이나 플루토늄과 같은 크고 무거운 원자핵이 중성자와 충돌하게 된다. 평상시 중성자는 매우 빨리 움직여

표 15.6 핵발전의 상위 생산자들

국가	생산된 핵발전*	원자로의 수†	핵발전에 의한 전력비율†
미국	807.1	104	19.6
프랑스	410.1	58	74.1
일본	280.3	50	29.2
러시아	159.4	32	17.1
한국	141.9	21	32.2
독일	133.0	17	28.4
캐나다	85.5	18	15.1
우크라이나	84.0	15	48.1
중국	71.0	14	1.8
스페인	59.3	8	20.1

* 시간당 기가와트, 2011년 세계원자력협회 자료.
† 2010년 국제원자력기구 자료.

핵과 충돌하면서 분열을 일으키지만 중성자의 속도를 느리게 하면 핵입자를 분리시키게 된다. 분열된 핵은 열과 빛, 방사능의 형태로 에너지를 방출하며 이 과정에서 다량의 중성자가 생성된다. 생성된 중성자는[우라늄-235(^{235}U)의 경우 2~3개] 다시 주변의 우라늄핵과 충돌하며 자체 연쇄반응을 일으키는 긍정적 되먹임현상(positive feedback)이 일어나게 된다(2장).

조절이 없다면 이러한 연쇄반응은 끊임없이 되풀이되면서 폭발적인 핵폭탄의 힘을 발휘하게 된다. 원자력발전소에서는 분열

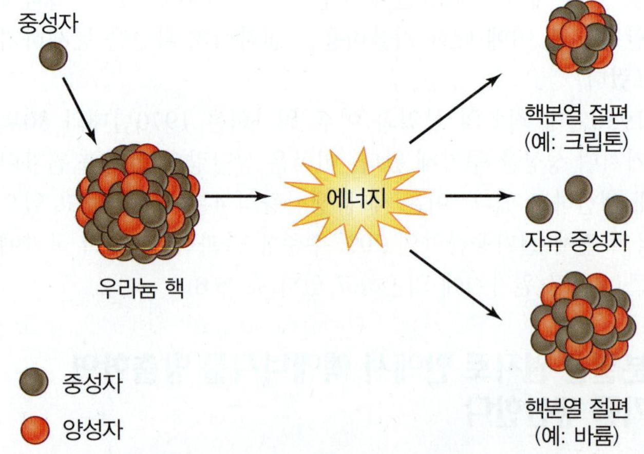

▲ **그림 15.18** 핵분열에서, 우라늄-235 원자의 핵은 하나의 중성자와 충돌한다. 이 충돌로 우라늄원자는 보다 작은 원자들로 쪼개지며 둘 또는 세 개의 중성자와 함께 열과 빛, 방사능을 방출한다. 중성자들은 우라늄원자들을 연속적으로 쪼개며 통제가 어려운 연쇄반응에 들어서는데, 따라서 원자력발전소의 기술자들은 반응속도를 제어하기 위해 제어봉으로 잉여의 중성자들을 흡수해야 한다.

과정을 조절하여 매 분열시 하나의 중성자만이 분열하도록 조절하고 있다. 이러한 과정을 통하여 연쇄반응은 고정된 비율의 에너지만을 생성하도록 되어 있다.

원자로내 핵분열의 시작단계에서 우라늄과 충돌한 중성자는 검속기(moderator)라고 하는 물 또는 그라파이트 재질의 물질로 속도를 조절한다. 이 물질은 분열이 진행되면서 우라늄과의 충돌로 생성된 중성자를 흡수하여 오직 하나의 중성자만이 다음의 반응에 참여하게 한다. 이를 위해서 금속합금의 중성자를 흡수하는 제어봉(control rods)을 수조로 감싼 우라늄의 연료봉 사이에 놓는다. 기술자들은 이 제어봉을 물 안팎으로 움직이면서 원하는 속도의 분열반응을 조절하게 된다. 이 모든 과정은 원자로의 노심(control core)에서 일어나며 원자력발전에서 전기를 생산하는 처음단계가 된다(**그림 15.19**).

핵에너지는 가공되고 농축된 우라늄으로부터 생성된다

원자력에서 우라늄원소를 사용하는 이유는 우라늄이 방사능이고 딸 동위원소(daughter isotope)로 붕괴되는 과정에서 원자구성 입자(subatomic particles)와 고에너지 방사선을 방출하기 때문이다(2장). 우라늄은 우라늄광산에서 여러 가지 혼합된 광물로부터 얻고 있다(11장). 우라늄을 함유하고 있는 광물은 흔치 않으며 우라늄광산 역시 무한한 자원이 아니기 때문에 원자력은 일반적으로 재생불가능한 에너지원으로 간주하고 있다.

지하에 위치한 우라늄광산에서 99%는 우라늄-238(^{238}U)의 동위원소로 발견되며 1%만이 우라늄-235(중성자 3개가 부족)로 존재한다. ^{238}U는 분열시 연쇄반응을 유지할 정도의 충분한 중성자를 방출하지 못하기 때문에 ^{235}U를 사용한다. 따라서 우라늄광산에서 채굴한 ^{238}U를 최소한 3%의 ^{235}U로 농축시켜야 한다. 농축된 우라늄은 이산화우라늄(UO_2)의 침전물로 형성되어 연료봉에 투입하여 원자로에서 사용된다.

원자로를 몇 년 가동하게 되면 우라늄은 자연붕괴로 더 이상 연료로서의 가치가 없어지며 새로운 것과 교체해야 한다. 어떤 나라에서는 사용된 연료를 재가공하여 남아 있는 연료를 재사용하고 있다. 그러나 재가공과정은 최근의 값싼 우라늄 가격으로 인해 교체비용보다 많기 때문에 사용된 연료는 방사능폐기물로 처분하고 있다(17장).

핵에너지는 화석연료보다 청정한 에너지를 공급한다

화석연료와 달리 원자력발전은 대기오염의 염려가 없다. 국제원자력기구(IAEA)에서는 발전소의 건설 및 운영과정을 살펴본 결과 원자력이 화석연료와 비교하여 4~150배 정도 적은 오염물질을 방출하고 있다고 계산하고 있다. 국제원자력기구에서는 현재의 원자력사용으로 매년 6억 톤의 이산화탄소 배출감소 효과가 있을 것으로 추정하고 있으며 이는 지구 전체 방출되는 온실가스의 7%에 해당한다.

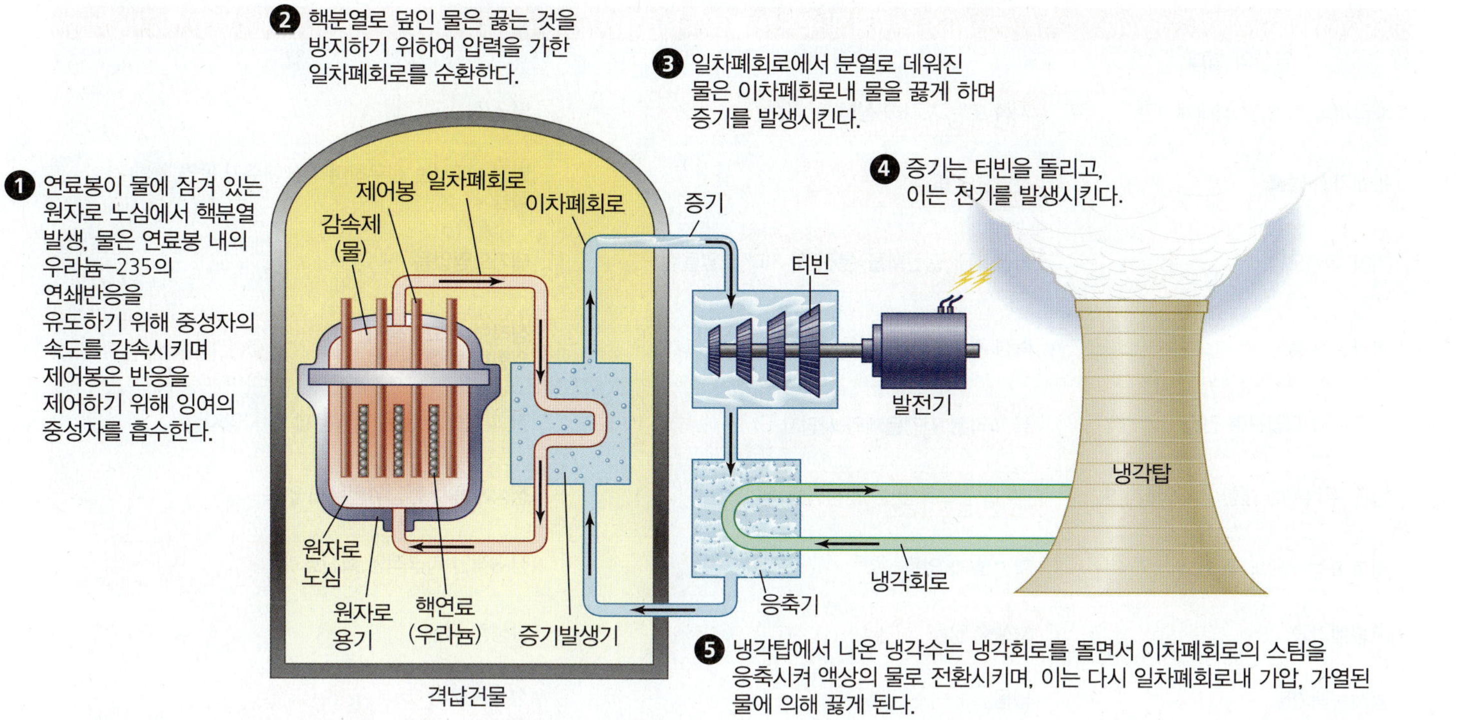

❷ 핵분열로 덮인 물은 끓는 것을 방지하기 위하여 압력을 가한 일차폐회로를 순환한다.

❸ 일차폐회로에서 분열로 데워진 물은 이차폐회로내 물을 끓게 하며 증기를 발생시킨다.

❹ 증기는 터빈을 돌리고, 이는 전기를 발생시킨다.

❶ 연료봉이 물에 잠겨 있는 원자로 노심에서 핵분열 발생, 물은 연료봉 내의 우라늄-235의 연쇄반응을 유도하기 위해 중성자의 속도를 감속시키며 제어봉은 반응을 제어하기 위해 잉여의 중성자를 흡수한다.

제어봉
일차폐회로
이차폐회로
증기
감속제 (물)
터빈
발전기
냉각탑
원자로 노심
원자로 용기
핵연료 (우라늄)
증기발생기
응축기
냉각회로
격납건물

❺ 냉각탑에서 나온 냉각수는 냉각회로를 돌면서 이차폐회로의 스팀을 응축시켜 액상의 물로 전환시키며, 이는 다시 일차폐회로내 가압, 가열된 물에 의해 끓게 된다.

▲ **그림 15.19** 가장 흔한 형태의 원자로인, 가압 경수형 원자로에서, 우라늄 연료봉을 물속에 넣으면 중성자는 속도가 줄면서 분열이 발생할 수 있다. ❶ 원자로 중심의 안팎으로 움직이는 제어봉은 연쇄반응을 제어하기 위하여 잉여의 중성자를 흡수한다. 분열에 의해 가열된 물은 일차폐회로를 ❷ 순환하며, 이차폐회로의 물을 덥히는데 이는 증기로❸ 바뀐다. 증기는 터빈을 돌려 전기를 ❹ 발생시킨다. 증기는 다시 주변의 강이나 호수의 물에 의해 냉각탑에서 냉각되어 격납건물로 ❺ 들어오며, 이는 다시 일차폐회로에서 가열된다.

원자력은 화석연료, 특히 석탄과 비교하여 더 많은 장점이 있다. 과학자들은 원자력발전소 근처의 주민들이 화석연료의 연소와 비교하여 훨씬 적은 만성질병의 위험이 있는 것으로 계산하고 있다. 또한 우라늄은 무게나 부피 등에서 적은 양으로도 화석연료와 비교하여 우수한 능력을 발휘하기 때문에 채굴과정에서 상대적으로 자연경관에 대한 훼손이 적고 폐기물 발생량도 적은 것이 장점으로 들 수 있다. 또한 정상적인 운영조건에서 원자력은 석탄화력발전보다 작업자들에게 더 안전하다.

원자력은 단점도 갖고 있다. 첫 번째로 원자력 폐기물은 방사능을 갖고 있어 이에 대한 안전한 처분이 도전과제가 되고 있다. 둘째, 발전소에 사고가 발생하거나 파업 등을 겪게 된다면 재앙적 결과로 이어질 수 있다.

이러한 장점과 단점을 놓고(**그림 15.20**) 각 정부는 부정적인 측면보다는 긍정적인 면을 부각시켜 현재 세계 30여 개 국가에서 441개의 원자력발전소를 운영하고 있다.

WEIGHING 이슈

선택하시오 다음 페이지의 그림 15.20을 참조하시오. 원자력 발전소 옆이나 석탄화력 발전소 옆에서 생활하는 것 중 한 가지를 선택하라면 어떤 것을 선택할 것인가? 각각의 선택에 대해 가장 우려할 사항은 무엇인가?

원자력 대형사고의 작은 위험을 초래한다

비록 원자력이 화석연료와 비교하여 청정연료이긴 하지만 재앙적 사고의 가능성으로 사람들에게 커다란 걱정거리를 안겨주고 있다. 사람들에게 큰 걱정을 끼친 원자력사고가 다음과 같이 3개가 존재한다: 미국의 스리마일 섬 사고(Three Mile Island), 세계적으로 가장 심각한 사고였던 체르노빌 원전사고, 그리고 2011년 일본에서 지진과 스나미의 여파로 발생한 후쿠시마 사고이다.

스리마일 섬 첫 사고는 1979년 펜실바니아의 **스리마일 섬(Three Mile Island)**에서 발생했다. 기계적 결함과 작업실수에 의해 원자로에서 냉각수가 새어 나왔고 노심의 온도가 상승했으며 우라늄 연료봉을 감싸고 있는 금속이 녹기 시작하면서 방사선이 방출되었다. 이것을 노심의 **용융(meltdown)**이라 하며 이곳에서 한 개 노심의 절반까지 진행되었다. 정부가 우물쭈물 하는 사이 주민들은 대피할 준비하였으나, 다행히 방사선은 오염된 빌딩 안에서 스며나오지 않았다.

사고수습이 진행되면서 사고원자로는 폐쇄되었고 이후 몇 년간 수십 억 달러가 소요되었다. 스리마일 사고는 일촉즉발의 사고로 잘 알려졌다: 우라늄 연료봉 전체에 용융이 일어났거나 오염된 빌딩에서 방사선을 가두지 못했다면 상황은 걷잡을 수 없이 악화되는 비상사태가 발생했을 수도 있었을 것이다.

화력 및 원자력 발전의 환경영향		
영향의 형태	석탄	핵
채굴지의 토양 및 생태계교관	지상 또는 지하에 심함	덜 심함
온실가스 방출	상당량의 방출	발전소에서는 전무하며 전생애주기 동안 훨씬 적음
기타 대기오염	황산화물, 질산화물, 분진 및 기타 오염물질	대기오염없음
방사능 방출	측정 가능한 방출 없음	심각한 사고발생시 위험한 방출가능성
근로자의 직업관련 건강	잘 파악된 건강문제와 사망자	잘 파악되지 않은 건강문제 및 사망자
인근 주거지에 대한 건강영향	대기오염으로 인한 건강위해	정상가동시 건강위험문제 없음
사고 또는 사보타주 효과	확산 효과 없음	잠재적인 파급적인 확산효과
고형폐기물	발생량 많음	발생량 적음
방사능폐기물	없음	생성됨
연료공급량	수백 번 더 지속 가능	불확실: 석탄공급보다 길거나 짧을 수 있음

▲ **그림 15.20** 석탄 화력발전소와 원자력발전소는 인류의 건강과 환경에 매우 다른 위험성과 영향을 끼치고 있다. 이 도표는 각 전기발생양상의 주요 영향들을 비교하고 있다. 각 영향타입에서 적색상자는 더 심각한 영향을 나타내고 있다.

체르노빌 1986년, 구소련의 영토였던 우크라이나의 **체르노빌(chernobyl)** 원자력발전소에서 폭발이 일어나 세계역사상 가장 심각한 원자력사고를 기록하였다. 엔지니어들이 실험을 위하여 안전시스템의 작동을 정지시킨 가운데 원자로의 안정적인 설계의 미비와 작업부의 실수 등에 의하여 원자로가 파괴되는 폭발이 발생하였고 방사능 잔해 구름이 주변 대기로 확산되었다. 기류에 의해 방사능낙진이 북반구지역, 특히 우크라이나, 벨라루스, 러시아와 유럽의 일부 지역까지 날아갔다. 10일 동안 비상인력이 투입되어 생명을 무릅쓰고 화재를 진압하는 사이 발전소 밖으로 방사선이 누출되었다. 인근 지역의 거주민들은 소비에트 정부가 뒤늦게 10만명의 주민을 피신시키기 전 10일 동안 집에서 머무르며 방사선에 노출되었다.

몇 년, 몇 달에 걸쳐 인부들은 방사능 물질들을 제거하였고 건물과 도로를 걷어냈으며 파괴된 원자로 위에 거대한 시멘트 석관을 뒤집어 씌웠다(**그림 15.21**). 그러나 발전소의 반경 30 km 지역은 오염된 채 남아 있으며, 파괴된 원자로는 아직도 위험한 연료와 파편들로 가득 차 있고 졸속으로 처리된 시멘트 석관 밖으로 방사능이 새어나오고 있다. 오늘날 국제협력팀은 방사선의 재방출을 막기 위하여 오래된 석관 위로 새로운 석관을 건설하려 하고 있다.

체르노빌 사건은 현장에서 31명의 목숨을 앗아갔고 수천 명의 사람들이 암과 각종 질병에 시달렸다. 정확한 숫자는 부정확한 정보와 방사선의 장기적 효과를 측정하기 어려운 관계로 불확실하다. 건강당국은 사고 당시 어린이였던 사람들에게서 발견된 갑상선암 환자 5,000건의 대부분은 사고당시 만연된 방사능 요오드의 결과일 것으로 추정하고 있다. 체르노빌에 의해 암이 발생했을 것으로 추정되는 숫자는 현재와 미래를 통털어 크게 다르지만, 국제통계기관이 사고 후 20년이 지난 후 평가한 결과는 노출된 사람들의 암 발병률이 어느 정도 높게 나타났는데 이는 수천 명의 암으로 인한 사망의 결과로 나타나고 있다.

후쿠시마 다이치 2011년 3월 11일, 진도 9.0의 강진이 동부일본을 강타하였고 주변 해안에 거대한 쓰나미를 발생시켰다. 23,000명 이상이 사망하였고 수천의 건물들이 파괴되었다. 이 쓰나미는 후쿠시마 다이치(Fukushima Daiichi)의 원자력발전소를 비롯한 몇몇 일본의 원자력발전소의 가동에 영향을 주었다. 이곳에서 지진으로 인해 발전소가 폐쇄되었고 쓰나미는 발전소의 응급발전기도 삼켜버렸다. 전기없이는 우라늄 연료를 제어할 검속기와 제어봉을 사용할 수 없었기에 핵분열이 진행되면서 연료는 과열되고 통제불능한 상태로 이어졌다.

혼돈과 파괴의 와중에서 도움의 손길은 더뎠고 인부들은 노심용융을 막기 위해 혼신의 힘을 다하여 바닷물을 들이부었다. 사고 다음 며칠간 두세 개의 폭발과 화재가 발생하였고 드디어 3개의 원자로가 용융상태에 들어갔고 다른 3개는 심각하게 훼손되었다. 발전소의 몇몇 부품들은 사고 후 몇 개월 동안 방사능물의 노출위

▲ **그림 15.21** 세계에서 가장 최악의 원자력발전소 사건은 1986년 현재의 우크라이나(일부는 소비에트 연방)인 체르노빌에서 발생했다. 강력한 정화작업의 일환으로, 파괴된 원자로는 더 이상의 방사능 유출을 막기 위해 콘크리트 석관으로 봉쇄되었다.

험으로 방치되어 있었으며, 이를 완전히 정화하기 위해서는 몇 년 또는 몇십 년이 걸릴 것으로 내다보고 있다.

사고 이후 방출된 방사능의 강도는 낮긴 하지만 체르노빌과 비견될 정도의 수준이었다. 대부분의 방사능은 대기 또는 태평양의 바다로 흘러들어갔으며 세계 도처에서 소량으로 발견되었다. 발전소 주변의 수천 명의 주민들이 다른 곳으로 이주하였고 방사능검사를 받았으며(**그림 15.22**), 지역의 식음료에 대해서도 유통 및 판매제재를 받았다. 이 글을 쓰는 지금 이 시간에도 방사능의 누출이 계속되고 있으며 지역주민들의 장기적 영향은 밝혀야 할 숙제로 남아 있다.

후쿠시마 다이치의 재앙은 만약 응급발전기가 쓰나미의 공격을 받은 지하실에 위치하지 않았다면 피할 수도 있었을 것이다. 현대의 대부분 원자로는 체르노빌의 것보다 안전하게 설계되어 있다. 그러나 자연재앙과 인재로 인한 사고는 항상 위험요인이며, 발전소가 오래될수록 안전성이 떨어지며 관리가 더 필요하다. 더구나 방사능물질은 누군가가 훔쳐가서 테러분자들의 공격무기로 사용될 수도 있다. 이러한 가능성은 현금에 목마른 구소련과 같은 국가에서 걱정거리가 될 수 있다. 과거 구소련 당시 건설된 수백 개의 이전 핵시설들이 적절한 안전장치 없이 몇 년간 사라져버렸기 때문이다. 국제협력안에 따라 미국은 이들 몇몇 핵시설들을 구매하여 발전 등 평화적 목적에 사용하려 하고 있다.

폐기물 처리는 여전히 문제로 남아 있다

원자력발전소가 아무리 안전하다 하여도, 수천 년 동안 방사선을 방출하게 되는 연료봉이나 다른 핵폐기물을 어떻게 처리할 것인지에 대한 난제가 남아 있다. 현재 핵폐기물은 발전소의 저장시절에 임시로 보관하고 있다. 다 사용한 연료봉은 냉각수에 담아 놓던가 강철이나 납, 콘크리트에 방사선이 새어나오지 않도록 밀봉하고 있다.

미국의 원자력발전소에서는 고준위 방사성 폐기물을 60,000톤 이상을 저장하고 있으며 이는 축구장 넓이로 지하 6 m 깊이의 면적에 해당하며, 저준위 방사성 폐기물의 양은 이보다 훨씬 많다. 핵 폐기물은 39개 주의 120곳이 넘는 지역에 보관되어 있다(**그림 15.23**). 2005년 국립학술원의 보고에 의하면 대부분의 지역이 테러 분자들의 공격에 취약한 것으로 나타나고 있다. 1억 6,100만 명이 넘는 미국시민들이 폐기물의 임시저장소에서 125 km 이내에 거주하고 있다.

여러 곳으로 분산되어 저장된 폐기물은 잠재 위험성이 대단히 크므로, 핵폐기물 관리자들은 한곳으로 모아 집중적인 관리하기를 원할 수 있다. 미국에서는 몇 년간의 조사 끝에 라스베가스에서 160 km 떨어진 네바다 남쪽 사막지역의 유카산(Yucca Mountain) 지역으로 결정하였다. 이 지역을 선택하기 위해 많은 과학자들의 연구와 130억 달러의 개발비가 소요되었지만 네바다 주민들은 이를 달갑게 맞아들이지 않고 있다. 2010년, 이 지역에 대한 원자력 규제위원회의 승인을 기다리는 도중, 오바마 행정부는 이 연구에 대한 지원을 중단했다. 그러나 몇몇 국회의원과 기관들, 주정부들은 이 결정에 반발하고 있으며 2011년 이후로 이 문제는 미해결 과제로 남아 있다. 유타산이 아니라면 원자력발전소에서 발생되는 핵폐기물을 처분할 장소가 미국에는 없다. 따라서 핵 폐기물들은 현재와 같이 미국 전역의 여러 곳에 분산 저장되어 있을 것이다.

▼ **그림 15.22** 후쿠시마 지역에서 대피한 한 일본아동이 일본의 파괴적인 지진과 쓰나미로 발생된 원자력재앙으로부터 2주 후 방사능측정 검사를 받고 있다.

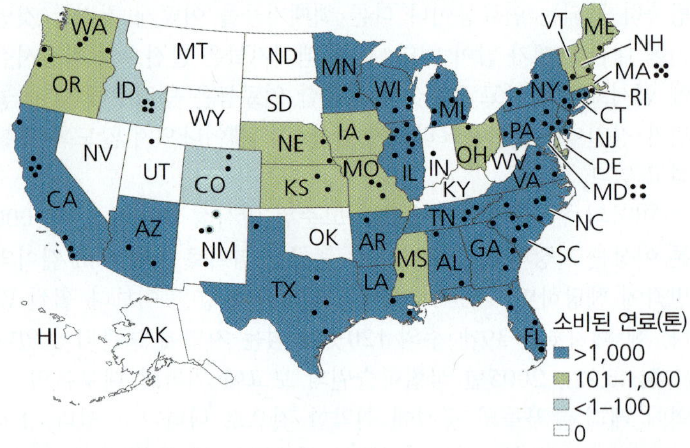

▲ **그림 15.23** 민간원자로에서 발생된 고준위 방사능폐기물이 미국 전역의 39개주 120곳에 걸쳐 저장되어 있다. 이 지도에서, 점들은 저장장소를 나타내고, 4개의 색조는 각 주에 저장된 폐기물의 총량을 가리킨다. 흰색의 주들은 특정한 형태의 폐기물이 저장된 장소를 나타낸다. Data from Office of Civilian Radioactive Waste Management, U.S. Department of Energy; and Nuclear Energy Institute, Washington, D.C.

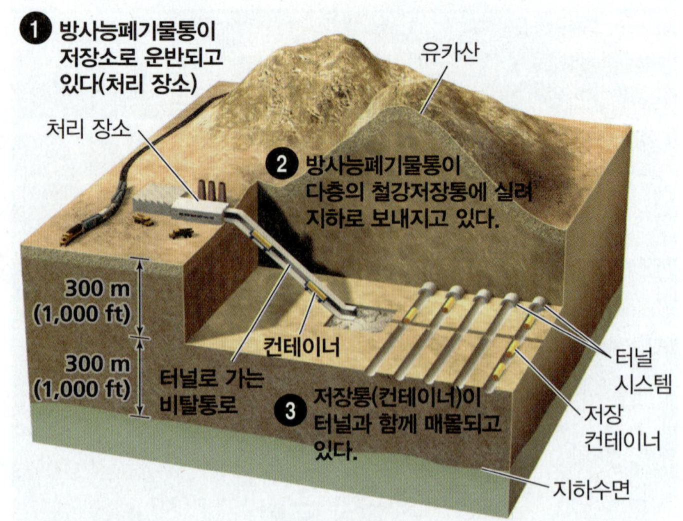

▲ **그림 15.24** 네바다 주의 오지지역인 유카산이 미국에서 2010년 이에 대한 지지가 철회되기 전까지 모든 상업성 핵폐기물의 중앙저장소로 개발되고 있었다. 폐기물들은 해수면보다는 높지만, 지하 깊은곳에서 여러 터널이 연결된 형태속에 매립될 예정이었다.

유카산에서 핵폐기물은 지하 300 m 깊이에 지하수면으로부터 300 m 높이의 장소에 매장될 것이다(**그림 15.24**). 과학자들과 정책결정자들이 유카산을 후보지로 택한 이유는 이곳이 거주민이 없는 멀리 떨어진 곳이며 지진의 위험요소가 적고, 비가 거의 내리지 않기 때문에 빗물과 함께 지하수로 침투할 가능성이 적으며, 지하수면과 상당히 떨어져 있으며, 민원으로부터 자유로운 정부 소유의 땅이라는 점 때문이다. 그럼에도 불구하고 몇몇 과학자와 반핵운동가, 관련 있는 네바다주민들은 이 결정에 반대하고 있다.

핵 저장소와 관련한 또 다른 관심사는 120여 개가 넘은 현재의 저장소와 현재 또는 미래의 발전소로부터 이곳까지 운반해야 한다는 것이다. 폐기물을 운반하기 위해서는 철도와 트럭에 의한 수천 번의 운송이 필요하며 이는 전 미지역에 걸쳐 발생하게 되며 이 과정에서 사고나 반대 데모 등이 일어날 위험성에 대하여 많은 사람들이 우려하고 있다.

WEIGHING 이슈

폐기물을 어떻게 매립할 것인가? 당신은 어떤 옵션이 더 좋다고 생각하는가 — 한 장소에 모든 핵폐기물을 운반하는 것이 좋은가 아니면 국토 전 지역에 걸쳐 산재한 수많은 원자력발전소와 군부대 지하에 영원히 매립하는 것이 좋은가? 당신이 매립지 근처에 살고 있다면 당신의 의견이 달라질 것인가? 원자력발전소 근처라면? 폐기물이 운반되는 도로근처에 있다면?

복합적인 딜레마가 핵원자력발전을 둔화시켰다

폐기물의 처리와 안전성, 고가의 운전비용 등에 의해 원자력발전소의 성장은 지연되고 있다. 1980년대 후반 이후, 원자력발전소는 매년 2.5%의 성장을 보이고 있는데 이는 발전시설과 같은 비율이다. 체르노빌의 사건에서 눈을 뜬 대중들의 우려는 발전소 신설에 대한 투자를 주저하게 하였고, 이는 고가의 건설비용과 운전, 관리비용, 안전성의 확보에 대한 것들도 마찬가지이다. 거의 대부분의 원자력발전소가 생각보다 더 비용이 많이 소요되는 것으로 나타나고 있다. 또한 과소평가되었던 냉각관처럼 기대했던 것보다 더 빨리 노후화되고 있다. 현재까지 폐쇄된 전 세계의 100여 개가 넘는 발전소가 평균적으로 기대했던 수명의 절반도 사용되지 않았다. 더군다나, 폐쇄과정에 드는 비용이 건설비용보다 더 많이 드는 경우도 있다.

이러한 경제적 문제로 인해 원자력에 의한 발전단가는 석탄이나 다른 원료와 비교하여 더 높게 된다. 정부는 원자력발전에 보조해 줌으로써 납세자의 전기세를 절감해 주고 있다. 그러나 많은 사설투자자들은 이미 오래전에 투자이익을 상실하였다. 그럼에도 불구하고, 원자력발전소는 화석연료를 대체하여 짧은 시간에 대량의 전기를 공급할 수 있는 몇 안되는 대안의 한 방법이다. 이것이 바로 좀 더 안전성과 경제성이 확보된 원자로를 설계하여 원자력발전소를 건설하라고 제안하는 환경운동가들이 늘고 있는 이유이기도 하다. 분명히, 후쿠시마의 비극적 원전사고가 주목을 받기 이전에 원자력발전소에 대한 붐이 일어나고 있었다.

원자력발전소의 느린 성장과 화석연료의 공급제한, 오일피크점의 도래, 그리고 심화되는 기후변화의 상황에서 인류는 어디에서 지속가능한 청정연료를 찾을 것인가? 인류는 점점 재생가능한 에너지 자원에 눈을 돌리고 있다(16장): 고갈의 염려가 없는 에너지원 말이다.

결론

과거 200년간 인류는 화석연료를 사용하여 오늘날의 산업혁명을 일구어 냈다. 그러나 오늘날 인류는 역사의 전환점에 들어서고 있다. 화석연료의 생산은 감소할 것이다. 이러한 도전에 맞서기 위하여 우리는 에너지 보존을 장려하고 대체에너지원에 대한 개발을 시도해야 할 것이다. 그렇지 않으면 우리는 화석연료에 끝까지 의존해 가면서 새로운 기술과 삶의 방식을 도모하기 전에 화석연료의 고갈에 직면할 것이다. 우리가 선택해야 할 길은 인간의 건강과 웰빙을 위하고 지구의 기후와 우리의 환경을 위하며, 우리 사회의 안정과 발전을 위한 원대한 목표를 지향해야 할 것이다.

원자력은 오염에서 자유로우며 매우 효율적인 에너지임을 보여줬다. 그러나 높은 비용과 잇따르는 원전사고로 인한 안전성에 대한 공포는 성장의 걸림돌이 되고 있다. 원자력은 미래 에너지원의 일부가 될 수도 있지만 우리는 재생가능한 에너지원으로 눈을 돌려야 할 필요가 있다.

이해도 측정

1. 오늘날 화석연료가 가장 흔한 에너지원이 된 원인은 무엇인가? 이들은 왜 재생불가능한 에너지원으로 분류하고 있는가? 화석연료는 어떻게 생성되었는가?
2. 순에너지가 회수에너지(EROI)와 어떻게 다른지 기술하시오. 이러한 개념이 에너지원을 평가할 때 중요한 이유는 무엇인가?
3. 석탄이 전기를 어떻게 만들어내는지 기술하시오. 요즘 우리가 석유제품을 어떻게 생산하고 있는지 기술하시오. 이 제품들 중 몇 가지 예를 드시오.
4. 많은 전문가들이 현재 인류가 전 지구적 오일생산의 최고점을 지나고 있다고 하는 이유는 무엇인가? 인류가 재생가능한 에너지원으로 돌아서지 않는다면 우리 사회는 어떠한 결과가 도래할 것인가?
5. 화석연료의 생산과 소비로 인한 세 가지 환경영향을 기술하시오. 멕시코만 연안에서 기름을 시추하는 과정에서 도래할 수 있는 영향은 무엇인가?
6. 청정석탄기술의 예를 들으시오. 그리고 탄소포집 및 저장이 어떻게 작용하는 것인지 기술하시오.
7. 기술의 진보가 어떻게 에너지 효율성을 개선시킬 수 있는지 특정한 예를 기술하시오. 이제 당신이 에너지를 보존할 수 있는 특별한 행동을 기술하시오.
8. 핵분열은 어떻게 작용하는지 기술하시오. 핵발전소 기술자들은 어떻게 핵분열을 통제하고 연쇄반응을 방지하는가?
9. 온실가스의 방출과 관련하여, 핵발전소는 석탄, 기름, 천연가스와 어떻게 비교되는가?
10. 스리마일섬, 체르노빌, 후쿠시마의 사건은 어떤 면에서 서로 상이한가? 이들 각각의 사고에서 어떠한 결과가 발생했는가? 이제 방사성 폐기물의 처분과 관련하여 몇 가지 관심점을 나열하시오. 지금까지 방사성 폐기물의 처분과 관련해서 어떤 것이 이루어졌는가?

해법찾기

1. 우리 사회가 기름 사용량의 최정점에 도달했다면 당신의 생활에 어떠한 영향을 줄 것이라 예상하는가? 1973~1974년의 에너지 위기에 대응하여 미국에서 채택했던 여러 보호수단들로부터 어떠한 교훈을 얻을 수 있다고 생각하는가? 기름 사용량의 정점 이후 에너지고갈을 면하기 위해 어떠한 조치를 취해야 한다고 생각하는가?
2. 석탄과 기름의 채굴 및 소비에 대한 환경적, 사회적 영향을 기술하고 비교하시오. 정부와 산업체, 각 개인은 이들 영향을 줄이기 위해서 어떠한 조치를 취할 수 있을 것인가?
3. 원자력은 지난 40년간 널리 사용되어 왔으며, 세계는 상당수의 사상자를 초래한 겨우 두 번의 주요 사고(체르노빌과 후쿠시마)만을 경험했을 뿐이다. 당신은 이것이 우수한 안전도의 기록이라 말할 수 있는가? 우리는 원자력의 의존도를 이대로 유지해야 하는가 아니면 감소 또는 증가시켜야 하는가? 원자력발전소의 안전성은 미래에 더욱 나아지리라 생각하는가? 아니면 더욱 악화될 것이라 생각하는가?
4. **생각해보기** 연방정부가 기름과 천연가스의 시추를 위해 플로리다 해안을 개방해야 한다는데 논쟁을 벌이는 와중에 당신은 플로리다의 주지사로 선출되었다. 플로리다 연안의 시추활동은 주 시민들에게 일거리를 만들어주고 석유회사로부터 로열티를 받음으로써 주정부의 수입도 창출할 수 있다. 그러나 거기에는 항상 기름유출과 관련하여 생태학적, 사회적, 경제적 손실의 위험이 도사리고 있다. 당신은 플로리다 연안의 시추에 대하여 찬성하는가 반대하는가? 그 이유는? 결정을 내리기 전에 당신은 과학자들에게 어떤 질문을 할 것인가? 당신은 결정에 앞서 어떤 요인들을 고려하겠는가?

5. **생각해보기** 당신은 핵발전소에서 경미한 사고가 발생한 한 나라의 에너지를 관할하는 부서의 책임자이다. 부분적인 핵의 붕괴로 방사선이 누출되었으나 이는 외부로 유출되지 않고 내부건물에 봉쇄 중이며 인근 주민들에게 전혀 건강상의 영향을 미치지 않았다. 그러나 주민은 위협을 느꼈고, 언론은 그 위험성을 계속 강조하고 있다. 당신의 나라는 총 에너지의 25%와 전기사용량의 50%를 원자력발전에 의존하고 있다. 저장된 화석연료도 없으며 최근에 재생에너지의 개발과 관련한 새로운 프로그램을 시작하였다. 당신은 다음 언론과의 대담에서 대중들에게 무엇을 말할 것인가, 또한 안전하고 믿을 수 있는 국가의 에너지 공급를 보장하기 위하여 어떠한 정책수단을 추천할 것인가?

생태발자국 계산하기

글로벌 발자국 네트워크의 과학자들은 화석연료의 연소로부터 방출된 탄소를 흡수하는 데 필요한 생태적 생산성을 갖춘 토지와 바다의 면적을 산출함으로써 생태발자국의 유효에너지량을 계산한다. 이를 통해서 평균적인 미국의 8.0헥타르 생태발자국은 5.6헥타르로 전환된다. 생태발자국을 고려하는 또 다른 방법으로는, 화석연료를 연소하는 데 필요한 에너지에 해당하는 양으로, 어느 정도크기의 면적에서 생물들을 성장시킬 수 있는지를 계산하는 것이다.

당신이 매년 6.7톤의 기름의 화석연료를 연소하고 있는 평균의 미국인이라 가정하고, 육지의 평균 1차생산량은 0.0037톤/헥타르/년이라 가정하자. 어느 정도 크기의 면적이 현재의 광합성으로 사용되는 연료를 공급하는데 요구될 것인지를 계산하시오.

	연료생산에 필요한 토지의 헥타르
자신	1,811
자신의 클래스	
자신의 주	
미연방	

1. 이 방법으로 계산된 생태발자국의 유효에너지량과 글로벌 발자국 네트워크의 방법으로 계산된 5.6헥타르를 비교하시오. 두 결과치가 서로 다른 이유를 설명하시오.
2. 지구의 총 토지면적은 약 150억 헥타르에 이른다. 이를 표에 있는 연료의 생산에 필요한 토지의 총 면적과 비교하시오.
3. 저장된 화석연료가 없다면, 지구의 모든 면적이 연료생산에 전념한다는 가정 하에 지구는 미국인의 평균 소비수준으로 얼마나 많은 사람들을 지탱해 낼 수 있겠는가? 이것이 현실적이라고 생각하는가? 왜 그런지 또는 왜 그렇지 않은지에 대하여 두 가지 이유를 들으시오.

16 재생가능한 대체에너지

이 장을 마치고 나서 할 수 있는 것들

- ▶ 화석연료 대안을 찾는 이유 설명
- ▶ 주요 재생 에너지원의 개요와 그것들의 잠재적 성장성 평가
- ▶ 주요 바이오 에너지원, 규모, 영향을 기술
- ▶ 수력발전의 규모, 방법 및 영향을 기술
- ▶ 태양에너지와 그것의 동력화 방법을 기술하고 장단점 평가
- ▶ 풍력에너지와 그것의 동력화 방법을 기술하고 이점과 결점을 평가
- ▶ 지열에너지와 그것을 이용하는 방법을 기술하고 장단점 평가
- ▶ 해양에너지와 동력화 방법을 기술
- ▶ 수소연료전지를 설명하고 에너지 저장 및 수송을 위한 의견을 비교

프라이부르크의 보방 이웃집들
보방: 프라이부르크 남동쪽 생태마을

중점 사례 연구

독일은 태양광으로 간다

"언젠가 우리는 조수간만을 동력화하고 태양광선을 가둘 것이다."

—토마스 A. 에디슨, 1921

"[재생에너지(renewable energy)]는 수백만 개의 새 일자리를 제공할 것이다. 그것은 지구온난화를 멈추게 할 것이다. 그것은 더 공정하고 정당한 세상을 창조할 것이다. 그것은 우리들의 환경을 깨끗하게 하여 우리들의 삶을 더 건강하게 할 것이다."

—헤르만 셰어(Hermann Scheer), 에너지 전문가이며 독일의회 멤버, 2009

우리는 태양에너지를 생각할 때, 대부분은 애리조나와 캘리포니아 주 남부와 같은 따뜻한 햇볕이 잘 드는 장소를 상상한다. 그러나 대부분의 태양광 발전을 생산하는 나라는 메인 같은 기후의 캐나다처럼 최북단의 유럽국가 독일이다. 독일은 태양빛으로부터 전기를 생성하는 태양전지 기술(PV)의 세계최고 사용자다. 최근 독일은 이 기술의 세계 전체 절반을 설치하였다. 독일은 현재 다른 어떤 나라보다 태양광에서 에너지를 많이 얻으며 그 양은 해마다 증가하고 있다.

어떻게 그런 춥고 구름 낀 나라에서 이런 일이 일어나고 있는가? 대담한 연방정부의 정책은 태양광 발전과 다른 형태의 재생가능 에너지를 촉진하기 위해 기업과 주택 소유자에게 경제적 인센티브를 제공하고 있다. 독일은 시설들은 재생가능 에너지원으로부터 전력을 생산하고 송전망에 그것을 제공할 수 있는 사람은 누구든 그 사람으로부터 전력을 구입하는 것을 의무화하는 **피드-인 과세**(**feed-in tariff**) 제도를 가지고 있다. 이 제도 아래에서는 시설들은 장기계약에 따라 이 전력을 위해 프리미엄 보장 가격을 지불해야 한다. 그 결과, 독일의 주택 소유자와 기업은 매년 더 많은 태양광 발전패널을 서둘러 설치하고 여분의 태양광 발전을 시설에 판매하여 이익을 얻고 있다.

피드-인 과세는 모든 형태의 재생가능 에너지에 적용된다. 그 결과 독일은 훨씬 더 많은 사람과 기업을 가지고 있는 유일한 중국과 미국의 뒤를 이어 재생가능 자원에 의한 전력용량이 세계 3위이다. 독일은 2020년까지 전력의 30%와 난방 에너지의 14%를 재생가능 자원에서 취득하는 것을 목표로 하고 있다. 이를 위해 독일 정부는 최근 매년 다른 나라보다 더 많은 공적 자금, 즉 250억 달러 이상을 재생가능 에너지에 충당하고 있다.

국내 수요를 발판으로 독일의 산업은 "그린 테크"—재생가능성을 디자인하고 판매하는—에너지 기술에서 글로벌 리더가 되고 있다. 독일은 PV 생산에서 중국 다음으로 두 번째이며, 바이오 디젤의 생산에서는 세계를 선도하고 있고, 최근 몇몇 셀룰로오스계 에탄올 시설을 개발했다. 오늘날 독일의 재생가능 에너지 산업은 30만 명 이상의 시민을 채용하고 있다.

독일의 재생가능 에너지를 위한 추진은 1990년으로 거슬러 올라간다. 정부는 안전 우려 때문과 원자력 발전을 종료할 경우 거의 모든 청정 에너지를 사실상 잃게 될까봐 원자력발전소를 단계적으로 폐지하기로 결정했다. 일부 국내의 화석연료 공급과 함께 독일은 러시아와 중동으로부터 수입되는 석유, 가스, 석탄에 그들의 경제가 완전히 의존하는 것을 발견할 것이다.

독일 하원의원이며 신재생 에너지 전문가인 헤르만 셰어(Hermann Scheer)를 떠올려라. 모두가 태양광, 풍력, 지열에너지를 이용하기 위한 기술은 비용이 많이 들고 위험하며 프라임 시간대에 대한 준비가 되어 있지 않다고 여기는 반면, 셰어는 커다란 경제적 기회이고 장기적인 유일한 해법이라고 보았다. 1990년 쉬어는 피드-인 관세를 확립하는 시금석이 되는 법안을 관철시켰다. 10년 후 그 법안은 개정되고 강화되었다: 2000년의 재생가능 에너지 법은 재생가능 에너지의 생산과 사용을 촉진, 에너지 공급의 안전성을 강화, 탄소 배출 저감하고 화석연료

사용에 의한 많은 외부 비용(5장)의 감소를 목적으로 한다.

법에 의해 각 재생가능 자원은 시장에 따라 자신의 지불비율이 할당되고 대부분의 비율은 전력을 생산하는 더 효율적인 방법을 권장하기 위해 매년 낮아지고 있다. 2004년과 2009년에 정부는 시설들이 에너지를 생산하는 주택 소유자와 기업들에게 지불토록 요구되는 금액을 조정했다. 그 후 2010년에 독일정부는 태양광 발전시장 가격이 이미 절반으로 떨어지고 있었기 때문에 납세자에 대한 보조금 지불비용을 절감하기 위해 16%의 PV 태양 관세율을 인하했다. 그 반응으로 독일인들이 이전 가격에 걸리도록 서두르는 바람에 PV 모듈의 매출이 급증했다. 2010년에만 독일인은 7기가와트(gigawatts)의 PV 태양광 용량을 설치하였는데 이는 미국의 총 누적용량의 2.5배 이상에 해당한다.

화석연료 사용의 일부를 신재생 에너지로 대체함으로써 독일은 도로에서 2400만 대 차를 내보내는 것과 같은 결과를 얻는 연간 1.4억 톤의 이산화탄소 배출량을 절감했다. 이 총량의 절반은 피드-인 과세제도 하에서 지불된 에너지 덕분이다. 1990년 이후 독일의 에너지 자원으로부터 배출되는 이산화탄소 배출량은 20% 이상 하락하고 7개의 기타 주요 오염물질(CH_4, N_2O, SO_2, NO_X, CO, VOCs)은 12~95%까지 감소되었다.

독일의 성공은 다른 국가들에게 모델이 된다. 2011년 기준 60개 이상의 국가가 일종의 피드-인 관세를 시행하였다. 결과적으로 스페인과 이탈리아는 풍력과 태양광 개발에 불을 붙였다. 북미의 버몬트와 온타리오는 독일과 비슷한 피드-인 관세 시스템을 도입한 반면, 캘리포니아, 하와이, 오리건, 워싱턴은 더 제한된 프로그램을 실시하였다. 2010년 플로리다의 게인즈빌(Gainesville)은 피드-인 관세를 실시한 첫 번째 미국 도시가 되었다. 거기에다 미국의 46개 주에서 시설들은 이제 신재생 에너지를 생산하여 송전망에 그것을 공급하는 고객에게 크레딧을 제공한다. 더 많은 국가, 주 및 도시들이 재생가능 에너지를 장려하는 정책을 수립할 때, 우리는 곧 우리의 에너지 수요를 충족하는 방법에서 역사적인 변천이 발생하는 것을 경험할지도 모른다. ■

재생에너지원

독일 연방정부의 대담한 정책은 재생가능 에너지를 향한 세계적인 변화의 작은 일면이다. 전 세계의 국가들은 자국의 경제를 위한 에너지의 안정적이고 저렴한 공급을 확보하면서 화석연료에서 탈피하기 위한 방법을 찾는 중이다.

재생가능 자원들은 빠르게 증가하고 있다

오늘날의 경제는 주로 화석연료에 의해 동력이 공급된다; 우리 에너지의 81%는 석유, 석탄 및 천연가스로부터 온다(**그림 16.1a**). 이러한 세 가지 연료는 또한 세계 전력발전의 2/3에 동력을 공급한다(**그림 16.1b**). 화석연료는 산업혁명의 구동과 우리의 물질번영의 증대와 오늘날 우리가 즐기고 있는 사회의 조성을 도왔다. 그러나 이러한 재생불능인 에너지원은 영원히 지속하지 못한다. 추출이 용이한 석유 · 천연가스의 공급은 아마 즉시 줄어들 것이다(15장). 더군다나 석탄, 석유, 천연가스의 사용은 건강과 환경에 영향을 미치고, 사회적 비용 및 안전을 위협한다(14, 15장). 이러한 이유로 대부분의 에너지 전문가들은 세계 경제는 화석연료에서 너무 쉽게 고갈되지 않고 우리의 환경과 건강에 더 좋은 에너지원으로 바꿔야 한다는 것에 동의한다.

우리의 과학자, 엔지니어, 기업가들이 일련의 화석연료 대안을 개발했다. 주요 재생 불가능한 대안은 원자력 에너지(15장)이다. 재생가능한 대안들은 바이오매스, 수력, 태양광, 풍력, 지열, 해양에너지원들을 포함한다. 바이오매스와 수력발전은 잘 확립되어 널리 사용되는 자원이다. 다른 재생가능 에너지 자원은 아직 널리 사용되지 않고 급속하게 발달하는 단계에 있는 기술을 사용하여 동력화하기 때문에 종종 "신재생 가능한"이라는 용어를 쓴다. 이러한 자원 세 가지 유형의 적용에 에너지를 제공할 수 있다:

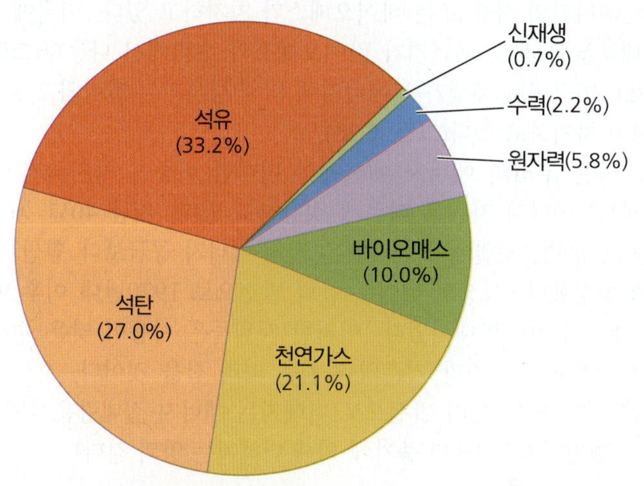

(a) 세계 에너지 생산, 자원별

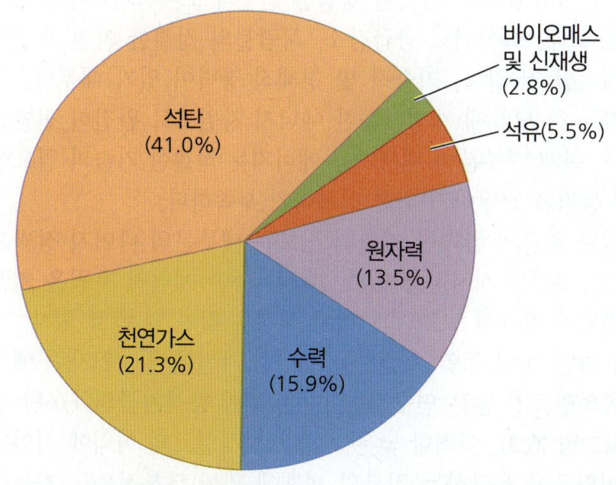

(b) 세계 전력 생산, 자원별

▲ **그림 16.1** 화석연료는 세계 에너지 생산의 81%**(a)**를 차지하고 있다. 원자력과 수력발전이 글로벌 전력 생산**(b)**에 실질적으로 기여하지만, 화석연료는 여전히 우리들 전력생산의 2/3에 동력을 공급하고 있다. Data are for 2008, from International Energy Agency, 2010. *Key world energy statistics 2010*. Paris: IEA.

(1) 전기생산 동력원, (2) 공기 또는 물의 가열 위한 열원, (3) 자동차 연료.

재생가능 에너지원이 화석연료를 대체함으로써 대기오염(13장) 및 지구 규모의 기후변화(14장)를 몰고 오는 온실가스 배출량을 저감토록 도울 수 있다. 화석연료와 달리 많은 재생가능 에너지원들은 우리 사회에 대하여 시간적으로는 고갈되지 않는다. 재생가능 에너지를 개발하는 것도 이러한 가격 변동이나 외국 연료의 수입 의존도(15장)를 줄이고 경제의 에너지 구성의 다양화를 도울 수 있다. 마지막으로 기술을 개발하고 우리 사회의 에너지 인프라를 재구축하기 위해 필요한 설계, 설치 및 관리는 **그린 컬러(green-collar jobs)**의 일자리를 통해 오늘날의 청소년을 위한 고용의 주요 자원이 된다. 300만 명 이상의 사람들이 이미 세계의 재생가능 에너지의 직장에서 일하고 그 수는 증가하고 있다.

국가 또는 지역들은 그들이 사용하는 재생가능 에너지 자원에 있어서 다르다. 개발도상국에서는 장작 등 대부분의 가연성 재생가능 에너지의 사용 또는 바이오매스가 차지하고 있다. 미국에서는 대부분의 재생 에너지가 바이오매스와 수력에서 나온다(**그림 16.2a**). 미국에서 재생가능 에너지에 의해 생산되는 전력의 2/3는 수력이 차지하고 있다(**그림 16.2b**).

그들은 우리의 에너지 예산에서 미미한 비중을 차지하지만, "신재생" 에너지 자원은 빠르게 성장하고 있다. 지난 40년 동안 태양광, 풍력, 지열에너지 자원은 전체 에너지 공급보다 훨씬 빠르게 성장했다. 성장의 리더는 풍력 발전으로 1970년대 이후 매년 50% 가까이 확대되었다. 이러한 자원들은 사용이 낮은 수준에서 시작되고 있지만 기존의 자원을 따라 잡을 것이다. 오늘날 50%씩 증가하는 풍력 발전으로 더해지는 에너지 절대량은 석유, 석탄, 천연가스의 1%의 증가에 의해 더해지는 양과 같다!

정책은 우리들의 변화를 가속화할 수 있다

신재생 에너지 분야의 급속한 성장은 인구와 소비증가, 세계 에너지 수요 확대, 화석연료 공급감소, 사람들의 청결한 환경 요구에 따라 계속될 것 같다. 기술적 및 경제적 장벽이 있기 때문에, 아직 우리는 하룻밤 새 재생가능한 에너지 자원으로 완전히 전환할 수 없다. 현재 대부분의 재생가능 에너지는 적절한 기술과 필요한 규모에 동력을 전달하기 위한 인프라가 부족하다.

그러나 최근의 급속한 기술의 진보는 대부분의 나머지 장벽은 정치적인 것임을 시사하고 있다. 재생가능한 에너지 자원은 기존의 자원보다 정부의 보조금과 세제 혜택을 훨씬 덜 받고 있다. 미국에서 지난 30년 동안 재생가능 에너지 자원에서는 원자력 에너지와 화석연료가 받은 연구 및 개발을 위한 공적자금의 1/6만 주어졌다(**그림 16.3**). 이러한 낮은 가격은 화석연료의 이익에 기인하는 로비활동에 응답하는 정부의 정책에 의해 부분적으로 가능하게 되었음에도 불구하고, 화석연료를 계속 저렴한 가격에 이용할 수 있도록 하기 때문에 재생 에너지 자원의 연구 및 개발은 자금 부족 상태이다.

공공정책의 단계에서는 우리 사회의 신재생 에너지로의 전환을 가속화할 수 있다. 독일 피드-인 과세 정책은 기업과 개인을 위한 경제적 인센티브를 창출함으로써 재생가능 에너지의 보급을 촉진할 수 있는 경제정책 도구(5장)의 전형적인 예를 제공한다. 많은 국가의 정부가 일자리 창출을 돕기 위한 그린 에너지 프로그램에 대한 지출증가를 촉진하고 부양책을 제정함으로 해서 2008~2009년의 글로벌 금융불황에 대응하였을 때, 신재생 에너지 노력도 도움을 받았다. 더 많은 정부, 시설, 기업, 소비자가 신재생 에너지로 돌아서 재생가능 에너지의 가격은 한층 더 떨어지고 그것들의 보급은 더 촉진되어야 한다.

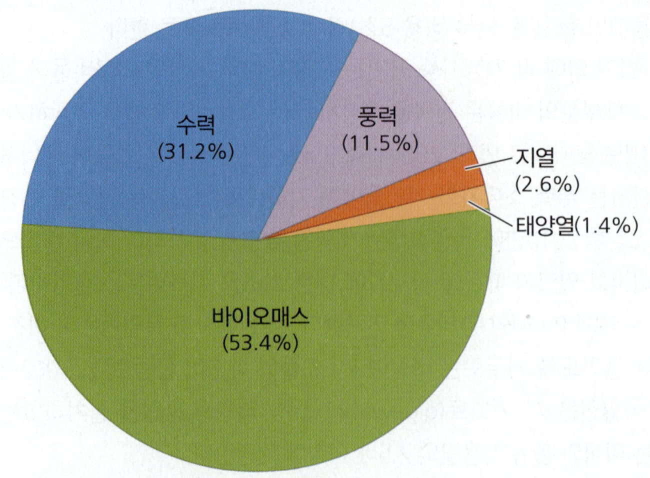

(a) 미국의 재생에너지소비, 자원별

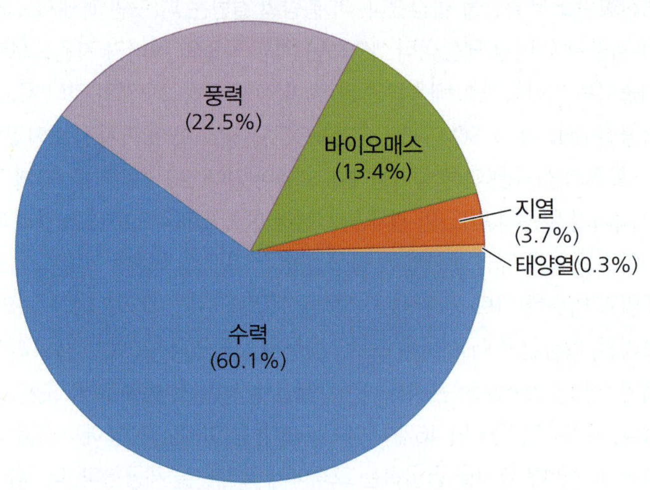

(b) 재생가능자원에 대한 미국의 전력생산

▲ **그림 16.2** 매년 미국에서 소비되는 에너지의 8%만이 재생가능 에너지원으로부터 오고 있다. 이 중 **(a)** 대부분은 바이오매스 에너지와 수력 발전으로부터 온다. 풍력, 지열에너지, 태양에너지는 모두 합쳐 이 양의 15%를 차지하고 있다. 마찬가지로 미국에서 생산된 전기의 10.2%**(b)**는 주로 수력발전으로 이루어진 신재생 에너지로부터 온다. Data are for 2010, from Energy Information Administration, U.S. Department of Energy.

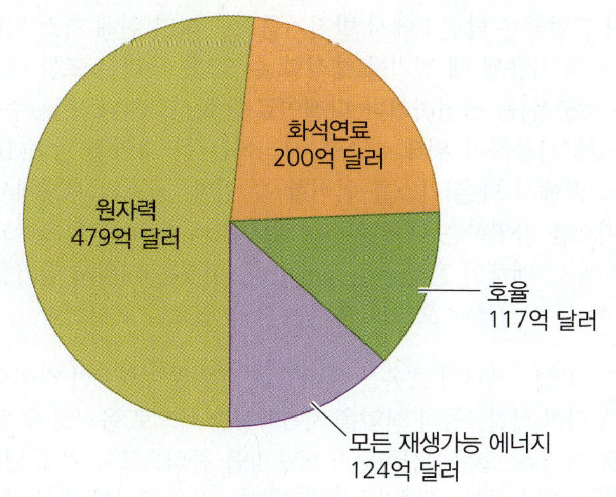

▲ **그림 16.3** 에너지에 대한 대부분 미국의 연구개발 자금은 원자력과 화석연료로 갔다. 1974년에서 2005년 사이에 오직 13%만이 결합된 모든 재생가능 에너지 자원으로 갔다. Data from International Energy Agency.

바이오 에너지

바이오 에너지(bioenergy)—**바이오매스 에너지**라고도 한다—는 바이오매스로부터 얻어진 에너지이다. **바이오매스(biomass,** 4장)는 살아 있는 또는 최근까지 살아 있던 생물 기원 유기물질로 구성되어 있으며 햇빛이나 광합성에 의한 화학에너지를 포함하고 있다. 우리는 나무나 산소가 없는 상태에서 나무를 구어 만든 숯, 혹은 농작물 등과 같은 여러 식물 종류와 가축분뇨 등의 가연성 동물 폐기물에서 바이오 에너지를 얻는다.

바이오 에너지의 가장 큰 매력은—원칙적으로—재생가능하며 온전히 이산화탄소를 대기로 방출만 하지는 않는 것에 있다. 바이오매스를 연소하면 다량의 이산화탄소를 방출하지만, 이것은 수년 혹은 수 개월 또는 수주, 수 일 전에 바이오매스 생성을 위해 광합성을 통해 대기 중에서 소비한 이산화탄소의 양과 같기에 균형을 이룬다. 그렇기 때문에 이론적으로 우리가 화석연료를 바이오 에너지로 대체할 때, 우리는 대기 중으로 유입되는 순 탄소의 양을 감소시켜 지구 규모의 기후변화를 완화한다(14장). 하지만 실제로는 그렇게 간단하지가 않다. 모든 바이오 에너지 전략의 지속가능성을 판단하는 것은 사용하는 바이오매스 자원의 종류와 거기에서 에너지를 획득하는 방법을 신중하게 검토하도록 요구한다.

바이오 에너지는 다양한 자원으로부터 온다

아프리카의 가난한 농부에게 바이오 에너지는 나무에서 가지를 자르거나 가축의 분뇨를 수집하여 가족을 위해 난방과 요리하는 것을 의미한다. 아이오와의 산업화된 농부에게 바이오 에너지는 자동차를 운행하기 위한 액체 연료로 변환하는 첨단기술제련소에 그의 작물을 출하하는 것을 의미한다. 바이오 에너지(**표 16.1**)와 관련하여 자원과 참여 방식의 다양성은 우리의 에너지 문제를 해결하기 위한 많은 방법을 제공한다.

10억 명 이상의 사람들이 그들의 제일 에너지 자원으로 나무 목재를 사용하고 있다. 개발도상국의 특히 농촌 지역에서 가족들은 집에서 난방, 요리, 조명을 위해 땔감을 모은다(**그림 16.4**). 개발도상국은 산업화할 때 화석연료가 재래식 에너지 자원을 대체하였지만 여전히 장작, 숯, 가축 분뇨 등이 이들 국가에서의 에너지 사용량의 35%를 차지하며 가장 가난한 나라에서는 최대 90%까지 차지하고 있다.

장작 및 기타 전통적인 바이오매스 자원은 세계적으로 사용되는 모든 재생가능 에너지의 약 80%를 구성한다. 그러나 바이오매스는 그것이 과도하게 수확되지 않는 경우에만 재생이 가능하다. 지속 불가능하게 급격한 속도로 땔나무를 수확하는 것은 산림파괴, 토양침식, 사막화(7, 9장)에 이르고 경관을 손상하고 생물다양성을 감소시켜 인간사회를 가난하게 할 수 있다.

세계의 대부분은 여전히 장작, 숯, 비료에 의존하고 있는 반면, 새로운 바이오 에너지는 혁신적인 형태의 에너지를 제공하기 위해 다양한 재료를 사용하여 개발되고 있다(표 16.1 참조). 이러한 재료의 일부는 난방과 전기를 생산하는 **바이오 파워(biopower)**를 생산하기 위하여 발전소에서 연소된다. 다른 자원들은 **바이오 연료(biofuels)**, 자동차에 주 동력을 제공하는 액체 연료로 변환될 수 있다.

바이오 전력은 바이오매스로부터 전기를 생산한다

우리는 전기를 생산하기 위하여 바이오매스를 연소시켜 바이오 파워를 활용한다. 이것은 다양한 자원과 기술을 사용하여 수행할 수 있다.

표 16.1 주요 바이오 에너지원
난방을 위한 직접연소
▶ 나무베기(땔감나무)
▶ 석탄(차콜)
▶ 농가 가축분뇨
차량 동력용 바이오 연료
▶ 에탄올용으로 재배된 옥수수
▶ 에탄올용으로 재배된 사탕수수대(bagasse: sugarcane residue)
▶ 바이오디젤용으로 재배된 콩, 유채 및 기타작물
▶ 바이오디젤용으로 사용된 식용기름
▶ 셀룰로오스 에탄올 생산을 위해 효소로 처리된 식물
▶ 바이오연료를 위해 재배된 조류
전력생산을 위한 바이오파워
▶ 발전소에서 태우는 작물 잔류물(옥수수 대 등)
▶ 발전소에서 태우는 임업 잔류물(벌목 폐목재 등)
▶ 발전소에서 태우는 폐기물공정(제재소, 펄프공장, 제지공장 폐기물)
▶ 발전소에서 태우는 "매립지 가스"
▶ 혐기성 소화조 가스 발생을 위한 가축분뇨
▶ 매립지 도시고형 폐기물의 유기성 성분

▲ **그림 16.4** 개발도상국에서 10억 명 이상의 사람들이 난방과 요리를 위해 땔감에 의존하고 있다. 오늘날 나무에서 잘라낸 나뭇가지는 세계에서 사용되는 바이오매스 에너지의 주요 자원으로 남아 있다. 이론적으로는 바이오매스는 재생가능하지만, 숲이 과도하게 남벌되는 경우 실제로 그것은 재생가능할 수 없을지도 모른다.

발생 폐기물 다양한 산업과 공정의 발생 폐기물은 바이오 파워를 위해 사용될 수 있다. 이들은 벌목 나무조각, 펄프공장에서의 폐수, 매립지와 사육장에서 유기성 폐기물, 작물 잔류물(예: 옥수수 줄기와 옥수수 껍질) 등을 포함한다.

바이오 에너지 작물 우리는 바이오 파워를 생산하기 위한 농작물로 특정 유형의 식물을 재배하기 시작했다. 여기에는 빠르게 성장하는 초목으로 대나무, 김의 털, 스위치 그래스 및 특별히 키운 버드나무와 포플러 등 나무가 포함되어 있다(**그림 16.5**). 이러한 식물의 대부분도 역시 액체 바이오 연료를 생산하기 위해 재배되고 있다.

연소 전략 작은 규모에서 농가, 목장, 또는 마을들은 전기를 생산하기 위해 축분을 사용하는 모듈 바이오 파워 시스템을 운영할 수 있다. 가정용 소형 생물소화조들은 원격의 농촌 지역을 위한 휴대용 및 분산형 에너지를 생산하여 공급한다.

대규모 스케일로 바이오매스를 연소하기 위해 지어진 발전소는 화석연료를 연소하여 전기를 생산하는 것처럼 운영한다(그림 15.4 참조); 연소는 물을 가열하여 터빈 및 발전기를 돌리는 증기를 생산하고 그것으로 전기를 생산한다. 지금까지 생산된 바이오 파워의 대부분은 전기와 난방 모두를 발생시키는 열병합 발전(15장)을 사용하는 발전소에서 오고 있다. 그 발전소들은 종종 임업 폐기물을 사용할 수 있는 유리한 곳에 배치되어 있다.

일부 석탄 화력발전소에서 나무조각, 나무펠렛, 또는 다른 바이오매스는 **동시소성(co-firing)**이라는 공정의 특화된 보일러에서 석탄과 혼합된 형태로 연소된다. 우리는 약간의 시설을 변경하거나 효율성을 희생하지 않고 석탄의 최대 15%를 바이오매스로 대체할 수 있다. 동시소성은 유틸리티가 재생가능 에너지 이용을 확대하기 위한 비교적 간단한 방법이다.

우리는 또한 바이오매스가 산소의 부존재 하에서, 고온에서 기화되어 수소, 일산화탄소, 이산화탄소, 메탄 및 다른 가스의 혼합물을 생성하는 **가스화(gasification)**를 통해 바이오 파워를 활용한다. 이 혼합물은 발전소에서 발전기를 추진하기 위해 가스 터빈을 돌리는 데 사용될 때 전기를 생성할 수 있다. 우리는 또한 메탄올(나무 알코올)을 생성하거나 디젤연료를 합성하거나 또는 수소연료전지에 사용하기 위해 수소를 분리하는 등 다양한 방법(16장)에 가스화에서 나온 가스를 처리할 수 있다. 산소의 부재에서 바이오매스를 가열하는 대체방법은 **열분해(pyrolysis)**를 일으키고 고체, 기체 및 액체의 혼합물을 생성한다. 이것은 태워서 전기를 생산할 수 있는 열분해 오일로 불리는 액체 연료를 포함한다.

이득과 약점 에너지 효율을 높이고 폐기물을 재활용한 바이오 파워는 우리의 시설물들과 산업을 지속가능한 쪽으로 움직일 수 있다. 바이오 파워는 또한 이산화탄소 배출량을 줄임으로써 기후 변화의 완화에 도움이 되며, 매립가스를 포집하는 것은 강력한 온실 가스인 메탄 배출량을 저감할 수 있다. 바이오매스가 동시소성과 직접 연소에서 석탄을 대체 할 때 바이오 파워는 식물이 석탄과 달리 상당한 유황을 포함하지 않기 때문에 이산화황 배출량을 줄일 수 있다.

바이오 파워의 단점은 우리가 동력을 위해 작물과 식물을 태울 때, 우리는 그것이 식물의 분해로부터 얻은 토양의 양분을 빼앗는다는 것이다. 우리는 기본적으로 토양에서 양분을 뽑아내고 돌려주지 않아 토양이 점차 고갈된다.

바이오 연료는 자동차를 움직일 수 있다

바이오매스 자원에서 얻은 액체 연료는 오늘날 수백만의 도로 차량에 동력을 공급하고 있다. 지금까지 개발된 두 가지 주요 바이오 연료는 에탄올(가솔린 엔진의 경우)과 바이오 디젤(디젤 엔진)이다.

에탄올 **에탄올(ethanol)**은 맥주, 와인, 술에 있는 알코올이다. 이것은 맥주 양조와 비슷한 공정에서 일반적으로 탄수화물이 풍부한 작물로부터 바이오매스를 발효시켜 바이오 연료로 생산된다. 발효에서 탄수화물은 당으로 변환되고 이어서 에탄올로 변환된다. 1990년 대기 청정법의 개정과 정부의 후한 보조금에 의해 박차를 가하는데 자동차의 배출량을 줄이기 위해 미국에서 에탄올이 가

▼ **그림 16.5** 스위치그래스, 북미의 초원에서 빠르게 크는 식물로, 현재 바이오 파워를 위한 연료를 제공하고 셀룰로오스계 에탄올을 제공하기 위한 작물로 연구되고 있다(16장).

솔린에 광범위하게 추가된다. 2010년에 미국에서 에탄올 490억 L(130억 갤런) 이상이 주로 옥수수(**그림 16.6**)로부터 생산되었다. 이 양은 빠르게 성장하고 있으며, 약 200개의 미국 에탄올 생산시설이 현재 운영되고 있다. 2007년 의회에서 통과된 에너지 독립 및 안전법은 2022년까지 연간 1360억 L(360억 갤런)의 에탄올을 의무적으로 생산하고 사용토록 했기 때문에 더 성장이 보장된다.

가솔린 엔진을 탑재한 모든 차량은 10%까지의 에탄올을 함유한 가솔린으로 잘 달리지만, 자동차 업체들은 E-85, 85%의 에탄올과 15% 가솔린의 조합으로도 잘 달리는 **가변 연료 차량**(flexible-fuel vehicles, FFV)을 생산하고 있다. 오늘날 900만 대 이상의 이러한 차들이 미국의 도로를 달리고 있다. 브라질에서는 모든 신차의 절반은 FFV[사탕수수(bagasse)라고도 함] 짓눌린 사탕수수 찌꺼기에서 나온 에탄올이 브라질 운전자가 사용하는 모든 연료의 40%를 차지하고 있다.

미국의 정책 입안자들에 의해 보인 옥수수를 원료로 하는 에탄올에 대한 열정은 환경 과학자들에 의해 널리 공유되지 않는다. 에탄올 생산용 옥수수를 기르는 것은 농약사용, 비료사용, 신선한 물 부족 및 단일 문화산업농업(7장)의 결과를 포함하는 생태계에 큰 영향을 준다. 옥수수 에탄올 작물(**환경실천행동** 참조)은 값비싼 토지를 차지한다. 만약 우리가 지금 옥수수에서 에탄올을 이용하여 미국에서 사용되는 모든 자동차용 연료를 생산하고자 하는 경우 국가는 이미 60% 이상 차지하는 거대한 옥수수 재배 면적을 생산성을 해치는 일없이, 그리고 식용을 위한 어떤 옥수수도 생산하지 않는다고 해도 확대할 필요가 있을 것이다. 우리의 현재 수준의 생산에서조차도 에탄올은 이미 식량생산과 경쟁하고 식량가격을 밀어 올리고 있다.

(a) 에탄올을 위한 옥수수재배

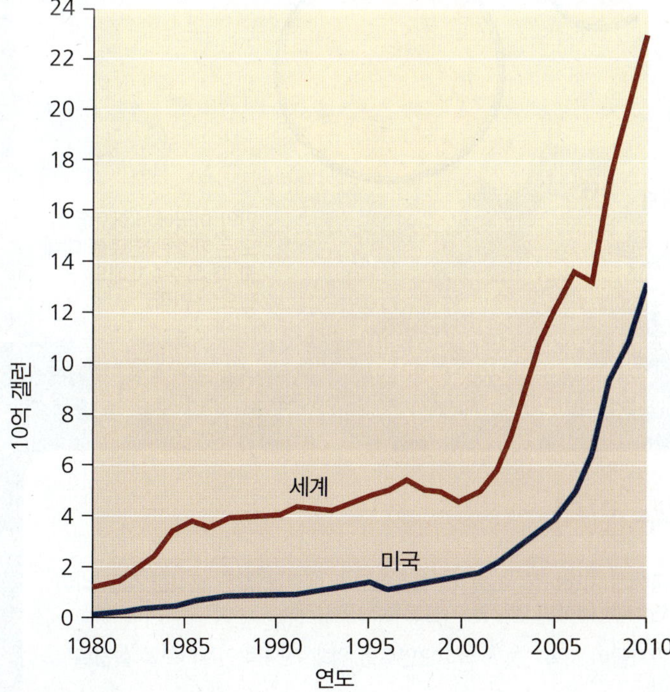

(b) 에탄올 생산, 1980~2010

▲ **그림 16.6** 미국의 옥수수 수확물(a)의 약 30%는 가솔린에 광범위하게 첨가되는 바이오 연료 에탄올을 생산하는 데 사용된다. 브라질은 사탕수수(사탕수수 찌꺼기)에서 세계 에탄올의 나머지의 대부분을 생산한다. 에탄올 생산(b)은 지난 몇 년 동안 급속하게 성장하고 있다. Data from Renewable Fuels Association.

FAQ

Q: 만약 우리가 가솔린을 에탄올로 바꾼다면 우리의 석유 의존도 문제를 해결하겠는가?

A: 미국에서는 옥수수를 원료로 하는 에탄올에 대한 정부의 보조금은 정치적으로 인기가 있어, 많은 사람들이 우리가 더 많은 에탄올을 생산하여 가솔린을 대체하면 더 나은 우리가 될 것이라고 믿는다. 가솔린에 에탄올의 비율을 증가시키면 확실하게 석유를 절약하고 외국으로부터의 수입에 대한 의존도를 줄이는 데 도움이 될 것이다. 그러나 가솔린을 완전히 대체할 수 있는 옥수수 에탄올의 양을 얻기 위해서는 실용적이지 않은 대량의 토지를 옥수수 생산용으로 변환시키는 것을 필요로 할 것이다. 또한 그렇게 많은 옥수수가 식량에서 연료로 전환되면 아마도 식량가격이 급격히 상승하게 될 것이다. 이것이 연구진들이 보다 효율적인 자원으로 다른 식물을 연구하고 농작물 및 임업 폐기물로부터 셀룰로오스계 에탄올을 제조하는 방법을 개발하려고 하고 있는 이유이다.

에탄올을 위한 옥수수를 재배하는 것도 (농기구 사용을 위해, 석유계 농약이나 화학비료를 만들고 가공 공장에 옥수수를 수송하기 위해, 에탄올 증류 정제를 위한 물 가열 등) 실질적인 화석연료 에너지 유입을 필요로 한다. 사실, 옥수수 에탄올은 생산을 위해 유입할 필요가 있는 에너지에 비해 상대적으로 소량의 에너지를 얻을 수 있다. 옥수수를 원료로 하는 에탄올 EROI(투자대비 반환 에너지) 비율(15장)이 가변적이지만, 최근의 추정치는 1.5:1 근처이다. 이것은 에탄올에서 1.5 단위의 에너지를 얻기 위해 우리는 1 단위의 에너지를 소모해야 한다는 것을 의미한다.

바이오디젤 디젤을 연료로 하는 차량의 운전자는 식물성 기름에서 제조되거나 폐 식용유 또는 동물성 지방으로부터 생산된 가솔린에 대해 탄소중립 대안을 위한 요청에서, 많은 사람들이 어떤 바이오연료가 미국의 #1 작물인 옥수수로 만들어진 에탄올보다 더 나을 수 있을까 생각한다.

에탄올 정제

그러나 에탄올을 위해 옥수수를 재배하는 것은 에탄올이 생산해내는 만큼의 에너지를 요구한다. 그리고 방대한 양의 토지를 산업 농업으로 전환해야 한다.

연료작물이 식량작물과 경쟁할 때 식량 가격은 상승한다.

현재 미국 옥수수 재배지

만약 미국에서 에탄올이 모든 가솔린 연료를 대체할 때 옥수수재배의 필요한 면적

그래서 과학자들은 더 효율적이고 지속가능한 바이오연료를 찾기 위해 경쟁하고 있다.

에탄올 펌프

바꿀 수 있다

- ▶ 입법자들에게 지팽이풀, 조류 및 셀룰로오스 에탄올 같은 비식량 작물 바이오연료에 대한 대학의 연구를 지원토록 요구하라.
- ▶ 정책입안자들이 지속가능한 바이오연료를 위해 재정적 인센티브를 설립토록 재촉하라.
- ▶ 적게 운전하고 연비가 더 좋은 차를 운전하여 가솔린 소비를 줄여라. 돈도 절약될 것이다.

연료인 바이오 디젤을 사용할 수 있다. 기름 또는 지방질은 화학 촉매의 존재 하에서 에탄올 또는 메탄올 소량과 혼합된다. 대부분의 바이오 디젤을 이용하는 유럽에서는 유채기름은 선택사항이지만 미국의 바이오 디젤 생산은 일반적으로 콩기름을 사용한다. 디젤 엔진을 탑재한 차량은 100% 바이오 디젤을 사용하여 달릴 수 있으며 또는 바이오 디젤이 기존의 석유 디젤과 혼합되어 사용될 수 있다: 20% 바이오 디젤 혼합물(B20라고 한다)이 일반적이다.

바이오 디젤은 석유 디젤에 비해 배출량이 감소된다. 그 연비는 거의 비슷하고 비용은 그냥 조금 더들고 그것은 비독성이며 생분해 가능하다. 자신의 차량에 바이오 디젤 연료를 공급하는 사람들의 수가 증가하고 있다(**그림 16.7**). 일부 버스 및 재활용 트럭은 현재 바이오 디젤로 달리며 많은 주 및 연방 함대는 바이오 디젤 혼합을 사용하고 있다.

바이오 연료로 폐유를 사용하는 것은 지속가능하지만 오늘날 대부분의 바이오 디젤은 대부분의 에탄올처럼 특별히 같은 목적으로 재배한 작물에서 오고 이러한 작물은 환경에 영향을 미친다. 브라질에서 콩(9장)과 동남아에서 야자기름(9장) 사용의 증가는 열대우림의 손실을 서둘러 가져왔다. 미국의 대두와 유럽에서 유채 사용의 증가는 역시 넓은 토지의 대부분을 잠식하고 있다.

새로운 바이오 연료 바이오 디젤과 에탄올을 위해 재배되는 주요 작물은 땅에 막중한 영향을 미치고 있기 때문에, 농업인과 농업 과학자들은 밀, 수수, 카사바 및 사탕무에서부터 참억새, 자트로파(jatropha) 및 잔디 같이 덜 알려진 다른 작물들과 함께 다양한 실험을 하고 있다. 하나의 유망한 차세대 바이오 연료 작물은 조류이다. 이러한 광합성 미생물의 몇 개 종은 바이오 디젤로 변환할 수 있는 지질을 대량으로 생산하고 있다. 대안으로 조류의 탄수화물은 에탄올을 만들기 위해 발효시킬 수 있다. 사실, 제트 연료 등 다양한 연료는 조류에서 생산할 수 있다. 조류는 지상 작물보다 훨씬 빠르게 성장하고 며칠 간격으로 수확할 수 있으며, 다른 바이오 연료 작물보다 훨씬 많은 석유를 생산할 수 있다.

▼ **그림 16.7** 시카고 로욜라(Loyola) 대학교 학생과 교직원은 식당의 폐식용유에서 바이오 디젤을 생산하고 바이오 디젤 밴에 연료를 공급하기 위해 그것을 사용한다. 미국 환경보호국(EPA)의 기금은 대체연료에 관하여 학생들을 가르치기 위하여 지역 고등학교에 미니 생물반응기를 수송하도록 자금을 지원한다.

에너지를 위한 모든 단일수종 작물에 의존하는 것은 지속가능한 전략이 아니기 때문에, 연구자들은 모든 식물재료에 구성 성분인 셀룰로오스로부터 에탄올을 생산하는 효소를 이용한 **셀룰로오스계 에탄올**(cellulosic ethanol)을 생산하는 정제기술을 개발하고 있다. 현재 에탄올은 우리에게 귀중한 식품으로서 옥수수와 사탕수수의 전분을 이용하여 만들기 때문에 이것은 상당한 진전이 될 것이다. 셀룰로오스는 대조적으로 아직 사람들에게 음식이 아니며, 모든 식물에 풍부하게 존재한다. 만약 우리가 상업적으로 실행 가능한 방법으로 셀룰로오스계 에탄올을 생산할 수 있다면, 에탄올은 가치가 높은 작물(그런 옥수수 줄기와 옥수수 껍질과 같은)에서가 아니라 가치가 낮은 작물 폐기물에서 만들 수 있다.

바이오 에너지는 탄소 중립인가?

원칙적으로 바이오매스 에너지는 대기 중으로 순 탄소를 방출하지 않는 탄소 중립이다. 바이오매스를 연소하면 식물이 최근 광합성 시 대기에서 뽑아낸 이산화탄소를 방출하기 때문이다. 그러나 만약 바이오 에너지 작물을 심기 위해 산림이 파괴된 경우는 에너지를 위해 바이오매스를 연소하는 것이 탄소 중립이 아니다. 숲은 경작지가 하는 것보다 더 많은 탄소를 격리(식물과 토양에)하기 때문에 농작물을 심기 위해 숲을 베어내면 대기 중으로 탄소 유입흐름이 증가한다. 또한 바이오 에너지는 우리가 바이오매스를 생산하기 위해 화석연료 에너지를 사용해야 하는 경우(예를 들면 바이오 연료 작물을 재배하기 위해 트랙터를 운전하고, 비료를 사용하며, 살충제를 뿌리면) 탄소 중립이 아니다.

국제기후변화 정책은 그동안 지속가능한 바이오 에너지 방법을 장려하는 데 실패했다. 교토의정서(14장)는 국가들에 에너지 사용과 토지이용의 변화(예를 들면 삼림 벌채 등) 모두에서 배출량에 관한 데이터를 제출하도록 요구했지만, 에너지 사용에 의한 배출량만 협약에 따라 국가의 실적으로 결정하는 방향으로 "산정"되었다. 교토의 후속 조약을 설계하려는 협상자들은 이러한 문제해결하기 위한 시도를 하고 있다(14장). 그러는 동안 연구원들은 진정 재생가능과 탄소 중립인 바이오 에너지를 이용하는 방법을 개발하기 위해 바쁘다. 지속적인 연구와 신중한 결정으로, 우리의 많은 바이오 에너지의 옵션은 화석연료의 지속가능한 교환을 위한 유망한 수단을 제공할지도 모른다.

WEIGHING 이슈

바이오 연료 당신은 옥수수에서 에탄올을 생산하여 사용하는 것이 좋은 아이디어라고 생각하는가? 장점이 단점보다 중요한가? 우리는 조류와 셀룰로오스계 에탄올 등의 차세대 바이오 연료 개발에 수십억 달러를 투자해야 하라. 당신은 환경에 미치는 영향을 최소화하는 바이오 연료를 사용하는 방법을 제안할 수 있는가?

수력발전

바이오매스 다음으로, 우리는 다른 자원에서보다 물의 움직임에서 더 많은 재생 에너지를 이끌어 낸다. **수력 전기발전(hydro-**

(a) 스네이크 강 아니스 하버 댐, 워싱턴

(b) 맥너리 댐 내부의 터빈 발전기, 콜럼비아 강

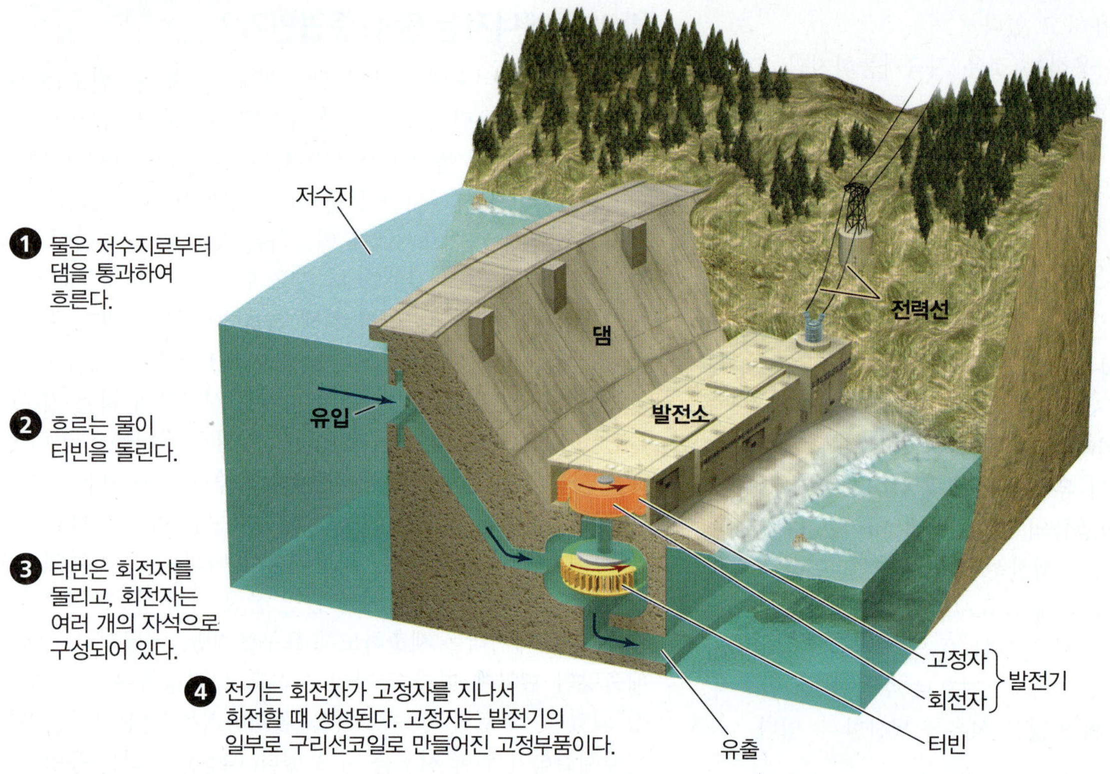

(c) 수력발전

▲ **그림 16.8** 워싱턴의 스네이크 강 아이스 하버 댐(a)과 같은 대규모 댐은 상당한 수력발전량을 생산한다. 이런 댐들의 내부에서는 흐르는 물이 터빈(b)을 회전시켜 전기를 생성하는 데 사용된다. 물은 댐(c)의 일부를 통해서 저수지로부터 이송되어 자석을 포함한 회전자를 돌리는 터빈을 회전시킨다. 그 도는 회전자는 자석이 구리 선 코일을 통과할 때 전기를 생산한다. 전류는 전선을 통해 멀리 전송되고 강물은 댐의 바닥을 통해 흘러나간다.

electric power) 또는 **수력발전(hydropower)**에서 우리는 터빈을 회전시켜 전기를 생산하기 위해 물의 동력학적 에너지를 사용한다.

현대 수력발전은 3가지 방법을 사용한다

오늘날 수력 전기 발전의 대부분은 강물의 흐름을 차단하는 댐의 뒤에 물을 저수하여 그 물이 댐을 통과하도록 하여 얻고 있다. 엄청난 양의 물이 댐 뒤에 저장되므로 이것은 **저류(storage)** 기술이라고 한다. 저수지 물이 댐을 통과할 때 터빈의 날개를 돌리게 되고 그것은 발전기가 전기를 생산하도록 한다(**그림 16.8**). 댐의 발전소에서 생산된 전기는 송전선에 의해 전력망에 전송되고, 반면 물은 댐 아래 강바닥에 유입하여 계속해서 하류로 흘러간다. 저수지에 물을 저장하여 댐 운영자에게도 자연적으로 하천의 유량이 낮은 기간 동안 전기의 안정적이고 예측 가능한 공급을 보장할 수 있다.

또 다른 방법은 크게 하천수의 흐름을 교란시키지 않고 전기를 생성하는 **런오브리버(run-of-river)** 기술이다. 여러 가지 방법이 사용될 수 있는데 하나는 파이프 또는 채널을 통해 흐르는 강물 일부를 발전소로 통하게 한 뒤 강으로 돌려보내는 것이다. 런오브리버 체계는 대형 댐을 건설하고 유지하기 위한 경제적 자원이 없는 지역과 원격 전력 전송망에서 멀리 떨어진 지역에서 유용하다. 이 방법은 모든 계절에 확실한 물의 흐름을 보장할 수는 없지만 그것은 저류 기술의 많은 영향을 최소화할 수 있다.

흐름의 타이밍을 더 잘 제어하기 위해 양수-저류 수력을 사용할 수 있다. **양수-저류(pumped-storage)** 방법에서 물은 전력 수요가 적고 가격이 낮은 시간 대에 낮은 저수조에서 높은 저수조로 양수되고, 수요가 강하고 가격이 높은 시간 대에 터빈을 통해서 흘러내려 전기를 발생시킨다. 물을 양수하려면 에너지가 유입되어야 하지만 양수-저류는 수익성이 있으며, 그것은 태양광 발전이나 풍력 발전 등의 간헐적인 자원과 함께 사용할 경우 또한 전원공급이 끊길 때조차도 도울 수 있다.

수력발전은 깨끗하고 재생가능하지만 역시 영향을 끼친다

수력발전은 화석연료로 발전된 전기보다 두 가지의 뚜렷한 장점이 있다. 첫째, 그것은 재생가능하다. 강수가 하늘에서 떨어져 하천과 저수지를 채우는 한, 우리는 터빈을 돌리기 위하여 물을 사용할 수 있다. 둘째, 수력생산을 위해 태워지는 탄소화합물이 없기 때문에 이산화탄소 또는 다른 오염물질이 대기 중으로 방출되지 않는다. 물론 화석연료는 댐을 구축하고 유지하는 데 사용된다—그리고 최근의 증거는 큰 저수지가 깊은 수중의 혐기성 부패의 결과로 온실가스인 메탄을 방출하는 것을 보여준다. 그러나 전반적으로 수력발전은 화석연료 연소의 전형적인 온실가스 배출량에 비해 배출량은 아주 소량에 그친다.

또한 수력발전은 효율적이다. 그것은 10:1 또는 그 이상의 EROI 비율을 가지지만, 적어도 어떤 다른 현대의 에너지 자원만큼 높은 효율을 가진다고 생각되고 있다.

수력발전은 재생가능하며 효율적이고 약간의 대기오염을 생성하지만, 부정적인 영향도 있다. 댐 구역의 상류 강기슭이 침수되고 하류는 종종 물 부족에 시달리는 것처럼 강을 막아 댐을 건설하는 것(12장)은 야생 동물의 서식지를 파괴한다. 전기생산을 최적화하기 위해 방류가 조정되고 있기 때문에 하천의 자연홍수주기가 교란되고 있다. 홍수를 억제하는 것은 강의 범람평야 지역이 신선한 영양소를 포함한 퇴적물의 공급을 막고 있다. 대신, 퇴적물들은 댐 뒤에 갇혀서 저수지를 채우기 시작한다. 댐은 또한 수온을 변화시킴으로써 열오염(12장)을 일으키는 원인이 되고 이것은 서식지의 변경과 함께 댐 수로에서 고유어종의 개체군을 감소 또는 제거한다. 또한 댐은 일반적으로 물고기와 다른 수생생물의 통과를 막아 생물의존적 이동을 방해하고 각 지천의 생물다양성을 감소시킨다. 이러한 생태계의 영향은 일반적으로 지역사회에 부정적인 사회적, 경제적 영향을 미친다.

수력 전기발전은 널리 사용되지만 더 이상 확장되지 않을 수도 있다

수력발전은 세계 전력생산의 16%를 차지하고 있다(그림 16.1b 참조). 댐을 구축할 수 있는 많은 양의 강물과 경제적 자원을 가진 나라에서는 수력 전기 발전이 개발과 부의 시금석이 되었다. 오늘날 캐나다, 브라질, 노르웨이, 오스트리아, 스위스, 베네수엘라 및 기타 국가들은 대량의 에너지를 수력에서 얻는다(**표 16.2**).

표 16.2 수력 전기발전의 상위 생산국

국가	수력발전 생산 (terawatt–hours)	수력발전으로 생산된 전력비율
중국	585	16.9
캐나다	383	58.7
브라질	370	79.8
미국	282	6.5
러시아	167	16.0
노르웨이	141	98.5
인도	114	13.8
베네수엘라	87	72.8
일본	83	7.7
스웨덴	69	46.1
기타 국가	1,007	13.6

Data is for 2008, from the International Energy Agency.

오늘날 세계는 일부 거대한 수력발전소 건설을 목격하고 있다. 중국이 최근 완성한 싼샤댐(12장)은 세계 최대이다. 그러나 수력발전은 훨씬 확대될 가능성은 낮다. 하나의 이유는 세계의 큰 강 대부분은 이미 댐이 설치되어 있다는 것이다. 또 다른 이유는 사람들이 댐의 생태계에 미치는 영향에 대하여 더 많은 인식을 하고 있으며, 일부 지역에서는 주민들이 댐 건설에 저항하고 있다는 것이다. 미국에서는 댐 건설에 적합한 하천의 98%가 이미 댐이 설치되었으며 나머지 2% 중 많은 곳이 와일드시닉리버스법(Wild and Scenic Rivers Act)에 의해 보호되고 일부 사람들은 이제 특정 댐을 해체하고 강 서식지를 복원하기를 원한다(12장). 국제 에너지 기구(IEA)는 전력생산 중 수력발전의 점유율이 지금부터 2030년 사이에 감소증가한 것이며 다른 재생가능 에너지의 비율은 2%에서 6%로 3배가 증가될 것으로 예측하고 있다.

태양열 에너지

태양은 핵융합에 의해 수소를 헬륨으로 변환하여 엄청난 에너지를 배출한다. 지구에 도달하는 이 에너지의 작은 비율은 지구상의 생명유지를 가능하게 하는 데 기여하고, 생물권 과정의 대부분을 구동 하기에 충분하다. 지구는 매일 총 인간이 반세기 동안 소비하기에 충분한 **태양에너지(solar energy)** 또는 에너지를 태양에서 받는다. 평균적으로 지구 표면의 각 1평방 미터는 전구의 17배인 약 1킬로와트(kw) 태양에너지를 받는다. 그 결과, 전형적인 가정은 태양에너지를 이용하는 옥상 패널로 그 모든 전력 수요를 충족하기에 충분한 지붕 면적을 가지고 있다. 그러나 우리는 아직도 태양열 기술을 개발하고 태양에너지를 사용하는 데 가장 효과

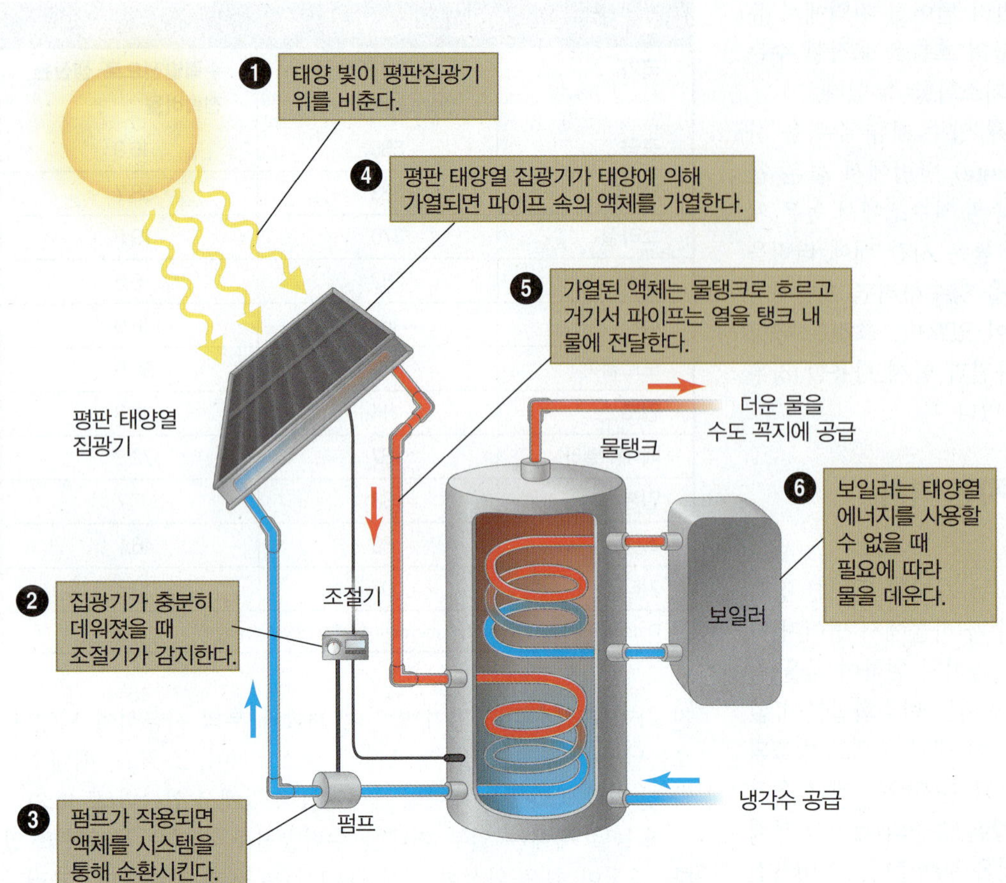

◀ **그림 16.9** 물을 가열하기 위한 태양열 발전 시스템은 디자인이 다양하지만 일반적으로 펌프❸의 제어기❷ 스위치가 배관을 통해 유체를 수집기에 순환할 때까지 ❶ 태양빛은 평판 태양열 수집기에 수집된다. 태양빛 수집기는 유체를 가열하고❹ 그것은 배관을 통해 ❺물탱크로 흘러간다. 배관 속의 뜨거운 유체는 탱크 내의 물에 열을 전달하고 이 가열된 물을 가정과 사업장에서 이용할 수 있다. 일반적으로 외부 보일러❻는 태양열 에너지를 사용할 수 없는 경우 물을 가열하기 시작한다.

적이고 비용 효율적인 방법을 개발하는 과정에 있다.

수동적 또는 능동적인 방법으로 태양열 에너지를 수집할 수 있다

태양에너지를 이용하는 가장 간단한 방법은 **수동적 태양(passive solar)** 에너지 수집을 통하는 것이다. 이 방식은 겨울에는 태양열의 흡수를 최대화하고 여름의 더위 속에서 내부의 선선함을 유지하도록 건물들이 설계되고 건축자재가 선택된다. 그런 기술 중 하나가 겨울에 태양빛의 포집을 극대화하기 위해 창문을 낮게 남향으로 설치하는 것을 포함한다. 위에 거는 것(overhangs)은 여름에 태양이 하늘 높은 때 그리고 난방이 아니라 냉방이 필요할 때 이런 창문들이 그늘지게 한다. 수동적 태양열 기술은 또한 열을 흡수하고 저장하여 나중에 방출하는 건축재료를 사용하는 것이다. 그러한 **온도 재료**(thermal mass, 짚, 벽돌, 콘크리트, 또는 기타 재료들)는 종종 바닥, 지붕, 벽을 구성하거나 휴대용 블록에 사용될 수 있다. 온도변화에서 구조물을 완충하기 위해 건물주변에 식물을 가꾸는 것은 또 다른 수동적 태양열 방법이다.

대조적으로 **능동적 태양열(active solar)** 에너지 수집은 태양에너지를 집적, 이동 또는 저장하기 위해 장치를 사용한다. 우리는 가정과 사업장에서 물과 공기를 가열하기 위해 다양한 능동적 태양열 기술을 사용할 수 있다. 하나의 일반적인 방법은 지붕 위에 **평판 태양열 수집기**를 설치하는 것이다. 이 패널은 일반적으로 평평한 유리로 덮인 상자에 부착된 짙은 흡열 금속판으로 구성되어 있다. 물, 공기, 또는 부동액은 수집기를 통과해서 열을 건물과 물탱크에 전달한다(**그림 16.9**). 가열된 물은 나중에 사용할 수 있도록 보관되고 건물에 열을 방출하도록 설계된 배관을 통과시킬 수 있다.

150만 이상의 미국의 가정과 사업장은 태양열 수집기로 물을 가열하지만, 이것의 대부분은 수영장의 물이다. 능동적 태양열 난방은 중국과 유럽에서 더 널리 사용되고 있으며 피드-인 관세가 동기가 된 독일인들은 2008년에만 20만기의 새로운 시스템을 설치하였다.

태양광선을 집적하면 에너지를 키울 수 있다

우리는 넓은 지역에서 태양광을 모아 한 점에 초점을 맞춤으로써 태양에너지의 강도를 키울 수 있다. 이것은 식품에 태양광을 집중하고 그것을 요리하는 반사판을 사용하는 간단한 휴대용 렌지인 태양열 요리기의 배경 원리이다. 이러한 요리기는 개발도상국에서 유용하다는 것을 입증하고 있다.

훨씬 더 큰 규모에서 시설물들은 전기를 생산하기 위해 이 원리를 사용하고 있다. **집광형 태양열 발전(concentrated solar power, CSP)**은 캘리포니아의 사막과 다른 지역에서 몇 가지 방법으로 이용되고 있다. 하나의 방법은 수많은 거울들이 태양광을 "발전 탑" 꼭대기의 수신기에 집적시키는 것이다(**그림 16.10**). 이 중앙 수신기에서 열이 공기나 유체(종종 용융 염)에 의해 운반되고 전기를 생산하기 위해 증기 발전기에 배관으로

▲ **그림 16.10** 남부 캘리포니아 사막의 솔라투(Solar Two) 시설은 집적한 태양열을 동력화한다. 수백 개의 거울들이 태양빛을 "파워 타워" 꼭대기의 수신기로 반사시킨다. 결과적으로 열이 배관에 채워진 유체를 통해 만 가구의 전기를 생산하는 증기구동 발전기로 보내진다.

연결된다. CSP 시설은 토지의 넓은 지역에 분산된 렌즈와 거울에서 빛을 이용할 수 있으며, 렌즈나 거울들은 하늘을 가로질러 태양의 움직임을 추적하기 위해 선회할 수 있다.

국제 에너지기구(IEA)는 네바다 사막의 단 260 km^2(100 mi^2) 면적에서 CSP를 사용하여 전체 미국 경제에 동력을 공급하기에 충분한 전력을 생산할 수 있다고 추정하였다. 현재 독일의 사업가와 투자자는 아프리카의 사하라 사막에 거대한 CSP 시설을 만들기 위한 노력에 앞장서고 있다. 사막기술(Desertec)이라고 불리는 이 7750억 달러의 프로젝트에 모로코 사막의 광대한 지역에 분산된 수천 거울이 사하라의 풍부한 태양광을 활용하여 유럽, 중동, 북아프리카에 전기를 전송할 것이다. 그러나 많은 사람들이 이러한 대규모 개발이 가져올 수 있는 환경에 미치는 영향에 대해 점점 더 우려하고 있다(**과학 비하인드 스토리** 참조).

광전지는 전기를 직접 생산한다

태양에서 전기를 생산하는 가장 직접적인 방법에는 태양광 발전(PV) 시스템이 있다. 빛이 PV 셀에 도달하여 전기를 통하는 반도체로 주로 규소로 이루어진 한 쌍의 플레이트 중 하나를 때릴 때 광전지(PV) 셀은 태양광을 전기 에너지로 변환한다. 빛은 한쪽의 플레이트가 전자를 방출하게 하고 그것은 반대쪽 플레이트로 정전기력에 의해 이끌리게 된다. 두 플레이트를 전선으로 연결하면 전자들이 원래의 플레이트로 돌아가게 되어 전류(직류전류, DC)를 만들고 그것은 교류(AC)로 변환될 수 있으며 주거 및 상업용 전력으로 사용된다(**그림 16.11**). 작은 PV 셀들은 이미 당신의 시계나 계산기에 전력을 공급하고 있을지도 모른다. 건물의 지붕 꼭대기 위에 PV 셀들은 패널을 포함하는 모듈로 정렬되어 어레이 형

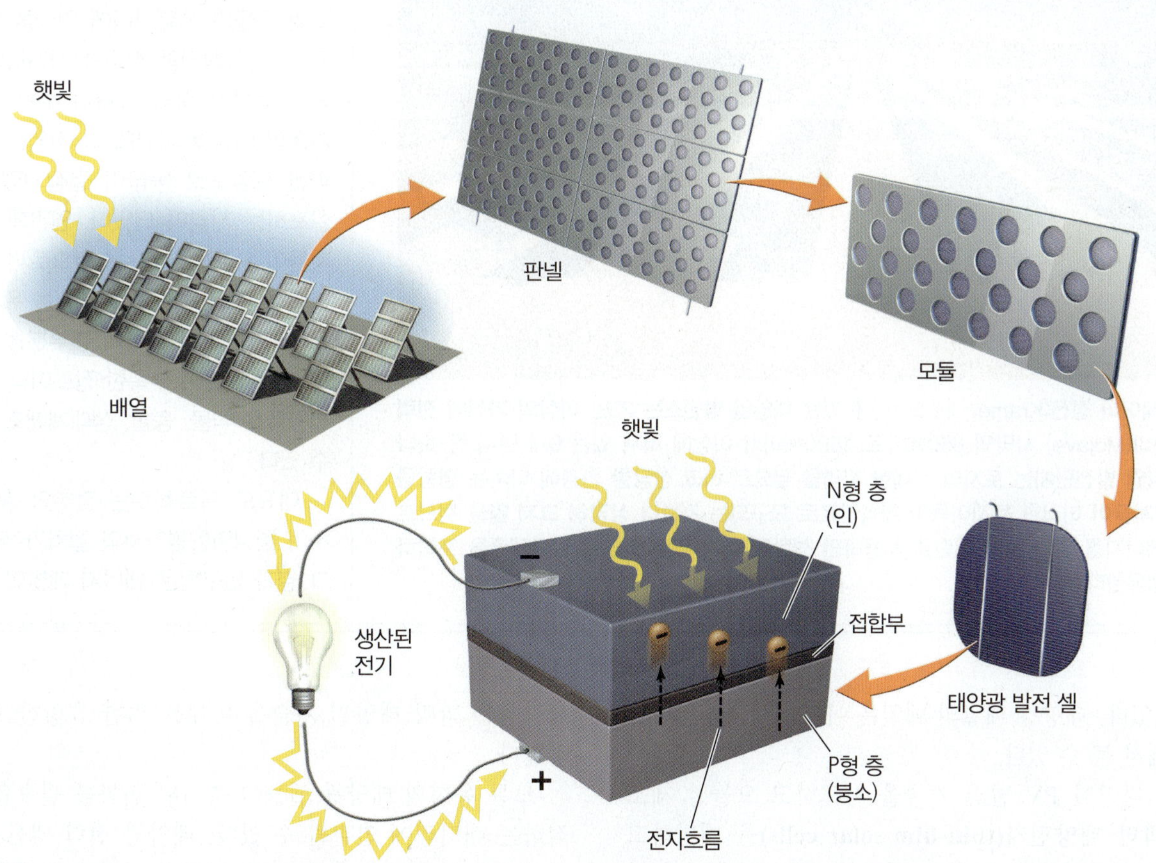

▲ **그림 16.11** 태양광 발전(PV) 셀은 햇빛을 전기 에너지로 변환한다. 햇빛이 셀의 실리콘 층에 닿으면 전자가 실리콘 원자의 일부에서 느슨하여져 충돌하고 붕소를 첨가한 "p형" 층에서 표면에 인을 확산시킨 "n형" 층을 향해 이동하는 경향이 있다. 2개의 층을 전선으로 연결하면 전류가 n형 층에서 p형 층으로 다시 흘러가 이러한 불균형을 해소한다. 이 직류전류(DC)는 사용 가능한 전기를 생성하는 교류(AC)로 변환된다. PV 전지는 모듈로 그룹 지어져 패널을 구성하고 격자형태로 세워질 수 있다.

지역주민들이 케이프 풍력 발전 단지 제안에 시위하고 있다.

과학 비하인드 스토리

태양열과 풍력 발전의 영향은 무엇인가?

재생가능 에너지 자원은 화석연료 연소의 부정적인 환경과 사회에 미치는 영향을 많이 완화하며 어느 날 지속적으로 우리의 에너지 수요를 충족할 수 있을지도 모른다. 그러나 이것은 신재생 에너지가 비용과 관계없는 만병 통치약임을 의미하는 것은 아니다. 우리 사회가 태양열 발전이나 풍력 발전 등의 에너지원을 찾는 방법을 결정할 때 우리는 그 영향뿐만 아니라 그 혜택도 고려해야 한다.

이것은 매사추세츠의 케이프 풍력 프로젝트로 최근 명확해졌고, 캘리포니아의 일련의 대규모 태양열 프로젝트는 일부 청정 에너지 지지자들이 생각지 못한 문제를 가져왔다. 이러한 영향에 대한 과학적 연구는 바로 진행되었으며 에너지 개발이 진행되면서 중요하게 될 것이다.

캘리포니아의 크레이머 정션(Kramer Junction)에 있는 태양열 발전소는 23만 이상의 가정에 전력을 공급하며 모하비(Mojave) 사막의 650헥타르, 1600에이커 이상에 퍼져 있는 9개 단지 중 하나이다. 대규모 태양열 발전단지는 토지의 광대한 지역을 필요로 하고 상당한 환경에 미치는 영향을 미치고 아직 연구자들이 이러한 토지이용이 화석연료로 요구되는 것보다 상당히 크지 않을 것으로 추정하고 있다. 에너지를 얻기 위해 석탄을 사용하면 석탄을 얻기 위해 필요한 탄광채굴을 포함하는 많은 토지를 점유한다.

수십 태양열 발전의 설치는 캘리포니아의 모하비 사막이나 다른 건조지역을 위해 현재 검토 중이며, 이들은 구축하는 경우 수천 헥타르의 토지를 덮을 것이다(**사진 참조**). 사막 환경은 특히 민감해서 연구자들은 말하길 우리는 상당한 영향을 예상해야 한다고 말한다. 미개발 풍경의 자연 그대로의 모양을 변경할 뿐만 아니라, 수천의 반사경 또는 패널의 배열은 그늘을 드리우고 미기상을 변화시킴으로써 식물과 동물의 커뮤니티에 영향을 미친다. 변경된 조건은 침입종 잡초를 지원하며 원래의 사막에 적응한 종을 다치게 하는 경향이 있다. 기존의 태양열 시설로 그 지역은 교란받은 취약한 토양으로 등급이 결정되었고 제초제를 살포하는 지역이 되었다. 인간의 간섭도 근로자들이 시설을 유지보수함으로써 증가한다. 태양열 발전소는 냉각 및 세척을 위해 물을 필요로 하고 이러한 시설의 대부분을 유치하는 건조 지역에 물이 부족한 장소이다. 이러한 모든 영향들은 식물, 동물, 생태계에도 영향을 미칠 수 있다.

대규모 프로젝트는 정부의 승인을 필요로 하며 환경영향평가서의 절차가 적용된다(5장). 그 결과 연구팀은 에너지 개발이 미칠지도 모

태로 배치되어 있다. 태양광 패널의 배열은 이 장 처음 사진의 독일 집 지붕 위에서 볼 수 있다.

연구진들은 다양한 PV 발전 기술을 시도하고 오늘날 제조업체는 이미 **박막 태양전지(thin-film solar cells)**를 개발하고 있으며 태양광 발전재료는 초박형 시트 속으로 압축되었다. 태양광을 전력으로 변환하는 것이 효율이 낮지만 그들은 생산비가 싸다. 박막기술은 지붕 덮개 및 많은 다른 잠재적 표면형태인 고속도로에서조차도 통합될 수 있다! 이러한 이유로 많은 사람들은 박막 태양열 기술을 미래를 위한 유망한 방향으로 조망한다.

모든 유형의 태양광 셀들이 축적된 전하를 필요할 때까지 축적하는 배터리에 연결될 수 있다. 태양광 전력 생산자들은 지역의 송전망에 연결되어 있는 경우 지역 시설에 전력을 판매할 수 있다. 미국 46개 주의 일부에서는 주택 소유자들이 순 계량이라고 부르는 과정에서 그 시설에 전력을 판매할 수 있는데 소비자가 제공하는 전력 값은 소비자의 매달 전기 요금에서 차감된다.

르는 영향의 여부를 결정하기 위해 각 장소에서 환경영향을 연구하고 있다. 만약 영향이 충분히 심각하다고 판단되는 경우 정부기관은 계획이 수정되도록 주장할 수 있다. 예를 들어 캘리포니아 주 에너지 위원회는 2010년에 생물학자들이 남부 캘리포니아에 제안된 캘리코(Calico) 태양열 프로젝트가 사막 거북이와 빅혼 양의 서식지를 훼손하게 된다고 결론 내린 후 그 프로젝트를 제한할 것을 요구했다. 이 회사는 영역의 크기를 거의 절반으로 줄여 추정된 야생동물에 대한 영향을 80%까지 줄이는 데 동의하고 위원회는 프로젝트를 승인했다.

중앙 캘리포니아에서 태양열 프로젝트는 18개월의 환경영향 분석을 받고 솔라겐(Solargen) 회사가 개발하려는 12.95 km^2를 위한 "완화"로 93.08 km^2를 구입하여 보존하기로 동의한 뒤 승인되었다. 3번째 캘리포니아 태양열 프로젝트인 토파즈 태양열 단지는 연구자들이 농지를 보호하고; 미적 영향을 최소화하고; 고라니, 키트 여우, 가지뿔 영양, 굴을 파는 올빼미, 계절별 신선한 저수지의 교란을 줄이기 위해 규모 축소가 필요하다는 것을 알아낸 뒤 크기가 축소되었다.

미국 대평원에서, 국립 재생 에너지 연구소 연구자들은 현재 개발된 부지와 미개발 대조 부지를 비교함으로써 초원 생태계에 태양열 발전시스템의 영향을 연구하고 있다.

대규모 태양열 시설의 영향을 감안할 때, 연구진은 빌딩 옥상에 태양광 발전 패널을 설치하면 영향이 적은 대안이 될 것으로 판단했다. 단순히 옥상에 태양광 패널과 지붕 기와를 추가하면 경관에 미치는 영향은 없다. 5명의 네덜란드, 독일 및 미국의 연구자들이 이끄는 한 연구는 독일과 애리조나의 다양한 지상과 옥상 태양광 발전 시스템의 영향을 비교하였다. 이 연구자들은 시스템의 전체 생애주기에 걸쳐 미치는 영향을 평가하였다(생산에서 설치 및 조작에 이르기까지). 그들은 토지이용의 영향을 피할 뿐만 아니라 옥상 시스템은 또한 훨씬 적은 온실가스를 방출하는 것으로 나타났다.

2008년의 다른 연구는 생애주기를 통해 PV 셀에 의해 요구되는 에너지량을 측정하고, PV 태양열 발전으로 화석연료 에너지를 대체하면 온실가스 배출량의 89~98%를 막을 수 있다는 것을 발견하였다.

지금까지의 연구에서 전반적인 메시지는 (1) 태양열 발전은 영향이 있어도 아직은 화석연료 발전에 비해 더 청정하고 지속가능하며, (2) 우리는 옥상의 패널을 사용하고 더 나은 기술을 개발함으로써 태양열 발전의 영향을 최소화할 수 있다는 것이다.

비슷한 메시지들도 풍력 발전에 대한 과학적 연구로부터 드러나고 있다. 하나의 주요 관심사는 새와 박쥐들이 터빈의 회전하는 날개로 날아들 때 죽는 것이다. 캘리포니아 알타몬트 패스(Altamont Pass)의 풍력 발전소에서 터빈은 1990년대에 독수리 및 기타 맹금류 수십 마리를 죽였다. 그 이후의 다른 장소에서 연구는 조류의 죽음이 당초 우려했던 것보다 그다지 덜 심각한 문제가 있음을 시사하고 있지만, 불확실성은 남아 있다.

예를 들면, 어느 유럽의 연구에서는 이동하는 갈매기들이 외해 터빈을 지나서 문제없이 날아갔지만, 다른 자료들은 그 지역의 텃새 갈매기 밀도가 터빈 근처에서 감소하고 있음을 보여주고 있다. 육상에서 풍력 산업은 1메가와트 터빈당 일 년에 약 2마리 새가 희생되는 것으로 추정하고 있다. 이것은 TV, 라디오, 휴대폰 기지국; 자동차; 유리창; 농약; 그리고 집고양이에 의하여 매년 죽는 수억 마리의 새들보다 훨씬 적다(**그래프 참조**). 당신이 고양이를 바깥에 놓아 기른다면 대부분의 풍력 발전소보다 많은 야생 동물을 죽이고 있을지도 모른다.

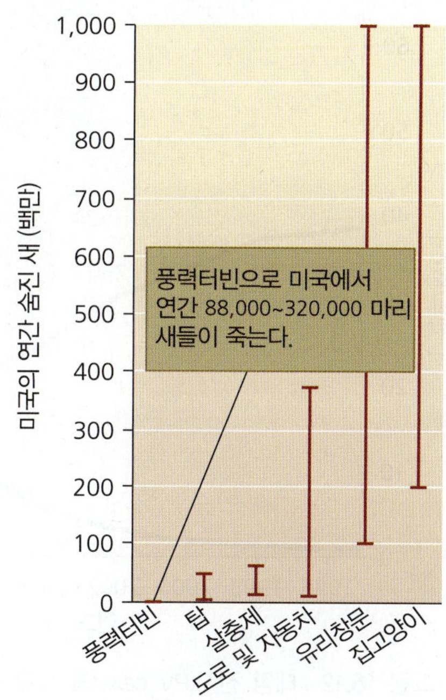

풍력 터빈으로 날아드는 새들이 많이 희생되고 있다. 물론 이보다 훨씬 더 많은 새들이 인간으로 인해 희생되고 있다. 위 표는 미국에서 매년 희생되는 조류의 주요 사고 원인을 최근 추정치로 표시하고 있다. 표시된 원인들보다도 서식지의 변화가 더 큰 요인이다. Data from American Bird Conservancy.

이 시점에서 박쥐의 죽음은 풍력 터빈에 더 심각한 문제로 나타난다. 박쥐와 조류를 보호하기 위한 하나의 열쇠는 철새 이동 경로상 또는 터빈 날개로 날아들 가능성이 있는 생물 종을 위한 주요 서식지의 중심이 아닌 장소를 선택하는 것이다. 이 질문에 대한 추가 연구가 절실히 필요하다.

풍력이나 태양열 발전의 영향에 대한 지속적인 연구는 우리가 이러한 개발의 환경적 사회적 영향을 최소화하면서 재생가능 에너지를 이용하고 지속가능한 에너지 미래를 실현하기 위한 방법을 찾도록 도울 것이다.

독일과 같은 피드-인 과세 시스템은 생산자들에게 전력시장 가격보다 더 지불하여 생산자들에게 이윤도 남길 수 있다는 희망을 제공함으로써 한 걸음 더 나아간다.

태양광 에너지는 빠르게 성장하고 있다

능동적 태양열 기술은 18세기부터 시작되었지만, 화석연료가 우리의 에너지 경제를 지배하는 것을 시작으로, 그것은 옆으로 밀려났다. 주요 이유로 투자의 부족으로 인해 태양열 에너지는 오직 0.15%의 미국의 에너지 공급 및 미국의 전기생산의 0.03%에 기여한다. 하지만 다른 어떤 나라보다 태양에서 에너지를 많이 얻는 독일에서조차도 그 비율은 불과 2%이다. 그러나 태양열 에너지의 이용은 지난 40년간 세계적으로 매년 30% 이상 풍력 발전에 이어 성장을 했다. 태양열 에너지는 태양빛은 풍부하지만 전력 인프라는 부족하고 수백만 명의 사람들이 아직도 전기 없이 살고 있는 대부분의 개발도상국에서는 특히 매력적이라는 것을 증명하고 있다.

PV 기술은 오늘날 가장 빠르게 성장하고 있는 발전 기술로 최

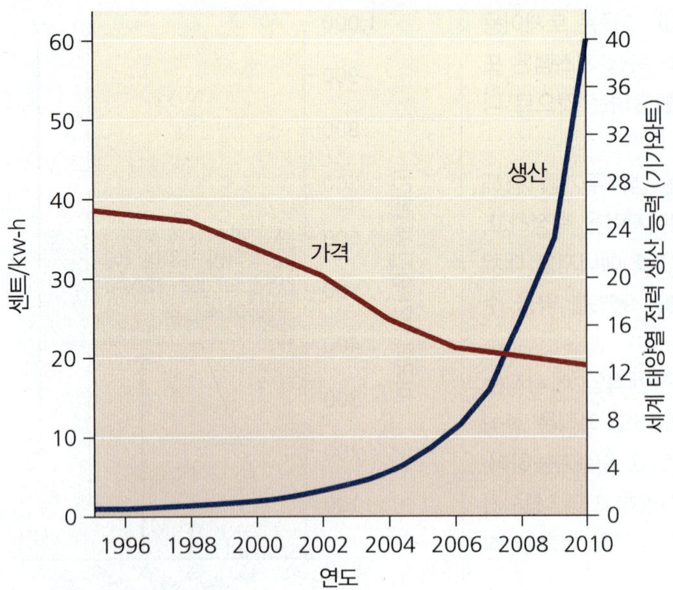

▲ **그림 16.12** 태양 전지(PV cells)의 세계 생산은 기하 급수적으로 성장하고 있으며, 최저 가격이 빠르게 하락하고 있다. Data from REN21, 2011. *Renewables 2011: Global status report*. Paris: REN21 Secretariat; European Photovoltaic Industry Association; and U.S. Department of Energy.

근에는 격년으로 두 배가 된다(**그림 16.12**). 중국은 독일과 일본에 이어 PV 전지의 연간생산에서 세계를 선도하고 있다. 독일은 PV 발전 기술의 도입으로 세계를 선도하고, 독일의 지붕은 세계의 모든 PV 셀의 반 이상을 차지한다. 독일의 투자는 1998년 헤르만 셰어(Hermann Scheer)가 10만 독일의 지붕에 PV 패널을 설치하기 위한 "100,000 옥상" 프로그램을 이끌고 있을 때 시작되었다. 인기 있던 이 프로그램은 손쉽게 목표를 초과 달성했다. 미국은 PV 셀의 생산에서 5번째이다. 최근 연방 세액공제 및 주 차원의 주도권은 미국이 이 분야에서 다른 나라에게 잃었던 리더십을 되찾도록 도왔지만 중국이 빨리 움직이고 있어 곧 시장을 지배할 수도 있다.

태양전지 생산이 늘어날수록 가격은 떨어지고 있다(그림 16.12 참조). 동시에 효율은 증가하고 각 유닛은 더 강력하게 만든다. 전 세계적으로 태양열 기술 사용은 가격이 하락하고 기술이 개선될 때 계속 증가해야 하고 정부는 투자를 촉진하기 위한 경제적 인센티브를 제정해야 한다.

태양열 에너지는 많은 이점을 제공한다

태양이 향후 40~50억 년을 계속 탈 것이라는 사실은 인류 문명의 에너지원으로 그것을 무한정하게 만든다. 또한 지구에 도달하는 태양열 에너지의 양은 우리가 그것을 사용하는 데 적합한 기술을 개발한 이래, 우리의 문명에 전력을 공급하는 데 충분하다. 태양열 에너지의 이러한 장점은 분명하지만 기술 자체도 이득이 된다. 태양광 전지 및 기타 태양에너지 기술은 전혀 연료를 사용하지 않는 조용하고 안전하며 무가동 부품을 포함하고 유지보수가 적게 들며 전기를 만들기 위한 터빈과 발전기를 필요로 하지 않는다. 평균 유닛 하나는 20~30년 동안 에너지를 생산할 수 있다.

태양열 발전 시스템은 또한 지역 분산 제어를 가능하게 한다. 가정, 사업장, 그리고 격리된 공동체들은 발전소 근처에 없어도 송전망에 연결하지 않고도 전기를 생산하기 위해 태양열 전력을 사용할 수 있다. 이것은 특히 개발도상국에서 유용하다. 이와는 대조적으로, 선진국에서는 대부분의 태양광 발전 시스템은 지역의 송전망에 연결되고 주택 소유자는 피드-인-관세 및 인터넷 계량 로컬 시설 덕분에 여분의 태양에너지를 판매할 수 있다.

태양열 시스템의 개발 및 도입은 많은 새로운 노동 일자리를 생산하고 있다. 현재 주요 에너지원 중 태양광 발전 기술은 에너지원 단위 출력당 대부분의 사람들을 채용하고 있다.

마지막으로, 태양열 에너지의 화석연료에 대한 가장 큰 장점은 온실가스 배출 및 기타 대기오염물질로 공기를 오염시키지 않는다는 것이다. 태양광 전지 제조는 현재 화석연료의 사용을 필요로 하지만 일단 시작하여 운전하면 태양광 발전 시스템은 배기 가스를 생산하지 않는다.

장소 및 시간과 비용이 약점이 될 수 있다

태양열 에너지는 현재 세 가지 주요 단점이 있다. 하나는 모든 지역이 맑지 않다는 것이다(**그림 16.13**). 시애틀 같은 도시의 사람들은 일 년 내내 태양열 에너지에 의존할 수 있을 정도로 충분한 햇빛을 이용하기가 어려울지도 모른다. 다른 하나는 태양열 에너지가 간헐적 자원이라는 것이다. 햇빛의 일일 또는 계절적 변화는 전지와 연료전지의 저장 용량이 충분하지 않은 경우 또는 백업 전원이 지자체의 송전망에서 사용할 수 없다면 태양열 발전 시스템에만 의존하는 것을 제약한다. 양수 수력 발전은 때때로 낮은 태

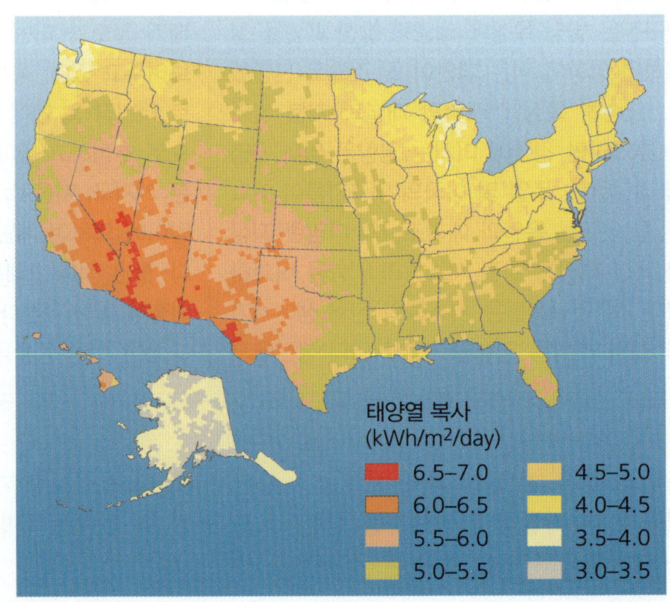

▲ **그림 16.13** 어떤 장소는 다른 곳보다 햇빛을 더 받기 때문에 태양열 에너지를 활용하는 것이 다른 일부 지역보다 더 유익하다. 미국의 알래스카와 태평양 북서부의 많은 지역에서는 하루에 m^2 당 3~4 kw-h를 받고, 남서부의 대부분 지역은 하루에 m^2 당 6~7 kw-h를 받는다. Data from National Renewable Energy Laboratory, U.S. Department of Energy.

◀ **그림 16.14** 풍력 터빈은 풍력의 운동 에너지를 전기 에너지로 변환한다. 바람은 풍력 터빈 날개를 돌려 타워의 꼭대기에 자리 잡고 있는 엔진실에 박혀 있는 축을 돌아가게 한다. 엔진실의 내부에서 기어 박스는 날개의 회전수를 변환하는데 분당 회전수 20 rpm을 훨씬 빠른 회전수(1500 rpm 이상)로 변환한다. 이러한 높은 속도는 전기를 생성하는 엔진실 내부 발전기를 위해 충분한 운동을 제공한다.

양열 발전 기간을 대신 보충할 수 있다.

현재 태양열 기술의 주요 단점은 장비의 선행 비용이다. 왜냐하면 투자비용 때문에 태양열 발전은 전기를 생산하는 가장 비싼 방법으로 남아 있다. 그러나 지금까지의 가격 하락과 태양열 기술의 효율 향상이 정부와 산업계에서 중요한 자금 지원이 없을지라도 권장하고 있다. 1950년대 개척시대에 태양열 기술은 와트당 600달러의 원가에 약 6%의 효율을 가지고 있었다. 오늘날 태양전지는 상업적으로 20%의 효율과 실험실 연구에서 40%의 효율을 나타내고 있는데 미래의 태양전지는 오늘날 우리가 가지고 있는 모든 에너지 기술보다 효율적일 수 있다는 것을 제시하고 있다. 태양열 발전 시스템은 더 저렴해지고, 이제는 10~20년 이내에 자신을 위한 투자금을 갚을 수 있다. 그 이후, 그들은 장비가 유지되는 한 무료로 에너지를 제공한다.

풍력에너지

풍력에너지(wind energy) —공기의 움직임으로부터 파생되는 에너지—는 정말로 간접적 형태의 태양열 에너지이다 왜냐하면 그것은 바람이 불도록 지구상의 공기 덩어리의 태양에 의한 차등가열이기 때문이다. 우리는 바람의 동력학적 에너지(2장) 또는 운동에너지를 전기 에너지로 변환하는 기계 조합인 풍력 터빈을 이용하여 바람으로부터 전력을 이용할 수 있다.

풍력 터빈은 동력학적 에너지를 전기 에너지로 변환한다

터빈에 부는 바람은 회전 날개를 돌리고 그것은 높은 타워 꼭대기에 위치한 엔진실(nacelle)이라고 불리는 내부의 기계 부품을 회전시킨다(**그림 16.14**). 엔진실 안에는 기어 박스와 발전기뿐만 아니라 터빈의 활동을 감시하고 통제하기 위한 시설이 마련되어 있다. 오늘날의 탑의 높이는 평균 80미터(260피트)이고 가장 큰 것은 축구장 길이보다 키가 높은 것으로 길다. 일반적으로 높을수록 풍속을 극대화하면서 난류(및 잠재적인 피해를)를 최소화하기에 더 낫다. 대부분의 회전체는 3개의 날개로 구성되며 전체 80미터(260피트)에 달한다. 엔지니어들은 터빈이 풍향의 변화에 따라 앞뒤로 회전하도록 설계하고 모터는 항상 바람이 불어 오는 쪽을 향하도록 한다. 그들은 또한 가능한 한 효율적으로 풍력에너지를 이용하기 위하여 일정한 풍속에 회전을 시작하도록 디자인한다. 터빈은 종종 풍력 발전소라는 곳에 그룹으로 세워져 있다. 세계 최대의 풍력 발전소는 수백 개의 터빈이 펼쳐진 풍경을 하고 있다.

풍력은 빠르게 성장하고 있다

태양열 에너지처럼 풍력은 세계 전력수요의 극히 작은 비율을 제공하지만, 풍력 발전은 급속하게 성장하고 있다—매 3년마다 두 배로 성장하고 있다(**그림 16.15**). 5개 국가들이 세계의 풍력 발전 출력의 4분의 3을 차지하고 있지만(**그림 16.16**), 수십 개국에서도 이제는 풍력을 생산하고 있다. 독일은 오랫동안 풍력 발전의 대부분을 생산하고 있었지만, 미국은 2008년에 그것을 따라잡았고 중국이 2년 후에 미국을 앞질렀다. 텍사스는 미국의 모든 주에서 생

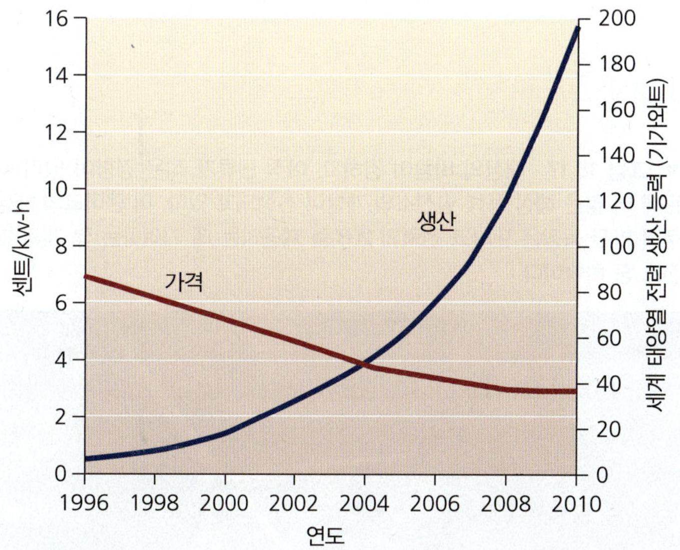

▲ **그림 16.15** 풍력 발전의 세계 생산은 최근 매 3년마다 두 배가 되고 최저가는 빠르게 하락하고 있다. Data from REN21, 2011. Renewables 2011: *Global status report*. Paris: REN21 Secretariat; Global Wind Energy Council, 2010. *Global wind 2009 report*; and U.S. Department of Energy. Price data are for Class 4 wind; stronger winds lead to cheaper prices.

중국
(21.8%)
기타
(26.2%)
미국
(20.7%)
독일
(14.0%)
인도
(6.7%)
스페인
(10.6%)

(a) 세계 각국의 풍력 생산 비율

▲ **그림 16.16** 세계에서 가장 빠르게 성장하고 있는 풍력 발전 능력의 대부분은 중국, 미국, 독일이 주도하는 소수의 국가에 집중되고 있다. Data from Global Wind Energy Council, 2011. *Global wind 2010 report*. GWEC, Brussels, Belgium.

산된 대부분의 풍력 발전을 차지하고 있다. 덴마크는 풍력 발전에서의 에너지의 가장 큰 비율을 얻는 면에서 세계를 선도하고,이 작은 유럽 국가에서는 풍력 발전소는 전력 수요의 5분의 1을 공급한다.

전문가들은 풍력 발전의 급속한 성장이 지속하는 것에 동의하는데, 그 이유는 이 자원의 극히 일부만 현재 이용되고 있으며 좋은 입지의 풍력 발전은 이미 화석연료만큼 싼 값으로 전기를 생성하고 있기 때문이다. 정부, 산업, 환경전문가 컨소시엄의 2008년 보고서는 2030년까지 풍력 발전으로 미국이 전력수요의 1/5을 어떻게 충족시킬 수 있는지를 요약하였다.

▼ **그림 16.17** 해상의 바람이 강하고, 아직 난류가 적은 경향이 있기 때문에 더 많은 해상 풍력 발전소의 개발이 진행되고 있다. 이 덴마크의 해상 풍력 발전 농장은 덴마크 전력의 20%를 제공하는 데 기여하는 몇 개의 발전소 중 하나이다.

해상 장소는 가망성을 갖고 있다

평균 풍속은 육상에서 보다 물 위에서 약 20% 더 증가한다. 수상에서는 공기의 난류가 더 적게 있다. 이러한 이유로 해상 풍력 터빈은 인기가 있다(**그림 16.17**). 물에 터빈을 건설하고 유지하는 비용이 높지만, 더 강하고, 더 적은 난류 바람이 잠재적으로 더 수익성 있는 해상 풍력 발전을 만든다.

미국에는 아직 해상 풍력 발전소가 구축되어 있지 않지만 처음 개발 논의가 시작된 지 9년 후인 2010년에 미국정부의 승인을 받았다. 케이프 윈드(Cape Wind)의 해상 풍력 발전소는 만약 건설될 경우, 매사추세츠 케이프 코드 연안에서 8 km(5 mile) 떨어진 낸투켓사운드(Nantucket Sound)에 130개의 터빈을 세우게 된다. 정부의 승인을 발표하고 미국 내무부 장관 켄 살라사르(Ken Salazar)는 이것은 “대서양 연안을 따라 세워지는 많은 프로젝트 중 최초”가 될 것이라고 예측했다.

풍력은 많은 이점을 가지고 있다

태양열 발전과 마찬가지로 풍력 발전은 일단 장비가 제작되고 설치되면 배출가스를 생성하지 않는다. 평균적인 미국의 발전소에서 화석연료 연소의 대안으로 1년간 1메가와트의 풍력 터빈을 돌릴 때, 미국환경보호국에 따르면 1,500톤 이상의 이산화탄소, 6.5톤 이상의 이산화황, 3.2톤 이상의 질소 산화물과 3.2톤 이상의 수은 방출을 방지한다고 한다. 모든 미국의 풍력 터빈이 함께 대기에 들어가는 것을 막는 탄소 오염의 양은 각각 매일 750만 대에서 또는 600칸 열차의 석탄화물의 연소로부터의 배출량보다 많다.

풍력 발전은 최적의 조건 하에서(EROI; 15장) 투자대비 반환 에너지에 있어서 전통적인 에너지원보다 훨씬 더 효율적인 것으로 나타난다. 한 연구는 풍력 터빈은 그들이 소비하는 것보다 23배 이상의 에너지를 생산하는 것으로 나타났다. 원자력 에너지에 대해서 비율은 16:1, 석탄은 11:1, 천연가스는 5:1이었다.

풍력 터빈 기술은 지방의 단일 탑에서부터 커다란 지역을 제공하는 수백 개의 농장에 이르기까지 많은 규모로 사용할 수 있다. 소규모 터빈 개발은 태양열 에너지로 할 수 있는 것처럼 지방 지역을 더 자급자족할 수 있도록 만드는 데 도움이 될 수 있다. 풍력 발전의 또 다른 장점은 농부와 목장주들은 풍력 발전 개발을 위해 토지를 임대할 수 있다는 것이다. 하나의 큰 터빈은 1,000 m^2의 토지를 차지하면서 연간 임대료에서 $2,000~$4,500 달러를 벌 수 있다. 각 터빈은 작은 공간만을 차지하므로 토지의 대부분은 여전히 농업과 목장을 위해 사용될 수 있다. 풍력 발전 회사로부터 로열티는 또한 이러한 농촌지역 사회를 위한 재산세 수익을 증가시키면서 농가나 목장주에게 수익을 제공한다.

마지막으로, 풍력 발전은 고용기회를 창출한다(**그림 16.18**). 미국 풍력에너지 협회는 85,000명 이상의 미국인들이 현재 풍력 산업에 고용된 것으로 추정하고 있다. 100개 이상의 대학과 대학교에서 풍력 발전 등 신재생 에너지 분야의 업무를 위해 필요한 기술의 사람들을 훈련하는 프로그램과 학위도 제공되고 있다.

▲ **그림 16.18** 풍력 발전 산업이 확대되고, 그것이 새로운 그린 칼라 일자리의 주요 제공처가 되고 있다.

풍력은 일부 단점을 가지고 있다

바람은 간헐적 자원이다; 우리는 바람이 발생하는 시기를 마음대로 제어할 수 없다. 이것은 큰 문제이지만, 만약 바람이 시설의 전력생산에 기여하는 몇 가지 자원 중 하나라면 문제는 줄어든다. 양수 수력발전이 때로는 바람이 없을 때 대신할 수 있다. 또한 전지와 수소연료는 풍력에 의해 발생하는 에너지를 저장할 수 있고 나중에 필요할 때 쓸 수 있다.

바람이 시시각각 변하는 것과 같이, 그것은 장소마다 다르다. 일부 지역은 다른 지역보다 더 바람이 분다. 자원계획자 및 풍력 발전 회사들이 풍력 발전소를 계획하기 전에 바람의 패턴을 자세히 연구한다. 기상 연구는 우리에게 풍력 발전소의 위치를 확정하기 위한 최적의 장소를 판단하도록 자료를 주고 있다. 미국 전역의 평균 풍속 지도(**그림 16.19a**)는 산악지대가 대평원 지역과 함께 최고라는 것을 나타낸다. 이러한 정보를 기반으로 풍력 발전 산업은 풍속이 높은 주에 발전용량을 많이 배치하고(**그림 16.19b**) 대평원과 산악지역 주들에서 확대를 모색하고 있다.

좋은 바람 자원은 그러나 에너지를 필요로 하는 인구밀집 지

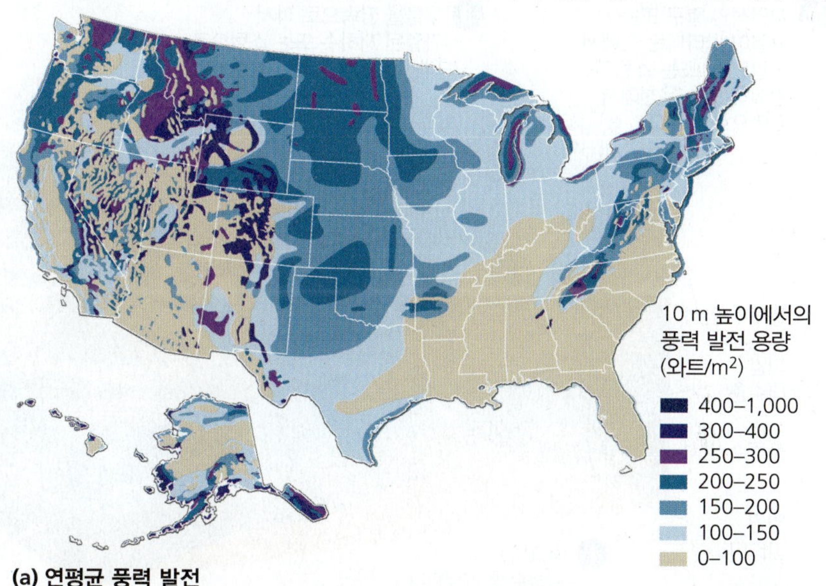

(a) 연평균 풍력 발전

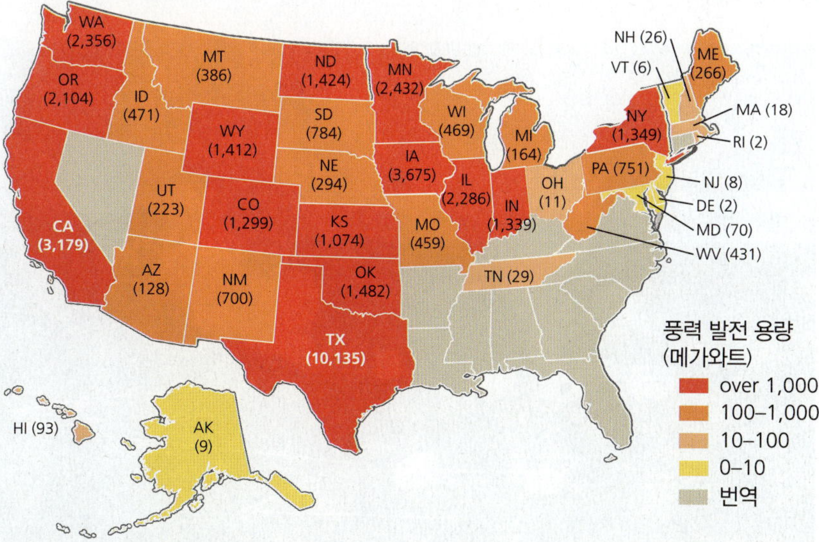

(b) 바람의 발전 용량, 2011

▶ **그림 16.19** 기상 학자들은 다른 지역 바람의 잠재적인 발전 용량을 계산하기 위해 풍속을 측정했다. 지도에서 **(a)**는 지상 10미터(33피트) 높이에서 평방 미터당 와트로 미국 전체 평균 풍력을 보여준다. 이러한 지도는 풍력 발전소의 배치를 돕기 위해 사용된다. 2011년 4월을 통해 지금까지 미국의 풍력 발전 개발은 **(b)**에 요약되어 있는데, 각 주에서 개발된 생산용량을 메가와트로 나타낸다. Sources: (a) Elliott, D.L., et al. 1987. *Wind energy resource atlas of the United States*. Golden, CO: Solar Energy Research Institute; (b) American Wind Energy Association.

역 근처에 항상 있지 않다. 북미 사람들의 대부분은 최고의 바람 자원을 가지고 있는 대평원과 산 주변에서 멀리 떨어진 해안 근처에 살고 있다. 따라서 송전망은 사람이 사는 곳으로 풍력 발전의 전송을 위해 크게 확장해야 한다.

풍력 발전소가 인구 밀집 지역 근처에 설치되도록 제시될 때 현지 주민들이 수시로 반대하고 있다. 터빈은 일반적으로 공개되는, 눈에 띄는 곳에 위치하고 있으며 일부 사람들은 구조물이 경관을 어지럽힌다고 느끼고 심미적인 이유로 풍력단지를 반대한다. 또한 풍력 터빈은 조류와 박쥐들이 돌아가는 날개로 날아들어 희생됨으로써 그들에게 위험을 초래한다.

지열에너지

지열에너지(geothermal energy)는 지구 표면 아래에서 발생하는 열 에너지이다. 우리의 행성 내부의 깊은 곳에서 높은 압력 가운데 원소(2장)의 방사성 붕괴가 마그마(용암; 11장)를 통해서, 균열 또는 갈라진 틈을 통해 표면에 상승하는 열을 생성한다. 이 에너지가 지하수를 가열하면 가열된 물과 증기의 자연 분출이 아래로부터 상승하여 지상 간헐천과 해저 열수공처럼 지표를 통해 분출할지도 모른다(12장). 지열에너지는 특정 지역에서 이러한 방법으로 표면에 나타난다.

우리는 지열에너지를 난방과 전기를 위해 활용한다

지열에너지는 표면의 간헐천에서 직접 활용될 수 있지만 대부분의 경우 우물은 가열된 지하수를 향해 수백 또는 수천 미터 아래로 구멍을 뚫어야 한다. 뜨거운 지하수는 직접 건물 난방 및 산업 공정을 구동하기 위해 사용될 수 있다. 아이슬란드 국가는 배관 연결된 열수로 거의 90%의 가정을 직접 난방한다. 그와 같이 자연적으로 가열된 물을 직접 사용하는 것은 효율적이고 저렴하지만 지열에너지원을 쉽게 사용할 수 있는 곳에서만 그것은 가능하다. 아이슬란드는 지열 자원이 풍부하게 있는데 그 이유는 2개의 지각판의 확산 경계를 따라 위치하기 때문이다(11장).

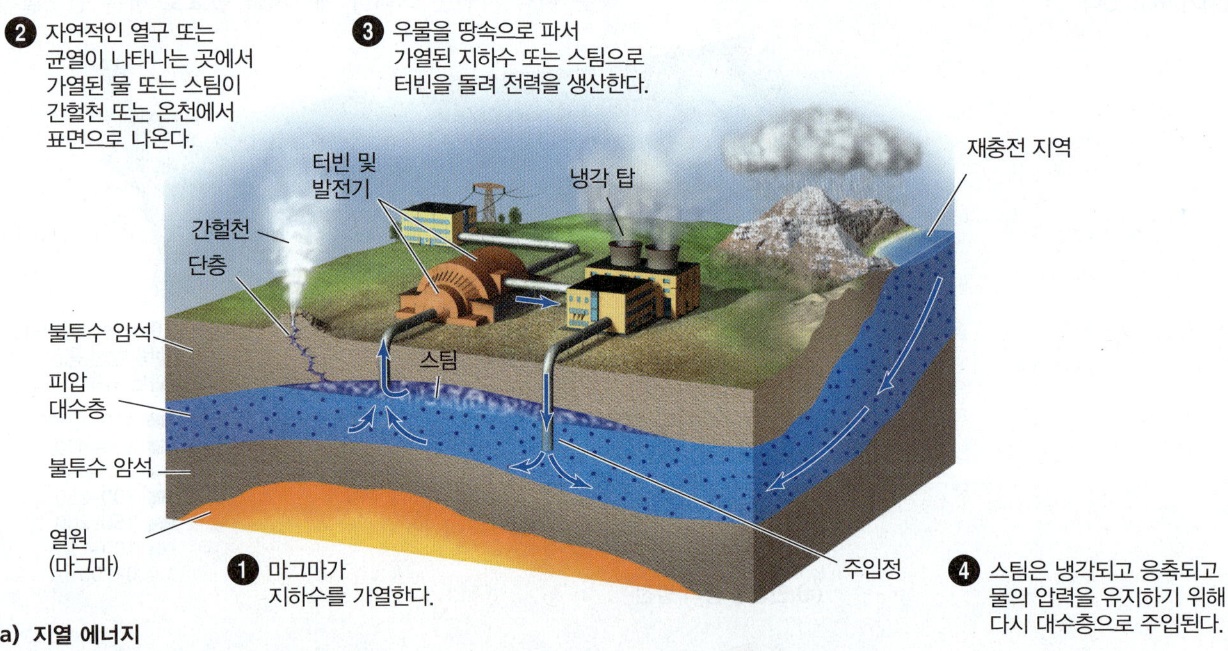

(a) 지열 에너지

(b) 네스자벨리어 지열 발전소, 아이슬란드

▶ 그림 16.20 지열에너지(a)로 마그마는 지구 깊숙한 곳의 지하수를 가열하고❶ 그 중 일부는 간헐천처럼 자연스럽게 표면 통풍구를 통해 뿜어 나온다❷. 지열 시설이 전기를 생산하기 위해 지하의 가열된 물을 증기로 만들어 건물의 터빈을 통해 보낸다❸. 사용된 후 증기는 응축되어 물은 압력을 유지하기 위해 다시 대수층에 압송된다❹. 아이슬란드 네스자벨리어 지열 발전소(b)에서 증기는 호숫가 우물에서 퍼 올린 차가운 물을 가열하는 공장의 응축기로 우물에서 배관으로 보내진다. 가열된 물은 단열 처리된 배관을 통해 수도로 보내지고 거기서 주민들은 세탁이나 공간 난방을 위해 사용한다.

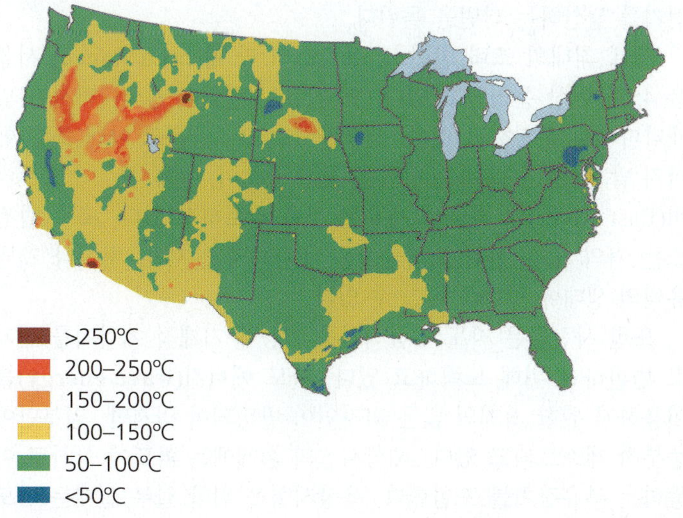

▲ **그림 16.21** 미국의 지열 자원은 서부지역 주에서 가장 크다. 이 지도는 지하 3킬로미터(1.9마일)의 온도를 나타낸다. 깊은 지하의 온도는 서부에서 가장 크지만, 지상 열 펌프는 어디서나 사용할 수 있다. Data from Idaho National Laboratory.

지열 발전소는 자연적으로 가열된 지하수의 에너지와 증기의 에너지를 전기를 생산하는데 활용한다(**그림 16.20**). 일반적으로 발전소는 150~370°C(300~700°F) 또는 그 이상 온도의 물을 표면으로 운반하여 특수한 구역에서 압력을 낮추어 증기로 변한다. 증기는 이어서 전기를 생산하는 터빈을 돌리는 데 사용된다. 세계 최대의 지열 발전소, 북부 캘리포니아에 있는 간헐천은 75만 주택에 공급하는 데 충분한 전기를 공급한다. 미국은 지열 이용의 세계적 리더이지만, 오직 몇 군데 미국의 지역이 지표면 근처에서 용이하게 이용될 수 있는 지열 자원을 가지고 있다(**그림 16.21**).

열펌프는 지하나 지상의 온도차를 이용한다

가열된 지하수는 특정 지역에서만 이용할 수 있지만, 우리는 자연적으로 어디서나 토양과 공기 사이에 존재하는 온도차를 이용할 수 있다. 토양은 계절에 따라 공기보다 더 적게 온도가 변화하고 지상 열 펌프(GSHPs)는 이 차이를 이용한다. 이 펌프는 겨울에 지하에서 열을 건물에 전달하여 난방을 제공하고 여름에 건물에서 지하로 열을 전달하여 냉각을 제공한다. 이 열전달은 물과 부동액을 순환시키는 지하 배관망에서 이루어진다(**그림 16.22**). 왜냐하면 열은 외부 에너지 입력을 이용하여 생성되는 것이 아니라 오히려 단순히 한 곳에서 다른 곳으로 이동하므로 열 펌프는 에너지 효율이 높을 수 있다.

GSHPs는 이미 미국의 60만 이상의 가정을 가열하는 데 사용되고 있다. 기존의 전기 가열 및 냉각 시스템과 비교하면 GSHPs는 공간을 50~70% 더 효율적으로 난방하고 20~40% 더 효율적으로 냉각하여 전력 사용량을 25~60% 줄일 수 있고 배출량은 최대 70%까지 줄일 수 있다.

지열은 이롭지만 한계를 갖는다

지열에너지의 모든 형태가 크게 화석연료의 연소에 비해 배출량을 줄일 수 있다. 지열 가열된 물은 이산화탄소, 메탄, 암모니아, 황화수소 등의 용존 가스를 방출할 수 있지만, 이것들은 일반적으로 소량이며, 시설들은 최신 여과 기술을 사용하여 적은 배기 가

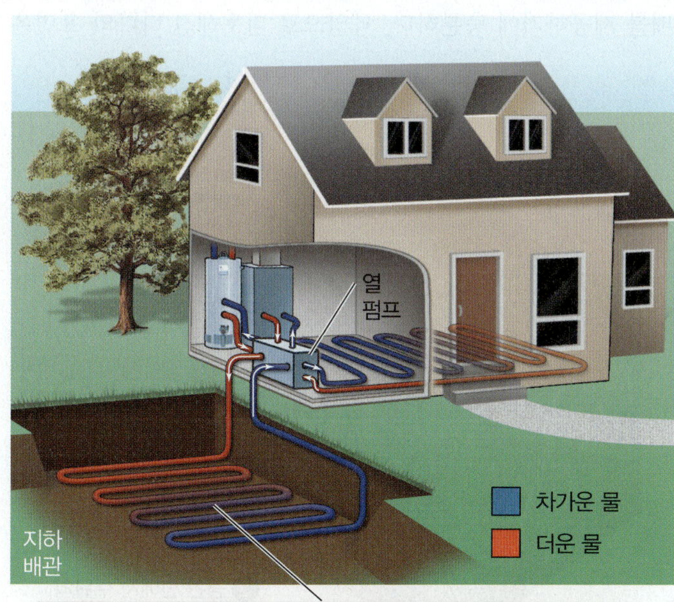

▲ **그림 16.22** 지상 열 펌프는 가정에서의 공기와 물을 가열하고 식히는 열 효율적인 방법을 제공한다. 물이나 부동액이 채워진 플라스틱 배관망이 가정에서 지하로 연결된다. 토양은 겨울에 공기보다 더 따뜻하고(왼쪽), 여름에 공기보다 더 시원하다(오른쪽), 그래서 집과 땅 사이에 유체를 흘려보내 내부의 온도를 조절하는 것을 돕는다.

스를 배출한다.

지열에너지는 그것을 사용하는 것이 생산된 지하 열에너지의 양에는 영향을 주지 않는다는 점에서 재생가능하다. 그러나 우리가 이 에너지를 포착하기 위해 구축하는 모든 발전소가 무기한으로 작동할 수 있는 것은 아니다. 만약 어느 지열 발전소가 지하수가 재충전되는 것보다 더 빠르게 가열된 물을 사용하면 그 발전소는 결국 물이 동날 것이다. 이것은 캘리포니아의 간헐천에서 발생하고 있었기 때문에 이에 대응하여 운영자는 재충전을 위해 도시 하수를 지하로 주입하기 시작했다. 거기에다 시간이 지남에 따라 자연스럽게 지구의 지각 이동에 의한 지열 활동의 패턴이 바뀌므로, 현재 뜨거운 지하수를 생성하는 지역은 항상 그렇지 않을 수 있다. 또한 많은 온천수의 물은 장치를 부식시키고 공기를 오염시키는 소금과 미네랄이 혼입되어 있다. 이러한 요소는 발전소의 수명을 단축시키고 유지 보수 비용을 증가시킬 수 있다.

지열 발전 전력의 가장 큰 한계는 그것이 우리가 자연적으로 가열된 지하수에서 에너지를 만들 수 있는 지역에만 제한되는 것이다. 아이슬란드, 북부 캘리포니아, 옐로스톤 국립공원은 자연적으로 가열된 지하수가 풍부하지만 세계 대부분의 지역에는 없다. 엔지니어들은 현재 바위를 깊이 파서 바위를 분쇄하고 찬물을 퍼 넣는 **강화 지열 시스템(enhanced geothermal systems, EGS)**을 개발하여 이러한 제약을 극복하려 하고 있다. 물은 지하 깊은 곳에서 가열된 후 뽑아 올려져 전력을 생산하는 데 사용된다. 이론적으로, 우리는 많은 장소에서 널리 EGS를 사용할 수 있다. 예를 들어, 독일은 매우 적은 가열 지하수를 가지고 있지만, 피드-인 관세는 EGS 설비가 수익을 낼 수 있도록 할 수 있다. 하지만 EGS도 작은 지진을 유발하는 것으로 나타난다. 우리가 지진을 일으키지 않고 안전하게 EGS를 사용하는 방법을 개발할 수 없는 한, 우리의 지열 발전 사용은 태양광, 풍력, 바이오매스, 수력보다 더 국지적으로 남아 있을 것이다.

해양에너지 자원

해양은 연속적이고 자연적인 과정으로 인해 생기는 다양한 미개발 에너지원의 기지이다. 개발 중인 네 가지 방법 가운데 세 가지는 운동과 한 가지는 온도와 관련이 있다.

우리는 조수, 파도 및 수류로부터 에너지를 활용할 수 있다

강에 댐이 수력 발전에 신선한 물을 흘려 사용한 것과 마찬가지로, 우리는 전력을 발생시키는 해수의 자연스러운 움직임에서 운동 에너지를 사용할 수 있다. 해양 조수의 상승과 하강(12장)은 매일 두 번 세계의 해안선을 지나서 대량의 물을 이동시킨다. 조수의 고저 사이의 높이 차이는 알래스카 쿡(Cook) 입구 또는 뉴브런즈윅(New Brunswick)과 노바 스코샤(Nova Scotia) 사이의 펀디(Fundy) 만처럼 길고 좁은 만에서 특히 크다. 이러한 장소는 조수 유역의 출구를 가로질러 댐을 세워 **조력 에너지(tidal energy)**를 활용하는 데 적합하다. 조류가 댐을 통과할 때 물이 전기를 생산하는 터빈을 돌린다.

세계 최대의 조력 발전소, 프랑스의 라 랑스(La Rance) 시설은 45년 이상 운영하고 있다. 더 작은 시설들이 중국, 러시아 및 캐나다에서 운영하고 있다. 샌프란시스코는 금문교 아래 조수 에너지 발전소를 구축하는 방안을 찾고 있으며, 뉴욕시는 이스트 리버(East River)에 하나를 세우는 것을 검토하고 있다. 조수 발전소는 거의 또는 전혀 오염물질을 배출하지 않지만, 하구나 갯벌 유역의 생태에 영향을 미칠 수 있다.

또한 사람들은 파도의 움직임을 이용해 기계적 에너지를 전기로 변환하기 위해 노력하고 있다. **파도 에너지(wave energy)**를 이용하기 위한 기계의 많은 디자인이 발명되어 있지만, 일부만이 충분히 테스트되고 있다. 해상시설의 설계에는 파도에 상하로 이동하는 부유장치를 포함한다. 육상시설을 위한 일부 설계는 파도를 넓은 영역에서 깔때기 작용으로 좁은 수로로 보내고 저수지로 올려 보낸 뒤 수력 발전 댐이 하듯이 전기를 발생시키기 위해 물을 흘려보낸다. 다른 해안 설계들은 상승 및 하강 파도를 사용 외부실에 공기를 밀어 넣어 터빈을 돌리도록 하고 있다(**그림 16.23**). 상업용 조력 에너지 시설은 아직 운전되고 있지 않지만, 시범 프로젝트가 유럽, 일본 및 오리건에서 시도되고 있다.

해양의 운동 에너지를 이용하는 세 번째 방법은 멕시코 만류(the Gulf Stream)와 같은 해류(12장)의 움직임을 사용하는 것이다. 수중의 풍력 터빈처럼 보이는 장치는 이 아이디어를 테스트하기 위해 유럽 해역에 건립되었다.

해양은 온도 에너지를 저장하고 있다

매일 열대 해양은 2,500억 배럴 석유의 열 함량에 상응하는 양의 태양광을 흡수한다—미국에서 매일 사용하는 전기의 20,000배를 제공하기에 충분하다. 태양으로 따뜻해진 바다의 표면은 깊

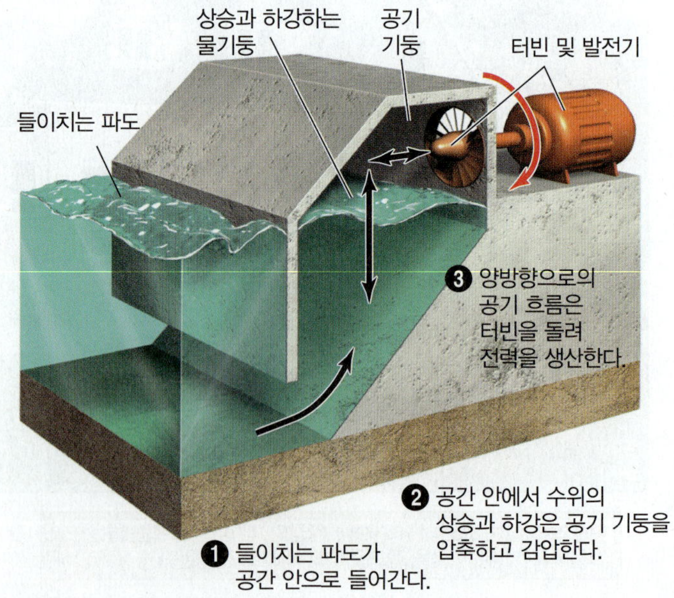

▲ **그림 16.23** 해안 시설들은 파도의 움직임으로부터 에너지를 사용할 수 있다. 설계에서 파도가 단단히 밀폐된 공간 안으로 유출입할 때❶ 내부 공기는 교대로 압축되어❷ 전기생산을 위해 터빈을 돌린다❸.

은 물보다 따뜻해지고, **해양 온도차 에너지 변환(ocean thermal energy conversion, OTEC)**의 방법은 이러한 온도 구배에 근거한 것이다.

다른 방법은 따뜻한 표층수가 저온에서 끓는 암모니아 같은 화학물질을 증발시키기 위한 시설로 배관을 통해 보내지는 것이다. 이러한 증발가스는 전기를 생산하기 위해 터빈을 회전시킨다. 심해에서 배관으로 보내진 냉각수는 다음에 다시 사용될 수 있도록 가스를 응축한다. 다른 접근 방법은 따뜻한 표층수가 진공 상태에서 증발되고 그 증기가 터빈을 회전시킨 후 찬물로 응축되는 것이다. 바닷물은 증발할 때 소금을 잃기 때문에, 물을 회수하여 농축한 뒤 음용 및 농업용 담수로 판매할 수 있다. 해양 온도차 발전 시스템의 연구는 하와이와 다른 지역에서 행해지고 있지만, 비용이 높은 상태로 지금까지 상업적으로 운용되는 시설은 없다.

WEIGHING 이슈

당신 국가의 에너지는? 당신은 독일 크기의 국가 대통령이며, 국가의 의회는 당신에게 국가의 에너지 정책을 제안하도록 요청하고 있다. 당신의 나라는 열대의 해안선을 따라 위치해 있다. 당신의 지질학자들은 여전히 땅 밑에 화석연료의 퇴적층과 지열자원이 있는지 모르지만, 당신의 나라는 많은 햇빛과 상당한 양의 바람을 얻을 수 있고 해안을 따라 다양한 얕은 평평한 지역이 있다. 국민은 부유하지만 빠르게 성장하고 있고, 다른 나라에서 수입하고 있는 화석연료는 비싸지고 있다.

당신은 에너지 정책에서 어떠한 방법을 제안하겠는가? 당신이 당신의 의회가 자금을 지원하도록 촉구하는 구체적인 단계를 몇 가지만 말하라. 당신이 다른 나라들과 수립할 교역관계가 있는가? 당신 국가의 과학자들이 어떤 의문점에 대하여 연구하도록 지원하겠는가?

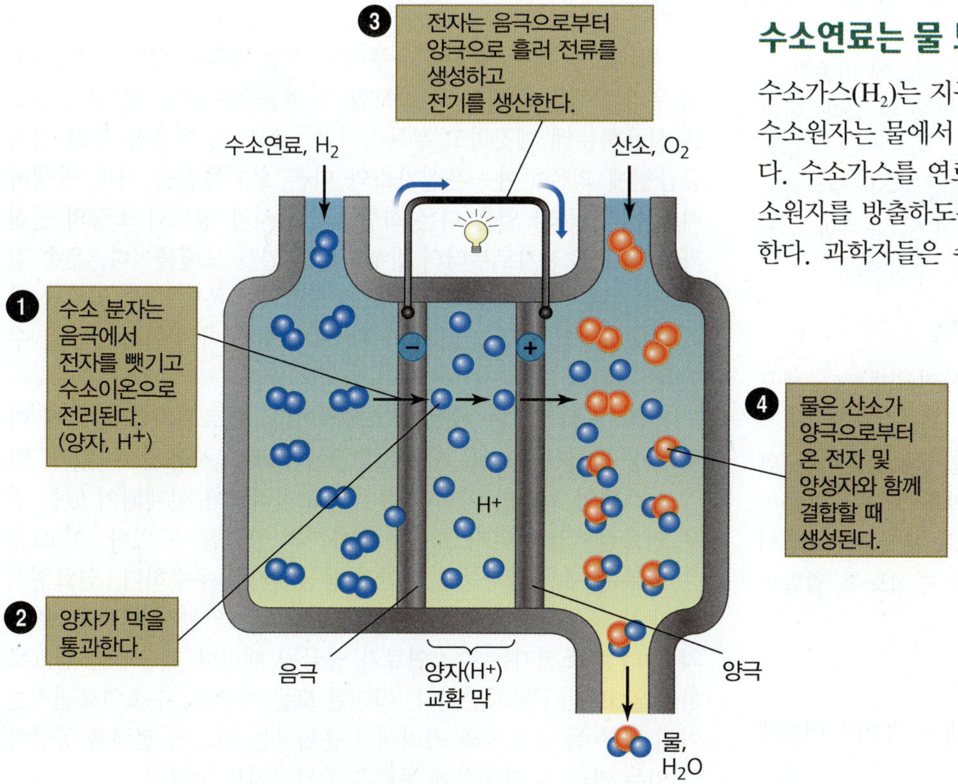

수소

우리가 논의한 각각의 재생가능 에너지 자원은 화석연료보다 더 깨끗하게 전기를 생성하는 데 사용할 수 있다. 그러나 전기는 그것이 필요한 시간과 장소에서 사용하기 위해 대용량을 쉽게 저장할 수 없다. 이것이 대부분의 차량들이 동력을 얻기 위해 가솔린에 의존하고 있는 이유이다. 연료전지와 수소—우주의 가장 간단하고 가장 풍부한 원소—연료의 개발은 상당한 양의 에너지를 재래식으로 깨끗하고 효율적으로 저장하는 방법으로서의 가능성을 보여준다. 전기와 전지처럼 수소는 에너지 운반체이지 주요 에너지원은 아니다. 그것은 나중에 다른 장소에서 사용을 위해 변환될 수 있는 에너지를 운반한다.

일부는 "수소경제"를 갈망한다

일부 에너지 전문가들은 수소연료가 전기와 함께 청결하고 안전하며 효율적인 에너지 시스템의 기초로 제공될 수 있기를 전망하고 있다. 이러한 시스템에서는 풍력 및 태양에너지와 같은 간헐적인 재생가능 자원에서 생성된 전기가 수소를 생성하는 데 사용될 수 있다. 그런 다음 연료전지(**그림 16.24**)는 자동차, 컴퓨터, 휴대전화, 가정용 난방 및 셀 수 없이 많은 다른 용도에 동력을 제공해야 될 때 전기를 생산하기 위해 수소를 사용할 수 있다.

수소에 기반하는 에너지 시스템은 수입 연료에 대한 의존도를 줄이고 기후변화에 대처하는 데 도움이 될 수 있다. 이러한 이유로 정부는 수소 및 연료전지 기술의 연구에 자금을 제공하고 자동차 회사들은 수소로 운행하는 차량을 개발했다. 오늘날 독일은 수소를 연료로 하는 시내 버스를 가진 여러 나라 중의 한 국가이다(**그림 16.25**).

수소연료는 물 또는 다른 물질로부터 생산될 수 있다

수소가스(H_2)는 지구상에서 가스상태도 분포하지는 않는다. 대신 수소원자는 물에서 유기화합물에 이르기까지 모든 분자에 결합한다. 수소가스를 연료로 얻기 위하여, 우리는 이러한 물질들이 수소원자를 방출하도록 해야 하며 이것이 에너지의 유입을 필요로 한다. 과학자들은 수소를 생성하는 몇 가지 잠재적인 방법을 연

◀ **그림 16.24** 수소연료는 폐기물로 물을 생산하는 연료전지로 전기 생산을 한다. 먼저 수소원자는 양성자와 전자로 분리된다❶. 양성자 또는 수소이온❷은 양성자 교환 막을 통과한다. 전자는 한편 전류를 생성하고 전기를 만드는 외부 회로❸를 통해 음극에서 양극으로 이동한다. 양성자와 전자는 물 분자를 형성하기 위해 산소❹와 결합한다.

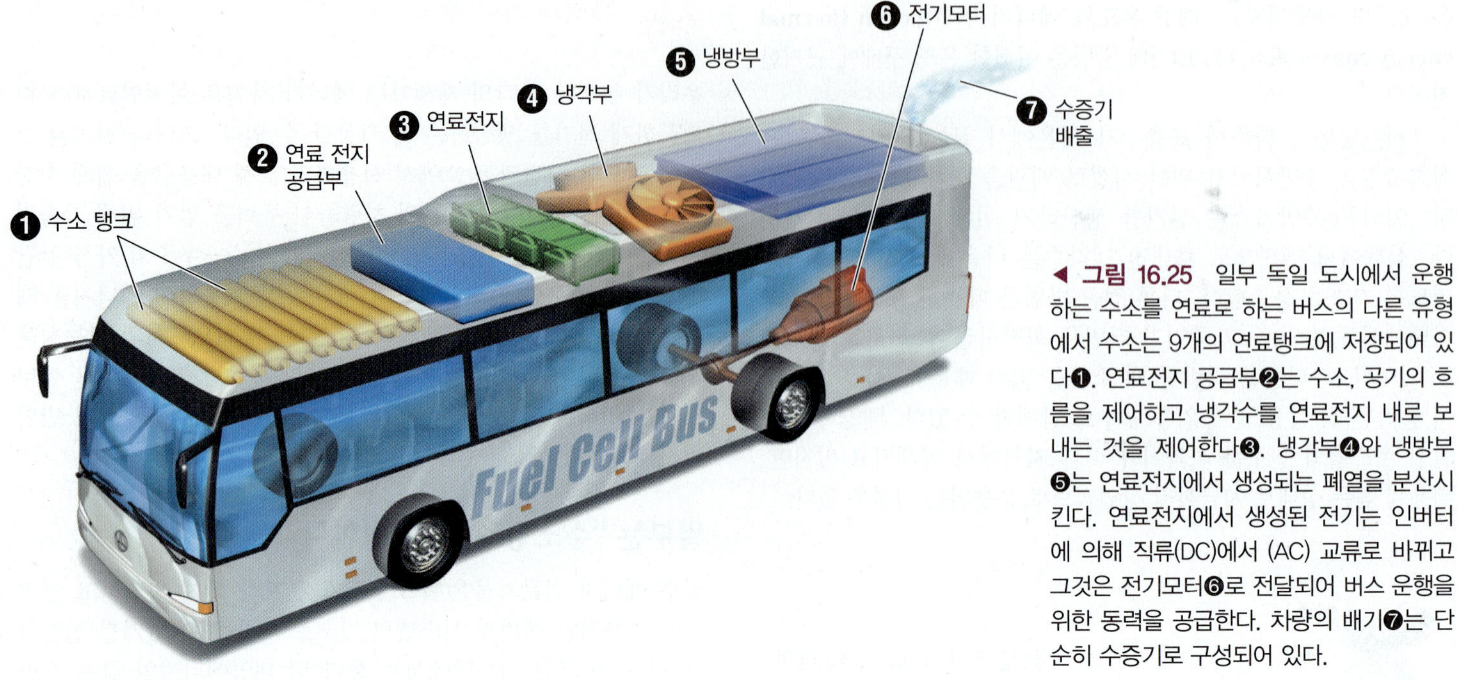

◀ **그림 16.25** 일부 독일 도시에서 운행하는 수소를 연료로 하는 버스의 다른 유형에서 수소는 9개의 연료탱크에 저장되어 있다❶. 연료전지 공급부❷는 수소, 공기의 흐름을 제어하고 냉각수를 연료전지 내로 보내는 것을 제어한다❸. 냉각부❹와 냉방부❺는 연료전지에서 생성되는 폐열을 분산시킨다. 연료전지에서 생성된 전기는 인버터에 의해 직류(DC)에서 (AC) 교류로 바뀌고 그것은 전기모터❻로 전달되어 버스 운행을 위한 동력을 공급한다. 차량의 배기❼는 단순히 수증기로 구성되어 있다.

구하고 있다. **전기분해(electrolysis)**에서 전기는 물 분자의 산소원자와 수소원자를 분할하기 위해 유입된다:

$$2H_2O \longrightarrow 2H_2 + O_2$$

전기분해는 순수한 수소를 생성하고 화석연료의 연소에 의한 탄소 또는 질소 기반의 오염물질을 방출하지 않는다. 그러나 수소를 제조하는 이 전략이 오염의 원인이 되는 여부는 전기분해에 사용되는 전기의 공급원에 의존한다. 만약 석탄이 전기를 생산하기 위해 연소되는 경우, 공정은 화석연료에 의존한 것과 비교하여 배출량이 줄어들지 않는다. 미래의 수소경제 "청결"은 따라서 전기분해에 사용되는 전기의 공급원에 크게 의존한다.

수소제조의 환경에 미치는 영향 또한 수소의 원료에 의존한다. 물 외에 수소는 바이오매스에서 화석연료에서 얻을 수 있다. 이러한 자원으로부터 수소를 얻는 것은, 일반적으로 적은 에너지 유입이 요구되지만 탄소계 오염물질을 배출한다. 예를 들어, 천연가스 중 메탄(CH_4)에서 수소를 추출하는 것은 온실가스 1분자와 수소가스의 각 4분자당 이산화탄소 한 분자의 생성을 수반한다.

$$CH_4 + 2H_2O \longrightarrow 4H_2 + CO_2$$

따라서 수소기반의 에너지 시스템은 화석연료계보다 깨끗한지는 수소가 추출되는 방식에 달려 있다.

일단 분리된 수소가스는 연료전지에서 전기를 생성하는 연료로 사용될 수 있다. 연료전지에 관여하는 화학 반응은 단순히 전기분해에서 보인 것의 역이다; 하나의 산소 분자와 두 개의 수소 분자는 각각 나누어져 2개의 물 분자를 형성토록 결합한다:

$$2H_2 + O_2 \longrightarrow 2H_2O$$

그림 16.24는 연료전지의 일반적인 유형에서 이것이 어떻게 발생하는지를 보여준다.

수소와 연료전지는 비용이 들고 이점이 있다

이 시점에서 수소의 주요 단점 하나는 기반시설의 부족이다. 독일이나 미국 같은 나라를 수소체제로 변환하려면 생산, 저장, 수송, 연료 제공을 위한 시설을 위해 거대하고 비싼 개발을 필요로 한다.

또 다른 염려는 일부 연구가 제시한 생산, 수송, 사용에서 수소 누출이 잠재적으로 성층권 오존(13장)을 고갈시키고 온실가스 메탄의 대기 중 수명을 연장할 수 있는 것이다. 이러한 질문에 대한 연구는 현재 진행 중이다. 왜냐하면 과학자들은 사회가 먼저 위험을 모르고 화석연료로부터 수소로 전환하는 것을 원하지 않기 때문이다.

수소의 장점은 그것이 우주에서 가장 풍부한 원소이기 때문에 우리는 결코 그것을 다 소모할 수 없을 것이라는 점이다. 수소는 사용하는데 깨끗하고 무독성이며—소스 및 추출을 위한 전기 공급원에 의존하여—온실가스와 다른 오염물질을 거의 발생하지 않는다. 물과 열은 다른 화합물의 무시할 정도의 소량의 물질과 함께 연료전지로부터의 발생되는 유일한 노폐물이다. 운송 및 보관을 위한 안전측면에서 수소는 발화되어 폭발할 수 있지만 압력하에 보관하면 탱크 내의 가솔린보다 훨씬 더 위험하지 않을 수 있다.

수소 연료전지는 에너지 효율적이다. 연료전지의 종류에 따라 반응 중에 방출되는 에너지의 35~70%가 사용될 수 있다. 만약 시스템이 열뿐만 아니라 전기도 포착하도록 설계되어 있는 경우 연료전지의 에너지 효율은 90%까지 상승할 수 있다. 이 요율은 대부분 재생 불가능한 대안과 동등하거나 우수하다. 연료전지는 또한 조용하고 무공해다. 전지(화학반응을 통해 전기를 발생)와 달리 수소전지는 수소연료가 공급될 때마다 재충전을 필요로 하지 않고 전기를 생산한다. 이러한 모든 이유로, 수소연료전지는 이미 일부 독일 도시의 거리에서 운행하는 버스에 전력을 공급하고 있는 만큼 곧 자동차에 동력을 공급할지도 모른다.

결론

화석연료에 의존함으로써 야기되는 대기오염, 세계적인 기후변화, 건강에 미치는 영향, 그리고 안전 위해도 등에 대한 우려의—또한 석유와 천연가스의 공급감소에 대한 걱정—증가는 오염발생이 적고 고갈되지 않는 재생가능한 에너지원으로 전환할 필요가 있다는 것을 많은 사람들에게 납득시켰다. 바이오 에너지자원에는 전통 장작뿐만 아니라 새로운 바이오 연료 및 바이오 동력을 생성하는 다양한 방법이 있다. 이러한 자원은 탄소 중립일 수 있으나 모두가 엄격하게 재생가능하지는 않다. 수력 발전은 깨끗하고 재생가능하지만, 그것은 최대한도로 사용되고 있으며, 상당한 생태학적 교란을 동반할 수 있다. 우리의 환경을 저하시키지 않고 먼 미래에 우리의 문명을 유지하기 위한 재생가능 에너지 자원에는 태양열 에너지, 풍력에너지, 지열에너지, 해양에너지 자원이 포함된다. 재생가능 자원으로부터 수소연료를 생산하기 위해 전기를 사용함으로써 우리는 언제, 어디서 무공해 재생가능 수송 에너지를 만들 필요가 있을 때 전기를 생성하기 위해 연료전지를 사용할 수 있을지도 모른다.

이해도 측정

1. 요즈음 에너지의 어느 정도가 재생가능 자원으로부터 오는가? 우리가 사용하는 재생가능 에너지의 가장 일반적인 형태는 무엇인가?
2. 어떤 요인과 관심들이 신재생 에너지 분야가 확대되는 원인인가? 가장 빠른 성장을 경험하고 있는 두 가지 재생가능 자원은 어느 것인가?
3. 바이오 에너지의 5가지 자원을 나열하라. 세상에서 가장 많이 사용되는 바이오 에너지 자원은 무엇인가? 바이오 에너지의 이용이 선진국과 개발도상국 사이에 어떻게 다른가?
4. 수력 발전을 생성하는 두 가지 주요 방법을 비교하라. 수력의 이점과 부정적인 영향을 한 가지씩 나열하라.
5. 수동적 및 능동적 태양열 난방을 대조하고 각각의 예를 들어라. 이제 태양광 전지(PV) 기능과 사용 방법을 설명하라.
6. 현대의 풍력 터빈은 어떻게 전기를 발생시키는지 설명하라. 풍력 터빈을 배치하는 장소에 영향을 미치는 요인은 무엇인가?
7. 지열에너지를 정의하고 이것을 취득하고 사용하는 3가지 주요 방법을 설명하라. 그것이 재생가능한지 재생가능하지 않는지의 의미를 설명하라.
8. 바닷물에서 에너지를 얻기 위한 4가지 방법에 대해 설명하라.
9. 신재생 에너지(바이오 에너지, 수력, 태양열, 풍력, 지열, 해양)의 각 주요 유형을 위해 간단히 화석연료의 사용에 비해 적어도 그 이용의 장점과 단점을 한 가지씩 설명하라.
10. 어떻게 수소연료가 생성되는가? 이것은 청정한 공정인가? 어떤 요인이 수소 제조가 방출하게 될 오염물질의 양을 결정하는가?

해법찾기

1. 독일은 피드-인 관세 제도를 확립함으로써 어떻게 재생가능 에너지의 개발을 가속화시켰는지 설명하라. 당신은 미국이 유사한 시스템을 채택해야 한다고 생각하는가? 그 이유는?
2. 이 장에서 설명하는 각각의 재생가능 에너지 자원마다 어떤 요인들이 화석연료의 사용으로부터 순조로운 이행 길에 서 있는가? 이러한 재생가능 에너지원으로의 전환을 용이하게 하기 위해 각각의 경우에 할 수 있는 것은 무엇인가?
3. 우리가 사회적, 경제적, 환경적 커다란 파괴 없이 화석연료를 대체하기 위해 재생가능 에너지 자원을 개발할 수 있다고 생각하는가? 무슨 절차를 우리가 취해야 할 필요가 있는가? 시장 혼자의 힘이 이러한 전환을 가져오는데 충분한가 아니면 정부가 필요한가? 이 같은 변화가 우리 경제를 위해 좋을 것이라고 생각하는가? 그 이유는?
4. **생각해보기** 당신은 대체 에너지에 대한 투자처를 찾는 투자자이다. 당신은 다음 회사의 주식을 사는 것을 고려하고 있는 중이다 (1) 옥수수 에탄올 정제소를 건설, (2) 바이오 연료용 미세 조류 양식장의 개발, (3) 수력 발전 댐을 위해 터빈을 건설, (4) 태양광 태양 전지 패널을 생산, (5) 풍력 터빈을 설치, (6) 조력 에너지 시설의 건설계획. 이러한 각각의 기업에 대해 돈을 투자하는 것을 결정하기 전에 어떤 의문점을 조사하겠는가? 어떻게 투자 배분에 대해 고려하고 있는가? 그 이유는?
5. **생각해보기** 당신은 풍력 발전소를 개발하는 회사의 최고 경영자(CEO)이다. 직원이 개발 장소를 위해 아래에 열거한 세 가지 옵션을 제시하고 있다. 각 옵션과 함께 만나게 될 것으로 예측되는 최소한의 장점과 단점을 하나씩 설명하라. 어느 것을 추진할지 결정하기 전에 어떤 정보를 더 알고 싶은가?
   - 옵션 A: 북 다코다(North Dakota)의 격리된 지방 지역
   - 옵션 B: 필라델피아 도시외곽 중 산등성이 꼭대기 지역
   - 옵션 C: 플로리다 해안에서 떨어진 해상 지역

생태발자국 계산하기

주민 일인당 전기소비의 평균은 12 kw-h/일이라고 가정하고, 태양광 전지는 입사 태양 복사의 15%를 전기로 출력한다고 가정하며, 태양광 패널은 m^2 당 $1000의 비용이 든다고 가정하자. 이제 그림 16.13의 그림을 참조하여 표에 있는 각 집단이 사용하는 전기를 모두 공급하기 위해 필요한 태양광 패널을 설치하기 위한 장소와 비용을 추산하라.

	태양광 전지 면적	태양광 전지 비용
본인		
애리조나 주민		
알래스카 주민		
미국 주민 모두		

1. 위의 표에서 면적에 대한 추정치의 정확성을 높이기 위해 어떤 추가 정보가 필요한가?
2. 미국에서의 태양열 복사의 분포를 고려하면 태양광 전지로부터 생산된 전기의 비율을 크게 높이기 위해 어디가 가장 실현 가능하다고 생각하는가?
3. 태양광 발전 시스템의 구입 가격은 상당한 것이다. "태양열로 가는 것"을 숙고할 때 구입 가격 이외에 다른 어떤 비용과 이익을 고려해야 하는가?

17 폐기물 관리

이 장을 마치고 나서 할 수 있는 것들

- ▶ 화석연료 대안을 찾는 이유
- ▶ 발생 폐기물의 형태를 요약하고 비교
- ▶ 주요 폐기물 관리방법을 열거
- ▶ 골칫거리 폐기물 규모에 대해 파악
- ▶ 매립과 소각에 대한 기존의 폐기물 처리방법을 설명
- ▶ 발생원 감소, 재사용, 퇴비화, 재활용을 통한 폐기물 감축방법을 평가
- ▶ 산업 고형 폐기물 관리 및 산업생태 원리
- ▶ 유해 폐기물 관리에서의 이슈들을 평가

과거: 프레시 킬스 매립지 매립 당시

현재: 오늘날 프레시 킬스 매립지

프레시 킬스 매립지, 뉴욕 스테이튼 섬

뉴욕시의 프레시 킬스(Fresh Kills) 매립장 바꾸기

"외계인이 본다면 원료를 폐기물로 바꾸는 것이 인간 경제 활동의 진정한 목적이라고 결론 내릴지도 모른다."

—게리 가드너(Gary Gardner)와 페이달 삼파트(Payal Sampat), 월드워치연구소

"재활용은 20세기 후반 환경 살리기에 있어 최고의 성공 사례이다."

—미국환경보호국

매립지 폐쇄는 일반적으로 정치인들과 언론들이 주목할 만한 행사가 아니지만 프레시 킬스 매립지는 단순히 쓰레기장이 아니었다. 말하자면 지구에서 인간이 만든 가장 큰 구조물로서, 프레시 킬스 매립지는 반세기 동안 뉴욕시 제일의 쓰레기 매립지였다. 2001년 3월 22일 뉴욕 시장 루돌프 줄리아니(Rudolph Giuliani)와 뉴욕 주지사 조지 파타키(George Pataki)는 바지선이 스테이튼 아일랜드(Staten Island)의 해안에 도착하여 프레시 킬스에 마지막 쓰레기 더미를 내렸을 때 손을 잡고 축하하였다.

매립지의 폐쇄는 오랫동안 더러운 냄새로 눈에 거슬리고, 건강을 위협하고, 시민의 흠이었던 프레시 킬스를 오랫동안 보아왔던 450,000명의 스테이튼 아일랜드 주민에게는 축복이었다. 890헥타르(8.9 km²)의 매립지는 6개의 거대한 쓰레기와 흙더미의 고분 모습이었다. 69 m(225피트) 꼭대기는 근처 자유의 여신상보다 높았다.

뉴욕시는 그 부지를 위해 거창한 계획을 가지고 있었다. 시는 오래된 매립지를 세계적인 공원으로 바꿀 계획을 세웠다 — 푸른경치의 구장, 놀이터, 조깅코스, 언덕, 야생동물이 사는 습지 등. 맨해튼의 센트럴 공원보다 거의 3배나 더 큰 이 부지는 맨해튼의 스카이 라인의 탁 트인 전망을 제공하며 염 습지와 시냇물로 이루어진 그 지역의 남아 있는 가장 큰 지역이었다. 시는 새 공원을 설계할 조경회사를 선정하는 국제입찰경쟁을 개최했다.

유일한 매립지가 폐쇄된 후 뉴욕 시는 폐기물을 외지로 실어 내보내기 시작하였다 — 그런데 한 트럭분의 쓰레기를 운반하는 계약자에게 시가 터무니없는 가격을 지불하고 있다는 것을 알았다. 프레시 킬스 폐쇄 후 몇 년 동안, 쓰레기를 가득 실은 트럭들이 매일 12,000톤의 폐기물을 뉴욕, 뉴저지, 버지니아, 펜실베니아, 오하이오 등에 있는 26개의 다른 매립지와 소각장으로 운반하며 거리를 덜컹거리고 지나다녔다. 시 위생 부서의 비용은 두 배가 되었고, 예산불황으로 이 매립지 재활용 프로그램은 축소되었다. 일부 뉴요커는 프레시 킬스 재가동을 제안하였다.

결국 매립지는 누구도 예측할 수 없었던 이유로 다시 가동되었다. 2001년 9월 11일 테러 공격 후, 수습할 수 없는 시체 더미와 붕괴된 세계무역센터 타워의 180만 톤의 파편은 바지선에 의해 프레시 킬스로 운반되었다. 기념비도 새로운 공원의 한 부분으로 세워질 것이다.

오늘날 공원개발은 서서히 앞서 진행되고 있다. 도로, 구장, 조각 그리고 인라인 스케이트장들의 설계가 이루어지고 있다. 습지들도 복원되고 있다. 이 지역의 가장 큰 하구를 따라 산책로에서 자전거를 타면 언덕 꼭대기의 멋있는 전망지점에 도달할 수 있다. 아울 할로우 필드(Owl Hollow Fields)와 슈물 파(Schmul Par)라는 이름의 위락시설은 2011년에 준공 예정이다. 프레시 킬스 매립지를 프레시 킬스 공원으로 완전히 바꾸는 데에는—세상에서 가장 큰 공공 프로젝트로서—30년이 걸릴 것이다. 그러나 결국에는 위락과 도시생태 복원의 세계 수준의 중심으로 바뀔 것이다.

그러는 동안 시는 계속 주 외곽의 매립지로 쓰레기를 운반하고 있다. 또한 폐기물을 압축하고 바지선 및 철도로 더 적은 비용으로 외곽으로 보내기 위해 폐기물 계류장을 구축하였다. 우리가 재사용하거나 재활용하지 않는 것들에 대한 진정한 "길"은 없다. 뉴요커와—그리고 우리를 위해—우리가 버린 폐기물은 어디로든 가야 한다. ■

폐기물 관리 방법

세계 인구가 증가함에 따라 우리는 더 많은 물품을 생산하고 소비함으로써 더 많은 폐기물을 발생시킨다. **폐기물(wastes)**은 인간의 활동 또는 제조공정의 결과 발생된 원치 않는 재료 또는 물질을 의미한다.

관리 목적으로 우리는 폐기물을 몇 가지 범주로 나눈다. **도시 고형 폐기물(municipal solid wastes)**은 가정, 기관, 중소기업으로부터 발생되는 액체가 아닌 폐기물이다. **산업 고형 폐기물(industrial solid wastes)**은 소비재의 생산, 광업, 농업, 석유 추출 및 정제로부터 발생되는 폐기물을 포함한다. **유해 폐기물(hazardous wastes)**은 독성, 유해화학 반응성, 가연성 또는 부식성의 고체 또는 액체 폐기물을 말한다. 또 다른 형태의 폐기물은 폐수(12장) 및 우리가 가정, 기업, 산업, 공공 시설에서 사용한 물을 배수한 물, 그리고 도로 및 우수 관거에서 흘러나온 오염된 물 등이다.

폐기물의 관리는 몇 가지 목적이 있다

폐기물은 수질, 토질, 대기질 및 인간의 건강을 저하시킬 수 있다. 폐기물은 미학적으로도 불쾌하다. 더욱이, 폐기물은 비효율성의 척도이기 때문에 폐기물 감소는 돈과 자원을 절약할 수 있다. 이러한 모든 이유로, 폐기물 관리는 아주 중대한 일이다.

폐기물 관리(waste management)에는 세 가지 주요 구성 요소가 있다:

1. 우리가 생성하는 폐기물량의 최소화
2. 폐기된 것들을 복원하여 재활용하는 방법을 찾기
3. 안전하고 효율적으로 폐기물 폐기

발생원에서 폐기물을 최소화—**발생원 저감(source reduction)**—가 선호되는 방법이다. 발생원에서 처분장까지 운반될 때 폐기물 본류에 합류량과 유통량을 줄이기 위한 몇 가지 방법이 있다(**그림 17.1**). 이번 장에서는 먼저 도시 고형 폐기물을 어떻게 관리하는지에 대한 3가지 주요 방법들을 살펴보고 나서 산업 고형 폐기물과 유해 폐기물을 알아보도록 한다.

도시 고형 폐기물

도시 고형 폐기물은 우리가 가정, 공공시설, 소규모 자영업장에서 발생시킨 폐기물이다. 우리가 일반적으로 "쓰레기" 또는 "찌꺼기"라고 부르는 것이다.

폐기물 발생이 증가하고 있다

1960년 이래 미국에서 폐기물 발생(복구 전)은 2.8배 증가했으며, 1인당 폐기물 발생량은 62% 증가했다. 종이, 음식물 쓰레기, 마당 나무 가지치기 쓰레기 그리고 플라스틱 등이 미국에서의 도시 고형 폐기물이며 전체 합쳐 폐기물량의 68%를 차지하고 있다

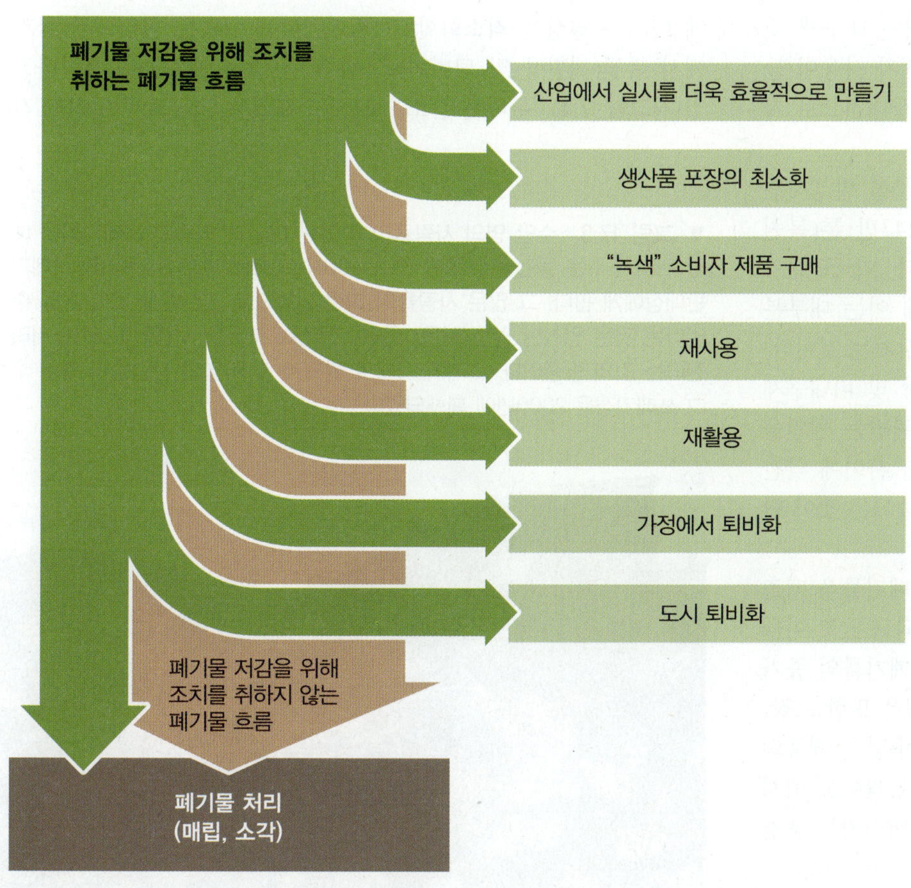

◀ **그림 17.1** 폐기물을 관리하는 가장 효과적인 방법은 폐기물 본류로 합류되는 물질의 양을 최소화하는 것이다. 이렇게 하기 위해 제조업체는 효율성을 높일 수 있고, 소비자는 최소한의 포장 또는 폐기물을 최소화하는 방법으로 생산되는 "녹색"제품을 구입할 수 있다.

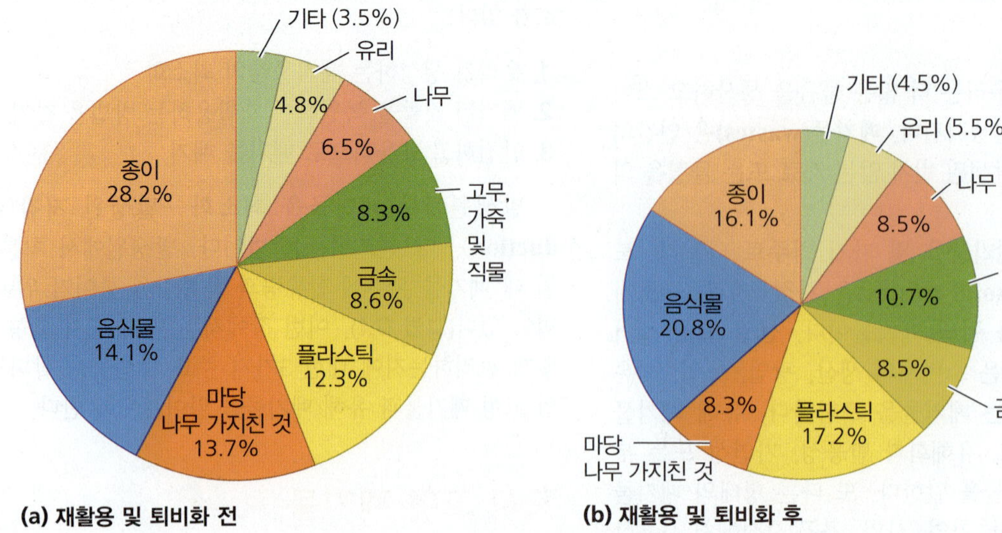

▲ **그림 17.2** 종이제품은 미국 내에서 중량(a)에 의한 도시 고형 폐기물량 중 가장 큰 비중을 차지하며 다음으로 음식물 쓰레기, 마당 나무 가지치기 쓰레기, 플라스틱 순이다. 재활용 및 퇴비화로 많은 성분(b)이 제거되면 폐기물량은 3분의 1만큼 더 작아진다(원형 차트의 더 작은 크기로 도시된 바와 같이). 지금은 너무 많은 용지가 재활용되고 마당 나무 가지치기 쓰레기는 퇴비화되기 때문에 음식물 쓰레기가 제일 큰 부분을 차지하고 플라스틱이 그 다음이다. Data from U.S. Environmental Protection Agency, 2010. *Municipal solid waste in the United States: 2009 facts and figures*. EPA, Washington, D.C.

(**그림 17.2a**). 종이는 재활용률이 높고 정원 손질 나뭇가지는 퇴비화율이 높아 결과적으로 재활용과 퇴비화는 폐기물량을 줄이며 음식물 쓰레기와 플라스틱이 미국의 도시 고형 폐기물의 제일 큰 부분을 차지한다(**그림 17.2b**).

대부분의 도시 고형 폐기물은 포장 및 비내구재(생산품으로 잠깐 동안 쓰고 난 뒤 버려지는 제품을 의미)로부터 발생한다. 거기에다 소비자들은 새로운 제품을 구매할 때, 오래된 내구재 및 기간이 지난 비품을 버린다. 겨우 1970년 이후 소비자 사용이 늘어난 플라스틱은 지난 수십 년 동안 폐기물량에서 상대적으로 가장 큰 증가를 차지했다.

우리가 더 많은 상품을 얻을수록 더 많은 폐기물을 발생시킨다. 2009년에 미국 시민은 도시 고형 폐기물을 243만 톤(복원 전), 1인당 700 kg 이상(1,500파운드)을 발생시켰다. 미국인은 1일 평균 2.0 kg(4.3파운드)의 쓰레기를 배출하는데 이는 대부분의 다른 선진국 사람들보다 더 많은 쓰레기를 발생시키는 것이다. 상대적으로 낭비성인 미국의 생활방식은 과잉 포장 및 비내구재에 대한 의존으로 미국을 "일회용품 사회"라고 비판받는 원인을 제공했다. 미국의 폐기물 발생은 2007년과 2009년 사이에 약간 감소하였으나 이것은 경기 침체 기간 동안 소비가 줄어든 것이 반영된 것이다.

개발도상국 사람들은 덜 소비하고 상당히 적은 폐기물을 배출한다. 그러나 그들이 더 부유해지면서 소비는 심화되고 있고 이들 국가는 점점 더 많은 폐기물을 만들어 내고 있다. 폐기물의 증가는 생활의 재료기준의 상승을 반영하고 있지만 그것은 또한 포장, 비내구재의 제조, 빠르게 마모되는 저렴하고 품질이 낮은 제품의 생산 증가의 결과로부터 발생한다. 그 결과 쓰레기가 쌓이고 멕시코로부터 인도네시아 케냐에 이르기까지 쓰레기가 버려지는 풍경이 나타난다. "일회용품 사회"의 미국 소비자들 같이 개발도상국의 부유한 소비자들은 종종 아직도 쓸만한 물건들을 버린다. 사실 많은 개발도상국의 쓰레기장과 매립장에서는 가난한 사람들이 자기들이 뒤져서 주운 것들을 팔아서 연명한다(**그림 17.3**).

부유한 국가들은 폐기물 수집 및 처리에 더 많은 투자를 할 수 있으므로 더 나은 폐기물 관리를 할 수 있고 인간의 건강과 환경에 미치는 영향을 최소화할 수 있다. 더욱이 많은 산업화된 국가에서 복원(재활용 및 퇴비화)은 점점 더 많은 폐기물을 감당하고 있다(**그림 17.4**). 우리는 감소, 재사용, 재활용 그리고 퇴비화를 간

▼ **그림 17.3** 수만 명의 사람들이 필리핀 마닐라 외곽의 쓰레기장을 매일 뒤져서 주운 물건을 하루에 100~200페소(peso) (US $ 2~4)씩 쓰레기 판매상에게 판다. 그 많은 사람들이 이런 방법으로 자신들을 먹여 살릴 수 있다는 것은 엄청난 양의 사용 가능한 물건이 부유한 사람들에 의해 버려진다는 것의 방증이다. 쓰레기 사태로 깔려서 수백 명의 사람들이 죽은 후 그 쓰레기장은 2000년에 폐쇄되었다.

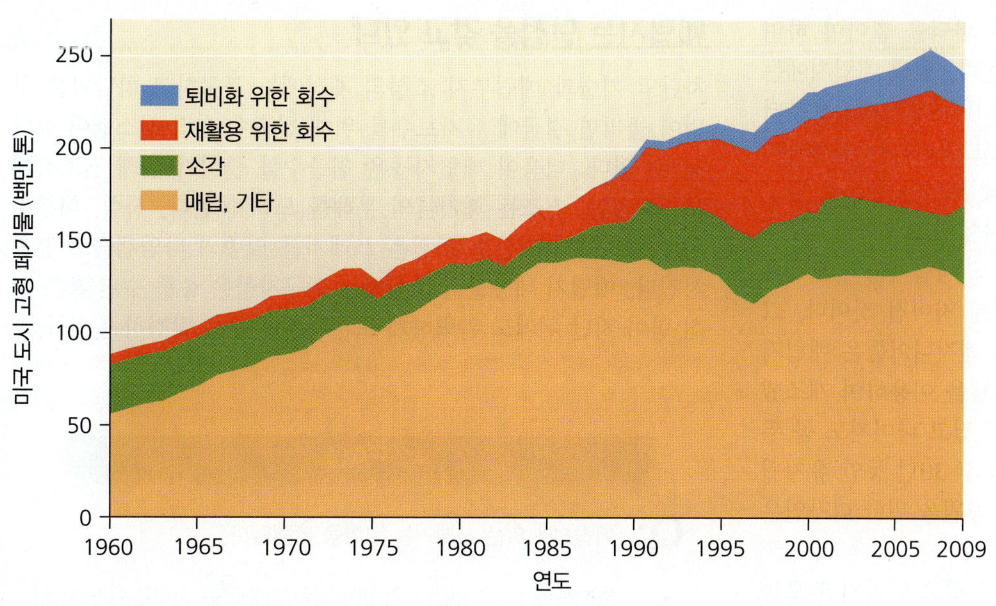

◀ **그림 17.4** 1980년대 이후, 재활용 및 퇴비화는 미국에서 성장하여 더 적은 양의 폐기물이 매립지로 가도록 하였다. 2009년 기준 54%의 미국 도시 고형 폐기물이 매립지로 갔고 12%는 소각장으로 갔는데 그 중 34%가 퇴비화와 재활용을 위해 회수되었다. Data from U.S. Environmental Protection Agency, 2010. *Municipal solid waste in the United States: 2009 facts and figures*. EPA, Washington, D.C.

단히 살펴볼 것이지만 먼저 어떻게 폐기물을 처리하는지부터 평가해보자.

위생매립은 건강 및 환경 지침에 의해 규제되고 있다

현대 **위생매립지(sanitary landfills)**에서 폐기물은 땅에 묻히거나 또는 환경을 오염하고 공중 보건을 위협하는 것을 방지하도록 설계되어 커다란 언덕 모양으로 쌓인다(**그림 17.5**). 미국에 있는 대부분의 도시 매립지는 지방 또는 주에 의해 규제를 받지만, 1976년에 제정 및 1984년 개정된 연방자원보존 및 복구법(RCRA)에 따라 미국환경보호국(EPA)에 의해 설정된 국가표준을 충족해야 한다.

위생 매립에서 폐기물은 부분적으로 세균에 의해 분해되고, 자신의 무게로 압축되어 공간을 적게 차지하게 된다. 토양은 분해속도를 높이고 냄새를 줄이며 해충의 침입을 줄이도록 폐기물 위에 덮는다. 매립지로 침투된 빗물 중 일부는 호기성 및 혐기성 박테리아에 의한 생물분해를 촉진하므로 유익하지만 너무 많이 침투할 경우 오염물질이 물과 함께 빠져나와 오히려 좋지 않다.

환경 오염을 방지하기 위해 미국 규정은 매립지들은 습지와 지진이 발생하기 쉬운 단층으로부터 멀리 떨어져야 하고 수면보다 최소한 6 m(20 ft) 위가 될 것을 요구한다. 위생 매립지의 바닥과 측면은 오염물이 대수층으로 들어가는 것을 방지하기 위해

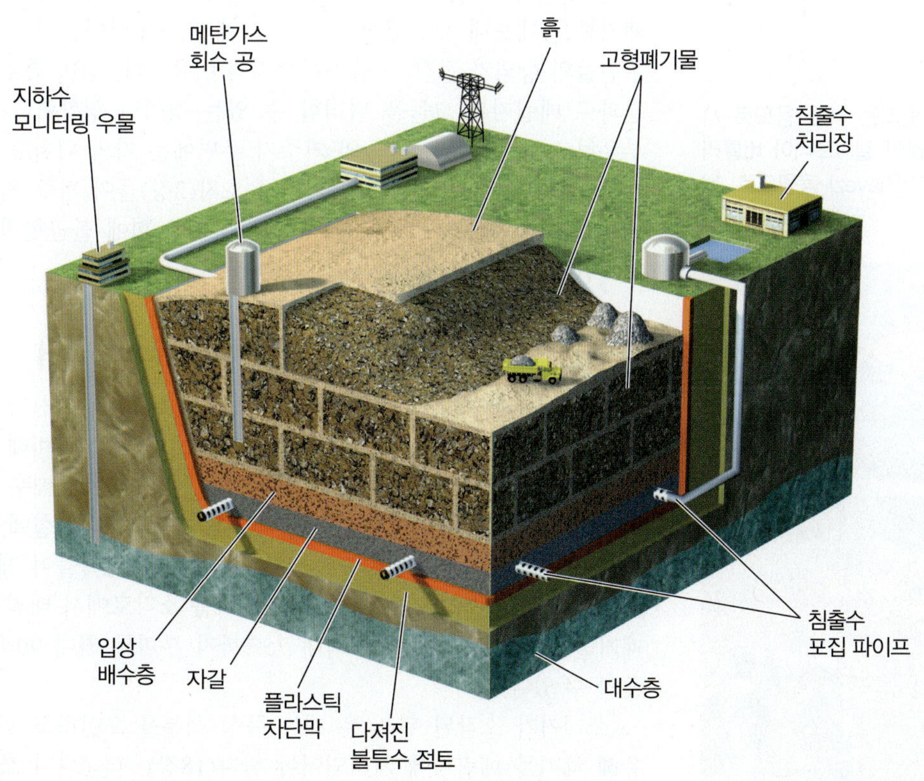

◀ **그림 17.5** 위생 매립지들은 폐기물이 토양과 지하수 오염을 방지하도록 설계되었다. 폐기물은 유체가 침출되지 못하도록 설계된 플라스틱 및 불투수성 점토가 깔린 함몰지에 쌓인다. 침출수 포집 파이프는 매립지의 바닥에서 침출수를 뽑아낸다. 폐기물은 함몰지가 채워질 때까지 흙과 함께 메워지고 매립지가 뚜껑이 씌워질 때까지 계속 쌓여진다. 혐기성 세균에 의해 생성된 매립가스는 회수될 수 있고, 폐기물 관리자는 지하수 오염을 모니터링한다.

두꺼운 플라스틱 60~120 cm(2~4 ft)으로 바닥을 깔아야 하며 불투수성 점토로 바닥과 벽을 둘러쌓아야 한다. 위생 매립지에는 또한 배관, 저류 연못 그리고 아래로 스며든 빗물에 쓰레기로부터 용해된 물질이 녹아 있는 침출수를 포집하고 처리하는 시설들이 있다. 일단 매립이 끝나면 플라스틱, 자갈 및 토양을 층으로 덮고 침출수 수집은 30년 동안 유지하도록 관리자에게 요구한다.

프레시 킬스 매립지는 조성공사 당시 고도 매립기술의 모델로 여겨졌으나 미국환경보호국 지침제정 이전에 지어진 것이다. 그 결과 일부 환경 오염을 야기시켰다. 그러나 엔지니어들은 매립지를 점토 라이너와 정교한 침출수 수집 시스템을 이용하여 개조했다. 여섯 언덕 중 세 개는 "최종 덮개"로 씌워졌고 나머지도 곧 뚜껑을 덮을 것이다. 이러한 안전 장치는 매립 후 30년 동안 유지될 필요가 있기 때문에, 프레시 킬스에서 공공 공원을 위한 디자인은 그런 식으로 해야만 했다.

1988년 미국은 거의 8,000개의 매립지를 갖고 있었지만 오늘날은 2,000개 이하로 줄었다. 폐기물 관리는 더 커진 매립지로 통폐합시켜 숫자는 줄었다. 많은 도시에서 폐쇄된 매립지는 이제 공공 공원 또는 다른 용도로 전환되고 있다(**그림 17.6**). 프레시 킬스의 노력은 세계 최대 규모의 매립지 전환 프로젝트가 될 것이지만 이와 같은 노력은 퀸즈의 플러싱 메도스(Flushing Meadows, Queens)에서 소각재 매립지가 1939년 세계 박람회를 위해 재개발되었을 때인 1938년으로 거슬러 올라간다. 이 부지는 이후 유엔과 1964년부터 1965년까지 세계박람회를 개최했다. 1967년에 공원으로 지정되어 오늘날 이곳은 쉬어 시스타디움(Shea Stadium), 퀸즈 예술박물관(Queens Museum), 뉴욕 과학의 전당, 퀸즈 식물원뿐만 아니라 놀이터, 습지 및 축제 이벤트 등을 개최하고 있다.

▼ **그림 17.6** 매립이 끝나고 제대로 덮여진 매립지는 다른 용도로 사용할 수 있다. 매립지 중 하나는 여기에 보인 것 같이 캘리포니아 버클리(Berkeley, California)에 있는 세자르 차베스(Cesar Chavez) 공원으로, 위락지역으로 개발되었다.

매립지는 단점을 갖고 있다

차단막 기술과 매립부지 조성의 개선에도 불구하고 차단막은 구멍이 뚫리면 결국에 유지보수를 위해 침출수 수집 시스템이 중단될 수 있다. 더욱이 매립지들은 침출수를 줄이기 위해 건조하게 보존되지만, 건조는 폐기물의 분해를 느리게 한다. 사실, 대부분의 매립지들의 저산소 조건은 쓰레기를 일종의 타임캡슐로 전환시킨다. 매립지 내용물을 조사하는 연구자들은 종종 수년 혹은 수십 년이 지난 뒤에도 완벽하게 보존된 내용물을 발견하곤 한다.

FAQ

Q: 매립지에 있는 쓰레기는 얼마큼 분해될까?

A: 휴지통에 버린 바나나 껍질이 매립지에서 곧 아무것도 남지 않고 사라져 버릴 것이라고 생각할 수도 있다. 그러나 당신이 생각한 것보다 더 오래 남아 있을지도 모른다! 이것은 놀랍게도 매립지에서 분해가 덜 일어났기 때문이다. 연구원 윌리엄 래디(William Rathje)는 별명이 "고형 폐기물의 인디아나 존스(Indiana Jones)"인데 매립지에 굴을 파고 내용물을 조사함으로써 우리가 소비하고 버린 것을 찾아내어 연구하고 있다. 그의 연구팀들은 종종 온전한 형태의 핫도그, 수십 년 되었지만 그대로인 파이, 아직도 녹색인 깎인 잔디 등을 맞닥뜨리곤 한다. 40년이 된 신문은 아직도 읽을 수 있으며 연구자들은 이런 것을 이용하여 쓰레기가 매립된 날을 알아낸다.

매립지의 두 번째 문제는 대부분의 지역사회가 인근에 매립지가 있는 것을 원하지 않기 때문에 매립지를 조성할 적합한 지역을 찾는 것이다. 이 님비(*NIMBY*)반응이 왜 뉴욕시가 그들의 폐기물을 내보내기로 결정했으며 그 폐기물을 받아들이는 주의 주민들의 항의가 점점 더 증가하는지의 이유이다. 님비 증후군의 결과로 매립지는 그들을 멀리할 수 있는 정치적 영향력을 갖는 부유하고 교육받은 사람들의 거주지 주변에는 거의 위치하지 않는다. 대신 매립지는 환경 정의의 옹호자(2장)들이 자주 지적하는 것처럼 가난하고 소수자들이 있는 지역사회에 불균형적으로 위치한다.

쓰레기 소각은 매립에 대한 압박을 감소시킨다

위생 매립지가 개방된 쓰레기장에 비해 개선된 것과 마찬가지로, 특별히 건설된 시설에서 소각은 쓰레기의 노천 연소에 비해 개선된 것이다. **소각(incineration)** 또는 연소는 쓰레기가 매우 높은 온도에서 태워지는 제어된 공정이다(**그림 17.7**). 소각시설에서 폐기물은 일반적으로 솎아지고 금속은 제거된다. 금속들이 제외된 폐기물은 작은 조각으로 잘게 부서진 다음 소각로에서 태워진다. 폐기물을 소각하면 무게를 최대 75%까지 부피를 최대 90%까지 줄일 수 있다.

쓰레기가 소각된 뒤 남은 재는 독성 성분을 포함하고 있어서 유해 폐기물 매립지에 처리되어야 한다(18장). 더군다나 쓰레기

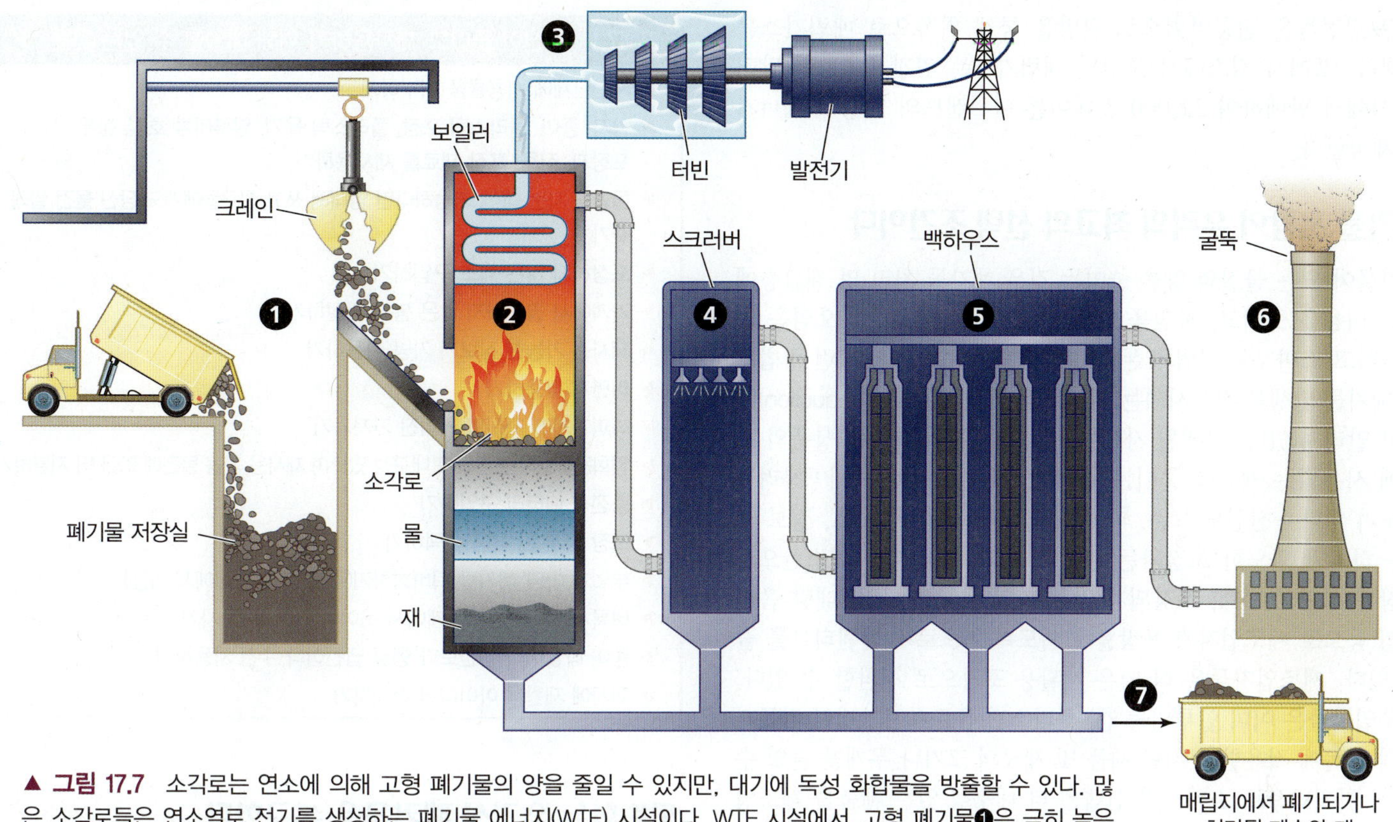

▲ **그림 17.7** 소각로는 연소에 의해 고형 폐기물의 양을 줄일 수 있지만, 대기에 독성 화합물을 방출할 수 있다. 많은 소각로들은 연소열로 전기를 생성하는 폐기물 에너지(WTE) 시설이다. WTE 시설에서, 고형 폐기물❶은 극히 높은 온도❷에서 태워져서 물을 데워 증기로 전환시킨다. 그 증기는 터빈❸을 돌리고 그것은 발전기가 전기를 생산토록 힘을 전달한다. 오염 제어 기술이 갖춰진 소각로에서 연소에 의해 생성 된 독성가스는 스크러버❹에 의해 화학적으로 완화되고, 대기 중으로 방출된 입자상 물질은 연기가 굴뚝❻에서 방출되기 전에 백하우스❺에서 물리적으로 걸러진다. 연소공정에서 남은 재는 매립지에서 처리❼된다.

가 태워질 때, 유해화학물질—다이옥신, 중금속과 PCBs를 포함하여(10장)—들이 생성되어 대기로 방출될 수 있다. 이러한 배출은 건강위험에 대해 우려하는 시민들로부터 소각에 대한 반발의 원인이 되었다.

대부분의 선진국은 이제 소각로 배출을 규제하며 일부는 소각을 철저하게 금지했고 엔지니어들은 배출을 최소화하는 기술을 개발했다. 스크러버(scrubbers)는 연소과정에서 발생된 가스를 화학적으로 처리하여 이산화황과 염산을 물과 소금으로 전환시키듯이 유해성분을 제거하고 산성가스를 중화시켜 처리한다(그림 13.10 참조). 스크러버는 일반적으로 가스를 중화하기 위하여 조제된 액체를 분사하거나 건식 석회를 통과시키는 방법으로 처리한다. 플라이애쉬(fly ash)라는 입자상 물질은 종종 소각로 배출 중 최악의 다이옥신과 중금속 오염물질의 일부를 포함하고 있다. 이 작은 입자들을 물리적으로 제거하기 위해 백하우스(baghouse)로 알려진 거대한 필터를 사용할 수 있다. 거기에다, 특히 고온에서 쓰레기를 태우는 것은 피시비(PCBs) 등 특정 오염 물질을 파괴할 수 있다. 그러나 이러한 모든 조치조차도, 독성물 배출을 완전히 제거하지 못한다.

WEIGHING 이슈

환경 정의? 당신은 쓰레기가 어디로 가는지 아는가? 어디에 매립지 또는 소각장이 있는가? 그러한 시설들 가까이 사는 사람들은 부유한가 가난한가 또는 중산층인가? 그들은 어떤 인종이나 민족인가? 이 지역의 사람들이 매립 또는 소각의 도입에 대해 항의했는지 여부를 알 수 있는가?

우리는 쓰레기로부터 에너지를 얻을 수 있다

소각은 폐기물량을 줄일 수 있지만, 전기를 생산하기도 한다. 대부분의 소각로는 폐기물의 연소에 의해 생성된 열을 사용하여 물을 끓이고 발전을 시키거나 난방연료로 사용되는 증기를 생성하는 **폐기물-에너지(waste-to-energy, WTE)** 시설이다. 폐기물은 태울 때 석탄을 태워서 생성되는 에너지의 약 35%를 생산한다.

WTE 발전소에서 연소가 폐기물로부터 에너지를 얻을 수 있는 유일한 방법은 아니다. 매립지 속 깊은 곳에 박테리아는 산소가 결핍된 환경에서 폐기물을 분해한다. 이 혐기성 분해는 **매립가스(landfill gas)**를 생성하는데 약 절반이 메탄(2, 15장)으로 구성된 혼합가스다. 매립가스는 수집 및 처리(15장)되어 천연 가스와 동일한 방식으로 사용될 수 있다. 오늘날 수백 개의 매립지들은 매립가스를 수집하고 에너지로 판매하고 있다. 프레시 킬스에서 포집정들은 진공압력으로 관망을 통해 위쪽으로 매립가스를 빼낸다. 프레시 킬스에서 포집된 매립가스는 연간 1,100만 달러에 시에서 판매하여 22,000 스테이튼 아일랜드의 가정에 에너지를 제공한다.

폐기물 저감이 우리의 최고의 선택 조건이다

폐기물이 되는 물질의 양을 줄이는 것은 폐기물 처리 및 재활용에 드는 비용을 줄이고, 자원을 보존하는 데 도움이 되며, 오염을 최소화하고 소비자와 기업의 돈을 절약하게 할 수 있다. 이런 방법으로 폐기물 발생을 감소시키는 것이 **발생원 저감(source reduction)**이라고 알려져 있다. 발생원 저감이라는 의미 중의 하나는 상품의 포장에 사용되는 재료를 줄이는 것이다. 포장은 가치를 제공하려는 의도가 있다—신선도 보존, 파손 방지, 변조에 대한 보호, 정보 제공—하지만 과도한 포장과는 관계가 없다. 소비자는 최소한으로 포장된 상품의 선택, 포장되지 않은 과일과 채소 구입, 대량 음식 구입 등으로 제조업자가 포장을 줄이도록 함으로써 인센티브를 줄 수 있다. 제조업자들은 더 많은 재활용 포장으로 전환할 수 있다. 제조업자들은 이미 알루미늄 캔, 플라스틱 음료수 병, 개인 컴퓨터 등의 항목에 적용한 것처럼 제품 및 재료의 크기나 무게를 줄일 수 있다. 마지막으로 소비자의 선택은 더 내구성 있는 제품을 제조업자들이 만들도록 동기를 부여할 수 있다.

일부 지자체는 최근 플라스틱 식료품 봉투를 주요 폐기물 및 쓰레기의 주 발생원으로 지목하였다. 이러한 경량 폴리에틸렌 비닐봉지들은 환경에서 수 세기 동안 존재할 수 있고 야생동물을 질식시킬 수 있으며 자연경관에 쓰레기로 존재하는 데 아직도 미국인들이 매년 1000억 개를 버린다. 주요 도시들과 20개 이상의 주에서 그 사용을 금지하거나 제한하는 데 착수했다. 2007년에 샌프란시스코는 생분해 불가능 비닐봉투를 금지하는 미국 최초의 도시가 되었다. 도시의 조치는 매일 14,000개의 봉투가 버려지는 것을 막았다. 재정적 인센티브 또한 효과적이다. 아일랜드가 이러한 봉투에 세금을 매기기 시작했을 때, 사용률은 90% 떨어졌다. 이케아(IKEA) 회사도 봉투비용을 지불토록 하여 비슷한 사용감소를 보았다. 자신의 재사용 가능한 쇼핑백을 가지고 오면 이제는 할인을 제공하는 가게들이 늘고 있다.

재사용은 폐기물 저감의 주요 전략이다

낭비를 줄이기 위해 다시 사용하거나 일회용 물건을 내구성이 있는 것으로 바꿔서 사용하여 물건을 절약할 수 있다. 커피가게에 자신의 커피잔을 가져가거나 또는 식료품점에 튼튼한 재사용 헝겊 가방을 가져가는 것처럼 단순한 습관도 시간이 지남에 따라 상당한 영향을 미칠 수 있다. 또한 원하지 않는 물건을 기부하고 벼룩시장 및 중고판매 센터에서 자신을 위해 쇼핑을 할 수도 있다. 6,000개가 넘는 재사용 센터가 미국에 있는데 여기에는 굿윌(Goodwill) 산업과 구세군 같이 기증물품을 재판매하는 기구에 의해 운영되는 매장도 포함된다. **표 17.1**은 우리 모두가 발생시킨 폐기물을 줄이기 위해 취할 수 있는 조치의 예를 보여준다.

표 17.1 당신이 줄이고 재사용하기 위해 매일할 수 있는 것들

- ▶ 자선단체에 사용물품 기부하기
- ▶ 상자, 종이, 플라스틱 포장, 플라스틱 용기, 알루미늄 호일, 봉투, 포장지, 직물, 포장 재료를 재사용하기
- ▶ 물건을 사는 대신, 가능하다면 임대해 쓰고 친구들에게도 당신 물건 빌려주기
- ▶ 포장하지 않은 채소 구입하기
- ▶ 가게에서 필요하지 않은 봉투 거절하기
- ▶ 재사용 가능한 장보기 가방 사용하기
- ▶ 이면지 활용하기
- ▶ 커피가게에 자신의 커피잔 가져가기
- ▶ 일회용품보다 튼튼하고 내구성 있으며 재사용 가능 물건에 조금 더 지불하기
- ▶ 충전식 배터리 구입하기
- ▶ 포장 적게 된 상품 선택하기
- ▶ 부엌과 마당 폐기물 퇴비화하기(주로 당신 동네에서 가능)
- ▶ 벼룩시장이나 중고가게에서 옷이나 다른 물건 사기
- ▶ 종이 타월이나 냅킨보다 헝겊 냅킨이나 수건 사용하기
- ▶ 회사에 재활용 아이디어 건의하기

퇴비화는 유기성 폐기물을 복구한다

퇴비화는 자연분해를 통해 유기성 폐기물을 뿌리덮개 또는 부식토(7장)로 전환하는 것이다. 사람들은 퇴비 더미, 지하 구덩이, 또는 특별히 제작된 용기에 음식과 정원 폐기물을 배치한다. 폐기물이 추가되면 미생물의 활동에서 발생한 열이 내부에 축적되고 분해가 진행된다. 바나나 껍질, 커피 찌꺼기, 깎은 잔디, 가을 낙엽, 기타 유기물 항목은 지렁이의 행동, 박테리아, 토양 진드기, 뿌리 벌레 및 기타 분해자를 통해 풍부한 고품질의 퇴비로 변환될 수 있다(5장). 퇴비는 토양을 비옥하게 하는 데 사용된다. 가정퇴비화는 우리가 자연의 순환을 모방하고 우리의 일상생활에 그들을 접목시켜 보다 지속가능하게 살 수 있는 방법의 대표적인 예이다.

도시별 퇴비화 프로그램—미국전역에서 최종 3,000개로 집계됨—은 마당의 부스러기(낙엽 등)를 폐기물에서 제외하여 중앙의 퇴비화 시설로 보내어 지역 주민들이 정원과 조경에 사용할 수 있는 거름으로 분해된다. 미국 주들의 거의 절반이 현재 정원 폐기물이 도시 폐기물에 포함되는 것을 금하고 이를 퇴비화하는 방향으로 강력하게 유도하고 있다. 퇴비화는 매립 폐기물을 줄이고 토양의 생물다양성을 향상시키며 토양 부식을 막고 식물을 더 건강하게 만들며 더 만족스러운 정원을 조성하고 화학 비료의 필요성을 감소시킨다.

재활용은 3단계로 구성된다

재활용 역시 많은 혜택을 제공한다. 재활용은 사용했던 물건을 수집하고 그것들을 잘게 부숴 제조자들이 새로운 물건으로 만들 수 있도록 한다. 재활용 과정은 세 가지 기본 단계를 포함한다(**그림 17.8**). 첫 번째 단계는 사용했던 물품과 재료를 수집하고 처리하는 공정

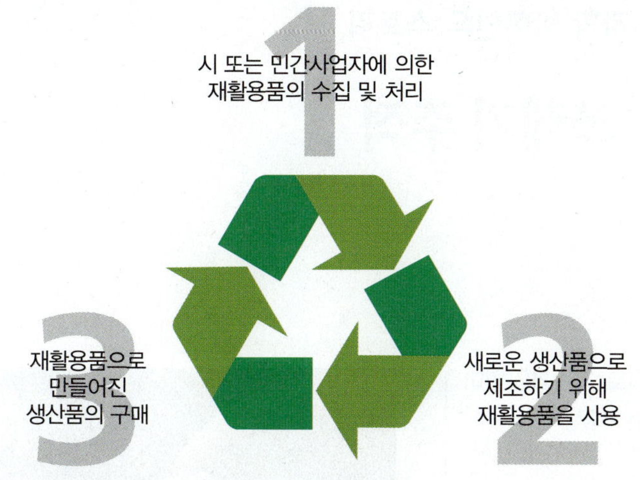

▲ **그림 17.8** 낯익은 재활용 기호는 지속가능한 재활용 전략의 세 가지 구성 요소를 대표하는 세 가지 화살표로 구성되어 있다: 수집 및 재활용 재료의 처리, 새로운 제품을 만드는 재료의 사용, 그리고 이러한 제품의 소비자 구입.

이다.

공동체는 주민들이 재활용품을 버리거나 또는 대신 돈을 받을 수 있는 장소를 지정해도 좋다. 이들의 대부분은 지금 일반적인 도시 쓰레기 수거와 함께 집 앞에서 트럭이 재활용 물품을 수집하는 가두 재활용의 편리한 옵션으로 대체되었다.

수집된 물품은 **물질회수시설(materials recovery facilities, MRFs)**로 보내져 거기서 자기풀리, 광센서, 물의 흐름 등을 이용하는 자동화된 공정과 무게와 크기에 따라 항목을 분리하는 공기 분류 등을 이용하여 노동자와 기계가 물건을 정리한다. 그 시설들은 재료를 깨끗하게 씻고 분쇄하고 재처리를 위해 준비한다.

일단 준비되면 이 재료들은 새로운 제품의 제조에 사용된다. 신문 및 기타 종이 제품은 재활용 종이를 사용하고, 많은 유리 및 금속 용기가 이제는 재활용 소재로 만들어지며 일부 플라스틱 용기는 재활용의 원조다. 도시공원의 일부 벤치 다리 및 산책로는 이제 재활용 플라스틱으로 만들어지고, 유리는 도로와 샛길 포장을 위해 아스팔트와 혼합("glassphalt" 탄생)된다.

만약 재활용 고리가 기능하려면 소비자와 사업자들은 재활용 소재로 만든 생태인증(ecolabeled) 제품(5장)을 구입하여 주기에서 세 번째 단계를 완료해야 한다. 재활용 상품을 구입하는 것은 기업들이 자재를 재활용하고 새로운 재활용 시설을 열거나 기존 시설을 확장하도록 경제적 인센티브를 제공한다.

재활용은 빠르게 성장했다

오늘날 9,000개의 가두 재활용 프로그램은 모든 미국인의 거의 절반에게 제공된다. 이런 프로그램들과 오늘날 운영되고 있는 500 MRFs는 나타난 지 겨우 25년 지났다. 미국환경보호국 자료에 따르면 미국에서의 재활용은 1960년 폐기물의 6.4%에서 2009년 25.2%(퇴비를 포함하는 경우 33.8 %)로 상승했다(**그림 17.9**).

재활용 비율은 하나의 제품 또는 재료 유형에서부터 다른 것에 이르기까지 크게 다르다 — 자동차 배터리의 경우 7%에서 플라스틱은 25%로 유리는 62%로 용지는 96%로 달라진다. 미국의 주들에서도 재활용률은 2%에서부터 43%까지 크게 다르다.

재활용 증대는 설립 사업이 돈을 절약하는 기회를 보거나 기업가들이 새로운 사업을 시작할 수 있는 기회를 보았을 때처럼 경제적인 힘에 의해 부분적으로 추진된다. 그것 또한 도시가 폐기물을 줄이고자 하는 의지와 재활용하는 사람들의 만족에 의해 유도된다. 후자의 두 가지 힘은 재정적으로 이익이 없을 때조차도 재활용 증가를 유도한다. 사실, 점점 더 인기를 얻는 시의 재활용 프로그램의 대부분은 경제적 절차로 운영된다. 재활용 제품의 수집 정리 및 처리에 필요한 비용은 재활용품들의 시장에서의 가치보다 대개 더 지출된다. 거기에다 더 많은 사람들이 재활용하면 더 많은 유리 종이 플라스틱을 제조업자들이 구입할 수 있게 되고 가격을 끌어 내리게 된다. 그리고 재활용 시설에 물품을 운반하는 것은 때로는 터무니없을 정도로 먼 거리일 수 있다(**과학 비하인드 스토리** 참조).

그러나 재활용 옹호자들은 시장 가격이 계정 외적 비용(5장)—특히 재활용하지 않음으로써 환경과 건강에 미치는 영향에 의한—을 고려하지 않는 것을 지적한다. 예를 들어, 전 세계적으로 재활용은 연간 600만 가구에 전력을 공급하기에 충분한 에너지를 절약할 것으로 추정되었다. 매년 미국에서 재활용 및 퇴비화는 3,300만 대의 자동차가 배출하는 온실가스와 맞먹는 온실가스 배출을 함께 방지한다. 그리고 알루미늄 캔을 재활용하여 버진 보크사이트(virgin bauxite)에서 알루미늄 원재료를 채굴하는 데 필요한 에너지의 95%를 절약한다.

더 많은 제조업체가 재활용 제품을 사용하고 더 많은 기술과 방법이 새로운 방식으로 재활용 재료를 사용하기 위해 개발될 때 시장은 계속 확장하고 새로운 비즈니스 기회가 생겨난다. 우리는

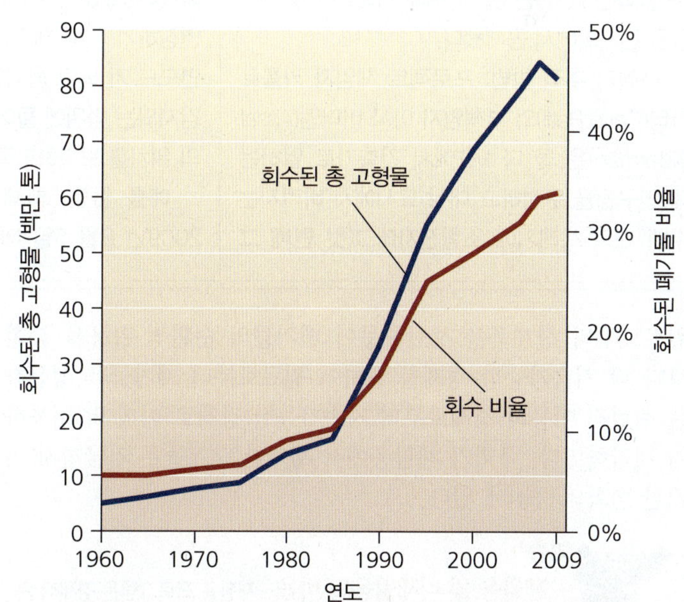

▲ **그림 17.9** 회수는 지난 50년 동안 미국에서 크게 증가했다. 오늘날 8,000만 톤 이상이 회수된다(6,100만 톤은 재활용 2,100만 톤은 도시 퇴비화), 폐기물 전체의 3분의 1에 해당. Data from U.S. Environmental Protection Agency, *2010. Municipal solid waste in the United States: 2009 facts and figures*. EPA, Washington, D.C.

이것은 어디로 갈까?

과학 비하인드 스토리

쓰레기 추적

당신이 일단 던져버린 쓰레기는 어디로 가는가? 또 재활용품은 어디로 가는가? 얼마나 멀리 옮겨지고 얼마나 많은 에너지가 그것을 없애는 데 소요되는가?

최신 추적 기술의 도움으로 우리는 알 수 있다. 매사추세츠 공과 대학(MIT)의 센서블(SENSEable) 도시 연구소 연구원들은 우리 쓰레기의 알려지지 않은 경로를 추적하기 위해 매일 작은 센서를 부착하여 관찰하고 있다. 실제로 쓰레기와 재활용품이 어떻게 되는지 기록함으로써 그들은 쓰레기 처리 공정을 보다 효과적으로 만들도록 돕고 더 나은 재활용을 하도록 독려하기를 바란다.

쓰레기 추적 프로젝트는 뉴욕시 및 시애틀에서 2009년에 시작되었고, 지금은 다른 도시로 확산되고 있다. 그것은 PlaNYC(18장)에 의해 영감을 얻어 2030년까지 뉴욕시의 재활용 비율을 30%에서 100%로 높이는 것을 목표로 한다. 초반 결과는 2009년 말 뉴욕과 시애틀에서 열린 공공 전시회에서 공개됐다.

쓰레기 추적 방법: 프로젝트 책임자 카를로 라티(Carlo Ratti)와 부책임자 아사 비더맨(Assaf Biderman)은 둘 다 MIT에서 건축가로 일하는데 연구팀을 구성하고 대상 도시에서 버려지는 수백 개의 쓰레기에 소형전자태그(**첫 번째 그림**)를 부착할 지역의 자원자를 모집했다. 각 쓰레기는 폐기물 대열을 통해 최종 경로에 도달했을 때 태그가 몇 시간마다 자신의 위치를 계산하고 휴대전화 네트워크를 통해 정보를 MIT 실험실에 있는 중앙서버로 중계한다. 컴퓨터는 쓰레기의 이동을 위성지도 위에 나타내어 연구자들이 쓰레기의 이동을 시각화하고 해석하도록 돕는다.

각 쓰레기 태그는 근처 휴대전화 기지국으로부터의 신호감도를 측정하고 지도상의 기지국 위치와 비교하여 그 거리를 계산한다. 프로젝트에서 현재 사용하고 있는 2세대 태그는 그들이 더 나은 품질의 셀 네트워크 삼각 측량과 위성 위치 확인 시스템(GPS) 기술과 결합됨으로써 더 정확해졌다. 두 달 이상으로 배터리 수명을 연장하기 위해 태그들은 움직임이 없을 때 "수면모드"가 되고 움직일 때마다(새로운 기지국이 감지되는 범위에 들어올 때) "활동 모드"로 그들의 위치를 보고하도록 프로그램되었다.

예를 들면, 액체비누의 플라스틱 용기는 2009년 9월 5일 태그가 부착되고, 맨해튼에 있는 457 매디슨 애비뉴(**두 번째 그림**)에서 휴지통에 버려졌다. 지도추적은 쓰레기를 실은 트럭이 해당 경로에 있는 도시의 거리를 몇 번 왕복하고 링컨 터널을 통해 허드슨 강을 건너와 뉴저지의 러더 포드로 향했다는 것을 알아냈다. 여기서 남쪽으로 돌아서 계속 간 뒤 3일 후 태그의 배터리가 다 소모될 때까지 뉴저지 커니(Kearny, New Jersey)의 벨뷰 유료도로(Bellevue Turnpike)를 따라 옮겨졌다.

2011년에 이르러 이 프로젝트는 온라인으로 모든 시애틀 쓰레기의 지도추적 자료를 알렸고, 뉴욕 쓰레기에 대해서도 똑같이 하려고 준비 중이었다.

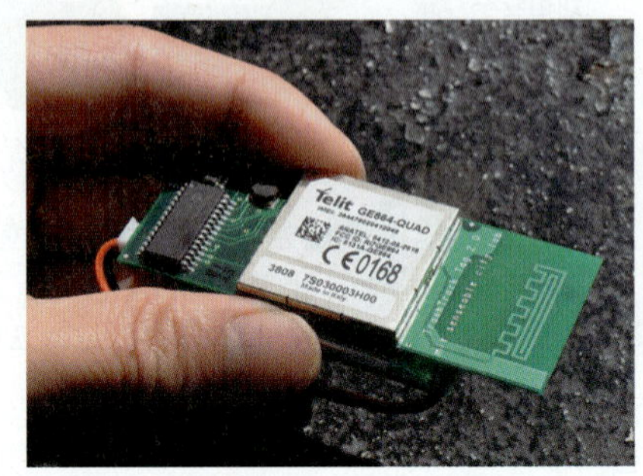

뉴욕시 및 시애틀에서 사용된 태그는 그들의 위치를 계산하기 위해 휴대전화 네트워크를 이용했다. 다른 도시에서 지금 사용되는 태그는 물론 GPS 기술을 이용한다.

원료로부터 신제품을 생산하듯이 폐기물의 순환적 활용을 통한 보다 더 지속가능한 경제를 위하여 원료로부터 폐기물을 생산하는 선형적 이동의 경제로부터 지속가능한 경제로 이제 막 이동하기 시작하였다. 우리가 재활용에서 채택한 단계들은 지금까지 이러한 변화의 중심에 있다.

WEIGHING 이슈

재활용 및 비재활용의 비용 재활용 프로그램은 경제적 손실을 초래하는 경우에도 정부가 보조금을 지급해야 하는가? 어떤 종류의 외부비용—시장가격에 반영되지 않은—을 당신은 비재활용에 포함되지 않는다고 생각하는가? 말하자면 알루미늄 캔의 경우? 당신은 이러한 비용들이 재정적으로 자립하고 있지 않은 경우에도 재활용 프로그램을 후원하는 것이 정당하다고 느끼는가? 그 이유는 무엇인가?

우리는 매립하지 않고 폐기물을 재활용할 수 있다

쓰레기 및 재활용품 선별을 위한 향상된 기술을 통해 사업자들과 기업가들은 경제적 이익 및 매립지를 뒤지는 비용을 재활용할 수 있는 폐품의 가치와 비교하고 있다. 금속의 시장가격이 충분히 높을 경우 철강 알루미늄 구리 같은 금속은 폐품 회수작업이 수익성 있도록 일부 매립지에는 충분히 있다. 예를 들어 미국인들은 너무 많은 알루미늄 캔을 버려서 2010년 알루미늄 가격으로 국가가 매년 매립지에 18억 달러어치의 이 금속을 묻고 있다. 만약 우리가 미국의 매립지에서 모든 알루미늄을 캐낼 수 있다면 그것은 세계가 일 년 치 원광석에서 생산하는 양을 초과할 것이다. 금속들 외에도 매립지는 채굴되어 고급 퇴비로 판매할 수 있는 유기성 폐기

시애틀의 결과는 일부 예상 패턴뿐만 아니라 몇 가지 이상한 놀라운 점을 나타냈다. 태그된 760개 쓰레기 항목 중 약 200개는 간단히 운반되어 도시의 연합 폐기물 재활용 센터 및 중계소에서 끝났다. 더 작은 숫자의 쓰레기는 다른 도시 또는 지역 매립지 및 재활용 센터로 이송되었다. 그러나 일부 쓰레기는 놀라울 정도로 경로를 우회하여 다른 폐기물 센터에서 또 다른 폐기물 센터로 전송되거나 또는 도시 사이를 왔다갔다 하였다. 일부는 아마도 쓰레기 트럭에서 떨어져 길가를 따라 임의의 장소에서 끝난 것 같다.

몇 가지 쓰레기 항목은 매우 긴 거리를 옮겨졌다. 2개의 프린터 카트리지는 5번 고속도로(I 5)로 멕시코와 캘리포니아의 국경으로 운반되어 아마도 국경을 따라 마킬라도라(*maquiladora*; 5장)에서 분해되었을 것이다. 2개의 휴대전화는 전국의 절반을 거쳐서 (하나는 직접 날아서 그리고 하나는 다른 세 도시를 거쳐서) 달라스까지 수송되었다. 소형 형광등은 오리건의 포틀랜드로 보내진 뒤 세인트 루이스로 갔다가 다시 시애틀로 돌아갔다. 시카고는 확실하게 미국의 주 연결 고속도로에서 동쪽으로 운반된 커피 컵을 받았다. 배터리의 수하물은 1,500마일을 날아서 미네아폴리스로 2,500마일을 날아서 피츠버그로 그리고 2,600마일을 날아서 애틀랜타로 수송됐다.

쓰레기 중 가장 먼 거리로 수송된 것은 미국의 반대쪽 구석으로 3000마일 떨어진 플로리다 오 캘라(Ocala, Florida)로 운반된 휴대전화였다.

왜 이런 쓰레기 항목은 그렇게 멀리까지 이동하는가? 얼마나 많은 휘발유가 그것들을 수송하는 데 사용되었는가? 우리가 폐기 또는 부품을 재활용하기 위해 그렇게 먼 거리로 쓰레기를 운반할 때 경제적 척도에서 효율성을 반영하고 있는가—또는 그것이 자원의 과도한 낭비를 나타내는가? 우리는 각 주요 도시 더 가까이에 더 많은 재활용 및 분해 시설을 필요로 하는가? 연구자들 및 폐기물 관리자들은 쓰레기 추적 프로젝트로부터 데이터를 사용하여 이러한 질문에 대한 해답을 제시하고 우리의 폐기물 관리방법을 개선하기를 희망한다.

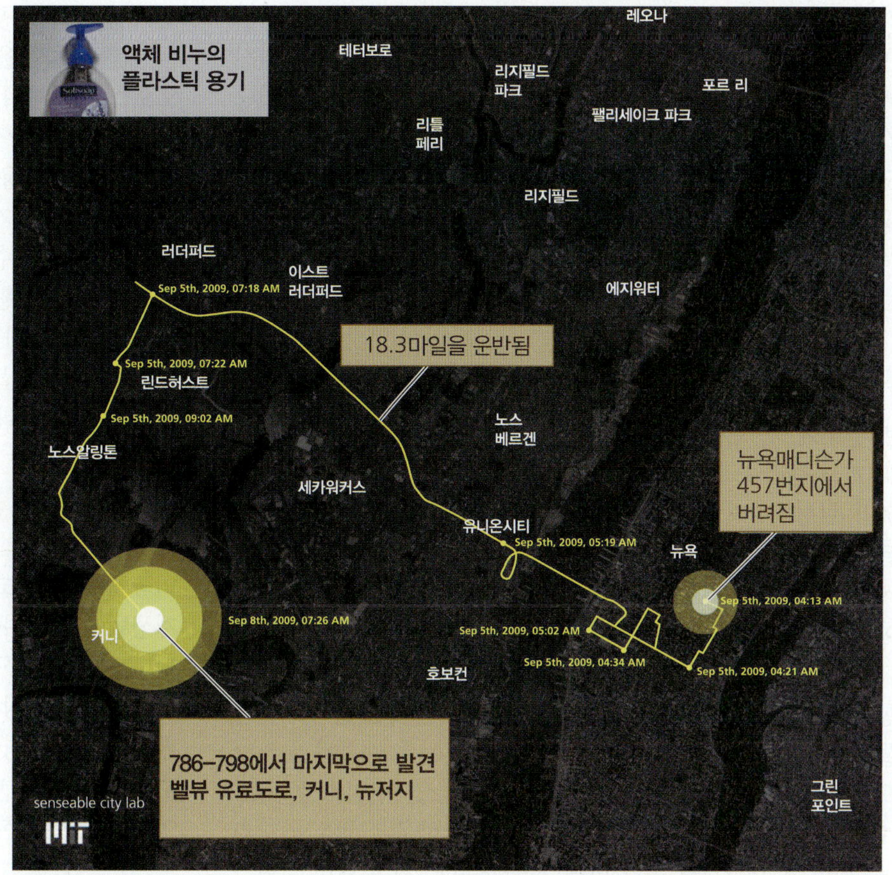

액체 비누의 플라스틱 용기가 뉴욕시의 매디슨 애비뉴에서 쓰레기와 함께 미드 타운 맨해튼을 왕복하고 허드슨 강을 건너서 마지막으로 뉴저지에 있는 벨뷰 유료도로에서 움직이는 것이 발견됐다.

물을 제공한다. 오래된 매립 폐기물은 새로운 청정연소 WTE 시설에서 에너지를 생산하도록 소각할 수 있다. 일부 기업은 심지어 아시아와 아프리카의 개발도상국에 있는 거대한 쓰레기장에서 누출 메탄가스를 포집하여 탄소배출권(15장)을 확보하려고 찾고 있다.

이러한 접근 방식은 뉴욕에서부터 이스라엘 스웨덴 싱가포르에 이르기까지 여러 장소에서 시도되고 있으며, 시장가격이 충분히 높을 때 수익이 될 수 있다. 상품 가격이 예상치 못하게 변하므로 매립지 채굴 및 규제 요구사항 충족 비용은 매립 광산에 투자하는 것이 지금까지는 위험하다는 의미이다. 만약 미래에 가격이 상승하고 기술이 향상될 경우 이것은 바뀔 수 있다.

재정적 인센티브는 폐기물 문제해결을 돕는다

폐기물 관리자들은 소비자에게 폐기물량을 줄이도록 경제적 인센티브를 제공한다. “폐기물 부담금(pay-as-you-throw)” 쓰레기 수집 프로그램에서는 지방자치단체들이 주민들에게 가정에서 버리는 쓰레기량만큼 요금을 부과한다. 가구가 더 적게 쓰레기를 배출하면 더 적게 지불한다. 미국에서 운영되는 7,000개 이상의 그러한 프로그램은 1/4 이상의 공동체에서 실시되고 있다.

빈용기보증금제도(bottle bills)는 재정적 인센티브를 이용하는 또 다른 접근 방식을 나타낸다. 이런 법률을 갖고 있는 미국의 11개 주와 17개국에서 소비자는 구매 시 병이나 캔에 보증금을 지불하고—일반적으로 용기당 5센트—나서 그들이 사용 후 매장에 그것들을 반환 할 때 환불을 받는다. 이런 법들이 시행되는 곳에서 효과가 있고 인기가 있다는 것이 증명됐다. 빈용기보증금제도가 있는 미국의 주들은 음료 용기 쓰레기가 69~84% 감소되었고 자신들의 총 쓰레기 투기는 30~64% 감소하였으며 자신들의 일인당 용기의 재활용 비율은 2.6배 증가했다고 보고한다. 빈용기보증금제도가 있는 주의 음료용기의 재활용 비율은 그것이 없는 주에 비해 2.5배 더 높다. 2011년 기준 빈용기보증금제도가 실시되고 있는 주중 다섯 주는 자신의 프로그램을 확대하고자 하며 다른 7개 주는 프로그램을 실시하는 것을 고려했다.

캐나다 도시의 저감과 재활용 사례

앨버타의 에드먼턴(Edmonton, Alberta)은 세계에서 가장 고도화된 폐기물 관리 프로그램 중 하나를 만들었다. 도시의 폐기물량의 40%가 위생매립지로 가서 그 중 15%가 재활용되고 45%가 퇴비화된다.

에드먼턴의 주민들이 자신들의 쓰레기를 버릴 때 도시의 트럭이 그것을 북미지역에서 가장 큰 축구장 8배 크기의 새로운 공동 퇴비장으로 운반한다. 폐기물의 대부분은 건조 하수슬러지와 혼합되어 엄청난 회전드럼 안에서 1~2일 동안 건조된다. 이 혼합물은 컨베이어에 실려 생분해 불가능한 것들을 제거하는 스크린으로 보내진다. 그것은 북미에서 가장 큰 스테인리스 건물(**그림 17.10**)에서 수 주 동안 폭기된다. 그 후 혼합물은 세목 스크린을 통과한 뒤 4~6개월 동안 밖에다 놓아둔다. 최종 퇴비는 연간 80,000톤으로 지역의 농민들과 주민들에게 제공된다. 그 설비는 악취를 제거하기 위해 방출하는 공기조차도 걸러낸다.

에드먼턴의 프로그램은 매년 30,000~40,000톤의 폐기물을 처리하는 최첨단 MRF와 침출수 처리시설, 연구센터, 공공교육 프로그램, 습지와 매립지 식재 프로그램 등을 포함하고 있다. 거기에다 100개의 관은 4,600 가정에 전력을 공급하는 데 충분한 매립가스를 포집하여 도시에 수천 달러를 벌어들이고 새로운 폐기물 관리 센터에 전력을 공급하도록 돕는다. 다섯 지역의 사업자들이 도시의 재활용 물품을 재처리한다. 신문과 잡지는 새로운 신문과 셀룰로오스 단열재로 전환되고 골판지 및 종이는 건축 벽지와 지붕 덮개로 바뀐다. 가정용 금속으로는 트랙터 및 그레이더의 철근과 날을 만들고 재활용 유리는 반사 페인트 및 간판을 위해서 사용된다.

에드먼턴은 가정과 사업장의 퇴비화 및 재활용할 수 있는 쓰레기를 처리할 수 있는 새로운 통합처리 및 전송설비를 구축하였고, 시는 곧 재활용이나 퇴비화할 수 없는 폐기물로부터 에탄올(16장)을 생성하기 위한 바이오 연료시설을 완공한다. 이러한 새로운 시설로 에드먼턴은 2013년까지 90%의 회수율을 달성하기를 희망하고 있다.

▼ **그림 17.10** 앨버타의 에드먼턴은 북미에서 가장 성공적인 폐기물 관리 프로그램 중 하나로 자랑한다. 14개 프로 하키 스케이트장 크기의 폭기건물 안에서 고형 폐기물 및 하수슬러지 혼합물들이 산소에 노출되어 14~21일 동안 퇴비화된다.

산업 고형 폐기물

미국에서 **산업 고형 폐기물(industrial solid waste)**은 자원 보전 재생법에 근거하는 일반 폐기물 및 유해 폐기물도 아니라고 정의된다. 이것은 공장, 광산활동, 농업, 석유 추출 등으로부터의 폐기물 및 그 이상을 포함한다. 매년 미국의 산업은 약 76억 톤의 폐기물을 생성하는데 미국환경보호국에 따르면 약 97%가 산업폐수이다. 따라서 대략 2.3억 톤의 고형 폐기물이 60,000개의 시설에서 매년 발생하는데 일반 폐기물에 상응하는 양이다.

규제와 경제는 산업폐기물 생성에 영향을 준다

업종별 폐기물의 처리 저감 재활용의 대부분 방법과 전략은 일반폐기물 처리와 비슷하다. 부지에서 자신의 폐기물을 처분하는 사업자는 주, 지방 또는 마을의 지침을 충족하는 방법으로 그들의 매립지를 설계하고 관리해야 한다. 기타 사업은 그 폐기물을 도시 처분장에서 처분하고 지불한다. 연방 정부는 도시 고형 폐기물을 규제하는 한편, 주 및 지방정부는 산업 고형 폐기물을 규제한다(연방 지침에 따라). 규제는 지역에 따라 크게 다르지만 대부분의 경우 산업폐기물 처리의 주 및 지방규제는 연방의 도시 고형 폐기물 규제보다 덜 엄격하다. 많은 지역에서 산업계는 허가증을 가지고 매립지 라이너와 침출수 수집시스템을 설치하거나 오염 지하수를 모니터링하도록 요구되지 않는다.

제조 공정에서 발생하는 폐기물량은 그 공정의 효율성에 대한 좋은 척도이다; 제품 단위 또는 부피당 적은 폐기물 생성은 실질적인 관점에서는 보다 더 효율적인 공정이다. 그러나 실질적인 효율성은 경제적인 효율성에 항상 반영되지는 않는다. 기업이 제품을 신속히 제조 또는 서비스를 실행하면 값이 저렴하지만 어질러진다. 즉, 폐기물의 발생을 방지하는 것보다 폐기물을 발생시키는 것이 저렴할 수 있다. 이런 경우 경제적 효율성은 최대화되지만 실질적 효율성은 그렇지 않다. 우리의 시장시스템은 오직 경제적 효율성만 보상하므로 모든 산업은 재정적 인센티브가 부족해 실질적 효율성을 달성하지 못한다. 이 두 효율성 유형 간의 빈번한 불일치는 산업 폐기물의 생성이 증가하는 주된 이유이다.

그러나 폐기물 처리 비용의 상승은 폐기물을 감소시키도록 하는 재정적 인센티브를 강화시킨다. 정부와 시장 중 하나가 실질적으로 원자재를 효율적으로 이용하거나 경제적으로도 효율적으로 되면 기업들은 폐기물을 줄일 경우 재정적인 인센티브를 얻게 된다.

산업생태학은 산업계가 더 지속가능성 있게 만드는 것을 찾는다

오늘날 폐기물을 줄이기 위해 산업생태학을 시도하는 기업들의 숫자가 늘어나고 있다. 공학, 화학, 생태학, 경제학의 원리를 **산업생태학(industrial ecology)**에 통합하는 전반적인 접근방식은 자원 투입을 줄이고 실질적 및 경제적 효율성을 최대화하기 위해 산업용 시스템을 다시 설계하려 하고 있다. 산업생태학자들은 제조 공정에서 생산된 거의 모든 것이 그 공정 또는 다른 공정에서 사용되도록 산업계를 재구성하려고 한다. 산업생태학의 배후에 있는 큰 생각은 산업 시스템은 생물이 생산되는 거의 모든 것을 사용하는 생태계처럼 더 기능해야 한다는 것이다. 이 원칙은 경제가 선형보다는 원형의 모습으로 기능한다고 하는 생태경제학자의 이상에 더 가깝다(5장).

산업생태학자들은 몇 가지 주요 방법으로 자신의 목표를 추구한다:

- 그들은 주어진 제품의 전체 생애주기를 검사한다—원재료로부터 제조과정을 거쳐 사용 및 최종 폐기까지—그리고 그 공정을 보다 효율적으로 만드는 방법을 찾는다. 이 방법은 **생애주기 분석법(life-cycle analysis)**이라고 불린다.
- 그들은 어떻게 하면 하나의 제조 공정에서 발생된 폐기물이 다른 공정의 원료로 사용될 수 있는지를 알아내려고 시도하고 있다. 예를 들어 사용된 플라스틱 음료용기는 오염의 가능성 때문에 보충(refill)되고 있지 않지만, 그들은 부숴져서 재가공되어 벤치, 테이블, 데크 같은 다른 플라스틱 물건을 만들기 위해 부셔지고 재가공될 수 있다.
- 그들은 환경에 유해한 제품이나 재료를 제거하기 위해 산업공정을 조사한다.
- 그들은 더 내구성 있는 재활용 또는 재사용 가능한 제품을 만드는 방법을 찾기 위해 산업 시스템을 통해 물질의 흐름을 연구한다.

배려의 기업은 폐기물을 줄이면서 비용을 절감하기 위해 산업생태학의 통찰력을 활용하고 있다. 스위스 제로 배출 연구 활동(ZERI) 재단은 세계의 폐기물을 발생시키지 않고, 상품 및 서비스를 만들려고 시도하는 혁신적인 프로젝트 수십 개를 후원한다. 일례로 현재, 캐나다, 스웨덴, 일본, 나미비아에서 추진되고 있는 양조장이다(**그림 17.11**).

창업자 레이 앤더슨(Ray Anderson)이 10년 전에 지속가능성의 방향을 설정한 카펫 타일 회사 인터페이스처럼 일부 기업만이 산업생태학을 용기있게 채택하고 있다. 인터페이스는 새로운 카펫으로 교체할 때 재활용과 재사용을 위해 중고 타일을 반납하도록 고객에게 요청한다. 회사는 폐기물을 줄이기 위해 타일 디자인 및 제조 방법을 변경했다. 회사는 필요한 에너지 수요를 위해 보일러에 매립가스를 사용하도록 했다. 그러한 과정을 통해 앤더슨의 회사는 폐기물 생성을 80%까지 삭감하였고, 화석연료 사용은 45%까지 물사용은 70%까지 낮추었다—그러는 동안 일 년에 3천만 달러를 절약하고 고객을 위해 물건 가격을 안정시켰으며 이익은 49%까지 끌어올렸다.

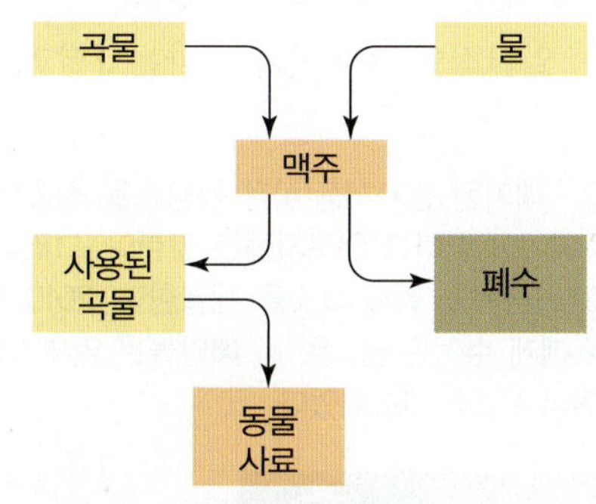

(a) 전통적인 양조 공정

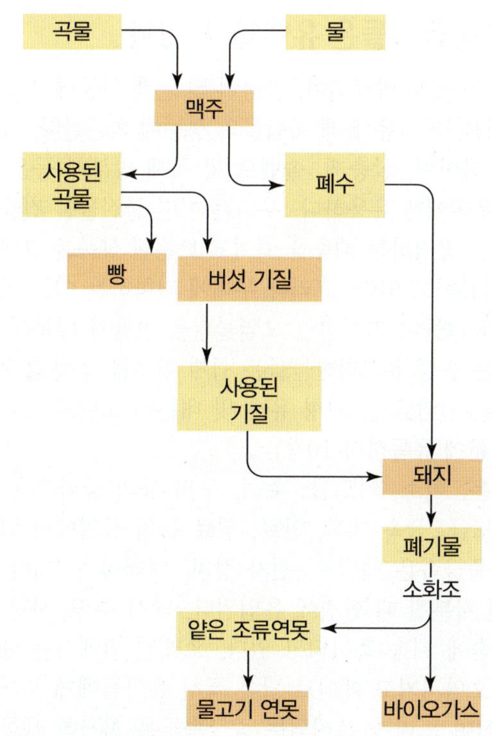

(b) ZERI 양조 공정

▲ **그림 17.11** 전통적인 양조장(a)들은 일부는 동물사료로 보내지는 많은 폐기물을 발생시키면서 오직 맥주만 생산한다. ZERI가 후원하는 양조장(b)들은 빵을 만들고 버섯을 경작하기 위해 그들의 곡물 폐기물을 사용하고 있다. 버섯 농업에서의 폐기물은 맥주 폐수와 함께 돼지 먹이로 간다. 돼지 폐기물은 천연가스를 포집하고 양식장에서 물고기를 키우는 데 쓰는 조류에 영양을 주기 위하여 사용되는 영양소를 수집하는 반응조에서 소화된다. 이 양조장은 맥주뿐만 아니라 빵, 버섯, 돼지, 가스, 물고기로부터 수익을 창출한다.

유해 폐기물

유해 폐기물은 그 화학 조성이 다양하여 액체, 고체 또는 기체일 수 있다. 미국환경보호국의 정의에 따르면, 유해 폐기물은 폐기물 중의 하나이다.

- **발화성**: 불붙기 쉬운(예를 들면 천연가스 또는 알코올)
- **부식성**: 저장탱크 또는 장비에서 금속을 부식시키기 쉬운
- **반응성**: 화학적으로 불안정하여 쉽게 다른 화합물과 반응할 수 있고 종종 폭발 또는 유독성 연기를 발생
- **독성**: 흡입하거나 삼키거나 만졌을 때 인체의 건강에 유해

유해 폐기물들은 다양하다

산업, 광업, 가정, 소규모 자영업, 농업, 유틸리티 및 건물철거는 모두 유해 폐기물을 발생시킨다. 산업계에서는 최대의 유해 폐기물을 생성하지만 대부분의 선진국에서의 산업 폐기물 발생 및 처리는 엄격하게 규제되고 있다. 이러한 규제는 산업활동에 의해 환경에 유입되는 유해 폐기물의 양을 제한하고 있다. 그 결과 가정들이 현재는 규제되고 있지 않은 유해 폐기물의 최대 발생원이다.

가정 유해 폐기물은 페인트, 배터리, 오일, 용매, 세제, 윤활제 및 살충제 등의 광범위한 품목을 포함한다. 미국 시민들은 매년 가정 유해 폐기물 160만 톤을 발생시키고 평균적인 가정은 창고, 지하실, 옷장, 그리고 차고에 45 kg(100파운드)을 간직하고 있다.

많은 유해물질은 시간이 지나면서 그들이 분해될 때 위험이 더 적어지지만, 일부는 특히 지속적인 효과를 나타낸다. 방사성 물질이 일례이며, 방사성 폐기물의 처분은 심각한 골칫거리이다(15장). 다른 형태의 지속적인 유해물질에는 유기화합물과 중금속이 포함되어 있다.

유기화합물과 중금속들은 유해할 수 있다

우리는 일상 생활 속에서 박테리아, 곰팡이 및 곤충 활동에 저항하는 합성 유기화합물 및 석유 유래 화합물의 성능에 의존한다. 플라스틱 용기, 고무 타이어, 살충제, 솔벤트 및 목재 방부제 등은 분해 저항 때문에 우리에게 유용하다. 우리는 이런 물질들을 건물의 부패방지와 작물을 공격하는 해충을 죽이고 보존된 상품을 그대로 유지하기 위해 사용하고 있다. 그러나 부패에 저항하는 이들 화합물의 능력은 또한 그들이 지속적인 오염물질을 만들기 때문에 양날의 칼이다. 많은 합성 유기화합물들은 쉽게 피부를 통해 흡수되어 변이원성 물질, 발암물질, 기형 유발 및 내분비 교란물질 역할을 할 수 있기 때문에 유독하다(10장).

납, 크롬, 수은, 비소, 카드뮴, 주석, 구리 등의 중금속은 배선, 전자, 금속 도금, 금속 제작, 안료, 염료 등의 산업에서 널리 사용되고 있다. 중금속은 페인트, 전자 장치, 배터리 및 기타 재료가 부적절하게 처분될 때 환경에 유입된다. 낚시 추 및 사냥 탄약은 강, 호수, 숲에 계속 축적되고 있다. 오래된 집에서는 배관의 납이 식수를 오염시키고 페인트 납은 특히 유아들에게 문제를 남긴다. 지용성이며 느리게 분해되는 중금속들은 천천히 생물축적 및 생물농축되는 경향이 있다(10장).

"E-폐기물"이 늘어가고 있다

오늘날 컴퓨터, 프린터, 휴대폰, 손안의 장치, TV, DVD 플레이어, 팩스, MP3 플레이어 및 기타 전자 기술의 확산은 실질적인 새로운 폐기물 오염원을 탄생시켰다(**환경실천행동** 참조). 이런 제품들은 사람들이 구식이라고 판단하기에도 짧은 수명을 가지고 있으며, 대부분은 몇 년도 안돼 버려진다. 이런 **전자 폐기물(electronic waste) 양**—**"e-폐기물"**라 불리는—은 빠르게 증가하여 이제는 미국의 고형 폐기물의 2%를 차지한다. 1980년부터 30억 이상의 전자 장치가 미국에서 판매되었다. 이들 중 절반은 폐기되었고, 반면 약 40%가 아직 사용(또는 재사용)되고 10%는 보관되고 있다. 미국 가구는 매년 4억 개에 가까운 전자장치를 버리고 그들 중 2/3는 아직 작업 순서를 기다리고 있다(**그림 17.12a**)

우리가 폐기한 전자제품 중 약 4/5는 재래식 위생 매립지와 소각로로 간다. 그러나 대부분의 전자제품은 중금속이나 독성 난연제를 함유한다. 최근 연구는 전자 폐기물이 아닌 유해 폐기물로 처리할 것을 제안하고 있는데 미국환경보호국와 미국의 여러 주가 지금은 그렇게 하기로 조치를 취하고 있다.

오늘날 점점 더 많은 전자 폐기물이 재활용되고 있다. 장치가 해체된 부품 · 재료가 개조된 신제품에 재사용된다. 이러한 재활용 사례로는 2010년 밴쿠버 동계 올림픽(**그림 17.12b**)에서 선수들에게 수여된 세련된 금, 은, 동메달들이 전자 폐기물에서 회수된 금속으로 만들어진 것이다! 그러나 미국환경보호국의 추산에 따르면, 미국인은 아직도 그들의 전자 폐기물의 1/5만을 재활용하고 있으며, 매년 너무 많은 품목이 제조되어 생산되고 폐기되는 양이 재활용되는 양보다 빠르게 늘어나고 있다.

전자 기기에 사용되는 미량 금속의 수는 세계적으로 희소하기 때문에 전자 폐기물의 재활용은 우리의 환경에서 유해 물질을 배제하는 것 외에도 이득이 된다. 그래서 그것들은 회수하는 것이 유리하다. 일반적인 휴대전화 하나는 1달러의 가치에 가까운

▼ **그림 17.12** 폐기된 전자제품(**a**)은 중금속을 침출할 수 있으므로 유해 폐기물로 간주되어야 한다고 연구자들은 말한다. 그러나 우리는 이 폐기물을 재활용하고 귀금속을 위해 그것을 채굴한다. 2010년 벤쿠버 동계 올림픽(**b**)에서 선수에게 수여된 금, 은, 동 메달들은 일부 버려진 e-폐기물로부터 재활용된 귀금속으로 제조되었다.

(a) 폐기된 컴퓨터 모니터

(b) 벤쿠버 올림픽 메달

바꿀 수 있다

- 낡은 전화기를 전자폐기물 재활용 서비스로 재활용하라.
- 전화기를 재사용할 수 있는 사람 또는 자선단체에 기부하라.
- 정말로 필요하지 않는 새로운 전기장치를 구입하기 전에 두 번씩 생각하라.

귀금속을 포함하고 있다. 제조된 품목에서 우리가 재활용할 수 있는 모든 금속은 한 조각이라도 우리가 땅속에서 채굴할 필요가 없는 것이다. 따라서 귀금속을 위한 전자 폐기물 "채광"은 환경에 미치는 영향을 줄일 수 있다. 추산에 의하면 컴퓨터의 부숴진 조각들 1톤은 금광에서 채굴된 광석 16톤에서 얻는 금보다 많은 금을 포함하고 있다.

전자 폐기물 재활용은 분해에 종사하고 있는 노동자들에게 건강상의 위험을 미칠지도 모른다는 것에 대한 심각한 우려가 있다. 부유한 국가들은 그들의 전자 폐기물을 개발도상국으로 운송하고 그곳에서 저소득 근로자들은 최소한의 안전지침에 따라 물건들을 분해하고 독성 물질을 취급한다. 이러한 환경 정의의 문제는 전자 기기의 재활용을 안전하고 책임감 있게 수행되도록 해결해야 한다.

많은 북미 도시에서 사용된 전자 기기들은 기업, 비영리 단체 또는 지방자치단체 서비스에 의해 수집되고 재사용 및 재활용 처리된다. 그래서 다음 기회에 새 컴퓨터, TV, 휴대전화 또는 휴대용 장치로 업그레이드하면 당신의 구형제품을 재활용토록 하기 위하여 당신의 지역에 무엇이 있는지를 확인해 보아라.

유해 폐기물 처리 전의 몇 단계

많은 지역사회는 가정 유해 폐기물을 수집하기 위하여 장소 또는 특별한 수거 일을 지정하거나 교환 및 재사용을 위한 시설을 지정한다(**그림 17.13**). 일단 모아지면 폐기물은 처리 및 처분을 위해 반송된다.

자원 보전 및 회수 법 아래 미국환경보호국은 주들이 유해 폐기물을 관리하도록 기준을 설정한다. 자원보존회수법도 대규모 유해 폐기물 배출자들은 허가를 얻도록 요구한다. 마지막으로, 자원보존회수법은 유해물질을 "요람에서 무덤까지" 추적하는 것을 의무화한다. 유해 폐기물이 생성, 운반 및 처리될 때 생산자, 운반자 및 처리시설은 반드시 생성된 폐기물의 형태와 양을 각각 미국환경보호국에 보고서로 제출하도록 한다; 위치, 원산지 및 목적지, 그리고 그것이 처리되는 방식.

▼ 그림 17.13 많은 지역 사회는 가정 유해 폐기물의 수집 장소 및 수거 일을 지정한다. 여기에는 작업자들이 로스앤젤레스 근처 어스 데이 컬렉션(an Earth Day collection) 행사로부터 온 폐기물을 처리하고 있다.

▲ 그림 17.14 부도덕한 개인이나 기업은 처리 비용 때문에 불법으로 유해 폐기물을 버린다.

현재 미국의 법률은 유해 폐기물 처리 비용을 비싸게 하므로, 무책임한 기업들은 때때로 불법으로 폐기물을 버려서 주민들 건강에 위해를 초래하고 지자체가 쓰레기를 강제로 처분하는 비용으로 골머리를 앓게 한다(**그림 17.14**). 선진국의 기업들도 또한 때때로 개발도상국에 불법으로 유해 폐기물을 버린다—주요 환경 정의의 문제(1장). 이것은 이런 행위를 방지하기 위한 바젤협약(Basel Convention) 같은 국제 조약에도 불구하고 발생한다.

그러나 높은 처리 비용은 양심적인 사업자들로 하여금 그 유해 폐기물을 저감하는 데 투자하도록 권장하기도 한다. 많은 생물학적으로 유해한 물질은 시멘트 킬른 소각로에서 고온으로 소각에 의해 분해될 수 있다. 다른 것들은 유해 성분을 분해하고 그것들을 새로운 화합물로 합성하는 박테리아에 노출시켜 처리될 수 있다. 추가적으로 다양한 식물들이 토양에서 특정 오염 물질을 흡수하여 유기오염물질을 더 안전한 화합물로 분해하거나 중금속을 그들의 조직 속에 농축하도록 번식되거나 공학적으로 조작되었다. 그 식물들은 결국에는 수확하여 폐기된다.

유해 폐기물 처리 세 가지 방법

우리는 주로 다음 세 가지의 유해 폐기물 처리 방법을 개발했다: 매립, 표면에 가두기 및 우물에 주입. 이 방법들은 물질의 위해성을 줄이는 것 외에 아무것도 하지 않지만, 사람, 야생동물, 생태계로부터 폐기물을 고립시켜 격리하는 것을 돕는다. 유해 폐기물을 묻을 매립지의 설계 · 시공 기준은 보통의 위생매립지보다 더 엄격하다. 유해 폐기물의 매립지는 몇 가지 불투과성 내막과 침출수 제거 시스템을 갖추고 있어야 하고 대수층에서 멀리 떨어져 있어야 한다. 유해 폐기물의 일반매립지 투기는 오랫동안 문제가 되어왔다. 뉴욕 시에서 프레시 킬스가 유해 폐기물이 투기되지 않도록 주로 관리되지만, 도심의 오래된 매립지의 대부분은 과거의 유독폐기물 투기의 원인으로 유해한 사이트로 공표되었다.

액체 유해 폐기물 또는 용해된 형태의 폐기물은 **표면 저류(surface impoundments)** 및 플라스틱이나 점토와 같은 불투수성 재료로 내막을 한 얕은 구덩이에 저장할 수 있다. 액체 또는 슬러리는 지표에 가두어 수분은 증발시키고 고형 유해 폐기물 잔류물은 바닥에 남도록 한다. 이 과정이 반복되어 결국 건조된 잔류물은 제거되고 영구처분을 위해 다른 장소로 수송된다. 표면 저류는 이상적이지 않다. 아래층은 금이 가서 폐기물이 세어나올 수 있다. 어떤 물질은 증발하여 주변지역으로 날라갈 수 있다. 폭풍우는 폐기물이 넘쳐 흘러 주변 지역을 오염시킬지도 모른다. 이러한 이유로 인해 표면 저류는 오직 일시적으로 저장하는 데 사용된다.

세 번째 방법은 장기적인 처리를 대상으로 하고 있다. **깊은 우물주입(deep-well injection)**은 수 층 아래 깊은 다공성 바위에 구멍을 뚫고 폐기물은 그 안에 주입한다(그림 17.15). 폐기물은 지하수와 인간의 접촉에서 격리되어 깊은 지하에 남아 있게 된다. 그러나 우물이 부식되고 폐기물이 토양 속으로 세나와 대수층을 오염시킬 수 있다. 약 340억 L(90억 갤론)의 유해폐기물이 매년 미국의 우물에 주입된다.

오염장소들은 천천히 정화되고 있는 중이다

수천의 과거 군사 및 산업 부지들은 미국과 지구상의 거의 모든 다른 나라에서 유해 폐기물로 오염된 채 남아 있다. 대부분

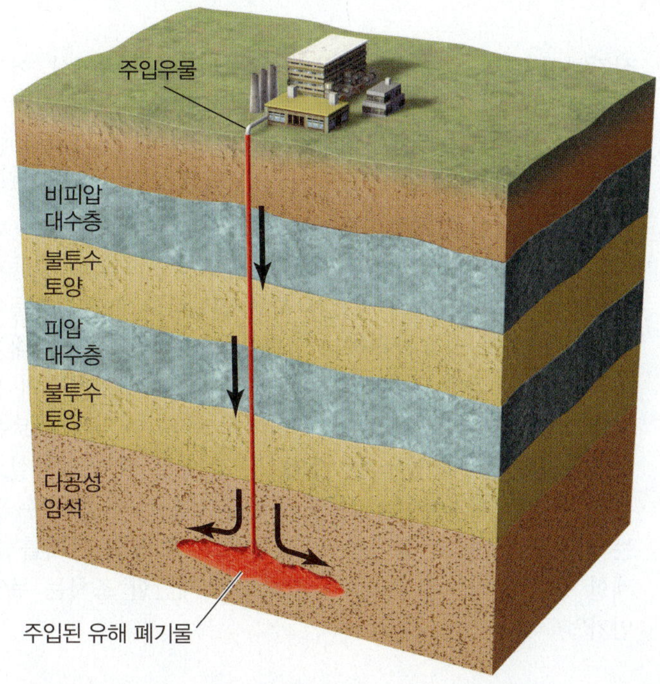

▲ 그림 17.15 액체 유해 폐기물은 깊은 우물 주입으로 지하 깊이 펌프해 넣을 수 있다. 그 우물은 대수층 아래 불투수성의 점토로 분리된 다공성 암석으로 구멍을 뚫어야 한다. 이 기술은 고가이며 폐기물은 우물축 통로로 지하수에 세어 들어갈 수도 있다.

의 국가에서 이러한 파괴에 대처하는 것은 너무 어렵고 시간이 오래 걸리고 비용이 든다. 그러나 1980년에 미국 의회는 포괄적 환경 대응 보상 책임법(the Comprehensive Environmental Response Compensation and Liability Act, CERCLA)을 통과시켰다. 이 법은 미국의 유해 폐기물로 오염된 장소를 처리하기 위해 연방정부 프로그램을 설립했다. 미국환경보호국은 **슈퍼 펀드(superfund)**라고 불리는 이 처리 프로그램을 관할하고 있다. 미국환경보호국의 지원 하에 전문가들은 오염된 장소를 파악하고 지하수 보호조치를 취하고 오염물질을 제거한다. 후에 법률은 유해물질의 존재로 인해 재사용 및 **재개발(brownfields)**이 복잡하게 된 나쁜 경작지와 땅의 처리도 미국환경보호국에게 맡겼다.

2개의 잘 알려진 사고가 슈퍼펀드법의 탄생에 박차를 가하게 되었다. 지난 수십 년간 한 회사와 시가 매장했던 독성화학물질이 지표면으로 올라와 집과 초등학교를 오염시킨 뒤 러브운하(*Love Canal*), 뉴욕 나이아가라 폭포 인근 주민의 가정들은 1978년부터 1980년에 걸쳐 철수되었다. 미주리 주 타임스 비치 마을 전체는 도로에 뿌린 폐유에서 나온 다이옥신(10장)에 의해 1970년대에 오염된 후 철수하고 그곳 건물들은 해체되었다.

일단 슈퍼펀드 대상 장소로 확인되면 미국환경보호국의 과학자들은 장소가 사람들의 거주와 얼마나 가까운지, 폐기물들은 현재 갇혀 있는지 또는 확산될 수 있는지, 장소가 식수 공급을 위협하는지 여부 등을 평가한다. 유해 가능성이 있는 장소는 국가의 우선순위 목록에 배치하고, 그들이 부여한 인간의 건강 위험수준에 따라 순위를 매긴다. 자금이 배정되면 정화처리가 진행된다. 처리진행 전반에 걸쳐 미국환경보호국은 그 조사 결과를 지역 주민에게 알리고 반응을 살피기 위하여 공청회를 개최하도록 요구되고 있다.

포괄적 환경대응 보상책임법의 목적은 **오염자 부담원칙(polluterpays principle; 5장)**에 따라 오염 당사자가 자신의 장소의 정화를 책임지도록 하는 것이다. 그러나 많은 장소에서 책임질 당사자를 찾을 수 없거나 책임질 수 없을 경우 — 지금까지 대략 30% — 정화처리는 납세자 기금과 석유와 화학원료를 생산하는 산업체에 부과되는 연방세금에 의해 설립된 신탁기금으로 충당되었다. 그러나 의회가 세금을 종료시켜 신탁기금은 2004년에 파산하였고 지금은 납세자들이 프로그램의 전체 부담을 어깨에 짊어지고 있다. 기금은 고갈되고 나머지 정화처리 작업 비용은 더 비싸지므로 더 적은 수의 정화처리가 이루어지고 있다.

2011년 기준 1,288개의 슈퍼펀드 장소가 국가의 우선순위 목록에 남아 있고 오직 349개만이 정화처리 또는 다른 방법으로 목록에서 삭제되어 있었다. 평균 정화처리는 2,500만 달러 이상 비용이 들고 15년의 기간이 걸린다. 많은 장소들이 우리가 대처할 수 있는 효과적인 방법이 없는 화학물질로 오염되어 있다. 이러한 경우 정화처리는 도랑을 파고 점토와 콘크리트로 주변에 장벽을 구축함으로써 혹은 오염된 물질을 파내서 유해 폐기물 처리시설에 보냄으로써 단순히 인간과의 접촉에서 폐기물을 분리하는 것을 목표로 하고 있다. 모든 이러한 이유로 미국과 다른 지역에서 현재 중점을 두는 것은 처음부터 유해 폐기물에 의한 오염 방지에 있다.

>> 결론

우리는 폐기물 문제를 해결하는 데에 커다란 진보를 이루어왔다. 폐기물 관리의 현대적인 방법은 과거의 쓰레기장이나 쓰레기 태우기 관행보다 훨씬 사람들과 청소부들에게 환경에서 더 안전하다. 재활용이나 퇴비화 노력이 꾸준히 진척되고 있는 중이고 미국인들은 지금 모든 고형 폐기물의 1/3을 전환 처리한다. 재활용의 지속적인 성장은 시장의 힘, 공공정책 및 소비자 행동에 힘입어 더욱 폐기물 문제를 완화할 가능성을 보여준다.

이러한 발전에도 불구하고 우리의 엄청난 소비 습관은 이전보다 더 폐기물을 배출했다. 우리의 폐기물 관리 노력은 슈퍼펀드 장소의 정화처리 해로운 방사성 폐기물의 안전한 처리 및 처분장에 대한 빈번한 현지의 반대 등의 어려운 과제 수로 나타난다. 이러한 골칫거리들이 최선의 해결책은 폐기물의 발생을 줄이는 것이라는 것을 명확하게 한다. 우리가 사용하는 재료와 물건들을 저감하고 재사용하고 효과적으로 재활용하는 방법을 찾는 것이 우리의 새로운 세기를 위한 중요한 과제이다.

이해도 측정

1. 폐기물을 관리하는 5가지 주요 방법을 기술하라. 왜 폐기물 관리를 실행하는가?
2. 왜 어떤 사람들은 미국을 "일회용 사회"라고 명명했는가? 얼마의 고형 폐기물을 미국인들은 발생시켰으며, 이 양은 다른 나라 사람들의 그것과 비교할 때 어떤가?
3. 위생매립장을 관리하는 몇 가지 지침의 이름을 말해보라. 매립지의 세가지 문제를 기술하라.
4. 소각 또는 연소 과정을 설명하라. 결과물로 생기는 재는 어떻게 되는가? 소각의 단점은 무엇인가?
5. 무엇이 퇴비화이며 어떻게 폐기물량에 합류되는 것을 줄이는데 도움이 되는가?
6. 재활용의 지속가능한 공정의 세 가지 요소는 무엇인가?
7. 자신의 말로 산업생태학의 목표를 설명하라.
8. 유해 폐기물의 정의에 사용되는 4가지 기준은 무엇인가? 왜 중금속 및 합성유기 화합물들이 특히 유해한가?
9. 유해 폐기물의 가장 큰 발생원은 무엇인가? 유해 폐기물을 처분하는 세 가지 방법을 설명하라.
10. 슈퍼펀드 프로그램이란 무엇인가? 그것이 어떻게 작용하는가?

해법찾기

1. 당신은 얼마나 폐기물을 발생시키는가? 하루가 끝날 때 쓰레기통을 들여다보고 거기에 있는 폐기물을 분류하고 측정하라. 하루 종일 다른 곳에서 생성한 다른 모든 폐기물을 나열하라. 이 폐기물 중의 얼마나 발생시키지 않을 수 있나? 얼마나 재사용 또는 재활용될 수 있을까?
2. 어떤 사람들은 단순히 다른 매체로 폐기물을 이동하는 것이라고 현재의 폐기물관리를 비판하고 있다. 어떻게 이런 비판을 지금 실행되고 있는 방법에 적용할 수 있을까? 몇 가지 잠재적인 해결책은 무엇일까?
3. 이 장에서 설명하는 다양한 폐기물 관리 방식 중 지역사회와 캠퍼스가 추진하는 것은 어떤 것이며 그렇지 않은 것은 어떤 것인가? 지역 사회와 캠퍼스가 새로운 접근을 추진하는 것을 시작하도록 제안하겠는가? 그렇다면, 어느 것을, 그 이유는?
4. **생각해보기** 당신은 청량 음료용 용기 및 기타 다양한 소비제품을 생산하는 주요 기업의 최고 경영자(CEO)이다. 회사 주주들은 회사의 이미지를 제고하도록 요청하고 있다—이윤은 삭감하지 않고—폐기물을 감소시키는 조치를 취하면서. 어떤 조치를 취하는 것을 고려하겠는가?
5. **생각해보기** 당신은 대학의 총장이다. 수탁자는 당신이 학교나 지역사회 모두에게 이익을 가져다주는 방법으로 지역 기업 및 산업에 관계하도록 원하고 있다. 교수와 학생은 폐기물 감소와 산업생태에서 학교가 선도자가 되도록 만들기를 원한다. 지역사회의 기업과 사업자들을 고려하고 그들이 캠퍼스 시설과 상호작용하는 방법을 검토하라. 산업생태학의 원리를 염두에 두고, 학교와 지역 기업이 서로서로의 서비스, 제품 또는 폐기물로부터 이익을 얻을 수 있는 새로운 방법을 생각할 수 있는가? 사업, 산업 또는 캠퍼스 시설로부터 발생된 폐기물이 다른 곳에 좋은 용도로 사용될 수 있는 가? 캠퍼스에서 실행될 수 있는 친환경 공업 단지를 설계할 수 있는가? 총장으로서 취하도록 제안할 조치는 무엇인가?

생태발자국 계산하기

제17회 비엔날레 "미국의 쓰레기 상태" 설문조사는 도시 고형 폐기물의 엄청난 양을 생산하는 미국 거주자들의 능력을 문서로 보여준다. 조사에 따르면, 일인당 기준으로 미주리 주민들은 가장 적은 도시 고형 폐기물(MSW, 4.49 lb/day)을 생성하고 하와이 주민(15.84 lb/day)이 제일 많이 생성한다. 국가 전체의 평균은 하루에 1인당 7.01파운드의 도시 고형 폐기물 발생이다. 제시된 그룹의 각각 1일 및 1년간 발생한 도시 고형 폐기물의 양을 계산하고 첨부 표에 비율을 각각 나타내라.

도시 고형 폐기물 생성 그룹	도시 고형 폐기물 생성량					
	미국 평균(7.01 lb/day)		미조리(4.49 lb/day)		하와이(15.84 lb/day)	
	일(Day)	년(Year)	일(Day)	년(Year)	일(Day)	년(Year)
당신	7.01	2,559				
당신의 학급						
당신의 주						
국가						
세계						

Data from van Haaren, R., et al., 2010. The state of garbage in America. *BioCycle 51*(10): 16–23.

1. 5만 명의 도시가 다만 인근의 매립지 건설을 승인했다고 가정하라. 그것은 도시 고형 폐기물 백만 톤을 수용할 것으로 예상하라. 매립지는 오직 도시에만 서비스를 제공한다고 가정하고 마을 주민은 미국의 평균적인 속도로 폐기물을 생성한다고 가정하면 매립이 끝날 때까지 몇 년이 걸리겠는가? 미주리의 같은 크기의 마을에 같은 용량의 매립지는 얼마나 더 오래 걸리겠는가?
2. 한 연구에서는 평균적인 세계 시민은 하루에 쓰레기 1.47파운드를 생성하는 것으로 추정하고 있다. 미국의 평균적인 시민은 몇 배 이상을 생성하는 것인가?
3. 이 연구는 저소득 국가의 평균 거주자가 하루에 1.17파운드의 폐기물을 생성하고 고소득 국가의 평균 거주자는 하루에 2.64파운드를 생성하는 것으로 나타냈다. 왜 미국 거주자는 생활 수준이 동등한 다른 "고소득"나라 사람들보다 훨씬 더 도시 고형 폐기물을 생성한다고 생각하는가?

18 도시환경: 지속가능한 도시 창조

이 장을 마치고 나서 할 수 있는 것들

- ▶ 도시화의 규모를 설명
- ▶ 도시와 교외로의 무차별 확장에 대한 평가
- ▶ 도시외곽 및 지역계획과 토지이용 전략
- ▶ 대중교통, 도시공원, 스마트 성장, 새로운 도시생활을 평가
- ▶ 도시 중심의 환경영향과 장점을 분석
- ▶ 도시의 생태, 그린빌딩을 위한 노력, 그리고 지속가능한 도시의 추진에 대한 평가

오라건주 포틀랜드 시내의 보행자, 대중교통 및 녹음

중점 사례 연구

오리건 포틀랜드시의 성장관리

"세이지브러시(Sagebrush) 구획, 해안 콘도들, 그리고 윌라멧 계곡(Willamette Valley) 교외거주자의 탐욕스러운 행동 모두는 국가의 환경 모델로서 오리건의 지위가 조롱받을 정도로 위협적입니다."

– 오리건 주지사 탐 멕콜(Tom McCall), 1973

"우리에게는 도시계획위원회가 있고, 구획정리에 대한 규정이 있습니다. 우리는 도시확장 경계를 설정하였고 '스마트 성장'과 무차별 확장에 대해 회의를 열고 있습니다. 그리고 우리는 이미 무질서하게 확장된 도시 외곽을 가지고 있습니다."

– 환경과학자 도넬라 메도우스(Donella Meadows)

위에 언급한 투쟁적인 말과 함께, 오리건 주지사 탐 멕콜은 많은 그들이 사랑하는 지역사회와 주변경관을 파괴할 것이라고 오리건 주민들이 우려하는 무차별 확장적인 개발에 대해 1973년 주의회에 법적 대안을 마련할 것을 요구했다. 멕콜은 농장, 숲, 그리고 개활지 등이 무차별하게 파헤쳐지고 포장되고 있다는 늘어나는 주민들의 염려에 이렇게 지원하였다.

자연친화적인 윌라멧 계곡을 삼켜버리는 교통체증, 화려한 상가 그리고 구획화 등을 예견하여 오리건 주는 관련법을 제정하였고, 주의회는 상원법안 100(Senate Bill 100)을 통과시켰다. 이 법안은 전면적인 토지계획법으로 후에 자신들의 도시와 교외의 성장을 관리하고자 하는 다른 주들과 지역사회들의 호응이나 비판과 더불어, 수년 동안 주의 깊게 연구하는 대상이 되었다.

이 법은 주의 유권자로부터 전폭적 지지를 얻은 전국적인 가이드라인에 부합하는 종합적인 토지 이용 계획을 작성토록 시와 카운티에 요구하였다. 토지 계획의 일환으로, 각 대도시 지역은 **도시성장경계**(**urban growth boundary, UGB**), 즉 농촌지역으로 남길 원하는 지역에서 도시지역으로 분리되기 원하는 지역에 대한 경계를 지도상에 설정해야만 되었다. 도시개발지역 경계 안에서는 주거, 상업 및 공업지구 개발이 권장되지만, 그 경계를 넘어서는 개발이 제한되었다. 그 의도는 도심지역을 활성화하고, 외곽지역으로의 무차별 확장은 방지하며, 도시화 지역의 가장 끝 단에 위치한 경계지역의 농지, 산림 및 개활지 경관 등을 보호하고자 하는 것이었다.

주에서 가장 큰 도시인 포틀랜드(Portland)시 주변 지역의 주민들은 그들 지역에서 토지배분을 위한 새로운 지역계획 담당 법인을 설립하였다. 도시서비스국 또는 메트로(The Metropolitan Service District or Metro)는 3개의 군과 25개의 지자체(mucipalities)를 대표하고 있다. 메트로는 1979년 포틀랜드시 지역의 도시성장경계를 채택하고, 당시의 도시중심의 성장에 주력하고자 하였으며, 도보 또는 대중교통 수단을 이용하여 집, 일터 및 쇼핑을 해결할 수 있는 복합적인 건물을 건설하는 데 주력하였다. 이러한 정책은 대부분 계획한 것처럼 집행되었다. 포틀랜드시의 시내와 구시가 지역들은 번창하였고, 지역별 도심들은 점점 더 밀집되고 더 많은 지역사회들이 생겨났으며, 대중교통은 점점 더 확장되었고, 개발은 도시성장경계 너머의 땅으로까지 제한범위를 넓혀갔다. 포틀랜드시는 자신들의 "거주적합성"에 대하여 국제적 관심을 끌기 시작했다.

오늘날 많은 포틀랜드 시민들에게 도시성장경계는 보존할 수준의 유지할 수 있는 결정적 요소(key)로 남게 되었다. 그러나 비판의 관점에서 보면, 이 "포틀랜드시의 만리장성(Great Wall of Portland)"은 최고를 지향하는 관치주의의 도구이다. 2004년 오리건 주 유권자들은 대부분의 시민들이 30년 동안 지지해 온 토지사용규칙을 무력화시키려는 투표법안37을 통과시켰다. 투표법안37은 정부규제로 땅값이 하락할 경우 토지 소유주들에게 배상하도록 규정하였다. 예를 들면 정부규제로 도시성장경계 밖의 토지 소유주들은 그들의 토지를 주택건설을 위하여 분할매각할 수 없도록 되어 있다. 투표법안37에 의해 주정부는 토지 소유주들에게 손실소득을 보존할 수준의 대가를 지불해야 했으며, 그렇지 않을 경우 그들이 정부규제 정책을 무시하는 것을 허용해야 한다. 주정부나 지방정부는 그러한 보상요구를 들어줄 만한 충분한 재정이 없었으므로, 이 법안은 오리건 주의 토지이용계획과 토지사용규칙 등을 무력화시키기 시작했다.

토지 소유주들은 296,000 ha(2,954 km^2)에 이르는 토지에 대하여 보상금지불 또는 면책을 위한 7,500건에 이르는 민원을 제기하였다. 사실 이 법안은 소규모 가족단위 토지 소유주들의 권리보호를 위한 방편으로 유권자들에게 통과되었지만, 대부분의 민원은 오히려 대규모 개발자들에 의해 제기되었다. 주민들은 어느 날 갑자기 자신들의 집 주변 이웃에서 대규모 주택단지, 자갈채취 작업장, 화려한 쇼핑몰 또는 공장시설들이 건설되는 광경을 목격하게 되었고, 투표법안37에 투표했던 많은 사람들이 이제는 불안을 느끼게 되었다.

찬성과 반대 유권자로부터 똑같은 압박을 받은 주의회는 타협점을 찾는 새로운 투표법안을 상정했다. 2007년 오리건 주의 유권자들은 투표법안49를 통과시켰다. 이 법안으로 소규모 토지소유자들은 소규모의 주택건설을 허가 받음으로써 이윤을 창출할 수 있는 권리를 보장받았으며, 반면에 대규모 개발자나 민감한 자연보호구역의 대규모 개발은 제한을 받게 되었다.

2010년 메트로는 마침내 3개의 카운티(county) 시민들과 대표들이 함께 향후 50년간 도시의 성장을 허용할지 말지를 결정하는 역사적인 합의에 도달하였다. 메트로와 카운티는 121,000 ha(1,214 Km^2)에 이르는 미개발 토지를 도시개발 예정지 및 농장과 산림이 보존되는 시골지역으로 배분하였다. 경계지역은 지도상에 정확히 표시하여 토지 소유주 및 정부 모두에게 향후 반세기 동안 명확한 지침이 되도록 하였다.

북미지역 전반에 걸쳐 지역사회에서 사람들은 비슷한 이슈에 직면하고 있으며, 오리건 주에서와 같은 논쟁과 협상이 미래에 우리의 도시와 경관이 어떻게 변하게 될지를 결정할 것이다. ■

우리들의 도시화 세계

우리는 인류역사의 전환점에 살고 있다. 2009년초 처음으로 도시지역(도시와 근교)에서 사는 사람이 시골지역보다 많아졌다. 우리가 보통 **도시화(urbanization)**라고 하는 것은 시골에서 중대규모 도시로 바뀌는 역사적인 전환점을 지날 때 두 가지 관점이 그 어느 때 보다 중요해졌다. 하나는 안전하고 깨끗하며 건강한 도시환경을 위한 주민의 요구에 부합함으로써 우리의 도시를 더욱 살만하게 만드는 것이다. 다른 하나는 생태계 발자국을 최소화하고 자연과(거스르기 보다) 함께 일하는 동안 결국에는 풍요로워질 수 있는 창조적인 도시로 우리의 도시 시스템을 지속가능하게 만드는 것이다.

산업화가 가져온 도시화

1950년 이래, 세계의 도시인구는 4.7배로 성장하였지만, 시골인구는 채 2배도 되지 않았다. 도시인구는 2가지 이유로 성장하고 있었다: (1) 전반적으로 인구는 증가하고 있고(6장 참조), (2) 더 많은 사람들이 도시에서 농촌으로 이주하는 것보다 농촌에서 도시로 이주하고 있기 때문이다. 산업화(1장)는 농촌의 노동력 수요를 감소시킨 반면 도시에서의 상권과 일자리를 더욱 늘렸다. 도시화는 기술의 진보를 이루고 이는 순차적으로 생산효율을 증가시켰으며 산업화에 더욱 박차를 가하였다.

2050년이 되면, 도시인구가 거의 2배가 되고 시골인구는 16%까지 감소할 것이라고 유엔은 전망하였다. 그러나 그러한 경향은 선진국과 개발도상국 사이에서 달라질 것이다(**그림 18.1**). 선진국에서 도시화는 속도가 느려졌는데 왜냐하면 4명 중 3명꼴로 이미 도시, 소도시, 그리고 **도시외곽(suburbs)**과 도시를 둘러싸고 있는 작은 지역사회에서 살고 있기 때문이다. 1850년으로 거슬러 올라가면 미국의 인구조사국은 미국시민의 15%만이 도시거주민

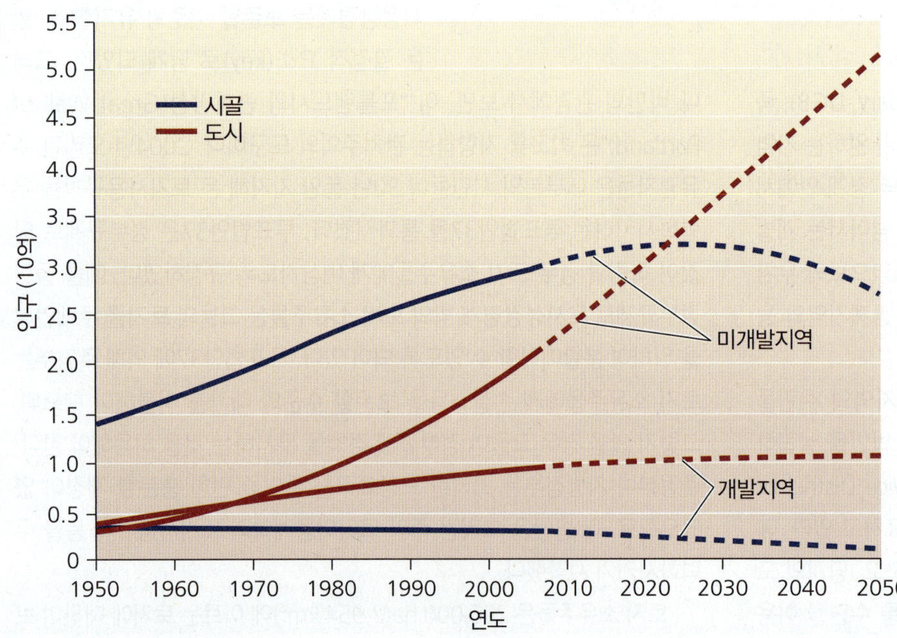

◀ **그림 18.1** 오늘날 선진국에서 도시인구는 빠르게 증가하고 있으며, 시골인구는 감소하기 시작했다고 예측되고 있다. 선진국은 이미 도시가 거대해져서 도시인구는 점점 더 느리게 증가하고 있으며, 시골인구는 떨어지고 있다. 그래프에서 실선은 과거 데이터를 나타내고 있으며, 점선은 미래 경향을 나타내고 있다. Data from United Nations Population Division (UNPD), 2010. *World urbanization prospects: The 2009 revision*. New York: UNPD. Reprinted with permission

(a) 샌트루이스, 미조리

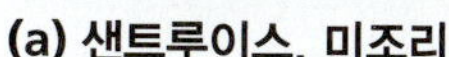

(b) 포트워스, 텍사스

▲ 그림 18.2 세인트루이스시(a)는 미조리강과 합류하는 미시시피강에 위치하고 있다—그래서 무역을 위한 이 전략적 위치는 19세기 및 20세기 초반의 도시성장을 몰고 왔다. 포스워스, 텍사스(b)는 20세기 후반 주를 연결하는 고속도로 체계와 거대 국제공항 덕에 성장하였다.

이라고 분류하고 있다. 그 비율이 지금은 80%로 늘었다. 대부분의 미국 도시민은 도시외곽에 거주하고 있는데 오늘날에는 미국 인구의 거의 반수가 도시외곽에 살고 있다.

대조적으로 대부분의 사람들이 농촌에 살고 있는 개발도상국에서는 도시화가 빠르게 진행되고 있다. 중국, 인도, 파키스탄, 나이지리아와 그 외 대부분의 국가에서 지방 사람들은 도시생활과 일자리를 찾아서, 또는 시골지역의 생태환경 파괴로부터 도피하고자 도시들로 물밀듯이 밀려들고 있다. 결과적으로, 인구통계학자들은 개발도상국의 도시지역이 거의 모든 전세계의 인구성장을 이제부터 흡수할 것이라고 예측하고 있다.

도시지역의 위치에 영향을 미치는 환경요인들

부동산업자들은 어떤 집의 가치가 어떻게 결정되는지를 강조하기 위해 "위치, 위치, 위치"라고 말한다. 위치는 도시중심을 위해서도 치명적이다. 환경적인 변수들, 즉 기후, 지형, 그리고 수로연장 등은 어떤 도시가 성공할지에 영향을 미친다. 어떤 주요 도시를 생각할 때 기회들은 강, 해변, 철도 그리고 고속도로—경제성장을 가져다 줄 통로—를 따라 위치해 있느냐에 달려 있다(그림 18.2).

좋은 입지에 위치해 있는 도시들은 종종 거래선을 연결하는 바퀴 핀(linchpins)과 같은 중요한 역할, 농촌지역에 자원을 모아 공급, 처리 및 상품을 생산토록 하는 역할 및 그 생산품을 다른 지역 시장으로 수송하는 역할을 한다. 포틀랜드시는 윌라멧(Willamette)강과 컬럼비아(Columbia)강이 만나는 곳에 위치해 있으며, 이곳은 태평양으로 흘러가는 컬럼비아강의 상류지역이다. 이 도시는 강이 흐르는 계곡의 농가 생산품을 받아서 유통하고 해외로 수송하며, 북미지역과 아시아로부터 생산품을 수입함으로써 성장하였다.

오늘날 화석연료로 인하여 가능해진 강력한 기술력과 값싼 운송비용은 자원이 빈약한 지역의 도시들도 번창이 가능하도록 하였다. 댈러스 포트워츠(Dallas-Fort Worth) 지역은 화석연료를 이용하는 교통수단에 의한 주를 연결하는 고속도로와 거대 국제공항—에 의존하여—으로 번영하였다. 로스앤젤레스, 라스베가스와 피닉스 같은 서남부 지역 도시들은 떨어진 지역에서 물을 조달함으로써 사막지역에서 번창하였다. 향후 이러한 도시들이 점점 고갈되는 기름과 물을 지속적으로 유지할 수 있느냐는 중요한 과제이다.

최근에 미합중국 남부와 서부의 많은 도시들은 사람들(특히 은퇴자들)이 따뜻한 기후 또는 더 넓은 공간을 찾아 이주함으로써 성장하였다. 1990년과 2009년 사이 댈러스 포트워스(Dallas-Fort Worth)와 휴스턴 대도시 지역의 인구는 각각 50% 이상씩 증가하였다; 애틀란타 지역은 85%까지 증가하였다; 피닉스 지역은 94%까지 증가하였고; 라스베가스 대도시 지역은 122%까지 엄청나게 증가하였다.

사람들이 교외로 옮겨간다

미국도시들은 나라가 이민과 무역증대로 인해 서부로 확장해 나간 결과로 19세기 및 20세기초 빠르게 팽창하였다. 도심지역의 분주한 경제활동은 군중, 빈곤 및 범죄의 증가에도 불구하고 사람들을 도시에 붙잡아 두었다. 그러나 20세기 중반까지 많은 여유 있는 도시거주자들은 더 깨끗하고, 덜 붐비며 많은 공원 같은 교외지역 공동체로의 이주를 선택하고 있었다. 이런 사람들은 더 넓은 공간과 저렴한 부동산, 범죄율이 낮고 자녀들을 위한 더 나은 학교 등을 추구하고 있다.

여유 있는 사람들이 팽창하는 교외지역으로 옮겨가자 일자리도 따라갔다. 이것은 서둘러 도심지역의 경기침체와 미국도시들의 성장정체를 가져왔다. 시카고시의 인구는 절정기 때의 80% 수준으로 감소하였는데, 이는 많은 도시민들이 교외로 옮겼기 때문이다. 필라델피아의 인구는 절정기의 76%로 떨어졌고, 워싱턴 DC는 71%, 디트로이트시는 55%로 떨어졌다.

포틀랜드시는 이들의 전철을 밟았지만, 그러나 어떻게 하면 다시 반등할 수 있는지도 보여주었다. 포틀랜드시의 인구증가는 군중과 악화된 경제사정이 도시거주자들을 교외로 내몰 때 인

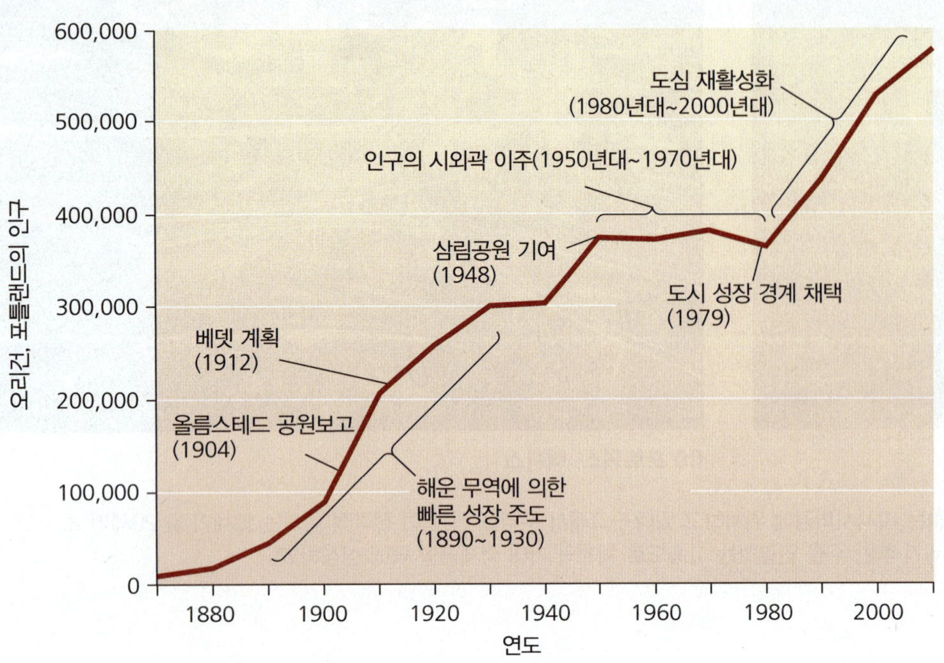

◀ **그림 18.3** 포틀랜드가 위치를 전략적으로 항구로 정한 이래, 국제교역의 물류수송은 일자리를 제공하고 경제를 끌어올렸으며, 시의 인구도 빠르게 증가하였다. 도시거주민들이 1950년대부터 1970년대 사이에 교외로 떠나기 시작하였으나, 도심을 살리고자 하는 정책으로 시의 성장은 다시 활성화되었다.

1950년대부터 1970년대까지 정체되었다. 그러나 도심을 다시 활성화시키고자 하는 일련의 정책들이 포틀랜드시가 다시 성장할 수 있도록 도왔다(**그림 18.3**).

20세기 미국에서 교외로의 탈출은 자동차의 증가, 도로망 확충과 값싸고 풍부한 원유 덕분에 가능하게 되었다. 수백만의 사람들이 이제 자동차로 "침실 공동체(bedroom communities)" 교외의 새 집에서 일하는 곳까지 자동차로 출퇴근이 가능해졌다. 자동차, 고속도로망과 값싼 원유는 자원, 상품과 쓰레기까지 수입 및 수출하는 사업을 더욱 쉽게 만들었다. 미국정부의 주간 고속도로 시스템의 개발은 이러한 흐름을 증진시키는 데 중대한 역할을 하였다.

대부분의 경우에 교외는 그 속에서 사람들이 찾는 삶의 질을 가져다주었다. 각자의 땅에 지은 넓은 공간의 집은 가족들에게 방과 사생활을 주었다. 하지만 각 사람에게 더 많은 공간을 할애하는 교외의 성장은 인류에게 전체의 경관에 반하는 영향을 미쳤다. 자연지역은 주택건축에 따른 개발이 진행됨에 따라 사라져갔다. 우리의 광대한 도로망은 여행을 용이하게 만들지만, 교외거주자들로 하여금 어디를 가든 차를 타려고 하는 자신들을 발견하게 하였다. 사람들은 일하러 가기 위하여 더 먼 거리를 출퇴근하고 더 많은 시간을 교통체증으로 소비한다. 도시를 둘러싸고 팽창하고 있는 교외의 테두리는 그들이 둘러싸고 있는 도시들보다도 더 커져버렸고, 팽창하는 도시들은 서로를 삼키고 있다. 이러한 교외성장 양상은 새로운 용어를 떠오르게 했다: 무차별 확장(sprawl).

무차별 확장

스프롤(*sprawl*)이란 용어는 여러 의미를 갖기 때문에 사람들에 따라서는 전혀 다른 의미를 나타내지만, 우리는 **무차별 확장(sprawl)**에 단순하고, 판단을 요하지 않는 정의를 부여함으로써 논의를 시작하고자 한다: 어떤 도심으로부터 낮은 밀도의 도시 또는 교외발달의 확장.

도시지역의 외곽 확장

도시와 교외지역의 공간확장은 라스베가스 같은 급속히 확장하는 도시들의 위성지도를 보면 명확하다(**그림 18.4**). 또 다른 예는 시카고로, 대도시권 지역은 이제 도시크기의 40배에 달한다. 매일 미국 내 2,700 ha(27,1 km^2)를 넘는 땅이 집과 도로들로 대체된다.

무차별 확장에 이르는 몇 가지 개발시도의 예가 있다(**그림 18.5**). 이러한 개발시도들은 각 사람에게 도시에서 보다 더 많은 공간을 할당한다. 예를 들면, 평균적인 시카고 교외의 주민은 도시민보다 11배 많은 공간을 차지하고 있다. 결과적으로, 교외 전체 경관의 외부 공간의 확장은 일반적으로 사람들 수의 증가속도보다 빠르다. 사실, 많은 연구자들이 무차별 확장을 인구증가율을 초과하는 개발의 물리적 확산으로 정의하고 있다. 예를 들면, 피닉스의 인구증가는 1950년과 2000년 사이에 12배나 크게 성장했지만, 땅은 그보다 더 27배나 크게 성장하였다. 1950년과 1990년 사이, 미국의 주요 대도시 58개 지역의 인구는 80%까지 증가하였지만, 그들이 차지하는 지역의 땅은 305%까지 증가하였다. 1970년과 1990년 사이 인구가 감소한 11개 대도시(예를 들면, 러스트 벨트 도시들, 즉 디트로이트, 클리블랜드, 그리고 피츠버그)에서조차도 그들이 차지한 땅의 넓이는 증가하였다.

무차별 확장의 몇 가지 이유

무차별 확장에는 두 가지 주요 원인이 있다. 하나는 인구증가 이다—단순히 매년 더 많은 사람이 생존하고 있으므로. 다른 하나는 1인당 땅 사용이다—각 개인들은 과거보다 더 많은 땅을 차지하고 있다. 왜냐하면 대부분의 사람들은 공간과 사생활을 원하고 밀집되는 것을 싫어하기 때문이다. 더 좋은 고속도로, 비싸지 않은 휘발유, 그리고 통신기술과 인터넷이 노동자들에게 그들이 원하는 곳에서 거주할 수 있도록 더 큰 융통성을 주고, 주요 도시가 제공하는 집중화된 기반시설에 의존하던 사업자들을 자유롭게 함

(a) 라스베가스, 네바다, 1984

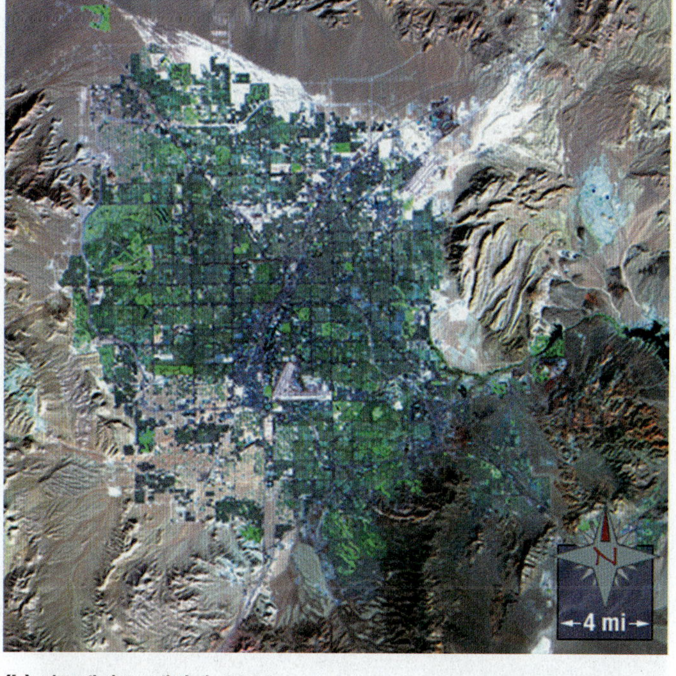

(b) 라스베가스, 네바다, 2009

▲ 그림 18.4 위성사진은 일어나고 있는 무차별 확장이 도시와 교외의 확장형태를 보여주고 있다. 네바다의 라스베가스는 북미에서 가장 빠르게 성장하는 도시 중 하나이다. 1984년(a)과 2009년(b) 사이에 그 인구와 개발지역은 각각 3배에 달했다.

으로써 모두를 도시중심으로부터 멀어지도록 조장하였다.

경제학자, 정치가 및 도시 후원자들은 굴레를 벗어난 도시와 교외의 공간확장을 장려하였다. 전통적인 인식은 성장은 항상 좋고, 인기 있는 사업, 산업 그리고 주민들이 지역사회의 경제적 복리, 정치적 파워 그리고 문화적 영향을 증진시킨다는 것이다. 오늘날 이러한 인식은 무차별 확산이 자신들의 생활양식에 부정적인 영향을 끼친다고 느끼는 사람들이 늘어감에 따라 도전을 받게 되었다.

무차별 확장 무엇이 잘못되었나?

어떤 사람들에게는 무차별 확장이라는 단어가 쇼핑센터, 교통체증, 일률적인 상업적 개발, 그리고 농지, 농장과 숲을 잠식하는 잘라놓은 과자모양의 집 일대를 떠올리게 한다. 다른 사람들에게, 무차별 확장은 단순히 자신과 가족을 위한 더 나은 삶을 살려고 하는 선의의 사람들 수백만에 의해 만들어진 선택의 집합된 결과이다. 과학적 연구는 무차별 확장의 실제 영향에 대해 우리에게 무엇을 말해 주는가?

교통수단(Transportation) 대부분의 연구는 무차별 확장이 교통수단 옵션을 제한하고, 본질적으로 사람들이 차를 운전하도록 강요한다고 보여준다. 미국 전역에서, 1980년대와 1990년대 동안 작업거리의 평균 길이는 36% 상승하고, 총 차량주행거리는 인구 증가율보다 세 배 빠르게 상승했다. 격화되는 교통 혼잡 외에도, 자동차 중심의 문화는 경제 및 환경 영향과 석유에 대한 의존도를 증가시킨다(15장).

인구(Pollution) 자동차 사용을 촉진함으로써, 무차별 확장은 환경오염을 증가시킨다. 질소 및 황 함유 대기 오염물질은 도시 스모그와 산성강하물(13장)에 기여하는 반면, 차량의 이산화탄소 배출은 기후변화(14장)에 기여한다. 도로 및 주차장에서 모터 오일 및 도로염분은 쉽게 유출되어 하천을 오염시킨다.

건강(Health) 오염의 건강 영향 이외에도, 어떤 연구는 자동차 운전이 주로 매일의 보행을 대신하기 때문에 무차별 확장은 신체적 비활동과 비만을 촉진한다는 것을 제시한다. 2003년의 한 연구는 가장 무차별 확장이 이루어진 미국 카운티의 사람들이 덜 무차별 확장이 이루어진 카운티의 사람보다 더 높은 혈압과 키에 비해 몸무게가 2.7 kg(6 lb) 더 무겁다는 것을 발견하였다.

토지사용(Land use) 저밀도 개발의 확산은 더 많은 땅이 개발되어 더 적은 숲, 들, 농지 또는 농장들이 남게 되는 것을 의미한다. 자연의 땅과 농업 토지는 중요한 자원, 휴양, 미적 아름다움, 야생 동물 서식지, 공기와 물의 정화, 그리고 다른 생태계를 제공한다(1, 2, 5장).

경제(Economics) 무차별 확장은 그 지역사회의 세금을 사용하고 변두리의 새로운 개발을 위한 기반시설에 자금을 이용한다. 시내 중심을 유지하는 데 쓰일 수 있는 자금은 대신 도로 시스템, 상하수 시스템, 전력망, 전화선, 경찰 및 소방 서비스, 학교, 도서관 확장에 소요된다. 무차별 확장 개발 지지자들은 새로운 개발에 대한 세금은 결국 기반시설 투자로 보상받을 것이라고 주장하지만, 대부분의 경우에 지방 자치 단체가 개발자에게 기반시설 비용을 전가하지 않는 한, 납세자들이 계속 새로운 개발에 보조금을 지급하게 되는 것으로 연구를 통해 밝혀졌다.

(a) 집중화되지 않은 상업지구 개발

(b) 저밀도 단독 주택개발

(c) 분산 또는 징검다리형 개발

(d) 부족한 도로망

▲ **그림 18.5** 무차별 확장을 낳을 수 있는 몇 가지의 표준개발시도. 집중화되지 않은 상업지구개발에서(**a**), 상가는 도로를 따라 길게 배열되었고, 소비자들이 쉽게 접근하도록 한 곳에 집중시키고자 하는 창의적인 시도가 없다. 저밀도 지역, 단독 주택지(**b**), 집들은 상업적인 생활편의 시설로부터 멀리 주거지역을 따라 배치되었다. 분산 또는 징검다리형 개발(**c**), 도시중심에서 꽤 먼 거리에 개발이 이루어지고 통합되어지지 않는다. 부족한 도로망과 함께 개발(**d**), 도로들은 적당한 크기의 지역들이 미개발되기에 충분한 거리로 떨어져 있으나, 자연보호나 레크리에이션을 위한 지역으로서 기능하도록 충분히 떨어져 있지도 않다. 모든 이런 류의 개발시도는 빈번한 자동차 사용을 필요로 한다.

WEIGHING 이슈

여러분 주변의 무차별 확장 당신이 살고 있는 지역에 무차별 확장이 있는가? 그것이 당신을 괴롭히는가 아니면 그렇지 않은가? 그 지역의 개발은 위에 설명된 영향 중 하나를 받았는가? 당신은 당신의 도시 또는 마을이 교외로 성장을 촉진하기 위해 자원을 사용하도록 권장해야 한다고 생각는가? 왜 그런가? 아니면 왜 그렇지 않은가?

삶의 보람이 있는 도시의 창조

무차별 확장이 제기하는 도전에 대응하기 위하여, 오늘날 건축가, 기획자, 개발자, 정책 입안자들은 도시 센터의 생명력을 회복하려고 애쓰고 있으며, 어떻게 도시화 지역을 개발할지를 계획하며 관리하고 있다. 그들은 도시가 도시주민들을 위하여 더 안전하고, 깨끗하고 건강하며, 더 쾌적하도록 만드는 것을 목표로 하고 있다.

사는 보람이 있는 도시지역의 창조를 위한 도시 지역계획

우리는 어떻게 도시의 효율성, 기능성과 아름다움을 극대화할 수 있도록 설계할 수 있을까? 이는 **도시계획[city planning, 도심 계획(urban planning)**이라고도 함]에 집중된 질문이다. 도시계획가들은 정책개발자들에게 개발옵션, 교통수요, 공공 공원 및 기타 문제에 대한 조언을 한다.

워싱턴 DC는 최초의 미국 도시계획의 예이다. 조지 워싱턴 대통령은 포토맥 강을 따라 미개발 땅에 새로운 나라를 위한 수도를 설계하도록 1791년 프랑스 건축가 피에르 찰스 랑팡(Pierre Charles L'Enfant)을 고용했다. 랑팡은 장엄한 공공 기념관(**그림 18.6**)을 위한 충분한 공간과 함께, 격자 거리를 가로지르도록 바로크 형식(Baroque-style)의 대각선 도로(avenue)를 배치하였다. 한 세기 후, 새로운 세대의 도시계획가들은 새로운 건축물에 고도제한을 적용하였는데, 그것은 기념관이 좁은 공간으로 붐비지 않도록 그리고 현대의 고층빌딩에 의해 왜소하게 파묻히지 않도록 함

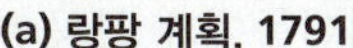
(a) 랑팡 계획, 1791

(b) 오늘날 워싱턴 DC

▲ **그림 18.6** 워싱턴 DC에 대한 피에르 찰스 랑팡(Pierre Charles L'Enfant)의 1791년 계획**(a)**은 격자 거리(streets)를 가로질러 화려한 대각선 도로를 배치하고 공공 기념관을 위해 충분한 공간을 확보한 것**(b)**이 오늘날 그 도시를 아름답게 했다.

으로써 도시의 넓고 중후한 느낌을 유지하도록 하였다.

북미 지역에서 도시계획은 20세기의 전환기에 도달하였을 때, 도시의 지도자들은 무분별하게 빠르게 성장하는 도시를 순차적으로 아름답게 하려고 노력하였다. 1912년 포틀랜드, 도시계획가 에드워드 베넷(Edward Bennett)은 위대한 포틀랜드 계획(Greater Portland Plan)으로 항구 재구축, 강의 수로 준설, 새로운 부두 건설, 교량, 터널, 및 해안철도 건설을 제안하였고; 오래된 도시 거리 교차로에 넓은 반경 가로수 길의 중첩, 시내 중심부에 시민센터 구축 그리고 공원의 수를 훨씬 더 증가시킬 것을 제안하였다. 그 세기가 지나서 시내 공공 광장의 건설과 같은 몇 가지의 다른 도시계획 노력들이 진행되었고 결실을 맺었다.

오늘날의 무차별 확장하는 대도시 지역의 세계에서, **지역계획(regional planning)**은 적어도 전체 도시계획만큼이나 중요하게 되었다. 지역계획 담당자들은 도시계획가들과 같은 문제를 처리

이슈

여러분의 도시 지역 가장 잘 아는 도시의 좋아하는 부분을 생각하라. 당신은 그것들의 어떤면이 좋은가? 당신이 가장 좋아하지 않는 도시의 가장 마음에 안드는 부분은 무엇인가? 이 도시가 주민의 삶의 질을 개선하기 위해 무엇을 할 수 있는가?

하지만, 그들은 더 넓은 지리적 규모로 작업하고 여러 지방 정부와 함께 작업을 조정한다. 일부 지역에서는 지역계획이 공식적인 정부기구에 편제되었다; 포틀랜드 지역의 메트로가 그런 지역계획 실체의 전형이다. 2010년 메트로 및 그 지역의 3개 군이 미개발 토지를 "도시 보전지역"과 "시골 보전지역"으로 분류하는 협력계획을 발표했을 때, 그것은 지역계획에서의 역사적인 성취를 표방했다. 계약으로 도시지역 용도에 11,000 ha(113.3 km^2)와 시골지역 용도에 110,000 ha(1,100 km^2)를 지정하였다. 그것은 주택 소유자, 농부, 개발자 및 정부가 다음 반세기에 걸쳐 자신들의 근처 땅에 어떤 종류의 토지사용이 예정되어 있는지에 대해 정보가 전달되고 확실하게 안다고 느낄 수 있다는 것을 의미한다.

구획화는 도시계획의 중요한 수단

도시계획가들이 사용하는 수단의 하나인 **구획화(zoning)**는 실제로 서로 다른 개발과 토지의 이용을 위해 지역을 분류하는 것이다. 예를 들어, 주거 지역의 청결과 평온을 유지하기 위해, 산업시설은 주거지로부터 떨어진 지역에 유치된다. 서로 다른 유형의 개발을 위한 구획을 분류 지정함으로써, 도시계획가들이 어떤 것을 어디에 건설할지를 안내할 수 있다. 구획화는 또한 주택 구입자들과 사업주들에게 어떤 형태의 개발이 그들 주변에서 이루어질 수 있는지 없는지에 대한 것을 사전에 알려주기 때문에 안전성을 제공한다.

구획화는 민간토지의 사용에 대하여 정부를 제한하고 개인의 재산권에 대한 하향식 강제집행을 나타낸다. 아직도 대부분의 사람들은 정부가 지역사회의 이익을 위해 재산권에 대한 제한을 설정하는 데에 적절한 역할을 하고 있다고 느낀다. 오리건 유권자들은 개인 재산권의 편에 서서 2004년에 투표법안37(Ballot Measure 37)을 통과시켰고, 그것은 규정이 발효되기 전에 토지를 구입한 소유주들과 함께 구획화 규정을 강압적으로 집행하려는 정부의 권한을 무력화하였다. 그러나 많은 오리건주민들은 곧 그들이 용납하지 않았던 새로운 개발을 목격하기 시작하였고, 그래서 2007년에 그들은 개발에 대해 공공 감시를 복원시키는 투표법안 49를 통과시켰다. 대부분의 경우, 사람들은 개별적인 사용에 대한 제약에 대해 그것이 지역사회를 위하여 유발하는 이익이 더 중요하다고 폭넓게 느꼈기 때문에 수년 동안 구획화를 지지했다.

도시성장경계 설정이 이제는 폭넓게 이용된다

도시계획가들은 기존 도시화 지역 내에서만 성장이 이루어지도록 함으로써 오리건의 도시성장경계 설정을 통하여 무차별 확장을 제한하려고 의도하였다. 도시성장경계 설정(UGBs)은 시가지 활성화를 목표로 하여; 농장, 과수원, 목장과 숲의 작업을 보

호하고; 도시 거주자들에게 도시 인근의 열린 공간에 접근을 보장하였다. 오리건이 실험을 시작한 이래, 다른 주, 지역 및 도시들은 도시성장경계 설정 방식을 도입하였다—콜로라도주 보울더(Boulder)에서 펜실베니아주 랜캐스터(Lancaster) 및 많은 캘리포니아주 공동체에 이르기까지.

도시성장경계 설정은 지방자치 단체가 기반시설을 위해 지불해야 되는 자금을 줄임으로써 납세자에게 돈을 절약해 준다. 그러나 도시성장경계 설정은 또한 자신들의 경계설정 구역 내에서 주택가격을 증가시키는 경향이 있다. 포틀랜드 지역에서 주택은 점점 더 구매하기 어려워지고 있다. 그러나 대부분의 다른 쪽에서는 도시성장경계이 의도한대로 작용한다. 가정들은 더 작은 지역에 조성되고 다층 아파트들이 "바깥이 아닌 위로의 건축"이라는 비전을 성취하며 도시성장경계 내의 새로운 주택의 밀도를 증가시킬 때, 도시성장경계는 외부 농장과 숲을 보존하였다. 시내 중심부에서 사업가와 주민들이 새로운 투자를 할 때 시내의 고용률은 엄청나게 증가하였다.

그러나 포틀랜드의 도시성장경계가 설립된 이후 도시화 지역은 여전히 10년 동안 101 km^2(39 mi^2)로 확대됐고, 이유는 146,000명이 인구에 추가되었기 때문이다. 이 사실은 끊임없는 인구 증가도 최고의 반무차별 확장 노력을 방해할 수 있다는 것을 제시한다. 사실, 메트로는 포틀랜드 지역 도시성장경계를 36배로 확장시켰으며 향후 더 확대할 계획을 가지고 있다.

무차별 확장에 맞설 "스마트 성장"과 "새로운 도시화"

더 많은 사람들이 그들의 일상생활에 미치는 무차별 확장의 부정적인 영향을 느낄 때, 도시성장경계 설정 및 기타 토지 이용 정책과 성장을 관리하려는 시도가 북미 전역에서 생겨나고 있다. **스마트 성장(smart growth)**의 지지자들은 무차별 확장(**표 18.1**)에 의해 너무 자주 쇠진하여 피폐되는 오래된 기존 커뮤니티를 다시 젊게 만드는 방안을 찾고자 한다. 스마트 성장은 "퇴출이 아닌 구축"—기존 도시 중심의 개발과 경제의 투자에 초점을 맞추고 다층 상점—주택과 고층건물을 선호하는 것을 의미한다.

건축가, 설계자 및 개발자들 사이에 일련의 접근 방식은 **새로운 도시화(new urbanism)**이며, 그것은 가정, 사업장, 학교 및 기타 편의시설 모두가 편의를 위해 함께 가까이 모여 있는 걷기 편리한 근린을 설계하는 방안을 찾는 것이다. 그 목표는 기능적인 이웃을 만드는 것인데 거기서 가족들은 자동차를 사용하지 않고 집 가까이에서 자신이 필요한 일의 대부분을 충족시킬 수 있다. 녹색 공간, 나무, 건축 스타일의 혼합, 그리고 창조적인 거리의 배치는 새로운 도시개발자의 시각적 관심에 추가되었다. 이러한 지역의 이웃들은 종종 대중교통 수단으로 연결되어, 사람들이 가고자 하는 대부분의 장소를 대중교통이나 걸어서 방문할 수 있도록 한다.

표 18.1 "스마트 성장"의 10가지 원칙

- ▶토지 이용의 복잡화
- ▶컴팩트한 건물설계의 장점을 활용
- ▶주거의 기회와 선택의 범위를 새롭게 하라
- ▶걷기 편리한 근린 조성
- ▶지역의 강한 의미를 지닌 독특하고 매력적인 지역사회 육성
- ▶열린 공간, 농지, 자연적인 아름다움과 주요 환경지역의 보존
- ▶기존 커뮤니티에 대한 개발 강화
- ▶다양한 교통수단 선택권을 제공
- ▶예측가능하고, 공정하고, 비용효율적인 개발의 결정
- ▶개발결정에 지역사회와 이해 관계자의 협력 강화

출처: U.S. Environmental Protection Agency.

도시 교통 선택권의 도움

도로에서 교통체증은 대기오염, 스트레스, 무수한 개인적인 시간 손실을 야기시킨다. 그들은 또한 미국 경제에 매년 740억 달러($74 billion)에 달하는 연료 및 생산성 손실을 초래했다. 그래서 어떤 도시계획가들 해법의 핵심 성분은 시민들에게 공공 버스, 기차, 지하철 및 **경전철(light rail**; 전기 동력에 의한 더 작은 철도시스템)과 같은 대체 교통 옵션을 제공하는 것이다. 도시중심가가 필요한 기반시설을 유지하기에 충분한 공간을 구비한다면 기차와 버스시스템은 둘 다 더 싸지고, 자동차로 질식 상태의 도로보다

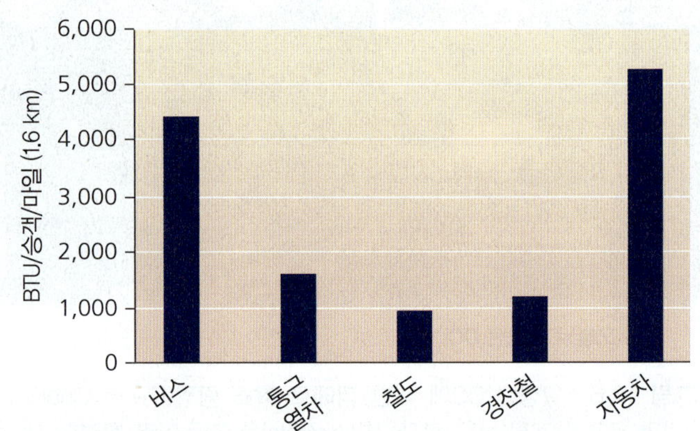

(a) 교통수단별 에너지 소비

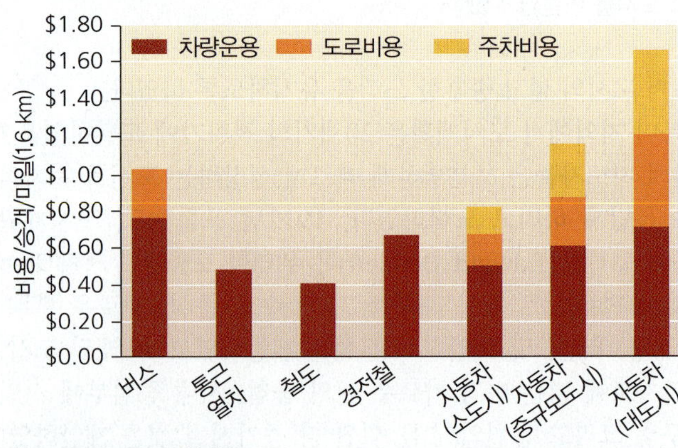

(b) 교통수단별 운행비용

▲ **그림 18.7** 철도 교통은 훨씬 적은 승객 마일(1.6 km)당 에너지**(a)**를 버스 또는 자동차 교통보다 소모한다. 철도 교통은 승객 마일(1.6 km) 당 비용**(b)**을 버스 또는 자동차 교통보다 더 적게 포함한다. Data from, Litman, T., 2005. *Rail transit in America: A comprehensive evaluation of benefits. Victoria*, BC: Victoria Transport Policy Institute.

▲ **그림 18.8** 일본과 유럽의 고속 철도 시스템인 "총알 기차"는 150~220 mph로 여행할 수 있다. 중국도 청도(Qingdao)시를 통해 빠르게 고속 열차에 투자하고 있다. 미국에서는 동일한 철도라인을 구축할 계획이 이제 막 진행되고 있다.

더 에너지 효율적이고 깨끗할 것이다(**그림 18.7**).

포틀랜드에서 버스 운송체계는 연간 66,000,000명의 승객을 실어 나르므로, 매일 평균 승용차 250대를 대체한다. 포틀랜드는 시내 전차와 국가의 선도 경전철 시스템 중 하나를 자랑한다. 미국의 가장 많이 사용되는 열차 시스템은 뉴욕시 지하철, 워싱턴 DC의 메트로, 보스턴 T, 그리고 샌프란시스코 베이 지역의 BART 등 대도시의 광범위한 대량 철도 시스템이다. 이들 각각은 도심의 일일 통근 승객의 4분의 1 이상을 수송한다.

그러나 일반적으로, 미국은 대중 교통수단에서는 대부분의 국가에 뒤져 있다. 많은 국가들에는, 부자와 가난한 자가 똑같이 도시와 마을 내외로 값싸고 효과적으로 운송하는 광범위한 버스 시스템을 가지고 있다. 브라질의 쿠리치바(Curitiba, Brazil)는 인구 2,500만 명의 대도시로 인구의 3/4이 매일 이용하는 뛰어난 버스 시스템을 가지고 있다. 일본, 중국, 그리고 많은 유럽 국가는 현대의 고속 "총알" 철도(**그림 18.8**)를 개발하고 있으나, 그 점에서 미국은 유일한 국가 철도 운송망인 암트랙(Amtrak)을 위한 자금 조달에도 오랫동안 허덕이고 있다.

미국은 대신에 인구 밀도가 낮고 가솔린이 쌌기 때문에 주로 승용차와 트럭을 위한 도로망 확충에 투자하기로 결정하였다. 그러나 에너지 비용과 인구증가로, 대중 교통은 점점 설득력을 얻고, 시민들도 지역사회에서 기차와 버스 시스템의 요구에 소리를 내기 시작했다. 미국도 머지 않아 처음으로 총알열차를 볼 수 있을지 모른다; 의회에 의해 통과된 2009년 경기부양 법안은 고속열차를 개발하기 위해 80억 달러를 따로 설정하였고, 오바마 행정부는 그런 철도를 위한 10개의 유력한 경로를 확정했다.

도시 교통수단을 보다 효율적으로 만들기 위해 정책 입안자들은 여러 다양한 시도를 할 수 있다. 그들은 유류세, 교통세, 카풀 차선으로 차 함께 타기를 보상하고, 버스타기와 자전거 사용을 독려하며, 도로손상에 대해 트럭에 배상을 물리는 등을 할 수 있다.

도시민들은 공원지역이 필요하다

도시 거주자들은 종종 도시 생활의 소음, 소란, 스트레스에서 탈출을 원한다. 자연의 땅, 공공 공원 및 열린 공간은 녹지, 아름다운 경치, 이동의 자유, 그리고 휴양을 위한 장소를 제공한다. 이러한 땅들은 또한 기후를 조절하고 공기와 물을 정화하며 야생생물 서식처를 제공하도록 도움으로써 생태계가 제대로 기능하도록 유지한다.

미국의 도시 공원은 정치인과 시민들이 혼잡하고 더러운 도시들을 유럽의 공원과 정원에서 가져온 미적 이상을 사용하여 보다 살기 좋은 공공 공간으로 만들고자 열망하는 등, 19세기 후반에 발생하기 시작했다. 많은 미국 도시 공원의 잔디, 그늘진 숲, 구부러진 산책로, 목가적인 풍경은 미국 선두 조경 건축가 프레더릭 로우 옴스테드(Frederick Law Olmsted)에 의해 해석됨으로써 이런 유럽의 이상과 함께 생겨나기 시작했다. 옴스테드는 뉴욕의 센트럴 파크(**그림 18.9**) 및 기타 여러 도시 공원 시스템을 설계했다.

포틀랜드의 공원에 대한 탐색은 1900년에 시 지도자들이 공원위원회를 만들고 옴스테드의 아들, 존 옴스테드에게 공원 시스템을 설계하도록 고용하였을 때 시작되었다. 그의 1904년 계획은 공원으로 도시외곽을 둘러싸도록 충분한 토지를 확보할 것을 권고하였으나, 아무런 조치도 취하지 않았다. 44년이 다 흐른 뒤, 시민들이 도시의 북서쪽에 큰 숲 능선을 따라 삼림공원을 만들도록 시 지도자들을 압박하였다. 길이 11 km(7 mi), 그것은 오늘날 미국에서 가장 큰 도시 공원이다.

큰 도시 공원은 건강한 도시 환경에 매우 중요하지만, 작은 공간으로도 큰 차이를 만들 수 있다. 놀이터는 아이들이 활발한 야외 활동 및 친구들과 서로 어울릴 수 있는 장소를 제공한다. 지역사회 정원은 사람들이 이웃에서 야채와 꽃을 재배할 수 있도록 한다. 강, 시냇물 또는 운하를 따라가는 "녹색 길(Greenways)"은 산책로를 제공하고, 수질을 보호하며, 재산가치를 높이고, 야생 동물의

▼ **그림 18.9** 맨해튼의 센트럴 파크는 미국 최초의 개발된 도시 공원 중 하나이며, 그것은 가장 크고 멋있는 공원 중 하나로 꼽힌다.

이동 통로 역할을 할 수 있다.

그린빌딩이 주는 혜택

우리가 공원을 필요로 하지만, 우리 삶의 대부분을 실내에서 보내므로, 우리의 건강은 우리가 살고 일하는 건물들에 의해 영향을 받는다. 거기에다 건물들은 우리가 사용하는 에너지의 40% 및 전기의 70%를 소모하여, 화석연료 소모 및 기후변화를 몰고 오는 온실가스 배출에 기여하고 있다. 그 결과로, 오늘날 건설 및 운영의 생태발자국(1장)을 최소화하는 기술과 방법을 사용하여 **그린빌딩(green buildings)**과 구조를 설계하려는 왕성한 움직임이 있다. 그린빌딩은 지속가능한 재료로 지어졌고, 에너지 및 물 사용을 제한하며, 그곳 거주자들의 건강에 미치는 영향을 최소화하며, 자신의 오염물질을 제어하고, 폐기물을 재활용한다(그림 18.10).

미국 그린빌딩 위원회는 **에너지와 환경디자인(Leadership in Energy and Environmental Design, LEED)** 인증 프로그램으로 지도력을 발휘하여 이러한 노력을 촉진한다. 건물(새 건물이나 리노베이션 프로젝트)들은 인증을 신청하여, 성과에 따라 실버, 골드 또는 플래티넘 자격을 부여받는다.

그린빌딩 기술은 건설비용이 추가되지만 추가 비용은 일반적으로 LEED 실버 빌딩은 3% 미만, LEED 플래티넘 빌딩은 10% 미만이다. LEED 인증은 북미 전역에 유행하고 있다. 한 예는 포틀랜드의 로사 파크 초등학교이다. 2007년 완공되어 LEED 골드 인증을 받았는데, 학교는 매립지에서 거의 모든 건설 폐기물을 전환하여 지역 공급 및 비독성물질로 건축하고, 유사한 건물보다 24% 더 적은 에너지와 물을 사용하였다. 학생들은 학교의 태양광(PV) 시스템에 의해 생산된 전기를 이용하는 모니터 화면을 보면

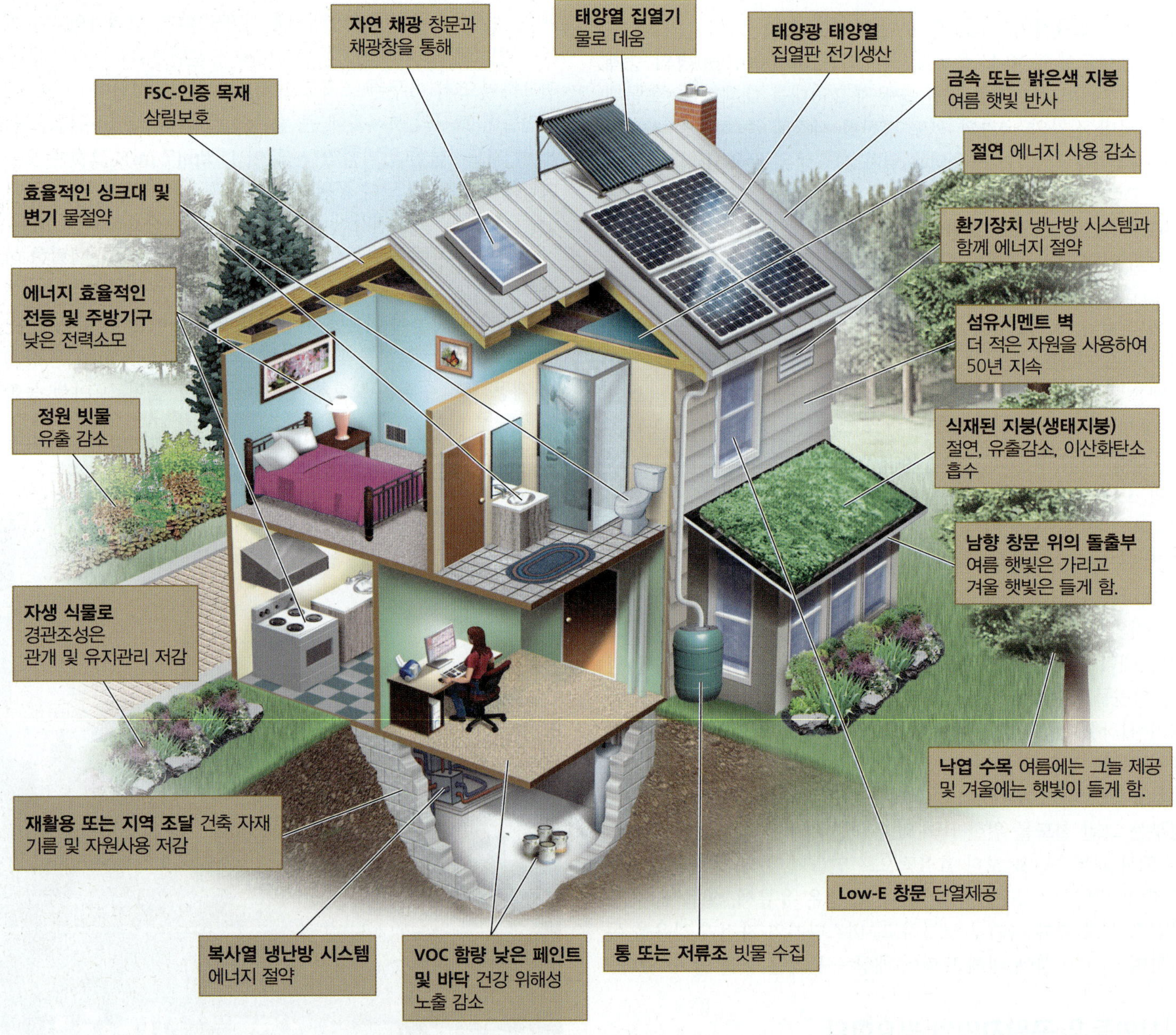

▲ 그림 18.10 그린빌딩들은 건물의 에너지 사용, 물 사용 및 생태발자국을 줄이기 위해 설계 특성들을 통합한다. 지속가능한 소재로 만들어져, 거주자들을 위해 건강하고, 오염을 제한하며, 폐기물을 재활용하도록 지어졌다.

서 신재생 에너지에 대해 배우다. 그린빌딩은 북미 전역의 대학들(맺는말)에서 특히 인기를 끌고 있다.

도시의 지속성장

도시를 보다 살기 좋게 만들기 위한 우리의 노력 또한 도시들이 더 지속되게 하는 데 도움이 된다. 지속가능한 도시는 장기적으로 기능할 수 있고 번영할 수 있으며, 먼 미래에 주민 후세들에게 양질의 삶을 제공하는 도시이다.

도시중심은 혼재된 환경영향을 내포한다

도시를 지속되게 만드는 것은 영양을 공급하는 자연 시스템과 자원에 미치는 영향의 최소화라 한다. 당신은 도시생활이 시골 생활보다 더 환경에 영향을 받는다고 추측해도 좋다. 그러나 그림은 그리 간단하지 않다. 도시중심은 긍정적이고 부정적인 환경 영향이 복잡하게 혼재함을 유감없이 나타낸다.

자원의 사용 및 효율 도시와 마을은 자원의 흡입구(sinks; 2장)로, 주민들을 먹이고 입히고, 거주하게 하며 그들의 상권에 동력을 공급하는 데 필요한 것의 대부분을 그들의 경계너머 교외 지역으로부터 수입하게 한다. 사실, 일상의 생존을 위해 뉴욕, 보스턴, 샌프란시스코, 로스앤젤레스와 같은 도시에 있는 사람들은 먼 지역으로부터 공급되는 물에 의존한다. 그래서 도시 지역은, 교외 지역에서 자원과 생태계를 위해 사용되는 토지에 보다 큰 비용을 지불하고, 또한 자원과 상품을 수입하기 위해 화석연료를 태운다.

그러나 세계 36억 도시민이 지역에 고르게 분산되어 있다고 가정해보라. 그러면 그들 모두에게 자원과 상품을 운반하기 위한 운송요구 사항은 무엇일까? 도시 없는 세상은 사람들에게 자원과 상품에 대한 같은 수준의 접근성을 제공하기 위해서는 더 많은 운송수단을 요구할 것이다. 거기에다 일단 자원이 도시에 도착하면, 도시는 상품을 배송하고 서비스를 제공하는 데 효율성을 극대화한다. 도시의 밀집성은 전기의 공급, 의료진료, 교육, 물, 하수도, 쓰레기 처리 그리고 대중교통을 용이하게 한다. 그래서 전체적으로 도시는 커다란 생태발자국(1장)을 갖지만, 일인당으로 치면 중간 또는 작은 생태발자국을 가질 수 있다.

토지 보존 사람들이 도시에 함께 밀집해 있기 때문에, 도시 밖에는 더 많은 토지가 미개발로 남아 있다. 사실 이것이 도시성장 경계 설정의 배경이 된다. 대신 70억 명이 균등하게 지구의 전체 면적에 골고루 분산될 경우, 거주자가 없는 큰 토지구역(자연생태계)은 없을 것이고, 우리는 훨씬 작은 경작공간, 자연공간, 생물다양성, 또는 사생활을 갖게 될 것이다. 인구 절반이 서로 떨어진 지역에 밀집되어 있다는 사실은 자연생태계가 계속 기능하도록 공간을 제공하고 생태계에 의존하는 도시민과 시골주민 모두에게 서비스를 제공하도록 돕고 있다.

오염 그냥 도시들이 자원을 수입할 때, 그들은 수동적으로 환경오염을 통하거나 적극적으로 무역을 통해, 폐기물을 수출하고 있다. 이렇게 함으로써, 도시 센터는 다른 지역에 그들의 활동으로 인한 비용을 전가하여—자신의 주민들 비용을 상쇄하고 있다. 인디애나폴리스, 콜럼버스, 또는 버팔로의 시민들은 근처 석탄화력 발전소로 인한 오염이 동쪽으로 수백 마일에 이르는 지역을 산성비로 악화시키는 것을 인지하고 있지 못할 수도 있다. 뉴욕 시민들은 만약 쓰레기를 처리하기 위해 다른 지역으로 보내지 않는다면 그들의 도시가 얼마나 많은 쓰레기를 배출하는지를 깨닫지 못할지도 모른다.

그러나 모든 폐기물과 오염이 도시를 떠나는 것은 아니다. 도시 거주자들은 독성 산업 물질, 광화학 스모그, 산업 스모그, 화석연료 연소가스, 소음 공해, 가벼운 오염 등에 노출되어 있다. 시 거주자들도 **도시열섬 효과(urban heat island effect; 그림 18.11)**로, 열에 의한 오염에 고통을 받고 있다. 오염과 그것이 내포한 건강 위험은 주민들 간에 균등하게 나눠지지 않는다. 환경정의 옹호자들이 지적한 것처럼(1장), 오염의 피해자는 너무 가난하여 깨끗한 지역에 살 수 없는 사람들이다.

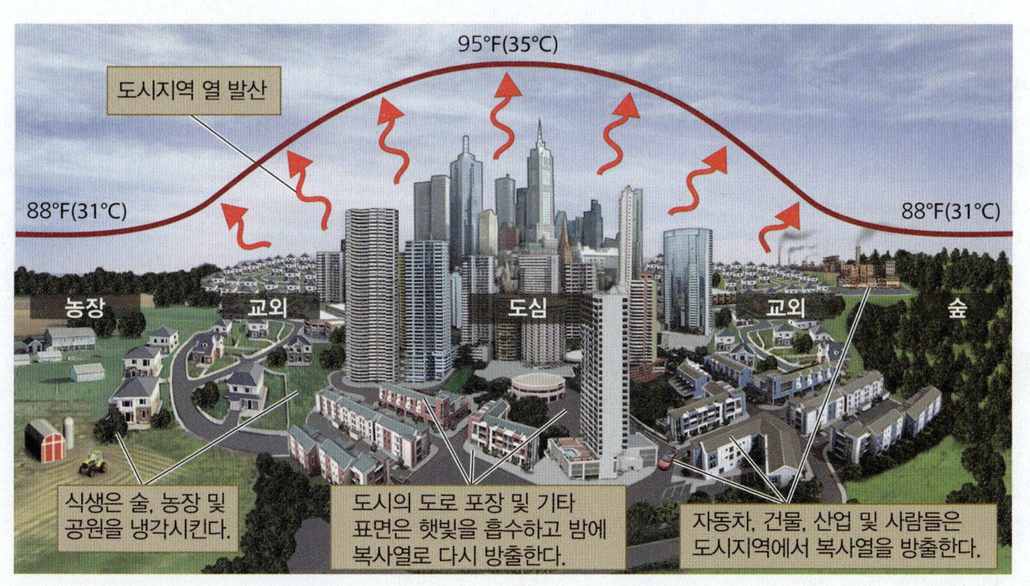

◀ **그림 18.11** 도시는 주변지역보다 몇 도 더 따뜻하여 도시열섬 효과를 만들어 낸다. 사람, 건물, 자동차, 공장 등은 열을 생성하고, 건물과 어둡게 포장된 도로표면은 낮에 열을 흡수하고 밤에 서서히 방출함으로써 공기를 데워 그렇지 않을 경우 도시를 냉각하는 대류 순환 패턴을 방해할 것이다.

어느 도시 생태학자가 볼티모어 고가도로 아래에서 물을 시료로 채취한다.

과학 비하인드 스토리

볼티모어와 피닉스의 도시생태 사례

도시 생태 연구자들은 생태계가 도시와 교외에서 어떻게 작용하는지 자연계는 도시화에 어떻게 응답하는지, 사람들은 도시 환경과 어떻게 상호작용하는지에 대해 시험 조사한다. 오늘날, 볼티모어와 피닉스가 도시 생태학의 중심이다.

이 두 도시는 매우 다르다: 볼티모어는 오랜 역사를 가진 체사피크 만(Chesapeake Bay)의 대서양 항구 도시이고, 그런 점에서 피닉스는 젊고 빠르게 성장하는 남서부의 대도시로 사막을 가로질러 무차별로 확장하고 있다. 각각은 수십 년간 생태 연구 자금을 지원하는 권위 있는 장기생태연구(LTER) 프로그램에서 연구 대상지로 미국 국립과학재단(National Science Foundation)에 의해 선정되었다. 1997년 이후, 수백 명의 연구자들은 사람들이 환경 건강 위협에 어떻게 반응하는지 생태계, 영양소 순환 조사, 생물다양성, 대기 및 수질 등에 대해 볼티모어와 피닉스를 연구했다.

두 도시 연구팀은 경관 변화의 역사를 재구성하기 위해 옛 지도, 항공사진, 그리고 새로운 원격 탐사 위성 데이터를 조합하고 있다. 피닉스에 있는 한 팀은 어떻게 도시 개발이 "전진의 파도(wave of advance)"로 사막을 가로질러 퍼져 갔는지, 개발이 도래했을 때 토양, 식생 및 미기상에 어떻게 영향을 미쳤는지를 보여주었다. 볼티모어에서는, 지도작업에 대한 노력은 지난 100년 동안 대부분의 숲이 그대로 남아 있을지언정 개발은 그 지역 숲을 아주 작게 조각냈다는 것을 보여주었다.

각 도시를 위해 지정된 연구 지역은 과도하게 도시화된 중심지역과 시골과 자연지역 모두를 도시 주변으로 둘러싸고 있다. 도시화의 영향을 탐구하기 위해 많은 연구 프로젝트들은 지역의 두 가지 유형의 조건을 비교하였다.

볼티모어 과학자들은 도시 저개발 상단 지역과 하단 지역의 유역을 단지 비교만 해도 도시화가 생태에 미치는 영향을 볼 수 있었다. 도시 하단 지역은, 도로포장, 지붕 및 다져진 토양이 빗물의 토양 침투를 막음으로써 빗물이 빠르게 하천으로 흘러간다. 빠른 유속은 강바닥을 침식하는 반면, 주변 토양은 건조하다. 결과적으로, 습지 적응 나무와 관목들은 사라져가고, 대신 건조 적응 고지대 나무와 관목들로 대체된다.

또한 물의 빠른 유속은 오염을 악화시킨다. 자연지역에서는 하천과 습지가 질소화합물들을 분해하여 오염을 걸러낸다. 그러나 도시 지역에서는 습지가 건조해지고 포장도로 유출수는 순간적인 홍수를 야기시키며, 하천은 여과능력을 상실한다. 볼티모어에서는, 오염 결과 체사피크 만이 부영양화와 저산소의 생명이 없는 광범위한 지역(2장)으로 고통받는 것으로 끝났다. 영양소 순환(3장)을 연구하는 볼티모어 과학자들은 도시와 교외 유역이 자연의 숲보다 훨씬 더 질산염으로 오염이 심화된 것을 발견했다(**첫 번째 그림 참조**).

볼티모어 연구는 또한 겨울 빙판길에 염을 뿌리는 것은 환경에 주요한 영향을 끼치는 것으로 밝혀냈다. 염은 하천으로 흘러들어 여름철 도로에 염을 뿌리지 않을 때조차도 염도가 100배나 더 높게 나타난다. 그와 같이 높은 염도는 생물을 죽이고(**두 번째 그림 참조**) 서식지와 수질을 저하시키며, 하천의 질산염 제거능을 손상시킨다.

혁신(Innovation) 도시는 풍성한 문화생활을 촉진하고, 다양한 사람들과 서로에 대한 영향을 혼합시켜, 혁신과 창의성을 촉발시킨다. 도시환경은 교육과 과학적인 연구를 촉진할 수 있으며, 도시는 오랫동안 기술적 및 예술적 창의성의 엔진으로 간주되었다. 이 창의성은 환경에 미치는 영향을 줄일 수 있는 방법 등의 사회문제에 대한 해결책으로 이어질 수 있다.

FAQ

Q: 도시는 환경을 위해서는 나쁘지 않나?

A: 큰 도시의 한가운데에 서서 주위를 둘러보라. 당신은 콘크리트, 자동차, 오염 등을 인지할 것이다. 환경적으로 나쁘지 않은가? 반드시 그렇지 않다. 도시는 복잡지만, 도시생활이 시골생활보다 덜 환경 친화적이라는 광범위하게 퍼져 있는 인식은 커다란 오해이다. 도시에서는 당신이 운전하는 대신 걸어서 식료품 가게에 갈 수도 있다. 버스나 기차를 탈 수 있다. 경찰, 소방서 의료 서비스가 손 닿을 만큼 가까이 있다. 물과 전기는 전 지역에 공급되고 있으며, 쓰레기는 쉽게 수거된다. 반면에 당신이 시골에서 거주한다면, 이런 모든 서비스를 받기 위해 자원이 사용되거나, 그렇지 않으면 당신이 휘발유를 소모하면서까지 시간을 내어야 한다. 사람들이 함께 모여 삶으로써, 도시는 우리가 자원을 효과적으로 분배할 수 있게 하고 또 한 편으로는 도시 외곽 자연의 땅을 보존하게 한다. 여러 방면에서, 각 사람들은 더 적게 환경에 영향을 미치면서 시골에서 보다 도시에서 더 많은 혜택을 누릴 수 있다.

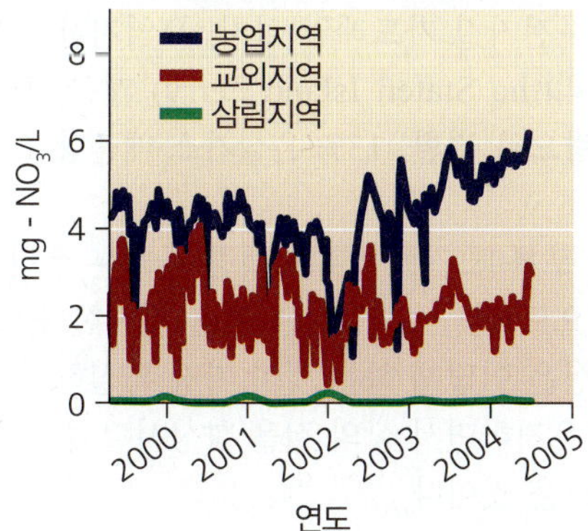

볼티모어 교외 지역에서 하천의 질산염 수준은 인근 산림 지역보다 훨씬 높았지만, 비료를 자유롭게 사용하는 근처의 농업 지역보다 낮았다. Data from Groffman, P.M., et al., 2004. Nitrogen fluxes and retention in urban watershed ecosystems. *Ecosystems* 7: 393–403; and Baltimore Ecosystem Study, www.beslter.org/frame4–page_3f_05.html.

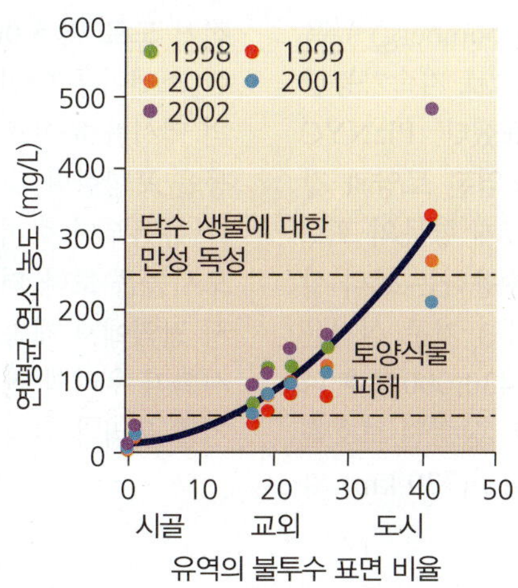

볼티모어 지역 하천의 염분농도(도로 염의 유출에 기인하는)는 교외에 서식하는 식물을 손상시키고 도시지역에 수생 동물을 죽이기에 충분하게 높다. Data from Kaushal, S.S., et al., 2005. Increased salinization of freshwater in the northeastern United States. *Proc. Natl. Acad. Sci. USA* 102: 13517 – 13520.

지하수 및 음용수의 오염 연구를 하기 위해 연구진은 가장 오염된 하천에서 염분은 어디에서 기인하는지를 추적하기 위해 과학 수사의 동위원소(2장)를 이용했다. 볼티모어는 하수도를 업그레이드하는데 $900 million(90억 원) 달러를 지출함으로써 이제 지속적으로 수질을 개선하고 있다.

또한 도시화는 종과 생태계에 영향을 미친다. 도시와 주변은 외래종의 확산을 촉진하는데 이는 사람들이 이국적인 관상용 식물을 들여오기 때문이고 토양, 기후 및 경관에 미치는 영향은 특화된 토종보다 보통의 잡초들에게 더 유리하기 때문이다.

자연 들판에 비해 도시는 꾸준히 안정적인 먹이원을 제공한다—사람들이 주는 새모이 또는 쓰레기통의 음식 찌끄러기를 생각해보라. 성장 계절은 길어지고 물론 도시에서의 계절적 변화는 완화된다. 도시열섬효과(18장)는 야간 온도를 높여서 일년 내내 온도가 비슷하게 만든다. 건물과 관상용 초목은 척박한 조건에서 동물들에게 쉼터를 제공하고 마당과 정원의 관개수로는 물을 제공한다. 피닉스같은 사막 도시에서, 물을 뿌리는 것은 기본 생산성을 향상시키고 낮 동안에는 온도를 낮춰준다. 모든 이런 변화들과 함께 동물의 개체수 밀도의 향상으로 이어지지만 일반 종이 번성하게 되면 희귀종을 대체하게 되어 종다양성은 낮아지게 된다.

피닉스와 볼티모어에서 도시 생태학자들은 도시환경의 사회적 인구통계학적 측면도 물론 연구하고 있다. 일부 연구는 자연적인 편의 시설이 재산가치에 어떻게 영향을 미치는지를 계량화하고 있다. 예를 들어, 한 연구는 공원에 근접한 집의 재산가치가 올라간 것을 밝혀냈다 — 주변이 우범지역이 아닌 경우, 만약 강도 범죄율이 전국평균의 6.5배가 넘는다면(볼티모어에서와 같이) 공원에 대한 접근성은 재산가치를 하락시킨다.

그 외 연구들은 환경정의의 문제(1장)에 초점을 맞추고 있다. 이러한 연구들은 산업 공해의 오염원이 가난한 소수 인종과 민족의 사람들 거주지에 위치하는 경향이 있다는 것을 반복적으로 나타낸다. 피닉스의 연구자들은 대기오염 및 유해 화학물질 배출 패턴을 지도에 나타내 소수자들과 가난한 이들이 이런 유해물질에 더 크게 노출되어 있다는 것을 발견하였다. 그 결과로 그들은 높은 율의 유아기 천식으로 고통받고 있다.

사람, 자연 공동체 또는 도시환경의 생태계 변화에 대하여 제대로 문제점을 밝혀내든 말든, 피닉스와 볼티모어에서 그 같은 도시생태에 대한 연구는 우리의 도시 세계에서 점점 더 중요한 정보가 될 것이다.

도시 생태가 시의 지속가능성을 돕는다

모든 자원을 수입하고 모든 쓰레기를 외부로 반출하는 도시는 선형적인 편도의 대사(metabolism)를 갖고 있다. 생산과 소비의 선형모델은 환경 시스템을 불안정하게 하는 경향이 있다. **도시 생태(urban ecology)** 연구자들은 우리가 자연에서 발견되는 것과 유사한 순환 시스템을 개발하도록 종용하는데, 그것은 물질을 재활용하고 신재생에너지를 사용하는 것이다. 이 연구자들은 생태계생태학 및 시스템 과학(3장)의 도시환경에 적용을 주관하였다. 주요 도시생태 프로젝트는 볼티모어와 피닉스에서 진행되고 있는데, 그곳에서 과학자들은 이 도시들을 생태계로서(**과학 비하인드 스토리** 참조) 명시적으로 연구하고 있다. 도시의 지속가능성 옹호자들은 생태계 중심의 모델을 따르도록 다음의 일들을 하려고 노력하라고 제안한다:

- 자원의 효율적 사용의 극대화
- 가능한 많은 것을 재활용(17장)
- 환경친화적으로 기술을 개발
- 외적비용을 위해 계정을 충분히 산정(5장)
- 지속가능성 실행을 격려하기 위해 세금감면 인센티브 제공
- 지역에서 생산된 자원을 사용
- 토양 시비를 위해 유기성 폐기물과 폐수를 사용
- 도시농업을 장려

점점 더 많은 도시들이 이러한 전략을 채택하고 있다. 도시 농업은 포틀랜드에서 쿠바, 일본에 이르기까지 여러 곳에서 번창하고 있다. 도시 재활용 프로그램은 성장을 계속하고 있다. 브라질의 쿠리티바 같은 도시는 대중교통, 환경교육, 가난한 사람들을 위한 직업 교육과 무료 의료 서비스를 제공해준다.

2007년 뉴욕시는 마이클 블룸버그(Michael Bloomberg) 뉴욕 시장이 기대하는 대로 뉴욕시를 "첫 번째 환경적으로 지속가능한 21세기 도시"로 만들기 위한 야심찬 계획을 발표했다. PlaNYC은 온실가스 배출 감축, 대중교통 개선, 식목, 오염된 토양과 강물의 정화와 공원에의 접근성 향상 등을 위한 127개 항목의 프로그램으로, 뉴욕시를 2030년까지 100만 명을 더 수용하는 보다 살기 좋은 곳으로 만들기 위한 프로그램이다. 2011년 기준 실적은 100개의 도시 건물 에너지 효율 프로젝트 완료, 430,000그루 나무 심기, 180개 학교 운동장 신설 또는 개선, 북부 상수원 보호를 위한 29,000에이커(117.3 km^2) 토지 확보, 200마일(320 km) 자전거 도로 및 5,000개의 자전거길 가드레일 설치, 오염저감을 위한 스테이튼 아일랜드 페리(the Staten Island Ferry) 개조, 30%의 택시를 하이브리드 차량으로 전환, 13% 온실가스 배출량 감소 등을 포함한다.

뉴욕부터 쿠리치바 및 포틀랜드에 이르는 성공 사례는 우리가 도시들을 보다 더 지속적으로 만들 수 있다는 것을 제시한다. 도시 전역에서 계속되는 실험은 어떻게 하는 것이 가장 확실하게 도시화가 우리의 환경 질을 유지하면서 삶의 질을 향상시킬 수 있는지를 우리가 결정하도록 도울 것이다.

>> 결론

인구의 절반이 시골에서 도시 생활로 이동함에 따라 우리의 환경에 미치는 영향의 성격이 바뀌었다. 도시와 교외 거주자로서, 우리의 영향은 덜 직접적이지만 더 광범위하게 미친다. 도시와 교외 지역이 더 지속적으로 성장하도록 만드는 것은 우리의 미래를 위해 매우 중요하다. 도시지역을 더 나은 장소로 만드는 동안 다행히 우리는 지속가능한 해법을 개발하고 있다. 계획과 구획은 장기 비전을 수반하므로 그들은 도시 지역사회를 지속가능하도록 하기 위한 강력한 힘이 될 수 있다. 스마트 성장과 새로운 도시생활은 에너지 소비를 줄이고 우리의 피크오일(15장)과 기후변화(14장)에 대한 불투명한 도전의 해법제시를 돕는다. 대량 운송수단은 연료사용과 탄소배출을 감소시킨다. 공원은 건강을 증진시키고 생태계 서비스를 제공한다. 그리고 그린빌딩은 환경과 건강 혜택의 다양성을 가져다준다. 정말 도심은 환경에 긍정적인 방법으로 영향을 미치고 효율적 자원활용을 위한 잠재성을 가지고 있기 때문에, 글로벌 지속성장을 달성하기 위한 중요한 요소이다.

이해도 측정

1. 어떤 요인들이 도시 지역에서 농촌 지역으로의 인구이동 이면에 놓여 있나? 어떤 형태의 도시와 국가가 오늘날 가장 빠른 도시성장을 경험하고 있으며, 그 이유는?
2. 왜 미국, 캐나다 및 기타 국가에서 많은 도시 거주자들이 교외로 옮겨가는가?
3. 도시확장의 두 가지 정의를 제시하라. 도시확장의 결과로 제시된 다섯 가지 부정적인 영향에 대해 기술하라.
4. 도시계획과 지역 계획은 무엇인가? 구역화와 계획을 대비하라. 초기 도시계획가로 포틀랜드에 있는 에드워드 베넷이 제안한 몇 가지 예를 들어라.
5. 일부 사람들은 어떻게 무차별 확장을 막거나 속도를 늦추려고 하였는가? "스마트 성장"의 몇 가지 주요 요소를 설명하라. 도시성장 경계가 갖는 경향으로 긍정적이고 부정적인 효과는 무엇인가?
6. 철도 운송 수단의 몇 가지 뚜렷한 이점을 설명하라. 잠재적인 단점은 무엇인가?
7. 어떻게 도시공원이 도시지역을 더 살기 좋게 한다고 생각하나? 공원 또는 공공장소의 예를 세 가지 들라.
8. 그린빌딩은 무엇인가? LEED 인증건물이 가지는 몇 가지 기능에 대해 설명하라.
9. 도시의 생태와 지속가능한 도시 사이의 연관성을 설명하라. 도시가 지속가능성을 향상시키기 위해 취할 수 있는 행동 세 가지를 열거하라.
10. 자연 환경에 대한 도시 중심의 두 가지 긍정적인 효과를 말하라.

해법찾기

1. 교외의 확산 원인을 평가하고 무차별 확장의 환경적, 사회적, 경제적 영향을 평가하라. 전반적으로 볼 때, 통상 무차별 확장이라고 일컬어지는 도시와 교외의 개발 확산은 주로 좋은 일 또는 나쁜 일이라고 생각하는가? 그것이 피할 수 없는 것이라고 생각하는가? 당신의 대답에 대한 근거를 제시하라.
2. 개인적으로 새로운 도시형태로 개발된 지역에 살고 싶은가? 도시성장 경계지역에 살고 싶은가? 그 이유는 무엇인가?
3. LEED 인증 그린빌딩 건축기술을 사용하여 건물을 건설하거나 개조하는 데 사용되는 방법의 다양성을 고려하라. LEED 인증 건물이 당신의 학교에 하나라도 있는가? 그렇다면, 기존의 건물과 어떻게 다른가? 생각하기에 건강에 해롭거나 또는 환경적으로 낭비인 캠퍼스에 있는 건물에 대해 생각해보

라. 이런 건물을 개선하는데 사용될 수 있는 그린빌딩 건축기술을 구체적으로 3~5가지 정도 이름을 대 보라.

4. **생각해보기** 당신은 대학의 학장이나 총장이고, 학생들이 세계 최초로 완전 지속가능한 캠퍼스로 만드는 데 도와줄 것을 요구한다고 생각해보라. 도시에서 거주성 및 지속가능성을 강화하는 방법에 대해 배웠다고 고려하면, 어떤 것을 대학에 적용하겠는가? 당신의 계획에 대하여 캠퍼스 구성원에게 연설을 하도록 예정되어 있고 지속가능한 캠퍼스를 추진하기 위해 수행할 5가지 계획을 연설에서 말해야 된다고 생각해보라. 그것들은 무엇이고, 그 각각의 중요성을 설명하기 위해 무슨 말을 할 것인가?

5. **생각해보기** 당신은 대학에서 학사학위를 받은 후, 아주 다른 세 군데의 지역에서 세 개의 똑 같이 바람직한 일자리를 제안받았다고 생각해보라. 만약 첫 번째를 선택한다면, 활기차고, 인구밀도가 높은 도시의 한 가운데 살 것이다. 두 번째를 선택하는데 동의하면, 더 많은 공간을 가질 수 있지만, 곧 무차별 확장이 당신을 둘러싸게 되는 교외지역에 살게 될 것이다. 세 번째를 선택하면, 풍부한 공간과 함께 평화롭지만 문화시설이 별로 없는 시골지역에 살게 될 것이다. 당신이 할 수 있는 한 가장 생태학적으로 지속가능한 방법의 삶을 사는 것을 목표로 하는 사람이라고 생각해보라. 어디에 살기를 선택하고 싶은가? 이유는? 당신의 결정에 무엇을 고려하였는가?

생태발자국 계산하기

생태발자국을 줄이는 하나의 방법은 대체 교통수단을 고려하는 것이다. 가솔린은 연소 시 갤런당 약 20 lb(9.08kg)의 이산화탄소(CO_2)로 전환되어 대기로 방출된다. 표는 일반적인 연료 효율성을 가정하여 다양한 교통수단을 이용할 때 인당 마일당 배출되는 CO_2의 양을 나타낸다.

연평균 12,000마일(19,200 km)을 여행하는 북미 사람을 위해 각 교통수단별 CO_2 배출량과 감축량을 계산하고 표에 기록하여라.

	마일당(거리) 개인 CO_2 배출량(1.6 km)	연간 개인당 CO_2 배출량	CO_2 배출 감소량	연간 CO_2 배출 마일리즈	연간 CO_2 배출량
자동차(개인)	0.825 lb (375 g)	9,900 lb (4,495 g)	0		
자동차(2인)	0.413 lb (188 g)				
자동차(3인)	0.206 lb (94 g)				
통근버스(8인)	0.103 lb (47 g)				
버스	0.261 lb (118 g)				
도보	0.082 lb (37 g)				
자전거	0.049 lb (22 g)				
				총 = 12,000	

1. 어떤 교통수단이 이산화탄소의 단위 배출당 가장 긴 마일을 제공하는가?
2. 끝의 두 줄에, 연간 개인적으로 선택한 교통수단의 비율을 추정하여 각각의 과정에서 발생되었다고 생각되는 CO_2 배출량을 계산하여 넣어라. 어떤 교통수단이 가장 많은 배출량을 차지하였는가?
3. 이 자료를 검토한 결과 어떻게 당신의 CO_2 배출을 줄일 수 있는가? 현실적으로 교통수단을 바꿔서 내년에 얼마나 많은 배출량을 감소시킬 수 있는가?

맺는말

지속가능한 해법

지속가능성의 개념은 이 책 전반에 걸쳐 있다. 주제 하나하나와 함께, 우리 사회가 자원을 고갈 또는 분해시킴으로 어떻게 미래 세대의 자원이용 가능성을 위협하는지 보았다. 하지만 사례 하나하나에서, 우리는 헌신적인 사람들이 오늘날 우리의 고민에 대한 창의적인 해결책을 고안하도록 돕고 있는 것을 볼 수 있다. 인류의 도전은 우리를 지지하는 자연환경을 보호하고 복원하는 동안 우리의 삶의 질을 향상시키는 해결책을 계속 개발하는 것이다

건강하고 기능하는 상태로 우리의 사회를 지속시키는 것은 건강하고 기능하는 상태로 우리의 자연환경을 지속시키는 것을 요구한다. 우리의 문명은 전적으로 생물다양성(8장)의 기여도와 생태계의 생산물과 공급(1장, 2장, 5장)의 기여에 의존한다. 점점 더 많은 사람들이 우리의 인구 증가와 소비를 수용할 수 있는 지구의 한정된 용량을 인식하게 됨에 따라, 우리는 의존하고 있는 우리의 문명과 자연환경을 지속시키기 위해 우리의 행동, 기관 및 기술을 조절하는 방법을 찾고 있다.

우리는 지속적으로 발전할 수 있다

사람들이 우리 삶의 질은 환경의 질에 좌우된다는 것을 깨달았을 때, 그들은 또한 환경 파괴는 종종 대부분 사회의 더 가난한 사람들에게 영향을 미친다는 것을 인식하였다. 그 결과, 환경보호, 경제 발전, 사회 정의를 위한 옹호자들은 지속가능한 개발(1장)을

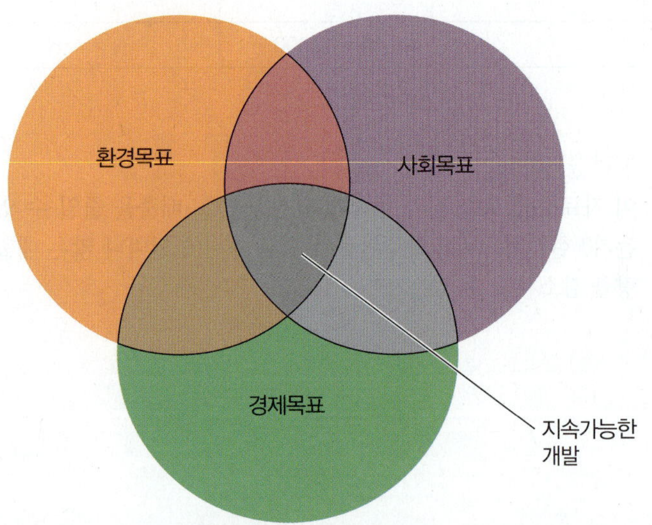

▲ **그림 E.1** 지속가능한 개발의 현대적 개념은 지속가능성이 3가지 목표가 중첩되는 곳에서 일어난다고 파악했다

촉진하는 데 협력하고 있다. 오늘날 우리는 지속가능성이 단순히 인간 개발에 의한 파괴에 대한 환경보호 만을 의미하지 않는다는 것을 알아차리고 있다. 그것은 동시에 사회 정의, 경제적 복지, 환경 질을 촉진하는 방법을 찾는 것을 의미한다(**그림 E.1**).

학생들이 학교에서 지속성에 대한 노력을 선도하고 있다

오늘날 지속가능성 해법에 대한 요청에, 대학(교)의 학생들이 중요한 역할을 하고 있다. 그들은 자신들의 학교에서 지속가능성 주도권을 선도함으로써 더 넓은 세계를 위한 모델을 창안해 내고 있다(**환경실천행동** 참조).

학생들은 재활용 프로그램 실행, 학교에서의 “녹색” 교통옵션을 촉진, 나무심기 및 토종식물 복원, 유기물 정원 가꾸기, 지속가능한 다이닝 홀 조성, 교육과정 변경을 추진하여 학교의 지속가능성 노력을 진척시키고 있다. 그들은 학교 건물의 에너지 효율과 물 절약을 개선하고 새로운 건물은 지속가능한 건축에 대한 인증 지침을 충족하는지 확인하기 위해 교직원 및 관리자와 함께 노력하고 있다. 지구적 기후변화에 대처하도록 돕기 위해, 학생들은 그들의 학교가 온실가스 배출을 줄이도록, 신재생 에너지를 사용 및 투자하도록 종용하고 있다. 그 응답으로, 거의 700개 대학 총장들은 미국 대학 및 대학교 총장의 기후공약에 서명하고, 탄소중립이 되기 위한 배출량 파악, 목표 날짜와 이정표 설정에 공개 서약하고, 교육과정에 지속성장을 통합함으로써 배출량을 낮추기 위해 즉시 조치를 취했다.

학생, 교수, 직원, 관리자에 의한 이러한 다양한 노력들은 대학 및 대학 학교의 생태발자국을 감소시키기 시작하고 있다. 이 과정에서 자신의 동료들에 대한 긍정적인 모델을 학교에서 제공하면서 학생들은 더 넓은 세계에서 지속가능성 노력을 위하여 자신을 준비한다.

환경보호는 경제적 기회를 증진시킬 수 있다

학생이건 아니건 똑같이, 경제문제는 우리의 매일매일 의사결정에 중요한 역할을 한다. 너무 오래, 우리는 경제적 복지와 환경보호가 상충하는 것으로 오해하여 고심하였다. 실제로, 우리의 복지는 건강한 환경에 좌우되고, 그리고 환경의 질을 보호하는 것은 우리의 경제 저점 라인을 개선할 수 있다.

개인, 기업 및 기관에게 자원의 소비와 폐기물을 줄이는 것은

애리조나 주의
태양 전지판 설치

학생들은 어디에서나 캠퍼스를 더 잘 유지하도록 돕고 있다.

데빗슨의 재활용

로드아일랜드 대학교의
자전거 대여

당신이 조명을 끄면 모든 것이 재활용되고, 자동차 대신 자전거를 이용하면 변화가 일어난다—그리고 당신의 동료들을 위한 긍정적인 사례로서 기여한다.

텍사스-오스틴
대학교에서의 전자
폐기물 회수

1,800만 명의 미국 대학생들은 변화를 위한 강력한 힘이다.

버지니아 대학교의
바이오디젤

바꿀 수 있다

- 캠퍼스의 환경동아리에 가입하거나 시작하라.
- 투표에 참여하고 캠퍼스를 움직이는 유권자 등록을 도와라.
- 미국의 대학 및 대학교의 총장 기후 협약에 서명하도록 당신 대학의 총장에게 건의하라.

▲ **그림 E.2** 우리가 지속가능한 경제로 나아갈 때, 새로운 직업 기회는 열린다. 풍력 기술자로 고용하는 그린 칼라 일자리는 이미 미국 및 기타 국가에서 증가하고 있다.

종종 비용 절감이 된다. 사회에서 환경의 질을 증진하는 것은 고용의 새로운 유형을 생성하여 경제적 기회를 향상시킬 수 있다. 우리가 더욱 지속가능한 경제로 전환되므로, 일부 자원추출 산업은 쇠퇴하지만, 다양한 순환형 및 첨단기술 산업들은 도약하여 자신의 자리를 차지할 것이다. 우리가 화석연료에 대한 의존도를 감소시킬 때, 그린 칼라 일자리(16장) 및 새로운 투자 기회는 풍력, 태양광, 연료전지 기술(**그림 E.2**) 등 신재생 에너지 분야에서 화창하게 꽃 피울 것이다.

더군다나, 사람들은 깨끗한 공기, 깨끗한 물, 손대지 않은 숲, 공공 공원 및 열린 공간의 지역에서 살기를 고대한다. 환경보호는 지역의 매력을 향상시키고, 주민을 끌어 모으며, 재산가치를 향상시키고 사회적 봉사에 자금을 댈 세수를 증가시킨다. 결과적으로, 그들의 환경을 보호하는 지역은 그들의 부와 삶의 질을 유지하고 증가시키는 경향이 있다. 이러한 모든 면에서 환경보호는 경제적 기회를 향상시킨다. 실제로, 최근 미국 정부의 검토에서 환경규제의 경제적 혜택이 경제적 비용을 크게 초과한다고 결론을 내렸다. 미국 경제와 세계 경제 모두가 지난 50년 동안 급속하게 팽창하였고, 환경보호 대책이 급증한 기간이었다.

우리는 소비감소로 우리의 생활을 개선시킬 수 있다

환경보호는 우리의 경제 복지를 향상시킬 수 있지만, 복지(5장)가 성장과 같은 것은 아니다. 경제성장은 주로 소비자들에 의한 소비, 상품재료와 서비스의 구매(제조에 관련된 자원의 사용에 따라서)에 의해서 유도된다(**그림 E.3**).

더 많이, 더 크게, 더 빠른 것이 항상 더 좋은 것이라고 생각하는 우리의 경향은 더 빨리 더 많은 상품을 우리에게 판매하고자 하는 광고주에 의해 점점 증가한다. 미국은 세계 인구의 5% 미만으로, 세계 에너지 자원의 30%와 전체 세계 자원의 40%를 소모한다. 미국 가정은 그 어느 때보다 커졌으며, 배기량이 큰 차량이 아직도 인기가 많고, 많은 미국인들은 쓰고자 하는 것보다 더 많은 재료를 가지고 있다.

우리의 아낌없이 소비하는 생활방식들은 지구에서는 아주 새로운 현상이다. 우리는 인류 역사상 가장 위대한 물질의 번영을 즐기고 있다 — 만약에 우리가 아직도 우리의 부를 지속시킬 수 있는 방법을 찾지 못하는 경우, 축제는 더 이상 오래 지속되지 않을 수도 있지만. 지구 천연자원의 대부분은 제한적이고 재생이 불가능하다, 그래서 우리가 자원 사용의 지속가능한 방법으로 바꾸지 않으면 자원이 고갈되어 부자와 가난한 자 모두에게서 소비는 똑같이 감소할 것이다.

다행히 물질 소비만으로는 한 사람의 행복이나 삶의 질을 반영하지 않는다. 우리는 우리의 소비를 줄임으로—쥐어 짜서—적어도 3가지 방법으로 우리의 삶의 질을 향상시킬 수 있다. 하나의 방법은 재료 기술과 제조 공정의 효율을 향상시켜서 산업이 더 적은 자원을 사용하여 더 많은 상품을 생산토록 하는 것이다. 또 다른 방법은 하나의 공정으로부터 발생된 폐기물을 다른 공정의 원재료로 집어넣어(17장) 순환시키고 재사용하는 제조 시스템을 개발하는 것이다. 세 번째 방법은 소비를 줄이는 태도와 삶의 형태로 우리를 적응시키고 우리의 바쁜 삶의 속도를 느리게 하는 것이다.

인구증가는 궁극적으로 멈출 것이다

소비증가가 지속가능하지 않듯이 인구증가도 마찬가지이다. 우리는 인구가 한동안 기하급수적으로 증가하지만 궁극적으로 결국 제한 요소를 만나고 정체되거나 또는 감소하는 것을 보았다(3장). 우리는 지구의 인구수용 능력을 증가시키는 기술을 사용하였지만 조만간 우리의 인구는 성장을 멈출 것이다. 문제는 어떻게? 이다: 전쟁, 전염병, 기근을 통해 또는 자발적인 수단을 통해, 도시화, 부, 교육, 여성의 능력신장 덕분에, 인구 통계학적 변화(6장)는 많은 선진국에서 이미 멀어져 갔다. 만약 오늘날의 개발도상국도 또한 인구 통계학적 변화를 거치면, 인류는 더 번영하고 공정한 사회를 만드는 동안 인구 성장을 억제할 수 있을 것이다.

기술이 우리가 지속가능하도록 도울 수 있다

기술들—농업혁명, 산업혁명, 그리고 의학과 건강의 진전과 함께 발전된—은 우리의 인구 증가를 촉진하였다. 대부분의 기술들은 지구환경시스템에 대한 우리의 영향을 확대했다. 그러나 새로

▼ **그림 E.3** 미국인들은 다른 어떤 나라의 사람들보다 더 많은 소비를 한다. 우리는 제조공정의 지속가능성을 높일 수 있는 방법을 찾지 않는 한, 우리의 소비 증가율은 결국에는 지속될 수 없다.

운 지속가능 기술들은 또한 우리에게 영향을 줄일 수 있는 방법을 제공할 수 있다. 자동차의 촉매 컨버터는 산업시설 굴뚝의 집진기 같이 배기 가스를 감소시킨다. 재활용 기술 및 폐수 고도처리는 폐기물 발생량을 줄이고 있다. 태양광, 바람, 지열 에너지 기술들은 더 깨끗한 신재생 에너지를 생산하고 있다. 이와 같은 기술 진보는 동부 유럽 또는 중국과 같은 빠르게 산업화하는 국가들의 사람들보다 미국과 서유럽의 사람들이—더 많은 소비를 함에도 불구하고—왜 오늘날 더 깨끗한 환경을 즐기는지에 대한 이유를 설명하는 데 도움이 된다.

우리는 지속가능성을 위해 몇 가지 전략을 따를 수 있다

참으로 인류와 지구환경 시스템을 위한 지속적인 윈-윈 해결책은 수도 없이 많이 있으며, 우리는 이 책을 통해서 구체적인 예를 보았다. 이제 지속가능한 해결책을 낳을 수 있는 10가지 광범위한 전략 또는 접근방법을 **표 E.1**에 나타내었다.

우리는 이미 이러한 방식들 중 네 가지를 다루었다: 경제성장과 삶의 질에 관한 우리의 우선순위 재정의, 불필요한 소비 감소, 인구증가 제한, 지속가능한 기술 장려. 다른 경제 전략들에는 녹색세금제(5장) 이행, 유해 보조금(5장) 단계적으로 폐지, 상품과 서비스의 시장 가격에 외부비용(5장) 통합 등이 있다.

오늘날 산업이 녹색 기술 및 지속가능한 수단을 개발하는 방법을 찾고 있을 때, 그들은 자연을 그 자체로서 훌륭한 모델로 갖고 있다. 환경 시스템은 피드백 회로와 물질의 순환 흐름 기능이 순환하면서 작동하는 경향이 있다(2장). 일부 진취적인 기업가는 폐기물이 재순환되어 재활용되도록 선형경로를 순환형 경로로 변환함으로써 그들의 제조공정을 지속가능하게 만들고 있다(17장).

지역 자급 자족을 장려하는 것은 지속가능한 사회를 구축하는 중요한 요소이다. 사람들이 그들이 사는 지역에 밀접하게 연결되어 있을 때, 그 지역을 가치 있게 하고 환경과 인간 공동체를 유지하려는 경향이 있다. 더욱이, 지역에서 만든 제품에 의존하는 것은 장거리 수송으로 인한 화석연료의 사용을 감소시킨다. 이러한 논쟁은 지역의 유기 또는 지속가능한 농업을 촉진시키는 데에 식량의 재배 및 유통과 관련하여 자주 거론되었다(7, 8장).

동시에, 세계화는 세계의 다양한 문화의 사람들이 오히려 문화 사이에서 공포나 차이보다, 서로 소통하고 배우며, 존중하고 축하하도록 한다. 더하여, 세계화된 자유시장 시스템은 지속가능성을 위한 큰 자산을 보유하고 있다: 소비자들은 그들의 구매선택을 통하여 영향력을 행사할 수 있다. 지속가능하게 생산된 상품(5장)이 생태인증(ecolabeled)되었을 때, 우리 모두는 이러한 제품을 구입하여 "우리의 지갑으로 투표"할 수 있다. 소비자의 선택은 이미 재생 용지에서 유기 농산물 그리고 "dolphin-safe" 참치에 이르기까지 모든 것의 판매를 유도한다.

표 E.1 지속가능성에 대한 몇 가지 주요 접근방법

- ▶ 경제적 성장에 대한 우리의 가정을 재고해 보라
- ▶ 삶의 질을 유지하면서 더 적게 소모해보라
- ▶ 인구성장을 제한하라
- ▶ "녹색 기술들"을 권장하라
- ▶ 폐순환 산업공정을 촉진함으로써 자연계를 모방하라
- ▶ 지역 자급자족을 강화하면서도 세계화의 일부 측면을 포용하라
- ▶ 우리의 지갑으로 투표하라
- ▶ 정치적으로 적극적이 되라
- ▶ 길게 생각하라
- ▶ 연구와 교육을 증진시켜라

많은 지속가능한 해결책들을 위해 정책입안자들이 법안을 만들고 영향력을 행사하는 유권자들에게 대응해야 한다. 기업과 이익집단은 정치인들을 회유하기 위해 로비스트를 고용한다. 민주주의에서는 시민들 또한 원한다면 자신의 의사를 표명할 수 있다. 당신은 공청회에 참석하고, 당신이 지지하는 쪽을 추진하는 옹호단체에 돈이나 시간을 기부하고, 사무실 관계자에게 편지를 쓰고 전화를 함으로써 투표함에 당신의 힘을 행사할 수 있다. 지금 우리 모두가 혜택을 받고 있는 환경 및 소비자 보호 법률은 시민들이 정부와 공공기관들로 하여금 그렇게 행동하도록 압력을 가했기 때문에 현실화된 것이다. 우리가 오늘날의 더 깨끗한 공기, 더 깨끗한 물, 그리고 더 큰 번영을 즐길 수 있는 것은, 1960년대와 1970년대에 이러한 발전을 가능하게 만든 법안들을 입법화하기 위해 열심히 싸운 사람들 덕분이다. 마찬가지로, 미래세대들이 더 나은 세상에서 살 수 있도록 우리는 지금 최선을 다해야 한다.

그러나 우리는 우리가 찾고자 하는 해결책을 추구하지만, 진정한 지속가능한 해결책은 우리가 장기적 생각할 것을 요구한다(**그림 E.4**). 민주주의에서 정책입안자들은 종종 짧은 시간 안에 좋은 성과를 내려고 하는데 왜냐하면 그들이 재선되도록 도움이 될 빠른 결과를 내도록 서로 경쟁하기 때문이다. 그렇지만 많은 환경적 고민들은 누적되고 점차 악화되며 오직 오랜 기간에 걸쳐서만 해결될 수 있다. 종종 환경문제 해결비용은 단기적인 반면 혜택은 장기적이다. 그러한 상황에서, 정책입안자들에 대한 시민들 압력은 특히 중요하다.

마지막으로, 우리들 각자는 다른 사람들 교육을 도움으로써, 우리의 행동을 통해 역할모델로 봉사함으로써 우리의 영향력을 확대할 수 있다. 환경과학의 분야는 우리 모두가 환경문제와 우리 자신의 삶에 대한 현명한 결정을 내리는 데 사용할 수 있는 정보를 제공한다. 과학적 연구를 촉진하고 환경과학에 대해 대중을 교육함으로써, 우리는 지속가능한 해결책을 구하는 데 도움이 될 것이다.

시간은 값지다

우리는 도달할 수 있는 범위 내에서 지속가능한 해결책을 가져올 수 있지만, 시간은 많지 않고, 사람들로 인한 영향은 삼림파괴, 어류남획, 습지손실, 자원추출, 생물다양성 감소, 기후변화 등으로 계속 심화되고 있다. 우리는 우리의 많은 문제에 대한 지속가능한 해결책을 가시화할 수 있을지라도, 어떻게 우리가 우리의 환경과 미래에 치유할 수 없는 손상을 입히기 전에 그것들을 이행할 시간을 찾을 수 있을까?

▲ **그림 E.4** 지속가능한 해결책은 장기적으로 생각해야 한다. 이 스리랑카 아이들은 마을 주변의 벌채와 침식된 언덕에 나무 모종을 심고 있다. 그렇게 함으로써, 그들은 자신의 미래에 투자하고 있다.

1961년, 미국의 존 F. 케네디(John F. Kennedy) 대통령은 10년 내에 미국이 "달에 사람을 착륙시켰다가 지구로 무사히 귀환시킬 수 있을 것"이라고 발표하였다. 그것은 거의 상상을 초월하는 이 위업을 달성하기 위한 기술이 아직 발달하지 않았음에도 불구하고 매우 대담하고 놀라운 발언이었다. 그러나 불과 8년 후, 우주 비행사들은 달에서 걸어 다녔다. 미국은 목표를 위해 대중의 열정을 동력화하고 과학자와 엔지니어들을 지원하여 그들이 목표를 달성하는 방법과 기술을 개발할 수 있도록 함으로써 역사적인 이정표를 달성하였다.

오늘날 인류는 이전의 어떤 것보다 더 중요한 도전—지속가능성 달성—에 직면해 있다. 지속가능성을 달성하는 것은 달 여행보다 더 크고 복잡한 과정이다. 그러나 그것은 정부, 기업, 시민이 모두 협력함으로써 지구상의 모든 사람들이 기여할 수 있는 것이다; 그리고 모든 국가들이 그쪽으로 함께 작업할 수 있다. 미국이 달에 불과 8년 만에 도달할 수 있었다면, 확실히 인류도 견줄만한 속도로 지속가능성에 이르는 길을 달려 가게 될 것이다. 창의력과 대중의 힘으로 우리의 정부, 기관 및 기업이 경쟁에 참여토록 해야 한다.

다행히, 글로벌 사회에서 우리는 지구의 공정과 자원을 연구하는 수천 명의 과학자를 가지고 있다. 그들의 노력 덕분에, 우리는 지구가 우리에게 제공하는 것, 견딜 수 있는 충격 등의 상세한 지식과 이해를 방대하게 축적할 수 있다. 이 과학, 지구와 우리 자신에 대한 연구는 우리에게 우리의 미래를 위한 희망을 제공한다.

지구는 하나의 섬이다

우리는 지구를 섬으로서, 진짜 섬이지만, 비전을 가지고 이 책을 시작하였다(**그림 E.5**). 폴리네시아인이 처음에 도착했을 때 이스터(Easter)섬(1장) 같은 섬들은 천국이 될 수 있었다. 하지만 유럽인들이 그곳에 도착했을 때 이미 그들은 자원을 고갈하고 환경을 파괴하여 붕괴시킨 문명의 여파를 목격했다. 한때 거대했던 문명의 사람들은 나무를 베어 지속가능하지 못하게 했고 근거지를 그들의 번성했던 문명 아래로부터 차내 버렸다.

이스터섬의 나무가 사라졌을 때, 어떤 사람들은 보전을 위해서 그리고 자원의 감소 속에서 지속적으로 살 수 있는 방법의 모색을 요청했을 것이다. 또 다른 사람들은 어느 정도는 괜찮을 것이라는 가정하에 그러한 요청을 무시하고 그 섬이 견딜 수 있는 정도 이상으로 자원을 계속 추출하였다. 가장 멀리 떨어진 산꼭대기의 마지막 나무를 베는 사람이면 누구나 섬에서 그것은 마지막 나무였다는 것을 볼 수 있었을 것이다. 그렇지만 그 사람은 그 나무를 베었다.

그와 같은 사건이 우리 행성 전체에서 일어난다면 그것은 비극적인 일일 것이다. 이러한 것을 깨닫고 우리의 개인적인 행동과 문화적인 제도를 지속가능한 실행을 권장하는 방법으로 바꾸고 과학자들을 고용하여 우리가 이러한 것을 끝내도록 돕는다면, 우리는 아직 우리의 신비한 섬 지구에서 행복하게 지속가능하게 살 수 있을지도 모른다.

▼ **그림 E.5** 지구의 이 사진은 달 궤도를 도는 우주 비행사에 의해 촬영되었는데 우리의 행성이 우주공간에서 진짜 섬인 것을 보여준다. 우리가 알고 필요로 하고 사랑하며 그리고 가치를 둔 모든 것은 이 작은 구로부터 왔고 그 위에서 우리가 살고 있다—그래서 우리는 지구를 잘 대해주어야 한다!

부록 A

그래프에 관한 기본 사항

경향이나 유형을 시각적으로 명확하게 만드는 방법으로 데이터를 제시하는 것은 과학적인 노력의 필수적인 부분이다. 과학자들, 사업하는 사람들, 정책결정자들 및 다른 사람들을 위하여 데이터를 제시하기 위한 일차 수단은 그래프다. 그래서 여러분이 그래프들을 해석하는 능력을 갖도록 하는 것이 여기서 원하는 기술이다. 여기서는 그래프 읽는 방법, 몇 가지 필수적인 개념 포인트 소개, 가장 흔한 형태의 그래프 조사를 통하여 여러분에게 그것들의 사용 필요성을 지도할 것이다.

그래프 탐색하기

그래프는 변수들 간의 관계를 나타내는 도표이며 변수들은 값을 바꿀 수 있는 요소들이다. 그래프의 가장 일반적인 유형은 독립변수들에 대한 종속변수의 값과 관련된 것이다. 1장에 설명된 바와 같이, 종속변수는 그 값이 독립변수의 값에 종속되므로 이름이 그렇게 불린다. 다른 말로 하면, 독립변수의 값이 변할 때 종속변수의 값도 따라서 변한다. 조작실험(1장)에서, 연구자가 독립변수의 값을 지정하여 바꾸면 종속변수의 값이 변하게 된다. 관찰연구에서 인과 관계가 없을 수도 있지만 과학자들은 상관성(1장)을 도식화하기도 한다. 양의 상관관계에서는 하나의 변수 값이 다른 변수 값을 따라 올라가거나 또는 내려간다. 음의 상관관계에서는 하나의 변수 값은 다른 변수 값이 내려갈 때 올라가거나 또는 그렇지 않고 다른 변수의 값이 올라갈 때 내려간다. 우리가 상관관계 또는 인과관계 어느 것을 그래프로 그리던 독립변수의 값들은 연구자에 의해 알려지거나 지정되며 종속변수의 값들은 연구자가 실시할 때까지 알려지지 않는다. 후자가 우리가 관찰하거나 또는 측정하고자 하는 것이다.

관례에 따라 독립변수는 일반적으로 그래프의 수평축 또는 x축에 나타내고 반면에 독립변수는 수직축 또는 y축에 나타낸다. 변수의 수치 값은 일반적으로 x축의 오른쪽 또는 y축의 위쪽으로 갈수록 커진다. 축을 따라 표시되는 눈금은 간격이 균일해서 데이터가 표시될 때 그래프가 데이터의 양적 변화 크기에 대해 정확한 시각적 표현을 제공하도록 해야만 한다.

많은 경우 독립변수들은 숫자가 아니라 범주들이다. 예를 들면, 그래프에서 몇몇 국가들의 인구크기를 나타내면, 국가들은 범주로서 독립변수들을 구성하고 인구크기는 수치적 종속변수가 될 것이다.

간단한 예로서, **그림 A.1**은 효모세포 사이에 개체수 증가를 측정한 고전적인 실험실 실험의 데이터를 보여준다. x축은 독립변수의 값을 보여주고 여기서는 기간이며, 시간의 단위로 나타냈다. 연구자는 얼마나 많은 효모세포가 시간에 따라 증식하였는지에 관심이 있어서 이것을 종속변수로 y축에 보이는 효모세포의 수로 나타낸다. 실험 동안 매 시간 데이터는 측정되고 효모세포의 수를 그래프에 데이터 점으로 나타내도록 표시된다. 이러한 특정의 그래프에서 선(붉은 선)은 실질적인 데이터 점(오렌지 점들)을 통과하여 생태학에서 중요한 실험적 데이터를 이론적 현상으로 나타낸 로지스틱 성장곡선(3장)과 가깝게 일치하는지를 보여준다.

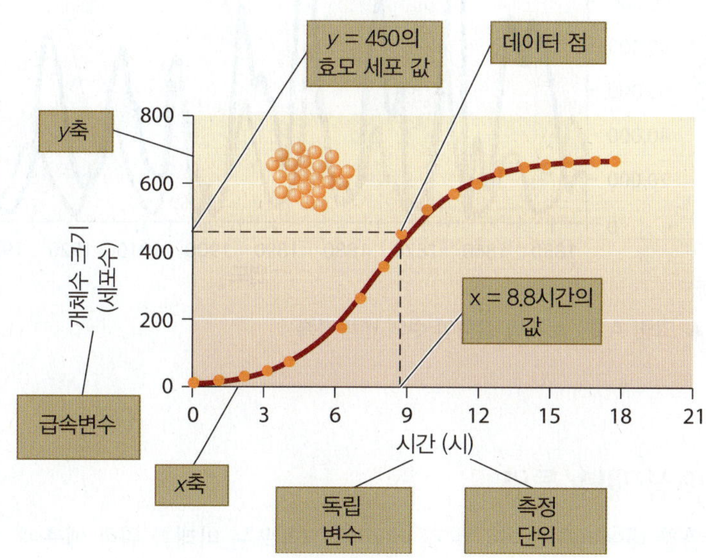

▲ **그림 A.1** 로지스틱 개체성장, 고전적인 실험실 실험에서 시간에 따른 효모세포의 성장을 나타낸다.(그림 3.12a)

이제 여러분은 그래프의 기초적인 작성에 대해 알았으므로 여러분이 보게 될 그래프의 가장 일반적인 유형을 조사해보고 몇 가지 그래프 그리기의 핵심 개념을 살펴보자.

그래프 형태: 직선그래프

직선그래프는 데이터들이 하나씩 차례대로 일어나거나 시간 또는 거리에 따라 변하는 값들의 연속과 같이 어떤 종류가 연속적으로 관련될 때 사용된다. 직선그래프에서 직선은 데이터의 한 점에서 다음으로 이어진다. 직선그래프들은 *y*축이 연속적인 수치 값을 나타내고 *x*축은 연속적인 수치 값 또는 분리된 연속적인 범주(예 년 수) 중 하나를 나타낼 때 가장 적당하다. **그림 A.2**는 최근에 남극 위의 오존 구멍의 크기 값을 보여준다. 1987년까지 크기가 증가하다 몬트리올 의정서(13장)가 발효되고 나서 이후 안정화되기 시작한 것을 데이터가 어떻게 보여주는지 주목하라.

▲ **그림 A.2** 협정이 해결하려고 의도하기 전과 후 남극 오존 구멍의 크기(그림 13.17)

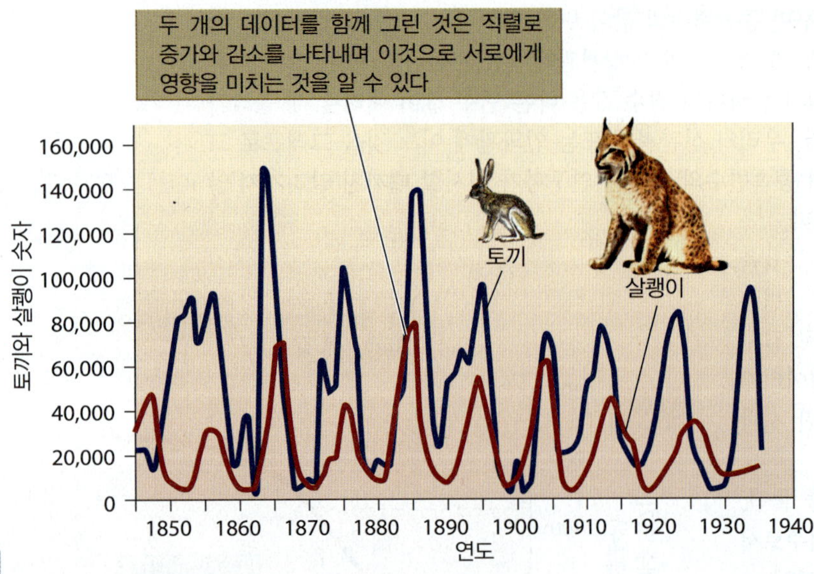

▲ **그림 A.3** 토끼와 살쾡이 수의 변동기록

유용한 기술 중 한 가지는 하나의 같은 그래프에 둘 또는 그 이상의 데이터를 그리는 것이다. 그리고 어떻게 관련이 있는지 알기 위해 데이터에 나타난 경향을 비교하면 된다. **그림 A.3**에 포식자 종의 수가 연관성을 보여주는 먹이를 따라 증가하는지 떨어지는지 기록하였다.

핵심 개념: 투영

관찰 데이터를 보여주는 것 이외에, 그래프는 미래를 위한 예측에 사용할 수 있다. 그와 같은 데이터의 투영은 과거 데이터의 모델, 모사 또는 외삽법 등에 근거를 두지만, 오직 그들에 속하는 정보만큼만 효력이 있다—그리고 미래의 경향은 뜻하지 않은 방향으로 조건이 변한다면 유지되지 않을 수도 있다. 그래서 이 교재에서는 직선그래프의 예측된 미래 데이터는 **그림 A.4**에서처럼 이미 관찰된 데이터보다 덜 확실하다는 것을 보여주기 위하여 점선으로 나타낸다. 그러나 인기 있는 매체의 그래프를 해석할 때는 주의해라; 신문, 잡지 및 광고 등은 과거에 알려진 데이터처럼 같은 방법으로 미래 예측 데이터를 보여줄 것이다!

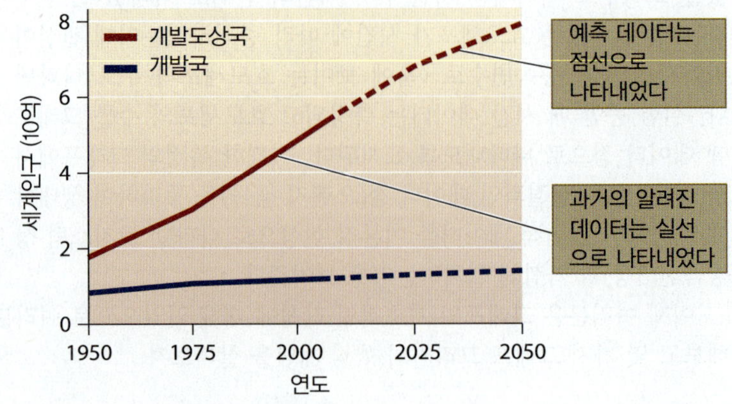

▲ **그림 A.4** 개발도상국 및 개발국가들의 인구증가 및 전망(그림 6.17)

그래프 형태: 막대 차트

막대 차트는 하나의 변수가 범주이고 다른 것이 값일 때 가장 자주 사용된다. 이런 그래프에서 각 막대의 길이는 주어진 범주의 수치를 나타낸다. 높거나 긴 막대는 더 큰 값을 의미한다. **그림 A.5**에서 "자동차"의 막대는 "경전철" 것보다 크고 경전철 시스템보다 더 많은 승객-마일당 에너지(y축 값)를 사용하는 것을 가리킨다.

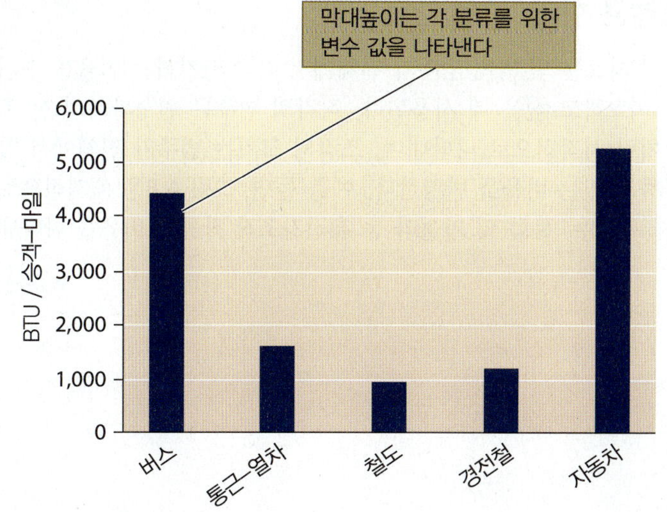

▲ **그림 A.5** 교통수단별 에너지 소비(그림 18.7a)

종종 둘 또는 더 많은 데이터 모음을 형태와 상관관계를 나타내기 위하여 함께 그래프로 그린다. **그림 A.6** 같은 막대 차트는 국내 또는 국가 간 두 개의 데이터 모음(원유 생산과 소비)을 비교할 수 있게 한다. 이렇게 두 가지를 하는 그래프는 더 높은 수준의 분석을 가능케 한다(이 경우, 어느 국가가 석유수입을 위하여 다른 국가에 의존하는지를 제시한다). 이 책에 있는 대부분의 막대 차트는 이러한 방법으로 복수 형태의 정보를 한번에 나타낸다.

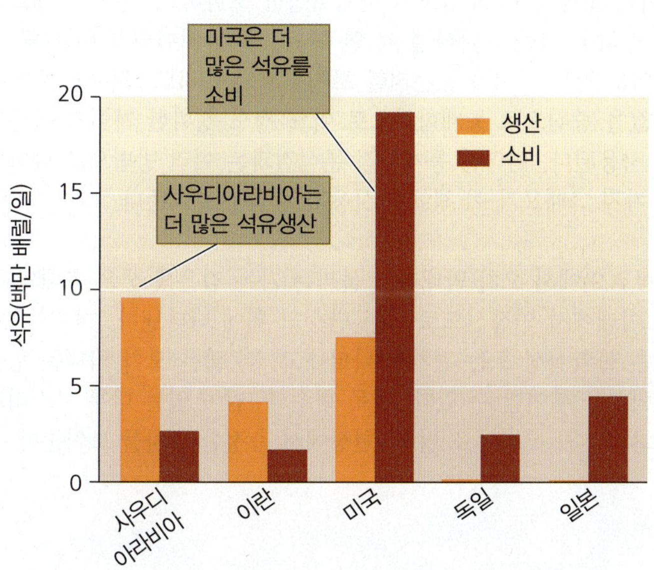

▲ **그림 A.6** 대상 국가들의 원유 생산 및 소비(그림 15.13)

그래프 형태: 분산도

분산도 그래프는 종종 데이터가 연속이고 주어진 x축의 값이 복수의 y축 값을 가질 수 있을 때 사용된다. 분산도 그래프는 변수들 사이의 폭넓은 비례 또는 반비례 관계를 시각화하게 해준다. **그림 A.7**는 반비례 관계(즉, 하나의 값이 증가하며 다른 값은 감소한다)를 보여준다: 소녀들의 취학률이 더 높은 국가들은 더 낮은 출산율을 갖는 경향이 있다. 자메이카는 더 높은 취학률과 더 낮은 출산율을 갖고 있으며, 에티오피아는 낮은 취학률과 높은 출산율을 갖고 있다.

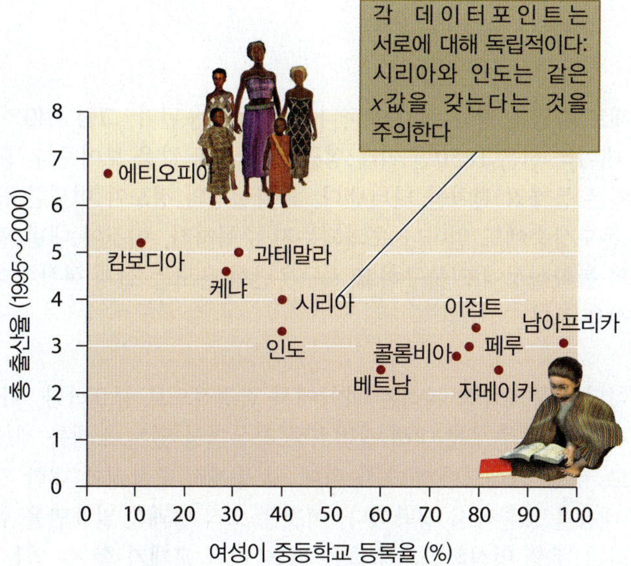

▲ **그림 A.7** 출산율과 여성교육(그림 6.13)

그래프 형태: 원형 차트

원형 차트는 몇 가지 범주가 전체에서 각각 차지하는 비율을 수치로 비교하고 싶을 때 사용된다. 각각의 범주는 원형파이의 한 조각처럼 시각적으로 나타내며, 조각의 크기는 범주가 전체에서 차지하고 있는 비율을 반영한다. 예를 들면, **그림 A.8**은 세계적으로 콩, 옥수수, 목화 및 카놀라 등 유전자조작 작물의 비율을 나타낸다.

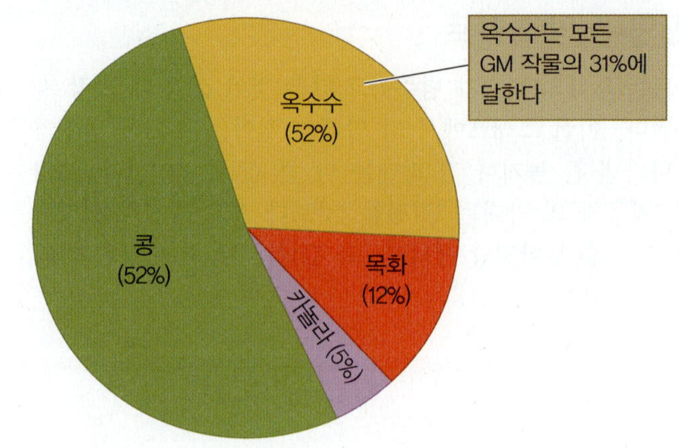

▲ **그림 A.8** 형태별 전 세계 유전자조작 작물(그림 7.20a)

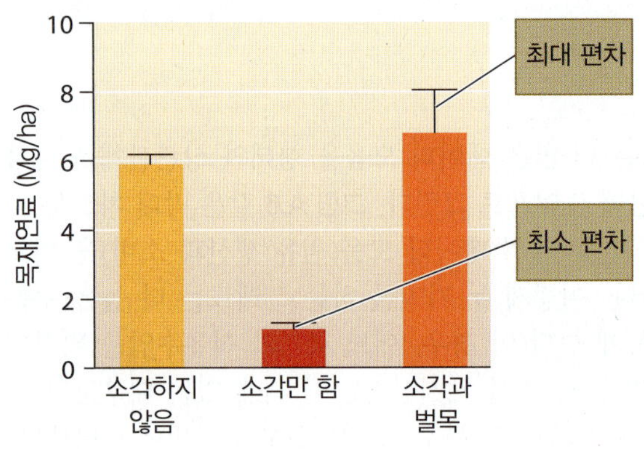

▲ **그림 A.9** 벌목 회수 연구 후 남아 있는 미세규모 나무 부스러기(그림 9.SBS)

핵심 개념: 통계적 불확실성

대부분의 데이터 모음은 어느 정도의 불확실성을 포함하고 있다. 그래프의 값이 여러 측정 값의 평균을 나타낼 때 연구자는 원래 데이터가 이 평균 값을 중심으로 어느 정도 차이가 있는지를 보여주고 싶을지도 모른다. 수학적 기술은 평균 값을 중심으로 통계학적으로 어느 정도 정확한 차이가 있는지를 얻기 위해 사용된다. 이러한 통계학적 분석결과는 여러 방법으로 나타낼 수 있으며 두 가지 그래프가 이 책에서 사용된 방법을 보여준다.

막대 차트(**그림 A.9**)에서 오차 막대라고 불리는 가는 검은색 선은 막대의 꼭대기 위 또는 아래에서 연장선으로 또는 단순히 위에 나타낸다. 더 긴 오차 막대는 더 많은 불확실성 또는 편차를 나타내고, 더 짧은 오차 막대는 평균 값에 높은 신뢰성을 부여할 수 있다. 벌목 회수 후 남아 있는 나무 부스러기의 예에서, 오차 막대는 "소각 & 벌목" 현장에서 측정한 오차를 보여준다.

때때로 음영은 평균 편차를 나타내는 데 사용된다. **그림 A.10**의 검은 데이터 선은 1850년 이래 평균 지구 온도 값을 보여준다. 회색 음영은 통계적 편차를 나타낸다. 불확실성의 정도가 미세한 규모의 온도상승에도 얼마나 초과되는지 주목하라. 이것이 매년 평균 값의 불확실성에도 불구하고 지구온난화 온도는 실제 현상이라는 확신을 준다.

데이터의 통계학적 분석은 과학에서 결정적으로 중요하다. 이 책에서는 많은 주제에 대해 광범위하고 유연성 있는 소개를 제공하므로, 종종 그래프에서 오차 막대 및 통계적 중요성에 대한 자세한 내용을 토론에서 생략했다. 이것은 오직 명쾌한 발표만을 위해서라는 것을 명심해라; 이 책은 다른 어떤 교재가 할 수 있는 것보다 더 깊게 데이터를 분석했다.

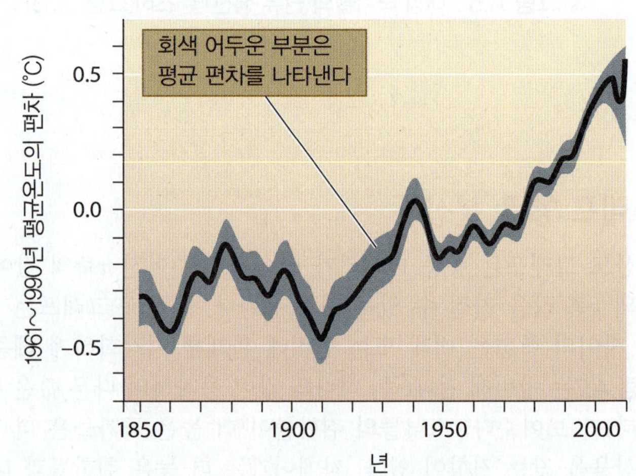

▲ **그림 A.10** 1850년 이래 측정된 지구온도 변화(그림 14.10a)

부록 B

미터법

Measurement	Unit and Abbreviation	Metric Equivalent	Metric to English Conversion Factor	English to Metric Conversion Factor
Length	1 kilometer (km)	= 1,000 (10^3) meters	1 km = 0.62 mile	1 mile = 1.61 km
	1 meter (m)	= 100 (10^2) centimeters	1 m = 1.09 yards	1 yard = 0.914 m
		= 1,000 millimeters	1 m = 3.28 feet	1 foot = 0.305 m
			1 m = 39.37 inches	
	1 centimeter (cm)	= 0.01 (10^{-2}) meter	1 cm = 0.394 inch	1 foot =30.5 cm
				1 inch = 2.54 cm
	1 millimeter (mm)	= 0.001 (10^{-3}) meter	1 mm = 0.039 inch	
Area	1 square meter (m^2)	= 10,000 square centimeters	1 m^2 = 1.1960 square yards	1 square yard = 0.8361 m^2
			1 m^2 = 10.764 square feet	1 square foot = 0.0929 m^2
	1 square centimeter (cm^2)	= 100 square millimeters	1 cm^2 = 0.155 square inch	1 square inch = 6.4516 cm^2
Mass	1 metric ton (t)	= 1,000 kilograms	1 t = 1.103 ton	1 ton = 0.907 t
	1 kilogram (kg)	= 1,000 grams	1 kg = 2.205 pounds	1 pound = 0.4536 kg
	1 gram (g)	= 1,000 milligrams	1 g = 0.0353 ounce	1 ounce = 28.35 g
	1 milligram (mg)	= 0.001 gram		
Volume (solids)	1 cubic meter (m^3)	= 1,000,000 cubic centimeters	1 m^3 = 1.3080 cubic yards	1 cubic yard = 0.7646 m^3
			1 m^3 = 35.315 cubic feet	1 cubic foot = 0.0283 m^3
	1 cubic centimeter (cm^3 or cc)	= 0.000001 cubic meter	1 cm^3 = 0.0610 cubic inch	1 cubic inch = 16.387 cm^3
		= 1 milliliter		
	1 cubic millimeter (mm^3)	=0.000000001 cubic meter		
Volume (liquids and gases)	1 kiloliter (kl or kL)	= 1,000 liters	1 kL = 264.17 gallons	1 gallon = 3.785 L
	1 liter (l or L)	= 1,000 milliliters	1 L = 0.264 gallons	1 quart = 0.946 L
			1 L = 1.057 quarts	
	1 milliliter (ml or mL)	= 0.001 liter	1 ml = 0.034 fluid ounce	1 quart = 946 ml
		= 1 cubic centimeter	1 ml = approximately $\frac{1}{4}$ teaspoon	1 pint = 473 ml
				1 fluid ounce = 29.57 ml
				1 teaspoon = approx. 5 ml
Time	1 millisecond (ms)	= 0.001 second		
Temperature	Degrees Celsius (°C)		°C = $\frac{5}{9}$(°F − 32)	°F = $\frac{9}{5}$°C + 32
Energy and Power	1 kilowatt-hour	= 34,113 BTUs = 860,421 calories		
	1 watt	= 3.413 BTU/hr		
		= 14.34 calorie/min		
	1 calorie	= the amount of heat necessary to raise the temperature of 1 gram (1 cm^3) of water 1 degree Celsius		
	1 horsepower	= 7.457 × 10^2 watts		
	1 joule	= 9.481 × 10^{-4}) BTU		
		= 0.239 cal		
		= 2.778 × 10^{-7} kilowatt-hour		
Pressure	1 pound per square inch (psi)	= 6894.757 pascal (Pa)		
		= 0.068045961 atmosphere (atm)		
		= 51.71493 millimeters of mercury (mm hg = Torr)		
		= 68.94757 millibars (mbar)		
		= 6.894757 kilopascal (kPa)		
	1 atmosphere (atm)	= 101.325 kilopascal (kPa)		

부록 C

원소주기율표

	IA	IIA	IIIB	IVB	VB	VIB	VIIB	VIIIB	VIIIB	VIIIB	IB	IIB	IIIA	IVA	VA	VIA	VIIA	VIIIA
1	1 H 1.0079 Hydrogen																	2 He 4.003 Helium
2	3 Li 6.941 Lithium	4 Be 9.012 Beryllium											5 B 10.811 Boron	6 C 12.011 Carbon	7 N 14.007 Nitrogen	8 O 15.999 Oxygen	9 F 18.998 Fluorine	10 Ne 20.180 Neon
3	11 Na 22.990 Sodium	12 Mg 24.305 Magnesium											13 Al 26.982 Aluminum	14 Si 28.086 Silicon	15 P 30.974 Phosphorus	16 S 32.066 Sulfur	17 Cl 35.453 Chlorine	18 Ar 39.948 Argon
4	19 K 39.098 Potassium	20 Ca 40.078 Calcium	21 Sc 44.956 Scandium	22 Ti 47.88 Titanium	23 V 50.942 Vanadium	24 Cr 51.996 Chromium	25 Mn 54.938 Manganese	26 Fe 55.845 Iron	27 Co 58.933 Cobalt	28 Ni 58.69 Nickel	29 Cu 63.546 Copper	30 Zn 65.39 Zinc	31 Ga 69.723 Gallium	32 Ge 72.61 Germanium	33 As 74.922 Arsenic	34 Se 78.96 Selenium	35 Br 79.904 Bromine	36 Kr 83.8 Krypton
5	37 Rb 85.468 Rubidium	38 Sr 87.62 Strontium	39 Y 88.906 Yttrium	40 Zr 91.224 Zirconium	41 Nb 92.906 Niobium	42 Mo 95.94 Molybdenum	43 Tc 98 Technetium	44 Ru 101.07 Ruthenium	45 Rh 102.906 Rhodium	46 Pd 106.42 Palladium	47 Ag 107.868 Silver	48 Cd 112.411 Cadmium	49 In 114.82 Indium	50 Sn 118.71 Tin	51 Sb 121.76 Antimony	52 Te 127.60 Tellurium	53 I 126.905 Iodine	54 Xe 131.29 Xenon
6	55 Cs 132.905 Cesium	56 Ba 137.327 Barium	57 La 138.906 Lanthanum	72 Hf 178.49 Hafnium	73 Ta 180.948 Tantalum	74 W 183.84 Tungsten	75 Re 186.207 Rhenium	76 Os 190.23 Osmium	77 Ir 192.22 Iridium	78 Pt 195.08 Platinum	79 Au 196.967 Gold	80 Hg 200.59 Mercury	81 Tl 204.383 Thallium	82 Pb 207.2 Lead	83 Bi 208.980 Bismuth	84 Po 209 Polonium	85 At 210 Astatine	86 Rn 222 Radon
7	87 Fr 223 Francium	88 Ra 226.025 Radium	89 Ac 227.028 Actinium	104 Rf 261 Rutherfordium	105 Db 262 Dubnium	106 Sg 263 Seaborgium	107 Bh 262 Bohrium	108 Hs 265 Hassium	109 Mt 266 Meitnerium	110 Ds 269 Darmstadtium	111 Rg 272 Roentgenium	112 Cn 277 Copernicium		114		116		

Representative (main group) elements: IA–IIA, IIIA–VIIIA; Transition metals: IIIB–IIB

Rare earth elements

Lanthanides	58 Ce 140.115 Cerium	59 Pr 140.908 Praseodymium	60 Nd 144.24 Neodymium	61 Pm 145 Promethium	62 Sm 150.36 Samarium	63 Eu 151.964 Europium	64 Gd 157.25 Gadolinium	65 Tb 158.925 Terbium	66 Dy 162.5 Dysprosium	67 Ho 164.93 Holmium	68 Er 167.26 Erbium	69 Tm 168.934 Thulium	70 Yb 173.04 Ytterbium	71 Lu 174.967 Lutetium
Actinides	90 Th 232.038 Thorium	91 Pa 231.036 Protactinium	92 U 238.029 Uranium	93 Np 237.048 Neptunium	94 Pu 244 Plutonium	95 Am 243 Americium	96 Cm 247 Curium	97 Bk 247 Berkelium	98 Cf 251 Californium	99 Es 252 Einsteinium	100 Fm 257 Fermium	101 Md 258 Mendelevium	102 No 259 Nobelium	103 Lr 262 Lawrencium

주기율표는 원자번호와 원자량을 가로 행에 배열하고, 그룹(족)을 세로 열로 배열한다.

A클래스 안의 각각의 족의 요소는 유사한 화학적, 물리적 특징을 갖는다. 이것은 특정 족의 원자가 동일한 전자의 수를 갖는다는 것을 의미한다. 예를 들어, IA족 원소는 하나의 전자를, IIA족은 2개의 전자를, VA족은 5개의 전자를 갖는다. 대조적으로 왼쪽에서 오른쪽으로 진행함에 따라, 원소의 성질은 그룹 IA와 IIA의 금속성질에서 VIIA족의 비금속성의 성질로 변하며, VIIA족은 비활성 원소(가스)의 성질을 갖는다. 이것은 원자번호와 전자수의 변화를 반영한다.

B클래스원자 또는 전이원자는 금속성이며 1개 또는 2개의 전자를 갖는다. 주기율표의 기호가 검은색으로 인쇄된 원자는 표준조건(25℃ 및 1대기압) 하에서 고체로 존재하지만 빨간색의 원소는 가스로 존재하며 진한 파란색은 액체로 존재한다. 초록색의 원소는 자연계에 존재하지 않으며 어떤 종류의 핵반응에 의해 만들어져야 한다.

부록 D

지질학적 연대기

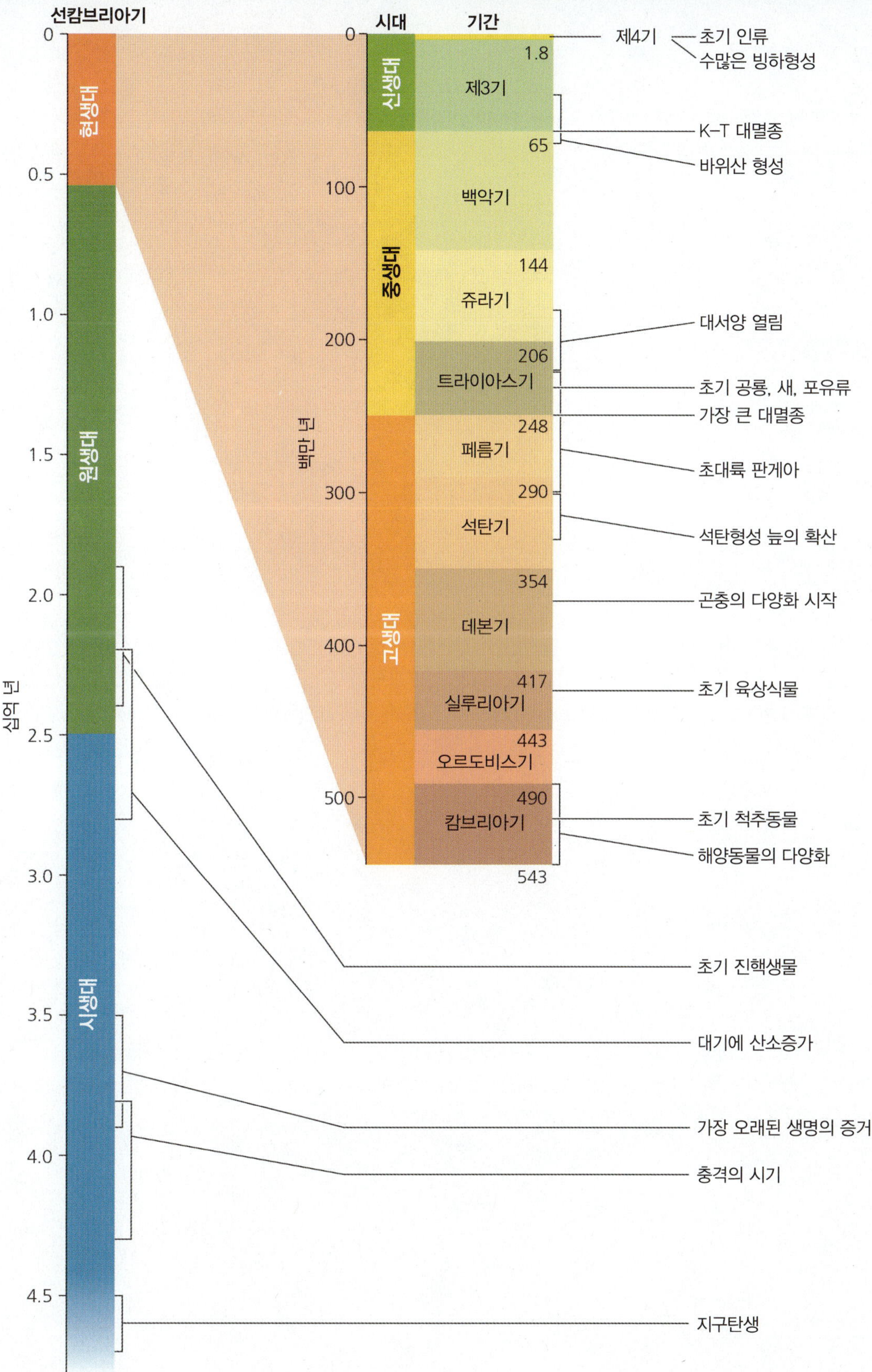

선캄브리아기
0
0.5
1.0
1.5
2.0
2.5
3.0
3.5
4.0
4.5
십억 년
현생대
원생대
시생대
시대
기간
백만 년
0
100
200
300
400
500
신생대
중생대
고생대
제4기
1.8
제3기
65
백악기
144
쥬라기
206
트라이아스기
248
페름기
290
석탄기
354
데본기
417
실루리아기
443
오르도비스기
490
캄브리아기
543
초기 인류
수많은 빙하형성
K–T 대멸종
바위산 형성
대서양 열림
초기 공룡, 새, 포유류
가장 큰 대멸종
초대륙 판게아
석탄형성 늪의 확산
곤충의 다양화 시작
초기 육상식물
초기 척추동물
해양동물의 다양화
초기 진핵생물
대기에 산소증가
가장 오래된 생명의 증거
충격의 시기
지구탄생

가변연료차량(flexible fuel vehicle) 85% 에탄올과 15% 가솔린의 혼합인 E-85와 같은 에탄올과 가솔린의 혼합연료로 주행하는 차량.

가설(hypothesis) 현상 또는 과학적 질문의 해답을 설명하기 위해 임시로 세운 이론. 이론(theory)과 비교.

가스화(gasification) 바이오 파워 또는 바이오연료를 생산하기 위하여 무산소 상태의 매우 높은 온도에서 바이오매스를 기화시키고 수소, 일산화탄소 및 메탄을 포함하는 가스상태 혼합물을 생성하는 공정.

가임기(reproductive window) 여성 생애의 기간으로 성적 성숙으로 시작하여 생리중단으로 끝나며 그 기간 동안 여자는 임신될 수 있다.

가장자리 효과(edge effect) 서식지 부분의 가장자리를 따라 조건이 내부의 조건과 다르기 때문에 나타나는 생물, 집단 또는 군집에 미치는 영향.

가족계획(family planning) 자녀들과 부모에게 가능한 최고의 삶의 질을 제공하기 위하여 자녀 수와 공간에 대한 계획을 세우려는 노력.

간작(intercropping) 교대하거나 공간적으로 혼합되게 다른 종류의 작물을 재배.

간헐천(geyser) 가열된 지하수 및 증기의 자연적 분출은 지하로부터 압력으로 올려 보내져 표면으로 분출한다.

갈색지(brownfield) 독성물질 존재 또는 존재 잠재성으로 인해 재개발 또는 재사용이 복잡해진 토지지역.

감속재(moderator) 원자로 내에 있는 물질로 대부분은 물 또는 흑연이며, 분열을 일으킬 수 있는 중성자의 우라늄 충돌 속도를 늦춘다.

감염 질환(infectious disease) 병원체가 숙주를 공격하는 질환.

강기슭(riparian) 강 또는 강을 따라 가는 지역으로 강과 닿아 있는 가장자리의 땅.

강우(precipitation) 대기 외로 응축되어 방울 또는 결정으로 지구에 떨어진 물.

강화지열 시스템(enhanced geothermal systems) 엔지니어들이 바위에 깊게 구멍을 뚫어 조각을 내고 물을 주입한 다음 지하에서 가열되면 물을 뿜어올리는 새로운 방법. 이 방법은 어느 곳에서든지 우리가 지열에너지를 얻을 수 있도록 한다.

개벌(clear-cutting) 어느 지역의 모든 나무를 잘라내어 목재를 수확하고 그루터기만 남기는 벌목. 가장 비용 효율적인 방법이지만 개벌은 또한 환경에 가장 피해를 주고 있다.

개척 종(pioneer species) 가장 먼저 도착하여 육상 혹은 수서생태계에서 천이 생태학적 과정을 시작하는 종.

개체군(population) 동일한 지역에 생존하는 같은 종 생물의 집단. 종들은 종종 여러 개체군으로 구성된다.

개체군 밀도(population density) 단위 지역당 개체군 안에 있는 개체수. 개체군 크기(population size)와 비교.

개체군 분산(population dispersion) 개체 분포 참조.

개체군 분포(population distribution) 특정 지역 안에서 생물의 공간적 배열.

개체군 생태학(population ecology) 개체군 구성원들의 분포 및 풍부성에 영향을 미치는 개체군 변화 및 요소들의 양적 역학 연구.

개체군 크기(population size) 주어진 시간에 존재하는 개별 생물체의 숫자.

개체군 피라미드(population pyramid) 연령구조도 참조.

건조조경(xeriscaping) 건조한 조건에 적응한 식물을 사용하는 조경.

검증된 회수 가능한 매장(proven recoverable reserve) 현재의 조건 하에서 기술적으로, 경제적으로 제거 가능한 광산에 주어진 화석연료의 양.

경관생태학(landscape ecology) 경관 구조가 어떻게 생물의 풍부도, 분포 및 상호작용에 영향을 미치는지를 연구하는 학문. 경관에서 생물체와 그들의 환경에 대한 연구는 여러 생태계를 포함하는 광범위한 지리학적 영역에 초점을 맞추고 있다.

경쟁(competition) 여러 생물들이 제한된 같은 자원을 차지하려는 경쟁 관계.

경제(economy) 자원을 상품과 서비스로 전환하는 사회적 시스템.

경제적으로 복구 가능한(economically recoverable) 경제적으로 회수할 수 있는 광물자원의 판매수익이 광물채굴비용을 초과하는 것, 화석연료에 적용.

경제학(economics) 상품과 서비스를 만족시키기 위해 부족한 자원을 어떻게 이용할지를 결정하는 것에 대한 연구.

경철도(light rail) 전기를 동력으로 하는 철도로 구성된 대중교통 시스템.

계단식(terracing) 가파른 언덕경사를 수평단으로 절단한 것으로 때때로 가장자리를 높여 관개 및 강우로부터 물을 가둔다. 계단식은 경사를 층계같이 여러 개의 계단으로 만들어 농부들이 물에 의한 침식에 토양유실을 최소화하면서 구릉성 땅에 경작할 수 있도록 한다.

계통발생도(phylogenetic tree) 종 또는 다른 분류학적 생물의 분기 내력을 나타내는 나무모양 도표.

고목벌채(salvage logginf) 삼림보존을 위하여 산불 · 폭풍 · 해충 및 질병에 의한 고사목들을 벌채

고분자(macromolecule) 단백질, 핵산, 탄수화물 또는 지질과 같은 매우 큰 분자.

고산 툰드라(alpine tundra) 고산지대에 나타나는 툰드라.

고유의(endemic) 특정 지리적 지역에 국한된 또는 원래의. 토종은 지구상에서 오직 한 지역에서만 발생한다.

고전경제학(classical economics) 자유시장 경제에서 구매자와 판매자의 행위에 대한 연구로 아담스미스(Adam Smith)에 의해 제창됨. 자신의 이윤을 추구하는 개인의 행위가 사회에 이익이 되고 법규정과 개인 재산권에 의해 규제되며 경쟁시장 내에서 작동한다고 주장한다. 신고전경제학 참조.

공공 정책(public policy) 정부에 의하여 만들어진 정책으로 지방, 주, 연방 및 국제적 수준을 포함하며, 법, 규정, 명령, 인센티브 및 사회복지를 진척시키고자 하는 의도하는 방법들로 구성되어 있다. 환경정책 참조.

공급(supply) 주어진 가격으로 판매를 위해 제공되는 상품의 양.

공동체지원농업(community-supported agriculture) 주로 주간 단위 생산물 배달형태에서 소비자가 농부들에게 그들의 생산수율에 따라 미리 지불하는 제도.

공생(symbiosis) 가까운 물리적으로 근접한 곳에 사는 다른 종의 생물들 사이의 기생 또는 공생관계.

공유결합(covalent bond) 전자를 공유하는 원자들에 의해 형성되는 화학적 결합.

공진화(coevolution) 둘 또는 그 이상의 종들이 서로에게 상호작용으로 진화하는 과정. 다른 많은 꽃과 매개자처럼 기생자와 숙주가 공진화할 수 있다.

과도방목(overgrazing) 너무 많은 동물에 의한 초지 식물의 소비는 식물의 재성장 및 생물질의 대체를 방해한다. 과도방목은 토양, 자연 커뮤니티 및 추가 방목을 위한 땅의 생산성에 대한 손상을 더 심화시킬 수 있다.

과학(science) 세상을 배우고 그것에 대한 우리의 이해도를 시험하기 위한 체계적인 과정.

과학적 방법(scientific method) 몇 가지 가설 및 다소간의 상호 관련된 과정의 일관된 연속 및 관찰된 생각을 테스트하는 공식화된 방법.

관개(irrigation) 농업을 위한 인공적 물 공급.

관습법(customary law) 대부분의 문화에서 공통으로 개최된 오랜 관행이나 관습에서 유래된 국제법. 협약법(conventional law)과 비교.

관입암(intrusive) 마그마가 지구표면 아래에 있는 동안 서서히 식을 때 형성된 화성암을 위한 용어(예, 화강암).

광물질(mineral) 천연에 존재하는 결정체 구조의 고체 원소 또는 무기화합물의 특정의 화학적 조성 및 물리적 성질. 광석 및 암석(ore and rock)과 비교.

광미(tailings) 광산에서 금속이 추출되고 난 뒤 남겨진 광석의 부분.

광생물학적(photobiological) 빛과 생체를 이용하여 연료를 생산하는 과정을 기술하는 용어.

광석(ore) 우리가 금속을 추출하는 광물 또는 광물 그룹.

광야 도시경계(wildland-urban interface) 도시 또는 교외 개발이 삼림 또는 미개발지를 만나는 지역.

광합성(photosynthesis) 독립영양자들이 자신들의 먹이를 생산하는 과정. 햇빛은 이산화탄소와 물을 당(포도당)으로 변환하는 화학반응에 에너지를 공급하여 태양의 낮은 질의 에너지를 생물이 이용할 수 있는 높은 질의 에너지로 바꾼다. 세포호흡(cellular respiration)과 비교.

광화학 스모그(photochemical smog) 100가지 이상의 다른 화합물을 생성하는 보통의 대기화합물과 1차 오염물질의 빛에 의한 반응으로 야기된 갈색 대기 스모그. 산업 스모그(industrial smog)와 비교.

교외(suburb) 도시를 둘러싸고 있는 더 작은 커뮤니티.

교토의정서(Kyoto Protocol) 1997년 제정된 국제 협정으로 2012년까지 6가지 온실가스의 배출을 자신들의 1990년 수준보다 낮게 유지토록 요구한다. 미국은 의정서를 비준하는데 반대하였지만, 러시아가 비준을 한 후 2005년 127번째 국가가 비준하였다.

구름 숲(clud forests) 열대 및 아열대의 높은 고도에서 낮게 이동하는 구름으로부터 주로 대부분의 습기를 취하는 숲.

구획화(zoning) 다른 형태의 개발 및 부지 사용을 위한 지역의 분류방법.

국가간 공원(transboundary park) 국가간 국경에 걸쳐 있는 보호된 보존지.

국가환경정책법(National Environmental Policy Act, NEPA) 환경질 자문위원회를 만들고 어떤 주요 연방조치를 위해서든 환경영향보고서를 작성토록 요구한 1970년 미국법률.

국립공원(national park) 대중의 오락 및 즐거움을 위하여 따로 지정한 명승지. 오늘날 국립공원 시스템은 총 392개 장소에 84백만 에이커로 국가 유적지, 국립관광지, 국가 야생과 경관강 및 다른 형태의 지역을 포함하고 있다.

국립야생보호구역(national wildlife refuge) 야생생물을 위한 피난처, 때로는 사냥, 낚시, 야생생물 관찰, 사진찍기, 환경교육 및 다른 공공사용을 위해 따로 지정한 구역.

국유림(national forest) 몇 주를 제외한 전국에 걸쳐 있는 191백만 에이커(국가육지의 8% 이상)로 구성된 국유지.

국유림 관리법(National Forest Management Act) 1976년 미국의회에서 통과된 법률로 국유림은 다중 사용 및 지속가능한 개발과 광범위한 대중의 참여에 기반한 재생 가능한 자원관리를 의무화하고 있다.

군집(community) 동일 시간대 동일 장소에서 살고 있는 생물개체들의 집합체.

군집 분포(clumped distribution) 생물들이 좁은 지역에서 그들이 필요로 하는 자원의 가용성에 따라 배열되는 분포 형태.

군집 생태학(community ecology) 일대일 상호작용부터 전체 군집을 포함하는 상호관계에 이르는 종들 간의 상호작용에 관한 연구.

규제(regulation) 행정관청에 의해 발행된 특정 규칙으로 의회에 의해 통과되고 대통령에 의해 제정된 광의의 법정 법에 근거한다.

균일(evenness) 상대 풍부도(relative abundance) 참조.

균일 분포(uniform distribution) 개체들이 균일하게 배치된(개체들이 영역을 차지하거나 그렇지 않으면 공간을 위하여 경쟁할 때) 분포 형태.

그린건물(green building) (1) 지속가능한 재료를 사용하고 최소의 물과 에너지를 사용하며 건강영향을 줄이고 오염을 제한하며 폐기물을 재활용함으로써 건설과 운영의 생태발자국을 최소화 하는 건축물. (2) 그러한 건물의 건설과 개조의 추구.

그린 세금(green tax) 시장실패를 위하여 바로잡고자 하는 시장기반 인센티브 제공을 목적으로, 환경적으로 해로운 행동과 산물을 겨냥한 부과금. 보조금(subsidy)과 비교.

그린세탁(greenwashing) 공공관계 노력, 일반적으로 기업이나 사업체에 의해 고객 또는 대중을 실제보다 더 지속가능하게 활동하는 것으로 오인하도록 하려는 것.

극상군집(climax community) 생태계 연속의 전통적인 관점에서 혼란이 연속되는 규칙적인 과정을 다시 시작할 때까지 별 변화 없이 남아있는 군집. 오늘날 생태학자들은 군집의 변화가 더욱 다양하고 원래 생각되었던 것보다 예측하기 어려우며 종들의 집합은 시공간에서 복잡한 모자이크를 형성한다고 인식한다.

극성층운(polar stratospheric clouds) 봄에 성층권 오존의 파괴를 가속화하는 농축된 질산을 함유하고 있는 높은 고도의 얼음 구름.

극세포(polar cell) 지구기후패턴에 영향을 미치는 북과 남위도 사이(극과 60° 사이)의 대류순환 세포 쌍 중의 하나. 페렐 세포순환; 해들리 세포순환과 비교.

극소용돌이(polar vortex) 겨울 동안 남극에 공기를 가두어 대륙의 오존파괴를 악화시키는 순환 기류.

근교약세(inbreeding depression) 유전적으로 비슷한 부모가 짝을 맺은 결과 약하거나 결함있는 자손을 생산할 때 집단에서 일어나는 상태.

근절(extirpation) 전 지구적으로 종 전체가 아니라, 주어진 지역으로부터 어떤 특정 집단의 사라짐, 소멸(extinction)과 비교.

금속(metal) 화학원소의 한 형태 또는 그런 원소의 질량으로 전형적으로 광택이 있고 불투명하며 열과 전기를 전달할 수 있다.

급성노출(acute exposure) 짧은 기간 안에 높은 양의 독성물에 노출. 만성노출과 비교.

긍정적 피드백 순환고리(positive feedback loop) 한 형태의 유출이 동일한 방향으로 시스템을 움직이는 유입처럼 행동하는 피드백 고리. 유입과 유출은 시스템을 하나 또는 다른 극단을 향하여 앞으로 움직여 간다. 부정적 피드백 순환고리와 비교.

기대수명(life expectancy) 특정 연령의 집단이 살아갈 수 있는 평균연령.

기류(current) 액체 또는 기체의 어떤 방향으로의 흐름.

기반암(bedrock) 지구의 지각을 구성하는 연속된 물질의 고체암석.

기생(parasitism) 기생자 생물이 숙주에게 해를 입히며 영양공급 또는 다른 어떤 이득을 위해 다른 숙주 생물에 의존하는 관계. 상리(mutualism)와 비교.

기생자(parasite) 숙주로부터 영양물질 또는 다른 이득을 취하는 기생관계에 있는 생물.

기생충(parasitoid) 다른 곤충을 기생하는 곤충으로 일반적으로 숙주를 죽게 만든다. 기생자(parasite)와 비교.

기술적으로 회수가능한(technically recoverable) 현재의 기술을 사용하여 추출가능한. 화석연료 매장에 적용된다.

기업 평균 연비 기준(corporate average fuel efficiency(CAFE) standards) 마일당 갤런의 연비 기준은 자동차 제조업체들이 준수하도록 미국의회에 의해 제정되었으며, 제조업체 집단의 모든 모델의 판매 가중평균에 의한다.

기온(열) 역전(temperature(thermal) inversion) 대기에서 정상적인 온도분포로부터 이탈로 지면 근처에서 상대적으로 찬 공기가 그 위에 더 따뜻한 공기와 함께 있다. 찬 공기는 그 위에 있는 더운 공기보다 밀도가 높아서 오염물질을 지면 근처에 가두고 스모그 형성의 원인이 된다.

기준 오염물질(criteria pollutants) 여섯 가지 대기오염물질—일산화탄소, 이산화황, 이산화질소, 대류권 오존, 입자상 물질, 납—인간의 건강에 해를 끼치는 위협으로 인하여 미국환경보호국이 실외주변 대기의 최대허용농도를 설정하였다.

기형유발물질(teratogen) F_2 세대에 해를 끼쳐 기형으로 태어나게 하는 독성물질.

기후(climate) 오랜 기간에 걸쳐 지리적으로 넓은 지역에서 발견되는 대기조건의 형태. 날씨와 비교.

기후도표(climate diagram, climatograph) 어느 지역의 평균 월간 온도 및 강수량을 나타내는 시각적 도표.

기후 모델(climate model) 기후과정을 모사하기 위해 날씨 패턴, 대기순환, 대기-해양 상호작용 및 반응기작 등에 대하여 알려진 것들을 조합하는 컴퓨터 프로그램.

기후변화에 관한 정부간 패널(Intergovernmental Panel on Climate Change, IPCC) 유엔환경계획(UNEP) 및 세계기상기구(WMO)에 의해서

1988년 설립된 기상과학자 및 정부관리들의 국세적인 패널. IPCC의 임무는 세계기후변화에 관한 과학적 연구를 평가하고 종합하여 세계의 정책입안자들에게 지침을 제공하기 위함이다. IPCC의 2007년 4차 평가보고서는 기후의 현재 및 계획된 미래 세계 경향을 요약하고 세계의 기후과학자들의 동의를 대표하였다.

깊은 우물 주입(deep-well injection) 불투수성 토양층 아래의 다공성 바위에 지역의 지하수면 아래로 깊이 시추하여 유해폐기물을 처리하는 방법. 폐기물은 우물에 주입되어 다공성 바위에 흡수되고 땅속 깊이 남겨지고 지하수와 사람의 접촉으로부터 격리된다. 표면처리(surface impoundment)와 비교.

나셀(nacelle) 전력생산을 위한 기계류를 포함하고 있는 풍력터빈의 한 부품(엔진실).

나프타(NAFTA) 북미자유무역협정(North American Free Trade Agreement) 참조.

낙엽의(deciduous) 동결로 잎이 위험해질 때 매년 가을 나뭇잎을 잃고 겨울 동안 휴면상태로 남아 있는 나무를 설명하는 용어.

날씨(weather) 비교적 짧은 기간에 걸친 온도, 압력, 습도, 구름 및 바람 등과 같은 대류권의 지역적 물리적 특성. 기후(climate)와 비교.

납(lead) 물 또는 페인트를 통해 섭취되거나 또는 가연 휘발유의 연소를 통하여 입자상 오염물질로서 대기 중으로 유입되는 중금속. 땅과 물에 침적된 대기 중 납은 먹이사슬로 유입될 수 있고 신체 내 조직에 축적될 수 있으며 동물과 사람에게 납중독을 일으킬 수 있다. EPA의 표준오염물질.

납 중독(lead poisoning) 중금속 납의 섭취나 흡입에 의한 중독으로 뇌, 간, 신장 및 위에 만성 질환의 원인이 되며; 학습문제 및 행동이상; 빈혈; 청각손실; 죽음까지 초래한다. 납중독은 낡은 납 수도관 물을 마시거나 낡은 가연 페인트의 먼지를 흡입함으로써 야기될 수 있다.

내분비계(endocrine system) 몸의 호르몬 시스템.

내분비계 장애물질(endocrine disruptor) 내분비(호르몬) 시스템을 방해하는 독성물질.

노천 채굴(open-pit mining) 거대한 구멍을 파고 광석을 둘러싸고 있는 바위를 따라 원하는 광석을 캐내는 채광기술.

녹색퇴비(green manure) 죽은 식물재료로 구성된 유기물 비료.

녹색혁명(Green Revolution) 농지의 단위 면적당 생산되는 작물수확량을 비약적으로 증가시킨 20세기 후반부 개발도상국에서의 농업산업화의 강화. 넓은 면적에 높은 생산과 빠른 성장을 위하여 특별히 단일 품종의 작물을 재배, 비료, 살충제 및 관개용수의 과도한 사용; 연단위 또는 계절별 같은 농지에서 여러 번 수확을 시행함.

농경지(cropland) 인간이 식량과 섬유를 얻기 위해 식물을 재배하는 땅.

농부들 시장(farmers' markets) 지역 농민과 식량 생산자들이 지역적으로 재배된 물건을 소비자와 직거래하는 시장.

농약(pesticide) 곤충(살충제), 식물(제초제) 또는 곰팡이(진균제)를 죽이는 데 사용되는 인공 화학물질.

농약살포(pesticide drift) 농약의 공기 중 살포.

농업(agriculture) 식량과 자원생산을 위하여 식물을 재배하고 작물을 생산하며 가축을 사육한다.

농업공장(factory farm) 사육장(feedlot) 참조.

농업혁명(agricultural revolution) 약 1만 년 전 사냥-채집 생활방식에서 가축과 작물을 재배하기 시작한 농업위주의 생활로 전환. 산업혁명과 비교.

능동 태양 에너지 수집(active solar energy collection) 기계 장치가 태양광 에너지를 집중, 이동 또는 저장하는 방법. 수동적 태양열 에너지 수집과 비교.

늪지(bog) 식생의 두꺼운 퇴적으로 완전히 덮여 있는 연못에서의 습지의 한 형태. 담수습지; 늪과 비교.

늪지(swamp) 삼림지역의 식생이 풍부한 얕은 물로 구성된 습지의 형태. 수렁; 담수 습지와 비교.

니체(niche) 공동체에서 한 종의 기능적인 역할.

님비(not-in-my-backyard, NIMBY) 사람들이 오염시설을 자기들이 사는 근처에 원하지 않는 증후군.

다종재배(polyculture) 혼합 배열 또는 다종 작물의 재배. 옥수수, 콩, 호박 및 후추를 섞어서 재배하는 전통적인 미국 원주민 농법. 단종재배(monoculture)와 비교.

단백질(protein) 아미노산의 긴 사슬로 구성된 고분자.

단일재배(monoculture) 넓은 면적에 걸쳐 단일 작물의 균일한 재배. 산업농업의 특성을 갖는다. 다종재배(polyculture)와 비교.

단층(fault) 지각의 어긋남, 지진이 일어날 수 있다.

담수(freshwater) 비교적 순수한 육상의 물로 매우 적은 용존염을 함유하고 있다.

담수습지(freshwater marsh) 습지의 형태로 얕은 물이 수표면 위로 자라는 부들과 같은 식물을 자라도록 허락한다. 늪; 수렁과 비교.

담수화(desalination, desalinization) 바닷물로부터 염(소금)의 제거를 통한 민물 생성과정.

대기권(atmosphere) 지구를 둘러싸고 있는 얇은 대기층. 생물권; 수권; 암석권과 비교.

대기 분수계(airshed) 수로에 다다르게 될 대기오염물질을 생성하는 지리적 영역.

대기오염(airpollution) 대기를 오염시키는 행위 또는 대기오염물질에 의해 공기가 오염됨.

대기오염물질(air pollutants) 가스 및 입자상 물질로 이루어져 있으며 대기에 추가되어 기후에 영향을 미치거나 사람이나 다른 생명들에게 해를 끼침.

대기오염방지법(Clean Air Act) 대기오염을 제어하기 위한 연방법으로 오염제어 연구비 지원, 대기질 기준설정, 새로운 정지 및 이동 오염원의 배출제한 설정, 시민들이 기준 위반 당사자를 고소 가능하게 하고, 이산화황 배출권 거래 프로그램 등을 도입하였다. 1963년 처음 발효되어 1970년과 1990년을 포함하여 여러 차례 개정되었다.

대기증착(atmospheric deposition) 수은, 질산, 유기염소를 포함하는 광범위한 오염물질의 땅 위 습식 또는 건식 증착. 산 증착은 대개 증착의 한 형태이다.

대량 손실(mass wasting) 중력으로 인한 토양 및 암석의 내리막 이동. 사태(landslide)와 비교.

대류권(troposphere) 대기의 가장 바닥층; 해수면에서 상부로 11 km (7 mi)까지 뻗어 있다. 성층권(stratosphere)과 비교.

대류권 계면(tropopause) 대류권과 성층권 사이의 경계. 이러한 대기층의 혼합을 제한하며 모자 같은 역할을 한다.

대류권 오존(tropospheric ozone) 대류권에서 일어나는 오존으로 햇빛, 열, 질소산화물 및 휘발성 탄소함유 화합물의 상호작용에 의하여 생성되는 2차 오염물질이다. 스모그의 주요 성분으로 생체에 상처를 줄 수 있고 호흡기 문제를 야기시킬 수 있다. EPA의 기준 오염물질.

대류 순환(convective circulation) 온도차에 의해 구동되는 (공기, 물, 마그마 등의) 순환흐름. 대기에서 따뜻한 공기는 저기압 지역으로 상승하여 팽창하고 차가와 지면 하강하여 짙어지고 상승하는 따뜻한 공기를 대체한다. 공기는 지표면 근처에서 열과 습기를 받아 다시 상승할 준비를 한다.

대륙충돌(continental collision) 수렴판 경계에서 대륙암석권의 두 개 지각판의 만남, 대륙의 지각은 양쪽에서 침몰에 저항하여 함께 충돌함으로 휘어지고, 암석층을 변형시키고 지각의 일부분을 융기시켜 종종 산맥을 형성한다.

대멸종(mass extinction event) 어떤 극단적이고 빠른 변화 또는 재앙으로 매우 짧은 기간에 일어난 지구상의 생물들의 대량 멸종. 지구는 과거 5억 년 동안 다섯 번의 대량 멸종을 보았다.

대수층(aquifer) 지하의 물 저장.

대조(control) 실험에서 변수가 조작되지 않는 부분. 처리된 부분의 대조로 사용.

대조실험(controlled experiment) 처리와 대조 조건의 비교에 의하여 실험하는 것을 제외한 모든 변수들의 영향은 일정하게 유지되는 실험.

대체 출산율(replacement fertility) 안정적인 인구규모를 유지하는 총 출산율(TFR).

대표 종(flagship species) 사람들에게 잘 알려져 있고 다른 덜 영향력 있는 종들에게도 이득이 되는 보존 노력을 촉진하는 데 사용될 수 있는 종.

대표 지표(proxy indicator) 직접 측정을 위하고 과거의 조건을 투영한 대표 또는 대체 역할을 하는 대표 또는 간접 증거의 형태. 예를 들면, 퇴적물 코어로부터 나온 화수분과 빙하 코어로부터 나온 공기 방울들은 과거 기후에 대한 자료를 제공한다.

댐(dam) 물이 저류조에 저장하기 위해 강이나 하천에 설치된 장애물. 댐은 홍수를 방지하고 식수를 제공하며, 관개를 촉진하고 전기를 생산하기 위해 지어진다.

더스트 보울(Dust Bowl) 막대한 양의 표토가 가뭄과/또는 인간 영향의 결과로 풍화에 유실되는 지역; 처음에는 1930년대 가뭄과 표토의 유실로 심각하게 영향받은 북미 대평원 지역에 붙여진 이름이다. 이제 이 용어는 역사적 사건이나 그와 같은 것을 일컬을 때도 사용된다.

데이터(data) 정보, 일반적으로 수치적인 정보.

도시계획(city planning) 도시설계를 위해 도시의 효율, 기능 및 미관을 최대화하려고 시도하는 전문적인 추진.

도시고형폐기물(municipal solid waste) 특별히 유해하지 않고 가정, 기관 및 소규모 상가 등에서 배출된 비액상 폐기물. 유해폐기물; 산업고형폐기물과 비교.

도시생태학(urban ecology) 도시들을 명시적으로 생태계로 보는 과학적 영역. 이 분야 연구자들은 생태계 생태학 및 시스템의 근본을 도시지역에 적용하는 방안을 찾는다.

도시성장경계(urban growth boundary, UGB) 도시계획에서 시골로 남기를 바라는 지역으로부터 도시가 되기를 원하는 지역을 의도적으로 분리하는 지리학적 경계. 집, 상업 및 산업을 위한 개발은 도시 성장 경계 안에서 권장되지만 그 경계를 넘어서면 그런 개발은 심하게 제한된다.

도시열섬 효과(urban heat island effect) 도시가 열을 발생하는 건물들, 자동차들 및 사람들 때문 및 열을 흡수하는 건물들과 검게 포장된 표면 때문에 외곽지역보다 더 따뜻해지는 현상.

도시화(urbanization) 시골에서 도시 및 근교 생활로의 전이.

독립변수(independent variable) 과학자가 조작 실험에서 조작하는 변수.

독립영양생물(autotroph)(생산자, producer) 광합성으로 에너지와 유기물을 생산하기 위하여 태양빛 에너지를 이용하는 생물. 녹색식물, 조류 및 사이아노박테리아를 포함한다.

432 **독성(toxicity)** 화학물질이 줄 수 있는 해로움의 정도.

독성물(toxicant) 인간 또는 야생생물에 독으로 작용하는 물질.

독성 대기오염물질(toxic air pollutant) 인간에게 암, 생식결함, 또는 신경학적, 발달의 면역체계 또는 호흡기 문제의 원인이 되고/ 또는 동물과 식물의 건강에 해를 끼쳐 생태학적 위해의 원인이 되는 것으로 알려진 대기오염물질. 1990년 대기정화법은 벤젠 및 메틸렌 클로라이드 등과 같은 중금속 수은부터 유기화합물에 이르는 188개의 독성 대기오염물질을 확인하였다.

독성물질 관리법(Toxic Substances Control Act) EPA가 수천의 산업화학물질을 모니터하고 과도한 위험이 있는 물질은 규제하고 폐기토록 권한을 부여한 1976년의 미국 법.

독성의(toxic) 삼키거나, 섭취하거나 또는 접촉되었을 때 사람 또는 다른 생물의 건강을 해칠 수 있는. 유해폐기물을 정의하기 위한 하나의 기준.

독성학(toxicology) 독성의 화학물 및 다른 물질의 인간과 다른 생물들에 대한 영향을 시험하는 과학적 분야.

독소(toxin) 생물체의 조직에서 저장되거나 또는 만들어진 독성 화학물질. 예를 들면, 식물이 초식동물로부터 지키거나 곤충이 포식자를 퇴치하는 데 사용하는 화학물질.

돌연변이(mutation) 염기 하나의 제거, 치환 또는 추가로부터 전체 염색체 쌍에 영향을 미치는 변화에 이르기까지의 범위에서 DNA의 우발적 변화.

돌연변이 유발물질(mutagen) 생물체의 DNA 에 돌연변이의 원인이 되는 독성물질.

동료평가(peer review) 학술저널에 논문이 게재를 위해 제출되어 그 분야의 다른 전문가에 의해 검토되는 과정으로 전문가는 조언과 평가(주로 익명) 및 저널에 게재될 장점이 있는지 여부를 판단한다.

동물플랑크톤(zooplankton) 식물성 플랑크톤을 먹이로 하고 일반적으로 수중 먹이사슬에서 2차 영양수준을 구성하는 조그마한 수중 동물. 식물성 플랑크톤(phytoplankton)과 비교.

동일수령(even-aged) 목재 농원의 조건—일반적으로 한 종의 단종재배—모든 나무가 같은 연령이다. 대부분의 생태학자들은 동령림은 생태학적으로 기능하는 숲보다는 작물 농업으로 보고 있다. 불균일 수령(uneven-aged)과 비교.

동위원소(isotope) 원자의 핵에서 중성자 수가 다른 원소의 여러 형태 중 하나. 화학적으로 한 원소의 동위원소들은 거의 동일하게 동작하지만 질량이 다르기 때문에 그들은 다른 물리적 성질을 가지고 있다.

등고선 경작(contour tillage) 언덕을 가로질러 경사면에 직각으로 옆으로 밭고랑을 쟁기질하여 물길이 계곡으로 누수되는 것을 방지하는 방법의 경작. 밭고랑이 자연적인 등고선을 따라 형성되어 이름이 그렇게 붙여졌다.

디옥시리보핵산(deoxyribonucleic acid, DNA) 네 개의 뉴클레오티드로 구성된 이중나선 핵산, 각각은 당(디옥시리보), 인산기, 질소염기를 포함한다. DNA는 생물체의 유전정보를 부모로부터 자손에게 전달하는 책임이 있다. 리보핵산(RNA)과 비교.

딥워러 호라이즌(Deepwater Horizon) 미국 역사상 최대 규모의 기름유출을 일으키고 2010년 침몰한 영국의 해상 석유 시추 플랫폼.

띠 채굴(strip mining) 석탄 또는 광물을 노출시키기 위한 거대한 양의 흙을 제거하기 위하여 중장비를 사용하여 직접 채굴. 지하 채굴(subsurface mining)과 비교.

라니냐(La Niña) 매 2년에서 7년 사이에 발생하는 태평양 적도에서 해수면을 강하게 냉각하고 광범위하게 기후 영향을 미친다. 엘니뇨(El Niño)와 비교. 엘니뇨-남방진동(El Niño—Southern Oscillation) 참조.

라돈(radon) 암반의 특정 유형의 지역 땅으로부터 새어나와 지하실 및 공기순환이 잘 안 되는 집의 내부에 축적될 수 있는 독성, 방사성, 무색의 가스.

라하르(lahar) 내리막으로 흐르는 불안정한 진흙의 대량 흐름.

러브 캐널(Love Canal) 뉴욕 나이아가라 폭포의 주거지역, 파묻었던 독성화학물질이 지표면까지 올라와 집과 초등학교를 오염시켜 주민들을 대피시켰다. 국민들에게 잘 알려진 사건으로 슈퍼펀드법의 통과를 촉발시켰다. 타임즈 해안(Times Beach)과 비교.

런오브리버(run-of-river) 강물의 흐름을 크게 교란하지 않고 수력발전을 생산하기 위하여 사용되는 여러 방법 중 하나. 런오브리버 방법들은 거대 댐들의 많은 환경영향을 약화하는 방법이다. 저류(storage)와 비교.

로비활동(lobbying) 선출된 관리들에게 영향력을 미치기 위한 시간과 돈의 지출.

리보핵산(ribonucleic acid) RNA 참조.

마그마(magma) 녹은 액상 암석.

마라스무스(marasmus) 칼로리의 결핍과 함께 단백질 결핍으로 야기되는 영양실조의 한 형태로 개발도상국에서 수백만 명의 아이들의 희생과 질병을 야기시킨다.

마킬라도라(maquiladora) 미국-멕시코 국경의 멕시코 쪽에 있는 미국 소유의 공장.

만성노출(chronic exposure) 소량의 독성물질에 오랜 기간 동안 노출. 급성노출과 비교.

매립지 가스(landfill gas) 매립지 깊은 곳에서 혐기성 분해로 생성된 메탄이 거의 반을 차지하는 가스 혼합물.

맨틀(mantle) 지각 아래에 놓여 있으며 대부분 철의 지구 핵을 둘러싸고 있는 암석의 연성층.

맹그로브(mangrove) 자신들이 자라는 진흙 속에 부족한 산소를 얻기 위해 위로 휘어진 뿌리를 가진 나무로 뿌리는 수위가 변하는 데서 나무를 지지하는 역할을 한다. 맹그로브 숲은 열대 및 아열대 해안에서 자란다.

먹이(prey) 포식자에 의해 죽임을 당하여 먹히는 생물.

먹이망(food web) 다른 영양수준의 생물들 사이의 관계 배열을 보여주는 생태학적 군집 안에서 먹이공급 상호작용의 시각적 표현. 먹이사슬과 비교.

먹이사슬(food chain) 먹이 관계의 선형적 연속. 생물들이 서로에게 먹이가 될 때 에너지는 낮은 영양수준에서 높은 영양수준으로 옮겨진다. 먹이망과 비교.

메탄(methane, CH_4) 혐기성 분해에 의해 주로 생성되는 무색의 가스. 천연가스의 주성분이며 이산화탄소보다 분자량 대비 더 강력한 온실가스이다.

메탄 하이드레이트(methane hydrate) 얼음 같은 고체로 물 분자의 결정 격자에 들어 있는 메탄 분자로 구성되어 있다. 메탄 하이드레이트는 화석연료로부터 얻을 수 있는 강력한 새 에너지원으로 연구되고 있다.

멸종 배경 비율(background rate of extinction) 인류의 등장 이전 일어난 멸종의 평균 비율. 예를 들면, 화석기록은 조류와 대형동물 등 한 종은 전형적으로 매 500년에서 1000년에 멸종했다는 것을 나타낸다. 대량 멸종사건과 비교.

멸종위기종 보호법(Endangered Species Act, ESA) 미국에서 생물다양성을 보호하기 위해 1973년에 제정된 1차 입법. 멸종위기종 또는 그들의 서식지를 파괴할 우려가 있는 정부나 시민들의 행위(토지개발 같은)를 금하고, 멸종위기종으로 만든 제품의 거래를 금지한다.

명령 및 통제(command-and-control) 정부가 엄격한 법적 제한을 설정하고 그 제한을 어기면 처벌하는 환경보호 방법.

명반응(light reactions) 광합성에서 물 분자가 분해되고 수소이온(H^+)과 산소 분자(O_2) 및 캘빈회로에 사용되는 작고 높은 에너지 분자를 생성하기 위해 반응하는 일련의 화학반응.

모델(model) 복잡한 자연 과정의 단순화 표현으로, 어떻게 과정이 일어나는지 이해하고 결과를 예측하는 것을 돕기 위하여 과학자들에 의하여 설계된다.

모자이크(mosaic) 경관생태학에서 경관을 거쳐 배열된 패치의 공간적 형태.

모재(parent material) 특정 장소의 근본적인 토양의 재료.

몬트리올 의정서(Montreal Protocol) 1987년 지준된 국제조약으로 180개의 서명국들이 성층권 오존의 파괴를 미리 막기 위해 염화불화탄소(chlorofluorocarbons, CFCs)의 생산을 제한하는 데 동의하였다.

무경작(no-till) 토양을 경작(쟁기질, 정지, 써레질 또는 끌질)하지 않는 농경방법. 가장 극단적 형태의 보존 경작.

무기비료(inorganic fertilizer) 채굴 또는 합성에 의해 제조된 미네랄로 구성된 비료.

무기 화합물(inorganic compound) 공유결합에 의해 다른 탄소와 연결된 탄소를 함유하지 않는 화합물. 유기화합물(organic compound)과 비교.

무도로 규칙(roadless rule) 2001년 클린턴(Clinton) 행정부의 국유림 31%를 도로 또는 유지보수 통로를 건설 또는 금지시키는 행정 명령 집행.

무생물성(abiotic) 무생물. 생물성과 비교.

무임승차자(free rider) 오염을 제어에 투자 또는 책임 있는 조치를 취하는 대신 다른 사람들이 그렇게 하는 노력에 의존하는 당사자. 예를 들면, 배출량 제어에 실패한 공장이 오염배출을 줄이기 위해 희생하는 다른 공장의 노력에 의존하는 무임승차를 하는 것.

무조건적 명령(categorical imperative) 임마누엘 칸트(Immanuel Kant)에 의해 기술된 윤리적 표준으로 기독교의 "황금률(golden rule)"인 '네가 대접을 받고 싶은 대로 다른 사람도 대접하라'와 대략 유사함.

무차별 확장(sprawl) 도시중심으로부터 전원을 가로지르는 도시 개발의 무제한적인 확장. 때로는 개발지역이 인구증가를 앞지르는 성장으로 특징 지어진다.

문화적 위해(cultural hazard) 우리가 살고 있는 장소, 사회경제학적 지위, 직업 또는 행동의 선택으로 초래되는 인간 건강 위해. 여기에는 담배를 피우기 또는 그러한 사람들과 같이 살지 또는 일할지를 선택하는 것 등이 포함된다. 생물학적 위해; 화학적 위해; 물리적 위해와 비교.

물리적 위험(physical hazard) 우리의 환경에서 자연적으로 일어나 사람들 건강에 해를 끼치는 물리적 과정. 여기에는 시진, 화산폭발, 화새, 홍수, 폭설, 산사태, 허리케인 및 가뭄과 같은 단발성 재난뿐만 아니라 태양 빛 자외선 방사선 등과 같은 계속적인 것들이 포함된다. 생물학적 위험; 화학적 위험; 문화적 위험과 비교.

물 순환(hydrologic cycle) 물의 흐름—액체, 기체 및 고체형태로—우리들의 생물 및 무생물 환경을 순환하는 과정.

물질(matter) 질량과 공간을 점하고 있는 우주의 모든 물질. 질량보존의 법칙 참조.

민관 협력관계(public-private partnership) 정부와 비영리 단체의 통합된 노력으로 일반적으로 공공 정책목표 달성을 돕도록 민간부분의 효율성을 이용하고자 한다.

밀도-독립 요인(density-independent factor) 인구에 대한 영향이 인구밀도와 상관없이 항상 일정한 제한요소. 밀도-의존 요인(density-dependent factor) 비교.

밀도-의존 요인(density-dependent factor) 인구증가 또는 감소가 인구밀도에 의존하는 제한요소. 밀도-독립 요인(density-independent factor)과 비교.

밀란코비치 주기(Milankovitch cycle) 지구표면의 위도에 따라 도달하는 태양열 복사의 양이 상대적으로 약간씩 다른 태양 주위의 지구회전 및 궤도의 3가지 형태의 변이 중 하나. 그들은 주기가 계속될 때, 지구 표면에 분포되는 태양열 복사 방법을 바꾸며 빙하기 및 다른 기후변화를 촉발시킨 대기 가열과 순환의 변화에 기여한다.

바람막이(windbreak) 바람막이(shelterbelt) 참조.

바실러스 튜린지엔시스(*Bacillus thuringiensis*, Bt) 자연적으로 생성하는 토양박테리아로 파리와 딱정벌레의 애벌레 등을 포함하는 해충을 죽이는 단백질을 생성한다.

바이오디젤(biodiesel) 식물성 기름, 사용한 조리용 기름 또는 동물성 지방을 소량의 에탄올 또는 메탄올에 화학촉매를 이용 혼합하여 생산된 디젤연료.

바이오매스 에너지(biomass energy) 생물에너지 참조.

박막태양전지(thin-film solar cells) 초박막 판으로 압착된 물질로 만들어진 태양광 전지. 지붕 덮개로 사용될 수 있고 미래의 유망한 에너지로 전망된다.

반감기(half-life) 방사성 동위원소의 원자가 방사선 방출과 분해로 반으로 줄어드는 데 걸리는 시간. 방사성 동위원소들은 수초에서 수십억 년의 이르는 다양한 반감기를 갖고 있다.

반사율(albedo) 표면의 빛을 반사하는 용량. 반사율(알베도)의 값이 올라갈수록 빛의 반사율이 더 높다.

반응(response) 투여량 반응 분석에서 동물이 독극물 투여에 보이는 반응의 부정적 영향의 형태 또는 크기. 투여량(dose)과 비교.

반응의(reactive) 화학적으로 불안정하고 다른 화합물과 쉽게 반응하며, 종종 폭발적으로 또는 유독가스를 생산함. 위해성 폐기물을 정의하기 위한 기준의 하나.

반치사량(lethal dose-50%, LD_{50}) 실험동물 집단의 50%를 죽이는데 투여되는 독성물질의 양. 유효용량-50%; 임계용량과 비교.

발산 판 경계(divergent plate boundary) 마그마가 표면으로 상승할 때 지각을 밀어서 분리시키는 지역으로 마그마가 식으면서 퍼지면 새로운 암석층을 형성한다. 대표적인 예는 중부 대서양 릿지이다. 수렴판 경계 및 변형판 경계와 비교.

발암물질(carcinogen) 암을 유발하는 화학물질 또는 방사선의 형태.

발전차액지원제(feed-in tariff) 재생가능한 에너지원으로부터 전력을 생산할 수 있는 사람으로부터 의무적으로 전력을 구매하여 전력망에 공급하도록 하는 시스템. 가격이 고가로 책정될 때 이것은 재생에너지 기술전파에 강력한 메커니즘으로 작용할 수 있다. 순계량제(net metering)와 비교.

발화성의(ignitable) 쉽게 불붙을 수 있는. 위해성 폐기물 정의하는 기준의 하나.

방목장(rangeland) 가축을 방목하는 데 사용되는 토지.

방사성 동위원소(radioisotope) 안정적인 동위원소로 될 때까지 점진적으로 더 가벼운 동위원소로 붕괴하면서 아원자입자 및 고에너지 방사선을 방출하는 방사성 동위원소.

방사성의(radioactive) 일부 동위원소들이 분해하는 성질로 원자입자들을 뿌리며 고에너지 방사선을 방출할 때 그들의 화학적인 정체성이 변한다.

방풍림(shelterbelt) 바람을 막아서 풍화작용을 최소화하기 위해 농장 주변을 따라서 심어진 나무 또는 키 큰 식물들의 열.

방향 시추(directional drilling) 석유와 천연가스를 위한 지하시추의 현대적 방법으로 내려갈 때 드릴이 구부러지거나 휘어져 하나의 드릴패드로부터 여러 지역에 도달할 수 있으므로 표면의 시추에 의한 환경피해를 감소시킨다.

배출권 거래제도(emissions trading system) 허가거래 시스템으로 정부는 상거래할 수 있는 배출허가권을 오염물질을 방출하는 기업, 산업 또는 시설에 발행해 준다. 캡-앤-트레이드 시스템에서는 정부가 오염의 허용수준을 결정하고 오염허가권을 발행한다. 오염자는 배출하지 않는 양만큼의 크레딧을 받고 이것을 다른 오염자에게 판매할 수 있다. 캡-앤-트레이드(cap-and-trade)와 비교.

백 하우스(baghouse) 소각로 배기가스로부터 물리적으로 입자상 물질을 제거하는 대형 필터 시스템.

버개스(bagasse) 사탕수수 잔류물로 짜낸 자당은 수백만 대의 자동차 동력제공 에탄올을 만드는데 브라질에서 사용됨.

범람원(floodplain) 역사적으로 강이 여러 곳으로 흐르며 주기적으로 홍수가 나는 지역.

법의학(forensics) 법의학 과학 참조.

법의학 과학(forensic science) 종종 범죄 또는 사고와 관련하여 확인 또는 해답을 찾기 위한 증거의 과학적 분석. 보존 생물학자들이 이제는 불법 수확으로부터 종을 보호하기 위하여 법의학 과학을 채택하고 있다.

벡터(vector) 병을 숙주에게 옮기는 생물. 예로 말라리아 병을 인간에게 옮기는 모기.

변성암(metamorphic rock) 암석의 3가지 주요 분류 중 하나. 암석 내의 결정을 바꿀 큰 압력과 또는 열로 형성되어 외형과 물리적 성질이 변화됨. 보통의 변성암에는 대리석과 점판암이 포함된다. 화성암; 퇴적암과 비교.

변수(variable) 실험에서 변할 수 있는 조건. 종속변수 및 독립변수 참조.

변환판 경계(transform plate boundary) 두 개의 지각판이 만나 미끄러져 나란히 스쳐 지진을 일으키는 지역. 예를 들면, 태평양 판과 북아메리카판은 캘리포니아의 샌 안드레아스 단층을 따라 서로를 문지르며 스쳐지나 간다. 수렴판 경계 및 발산판 경계와 비교.

병원균(pathogen) 질병을 유발시키는 미생물.

보전 경작(conservation tillage) 토양의 경작양(쟁기질, 써레질 등)을 제한하는 농업. 무경작과 비교.

보전 저장 프로그램(Conservation Reserve Program) 부식성이 높은 경작지에서의 작물 재배를 중지하는 농민에게 보상하고, 대신 풀과 나무를 식재하는 보전 저장 지역화하는 1985년 이래 농장법의 미국정책.

보전생물학(conservation biology) 생태계 내에서 생물학적 다양성 손실, 보호 복원에 영향을 미치는 요인, 에너지 흐름의 과정을 이해하는 과학적 원리를 탐구하는 학문.

보전유전학자(conservation geneticist) 생물의 유전적 특성을 연구하는 학자로 그들을 보전하기 위하여 그들의 집단의 상태를 일반적으로 추론한다.

보전윤리(conservation ethic) 인류가 자연자원을 사용하기 위해서뿐만 아니라 현명하게 관리해야 하는 책임도 져야 하는 윤리. 보존윤리와 비교.

보조금(subsidy) 특정 산업 또는 행위를 격려하기 위한 정부 인센티브(그냥 주는 현금 또는 공적자금 또는 세금감면). 그린 세금과 비교.

보조연소(co-firing) 석탄화력발전소에서 바이오매스가 석탄과 조합되어 사용되는 공정. 화석연료를 기반으로 하는 시설에서 신재생에너지의 사용을 확장하는데 비교적 쉽고 저렴한 방법이 될 수 있다.

보존 대 생산 비율(R/P 비)(reserves-to-production ratio, R/P ratio) 화석 연료의 총 남아 있는 보존량을 연간 생산율(추출 및 가공)로 나눈다.

보존윤리(preservation ethic) 우리가 자연 환경을 본래의 바뀌지 않은 상태로 보존해야 한다고 주장하는 윤리. 보전윤리와 비교.

보편주의자(universalist) 문화와 상황을 유지하는 옳고 그름의 객관적인 개념이 존재한다고 주장하는 윤리학자. 상대주의자와 비교.

복사력(radiative forcing) 주어진 요소(에어로솔, 반사도 또는 온실가스 등)가 지구의 에너지 균형 이상으로 발휘하는 에너지 변화량. 긍정적 복사력은 표면을 데우고 부정적 복사력은 표면을 식힌다.

복원(reclamation) 채굴 전의 조건으로 광산지역을 복구하는 행위. 지역을 복원하기 위해 기업들은 채굴을 위해 사용된 건물과 구조물들을 제거토록 요구되고 식물을 다시 심도록 요구한다.

복원 생태학(restoration ecology) 인간이 바꿔놓기 전의 그들이 존재했던 때의 생태학적 커뮤니티의 생태적 환경의 연구. 복원 생태학의 원칙들은 생태학적 복원에 실질적으로 적용된다.

볼로그 노먼(Borlaug, Norman; 1914~2009) 20세기 재배한 작물을 도입하여 개발도상국의 녹색혁명에 박차를 가하도록 도움을 준 미국 농업과학자.

봄웅덩이(vernal pool) 봄에는 비와 눈녹은 물 그리고 나머지 계절에는 말라버리는 계절적 습지.

부수어획(bycatch) 의도하지 않게 포획된 동물의 상업적 어획량. 부수어획은 수천의 물고기, 상어, 바다 포유동물 그리고 새들을 죽인다.

부식성의(corrosive) 금속을 부식할 수 있는. 유해폐기물을 정의하기 위한 하나의 기준.

부엽토(humus) 유기물질의 부분적 분해로 생기는 복잡한 유기물질로 만들어진 검고, 스펀지처럼 부서지기 쉬운 물질.

부영양의(eutrophic) 높은 영양과 낮은 용존산소 조건을 갖는 수체를 나타내는 용어. 빈영양의(oligotrophic)와 비교.

부영양화(eutrophication) 영양물질 풍부화 과정으로 수체의 유기물질의 생성을 증가시키고, 그에 따른 생태계 분해를 증가시킨다.

부정적인 피드백 순환고리(negative feedback loop) 출력이 시스템을 반대 방향으로 움직이게 하는 입력으로 작용하는 피드백 회로. 입력과 출력은 근본적으로 서로의 영향을 중화시키고 시스템을 안정한다. 긍정적 피드백 순환고리와 비교.

북대서양 심해(North Atlantic Deep Water, NADW) 북대서양의 열염분 순환의 심해.

북미 자유무역 협정(North American Free Trade Agreement, NAFTA) 캐나다, 멕시코 및 미국 사이에 상거래 및 국경 무역을 추진하기 위하여 1994년에 맺은 조약. NAFTA는 많은 다른 규정 중 만약 산업이나 기업들에게 환경보호법들이 무역장벽으로 보일 경우 그것들을 약화시킬 수 있도록 허락했다.

북방 수림(boreal forest) 북부 침엽수림 생물군계로 캐나다, 알래스카, 러시아, 스칸디나비아의 대부분에 걸쳐 폭넓은 대역에 확장되어있다. 또한 타이가로 알려진 아한대 수림은 습지와 호수에 흩어진 넓은 숲 지역에 우점하는 가문비 같은 수종의 상록수로 구성되어 있다.

분류학자(taxonomist) 종을 생물의 형태와/또는 유전적 조합을 이용하여 동정하는 과학자로 종들을 유사성에 의해 진화적 관계를 반영하는 범주의 계통구조로 그룹 짓는다.

분자(molecule) 두 개 또는 그 이상 원자들의 조합.

분출(extrusive) 마그마가 화산으로부터 분출되어 빠르게 식을 때 형성된 화성암을 위한 용어(예, 현무암).

분해산물(breakdown product) 독성물질 분해로 생성된 화합물.

분해자(decomposer) 유기체, 낙엽 및 기타 무생물 물질을 식물에 의해 흡수되고 이용될 수 있는 간단한 구성요소로 분해하는 곰팡이나 박테리아. 유기물 분해 유충(detritivore)과 비교.

불규칙 분포(random distribution) 개체들이 공간에서 특정하지 않은 패턴으로 무작위로 위치하는 분포 패턴(종종 필요한 자원들이 지역에 퍼질 때 다른 생물들이 개체들이 정착하는 곳에 강력한 영향력을 미치지 않는다).

불균일 수령(uneven-aged) 다른 수령의 목재 재배에서 나무들 나이를 기술하는 용어. 불균일 수령 키는 균일 수령 키보다 자연림에 더 유사하게 가깝다.

붕괴(meltdown) 원자로 중심부에서 우라늄 연료봉의 우발적 용융으로 방사선 방출의 원인이 된다.

비료(fertilizer) 질소나 인과 같은 필수영양소를 공급함으로써 식물성장을 촉진하는 물질.

비소모성 사용(nonconsumptive use) 특정한 대수층의 물 또는 지표수가 제거되지 않거나 일시적으로 제거되었다 다시 채워지는 용수의 사용. 수력발전 댐에서 전기생산을 위한 물의 사용이 한 예이다. 소모성 사용과 비교.

비스페놀(bisphenol) A(BPA) 플라스틱 및 식품과 음료수 캔 도포에 광범위하게 사용되는 물질, 에스트로겐 모방을 이유로 건강상 문제를 일으켰다.

비시장가격(nonmarket value) 상품이나 서비스의 가격에 통상적으로 포함되지 않는 가치.

비용 및 배당(fee-and-dividend) 세금제에서 더 나아간 탄소세 프로그램으로 소비자에게 세금 환급금 또는 배당금으로 지급된다. 이 방법으로 만약 오염유발자가 그들의 비용을 소비자에게 전가하더라도 소비자는 돈을 잃지 않을 것이다.

비용편익 분석(cost-benefit analysis) 신고전주의 경제학자에 의해 통상적으로 사용되는 방법으로 제안된 행위에 대한 예상비용을 집계한 다음 행위의 결과로 예상되는 이익의 합계와 비교한다.

비점 오염원(non-point source) 오염물질의 확산원으로 종종 많은 작은 오염원으로 구성된다. 점오염원(point source)과 비교.

비정부기구(nongovernmental organization, NGO) 이슈나 의제를 추진하기 위해 존재하는 정부나 기관에 소속되지 않은 기구. 국제적으로 많은 기구들이 운영되며 어떤 기구들은 환경정책에 영향을 미친다.

빈영양의(oligotrophic) 낮은 영양소와 높은 용존산소 조건을 갖는 수체를 설명하는 용어. 부영양의(eutrophic)과 비교.

빈용기보증금제도(bottle bill) 소비자들이 병과 캔을 사용 후 가게에 반환하고 환불받도록 한 법. 빈용기보증금제도는 쓰레기를 줄이고 재활용 비율을 성공적으로 높였다.

빙하작용(glaciation) 지구 역사의 빙하기 동안 극지역부터 지구의 온대지역 깊은 곳으로의 얼음판이 확상하는 작용.

사금광(placer mining) 강바닥 퇴적물로부터 채광하는 광산 기술로 일반적으로 가벼운 진흙과 자갈을 무거운 값 나가는 금속으로부터 분리하기 위해 흐르는 물을 사용한다.

사막(desert) 25 cm 미만의 연간 강수량과 함께 지구에서 가장 건조한 생물 군계. 사막은 극한의 온도로부터 절연시키는 비교적 적은 식물을 가지고 있기 때문에 햇빛은 낮에 쉽게 가열시키고 낮의 열기는 밤에 쉽게 잃어버려, 온도는 낮과 밤 그리고 계절별로 변화가 큰 생태계이다.

사막화(desertification) 생산성의 10% 이상이 침식, 토양압축, 산림제거, 과도방목, 가뭄, 염분, 기후변화, 수분고갈, 또는 다른 요인으로 손실되는 토지 황폐화의 한 형태. 심각한 사막화는 사막지역 확장이나 새로운 사막의 형성을 일으킬 수 있다. 토양 분해(soil degradation)와 비교.

사망률(mortality) 개체수 내의 사망비율.

사바나(savanna) 아카시아 및 다른 나무들의 집단들이 산재한 초원의 특성을 가진 생물군계. 아프리카, 남아메리카, 오스트레일리아, 인도 및 다른 건조열대지역의 일부에 걸쳐 발견된다.

사육장(feedlot) 매우 높은 밀도로 사육되는 동물들에게 에너지가 풍부한 사료를 투여하도록 설계된 거대한 축사. 공장식 농장 또는 밀집된 동물 사육장으로 불리기도 한다(CAFO).

사이클론(cyclone) 바다 위에서 형성되나 땅에 도달 시 피해를 입힐 수 있는 사이클론식 태풍.

사전예방 원칙(precautionary principle) 행동의 진행상황이 완전히 이해되기까지 새로운 행동을 취해서는 안된다는 생각.

사회과학(social science) 인간의 상호작용과 기관을 연구하는 학문. 자연과학(natural science)과 비교.

산 사태(landslide) 대량의 바위 또는 토양의 붕괴와 흘러내림. 물질손실의 심하고 갑작스런 형태.

산성배출(acid drainage) 새롭게 노출된 암석 표면에 있는 황화물이 산소와 빗물에 반응하여 황산을 생산하는 과정으로, 암석으로부터 금속을 침출할 때 화학물질 유출의 원인이 된다. 산성배출은 자연적인 현상이지만 채광은 한번에 많은 암석의 표면을 노출시킴으로써 그 오염속도를 가속화할 수 있다.

산성비(acid rain) 비를 통해 일어나는 산증착. 산성강우와 비교.

산성의(acidic) 용액의 성질이며 수소이온(H^+)이 수산화이온(OH^-)의 농도보다 높다. 염기성과 비교.

산소(oxygen) 8개의 양성자와 중성자로 구성된 화학원소. 광합성에 의해 생성되는 대기 중의 주요 원소.

산아제한(birth control) 한 사람이 잉태할 수 있는 아이들의 수를 특히 임신 빈도수의 감소에 의해 통제하려는 노력. 피임과 비교.

산업 고정(industrial fixation) 사람들이 비료생산과 산업화학제품을 생산하기 위하여 수행하는 질소고정.

산업고형폐기물(industrial solid waste) 특별히 위해하지 않고 상품생산, 채굴, 석유추출 및 정재, 농업으로부터 생성된 비액상 폐기물. 위해성 폐기물; 도시고형 폐기물과 비교.

산업농업(industrial agriculture) 농부들이 말과 소를 작물의 재배, 수확, 운반 및 가공의 더 빠르고 강력한 수단으로 대체하도록 큰 규모의 기계화 및 화석연료 연소를 이용하는 농업의 형태. 관개와 무기질 비료의 사용은 다른 측면에 포함된다. 전통농업(traditional agriculture)과 비교.

산업생태학(industrial ecology) 산업에 대한 생태학, 화학, 생태학, 경제학 및 다른 분야들로부터 원리를 종합하고 자원투여와 비효율을 최소화 하기 위하여 산업시스템을 재설계하는 총체적인 접근방식.

산업 스모그(industrial smog) 연소 시 석탄 또는 석유의 불완전 연소에 의하여 야기된 회색 공기 스모그. 광화학 스모그(photochemical smog)와 비교.

산업혁명(industrial revolution) 1700년대 중반까지의 농경시대로부터 석탄과 원유 등과 같은 화석연료 동력의 도시사회로의 전환된 산업혁명. 농업혁명(agricultural revolution)과 비교.

산업화 단계(industrial stage) 인구통계학적 전이 모델의 3단계로 사망률 감소와 출생률 저하로 특정 지어지고 인구성장률을 감소시킨다. 전 산업화 단계; 후 산업화 단계; 전환 단계와 비교.

산업화 후기 단계(post-industrial stage) 인구통계학적 전환 모델의 네 번째 및 마지막 단계로 출생 및 사망률이 낮은 수준으로 떨어져 안정된 상태로 남고 인구는 약간 감소한다. 산업화 단계; 전 산업화 단계; 전환 단계와 비교.

산정상 제거 채굴(mountaintop removal mining) 대규모 형태의 석탄채굴로 전체 산정상들이 수평화된다. 상당량의 석탄을 공급하지만 주변의 생태계 및 주민들에게 심각한 환경적 영향을 미친다.

산증착(acid deposition) 대기로부터 산성 또는 산생성 오염물질의 지구표면 침전. 강수량, 안개, 가스, 또는 건조입자의 증착에 의하여 일어날 수 있다. 산성비; 산성강우와 비교.

산호(coral) 산호초를 형성하는 작은 해양 생물. 산호는 바위 또는 기존의 산호초에 부착하고 날카로운 촉수로 지나는 먹잇감을 잡는다. 그들은 또한 갈충조류로 알려진 광합성 공생 조류로부터 양분을 얻는다.

산호초(coral reef) 산호라고 하는 작은 해양 서식 생물의 골격으로 구성된 탄산칼슘 덩어리.

산화질소(nitrogen oxide, NOX) 하나 또는 그 이상의 산소원자와 연결된 질소원자를 포함하는 화학화합물의 한 집합. 이산화질소가 그 한 예다.

살충제(insecticide) 곤충을 죽이는 화학 농약의 한 종류.

삼림(forest) 나무들의 고밀도로 특징지어진 생태계.

삼림관(forester) 삼림관리로 숲을 관리하는 전문가들.

삼림관리(forestry) 숲의 전문적인 관리.

삼림벌채(deforestation) 숲의 제거와 유실.

삼림벌채 및 삼림 황폐화로부터 방출 감소(Reducing Emissions from Deforestation and Forest Degradation, REDD) 기후변화를 완화하기 위해 개발되고 있는 프로그램으로 부유한 산업국가들은 더 가난한 개발도상국들에 산림을 보존하기 위해 투자하고 반면에 탄소 상쇄를 위한 크레딧을 받는다.

삼림형태(forest type) 지배 수종에 의해 정의되는 삼림의 분류.

상관관계(correlation) 변수들 간의 관계.

상대주의자(relativist) 윤리는 사회적 맥락과 함께 하거나 변화해야 한다고 주장하는 윤리학자. 보편주의자(universalist)와 비교.

상대 풍부도(relative abundance) 다른 종의 개체수가 동일하거나 치우쳐져 있는 정도. 종의 다양성을 표현하는 하나의 방법. 균일성(evenness); 종 풍부도(species richness) 참조.

상리공생(mutualism) 모든 참여 생물들이 상호작용으로부터 이득을 얻는 관계. 기생(parasitism)과 비교.

상변이(phase shift) 생태학적 공동체의 전반적인 성격에 근본적 변화로 주로 어떤 극단적 교란 후에 일어나며 공동체는 원래의 상태로 돌아오지 않을 수도 있다. 또한 섭생의 변이로도 알려져 있다.

상승효과(synergistic effect) 그들 구성성분 영향의 단순한 합보다는 더 많은 또는 다른 상승작용 영향(독성물로서).

상품(good) 개인과 기업을 위하여 제조되고 구매되는 재료상품.

새집증후군(sick-building syndrome) 특정한 원인은 밝혀지지 않은 실내오염에 의해 생성된 건물과 관련된 병.

새천년 개발 목표(Millennium Development Goals) 금세기 시작 시 유엔을 통한 국제사회에 의하여 설정된 지속가능한 발전을 위하여 설정된 프로그램 목표.

생명공학(biotechnology) 생물로부터 유래되는 생산품을 생성하기 위한 생명과학의 물질적 응용. 유전자 변형 생물체의 생성은 생명공학의 한 형태이다.

생물군계(biome) 유사 식물군집의 주요 지역 복합체; 우점 식물 형태와 식생구조에 의해 정의되는 커다란 생태계 단위.

생물권(biosphere) 지구상의 모든 살아 있는 생물과 그들이 상호작용하는 환경의 무생물적 부분의 총집합.

생물권 보존지역(biosphere reserve) 지역 주민에게 이득이 되도록 지속가능한 발전을 보전토록 연계되는 예외적인 생물다양성 지역. 지역 이해당사자들에 의하여 적용되도록 유네스코(국제연합 교육 과학 및 문화기구)에 의하여 지정된다.

생물증폭(biomagnification) 독성물질이 생물농축되는 다른 생물을 잡아먹는 생물체 내에서의 독성물질의 농도증폭.

생물다양성(biodiversity, biological diversity) 모든 수준의 생물학적 구성에 걸친 다양한 생명으로 종, 유전, 개체수 및 군집 등을 포함함.

생물다양성 핫스팟(biodiversity hotspot) 그 지역 특유의 종들의 다양성이 크게 나타나는 지역.

생물다양성 협약(Convention on Biological Diversity) 생물다양성 보존, 지속가능한 방법으로 생물다양성 사용과 생물다양성 이익의 공정한 분배의 보장을 목표로 하는 1993년 국제협약.

생물발생의(biogenic) 박테리아에 의한 유기물의 혐기성 분해로 얕은 깊이에서 생성되는 천연가스의 형태. 거의 순수 메탄으로 구성되어 있다. 열발생의(thermogenic)와 비교.

생물발전(biopower) 전기생산을 위해 바이오매스 에너지원을 태움.

생물애(biophilia) 자연에 대한 본능적인 사랑; 사람들이 다른 생명체에 느끼는 감정적인 유대.

생물에너지(bioenergy, biomass energy) 식물과 동물질로부터 얻는 에너지로 나무의 장작, 태운 장작에서 얻는 숯과 가연성 가축분뇨 등을 포함한다.

생물연료(biofuel) 바이오매스 에너지원으로부터 생성된 연료이며 주로 자동차에 사용되는 연료.

생물의(biotic) 살아 있는. '무생물의(abiotic)'와 비교.

생물적 잠재성(biotic potential) 생물의 개체 생산능력.

생물중심주의(biocentrism) 생명체 또는 일반적으로 생물영역에 미치는 영향에 근거하는 행위, 개체 또는 속성에 대하여 상대적인 가치를 부여한다는 철학.

생물지구화학 순환(biogeochemical cycle) 영양염류 순환 참조.

생물질(biomass) (1) 생태계에서는 살아 있는 생물체를 구성하는 유기물질; 주어진 시간과 장소의 살아 있는 물질의 집합체. (2) 에너지에서는 살아 있는 또는 최근까지 살아 있던 생물체로부터 얻어진 유기물질, 광합성으로 생성된 화학에너지를 포함하고 있다.

생물축적(bioaccumulation) 생체 안에 독성물질의 축적.

생물학적 다양성(biological diversity) 생물다양성 참조.

생물학적 방제(biological control, 생물방제 biocontrol) 농약을 사용하지 않고 해충을 먹이로 삼거나 기생하는 생물을 이용하여 해충과 잡초를 방제하는 방법.

생물학적 위해(biological hazard) 생물간의 생태학적 상호작용으로 인한 사람의 건강상 위해. 바이러스, 박테리아 또는 다른 병균에 의한 기생성을 포함한다. 전염성 질병; 화학적 위해; 문화적 위해; 물리적 위해와 비교.

생산성(productivity) 식물들이 태양열 에너지(햇빛)를 생물질로 변환하는 생산율. 식물들이 태양열 에너지를 생물질로 빠르게 변환하는 생태계는 높은 생산성을 갖는다고 불린다. 순 일차 생산성; 총 일차 생산; 순 일차 생산 참조.

생산자(producer) 독립영양자(autotroph.) 참조.

생애주기분석(life-cycle analysis) 산업생태계에서 주어진 제품의 전 생애주기 시험—원재료로부터 제조과정과 사용 및 최종 폐기처리까지—과정을 더 생태학적으로, 효과적으로 만드는 방법을 찾기 위한 시도.

생존 가능한 최소 개체수 크기(minimum viable population size) 미래에 무한히 계속 확실하게 존재할 수 있는 어느 한 종의 주어진 개체수를 위한 개체수 크기. 보존 유전학자, 개체수 생물학자 및 야생생물 관리자 등에 의하여 계산되고 사용된다.

생태경제학(ecological economics) 생태학의 원리와 경제의 기술과 분석에 대한 사고 체계를 적용하여 개발 중인 경제학. 환경경제학; 신고전주의 경제학과 비교.

생태계(ecosystem) 특정 시기, 특정 장소에서 생물과 무생물의 상호작용이 일어나는 시스템.

생태계 기반 관리(ecosystem-based management) 자원을 제공하는 생태계와 생태학적 과정에 미치는 영향을 최소화하는 방법으로 자원의 수확을 관리하는 시도.

생태계 다양성(ecosystem diversity) 특정 지역에서의 생태계의 수와 다양성. 생물다양성을 나타내는 한 가지 방법. 관련 개념은 크기, 모양, 이들 실체의 상호연관성 등을 포함하여 경관 수준의 서식지, 공동체 또는 생태계의 지리적 배치를 고려한다.

생태계 전이지대(ecotone) 생태계가 만나는 전이지대.

생태계서비스(ecosystem service) 생태계가 제공하는 필수 서비스는 생명을 지원하고 경제적 활동을 가능하게 한다. 예를 들면, 생태계는 자연적으로 공기와 물을 정화하고 영양분을 순환하며 식물이 동물에 의해 수분되도록 하고 우리의 경제활동으로 발생된 폐기물의 정화 및 재활용 시스템의 역할을 한다.

생태관광(ecotourism) 관광과 휴양을 위한 생태관광. 대부분의 경우 부유한 사람들에 의한 관광을 포함하며, 생태관광이 가능한 이웃 지역에 경제적 이익을 생성하므로 생태관광지역의 보전을 위한 경제적 인센티브를 제공할 수 있다.

생태발자국(ecological footprint) 사람이나 인구가 소비하는 원재료를 공급하고 발생된 폐기물을 처리하거나 재활용하기 위해 필요한 땅과 물의 누적량.

생태여권주의(ecofeminism) 사회의 가부장적(남성지배) 구조는 사회와 환경 문제 모두의 근본 원인이라는 주장을 하는 철학. 생태여권주의자들은 계층구조 및 경쟁의 관점에서 전통적으로 남자와 관련된 세계관보다는 상호관계 및 협력의 관점에서 세계를 해석하는 여성과 관련된 세계관이 더 자연과 조화를 이룬다고 주장한다.

생태인증제(ecolabeling) 상품의 표시를 나타내는 제도로 어떻게 생산품이 재배되고, 수확되었는지 또는 제조되었는지를 나타내어 그것을 사는 소비자가 관련된 과정을 알고 환경적으로 이득이 되는 것(또는 다른 것들보다 덜 해로운)과 그렇지 않은 것들을 구별할 수 있도록 한다.

생태중심주의(ecocentrism) 생물 및 무생물적 요소를 모두 포함하는 전체 생태학적인 시스템의 보전에 손상 또는 이득이 되는 관점에서 행동을 고려하는 철학.

생태통로(corridor) 동물들이 보호된 서식지의 섬 사이를 옮겨 다닐 수 있도록 설치된 보호지역의 이동로.

생태학(ecology) 생물과 생물 간의 상호작용과 생물과 무생물 환경 간의 상호작용을 다루는 과학.

생태학적 모델링(ecological modeling) 어떻게 생태계가 기능하는지를 설명하고 예측하는 모델을 구성하고 시험하는 방법.

생태학적 복원(ecological restoration) 생태계의 인간 파괴의 효과를 반전하고 파괴 전의 상태로 생태계를 되돌리려는 노력. 복원생태학의 원리를 적용하는 방법.

생화학 차단자(biochemical blocker) 생명체에 화학작용을 방해하여 치명적인 부상이나 사망의 원인이 되는 독성물질. 시안(미토콘드리아의 화학경로를 방해한다)과 제초제 아트라진(광합성의 생화학 경로를 차단한다).

생활방식 위해(lifestyle hazard) 문화적 위해(cultural hazard) 참조.

서비스(service) 비즈니스의 형태로서 다른 사람들을 위하여 행해지는 일.

서식지(habitat) 생물적 무생물적 요소 모두를 포함하고 있는 생물이 살고 있는 특정 환경.

서식지 분열(habitat fragmentation) 자연 서식지 확대가 불연속 조각으로 갈라지게 되는 과정으로 종종 경작, 벌목, 도로건설 및 다른 형태의 개발과 토지사용의 결과로 야기된다.

서식지 사용(habitat use) 생물들이 그들이 맞닥뜨리는 선택의 범위 내에서 서식지를 이용하는 과정.

서식지 선택(habitat selection) 생물들이 그들이 맞닥뜨리는 선택의 범위 내에서 서식지를 선정하는 과정.

석면(asbestos) 길고, 가는 미세섬유를 형성하는 광물질의 여러 형태—석면은 절연, 방음, 방화방지를 위한 재료로 사용. 폐 조직에 흡착하면 조직을 손상시켜 궁극적으로 폐암 또는 석면증에 이르게 할 수 있다.

석면증(asbestosis) 지속된 석면흡입에 따라 산에 의해 손상된 폐 조직에 일어나는 이상 질병.

석유(petroleum) 원유(crude oil) 참조.

석유수출국기구(Organization of Petroleum Exporting Countries, OPEC) 1973년 이스라엘을 지지하는 미국과 다른 국가들에게 오일수출을 금수 조치하여 처음으로 석유파동 현상을 초래한 아랍국가들이 주도하는 연합.

석탄(coal) 매우 높은 압력 하에서 밀도가 높은 고체 탄소구조를 형성하도록 압착된 유기물질로 구성된 화석연료.

석화작용(lithification) 압축, 결합 및 결정화 작용을 통한 암석의 형성.

선택교배(selective breeding) 인위적 선택(artificial selection) 참조.

섭생 변이(regime shift) 상 변이(phase shift) 참조.

성 비(sex ratio) 인구에서 남성 대 여성의 비율.

성층권(stratosphere) 대류권 위 및 중간권 아래에 있는 대기층; 해수면 위 11 km(7 mi)에서 50 km(31 mi)까지 이른다.

세계무역기구(World Trade Organization, WTO) 다국적 기업을 대표하고 국제적인 상행위에 장애를 줄임으로써 자유무역을 촉진하여 무역 당사자들 간에 공정성을 시행하는 스위스 제네바에 본부를 둔 기구.

세계유산 사이트(world heritage site) 그 지역의 문화나 자연의 가치를 위하여 유엔에 의해 국제적으로 지정된 곳. 그런 곳이 전 세계적으로 900곳 이상 있다.

세계은행(World Bank) 댐, 관개 기간시설 및 다른 업무와 같은 주요 프로젝트들을 포함하는 경제적 개발을 위하여 세계의 가장 큰 자금원으로 역할하는 1944년에 설립된 기관.

세금감면(tax break) 보조금의 일반적 형태로 정부는 바람직하다고 생각되는 기업 또는 행위를 위해 사업자 또는 개인에게 부과된 세금을 감면 또는 면제한다.

세이프하버 협약(safe harbor agreement) 만약 토지소유주가 자발적으로 다른 종들의 서식지를 개선하면 소유지 내의 위협종 또는 멸종위기종을 처치할 수 있도록 허락하는 면책 협정.

세포(cell) 생물의 가장 기본적인 구조적 단위.

세포호흡(cellular respiration) 세포가 산소의 화학반응을 이용 포도당을 구성성분인 물과 이산화탄소로 분해하는 과정으로 세포 내에서 화학결합 또는 다른 일을 수행하는 데 사용될 수 있는 화학에너지를 방출한다.

셀룰로오스 에탄올(cellulosic ethanol) 식물조직의 셀룰로오스를 효소로 처리하여 얻어지는 에탄올. 셀룰로오스 에탄올을 생산하는 기술들은 고가작물의 당보다는 저가의 작물폐기물(옥수수 줄기와 껍질과 같은 잔류물)로부터 생산하고자 하여 아직 개발 중에 있다.

소각(incineration) 혼합쓰레기를 매우 높은 온도에서 태우는 고체폐기물 소각처리를 위한 제어된 과정. 위생매립(sanitary landfill)과 비교.

소멸(extinction) 지구상에서 하나의 종 전체가 사라짐. 근절(extirpation)과 비교.

소모성 사용(consumptive use) 특정 대수층 또는 지표수가 사용 후 다시 되돌려지지 않는 용수사용. 농업용 관개수가 소모성 사용의 예이다. 비소모성 사용과 비교.

소모자(consumer) 타가(종속)영양 참조.

속(genera) 속(genus)의 복수형.

속(genus) 종(species)의 상위 단계의 분류수준이며, 과(family)의 아래에 있는 린네 분류체계의 분류학적 수준. 속은 하나 또는 그 이상의 가까운 종들로 구성되어 있다.

수권(hydrosphere) 지표, 지하 대기권 안에 있는 모든 물(해수 또는 담수, 액체, 고체 또는 증기). 생물권; 암석권과 비교.

수동적 태양열 에너지 수집(passive solar energy collection) 여름에는 내부를 시원하게 유지하면서 겨울에 햇빛의 직접 흡수를 최대화하도록 건물을 설계하고 건축재료를 선정하는 방법. 능동적 태양열 에너지 수집(active solar energy collection)과 비교.

수력(hydropower) 수력발전(hydroelectric power) 참조.

수력발전(hydroelectric power, hydropower) 움직이는 물의 동력학적 에너지를 사용하는 전력생산.

수렴 진화(convergent evolution) 멀리 떨어진 종들이 자연선택에 의해 외형이 수렴하여 나타나는 형상. 일반적으로 유사환경에서 유사선택 압력의 결과로 일어나는 집단에서의 진화적 변화.

수렴판 경계(convergent plate boundary) 지각판들이 수렴 또는 합쳐지는 지역. 함몰 또는 충돌을 일으킬 수 있다. 발산판과 변형판 경계와 비교.

수분(pollination) 하나의 생물(예, 꿀벌)이 화분(수컷 세포)을 한 꽃에서 다른 꽃의 난자(암컷 세포)로 옮겨 암컷 꽃을 수정시켜서 열매나 씨앗을 맺도록 유도하는 상호작용.

수소(hydrogen) 양성자 하나인 화학원소. 우주에서 가장 풍부한 원소. 또한 우리의 미래경제를 위해 가능한 연료.

수요(demand) 자유로울 경우 사람들이 주어진 가격에 사고자 하는 상품의 양.

수용력(carrying capacity) 주어진 환경이 유지할 수 있는 최대 밀도규모.

수질오염(water pollution) 물을 오염시키는 행위 또는 수질오염물질에 의해 오염되는 상태.

수질오염방지(Clean Water Act) 수질오염을 제어하기 위한 연방법으로 수질오염제어 연구비 지원, 수질기준설정, 오염물질 배출허가시스템 수립 및 야생동물을 보호하는 것을 목표로 1977년 도입하였다.

숙주(host) 기생자에게 영양 또는 다른 착취에 의해 피해받는 기생관계의 생물.

순 계량(net metering) 태양광 발전시스템 또는 풍력터빈 주택 소유자들이 그들의 잉여 태양광 에너지 또는 풍력 에너지를 그들의 현지 발전시설에 팔 수 있는 공정. 발전차액지원제도는 시장가보다 높은 가격을 생산자들에게 제공하는 반면 순 계량은 시장가를 제공한다.

순 에너지(net energy) 공정에 투입된 에너지와 회수된 에너지 사이의 정량적 차이. 긍정적 순 에너지 값은 공정에 투입된 에너지보다 더 많은 에너지를 생산함을 의미한다. 투자대비 회수에너지와 비교.

순 일차 생산(net primary production) 독립영양자들이 세포호흡을 통하여 자신들의 유지를 위해 충분한 물질대사를 한 후 생태계에 남아 있는 에너지 또는 생물질. 순 일차 생산은 종속영양자들의 소비를 위해 이용 가능한 에너지 또는 생물질이다. 총 일차 생산(gross primary production)과 비교.

순 일차 생산성(net primary productivity) 순 일차 생산이 생산되는 비율. 생산성; 총 일차 생산; 순 일차 생산 참조.

슈퍼펀드(Superfund) EPA에 의해 관리되는 프로그램으로 전문가들이 유해화학물질로 오염된 사이트를 식별하고 근처의 지하수를 보호하고 오염을 정화한다. 1980년 종합환경대응 보상 및 책임법(Comprehensive Environmental Response Compensation and Liability Act, CERCLA)에 의해 설립되었다.

스낵(snag) 아직 쓰러지지 않은 죽거나 죽어가는 나무. 스낵들은 야생생물에 가치가 있다.

스마트 성장(smart growth) 공동체의 성장은 확장을 제한하고 거주민의 삶의 질을 유지 또는 개선하려는 방법으로 관리되는 도시계획 개념. 환경, 경제 및 공동체에 기여하는 개발의 비율, 배치 및 형태를 이끈다.

스모그(smog) 종종 도시지역에서 형성되는 대기오염물질의 혼합물을 일컬을 때 자주 사용되는 용어. 산업 스모그; 광합성 스모그 참조.

스크러버(scrubber) 위해성 화합물을 제거하고 이산화황 및 염산 같은 산성가스를 중화시켜 물과 염으로 변화시킴. 굴뚝 배출을 감소시키기 위해 연소로 생성된 가스를 화학적으로 처리하는 기술.

슬로스 딜레마(Single Large or Several Small, (SLOSS) dilemma) 숫자는 적지만 크기가 크게 또는 크기는 작지만 숫자가 많게 보존하는 것이 좋은지에 대한 논쟁.

습지(wetland) 토양은 물로 포화되고 일반적으로 충분한 식생과 함께 얕은 정체수역의 시스템. 이러한 생물학적으로 생산적인 시스템들은 봄의 웅덩이 같은 담수 습지, 늪지, 수렁과 계절적 습지 등을 포함한다.

시스템(system) 에너지, 물질 및 정보의 교환을 통하여 상호작용하고 서로에게 영향을 미치는 체제, 원소 또는 요소의 그룹 사이의 관계의 연결.

시장실패(market failure) 시장이 환경에 대한 긍정적인 효과(예: 생태계 서비스)를 고려하지 않았거나 경제적 활동이 환경에 미치는 영향을 반영하지 못하는 경우의 실패.

식량안보(food security) 항상 모든 사람들에게 적당하고 안정적인 이용가능한 식량공급.

식물플랑크톤(phytoplankton) 수체 표면에 표류하며 주로 수중 먹이사슬에서 1차 영양수준을 형성하는 미세 광합성 조류, 원생생물 및 사이아노 박테리아. 동물플랑크톤(zooplankton) 비교.

신경독소(neurotoxin) 신경계를 공격하는 독극물. 신경독소에는 중금속, 살충제 및 전쟁에 사용하기 위해 개발된 화학무기들이 있다.

신고전주의 경제학(neoclassical economics) 특정 상품 단위에 대한 소비자 선호의 측면에서 시장가를 설명하는 경제학이론. 구매자들은 가능한 가장 낮은 가격을 바라는 반면 판매자들은 가능한 가장 높은 가격을 바란다. 이러한 구매자와 판매자 사이의 갈등은 가격조정에 이르게 되고 구매하고 판매되는 수량을 결정하게 된다. 생태경제학; 환경경제학 비교.

신도시주의(new urbanism) 건축가, 도시계획자 및 개발자들 사이에서 집, 일터, 학교 및 다른 시설들이 서로 보행거리 내에 위치하도록 설계하고자 하는 방법. 신도시주의 지지자들은 가정들이 차를 사용하지 않고 집에 가까운 곳에서 대부분의 필요를 충족시킬 수 있는 기능성의 창조로 무차별 확장에 대항하는 것을 목표로 한다.

실내공기오염(indoor air pollution) 실내에서 일어나는 대기오염.

실외대기오염(outdoor air pollution) 실외에서 일어나는 대기오염.

싱크(sink) 영양소 순환에서 방출하는 것보다 더 많은 영양소를 받아들이는 풀.

쓰나미(tsunami) 지진, 화산 또는 산사태로 촉발된 바닷물의 거대한 너울 또는 파도로 해안에 범람할 수 있다.

아담 스미스(Smith, Adam; 1723~1790) 오늘날 고전경제학의 아버지로 알려진 스코틀랜드 사람. 그는 사람들이 경쟁시장에서 자유롭게 자신들의 경제적 이익을 추구할 때 시장은 마치 그들 행동이 사회 전체에 이득이 되도록 하는 "보이지 않는 손"처럼 행동할 것이라고 믿었다.

아미노산(amino acids) 단백질을 형성하는 긴 사슬의 유기물 분자.

아종(subspecies) 지리적 지역 차이에서 일어나고 일부 생리 · 생태학적 특성이 서로 다른 동일종의 집단. 아종들은 분화를 일으키는 똑같은 과정에 의해 생성되지만, 다른 종으로 분화가 충분히 진행되지 않을 때 일어난다.

안정 동위원소(stable isotope) 방사성이 없는 방사성 동위원소.

알레르기(allergen) 필요하지 않을 때에 면역반응을 일으키어 면역체계를 과도하게 활성화시키는 독성물.

암석(rock) 광물질의 고형물 집합체.

암석권(lithosphere) 지구의 외각층으로 지각과 최상부 맨틀로 구성되었고, 암류권(asthenosphere) 바로 상부에 위치하고 있다. 더 일반적으로는 지구의 고체부분으로 암석들, 퇴적층 및 표면의 토양과 지하 수마일까지 이른다. 대개권; 생물권; 수권과 비교.

암석순환(rock cycle) 암석들과 그것을 만드는 광물질들이 열을 받아, 녹고, 식어지고 부숴진 뒤 다시 재조합하여 화성, 퇴적 및 변성암을 형성하는 매우 느린 과정.

액화천연가스(liquefied natural gas, LNG) 저온에서 액화되어 냉각된 탱크로 장거리 수송되는 천연가스.

앨도 레폴드(Leopold, Aldo; 1887~1949) 미국인으로 과학자, 학자, 철학자 및 저술가이다. 그의 책 토지윤리(The Land Ethic)에서 인간은 자신들과 토지를 같은 공동체의 구성원으로 보고 토지를 윤리적으로 다루어야 할 의무가 있다고 주장하였다.

야생 동식물의 멸종위기종 거래에 관한 협약(CITES)(Convention on International Trade in Endangered Species of Wild Fauna and Flora (CITES)) 멸종위기종을 보호하기 위해 그들의 신체 일부의 국제거래를 금지시킨 1973년 국제조약.

야생지(wilderness area) 어떤 종류의 개발에도 출입금지를 지정하였으나 하이킹, 연구 및 생태계에 최소의 영향을 미치는 활동들과 같은 대중의 여가는 허용하는 연방정부 토지.

양성자(proton) 원자의 핵에서 양성으로 하전된 입자.

양수(pumped storage) 전력수요가 낮을 때 상류로 물을 펌프하고 전력수요가 높아질 때 발전터빈을 통과하도록 물을 하류로 흘려 보내어 전력 공급과 수요를 맞추려는 방법.

양식(aquaculture) 식량을 위하여 통제된 환경에서 수생생물의 사육.

어플루엔자(affluenza) 물질적 재화가 경제적 수단을 가진 사람들에게 행복을 느끼지 못하게 하는 것을 기술하기 위해 사회비평가들이 만들어낸 용어.

에너지(energy) 위치, 물리적 구성 또는 물질의 온도를 바꿀 수 있는 무형의 힘 또는 현상.

에너지 및 환경디자인 리더쉽(Leadership in Energy and Environmental Design, LEED) 지속가능한 건물을 위하여 설정된 기준. 그린빌딩(green building)과 비교.

에너지 반환 투자비(energy returned on investment, EROI) 공정으로부터 반환된 에너지 양을 공정에 투자된 에너지 양으로 나누어 결정되는 비율. 높은 EROI비는 투자된 단위 에너지로부터 더 많은 에너지의 반환을 의미한다. 순 에너지(net energy)와 비교.

에너지 보존(energy conservation) 우리의 화석연료 공급 연한을 늘리고, 덜 낭비하고, 환경에 대한 영향을 줄이는 방편으로 에너지 사용을 줄이는 방법. 보존은 에너지 효율을 보이는 기술로부터 또는 행동에 따른 결정으로부터 결과로 나타날 수 있다.

에너지 효율(energy efficiency) 더 적은 에너지 투입으로 주어진 결과 또는 출력을 얻는 능력. 더 큰 에너지 효율을 허용하는 기술은 에너지 보존의 주요 통로이다.

에어로졸(aerosols) 대기 중에 존재하는 매우 미세한 액적 또는 고체입자.

에탄올(ethanol) 맥주, 포도주, 술의 알코올로 생물질의 발효에 의해 바이오 연료로 생산되며, 일반적으로 옥수수와 같은 탄수화물이 풍부한 작물로부터 생산된다.

엔트로피(entropy) 물질, 시스템 또는 공정에서의 물질의 상태를 나타내는 열역학적 양의 개념. 열역학 제2법칙(second law of thermodynamics) 참조.

엘니뇨(El Niño) 매 2년에서 7년마다 일어나는 동부 태평양의 강한 온난화, 이 지역의 해양 먹이 사슬을 바꾸고 지역의 어류와 조류의 개체수를 감소시키고 광범위한 기후영향을 미친다. 라니뇨(La Niña)와 엘리뇨 남방진동 참조.

엘니뇨 남방진동(El Niño-Southern Oscillation, ENSO) 열대 태평양에서의 대기압, 해수면 온도, 해양순환의 체계적인 변화. ENSO 주기는 엘니뇨와 라니냐 조건을 야기시킨다.

역삼투압(reverse osmosis) 높은 압력에서 강제로 액체를 분리막을 통과시켜 용존물질을 제거하는 과정. 물 분자들은 그들의 상대적으로 작은 크기 때문에 분리막의 기공을 통과하지만 염이나 다른 큰 분자들은 통과할 수 없다.

역전층(inversion layer) 고도가 높아질수록 온도가 올라가는(온도가 정상적일 때 고도에 따라 떨어지는 대신) 온도역전 대기층.

역청(bitumen) 탄소는 풍부하고 수소는 빈약한 석유의 진하고 무거운 형태.

역학조사(epidemiological study) 사람들 집단간의 큰 규모의 비교 연구로 주로 어떤 독성물질에 노출되었다고 알려진 그룹과 그렇지 않은 그룹을 대조한다.

연령구조(age structure) 연령분포 참조.

연령구조도(age structure diagram) (인구피라미드, population pyramid) 인구통계학자들이 인구의 연령구조를 나타내기 위해 사용하는 도표. 각 수평바의 폭은 각 연령층의 개체들의 상대적인 숫자를 나타낸다.

연령분포(age distribution) 각 연령층에 속해 있는 상대적인 개체수. 연령분포는 개체수 증가율 또는 감소율에 강력한 영향을 미칠 수 있으며 종종 연령층의 비례로 표현된다.

연료봉(fuel rods) 원자로에서 핵분열을 위한 연료를 공급하기 위해 감속기 안에 잠겨 있는 우라늄 막대.

연승조업(longline fishing) 수천 개의 미끼를 긴 낚시 줄에 매다는 고기잡이 방법. 거북, 상어들과 대략 300,000 바다새들을 부수어획으로 죽임.

연안(littoral) 간만(intertidal) 참조.

연안대(littoral zone) 수체의 가장자리에 위치하는 지역. 저생대; 유광층과 비교.

연약권(asthenosphere) 맨틀 상부의 한 층, 암석권 아래로 특히 부드러운 암석으로 구성.

열기원(thermogenic) 깊숙한 지하의 압력과 열에 의해 생성된 천연가스의 형태. 메탄과 적은 양의 다른 탄화수소 가스를 포함하고 있다. 생물기원(biogenic)과 비교.

열대 건조림(tropical dry forest) 낙엽수로 구성되어 있으며 우기와 건기가 각 반 년에 걸쳐 있는 열대 및 아열대 위도에서 일어나는 생물군계. 인도, 아프리카, 남아메리카 및 북부 오스트레일리아에 널리 퍼져 있다.

열대우림(tropical rainforest) 일년 내내 균일한 강수량과 온도하에서 조성된 생물군계. 중앙아메리카, 남아메리카, 동남아시아, 서아프리카 및 다른 열대지역에서 발견된다. 열대우림은 어둡고 축축한 내부; 무성한 식물; 및 매우 다양한 생물 공동체를 갖고 있다.

열병합발전(cogeneration) 전기 발전에서 생성된 과도한 열을 포집하여 근처의 작업장과 가정의 난방에 사용하고 다른 종류의 동력을 생산하는데 사용하는 방법.

열분해(pyrolysis) 산소의 부재 하에 열에 의한 유기물(생물질, 셰일오일 등등)의 화학적 분해로 종종 사용가능한 에너지로 더 쉽게 변환될 수 있는 물질을 생성한다. 이 과정에 대한 여러 변형이 존재한다.

열역전(thermal inversion) 기온역전(temperature inversion) 참조.

열역학 제1법칙(first law of thermodynamics) 물리법칙으로 에너지는 다른 유형으로 변환될 수 있지만 생성되거나 손실될 수 없다고 함. 우주의 모든 에너지는 일정하게 유지되거나 보존된다.

열역학 제2법칙(second law of thermodynamics) 에너지의 성격이 질서도에서 무질서도가 증가하는 상태로 변하려는 경향을 나타내는 물리법칙, 즉 엔트로피(entropy)가 증가한다.

열염 순환(thermohaline circulation) 더 따뜻하고 담수인 물은 상층으로 움직이고 더 차고 염수(밀도가 더 높음)인 물은 하층 깊은 곳으로 움직이는 해류의 시스템.

염기성의(basic) 용액의 속성으로 수산이온(OH^-)의 농도가 수소이온(H^+)의 농도보다 크다. 산성의(acidic)와 비교.

염습지(salt marsh) 간헐적으로 바닷물로 흘러넘치는 평평한 지역으로 바닷물이 내륙에 도달한다. 염습지들은 온대성 해안선을 따라 형성되며 풀, 등심초, 관목 및 기타 초본식물들이 수층에 자란다.

염화(salinization) 토양층 표면에 염의 축적.

염화불화탄소(chlorofluorocarbon, CFC) 에탄과 메탄 같은 단순 탄화수소의 수소원자들이 염소, 브롬 또는 불소 등으로 치환되어 파생된 사람이 만든 유기화합물 그룹의 하나. CFCs는 성층권의 오존층을 고갈시킨다.

엽록소(chlorophyll) 광합성을 가능하게 하고 식물을 초록색으로 만드는 빛을 흡수하는 색소.

엽록체(chloroplast) 광합성을 일으키는 엽록소를 포함하고 있는 세포소기관.

영구동토층(permafrost) 툰드라의 반영구적으로 동결한 지하토양.

영양결핍(undernutrition) 사람들이 그들의 일일 필요 칼로리의 90% 이하를 섭취하는 불충분한 영양상태.

영양과다(overnutrition) 사람들이 그들이 매일 필요로 하는 칼로리보다 더 많은 식품을 과도하게 섭취하는 상태.

영양단계(trophic level) 먹이사슬의 먹이 계층구조의 순위. 더 높은 영양수준의 생물은 낮은 수준의 생물을 먹이로 소모한다.

영양염(nutrient) 생물체가 생존을 위하여 소비하고 요구하는 원소 또는 화합물.

영양염 순환(nutrient cycle) 주어진 영양소가 환경을 통하여 움직이는 순환경로의 종합세트.

영양실조(malnutrition) 비타민과 미네랄의 보충과 신체에서 필요로 하는 영양분이 부족한 상태.

영양 연속반응(trophic cascade) 먹이사슬에서 각각의 영양단계의 생물 개체군 크기의 연속된 변화로 높은 영양단계의 포식자들이 중간 영양단계의 종을 계속 포식하면서 간접적으로 낮은 단계의 생물 개체군을 증가시킬 때 일어난다. 영양 연속은 최상위 포식자가 시스템으로부터 제거될 때 뚜렷해진다.

오염(pollution) 인간 또는 다른 생물에게 바람직하지 않는 영향을 끼치는 환경에 배출되는 물질이나 에너지. 오염은 물리적, 화학적 또는 생물학적일 수 있으며 물, 공기 또는 토양에 영향을 미칠 수 있다.

오염원 저감(source reduction) 처리 및 재활용 비용을 들이지 않기 위해 폐기물로 나가는 물질의 양의 감소로 자원의 보존을 돕고, 오염을 최소화하며 소비자 및 사업자의 경비를 절약한다.

오염자 부담원칙(polluter-pays principle) 오염 유발 책임 당사자가 오염 제거 또는 영향완화의 비용을 지불해야 한다는 원칙.

오일(oil) 석유(petroleum) 참조.

오일모래(oil sands)(타르모래, tar sands) 땅에서 채굴될 수 있는 매장물로 습한 모래 및 1~20%의 역청을 포함하는 점토로 구성되어 있으며 원유가 고갈되었을 때 대체제로 전망된다. 오일모래는 물의 침식과 박테리아의 분해로 화학적으로 바뀌고 분해된 원유매장이다.

오일셰일(oil shale) 석유를 생산하도록 처리될 수 있는 케로젠으로 채워진 퇴적암. 오일셰일은 원유가 생성되는 것과 같은 과정에 의해 형성되지만, 케로젠이 너무 깊이 묻히지 않거나 오일을 생성하기에 충분한 열과 압력 하에 있을 때 생성된다.

오존(ozone) 세 개의 산소원자로 구성된 분자. 성층권에서 자외선을 흡수한다. 오존층; 대류권 오존과 비교.

오존 고갈 물질(ozone-depleting substances) 대기생성 화학물질로 할로겐화 탄소 같이 오존분자를 파괴하고 성층권 오존층을 얇게 만든다.

오존층(ozone layer) 성층권의 일부로 해발 약 17~30 km (10~19 mi) 상부에 대기의 대부분의 오존을 포함하고 있다.

오존홀(ozone hole) 오존 고갈 물질로 인하여 매년 남극 상공에서 일어나는 성층권 오존층이 얇아지는 것을 기술하는데 주로 사용되는 용어.

온대 낙엽수림(temperate deciduous forest) 가을철 낙엽지고 겨울철에는 휴지기로 남아 있는 넓은 잎의 나무들 특성을 가진 중위도 숲으로 구성된 생물군계. 이러한 숲은 강수량이 일년 내내 고르게 분포한 지역에서 생겨난다: 유럽의 많은 지역, 동중국, 북미 동부.

온대 우림(temperate rainforest) 키가 큰 침엽수림으로 구성된 생물군계로 열대우림보다 더 춥고 종이 풍부하지 않으며 온대초원보다 더 따뜻하고 습하다.

온대 초원(temperate grassland) 초본식물이 우점하는 식생과 겨울과 여름 사이의 극단적인 온도차이를 갖는 지역으로써 온대 낙엽수림보다 강우량이 적은 생물군계.

온실가스(greenhouse gas) 지구표면에서 방출된 적외선을 흡수하여 에너지를 방출함으로써 표면과 대류권을 따뜻하게 하는 가스로 온실효과를 상승시킨다. 온실가스는 이산화탄소(CO_2), 수증기, 오존(O_3), 산화질소(N_2O), 할로겐화 탄소 가스 및 메탄(CH_4)을 포함한다.

온실효과(greenhouse effect) 온실가스에 의해 방출된 에너지로 인한 지구표면과 대기권(특히 대류권)의 온난화.

외적 비용(external cost) 부정적 외부효과; 경제적 거래에서 관여하지 않는 사람에게 부담되는 비용. 예를 들면, 근처 공장들에 의해 배출된 수질오염 또는 대기오염으로 시민들이 해를 입는 것 등이 여기에 속한다.

용량(dose) 용량 반응 시험에서 실험 동물이 받게 되는 독성물질량. 반응(response)과 비교.

용량-반응 곡선(dose-response curve) 용량-반응의 분석결과로 독성물질의 용량에 따른 실험동물의 반응을 그래프화한 곡선.

용량-반응 분석(dose-response analysis) 독성물질의 용량에 따른 실험동물의 반응을 측정하는 실험. 반응은 일반적으로 부정적인 영향을 나타내는 동물의 비율을 측정하여 정량화한다.

용승(upwelling) 해양에서 차갑고 깊은 물의 표면을 향한 흐름. 용승은 표층수가 분기되는 곳에서 일어난다. 하강류(downwelling)와 비교.

용암(lava) 암석권에서 분출되어 지구표면으로 흘러내리는 마그마.

용액(solution) 원소, 분자 또는 화합물들이 화학적 결합 없이 함께 들어 있는 균질한 혼합물. 대부분 액체이지만 때때로 기체 또는 고체이다.

용액 채굴(solution mining) 좁은 시추공이 광물매장에 도달하기 위해 땅 아래 깊숙이 파고들어가서 자원에 도달하여 물, 산 또는 다른 액체를 시추공 아래로 주입하고 주변 바위로부터 광물질을 그 액체에 녹여 내는 채굴 기술. 그 용액을 뽑아내고 원하는 자원을 분리한다.

우산 종(umbrella species) 자신의 서식지 조건이 자동적으로 다른 많은 종들의 서식을 돕는 종. 우산 종들은 일반적으로 넓은 서식지 지역을 필요로 하는 종들이다.

운동에너지(kinetic energy) 운동에너지. 위치에너지(potential energy)와 비교.

원소주기율표(periodic table of the elements) (부록 C 참조) 원소의 정보를 요약한 화학의 기준표.

원유((crude oil)(석유, petroleum)) 열과 압력에 의한 유기화합물의 변환으로 생성된 화석연료. 원유는 다른 길이의 탄소사슬로 특징지어지는 탄화수소 분자의 수백 가지 종류의 혼합물이다.

원자(atom) 한 원소의 화학적 성질을 유지하는 가장 작은 요소.

원자력 에너지(nuclear energy) 원자의 핵 속에 양성자와 중성자를 함께 보유하고 있는 에너지. 몇 가지 공정은 각각 한 원소의 동위원소를 다른 원소들의 동위원소로 변환시켜 전기를 생산하는 데 사용된다. 핵분열; 원자로 참조.

원자번호(atomic number) 주어진 원자의 양자수.

위도 구배(latitudinal gradient) 많은 생물 집단에서 종풍부도가 적도에 가까울수록 증가하는 경향.

위생매립지(sanitary landfill) 고형폐기물의 처리를 위하여 땅속에 묻히거나 커다란 동산으로 쌓이는 장소로 폐기물이 환경을 오염시키지 않도록 설계된다. 소각(incineration)과 비교.

위치에너지(potential energy) 위치의 에너지. 동력학 에너지(kinetic energy)와 비교.

위해도(risk) 어떤 유해한 결과(예로 부상, 죽음, 환경적 피해 또는 경제적 손실)가 주어진 행위, 사건 또는 물질로부터 결과로 나타날 수학적 확률.

위해도 관리(risk management) 위해도를 최소화하는 전략을 결정하고 설계하기 위하여 경제, 사회 및 정치적 요구와 가치 등에 비추어 과학적 위해성 평가로부터 정보를 고려하는 과정.

위해도 평가(risk assessment) 다른 활동 또는 물질에 관련된 위해도의 비교와 함께 위해도의 정량적 평가.

위해성 폐기물(hazardous waste) 화학적인 반응성, 인화성 또는 부식성의 독성 폐기물. 산업고형폐기물; 도시고형폐기물과 비교.

월리스 알프레드 러셀(Wallace, Alfred Russel; 1823~1913) 찰스 다윈과는 독자적으로 진화를 위한 메커니즘과 생물의 거대한 다양성을 설명하는 방법으로 자연선택의 개념을 제안한 영국 자연주의자.

유광대(limnetic zone) 수체에서 햇빛이 투과하는 수층. 연안대; 저생대와 비교.

유광층(photic zone) 해양 또는 담수 수체에서 광합성이 일어나는 빛이 잘 비취는 물의 상층부.

유기농업(organic agriculture) 합성비료 또는 농약을 사용하지 않는 대신 퇴비화 및 생물방제 등과 같은 생물학적 방법에 의존하는 농업. 저투여 농업; 지속가능한 농업과 비교.

유기비료(organic fertilizer) 축분, 작물 잔재, 식물 및 퇴비를 포함하는 자연재료(주로 생물의 잔류물 또는 폐기물)로 만들어진 비료. 무기비료(inorganic fertilizer)와 비교.

유기화합물(organic compound) 공유결합으로 연결된 탄소원자(그리고 일반적으로 수소원자들)와 때때로 질소, 산소, 황 또는 인과 같은 다른 원소들로 구성된 화합물. 정교한 분자를 생성하는 탄소의 비범한 능력은 다양한 정도의 복잡성을 보이는 수백만의 다른 유기화합물을 생성한다. 무기화합물(inorganic compound)과 비교.

유럽연합(European Union, EU) 세계 제2차 대전 이후 유럽의 경제적 사회적 발전을 촉진하기 위해 형성된 정치적 및 경제적 기구. 2011년 기준 EU는 27개 회원국으로 구성되어 있다.

유망(driftnet) 바다의 넓은 구역에 펼치는 고기잡이 그물로 통과하는 물고기를 잡기 위해 전략적으로 해류를 따라 배열되며 상단은 부유시키고 하단은 무겁게 하여 수직을 유지한다. 유망은 실질적으로 돌고래, 물개, 바다거북과 목적하지 않은 고기 등 의도하지 않은 어획물을 잡게 된다.

유엔(United Nations, U.N.) 국제적인 평화를 추진하고 국제적인 경제, 사회, 문화 및 인도주의적인 문제들에 협력하기 위하여 1945년 설립된 기구.

유엔 기후변화 기본 협약(U.N. Framework Convention on Climate Change, FCCC) 온실가스 방출을 2000년까지 1990년 수준으로 줄이려는 국제적인 협정으로 유엔에 의해서 리오데 자네이로에서 모인 1992년 세계 정상회담의 대표 국가들이 서명하였다. FCCC는 자발적, 국가별 국가의 접근을 요구했다. 그것의 즉각적인 실패는 교토의정서의 도입을 촉발시켰다.

유엔환경계획(United Nations Environment Programme, UNEP) 환경정책을 다루는 유엔에 속한 기관. 1972년 창설되었다.

유역(watershed) 물이 하천이나 강으로 집하되는 지역의 전체 면적.

유입(immigration) 외부집단으로부터 개체의 유입.

유전공학(genetic engineering) DNA 분절을 추가, 제거 또는 변형함으로써 실험실에서 생명체의 유전자를 조작하기 위하여 과학자들이 사용하는 모든 공정.

유전자(gene) 유전정보의 단위를 나타내는 DNA의 가닥.

유전자 변형 유기체(genetically modified organism, GMO) 유전자 재조합 기술이라고 불리는 기법을 사용하여 유전적으로 설계된 생명체.

유전적 다양성(genetic diversity) 주어진 종 내의 개체들 중 DNA 구성의 다양성.

유출(emigration) 특정 집단에서 개체들의 떠나감.

유출(runoff) 강, 호수 및 연못으로 흐르는 강우가 대부분의 경우 궁극적으로 바다로 흐르는 것.

유출수(effluent) 폐수처리장 또는 발전소 등과 같은 시설로부터 흘러나오는 물.

유해조류 번성(harmful algal bloom) 유해조류의 폭발적 번성.

유효용량-50%(effective dose-50%, ED_{50}) 실험동물 집단의 50%에 영향을 미치는데 투여되는 독성물질의 양. 임계용량-50%; 치사량-50%(threshold dose; LD_{50})와 비교.

윤리학(ethics) 좋고 나쁨, 옳고 그름에 관한 학문. 이 용어는 또한 개인이나 그룹의 도덕적 원칙 또는 가치로 참조할 수 있다.

윤작(crop rotation) 특정 재배지에서 작물의 종류를 한 계절 또는 연단위로 다음 해까지 바꿔가면서 경작하는 방법.

이론(theory) 수많은 연구에 의해 널리 유효해진 하나 또는 그 이상의 인과관계의 과학적 사실로서 널리 받아들여지는 학설. 가설(hypothesis)과 비교.

이산화질소(nitrogen dioxide, NO_2) 스모그와 산성 침착에 기여하는 악취가 나는 적갈색 가스. 대기 중의 질소와 산소가 엔진연소에 의해 발생되는 높은 온도에서 반응할 때 생성된다. EPA 기준 오염물질.

이산화탄소(carbon dioxide, CO_2) 식물의 광합성을 위해 사용되고, 호흡에 의해 발산되며, 화석연료의 연소로 방출되는 무색의 기체. 축적되어 세계기후변화를 일으키는 주요 온실가스.

이산화황(sulfur dioxide, SO_2) 화산폭발 또는 석탄연소로부터 발생되는 무색기체. 대기에서 삼산화황 및 황산을 형성하기 위해 반응하며, 산성침적으로 지구로 되돌아온다. EPA 기준 오염물질.

이소적 종분화(allopatric speciation) 지리적 격리로 집단의 물리적 분리에 기인한 종의 분화로 새로운 종의 형성. 동소적 종분화 비교.

이온(ion) 전기적으로 하전된 원자 또는 원자들의 조합.

이온결합(ionic bond) 반대로 하전된 이온 사이의 인력에 의해 형성된 화학적 결합.

인(phosphorus) 15개의 양자와 중성자가 있는 화학원소. 암석권에 풍부한 원소로 고분자의 핵심원소이며 중요한 식물 영양소이다.

인간 중심관(anthropocentrism) 환경과의 관계에 대한 인간 중심적인 견해.

인구변화의 자연비율(natural rate of population change) 이민을 제외한 출산율과 사망률 결과에 의한 인구크기의 변화율.

인구통계학(demography) 인구 통계학적 변화의 연구에 개체군 생태학의 원리를 적용하는 사회과학.

인구통계학적 전이(demographic transition) 서구 국가들에서 산업화되었을 때 일어난 사망율과 출생률의 감소를 설명하는 경제적, 문화적 변화의 이론적 모델. 이 모델은 산업화가 치사율 감소와 대가족의 필요성 감소에 의해 출생률의 자연적 저하의 원인이 되었다고 주장한다. 이후 부모들은 아이들의 숫자보다는 삶의 질에 투자하는 것을 선택하려 한다고 한다.

인구학자(demographer) 인구통계학을 연구하는 과학자.

인류발생의(anthropogenic) 인간에 의해 야기된.

인 순환(phosphorus cycle) 주요 영양소 순환으로 인원자들이 환경시스템의 중첩된 네트워크를 차지하는 경로를 구성하고 있다.

인위적 선택(artificial selection) 인간의 지도 아래 이루어지는 자연선택. 예를 들면 작물, 애완동물과 가축의 품종개량.

일반종(generalist) 서식지의 넓은 배열에서 살아남거나 넓은 배열의 자원을 사용할 수 있는 종. 특수종(specialist)과 비교.

일산화탄소(carbon monoxide, CO) 연료의 불완전 연소에 의해 주로 발생되는 무색, 무취의 기체. EPA의 기준 오염물질.

일차총생산(gross primary production) 독립영양생물체가 태양에너지를 광합성을 통하여 당의 화학결합 에너지로 전환할 때 형성되는 에너지의 생산. 독립영양생물체들은 이러한 생산의 일부를 자신들 스스로의 대사를 위해 사용하고 그것은 세포단위 호흡에 의해 유기화합물을 산화할 수 있도록 한다. 순 일차 생산(net primary production)과 비교.

임계 투여량(threshold dose) 실험동물의 개체군에 영향을 미치기 시작하는 독성물질의 양. ED_{50}; LD_{50}과 비교.

입법(legislation) 성문법. 문서의 형식을 갖춘 법률.

입자상 물질(particulate matter) 대기 중 부유하기에 충분히 작고 흡입 시 호흡기에 피해를 입힐 수 있는 고형 또는 액상 입자들. 먼지나 그을음 같은 1차 오염물질은 물론 황산염 및 질산염과 같은 2차 오염물질을 포함한다. EPA 기준 오염물질.

자급 경제(subsistence economy) 생존경제, 사람들이 매일 필요로 하는 대부분 또는 모든 것을 자연으로부터 직접 수확하고 대부분의 생필품을 구매하거나 거래하지 않는 경제.

자본주의 시장경제(capitalist market economy) 구매사와 판매사가 세품과 서비스 생산선택, 생산량, 그리고 유통방법 등의 결정을 위해 상호작용하는 경제. 중앙계획경제과 비교.

자연과학(natural science) 자연계를 연구하는 과학. 사회과학(social science)과 비교.

자연선택(natural selection) 생존과 번식에 강한 형질들이 후대 생명체에 계승되며 시간이 흐름에 따라 집단의 유전자 조합이 바뀌는 과정. 자연선택은 유전적 변형에 작용하고 진화의 우선적 역할을 한다.

자연실험(natural experiment) 연구자가 직접 변수를 조작할 수 없기 때문에 자연을 관찰하고 변수가 다른 조건을 비교하며 결과를 해석해야 하는 실험. 조작실험(manipulative experiment)과 비교.

자연자원보호청(Natural Resources Conservation Service) 토양보전뿐만 아니라 수질보호 및 오염통제를 추진하는 미국 정부기관. 1994년 이전에는 토양보전국으로 알려져 있다.

자원관리(resource management) 무슨 방법으로 누가 자원을 추출해야 자원이 효과적으로 사용되고 낭비되지 않는가의 전략적 의사결정.

자원보존 및 회수 법(Resource Conservation and Recovery Act, RCRA) 환경오염으로부터 보호하기 위한 위생매립지 관리 방법을 명세화한 의회 입법(1976년 발효 및 1984년 개정).

자원 분할(resource partitioning) 종이 약간 다른 자원을 사용토록 또는 그들의 공유하는 자원을 다른 방법으로 사용토록 진화함으로써 경쟁에 적응하는 과정으로 상호간의 경쟁을 최소화한다.

잔류성 유기오염물질에 관한 스톡홀름 협약(Stockholm Convention on Persistent Organic Pollutants) "더러운 한다스"라고 별명 붙은 12가지 잔류 유기오염물질의 사용을 끝내도록 할 목적의 2004년 국제조약.

잡초(weed) 우리의 작물과 경쟁하는 식물을 위한 속어적 용어. 이 용어는 주관적이고 우리자신의 경제적 이해에 의해 정의되며 생물학적으로 의미는 없다. 해충(pest)과 비교.

재래식 농업(traditional agriculture) 생물학적 동력을 이용한 농업으로 사람과 동물의 힘을 손연장과 간단한 기계류와 함께 이용하여 작물을 경작하고 추수하며 저장하고 배분한다. 산업농업(industrial agriculture)과 비교.

재료 회수 시설(materials recovery facility, MRF) 다양한 재료들이 새로운 품목으로 가공되기 위하여 골라지고, 세척되고, 분쇄되는 재활용 시설.

재생가능 천연자원(renewable natural resource) 사실상 무제한이거나 수시간, 수주, 수년의 비교적 짧은 기간에 걸쳐 환경에 의해 보충되는 천연자원. 재생불가능한 천연자원과 비교.

재생불가능 천연자원(nonrenewable natural resource) 공급이 제한적이고 우리가 사용하는 것보다 훨씬 느리게 형성되는 천연자원. 재생가능한 천연자원과 비교.

재조합 DNA(recombinant DNA) 빠른 성장, 질병 및 해충저항 또는 높은 영양 등을 결여한 생물에서 바람식한 유선석 특성을 갖게 하기 위한 시도로 여러 생물의 DNA로부터 함께 패치된 DNA.

저산소 상태(hypoxia) 수체 내 극 저산소 농도의 조건.

저서대(benthic zone) 수체의 바닥층. 연안대; 충대와 비교.

저서의(benthic) 수체의 바닥과 관련 있는 또는 살고 있는. 원양의(pelagic)와 비교.

저수지(reservoir) (1) 다목적 용수를 확보하기 위하여 인공적으로 축조한 물의 저장고. (2) 풀(pool) 참조.

저인망(trawling) 망이 열려 있도록 바닥은 무겁게 꼭대기는 뜨도록 하여 거대한 원뿔형 망을 물이 통과하도록 끌게 하는 고기잡이 방법. 바닥 저인망(bottom-trawling)과 비교.

저인망법(bottom-trawling) 저서생물을 잡기 위해 바다바닥을 무게가 나가는 그물로 끌어서 잡는 고기잡이 방법. 끄는 방법은 그 경로상의 생물들을 파괴하고 해저에 손상된 넓고 긴 흔적을 남긴다.

저장(storage) 수력발전 생산에 사용되는 기술로 많은 양의 물이 콘크리트 댐 뒤의 저수지에 가둬져서 전기를 생산하는 터빈을 돌리기 위해 댐을 통과한다. 런오브리버(run-of-river)와 비교.

저투입 농업(low-input agriculture) 산업농업에서 사용되는 것보다 더 적은 양의 농약, 비료, 성장호르몬, 물과 화석연료 에너지를 사용하는 농업. 지속가능 농업; 유기농업과 비교.

저항(resistance) 교란이 있어도 안정화 상태로 남아 있고자 하는 개체군 또는 군집의 능력. 탄력(resilience)과 비교.

적색 목록(Red List) 비정상적으로 높은 멸종의 위험에 직면하고 있는 종의 최신 목록. 목록은 세계 보존 연합에 의해 유지된다.

적응 관리(adaptive management) 시간에 따른 방법의 개선을 위한 여러 관리방법에 대한 체계적 관리방법.

적응 특성(adaptive trait) 한 개체가 생존하게 될 더 큰 확률에 부합하는 특성.

적조(red tide) 수표면의 색을 변색시키는 광합성 단세포 조류의 폭발적 번식.

전기(electricity) 장거리 전송 및 다양한 용도에 적용할 수 있는 에너지의 2차 형태.

전기분해(electrolysis) 전류가 화합물을 통과함으로써 이온으로 방출되는 과정. 전기분해는 연료로 사용하기 위하여 수소를 생산하는 방법을 제공한다: 전류가 물을 통과하여 물 분자를 수소와 산소원자로 분해한다.

전 산업화 단계(pre-industrial stage) 인구통계학적 전환 모델의 첫 번째 단계로 대부분의 인류역사로 정의되는 조건에 의해 형성된다. 전 산업화 사회에서는 출생 및 사망률이 높다. 산업화 단계; 후 산업화 단계; 전환 단계와 비교.

전염병(communicable disease) 감염질환 참조.

전염병(transmissible disease) 감염질환 참조(infectious disease).

전이유전자(transgene) 한 생물의 DNA로부터 추출되어 다른 종의 생물의 DNA로 옮겨신 유전자.

전자(electron) 원자의 핵을 둘러싸는 음으로 하전된 입자.

전자 폐기물(electronic waste, e-waste) 컴퓨터, 모니터, 프린터, DVD 플레이어, 휴대전화 및 기타 장치 등의 폐기된 전자제품. 이러한 제품의 중금속은 유해하다고 판단될 수 있음을 의미한다.

전환단계(transitional stage) 인구통계학적 전환 모델의 두 번째 단계로 전 산업단계에서 산업단계로 전환하는 동안 일어난다. 이것은 사망률은 감소하나 출생률은 높게 계속되는 특징이 있다. 후 산업단계 참조. 산업단계; 후 산업단계; 전 산업단계와 비교.

점 오염원(point source) 특정 지점—공장 굴뚝 같은—에서 많은 양의 오염물질이 배출되는 곳. 비점 오염원(non-point source)과 비교.

정상상태 경제(steady-state economy) 성장이나 쇠퇴하지 않고 안정상태로 남아 있는 경제.

정책(policy) 개인, 조직 또는 사회적 행위를 지시하는 규칙 또는 지침.

정화시스템(septic system) 폐수처리 방법으로 농촌지역에서 흔히 존재하며 지하탱크 및 배수관으로 구성되어 있다. 폐수는 집에서 탱크로 흘러 거기서 고형물은 응결되어 제거된다. 물은 계속 자갈로 채워진 트렌치에 수평으로 놓여 있는 구멍 뚫린 파이프의 배수구역으로 흘러가고 그곳에서 미생물들이 남아 있는 폐기물을 분해한다.

제련(smelting) 원하는 성질의 금속을 형성하기 위해 광석이 융점 이상으로 가열되어 다른 금속 또는 화학물질과 결합하는 공정. 예를 들면 강철은 철광석을 탄소와 함께 녹여서 생성된다.

제방(dike) 수로에서 수위상승에 의한 홍수를 방지하기 위해 강둑을 따라 새운 긴 길이의 언덕.

제방(levee) 제방(dike) 참조.

제어봉(control rods) 중성자를 흡수하는 금속합금으로 만들어진 막대로, 원자로 수조 내의 우라늄 연료봉. 엔지니어들은, 원하는 속도로 핵분열 반응을 유지하기 위해 이러한 제어봉들을 물속과 밖으로 움직인다.

제초제(herbicide) 식물을 죽이는 화학적 농약의 한 종류.

제한요소(limiting factor) 개체수 증가를 제한하는 환경의 물리, 화학 또는 생물학적 특성.

조간(intertidal) 최고 조류의 최고점과 최저 조류의 최저점 사이 해안 지대를 칭함.

조력 만(tidal creek) 간만의 차이로 바닷물이 드나드는 늪에 있는 수로.

조력 에너지(tidal energy) 조류 간만의 차이에 의해 형성되는 에너지. 댐의 수문을 통해 들어오고 나가는 조수와 함께 흐르는 물이 전기를 생산하기 위하여 터빈을 돌린다.

조류(tide) 달과 태양의 중력에 의한 끌어당김으로 주어진 위치에서 해수면의 높이의 주기적인 오르내림.

조작실험(manipulative experiment) 연구자가

독립변수들을 주도적으로 선택하고 조작하는 실험. 자연실험(natural experiment)과 비교.

존 뮤어(John Muir; 1838~1914) 미국으로 이민한 스코틀랜드 이민자로 캘리포니아에 정착하였고 요새미티 계곡을 그의 자연의 고향으로 만들었다. 보전윤리를 제창한 그는 자연은 그 자신의 내재적 가치를 위하여 보호받을 가치가 있다고 논박했을 뿐만 아니라 자연은 인류의 행복과 성취에서 커다란 역할을 한다고 주장하였다.

종(species) 그 구성원들은 형태적, 생리적 및 유전적 특징을 공유하고 상호간 자유롭게 교배하며 풍부한 자손을 생산하는 생물의 개체수 또는 개체수 그룹. 생물학자들마다 종의 경계들을 확인하는데 다른 방법들을 쓴다.

종간 경쟁(interspecific competition) 둘 또는 그 이상의 종 구성원들 간에 일어나는 경쟁. 종내 경쟁 비교.

종내 경쟁(intraspecific competition) 같은 종의 구성원들 간에 일어나는 경쟁. 종간 경쟁과 비교.

종 다양성(species diversity) 세상에서 또는 특정한 지역에서 종의 수 및 다양성.

종 분화(speciation) 동일종으로부터 시간의 흐름에 따라 원래의 종으로부터 새로운 종들이 생성되는 과정.

종속변수(dependent variable) 독립변수의 조작에 의해 영향을 받는 변수.

종속영양생물(heterotroph, consumer) 다른 생명체를 먹이로 유기물을 섭취하는 생명체. 대부분의 동물들은 물론 유기물을 분해하는 곰팡이 및 미생물을 포함한다.

종이 공원(paper park) 서류상 보호되나 실제에서는 아닌 공원을 일컫는 용어.

종자 은행(seed bank) 세계의 여러 가지 작물 샘플의 저장소.

종 풍부도(species richness) 특정한 지역의 종의 수. 종의 다양성을 나타내는 한 방법. 균일; 상대 풍부도와 비교.

종합적인 병충해 관리(integrated pest management, IPM) 생물학적 제어, 살충제 사용, 개체수 밀착 관찰, 서식지 변경, 윤작, 형질전환 작물, 대안 경작 방법 및 기계적 해충 제거 등을 포함하는 장기적인 해충방제를 달성하기 위하여 여러 기술을 조합하여 사용.

주산텔래(zooxanthellae) 산호의 몸에 서식하고 광합성을 통해 먹이를 생산하는 공생 조류.

중성(neutral) 수산이온(OH^-)의 농도와 수소이온(H^+)의 농도가 같은 용액의 성질.

중성자(neutron) 원자 핵 속의 전기적으로 중성(비하전된)인 입자.

중앙계획경제(centrally planned economy) 한 국가의 정부가 하향식으로 자원배분을 결정하는 경제. 또한 "국가사회주의경제"라고도 한다. 자본주의 시장경제와 비교.

중합체(polymer) 반복된 분자들의 긴 연결로 구성된 화합물 또는 혼합 화합물. 일부 중합체들은 생명의 블럭을 짓는데 핵심역할을 한다.

증가율(growth rate) 1,000명당 인구의 크기 순변화. 이민율에 출생률을 더하고 이주율과 사망률을 빼서 계산한다. 연간 1,000명당 숫자로 나타낸다.

증류(distillation) 물을 증발시키고 정제된 증기를 응축시켜 물속의 용존 물질을 제거하여 순수한 물을 만드는 것.

증발(evaporation) 액체에서 기체형태로 물질의 전환.

증산(transpiration) 잎을 통한 식물의 수증기 방출.

지각(crust) 가단성 맨틀 꼭대기에 떠 있는 암석으로 이루어진 지구의 외층은 대부분 철로 둘러싸여 있다.

지구기후변화(global climate change) 온도, 강우 및 폭풍의 강도 등과 같은 지구의 기후 관점에서의 모든 변화. 일반적으로 오늘날 기후와 관련된 지구온도의 온난화 경향을 의미한다. 지구온난화와 비교.

지구생존지수(Living Planet Index) 믿을 수 있는 자료 제공을 위해 충분히 관찰된 2,500종 이상 개체수에서의 동향을 요약한 메트릭. 어떻게 자연적인 개체군들이 살아가는지에 관한 전반적인 아이디어를 제공하기 위해 세계야생생물기금과 유엔환경계획 프로그램의 과학자들에 의하여 개발됨. 1970년과 2007년 사이에 이 지수는 대략 30% 감소하였다.

지구온난화(global warming) 지구의 평균 표면온도의 상승. 이 용어는 대부분 주로 최근 수년 및 수세기의 온난화 경향을 발표하는데 인용하기 위해 사용된다. 지구온난화는 지구기후변화의 한 면이고 차례로 기후변화의 다른 요소들을 몰고 온다.

지구온난화지수(global warming potential) 한 분자의 주어진 온실가스 한 분자가 대기 온난화에 기여할 수 있는 능력을 이산화탄소로 특정하는 양.

지류(tributary) 큰 강으로 흘러들어가는 더 작은 강.

지리정보체계(geographic information system, GIS) 여러 종류의 데이터(예, 지리적, 수리적, 식생, 동물종 및 인간개발 등)를 지리학적 좌표의 공통 부분에 중첩시키는 컴퓨터 소프트웨어. 데이터 조합의 요소들이 어떻게 공간적으로 배열되어 상호연관이 되어 있는지를 하나의 그림으로 생성하고 분석하는 것이다. 지리학자들, 지리생태학자들, 자원관리자들 및 보존 생물학자들의 통상적인 도구.

지속가능 산림 인증(sustainable forest certification) 지속가능한 방법을 사용하여 생산된 목재생산품을 확인하는 생태인증의 한 형태. 산림관리협의회 및 몇 군데 다른 기관들이 그러한 인증을 발행한다.

지속가능성(sustainability) 우리가 바라볼 수 있는 미래를 위하여 지구의 시스템과 천연자원을 유지하는 방법을 요구하는 환경과학의 지침 원칙.

지속가능한 개발(sustainable development) 자연자원의 미래 가용성 또는 우리의 미래 삶의 질을 손상시키지 않고 현재의 요구를 충족시키는 개발.

지속가능한 농업(sustainable agriculture) 토양이 형성되는 것보다 빠르게 침식하지 않거나 또는 장기간 작물 및 가축생산에 필수적인 깨끗한 물과 유전적 다양성을 저감시키지 않는 농업.

지수성장(exponential growth) 기하 급수적인 성장.

지수성장곡선(logistic growth curve) 모집단의 초기 지수성장이 어떻게 제한요인에 의해 느려지고 최종적으로 정점에 이르게 되는지를 보여주는 곡선.

지역 계획(regional planning) 광범위한 지리학적 규모로 된 도시계획으로 일반적으로 다수의 지방정부가 관여된다.

지역사회 기반 보존(community-based conservation) 자기 지역에서 토지와 야생생물을 보호하도록 사람들을 참여시키는 방법.

지열 에너지(geothermal energy) 지구 깊은 곳에서 생성되는 재생 에너지. 깊은 곳에서 극도의 높은 압력과 온도로 원소의 방사성 붕괴는 마그마 및 갈라진 틈과 균열을 통하여 지구표면까지 올라오는 열을 생성한다. 이러한 열은 지하수를 가열하고 가열된 물과 증기는 아래로부터 분출하기도 한다.

지열원 히트펌프(ground-source heat pump) 지구의 지표근처 자원과 물로부터 지열 에너지를 이용하고 건물을 가열하고 냉방하는 것을 도울 수 있는 펌프. 지하의 온도는 지상의 온도보다 더 안정하다는 원칙에서 운전한다.

지중해성 관목림(chaparral) 제한된 작은 지역에 밀도가 높게 상록관목이 구성된 생물군계. 해양의 영향으로 온화한 지중해성 기후로 겨울은 따뜻하고 습하며 여름은 건조하다. 지중해 외에도 캘리포니아, 칠레 및 남부 오스트레일리아의 해안지역을 따라 나타난다.

지진(earthquake) 암석권 물질 사이의 축적된 압력을 지구가 완화시킬 때 발생하는 에너지의 방출로 일어나는 지표면의 흔들림.

지질 위해(geologic hazards) 지질학적 과정의 결과로 발생되는 인간의 생명과 재산에 대한 자연적인 위해. 예로는 지진, 화산 및 대량 폐기물 사건 등이다.

지질학(geology) 지구의 물리적 조성, 과정, 역사를 연구하는 자연과학.

지층(horizon) 토양의 구별된 층. A 지층; B 지층; C 지층; E 지층; O 지층; R 지층 참조.

지표수(surface water) 지구표면의 물. 지하수와 비교.

지하수(groundwater) 지하 대수층의 물. 지표수와 비교.

지하수면(water table) 대수층에 갇혀 있는 지하수의 최상부.

지하 채굴(subsurface mining) 땅속의 석탄 매장을 채굴하는 방법으로 땅속 깊이 파고 연결된 터널들은 탄맥을 쫓아 파들어 간다. 띠 채굴(strip mining)과 비교.

진균제(fungicide) 곰팡이를 죽이는 화학 살충제의 한 형태.

진화(evolution) 종종 자연선택의 과정에 의한 생물의 모습, 기능 또는 행동에서 적응한 유전적 기반의 변화 현상.

진화적 군비경쟁(evolutionary arms race) 종 사이의 점점 더 커지는 적응의 결투. 경쟁국들이 군사기술에서 서로 앞서기 위하여 경쟁하는 것과 같은 것처럼, 숙주와 기생충도 상대의 번화와 적응에 새롭게 반복적으로 대응하기 위하여 진화한다.

질량보존의 법칙(law of conservation of matter) 물질은 형태가 변할지라도 생성되거나 파괴되지 않는다는 물리적 법칙.

질량수(mass number) 원자의 양자와 중성자를 합한 수.

질산화(nitrification) 박테리아에 의한 암모늄 이온(NH_4^+)의 1차 아질산이온(NO_2^-)과 2차 질산이온(NO_3^-)으로의 변환.

질소(nitrogen) 7개의 양성자와 중성자를 가진 화학원소. 대기 중에 가장 풍부한 원소로 거대분자의 중요 원소이며 중요한 식물영양소이다.

질소 고정(nitrogen fixation) 불활성 질소가스와 수소가 결합하여 암모늄이온을 형성하는 과정으로 화학적 및 생물학적으로 활발히 식물에 의해 흡수될 수 있다.

질소 고정화(nitrogen-fixing) 많은 형태의 식물들과 공생관계에 살면서 질소를 유용한 형태로 바꿔서 식물에게 영양소로 제공하는 박테리아에 의한 생물학적 과정.

질소 순환(nitrogen cycle) 주요 물질 순환의 하나로서 질소원자들이 환경시스템의 중첩된 네트워크를 차지하는 경로를 구성하고 있다.

집단붕괴장애(colony collapse disorder) 최근 꿀벌(*Apis mellifera*) 집단 폐사의 진단하지 못한 원인.

집적 태양열 에너지(concentrated solar power, CSP) 전기를 생산하기 위하여 태양 에너지를 넓은 지역에서 채집하여 조그마한 지역에 집중시키는 기술의 배열.

집중 동물 먹이 공급 작업(concentrated animal feeding operation) 사육장 참조.

착취적 상호작용(exploitative interaction) 다른 종이 해를 입는 동안 한 종이 이득을 보는 종들의 상호작용; 즉, 한 종이 다른 것들을 착취한다. 그와 같은 상호작용은 포식, 기생 및 초식동물 등을 포함한다.

찰스 다윈(Darwin, Charles; 1809~1882) 진화의 메커니즘과 생물의 큰 다양성을 선택하는 방법으로 자연선택의 개념을 제안한 영국인 자연주의자. 월리스 알프레드 러셀(Wallace, Alfred Russel) 참조.

채굴(mining) (1) 포괄적 의미에서 우리 사회의 시간 척도로 재생가능하지 않는 어떤 자원의 추출(화석연료 또는 지하수 같은 것). (2) 광물자원과 관련하여 암석, 토양 또는 다른 물질의 경제적 이익의 광물질을 추출하는 목적을 위한 체계적인 제거.

채석장(quarry) 점토, 자갈, 모래 및 석회석, 화강암, 대리석, 슬레이트 등과 같은 돌과 같은 광물자원을 추출하는 데 사용되는 장소.

처리(treatment) 영향을 시험하기 위하여 변수가 조작되는 실험. 대조(control)와 비교.

천년 생태계 평가(Millennium Ecosystem Assessment) 우리 문명을 계속 지원하는 지구 생태계 및 그들의 능력의 현재 상태에 대한 가장 포괄적이고 과학적인 평가. 거의 100개국으로부터 2,000명이 넘는 세계의 환경과학자들에 의해 준비되어 2005년 완성되었다.

천연가스(natural gas) 주로 메탄(CH_4)으로 구성된 화석연료로 혐기성 상태에서 박테리아가 유기물질을 분해할 때 부산물로 생성된다.

천이(succession) 생태학적 커뮤니티의 구성과 구조가 시간이 지남에 따라 변화의 현상. 일차 천이; 이차천이 참조.

청정 석탄기술(clean coal technologies) 석탄 화력발전 공정 중 화학적 오염물질(황)을 제거하기 위해 찾는 다양한 기술, 장비 및 방법.

체류시간(residence time) 생지구화학적 순환에서 다른 곳으로 옮겨가기 전에 주어진 풀 또는 저장소에 영양소가 머무는 시간. 플럭스(flux)와 비교.

체르노빌(Chernobyl) 우크라이나(당시 소련의 일부) 원자력 발전소 부지, 그곳에서 1986년 당시까지 세계가 보지 못했던 가장 심각한 원자로 사고의 원인이 된 폭발이 있었다. 쓰리마일 섬처럼 체르노빌은 종종 사고 그 자체를 지칭하는 것으로 사용된다.

초식(herbivory) 동물에 의한 식물의 소비.

총출산율(total fertility rate, TFR) 평생 동안 여성 한 명당 태어나는 아이들의 평균 숫자.

최대 지속가능 생산(maximum sustainable yield) 특정의 자원을 미래에도 가용할 수 있도록 유지할 수 있는 수준에서의 재생가능 자연자원의 최대 수확.

축열체(thermal mass) 열을 흡수하고 저장하여 나중에 방출하는 태양열 에너지 방식에 사용하는 건축재료.

출생률(natality) 개체수 내의 출생비율.

친환경 일자리(green-collar job) 새로운 지속가능한 기술 또는 실시를 하는 산업에서의 직업. 신재생 에너지 시설의 설계, 설치 및 관리 등이 그러한 예에 속한다.

침몰(subduction) 수렴판 경계에서 밀도가 높은 지각이 가벼운 지각 밑으로 미끄러져 들어가는 판 지각 과정. 종종 화산폭발을 일으킨다.

침수(waterlogging) 물에 의한 토양의 포화로 그곳에서는 대수층이 식물의 뿌리를 적시는 지점까지 상승한다. 침수는 뿌리가 공기와 접촉하지 못하게 하여 결국 질식시켜 나무에 피해를 입히거나 죽게 한다.

침식(erosion) 바람 또는 물의 작용에 의해 토양물질이 한 장소에서 제거되어 다른 장소로 옮겨짐.

침입종(invasive species) 군집 내에서 정상적인 기능을 방해하며 넓고 빠르게 확산하는 종.

침적(deposition) 새 위치에 침식된 토양의 새로운 장소로 축적하는 현상. 침식(erosion)과 비교.

침출(leaching) 광물과 같은 고체물질들이 액체(주로 물)에 용해되어 다른 곳으로 옮겨지는 과정.

침출수(leachate) 위생매립지의 내막을 통과하여 아래의 토양으로 스며드는 액체.

침투(infiltration) 지하수 저수층을 재충전하기 위하여 바위나 토양을 통과하여 아래로 흐르는 지표수의 흐름.

캘빈회로(Calvin cycle) 광합성에서 이산화탄소로부터 탄소원자가 당의 생성을 위하여 결합되는 일련의 화학적 반응.

캠퍼스 지속가능성(campus sustainability) 대학의 학생들, 교수, 직원 및 관리자들이 캠퍼스 운영을 더 지속가능하게 만들고자 하는 폭넓은 노력을 포괄하는 용어. 에너지 효율, 물 효율, 배출량 저감, 교통개선, 지속가능 식사, 조경개선, 재생 에너지, 커리큘럼 바꾸기 등을 포함한다.

캡-앤-트레이드(cap-and-trade) 허가거래 시스템으로 정부가 오염의 허용수준을 결정하여 오염당사자에게 오염허가를 부여함. 오염자가 오염물을 배출하지 않은 양만큼의 크레딧을 받아 다른 오염자에게 판매할 수 있다. 배출권 거래 시스템의 유형.

켈프(kelp) 해저 숲을 형성할 수 있고 해양 생물을 위하여 서식지를 제공하는 대형 갈조류 또는 해초.

코리올리 효과(Coriolis effect) 지구회전의 결과로 극지에 가까운 지역보다 적도부근 지역의 빠른 회전으로 야기되는 부분적인 동서방향으로 기류의 뚜렷한 편향.

콰시오커(kwashiorkor) 단백질 또는 아미노산 결핍과 함께 높은 전분 다이어트로 야기되는 영양실조의 한 형태. 어린이의 경우 복부팽창, 머리카락 변질 및 탈색, 정신장애, 면역 억제, 발달 지연, 빈혈 및 성장감소의 원인이 된다.

타르 모래(tar sands) 오일 모래(oil sands) 참조.

타이가(taiga) 침엽수림지대. 아한대 수림(boreal forest) 참조.

타이푼(typhoon) 사이클론(cyclone) 참조.

타임즈 해안(Times Beach) 도로에 뿌려진 폐오일로부터의 다이옥신에 의해 오염된 뒤 주민들이 소개되고 건물들은 철거된 미조리주의 마을. 잘 알려진 사건으로 슈퍼펀드 법의 통과에 도화선이 되었다. 러브 캐널(Love Canal)과 비교.

탄소(carbon) 6개의 양자와 중성자를 갖는 화학원소. 유기화합물의 핵심원소.

탄소 격리(carbon sequestration) 세계기후변화를 완화하려는 노력으로 산업계 배출 이산화탄소를 격리 또는 저장(예, 땅속 새지 않는 장소에 압력을 가하여)하는 기술 또는 방법. 우리는 아직도 이러한 것을 달성하기 위한 적당한 기술과 안전한 저장공간 개발에 갈 길이 멀다.

탄소발자국(carbon footprint) 개인 또는 기관이 대기로 방출하거나 방출에 간접적으로 기여하는 탄소 또는 이산화탄소의 축적 양. 생태발자국과 비교.

탄소 상쇄(carbon offset) 스스로 감축할 수 없거나 감축할 의사가 없는 온실가스 배출량을 다른 단체가 저감하도록 그 단체에 내는 자발적 기여금. 그래서 그 기여금은 자신의 배출량을 상쇄한다.

탄소세(carbon tax) 이산화탄소를 배출하여 오염시키는 단체에 부과되는 세금. 탄소세는 오염자에게 오염저감에 대한 재정적 인세티브를 줌으로 기후변화에 대처하는 한 방법으로 여겨진다.

탄소 순환(carbon cycle) 탄소원자가 환경시스템의 중첩된 네트워크를 통하여 차지하고 있는 경로를 구성하는 주요 물질 순환 중의 하나.

탄소 저장(carbon storage) 탄소 격리 참조.

탄소 중립(carbon-neutrality) 개인, 사업장, 또는 기관이 대기에 탄소를 방출하지 않는 상태. 이것은 탄소배출량을 감소하거나 또는 배출량 상쇄를 위해 탄소 상쇄를 적용함으로써 달성될 수도 있다.

탄소 포집(carbon capture) 기후변화를 완화하려는 노력으로 발전소나 다른 배출원에서 이산화탄소를 제거하는 기술이나 방법.

탄수화물(carbohydrate) 탄소, 수소 및 산소원자로 이루어진 유기화합물.

탄층 메탄(coalbed methane) 석탄층에서 발산되는 메탄으로 석탄 채굴 동안 대기로 주로 새어 나온다. 메탄배출을 줄이기 위해 기술자들은 에너지로 쓰기 위해 이 가스를 더 포집하려고 애쓰고 있다.

탄화수소(hydrocarbon) 오직 수소와 탄소원자로만 구성된 유기화합물.

탈질 박테리아(denitrifying bacteria) 흙 또는 물속의 질산을 가스 상태의 질소로 변환하여 대기 중으로 방출시키는 박테리아.

탐사 시추(exploratory drilling) 화석연료 매장이 확인된 뒤에 얼마나 많은 양의 연료가 존재하며 추출이 가치가 있는지 여부를 가늠하기 위하여 취해지는 시추. 아주 깊이 내려가는 작은 구멍의 시추.

태양광 에너지(solar energy) 태양으로부터의 에너지. 그것은 끊임없이 재생가능하며 다양한 용도로 사용될 수 있다.

태양광 전지(photovoltaic(PV) cell) 햇빛을 모아서 전기 에너지로 직접 바꿀 수 있도록 설계된 장치. 빛이 전지 내에 있는 한 쌍의 금속판 중 하나에 도달하면 전자를 방출하게 되고 그것은 정전기력으로 마주하는 판으로 이끌린다. 하나의 판에서 다른 판으로의 전자의 흐름은 전류를 생산한다.

태양광 조리기(solar cooker) 햇빛을 음식에 쪼여서 조리하기 위해 반사판을 사용하는 간단한 휴대용 오븐.

토네이도(tornado) 깔대기 모양의 구름이 흙과 물건들을 집어 올려 구조물에 큰 피해를 줄 수 있는 사이클론 폭풍의 한 형태.

토마스 맬더스(Malthus, Thomas; 1766~1834) 영국인 경제학자로 인구증가는 궁극적으로 가용 식량공급을 고갈시켜 기근, 전쟁 또는 질병을 초래하고 인구를 감소시킨다고 주장했다.

토양(soil) 분해된 암석, 유기물질, 공기, 물, 영양소 및 미생물로 구성된 복잡한 식물 지지 체계.

토양 단면(soil profile) 표면에서 암반까지의 전체로서 토양의 단면.

토양 분해(soil degradation) 토질의 악화 및 토양 생산성의 감소로 주로 삼림제거, 작물농업 및 가축의 과잉방목 등의 결과로 나타난다. 사막화(desertification)와 비교.

토지신탁(land trust) 지역적 또는 지방의 민간단체가 회원의 토지를 보전하는 것으로, 그것의 자연적 조건을 보전할 목적으로 철저하게 토지를 구입한다.

통제된 산불(prescribed burning) 생태계의 건강성을 증진시키고 더 자연의 상태로 되돌리며 재난성 화재를 막기 위해 주의 깊게 통제된 조건에서의 숲 또는 초지 지역의 연소방법.

퇴비(compost) 분해자들이 음식물과 작물 폐기물을 포함하는 유기물들을 분해할 때 생산되는 혼합물.

퇴비화(composting) 유기물 폐기물을 통제된 방법의 자연 생물학적 과정의 분해로 부식토로의 전환.

퇴적물(sediment) 암석의 부식 잔류물.

퇴적물 섭식자(detritivore) 노래기 또는 토양곤충으로 퇴적물 또는 다른 군집 구성원의 사체를 섭식한다. 분해자(decomposer)와 비교.

퇴적암(sedimentary rock) 3가지 주요 암석의 분류 중 하나. 용존 광물들이 퇴적층에 침투하여 접착제처럼 역할할 때 형성되며 결정화 및 퇴적입자들을 함께 묶는다. 사암 및 셰일들이 퇴적암의 예다. 화성암; 변성암과 비교.

툰드라(tundra) 거의 사막과 같이 건조하지만 러시아, 캐나다 및 스칸디나비아의 북단을 따라 매우 높은 위도에 위치한 생물군계. 낮의 햇빛이 적어 극단적으로 추운 겨울과 해가 긴 적당히 선선한 여름이 지의류 및 낮은 관목의 식생 경관을 특징짓는다.

특수자(specialist) 매우 특정한 자원을 포함하고 있는 오직 좁은 범위의 서식지에서 생존할 수 있는 종. 일반자(generalist)와 비교.

파동 에너지(wave energy) 해양 표면에서 바람에 의한 파도의 움직임으로부터 동력화된 에너지. 파동 에너지를 동력화하기 위한 기계류를 위한 많은 설계가 고안되었지만 일부만이 제대로 시험되었다.

판구조론(plate tectonics) 지구표면은 구조판 또는 지각의 한 부분의 극히 느리게 움직이는 과정으로 형성된다는 이론. 지구표면은 약 15개의 주요 구조판을 포함하고 있다. 그들이 상호작용으로 융기하여 산이 형성되고, 지진을 야기하며 경관에 영향을 미친다.

패러다임(paradigm) 과학적 분야 내에서 지배적인 철학적 및 이론적 프레임 웍.

패치(patch) 경관생태학에서 경관 내의 부분 공간적 영역. 연구자의 관점에 의지하면, 패치는 특정 생물, 커뮤니티 또는 생태계를 위한 서식지로 구성된다. 패치의 배열은 모자이크를 형성한다.

페렐 세포순환(Ferrel cell) 지구 기후 패턴에 영향을 미치는 북과 남위도 사이(30°와 60°사이)의 대류순환 세포 쌍 중의 하나. 해들리 세포순환; 극세포순환과 비교.

페록시아실 질산(peroxyacyl nitrate, PAN) 식물과 동물의 생체조직을 손상시키는 추가반응을 유도하는 탄화수소와 아질산(NO_2)의 반응으로 생성된 화학물질.

폐기물류(waste stream) 발생원으로부터 처분장으로 움직이는 폐기물의 흐름.

폐기물 에너지화 시설(waste-to-energy, WTE) facility) 폐기물을 소각하여 나온 열을 물을 끓여 전기를 생산하거나 난방시스템 원료로 사용하는 스팀을 생산하는데 사용하는 소각로.

폐 벌목(salvage logging) 자연재해 후 죽은 나무들의 제거. 폐 벌목은 경제적으로 이득이 될지도 모르지만, 생태계를 교란한다, 왜냐하면 죽은 나무들은 다양한 곤충들과 야생생물에게 먹이 및 피난처를 제공하기 때문이며 최근에 타버린 나무를 제거하는 것은 토양에 심각한 부식과 피해를 야기할 수 있기 때문이다.

폐수(wastewater) 집안, 사업장, 산업 또는 공공시설에서 사용되고 배수되거나 하수관으로 흘러내린 물은 물론 우수배제구로부터 오염된 유출수 등의 모든 물.

폐수처리장(wastewater treatment plant) 도시 또는 산업 오염원으로부터의 폐수를 처리하여 환경으로 처리된 유출수를 방류하는 중앙 집중적 시설.

포식(predation) 하나의 종(포식자)이 사냥, 추적, 포획하여 궁극적으로 먹이를 획득하는 과정.

포식자(predator) 개체(먹이)를 사냥, 포획으로 먹이를 구하는 생물.

포획 사육(captive breeding) 멸종위기종들을 포획한 후 통제할 수 있는 환경에서 사육하여 야생으로 되돌려 보내는 방법.

폭풍 해일(storm surge) 폭풍과 연계된 높은 파도와 바람에 의해 가져온 일시적이고 국부적인 해수면 상승.

폴리브롬화 다이 페닐 에테르(polybrominated diphenyl ethers, PBDEs) 컴퓨터, 텔레비전, 플라스틱 및 가구 등 다양한 소비재에 사용되는 불연성 및 난연성의 합성화합물. 생산, 처분 및 제품사용 중에 방출되는 이러한 화학약품은 생체조직에 축적되어 내분비계 장애로 나타난다.

표면 격리(surface impoundment) (1) 액상 또는 슬러지 형태의 폐기물을 점토 같은 불투수성 물질로 처리된 얕은 구덩이에 매립하는 유해폐기물 또는 광산폐기물을 위한 처리방법. (2) 그러한 처리 장소. 깊은 우물 주입(deep-well injection)과 비교.

표면 채굴 통제 및 복원 법(Surface Mining Control and Reclamation Act) 사용 후 채광지역 복원 노력을 의무화한 1977년 미국 법으로 회사에 채굴이 허가될 수 있기 전 복원비용을 담당할 기금을 출연토록 요구한다.

표토(topsoil) 식물에 가장 영양분을 많이 주어서 생태계 및 농업에 가장 직접적으로 중요한 토양의 부분. 또한 A 지층으로 알려져 있다.

풀(pool) 생지구화학 순환에서 영양소들이 다른 풀로 옮겨지기 전에 일정기간 머무르는 곳. 생물체 또는 무생물체일 수 있다. 저수지와 동의어. 플럭스; 체류시간과 비교.

풍력단지(wind farm) 풍력터빈의 그룹이 포함된 개발.

풍력 에너지(wind energy) 바람의 운동으로부터 비롯된 에너지. 이러한 재생가능한 에너지원으로 풍력터빈을 통과하는 바람은 전기를 생산하는 데 사용된다.

풍력 터빈(wind turbine) 바람의 동력학적 에너지 또는 운동 에너지를 전기 에너지로 변환하는 기계 조립체.

풍화(weathering) 바위 및 광물질을 부수어 커다란 입자를 조그만 입자로 바꾸는 물리적, 화학적 및 생물학적 과정.

프탈레이트(phthalates) 아이들의 장난감, 화장품, 향수 및 다른 소비재 용품에서 플라스틱을 부드럽게 하고 방향성을 강화하는 데 사용되는 호르몬 교란 화학물질.

플라스틱(plastics) 다양한 물건의 제조에 사용되는 합성(인공) 중합체.

플럭스(flux) 영양소 순환에서 집합 또는 저장소 중의 영양소들의 흐름.

피드백 순환(feedback loop) 시스템의 산출물이 동일 시스템의 투입물로 사용되는 순환과정. 부정적 피드백 순환고리; 긍정적 피드백 순환 고리 참조.

피임(contraception) 성관계에도 불구하고 임신하지 않도록 의도적으로 방지하는 것. 산아제한(birth control)과 비교.

피크 오일(peak oil) 세계(또는 주어진 국가를 위해)에서 석유의 최대 생산 시점을 기술하는 데 사용되는 용어. 이것은 또한 대략 세계 석유공급의 중간 추출점으로 예측된다. 이 용어는 일단 정점을 지나면 우리 사회가 어마어마한 도전에 직면하게 될 것을 주로 시사하는 내용으로 사용된다. 허버트 피크(Hubbert's peak)와 비교.

핀쇼 기포드(Pinchot, Gifford; 1865~1946) 첫 번째 훈련된 미국인 산림관으로 미국 산림국 신설을 도왔다. 오늘날 그는 보존 윤리와 가장 관련 있는 사람이다.

하강류(downwelling) 바다에서 따뜻한 표층수의 해양 바닥으로의 흐름. 하강류는 표층수가 수렴하는 곳에서 발생한다. 용승(upwelling)과 비교.

하구(estuary) 강이 바다로 흘러드는 지역으로 담수와 해수가 혼합된다.

학제간 분야(interdisciplinary field) 여러 전통적인 학문분야로부터 기술들을 차용하고 이러한 분야들로부터 연구결과를 포괄적으로 합성하는 분야.

합금(alloy) 금속과 다른 금속 또는 비금속 물질과의 혼합물.

해들리 세포순환(Hadley cell) 지구 기후 패턴에 영향을 미치는 북과 남위도 사이(적도와 30° 사이)의 대류순환 세포 쌍 중의 하나. 페렐 세포순환; 극세포순환과 비교.

해양보존(marine reserve) 고기잡이 금지 구역으로 지정된 해양지역으로 채굴 활동을 허용하지 않는다. 해양보호지역과 비교.

해양보호지역(marine protected area, MPA) 어업의 압박으로부터 해양생물을 보호하기 위하여 따로 지정한 해양지역. MPA는 인간의 활동으로부터 보호될는지는 몰라도 다른 것에는 무방비다. 해양보존과 비교.

해양 산성화(ocean acidification) 대기의 이산화탄소 농도의 증가로 오늘날 해양이 점점 더 산성화(pH 저하)되는 과정. 해양산성화는 해수가 공기로부터 CO_2를 흡수하여 탄산을 형성할 때 일어난다. 해양 산성화는 산호초를 용해시키는 위협으로 해양 생물다양성에 강한 영향을 미칠 것이다.

해양 열에너지 변환(ocean thermal energy conversion, OTEC) 열대에서 열대해양에 의해 흡수된 태양열 복사를 이용하는 잠재적 에너지원.

해충(pest) 우리에게 유용한 작물에 해를 입히는 생물에 대한 용어. 이 용어는 우리들의 경제적 이해관계에 의거 정의되며 생물학적으로는 의미가 없다. 잡초(weed)와 비교.

핵(core) 지구의 가장 중심부로 대부분 철로 구성되어 있고 지각과 맨틀의 아래에 위치한다.

핵 분열(nuclear fission) 원자핵 분열에 의한 원자핵 에너지의 유용한 열 에너지로의 전환.

핵산(nucleic acid) 단백질 생산을 지시하는 거대분자. DNA와 RNA를 포함한다.

핵심종(keystone species) 생태계 군집의 안정에 가장 큰 영향을 미치는 종.

허가권 거래(permit trading) 환경적으로 해로운 행위를 허락하도록 정부에서 발행한 시장에서 판매가 가능한 배출허가권의 사고파는 거래. 캡-앤-트레이드 하에서 정부는 오염의 허용수준을 결정하고 나서 오염허가권을 발행한다. 회사는 오염배출하지 않는 양만큼의 크레딧을 받아서 다른 회사에 판다. 배출권 거래 제도와 비교.

허리케인(hurricane) 해양에서 형성되나 육지에 도달 시 피해를 입힐 수 있는 사이클론 태풍. 대서양에서 주로 형성되는 사이클론 또는 타이푼 종류.

허버트 피크(Hubbert's peak) 미합중국에서의 원유생산의 절정으로 쉘 석유 지질학자 허버트(M. King Hubbert)가 1956년에 예상한 대로 1970년에 절정에 도달하였다.

현장복원(in-situ recovery) 용액 채굴(solution mining) 참조.

혐기성의(anaerobic) 산소가 적거나 존재하지 않는 환경에서 일어나는. 유기물의 깊은 호수, 늪 또는 얕은 바다의 바닥 등에서 화석연료(원유, 석탄, 천연가스)로의 전환이 혐기성 분해의 예이다. 호기성의 반대.

협약법(conventional law) 국가가 체결하는 것에 동의하는 협약 또는 조약으로 발생하는 국제법. 관습법(customary law)과 비교.

형질전환의(transgenic) 다른 종으로부터의 DNA를 포함하고 있는 생물을 기술하는 용어.

호르몬(hormone) 혈류를 통해 움직이며 성장, 발달 및 성적 성숙을 촉진하는 화학적 전달자; 두뇌기능을 조절하고, 식욕, 성적 충동과 다른 많은 생리학적 및 행동 측면을 조절한다.

혼합경제(mixed economy) 자본주의 시장경제와 중앙계획경제의 요소들을 함께 조합한 경제.

홍수(flooding) 폭우나 눈 녹은 물로 인하여 하천이나 강이 넘쳐 흐름.

화산(volcano) 녹은 암석, 뜨거운 가스 또는 재가 지구표면을 통하여 분출하고 종종 시간이 흐르면서 식어진 용암이 쌓여서 산을 형성하는 곳.

화산쇄설 흐름(pyroclastic flow) 화산의 경사를 따라 흘러내리는 독성가스, 화산재 및 바위소각의 빠르게 움직이는 구름.

화석(fossil) 바위나 퇴적물에 보존된 과거 지질시대의 동물 또는 식물의 잔류물, 자국 또는 흔적.

화석기록(fossil record) 세계적으로 축적된 화석들의 몸체로 고생물학자들이 지구상의 과거 생명의 역사를 인용하기 위하여 연구한다.

화석연료(fossil fuel) 재생불가능한 천연자원, 고대시대로부터 유기물질의 분해와 압축으로 생성된 원유, 천연가스 또는 석탄.

화성암(igneous rock) 바위의 3가지 주 분류 중 하나. 냉각 중인 마그마로부터 형성된다. 화강암과 현무암은 화성암의 예이다. 변성암; 퇴적암과 비교.

화전(swidden) 열대림 지역의 전통적인 농업형태로 농부는 작은 터를 일 년에서 몇 년에 걸쳐 경작하고 나서 다른 지역으로 옮기며 처음 지역은 다시 숲으로 자라도록 내버려 둔다. 숲을 태울 때 이것은 "베어서 태우기" 농업이라고 불린다.

화학식(chemical formula) 숫자와 화학기호를 사용하여 분자 내에 원자수와 결합형태를 나타내는 단순 표기방법.

화학 에너지(chemical energy) 원자 사이의 결합에 내재된 잠재적 에너지.

화학적 위해(chemical hazard) 인간의 건강에 위험을 초래하는 화학물질. 여기에는 많은 살충제, 제초제 및 우리가 만들어낸 합성화학물질뿐만 아니라 자연적으로 생성된 독성물질도 포함된다. 생물학적 위해; 문화적 위해; 물리적 위해와 비교.

화합물(compound) 원자들이 둘 또는 그 이상의 원소로 구성되어 있는 분자물.

확률(probability) 어떤 결과에 대한 가능성의 수치적 표현.

환경(environment) 우리 주변의 모든 것, 우리가 상호작용하는 모든 생물과 무생물을 포함함.

환경경제학(environmental economics) 환경문제를 해결하기 위해 신고전파 경제학 원리를 수정하여 개발 중인 경제학. 환경경제학자들은 우리가 현재의 경제시스템에서 지속가능성을 얻을 수 있다고 믿는다. 생태학적 경제학자들은 혁명을 요구하는 반면, 환경경제학자들은 개혁을 요구한다. 생태 경제학; 신고전주의 경제학과 비교.

환경과학(environmental science) 어떻게 자연세계가 기능하고 인간과 환경이 상호작용하는지에 관한 연구.

환경독성학(environmental toxicology) 환경으로부터 또는 환경으로 배출되는 독성물질 연구로 인간, 다른 동물 및 생태계의 보건영향을 포함한다.

환경보건(environmental health) 인간의 건강 및 삶의 질과 환경 질 그리고 장기적인 인간복지에 필수적인 생태학적 시스템의 건강에 영향을 미치는 환경적 요인들.

환경보호국(Environmental Protection Agency, EPA) 환경 질 모니터링, 연구수행과 평가, 기준제정과 적용, 주들로 하여금 기준과 목표를 충족하도록 돕고, 대중을 교육하는 임무를 가진 미국의 행정기관.

환경연구(environmental studies) 사회과학뿐만 아니라 자연과학을 심도 있게 통합하는 학문적 환경과학 프로그램.

환경영향평가보고서(environmental impact statement, EIS) 정부에 의해 수행된 개발계획 또는 다른 작업의 결과로 환경에 미치는 주요 영향을 평가한 세부 연구결과 보고.

환경윤리학(environmental ethics) 환경 문제에 윤리적 기준을 적용.

환경저항(environmental resistance) 제한요인들의 집단적인 힘, 그것들은 함께 환경의 수용능력에 맞게 집단의 크기를 안정화시킨다.

환경정의(environmental justice) 사회의 윤리적 관심 영역을 남자에서 여자로, 인간에서 비인간으로, 부자에서 가난한 자로, 다수 인종에서 소수 인종으로 넓히고자 하는 공정성과 평등의 도덕적 의미에 바탕을 둔 운동.

환경정책(environmental policy) 인간과 환경과의 상호작용에 관련하는 공공정책. 일반적으로 자원사용 또는 인류복지를 증진시키거나 또는 자연계를 보호하기 위한 오염저감을 규제하는 것을 목표로 한다.

환경주의(environmentalism) 자연계를 보호하고자 하는 사회운동.

환태평양대(circum-Pacific belt) 많은 태평양 분지를 둘러싸는 40,000 km(25,000 mi) 섭입대와 단층체계의 호. 흔히 "불의 고리"라 불리며, 전 세계 90%의 지진과 반 이상의 화산폭발이 여기서 일어난다.

활성화(activation) 생물체 내에서 독성물질을 해독하는 효소가 무독성 물질을 독성물질로 변환시키는 희귀한 과정.

회복력(resilience) 교란에 대응하여 변화하지만 원래의 상태로 돌아가고자 하는 생태계 군집의 능력. 저항(resistance)과 비교.

회수(recovery) 재활용 및 퇴비화로 구성된 폐기물 관리 전략.

효소(enzyme) 화학반응을 촉진시키는 화학물질.

휘발성 유기오염물질(volatile organic compound, VOC) 산업공정에서 사용되는 독성 유기화학물질의 커다란 그룹 중의 하나.

1785 및 1787의 일반 토지조례(General Land Ordinances of 1785 and 1787) 미국정부에게 서부토지를 관리하는 권한과 그곳을 측량하기 위한 격자 시스템을 창안하여 개인 소유권을 주도록 한 법률.

1872 일반 광업법(General Mining Act of 1872) 개인들이 에이커당 5달러를 지불하고, 지방관습에 따라 정부의 개입 없이 채광을 법제화하고 촉진한 미국 법.

1차생산(primary production) 독립영양자에 의해 수행되는 광합성으로 태양열 에너지를 당의 화학적 결합에너지로 변환.

1차 소비자(primary consumer) 생산자를 먹이로 하고 2차 소비자에게 먹이가 되는 생물.

1차 숲(primary forest) 사람들에 의해 잘리지 않은 숲. 2차 성장(second-growth)과 비교.

1차 오염물질(primary pollutant) 그을음 또는 일산화탄소 같은 위험성 물질로 해로운 형태로 대류권에 방출된다. 2차 오염물질(secondary pollutant)과 비교.

1차 처리(primary treatment) 오염물질들이 물리적으로 제거되는 폐수처리 단계. 폐수는 하수고형물, 찌꺼기 및 입자상 물질이 바닥으로 침전되는 반응조로 흘러 든다. 그리스 및 기름은 표면에 떠서 걷어낼 수 있다. 2차 처리(secondary treatment)와 비교.

1차 천이(primary succession) 생태학적 커뮤니티가 시간이 지남에 따라 발달하는 변화의 연속으로 생명이 없는 기질로 시작한다. 육지 시스템에서 1차 천이는 바위, 모래 또는 퇴적물의 확장이 새롭게 대기에 노출될 때 시작되고 개척종들이 도착한다. 2차 천이(secondary succession)와 비교.

1차 추출(primary extraction) 가장 쉽게 접근할 수 있는 원유의 초기 시추 및 펌핑. 2차 추출(secondary extraction)과 비교.

2차 성장(second-growth) 처음 벌목 후 다시 생장하는 나무를 기술하는 용어.

2차 소비자(secondary consumer) 1차 소비자를 소모하고 3차 영양수준의 먹이가 되는 생물.

2차 숲(secondary forest) 베어진 1차 숲 다음에 다시 자란 숲. 2차 성장 나무들로 구성되어 있다.

2차 오염물질(secondary pollutant) 대기 중 화학적 반응을 통하여 대기 중에 추가되는 오염물질. 1차 오염물질(primary pollutant)과 비교.

2차 처리(secondary treatment) 1차 처리 후 남아 있는 오염물질을 제거하기 위하여 사용되는 생물학적 폐수처리 단계. 폐수는 박테리아의 존재하여 섞이고 그것은 물속에서 유기오염물질을 분해한다. 그런 다음 폐수는 다른 침전조로 보내어져 거기서 남아 있는 고형물을 바닥으로 모은다. 1차 처리(primary treatment)와 비교.

2차 천이(secondary succession) 생태계에서 발생한 환경변화에 의하여 기존의 개체군 또는 군집을 교란시키거나 극적으로 변화시켰을 때 발생하는 현상. 1차 천이(primary succession)와 비교

2차 추출(secondary extraction) 용매를 사용하거나 또는 물로 땅속의 암석들을 세척하여 일차 추출 후 남아 있는 원유를 추출. 1차 추출(Compare primary extraction)과 비교.

3마일 섬(Three Mile Island) 1979년 부분적인 붕괴를 경험한 펜실바니아의 원자력 발전소. 이 용어는 종종 사고 자체를 가리킬 때 쓰이며, 그때까지 미국이 경험한 가장 심각한 원자로 고장이었다.

3중 결산(triple bottom line) 동시에 환경적, 경제적 및 사회적 목표를 달성하려고 시도하는 지속가능성 방법.

3차 소비자(tertiary consumer) 3차 소비자를 소모하고 4차 영양수준의 먹이가 되는 생물.

4차 평가보고서(Fourth Assessment Report) 수천 건의 과학적인 연구를 요약하고 표면온도, 강수 패턴, 눈과 얼음 덮임, 해수면, 폭풍의 강도 및 기타 요인의 관찰을 문서화 한 IPCC 2007년 보고서. 또한 배출 시나리오 범위에 따라 이러한 현상에서 미래의 변화를 예측하고; 야생동물, 생태계, 그리고 인간 사회에 대한 기후 변화의 영향에 대처하며; 이러한 상황에 대처할 수 있는 미래의 전략을 다루었다. 4차 평가보고서는 전 세계적으로 과학적인 기후 연구에 의견일치를 나타낸다.

A 지층(A horizon) 전형적인 토양단면에서 보이는 A 토양층. 토양표층을 형성하거나 O 지층(만약 있다면) 아래 위치한다. 대부분 상부의 혼합된 유기물과 부식질이 풍화된 무기광물질 성분으로 구성되어 있다. 종종 A 지층은 표토로 간주된다. B 지층; C 지층; E 지층; R 지층과 비교.

B 지층(B horizon) E 지층 아래와 C 지층 위에 놓여 있는 토양층. E 지층에서 침출된 미네랄은 아래로 운반되어 B 지층에 축척된다. 때때로 "축적대"나 "퇴적대"라고도 일컫는다. A 지층, O 지층, R 지층과 비교.

C 지층(horizon) B 지층 아래와 R 지층 위에 놓여 있는 토양층. 상층부보다 크고 덜 풍화된 암석 입자를 포함하고 있다. 토양형성 과정에 의해 약간 변형되거나 또는 전혀 변형되지 않은 모재로 구성된다. A 지층; E 지층; O 지층과 비교.

E 지층(E horizon) A 지층 아래와 B 지층 위에 놓여 있는 토양층. 문자 E는 "손실"을 의미하는 "eluviation"을 나타내고, E 지층은 침출을 통해 특정 미네랄의 손실이 일어나는 것이 특징이다. 때때로 "침출영역"이라고 불린다. C 지층; O 지층; R 지층과 비교.

e-폐기물(e-waste) 전자비교 폐기물(electronic waste) 참조.

IPAT 모델(IPAT model) 어떻게 사람들의 환경에 대한 총 영향(I)이 3가지 요소의 상호작용으로부터 야기되는지를 나타내는 공식: 인구(P), 풍요(A), 기술(T).

K-선택(K-selected) 적은 수의 자손을 생산하고 양육하는데 오랜 시간이 걸리지만 그들의 적은 자손의 생존과 성장 촉진에 많은 투자를 하는 낮은 생물적 잠재력을 가진 종을 나타내는 용어. K-선택 종의 개체수는 일반적으로 밀도 의존 요소에 의하여 조절된다. r-선택(r-selected)과 비교.

O 지층(O horizon) 어떤 토양단면에서 토양의 최상층으로 잔가지, 잎, 작물 잔유물 및 동물 폐기물 등의 분해물 같은 유기물질로 구성되어 있다. A 지층; B 지층; C 지층; E 지층; R 지층과 비교.

pH 용액의 수소이온 농도 측정값. pH 값의 범위는 0에서 14: pH 7인 용액은 중성; pH 7 이하인 용액은 산성이며, pH 7 이상인 용액은 염기성. pH 값은 로그이기 때문에 각 값의 수소이온 농도의 차이는 10배이다.

r-선택(r-selected) 비교적 짧은 시간에 구성원들이 많은 수의 자손들을 생성하지만 생후 어린 새끼들을 돌보지 않는 높은 생물학적 잠재력이 높은 종을 나타내는 용어. r-선택종의 개체수는 주로 밀도 독립 요소들에 의해 조절된다. K-선택(K-selected)과 비교.

R 지층(R horizon) 전형적인 토양단면에서 맨 아래층. 또한 암반으로도 불린다. A, B, C, E, O 지층과 비교.

REACH 유럽연합의 화학물질안정성 테스트에 대한 부담을 정부에서 산업계로 옮겨서 연간 1톤 이상의 화학물질을 수입하거나 수입해야 하는 경우, 유럽연합화학물질청에 등록하도록 요구하는 유럽 연합의 프로그램. REACH는 화학물질의 등록, 평가, 인가 및 제한을 나타내며 2007년 발효되었다.

RNA(ribonucleic acid) 4개의 염기로 구성된 단일 가닥 핵산으로 각각은 당(리보스), 인산 그룹 및 질소 하나씩을 포함한다. RNA는 생체의 유전정보를 운반하여 부모로부터 자식으로 특성을 전달하는 책임을 진다. DNA와 비교.

찾아보기

국문찾아보기

ㅈ

영문찾아보기

B

C

D

E

F

G

H

I

J

K

L

M